中国工业遗产
调查、研究与保护

——2020 年中国第十一届工业遗产学术研讨会论文集

刘伯英　主编

華南理工大學出版社
SOUTH CHINA UNIVERSITY OF TECHNOLOGY PRESS
·广州·

内容简介

本书以工业遗产的调查、研究与保护为核心，主要内容包括以下几个方面：工业遗产历史与理论研究、工业遗产与城市研究、工业遗产案例研究、国内外工业遗产比较研究、工业遗产保护利用实践、工业遗产与社会文化、工业遗产与技术研究、铁路及工矿遗产。

本书可供工业遗产研究与保护领域的专家、相关政府官员及规划设计人员参考。

图书在版编目（CIP）数据

中国工业遗产调查、研究与保护：2020年中国第十一届工业遗产学术研讨会论文集 / 刘伯英主编. — 广州：华南理工大学出版社，2021.12

ISBN 978 – 7 – 5623 – 6890 – 8

Ⅰ. ①中…　Ⅱ. ①刘…　Ⅲ. ①工业建筑 – 文化遗产 – 保护 – 中国 – 文集　Ⅳ. ①TU27–53

中国版本图书馆 CIP 数据核字（2021）第 233896 号

中国工业遗产调查、研究与保护：2020年中国第十一届工业遗产学术研讨会论文集

刘伯英　主编

出 版 人： 卢家明

出版发行： 华南理工大学出版社

（广州五山华南理工大学17号楼，邮编510640）

http://hg.cb.scut.edu.cn　E-mail: scutc13@scut.edu.cn

营销部电话：020-87113487　87111048（传真）

策划编辑： 骆　婷

责任编辑： 洪梅芳　骆　婷　刘志秋

责任校对： 王洪霞　刘惠林

印 刷 者： 广州一龙印刷有限公司

开　　本： 787 mm × 1092 mm　1/16　**印张：** 46.25　**字数：** 1093 千

版　　次： 2021 年 12 月第 1 版　2021 年 12 月第 1 次印刷

定　　价： 248.00 元

序　言

走进新时代　开启新征程

2021年是中国共产党成立100周年，是“十四五”规划开局之年，是我国全面开启现代化建设新征程的起步之年。新时代赋予新任务，新征程要有新作为；我们必须掌握新思想，开拓新实践，满足新需求。

1　新时代的号角

2020年10月29日中国共产党第十九届中央委员会第五次全体会议通过的《中共中央关于制定国民经济和社会发展第十四个五年规划和二〇三五年远景目标的建议》明确提出推进以人为核心的新型城镇化建设，实施城市更新行动，推进城市生态修复、功能完善工程，完善城市空间结构，强化历史文化保护、塑造城市风貌。这是党中央站在开启全面建设社会主义现代化国家新征程的战略高度，根据城市发展的新阶段、新形势和新要求做出的重大战略决策部署，也是“十四五”以及今后一段时期我国推动城市高质量发展的重要抓手和路径。更新是城市永恒的主题，是城市保持活力的来源。我国城镇化进入相对成熟的中后期阶段，城市建设发展正在从以外延扩张为主逐步转向以内涵提升为主、从大规模的增量建设转向存量更新和增量调整并重的新阶段。面对新阶段和新形势，以更健康、更安全、更宜居为目标全面推进城市更新，是实现城市高质量发展的客观要求。

2021年8月30日，住房和城乡建设部下发《住房和城乡建设部关于在实施城市更新行动中防止大拆大建问题的通知》，通知指出，实施城市更新行动要顺应城市发展规律，尊重人民群众意愿，以内涵集约、绿色低碳发展为路径，转变城市开发建设方式，坚持“留改拆”并举、以保留利用提升为主，坚持应留尽留，全力保持城市记忆，保持老城格局尺度，延续城市特色风貌。严管大拆大建，加强修缮改造，注重提升功能，增强城市活力。防止城市更新变形走样，严格控制大规模拆除。防止沿用过度房地产化的开发建设方式、大拆大建、急功近利等问题。

2021年9月，中共中央办公厅、国务院办公厅印发《关于在城乡建设中加强历史文化保护传承的意见》，提出城乡历史文化保护传承体系是以具有保护意义、承载不同历史时期文化价值的城市、村镇等复合型、活态遗产为主体和依托，保护对象主要包括历史文化名城、名镇、名村（传统村落）、街区和不可移动文物、历史建筑、历史地段，与工业遗产、农业文化遗产、灌溉工程遗产、非物质文化遗产、地名文化遗产等保护传承共同构成的有机整体。建立城乡历史文化保护传承体系的目的是全方位展现古代文明5000年、近现代历史180年、中国共产党成立100年、中华人民共和国成立70年、改革开放40年的光辉历程，从而生动、立体地讲好中国故事。

2 城市更新行动中的工业遗产保护与利用

伴随着城市更新行动的全面开展，各地出台了城市更新管理办法和实施细则；成立了以城市更新为主业的平台公司，传统房地产开发企业也纷纷向城市更新业务转移；成立了城市更新基金，发行城市更新专项债券；大量工业用地更新和工业遗产保护利用问题，进入城市更新的视野。

（1）低效工业用地“腾笼换鸟”、老旧厂房更新改造

实行此类模式的城市较多，以北京为代表。2021年8月，北京市出台了《北京市城市更新行动计划（2021—2025年）》，积极支持既有低效产业园区更新，利用腾退空间建设产业协同创新平台，推动传统产业转型升级。建立产业园区规划使用性质正负面清单制度，疏解非首都功能，发展新产业、新业态，聚集创新资源，培育新兴产业。

该计划提出，充分挖掘工业遗存的历史文化和时代价值，完善工业遗存改造利用政策，引导利用老旧厂房建设新型基础设施，发展现代服务业等产业业态，补充区域教育、医疗、文体等公共服务设施，建设旅游、文娱、康养等新型服务消费载体。对需要改造或有升级改造需求的产业园区，以及属于产业禁限目录、不符合安全生产和生态环境要求、闲置低效的产业园区和老旧厂房开展评估，建立台账，制定年度计划，到2025年，有序推进700处老旧厂房更新改造、低效产业园区“腾笼换鸟”。

在城市职能提升、城市规模扩张、城市建设用地减量发展的背景下，各地在城市总体规划中纷纷减少工业用地比例，把低效使用的工业用地作为城市更新的重点。广州、上海及其他城市，将城市中心区的传统工业企业搬迁后的原址改造为文化创意产业园区，成为当下工业遗产保护利用的主流。

（2）城市更新和土地整备，促进实体经济的高质量发展

此类模式以深圳为代表。2020年10月，《深圳市城市更新和土地整备“十四五”规划（草案）》提出，保留提升100平方公里工业区，整备改造100平方公里产业空间，打造“两个百平方公里级”高品质产业空间，促进实体经济的高质量发展，为深圳市产业发展保驾护航。持续

推进国土空间提质增效，进一步加大城市更新和土地整备对城市发展空间的保障力度，使深圳在粤港澳大湾区中更好地发挥核心引擎作用。保留提升区内的工业用地在“十四五”期间原则上不得纳入拆除重建类城市更新单元计划和土地整备计划，鼓励运用综合整治、产业用地提容等措施提升工业区能级。规划主导功能为工业的，现状产业发展滞后、合法用地比例较低、建筑质量较差、开发强度较低、用地规模较大的集中连片区域，整体纳入整备和连片改造区范围，并由政府主导实施改造，引入全球科技创新前沿领域的高端产业，打造世界一流、产城融合、产学研一体的高端产业集聚区。由政府主导制定实施方案，开展规划研究，引入有实力的园区平台型企业进行开发建设与运营管理。深圳的做法为工业用地和工业遗产保护利用提供了新的思路。

3 新形势和新机遇

（1）世界遗产中的工业遗产

工业遗产与联合国粮农组织的全球重要农业遗产（Globally Important Agricultural Heritage Systems，简称GIAHS）、世界灌溉工程遗产（Heritage Irrigation Structures）互有交集，还包括部分工程遗产（Engineering Heritage），再加上工业遗产产业门类繁杂多样，各项遗产评定的标准、尺度和范围不同，在世界遗产中并没有工业遗产的精确统计①。截至2020年底，世界遗产中的工业遗产达到81项②。2021年7月在福州召开的第44届世界遗产大会，审议2020年和2021年两个年度的世界遗产项目，申报的36项中有34项获准列入“世界遗产名录”，其中工业遗产有5项：伊朗纵贯铁路（Trans-Iranian Railway）、法国科尔杜昂灯塔（Cordouan Lighthouse）、英国威尔士西北部的板岩景观（The Slate Landscape of Northwest Wales）、罗马尼亚罗西亚蒙大拿矿业景观（RoşiaMontană Mining Landscape）、中国泉州宋元中国的世界海洋商贸中心（Quanzhou: Emporium of the World in Song-Yuan China）。世界遗产中的工业遗产达到86处，占到世界遗产总数1154项的7.45%。另外将荷兰洪水防线（Dutch Water Defence Lines）作为1996年入选的“阿姆斯特丹防线”的扩展（extension of “Defence Line of Amsterdam”, inscribed in 1996）列入“世界遗产名录”。

此次大会还决定将英国利物浦海上商城从“世界遗产名录”上除名。利物浦海上商城于2004年被列入“世界遗产名录”，包括著名的工业遗产地阿尔伯特码头，以及威廉布朗大街等利物浦地标在内的六个街区。过去十年间，利物浦市政府批准了码头区总计55亿英镑的重建计划，希望为当地提供数万个工作岗位。出于对有关开发项目的担忧，利物浦海上商城又于2012年被列入“濒危世界遗产名录”。然而，开发项目在遗产地及缓冲区内持续推进，2021年年初变本加厉，在遗产

① 刘伯英．工业遗产的困惑与再认识［J］．建筑遗产，2017(1):8-17.

② 数据源自本书中杜垒垒论文《我国近现代工业遗产“申遗”研究的回顾与展望》。

区中建设埃弗顿新球场，这些新建筑破坏了遗产地的原真性和完整性，使遗产的突出普遍价值（OUV）遭受不可逆转的损害。在城市更新和城市再开发的背景下，如何实现遗产保护利用与开发建设的双赢，利物浦海上商城的案例为我们敲响了警钟。

（2）全国重点文物保护单位中的工业遗产

在2019年国务院核定公布的第八批全国重点文物保护单位中，古遗址、古建筑中的广义工业遗产有19项，近现代重要史迹及代表性建筑中的工业遗产有46项，还有其他类中的12项，与现有全国重点文物保护单位合并项目中的工业遗产有11项。至此，全国重点文物保护单位中的广义工业遗产达到274项，近现代重要史迹及代表性建筑中的近现代工业遗产达到132项，两类总数达到406项，占到全国重点文物保护单位总数5058处的8%，基本与世界遗产中的工业遗产占比相同。需要说明的是，我国工业革命前的广义工业遗产，即古代陶瓷遗址、酿酒作坊、古桥等数量较多，占比过大；工业革命后的狭义工业遗产数量远远不足，值得关注。特别是在世界范围具有突出普遍价值和影响力的工业遗产目前还屈指可数，还需要我们不断发现、深入挖掘。

（3）第十一届工业遗产学术研讨会的特点

随着工业遗产调查研究的深入，研究视野更加宽广。本次研讨会共收到论文投稿96篇，分为8个专题：①工业遗产历史与理论研究；②工业遗产与城市研究；③工业遗产案例研究；④国内外工业遗产比较研究；⑤工业遗产保护利用实践；⑥工业遗产与社会文化；⑦工业遗产与技术研究；⑧铁路及工矿遗产。

这些论文研究分析了我国工业遗产相关法规；探讨了各种类型工业遗产的空间分布、保存现状，以及保护利用的模式与方法；介绍了国内外重要工业遗产保护利用的案例和实践，中国近代工业建筑的起源、技术发展和重要人物的贡献；展示了工业遗产的社会影响和文化作用；在分析既有世界遗产中的工业遗产及其价值的基础上，讨论了中国工业遗产申遗的可能和方向。

本次研讨会是在新冠疫情尚未结束的情况下，在中国建筑学会、中国文物学会、中国城市科学研究会历史文化名城委员会大力支持下，在承办方内蒙古工业大学建筑学院和内蒙古工大建筑设计有限责任公司积极筹备和不懈努力下，采取了一系列有力措施，满足抗疫要求而成功举办的，论文数量和质量均达到了理想水平，参会人数、人员的专业领域得到进一步扩展，呈现了大量新面孔和新成果。会议举办和论文集的正式出版更是得到了“国家社会科学基金社科学术社团主题学术活动资助项目（20STB032）”的资助（基金资助的2020年十一届工业遗产学术研讨会，因疫情延至2021年举行，论文集名称延用申报基金的项目原名）。

工业遗产保护得到媒体的大力支持，《工业建筑》杂志每年对年会进行专题报道，刊登了大量学术论文，成为展示工业遗产研究成果的主要窗口。华南理工大学出版社组织出版的系列丛书《中国工业遗产史录》，以省和直辖市为单位，对工业建设进行梳理，对工业遗产进行调查，对工业遗产价值进行研究，在某种程度上为国家工业遗产普查工作奠定了基础，为发现工业遗产创造了条件，使更多的工业遗产得到重视，甚至被列入工业遗产保护名录，极大地促进了全社会对工业遗产的认识。南京出版社出版的系列丛书《中国工业遗产故事》讲述工业遗产的建设历程，包括建设过程中出现的重要人物和事件，从科普的角度普及我国工业的起源和发展，让更多的少年儿童通过工业遗产背后生动的故事了解历史。

4　新起点和新征程

工业遗产保护利用曾面临来自产业结构不断调整和房地产开发的双重压力。今天，在新时代，我们正面对历史文化传承和城市更新的双重机遇。在城市更新、遗产保护、产业发展、环境保护、“双碳”目标的全新背景下，工业遗产保护绝不仅仅是建（构）筑物的保护利用，我们需要站在新时代的新起点上，站在更高的层面，经过更综合的思考，采用更有效的手段切实解决问题。

当前，各部委对工业遗产保护都给予了极大关注，包括国家发改委、国资委、工信部、文旅部、农业农村部，以及中国科协、国史学会、文物学会、建筑学会、规划学会、城市科学研究会、科技史学会等学术组织，陆续颁布了“国家工业遗产名录”“中国工业遗产保护名录”“中国20世纪建筑遗产名录”等。工业遗产研究的各位学者发表了大量学术论文、出版了大量学术著作、承担了大量科研项目，调查研究成果丰硕。大量工业用地更新规划，工业遗产保护修缮、展示利用，工业建筑改造利用的案例层出不穷，屡获国际大奖，产生了极大的社会影响。中国的工业遗产保护利用工作正在不断深入推进，得到全社会的广泛关注和极大重视。

保护工业遗产，构建中国工业文明的标识体系，讲好中国工业化的故事，发扬大国工匠精神，铸造中国工业文化之魂，我们还任重道远，需要不断努力，不断攀登！新征程正在召唤着我们！

劉伯英

2021年11月

目 录

专题三　工业遗产案例研究

专题四　国内外工业遗产比较研究

专题五　工业遗产保护利用实践

专题六　工业遗产与社会文化

专题七　工业遗产与技术研究

专题八　铁路及工矿遗产

专题一

工业遗产历史与理论研究

* 本文得到国家自然科学基金面上项目（52178036）、国家自然科学基金青年基金项目（51808408）、合肥市哲学社会科学规划项目（HFSKYY202111）、铜陵市软课题项目（SRKT2021-01）的资助。

我国工业遗产保护与利用地方法律法规、政策比较研究*

黎启国　储石韦　帅新元　合肥工业大学建筑与艺术学院

摘　要：工业遗产的保护与利用已经成为政府与社会日趋重要的议题，而制定法律法规及政策文件更是管理工作的一项核心内容。虽然国家层面的工业遗产保护法律法规仍然缺席，但部分省市近年工业遗产法制化建设工作成果显著。本文通过探索我国地方工业遗产保护法制化进程、法律法规及政策文件制定流程以及比较研究我国 25 个地方工业遗产保护与利用的法律法规及政策的编制内容，为我国工业遗产法律法规体系建设及法制管理工作提出建议。

关 键 词：工业遗产；保护；法律法规；政策；建议

1　研究背景

近年，中国城镇化、现代化的建设以及产业结构转型升级中工业基础设施的更新交替导致工业遗产大量出现。工业遗产是城市历史的载体、城市发展的见证，城市的“不可再生资源”，保护和利用工业遗产在历史、社会、科技、经济方面都有重要意义。我国工业遗产保护工作进入 21 世纪后才开始有所发展，开展十多年以来，国家及地方逐步加强对工业遗产保护与利用工作的管理，而法律保护作为工业遗产保护与利用工作中的一项重要内容，也逐渐受到各级政府及社会的关注。

2006 年 4 月 18 日，在首届中国工业遗产保护论坛上通过了我国工业遗产保护的纲领性文件——《无锡建议》，可以说，《无锡建议》的出台，是中国工业遗产保护从行政管理走向法制管理的开端。[1] 至此，国家相关部门及地方开始对构建工业遗产保护与利用法制体系、推进工业遗产立法进行了积极的尝试。但截至目前，我国仍缺乏国家层面的工业遗产保护与再利用的专门的法律法规，各级工业遗产立法工作仍处于自发的状态，法制体制缺失，管理标准混乱，大量工业遗存被破坏，立法工作迫在眉睫。而研究梳理现有的相关地方性法律法规和政策，总结其经验和不足，对建立和完善我国工业遗产法律法规体系，理清立法思路具有重要的参考意义。

2　工业遗产保护与利用地方法律法规及政策现状

2.1　地方法律法规及政策颁布的时间进程

从工业遗产地方法律法规及政策按时间的分布数量来看，地方工业遗产保护与利用法律法规及政策文件数量随着地方立法权的发展而逐渐增长。2015 年 3 月 15 日，第十二届全国人民代表大会上通过了修订后的《立法法》，将立法权扩大到“所有设区的地级市”。[2] 此前，国内仅有少数发达省份和地市颁布了有关工业遗产保护与利用的地方规章或规划性文件，自2015年始，地方立法的热情空前高涨，工业遗产地方立法工作迅速展开。

截至2021年5月，我国已有20余个城市先后出台了针对工业遗产保护与利用的地方法律法规或政策（图1）。从颁布施行时间来看，最早颁布工业遗产保护与利用地方法规的城市是湖北省黄石市，该地颁布的《黄石市工业遗产保护条例》于2017年1月1日开始施行，最近颁布的是辽宁省本溪市的《本溪湖工业遗产群保护条例》，于2021年5月1日开始施行。最早颁布针对工业遗产保护与利用地方规章的是江苏省无锡市于2007年颁布施行的《无锡市工业遗产普查及认定办法（试行）》，最近的是四川省于2021年6月2日印发并施行的《四川省工业遗产管理方法》。针对工业遗产保护与利用的政策最早颁布的是北京市于2009年5月5日颁布施行的《北京市工业遗产保护与再利用工作导则》，最近的是由南昌市自然资源局等部门于2020年10月公示的《南昌市江纺区工业遗产保护与利用规划》。自2007年以来，我国每年颁布的工业遗产保护与利用地方法律法规及政策文件数量呈逐年增长趋势，自2019年至2021年5月，各地方人大及人民政府通过的文件数量迎来高峰，其间通过了9部同工业遗产保护与利用相关的地方法律法规，并有1部地方法规和2部地方规章起草完成并处于征求意见阶段。

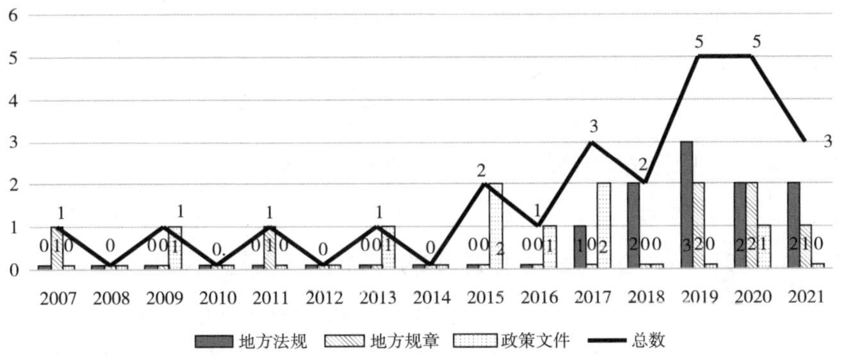

图1　地方工业遗产保护与利用法律法规及政策文件数量情况
（来源：作者自绘）

2.2　地方法律法规及政策的制定与颁布

目前我国工业遗产保护主要是沿用文物保护的行政制度，文物的保护主要是由文物部门和建设部门来承担，而目前工业遗产列入各级文物保护单位的比例较低，不能认定为文物的工业遗产的保护很多时候是由其他部门或组织来承担的，例如地方人大常委会、工业与信息化部门、自然资源和规划部门等。这些部门在进行工业遗产保护利用工作的时候都可以对其进行相关的立法或政策制定工作。[3]

基于工业遗产自身的特殊性及保护主体的不确定性，地方法律法规及政策的制定工作也相对较为复杂，但制定程序大体类似。纵观已经出台工业遗产法律法规及政策的城市，在地方法律法规及政策文件出台之前，相关部门已经做了大量准备工作。首先必须对全市域进行工业遗产的普查与认定工作，梳理登记，摸清全市工业遗产家底。其次是建立工业遗产相关评价体系，对其价值等级进行确认，并建立档案。再次，基于对全市工业遗产基本情况全面了解的前提下，由相关部门进行工业遗产法律法规的起草工作。随后在起草工作完成之后，为了提高立法质量，相关部门将发布“征求意见稿”，面向社会广泛征求意见。最后就是进行审批与颁布工作，此处又分为三种情况，第一种是地方法规，先经市人大常委会通过，再由省人大常委会批准，公示后由市人大常委会颁布施行；第二种是地方规章，由地方政府常务会议或者全体会议决定通过，公示后由地方工业与信息化部门颁布施行；第三种是政策文件，公示后可由地方自然资源和规划局或文物局等单位颁布施行（图 2）。[4]

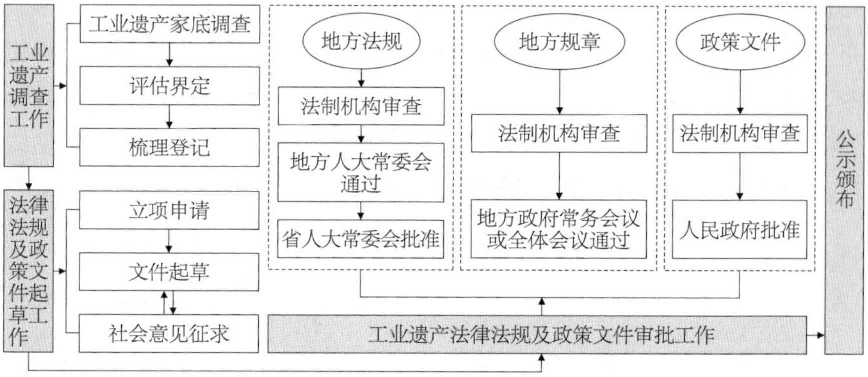

图 2　地方工业遗产保护与利用法律法规及政策制定颁布流程
（来源：作者自绘）

2.3　地方法律法规及政策文件的性质

从工业遗产保护与利用地方法律法规和政策文件的性质来看，我国已经有黄石、铜陵、保定、株洲、邯郸、克拉玛依等 10 个城市出台了专门的地方法规；江苏省、无锡市、杭州市及大连市等出台了专门的地方规章；北京、武汉、南京、天津、兰溪、石嘴山、南昌、重庆等城市出台了专门的政策文件（表 1）。

值得一提的是，承德市目前已发布针对工业遗产保护与利用的地方法规征求意见稿，广东省和深圳市也发布了专门的地方规章征求意见稿，都在广泛公开征求意见中。上海和黑龙江省虽然未颁布专门的法律法规和政策，但在各自的文物或历史建筑保护条例中对工业遗产的保护利用进行了相关说明。

表 1　地方工业遗产保护与利用法律法规及政策部分列表

序号	地区	文件名称	颁布时间	颁布机关	性质
01	黄石市	黄石市工业遗产保护条例	2017	市人大常委会	地方法规
02	铜陵市	铜陵市工业遗产保护与利用条例	2018	市人大常委会	
03	保定市	保定市工业遗产保护与利用条例	2018	市人大常委会	
04	株洲市	株洲市工业遗产保护条例	2018	市人大常委会	
05	邯郸市	邯郸市工业遗产保护与利用条例	2019	市人大常委会	
06	承德市	承德市工业遗产保护与利用条例（征求意见稿）	2019	市人大常委会	
07	邢台市	邢台市工业遗产保护与利用条例	2020	市人大常委会	
08	克拉玛依市	克拉玛依市石油工业遗产保护条例	2020	市人大常委会	
09	唐山市	唐山市工业遗产保护与利用条例	2021	市人大常委会	
10	本溪市	本溪湖工业遗产群保护条例	2021	市人大常委会	
11	无锡市	无锡市工业遗产普查及认定办法（试行）	2007	市人民政府	地方规章
12	杭州市	杭州市工业遗产建筑规划管理规定	2011	市人民政府	
13	深圳市	深圳市工业遗产暂行管理规定（征求意见稿）	2019	市工业和信息化局	
14	江苏省	江苏省工业遗产管理暂行方法	2019	省工业和信息化厅	
15	广东省	广东省工业遗产管理暂行方法（征求意见稿）	2020	省工业和信息化厅	
16	大连市	大连市工业遗产管理暂行方法	2020	市工业和信息化局	
17	四川省	四川省工业遗产管理方法	2021	省经济和信息化厅	
18	北京市	北京市工业遗产保护与再利用工作导则	2009	市工业促进局、市文物局委员会、市文物局	政策文件
19	武汉市	武汉市工业遗产保护与利用规划	2013	市自然资源和规划局	
20	石嘴山市	石嘴山市工业遗产保护和利用工作方案	2015	市人民政府	
21	天津市	天津市工业遗产保护与利用规划	2015	市规划局	
22	兰溪市	兰溪市工业遗产保护利用规划	2016	市人民政府	
23	重庆市	重庆市工业遗产保护与利用规划	2017	市规划和自然资源局	
24	南京市	南京市工业遗产保护规划	2017	市规划局、经济和信息化委员会	
25	南昌市	南昌市江纺区工业遗产保护与利用规划	2020	市自然资源局	

（来源：作者自制）

2.4　地方法律法规及政策文件的体例

从体例结构上来看，地方工业遗产保护与利用法律法规及政策文件的最显著特点是，均采取章节式进行编排，章节内容按照工业遗产保护与利用工作开展的顺序，分部门和责任主体规定具体内容。比较典型的是《黄石市工业遗产保护条例》。该条例共由五章（39条）组成：总则、普查和认定、保护与利用、法律责任、附则，分别就工业遗产的概念和范围、认定的标准与原则、保护与利用的策略与方法、违反法律行为的责任认定与处罚措施以及法律正式执行生效时间进行了专门说明。[1]这种体例规范方式的优点是简洁明了，责任部门和责任内容清晰，避免了责任主体混乱、权责不清等情况。[5]从体例内容上来看，各地工业遗产保护与利用法律法规和政策文件的篇幅都普遍偏短，条文一般都在30条左右。工业遗产保护与利用地方政策文件的文件性质可分为工作导则、工作方案、保护与利用规划等，这些文件与上述法律法规的编制内容及文件体例均有所不同，例如《武汉市工业遗产保护与利用规划》除了对市域范围内的工业资源现状、工业遗产评判标准、工业遗产分级及保护进行说明之外，还另附表格对武汉市工业遗产名单及推荐名单进行说明。

3 工业遗产保护与利用地方法律法规及政策的内容

3.1 概念界定

目前世界上对工业遗产界定最权威的是《下塔吉尔宪章》所作的定义："工业遗产由工业文化的遗留物组成，这些遗留物拥有历史的，技术的，社会的，建筑的或者是科学上的价值。这些遗留物具体由建筑物和机器设备，车间，制造厂和工厂，矿上和处理精炼遗址，仓库和储藏室，能源生产、传送、使用和运输以及所有地下构造所在的场所组成，与工业相联系的社会活动场所，比如住宅，宗教朝拜地或者是教育机构都包含在工业遗产范畴之内。"[6]

我国各地的工业遗产保护与利用地方法规中对工业遗产的定义主要参考2006年发布的《无锡建议》，并在此基础上进一步深化和细化，在空间上按照遗产的物质属性分为物质工业遗产和非物质工业遗产，部分地方法规在细节上还将物质工业遗产按照可移动和不可移动标准进行了细分，大体可以概括为A+N的表述模式（A是对工业遗产定义的大体表示，N是对工业遗产定义的补充说明）。各地方法规中对A的表述基本相同，比较典型的表述是："本条例所称的工业遗产，是指本市历史上具有时代特征和工业风貌特色，承载着公众认同和地域归属感，反映本市工业发展历程，具有较高历史、科技、文化、艺术、经济、社会等价值的工业遗存。工业遗产分为物质工业遗产和非物质工业遗产。"① 对N的表述则有不同的形式和内容，较为典型的表述是："物质工业遗产包括不可移动物质工业遗产和可移动物质工业遗产。不可移动物质工业遗产指厂房、仓库、作坊、炉窑、矿场、码头、桥梁、道路、办公楼、住房及其他建（构）筑物等物质遗产；可移动物质工业遗产指机器设

① 保定市人民代表大会常务委员会．保定市工业遗产保护与利用条例[EB/OL].(2018-04-21).http://bd.mzfz.gov.cn/news/show.asp?id=1227.

备、生产工具、工业产品、办公用具、生活用具、历史档案、文献、手稿、视听资料、图书资料等物质遗产。非物质工业遗产包括生产工艺流程、手工技能、原料配方、商标、商号、经营管理模式等工业文化表现形式。”[①]采用这一表述的包括承德、邢台、株洲、黄石 4 市，表述仅有个别文字不同。此外，保定和铜陵的地方法规中并未对 N 进行说明，克拉玛依市则是针对特定的石油工业遗产对 N 进行了表述，唐山市在 N 中虽区分物质工业遗产和非物质工业遗产，但并未用可移动工业遗产和不可移动工业遗产对物质工业遗产进行区分。

① 株洲市人民代表大会常务委员会 . 株洲市工业遗产保护条例 [EB/OL].(2018-12-10).https://zzrd.zznews.gov.cn/contents/10/1735.html.

3.2 普查与认定

工业遗产的普查与认定是其保护与利用工作中的核心工作之一，各地工业遗产保护与利用的法律法规和政策，均对工业遗产普查与认定的责任单位和相关标准进行了规定。

地方工业遗产的普查与认定工作主要是由地方政府和地方政府的相关行政主管部门负责。地方立法实践中，在《黄石市工业遗产保护条例》《保定市工业遗产保护与利用条例》《邢台市工业遗产保护与利用条例》《大连市工业遗产管理暂行方法》《承德市工业遗产保护与利用条例》《株洲市工业遗产保护条例》《邯郸市工业遗产保护与利用条例》《克拉玛依石油工业遗产保护条例》中均规定由人民政府设立工业遗产保护专家委员会，为工业遗产的普查与认定工作等有关事项提供咨询意见。其次在地方法律法规及政策文件中，对工业遗产普查的责任单位的规定有所不同，主要涉及的部门有地方工业和信息化行政主管部门和文物行政主管部门，例如《黄石市工业遗产保护条例》中仅规定普查工作由县（市、区）人民政府明确相关机构具体负责；《铜陵市工业遗产保护与利用条例》中规定由“市文物行政主管部门负责全市的工业遗产普查工作”；《承德市工业遗产保护与利用条例》中规定“工业和信息化主管部门应会同有关部门组织开展工业遗产调查”。最后地方工业遗产的认定工作的责任主体单位亦不相同，涉及的主体单位有地方人民政府、地方工业和信息化行政主管部门，例如《黄石市工业遗产保护条例》中规定“文物行政主管部门应当会同相关部门在评估、申报或者推荐的基础上，提出工业遗产建议名录，征求所有权人、使用人以及社会公众意见后，经专家委员会评审，报本级人民政府批准公布”；《广东省工业遗产管理暂行方法》（征求意见稿）第七条规定“省工业和信息化厅每年第一季度开展广东省工业遗产认定工作”。

各地方法规及规章中均对工业遗产的认定标准做出了比较笼统的主观和客观的规定，条数一般为 5～9 条。比较典型的是《唐山市工业遗产保护条例》在其第十三条中规定：“符合下列条件之一的工业文化遗存，可以认定为市级工业遗产：（一）在本市历史或者行业历史上有标志性意义，与工业发展或者社会变革的重要历史事件、历史人物有关，具有较高影响力的；（二）代表性建筑本体尚存、建筑格局完整……；（三）反映本市煤炭、水泥、陶瓷、钢铁、电力等特色产业发展历史……（八）唐山大地震后保留下来的原始工业文化遗存或者其他有较高历史文化和社会价值的工业文化遗存。”①各地工业遗产认定标准不尽相同，但均带有一定地域特色，且大体要求类似，大致可归纳为三点：第一，因自身建筑和行业特点，具有一定的历史、科技、文化、艺术、经济、社会价值；第二，对当地经济社会发展影响深远，反映当地历史，承载集体记忆，具有地域特色；第三，具有时代特征和工业风貌特色，工业物质遗产和非物质遗产丰富。

① 唐山市人民代表大会常务委员会．唐山市工业遗产保护与利用条例［EB/OL］．(2020-09-28).http://www.tsrd.gov.cn/detail/2c98c372c1afb50174d3f98f270185.

3.3 保护与利用

对工业遗产进行保护与再利用是地方制定相关法律法规及颁布政策文件的初衷和目标，各地方文件中对工业遗产的保护与再利用主要从保护责任人、保护范围、保护措施、禁止行为、保护方式、再利用方式等方面进行规定。

各地方法律法规及政策文件中，对保护责任人基本都按照“谁使用、谁负责、谁保护、谁受益”的原则进行规定，责任人一般都为工业遗产的所有权人，负责工业遗产的日常监测、防护加固、修缮整治、安全防卫等日常维护管理工作。

3.4 法律责任

工业遗产法律法规适用于所有公民、法人和其他组织，任何组织或个人都应自觉遵守地方工业遗产法律法规，执法机关和其他国家机关都应该受到其约束，依法行政、依法管理、依法保护工业遗产。[8]任何法律行为都是具有目的性的行为，法律责任同违法行为紧密相连，地方工业遗产法律法规中的法律责任是其实施的有效保障机制。地方工业遗产法规文件中对法律责任进行了详细的规定，内容涉及刑事法律责任、行政法律责任和民事法律责任，其中民事法律责任的内容最多，针对文件中所列的破坏和危害工业遗产的行为，进行相关处罚，为保护工业遗产、处理违法行为提供了重要的法律依据。

4 工业遗产保护与利用地方法律法规及政策的不足

4.1 法制体系不完善

我国工业遗产保护工作起步较晚，目前，国家层面上仅有 2018 年由国家工业与信息化部出台的《国家工业遗产管理暂行办法》一部行政规章，仍未制定颁布国家层面的工业遗产保护法，对工业遗产的保护主要依据的是《城市规划法》和《文物保护法》，且涉及的内容很少，存在保护权利受限和保护范围不足等各种缺陷。近年来，虽然地市层面工业遗产立法工作如火如荼，但数量仍然较少，且省级层面仅有地方规章。总的来说，我国工业遗产立法工作仍处于各地方政府自发进行的状态，工业遗产的发展管理工作在文件层级与行政管理层面上出现断层，目前尚未形成系统的工业遗产的法律保护体系。

4.2 责任单位不清晰

从各地制定针对工业遗产保护的法律法规及政策文件的主体单位来看，涉及地方人大常委会、地方政府、工业和信息化部门、文物部门、规划和自然资源部门等，各单位部门以各自工作为出发点对工业遗产的保护和利用制定相关规定，缺乏通盘考虑；从普查与认定的主体单位来看，涉及的又有地方政府、工业和信息化部门、文物部门等。工业遗产各项工作的责任主体单位存在交叉的情况，在日常保护与再利用工作中，各单位的权责存在重合的同时也存在一些管理的真空地带，严重影响工业遗产保护与利用工作的效率和效果。

4.3 认定标准不统一

由于缺乏国家层面的工业遗产保护法，各地方法律法规及政策文件中对工业遗产的评估与认定部分，均是按照地方工业遗产的特色所指定，缺乏通盘考虑，难以形成统一标准。不可否认工业遗产带有地域特征，但在工业遗产的评估与认定中，应该制定统一的客观认定标准，并将地域特征列为单独一项，通盘考虑，形成合力。否则，各地标准混乱，认定全凭责任单位主观判断，容易造成工业遗产名录中混入价值过低、意义偏小的工业文化遗存，造成“目标错位，该保不保”的乱象。

5 启示与建议

工业遗产是属于全人类和全社会的，具有历史、科技、文化、社会、艺术等多种价值，是工业文化与精神的重要载体。随着社会进入后工业时代，我们的城市正处于增量扩张转向存量优化的转折点，城市老工业区是存量更新的重点区域，保护城市工业遗迹，延续工业文脉，是形成多样化城市风貌的重要手段。工业遗产想要得到保护，立法工作必不可少，目前仅有少数城市制定了工业遗产保护与利用的相关法律法规及政策文件，我国工业遗产保护的法制工作仍处于起步阶段。基于以上分析，对于工业遗产的立法工作，提出以下几点建议：

（一）尽快颁布实施国家层面的工业遗产保护法，引导全国工业遗产的普查、认定、分类、建档以及工业遗产的综合利用、保护主体、权利主体、法律责任等各个方面工作，让地方立法“有据可循，有法可依”；

（二）明确责任主体，目前颁布施行的地方工业遗产法律法规及政策文件中存在管理单位交叉、管理工作重叠的情况，今后工业遗产立法工作应对此部分进行重点优化，厘清责任单位，提高工业遗产立法工作的效率；

（三）结合地域特色，提倡工业遗产再利用多样化，并不仅仅局限于博物馆、文化馆等文化产业形式，可根据单位保护级别，进行多元化的开发和利用，更好地利用工业遗产资源，创造社会财富，服务当地人民。

参考文献

[1] 张亦弛，蔡明伦 . 地方工业遗产保护的立法实践探析：以《黄石市工业遗产保护条例》为例 [J]. 湖北师范大学学报（哲学社会科学版），2017,37(3):68–72.

[2] 聂武钢，孟佳 . 工业遗产与法律保护 [M]. 北京：人民法院出版社，2009.

[3] 李爱芳，叶俊丰，孙颖 . 国内外工业遗产管理体制的比较研究 [J]. 工业建筑，2011,41(S1):25–29,12.

[4] 王继军，王士亨 . 地方立法科学化问题研究：以山西省为例 [J]. 山西大学学报（哲学社会科学版），2014,37(3):104–109.

[5] 刘延东 . 我国反对家庭暴力地方法规、政策比较研究 [J]. 时代法学，2011，9(2):39–45.

[6] TICCIH. 工业遗产之下塔吉尔宪章 [J]. 建筑创作，2006，(8):197–202.

[7] 彭芳 . 我国工业遗产立法保护研究 [D]. 武汉：武汉理工大学，2009.

[8] 季卫东 . 法律程序的意义 [M]. 北京：中国法制出版社，2011.

我国近现代工业遗产“申遗”研究的回顾与展望

杜垒垒　上海大学文学院

摘　要：自 1950 年代工业考古学诞生以来，TICCIH 的成立、铁桥峡谷入选世界遗产名录及《下塔吉尔宪章》的公布是国际工业遗产保护领域具有标志性意义的三大事件。当然，在工业遗产愈受国际社会重视的趋势下，2006 年《无锡建议》公布后，我国的工业遗产保护、利用与研究也愈来愈成为一个热点。另一方面，我国已是世界遗产大国，但还没有近现代工业遗产[1]入选《世界遗产名录》。本文通过梳理工业遗产与世界遗产的研究成果，分析目前研究存在的问题与不足，提出我国工业遗产“申遗”的建议与展望。

关 键 词：工业遗产；申遗；世界遗产；研究成果

① 如无特别说明，本文所说的工业遗产是指近现代工业遗产。

② 世界记忆名录是世界遗产名录项目的延续。

1　概念辨析

1.1　世界遗产

目前具有全球影响力的国际遗产名录（或者说世界性遗产体系）主要包括世界遗产名录、世界记忆名录[2]、人类非遗名录、全球重要农业文化遗产、世界灌溉工程遗产 5 种（图 1），从组织机构上来说，前 3 种由联合国教科文组织（UNESCO）负责评选，后 2 种分别由联合国粮农组织（FAO）和国际排灌委员会（ICID）负责评审（图 1）。这些国际组织负责评选的遗产都属于“世界性遗产”，但一般意义上的世界遗产由联合国教科文组织下属的世界遗产委员会评定，其具体遗产类型包括文化遗产（含文化景观遗产）、自然遗产及文化和自然双重遗产。当然，上述国际组织负责评审的项目并不互斥，例如，都江堰水利工程既入选了世界遗产名录，也入选了世界灌溉工程遗产名录等。

也有学者根据形态特征，将世界遗产分为物质遗产和非物质文化遗产，物质遗产又包括狭义的世界遗产和记忆遗产。

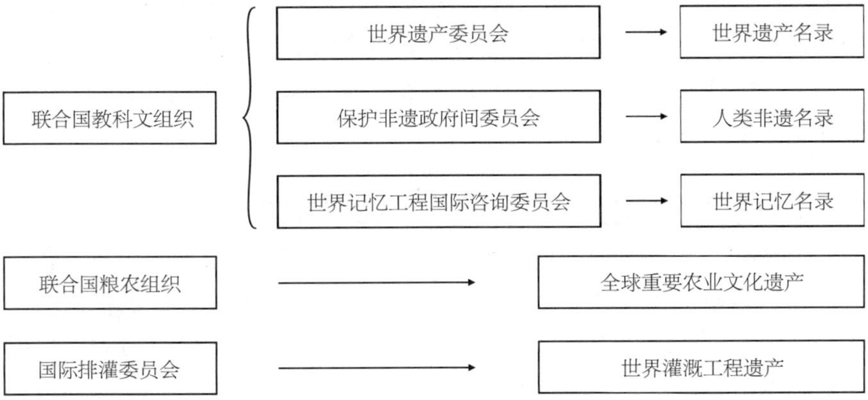

图 1　世界性遗产体系分类图
（来源：作者自绘）

1.2 申遗

目前申遗这一概念似有混用现象，即申请上述国际组织负责评审的遗产名录都称为“申遗”，例如“二十四节气”申遗[1]，郑国渠申遗[2]等。按目前状况，一般意义上的申遗是指因某一地区的遗产项目具有特别的价值，联合国教科文组织缔约国的国家级教科文组织全委会向世界遗产委员会提交申遗文本，申请入选世界遗产名录的行为。本文之“遗”指的是世界遗产委员会负责评审的世界遗产，而不是上述其他国际组织负责评审的遗产。

另外，值得一提的是，基于等级和简便等因素考虑，有部分学者称入选世界遗产名录的工业遗产为“世界工业遗产”，甚至有多篇文章的题目中直接包含“世界工业遗产”这六个字。这样的说法不太恰当，原因有三：

一是没有任何依据。联合国教科文组织及其下属的世界遗产委员会、国际古迹遗址理事会（ICOMOS）、国际工业遗产保护委员会（TICCIH）等国际组织或专业机构从来没有在任何官方文件或专业报告中称入选的工业遗产为世界工业遗产，中国古迹遗址理事会等国内机构或组织一般称入选的工业遗产为世界遗产工业遗址或“世界遗产+项目名称”，也不称之为世界工业遗产。

二是逻辑上不成立。目前联合国教科文组织世界遗产委员会负责评选的世界遗产分为三大类，即世界自然遗产、世界文化遗产（含文化景观遗产）和自然与文化双重遗产。工业遗产属于文化遗产类型，是从属关系，如果称其为世界工业遗产，似有和世界文化遗产并列之嫌。

三是容易造成混淆。世界工业遗产比“世界遗产中的工业遗产”和“世界文化遗产中的工业遗产”分别要少4个字和6个字，比“世界遗产工业遗址”要少2个字，虽然说起来更简单也更顺口，但从传播和宣传的角度看，除了容易让人误解成并列关系外，也容易让初学者或普通民众误认为世界工业遗产也是联合国教科文组织评选的一种遗产类型，甚至也可能让人联想到是否还有世界农业遗产或者世界商业遗产等，故这种说法不太妥当。

2 国内工业遗产“申遗”之路回顾

2006年，我国工业遗产保护利用首次从专家学者个人层面上升到国家层面。同年，国内第一次有人提出工业遗产申遗的建议。据报道，当年北京正在编制《北京优秀近现代建筑保护规划》，当时就有专家提出应加强保护工业遗产，首钢等项目应计划申请世界遗产[3]。

2008年，在“建筑师与20世纪文化遗产保护论坛”上，国家文物局首次提出将马尾船政、江南造船厂和大沽船坞联合增补入我国申报世界遗产的候选遗产[4]。

2012 年，辽宁省曾提出计划将该省工业遗产“打包”申报世界遗产。同年，黄石矿业工业遗产、贵州万山汞矿等 6 处广义上的工业遗产被列入《中国世界遗产预备名单》。

近年来，申遗热度不减，随着工业遗产保护与利用逐渐得到重视，各地方政府开始抓紧对具有申遗潜力的工业遗产做相关申遗准备工作。例如：

2018 年，萍乡市计划将安源打造成五星级景区，认为安源是汉冶萍遗产的一部分，应联合汉阳和大冶共同申遗，并组织专家对遗存遗迹进行评估、推荐，推动其尽早入选联合国教科文组织文化遗产名录[5]；

2019 年，上海市文旅局相关负责人表示，要发挥苏州河沿岸工业遗产优势，支持、助力苏州河沿线工业遗产打包申报世界文化遗产[6]；

2020 年，黄石大冶市正推进铜绿山古铜矿遗址保护和国家考古遗址公园建设工作，以此助力工业遗产申遗[7]；

2020 年 10 月，首届“中国白酒古窖遗址与传统工艺科学发展论坛”①举办，助力“中国白酒老作坊”申遗[8]。

① 11 家“国宝”级窖池单位成立“古窖遗址和文化遗产委员会”，并签署《依法保护科学利用中国白酒古窖遗址共同宣言》。

3 国内工业遗产“申遗”研究成果

目前我国对工业遗产的研究项目呈上升趋势，但与工业遗产申遗有关的研究成果还较少。具体来说，研究成果主要包括世界遗产名录中工业遗产项目的数量统计、分布区域、入选标准及行业研究四个方面。

3.1 数量统计

由于衡量尺度不同或者世界遗产委员会相关统计和标准的不断变化，学者对世界遗产名录中工业遗产项目的数量统计也不尽一致。

例如，陈丽杰、梁波等和刘畅、王力都认为，截至 2005 年底，共有 22 国的 34 处产业遗产被列入世界遗产名录，占现有 812 处世界遗产总数的 4.2%[9]，且后者还认为，目前中国还没有一处工业遗产被列入世界遗产名录[10]。很显然，他们没有考虑国际古迹遗址理事会发布的《世界遗产名录中的工业遗产（INDUSTRIAL HERITAGE SITES ON THE UNESCO WORLD HERITAGE LIST）》[11]。阙维民统计了不同机构发布的不同数目，世界遗产委员会在 2002 年发布 1987—2001 年工业遗产项目数共 33 项，国际古迹遗址理事会 2006 年统计的 1987—2005 年间工业遗产项目共 43 项[11]，刘伯英、冯仲平引用了这一数字[12]；而 2005 年国际古迹遗址理事会的分析报告中提及的工业遗产项目却是 48 项[13]；刘伯英在另一篇文章中认为，截至 2007 年底，工业遗产项目共有 46 项[14]。虽然如此，但国际古迹遗址理事会发布的《世界遗产名录中的工业遗产》还是为大部分学者所认同并参考引用其数据。

2010年前后，大部分学者对世界遗产中工业遗产数量的意见较一致。例如，崔卫华等认为，至2010年世界遗产名录中的工业遗产总计50项[15]；季宏认为2010年世界遗产名录中的工业遗产地为52处，除新入录外，也有从名录中删除或者合并，因此总数有增有减[16]；季宏和王琼也认为，截至2011年，列入世界遗产名录的工业遗产总计共50项[17]，既有古代工业遗址，也有近代工业遗产[18]；刘伯英也认为，截至2011年底，世界文化遗产中已有50项工业遗产，但名录中有7项典型工业遗产却被排除在外[19]。

崔卫华等认为，截至2015年底，列入《世界遗产名录》的世界工业遗产共计72项[20]；笔者认为，截至2018年底，共有75项工业遗产被列入世界遗产名录[21]。

2019年巴库世界遗产大会新增了29项世界遗产，其中工业遗产项目5个，它们分别是布基纳法索的古冶铁遗址、捷克和德国的厄尔士/克鲁什内山脉矿区、德国的奥格斯堡水利管理系统、波兰的科舍米翁奇的史前条纹燧石矿区、印度尼西亚的沙哇伦多的翁比林煤矿遗产[22]。结合世界遗产委员会的评价、专业咨询机构发布的统计报告及已有研究成果，应加上阿曼2006年入选的阿夫拉贾灌溉体系，因2020年没有评选，故截至2020年底，世界遗产名录中共有81处工业遗产。

这些统计大都以专业报告为基础，只有少数学者在研究中涉及行业分类统计，因此研究有待加强。

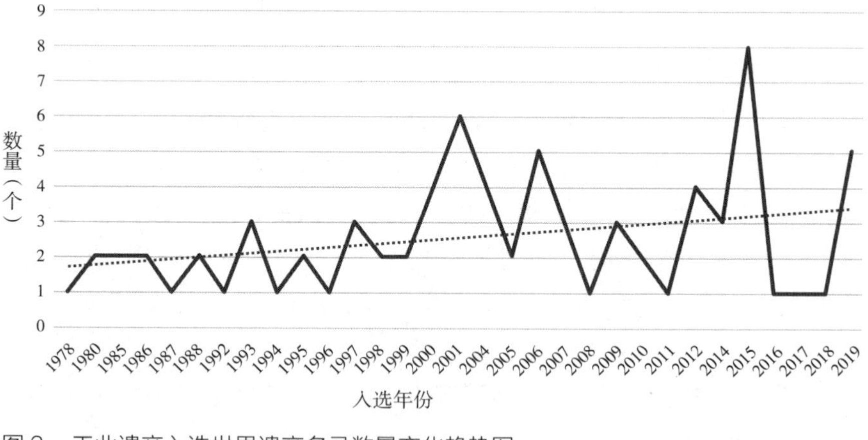

图2　工业遗产入选世界遗产名录数量变化趋势图
（来源：作者自绘）

从图2可看出，工业遗产入选世界遗产名录总体呈缓慢上升趋势。2000年以前，每年最多3个工业遗产项目入选；但自2000年以来，入选数量有较明显变化，一是数量增加，二是波动较大。这反映并体现了《一份具有代表性、平衡和可信的世界遗产名录的全球战略》[23]发布后世界遗产申报的新方向，也反映了新世纪以来工业遗产的价值逐渐得到认可，工业遗产保护意识也逐渐增强。

3.2 地理分布

入选的工业遗产主要分布在欧洲，且项目地域特色比较明显。例如，笔者认为巴西、墨西哥等地金银矿丰富，且与当地印第安文化相结合；巴林的采珠业历史悠久并延续至今；法国的葡萄种植业举世闻名等。它们都有地域特色，同时也体现了工业遗产的丰富性与多样性[24]。

阙维民认为，截至2006年底，入选的43项工业遗产分布在23个国家，其中欧洲15个，南美4个，亚洲2个，北美和大洋洲各1个，分布不均衡主要体现在国家的差异上[25]。崔卫华等用地理学研究中的空间结构分析法分析了入选的工业遗产的分布，认为它们主要分布在除东欧外的欧洲大部、东北亚和南亚、巴西及周边和北美洲的墨西哥，并呈现出分布不均衡且一极集中的态势，工业遗产是世界遗产的一小类，其表现是163个缔约国中仅有30个国家拥有工业遗产[26]；此外，崔卫华等也对世界遗产名录中工业遗产项目的地理分布特征进行了解读，并分析了原因，认为入选项目的分布密度具有较明显的空间差异性[27]。

表1　各国工业遗产首次入选世界遗产名录的时间

首次入选国家	首次入选时间	发达国家	发展中国家	合计
波兰	1978	14	4	18
挪威 巴西	1980			
法国	1982			
西班牙	1985			
英国	1986			
玻利维亚	1987			
墨西哥	1988			
德国	1992			
斯洛伐克 瑞典	1993			
捷克 意大利	1995			
芬兰	1996			
奥地利 荷兰	1997			
比利时	1998			
印度	1999			
中国 古巴	2000	5	10	15
澳大利亚	2004			
智利	2005			
阿曼	2006			
波黑 日本 加拿大	2007			
瑞士 伊朗	2009			
斯洛文尼亚 巴林	2012			
乌拉圭	2015			
印度尼西亚 布基纳法索	2019			
合计		19	14	33

（来源：作者自制）

如表 1 所示，地理分布上，入选的工业遗产所在国以欧洲国家为主，但是有向亚非拉发展中国家扩展的趋势。截至 2019 年底，全球共有 33 个国家的工业遗产项目入选世界遗产名录，其中发达国家共 19 个，占 57.6%，发展中国家共 14 个，占 42.4%。以 2000 年为界，2000 年之前入选的 18 个国家中，发达国家 14 个，占 77.8%，发展中国家 4 个，占 22.2%；2000 年及以后入选的 15 个国家中，发展中国家 10 个，占 66.7%，发达国家 5 个，占 33.3%。尤其是最近 4 个项目都来自发展中国家，特别是非洲首次有工业遗产项目入选。

3.3　入选标准

季宏、王琼对申报世界文化遗产的六项标准（Ⅰ～Ⅵ）进行了提炼，分别称之为创造性价值、交流价值、见证价值、类型典范价值、环境价值、关联价值[28]，此六条价值与六项标准依次对应。关于工业遗产入选世界遗产要符合的标准，已有不同学者进行了统计，意见也基本一致，例如戴湘毅、阙维民的《世界遗产视野下的矿业遗产研究》以世界遗产的视角，专门对其中的 24 项矿冶遗产进行研究。在入选标准上，他们认为矿冶遗产主要符合世界文化遗产标准的Ⅱ、Ⅲ和Ⅳ，在地理分布上，这些矿冶遗产主要分布在欧洲和北美洲，并且时间跨度较大[29]；季宏、王琼对入选的工业遗产项目的价值认定与入选标准进行了统计与分析，认为列入标准都集中在标准Ⅱ与Ⅳ，符合标准Ⅴ与Ⅰ的比例较小，符合标准Ⅴ的近代工业遗产仅有 1 处[18]。

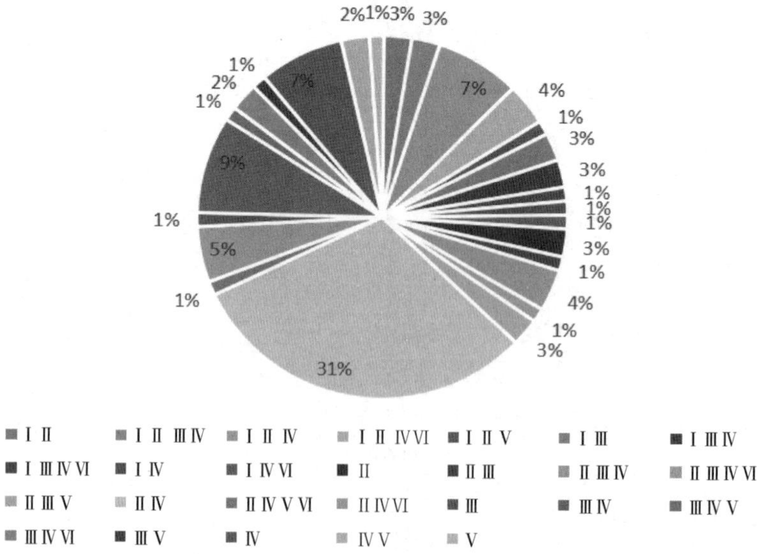

图 3　工业遗产入选世界遗产名录标准分类图（截至 2020 年底）
（来源：作者自绘）

截至 2020 年底，世界遗产名录中有 81 处工业遗产，如图 3 所示，标准Ⅱ Ⅳ的组合占比最高，为 31%，共 25 项；其次是标准Ⅲ Ⅳ，为

9%，共7项；再次是标准Ⅰ Ⅱ Ⅳ和标准Ⅳ，它们都占7%，分别为6项。值得注意的是，标准Ⅳ共出现68次，可见类型典范价值对应的标准Ⅳ是工业遗产项目最被接受的标准，工业遗产项目的独特性与典型性是工业遗产申遗时必须重点突出的。

3.4 行业研究

世界遗产的热潮也逐渐引起相关行业的关注。一方面，涉及的行业及研究人员开始关注世界遗产名录中的有关项目；另一方面，学者也开始了相关行业的中外对比研究。这些行业主要集中在水利、铁路、桥梁、航运和矿业等领域。

水利遗产方面，研究成果主要表现在借鉴先进经验。安宇航以列入世界遗产名录的15项水利工程项目为例，讨论了国外对世界遗产中的水利工程遗产进行保护的经验——主要表现在立法、管理体制、技术手段等方面；他也认为通过借鉴国外相关经验，可弥补我国在遗产保护与管理等方面的不足，以促进遗产保护与区域的协调发展[30]。

铁路遗产方面，研究成果主要体现在铁路遗产的价值分析及对我国铁路申遗的针对性建议。张冬宁对入选世界遗产名录的奥地利赛默灵铁路、印度高山铁路、意大利和瑞士共有的雷塔恩铁路进行分析，认为它们都有突出普遍性价值和各自独有价值。另外，他也谈到，我国的铁路遗产不少，但总体保护情况不容乐观。在借鉴国外相关经验的基础上，提出了平衡保护与发展经济的关系、制定科学的保护规划、落实保护专项资金、利用自身优势申报世界遗产等建议[31]。崔卫华等在《中东铁路遗产的类型学及地理分布特征》一文中，基于类型学的视角对中东铁路遗产进行了功能分类，分析了中东铁路遗产的地理分布特征，并给出了保护与开发的三点建议[32]。另外，刘丽华等依据国际古迹遗址理事会在世界铁路遗产地专项报告中提出的具有针对性的四条标准，认为我国近代铁路遗产也有四大价值，它们分别是叙述殖民文化的典范价值、首创铁路工程领域多项“第一”的创造性价值、体现异质文化互动的交流价值和推动近代社会转型的见证价值[33]。

桥梁遗产方面，研究对象以我国古桥为主。杨艳等分析了入选世界遗产名录的6处桥梁遗产的核心价值，说明了中国古代桥梁的主要特点、价值与成就，进而提出我国现存的古代石拱桥和木拱桥是最具申遗潜力的桥梁，中国古桥申遗的重点应该是中国古桥核心技术的现代化研究和价值的发掘与阐述[34]。此外，张冬宁在硕士论文中专门以我国古代经典石桥河北赵州桥、福建洛阳桥和北京卢沟桥为例，论述了在世界遗产视野下我国古桥的申遗相关问题[35]。

航运遗产方面，研究成果主要体现在我国航运遗产的突出普遍价值阐释。对于我国近现代工业遗产的突出普遍价值，季宏等在两篇文章中都用实例进行了论证。他们将我国近现代工业遗产价值概括为三个方面，又分别以黄石矿冶工业遗产、中东铁路建筑群和近代军工造船系列遗产为例，试析我国近现代工业遗产所蕴含的突出普遍价值[36]。季宏等在另一篇文章中以福建马尾船政和北洋水师大沽船坞为例，分析了我国近现代工业遗产与西方工业遗产的差距，并与已入选世界遗产名录的英国的“利物浦海港商城”和日本当时未入选的“九州、山口的近代化产业遗产群”进行了比较研究，认为我国近现代工业遗产应在交流价值、见证价值、类型典范价值和关联价值等方面寻找突破口[37]。

矿业遗产方面，研究成果主要体现在我国矿业遗产价值的进一步挖掘。戴湘毅等认为，因矿而生的城镇不仅是矿业发展的历史见证，也是遗产价值的重要组成部分，至少有14项世界遗产明确阐明了矿业在城镇起源和发展中的重要作用[38]。矿业在城镇发展过程中的重要性不应被忽略，还要充分挖掘我国的矿冶遗产资源，找准空白，强化优势，缩小差距，弥补短板。

除上述5个主要方面的研究成果外，还有部分文章涉及具有申遗潜力的近现代工业遗产项目。例如，黄克进以温州矾矿申遗为基础，探讨了大型矿区在转型升级大背景下的转型之路，其中一个重要方面是做好规划，发展工业旅游[39]。吴佳雨等以遗产区域的视角，探讨了黄石矿冶工业遗产在保护与利用中存在的一些问题，并提出了诸如修复遗产区域生态、构建遗产游憩系统、完善遗产管理维护体系及走可持续发展道路的模式等有助于申遗的建议[40]。杨路勤的硕士论文专门讨论了万山汞矿工业遗产的历史、现状、特点、价值、保护与利用中存在的问题及对策等[41]。

从入选世界遗产的工业遗产项目来看，它们不但有空间差异性还有行业差异性。相当一部分发达地区的项目体现了工业革命后的科技成果，而亚非拉等地区的项目一方面是富有地域特色的行业，另一方面体现了“西式文明”的“传播”或者与当地文化、建筑等交流的成果。加强工业遗产行业分类及中外对比的研究，这也是有潜力的研究方向，当然，根据实际情况，应首先进行重点行业、重点领域或濒危的工业遗产项目的研究与保护。

4 我国工业遗产申遗研究的展望

自1985年中国加入《世界遗产公约》以来，截至2020年底，我国共有55处世界遗产，其中文化遗产37处（含文化景观5处），自然遗产14处，文化与自然双重遗产4处。入选的文化遗产以古代遗产为主，而文化遗产还有诸多类型，如近现代工业遗产等还没有项目入选，申遗潜力比较大。

我国工业遗产申遗，既要做到文化遗产申遗的一般要求，又要考虑到工业遗产的特殊性。总体来说要分析影响申遗的可能因素，例如遗产的管理现状、保护规划、法律法规、管理体制、人员素质、档案资料、展示情况、投入机制、监测办法、威胁因素等[42]，并一一对照，查缺补漏，找差距、补短板。总体上，主要从突出普遍价值的三个组成方面着手，具体建议如下：

从策略看，要加强梳理，突出特色，增强联合申遗能力。特别是要梳理国家级工业遗产名录和重点文物保护单位中的工业遗产。从目前情况看，我国的工业遗产尤其是近现代工业遗产以单一项目申遗的成功率较低，联合申请或者以“系列遗产”路线为主题，成功率可能会更高，因为这不但受到鼓励，而且还具有一定代表性。例如，洋务运动工业遗产是我国最早的近现代工业遗产，因此其具有特殊的价值；另外，以816洞为代表的“三线”建设工业遗产、以大庆油田等为代表的石油类工业遗产等也都具有特定的价值。

从内容看，要寻找行业突破口和空白点，增强行业工业遗产的整体研究。从我国入选的世界遗产来看，具有中国特色的陶瓷、丝织等行业还没有相关遗产项目入选。从近现代工业遗产的入选数量来看，煤矿的价值已被认可，铁路、造船工业的价值也正逐渐得到认可，但同样与近现代化有密切关系的石油、汽车、航空等行业相关的世界遗产还是空白，这些行业也为人类文明的进步做出过巨大贡献，这些行业遗产的价值还有待进一步发掘、整理及获得进一步认可。

从细节看，要密切关注申遗新规则等形式的变化，增强对世界遗产申报规则、申报程序、新报告等具体细节方面的研究与解读，例如强化对《实施世界遗产公约操作指南》变化的解读。中国世界遗产预备名单的提交受世界申遗趋势的影响较大，文化景观、文化路线、工业遗产等新的遗产类型在世界遗产申报中日益受到重视，为响应和体现这一趋势，我国文物管理部门已把坎儿井、中国白酒作坊、灵渠、景德镇御窑厂遗址等工业遗产列入预备名单；另外，为进一步促进世界遗产的代表性与平衡性，从2020年开始，每个缔约国每年只能申报一项，并且文化和自然遗产交替申报，这会对各缔约国的遗产申报产生重要影响，各缔约国不得不调整原来的申报计划与策略。

从态度看，要加强对国际先进经验的学习与比较研究。前文已经提到，入选的近现代工业遗产主要分布在发达国家。我国工业遗产申遗可以借鉴他们的经验，特别要加强重点项目或者对标项目的比较与学习，取长补短。注重比较是当前工业遗产申遗研究中容易被忽略，却又不得不重视的一点，因为《操作指南》第132条明确提出，应提供该遗产与类似遗产的比较分析，无论类似遗产在国内还是在国外，是否已被列入世界遗产名录，比较分析应说明申报遗产在国内及国际范围内的重要性[43]。

因此不论从规范性还是态度来看，都应加强对工业遗产保护利用及工业遗产申遗经验等的借鉴与研究。

从影响因素看，要积极参与对外交流与合作，提高我国的遗产理论研究水平和世界遗产话语权。目前世界遗产话语权在相当程度上还是掌握在西方尤其是欧洲国家手中，新兴国家要努力争取，正如燕海鸣所说，“争夺书写历史的话语权，已经是摆在我们面前的重要课题”[44]。戴湘毅等也以矿业遗产为例，认为在全球战略背景下，为降低世界遗产中的欧洲话语权，中国应加强矿业遗产的申报[45]。积极参与国际交流与合作，一方面可以拓宽视野，提高遗产理论等的研究水平，另一方面也可在国际合作和交流活动中不断积累人气，以提高我国在世界遗产领域的话语权。

总的来说，中国工业遗产尤其是近现代工业遗产积极申遗，不仅在内容上有利于丰富和改善世界文化遗产的类型，还可在整体上促进世界遗产的代表性、平衡性与可信性。从国内文化遗产事业的发展和世界遗产申遗的趋势来看，工业遗产日益被关注与重视。我国的工业遗产，尤其是近现代工业遗产虽然年限不长，但特色明显，价值突出，表现在我国的工业化之路不但对我国影响深远，而且对发展中国家甚至发达国家的发展模式也具有一定的借鉴作用，这体现了世界遗产应具有的特殊性与普遍性。我国的近现代工业遗产见证了我国由农业社会向工业社会的转型，在见证发展中国家向近代化转型的遗产类型中也具有典型性和代表性，因此可以说，我国的工业遗产能在世界遗产之林占有一席之地。

参考文献

[1] 中国农业新闻网．“二十四节气”申遗成功 [EB/OL].(2016-12-01). http://www.farmer.com.cn/uzt/jieqi/.

[2] 刘涛．郑国渠申遗成功入选世界灌溉工程遗产名录 [EB/OL].(2016-11-09).http://www.xinhuanet.com/politics/2016-11/09/c_129356187.htm.

[3] 李莉．首钢申报世界工业遗产 [EB/OL].(2006-11-24).http://news.sohu.com/20061124/n246595788.shtml.

[4] 季宏，王琼．“活态遗产”的保护与更新探索：以福建马尾船政工业遗产为例 [J]. 中国园林，2013(7):29.

[5] 李小建，孙正风．萍乡这个地方堪称世界级工业遗产地：安源大力申遗正当时 [EB/OL].(2018-07-17).https://www.sohu.com/a/241734087_99958176.

[6] 高明静．上海市文化和旅游局：助力苏州河沿线工业遗产打包“申遗”[EB/OL].(2019-06-10).http://www.cinn.cn/gywh/201906/t20190610_213479.html.

[7] 但超 . 省文化和旅游厅来冶调研工业遗产申遗工作 [EB/OL].(2020-06-11).http://www.hbdaye.gov.cn/xwzx/dyyw/202006/t20200611_634952.html.
[8] 茅台时空 . 茅台等 11 家“国宝”窖池单位聚首 成立古窖遗址和文化遗产委员会 [EB/OL].(2020-10-20).https://finance.sina.com.cn/stock/s/2020-10-20/doc-iiznctkc6644348.shtml.
[9] 陈丽杰，梁波 . 产业遗产、产业考古学与技术史研究 [J]. 自然辩证法研究，2007(5):93.
[10] 刘畅，王力 .9 处工业遗产入选第六批全国重点文物保护单位 [N]. 西部时报，2006-4-28(9).
[11] ICOMOS.Industrial heritage sites on the UNESCO world heritage list[EB/OL]. https://www.icomos.org/18thapril/2006/whsites.htm.
[12] 刘伯英，冯钟平 . 城市工业用地更新与工业遗产保护 [M]. 北京：中国建筑工业出版社，2009:204.
[13] 阙维民 . 国际工业遗产的保护与管理 [J]. 北京大学学报（自然科学版），2007(4):526.
[14] 阙维民 . 世界遗产视野中的中国传统工业遗产 [J]. 经济地理，2008(6):1040.
[15] 崔卫华，宫丽娜 . 世界工业遗产的地理、产业分布及价值特征研究 [J]. 经济地理，2011(1):163.
[16] 季宏 .“下塔吉尔宪章”之后国际工业遗产保护理念的嬗变：以“都柏林原则”与“台北亚洲工业遗产宣言”为例 [J]. 新建筑，2017(5):75.
[17] 季宏，王琼 . 世界遗产视角下的中国近现代工业遗产研究 [J]. 中外建筑，2015(12):60.
[18] 季宏，王琼 . 我国近代工业遗产的突出普遍价值探析：以福建马尾船政与北洋水师大沽船坞为例 [J]. 建筑学报，2015(1):85.
[19] 刘伯英 . 世界文化遗产名录中的工业遗产（13）[J]. 工业建筑，2014(2):175.
[20] 崔卫华，王之禹，徐博 . 世界工业遗产的空间分布特征与影响因素 [J]. 经济地理，2017(6):199.
[21] 杜垒垒，段勇 . 近现代工业遗产的认知与保护之路：兼论我国近现代工业遗产“申遗”的机遇与挑战 [J]. 中国博物馆，2019(2):17.
[22] WHC.New inscribed properties(2019)[EB/OL].https://whc.unesco.org/en/newprop erties/.
[23] WHC.Global strategy[EB/OL].https://whc.unesco.org/en/globalstrategy/.
[24] 杜垒垒，段勇 . 近现代工业遗产的认知与保护之路：兼论我国近现代工业遗产“申遗”的机遇与挑战 [J]. 中国博物馆，2019(2):18.
[25] 阙维民 . 国际工业遗产的保护与管理 [J]. 北京大学学报（自然科学

版），2007(4):528.
[26] 崔卫华，王之禹，徐博 . 世界工业遗产的空间分布特征与影响因素 [J]. 经济地理，2017(6):198–200.
[27] 崔卫华，宫丽娜 . 世界工业遗产的地理、产业分布及价值特征研究 [J]. 经济地理，2011(1):163.
[28] 季宏，王琼 . 世界遗产视角下的中国近现代工业遗产研究 [J]. 中外建筑，2015(12):60.
[29] 戴湘毅，阙维民 . 世界遗产视野下的矿业遗产研究 [J]. 地理科学，2012(1):31.
[30] 安宇航 . 世界遗产中的水利工程保护与管理的国际比较及启示 [J]. 可持续发展，2020(3):321–329.
[31] 张冬宁 . 世界铁路遗产研究及其对我国铁路遗产保护的启示 [J]. 郑州轻工业学院学报（社会科学版），2012(4):44–49.
[32] 崔卫华，胡玉坤，王之禹 . 中东铁路遗产的类型学及地理分布特征 [J]. 经济地理，2016(4):173–180.
[33] 刘丽华，何军 . 世界遗产视野下中国近代铁路遗产的突出普遍价值研究：基于文物保护单位视角的分析 [J]. 城市建筑，2019(19):91–93.
[34] 杨艳，孙潮，陈宝春 . 现有世界文化遗产桥梁的核心价值及中国古桥申遗的思考 [J]. 世界桥梁，2015(2):70.
[35] 张冬宁 . 世界遗产视野下的中国古代经典石桥申遗研究：以河北赵州桥、福建洛阳桥和北京卢沟桥为例 [D]. 开封：河南大学，2013.
[36] 季宏，王琼 . 世界遗产视角下的中国近现代工业遗产研究 [J]. 中外建筑，2015(12):61.
[37] 季宏，王琼 . 我国近代工业遗产的突出普遍价值探析：以福建马尾船政与北洋水师大沽船坞为例 [J]. 建筑学报，2015(1):86–88.
[38] 戴湘毅，阙维民 . 世界遗产视野下的矿业遗产研究 [J]. 地理科学，2012(1):34.
[39] 黄克进 . 浅谈温州矾矿“申遗”和矿区探讨转型之路 [J]. 财经界，2015(11):359.
[40] 吴佳雨，徐敏，刘伟国，等 . 遗产区域视野下工业遗产保护与利用研究：以黄石矿冶工业遗产为例 [J]. 城市发展研究，2014(11):79.
[41] 杨路勤 . 万山汞矿工业遗产研究 [D]. 贵阳：贵州民族大学，2016:8.
[42] 汪培梓 . 世界遗产申报影响因素探析 [J]. 河南工业大学学报（社会科学版），2011(2):115.
[43] 中国古迹遗址保护协会 . 实施“世界遗产公约”操作指南 [EB/OL]. (2020–05–20). http://www.icomoschina.org.cn/uploads/download/20200514100333_download.pdf.

[44] 燕海鸣 . 如何看待日本“明治工业革命遗产”入选世遗名录 [N]. 中国青年报，2015–07–09(11).
[45] 戴湘毅，阙维民 . 世界遗产视野下的矿业遗产研究 [J]. 地理科学，2012(1): 36.

公司镇的形成和发展

刘伯英　清华大学建筑学院
刘小慧　北京华清安地建筑设计有限公司

摘　要：公司镇，集工厂、住房、道路、商店、公园等于一体，受父爱主义和空想社会主义的启蒙而生发，从英国发源，并随着工业革命成果的传播而蔓延至世界其他国家。罗伯特·欧文在新拉纳克的管理实践开创了工厂生产和社会治理兼顾的新模式，是公司镇成型之肇始；英国的索尔泰尔工业区留下了大量物质和非物质遗产，是公司镇的经典样板；芝加哥近郊的普尔曼镇是美国第一座标准化的公司镇，在美国大量的公司镇中最具代表性；英国的阳光港在公司镇的建设和治理上，更进一步，是英国早期城市规划中最优秀的案例。在20世纪的百年里，又有大量的军事工业以隐秘的公司镇的形式继续蔓延，为国家承担着特殊的任务。公司镇对于我们理解工业城市和公司治理有很大的启发意义，也会对未来继续产生影响。

关 键 词：公司镇；新拉纳克；索尔泰尔；普尔曼镇；阳光港；核工业镇

1　概述

1.1　基本概念

公司镇（company town）是指在一定空间范围内，几乎所有工厂、住宅、商店、学校等都由同一家公司所拥有。该公司提供服务设施（教堂、商店、体育、学校、休闲设施等）和基础设施（铁路、公路、水电市政等），以及公园等美好环境的福利待遇，吸引工人搬至当地定居，减少工人来回通勤时间，以提高生产效率。大多数的公司镇位于远离城市的偏远地区，从煤炭、采矿、石油等资源产地，或者利用运河提供能源的纺织业开始，后来逐渐发展到钢铁、汽车等大多数工业，与后来城市周边的“大学城”“产业园区”“办公园区”类似。

1.2　命运多舛

公司镇在世界上有着广泛的分布，从工业革命的策源地英国开始，随着工业革命成果的传播，逐渐蔓延至德国、法国、西班牙、瑞典、波兰、日本，特别是美国。在鼎盛时期，美国有超过2500个公司镇，占全国人口的3%，公司镇成为国家经济腾飞的发动机。

随着产业进步和城市发展，以及人们对环保的重视，这些公司镇有着不同的命运。有的保留至今，完好如初，作为工业文明的见证而成为世界文化遗产；有的从独立的公司镇，发展成为大城市的卫星城、产业新城；有的以公司镇为基础发展成为重要的工业城市，甚至综合性城市；有的随着传统制造业进入“夕阳”阶段，资源枯竭，公司倒闭，经济衰败，人口锐减，一蹶不振而沦落为“鬼城”；有的涅槃重生，用新型产业代替旧的产业，重新获得勃勃生机。

2 公司镇的社会理想与实验

2.1 父爱主义

父爱主义（paternalism）又称家长作风，是公司镇形成的社会基础，也是一种社会治理模式。父爱主义被许多19世纪的商人视为一种道德责任，或者是一种宗教义务，它可以在促进自身商业利益的同时促进社会进步，公司镇为实现这一目标提供了一个独特的机会。父爱主义是指对待他人就像家长对待孩子一样，充满责任心和爱心，既有“人文关怀”和“善意”的意味，又有“强迫”和“控制”的做法。企业的所有者试图将中产阶级的理想强加于工人身上，希望工人按照他们的设想工作和生活。表面上父爱主义的目的是为工人谋求福利、争取利益，满足工人的需求，阻止他们自我“堕落”。尽管许多著名的公司镇都把他们的创始人描绘成“有良知的资本家”，在客观上会产生有利于公共利益的效果；但实质上父爱主义在不同程度上限制了工人的自由和权利，迫使工人心甘情愿地接受，最终为资本家追求高额生产利润而服务。

早期工厂企业主正是秉承这种父爱主义精神，把它作为社会治理的理想方式，开辟了公司镇这种独特的模式。有些公司镇严重依赖公司，建设和管理完全由公司负责，甚至城镇的管理者都是由公司任命的，而非民选。公司镇所有物业的产权全部归公司所有，公司将住房出租给工人，工人被要求住在公司镇，尽管附近社区可以找到更便宜的住房也不允许。公司镇的公共物业全部由公司经营，工人在社区事务中不仅没有发言权，反而感觉受到支配，由此导致工人最终失去对公司镇的感情，公司镇在崇尚民主、自由的政治上也最终惨遭失败。

公司镇的治理经历了很多反复和调整，旧的、过分的家长制被逐渐抛弃，后期通过“第三方”设立隔离层，作为劳资之间的缓冲，平衡劳资双方的利益诉求。建筑师、景观设计师和规划师等独立专业人员被引入，他们将“劳资关系和社会福利的新概念”转化成为新的公司镇规划和建筑形式，社会学家引入了如1915年马萨诸塞州印第安山北村的新的治理模式。

2.2 空想社会主义

克劳德·昂利·圣西门（Claude-Henri de Rouvroy，Comte de Saint-Simon，1760—1825年）是法国伯爵，19世纪初叶杰出的思想家。他认为资本主义制度只给少数富有者和大资产阶级带来了利益，三权分立的实行并没有真正解决社会问题，而是产生了新的奴役形式。他批评资本主义社会是一个“黑白颠倒的世界”，弊病百出，极不合理，需要以一个“旨在改善占人口大多数的穷苦阶级命运”的新社会取而代之。圣西门创办了《实业》杂志，发表文章，阐明自己的政治、哲学观点，宣传关于建立新社会的理论。他指出：一个与旧制度和帝国时期的贵族阶级相对立的、新的实业家阶级业已形成，它包括所有从事生产劳动的人。圣西门把他“发明”的新社会制度称作“实业制度”。在这个制度下，不存在一部分人统治、压迫另一部分人的现象，而能力强、地位高、有经济实力的企业家和学者则是“天然领袖”。他强调这种领导不意味着一部分人为自己的利益在政治上压迫另一部分人，而是意味着对物质、对生产过程的管理。在“实业制度”下，由实业者和学者掌握社会政治、经济、文化各方面的权力；应该把人数最多的阶级的最大福利放在首位，满足他们的物质生活和精神生活需求。

圣西门关于精英治国的理论得不到人们的理解和重视。圣西门的晚年，为了强调“实业制度”，以“理性”、道德观念为基础，给“实业制度”涂上了宗教色彩，把他关于理想社会制度的学说称为“新基督教”，声称只要大家都信奉这种新宗教，新的社会制度便可以实现。1820年代，圣西门出版了《论实业制度》《实业家问答》等一系列著作。1825年4月圣西门发表的《新基督教》，是其最后的著作，从哲学、历史、政治和经济等方面进一步阐述了他的思想，形成了系统的空想社会主义思想体系，标志着他创建的空想社会主义大厦的完成。

夏尔·傅立叶（Charles Fourier，1772—1837年），法国空想社会主义思想家。傅立叶认为：资本主义制度下穷人的流行病是饥饿，而富人的流行病则是消化不良。长期的饥饿和营养不良、劣质的食物、繁重的工作和过度的劳累、疾病的折磨，使得工人和人民群众逐步地接近死亡。因此，这是一个“罪恶的渊薮”“颠倒的世界”。他主要著有《四种运动论》《文明制度的批判》和《新的工业世界和社会事业》等。他主张以其设计的“和谐制度”——法郎吉（phalanstère）来代替资本主义制度。法郎吉一词源于希腊语，意思是重型装备的步兵队形，是由一个个有组织的合作社组成。傅立叶认为，人的性格有810种，每种性格一男一女便是1620人，所以每个“法郎吉”的人数为1620人，领导人由选举产生；组织成员均参加劳动生产，按劳动、资产和才能进行分配，实行集体消费和享受免费教育；男女平等，同工同酬；是工农合一、城乡合一和消灭了三大差别的统一体。法郎吉将人类社会扁平化，进一步向乌托邦靠拢，被视为空想社会主义理想的现实依托。1827年，傅立叶的最后一部著作也是最好的一部著作《新世界》出版。在这部著作中，他更加系统完整地阐述了“法郎吉”和谐社会的组织体系，展示了他心目中新世界的宏伟蓝图。1830年代，傅立叶在法国进行了多次试验，均告失败。以后其门徒创办《法伦斯泰尔》杂志和《法郎吉》报继续宣传鼓动，并在美国重新实验，一度建立了40个法郎吉社区，但也以失败告终。

“法郎吉”有一个理想模型，全体人员都住在豪华宫殿里，这座宫殿比凡尔赛宫还要阔气，它的名字叫“法伦斯泰尔”（图 1）。宫殿的中央部分为公共服务区，如食堂、商场、俱乐部、图书馆、花房等。一个侧翼为工厂，另一个侧翼是住宅和集会大厅[①]。这个理想社会的模型与欧文的“和谐公社”模型如出一辙。

① http://www.71.cn/2013/0510/713016.shtml

图 1　法伦斯泰尔
（来源：https://www.thepaper.cn/newsDetail_forward_1448145）

2.3　乌托邦城市

基于空想社会主义的理念，并考虑到当时英国日益壮大的中产阶级对自然空间的需求，以及工业化带来的城市病，霍华德的田园城市理论把健康、自然作为新的乌托邦，这种城市规划思想风靡于 20 世纪初的欧美城市（图 2）。

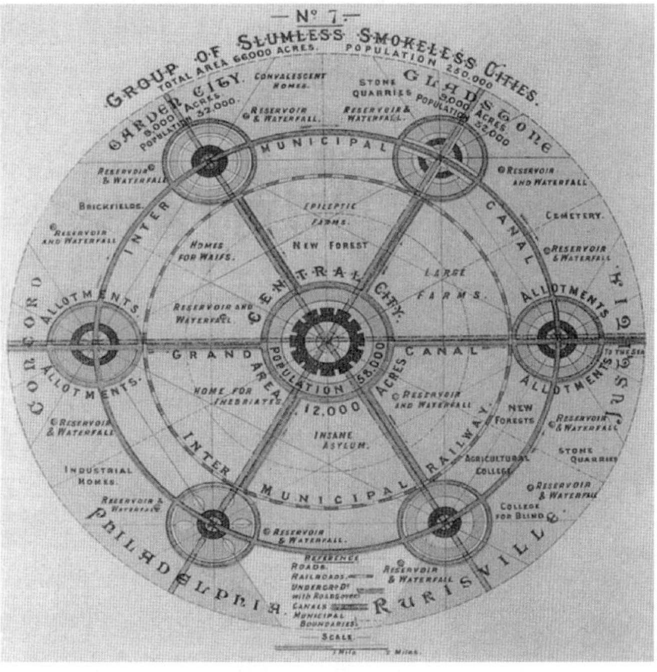

图 2　霍华德的田园城市
（来源：https://www.thepaper.cn/newsDetail_forward_1448145）

从罗马建筑大奖赛脱颖而出的一批建筑师们，不满足于单纯的画图，而开始想象他们的城市。巴黎歌剧院的设计者托尼·卡尼尔（Tony Garnier）是其中的佼佼者，他提出了“工业城市”的蓝图，把住宅、工厂、电厂等分区设计，更像一个生产型城市的乌托邦（图 3）。

空想社会主义留到今天的现实载体，就是 1960 年代的现代主义规划留下来的“屋苑”（Grand ensemble），如图 4 所示，这种在二战后重建中由于缺乏材料和资金而大规模快速建造的廉租房，被法国城市规划者们视为是乌托邦的未来，他们执着地进行规划变革，以求得到一个社会融合的结果。这种由多栋住宅楼组成的封闭社区，配有医院、学校、公园，最大程度保证居民在社区内的生活自给，同时住宅采用同质化户型，保证居住者居住环境的平等，在生活空间中率先实现扁平化，这在我国大型居住区规划中似乎司空见惯。

图3　卡尼尔的“工业城市”
（来源：https://www.thepaper.cn/newsDetail_forward_1448145）

图4　屋苑
（来源：https://tse2-mm.cn.bing.net/th/id/OIP-C.hvlxJfWZC_Tq1t7LriVFxAHaE9?pid=ImgDet&rs=1）

3　公司镇的形成源起：英国新拉纳克工业区（New Lanark）

英国工业革命从1760年代开始，到1840年代基本完成，有着深刻的政治前提、社会经济前提和科学技术前提。工业革命使机器工厂代替了手工工场，使依附于落后生产方式的自耕农消失了，工业资本家和工人阶级不断形成和壮大；大量农村人口涌向城市，推动城市化进程；机械化转变了人们的思想观念和生活方式，工人们在恶劣的条件下劳动与生活，资本家唯利是图，通过剥削榨取财富。如何应对新的工业社会环境，成为社会发展的新课题。

罗伯特·欧文（Robert Owen,1771—1858年）出生在英国一个贫苦家庭，很小便开始当学徒谋生，尝试过不少职业，经历了种种磨炼，切实体验和了解了工人的悲惨境况，形成了“像孩子一样单纯的高尚的性格”。1785年大卫·戴尔（David Dale）创立新拉纳克，是当时苏格兰最大的棉纺厂。工厂位于格拉斯哥附近的一座小村庄，坐落在树木苍翠的克莱德山谷之中。新拉纳克在利用克莱德河水力、采用查德·阿克赖特的纺织系统的同时，还建成了一个完整的工业社区，包括工厂和工人住宅。1800年欧文与纺织厂主戴尔的女儿圣安妮·卡罗琳结婚，并和他的合作者们用6万英镑买下了纺织厂。刚接手时，该厂同当时别的纺织厂一样：大多数工人是苏格兰的失地农民、破产的手工业者以及从爱尔兰逃荒来的流浪汉；工人的工资十分微薄，每天的工作时间却长达十三四个小时，甚至十五六个小时；长年住在潮湿而阴暗的工棚里，过着牛马般的生活；很多人都沾染上了盗窃、酗酒等恶习。

欧文决心在工厂进行社会改革实验，以证明工业的进步可以给所有人带来幸福。他将乌托邦的社会理想融入经营管理中，开始了长达25年的实践。他管理的核心是废除惩罚，强调人性化管理。欧文采用部门主管考核员工、经理考核部门主管，同时辅之以越级申诉的制度，开创了层级管理的先河，有利于劳资双方的沟通和矛盾化解。

欧文尝试进行社会和教育方面的改革，通过生活环境的改善和生活水平的提高，感化工人向上和向善。1816年他在新拉纳克镇的中心筹建了有名的“新和谐公社”。公社为2～14岁的儿童和青少年提供全日制教育，还建立了世界上第一所婴儿学校。他重视学生对历史、地理、阅读、写作、数学的学习，同时也特别强调对音乐、艺术、自然的学习，不允许体罚学生。他还为成年人设立了夜校，设置职业教育课程。为了使工人在闲暇时间进行文娱活动，消除酗酒斗殴等不良行为，欧文还专门为他们设立了晚间文娱中心，组织演讲、舞会。另外，公社里还实行免费医疗，商店提供价格便宜的商品，还有一排排整齐的工人住宅，每个家庭为两居室。欧文很注重绿化环境，厂区周围树木成荫，花草成行，有利于工人的身心健康。他还主动把工人的工作时间从13～14小时缩短到10.5小时，使生活和工作的关系保持一种平衡的状态。

欧文花费了大半生的时间和财产推动社会改革。他的合伙人反对他的做法，于是欧文拿出自己的资金，在几个慈善家的支持下，于1813年成立了一家新的公司。公司留出超过5%的利润总额用于企业的福利，禁用童工，并建立了医疗和养老的保障系统。1820年公司所在村庄的人口数量达到2500人，成为英国最大的棉纺织中心。

工业革命使经济得到了前所未有的大发展，但同时也隐藏着许多深层次的社会问题。欧文是较早对工业革命带来的社会问题进行分析并提出解决办法的人，他第一个领会到教育在改造社会中的重要作用。欧文在新拉纳克的实验中发现，管理一家主要由小偷和酒鬼组成的企业，通过改善工人的工作和生活条件，不仅可以获得健康、勤劳的劳动力，同时也增加了工厂的利润。欧文发表演说和文章，宣传自己的思想和改革成就，引起了社会的广泛关注。新拉纳克成为一个模范社区，吸引了英国各地的参观者和学生，连欧洲各国的社会名流也来参观，甚至美国工人也慕名而来，很多人申请成为其中的一员。1820年，欧文发表了《致拉纳克郡报告》一文，公开表明了他的空想社会主义理论，提出建立一个财产公有、权利平等、共同劳动的新社会，开创了工厂生产和社会治理兼顾的新模式。罗伯特·欧文因此被称为“英国社会主义之父”。新拉纳克于2001年入选《世界遗产名录》（图5～图9）。

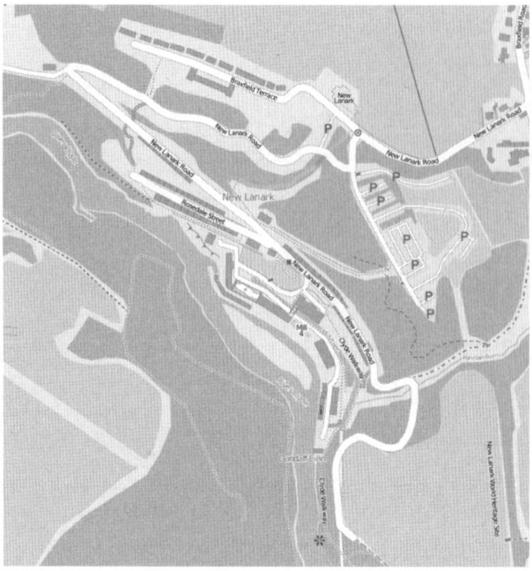

图 5　新拉纳克总平面图
（来源：https://chrisfleming.org/OpenStreetMap/new-lanark-mapping-party/）

图 6　新拉纳克鸟瞰图
（来源：http://www.sohu.com/a/251931486_305341）

图 7　新拉纳克建筑立面
（来源：https://www.geograph.org.uk/photo/6254391）

图 8　欧文的住宅
（来源：https://www.geograph.org.uk/photo/1261486）

图 9　新拉纳克学校
（来源：https://www.newlanark.org/introducing-robert-owen）

4　公司镇的经典样板：英国索尔泰尔工业区（Saltaire）

新拉纳克实践的成功，激励了更多企业家参与到公司镇的实践之中。西约克郡毛纺织工业巨头提图斯·索尔特（Titus Salt）爵士既是欧文的忠实崇拜者，也是一位卓有成效的实践者。位于英格兰西约克郡布拉德福德市、毗邻艾尔河和利物浦运河的索尔泰尔，成为另一个典范。索尔泰尔是索尔特的杰作，他虽然是商人，但也是个空想家。工业的快速发展，使城市化进程迅速加快，1830 年的布拉德福德人口已经猛增到 4.3 万人，城市笼罩在令人窒息的烟雾污染中。工人成为工业革命的牺牲品，工厂大量使用童工，工人的寿命难以超过 20 岁；他们居住在拥挤、肮脏的地方，卫生条件恶劣，疾病蔓延，犯罪事件层出不穷，生活水平急剧降低。

1844 年本杰明·迪斯雷利（Benjamin Disraeli）发表了《康明斯比》（Coningsby）和《新一代》（the New Generation）两部小说，呼吁资产阶级政府要同情平民百姓。受到小说的影响，索尔特希望为自己的工人创造一个美好的生活乐园。索尔泰尔建于 1851—1876 年间，在距布拉德福德 3 英里[①]的郊区；占地 25 英亩[②]，有 22 条街道，77 座建筑，45 所救济院，还有公园、船坞，是一座典型的公司镇。1853 年在索尔特 50 岁生日的时候，纺织厂竣工。这座纺织厂由洛克伍德和莫森（Lockwood & Mawson）事务所按照意大利风格设计，被视为“工业的宫殿”（The Palace of Industry），费尔贝恩（William Fairbairn）负责织机和动力安装。建筑南立面朝向铁路，长 166 米，高 22 米，烟囱高 68 米，是工厂巨大的广告。建筑呈对称布局，以满足工业生产功能和工

① 1 英里 =1.61 千米。
② 1 英亩 =4046.86 平方米。

艺流程为目标，被形容为“最大胆的意大利风格建筑”。建筑采用铸铁框架结构，屋面采用钢桁架，外墙采用当地的暖色砂岩和威尔士板岩，以避免火灾隐患。厂房面积约4.5万平方米，是当时世界上规模最大的工业建筑。工厂有14座锅炉，为4个蒸汽机提供1250马力①的动力，带动1200架纺织机，每天生产30 000码布。索尔泰尔的迅速发展，被看成西约克郡的乌托邦，和距离几英里外的贫穷乡村形成强烈对比。

① 1马力=0.74千瓦。

1892年索尔特停业，索尔泰尔逐渐开始衰落，只保留下昔日乐园的一角，艰难地维持着；最终难逃那些蓄意破坏者的黑手，但幸好只有不到1%的设施遭到破坏，最大程度保留了良好的完整性。大约一个世纪后，一个和索尔特有同样理想的资本家约翰森，怀着恢复其昔日兴盛的目的买下了索尔泰尔。今天我们看到的索尔泰尔就是他买下后经过整修，恢复原貌的新索尔泰尔。这里有4356名居民，建有医院、公共浴室、图书馆、音乐厅、俱乐部、台球室、健身房、实验室和学校，甚至有墓园。住宅由2～4个卧室，1个起居室及卫生设施组成，供应饮用水和天然气，按照等级分配。公司镇内还有一个6公顷的罗伯茨公园，带有一个板球场，还配有海滨长廊、露天音乐台、茶点室以及游泳和划船设施，体现了强烈的父爱主义的家长作风。这里的建筑风格和谐，质量完好，布局至今完整地保留着原始风貌，是哥特式建筑风格融入乡村环境的典范。索尔泰尔反映了纺织工业在当时经济和社会发展中扮演的重要角色，规划分区明确，包括生产区、生活区、休闲区，公共服务设施按照使用功能和方便程度散布其间，布局与河流、铁路有良好的衔接，在城市规划上对花园城市产生了深远影响。

索尔泰尔大量建筑被登录为I、II级保护建筑，1986年2月关闭后开始修复，建筑得到再利用，功能转换成商业和生产的混合使用，具有一定经济效益。建筑结构和围护结构保存完好，但70%的建筑屋面被替换。2001年对救济院窗户、门、屋顶和烟囱分别进行翻修，由布拉德福德大都会区市委员会、英国遗产和遗产彩票基金资助。2003年于此举行了建城150年的纪念活动。索尔泰尔2001年入选《世界遗产名录》（图10～图14）。

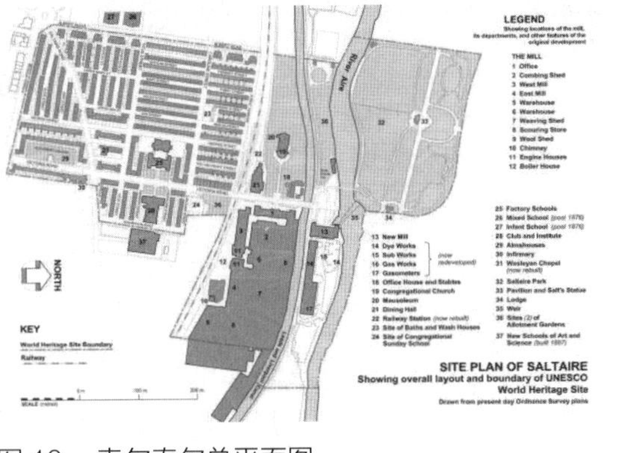

图10　索尔泰尔总平面图
（来源：https://saltairevillage.info/Saltaire_WHS_Building_Plan.html）

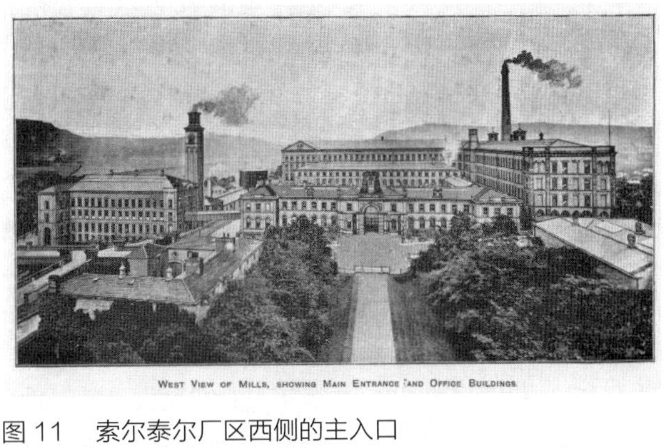

图11　索尔泰尔厂区西侧的主入口
（来源：https://saltairevillage.info/Saltaire_WHS_Salts_Mill.html）

图 12　索尔泰尔鸟瞰图
（来源：https://viajealpatrimonio.com/listing/saltaire/）

图 13　索尔泰尔厂房
（来源：http://www.lonese.com/uk-attractions/display.asp?id=406）

图 14　索尔泰尔住宅
（来源：https://www.unesco.nl/nl/erfgoed/saltaire）

5　公司镇的模范学生：美国普尔曼镇（Pullman town）

随着公司镇的模式在英国取得成功，企业家不仅赢得了良好的社会声誉，树立了良好的社会形象，还取得了更大的经济效益，因此公司镇迅速被其他国家效仿，尤其在美国得到了最大程度的发展。

5.1　美国第一座标准化的公司镇

普尔曼镇是美国第一座标准化的公司镇，1870 年代初普尔曼就访问过索尔泰尔，并把它作为自己的理想，因此两者之间有很多相似之处。

公司镇在当时的美国并不罕见，但普尔曼镇别具风格，充满了田园诗意：联排住宅周围是精心修整的草坪，街道中心是鲜花盛开的花坛，人行道两侧是高大茂密的乔木……除此之外，房型从单身公寓到家庭住宅、农庄小院、丁克住宅不一而足，在旁人眼中，普尔曼镇几乎就是乌托邦。公司镇几乎成为企业之间争夺工人的良方，普尔曼正是借此获得巨大成功。

乔治·普尔曼从一个普通工人逐步成为百万富翁，几乎是美国式传奇的代表。普尔曼认为，千篇一律的城市街区是美国快速工业化的产物，他决心要创造一个全新的环境，希望用良好的生活环境给企业带来更稳定的劳动力，培养一支快乐而忠诚的员工队伍来稳固和壮大自己的工业帝国。

普尔曼工厂吸引了成千上万的人到此就业，其中大多数是熟练工人，为了吸引并留住这些工人，公司还努力雇用工人的女眷从事诸如缝纫之类的工作。至 1883 年秋天，普尔曼镇的人口已超过 8000 人，族裔多元。 1885 年普尔曼居民中只有不到一半是土生土长的人，其余大多数是斯堪的纳维亚半岛、德国、英国和爱尔兰的移民。

在 1893 年哥伦比亚世界博览会期间，普尔曼创造的公司镇——围绕工厂组织家长式的工人社区，一度让公众着迷，并引起了全国轰动。游客蜂拥而至，参观这个模范小镇，普尔曼的仁慈和远见也受到广泛赞誉。

5.2 普尔曼镇的规划与建设

1880 年，普尔曼以 80 万美元的价格在芝加哥沿着伊利诺伊州中央铁路以南 14 英里的卡卢梅特湖附近购买了 4 000 英亩土地。他雇用了梭伦 · 斯宾塞 · 贝曼（Solon Spencer Beman）在这里设计新工厂，并且为了解决劳动力流失和劳工贫困的问题，他还在工厂附近建造了一座内有住房、购物区、教堂、剧院、公园、酒店以及员工图书馆的小镇，还聘请纳森 · 富兰克林 · 巴雷特（Nathan Franklin Barrett）对小镇进行了整体的景观设计。随后，普尔曼镇作为城市规划发展的典范而闻名全美。

1880 年春，普尔曼镇破土动工，建设工作进展得异常迅速，整个夏天，每周有一百多辆铁路货车在普尔曼镇卸货。到了秋天，工厂建筑正式建成，城镇的第一座非工业建筑佛罗伦萨酒店开始投入使用。

最先建造的工业厂房是砖厂，用以提供创建“第一个全砖城市”所需的材料。由于普尔曼镇的用地比密歇根湖水平面高十英尺①，陆地与水面之间为斜坡，地表是 90 英尺厚的肥沃的黏土层，下面是石灰岩，因此，黏土成为普尔曼公司生产普通砖的原材料。而镇内比较高档的部分建筑的外立面则选用了印第安纳州生产的红砖。

① 1 英尺 =0.3 米。

建造普尔曼镇的总成本为 800 万美元，而普尔曼镇的实际用地不到 300 英亩，其中包括了车间的占地。住宅区有 531 栋房屋，现在几乎所有住宅房屋都和最初兴建时的样貌相差不大。

第一批永久居民于 1881 年初入住，4 月，普尔曼车间开始运转，到 5 月，超过 350 人居住在普尔曼。普尔曼镇一期的建设于 1884 年完成。三室公寓的平均租金为每月 8.00～8.50 美元。五室联排别墅（带地下室、浴室，两层都有水管接入）的租金为每月 18 美元。专业人士和公司职员的大房子租金为每月 25 美元起步。房租是以每年要获得住房建设成本 6% 的回报来计算的；普尔曼的住房要比城市其他地区的贵一些，但质量远远优于其他地方。到 1893 年，普尔曼镇的居民，包括工人及其家属，已经达到 12 000 人。

巴雷特将普尔曼镇的景观设计定位为类似于郊区公园的概念，这对工人社区来说是一个激进的观念。每排房屋都有一个小的前院，沿大路种植各种各样的树，主要是白榆、枫树、白蜡木和菩提树，普尔曼公司拥有所有的住房产权，公司的员工负责景观维护。该公司的花房和苗圃位于 112 街尽头的卡卢梅特湖岸边，大约在 1892 年之后，每年种植超过 100 000 种开花植物。

5.3 普尔曼镇的建筑

普尔曼镇的住房类型丰富多样。建筑上的差异旨在满足收入、地位和家庭构成的变化以及街景的变化。这种变化在屋顶轮廓、烟囱和饰面材料的装饰水平上表现得很明显。同时，立面比例的相似性、关键细节的重复以及街道上的曲折保证了街区风格的连续性。

公司拥有产权并负责维护的住房的质量通常都非常好，这符合普尔曼的哲学，他认为快乐的工人能创造更高的效益。普尔曼公司的大多数员工住宅为两居室到七居室。基础和一些装饰物是用石头制成的，倾斜的屋面上铺着石板瓦。房屋至少以两户为一栋来建造，以此节省建筑和维护的成本。每个家庭都可以直接进入私人庭院、木棚和铺装过的小巷。小巷用作供应商供货和垃圾收集的通道，服务费已经包含在租金中。

5.4 工业大发展时代的缩影

马克 · 吐温将美国南北战争结束到 20 世纪初叶的这段时期称为“镀金时代”，到处都有机会，仿佛一个金灿灿的时代。南北战争后的 30 多年间，美国工业迅速走向了集中、垄断。垄断资本主义逐渐成为美国经济的基础，工业竞争日益激烈，工业巨头不断产生。当美国公司逐渐拥有了历史上任何一个经济体都不曾有过的经济力量时，它开始超越社会控制，进而开始支配社会。在这样的工业化大发展的浪潮中，普尔曼找准了自己的方向，与国俱进，也许可以算作是空想社会主义探索的延续。家长式的普尔曼镇成为美国这个时代的缩影，1970 年 12 月 30 日被宣布为国家历史地标（National Historic Landmark District）；2015 年 2 月 19 日被命名为国家纪念碑（National Monument）（图 15～图 19）。

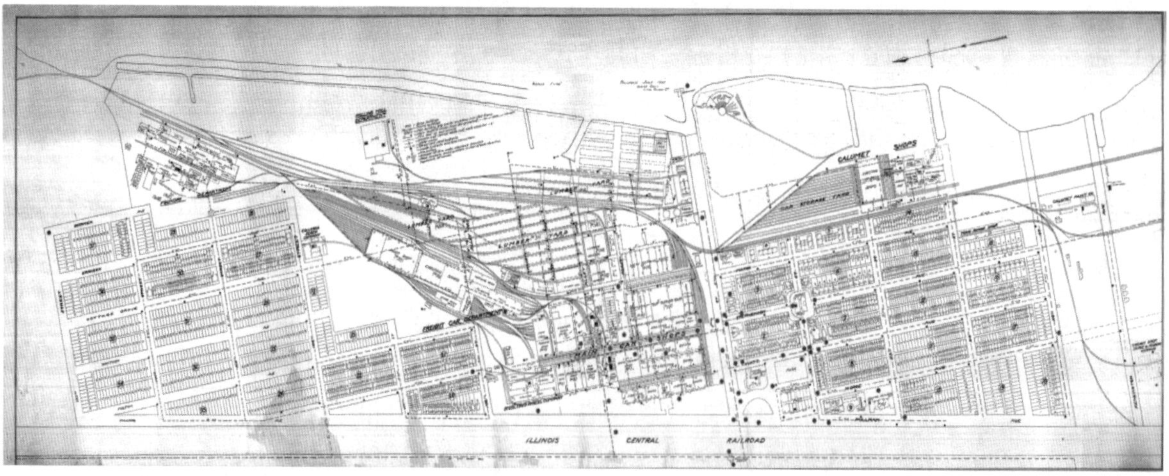

图 15　普尔曼镇总平面图
（来源：https://www.pullman-museum.org/）

图 16　普尔曼镇鸟瞰图
（来源：https://www.tmtpost.com/12895.html）

图 17　普尔曼镇主要街道
（来源：https://www.pullman-museum.org/）

图 18　普尔曼学校
（来源：https://www.pullman-museum.org/）

图 19　普尔曼镇工厂及办公区
（来源：https://www.pullman-museum.org/）

6　公司镇的华彩乐章：英国阳光港（Port Sunlight）

1801 年的英国，十分之七的人住在乡下；到了 1910 年，这一比例下降到了十分之二。维多利亚女王登基时，人口超过 10 万的城市只有 5 个；而 1891 年达到 23 个。工业革命使普通英国人从乡下人变成了城市工业工人。自由市场为实业家发财致富创造了条件，却给社会造成了困扰，这种利益冲突后来被称为“英国问题”。

随着时间的推移，凝聚着企业家坚定的社会理想、科学的规划思想、美好的建筑艺术追求的公司镇大家庭，迎来了阳光港的诞生，迎来了更新的探索。

6.1　历史

阳光港是英国默西塞德郡威拉尔大都会区的一个模范镇，位于下贝宾顿和新渡轮之间的威拉尔半岛上，是由利华兄弟公司（Lever Brothers）于 1888 年为肥皂厂（现在是联合利华的一部分）的工人建造的，名字来源于利华兄弟公司最受欢迎的清洁剂品牌 Sunlight。

威廉·利华（William Lever）是在典型的中下层家庭中长大的，生活在维多利亚时代中期，有着体面的工作。他的商业灵感来自作家塞缪尔·斯迈尔斯（Samuel Smiles）的书——《自助》（Self-Help），这是威廉·利华16岁生日时收到的礼物，“自助”成为他的指导思想，“抓住机遇”成为他的座右铭。当看到城镇的发展和生活水平的提高导致了基本商品和肥皂市场的扩大，威廉·利华突然萌生了打造品牌和代销肥皂的想法，要求利物浦的一家商标和专利代理商提出一系列品牌名称，他从中选择了“阳光”并用这个名字来推销肥皂生产公司的产品。由于对一些制造商不满，他买下了沃林顿·温瑟斯（Warrington Winsers）的租约，保留了训练有素的化学家和煮皂工，从而实现了高质量肥皂的生产和分销，并发展成为利华兄弟公司。

威廉·利华处在一个社会不平等、崇尚利己和市场自由的时代，大多数工人都居住在肮脏的贫民窟里。但他自己却是一位慈善家、社会改革家和恪守道德的人，他希望和他的工人分享创造的财富。他的指导思想是，只要有公平的机会，在体面的条件下，所有人都可以改善自己。为了避免因为出口而支付沉重的港口税和厂房租金，他决定购买场地，建设自己的工厂，为生产提供港口，为工人提供租金合理的住房，并为工人提供公共服务，由公司进行管理。工人们可以用这些公共设施改善自己，就像他自己的一样。利用那个时代的技术和发明，以及郊区运动的建筑师的创造力，并结合了利华对住房改革的兴趣，阳光港建成了。这是一个“整洁愉快”的公司镇，实现了利华与工人分享利润的愿望，在劳资之间创造了良好关系。工人们会努力工作，因为这不仅是为了公司利益，也是为了工人们自己的利益。

6.2 建设

1887年，利华兄弟公司开始寻找土地扩大其肥皂制造业务，当时公司总部设在沃灵顿。该公司在默西河以南的柴郡购买了23公顷的沼泽地，作为企业扩张的空间，该片土地位于河流和铁路线之间的黄金地段。

威廉·利华雇用了近30名建筑师，亲自监督村庄的规划设计。1899年至1914年间，建造了800栋住房，可容纳3500人，既为工人提供了体面卫生、经济实惠的居处，使他们的生活安全舒适，能够像真正的“人”一样茁壮成长，也激发了他们对公司的忠诚。配套的公共建筑包括艺术画廊、图书馆、音乐厅、医院、学校、露天游泳池、教堂和酒店。利华推行福利计划，为员工提供教育和娱乐，鼓励娱乐并促进艺术、文学、科学或音乐等社团组织开展丰富多彩的活动。

威廉·利华的目标是“使社会化的商业关系回到过去手工劳动时代那种亲如兄弟的关系”。他声称：阳光港并非一项慈善事业，而是“繁荣共享”的商业模式。他没有直接分配生产利润，而是将钱投资到公司镇的建设上。

工业革命引起的社会变革直到20世纪初还在继续，获得数量充沛、健康高效的劳动力队伍是当时企业家的愿景，威廉·利华创建的阳光港是无与伦比的，它使利华成为第一批实现这一梦想的企业家。

6.3 建筑

威廉·利华试图通过提供完善的设施来满足工人的文化、体育和家庭生活的需求，弥补社区凝聚力的不足。

1891年威廉·欧文（William Owen）设计了格拉德斯通大厅（Gladstone Hall）；格雷森和乌尔德（Grayson & Ould）设计了乡村商店，这是当年举行的设计竞赛中获胜的方案。1896年麦克斯韦和图克（Maxwell & Tuke）设计了黑池大厦（Blackpool Tower），它有一个山墙式的正立面，典型的乡村早期的复古主义风格，采用半木结构和红砖砌筑。1900年格雷森和乌尔德设计了桥酒店（Bridge Inn）。1902—1903年塔尔波特、格雷森和乌尔德（J.J.Talbot & Grayson & Ould）设计了镇上最漂亮的建筑赫斯基大厅（Hesketh Hall）。1902—1904年威廉·欧文和塞加·欧文（William & Segar Owen）设计了基督教堂。1916—1921年威廉·戈斯康比·约翰爵士（Sir William Goscombe John）完成了战争纪念碑设计，作为公司镇的中心。

阳光港没有完全相同的街区，住房都是按照当地的民间风格设计的，每个街区含2～18栋住房，但大多数街区由3～10栋住房组成。精致的外观掩盖了两种标准类型的基本内部结构——带厨房、储藏室和三个卧室的住房，以及带有客厅和第四卧室的住房。规划对场地进行了深入考虑，道路面向铁路，最大限度地提高村庄对过往列车的视觉影响。

阳光港的建筑受威廉·莫里斯思想和工艺美术运动（William Morris and the Arts and Crafts Movement）的影响，在建筑上采用半木结构，用木雕、砖石和抹灰装饰，还有模制或扭曲的烟囱和铅制玻璃图案。有些房子是用从比利时进口的砖建造的，具有佛兰芒（Flemish）风格。高质量的建筑材料加上精致的细节设计成为阳光港建筑的标志。这些郊区花园的建筑和景观不仅为工人提供了物质上的体面条件，并且风景如画，还具有历史文化价值。

阳光港在不同阶段使用的建筑材料也不同。1889—1897年，红砖被广泛使用，而黑白半木加上鲁本石（Ruabon stone）在这一时期也很常见。工艺美术运动中较为克制的元素渗透到20世纪初的建筑作品中，在第一次世界大战开始时，新格鲁吉亚元素被引入。威廉·利华注意到了当时一些专业人士对过度精雕细琢、奢侈昂贵的建筑材料提出的质疑，然而，在阳光港的建设上，他似乎忽视了这一点，许多设计保留了装饰，使其与众不同。威廉·利华对建筑学有着浓厚的兴趣，查尔斯·莱利（Charles H Reilly）教授引导他加入了利物浦建筑学院，设立了城市设计的讲座。第二次世界大战期间，许多建筑被毁，现代化和翻新工作使阳光港焕然一新，但其本来面貌和特征没有受到影响。

阳光港的建设使英国的公司镇有了进一步发展，从企业家个人的设想，到委托少数的建筑师进行规划设计，再到由多名建筑师共同进行集成设计；从工业宫殿到各种建筑风格荟萃，融于良好的郊区绿化景观环境中。公司镇从单一走向丰富，规模也越来越大。阳光港是英国早期城市规划中最优秀的案例，是乡村美学运动的典范，拥有900座II级登录建筑，并于1978年被宣布为保护区。虽然阳光港目前尚未被列入英国的申遗“预备名单”，但申遗的建议使其得到了更充分保护（图20～图24）。

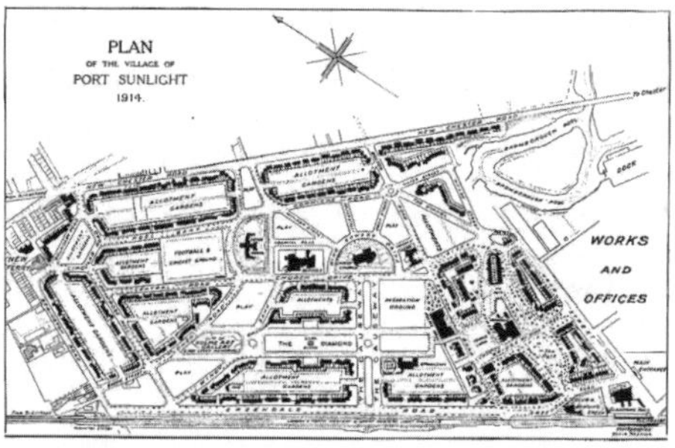

图20　阳光港总平面图（1914年）
（来源：https://victorianweb.org/art/architecture/portsunlight/1.html）

图21　阳光港住宅
（来源：https://www.portsunlightvillage.com/properties/）

图22　阳光港街道
（来源：https://www.erih.net/i-want-to-go-there/site/port-sunlight/）

图23　超过2000人居住在阳光港
（来源：https://lbndaily.co.uk/port-sunlights-ambitious-five-year-plan-grow-visitor-numbers/）

图24　阳光港博物馆
（来源：https://www.portsunlightvillage.com/visit-the-village/museum/）

7　隐秘的公司镇

需要保密的军事工业以及具有爆炸、污染危害的核工业基地形成的公司镇，是公司镇中的特例。这些自给自足，以研发、生产、维护大规模杀伤性武器为业的秘密城市，看似是世外桃源，实则潜藏着危险，一旦发生事故，其危害难以想象。这些隐秘的公司镇并非某一国家的独特发明，而是两次世界大战以及冷战的产物，它首先出现在西方国家。早在一战时期，英国就曾在苏格兰的海滨小镇兴建秘密军工厂，先后雇佣了近三万名女工生产弹药，以供应欧洲西线战事。图 25 所示区域位于苏格兰小镇格特纳（Gretna）附近，是一战弹药工厂原址之一，现已改作弹药仓库。二战期间，欧洲各主要参战国均有相当数量的城镇处于严格军事管理之下，承接了从大城市疏散而来的关键工业部门。

图 25　一战弹药工厂原址
（来源：https://news.ifeng.com/c/7faVCmxjz5S）

7.1　美国的核工业镇

冷战时期，美国制定了曼哈顿计划。为了制造人类历史上第一颗原子弹，美国在境内同时修建了汉福德、橡树岭、洛斯阿拉莫斯三座公司镇，分别用于生产钚的核反应堆、分离与制备高纯度浓缩铀以及最后的原子弹制造与测试。

汉福德工厂（Hanford Works）位于华盛顿州东南的一个 586 平方英里植被退化的荒漠区（图26），1943 年建立，最先兴建了 B 反应堆，是世界上第一个以钚运作（生产钚）的核反应堆。冷战期间，美国在此地建造了核武器。冷战结束后，这里还建了 N 反应堆、KE 和 KW 反应堆，成为核能废料储存地。1987 年最后一座反应堆停止运行。生产核武器的工艺给汉福德厂区留下了大量的固体和液体放射性废物，给哥伦比亚河流域留下了潜在的环境风险。因为长期在此制造核产品，这里一度成为美国核污染最严重的厂区，大约有 11000 名工人在汉福德进行环境污染的清除工作。

图 26　汉福德工厂
（来源：https://www.guancha.cn/ThirdWorld/2017_05_10_407605.shtml）

洛斯阿拉莫斯国家实验室（Los Alamos National Laboratory）建立于 1943 年，以前因为保密原因对外称为“Y 地点（Site Y）”，隶属于美国能源部。这里曾云集大批世界顶尖科学家，其建立者包括“原子弹之父”尤利乌斯·罗伯特·奥本海默（Julius Robert Oppenheimer）、“氢弹之父”爱德华·泰勒（Edward Teller）以及诺贝尔物理奖得主欧内斯特·劳伦斯（Ernest Orlando Lawrence），研制了世界上第一颗原子弹和第一颗氢弹，是著名的科学城和高科技辐射源。目前，洛斯阿拉莫斯国家实验室（图 27）是世界上最大的多功能实验室之一。

图 27　洛斯阿拉莫斯国家实验室
（来源：https://news.ifeng.com/c/7faVCmxjz5S）

阿巴拉契亚山脉里凭空建起的橡树岭国家实验室（Oak Ridge National Laboratory）在三座城镇中规模最大，功能最为齐全。代号“克林顿工厂”的橡树岭，由数座核工厂、附属设施以及橡树岭镇组成，拥有公寓、食堂、学校、医院乃至影院、体育场等当时美国社会的一切服务设施，具有美国典型公司镇的特质：生活居住区服务于生产研发区，城镇高度自给自足。在 1945 年制造原子弹的关键时期，橡树岭规模达到巅峰，居民达 7.5 万人。2000 年 4 月开始，橡树岭国家实验室由田纳西大学和 Battelle 纪念研究所共同管理。其使命是攻克美国当下面临的最严峻的科学难题，并开发新技术保护人类，为人类创造更加美好的生活（图 28～图 29）。

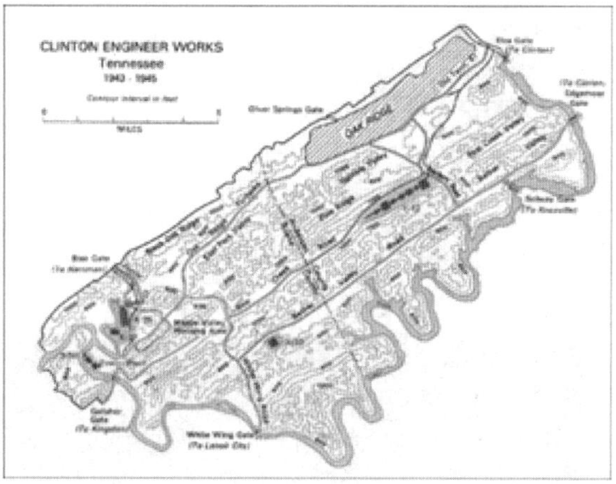

图 28　橡树岭地图
（来源：https://news.ifeng.com/c/7faVCmxjz5S）

图 29　建设中的橡树岭 Y-12 工厂
（来源：https://news.ifeng.com/c/7faVCmxjz5S）

2015 年 11 月，曼哈顿计划国家历史公园（Manhattan Project National Historical Park）成立，包括汉福德、橡树岭、洛斯阿拉莫斯三座公司镇，由美国国家公园管理局和美国能源部合作管理。该历史公园保留了二战时期美国开发世界上第一枚原子武器的部分地点，讲述了一个 60 多万美国人离开家园，为了一个被告知对战争至关重要的项目而工作的故事；讲述了一个将军、物理学家、化学家、数学家和工程师以前所未有的方式推动和扩大人类知识和技术成就的故事；讲述了一个与第二次世界大战有关的死亡和破坏，一种能够造成难以想象的破坏程度的新武器的故事；也讲述了冷战时期美苏核竞赛的故事。

7.2　苏联的核工业镇

美国成功研制原子弹后，苏联更是加紧将举国资源投入到核武器研发中，1946—1951 年间兴建了 10 座用于生产核材料与核武器的城镇。在洲际弹道导弹尚未发明的年代，苏联将这些核工业城市尽可能设在内陆腹地，或位于西伯利亚铀矿原产地附近，或在乌拉尔山脉最深处。这些隐秘城镇主要居住着科学家，当时被称为“atomgrad”，包括乌克兰的普里皮亚季、库兹涅佐夫斯克、尤日诺乌克赖恩斯克等。这些隐秘的工业城镇后来发展到 40 多座，130 多万居民，长期处于保密状态：与其他城市保持相当的距离，往往只靠一条铁路或公路维持联系，对外通信大多也只有一个由距其最近的城市的名称与数字组成的代码，有的甚至只有一个邮箱编号。如位于干涸的咸海中央的秘密城市坎图布克（Kantubek），代号 Aralsk-7，被废弃前曾是苏联在中亚最大的生物武器研究基地（图 30）。又如位于北极圈内的秘密城市诺里尔斯克（Norilsk），是俄罗斯西伯利亚地区最大的有色金属产地（图 31）。这里的生活比西方世界“更具优越性”，大多数人都自愿将一生投入到祖国的国防事业中去，在实现人生价值的同时也享受到一个封闭世界里最优裕的物质与精神生活。这些隐秘城镇运转和居民生活的费用全部由国家财政支出。苏联解体时，秘密城镇显得尤其茫然无措，政府对隐秘城镇的财政拨款甚至不到解体前的七分之一。人民生活一落千丈，很多城镇停工停产，行将崩溃。1986 年 4 月 26 日，乌克兰普里皮亚季附近的切尔诺贝利核电站发生爆炸，大量放射性物质泄漏，事故造成的人员伤亡巨大，众多参与救灾的武器装备就地废弃，附近居民撤离，那些为切尔诺贝利服务的公司镇沦为一座座“鬼城”。

图 30　坎图布克
（来源：https://news.ifeng.com/c/7faVCmxjz5S）

图 31　诺里尔斯克
（来源：https://news.ifeng.com/c/7faVCmxjz5S）

虽然时日艰难，但大多数隐秘城镇并未遭到废弃。尽管经济支持上力有不逮，俄罗斯政府还是在 1992 年就确立了联邦保密行政区（ZATO）制度，以法律形式首次公开确认了这些城市的行政实体地位。ZATO 目前包括 10 座核城，8 座海军基地，15 座火箭军基地以及 4 座航天基地等（图 32）。

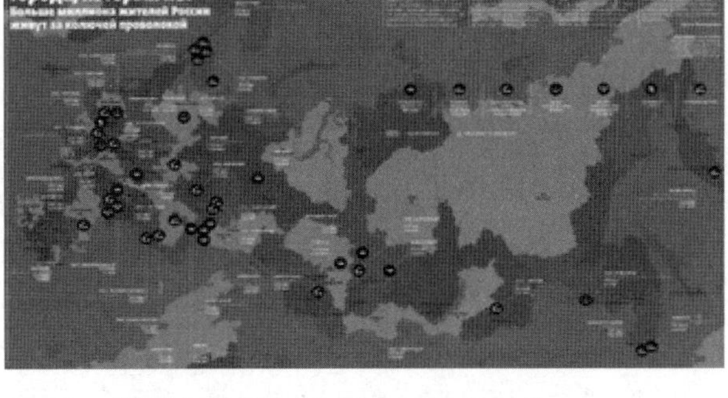

图 32　俄罗斯保密行政区（ZATO）一览
（来源：https://news.ifeng.com/c/7faVCmxjz5S）

7.3 中国的三线工业镇

陕西汉中南郑小南海镇的南峰机械厂，保密番号 202 厂，8 号信箱，原隶属于 012 基地，是三线军工企业，生产霹雳系列导弹。该厂 1966 年从湖南省株洲市搬到汉中，1996 年又从汉中搬到河南洛阳。这里曾经是一个上万人的工厂，占地 1200 多亩，办公楼、生产区、后勤大院、体育场、俱乐部、医院、子弟学校、液化气站、宿舍楼一应俱全，是三线企业的缩影，也是典型的“公司镇”。现在人去楼空，闲置 20 多年，渐渐荒芜（图 33 ～图 35）。

图 33　南峰机械厂礼堂
（来源：http://blog.sina.com.cn/u/2733725087）

图 34　南峰机械厂住宅区
（来源：http://slide.mil.news.sina.com.cn/k/slide_8_38692_59971.html?img=625756#p=4）

图 35　南峰机械厂体育场
（来源：http://www2.zhihu.com/question/67326320）

8　结语

如果说 18 世纪的一百年，是工业生产技术像雨后春笋一样，不断发明创造并实现全球传播的工业革命的“启蒙时代”；那么，19 世纪的一百年，就是如何面对和有效治理这个崭新的工业社会，弥合巨大的社会鸿沟的工业革命的“觉醒时代”，人们充满想象、思考和实验。如果说父爱主义是家庭的放大和企业家朴素的情感在工厂管理中的体现，那么“空想社会主义”学家在理论上的思索和建构，则揭露了资本主义社会的实质，且他们的社会实验和在工业企业管理中的直接应用，对社会未来发展无疑具有特殊的价值。规划师与建筑师在空间形态的建筑艺术上也做出了大胆设想，进行了有益的尝试。

公司镇成为农业社会向工业社会过渡的产物，充满着工业企业家对政治、社会、文化、规划、建筑、景观的探索，也饱含着他们成就个人事业的“幻想”和“野心”，成为人们步入工业文明和工业社会初期最好的案例，为社会主义工业文化的诞生和发展奠定了坚实基础。

在20世纪的百年里，经历了两次世界大战、冷战以及全球化浪潮，“隐秘的公司镇”这种独立于政府的城市管理体系之外，依附于军事工业或核工业，又类似于城镇的特殊类型，承担着特殊的国家使命。其管理不再像传统的公司镇一样依靠于某家企业，而是由国家直接管理，满足国家的战略需要。虽然建设这些“隐秘的公司镇”的初衷、理念和目标，与传统的公司镇完全不同，但在空间形态、硬件设施和社会组织上，却有着惊人的相似，只是对建筑艺术的追求大打折扣。公司镇这种模式后来还演变出了大学城、科学城、产业园等形态，甚至某些特色小镇也有着公司镇的影子，未来他们也许还会产生新的影响。

公司镇广泛分布于世界各国，在不同时期、不同产业、不同地域各有特点，而且命运多舛，与政治、经济、社会、文化相互影响，在规划、建筑、景观等方面做出了积极探索和尝试，为工业文明树立了一座座不朽的丰碑。我们研究工业遗产，不仅需要研究厂区、建筑、技术、设备的遗存，更要进入更广泛的领域，深入工业建设的各个历史时期，关注工业建设的“社会”和“思想”。公司镇对于我们深刻理解工业遗产的社会价值，理解我国的工业城市、三线建设、企业大院和企业办社会，都具有启发意义。

参考文献

[1] 刘伯英 . 关于中国工业遗产科学价值的新思考 [J]. 工业建筑，2018,48(8):1–7,60.

[2] 刘伯英 . 世界文化遗产名录中的工业遗产（8）[J]. 工业建筑，2013,43(9):173–178.

[3] 刘伯英 . 世界文化遗产名录中的工业遗产（9）[J]. 工业建筑，2013,43(10):179–184.

[4] New Lanark in World Heritage List [EB/OL] .https://whc.unesco.org/en/list/429.

[5] New Lanark Site [EB/OL] . https://www.newlanark.org/.

[6] Pullman History Site [EB/OL] . https://www.pullman-museum.org.

[7] 卢山 . 普尔曼镇的回眸 [J]. 住区，2012(2):97–103.

[8] The Pullmans Palace Car Company [EB/OL] . https://www.midcontinent.org/

rollingstock/builders/pullman1.htm.
[9] Saltaire in World Heritage List [EB/OL]. https://whc.unesco.org/en/list/1028.
[10] Saltaire Site [EB/OL]. https://www.saltaire.net/.
[11] Port Sunlight Village Site [EB/OL]. https://www.portsunlightvillage.com/.
[12] 吕北客 . 地图上看不见的城市 [EB/OL]. (2017-08-22).https://news.ifeng.com/c/7faVCmxjz5S.

历史的追忆与解读
——《中国工业遗产史录·山东卷》撰写与思考

姜　波　山东建筑大学齐鲁文化研究中心

摘　要：近代山东工业遗产反映了山东工业的发展历程，是山东文化遗产的重要组成部分，在中国工业遗产组成中占有十分重要的地位。具有时代特征的工业遗产，体现的是一个地区的风貌特色。自2017年笔者开始《中国工业遗产史录·山东卷》撰写工作，历时三年，在原有的研究基础上对山东工业遗产进行了全面的补充调研和梳理，理清山东近代工业的发展脉络和现存工业遗产的现状，对山东工业遗产的保护和利用提出了自己的思考。

关 键 词：山东；近代工业；工业遗产；保护与思考

1　山东近代工业的发展历程

《中国工业遗产史录·山东卷》一书的撰写，从山东近代工业的发展历程着手，全面梳理了山东近现代工业发展先后经历的五个时期，即洋务运动开启的萌芽期，1898年《胶澳租界条约》签订后铁路兴建、内地开埠的发展期，一战开启后民族工业的兴盛期，抗战爆发后的萧条期和新中国成立后的加速发展期。

1.1　山东近代工业的萌芽期（1860—1897年）

山东的近代工业首先从烟台发端。1861年烟台开埠，德商在烟台创办了蛋粉厂。1874年规模较大的烟台缫丝局成立。1886年，李鸿章在烟台设立新式缫丝厂华丰工厂。1890年，商办协成机器厂在烟台开办。由此，烟台作为开埠口岸成为山东近代工业发端的第一个基点。

济南作为山东省府是山东近代工业发端的第二个基点，时任山东巡抚的丁宝桢在洋务运动高潮时创立了位于济南泺口的山东机器局，成为中国东部地区建立最早的近代军工企业之一。因此，洋务运动推动了山东军事工业肇始。

山东近代工业发端的第三个基点是枣庄峄县。峄县是中兴煤矿公司所在地，该公司是我国近现代第一家完全由中国人自办的民族矿业企业，也是中国近代设立较早的民族资本煤矿。1880年，北洋大臣李鸿章提出“官督商办”，创办山东中兴矿务局。1887年后，随着洋务运动的延伸，官办淄川铅矿、淄川煤矿青岛招商分局、济宁电报分局相继创办。这些官办企业的创立，成为山东近代工业起步的又一推动力。

1.2　山东近代工业的发展期（1898—1913年）

中日甲午海战后，1895年《马关条约》签订。日俄战争爆发后，美英等国从经济上支援日本，暂时减少了对中国的资本输出。据统计，1886年至1905年，外国在山东投资总额为412.7万元，1906年至

1913年减少到56.8万元。这期间除了德国在山东的投资，美、英、日基本没在山东投资建厂。1898年清政府颁布《振兴工艺给奖章程》，鼓励兴办民族工业，使刚萌芽的山东民族工业得到较好的发展。1897年11月，德国攻占青岛，1898年《中德胶澳条约》签订，德国获得了在山东修筑铁路和开采矿产的权利，胶济铁路由此启动建设，并于1904年通车。1899年，德国先后设立华德铁路公司和华德山东矿务公司。1902年，华德山东矿务公司首先开办了潍县坊子煤矿和淄博张店附近的洪山煤矿，同时，在淄博金岭镇开创铁矿。坊子、淄博等工业城镇初步建成。

1906年1月，济南府城自行开放，“潍县、周村也一并开作商埠，作为济南分关统归济南商埠”。1912年，津浦铁路通车，促使沿线尤其是枣庄中兴煤矿的兴起，其在日后发展成了山东最大的民族工矿企业。

1.3　山东民族工业的兴盛期（1914—1937年）

第一次世界大战开始后，德资撤离山东，日本占领胶济铁路及沿线矿山，并开始了建设活动。由于一战对西方国家的牵制，山东民族资本有了一个比较宽松的发展环境。1912年津浦铁路开通后，济南以水陆交通条件优势迅速成为山东乃至华北地区重要的物资集散地，原料和产品得以从生产领域进入流通领域，民族资本大规模兴办实业，推动了济南工业的发展。

在“提倡国货挽回利权”的社会氛围下，特别是在1930年代韩复榘主鲁后，山东近代民族工业进入黄金期。但因国内外政治、经济等方面的影响，其恢复发展起伏不定。整体而言，这一时期的山东民族工商业呈恢复上升态势，不仅工业种类有所增加，纺织、化工、火柴、卷烟等轻工业也有较快发展，而且商业逐步扩大，以棉粮土产最为活跃。以漂染业为例，这一时期规模较大的颜料厂有裕兴、裕鲁、大华、中国等几家，其中使用机器动力的有裕兴和中国两家，而且周村、潍县等地受此影响，也陆续开设化工企业。另外，铁工业和机器制造业也在这一时期开始发展。“五三惨案”后，国人抵制日货浪潮日益高涨，民族工业得以兴盛，机器铁工、翻砂铸铁以及纺织、化工、火柴、印染等，多有新厂设立。

1.4　山东民族工业的全面萧条期（1938—1948年）

1937年7月7日“卢沟桥事变”，平津相继沦陷，日军南下，山东省主席韩复榘消极怠战，1937年12月济南沦陷，1938年1月青岛被日军占领，日本对中国民族工业排斥或没收，并采用军事管理、中日合作名义强行掠夺。占领后的第二年，成通、仁丰纱厂，成记、成丰、宝丰、惠丰等六个面粉厂，电灯公司、致敬洋灰公司、兴华造纸厂等济南主要工业企业被“军事管理”。日本通过“让渡”“合作”形式，对中国经济产业进行控制和掠夺。济南的主要工业都被控制在日本手中，新建工厂寥寥无几，青岛在这一时期也没有新厂建立。山东经济活动受到毁灭性打击，省内工业绝大多数处于停工状态。

抗日战争和解放战争时期，胶东、鲁中南、渤海等抗日根据地（后称解放区）利用当地资源，自力更生逐步建立和发展起了以军事工业和军民生活服务为主的化学工业，促使了敌后根据地工业的诞生。这一时期的工业，在医药制造方面发展突出，如1943年创建于胶东抗日根据地（现牟平县）的新华制药厂，是山东最早的公立西药厂。敌后根据地工业地点多不固定，为配合战况而随时转移，而且工业生产的空间多为借用的当地寺庙等公共建筑或民房。这些工业为抗日战争和解放战争的开展提供了重要支持，对新中国建设具有举足轻重的奠基意义。新中国成立后，这些工业厂址大都搬迁到济南、淄博市内。这一时期的工业遗存较少，却具有重要遗产价值。

1.5　新中国成立后山东工业的发展（1949—）

抗日战争和解放战争时期，城市破坏严重，加之新中国成立之初西方国家的经济封锁，促使我国自力更生进行生产建设。济南和青岛在解放后几天内水厂和电厂恢复正常，其他工业也很快得到恢复，并对121个企业进行了民主改革，建立工人管理委员会。到1952年，青岛市港口吞吐能力已由新中国成立之初的73万吨增至181万吨；淄博兵工厂内迁，工业企业发展到517个，工业总产值达8416万元；烟台港口吞吐能力超过20万吨；济宁拨款1.1亿元（旧币），对1.93万户工商手工业从业者进行扶持；胶济铁路也在较短时间内通车。全省工业总产值从1949年的4.2亿元上升到1952年的13.4亿元。城市经济开始复苏，居民生活逐步正常。经过三年恢复，山东城镇社会局面逐步稳定。

2　山东工业遗产的特征

山东工业遗产在不同历史时期有着不同的发展特色，其工业类型、厂房建筑等都具有鲜明的时代特征，本文在对山东工业遗产情况进行全面分析的基础上，对其特征和分布进行了归纳和总结。

2.1　洋务运动促使山东近代工业较早进步

山东近代工业起步于1860年，以烟台、济南、枣庄三地为代表。

1875年，洋务运动高潮时山东机器局在济南泺口成立，在发展中培养了一批近代工业技术骨干和产业工人，推动了山东民族工业的发展。1880年，枣庄中兴矿务局创办。洋务运动成为山东近代工业企业起步的动力。现在位于威海、烟台海岸线的海防军事工业遗产，如烟台西郊通神岗上的西炮台和刘公岛的军事工业建筑群，就是近代战争历史的见证，成为山东工业遗产的重要特色。

2.2　工业类型较全，民族工业相对发达

山东工业遗产类型丰富，重工业有钢铁、冶金、机械、化工等工业，轻工业包括食品、医药、酿酒、纺织工业等。另外，山东作为产棉、产粮大省，加之其独特的地理、交通优势，民族工业中的纺织业和面粉业在国内影响深远。起步于济南开埠后的面粉业以苗氏企业为代表，是推动济南乃至山东民族工业兴盛的重要动力。纺织业在青岛、济南、淄博等地均有遗存，其中青岛、济南纺织类工业是中华人民共和国成立前民族工业的代表，其工业遗产时间跨度大、价值突出。

2.3　沿海开埠城市较早成为典型性工业城市

1861 年烟台开埠后，凭借地理优势，很快发展成东部沿海地区重要贸易中心，国内外客商云集，商业贸易空前繁荣。这在客观上刺激了烟台传统经济结构的分解，一批颇具实力的民族工商企业相继诞生，如烟台政记轮船公司、生明电灯公司、华丰缫丝厂、醴泉啤酒厂等。民族企业除了数量可观，在规模和质量上也显示出强劲势头，近代烟台缫丝、丝绸、酿酒、制钟等行业均居全国前列，其中不乏有口皆碑的“张裕酒”“宝时钟”“罗锅香皂”等传世名牌产品。据《山东省志资料》统计，20 世纪头十年，山东民族资本主义工矿企业共 66 家，其中资本在一万元以上的共 17 家，而烟台就有 7 家之多。可见，近代烟台是山东民族工业最发达的地区之一。

1897 年，德国政府借口“曹州教案”攻占青岛。德国寄希望于通过青岛这个“模范殖民地”，来展示其特殊的殖民主义——“世界政策”和提高民族威望。德国人将青岛定位为军事基地和贸易中心，从而带动了城市生活需求，触发了青岛近代工业的产生与发展，青岛成为中国较早工业化的城市之一。

1900 年，德国胶澳总督府编制《青岛城市规划》，规划区面积 20 平方千米，但未对人口作出规划。规划将租界划为内外两界，外界为李村，内界为青岛。1904 年，青岛市区人口为 28 838 人。1910 年编制《青岛市区扩张规划》，使市区继续沿西海岸向北，顺着较平坦地区向东发展。规划面积是原规划市区面积的 4 倍，约 80 平方千米。初步形成南北长、东西窄的带形城市。田野调查发现，1980 年以前的工业遗产均沿胶济铁路布局，胶济铁路在很大程度上影响了青岛具有自身特色的城市空间的形成。

2.4 近代铁路沿线形成近代工业城镇

1899年，德国先后设立华德铁路公司和华德山东矿物公司。1905年，《胶济铁路总体规划》出台，随着铁路的建设，华德山东矿物公司开始了对山东腹地资源的开发，并由此形成以近代工矿业为主的坊子、淄川等新兴城镇。除此之外，许多自给自足的小城，因胶济铁路的通车发生了巨大变化，如高密、郊县、明水、益都等普通县城，因处于胶济铁路沿线，很快便发展壮大。

随着胶济铁路的通车，济南、周村、潍县自开商埠。1904年，济南设商埠总局，制定《济南商埠租建章程》15条，商埠总局下设工程处等机构。[1] 同时，绘制了《济南商埠全界图》，勘定商埠界址在旧城西关外，此即济南最早的开埠规划，并将东西沿铁路走向的叫作“经”路，南北向的叫作“纬”路，形成比较规则的“棋盘式”道路网。

1912年津浦铁路通车，济南成为南、北、东交通中枢，城市商业、工业得到迅速发展。德、日、英等国相继在济南设立领事馆、银行、商店等，并在济南修建工厂。到清朝末年，济南城市人口已发展到25万人。1948年济南解放，已基本形成省会大城市雏形。

2.5 “小三线”等工业遗产特色鲜明

1965年，毛泽东提出“三线”建设战略构想，山东开展了以“靠山，进洞，分散”为原则的“小三线”工业建设。因此，山东“小三线”工业遗产的特点是大多分布在隐蔽的沂蒙山区。有些生产空间还建造在人工开凿的山洞中，创造了世界工业史上的奇迹，成为山东工业遗产的特征之一。

石油工业遗产则在一个完整的油区系统，呈海陆布局，构成了山东近现代工业遗产的另一特征。胜利油田由几个油区组成，包括发现华八井、营二井的东辛油田，发现坨十一井的胜坨油田和1968年发现的孤岛油田等，分布在东营、滨州、淄博、潍坊、青岛等地和渤海湾极浅海域。区域内包括产能建设工程和系统工程，如油气集输、供水、供电、通讯、交通、防护工程等。胜利炼油厂工业遗存位于淄博临淄，中石化炼油厂工业遗存位于济南历城区。

3 山东工业建筑风格特征

3.1 德国文艺复兴初期建筑艺术样式和结构形式

山东早期民族工业建筑受西方建筑流派风格影响，尤其受德国建筑风格影响较大。以胶济铁路的起点济南站为例，该站建成于1911年，采用了德国文艺复兴初期的建筑艺术样式和结构形式。建筑平面呈“一”字形，东西向布置，中部高大，突出部分为候车大厅，大厅立面作圆形隆起，置圆钟以强调中轴线。转角处为双层高大粗壮的圆柱，顶部装饰艾奥尼克柱头。西翼两层较长，东翼单层较短，作非对称处理，是经营管理和饭店用房。局部设地下室。立面线条简朴大方，门窗比例协调，硕大的坡屋面夹层上以弧形老虎窗打破了单调的沉闷感。整个建筑以灰黄色饰面，灰白色整砌蘑菇石为墙基，灰红色瓦屋面色彩明快。平面布局经济、适用，建筑物构图严谨、稳重，带给人一种庄严的感受。

3.2 青年风格派建筑风格特征

山东德占时期的建筑风格还受到20世纪初流行的青年风格派影响。以青岛啤酒博物馆为例，其早期建筑在细部特征和装饰方面受到青年风格派影响，[2] 特别是门、窗、外墙装饰等元素，与同时期德国本土酒厂在细部装饰方面非常相近。[3] 如A区3号办公楼汲取德国青年风格派的设计特点，门窗顶部用红砖弓形拱券，拱顶中心外凸砌砖，并在窗拱上部施以浅色灰墁分隔装饰。B区糖化大楼虽经过加建和改造，但南立面和西立面基本保持了原有的建筑细节，建筑上部建硬山墙，山墙采用曲线形轮廓，线条圆滑，与坡顶配合形成青岛德式建筑的典型风格。糖化大楼北立面保存较好的两个大门，采用典型德国青年风格派做法，用弓形、弧形和曲线制成白色铁艺线条，塑造枝叶造型形象，体现了20世纪初流行于欧洲的审美趣味。

3.3 中西合璧式

“一战”后，德国建筑风格对山东的影响逐渐减弱，山东民族工业建筑风格开始呈现多样化趋势。如烟台民族资本家李东山于1935年在烟台朝阳街建造的两层厂房，外墙用黄色瓷砖搭配精细的花岗石勒脚，配合大玻璃窗户，整体线条流畅，体现了现代建筑的特征。除此以外，民族风格的探索融合也是当时重要工业建筑的主要特色。从早期刘公岛北洋海军仓库到胶济铁路火车站站房，再到中兴煤矿等都出现了兼具中西风格的探索。

3.4 苏式风格

1950年代，在新中国与苏联交好的背景下，大批苏联专家到中国援建，在经济、工业、文化等不同领域对我国当时的社会经济发展起到推动作用，同时，也对中国建筑产生重要影响。苏联对中国建筑的影响可分为两个时期，由此形成了两种不同风格的苏式建筑。一是受1933—1955年“斯大林巴洛克”风格影响，国内修建了一批尖顶建筑，如北京展览馆、上海展览馆。二是1953年中苏签订援建项目协议后，修建的大量厂区居住建筑，这类建筑基本按照苏联标准化住宅样式进行建造。因新中国成立后工业发展需要，急需建造大量厂房和宿舍，所以这类建筑在中国各地比较常见，形成了今天在各大城市被人们称为“苏式建筑”的老楼。苏式建筑有两大典型特点：首先是建筑平面规矩，左右呈中轴对称，一般中间高两边低，主楼高耸，回廊宽缓伸展；其次是建筑整体具有“三段式”结构，即檐部、墙身、勒脚三个部分。苏式建筑整体呈现一种“庄重、典雅、具人性化”的设计理念，但建筑师们在设计建造中也加入了中国传统建筑的元素，而不是单纯的苏式建筑风格。

山东的苏式建筑主要体现在厂区、运输站、宿舍等建筑物上。如济南机床二厂、德州机床厂、烟台港客运站、淄博工人文化宫等，都保留着1950年代的仿苏式建筑。

4　山东工业遗产的保护与再利用思考

由于我国工业化起步较晚，对工业遗产的保护利用也是近二十年才开始，总体还处在积累经验的探索阶段。近年来，山东一些地方的工业遗产保护和利用也取得了一些成效，但相比全省工业遗产的保护和利用情况，仍然显得极为薄弱和不足。如何对山东工业遗产进行有效的保护和再利用，也是本文重点探讨的内容。

4.1　山东工业遗产保护的困境

首先，山东虽有丰富的工业遗产，但民众对工业遗产的认识十分有限。自1982年国务院公布第一批历史文化名城以来，山东曲阜、济南、青岛、聊城、邹城、临淄、泰安、蓬莱、烟台、青州10座城市先后被评为国家历史文化名城；济宁、淄博、潍坊、枣庄等13座城市被评为省级历史文化名城。但这些历史文化名城，很少将工业建筑遗产作为申报条件。近年来，随着城市扩张，原先偏居一隅的老工业区变成处于中心城区的繁华地段。但由于占地面积大、容积率低，这些老厂区首当其冲地成为商业开发对象，无数价值较高的老工业厂区被拆除，如在全国有影响力的代表性企业济南火柴厂、成记面粉厂等，在济南城市改造中被悉数拆毁。

其次，工业遗产保护涉及部门较多，各部门对遗产保护的侧重点不同，协调和管理工作较困难。作为国家级文物保护单位的威海刘公岛遗存的原北洋海军工程局、机器局、屯煤所、鱼雷修理厂等，由于隶属海军，目前大部分建筑闲置，有的被用作废品收购处，保存现状堪忧。离其不远的唯一幸存下来的原北洋海军的船坞——麻井子船坞，2006年9月被部分拆除填海，以进行潜艇展示。由于涉及相关部门较多，文物部门虽前去制止，也未能奏效。同样的事情，还发生在胶济铁路沿线历史站房如淄博建于1950年代的中国第四砂轮厂的普查工作中。

再次，工业遗产在山东已公布的文物保护单位中占比过少，评估认定工作有待跟进。因文物保护工作中对部分工业遗产持有“年代不够久远”的看法，使许多建于1960—1980年代的国家重点工业遗存被忽视。如今，1960年代的工业遗存已所剩无几。长此以往，20世纪七八十年代的工业遗存也行将消逝。

最后，省内工业遗产较少得到合理保护与利用。在众多山东较有名的工业建筑遗存中，除青岛啤酒厂、烟台张裕酿酒公司等少数企业利用原有的厂房建成了工业遗址博物馆外，大多数工业遗产没有得到合理保护和利用，处于闲置甚至废弃的状态。青岛啤酒博物馆已成为青岛发展工业遗产旅游的一张名片，在每年青岛啤酒节期间，成千上万的游客前往该地参观游玩，较好地带动了当地旅游业的发展。

鉴于以上几点，加强对山东近代工业遗产的保护已迫在眉睫。

4.2 山东工业遗产保护与再利用思考及展望

早在1980年代，山东建筑大学张润武先生就已开始关注山东工业遗产研究，并对济南铁路工业遗产进行调研。可以说，张润武先生开创了山东工业遗产研究的先河。沿着张润武先生走过的工业遗产学术研究道路，在先生的提携下，自1998年起笔者便开始了对山东工业遗产的关注和研究，特别是对山东的铁路站房进行了调查，搜集了大量资料。2002年，完成了对胶济铁路沿线坊子煤矿的调研。2004年，又指导学生完成了胶济铁路支线淄博煤矿的调研，并指导其撰写出了论文《原淄博矿务局近代建筑的调查和保护》。在2004年的中国近代建筑史研讨会上，笔者撰写的《山东坊子近代德式建筑的现状与保护》一文，成为国内最早关于坊子和淄博煤矿的工业遗产论文之一，笔者还在会上首次提出对胶济铁路沿线的工业遗产进行保护。2008年，笔者所在的山东建筑大学又与同济大学合作，完成了津浦铁路山东省运河沿岸的工业遗产普查，笔者发表了专业论文《运河之珠——再谈枣庄中兴煤矿工业遗产保护与利用》。

由于笔者自小生活在烟台——山东最早的开埠口岸，小时候住的胡同在著名的张裕公司的后门，一到腊月人们就拿着塑料桶从张裕公司后门去打散酒，整个胡同都弥漫着酒香。而父亲所在的烟台海洋渔业公司更是当年烟台数一数二的大企业，小时候对城市的记忆就是从工业厂房开始的。很可惜的是，近30年来当年烟台的工业厂房越来越少，几乎所有的童年记忆都荡然无存。放眼山东情况也大致如此，20年来，我们走遍了山东省内淄博、淄川、枣庄、济宁、青岛等具有代表性的工业遗产基地，对山东工业遗产情况有了全面的掌握。我们的普查是开展工业遗产保护和利用的第一步，在全面掌握基本情况的基础上，对其加以保护和利用才是最终体现工业遗产价值和文化的重要途径。而我们所能做的事情就是尽可能多地留存资料。

2010年，中国建筑学会工业遗产学会专业委员会成立，学界对工业遗产研究开始重视。随着对山东省工业遗产领域的挖掘和不断深入系统的研究，2016 年到 2018 年，我们又开始了《胶济铁路工业建筑遗产田野调查及价值评估研究》《胶济铁路沿线近现代工业遗产保护规划编制》和《全省工业遗产普查》课题的研究，对胶济铁路沿线老旧铁路线和历史工业建筑遗存的现状、价值和所存在问题进行全面分析，对全省工业遗产状况进行普查。这些工作的开展和保护办法的出台将有利于各地方工业遗产保护与再利用规划的研究，也能使得具有重要历史价值的工业遗产避免被拆迁的命运。

总之，工业遗产的保护与再利用符合我国可持续发展的复兴理念，应作为山东省和地方发展的战略。这将有利于地区文脉的保护和发扬，强化地区形象，推动地区振兴，不负山东在近现代发展进程中工业大省的历史地位。

5 结论

山东工业遗产是山东近现代工业发展的重要物证，透过这些工业遗产，我们能看到一份份历久弥新的精神积淀，为社会添注了永不衰竭的精神动力。山东工业遗产遗存丰富，但由于保护不当，认识不足，很多工业遗产遭到了不同程度的破坏。对于山东工业遗产的研究，截至目前，大多关注各类工业厂房及相关建筑的保护，较少对山东工业遗产进行全面系统的梳理。本文即是对山东近代工业的发展脉络和现存工业遗产的现状进行的全面梳理，探讨工业遗产保护问题，寻求工业遗产价值评价的方法和保护利用措施，希望通过对山东工业遗产的全面梳理打开工业遗产保护之门，展现山东工业遗产的魅力和重要性。

参考文献

[1] 张九龙. 齐鲁晚报·齐鲁壹点：百余年前的“济南新区”是这样规划的 [EB/OL].http://news.iqilu.com/shandong/shandonggedi/20170717/3625398.shtml.

[2] 钱毅，任璞 . 青岛德国近代建筑中的青年风格派设计初探 [J]. 华中建筑，2014(8):18-22.

[3] 刘庆 . 青岛地区物质文化遗产保护与利用研究 [D]. 济南：山东大学，2010.

国家文物保护单位视角下近现代工业遗产时空格局特征研究*

黎启国　郭树志　许召敏　合肥工业大学建筑与艺术学院

* 本文得到国家自然科学基金面上项目（52178036）、国家自然科学基金青年基金项目（51808408）、合肥市哲学社会科学规划项目（HFSKYY202111）、铜陵市软课题项目（SRKT2021-01）的资助。

摘　要：从第1～8批全国重点文物保护单位中筛选出140处近现代工业遗产作为研究样本，从时间和空间分布、行业构成和经营、建造属性等方面进行信息统计，基于ArcGIS平台构建工业遗产数据库，通过核密度分析、分布方向、平均中心等分析工具，探索国家文物保护单位中工业遗产的保护发展历程，对国家文物保护单位中工业遗产的时空格局演变进行解读，以期全方位了解国家文物保护单位中工业遗产现状。

关 键 词：全国重点文物保护单位；工业遗产；统计分析；ArcGIS；时空格局特征

前言

从工业考古到工业遗产，对有历史、艺术、科学等价值的工业建筑评估保护和适应性再利用方面的研究一直备受国内外学者的关注。中国对工业遗产的认识最初是在文物语境下开始的——1982年国家文物局发布的第二批全国重点文物保护单位①中安源路矿工人俱乐部是最早纳入国家保护层面的工业遗产[1]。2006年4月17日，“中国工业遗产保护论坛”在无锡举行，会上发表了《无锡建议》，首次发声倡议我国各界关注工业遗产，同年5月12日，国家文物局发布《关于加强工业遗产保护的通知》，要求各文物部门重视工业遗产的普查与保护，标志着全国范围的工业遗产保护工作已开始进行。随后，国务院决定在2007—2011年进行第三次全国文物普查，其中特别提到重视具有典型价值的近代工业建筑，开展了以国家层面为主导的全国工业遗产保护工作[2]。此后，文物语境下工业遗产保护工作蒸蒸日上，不仅国家文物保护单位中的工业遗产数量逐年增加，工业种类也愈加丰富，但对已经发布的国家文物保护单位中的工业遗产进行统计并分析其发展历程和时空格局演变的研究较少。

当前对工业遗产的统计研究多是以世界遗产名录为样本，为数不多的关于国家重点文物保护单位中工业遗产的研究也具有一定滞后性且研究角度并不全面。阙维民对国际工业遗产的保护历程和文献进行解读，并对世界遗产名录中的工业遗产进行国度分布、年录入数、时间分布等方面的统计分析[3]。崔卫华和宫丽娜从登录时间、地理分布、产业分布和登录标准等方面对世界遗产名录中的工业遗产进行统计研究[4]。青木信夫、张家浩和徐苏斌在构建中国工业遗产数据库时从前七批国家文物保护单位中筛选出86项近现代工业遗产[5]。季宏和王琼从前七批全国重点文物单位中筛选出79项近现代工业遗产进行统计，但只是从省份分布、行业分类结合各批次数量等方面进行简略的统计分析[6]。

本文以文物局发布的第一至第八批国家文物保护单位中的140处工

① 全国重点文物保护单位是由中华人民共和国国务院所属的文物行政部门——国家文物局对不可移动文物所核定的最高保护级别，以下简称为国保单位。

业遗产为样本，对 140 处工业遗产的时间分布、空间分布、行业构成和经营与建造类型情况进行统计。然后通过国家基础地理信息系统获取 140 处工业遗产坐标，利用 ArcGIS 构建国保单位工业遗产数据库并进行相关分析，结合中国近代历史环境的变迁，对国家文物保护单位中工业遗产的时空格局演变进行解读，为今后的文物保护单位中工业遗产的认定、保护提供数据处理与科学分析结论，促进文物保护单位中工业遗产时空布局均衡性发展。

1 全国重点文物保护单位中工业遗产保护的发展概况

全国重点文物保护单位是由中华人民共和国国务院文物行政部门国家文物局对不可移动文物所核定的最高保护级别。从 1961 年国务院公布第一批 180 处国保单位开始，至今已公布 8 批，包含古遗址、古墓葬、古建筑、石窟寺及石刻、近现代重要史迹及代表性建筑、其他 6 类共 5058 处国保单位，其中古建筑在数量上最多，其次是古遗址和近现代重要史迹及代表性建筑。第 1～8 批国保单位公布平均间隔时长为 8.3 年，其中第 1 批与第 2 批公布时间相差近 21 年，从第 2 批国保单位开始，国务院平均每隔 5～8 年公布一批国保单位，公布时间间隔较为稳定。

经过统计，在 8 批全国重点文物保护单位名单中共有 140 处工业遗产，主要发布类型为近现代重要史迹及代表性建筑，占所有文物保护数（5058 处）的 2.7 %，所占比例较低，表明我国在文物保护视角下对工业遗产的保护工作需要进一步加强。在 1961 年至 2019 年的 58 年间，工业遗产项目录入最少的批数是第 1 批（0 项），录入最多的批数是第 7 批（60 项），平均每批工业遗产录入数是 17.5 项。其中录入数超过平均值的批数分别为第 7 批（60 项）、第 8 批（54 项）。基于对 8 批工业遗产项目录入数的分析，笔者将国保单位中工业遗产保护的发展历程总结为以下两个时期。

1.1 萌芽期（第 1 批至第 5 批）

从图 1 可以看出前 5 批入选的工业遗产项目数量较少且趋于平稳，可以看出当时工业遗产并未受到重视和关注。

1.2 发展期（第 6 批至第 8 批）

作为对 2005 年国际古迹遗址日“工业遗产”主题的回应，2006 年 4 月来自国家文物局的工作人员和中国主要工业遗产城市的代表及专家学者，在无锡通过了保护工业遗产的《无锡建议》。同年 5 月国家文物局发布《关于加强工业遗产保护的通知》，要求各文物部门重视工业遗产的普查与保护，在国家层面拉开了中国工业遗产保护的序幕，掀起了中国工业遗产保护的高潮[7]。2007年4月，全国第三次文物普查启动，其中工业遗产受到特别重视，工业遗产的概念开始在全国各地逐渐推广开来，上海、天津、南京等城市开展了工业遗产专项普查。因此可以明显地看出第6批录入数量较前几批大幅增加，并且在第7批时录入数达到峰值。第8批录入项目数相较于第7批而言略微减少，但相对来说变化不大，在录入数量上逐渐趋于稳定。

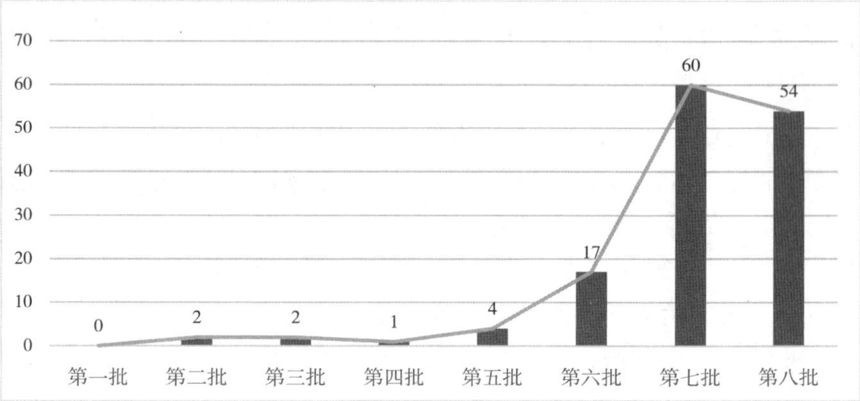

图1　第1～8批国保单位名单中工业遗产数量统计图
（来源：作者自绘）

2　样本的采集与筛选

2.1　数据的来源与筛选

一般而言，学术界普遍将《下塔吉尔宪章》对于工业遗产的定义①作为工业遗产的基本概念，本文根据《下塔吉尔宪章》对于工业遗产的定义，将从国务院公布的5058处全国重点文物保护单位中筛选出的140处工业遗产作为研究样本，统计样本包括用于工业活动所建造的建筑群、厂房、生产作坊，矿采及加工提炼遗址，仓库货栈，能源产生、输送与使用的遗址，交通运输及其基础设施，以及相关居住、工业教育、工业研究机构等和工业相关的社会活动场所。

2.2　研究方法

本研究运用资料收集法和文献查阅法采集国保单位中140处工业遗产的时间、地理位置、行业门类和经营类型等属性信息，在ArcGIS软件中导入信息建立点数据集，建立国保单位工业遗产数据库，制作工业遗产空间分布图（图2）。利用ArcGIS中的分析工具对国保单位中的工业遗产进行工业遗产点的核密度分析、平均中心分析和方向分布分析，将工业遗产的时空分布格局演变进行可视化表达与处理。

① 《下塔吉尔宪章》中对工业遗产的定义为："工业遗产包括工业文化的遗存，具有历史的、技术的、社会的、建筑的或科学的价值。这些遗存包括建筑群与机器、车间、工场和工厂、矿山与处理与提炼遗址、货栈与仓库、能源产生、输送与使用的遗址、交通及其所有基础设施，以及用于有关工业社会活动（诸如居住、宗教信仰或教育）的遗址。"

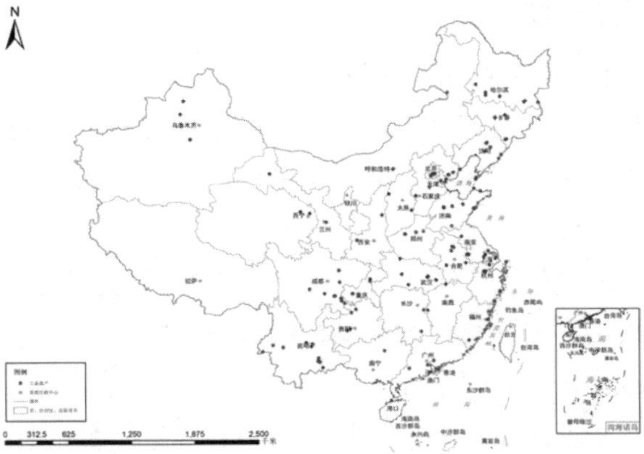

图 2　国保单位中工业遗产空间分布图

（来源：作者基于国家基础地理信息系统 1:400 万数据标准地图制作，底图无修改）

3　国保单位中工业遗产相关统计情况

3.1　时间分布统计

中国历史研究中以 1840 年和 1949 年两个年份为界，将历史时期划为古代、近代与现代 [8]，以此为依据，本研究以 1840 年之后的工业遗产为研究对象，以 1840 年鸦片战争、1895 年中日甲午战争、1912 年民国政府成立、1937 年日本发动全面侵华战争、1949 年中华人民共和国成立、1958 年开始的工业“大跃进”和 1964 年“三线”建设的开展为节点将近现代工业发展分为七个阶段，各个时期工业遗产数量和占比如表 1 所示。清朝晚期工业遗产约占总数的 35%，民国时期工业遗产占比约为 38.5%，中华人民共和国成立之后的工业遗产占比约为 26.5%，可以看出 1949 年之前的工业遗产录入数大于 1949 年之后，工业遗产分布存在不均衡性。

需要说明的是，1840 年之前的传统手工业遗产例如砖窑、手工艺作坊、矿采遗迹等数量众多且具有独特的历史和研究价值，但这些工业遗产通常也存在时间跨度较长、历史悠久且资料匮乏的情况，不纳入此次研究范围。

表 1　各工业时期国保单位中工业遗产分布

历史时期	工业发展阶段	年度范围	工业遗产数量/个	占比
清朝	近代工业萌芽期	1840—1894年	20	14.28%
	近代工业发展期	1895—1911年	33	23.57%
民国时期	近代工业繁荣期	1912—1936年	32	22.85%
	近代工业衰落期	1937—1949年	20	14.28%
中华人民共和国成立后	社会主义工业初创时期	1950—1957年	12	8.57%
	工业“大跃进”时期	1958—1963年	11	7.85%
	曲折发展时期	1964—1981年	12	8.57%

（来源：作者自制）

3.2 空间分布统计

3.2.1 各地区层面工业遗产统计

对各个地区的工业遗产项目数进行统计可以反映出各地区的关注度。基于统计结果（图 3）来看，华东地区是工业遗产项目录入最多的地区，说明其关注度最高。其他关注度较高的地区还有西南、华北和东北地区，关注度较低的有华中、西北和华南地区。各地区工业遗产关注度大致可以概括为由外往内逐渐减少的多核集中现象，东部、西南和东北三个沿海或边境地区的工业遗产项目数占总数的 60%，说明国保单位中工业遗产呈现区域不平衡现状，华中、华南和西北地区工业遗产需要进一步加以重视。

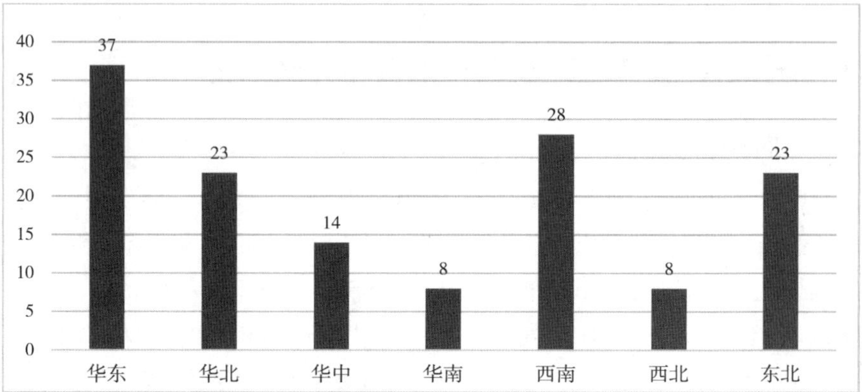

图 3　国保单位中工业遗产地区分布统计图
（来源：作者自绘）

3.2.2 省级行政区层面工业遗产统计

对各省份、自治区及直辖市的工业遗产录入数进行数据统计分析，从统计结果来看（表 2），省级行政区层面工业遗产关注度最多的有云南省、山东省、辽宁省和四川省，录入数均在平均值（4.5）的两倍及以上。关注度不及平均值一半（2.25）的省份有山西省、湖南省、海南省、陕西省、甘肃省、青海省、广西、西藏和宁夏，其中西藏和宁夏工业遗产项目均为 0。高于平均录入数的省份有 14 个，低于平均录入数的省份有 17 个，录入数最多和最少省份之间的数量相差较大。

表 2　国保单位中工业遗产各省区分布

省级行政区	数量/个	省级行政区	数量/个	省级行政区	数量/个
云南省	11	安徽省	5	山西省	2
山东省	9	天津市	5	湖南省	2
辽宁省	9	广东省	5	海南省	2
四川省	9	河南省	4	陕西省	2
湖北省	8	重庆市	4	甘肃省	2
黑龙江省	7	贵州省	4	青海省	1

续上表

省级行政区	数量/个	省级行政区	数量/个	省级行政区	数量/个
吉林省	7	江西省	4	广西	1
江苏省	7	上海市	3	西藏	0
河北省	7	福建省	3	宁夏	0
北京市	6	内蒙古	3		
浙江省	6	新疆	3		

（来源：作者自制）

3.3 行业构成

3.3.1 近代中国工业分类的发展历程

我国工业起步较晚，最早全国范围的工业分类始于1930年，国民政府工商部将当时的各类工厂分为13大类，以工厂数量的多寡为序，分为纺织、饮食、化学、机械、教育、建筑、公用、交通、衣服、器具、美术、杂品以及其他[9]。我国现行工业分类来自国家统计局1984年发布的《国民经济行业分类》，经过1994年、2002年、2011年和2017年四次修订，现有工业为采矿业，制造业，电力、热力、燃气及水生产和供应业三个大类别，41个工业大类[10]。

3.3.2 国内相关学者的工业分类研究

国内一些学者对工业遗产也进行了工业分类研究。清华大学刘伯英教授将工业遗产资源的类型分为6大类，分别为工业、交通运输、采矿设施、水利设施、能源设施和其他工程设施[11]。天津大学青木信夫教授将天津市工业遗产群分为行业门类、行业大类、行业中类三个级别，其中包括制造业、运输业、水利工程、采矿业、仓储业、通信业、基础设施、与工业相关的教育8大行业门类，包括饮食品加工、纺织业、冶金、机械制造等11个行业大类，食品、棉纺织、制药、造船等41个行业中类[12]。北京大学阙维民教授以《国民经济行业分类》与《三次产业划分规定》为依据，研究发现中国传统工业遗产主要分布于第二产业的“制造业”，其次是第二产业的“采矿业”与第三产业的“交通运输、仓储和邮政业”[8]。

3.3.3 国内工业名录中的工业分类研究

国内对工业遗产行业分类进行研究的主要是中国科协创新战略研究院和中国城市规划学会。在其共同发布的“中国工业遗产保护名录（第一批）名单”和“中国工业遗产保护名录（第二批）名单”中厘清了200个工业遗产所属包括造船、军工、兵工、冶金、航空、采矿、铁路、交通、建材、石油、机械、化工、造纸、纺织、陶瓷、酿酒、面粉、印刷、出版、市政、食品、电力、通信、电子、核工业、轻工、水利、水电、电力、造币共30个行业种类。虽然“中国工业遗产保护名录”中首次对工业遗产项目进行了行业划分，但是其并没有对30个行业进行分级分类研究。

笔者根据国内工业分类的相关研究将国保单位中的工业遗产进行分类，具体分类如表3所示。

表3　国保单位中工业遗产行业构成表

行业门类	行业大类	行业中类	数量/个	行业占比/%
制造业	食品加工制作	食品、饮料等食品的加工制造	13	24.11
	纺织	棉纺织、毛纺织、针织品等的制造	3	
	化学工业	肥料、涂料、日用化学品、陶瓷、碱、制药、火柴、制革等的制造	3	
	机械制造	通用设备、专用设备、造船、汽车、仪表等的制造	9	
	冶金	炼铁、炼钢、炼铜等	2	
	印刷	书、报、刊的印刷	3	
	影视	电影制作	1	
采矿业	煤炭	烟煤、无烟煤的开采	7	12.76
	石油和天然气	陆地及海洋的石油、天然气开采	6	
	金属矿采	黑色金属、有色金属、贵金属、放射性金属等的开采	1	
	非金属矿采	盐矿、土砂石、化学矿的开采	4	
军工业	兵工	军事工业遗存、兵器的研发与生产	18	19.85
	核工业	核燃料研究、生产、加工及核武器研制、生产	5	
	航天工业	航天器、航天运载器的研发与生产	5	
运输业	铁路运输	车站、铁道及附属设施	24	31.2
	公路运输	道路、桥梁	9	
	航空运输	机场	1	
	水路运输	码头、船闸、灯塔	5	
	仓储业	货物仓储、物流配送	4	
	邮政业	邮局	1	
基础设施	市政服务	水的生产和供应、钟楼、公共场所等	3	12.05
	水利工程	闸、扬水站、坝	4	
	电力工程	热电、火电、风电等	6	
	通信	无线电、电报、电视、电话、广播电视传输	2	
	工业教育	工业相关的教育学校	2	

（来源：作者自制）

3.4　经营与建造类型

对于国保单位中的中国近现代工业遗产的经营与建造类型可以从企业类与设施机构类进行分类研究（表4）。企业类工业遗产的经营类型具有鲜明的时代特性，本文将企业类划为晚清、民国和新中国三个时期来分类研究。晚清时期，以官方为主导开办的企业经营类型又分为官办、官商合办、官督商办、官转商办等类型，民间个人所创办的现代企业和传统工业的经营类型为商办类，外国在中国创办企业的经营类型为外商投资类。民国政府时期我国企业分为国营、民营、外商投资和中外合资类型。新中国成立以后，我国企业以国有企业、集体所有制企业为主，部分企业为苏联、东德援助建立，还包括建国初期的私营企业。

非企业类的工业遗产主要为工业基础设施和工业研究、教育机构。工业基础设施类包括道路、铁路、桥梁和市政设施等类型，这类工业遗产通常出资方拥有归属权，但建设方也很重要。因此从资金和建造两个因素出发，将工业基础设施类分为中资中建、中资外建、中资合建、外资中建和外资外建五种类型。这类工业遗产通常为政府所出资建立，其中中国政府提供资金的称为中资，外国政府提供资金的称为外资。工业研究、教育机构的创办类型分为中办、外办、中外合办和外国援办四种类型。

此外，有相当一部分工业遗产为战争期间日本在我国所建立的病毒研究所、军事工业遗迹以及强征我国人民进行矿产资源开采的遗址等，笔者将这些工业遗产划分为其他类。

表 4　国保单位中工业遗产经营与建造属性

<table>
<tr><th>类别</th><th colspan="2">经营/建造属性</th><th>说明</th></tr>
<tr><td rowspan="13">工业企业类</td><td rowspan="6">清朝时期</td><td>官办</td><td>包括清政府官员创办企业、官办军事企业和官办民用企业</td></tr>
<tr><td>商办</td><td>完全由私人出资创办的作坊和企业</td></tr>
<tr><td>官商合办</td><td>清政府利用民间私人资本，共同创办和管理的企业</td></tr>
<tr><td>官督商办</td><td>民间商人出资创办，清政府委派官员管理的企业</td></tr>
<tr><td>官转商办</td><td>由官办或官督商办转向商办的企业</td></tr>
<tr><td>外商投资</td><td>外国政府或商人在中国所投资创办的企业</td></tr>
<tr><td rowspan="4">民国时期</td><td>国营</td><td>由民国政府出资创办的企业</td></tr>
<tr><td>民营</td><td>民国时期由民族资本所创建的企业</td></tr>
<tr><td>外商投资</td><td>外国政府或商人在中国所投资创办的企业</td></tr>
<tr><td>共产党创办</td><td>中国共产党在民国时期所创办的工厂或企业</td></tr>
<tr><td rowspan="3">新中国时期</td><td>国有</td><td>国家出资创办的企业</td></tr>
<tr><td>私营</td><td>私有资本所创建的企业</td></tr>
<tr><td>外国援建</td><td>苏联和东德等社会主义国家向我国提供技术援助所建立的企业</td></tr>
<tr><td rowspan="9">工业设施机构类</td><td rowspan="5">工业基础设施</td><td>中资中建</td><td>由中国（清、民国或新中国）政府出资并完全由中国人所建造</td></tr>
<tr><td>中资外建</td><td>由中国政府出资，由外国人承包、设计和建造</td></tr>
<tr><td>中资合建</td><td>由中国政府出资，外国人承包或提供设计，中国人所建造</td></tr>
<tr><td>外资中建</td><td>由外国政府出资，招揽或强征中国人所建造</td></tr>
<tr><td>外资外建</td><td>由外国政府出资并建造</td></tr>
<tr><td rowspan="4">工业研究、教育机构</td><td>中办</td><td>中国出资所创办的机构</td></tr>
<tr><td>外办</td><td>外国出资所创办的机构</td></tr>
<tr><td>中外合办</td><td>中国和外国共同出资所创办的机构</td></tr>
<tr><td>外国援办</td><td>中国出资，外国提供部分帮助所创办的机构</td></tr>
<tr><td colspan="3">其他</td><td>日本在侵华战争期间所建立的相关军事、矿采工业遗迹</td></tr>
</table>

（来源：作者自制）

4 全国重点文物保护单位的工业遗产特征分析

4.1 不同时期工业遗产时空格局演变特征

4.1.1 近代工业萌芽期（1840—1894 年）

如图 4 所示，国保单位中 1840—1894 年间的工业遗产分布偏重沿海发达地区，内陆地区的工业遗产较少。南北方工业遗产数量相似，北方地区的工业遗产呈现出明显的聚集核心，主要集中在渤海周边的口岸城市，南方地区的工业遗产则相对分散。1840 年鸦片战争之后，外国列强开始了对中国的侵略与殖民，中国也被动地开始了近代工业的发展。这个时期的工业遗产始建时间集中在洋务运动期间，清政府为了应对列强的侵略开设了大量与军事工业相关的官办企业，譬如建造于 1860 年代的金陵兵工厂、福建船政和建造于 1880 年代的北洋水师大沽船坞、吉林机器局、南子弹库和旅顺船坞等。在这一时期，清政府也逐渐开始了铁路工业的发展，如始建于 1888 年的塘沽火车站和 1892 年的滦河铁桥见证了我国自主修建铁路的历史。外国列强为了进一步的殖民统治，在我国修建了大量的基础设施，包括始建于 1865 年的浙江沿海灯塔群等。在这一时期，我国工业发展主要依赖于外国列强，民族工业尚处于萌芽阶段，中国近代工业在屈辱中逐渐向近代化迈进。

4.1.2 近代工业发展期（1895—1911 年）

如图 5 所示，国保单位中 1895—1911 年间的工业遗产分布有向东北部地区集中的趋势，工业遗产分布呈现出以京、津、鲁等为主核心，云南为次核心，其他工业遗产分散分布于华中地区的状况。1895 年清政府在甲午战争中失败，宣告了洋务运动的彻底失败。此后，列强对我国的侵略和殖民也进一步加剧，始建于 1898 年的坊子德日建筑群、

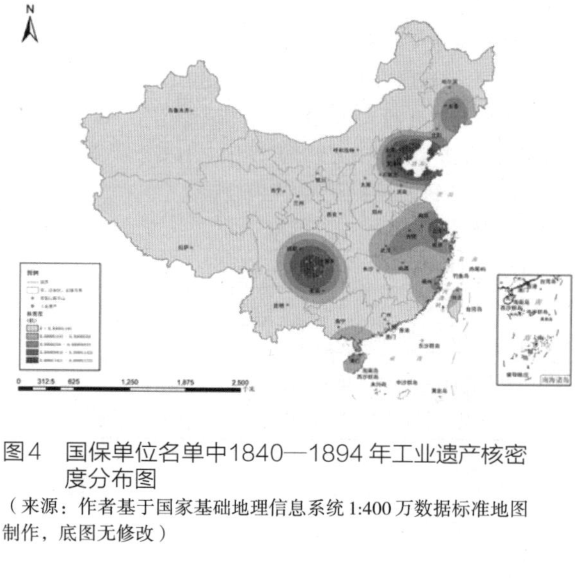

图4　国保单位名单中1840—1894 年工业遗产核密度分布图

（来源：作者基于国家基础地理信息系统 1:400 万数据标准地图制作，底图无修改）

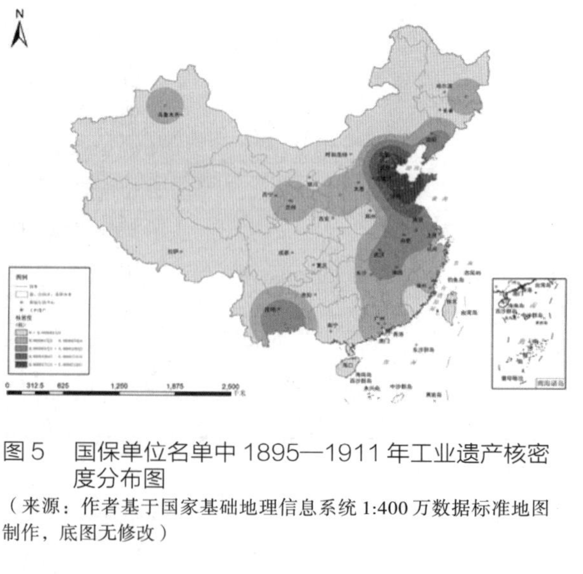

图 5　国保单位名单中 1895—1911 年工业遗产核密度分布图

（来源：作者基于国家基础地理信息系统 1:400 万数据标准地图制作，底图无修改）

1905 年的本溪湖工业遗产群和 1906 年淄博矿业集团的德日建筑群都是外国列强对我国矿业资源进行掠夺的实证。不少外资工厂和企业也在此时期创办，如始建于 1903 年的青岛啤酒厂、1910 年的美孚洋行等。在此期间，有大量铁路、车站和路桥等设施被修建，其中部分铁路设施为列强强征中国劳工修建，例如法国在云南修建滇越铁路上的伍家寨铁路桥、碧色寨车站，俄国在东北地区修建的中东铁路建筑群；部分为清政府与列强合作建设，如兰州黄河铁桥、浦口火车站等；其余部分完全由中国人设计和修建，如由詹天佑设计的京张铁路南口段至八达岭段、广九铁路石龙南桥等。与此同时，一部分先进的中国知识分子通过创办民族企业来实现实业救国、实业强国和实业富民的理想，如张謇于 1895 年创办的大生纱厂和始建于 1899 年的第一家完全由中国人创办的中兴煤矿公司都是如此。在这些内外因素影响下，我国工业得到了进一步发展，在屈辱中逐渐向近代化迈进。

4.1.3 近代工业繁荣期（1912—1936 年）

如图 6 所示，国保单位中 1912—1936 年间的工业遗产分布呈“大聚集，小分散，遍地开花”的分布格局。沿海地区和东北地区的工业遗产集聚度进一步强化，工业遗产分布聚集程度较高的江、浙、沪地区向华中地区蔓延形成了辐射范围较大的长三角主核心群，京—津—东北地区的聚集程度有所减弱形成次核心，内陆地区工业遗产数量有所增多但分布仍较为分散。辛亥革命后，中国人民的反帝爱国运动一浪高过一浪，广大群众抵制洋货提倡国货的行动使中国民族工业的发展出现了一个“短暂的春天”。在此期间，民族工业种类也得到进一步完善，比如建造于 1925 年的洞窝水电站、1928 年的第一届西湖博览会工业馆旧址、1928 年的江阴蚕种场、1934 年的德顺糖厂等都属此例；大量铁路

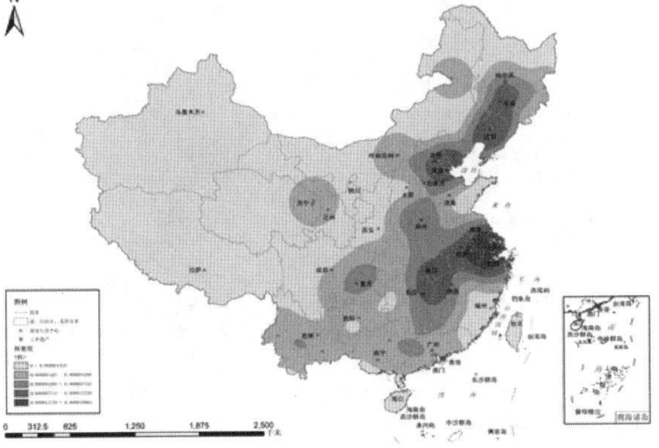

图 6　国保单位名单中 1912—1936 年工业遗产核密度分布图
（来源：作者基于国家基础地理信息系统 1:400 万数据标准地图制作，底图无修改）

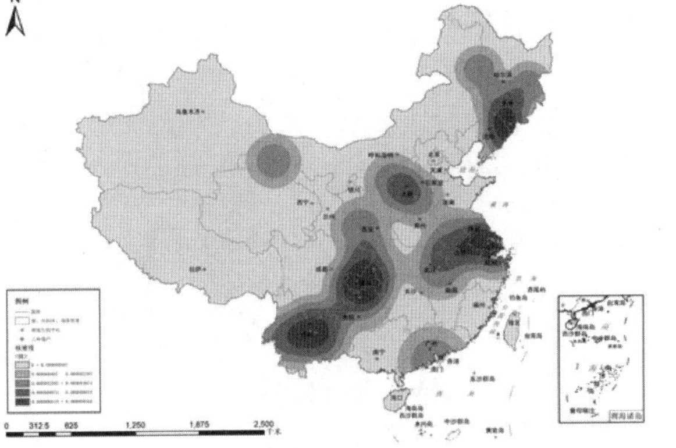

图 7　国保单位名单中 1937—1949 年工业遗产核密度分布图
（来源：作者基于国家基础地理信息系统 1:400 万数据标准地图制作，底图无修改）

车站建成，包括建于 1915 年的兴隆庄火车站、1918 年的个旧鸡街火车站、1921 年的白塔火车站等。因此这一时期是中国近代工业发展的繁荣期，工业遗产的录入数达到了 32 项，是所有时期中最多的。

4.1.4 近代工业衰落期（1937—1949 年）

如图 7 所示，国保单位中 1937—1949 年间的工业遗产分布有向西南地区转移的趋势。华东和东北地区的集聚度居高不下，仍为工业遗产最密集地区。重庆和云南地区聚集度加强，全国工业遗产分布呈明显的“大聚集，小分散，近中心化”格局。1930 年代后期至 1940 年代末，由于日本的侵略，近代民族工业陷入困境，日益萎缩。抗日战争时期，日本在中国建设了大量的军工类建筑，包括始建于 1938 年的侵华日军第 516 部队遗址、三灶岛侵华日军罪行遗迹等。日本空前野蛮的洗劫和破坏使沦陷区的民族工业受到毁灭性打击，因此在此期间国内所建立的多为与抗战相关的工业遗产，比如建于 1937 年的四行仓库抗战旧址、1939 年的重庆抗战兵器工业旧址群、1941 年的黄崖洞兵工厂旧址等。抗战胜利后，国民党发动内战，极大地破坏了经济发展，国民政府的恶性通货膨胀政策使民族工业遭到致命打击，工业发展停滞不前，现收录的此期间工业遗产只有 1946 年重建的茂新面粉厂、新建的华新水泥厂和人民空军东北老航校。

4.1.5 社会主义工业初创时期（1950—1957 年）

如图 8 所示，国保单位中 1950—1957 年间的工业遗产分布呈明显的聚集格局。此阶段新增工业遗产主要集中于中部和东部地区。新中国成立后，我国得到了苏联的工业援助，诸多工业建筑的建设得到了苏联专家的指导，比如建造于 1950 年的凤庆茶厂老厂区苏式风格的办公

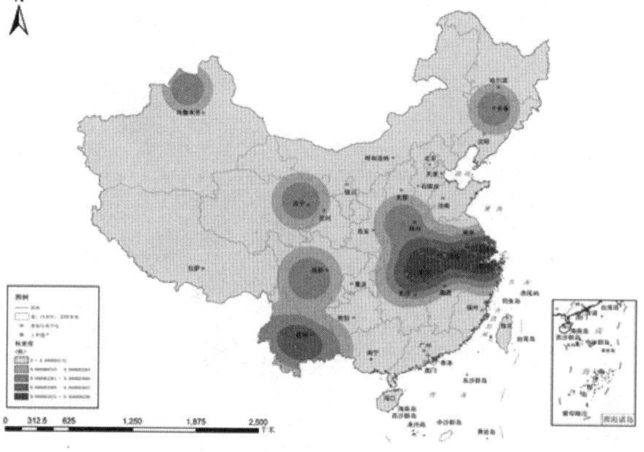

图 8　国保单位名单中 1950—1957 年工业遗产核密度分布图
（来源：作者基于国家基础地理信息系统 1:400 万数据标准地图制作，底图无修改）

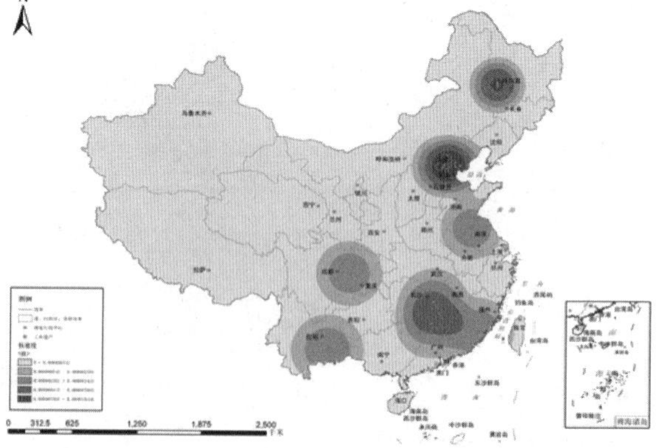

图 9　国保单位名单中 1958—1963 年工业遗产核密度分布图
（来源：作者基于国家基础地理信息系统 1:400 万数据标准地图制作，底图无修改）

楼，还有建造于1952年的王店粮仓也是在这样的大背景下，引进了苏联的房式仓建筑技术建造而成的，即“苏式粮仓”。之后中国实行了第一个五年计划，在此期间苏联对新中国工业领域实施156个项目援建，其中包括始建于1964年的洛阳涧西苏式建筑群（包括一拖、中铝洛钢等企业）、1956年的长春第一汽车制造厂、1956年的开远发电厂、1957年的武汉长江大桥。苏联的工业援助使我国初步建立起独立的工业体系，为我国社会主义工业化奠定了初步基础。在此期间我国开始了核工业的发展，比如中国第一个核武器研制基地即建造于1957年。

4.1.6 工业“大跃进”时期（1958—1963年）

如图9所示，国保单位中1958—1963年间新增工业遗产较少且呈现出“北聚集，南分散”的分布格局。北方地区新增工业遗产主要集聚在北京和大庆两个城市，南方地区无明显的聚集特征。建造于1958年的五更寮土高炉群是大炼钢铁时期的产物，建造于1959年和1960年的大庆油田第一口油井、铁人一口井井址是当时大炼石油的真实写照。从建造于1958年的原子能“一堆一器”旧址和1960年的核工业711功勋铀矿旧址两处遗产可以看出我国核工业也得到了进一步的发展。

4.1.7 曲折发展时期（1964—1981年）

如图10所示，国保单位中1964—1981年间的新增工业遗产几乎全部聚集于西南地区和华中地区。1964年起，我国开始向中西部地区进行军工业迁移的“三线”建设，国保单位中收录了不少“三线”建设时期的工业遗产，其中包括始建于1965年的贵州航空发动机厂旧址、1966年的贵州歼击机总装厂旧址、1969年的核武器研制基地旧址、1970年的航天066导弹基地旧址和1970年的火箭炮总装厂旧址。1966年“文化大革命”爆发，收录的此期间工业遗产只有建造于1975年的奇峰渡槽。“文革”结束后我国工业建设开始逐步恢复，期间收录的工业遗产包括建造于1979年的江厦潮汐试验电站和1981年的长岗坡渡槽。

4.2 近代工业地理分布特征

近代工业的地理分布特征通过计算各发展阶段工业遗产的标准差椭圆和平均中心获得。将各时期的平均中心按照时间顺序连接得到国保单位中工业遗产分布的平均中心移动轨迹图（图11）。由图可以看出1840—1911年工业遗产平均中心呈现出由北往南和由东往西移动的趋势，说明此阶段工业从沿海地区逐渐向内陆地区发展。1912—1936年工业遗产平均中心呈现出往东北发展的趋势，说明东部沿海地区和京津地区等发达地区对工业吸引力增强。1937—1949年间受抗日战争和解放战争的影响，工业平均中心向西南移动，对应了战争时期工业内迁的历史。1949—1963 年新中国成立之后工业平均中心向东北回迁，此时我国的经济发展主要集中在东部和北部发达地区。1963—1978 年工业平均中心向西南进行了较大的移动，这个时期是我国进行“三线”建设的工业迁移时期。

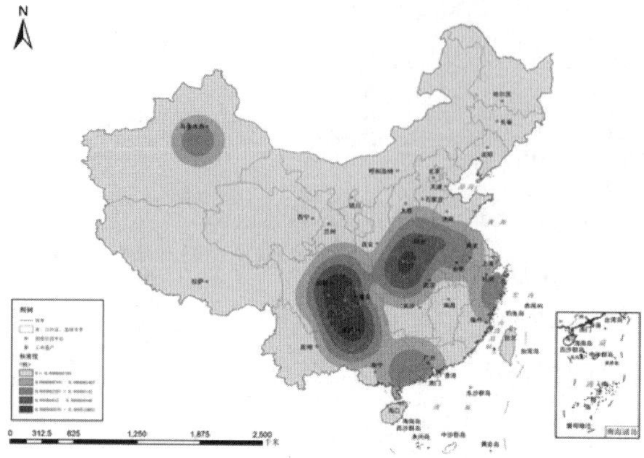

图 10　国保单位名单中 1964—1981 年工业遗产核密度分布图
（来源：作者基于国家基础地理信息系统 1:400 万数据标准地图制作，底图无修改）

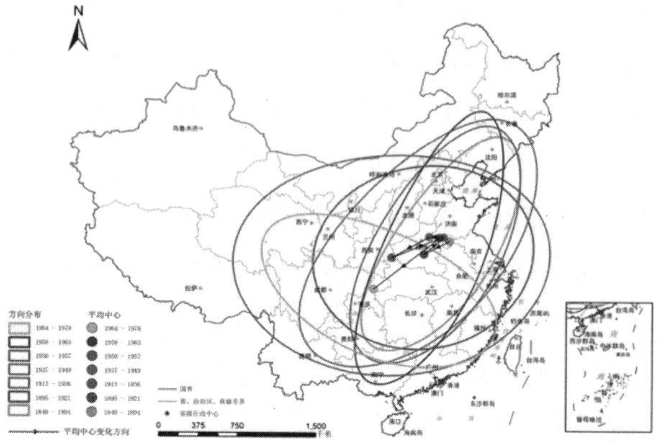

图 11　国保单位中工业遗产各时期分布方向与平均中心移动轨迹图
（来源：作者自绘）

5　结语

本研究对国保单位中的 140 处工业遗产进行时间分布、空间分布、行业构成和经营建造属性上的统计，并运用 ArcGIS 平台的相关技术分析不同时期工业遗产时空格局特征演变，研究结论如下：

（1）在时间分布上，国保单位不同时期新增工业遗产数：清代 > 民国 > 新中国。清代和民国时期新增工业遗产数量接近，远多于新中国成立后。建筑遗产距今越久，其重要性也随之增加，也就需要更加紧迫的保护，由此可见国保单位中工业遗产时间分布较为合理。

（2）在地理空间分布上，整体呈现“南多北少，东多西少”的格局特征，各地区和省份之间工业遗产分布数量差距明显，华东和西南地区工业遗产数量占比接近一半，数量最多的云南省有 11 个，宁夏回族自治区和西藏自治区工业遗产数量为 0。

（3）在行业构成上，国保单位中工业遗产行业类型丰富，可以分为 6 个行业门类和 25 个行业大类。在数量上，国保单位中各行业门类工业遗产数：运输业 > 制造业 > 军工业 > 采矿业 > 基础设施。其中，运输业和制造业总占比超过 50%，行业大类工业遗产数量占本行业门类比例较高的有运输业中的铁路运输类、制造业的食品加工制作类和军工业中的兵工类，其他行业大类数量分布较为均匀。

（4）在经营与建造属性上，企业类工业遗产经营属性在不同时期可以细分为不同的种类，清朝时期企业类工业遗产主要为官办企业，民国时期民营企业和外资企业明显增多，新中国成立后主要为国营企业。工业基础设施类的划分依据为出资方和建造方的归属，清朝时期的基础设施的建造属性主要为中资外建型，民国和新中国时期主要为中资中建型。工业研究、教育机构类工业遗产的经营类型在清朝时期主要为外办型，民国之后主要为中办型。

（5）国保单位中工业遗产在不同时期均呈现出不同程度的聚集性，每个时期的格局特征都受到当时历史、经济、社会人文等多元因素的共同影响。清朝时期工业遗产主要聚集在北京、天津等渤海周边地区，民国时期工业遗产主要聚集在长三角和东北地区，新中国成立后工业遗产聚集核心经历了较大的变化，由长三角地区转移至东北地区，后又转移至西南地区。

总体而言，我国国保单位中工业遗产收录数和占比呈逐批上升趋势，说明国家文物部门对工业遗产的关注度越来越高。随着国保单位中工业遗产的数量越来越多，国家文物部门在工业遗产未来的发展上须更多地考虑地区分布的均衡性，对于新中国成立以后的工业建筑可以加大普查力度，同时进一步完善和拓展工业遗产的工业种类和经营与建造属性，以此促进文物视角下工业遗产保护的进一步发展。

参考文献

[1] 第二批全国重点文物保护单位名单 [J]. 文物，1982(5):1–3.

[2] 刘伯英 . 中国工业建筑遗产研究综述 [J]. 新建筑，2012(2):4–9.

[3] 阙维民 . 国际工业遗产的保护与管理 [J]. 北京大学学报（自然科学版），2006(3):93–104.

[4] 崔卫华，宫丽娜 . 世界工业遗产的地理、产业分布及价值特征研究：基于《世界遗产名录》中工业遗产的统计分析 [J]. 经济地理，2011,31(1):162–165,176.

[5] 青木信夫，张家浩，徐苏斌 . 中国已知工业遗产数据库的建设与应用研究 [J]. 建筑师，2018(4):76–81.

[6] 季宏，王琼 . 世界遗产视角下的中国近现代工业遗产研究 [J]. 中外建筑，2015(12):58–61.

[7] 刘伯英 . 工业建筑遗产保护发展综述 [J]. 建筑学报，2012(1):12–17.

[8] 阙维民 . 世界遗产视野中的中国传统工业遗产 [J]. 经济地理，2008,28(6):1040–1044.

[9] 方书生 . 近代中国工业分类研究 [J]. 中国经济史研究，2016(4):115–126.

[10] 国家统计局 . 国民经济行业分类：GB/T 4754–2017 [S]. 北京：中国标准出版社，2017.

[11] 刘伯英，李匡 . 工业遗产的构成与价值评价方法 [J]. 建筑创作，2006(9):24–30.

[12] 青木信夫，闫觅，徐苏斌，等 . 天津工业遗产群的构成与特征分析 [J]. 建筑学报，2014(S2):7–11.

基于“共生理论”的工业遗产群体保护与利用

郝　博　徐苏斌　天津大学建筑学院

摘　要：工业遗产的保护近年越来越为人们所关注，但是将其作为一个整体并置于城市宏观层面加以保护与利用仍需探讨。文章以“共生理论”作为理论基础，选取了三个工业遗产群体统筹保护的实际案例，分别从遗产群与城市规划、遗产群与生产链相关的工业遗产、遗产群与人这三个层面来论述工业遗产群体的统筹保护与利用；并分别从政策解读和共生价值两方面面论述群体保护的必要性，从而实现“城市翻修”。

关 键 词：工业遗产；群体；共生理论；统筹保护；城市翻修

近年来，国内外对工业遗产持续关注，且我国正在由建筑增量时代向建筑存量时代转变，关于城市修补和生态修复的倡议相继提出。所以在进行工业遗产保护与利用时不再是研究人员各自为战，而是将其放置于城市之中，并联系其背后相关的人与活动，实现工业遗产群体与城市层面共生下的“城市翻修”[1]。

1　背景

1.1　关于工业遗产的保护与利用

1978 年国际工业遗产保护委员会（TICCIH）的成立标志着世界上第一个致力于促进工业遗产保护的国际性组织诞生，通过的关于工业遗产的《下塔吉尔宪章》在工业遗产保护领域具有里程碑的意义。到 2019 年底，在世界遗产名录中，工业遗产项目已经有 71 项，占所有世界遗产项目（共 1121 项）的 6.3%。

在国内，2006 年在无锡举办的第一届“中国工业遗产保护论坛”是第一次以工业遗产为主题的全国性会议，是中国工业遗产保护的里程碑。2007 年开展的第三次文物普查首次将工业遗产列入普查对象。2010 年中国建筑学会工业建筑遗产学术委员会成立，自此每年举办一次工业建筑遗产学术研讨会，汇集了工业遗产保护领域的最新成果。2014 年 5 月 29 日，工业遗产委员会（文物学会分会）成立。2019 年 11 月，习近平总书记在上海杨浦滨江考察时发表了关于“生活秀带”的重要讲话，强调加快推进老工业城市工业遗产保护利用，促进城市更新改造，探索老工业城市转型发展新路径，提出《推动老工业城市工业遗产保护利用实施方案》，实现从“工业锈带”转型为“生活秀带”。如表 1 所示各类涉及工业遗产的名单展示出对于工业遗产关注度逐渐提升。

表 1　各单位与机构发布的近代工业遗产批次与数目统计

名单	批次	总数量	工业遗产数量
全国重点文物保护单位	1	180	0

续上表

名单	批次	总数量	工业遗产数量
全国重点文物保护单位	2	62	1
	3	258	5
	4	250	0
	6	1080	23
	7	1943	69
工业和信息化部	1	/	11
	2	/	42
	3	/	49
中国工业遗产保护名录	1	/	100
	2	/	100
中国20世纪建筑遗产名单	1	99	8
	2	100	19
	3	100	17
	4	98	17

（来源：作者自绘）

1.2 城市更新背景下的工业遗产群体保护与利用

因为城市的快速建设与扩容，我国正在从增量时代逐渐过渡到存量规划时代。2014 年 3 月颁布的《国家新型城镇化规划（2014—2020 年）》中的第二十四章“深化土地管理制度改革”提出了“严格控制新增城镇建设用地规模”“推进老城区、旧厂房、城中村的改造和保护性开发”。[2]2014 年 9 月 13 — 15 日，中国城市规划学会主办了 2014 年中国城市规划年会的自由论坛，论坛主题为“面对存量和减量的总体规划”。存量和减量日益受到政府的重视。而在城市发展空间面临紧缩的形势下，当前存量规划的内容主要包括以下几方面：①旧城更新与改造规划；②环境综合整治规划；③ 交通改善和基础设施提升规划；④历史街区和风貌保护规划；⑤产业升级与园区整合规划；⑥土地整备与拆迁安置规划等。[3]

基于城市更新背景下的工业遗产保护与利用的相关案例和研究不胜枚举。关于巴塞罗那 22 区的更新规划和当地政府针对此规划提出的城市白皮书和都市计划修正案，是值得反复提及的优秀案例；[4] 而纽约的高线公园在城市修补中起到区域共生的作用 [5]，已经成为一个城市层面的失落空间优化更新的案例。在国内将工业遗产作为区块性质进行考虑，与整个城市进行统筹共生的研究也非常多。由北京第三无线电器材厂改造成的北京 798 创意园区，规范了厂区内部的发展，还能够给周边地段的改造提供指导；[6] 由松山卷烟厂改造成的台北松山文创园区，成为台北片区一个新的文化展示和商业区，融入周边众多的文化娱乐建筑群中。

1.3　关于“共生理论”的研究

在规划与建筑学领域，日本学者黑川纪章于 1959 年提出社会发展将“从机器原理时代迈向生命原理时代”[7]，首次将共生思想应用到城市规划及建筑学领域。“共生理论”是基于“生命原理”的一种城市观和建筑观，其中涉及的重要概念有二，分别是新陈代谢和共生。

这种“共生理论”后被应用于众多城市存量规划统筹协调问题中，在工业遗产群保护和利用的一些案例中取得了有效成果。季宏以福建马尾船政厂为例，探索了兼顾工业生产与工业遗产展示的“活态遗产”保护方法与共生更新策略。[8] 苏锐将城市设计中的“城市触媒”手法作为理论基础，以绵阳朝阳厂工业遗产为研究对象，在城市的视角下探讨旧工业区从经济、文化等多角度的复兴，以达到城市与遗产共生的目的。[9] 高长征等人提出对洛阳轴承厂工业遗产进行共融性保护与更新，在“共生理念”的语境中，既能够尊重文物本体，又能将功能有效植入周边的城市环境，进而达到一种共生融合。[10]

2　实际案例

宏观尺度下的共生思路是城市存量时代背景下继续发展的基础。天津大沽船坞毗邻天津滨海新区于家堡金融中心，在存量更新的大背景下也应该考虑如何做到工业遗产群体对于城市规划角度的协调和利用；鞍山钢铁厂的工业遗产群作为我国现存最早的、产业链保存最为完整的活态保存工业遗产群，将产业链涉及的建筑囊括在工业遗产群体中，以群体的形式进行保护；天津市的棉三创意园区与遗产社区之间坚持协同保护的原则，以消除园区和原居民之间的壁垒。下面以这三种尺度下的工业遗产群体保护为例，论述基于共生理论的统筹保护与利用。

2.1　工业遗产群体与城市规划层面的统筹保护——大沽船坞

北洋水师大沽船坞的群体性保护规划是典型的工业遗产群体与城市商业性质用地规划之间的统筹保护。北洋水师大沽船坞始建于 1880 年，是近代中国北方的第一个船坞，大沽船坞原邻近海港，拥有优越的海港条件。现大沽船坞工业遗址地处海河南岸（图 1），仅存甲坞和轮机厂房，遗址现为天津市船厂所在地，占地面积 48 公顷，与于家堡中心商务区隔海河相望。近年来大沽船坞作为工业遗产开始进入人们的视野，在遗产保护与城市规划层面也都开始了相应的统筹保护。

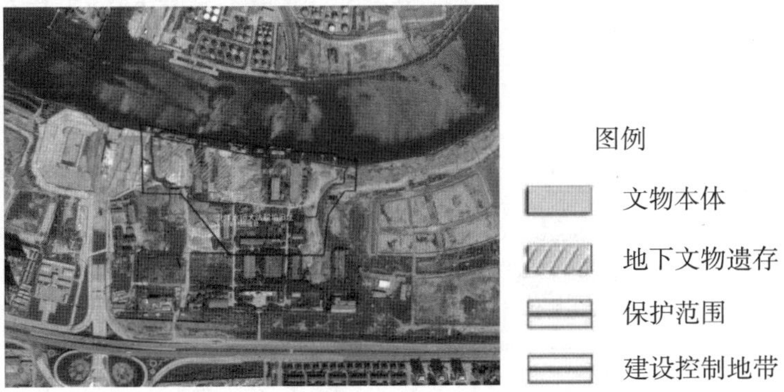

图 1　大沽船坞现状及保护情况
（来源：北洋水师大沽船坞遗址轮机厂房修缮工程文本）

随着滨海新区的规划建设，形成了沿海河和垂直于海河的“一轴一带”规划格局，其中以于家堡为中心的滨海新区中心商务区为重要节点，大沽船坞隔海河毗邻该商务区，位于其轴线上。其现有用地性质与规划不相适应，因此需要基于共生的角度，统筹考虑大沽船坞与海河、于家堡中心商务区以及中央大道南北发展主轴之间的关联，对大沽船坞遗址重新进行城市层面的定位。

大沽船坞在规划过程中，秉持着协调统筹的思想，依据 2006 年（图 2）和 2012 年（图 3）滨海新区的核心区效果图和上位规划，可以看出大沽船坞由最初的完全工业性质用地，到 2006 年全部规划为商业性质用地，再到 2012 年规划成为商业加商住加公共绿地的用地性质。用地性质在发展过程中逐步协调，逐渐实现更加细致化的共生定位，不但融入了周边的商业环境，还保留了工业遗产原有的历史与文化性质，同时还考量了城市绿地的需求，将城市绿地、城市建筑建设和遗产保护进行“三位一体”的规划，良好地贯彻了共生理念。

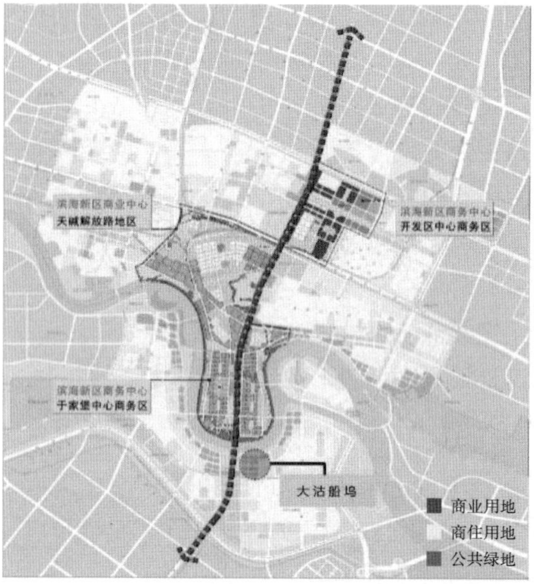

图 2　2006 年天津市滨海新区的核心区上位规划
（来源：张赫提供，作者改绘）

图 3　2012 年天津市滨海新区的核心区上位规划
（来源：张赫提供，作者改绘）

2.2　工业遗产群体与生产链角度的统筹保护——鞍山钢铁厂工业遗产群

鞍山钢铁厂工业遗产群（图 4）是第八批全国重点文物保护单位、第三批中国 20 世纪建筑遗产。鞍山钢铁公司有“共和国钢铁工业长子”之称，因钢而起，因钢而兴。其工业遗产分布十分广泛，涉及鞍山市区的铁西、铁东、立山三个区域，主体呈点状分布、线形连接，绝大部分集中在铁路沿线及周边，即分布在原满铁这一区域。

鞍钢工业遗产多元一体的价值能够赋予遗产群整体及其中单件遗产

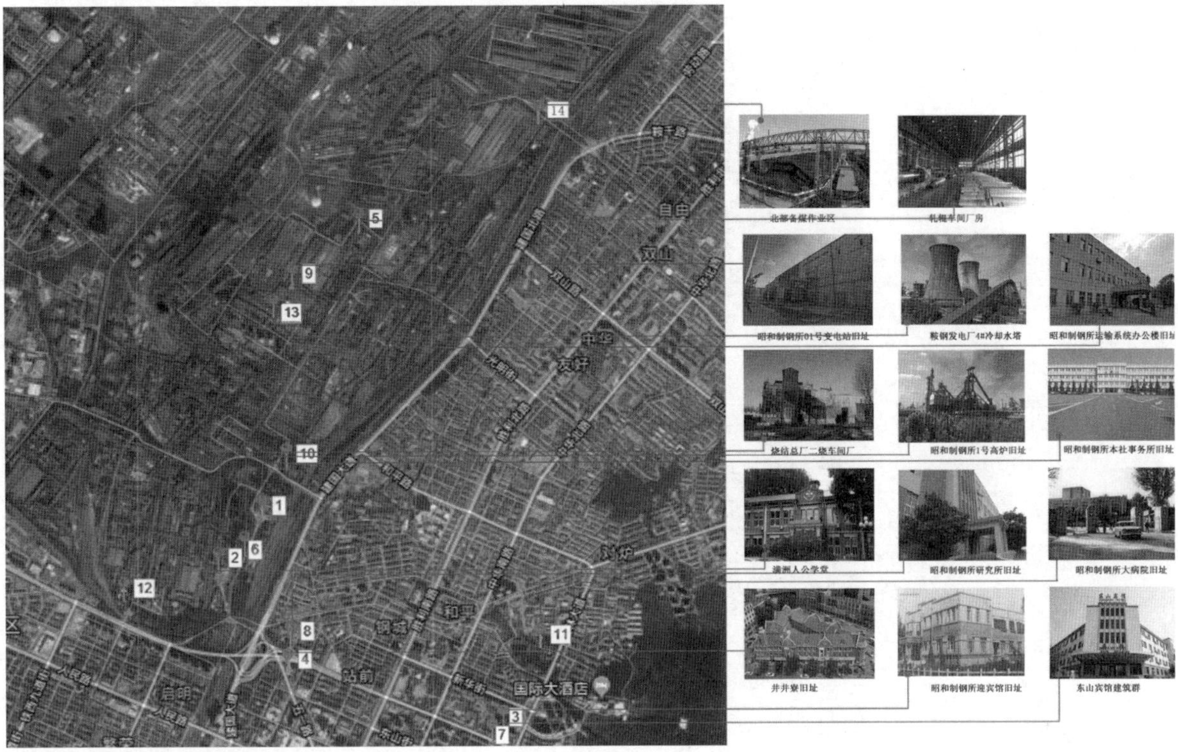

图 4　鞍山钢铁厂工业遗产分布图
（来源：鞍钢集团公司提供）

以群体价值，且群体面貌呈现的价值也将获得极大提升。这些价值涵盖原本服务于国民经济的社会价值、作为中华人民共和国成立后最早恢复和建设起来的第一个大型钢铁联合企业的精神价值、最能够代表工业遗产价值评价之一的完整性的产业链价值、建筑风格中受西方和日本影响的艺术价值。

2.3　工业遗产群体与“人”的统筹保护——天津市棉三工业园区与遗产社区

天津市棉三创意街区是天津市创意产业聚集区的典型代表，是海河东岸的文化地标。对于工业遗产的保护，最为关键的是工业遗产的身份认定，这对日后遗产保护与运作开发十分重要，在此基础上再探讨如何用更好。对棉三园区和遗产社区的定义与保护需要依照地方文件指导进行。

《工业遗产保护与利用规划·说明书》[①]是天津市政府从城市整体层面出发编制的城市专项规划，作为指导天津市工业遗产保护与再利用的法规性文件，为工业历史文化保护、城市建设和城市管理提供依据。文件对全市的工业遗产进行梳理，落实到建筑层面，以“保”为主，提出保护范围和保护要求，成为相关地区编制控规和地块详规的依据。根据其中级别的定义，棉三（宝成裕大纱厂旧址）属于二级工业遗产。在此框架下，再对棉三旧址内各个单体保护建筑进行级别分类。不可移动

① 《工业遗产保护与利用规划·说明书》中将工业遗产分为三个级别，其中一级工业遗产 14 处，二级工业遗产 17 处，三级工业遗产 6 处。一级工业遗产指国家级、市级、区级的工业遗产文物保护单位和受市重点保护的历史风貌建筑；二级工业遗产指认定价值较高能体现特色的工业遗产，包括没有列入文物保护单位的不可移动文物和一般保护等级的历史风貌建筑；三级工业遗产指一般的工业遗产。并对每一级都提出了保护的内容和要求。并将保护建筑分为两类，重点保护建筑和特色保护建筑。重点保护建筑主要包括国家级、市级、区级文物保护单位，特殊、重点和一般保护等级的历史风貌建筑，以及厂区内历史、技术、社会、建筑等价值较高，能够体现天津特色，或具有重要的纪念和教育意义的建筑；特色保护建筑指厂区内建筑风格、建筑结构、建筑装饰等方面具有一定价值，建筑空间再利用弹性较大的工业遗产建筑。

文物包括一布厂、一纺厂，历史建筑包括发电厂、烟囱、机修车间、办公楼、二布库房、铸造车间、焊工车间（图5、图6）。

图5　棉三工业遗产等级分类
（来源：天津大学中国文化遗产保护国际研究中心提供）

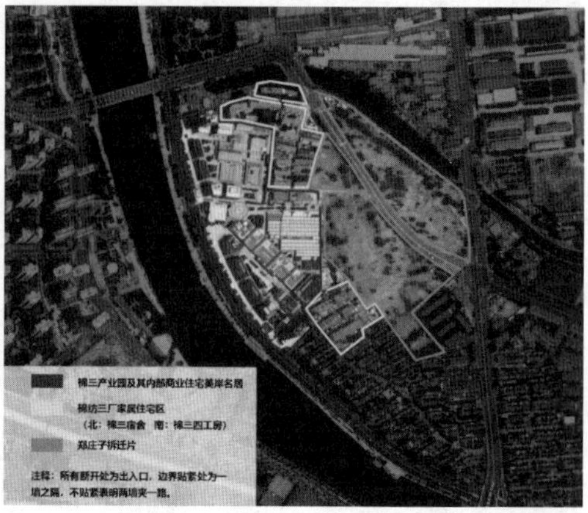

图6　棉三调研范围
（来源：天津大学中国文化遗产保护国际研究中心提供）

目前虽然产业园区已经被改造为创意园区，重新定义了功能用途，但是当年在工厂从事生产劳动的一批老职工们，仍然居住在园区配套的社区中，可以认为是工业遗产在当今社会的价值延续。当棉三由原来的工业生产为主导转变为现在的以人为本时，基于这种理念的区域统筹保护也就应运而生了。

3　保护与共生规划

3.1　政策解读

3.1.1　宏观角度下的政策解读

关于保护规划的编制工作，在《下塔吉尔宪章》中提出工业遗址的保护需要全面的知识，随着时间的变化可能会有所改变，但是过去所有的情况都应该被评估。那么以上三类工业遗产群体的保护应该以一个整体性的姿态出现，其背后连接的一方面是现在所处的环境的协调问题，另一方面是过去的生产记忆与人，所以应站在更高的视野去考量。

而从联合国教科文组织（UNESCO）通过的《关于历史地区的保护及其当代作用的建议（内罗毕建议）》和国际古迹遗址理事会（ICOMOS）第15届大会通过的《西安宣言——保护历史建筑、古遗址和历史地区的环境》中可以看出，遗产环境的重要性受到格外关注。现在于我们而言，要做的是单霁翔提出的从“文物保护”走向“文化遗产保护”，即从城市层面实现“整体保护”与“保护性再利用”。[11]

3.1.2　统筹协调：分级规划保护

虽然统筹协调的过程是复杂的，但是绝对不可以采取“一刀切”的方法。针对错综复杂的情况，如建筑破损程度、建筑历史价值的不同、与周边环境的对话等问题，在宏观角度，可以借鉴的保护措施有设立重点保护区和一般保护区、建设控制地带和环境协调区、区分文物建筑和一般工业建筑[12]等。分类分情况讨论，才能融合与宏观城市环境的边界，缝合工业遗产群体与城市的关系。

3.2　工业遗产群体的共生价值分析

3.2.1　文化共生

在欧洲的许多地区关于城市规划建设与文化遗产之间的关系已经得到重视，但是在经济仍然处于上升期的一些发展中国家，在这方面还需要重视文化定位的问题。需要明确的是，在城市建设的过程中，文化共生也是城市建设的重要名片和特色。历史价值的保护与传承也正是依靠“文化共生”才得以实现。

大沽船坞的历史价值是有目共睹的，它是中国近代史乃至世界战争史上重要的军事事件发生地，在中国军事发展史上具有重要的纪念意义。大沽船坞是清末李鸿章海防战略的重要体现，极大地推动了中国北方近代工业的发展；大沽船坞的选址结合大沽口海神庙更是体现了中国传统祭海文化与现代工业文明的结合；北洋水师大沽船坞遗存的历史信息丰富，在中国近代工业发展史、近代建筑史等领域均具有较高的研究价值。

鞍山钢铁厂工业遗产群的文化价值则不言而喻。它是集中国冶金文化建设、党史学习教育、爱国主义教育于一体的综合性文化产业基地。它承载着鞍钢本体的精神符号以及冶金行业的文化价值，同时也是东北地区的文化名片。

3.2.2　经济共生

北洋水师大沽船坞与于家堡中心商务区隔海河相望，拥有得天独厚的区位优势，在经济发展的格局上，与商业区一脉相承。在经济发展的过程中，两者不一定是非此即彼的状态，更多地应被描述为互利共赢关系。在大沽船坞的园区内可以开发与工业遗产主题相关的商业产业，类似于带有工业风格的一些产业，实现遗产本身的经济价值。另一方面，因为优越的地理位置，工业遗产本身就处于商业性质的地块之中，可以进行整体考虑。例如，可以开发一些于家堡商务区所缺少的商业模式，起到补充丰富的作用，也为核心区提供一种服务性的经济价值。

鞍钢地处我国重工业发达的东北地区，自然资源丰富且交通方便，社会环境也十分优越。辽东半岛的开放和沿海地区经济发展战略的实施为鞍山钢铁厂发展外向型经济开辟了广阔的前景。

天津棉三产业园区在经济共生方面可谓是一举两得，一是激活空间，通过土地性质的转变、产业的变化，直接带动天津的经济发展；二是通过产业所得甚至可以在一定程度上改善遗产社区内职工的居住条件和生活水平。共生不仅指的是物理空间上打破墙体壁垒，实现空间融合，更重要的是融合社会关系。当然也可以通过共赢的方式，实现经济共生。

3.2.3　环境共生

大沽船坞的保护规划对城市层面的开放空间的设计有重要贡献。大沽船坞除了靠近商务区之外，还处于滨海新区城市绿轴之上，所以对于广场空间进行场所营造，借鉴地景艺术等，在遵循对工业遗存原真性保护的原则下，可以实现环境共生。大沽船坞所处的塘沽海河下游带状工业区的环境正被商务金融区和居住区所取代。基于“共生理念”的大沽船坞与周边环境之间的协调共生的尺度，需要认真考量和把握。

棉三作为天津市创意产业聚集区的典型代表，是海河东岸的文化地标，其保护利用后产生的商业价值不言而喻，而此时园区与园区外的社区之间的关系应该重新考虑，不能够按照传统的物理边界的做法将两者分隔开来。在厂区建筑改造时，首先将原有建筑进行分类，年代久远且无保留价值的拆除，对其余部分进行整修改造，例如可以考虑将保留的旧厂房改造为众创工作区和体验馆。在植入商业功能的同时，也考虑文化娱乐、休闲、教育等公共要素的融合，满足园区中的人们对公共服务设施的强烈需求，同时提升遗产社区居民的生活质量。

3.2.4　格局共生

工业厂区在经历时代变迁和历史积淀的情况下形成了各具特色的厂区风貌和空间格局，因此用地调整过程中应保持厂区原有的格局和肌理，保留厂区内部形成特色格局的要素，如南北向的主要道路系统和沿道路两旁分布的工业建筑。在更新规划设计中也应延续其规整的空间格局，将其中部分主要道路通过适当改建打造成工业景观轴线，这样不仅是场所记忆的延续，更具有重要的历史意义，同时也是工业遗产群历史格局与现代城市规划格局的共生。

4　小结

工业遗产的保护利用是为了保护工业建筑群和其中的设备等的历史价值，因此以工业遗产群体为单位保持遗产的原真性并让遗产焕发活力是十分必要的。而在城市存量更新的大背景下，当将工业遗产的保护利用置于这样的语境中，基于“共生理念”的工业遗产群体的统筹与协调就势必要被着重考量。

前文通过例举工业遗产群体与城市规划层面的统筹保护、与生产链角度的保护、与“人”的统筹保护，提供了多种角度和层级的共生模式，而这些模式也不仅局限于文化共生、环境共生、经济共生和格局共生。只有依靠多种形式和策略的共生模式，才能够将工业遗产群体串联起来，实现一个城市的历史和未来的嫁接，才能在存量更新的背景下，实现“城市翻修”。

参考文献

[1] 朱文一，范路，商谦 . 大沽船坞工业遗址改造设计：“城市翻修”教学系列报告（一）[J]. 世界建筑，2011(4):116-127.

[2] 中共中央，国务院 . 国家新型城镇化规划（2014—2020 年）[EB/OL]. (2014-03-16)[2021-03-20].http://www.gov.cn/gongbao/content/2014/content_2644805.htm.

[3] 邹兵 . 增量规划、存量规划与政策规划 [J]. 城市规划，2013,37(2):35-37,55.

[4] 许超，张琼琼，郑璇 .“创新街区”国际案例分析：巴塞罗那“22@”创新街区的经验与启示 [J]. 当代经济，2018(12):106-107.

[5] 杨婧 . 基于“城市双修”视角下城市失落空间优化更新设计策略研究 [D]. 北京：北京工业大学，2018.

[6] 田雨 . 后工业时代文化创意工厂空间发展与启示：以北京 798 艺术区为例 [C]// 中国城市规划学会，杭州市人民政府 . 共享与品质：2018 中国城市规划年会论文集（02 城市更新）. 中国城市规划学会，2018:165-175.

[7] 黑川纪章 . 共生城市 [J]. 建筑学报，2001(4):7-12.

[8] 季宏，王琼 .“活态遗产”的保护与更新探索：以福建马尾船政工业遗产为例 [J]. 中国园林，2013(7):29-34.

[9] 苏锐 . 基于“城市触媒”的工业遗产更新策略研究 [D]. 重庆：重庆大学，2014.

[10] 高长征，闫芳，龙文燕 . 基于“共生理论”的工业遗产改造模式探索：以洛阳轴承厂为例 [J]. 城市发展研究，2017,24(3):54-60.

[11] 单霁翔 . 从“文物保护”走向“文化遗产保护”[M]. 天津：天津大学出版社，2008:253.

[12] 青木信夫，徐苏斌 . 从北洋水师大沽船坞保护到天津滨海新区总体规划 [J]. 时代建筑，2010(5):40-45.

近十五年“156项工程”的研究现状*

唐　晔[①]　吉林艺术学院设计学院　澳门城市大学
王艺蒙　吉林艺术学院设计学院

* 本文由2021年度吉林省社会科学研究项目“吉林省地域特色下红色文化景观设计研究”（2021C101）、吉林艺术学院校级科研项目“吉林省‘一五时期’156工业遗产保护与再利用研究”（吉艺科文合字【2020】第18号）项目资助，是其阶段性成果。

① 唐晔，男，汉族，1971年出生，吉林艺术学院设计学院教授、硕士研究生导师，澳门城市大学城市规划与设计博士研究生，主要从事环境设计、城市更新与建筑保护等研究。

摘　要：基于CiteSpace信息可视化软件，就国内有关“156项工程”全国重点工程的论文进行整理分析。以中国知网为数据来源，从“发文量”“合作者及机构”“关键词”这三个方面分析近十五年（2004—2019年）的研究趋势、研究团队、研究热点。结果表明国内有关“156项工程”工业遗产的研究于2007年呈爆发式增长，预计未来关注度将不断增加；各研究团队之间的粘连性较弱；研究热点集中在保护与利用策略、现状分析与价值评估、旅游开发研究、保护利用实践四个方面，逐渐从理论研究转变为理论与实践相结合，探讨“156项工程”的多元化保护趋势。现阶段对此专题研究的不足表现为地域和研究方向相对单一。

关 键 词：苏联援建；工业遗产；可视化；研究现状

② 《中共国家文物局党组关于认真学习贯彻党的十六届六中全会精神的通知》中重点指出加强文化遗产保护工作，认真研究世界文化遗产保护、社会主义新农村建设中的文化遗产保护、工业遗产保护、老字号文化遗产保护等。

引言

工业遗产的系统定义出自2003年颁布的《下塔吉尔宪章》，全面地概括了工业遗产所包含的类型，限定了时间跨度，并指出工业遗产的研究方法和价值意义。[1] 工业遗产作为物质和非物质文化遗存的总和跨越工业化进程的各个时期，由于大范围城市更新以及对工业遗产保护方面知识的缺失，导致越来越多的工业遗产被毁坏拆除。2006年，国家文物局提出关于工业遗产保护的相关要求②。工业遗产的保护与再利用逐渐成为研究热点，得到社会各界的重视。

我国尝试大规模工业化发展的标志为苏联援建的第一个五年计划中的“156项工程”（1953—1957年），分布于全国17个省市，涉及造船、电力、煤炭、冶金等14个行业，为新中国机械工业和经济建设奠基了基础，为新中国的工业化做出了巨大贡献。至今部分工厂虽已停止生产，但作为工业遗产仍具有代表性和突出价值。2014年，“156项工程”工业遗产保护工作座谈会在京召开。会议发布《“156项工程”工业遗产保护倡议书》，提议深入挖掘“156项工程”的历史文化内涵与价值，推动“156项工程”保护进程，促进工业遗产的可持续发展。[2] 2018年1月27日，中国工业遗产保护名录第一批名单中含有大量“156项工程”重点建设项目。[3] 随着更多有关“156项工程”的方针、公告公布，国内越来越多的学者开始着重于此专题的研究，但目前国内工业遗产的研究综述成果均未围绕某一时期的遗存进行整理分析，“156项工程”作为新中国探索工业道路的标志，学界有必要对其研究发展进行统计分析，为研究此专题的后来者了解最新的研究动态及热点提供便利。

1　分析方法及数据采集

本文采用陈超美教授基于JAVA语言环境研究开发的CiteSpace信息可视化软件作为分析工具。CiteSpace软件的功能较为丰富，通过可视化手段直观地呈现科学知识的结构、规律及分布情况，挖掘知识单元间的网络共现，可绘制合作网络分析、共现分析、共被引分析等，从而找出研究动态趋势[4]，目前已成为学术界极具代表性的分析工具之一。本文结合文献阅读，梳理具有代表性的文献进行具体分析，全面、生动地展现我国对苏联援助的156项全国重点项目的研究脉络及趋势。

本文利用中国知网（CNKI）数据库平台进行数据采集。为确保数据采集的全面性及准确性，将“工业遗产”“工业遗存”作为主题，与“苏联援建”“156工程”“一五时期”及“156项工程”中的各项目名称① 进行全文联合检索，排除来源为中国会议、期刊及报纸和与主题不符的无效文献，经过整理最终得到459篇符合主题的有效文献。其中核心期刊、CSSCI、CSCD、JST及CA论文共56篇，博硕论文共257篇②。文献样本均以CiteSpace软件③可处理的Refworks格式导出，均包含关键词、摘要、作者、机构、发文日期等信息。

① 因直接搜索相关关键词结果较少，故以全文方式检索，全文检索方式下有项目名称则可视为与“156项工程”相关的研究。

② 文中文献采集日期为2020年11月，因2020年的文献尚不能完全检索到，所以时间范围定为2020年1月1日前。检索后发现，最早的文献时间为2004年，故研究时段为近15年（2004—2019年）。

③ CiteSpace为v5.7.R2（32-bit）版本，设置时间范围为2004年1月—2019年12月，时间切片为1年，阈值为g-index（k=25）。

2 研究现状分析

2.1 发文量统计

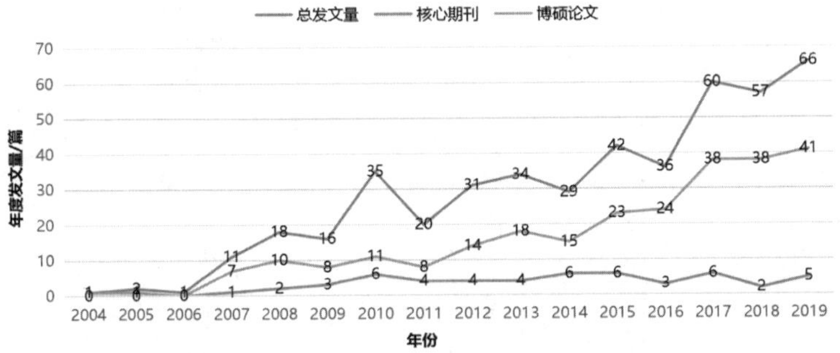

图1 2004—2019年有关“156项工程”研究论文年度发表分布统计图
（来源：作者自绘）

有关“156项工程”的文献年度发文量统计如图1所示。2004—2006年间，总发文量、核心期刊及博硕论文均较少且呈减少趋势；2006—2016年间，总发文量及博硕论文数量稳步增长，总发文量峰值达42篇，博硕论文峰值为24篇，说明“156项工程”作为工业遗产的研究引起了国内学者的关注；2016年以后总发文量及博硕论文数量加速增长，2019年均达到峰值；2006年以后核心期刊发文量基本稳定在4篇/年。总体来看发文量呈上升态势，关注度不断增加。

2.2 合作者及机构分析

将Refworks格式文献信息导入CiteSpace软件中，设置运行后生成作者合作图谱（图2），经过整理得到作者共现频次（表1）、研究机构共现频次（表2）。

作者合作图谱中共有 338 个节点、112 个连接，网络密度为 0.002。有关“156 项工程”研究呈现出“大分散、小集中”的分布特征，图中“单节点”分布最多，说明大部分作者独立研究，合作研究较少；“单线状”“三角形”连线分布次之，部分连线较粗，说明已产生合作的作者联系较紧密，但从发文量看，数量相对较少；“网状”连线表明已经形成成熟的研究团队，分布最少，代表的是以韩福文为核心的研究团队、以哈静为核心的研究团队和以李淼焱为核心的研究团队。结合作者共现频次来看，排在前两位的作者为韩福文和佟玉权，共现频次分别为 15 次和 7 次，其次是哈静、何军、刘丽华、李淼焱、张丽等，共现频次出现了 4 次及以上，均为“网状”连线中研究团队的成员。虽研究团队成员发文量较多，但研究团队间没有连接，说明各团队均独立进行研究，不利于未来研究的可持续发展。另外，整理出各作者的所属机构（表 1），结合机构共现频次来看，大部分地处东北地区，说明东北地区对于“156 项工程”的研究比较重视。基于“156 项工程”的分布情况，除东北地区外的其他省市应加大对其遗存的关注度。

表1　2004—2019年有关“156项”工程前18位研究作者共现频次

序号	频次	作者	所在机构	序号	频次	作者	所在机构
1	15	韩福文	沈阳师范大学	10	3	刘伯英	清华大学
2	7	佟玉权	大连海事大学	11	3	王芳	沈阳师范大学
3	7	哈静	沈阳建筑大学	12	3	董国锋	联合国工业发展组织国际小水电中心
4	5	何军	沈阳师范大学	13	3	王猛	辽宁科技学院
5	5	刘丽华	沈阳师范大学	14	3	徐苏斌	天津大学
6	4	李淼焱	沈阳大学	15	3	于丹	中共辽宁省本溪市委党校
7	4	张丽	沈阳师范大学	16	3	盛欢	沈阳建筑大学
8	3	崔卫华	东北财经大学	17	2	王永帅	沈阳建筑大学
9	3	张静	南京林业大学	18	2	周家名	兰州理工大学

（来源：作者自绘）

表 2　2004—2019 年有关“156 项”工程前 20 个研究机构共现频次

序号	频次	研究机构	序号	频次	研究机构
1	25	沈阳师范大学	11	3	沈阳建筑大学
2	5	大连海事大学	12	3	国际小水电中心
3	4	沈阳建筑大学	13	3	上海大学
4	4	天津大学	14	3	辽宁社会科学院
5	4	辽宁科技大学	15	3	辽宁科技学院
6	4	吉林建筑大学	16	2	中国文物学会20世纪建筑遗产委员会
7	4	西安建筑科技大学	17	2	北京大学
8	3	沈阳大学	18	2	太原科技大学
9	3	武汉理工大学	19	2	本溪城市建设控股有限公司
10	3	清华大学	20	2	北华大学

（来源：作者自绘）

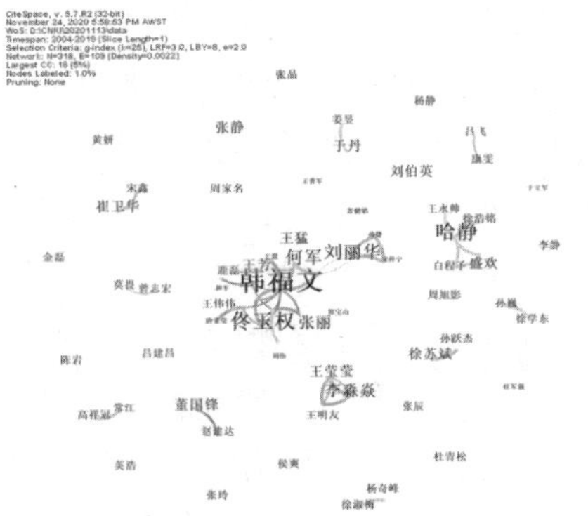

图 2　2004—2019 年有关“156 项”工程研究作者合作图谱
（来源：作者自绘）

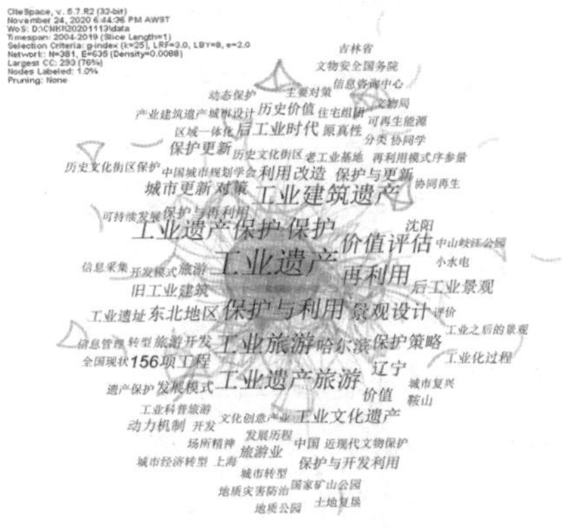

图 3　2004—2019 年有关“156 项”工程研究论文关键词分析图谱
（来源：作者自绘）

2.3　研究热点（关键词分析）

通过 CiteSpace 软件对文献信息进行共引聚类分析，对各个聚类提取共现度较高的关键词，获取有关“156 项工程”研究的热点趋势（图 3）。将干扰较大的主题词“工业遗产”“工业建筑遗产”剔除，聚类归纳后可知，有关“156 项工程”研究的关键词大概可分为四类：①保护与再开发策略方面的内容，如可持续发展、协同再生、再利用、工业遗产旅游、工业旅游、保护、保护策略等；②与“156 项工程”相关的研究对象，如历史文化街区、老工业基地、国家矿山公园、旧工业建筑等；③对研究对象进行分类评估的内容，如全国现状、分类、价值、价值评估、历史价值等；④对“156 项工程”分布地区的研究，如东北地区、辽宁、哈尔滨、吉林省、沈阳等。

2.4　研究进展

基于所获取文献的研究内容，并结合上述分析，可对国内有关“156 项工程”研究的最新进展进行分类，大致上可划分为保护与利用策略、现状分析与价值评估、旅游开发研究、保护利用实践方面的内容①。

（1）“一五”时期工业建筑遗产的保护与利用策略

城市发展进程不断加快，工业建筑遗产是城市发展中最能直观体现历史氛围的自然遗存，其保护与利用策略逐渐从单一的博物馆展示老照片转变成更加直观、具有本土特色、多元化的利用方式，学界应从不同角度全面地研究“一五”时期工业建筑遗产的保护与开发再利用策略。

姜振寰详细阐述了东北老工业基地工业遗产的价值，认为政府和企业应及时确定相关工业遗产的保护开发方案，对其保护再利用且确保持久性，并就“一五”期间建成的军工企业的保护及展示问题展开探讨。[5] 韩福文、何军等运用凯文林奇的城市意象理论对沈阳老工业城市的物质形态及非物质形态进行全面分析，结合实际对老工业城市的工业遗产提

① 因收集到的文献样本中东北地区作者及机构较多，故下文各分类中针对东北地区工业遗产的观点较多。

出整体保护的对策建议。[6]宋爽爽、王靖雯从历史的角度出发针对吉林市哈达湾工业区现状给出再开发建议，指出保留老工业区的历史记忆、传承工业技术、依托现有基础建设主题公园较好地融合城市肌理。[7]莫畏、王轩哲以城市复兴视角看长春第一汽车制造厂的保护策略，对现有问题进行梳理，提出短、中、长期规划策略，期望重塑街道活力。[8] 徐苏斌、孙跃杰等对洛阳“156项工程”工业遗产进行现状调查，从物质层面出发开展城市肌理、建筑风格的整理，提出从城市遗产的角度判断其独特性和稀缺性，以城市的高度思考保护与再利用的方式。[9]朱晓明、吴杨杰等将研究重点聚焦于西北煤炭工业，研究王石凹煤矿发展的历史脉络，从根源了解技术、工艺流程、矿井设计等具有苏联特征的独特工业体系，为保护和发展梳理新角度。[10]

截至2019年，“一五”时期工业遗产的更新策略及再开发建议无一例外地抓住了城市更新后老工业区的特点，从不同层面对这些留存的工业遗产的保护问题展开分析，更新的方法越来越多元化、个性化。

（2）现状分析与价值评估

工业遗产的保护不仅限于建筑的保护，还有工业设备、运作模式、技术手段、能源生产等象征着时代发展的非物质遗存的保护。《下塔吉尔宪章》认为这些遗留物拥有历史、技术、社会、建筑或科学的价值。[11] “156项工程”涵盖了多达14种产业类型，需要对其进行价值评估，保证这些遗存的保护利用更巧妙地融入现代城市发展的进程中。

最早有关“156项工程”的价值评价是韩福文、佟玉权等以工业遗产旅游为主要方面，将德尔菲法（Delphi method）和层次分析法（AHP）结合，综合评价大连市工业遗产的旅游开发价值，其中将大连造船厂（原辽宁111厂[12]）估值为Ⅰ类、大连第一发电厂（原大连热电站）估值为Ⅱ类，为东北旅游业带来了新的视角和发展机遇。[13]王明友、李淼焱等开展了同为工业遗产旅游的价值评估，以辽宁省为例设置了16个价值指标分级标准，逐步筛查计分，阜新海州露天矿得到非常优秀等级，建议根据其特色打造全方位展示历史文化的矿坑旅游景点。[14]与前两篇价值评估研究不同的是，高祥冠等通过分析比较太原市第一版城市总体规划图中的“156项工程”工业遗产与太原晚清、民国工业遗产的城市规划、建筑风貌、生产工艺和社区生活，提出了具有代表性的“156项工程”工业遗产的特征和价值，反思工业遗产保护与更新进程的错误，提出政府、社会各界应更加重视“156项工程”工业遗产的价值，未来应注重历史、文化、科技等价值的展现。[15]

价值评估可以将“156项工程”工业遗产更好地分类，根据价值评估的结果，确立独特的保护和再利用方式，更加方便地筛选展示的价值，给予老工业区工业遗产新的意义和发展机遇。

（3）旅游开发研究

我国关于工业旅游开发的研究展开较早，1998年，一些城市相继开发出有影响力的工业旅游产品[16]，由企业开发的工业旅游已经成型。2001年国家旅游局把推进工业旅游、农业旅游列为工作要点，从此工业旅游进入大众视野。以韩福文为核心的研究团队先后从不同角度探讨了东北老工业基地旅游开发：从历史角度详细阐述了东北地区工业遗产的主要构成及历史价值，联系利用现状提出开展遗产普查工作、打造精品旅游路线、实施东北地区工业遗产联合开发[17]；将东北较成熟的老工业区工业遗产旅游地与德国鲁尔区较有影响力的工业遗产旅游地从旅游开发背景、资源、模式三方面进行比较，借鉴德国鲁尔区成功开发工业旅游的经验[18]；结合城市意象理论塑造城市旅游形象，打造沈阳市铁西老工业区独特的工业遗产旅游形象[19]。

“156项工程”中煤炭工业多达25项，其中阜新海州露天矿改造成为世界级工业遗产旅游地，由此可见煤矿产业的旅游开发前景较好。岂巍、尹德涛以辽宁省各矿业城市为研究对象，梳理利用现状，发现辽宁省资源型城市虽具有一定量的旅游开发潜力，但发展水平差距较大，期望未来开发矿业相关的工业旅游项目。[20]王莹、刘雪美以阜新海州露天矿改造后的海州露天矿国家矿山公园为例，重点探讨了资源枯竭型城市工业遗产旅游开发应处理好的关系和投资主体的构成，为我国工业遗产旅游的开发提供借鉴。[21]龚旭、田燕等从抚顺市龙凤矿竖井入手，对其开发价值、旅游发展规划情况进行综合分析，得出“采矿业”工业遗产的保护和旅游开发策略，为其他矿业城市开发旅游资源提供了新思路。[22]

以韩福文为核心的研究团队通过研究国外的老工业区旅游开发模式，为国内塑造城市旅游形象工作提供了指导性经验。更多的学者分析成功的矿坑改造实例，从经济、社会等角度深入探索其开发价值，拓展矿业城市资源枯竭的煤炭遗址再利用的新思路。

（4）保护利用实践方面

保护与再利用的本质是规划和实践，归根结底要运用到实际建设中去。袁红、陈思婷等针对抚顺西露天矿的现状调研，分析历史发展、生态环境的客观因素，对其进行改造设计，探索出一套适用于城市资源枯竭背景下的保护性再利用和生态修复方案。[23]李晓丹、陈智婷等通过借鉴国外矿冶遗产的保护利用经验，针对邯郸市峰峰矿区展开调研，结合当地传统文化、地域特色及资源优势，探讨具有峰峰矿区特色的矿冶工业遗产保护改造方案，以“一轴”带动“四区”实现“景城一体”的规划发展目标。[24]孙巍、徐学东利用GIS技术解决三维虚拟平台大场景文化遗产建模的一系列问题，以第一汽车制造厂历史文化街区为建模对象展示设计方案，同时展示解决问题的关键技术。[25] 宋亚楠以长春一汽历史文化街区景观环境为例，探讨如何保护工业特色、融入城市更新，总结出具有针对性的保护和更新策略，通过设计案例检验理论的可行性。[26]

从保护和再利用策略的理论层面探讨，根据发展旅游经济调动城市活力的政策推进，对评估价值、赋予价值、改变价值的现状进行分析和总结，运用不同平台融入现实因素的设计实践，“156 项工程”工业遗产的研究呈现出从单一的理论研究到理论与实践相结合的转变。

3 “156项工程”相关研究的不足与建议

基于中国知网采集整理有效文献，运用 CiteSpace 软件可视化分析文献中有关“156 项工程”遗存的主要研究内容，总体来看，2004—2019 年有关“156 项工程”工业遗产的研究持续增多，未来关注度有望持续提高。研究热点不仅仅为上述的四点，近几年的研究更加丰富，从早期的经验总结与借鉴、价值评价，扩展到后来结合不同理念讨论具体实施方法及针对“156 项工程”的特色设计实践方案。研究对象也由研究工业遗产时提及“156 项工程”，到重视“156 项工程”并针对其建筑风格、城市肌理进行研究逐渐转变。

但对“156 项工程”的相关研究仍存在不足：①无论是工业遗产的旅游开发研究，还是保护利用策略，针对“156 项工程”单独项目的分析较少。现存大多为某省份或城市的总体工业遗产的研究，仅提及“156 项工程”中某一项目或建筑，且未对其做出分析。②现阶段有关“156 项工程”工业遗产的研究在东北地区较多，华北、华南地区的相关研究仅有小部分，西北、西南和华东地区的相关研究极少。③政府引导模式有待加强。除 2014 年发布《“156 项工程”工业遗产保护倡议书》，2018 年中国工业遗产保护名录第一批名单包含“156 项工程”以外，其他有关“156 项工程”的保护或倡导性文件、公告极少，政府应积极呼吁民众了解其价值，引导民众参与到保护工作中，希冀此项目未来可以受到整个社会关注。④关注其建筑风格的研究较少。苏联建筑风格及城市建设肌理是特殊且有着时代背景的，如今关于此方向的研究仅停留在表面，未来可深度挖掘其价值。

基于以上问题提出建议：①扩大“156 项工程”工业遗产的影响力，政府应积极呼吁民众了解其价值，引导民众参与到保护工作中，希冀此项目未来可以受到整个社会关注；②丰富研究角度和研究对象，如可以针对个体遗存项目的风格样式、历史演变、城市肌理等研究内容，以点带面讨论工业遗产在城市中的价值体现；③重视其他地区的“156 项工程”工业遗产研究，保护好剩余未拆除的建筑和非物质遗存，提出适宜其价值发展的更新策略和实践设计方案。

工业遗产逐渐受到关注，其价值应受到重视和保护。苏联援建的

“156 项工程”有着丰富价值，在工业遗产的研究中应重点挖掘。如今相关研究已取得一定的成果，为以后调查、研究、设计打下了坚实的基础。如何在有效且不被破坏的情况下，利用开发“156 项工程”自身存在的价值，是今后研究的难点所在。期望未来对此项目的研究可以朝着更加有针对性的方向推进。

参考文献

[1] 季宏 .《下塔吉尔宪章》之后国际工业遗产保护理念的嬗变：以《都柏林原则》与《台北亚洲工业遗产宣言》为例 [J]. 新建筑，2017(5): 74–77.

[2] “156 项工程”工业遗产保护倡议书发布 [J]. 世界遗产，2014(11):114.

[3] 中国工业遗产保护名录（第一批）名单正式公布 [J]. 城市规划通讯，2018(3):13.

[4] 李杰，陈超美 .citespace 科技文本挖掘及可视化 [M].2 版 . 北京：首都经济贸易大学出版社，2017.

[5] 姜振寰 . 东北老工业基地改造中的工业遗产保护与利用问题 [J]. 哈尔滨工业大学学报（社会科学版），2009,11(3):62–67.

[6] 韩福文，何军，王猛 . 城市遗产与整体意象保护模式研究：以老工业城市沈阳为例 [J]. 经济管理，2014,36(9):119–130.

[7] 宋爽爽，王靖雯 . 吉林市哈达湾工业遗产保护开发的思考 [J]. 产业与科技论坛，2019,18(2):234–235.

[8] 莫畏，王轩哲 . 城市复兴视野下的长春一汽历史文化街区保护利用研究 [J]. 吉林建筑大学学报，2017,34(4):41–46.

[9] 徐苏斌，孙跃杰，青木信夫 . 从工业遗产到城市遗产：洛阳 156 时期工业遗产物质构成分析 [J]. 城市发展研究，2015,22(8):112–117.

[10] 朱晓明，吴杨杰，刘洪 .“156” 项目中苏联建筑规范与技术转移研究：铜川王石凹煤矿 [J]. 建筑学报，2016(7):87–92.

[11] 工业遗产之下塔吉尔宪章 [J]. 建筑创作，2006(8):197–202.

[12] 董志凯，吴江 . 新中国工业的奠基石 156 项建设研究 1950—2000 [M]. 广州：广东经济出版社，2004:418.

[13] 韩福文，佟玉权，张丽 . 东北地区工业遗产旅游价值评价：以大连市近现代工业遗产为例 [J]. 城市发展研究，2010,17(5):114–119.

[14] 王明友，李淼焱，王莹莹 . 工业遗产旅游资源价值评价体系的构建及应用：以辽宁省为例 [J]. 经济与管理研究，2014(3):72–75.

[15] 高祥冠，常江 . 太原“一五”时期“156”工业遗产保护更新初探 [J]. 工业建筑，2017,47(10):70–75,51.

[16] 王婷婷，田里 . 我国工业旅游研究综述 [J]. 中国集体经济，2008(19):

137–138.

[17] 韩福文，佟玉权 . 东北地区工业遗产保护与旅游利用 [J]. 经济地理，2010,30(1):135–138,161.

[18] 韩福文，佟玉权，王芳 . 德国鲁尔与我国东北工业遗产旅游开发比较分析 [J]. 商业研究，2011(5):196–200.

[19] 韩福文，王芳 . 城市意象理论与工业遗产旅游形象塑造：以沈阳市铁西区为例 [J]. 城市问题，2012(12):17–22.

[20] 岂巍，尹德涛 . 辽宁省资源型城市旅游资源开发利用 [J]. 辽宁教育行政学院学报，2005(11):29–30.

[21] 王莹，刘雪美 . 资源型城市工业遗产旅游开发初探：以海州露天矿国家矿山公园为例 [J]. 城市发展研究，2010,17(11):90–94.

[22] 龚旭，田燕，杨毅锋 . 抚顺市工业遗产保护性旅游开发研究：以龙凤矿竖井为例 [J]. 城市建筑，2018(11):11–13.

[23] 袁红，陈思婷，余亿 . 抚顺西露天矿的保护及利用研究 [J]. 工业建筑，2017,47(11):52–55,88.

[24] 李晓丹，陈智婷，孙思嘉 . 峰峰矿区矿冶工业遗产保护改造规划研究 [J]. 城市发展研究，2014,21(12):13–16,20.

[25] 孙巍，徐学东 . 第一汽车制造厂历史街区三维虚拟平台研究 [J]. 现代电子技术，2019,42(9):149–154.

[26] 宋亚楠 . 长春一汽历史文化街区景观环境的保护与更新研究 [D]. 长春：吉林建筑大学，2018.

批判性视角下的工业遗产更新设计教学研究

宋　盈　李　哲　中南大学建筑与艺术学院

摘　要： 工业遗产的保护与利用，是当下后工业时代中国存量规划与建设的热点和难点。本文以批判性的视角，针对工业遗产更新改造中的设计模式化问题，运用布鲁姆教学目标分类法，对建筑学本科生的设计教学进行创新性的研究与改革。在湖南湘潭神州船厂旧工业建筑更新设计中，以批判性思维的技能要素为核心，进行教学法的研究与探索，以期获得中国工业遗产更新设计的新思想维度及试验性成果。

关 键 词： 批判性思维；工业遗产更新设计；布鲁姆教学目标分类法

1　建筑设计中的批判性思维及其迁移性

1.1　批判性思维（critical thinking）

Critical 源于希腊文 kriticos（提问、理解某物的意义和有能力分析，即“辨明或判断的能力”）和 kriterion（标准）。将 critical 应用于思维，意味着利用恰当的评估标准确定某物的真实价值，以明确形成有充分根据的判断。世界上第一个定义“批判性思维”的人是美国哲学家约翰·杜威。他在《我们如何思维》中称之为“反思性思维”，定义如下：“对观点和被认同的知识所采取的主动的、持续的、仔细的思考；其方式是探究知识具备什么样的支撑，可以得出什么样的结论。”所谓批判性思维，就是一种能够把知识当作对象反复锤炼的思维模式。批判性思维是以一种合理的、反思的、心灵开放的方式进行思考，从而能够清晰准确地表达、逻辑严谨地推理、合理地论证，以及培养思辨精神。

批判性思维对于建筑设计的重要性主要体现为建筑的创新性和合理性，是设计优秀建筑作品的灵魂。

1.2　批判性思维与创新性思维

批判性思维是创新性思维的基础。创新思维是一个不断向前发展，不断进行自我完善的过程，它能够自我提出问题，又能够自我解答问题。要解决问题，首先就应该不断发现问题、提出问题。一个问题的提出，也是要经过仔细考量、反复酝酿的。如果不进行大胆的假设，认真的研究，那么提出的问题就会流于俗套。对于新问题的提出，里面所包含的新观点，也是要加以验证的。

批判性思维和创新性思维互相补充、相辅相成。批判性思维运用左脑的潜能，而创新性思维主要体现在发挥右脑的潜能。如果我们要充分发掘我们的思想、思考的能力，就必须用到这两种思维。

2 中国工业遗产研究的批判性和创新性需求

2.1 中国工业遗产研究的成就

2.1.1 工业遗产研究学术会议

关于工业遗产研究，最早的学术会议是2008年12月在福州大学召开的中国工业建筑遗产国际研讨会。主办方为清华大学建筑学院、福州大学建筑学院以及中国文化遗产研究院。由于会议主办方及核心人员的传承关系，该会议可认为是中国工业建筑遗产学术研讨会的前身。2006年的“无锡论坛”则可认为是会议的热身。中国工业建筑遗产学术研讨会自2010年至今，除2020年疫情影响外，每年定期举行，是我国唯一一个持续举行的全国性工业遗产研究会议。该会议每年以不同的主题，在物理时空和研究思想上汇聚了专家学者、政府官员、设计师及相关人员交流探索中国工业遗产领域的最新发展与成果，是体现中国工业遗产研究成就的重要窗口。

2.1.2 工业遗产调查与名录

（1）国家矿山公园

2005年起，国土资源部分4批公布了88处国家矿山公园。

（2）中国工业遗产名录

自2017年12月20日工信部公布第一批国家工业遗产名单以来，截至目前已连续公布4批，共计164项。

（3）中央企业工业文化遗产行业名录及其他

2018年，国资委发布中央企业工业文化遗产（核工业）名录，共12项；中央企业工业文化遗产（钢铁工业）名录，共20项。2019年9月18日，国资委在京举办中央企业工业文化遗产（石油石化行业）名录发布活动，15个项目入选名录。2019年10月18日国资委在京发布中央企业工业文化遗产（信息通信产业）名录，青岛邮电博物馆等20个工业文化遗产项目入选。2020年9月28日，国资委在京举办中央企业工业文化遗产（机械制造行业）名录发布仪式，共15项入选名录，这是国资委第五次发布中央企业工业文化遗产名录。2018年工信部成立全国工业博物馆联盟，除此之外，《中国20世纪建筑遗产》和第六批至第十批全国重点文物保护单位名单中，工业建筑遗产数量增长迅速。

2.1.3 相关制度发展与建设

2006年4月国家文物局在无锡主办了中国工业遗产保护论坛，会议通过了《无锡建议》，拉开了工业遗产专项管理与制度研究的序幕。同年6月出台了《关于加强工业遗产保护的通知》。2013年国家发改委会同科技部、工信部、财政部编制了《全国老工业基地调整改造规划

（2013—2022 年）》，并获国务院批准。2014 年国务院办公厅发布《关于推进城区老工业区搬迁改造的指导意见》。2017 年国家旅游局发布《全国工业旅游发展纲要》。2018 年住建部发布《住房城乡建设部关于进一步做好城市既有建筑保留利用和更新改造工作的通知》。2020 年国家发改委等五部门联合发布《推动老工业城市工业遗产保护利用实施方案》等。

2.2 工业遗产保护与利用的新趋势与新思考

随着整个社会对工业遗产认识的不断提高，对工业遗产保护的不断加强，对工业遗产研究的不断深化，工业遗产保护与利用的研究与实践开始向更深层次发展。在城市发展的新趋势下，相关研究领域的新成果不断涌现，同时也遇到了新的问题与挑战，即中国工业遗产调查研究与保护经历了起始与初步发展阶段后，在进入深层保护实践阶段前，面临着“白马非马”“千改一面”等新困境。新的形势要求我们以批判性思维和多元化视角，与时俱进，积极应对，才能推动中国工业遗产保护更进一步发展。而高校建筑学子，也就是未来工业遗产保护的青年设计师，会成为践行工业遗产保护提质增效的生力军。

3 工业遗产更新设计教育的批判性思考与实践

批判性思维在 1940 年代成为标示美国教育改革的一个主题，在 1970 年代成为美国教育改革运动的焦点，在 1980 年代成为美国教育改革的核心内容之一。卡格纳在《教育大未来》中提到的七大生存技能，第一个技能就是批判性思维和解决问题的能力。然而在这样一个信息过载的时代里，形形色色的声音与观点鱼龙混杂，良莠不齐的工业遗产改造实例使建筑学子在学习与设计实践中出现了以下的“工遗改造模式化现象”，①材料模式化：千篇一律的金属框架玻璃窗、清水红砖木条墙；②色彩模式化：高纯度高彩度的大块原色插入；③功能模式化：缺乏可行性调查研究的大量文创园、博物馆和咖啡店。

在工业遗产设计教学过程中发现的这些问题，深究其原因，会发现主要缘于设计手法的模式化与创新性、批判性设计思维的缺乏。那么如何通过适当的教学方法，使生活在信息洪流中的高校建筑学子做到真正地独立思考？其有效途径应该是在设计教育过程中培养学生的批判性思维，并结合设计能力的实践训练，使学生具有高阶思维，投入到优质建筑遗产保护设计中。

3.1 联合毕业设计教学的批判性实践

毕业设计是建筑学子五年本科学习的最后一个设计作业，往往与实际的项目相结合，是培养学生运用批判性思维进行设计创作的良好契机，湖南省高校建筑学联合毕业设计的工业遗产专题设计，为师生共同进行批判性思维视角下的教学实验探索提供了良好的实践平台。

3.1.1　毕业设计任务

更新设计湖南湘潭神州船厂旧工业建筑，设计基地现状如图 1 所示，更新后功能为湘潭市书画家沙龙。

图 1　湘潭神州船厂设计基地现状分析
（来源：中南大学建筑 15 级《湘潭市书画家沙龙设计方案 03》）

3.1.2　批判性思维设计原则

批判性思维是以逻辑方法作为基础，结合人们日常思维的实际和心理倾向发展出的一系列思维技巧。在现代社会，批判性思维被普遍确立为教育特别是高等教育的目标之一，生活在信息过载时代中的设计师，应该如何避免随波逐流，做到真正的独立思考？对于任何一个设计任务，具有批判性思维的建筑师的第一反应不是“我需要找到正确的设计手法”，而是“我的这个设计有什么支撑”“这样的支撑是否合理”。

3.2　基于批判性思维技能要素的设计指导实践

在布鲁姆教学目标分类法（图 2）的基础上，高阶教学目标“评价”和“创新”都需要突出批判性思维特别强调反省和判断（评估）等本质特征，只有这样才能总结出批判性思维的核心技能要素。批判性思维的实质是要对任何命题进行识别和理解，以及在识别理解基础上对命题进行分析和评估，更进一步寻找新的论据补充完善先前的认识，同时在这个过程中的每一步都渗透着对自我认知活动的反思或调解。因此，在对工业遗产更新设计的特征和批判性思维理解的基础上，我们基于以下核心技能对学生进行批判性设计思维的培养。

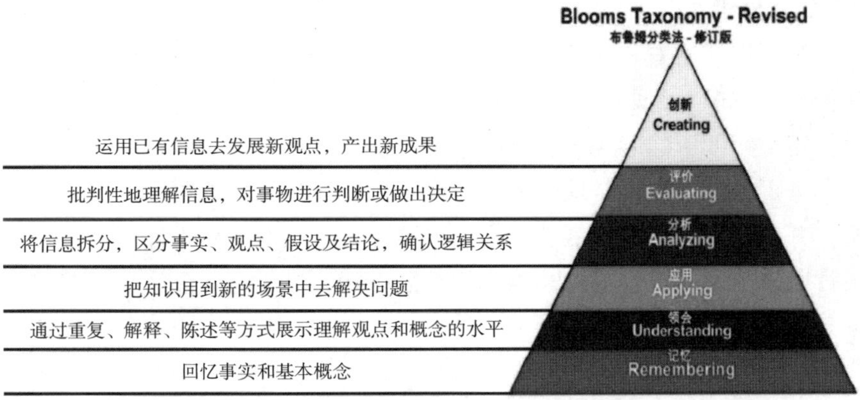

图 2　布鲁姆教学目标分类法（修订版）
（来源：作者自绘）

3.2.1　解释

理解和表达变化多样的经验、情景、数据、事件、惯例、信念、规则、程序、标准的意义或重要性，这需要我们明确面对的真正的设计问题是什么，即如何批判性地看待建筑遗产改造中的“新”与“旧”的关系，这也是设计出发的基准点（图 3～图 5）。

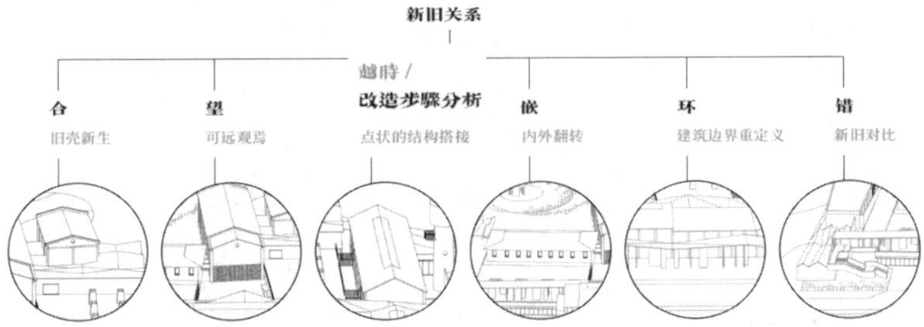

图 3　设计基地新旧分析
（来源：中南大学建筑 15 级《湘潭市书画家沙龙设计方案 03》）

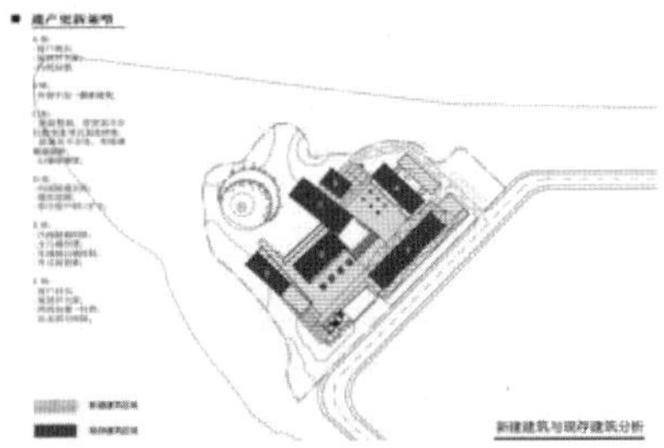

图 4　设计策略表达
（来源：中南大学建筑 15 级《湘潭市书画家沙龙设计方案 03》）

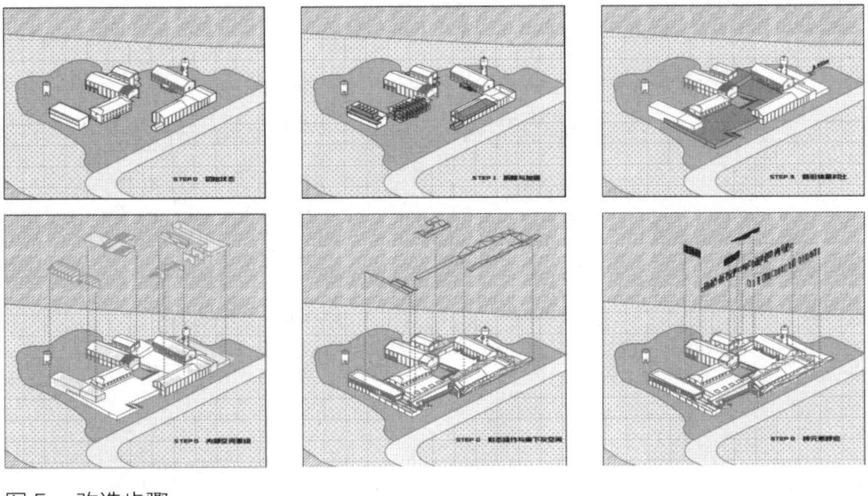

图 5　改造步骤
（来源：中南大学建筑 15 级《湘潭市书画家沙龙设计方案 03》）

3.2.2 分析

辨识设计目的和实际的推论关系，辨识问题、概念、描述或其他表达信念、判断、经验、理由、信息或意见的表征形式，需要对设计背景进行定义，即明确形成设计方法的来源是什么。

是否能够对设计基地的人群特征、现有建筑和场地关系进行正确分析，并迅速找到这些关键要素之间的平衡点，从而提出设计概念，是在设计前期对学生的批判性思维和综合分析能力进行有效评估的方法（图6～图8）。

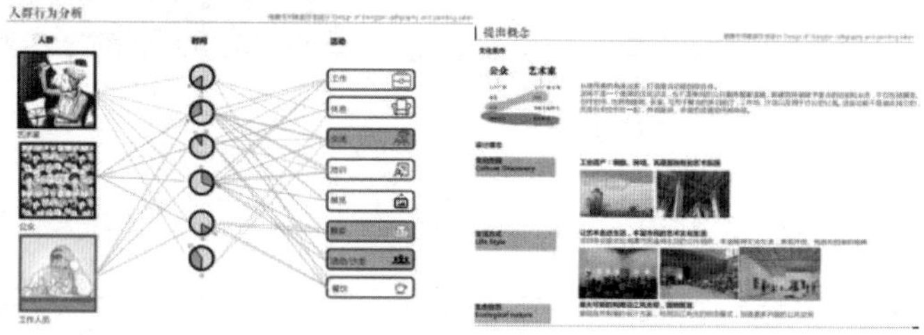

图6　改造步骤
（来源：中南大学建筑15级《湘潭市书画家沙龙设计方案12》）

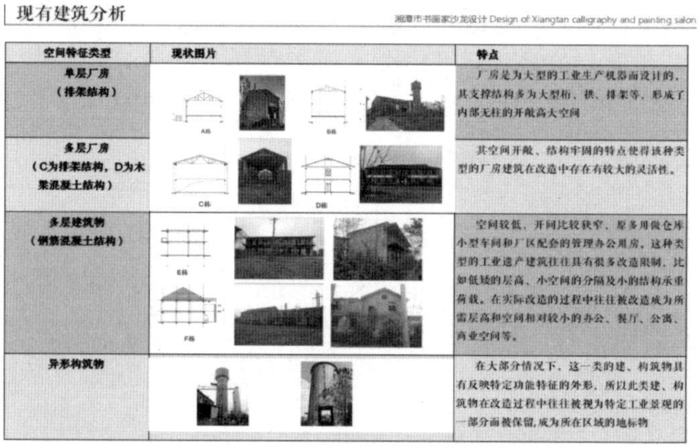

图7　现有建筑分析
（来源：中南大学建筑15级《湘潭市书画家沙龙设计方案12》）

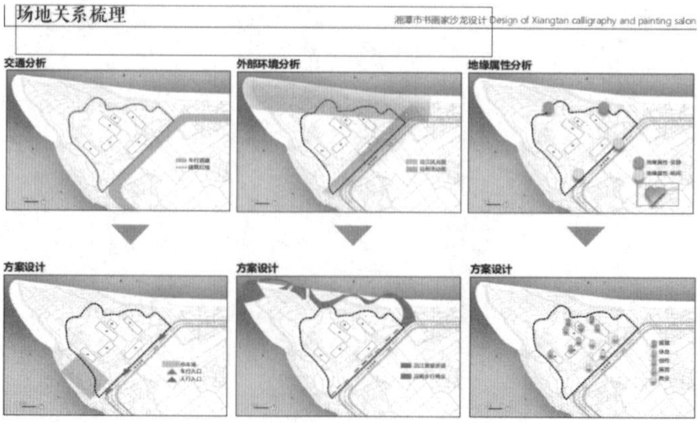

图8　场地关系梳理
（来源：中南大学建筑15级《湘潭市书画家沙龙设计方案12》）

3.2.3　评估

对陈述、说明人们的感知、经验、情景、判断、信念或意见的表征的可信性进行评价，列举可能的选择， 即明确什么是似是而非的选择。图 9、图 10 所示的学生方案在概念解析的基础上，对 “场所精神” 这一设计方向进行了批判性的评估，进而正确选择了设计策略。

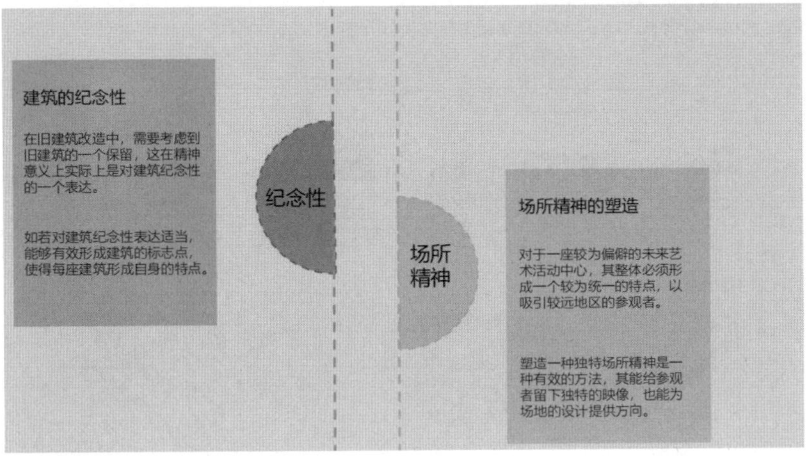

图 9　概念解析
（来源：中南大学建筑 15 级《湘潭市书画家沙龙设计方案 09》）

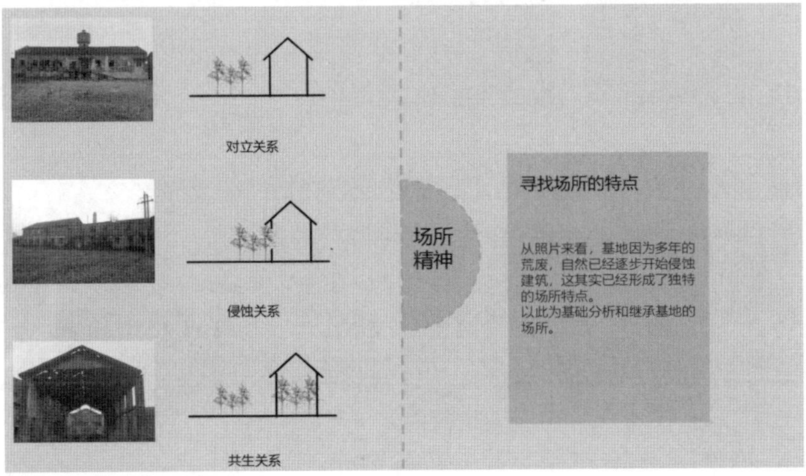

图 10　评估与选择
（来源：中南大学建筑 15 级《湘潭市书画家沙龙设计方案 09》）

3.2.4　推论

辨识和把握得出合理方案所需要的因素，形成猜想和假说，再考虑相关信息并从数据、陈述、原则、证据、判断、信念、意见、概念、描述、问题或其他的表征形式导出逻辑推断，这是批判性思维在实践过程中的重要演进阶段。工业遗产设计教学中，往往要求学生通过对表现手法的批判性分析来进行设计策略的选择，从而避免设计的随机性和盲目性，并通过不断地推演以及严谨的技术生成来形成一个合理而优质的设计方案（图 11～图 14）。

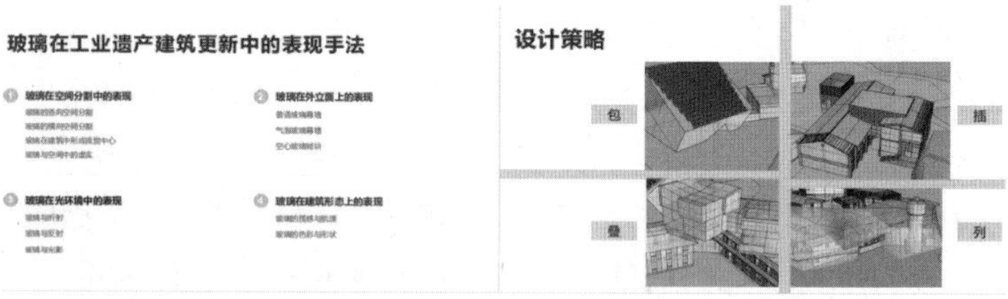

图 11　方案设计重点与策略
（来源：中南大学建筑 15 级《湘潭市书画家沙龙设计方案 16》）

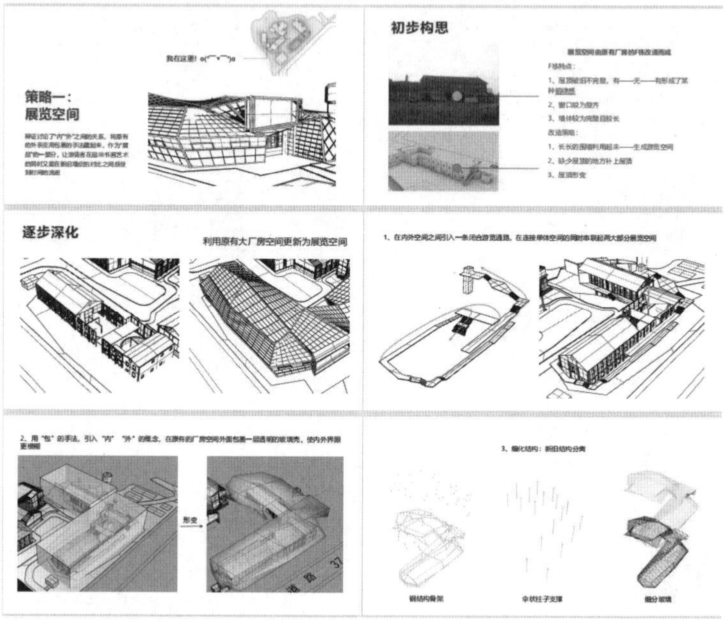

图 12　方案设计策略推演 1
（来源：中南大学建筑 15 级《湘潭市书画家沙龙设计方案 16》）

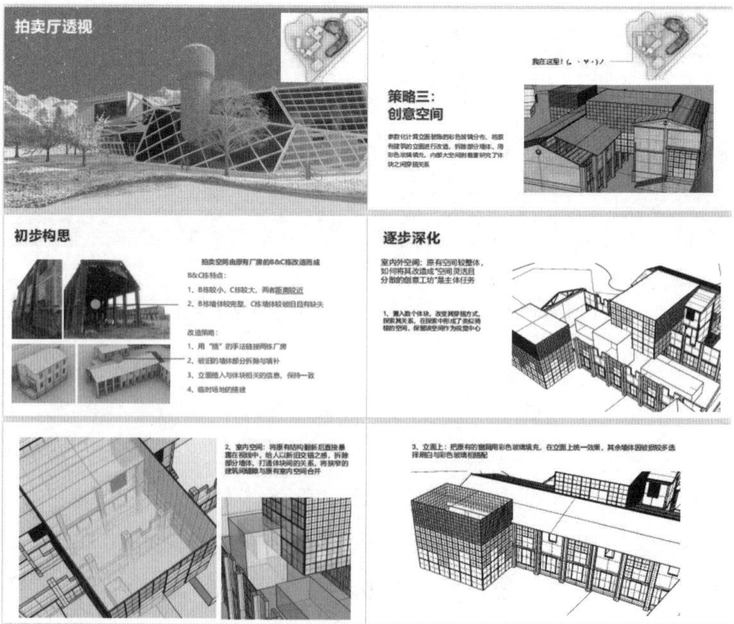

图 13　方案设计策略推演 2
（来源：中南大学建筑 15 级《湘潭市书画家沙龙设计方案 16》）

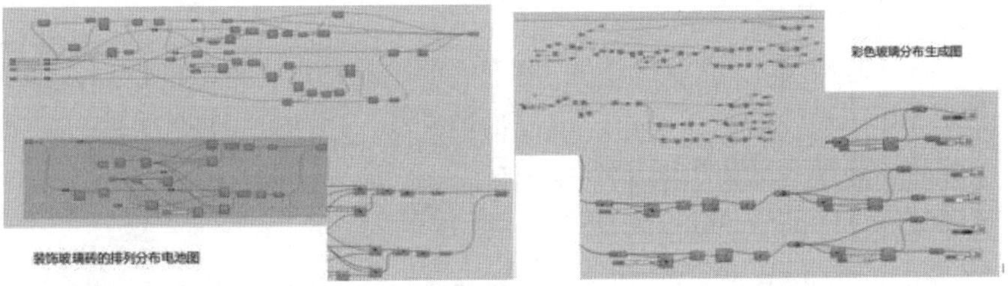

图 14　技术生成
（来源：中南大学建筑 15 级《湘潭市书画家沙龙设计方案 16》）

3.2.5　说明

用设计推理的结果所基于的证据的、概念的、方法论的、标准的和语境的相关术语证明推理是正当的，以使人信服的设计方案呈现推理结果。《湘潭市书画家沙龙设计方案 11》（ 图 15、 图 16）的形成过程就恰如其分地体现了这一点。

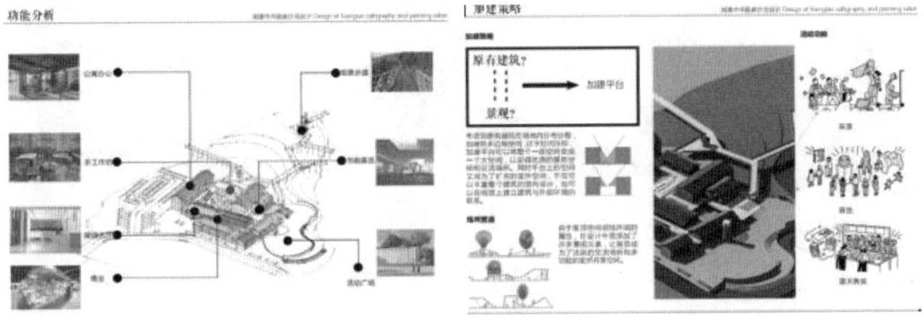

图 15　设计概念说明
（来源：中南大学建筑 15 级《湘潭市书画家沙龙设计方案 11》）

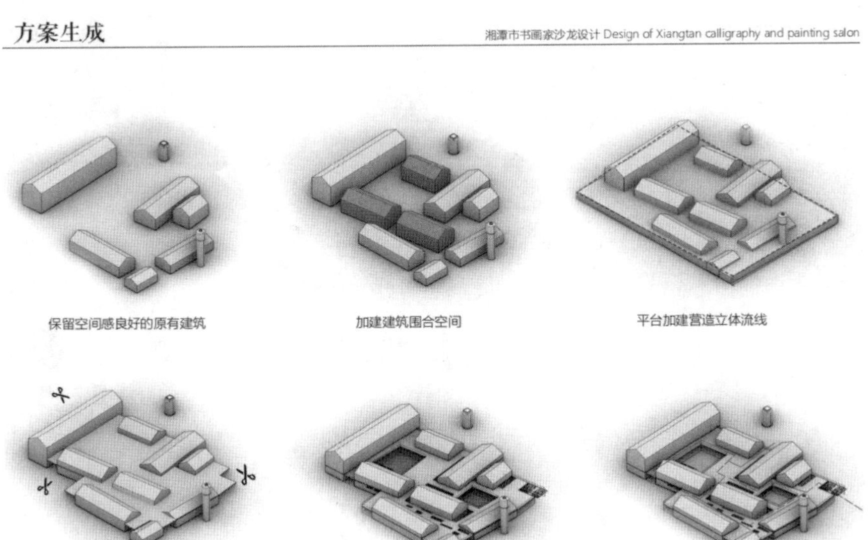

图 16　方案生成说明
（来源：中南大学建筑 15 级《湘潭市书画家沙龙设计方案 11》）

3.2.6　自我校准

自觉监控自己的认知活动、用于活动中的元素和得出的结果，特别将分析和评估技能应用于自己的推论性判断，以质疑、证实、确认或校正自己的推理或结果（图 17～图 19）。

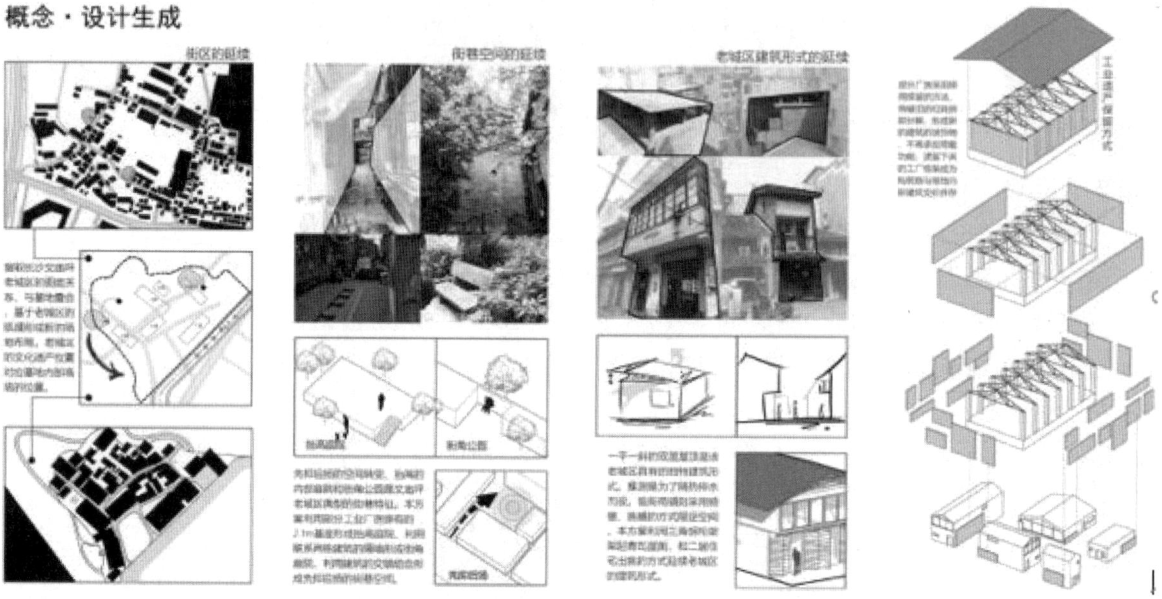

图 17　概念说明
（来源：中南大学建筑 15 级《湘潭市书画家沙龙设计方案 11》）

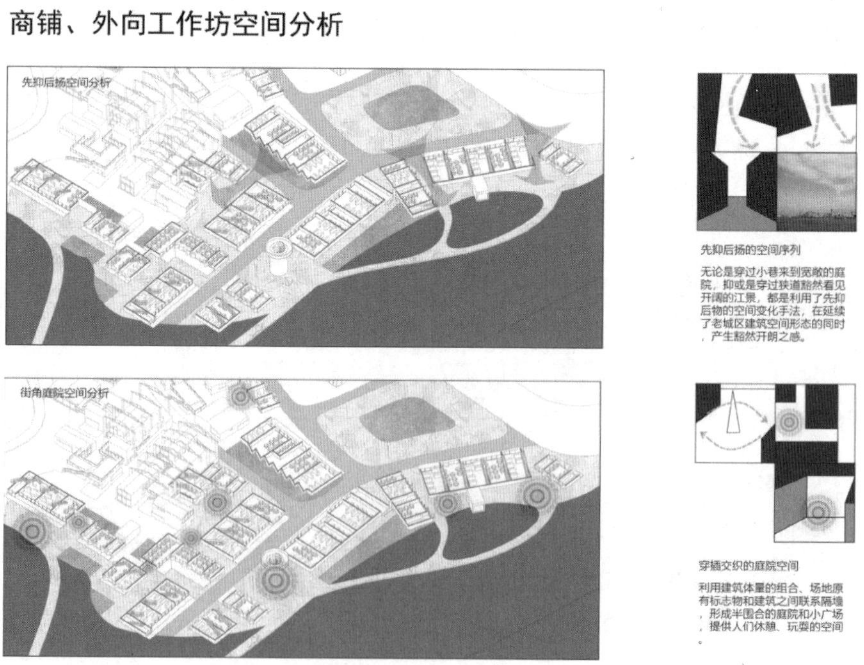

图 18　空间分析
（来源：中南大学建筑 15 级《湘潭市书画家沙龙设计方案 11》）

商铺、外向工作坊空间分析

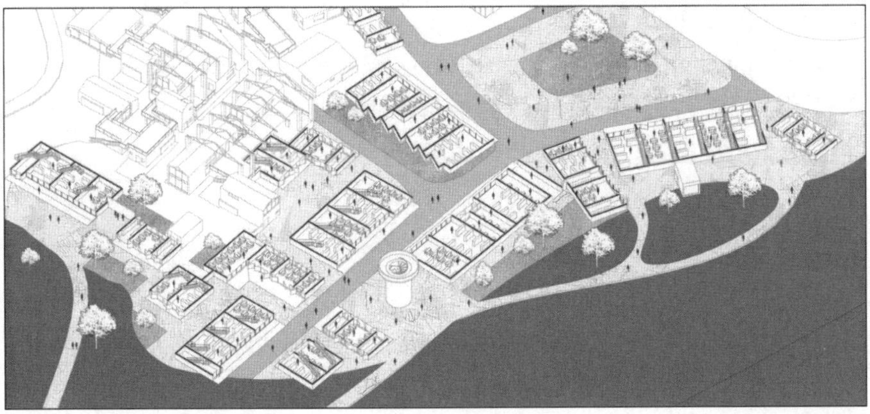

图 19　空间分析调整
（来源：中南大学建筑 15 级《湘潭市书画家沙龙设计方案 11》）

3.3　培养批判性设计思维的 7 种方法

工业遗产设计是没有唯一解的特殊生成过程。结果的不定性和方法的多元性，使得设计思维的合理性、逻辑性和建构性显得极为重要。设计思维中的批判性和创新性一样，都是当代工业遗产更新设计的必然性需求，要想在建筑学设计教学中培养学生的批判性技能要素，可通过以下教学模式进行有意识的专题性训练。

3.3.1　问基础的问题

有时候，解释得过于复杂会使原来的问题得不到解答。为了避免这种情况的发生，要学会问最基本的问题，一步步找到答案。一些问题的解决方案最有效的往往不是它们的复杂性，而是它们的简洁性。所以，首先要寻找简单的解决方式。

3.3.2　对基本假设进行质疑

人类历史上最伟大的建筑师是那些想知道别人论证的假设是否错误的人，对假设进行质疑是创新的条件。需要训练学生通过自设问题，谨慎、适当地质疑自己的假设，或批判性地评估信息。

3.3.3　注意思考时的心理过程

人的思维是非凡的，但我们思维的速度和惯性，在我们试图进行批判性思考的时候会成为阻碍。我们的大脑会自然解释我们周围发生的事情，　一个具备批判性思维的人是能意识到自己的认知偏见和个人偏见的，并且知道它们是如何影响那些看似“客观”的决定和解决方案的。

3.3.4　学会推翻事情

有时候，解决难题的重要方式是扭转。“这个基地的现状特点限制了我的发挥……”“不，这个基地的现状特点让你有独特的发挥！”诚然，这样说起来有点令人混淆，但它确实证明了推翻既有思维有助于质疑最初的假设。

3.3.5 对论据进行评估

当你试图解决一个问题时，看看这个领域内的其他问题总是有帮助的。对设计资料进行批判性的分析和评估是很重要的，不然会得出错误的结论。当你获得资料的时候，要问自己这些问题：它们是哪儿来的？怎样得来的？为什么要用它们？

3.3.6 及时反思

不要因为深陷研究和阅读而忘了要不时进行反思。反思是形成批判性思维的常规性监测要求，可能是解决问题最强大的工具。进行自我反省对思考困难的问题十分重要，如果没有自己的观点，就很容易迷失。

3.3.7 无需批判性思考所有问题

要让学生明白，没有人会无时无刻都在批判性地思考。批判性思维是做重要决定或者解决难题时使用的工具，不需要批判性地考虑所有的问题，以免陷入怀疑论的泥潭。

4 结语

批判性思维教育的直接目标是培养批判性思维能力，即能够整合批判性思维的各种技能并加以有效运用，以增强学生在其他学科学习和日常生活中运用这些有力工具的自信心、自觉性，提高判断力。青年建筑学子是中国工业遗产保护的生力军，培养他们对于工业遗产更新的批判性设计思维，对于工业遗产研究无疑具有重要的战略意义。

参考文献

[1] 理查德・保罗，琳达・埃尔德 . 批判性思维 [M]. 北京：新星出版社，2006.

[2] 尼尔・布朗，斯图尔特・基利 . 学会提问：批判性思维指南 [M]. 北京：中国轻工业出版社，2008.

[3] 荣艳红 . 批判性思维能力的培养与中国本科教学模式改革 [M]. 北京：科学出版社，2018.

[4] 刘伯英 . 中国工业建筑遗产调查研究与保护：2016 年中国第七届工业遗产学术研讨会论文集 [C]. 北京：清华大学出版社，2017.

[5] 刘伯英 . 中国工业建筑遗产调查研究与保护：2017 年中国第八届工业遗产学术研讨会论文集 [C]. 北京：清华大学出版社，2018.

[6] 刘伯英 . 中国工业建筑遗产调查研究与保护：2018 年中国第九届工业遗产学术研讨会论文集 [C]. 北京：清华大学出版社，2019.

[7] 侯东炜 . 记忆的回应：生成于场所变迁进程中的景观设计 [D]. 南京：

东南大学，2003(1):1.
[8] 张龑池 . 现象学于旧建筑更新中“新旧”共生模式设计探究 [D]. 大连：大连理工大学，2015.
[9] 刘剀，刘琼，陈挺 . 基于场所记忆的建筑设计生成：以华中科技大学先进制造大楼为例 [J]. 南方建筑，2016(1):99–102.
[10] 王建国 . 后工业时代产业建筑遗产保护更新 [M]. 北京：中国建筑工业出版社，2008.
[11] 汉宝德 . 建筑母语：传统、地域与乡愁 [M]. 生活・读书・新知三联书店，2014.
[12] 窦静静 . 工业遗产改造中建筑文脉的表达与传承 [D]. 济南：山东大学，2016.
[13] 袁雁，李阎魁，杨立峰 . 地域文化导向的遗址周边地区规划与建筑设计研究：以武汉佳海服装工业城为例 [J]. 华中建筑，2010(1): 138–141.
[14] 王益 . 工业厂区建筑设计中的地域性表达：华泰集团安恰厂区规划及单体设计 [J]. 工业建筑，2012(6):5–7.
[15] 张芳 . 基于城市文脉的城市工业废弃地重构城市景观的策略 [J]. 建筑与文化，2016(1):157–159.
[16] 张杰，贺鼎，刘岩 . 景德镇陶瓷工业遗产的保护与城市复兴：以宇宙瓷厂区的保护与更新为例 [J]. 世界建筑，2014(8):100–103,118.

基于混合功能发展的工业遗产更新模式研究

江海涛　吕林声　山东建筑大学建筑城规学院

摘　要：当前城市规划对功能混合开发模式日益重视，城市存量发展也对快速增长的工业遗产更新提出新的要求。通过对工业遗产更新问题的梳理，分析混合功能发展应用的可行性，结合案例研究旧工业片区更新中混合功能发展的问题，提出符合当前我国城市更新目标的混合功能更新模式。试图改善对传统改造模式的认知局限，使工业片区更新模式由传统单一主体功能控制，转变成结合项目资源对应相应功能混合的模式。

关 键 词：混合功能发展；工业遗产；更新模式

引言

在城市存量更新的背景下，由于城市边界的延展扩张，旧工业片区成为新城区发展的主要地块之一，工业遗产更新成为地段级更新的主要领域。由于各级城市的发展进程差异，中小城市常以大城市更新案例为参照，尤其常借鉴功能命名的更新模式，例如博物展览模式、文创产业园模式等。参考这种更新模式，往往存在一般性和特殊性衔接不足，不能以实际问题、项目现有条件引导更新等脱离实际的问题。从而引发后期运营不济、资金消耗过度、场地资源浪费、城市肌理断裂等不良后果。文章试图以功能混合发展视角探讨城市工业遗产更新模式，以更新主体功能为研究对象，探讨主体功能之间的功能混合，不涉及从属功能和基础的配套功能。通过解读运营状态优良的工业遗产更新案例，分析归纳其可供借鉴参考的功能混合模式。

1　工业遗产更新局限

工业革命是推动人类文明发展进步与生产生活方式转变的社会重大变革。而在工业发展演变过程中，作为厂区物质资本的建筑、设施、设备逐渐败落，产能变化引起的优势生产转移又造成人力资本的相对流失，同时工业生产所带来的环境污染、资源消耗使得厂区自然资本劣化，逐渐从工业设施衰变为工业遗产。

《巴拉宪章》在指导工业遗产保护利用时，将遗产主要分为：①保存较为完善，仅需进行日常修缮维护的“维护类遗产”；②由于建成后功能多次调整或内部空间不适于当今工业生产，其厂区建筑出现衰败且遭到不同程度破坏的“改建类工业遗产”。根据我国工业遗产价值评定体系，我国“改建类遗产”占工业遗产的比例较大，多失去原有科学技术价值，但仍部分履行其工业生产职责。工业遗产更新模式主体，通常意义上为“改建类工业遗产”。受城市中新旧动能转化及生产工艺设施更新等客观条件限制，“改建类遗产”的更新大多通过保留特征性物质要素和审美体验回应城市考古线索，更改内部空间结构和转变遗产功能适应时代要求。

1.1 工业遗产更新模式分类

模式，是理论与实践的中介环节，是对指导主体行为的一般方式的规律性概括总结，具有一般性、可操作性、规律性、普适性等特征。在模式应用中需结合实际情况，通过对具体要素与结构的调整，将一般性和特殊性衔接，使模式具有可操作性。

旧工业片区的更新与再利用模式，根据现有文献研究有多种分类方式。其中，根据主体开发功能可分为博物展览馆更新模式、文化创意产业区更新模式、工业遗址公园更新模式、高新技术及创新产业区更新模式、工业旅游区更新模式；[1] 根据城市群视角可分为散点更新模式、平台更新模式、锚固更新模式；[2] 根据工业用地层级可分为城市级更新模式、区域级更新模式、地段级更新模式、建筑单体更新模式。

1.2 工业遗产更新模式局限

业内学者在研究城市旧工业区时，一般从“时间”和“功能”层面解读：①时间层面，城市旧工业区较早在城市中形成，并具有较长的发展历史；②功能层面，城市旧工业区的功能和性质不再适应城市当下的发展状态，并且因其功能滞后引起相关的经济社会问题。研究旧工业区转型更新，一方面是社会功能更新，包括产业结构调整、城区功能变化、社会发展目标变更；另一方面是物质形态更新，包括城市布局、用地以及路网的调整和基础设施、建筑和绿化景观的改造。又鉴于社会功能影响物质形态，“功能”在更新问题中占据核心，反映在相关文献中，直观表现为对更新模式的探讨常以更新主要传统功能命名，例如博物馆或展览馆、文化创意产业聚集区、工业遗址公园等。

随着城市存量更新发展进程的加速，开发主体的功能单一化暴露出一系列问题，如下岗职工生活保障不足、各方利益不能有效平衡、有形资产增值保值受到限制等，显示出工业遗产改造功能千篇一律、改造手段匮乏。[3] 现如今土地混合利用与功能混合发展的研究已然成为指导城市旧工业区丰富工业遗产更新的方向。

2 混合功能发展

在建筑与城市规划领域，混合功能相关概念对应英文名词有“Mixed Land Use”“Mixed-use”及“Mixed-use Development”。就概念界定而言，一类研究主题为“土地兼容性”“混合用地状态”，研究对象为“土地”，其限定词为“混合利用”；而另一类文献针对有目的的土地和空间改造达成混合状态的过程，研究对象为“规划项目”，将“混合功能发展”作为研究的关键词。[4]“混合功能发展”强调通过主动的能动的改造和建设对土地和建筑进行综合性开发，是动态发展过程的研究，其对象具有“规划性”和“兼容不同使用功能”的核心特征。

针对“混合功能发展”研究方向，参与混合的功能可分为基本功能（Primary Use）和从属功能（Secondary Use）。区域发展中的基本功能指可长期吸引人流，为区域提供发展活力的功能；从属功能是为区域既定人员提供基本服务的附属性功能。混合功能发展强调三种及以上的基本功能的混合，各部分间步行连接密切，不探讨从属功能。[5]各基本功能之间互利互补又相对独立，均具有营利性和推动力。混合功能发展的规划要求为在统一的规划和开发下整合各部分功能的形态与功能，使整体在类别、规模和密度等方面协调一致。[6]在我国城市规划领域，基本功能的混合一定程度上可理解为土地用地属性大类（如工业属性、商业服务业属性和公共服务属性等）的混合。但区别于城市规划管理部门划分的城市用地分类与规划建设用地标准，混合功能发展侧重在既定土地用地性质区域内综合规划项目的功能混合研究。

2.1 发展推动

近年来，我国城市更新已由“土地增量”“强度增量”为主导逐步转化为以“制度与技术增量”为主导，进入到“合作投资”阶段。城市更新由关注物质空间提升的旧区改造转向以重塑空间环境、提高城市品质为目标，引入开放共享、融合发展理念，强调空间功能的复合性与空间组织的临近性，推动政府、市场、居民参与合作，在保留城市原有历史文脉的基础上，推进区域的混合功能布局和经济理性增长。城市的多样性发展，以及日益综合的社会生产活动，促使土地的混合使用、兼容性控制成为规划研究的热点。

从简·雅各布斯（Jane Jacobs）提倡的城市多样性，到《马丘比丘宪章》推行的综合的、弹性的规划控制，再到“紧凑城市”“新城市主义”“精明增长”鼓励土地混合策略的使用，城市综合开发的价值观促使各国开始探讨适宜的开发和再利用政策。美国于1975年出台《Mixed-use Developments: New Ways of Land Use》，混合功能发展成为城市理性发展的工具，结合实践逐渐倾向应用于小型地域规划，并在TOD、TND与绿色开发模式构成中居于要位。[7]新加坡于1995年提出并试行具有强土地兼容性的“白地”（White Site）政策，即开发商在“白色成分”属性土地内，可根据开发的需要，自由改变各类用地的性质和比例，以达到更优质的发展效果。

2.2 政策指引

土地使用兼容性内涵为不同土地使用性质在同一土地中共处的可能性，以及同一土地在使用性质上的多种选择与置换的可能性。[8]《中华人民共和国城乡规划法》中的附表“土地使用兼容性规定一览表”（见表 1 ）中清晰说明了不同用地类别的土地兼容性使用，以“允许设置”“不允许设置”及“允许或不允许设置，由城市规划行政管理部门根据具体条件和规划要求确定”三项标注，为城市土地用地类别的混合使用提供依据。根据工业用地相关兼容性设置允许可得出：工业用地和居住用地、公共管理与公共服务设施用地、商业服务业设施用地等主要城市用地类别之间存在兼容发展的可能（表 1 ）。在城市存量更新的背景下，工业遗存有机会不局限于工业生产类别功能，而开启多功能混合的更新模式。

表1　工业与其他性质用地兼容性表

			工业用地		
用地类别	建设项目		一类工业	二类工业	三类工业
居住用地	多层居住建筑		○		
	高层居住建筑		○		
	单身宿舍		√	○	
	居住小区及小区级以下幼托设施		○		
	居住小区及小区级以下商业服务设施		√	○	
	居住小区及小区级以下文化设施		○		
	居住小区及小区级以下体育设施		○		
	居住小区及小区级以下医疗卫生设施		○		
公共管理与公共服务设施用地	行政办公		○		
	教育科研	高等院校、中等专业院校	√	○	
		职业学校、技工学校、成人学校和业余学校	√	○	
		科研设计机构	√		
	体育		√		
	医疗卫生	医院（综合医院、专科医院、社区卫生服务中心等）	○		
		卫生防疫设施(卫生防疫站、专科防治所、检验中心和动物检疫站等）	○		
商业服务业设施用地	商业	一般旅馆	√		
		旅游宾馆	○		
		零售商业	○		
		批发市场	○		
	娱乐	（剧院、音乐厅、电影院、歌舞厅、酒吧等）	○		
	公用设施营业网点	加油加气站	√	√	
		其他公用设施营业点	√	○	
	其他服务设施	殡葬业			
工业用地	一类工业		√		
	二类工业		○	√	
	三类工业				√
物流仓储用地	一类物流仓储		√	○	
	二类物流仓储		√	○	

续上表

工业用地					
道路与交通设施用地	社会停车场、库		√	√	○
	汽车修理、专业保养场和机动车训练场		√	√	
	客、货运公司站场		√	√	
公用设施用地	供应设施		√	○	○
	环境设施	污水处理厂			√
		其他环境设施	√	○	○
	安全设施		√	○	○
	其他公用设施		√	○	○

（注：√表示允许设置；空白表示不允许设置；○表示允许或不允许设置，由城市规划行政管理部门根据具体条件和规划要求确定。来源：作者自绘）

2015年国家为促进新型产业发展，引导新型产业的用地规划，相应出台《关于支持新产业新业态发展促进大众创业万众创新用地政策的意见》（国土资规〔2015〕5号）及《产业用地政策实施工作指引》（自然资办发〔2019〕31号），提出了“新产业、新业态用地”以及“兼容性混合功能用地”概念，[9] 进一步引导各省市对于混合土地策略的探索与制定。相关政策主要分为两类：一为科技研发类，在“公共设施用地（C）”类中增加小类“科研设计用地（C65）”，以上海、南京为代表；二为产业升级转型类，在“工业用地（M）”类下增加中类“新型产业用地（M0）”，以深圳为代表。[10] 通过政策落实，国家及各级地方政府正在鼓励不改变原有用地类别，促进土地用途兼容及功能复合的发展。

2.3 理论基础

对相关混合功能发展项目的研究，英国学者罗利（Rowley）根据规模和尺度，将项目分为建筑单体、建筑群体、街道及公共空间和片区四类。美国规划协会根据功能空间混合方式提出竖向混合功能、水平混合功能及混合功能步行区的划分方式，霍本布鲁尔和洛（Hoppenbrouwer & Louw）将其拓展到共享维度和时间维度。根据实现途径划分，一是保护已有混合功能环境，二是改造现有严格功能分区结构，三是规划功能混合新城区。

以城市规划空间尺度划分为基础，通过对混合功能发展类别的梳理可得：在城市尺度下混合功能发展以水平混合为主，在建筑尺度上以竖向混合、时间维度为主，到区域尺度即可探讨全部功能空间混合方式，因此区域是混合功能发展的核心尺度。结合混合功能发展实现途径，“改造现有严格分区结构”类别更适于在当今城市更新语境下探讨。现阶段的更新增量获取尺度由城市到区域、社区逐步缩减，而存量更新目标下，区域级和社区级更新项目占比较大。近年学界对于城市更新区域级问题的探讨主要聚焦于“工业遗产更新”“老旧社区改造”“城中村整治”“历史街区保护”“中央商务区开发”几类。故而工业遗产更新可作为应用性实践，在混合功能发展研究领域进行分析梳理，以探索更适宜的再利用改造策略。

3 工业遗产的混合功能更新模式

在以功能为切入点研究工业遗产更新利用模式时，一些学者基于当今城市的功能融合发展，提到诸如“综合开发模式”“综合改造开发区型”更新类型。此种类型适应的场地，一般占地面积较大、人员结构复杂、产业集中分布、利益相关者众多，同时其工业遗产还具有一定的社会影响力，承载着城市历史文脉延续和城市文化展示的使命。混合功能更新模式正是在此基础上，挖掘已有的“综合开发模式”，按照混合的主要功能类别，分析各类型实践的侧重方面，进而统筹归纳为相应模式。

3.1 公共服务、居住混合模式

德国汉堡港口新城的易北爱乐音乐厅坐落于港口码头最西端，被打造为新城的文化地标（图 1）。Kaispeichers A 码头仓库是汉堡承载海港城工业历史发展背景的工业遗产。其优越的地理位置，启发建筑师利用建筑的标识吸引力，激发城市人群的集聚效应，以维系区域的持续性活力。工业仓储功能被设计师置换为公共服务及居住功能。

从建筑标识性这一重要目的出发，赫尔佐格和德梅隆（Herzog & de Meuron）打破常规的工业遗产保护利用模式，从建筑改造手法层面，仅保留文物保护级别的仓库立面和基座，上方置以似海浪般起伏的玻璃界面，以区别于场地周边建筑物的高度及形象，从而确立其标志性。从建筑功能层面，为达成建设城市地标、建立社区集群的目的，建筑的公共服务属性逐渐清晰，“音乐厅”这一承载汉堡市民文化认同感的功能被灌注到这座建筑中来；同时为平衡政府部门和投资者的利益关系，短期投资回报率高的居住功能成为功能混合开发的另一主体，有 244 个房间的威斯丁酒店和 45 间高级公寓坐落其中（图 2）。

图 1 港口码头西端的易北爱乐音乐厅
（来源：Michael Zapf）

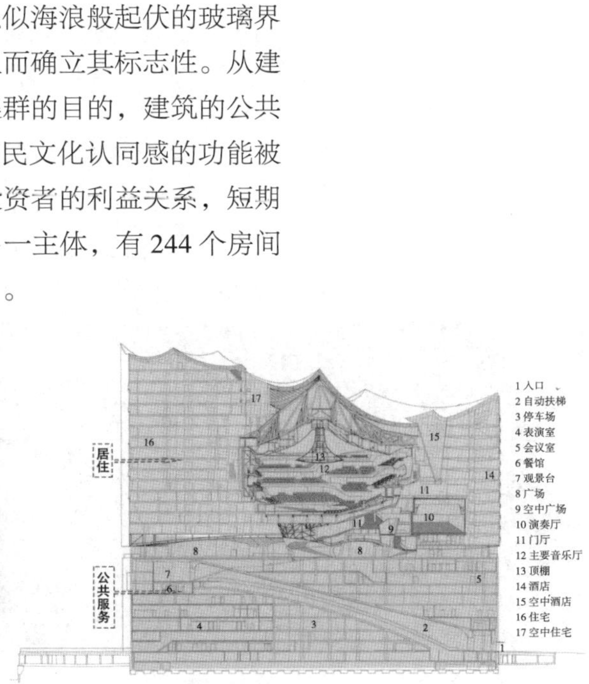

图 2 混合功能分析图
（来源：作者自绘）

3.2 新型产业、商业混合模式

纽约布鲁克林海军造船厂更新主要包含77号大厦改造项目、72号码头改造项目、92号大厦改造项目以及128号、123号和28号建筑共同改造项目。厂区开发的主要目标是为城市增设就业岗位以及将其打造为国家绿色建筑示范区。项目更新目标定位为新型产业园区和自由贸易区。

77号大厦为厂区核心更新项目，多元化的办公空间、优质的设施环境以及关税减让政策促使以科技、服务类为主的新兴企业大量入驻。72号码头改造的创意“实验室”以及由128号、123号和28号建筑共同改造而成的绿色制造中心，为新兴产业多样化的生产办公模式提供了丰富灵活的创意空间。例如“plug-in”社区协作办公空间及公共开放空间的有组织多模式设计，优化传统工业办公空间的使用逻辑，将原有工业遗产的庞大结构体系分割成适宜亲切的尺度。超5000平方米的综合商业空间，货物产出储存关税减让的“自由贸易区”和将要建设的大型影城项目，令片区内商业气氛浓郁（图3）。

图3　布鲁克林海军造船厂改造项目分布图
（来源：https://newlondonarchitecture.org/）

融合绿色建筑技术与历史建筑风貌的工业遗产改造，不仅形成洋溢竞争力的新型工作场所，也产生充满吸引力的商业空间。两类主要功能的融合发展，使厂区建筑重新焕发生机、获得市场价值，并推动整个区域的复兴与可持续发展。

3.3 公共服务、商业混合模式

意大利都灵林格托工厂原为欧洲最著名的现代化汽车生产基地，是欧洲工业发展的重要历史见证。由于第二产业的衰退，林格托工厂于1980年代由伦佐·皮亚诺（Renzo Piano）进行设计改造，并以激发城市居民公共生活、推动区域经济复苏为目标。社会功能目标的变更，促使原有工厂建筑在改造为商业中心的基础上，加建会展中心、菲亚特办公楼、都灵理工大学汽车学院三个新体量（图4）。[11] 项目承载公共服务和商业两种主体功能（图5）。

图4　林格托工厂改造后组成体量示意图
（来源：作者自绘）

林格托工厂单体改造保留建筑主体结构和外观，而内部空间被重新定义，分割组合为多种类型：商业服务的购物中心、会议厅、酒店以及文化服务的礼堂、影剧院、画廊、书店。各功能相互独立，可在同一时间、同一空间发生复杂多样化的行为活动。会展中心与都灵理工大学汽车学院分别加建于原工厂东西两端，二者扩展了林格托工厂的社会服务目标，从城市人文环境、历史环境出发，提升了项目的区域发展等级。2006 年设计的奥林匹克步行桥连接林格托工厂与铁路对面的齐尼达街，充分体现了设计者对市民公共生活的关注。

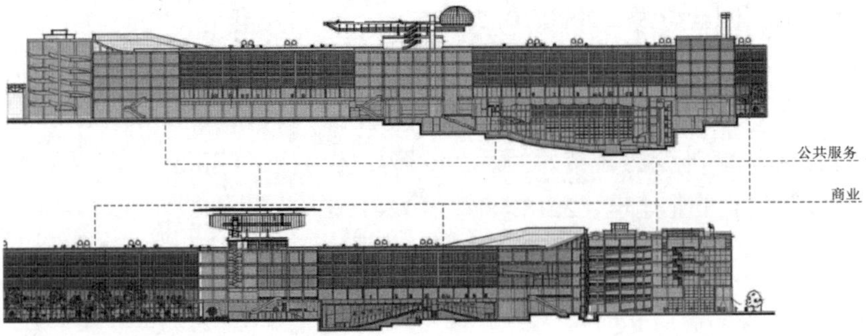

图 5　林格托工厂混合功能分析
（来源：作者自绘）

4　结束语

工业遗产混合功能模式的提出，立足于更新改造项目服务城市、服务市民的原则，在挖掘项目自身发展优势的基础上注重多样性，结合社会需求与公众意识，以推动城市区域的复兴与发展。模式的功能主体间具有协同发展、相互促进的良好关系。模式应用过程中，需建立“项目资源”和“社会功能”的对应体系，以实际情况作为基础，以模式作为参考，实现工业遗产的有效更新和持续发展。

参考文献

[1] 刘伯英，李匡 . 北京工业建筑遗产保护与再利用体系研究 [J]. 建筑学报，2010(12):1–6.

[2] 孙淼，李振宇 . 基于城市群视角的工业遗存更新模式研究：以美国东北部城市群为例 [J]. 国际城市规划，2020(5):1–13.

[3] 吕飞，朱美霖 . 混合功能理念下吉林市哈达湾工业区发展策略 [C]// 中国城市规划学会，重庆市人民政府 . 活力城乡　美好人居：2019 中国城市规划年会论文集（09 城市文化遗产保护）. 中国城市规划学会，2019:11.

[4] 许思扬，陈振光 . 混合功能发展概念解读与分类探讨 [J]. 规划师，2012,28(7):105–109.

[5] Urban Land Institute. Mixed–use development handbook [M]. Washington, D. C.: Urban Land Institute, 2003.

[6] 黄毅 . 上海城市混合功能开发的机遇与挑战 [J]. 城市问题，2008(3): 35–37.
[7] 应盛 . 美英土地混合使用的实践 [J]. 北京规划建设，2009(2):110–112.
[8] 高树勋 . 科技创新城规划中土地使用兼容性控制：山西科技创新城主体区总体规划混合开发模式 [J]. 建筑与文化，2016(2):238–239.
[9] 范晓波 , 杨平 . 海宁市创新型产业用地（M0）探索研究与制度对策 [J]. 浙江国土资源，2020(10):22–25.
[10] 刘力兵，岳隽，陈小祥，等 . 新型产业用地政策调控机理研究 [J]. 规划师， 2020,36(20):27–31.
[11] 孙志敏，马令勇，贾娇娇，等 . 都灵林格托工厂工业遗产更新改造实践 [J]. 工业建筑，2018,48(12):192–196.

专题二

工业遗产与城市研究

* 本文为2021年度吉林省社会科学研究项目——《吉林省地域特色下红色文化景观设计研究》（2021C101）、2020年度吉林艺术学院校级科研项目——《吉林省“一五时期”156工业遗产保护与再利用研究》（吉艺科文合字【2020】第18号）的阶段性成果。

东北地区156工业遗产现状与主要城市空间布局特征初探*

唐　晔　吉林艺术学院设计学院　澳门城市大学
王艺蒙　王文瑾　吴　耀　吉林艺术学院设计学院

摘　要：东北地区的“156项工程”是新中国早期工业化的开端，对中国工业的发展起到过重要作用。其中蕴涵的一大批重要的社会主义工业建筑遗产，随着城市化发展和社会经济转型，其价值有逐渐被遗忘的趋势。为引起足够的重视并进行系统保护，本文选取东北地区“156项工程”工业遗产为研究对象，进行三个省域下的项目分类总结，从调查、研究两方面详细梳理其物质遗存现状；结合主要城市“156项工程”的布局分析其城市空间格局特征，探究其在城市发展中的“位置”，以期得到更好的保护与利用。

关键词：156项工程；工业遗产；东北地区

① 6家军工企业不在本研究范围内，包括黑龙江120厂、黑龙江122厂、辽宁410厂、辽宁112厂（航空）、辽宁111厂（航天）、辽宁431厂（船舶）。

1　东北地区“156项工程”概述

中华人民共和国成立初期第一个五年计划时期，苏联援助我国的工业建设项目共156项，统称“156项工程”，实际正式施工的项目为150个[1]。这150个项目中，包括军工企业44个、民用企业106个，民用企业中有机械加工企业24个、冶金工业企业20个、化工企业7个、轻工业和医药工业企业3个、能源工业企业52个。在地区分布上，这些建设项目分布于全国17个省区56个市县，覆盖了东北地区、中部地区和西部地区。从1950年开始到1969年止，150个工业项目建成。其中在1953年—1957年的第一个五年计划期间出现建设高潮，至1957年底，“156项工程”中有一半以上项目已按期全部建成或部分建成投产，为新兴社会主义国家奠定了工业基础，也对社会主义建设起到了重要的促进作用[1]。“156项工程”位于东北地区的有56项（表1），其中辽宁省24项，吉林省10项，黑龙江省22项①。东北地区的项目大多利用基础条件和自然资源，以能源工业和装备制造业为主，建立了汽车、拖拉机、发电设备、石油化工设备、冶金矿山设备、工程机械等制造业，扩大加强了机床工具、机车车辆和造船工业。这些重大项目的建设投产，使新中国的机械装备工业从东北走向全国，促进了中国的工业经济发展，为新中国的工业化做出了巨大贡献。作为区域化的工业遗产，我们应对其引起足够的重视并采取有效措施进行系统的保护。

表1　东北地区“156项工程”项目分布表

黑龙江省		辽宁省		吉林省	
市	项目名称	市	项目名称	市	项目名称
齐齐哈尔市	富拉尔基重机厂	沈阳市	沈阳第一机床厂	吉林市	吉林铁合金厂
	富拉尔基特钢厂（一、二）		沈阳第二机床厂		吉林热电站
	富拉尔基热电站		沈阳风动工具厂		吉林染料厂
哈尔滨市	哈尔滨铝加工厂（一、二期）		沈阳电缆厂		吉林电极厂

续上表

黑龙江省		辽宁省		吉林省	
市	项目名称	市	项目名称	市	项目名称
哈尔滨市	哈尔滨电机厂汽轮发电机车间	抚顺市	抚顺龙凤矿	吉林市	吉林氮肥厂
	哈尔滨汽轮机厂（一、二期）		抚顺第二制油厂		吉林电石厂
	哈尔滨锅炉厂（一、二期）		抚顺铝厂（一、二期）		丰满水电站
	哈尔滨炭刷厂		抚顺电站	长春市	长春第一汽车厂
	哈尔滨仪表厂		抚顺东露天矿	辽源市	辽源中央立井
	哈尔滨滚珠轴承厂		抚顺西露天矿	通化市	通化湾沟立井
	哈尔滨量具刃具厂		抚顺老虎台矿		
鹤岗市	鹤岗东山一号立井		抚顺胜利矿		
	兴安台二号立井	本溪市	本溪钢铁公司		
	鹤岗兴安台十号立井	鞍山市	鞍山钢铁公司		
	兴安台洗煤厂	大连市	大连热电站		
佳木斯市	佳木斯造纸厂	葫芦岛市	杨家杖子钼矿		
	佳木斯纸厂热电站	阜新市	阜新热电站		
双鸭山市	双鸭山洗煤厂		阜新新邱一号立井		
鸡西市	城子河九号立井		阜新平安立井		
	城子河洗煤厂		阜新海州露天矿		

（来源：作者依据《奠基：苏联援华156项工程始末》整理）

2 工业特征分析

2.1 总体特征

《中财委：关于编制五年计划轮廓的方针（1952年9月）》①第二部分“五年建设的方针”中明确了五年建设的重点是重工业，特别是钢铁、煤、电力、石油、机械制造、有色金属、基本化学等工业。文件指出首先应该充分利用东北（钢铁及其他工业）及上海（特别是机械制造业）的工业基地，并继续培养与利用这些基地的工业与技术条件，来准备新厂矿与新基地的建立[2]。工业建设的地区平衡问题，要在国家长期建设中解决，在第一个五年计划实施过程中，只能积极发挥原有工业基础的优势，并为新的工业基地准备条件。虽然这些地区发展重工业在国防上不是很安全，但充分利用这些旧基地的条件争取工业建设的速度，也是国防上的迫切需要。

《国家统计局关于发展国民经济的第一个五年（1953—1957年）计划执行结果的公报（1959年4月13日）》指出：“第一个五年计划规定的建设项目，绝大部分都已建成，并且增加了许多新的建设项目。在此期间大批新建和扩建企业的投入生产，开始改变旧中国工业落后的面貌，我们现在已经有了飞机制造业，汽车制造业，新式机床制造业，发

① 《中财委：关于编制五年计划轮廓的方针（1952年9月）》中对三年来我国经济恢复与增长情况、五年的建设方针、五年建设的各项主要指标、五年基本建设的单位、关于五年计划轮廓的准确性的估计、实现计划的条件等做了明确说明。指出今后五年是我国长期建设的第一个阶段，其基本任务是：为国家工业化打下基础，以巩固国防、提高人民的物质与文化生活，并保证我国经济向社会主义前进。（陈夕．奠基：苏联援华156项工程始末[M].成都：天地出版社，2020.）

电设备制造业，冶金、矿山设备制造业，以及高级合金钢、重要有色金属冶炼业等新的工业部门[2]。”

2.2 产业结构特征

新中国成立初期，“一五”计划的核心是发展重工业为主的国家经济战略，东北地区结合自身的交通运输优势和工业基础，依照国家政策安排并积极响应，在苏联援助下建设了56个重点工业企业，初步形成机械加工、煤炭能源、机械制造、钢铁、化工等工业类别为主的工业体系，构建了以重工业为主、多种工业类型并存的工业结构。黑龙江和辽宁的产业结构以能源工业和机械制造业为主，东北三个省的工业布局具有鲜明的地域特征与时代特征，大部分工业企业为重工业，轻工业仅占工业整体布局的20%左右。[3]在工业发展的时间序列上，“一五”时期的工业遗产类型和数量急剧增加，并具有重要的遗产价值，在近现代工业遗产中占有重要地位。

3 产业类型划分

“156项工程”的56个东北项目中，除6个军工企业项目外，其余50个项目分布于轻工业、石油工业、电力工业、钢铁工业、有色金属工业、化学工业、机械工业、煤炭工业8个类别。

3.1 石油工业

石油工业只有1个项目，即位于辽宁省的抚顺第二制油厂（表2）。

表2 156项重点工程（石油工业）建设情况

项目名称		建设地址	开始建设时间（年）	全部建成投产时间（年）	累计投资（万元）	概况
辽宁省	抚顺第二制油厂	抚顺	1956	1959	17500	主厂区占地面积198万平方米，原油一次加工能力1150万吨/年，以汽油、煤油、柴油、石脑油等为主导，能生产12大类38种石油化工产品，是我国重要的燃料生产基地，也是抚顺石化的化工原料、石蜡原料、润滑油基础油原料供应基地

（来源：作者依据《奠基：苏联援华156项工程始末》整理）

3.2 电力工业

电力工业共有7个项目，其中辽宁省3个项目，吉林省2个项目，黑龙江省2个项目（表3）。

表 3　156 项重点工程（电力工业）建设情况

	项目名称	建设地址	开始建设时间（年）	全部建成投产时间（年）	累计投资（万元）	概况
辽宁省	阜新热电站	阜新	1951	1958	7540	阜新热电站是国家大型企业，是东北电网主力调峰电厂。现有职工总数6000余人，其中全民制职工3000余人,集体制职工3000余人。在体制上有在役机组、租赁机组、退役机组和20万有限责任公司四种经营管理体制
辽宁省	抚顺电站	抚顺	1952	1957	8734	抚顺电站是一座具有悠久历史、为国家发展做出巨大贡献的老火力发电厂。建厂百年来，抚顺电站几度沧桑，几铸辉煌。新中国成立前，作为日本统治者掠夺中国资源的主要工具，几经易址扩建，成为亚洲最大火力发电厂。新中国成立后，作为新中国“一五”重点建设项目，迅速恢复重建、扩建，并安装投产了国内第一台50MW机组
辽宁省	大连热电站	大连	1954	1955	2538	无
吉林省	丰满水电站	吉林	1951	1959	9634	丰满水电站是我国第一座大型水电站，堪称“中国水电的摇篮”。为东北成为新中国的工业基地奠定了动力基础，同时也为国家“一五”计划的顺利完成做出了重要贡献
吉林省	吉林热电厂	吉林	1955	1958	11200	吉林热电站的建成投产，为吉林地区的经济发展，特别是为吉林化学工业的发展提供了基础条件，并缓解了当时吉林省电力供应紧张的局面
黑龙江省	富拉尔基热电站	齐齐哈尔	1956	1965	6870	富拉尔基热电站是全国首家高温高压电厂
黑龙江省	佳木斯纸厂热电站	佳木斯	1950	1955	2975	初装0.6万千瓦发电机组2台。1957年进行二期工程建设，总装机容量增至2.4万千瓦。1966年和1984年进行两次扩建，增设0.6万千瓦和1.2万千瓦机组各1台。自用有余后，开始向佳木斯电网内供电

（来源：作者依据《奠基：苏联援华156项工程始末》整理）

3.3　钢铁工业

钢铁工业共有 4 个项目，其中辽宁省 2 个项目，吉林省 1 个项目，黑龙江省 1 个项目（表 4）。

表 4　156 项工程（钢铁工业）建设情况

	项目名称	建设地址	开始建设时间（年）	全部建成投产时间（年）	累计投资（万元）	概况
辽宁省	鞍山钢铁公司	鞍山	1952	1960	26850	鞍山钢铁公司是新中国第一座现代化轨梁轧钢厂。该工程于1952年8月1日正式动工，设计能力为年轧制钢轨及各种大型材50万吨
辽宁省	本溪钢铁公司	本溪	1953	1957	32137	是近代炼铁业的鼻祖，是我国百年钢铁工业发展的缩影
吉林省	吉林铁合金厂	吉林	1953	1956	6300	是新中国第一座铁合金厂，填补了我国冶金工业的一项空白

续上表

项目名称		建设地址	开始建设时间（年）	全部建成投产时间（年）	累计投资（万元）	概况
黑龙江省	富拉尔基特钢厂（一、二期）	齐齐哈尔	1953	1958	31684	是我国“一五”期间兴建的国家156项重点工程项目中唯一的一座特殊钢制造厂

（来源：作者依据《奠基：苏联援华156项工程始末》整理）

3.4 有色金属工业

有色金属工业共有4个项目，其中辽宁省2个项目，吉林省1个项目，黑龙江省1个项目（表5）。

表5 156项工程（有色金属工业）建设情况

项目名称		建设地址	开始建设时间（年）	全部建成投产时间（年）	累计投资（万元）	概况
辽宁省	抚顺铝厂（一、二期）	抚顺	1952	1957	15619	抚顺铝厂承载着中国铝工业的发展历史，是我国第一家轻、稀有色金属综合性大型冶炼加工企业，是我国各地大型铝、镁、硅、钛工业的母厂和摇篮，被誉为“中国第一铝”
	杨家杖子钼矿	葫芦岛	1956	1958	11387	现名为杨家杖子矿务局，我国最早的钼矿产地
吉林省	吉林电极厂	吉林	1953	1955	6976	现名为吉林炭素有限公司，享有“中国炭素工业摇篮”的美誉
黑龙江省	哈尔滨铝厂（一、二期）	哈尔滨	1952	1958	32681	哈尔滨铝加工厂现名为东北轻合金加工厂，是中国第一个近代化的大型铝、镁合金加工厂，为中国轻合金加工工业的发展奠定了坚实基础

（来源：作者依据《奠基：苏联援华156项工程始末》整理）

3.5 化学工业

化学工业共有3个项目，均建设于吉林省（表6）。

表6 156项工程（化学工业）建设情况

项目名称		建设地址	开始建设时间（年）	全部建成投产时间（年）	累计投资（万元）	概况
吉林省	吉林染料厂	吉林	1955	1958	11461	是由苏联援建的三大化学工厂之一。首批染料投入市场后，结束了我国不能生产高级染料的历史，缓解了新中国成立初期染料市场的紧张状况，为国家染料工业的发展做出了重大贡献
	吉林氮肥厂	吉林	1954	1958	25722	是新中国成立初期国家在吉林市江北化工区兴建的三大化学工厂之一。标志着我国化肥工业发展到一个新的阶段，为国家的粮食增产和巩固国防发挥了重要作用

续上表

项目名称		建设地址	开始建设时间（年）	全部建成投产时间（年）	累计投资（万元）	概况
吉林省	吉林电石厂	吉林	1954	1957	4989	是新中国成立初期国家在吉林市江北化工区兴建的三大化学工厂之一。其功率和先进技术是国内同行业以往历史上从来没有过的，在当时世界电石工业中亦占重要地位

（来源：作者依据《奠基：苏联援华156项工程始末》整理）

3.6 机械工业

机械工业共有13个项目，其中辽宁省4个项目，吉林省1个项目，黑龙江省8个项目（表7）。

表7 156项工程（机械工业）建设情况

项目名称		建设地址	开始建设时间（年）	全部建成投产时间（年）	累计投资（万元）	概况
辽宁省	沈阳第一机床厂	沈阳	1953	1955	6043	是全国规模最大的综合性车床制造厂。该厂前身是满洲三菱株式会社，始建于东北沦陷时期（1938年建成）
	沈阳风动工具厂	沈阳	1952	1954	1893	沈阳风动工具厂建筑工程位于沈阳市铁西区云峰街2段2号。该厂是全国气动工具专业厂，其前身是沈阳汽车总厂，1950年更名东北机械七厂。1954年4月定名沈阳风动工具厂
	沈阳电缆厂	沈阳	1954	1957	9031	前身为满洲电线株式会社，是全国最大的综合性电线电缆制造厂，是全国500家最大企业之一。沈阳电缆有限责任公司是沈阳电缆厂资产重组后诞生的公司制企业。素有“亚洲第一大厂”“中国第一品牌”之称
	沈阳第二机床厂	沈阳	1955	1958	3188	现厂址位于沈阳市张士经济技术开发区17甲1号数控产业园内，原厂址已改为商业购物中心
吉林省	长春第一汽车厂	长春	1953	1956	60871	苏联承担全部设计并提供成套设备，派出各类专家援助，实现了一次成功的技术转移，对我国工业建设及工业制造能力提高均起到推动作用。是新中国汽车工业的基地和摇篮，开创了中国汽车工业新的历史。长春第一汽车厂生活区是长春第八批市级文物保护单位
黑龙江省	哈尔滨锅炉厂（一、二期）	哈尔滨	1954	1960	14981	哈尔滨锅炉厂是国家重点骨干企业，也是中国最大的电站设备制造企业之一。锅炉厂家属区住宅具有典型的苏联建筑风格特征，锅炉厂的一厂房是锅炉厂厂区内最大的生产性建筑
	哈尔滨量具刃具厂	哈尔滨	1953	1954	5565	是国内工具行业中第一座生产通用量具、标准刃具、精密仪器的大型企业

续上表

项目名称		建设地址	开始建设时间（年）	全部建成投产时间（年）	累计投资（万元）	概况
黑龙江省	哈尔滨仪表厂	哈尔滨	1953	1954	5565	是我国第一家现代化的电表仪器制造企业。我国第一只单相电度表和电工仪表、第一台红旗轿车仪表都在该厂诞生
	哈尔滨汽轮机厂（一、二期）	哈尔滨	1954	1960	12012	由1960年建成投产的原哈尔滨汽轮机厂经股份制改造组建而成，是以设计、制造大型电站汽轮机和舰船主动力装置为主的发电设备制造大型骨干企业
	哈尔滨电机厂汽轮机发电机车间	哈尔滨	1954	1960	4356	是共和国的第一个发电设备制造基地，是我国制造大中型发电设备的重点骨干企业。公司坚持自主开发与技术引进合作生产模式，创造了我国发电设备制造史上的无数个第一，赢得了“天之骄子”的美誉
	哈尔滨碳刷厂	哈尔滨	1956	1958	1662	是国家航天航空用石墨材料、航空电机用电刷等设计、开发、研制和生产的定点单位，是我国重点和重大军工装备的生产和科研基地
	哈尔滨滚珠轴承厂	哈尔滨	1957	1959	3869	哈尔滨滚珠轴承厂由位于香坊区的两座废弃的面粉厂改建而来，拥有悠久的历史。1950年抗美援朝时期，瓦房店轴承厂从辽宁复县迁至哈尔滨，在党的政策支持引导下一步步壮大，成为全国轴承行业的佼佼者
	富拉尔基重机厂	齐齐哈尔	1955	1959	45849	富拉尔基重机厂是以生产轧钢、冶金、锻压、电站、石化等重型设备为主体的重型装备制造企业，在自主创新、替代进口等方面创造了中国无数个“第一”，是我国最具代表性的装备制造业基地，是新中国重工业发展的“活的历史”

（来源：作者依据《奠基：苏联援华156项工程始末》整理）

3.7 煤炭工业

煤炭工业共有17个项目，其中辽宁省8个项目，吉林省2个项目，黑龙江省7个项目（表8）。

表8　156项工程（煤炭工业）建设情况

项目名称		建设地址	开始建设时间（年）	全部建成投产时间（年）	累计投资（万元）	概况
辽宁省	阜新平安立井	阜新	1952	1957	8334	阜新平安立井由前苏联煤矿工业部矿井设计总院国立列宁格勒矿井设计院设计，1952年开工建设，1957年建成投产，2016年政策性关闭。是新中国的第一对百万吨竖井，59年间累计为国家建设贡献煤炭1亿吨

续上表

	项目名称	建设地址	开始建设时间（年）	全部建成投产时间（年）	累计投资（万元）	概况
辽宁省	阜新新邱一号立井	阜新	1954	1958	4056	设计年产量为60万吨，服务年限为48年。国家统一编号为6号井。因竖井位于新邱兴隆沟地区，曾一度命名为兴隆煤矿，后并入新邱矿
	阜新海州露天矿	阜新	1950	1957	19472	海州露天矿位于辽宁省阜新市，始建于1950年，1957年全部建成投产，是当时亚洲最大的露天煤矿，也是新中国建成后的第一座大型机械化露天煤矿。2006年，国土资源部将海州露天矿列为首批28个国家矿山公园之一，也是辽宁省唯一的国家矿山公园
	抚顺西露天矿	抚顺	1953	1959	19091	日本侵略者为扩大开采，使露天矿成为综合型的大露天煤矿
	抚顺龙凤矿	抚顺	1953	1958	2860	在新中国成立初期，龙凤矿一直为我国能源开采做出巨大贡献，同样也是抚顺当时经济繁荣的支柱产业，高耸挺拔的竖井也一直是抚顺的一张名片，是当时煤都的标志性建筑
	抚顺老虎台矿	抚顺	1953	1957	3862	井田面积10平方千米，开采于1901年，至今已有百年开采历史
	抚顺胜利矿	抚顺	1953	1957	4200	1948年10月31日抚顺解放，11月6日为纪念抚顺解放，定名为胜利矿。井田以抚顺煤田一号大断层为界，西部与西露天矿深部坑为界，东部与老虎台矿为界。矿井沿走向东西长3.8千米，沿倾斜南北宽1.64千米，面积5.6平方千米
	抚顺东露天矿	抚顺	1956	1961	12870	抚顺矿业集团东露天矿位于抚顺煤田东部，矿坑东西长5.7千米，南北宽1.9千米，面积9.2平方千米。东露天矿已经成为集采、运、排、车、机、工、电联合作业，拥有9条电气化铁路采掘线、21台电机车、12台电镐、100余台大型载重汽车，输配电线路长256千米，生产空间跨越抚顺三个行政区、纵横三十里煤海的现代化大型露天矿山
吉林省	辽源中央立井	辽源	1950	1955	5770	是新中国建设的第一个现代化煤矿竖井，吉林日报以《祝贺辽源中央竖井投入生产》发表社论。“中央竖井”的高高井架，在新中国煤炭建设史上竖起了第一座丰碑
	通化湾沟立井	通化	1955	1958	2587	人们常说的“三百里矿区、十七万英雄儿女”就是指的那个时期的湾沟煤矿。按规划矿井全部建成，从而通化矿务局有了第一对现代化矿井。1975年3月，湾沟煤矿被吉林省委命名为全省第一家“工业学大庆”先进单位；1977年，又被煤炭工业部授予“大庆式企业”光荣称号
黑龙江省	鹤岗东山一号立井	鹤岗	1950	1955	6512	是中华人民共和国成立后建成的首座大型竖井，又被称为“新一煤矿”。施工单位是鹤岗矿务局，设计单位是苏联煤矿工业部矿井设计总局列宁格勒设计院

续上表

项目名称		建设地址	开始建设时间（年）	全部建成投产时间（年）	累计投资（万元）	概况
黑龙江省	鹤岗兴安台十号立井	鹤岗	1952	1956	7187	设计单位是苏联煤矿工业部矿井设计总局列宁格勒设计院。设计能力为年处理原煤150万吨，装备类似于东山立井，均为现代化新型设备，由鹤岗矿务局建井工程处施工
	兴安台二号立井	鹤岗	1956	1965	7178	设计单位为苏联煤矿工业部矿井设计总局列宁格勒设计院。建成主井、副井、井巷、井底车场等工程
	兴安台洗煤厂	鹤岗	1957	1959	1204	设计单位为苏联煤矿工业部矿井设计总局列宁格勒设计院。由于兴安竖井的原煤可选性属于较难选和难选，故采用水洗法。位于鹤岗矿区兴安台立井附近，是立井配套工厂
	城子河洗煤厂	鸡西	1957	1959	1480	1959年建成投产，1961年停产补套，1971年进行改扩建，1975年4月竣工，完成建筑面积2365万平方米
	城子河九号立井	鸡西	1952	1958	3184	1952年新建九井，1958年竣工，井筒采用了金属活动模板，短段掘砌混合作业方法
	双鸭山洗煤厂	双鸭山	1954	1958	3113	是国内第一座先进工艺技术装备的、年生产能力150吨的大型洗煤厂

（来源：作者依据《奠基：苏联援华 156 项工程始末》整理）

3.8　轻工业

轻工业有 1 个项目，建设于黑龙江省（表 9）。

表 9　156 项工程（轻工业）建设情况

项目名称		建设地址	开始建设时间（年）	全部建成投产时间（年）	累计投资（万元）	概况
黑龙江省	佳木斯造纸厂	佳木斯	1953	1957	10199	是全国第一座采用硫酸盐法制浆造纸的大型企业，是当时全国最大的造纸厂。该厂还是“一五”期间由苏联援建的“156项工程”中唯一的轻工业企业

（来源：作者依据《奠基：苏联援华 156 项工程始末》整理）

4　“156项工程”在东北地区工业分布

东北地区在近代工业发展历程中，于清末及东北沦陷时期建立起初步的工业体系。东北沦陷时期，日本为大肆进行战争侵略和经济资源掠夺，在东北境内开设大量的工业企业。当时的城市建设水平和基础设施建设水平起点很高，这些在被剥削和被压迫历程中建立的近代工业企业，为后续的经济建设奠定了初步基础。

新中国成立后，中央明确建设重工业的发展规划，借助于东北相对较好的工业基础，制定以重工业为优先发展的经济发展战略，“156 项工程”就是在此形势下和高度集中的计划经济体制下推进的工程。首先，充分利用东北工业基础的优势，尤其是针对发展重工业重点进行合理布局；大大加强东北能源基地的作用，同时也对缺乏能源地区的建设起到了基础支撑作用。一方面使东北的工业化得到快速发展，另一方面也令东北工业结构呈现出以国防工业为重点的比较突出的重工业特点。其次，利用东北的工业基础进行大规模的改扩建，是“156 项工程”中有别于其他地区的特征。改扩建项目主要利用近代和东北沦陷时期形成的初步工业基础，后经苏联技术援助进行改建和扩建，这种技术转移和援助所形成的工业遗产具有极其重要的形式特征和价值。

4.1 省域范围下的分布

4.1.1 辽宁省

“一五”计划期间，辽宁省是全国重工业基地，“156 项工程”中有 24 项。除 4 个军工项目之外，其余 20 项中以位于抚顺市、沈阳市和阜新市的居多，包括改建扩建的抚顺西露天矿（图 1a）、抚顺铝厂（一、二期）（图 1b）、抚顺电站（图 1c）、抚顺老虎台矿（图 1d）、抚顺龙凤矿（图 1e）、抚顺胜利矿、抚顺东露天矿、抚顺第二制油厂，沈阳第一机床厂、沈阳风动工具厂、沈阳电缆厂、沈阳第二机床厂；其他城市有阜新平安立井、阜新新邱一号立井、阜新海州露天矿、阜新热电站、大连热电站、杨家杖子钼矿、鞍山钢铁公司、本溪钢铁公司，为辽宁老工业基地的形成和发展奠定了基础。

（a）抚顺西露天矿

（b）抚顺铝厂（一、二期）

（c）抚顺电站

（d）抚顺老虎台矿

（e）抚顺龙凤矿

图 1 抚顺“156 项工程”项目
（来源：作者自摄）

4.1.2 吉林省

“156 项工程”中吉林省有 10 项，其中包含长春第一汽车制造厂（图 2a）、吉林染料厂（图 2b）、吉林氮肥厂（图 2c）、吉林铁合金厂（图 2d）、吉林炭素厂（图 2e）、吉林电石厂（图 2f）、吉林热电厂（图 2g）、丰满水电站、辽源中央立井、通化湾沟立井[3]。吉林省内的 10 个项目有 7 项位于吉林市，其中化工工业 3 项，电力工业 2 项，钢铁工业 1 项，有色金属工业 1 项。这 7 项工程的建设极大地推进了吉林市的工业发展，奠定了吉林市在全国的工业地位。7 个项目中除吉林热电站为新建外，其他均为改扩建项目，充分利用了已有的工业基础，在原有的设施设备条件下进行项目的改建和扩建。此外，2 个煤炭工业企业也是改建和扩建项目，长春第一汽车制造厂作为新建项目在选址和规划上也充分利用了铁路路网资源和长春市旧有工业布局的特点。总体上看，这些国家骨干企业新建、扩建并投产，使吉林省工业跨越到了一个新水平。

（a）长春第一汽车制造厂

（b）吉林染料厂

（c）吉林氮肥厂

（d）吉林铁合金厂

（e）吉林炭素厂

（f）吉林电石厂

（g）吉林热电厂

图 2　吉林省“156 项工程”项目
（来源：作者自摄）

4.1.3　黑龙江省

“一五”期间，黑龙江省作为国家工业建设重点地区之一，在苏联援建“156 项工程”布局中位列第三，建设项目共 22 项。其中民用项目 20 项，与辽宁省并列全国第一。哈尔滨市是早期中东铁路的重要枢纽，地理位置决定了近代工业建设的基础，“156 项工程”利用哈尔滨已有的工业基础，建设哈尔滨仪表厂、哈尔滨铝加工厂、哈尔滨量具刃具厂（图 3a）、哈尔滨锅炉厂（图 3b）、哈尔滨汽轮机厂（图

3c）、哈尔滨电机厂（图 3d）、哈尔滨炭刷厂、哈尔滨滚珠轴承厂（图 3e）8 个项目。其他城市有兴安台洗煤厂、兴安台二号立井、城子河九号立井、城子河洗煤厂、富拉尔基重机厂、富拉尔基热电站、富拉尔基特钢厂、鹤岗东山一号立井、鹤岗兴安台十号立井、双鸭山洗煤厂、佳木斯造纸厂、佳木斯纸厂热电站等项目。

（a）哈尔滨量具刃具厂

（b）哈尔滨锅炉厂

（c）哈尔滨汽轮机厂

（b）哈尔滨电机厂

（e）哈尔滨滚珠轴承厂

图 3　哈尔滨市“156 项工程”项目
（来源：作者自摄）

4.2　“156 项工程”与城市空间

4.2.1　长春市

长春的近代工业发展严重畸形，近代早期作为中东铁路的节点城镇鲜有成规模的工业生产建设，东北沦陷时期更是作为军事和政治中心打造，逐步成为消费型城市。长春在历史发展过程中形成的工业规模严重不足，新中国成立初期国家决定将其发展成为生产型城市，并将“156 项工程”中唯一的汽车工业企业设立于此（图 4），长春成为国家重点投资建设的城市之一。“一五”和“二五”时期长春第一汽车厂（西南郊区）、客车厂（西安桥外）、机车厂（西北

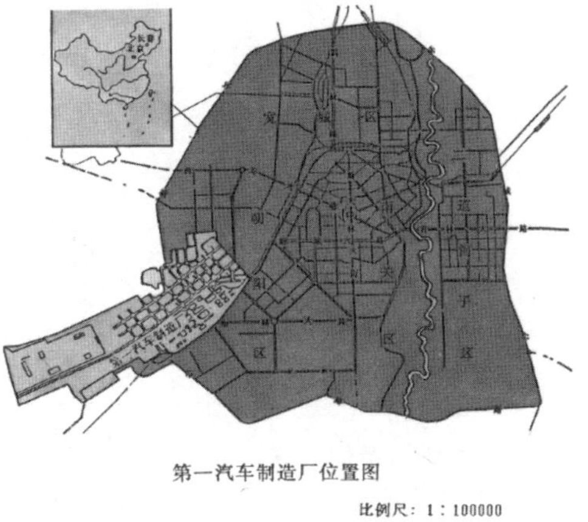

图4　长春第一汽车厂建厂初期位置图
（来源：《第一汽车制造厂厂志 第一卷 上》）

郊）、柴油机厂（东部）、光学仪器厂（南部）和长春电影制片厂等多个国家重点工程在长春兴建。与此同时，配套企业也得到了较快的发展，形成工业化生产型的城市格局。[4] 长春第一汽车厂作为“156项工程”中重要的汽车工业，于1953年开始兴建，开创了现代工业城市的新篇章，形成了长春市工业空间的标志，随着汽车产业的整体发展，“一汽”厂区在长春市城市空间中占有相对重要的位置（图5）。

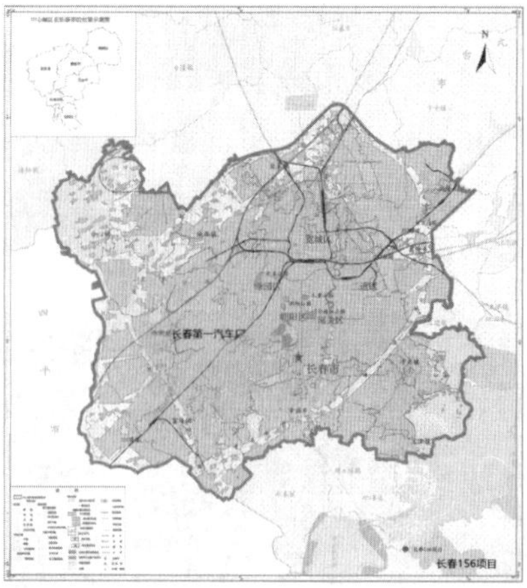

图5　长春市“156项工程”项目位置图
（来源：作者依据《长春市土地利用总体规划（2006—2020）》整理自绘）

4.2.2　吉林市

吉林市在清末就是商贾聚集之地，东北沦陷时期日本侵略者为掠夺资源，利用吉林市的区位优势大力发展以化学工业为主导的工业产业。“156项工程”利用吉林市旧有的工业基础，最终在吉林市建设7个重点项目，从而夯实了吉林市北部工业发展区域的形态，并形成哈达湾工业区和吉化工业区的城市格局（图6）。

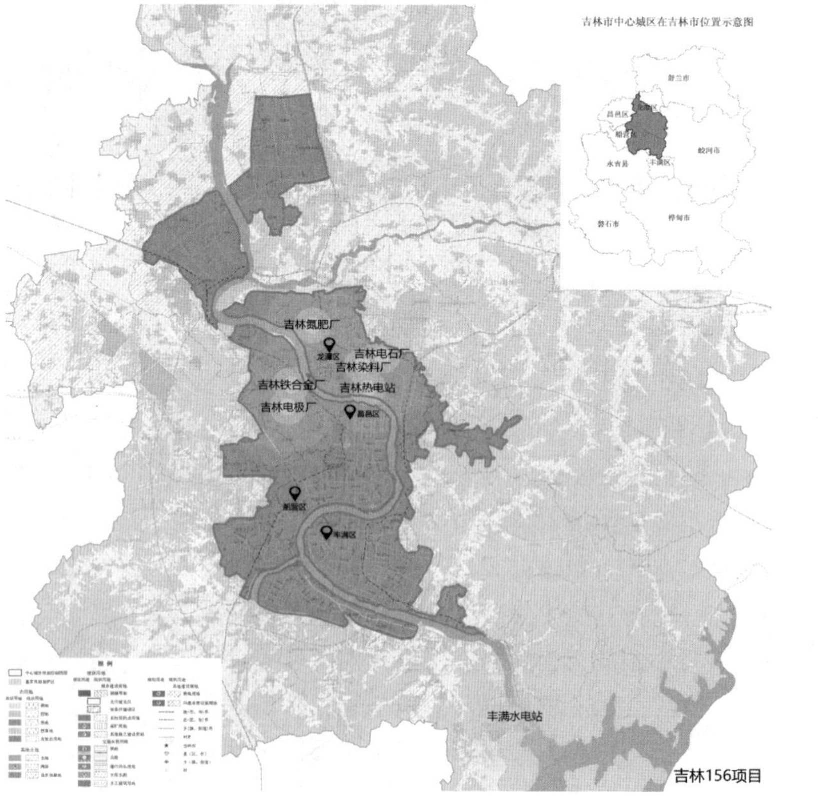

图6　吉林市“156项工程”项目位置图
（来源：作者依据《吉林市土地利用总体规划（2006—2020）》整理自绘）

4.2.3 哈尔滨市

哈尔滨市依托中东铁路的开通而迅速发展，交通和地理位置优越，工业基础雄厚。“一五”时期，考虑到政治因素和资源条件，哈尔滨市和抚顺市是重点建设城市，也是全国“156项工程”中民用项目占比最多的两个城市[5]。哈尔滨市香坊区的三大动力工业（哈尔滨电机厂汽轮发电机车间，哈尔滨汽轮机厂一、二期，哈尔滨锅炉厂一、二期）作为“156项工程”中重要的项目，于1953年开始兴建，形成了哈尔滨市工业空间的标志，开创了现代工业城市的新篇章，为哈尔滨市工业的大力发展打下了坚实的根基（图7）。“一五”期间哈尔滨的规划采取当时较为先进的城市规划理论，将工业区成组地布置在城市的外围区域。先后建成了动力工业区、平房工业区和香坊工业区（现动力区归入香坊区）。以三大动力为主要的技术力量和运输资源，这些大型的厂区就作为城市发展的主要核心区域，联系周边形成了整个城市的发展建设。

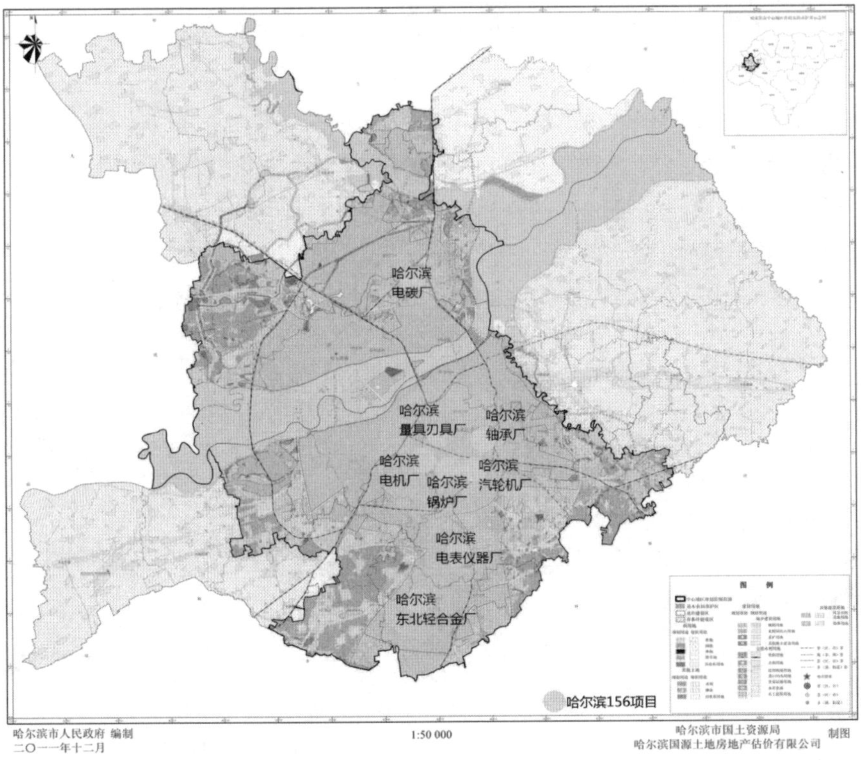

图7 哈尔滨市“156项工程”项目位置图
（来源：作者依据《哈尔滨市土地利用总体规划（2006—2020）》整理自绘）

4.2.4 沈阳市

沈阳市的地理位置重要，是我国重要的以装备制造业为主的重工业基地，有着“共和国长子”和“东方鲁尔”的美誉。沈阳第一机床厂作为“156项工程”中重要的机械工业企业，于1953年开始兴建，形成了沈阳市工业空间的代表。沈阳地区类似第一机床厂的机械制造工厂较多，如沈阳第三机床厂、中捷人民友谊厂等为沈阳市的工业发展带来了活力源泉[6]。4 个“156 项工程”项目均设置在著名的铁西工业区（图 8）。

图 8　沈阳市“156 项工程”项目位置图
（来源：作者自绘，地图底图审图号：辽 S[2021]263 号）

4.2.5　抚顺市

抚顺市的“156 项工程”以煤矿产业为主，还包括石油、有色金属工业及电力产业，主要分布在浑河南岸的新抚区，浑河北岸的顺城区作为其他产业的发展基地（图 9）。抚顺市作为典型的资源枯竭型城市，随着城市转型和振兴需要，逐渐确立了以“沈抚新城”“石化新城”“南环产业经济带”为重要支撑的工业产业集聚区[7]（图 10）。

图 9　抚顺市“156 项工程”项目位置图
（来源：作者自绘，地图底图审图号：辽 S[2021]266 号）

图 10　抚顺市城市形态示意图
（来源：作者自绘，地图底图审图号：辽 S[2021]266 号）

5　保护与再利用的现状

东北的工业城市同其他地域一样，在城市工业用地更新的过程中，大量工业建筑被拆除、改建或废弃，其中不乏具有重要历史价值的工业建筑遗产在叹息声中淡出人们的视线，这是物质层面的消失；精神层面，工人生活居住的配套生活区，大多处于年久失修的状态，曾经的工人社区成为面临拆除的棚户区，丧失了工业精神的文化特征[8]。从调研和收集的资料来看，东北地区的工业遗产保护再利用的情况较经济发达区域存在一定差距，针对“156项工程”工业遗产的保护再利用现状更是不容乐观。

5.1 保护的现状

保护方面，除长春一汽、本溪钢铁公司、抚顺西露天矿、富拉尔基重机厂等为数不多的项目被列为历史街区、历史建筑、文物保护单位并进行一定程度的保护外，其余大部分工程项目并未得到应有的重视，更谈不上应有的保护。“156项工程”工业遗产保护和利用，仍然被一些现实的问题困扰，有待建立相应的保护机制。

据资料统计，截至2020年12月，东北地区“156项工程”工业遗产分别有6项入选《中国工业遗产保护名录》[①]（表10）、8项入选《国家工业遗产名单》[②]（表11），少部分项目被评定为省级、市级文物保护单位（表12）。

① 《中国工业遗产保护名录》由中国科协调宣部主办，中国科协创新战略研究院、中国城市规划学会承办。包含了创建于洋务运动时期的官办企业，也含有新中国成立后的“156项”重点建设项目，覆盖了造船、军工、铁路等门类，是具有代表性、突出价值的工业遗产。

② 《国家工业遗产名单》是工业和信息化部经过申报、评审和现场核查认定的工业遗产名单。

表10 东北地区“156项工程”工业遗产入选《中国工业遗产保护名录》统计

项目	主要遗存
1、抚顺煤矿（现为抚顺煤矿博物馆）	西露天矿、设备、工具；搭连运煤漏；龙凤矿办公楼、竖井楼，德国西门子公司制造一大一小两台“戈培式”绞车，电动机为4025千瓦，绞车功率3968千瓦，性能为当时世界最先进的煤矿设备，也是世界上现存的唯一一套同类型设备；抚顺煤矿万人坑
2、本溪湖煤铁公司（纤维本溪［溪湖］煤铁工业遗址博览园）	本钢一铁厂旧址、本钢第二发电厂冷却水塔、大仓喜八郎遗发冢、本溪湖小红楼和大白楼、本溪煤矿中央大斜井、东山张作霖别墅、本溪湖火车站和彩屯煤矿竖井、肉丘坟等共9处
3、阜新煤矿（海州露天煤矿国家矿山公园）	海州露天矿坑：苏联产电镐、潜孔钻机、推土犁等机器设备矿山开采设备，蒸汽机车等运输设备
4、鞍山钢铁公司	昭和制钢所运输系统办公楼、井井寮旧址、昭和制钢所迎宾馆、昭和制钢所研究所、昭和制钢所本社事务所、烧结厂办公楼；北部备煤作业区门型吊车、建设者（XK51）机车车头、昭和制钢所1号高炉、老式石灰竖窑、2300mm三辊劳特式轧机、401号电力机车、1150轧机、1100轧机；档案文献、“鞍钢宪法”
5、第一汽车制造厂	一号门门前广场，毛泽东手书的“第一汽车制造厂奠基石”，苏式厂房、生活区，技术档案
6、丰满电站	水坝、电站，丰满万人坑

（来源：作者依据《中国工业遗产保护名录》整理绘制，统计时间截至2020年12月）

表11 东北地区“156项工程”工业遗产入选《国家工业遗产名单》统计

项目	主要遗存
1、鞍山钢铁厂	昭和制钢所运输系统办公楼、井井寮旧址、昭和制钢所迎宾馆、昭和制钢所研究所、昭和制钢所本社事务所、烧结厂办公楼、东山宾馆建筑群（主楼、1号楼、2号楼、3号楼、贵宾楼）、北部备煤作业区门型吊车、建设者（XK51）机车车头、昭和制钢所1号高炉、老式石灰竖窑、2300mm三辊劳特式轧机、401号电力机车、1150轧机、1100轧机、鞍钢宪法
2、抚顺西露天矿	矿坑：大型挖掘机2台，电力机车4辆，推土犁1台，108吨采矿汽车1辆，蒸汽机车2辆
3、一重富拉尔基厂区	重型装备制造厂，热处理制造厂，水压机锻造厂，金属结构制造厂；12500吨自由锻造水压机，捷克产6000吨水压机，苏联产9米立车，H3TC车床、井式热处理炉沉箱等机器设备，建厂初期吊具等生产工具；开工纪念章，厂前广场毛泽东主席不锈钢塑像；历史档案

续上表

项目	主要遗存
4、本溪湖煤铁公司	本钢一号高炉、洗煤厂、2号黑田式焦炉、铁路机务段与编组站、本钢第二发电厂冷却塔、洗煤车间、煤铁公司事务所（小红楼）、煤铁公司旧址（大白楼）、中央大斜井、彩屯煤矿竖井、东方红火车头、EL型电力机车及敞车
5、阜新煤炭工业遗产群	新邱煤田遗址，海州矿坑，阜新万人坑遗址，平安煤矿职工俱乐部；单斗挖掘机（99号电镐），3D型推土犁，ZG・150-1500型电机车，上游（SY）型蒸汽机车
6、东北轻合金加工厂	熔铸分厂，轧板分厂，挤压分厂，201中心实验室，老办公楼，文化宫；2000mm热轧机
7、哈尔滨电机厂	水电分厂大型厂和汽发分厂厂房，中型厂房，线圈分厂厂房，大电机研究所主楼，办公楼，正门；1591式立车，S2500/15m卧车
8、哈尔滨锅炉厂	一厂房，原厂办公楼；ϕ114-426公厘弯管机，1500/2000吨水压机

（来源：作者依据《国家工业遗产名单》整理绘制，统计时间截至2020年12月）

表12　东北地区“156项工程”工业遗产入选省、市级保护单位统计

省	市	项目名称	核心保护项目
吉林省	吉林市	吉林石化公司厂址	2014年8月28日吉林省人民政府公布《吉林省第七批省级文物保护单位和保护范围及建设控制地带（吉政发〔2014〕34号）》，其中“吉林石化公司厂址”为近现代重要史迹及代表性建筑，保护范围为吉化公司101厂、102厂、104厂各自厂区。注：101厂为吉林化肥厂，102厂为吉林电石厂
		丰满发电厂	2014年8月28日吉林省人民政府公布《吉林省第七批省级文物保护单位和保护范围及建设控制地带（吉政发〔2014〕34号）》，其中“丰满发电厂厂址”为近现代重要史迹及代表性建筑。保护范围为丰满发电厂厂区
		吉林铁合金厂	2018年10月19日，昌邑区政府召开第18届25次常务委员会，核查昌邑区哈达湾工业遗产。核定结果如下：不可移动文物有科技楼（1984年建）、三分厂办公楼（1960年建）、文化宫（1958年建）、办公楼（1957年建）、一分厂（1956年建），历史建筑有一分厂配料库、上料皮带通廊、水塔、烟筒和铁路等（均为1953—1956年建）
		吉林炭素厂	2018年10月19日，昌邑区政府召开第18届25次常务委员会，核查昌邑区哈达湾工业遗产。核定结果如下：不可移动文物有日伪时期酒精厂、303石果化电极车间（1955年建）、股份公司办公楼（1954年建），历史建筑有309车间老锅炉房（1955年建）、302焙烧车间（1955年建）、303焙烧车间（1960年建）、304加工车间（1955年建）、301压型车间（1955年建）、吉碳公司政工楼（1957年建）
辽宁省	抚顺市	抚顺龙凤矿	2004年9月25日辽宁省人民政府公布《辽宁省人民政府关于公布第六批省级文物保护单位保护范围和建设控制地带的通知（辽政发〔2004〕34号）》，其中“龙凤矿竖井”被列为保护单位，保护范围为以竖井中心为基点四周20米以内。2018年9月10日辽宁省抚顺市人民政府办公厅公布《抚顺市人民政府办公厅关于加强我市列入不可移动文物名录具有重要历史价值工业遗产保护的通知（抚政办发〔2018〕85号）》，其中“龙凤矿办公楼”为近现代重要史迹及代表性建筑，被列入抚顺市不可移动文物名录
		抚顺胜利矿	2018年9月10日辽宁省抚顺市人民政府办公厅公布《抚顺市人民政府办公厅关于加强我市列入不可移动文物名录具有重要历史价值工业遗产保护的通知（抚政办发〔2018〕85号）》，其中“胜利矿斜井”为近现代重要史迹及代表性建筑，被列入抚顺市不可移动文物名录
		抚顺电站	2018年9月10日辽宁省抚顺市人民政府办公厅公布《抚顺市人民政府办公厅关于加强我市列入不可移动文物名录具有重要历史价值工业遗产保护的通知（抚政办发〔2018〕85号）》，其中“抚顺电站”为近现代重要史迹及代表性建筑，被列入抚顺市不可移动文物名录
		抚顺老虎台矿	2018年9月10日辽宁省抚顺市人民政府办公厅公布《抚顺市人民政府办公厅关于加强我市列入不可移动文物名录具有重要历史价值工业遗产保护的通知（抚政办发〔2018〕85号）》，其中“老虎台矿东风扇、老虎台矿蓄水池、老虎台矿旧址”为近现代重要史迹及代表性建筑，被列入抚顺市不可移动文物名录

省	市	项目名称	核心保护项目
辽宁省	抚顺市	抚顺东露天矿	2018年9月10日辽宁省抚顺市人民政府办公厅公布《抚顺市人民政府办公厅关于加强我市列入不可移动文物名录具有重要历史价值工业遗产保护的通知（抚政办发〔2018〕85号）》，其中“东露天矿旧址”为近现代重要史迹及代表性建筑，被列入抚顺市不可移动文物名录
		抚顺西露天矿	2018年9月10日辽宁省抚顺市人民政府办公厅公布《抚顺市人民政府办公厅关于加强我市列入不可移动文物名录具有重要历史价值工业遗产保护的通知（抚政办发〔2018〕85号）》，其中“西露天矿旧址”为近现代重要史迹及代表性建筑，被列入抚顺市不可移动文物名录
		抚顺第二制油厂	2018年9月10日辽宁省抚顺市人民政府办公厅公布《抚顺市人民政府办公厅关于加强我市列入不可移动文物名录具有重要历史价值工业遗产保护的通知（抚政办发〔2018〕85号）》，其中“石油二厂旧址、石油二厂专线铁路桥”为近现代重要史迹及代表性建筑，被列入抚顺市不可移动文物名录
		抚顺铝厂（一、二期）	2018年9月10日辽宁省抚顺市人民政府办公厅公布《抚顺市人民政府办公厅关于加强我市列入不可移动文物名录具有重要历史价值工业遗产保护的通知（抚政办发〔2018〕85号）》，其中“铝厂电解厂房、铝厂一〇一分厂厂房、铝厂一〇〇分厂厂房、抚顺铝厂旧址”为近现代重要史迹及代表性建筑，被列入抚顺市不可移动文物名录
黑龙江省	哈尔滨市	哈尔滨量具刃具厂	2020年5月22日哈尔滨市人民政府公布《哈尔滨市人民政府关于调整我市历史建筑名单的通告（哈政规〔2020〕6号）》，其中“哈尔滨量具刃具股份有限公司围墙”为第三批Ⅱ类不可移动文物
		东北轻合金加工厂	2020年5月22日哈尔滨市人民政府公布《哈尔滨市人民政府关于调整我市历史建筑名单的通告（哈政规〔2020〕6号）》，其中“东北轻合金有限责任公司（东楼）、东北轻合金有限责任公司（西楼）”为第三批Ⅱ类不可移动文物

（来源：作者依据政府公开文件整理绘制，统计时间截至2020年12月）

5.2 再利用的现状

东北地区的50个民用项目中仅有4个运用功能置换等手段被再利用，其他大多数企业虽然继续处于生产使用状态，但并没有建立足够的保护措施；少部分被拆除或近于废弃，没有可行的方案将其再利用（表13）。

表13 东北“156项工程”工业建筑遗产保护与再利用现状

保存状态	辽宁省	吉林省	黑龙江省
使用中	阜新热电站、抚顺东露天矿、抚顺第二制油厂、大连热电站、鞍山钢铁公司、沈阳第一机床厂、抚顺铝厂（一、二期）、抚顺老虎台矿、本溪钢铁公司、沈阳风动工具厂	丰满水电站、吉林热电站、吉林染料厂、吉林氮肥厂、吉林电石厂、长春第一汽车厂、吉林铁合金厂（部分厂房废弃遗存）、吉林电极厂（部分厂房废弃遗存）、通化湾沟立井	哈尔滨铝加工厂（一、二期）、哈尔滨锅炉厂（一、二期）、哈尔滨量具刃具厂、哈尔滨汽轮机厂（一、二期）、哈尔滨电机厂汽轮发电机车间、哈尔滨滚珠轴承厂、富拉尔基特钢厂（一、二期）（部分厂房废弃遗存）、富拉尔基热电站、富拉尔基重机厂（部分厂房废弃遗存）、佳木斯纸厂热电站（部分厂房废弃遗存）
拆除		辽源中央立井	哈尔滨仪表厂、哈尔滨电碳厂（几乎被拆除）

续上表

保存状态	辽宁省	吉林省	黑龙江省
再利用	阜新海州露天煤矿（部分生产地建设为海州露天矿国家矿山公园）、沈阳第二机床厂（拆除改为商业购物中心）、抚顺西露天矿（部分遗址地改为抚顺煤矿博物馆）		哈尔滨滚珠轴承厂（部分改建为轴承历史展览馆）
废弃和遗存	阜新新邱一号立井、阜新平安立井、抚顺电站（建筑于2018年被列入抚顺市不可移动文物名录）、抚顺龙凤矿、抚顺电站	通化湾沟立井	兴安台二号立井、城子河洗煤厂、城子河九号立井、鹤岗东山一号立井、鹤岗兴安台十号立井、兴安台洗煤厂、双鸭山洗煤厂、佳木斯造纸厂

（来源：作者自绘）

6　保护与再利用的展望

基于东北地区“156项工程”的特点，其具有特殊意义的技术转移下的风格特征，形成独特的历史价值和文化价值，有别于其他地区的风格特征。因此，对其特殊的工业遗产价值更应深入挖掘和研究，形成区域化和系列化工业遗产历史价值的梳理，系统建立价值评估体系，才能对其现存的遗产做到有效的保护。因此，基于遗产的现状应采取如下措施：

（1）研究“遗产价值”。作为特定历史阶段和技术转移背景的工业遗产，其遗产的价值具有特殊性；研究其遗产价值，以及建立区域化的系统研究，才能有效形成保护机制和措施。

（2）健全“保护名录”。仅停留于保护层面的维持现状，工业遗产名录难以健全。相关部门应对工业遗产再利用进行深层次挖掘，形成高关注度，对工业遗产的价值进行系统的评价与分级。

（3）落实“保护依据”。大量的工业遗产游离于法定保护体系之外，经济利益驱使下盲目拆除新建和无计划的保护导致废弃。应加强工业遗产保护再利用的措施专项研究和健全具体措施的法律法规体系，在学术领域重视研究、政府机构加强管理、公众参与强化落实，多角度落实保护依据的建立。

（4）完善“保护方法”。存量更新是当下的发展趋势，对建筑遗产的保护再利用显得更加重要和必要。保护再利用的方法和手段就要满足发展的需要，建立配套的政策机制。

（5）探究“利用模式”。除上述建立完善保护措施外，保护和再利用的关系也需要清晰、明确。保护和再利用需要同步进行，单纯的保护不利于城市工业用地更新的需求。再利用的方式在基于保护的前提下，可进行多种模式的探索。第一，仅限于保护层面的实施会限制城市发展，应当从城市整体的高度研究城市工业区的复兴问题，让工业遗产在城市发展和建设中发挥更大的作用；第二，针对工业遗产的保护和再利用应给予充分的重视，尤其是传统工业城市工业区的更新发展，应当把工业建筑遗产作为城市历史文脉的重要组成部分，使其在工业历史街区的复兴中发挥应有的作用；第三，适合地方城市发展和经济水平的再利用模式是合理利用的基础，应根据地域文化特征、历史文脉特色、经济水平等进行整体评价，以“适应性再利用”为指导原则，探寻合理、可行的再利用模式。

7 结语

工业遗产再利用成功实践案例的共同特征是：充分利用工业遗产用地更新的机遇和优越的地理位置，将工业遗产再利用作为带动工业区整体复兴的驱动力，极大促进工业遗产价值功能的转变和开发[9]。“156 项工程”东北地区中的 56 个项目是东北地区工业发展的重要组成部分，为新中国的工业化做出了巨大贡献。这些带有明显特征的区域化工业遗产和特定历史阶段的工业遗产，既是工业化进程中的物质载体，承载了城市发展的历史印记和文化积淀；更是城市文脉延续的重要因素，对工业城市的定位和发展、城市建设与区域规划都带来极大影响；对其价值的发掘和历史脉络的梳理以及妥善保护和再利用这些不可再生的遗产，对追溯城市文明的发展和保留城市的记忆都具有十分重要的意义[10]。其独特的工业遗产价值和特征，在新的城市更新与转型发展过程中更应引起相关部门的足够重视，并采取有效措施进行系统的保护和利用。

参考文献

[1] 宋凤英．奠定中国工业化基础的“156 项工程”揭秘 [J]. 党史博采（纪实），2009(12):24–28.

[2] 陈夕．奠基：苏联援华 156 项工程始末 [M]. 成都：天地出版社，2020.

[3] 何茜．吉林省工业遗产的普查及保护与再利用研究 [D]. 长春：吉林建筑大学，2016.

[4] 申庆喜．长春市工业空间形态与形成机制研究 [D]. 长春：东北师范大学，2013.

[5] 张一平，刘大平．哈尔滨“156 项”工业遗产研究 [J]. 遗产与保护研究，2018,3(3):83–89.

[6] 胡艳宁．沈阳近代民族工业对城市布局的影响研究 [C]// 中国城市规划学会．城市时代 协同规划：2013 中国城市规划年会论文集（03- 城市总体规划）. 中国城市规划学会，2013:16.

[7] 于凡，张丽娜．东北地区资源型城市转型发展制约因素与对策建议 [J]. 煤炭经济研究，2019,39(9):4–9.

[8] 黎美汛 . 矿业城市“ 156 工程”产业遗存地再开发 [D]. 辽宁工程技术大学，2017.
[9] 范玉洁，吴雪梅 . 工业遗产保护与再利用现状概述 [J]. 工业设计，2017(09):37–38.
[10] 莫畏，何茜 .“一五”时期吉林省工业遗产的现状与构成分析 [J]. 艺术科技，2015,28(12):89–90.

江西省工业遗产时空分布特征研究

欧阳璐　赵佳明　李小云　段亚鹏　贺海芳　江西师范大学城市建设学院

摘　要：本文以江西省文物考古研究院提供的数据及现场调研所获的江西工业遗产资料为研究对象。在了解江西工业遗产保护利用状况下，运用ArcGIS技术平台，根据所获的GPS定位，构建了江西省工业遗产地理空间数据库；从空间和时间的角度，对江西省工业遗产空间分布的集散程度、时序发展进行分析；最后通过对江西各时期工业分布的历史研究，总结出在不同发展阶段下的工业遗产分布特征，以期为江西工业遗产的保护与再利用提供相关借鉴。

关 键 词：江西；工业遗产；保护利用；分布特征；历史研究

引言

江西历史悠久，文化底蕴深厚，物产资源丰富，自然条件优越，前工业时期遗存非常丰富，近现代工业在我国工业历史上也占有重要地位，留下了丰富的工业遗产。随着产业的发展和产业结构的转变，大量工业建筑面临被拆迁破坏的困境，部分工业建筑保存较完整，但由于没有找到合适的再利用方法而被遗弃荒废，大量工业遗产亟需积极保护和多渠道再利用。在城市化快速发展的时代，分析江西省的工业遗产时空分布特征是工业遗产保护与再利用的重要基础工作。

工业遗产的空间分布受到自然、交通、能源、原材料供应和市场等多种因素的影响，其空间上的分布特征是区域自然地理条件和社会经济因素相互作用的结果。为直观有效地分析江西省工业遗产空间分布特征，本文在已有成果的基础上，以ArcGIS为技术平台，利用江西省文物考古研究院提供的数据及现场调研所获取的GPS定位，在宏观的空间尺度上将工业遗产抽象为地理空间上的“点”，获取了381处工业遗产的地理坐标数据，构建了江西省工业遗产空间数据库，从多角度、多尺度对江西省工业遗产空间分布的集散程度、时序发展进行分析，以期为江西工业遗产的保护与再利用提供相关借鉴。

1　江西工业遗产保护发展现状

1.1　保护状况

2010年进行“三普”的结果显示，江西省工业遗产共619处。2021年1月，本研究团队对江西省工业遗产按国家级、省级、市县级登记不可移动文物、未定级的工业遗产等类型进行统计，并进行合并整理，最终认定江西省工业遗产共381处。其中，具有代表性的文物保护单位有：中央红军兵工厂旧址，2006年5月被公布为全国重点文物保护单位；新中国第一架飞机生产车间旧址、中央南昌飞机制造厂旧址、湘鄂赣省兵工厂旧址等工业建筑遗产，2018年8月被列为江西省文物保护单位。按级别划分，列入国家级、省级、市县级文物保护单位的工业遗产是少数；未定级的占大多数。江西省的工业遗产保护项目申报处于一个缓慢增长的状态，在 11 个地级市中，只有少数地级市在开展申报历史建筑的工作，如南昌市、九江市等；部分老厂区的工业建筑被列为历史建筑，如九江市动力机厂老厂区、柴油机厂老厂区、国棉二厂老厂区等。截至 2021 年 1 月，江西省列入国家工业遗产名单和中国工业遗产名录的工业遗产见表 1。

表 1　江西省列入国家工业遗产名单和中国工业遗产名录的工业遗产统计表

公布时间	名称	所在地	创建年代	类型	批次
2018.1.17	萍乡煤矿	萍乡市安源区	1898年	中国工业遗产	第一批
2018.1.17	宇宙瓷厂	景德镇市珠山区	1958年	中国工业遗产	第一批
2019.4.12	官田中央军委兵工厂	赣州市兴国县	1931年	中国工业遗产	第二批
2019.4.12	西华山钨矿	赣州市大余县	1908年	中国工业遗产	第二批
2019.4.12	大吉山钨矿	赣州市全南县	1918年	中国工业遗产	第二批
2019.4.12	中意飞机制造厂	南昌市东湖区	1935年	中国工业遗产	第二批
2017.12.25	汉冶萍公司—安源煤矿	萍乡市安源区	1898年	国家工业遗产	第一批
2017.12.25	景德镇国营宇宙瓷厂	景德镇市珠山区	1958年	国家工业遗产	第一批
2017.12.25	西华山钨矿	赣州市大余县	1908年	国家工业遗产	第一批
2018.12.17	李渡烧酒作坊遗址	南昌市进贤县	元代	国家工业遗产	第二批
2019.11.18	景德镇明清御厂遗址	景德镇市珠山区	明清时期	国家工业遗产	第三批
2019.11.18	景德镇国营为民瓷厂	景德镇市珠山区	1959年	国家工业遗产	第三批
2019.11.18	吉州窑遗址	吉安市吉安县	唐代	国家工业遗产	第三批
2019.11.18	兴国官田中央兵工厂	赣州市兴国县	1931年	国家工业遗产	第三批
2020.12.17	洪都机械厂旧址	南昌市青云谱区	1951年	国家工业遗产	第四批
2020.12.17	江西星火化工厂	九江市永修县	1968年	国家工业遗产	第四批
2020.12.17	铜岭铜矿遗址	九江市瑞昌市	商、周	国家工业遗产	第四批
2020.12.17	景德镇国营建国瓷厂	景德镇市珠山区	1952年	国家工业遗产	第四批

（来源：根据工业和信息化部、中国科学技术协会公布的数据整理）

1.2　江西工业遗产活化利用状况

江西省大部分工业遗产处于闲置状态，其中部分进行了活化利用，以陶溪川文创园、699 文创园、樟树林文化生活公园以及中意飞机制造厂等优秀案例为例，经过保护活化再利用，遗产转型升级成为公园、博物馆、创意社区、艺术中心等，同时也成为城市新的活力增长点，带动了地区的复兴和发展，成为新的时尚地标。

近年来，随着对工业遗产保护利用意识的增强，政府部门也逐渐意识到工业建筑保护的重要性，相关政府部门拟定并颁发了《加强江西工业遗产保护方案》等政策文件。但现阶段江西省各地对工业遗产的重视程度不一，从整体活化利用来看，关于工业遗产如何更新与转型，在未来很长一段时间里仍然是一项艰巨而有挑战性的工作。

2　空间分布特征

2.1　总体空间分布特征

在全省范围，工业遗产分布区域较广，覆盖了江西省所有地级市区域。总体来看，赣西北及赣南地区城市工业遗产数量较多，分布呈集聚状。从地市层面而言，工业遗产总数由多到少依次为：赣州、南昌、萍乡、九江、上饶、景德镇、宜春、吉安、鹰潭、新余和抚州（图 1）。

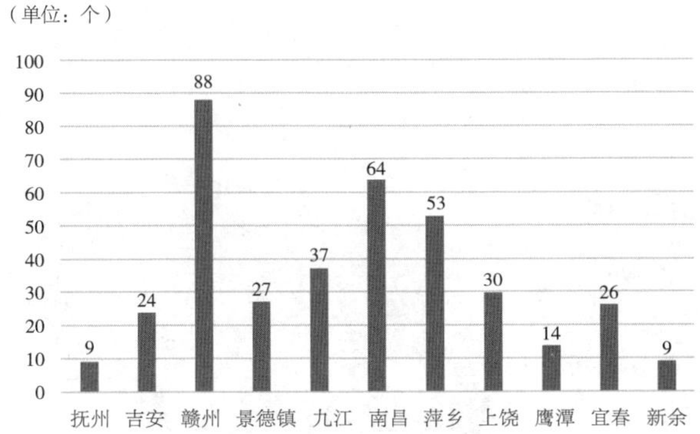

图 1　江西省地市级工业遗产分布图
（来源：作者根据工业和信息化部、中国科学技术协会公布的数据整理）

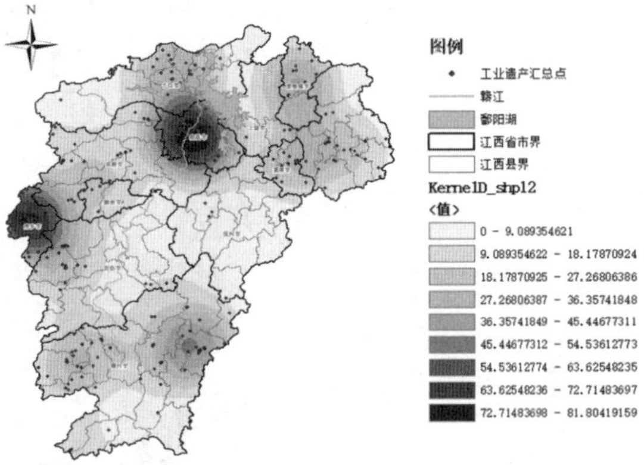

图 2　江西各地区工业遗产密集度
（底图来源：天地图，审图号：赣 S（2020）076 号）

为进一步分析江西省工业遗产的具体分布特征，本文采用 ArcGIS 的 SpatialAnalyst 模块中的 Kerneldensity （核密度）分析方法，对各地工业遗产点进行密度分析，以确定江西省工业遗产的聚集情况。核密度分析是一种用于估计概率密度函数的非参数方法，通常以 Parzen 窗（Parzenwindow）进行估算。经核密度分析后，江西省各地工业遗产的空间分析如图 2 所示， 工业遗产分布具有明显的聚集态势，形成了 2 个高密度圈、2 个次级密度圈、带状分布的格局形态。其中高密度圈是江西省会南昌和新宜萍城镇群，次级密度圈是赣州和赣东北地区，虽然赣州工业遗产数量最多，但由于赣州地域面积较广，工业遗产分布较为分散。带状主要是以赣江为主轴形成的工业遗产聚集带。赣江沿线、环鄱阳湖地区凭借良好的航运条件，近现代工业发展较快，故工业遗产保留较多，这与赣江作为江西的母亲河在历史上承担的重要功能相符合。

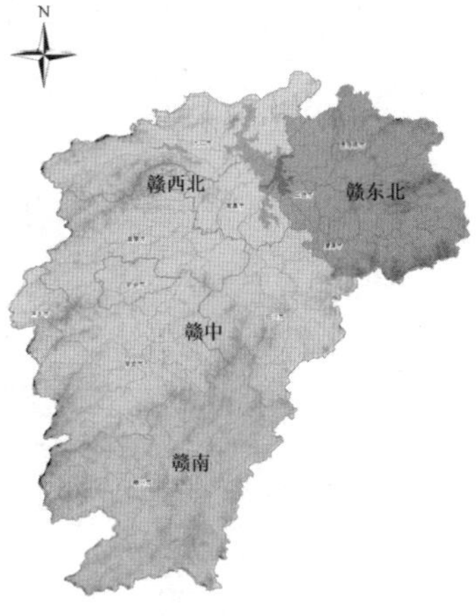

图 3　江西省区域划分图
（底图来源：天地图，审图号：赣 S（2020）076 号）

同时，江西省工业遗产分布也呈现不平衡的状态。综合考虑江西省的区域发展战略和整体经济发展情况以及自然地理环境等因素，从空间上将江西省大致分为 4 个区域（图 3）： 赣西北地区、赣东北地区、赣中地区、赣南地区。其中，赣西北地区包括南昌市、九江市、宜春市、新余市、萍乡市；赣东北地区包括上饶市、景德镇市、鹰潭市；赣中地区包括吉安市和抚州市；赣南地区包括赣州市。

从工业遗产空间分布的数量来看，赣西北地区居于首位，工业遗产有189处，占总数的49.60%；赣东北地区有71处，占总数的18.64%；赣南地区有88处，占总数的23.10%；赣中地区则有33处，占总数的8.66%。由此可以看出，江西省工业遗址在区域空间分布上的差异较大，而造成这种差异的因素有很多。在工业企业选址的过程中，自然地理环境、人文地理要素、社会经济因素等都会对其有直接或者间接的影响。其中自然环境是一个重要的影响因素，海拔高度和地形坡度是其中被认为重要的地形条件（图4、图5），江西省工业遗产多分布于坡度缓和、海拔较低区域，平原盆地工业遗产数量多于山地高原地区。

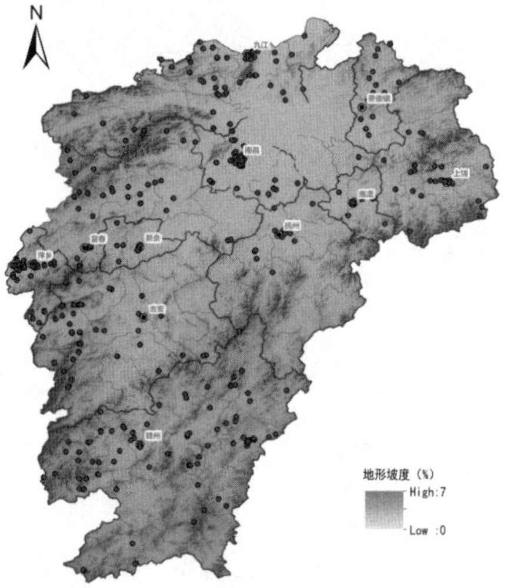

图4　江西省地形坡度影响分析
（底图来源：天地图，审图号：赣S（2020）076号）

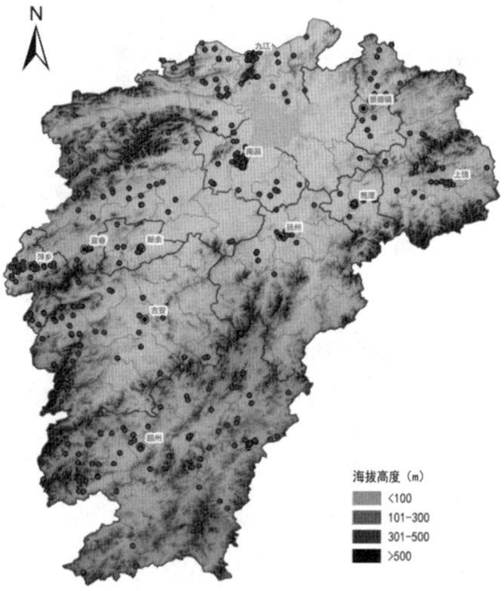

图5　江西省海拔高度影响分析
（底图来源：天地图，审图号：赣S（2020）076号）

2.2　各地区空间分布特征

2.2.1　赣西北地区

赣西北地区包含南昌市、九江市、新余市、宜春市、萍乡市，分布有工业遗产189处，是江西工业遗产聚集带。开埠时期，外国的舰船经长江航道来到九江，再经鄱阳湖、赣江至南昌。离城区不远处的地带交通和生活便利，土地便宜，外国人开始建立洋行，兴办工厂。自1875年俄国商人在九江建立新泰砖茶厂起，江西近代史上第一家采用机器生产的近代工厂就出现了，江西的新式工业也由此诞生[1]。随后，一些官办和民族资本企业在赣江沿岸兴建，江西工商业得到较快的发展。

抗战爆发以后，因交通梗阻，江西所需机器及零部件无法从外地运进来，江西省自力更生，设立机械工厂自行生产，抗战期间江西共有9家机械工厂。抗战结束以后，上述几家大型机械工厂陆续停办，江西的机械工业跌入谷底。据统计，到1947年，南昌和九江还有24家机械工厂。这些小规模的机械工厂只能在动荡的局势中挣扎，近代江西的机械工业终究难以发展壮大，但工业遗产存留较为丰富[2]。

除此之外，新余、宜春、萍乡 3 市，是江西省重要的工业基地和粮食主产区，其工业遗产空间分布在萍乡地区较为密集，新余以及宜春地区则较为分散（图 6）。萍乡市作为中国近代工业文明的发祥地之一和传统资源型工业城市，其工业遗址多为煤矿及相关工业遗址，分布较为集中。宜春的工业遗址以兵工厂、机械等大型工业遗产为代表，因特殊要求，大多分布在陡丘陵地貌环境中。

2.2.2　赣东北地区

赣东北地区包含上饶市、景德镇市、鹰潭市，分布有工业遗产 71 处（图 7）。其工业遗产多位于平原与丘陵岗地及其交界处。赣东北地区的工业遗产以景德镇的陶瓷工业遗产、上饶的煤矿遗产以及鹰潭的化工冶炼遗产为代表。

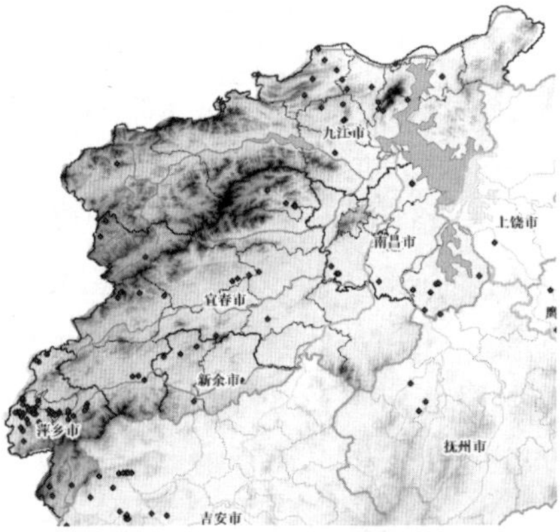

图 6　赣西北地区工业遗产分布
（底图来源：天地图，审图号：赣 S（2020）076 号）

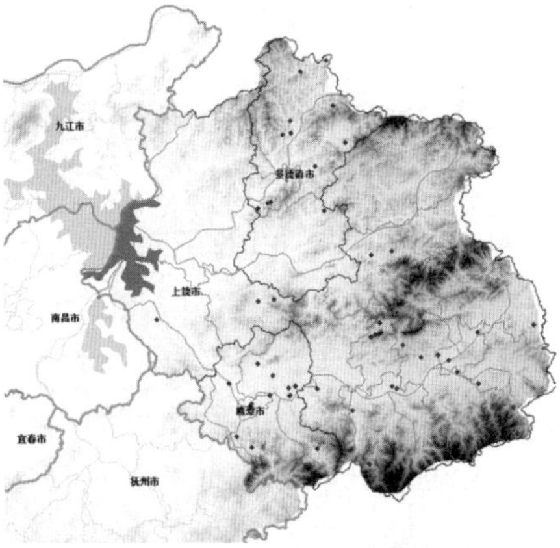

图 7　赣东北地区工业遗产分布
（底图来源：天地图，审图号：赣 S（2020）076 号）

2.2.3　赣中地区

赣中地区由吉安市和抚州市组成，该区域工业遗产较少，有 33 处（图 8），大部分位于赣中地区的西部，以钢铁厂、机械厂为主。

2.2.4　赣南地区

赣南地区为赣州市行政区域，有工业遗产 88 项（图 9）。在红色革命建设时期，为满足苏区的战争需要，在赣南片区新建了许多以备战物资供给为核心的生活用品工厂。其中红军兵工厂冶炼基地、油山游击队兵工厂旧址、狮子岩中央苏区兵工厂旧址具有较强的代表性。由于战备安全的需要，中央对工厂选址布局的原则是“靠山、分散、进洞”，赣江沿岸已不够隐蔽，赣南山区成了工厂的首选。此类工厂以简单生活用品加工为主，机械化程度较低，发展规模较小，服务能力有限。

在空间分布上，赣南工业遗产主要分布在赣州西部和东部地区，且多位于山区。这与赣南处于战争时代的大后方有关。战争时代的民族工业凭借地形地貌条件进行隐蔽生产。此外，赣南工业遗产的分布与赣南矿业分布存在一定的相关性。矿产资源类工业遗产的开发利用，对赣南地区的产业发展起到了重要的推动作用。

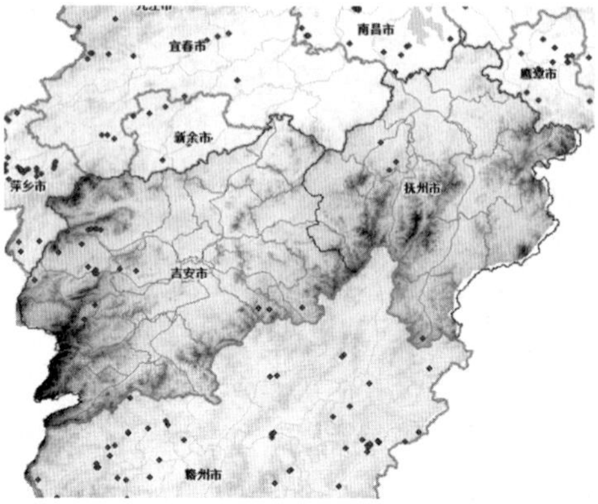

图8　赣中地区工业遗产分布
（底图来源：天地图，审图号：赣S（2020）076号）

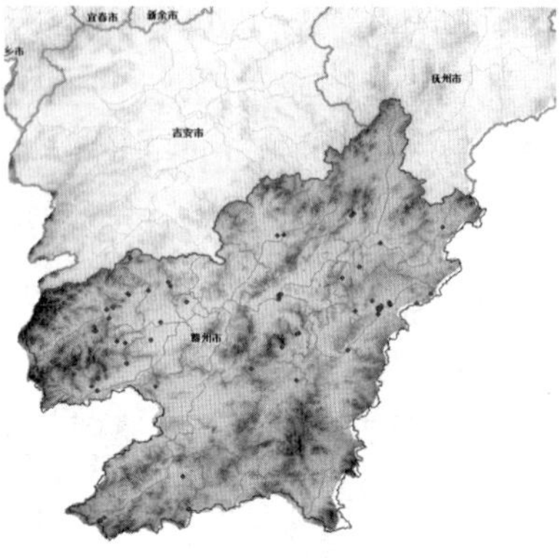

图9　赣南地区工业遗产分布
（底图来源：天地图，审图号：赣S（2020）076号）

3　各时期分布特征研究

江西自古农业发达，文化昌盛，孕育了辉煌的赣鄱文化，极大地促进和带动了前工业时期工业的发展。江西近现代工业始于清末民初，1840年鸦片战争失败之后，中国被迫签订不平等条约，西方资本主义国家开始入侵中国，在我国各大城市设立生产工厂。此后，江西省的近现代工业发展主要经历了四个阶段：起步阶段（1858—1894年）、发展阶段（1895—1944年）、衰落阶段（1945—1948年）、新中国成立后工业发展阶段。

3.1　前工业时期

前工业时期的江西工业遗产丰富，有众多延续了几百年甚至更久的前工业时期工业遗产。这一时期工业遗产的分布与江西丰富的自然资源有密不可分的关系，其形成的产业空间布局，甚至对今时今日江西省的产业分布仍然具有一定的影响（图10a）。

这一时期江西的手工业非常发达，处于当时的领先地位。据考古资料证明，在原始社会晚期，江西已经开始手工纺织和生产陶器。在三千多年前的商周时代，江西的青铜铸造已具有相当规模，并使用石质铸型（石范），铸出的青铜器件造型美观、工艺精湛。早在商代，江西就形成了采矿、选矿、冶炼作业、铜材加工等产业，至汉代，江西青铜冶炼工艺日趋精湛。南昌市郊出土的昭明铜镜，铸工精细，深埋地下两千余年，依然光彩照人。由此足见江西冶铜业历史之悠久，技术之精湛。自唐始，江西逐渐发展成为全国冶炼和铸钱的重要基地，上高县蒙山银矿

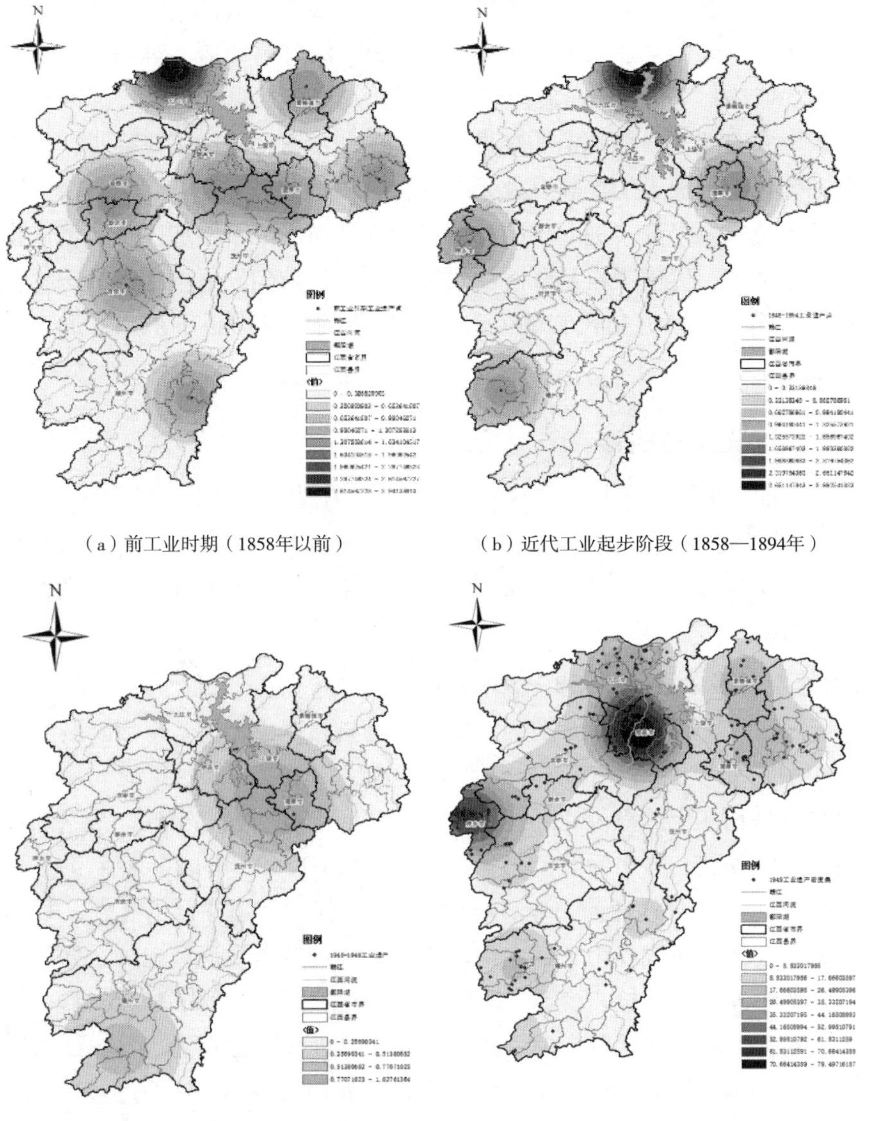

（a）前工业时期（1858年以前）　（b）近代工业起步阶段（1858—1894年）

（c）近代工业发展、衰落阶段（1895—1948年）　（d）新中国成立后（1949年—）

图10　各时期工业遗产分布密度示意图
（底图来源：天地图，审图号：赣S（2020）076号）

是元代全国最大的白银场。明代及清初采冶技术仍有发展，明代集其大成时以银、铜、铁采冶为著。至清朝末年，由于开采条件限制，铜矿区及炼铜场才相继关闭。

江西陶瓷业历史悠久，景德镇是中国产陶最早的地方之一。至距今约五千年的新石器时代晚期，江西先民制陶技术明显提高，除手工捏制外，还有泥条盘筑基轮制。到商周时期，陶器的出土地区更多，主要代表地区有永修吴城、鹰潭角山窑址等处。至汉代江西陶瓷已出现兴盛状况。在南朝时，江西瓷业发展迅速，景德镇已形成了较为发达的陶瓷业，并于陈至德元年（583 年）受诏烧制陶础。隋代，洪州窑创始使用匣钵装烧工艺，大大提高了青瓷的质量，代表了当时江西制瓷业的新成就。唐代，江西瓷业兴盛，全省有景德镇、九江、南城、都昌、乐平、婺源、宜春、靖安等20余县烧造瓷器，其中当数景德镇窑址的面积最大。两宋时期，景德镇瓷业有更大发展；明清时期更是突飞猛进，技术加工等都得到很大的提高，处于封建社会中的鼎盛时期。明清时期中国古代传统农业得到了进一步的发展，粮食产量的显著增加以及经济作物的广泛种植，促进了自然经济的发展，为手工业的发展奠定了经济物质基础。后来，西方殖民者的侵入以及战争的爆发抑制了手工业的生产发展。

3.2 近代工业时期

与前工业时期采用手工生产的工业不同，近代工业指采用机器生产的工业，前者实际上是手工业，而后者则是机器工业。鸦片战争之后，通商口岸被迫开放，资本主义生产方式进入江西，使得江西进入工业化生产时期。

3.2.1 起步阶段（1858—1894年）

江西位于长江中下游地区，西接湖南省，东临浙江、福建，南与广东接壤，北望湖北、安徽，地理位置优越。九江是江西省的北大门，“它既是长江上的重要交通枢纽，又扼江西全省水运之咽喉，是深入江西腹地的孔道，历来为兵家必争之地”。[2] 从1858年的《天津条约》规定开放九江为对外通商口岸，再到1861年江西被迫签订的《九江租地约》，九江已正式成为长江中下游沿岸开放的第一批通商口岸，西方列强开始不断侵入并抢占资源，充分利用水运交通运输商品和原材料，加快了对江西其他地区的侵略。这一时期，江西省工业较为丰富。随着手工业进一步的发展、外来资本的进入以及战争的需要，江西近代工业进一步发展，兵工厂、机械厂等大型工业产区得以建立，主要分布于赣北地区（图10b）。

3.2.2 发展阶段（1895—1944年）

1895年，中日甲午战争失败以后，清政府被迫与日本签订了不平等的《马关条约》，规定“日本臣民得在中国通商口岸城邑，任便从事各项工艺制造，又得将各项机器任便装运进口，只交所订进口税”[3]。随后其他列强国家开始掀起瓜分抢占中国市场和资源的浪潮，资本主义者开始在华大量开办工厂。甲午战争的失败刺激了中国部分知识分子和爱国的官商士绅，为捍卫国家尊严和抵抗外商，他们开始大量创办民族工业，清政府也不得不做出一些变革实行“新政”，支持发展工商实业。在这种国内政治经济局势瞬息万变的情况下，江西的近代工业迎来了较长时间的稳定发展时期，为江西近代工业的发展提供了契机。进入

20世纪后，江西省内涌现了大大小小各种各样的工厂。据相关资料不完全统计，江西省从1895年到1911年，在这十几年期间，创办了矿产、纺织、造纸、印刷、工矿企业及机器修理、食品等工厂，总数达两百多家。铁路建设在这段时间也得到了很大推进。

辛亥革命后，1912年中华民国临时政府在南京成立，结束了中国长达几千年的君主专制制度。中华民国临时政府大力支持发展工业，再一次推进了江西的工业发展。随后，各行业使用机器日益增多，农村也开始使用新式农具，省内开办的修配厂也随之增多。1914年，第一次世界大战爆发，资本主义国家由于战争原因急剧减少了对我国的资本输入；国内也掀起了抵制日货、美货，支持国货的运动，这给民族资本工业的创办提供了契机。在这个动荡的局势背景下，江西近代工业迎来了第二次发展高潮，江西的矿业生产得到迅速发展。1927年南京国民政府成立，工商业受到鼓励继续发展，政府还颁布了有利于工商业发展的法律法规，给工商业的发展提供了良好的市场经济环境。但之后不久进入国共内战时期，很多矿产企业受到影响而破产倒闭，江西工业有所萎缩。为了实现工业的复兴，江西省政府做出了不懈努力，制订了相关详细可行的促进工业发展的计划，并取得了一定的效果。1936年，江西新增了54家工矿企业。截至1937年，江西的工业主要分布在南昌、九江、景德镇、萍乡等交通便利、资源丰富的地方，并且多以陶瓷、纺织等轻工业为主。

国共内战期间，共产党人在江西境内建立了革命根据地，为了满足军民的日常生活需求，各根据地自力更生、艰苦奋斗，自主创办了被服厂、造币厂、军工厂和机械厂等小规模的工厂。为了打破国民党的封锁，中央革命根据地进行了有计划的工业建设。至1934年，中央革命根据地建立了涉及军工、制铁、农具生产、机械修理等行业的32家工厂，大幅提高了赣南地区的工业水平，革命根据地的建立一定程度上促进了江西军事工业的发展。中央革命根据地除了自己创办工业外，还十分鼓励和保护私人创办工商企业。虽然多数私营企业生产土布、樟脑、烟丝、砖瓦和陶瓷等手工业品且规模较小，但对改善人们生活还是起到了积极作用。随着1934年第五次反“围剿”的失败，中国共产党被迫踏上长征之路，不得不放弃在江西建立的革命根据地，同时也中断了革命根据地的工业建设。共产党人在江西的工业化建设实践，成为珍贵的红色遗产。

抗日战争的全面爆发给中国的社会经济带来了灾难性的破坏，中国的工业化进程被打断，工业化成果也被摧毁，损失惨重，江西也无法逃脱。随着战争的发展，日军占领封锁了很多城市的重要交通进出口，也阻断了江西工业品的进口，导致江西工业产品紧缺。江西省政府为了满足民众的基本需求，不得不自给自足，政府制定了“确定以农村农民农业，以及与农业配合之工业建设，为工作之主要的对象”的政策方针[4]。随后，就在江西的“安全区”建立了一批工矿企业，“工业合作运动也在江西勃然兴起，使江西的近代工业在短时间内获得了迅速发展，江西出现了近代历史上第三次民族工业发展的高峰”[5]。所以，即便处于战争时期，江西的工业在政府和爱国资本家的支持下也有一定发展，工业类型有所增加。抗战时期江西工业的发展，对江西乃至全国的持久抗战有着重大意义。截至 1944 年，江西的工业发展水平还很低且工业分布不均衡，主要分布在赣南地区（图 10c），多以轻工业为主，重工业也实现了从无到有的突破。

3.2.3　衰落阶段（1945—1948 年）

进入抗日战争的后期，1944 年日军发动豫湘桂战役，扩大在江西的战争，相继攻陷了萍乡、赣州，最后占领了江西的大部分地区，此时江西省政府被迫迁往宁都。日军一路烧杀抢劫，所经赣西南各县均遭严重破坏，特别是抗战初期辛苦建立起来的近代工业几乎被摧毁殆尽。原来以赣州、吉安、泰和三地为中心的赣江沿岸地区集中了江西的大部分工厂，但由于时局紧张，撤退仓促，工厂的机器设备来不及迁移，大部分公营工业被毁，导致了江西的工业损失惨重，这也是江西近代工业衰落的直接原因。紧接着的国共内战使江西的经济又一次受到重创，局势混乱，由于资金不足，一批管理制度先进、技术水平高的重工业企业，如江西车船厂、江西机器厂、江西电工厂等，也被迫停产。至 1946 年 12 月，公营的重工业企业已全部停工。1947 年，江西的工业继续衰落，全省原来的 114 家工厂中继续营业的仅 21 家，这种萧条的情况一直持续到 1949 年，江西被共产党接管前，工业基本已处于崩溃状态。

3.3　新中国成立后工业发展阶段

1949 年新中国成立前夕，江西的工业百废待兴，中华人民共和国成立后，江西工业才重获新生。江西省的工业从无到有，从小到大，逐步实现复兴。1953—1957 年“一五”时期，江西工业在恢复的基础上，按计划对全省地方国营企业进行调整和改建。到 1957 年第一个五年计划完成，江西的工业实现了快速发展，轻工业趋于协调发展，一些过去基础薄弱的机械工业、化工工业等也得到了一定的发展，各行各业都在恢复生产、建立工厂。国营洪都机械厂（现为洪都航空工业集团）就是这一时期建立起来的，是当时江西最大的机械厂。这期间江西钢铁工业的发展也开辟了广阔的前景，开始建设一个用现代炼铁技术装备的小型钢铁厂——萍乡钢铁厂。1953 年至 1957 年，江西电力工业进入水火电站建设齐头并进的新阶段，1955 年 3 月和 7 月全国第一个坝内式厂房——

上犹江水电厂和“一五”时期江西第一个重点火电工程——南昌（七里街）电厂先后开工。1956 年，在安义县鼎湖乡建成全省第一座小型水电站。

1958—1965 年“二五”时期和“三年调整期”，江西的工业历经“大跃进”、大发展和大调整，新建、扩建及改建了一批骨干和重点企业；建立了技术学校、科研设计机构和学术团体；加强了工业企业的技术、计划和生产管理。但在“大跃进”脱离实际的大炼钢铁思想指导下，全省的轻重工业严重失调，且片面追求工业速度，忽视客观现实，进入了新中国成立以来工业发展的第一次低谷。1960 年之后，我国进入国民经济调整时期，江西省对工业生产进行了调整，扩大了轻工业的生产领域，并且开始建设新兴的工业部门。可是好景不长，1966 年开始的十年浩劫是江西工业所经历的第二次低谷，轻重工业比例再一次出现了严重失调。这一时期，工业生产技术停滞不前，劳动生产效率低下，工矿企业处于瘫痪状态。直至十一届三中全会以后，在党的基本路线指引下，江西轻工业进入一个崭新的发展时期，全省轻工企业逐步由计划经济向社会主义市场经济过渡，江西的工业开始蓬勃发展，工业格局有了很大变化，轻重工业协调发展并稳步增长，能源工业得到加强，乡镇工业开始崛起并发展迅速。这一时期工业主要分布在资源丰富、交通便利的赣西北地区（图 10d）。

4　结语

江西工业遗产类型丰富、数量众多。江西工业发展具有以下特征：一是工业发展历史悠久，前工业时期江西手工业就有了很大发展，商周时代青铜冶炼已具有相当规模，技术精湛；明清景德镇陶瓷蓬勃发展，从整体看在手工业时代背景下工业发展速度缓慢。二是资本主义国家的入侵，迫使江西近代工业兴起，资本主义国家带来了机器生产，俄国人在九江建立的新泰砖茶厂是江西首家采用机器生产的工厂。三是民族工业的兴办给江西工业的发展提供了契机。四是混乱的社会背景下，不利于工业的发展。五是 1949 年后稳定的社会给工业发展再次创造了机会，国家政策支持工业建设，促进了中华人民共和国成立后江西工业的复苏。

本研究仅从地理空间的视角探讨了江西工业遗产的分布特征，未从产业类型的角度考虑工业遗产内部之间的差异情况，影响因素也只从历史的角度考虑不同时段江西工业遗产分布的成因，未考虑工业遗产自身的产业变化、生产分工、运行模式等微观因素对其空间分布的影响，这是今后有待进一步研究的内容。

参考文献

[1] 周磊 . 江西工业遗产保护及再利用探析 [D]. 南昌：江西师范大学，2014.

[2] 刘义程 . 发展与困顿：近代江西的工业化历程（1858—1949）[D]. 福州：福建师范大学，2007.

[3] 王铁崖 . 中外旧约章汇编：第一卷 [M]. 北京：三联书店，1957:616.

[4] 江西省政府三十年度行政计划 [Z].1941.

[5] 陈其祥 . 江西之工业 [J]. 经建季刊，1948(6).

基于游戏化设计理念的宁夏“三线”建设时期工业遗产认知*

* 本文得到国家自然科学基金（51978471）的资助。

刘　洪　朱晓明　同济大学建筑与城市规划学院

摘　要：梳理了游戏化数字媒介的相关概念，在对宁夏重要煤矿调研的基础上，将历史叙事和档案切换成了游戏素材，完成了一款手机应用程序的原型设计。本文初步探讨了游戏化数字媒介在公众参与方面的可能性，以展望工业遗产展示利用的新技术方向。

关键词：工业遗产；公众参与；游戏化；石嘴山；三线建设

1　既有研究与问题扩展

1.1　游戏化理念

把游戏中的智慧和法则运用到现实世界，这就是游戏化（gamification）。游戏化是2002年由英国程序员和发明家尼克·佩林（Nick Pelling）提出的，直到简·麦戈尼格尔（Jane McGonigal）2011年在TED演讲大会上做进一步阐述，游戏化概念才得以快速传播。各类游戏概念之间存在目标差异及设计关联，游戏（games）的目的是娱乐；严肃游戏（serious games）则除了娱乐外，还具有教育和培训功能，可理解为寓教于乐。游戏化拥有严肃游戏的教育特征，但在技术上强调得分、关卡、奖品有价值和意义，可分解成不同游戏奖励与自我认知的关联度（图1），即在寓教于乐中实现自我价值以及社会目标，2010年全球有15亿人参与严肃游戏，2011—2015年间增加了47%[1]。值得再次强调的是，游戏化和游戏的区分主要体现在是否具有游戏之外的现实目标，简·麦戈尼格尔提出了游戏化的四大要素，即“目标、规则、反馈和自愿参与”[2]。游戏化产品除了游戏目标以外，还会有接受激励和奖励（包括情绪奖励），以谋求自我发展与表达、拓展朋友关系、追求新的社会价值，让游戏要素为现实所用的功能。实践、教学、研究相互熔铸的格局在形成，丹麦皇家艺术学院、苏黎世联邦理工学院以及包括大英博物馆在内的顶级博物馆，它们均提供了硕士研究生课程或业余学校职业培训[3]。游戏化既面临瓶颈又拥有机遇，首先贵在观念创新。

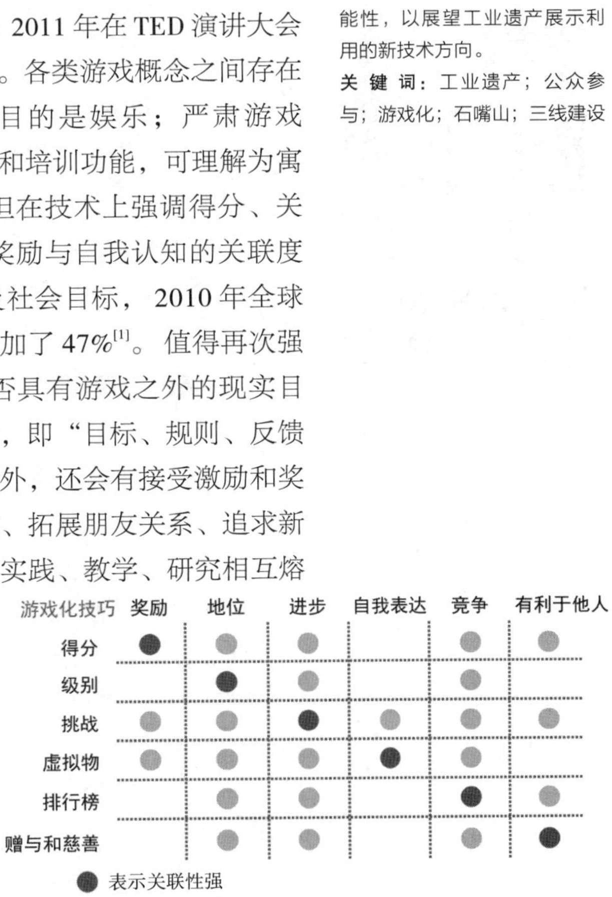

图1　游戏技巧与人的需求
（来源：作者自绘）

1.2　实践领域

游戏化的要素通常被用来提升人们的购买欲，但游戏化在城市设计、建筑遗产保护利用等领域的积累也在增多，创意性和参与性趋强。每种游戏都可以包含某些严肃游戏的功能，如探索历史与展望未来；增进管理实效，解决实践问题；传达意识形态、传播文化遗产知识。

1.2.1 模拟城市（SimCity, Micropolis）

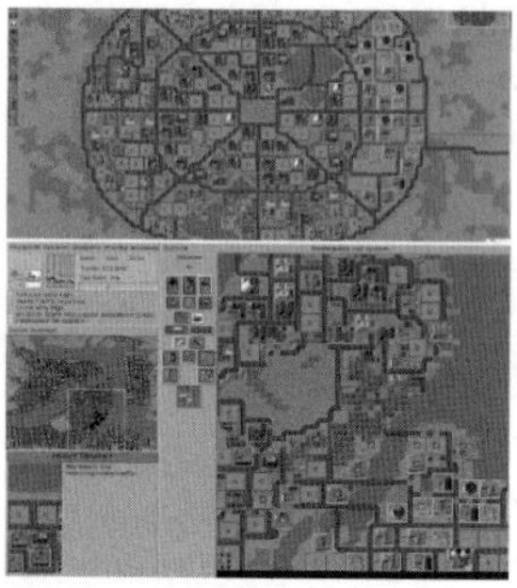

图2 模拟城市的界面
（来源：Will Wright）

美国设计师威尔·莱特（Will Wright）是几款革命性电脑游戏的始祖，1985年他创造了一个模拟城市的游戏，该游戏入选了2012年英国科学办公室的《未来世界的视觉报告》[4]。它提供了两种模式：生存和创作。前者，玩家需要获得资源以维系生存；后者，玩家拥有无限的资源和经验，没有羁绊甚至能够飞行。参与者能够创建自己的城市，一些根据当前的城市模型进行推断，而另一些则创造了极具想象力的未来城市，玩家创造新环境的能力确定了各自的级别（图2）。

1.2.2 大都市游戏（The Big Urban Game）

图3 大都市游戏活动
（来源：明尼苏达大学The Big Urban Game项目组）

大都市游戏是2003年美国明尼苏达大学设计学院举办的设计庆典的一部分。设计旨在促进该市公共领域的设计改善，包括从街道、公园到公共交通的布局，呼吁良好的规划管理并吸引公众参与到城市环境设计的讨论中来。

三支队伍在五天内运送26英尺（7.92米）高的巨型充气体到达目的地，路程长度一样但难度不同，通过网络和电话投票选出5个目的地，每次运送都必须要经过5个分布在各地的检查点（图3）。参与竞速游戏的玩家需要独立设计经过5个检查点的路径，考虑到交通拥堵、涉水等诸多变量，以准确判断各路线的优劣。人们在游戏中展开竞速，选择路径就是玩家理解城市环境的过程。它通过学生的参与成为教学环节，该游戏在国际上具有较高的知名度[5]。

1.2.3 遗产资源保护扑克（Heritage Resource Preservation Playing Cards）

美军的军事行动使伊拉克的文化遗产遭到了巨大的破坏，遗产资源保护扑克是美国国防部2007年针对作战人员设计的一款寓教于乐的工具，通过扑克的内容设计，在美国海外军事行动中推广遗产教育和普及历史知识[6]。打扑克或玩纸牌是古老的游戏，在世界各地广为流传，类似的扑克在保护新西兰水源、拯救印度女童等社会主题中均有所体现。

除了国外实践外，2020年“网易”发布了公益游戏“第九所”，再现了我国科研国家队“航天载人”的事迹，在游戏中回顾披荆斩棘的科研之路，这是游戏化激动人心的新探。从综述看，国内外的实践多以成型的产品加以推广，尚缺乏游戏逻辑生成的分析，研究者需跨越知识门槛。其实，该研究属于历史档案、现场勘察和游戏目标设定的推演性分析，触摸到历史轨迹和样貌，对遗产保护和游戏开发具有双重借鉴作用。通过分工协作，建筑遗产保护可以和游戏化携手并进，目前跨界的成果薄弱，本文力图在以游戏化弘扬主旋律方面做些初步尝试。

2　宁夏“三线”建设工业遗产现状及公众参与的必要性

2.1　游戏化是自愿主动参与的驱动力之一

建筑遗产的保护与利用是典型的公共事务，政府、组织和个人充分了解遗产的价值至关重要，如果与公众无法达成充分沟通，那么遗产的保护利用也就变成了空谈。我国国情是大部分人没有意识到建筑遗产的价值，人们对于公共的事务没有参与的习惯，即便希望参与也缺乏有效的途径。信息技术的变革影响深远，游戏化理论也许可作为工具缓和上述问题，其最大的魅力是自发的驱动力和传播力。游戏化是前沿的教育手段，无疑可提高公众的遗产保护意识，赋予公众容易接触到的新途径，游戏化理念与遗产保护领域相结合是可能的方向。宁夏地处偏远，高校力量十分薄弱，同时省域规模偏小，人口不到七百万，缺乏遗产保护的深度研究。然而，它历史悠久，不仅曾是西夏王国的繁华中心，回族同胞聚居区特色浓郁，而且在新中国的工业发展中居功至伟。本研究选择宁夏煤炭业为研究对象，聚焦其规模和特征等问题，涉及青铜峡、石嘴山、银川多地工业产业链（图 4）。

图 4　宁夏的城市与山川关系

（来源：Baidu map）

2.2　以煤炭为重点的宁夏“三线”建设工业遗产

1964 年我国基于国防和在内地发展重工业的需要进行了大规模的“三线”建设。“三线”建设的方针是抢时间争速度，宁可粗糙一些，能从一、二线搬到三线的尽早搬迁；工业布局要靠山、分散、隐蔽；国防工业和机械工业的建设要注意平战结合与军民结合；正确处理工业和农业之间的关系[7]。1950 年代初期，国家在西北地区新建包头、酒泉钢铁公司，同时修建包兰、兰新铁路。为了就近解决建设的能源问题，1960 年代中后期，煤炭部在“三线”建设中集中开发了宁夏贺兰山的煤炭资源，初步形成了以煤炭、电力、石化、机械、冶金、建材等为主体、具有区域特色的产业体系，宁夏能源工业已具备较为雄厚的基础[8]。

宁夏回族自治区的石嘴山市和银川市西夏区是国家“一五”时期（1953—1957 年）和“三线”建设时期的著名工业基地。青铜峡是黄河的重要渡口所在地，当年保证了石嘴山煤矿的大型设备的水路运输[9]。 石嘴山石炭井矿务局是国家大型煤炭企业，是“三线”建设时期国家在西北的重要战略布局，助力银川、兰州、包头等地的工业发展，保证铁路发电用煤，积累了大量生产建设的经验（图 5），涌现出一大批工人与科

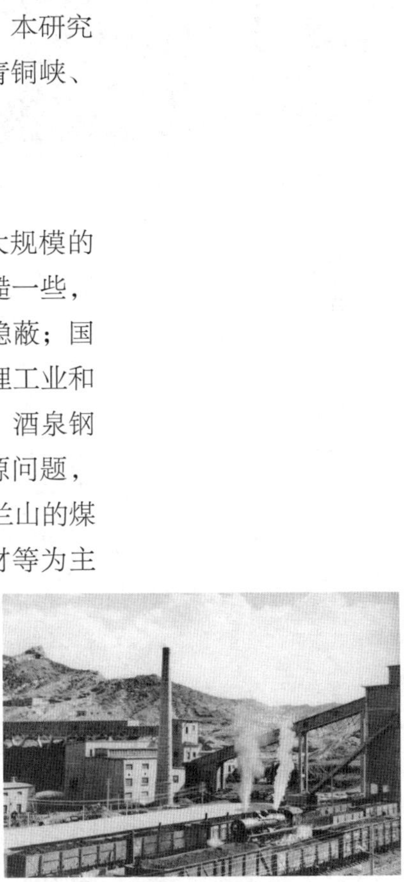

图 5　1976 年石嘴山石炭井第二矿务局卫东煤矿

（来源：国家基本建设委员会.《新中国建筑》）

技人才，凝聚了丰富的集体记忆。

2.3 宁夏工业遗产存在的问题

2.3.1 社会经济衰落严重阻碍转型

宁夏太过依赖低端重工业和煤炭资源，进而影响了整体的经济结构转型。“三线”建设的大量工业采用了分散隐蔽的布局方式，由于人口流失和经济衰落，不可避免地被社会边缘化，这形成了宁夏工业遗产保护利用的一大障碍（图 6）。即便少部分工矿企业有着转型第三产业的思路，也因基础条件薄弱而无法实施，甚至很有历史、技术和美学价值的厂房也遭到拆除（图 7）。

图 6 “三线”建设骨干企业石嘴山奔牛煤炭机械一厂
（来源：作者自摄）

图 7 正被夷为平地的石嘴山西北轴承厂
（来源：作者自摄）

2.3.2 效益低下、缺乏公众参与

2010 年伊始，政府认识到工业遗产再利用的价值和可行性，对一部分工业遗产进行了保护利用，推出了一些重点的项目，如 801 创意产业园和石嘴山矿山公园。这些项目虽然取得了一定的成绩，但暴露出的问题更加严峻。801 创意产业园运营不佳，石嘴山矿山公园改造尚未完成，大部分已经遭到废弃。以旅游休闲为主题的园区改造因为形式单一、没有充分挖掘文化内涵，再加之大部分工业都在隐蔽偏僻的区位，参观游览者稀少。在项目选择、工业文化展示方式、再利用方法等环节没有创新形式，处在大众记忆中的社会文化价值被忽视。

2.3.3 工业遗产缺乏有效的普查、保护利用意识薄弱

宁夏曾对辖区内的工业遗产展开过调研，如石嘴山建筑技术中心通过民众来信排查工矿留存物，但影响力非常有限，最后只收到了不到 60 封群众来信，一个新型工业城市的工业遗产普查结果仅 27 处[10]。不完善的工业遗产普查和不健全的公众参与机制导致了工业遗产无人知晓、易遭到破坏。在调研中，与工业遗产息息相关并有着深厚感情的当地人大多没有保护概念。如果能认识到工业遗存的历史价值、社会价值

和再利用潜力，就不会以简单的拆除作为处理手段。

3　宁夏工业遗产游戏化设计方法框架

游戏化可以让每一位公众体验工业开拓者当年的奋斗和荣光，或体验做一名改造工业建筑的设计师。数字媒介可以直接汇总并分析公众对于每个工业遗产的价值判断，甚至收集公众对于每一个项目具体的保护利用创意，真正做到工业遗产保护的群策群力。

3.1　游戏结构和游戏化机制

3.1.1　叙事性体验和挑战性体验

高度沉浸并可以交互的体验更容易展现工业遗产中蕴含的历史文化价值。宁夏工业遗产游戏化分为叙事性和挑战性体验。叙事性体验可直接将用户带到时代角色中，最大的特点是玩家可以在虚拟世界里模拟过去发生过的客观实践，与以图形为主的游戏相比，大大地减轻了开发的投入，是性价比较高的方案，可以结合特殊事件，进行微观历史的游戏化演绎。本游戏选取石嘴山煤矿筹备组刚启动整个项目的历史叙事作为故事的素材，当事人面临的巨大挑战可以直接转换成游戏中玩家遇到的困难，体验上能够比较好地接近当时的状况。

挑战性体验以模拟建造游戏为蓝本，抽取史料中的一些真实情况制定建造过程的特殊规则，进而抽象出虚拟的历史世界，让玩家进行游戏，或者说虚拟实践。它们不仅有助于生动地展现宁夏独特的建筑史料，而且以游戏为媒介传达了实践中所产生的问题和克服困难的方案。

3.1.2　探索性体验

基站定位（LBS）是指通过电信移动运营商的无线电通信网络或外部定位方式，获取移动终端用户的位置信息，在全球定位系统的支持下，为用户提供相应服务的增值业务。这类 LBS 游戏强调在现实世界的真实探索，通过手机定位系统跟踪活动，并记录在手机的地图中，玩家会因为自己的探索行为获得相应的奖励。这是众包构建信息数据库的过程[①]，不但包括文字和图像数据，而且包括地理位置信息和深层次的个人价值判断。游戏币奖励或惩罚相应的玩家，驱使玩家探索并构建资料库的游戏方式，被全世界热情的玩家证明是切实可行的。2016 年春节腾讯旗下的 QQ 软件使用 LBS，结合多家企业进行游戏化推广，玩家使用 LBS 定位系统找寻已经被定义在数字地图中的红包，当玩家走到红包的地理位置时可以打开红包获得奖励。

本设计部分借鉴了这种模式，前一种探索可以运用到工业遗产的排查和调研中，以游戏内的目标驱动玩家，产生探索工业遗产的行为并记录工业遗产信息，公众一起参与补全建筑遗产的网络；后一种可以驱动玩家主动到达工业遗产地，当到达遗产位置的时候给予一定的奖励，用

① 众包的概念从 2005 年起被强化，与外包强调专业化相比，众包挖掘个体跨界的潜力，共同提供信息和方案来完成明确的目标。

游戏目标驱动玩家去接触石嘴山这类偏远的工业遗产，拉近公众和遗产的距离。

3.1.3 表达性体验

表达性体验通过搭建信息共享的平台来实现，玩家拍照和编辑文字上传以后，其他玩家可以通过手机查看这些信息。社交媒体的信息往往是双向的，除了创建项目者表达的信息外，观看这些信息的人也可以对其评价和交互，这在国际数字遗产的管理中不乏成功经验[1]。

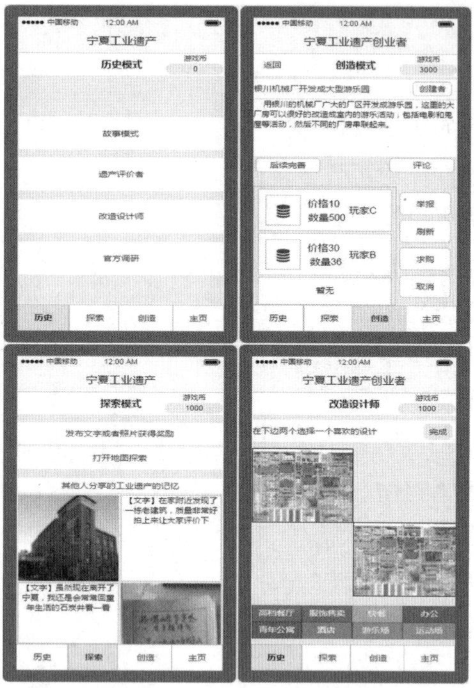

图8　手机游戏“宁夏工业遗产”的设计框架
（来源：作者自设计）

“宁夏工业遗产”的手机应用程序内容分成三个部分（图8）：

（1）历史模式。用于工业遗产研究的展示和传播，引导用户开始了解宁夏工业遗产，这部分的三个小游戏分别是“故事模式”“遗产评价者”和“改造设计师”。

（2）探索模式。鼓励玩家去到真实世界里发现身边的或者记忆里经历过的工业遗产信息，包括图像和文字，还有基于LBS的地图信息。

（3）创造模式。激发公众对于工业遗产利用的创意，以众包的方式思考宁夏工业遗产未来如何利用、怎样进行实践。

以麦戈尼格尔的“目标、规则、反馈和自愿参与”的游戏化要素审视，游戏目标是赚取游戏币，规则由功能各异的三个部分组成，每个部分完成后都会获得及时的反馈，也就是游戏币。游戏化很重要的一点是奖励有意义，这是游戏具有强大驱动力的关键。

3.2 石嘴山石炭井煤矿探索模式例析

以“探索模式”进一步分析，它的目的是让玩家变身为50年前的建设者，模拟了石嘴山煤矿从最初开始建设到后期运行投产的全过程，用虚拟地图和各类单位来抽象表达当年的建设要素。游戏规则希望尽量还原当地发展中切实遇到的问题，玩家发挥才智来克服困难，在游戏中体会到“三线”建设时期的艰辛和巨大贡献。玩家解决一个问题以后立即会涌现出新的障碍，城市在解决问题的过程中逐渐成长。以相同的原理设计宁夏工业建设的游戏，就需要找到游戏设计的要素，要素必须与宁夏本土特色相结合，对既有的历史资料有所升华。

就宁夏工矿初期的开拓过程来看，建造煤矿并挖掘煤炭是游戏的目标，煤炭是包头、兰州等地建设所需的物资，设计成一段时间就会出现煤炭的需求订单。完成订单，玩家就会获得建设矿区所需的游戏币，同时玩家也可以以更低的收益直接卖出煤炭换取游戏币。整个游戏的动力循环就是建设工矿—收获煤炭—换取游戏币—建设工矿，设计了两个玩家追求的可被量化的大目标：游戏币和煤炭，为了简化游戏，统一使用一单位煤炭兑换一单位游戏币。

“探索模式”的建设地图按照石嘴山石炭井煤矿的真实地图抽象演化而来，灰色部分是可以采集煤矿的地方，绿色部分是不能采集煤矿的部分，红虚线代表铁路经过的地方，紫色代表公路穿过的地方。地图被平分为 100 个小方块，每个方块里都可以建造各类建筑物，也可以种粮食或经济作物。紫色公路的下端的大桥图标是青铜峡的入口按键，可以发起青铜峡的相关功能。右上角两个人握手是交易按键，可以卖出煤炭或者接受来自兰州和包头等地发来的求货订单（图 9）。

图 9　基于地图抽象的“探索模式”游戏地图
（来源：作者自绘）

从档案中可知，石嘴山石炭井煤矿在建设过程中遇到了无数的艰难险阻[12]。历史中出现的问题可以转化为游戏中的限制机制，因为玩游戏就是不断克服困难达到目标的过程，所以这种转化是可行的。具体到模拟建造游戏中，不断出现的发展阻碍是维持游戏性必不可少的一环。问题有两种，一种是城市（在这里模拟的是石嘴山工矿）发展到一定的阶段以后，会遇到发展瓶颈，需要玩家去接受挑战。另一种是在发展过程中随机出现的问题，突发事件增加了游戏的乐趣。基于宁夏工业遗产的历史挖掘，可以找到如下矛盾和冲突：

（1）宁夏煤矿建设初期交通非常不便，煤矿设备都要靠黄河筏运；

（2）大量人口来到石嘴山这片荒芜之地，需要建造居所；

（3）矿区建设缺乏粮蔬，需要自力更生，形成了工农混合的“工农村”形式①；

（4）煤炭开采使环境被破坏，影响了农业的发展，农业的灌溉不当会引起矿体渗水塌方；

（5）多民族地区，特别是回族同胞聚居区有特定的习俗和信仰。

根据上述历史上确实出现过的难题，设计了限制模拟工矿发展的几个可以量化的要素，它们包括：煤矿设备、人口、粮食（农业）、环境美化度（代表环境污染程度）。游戏内每 1 秒钟产生 1 单位的煤炭，条件是玩家必须要建造 1 个矿井，且同时有 1 单位的煤矿设备和 1 单位的人口。缺乏设备或者人口，煤炭就无法生产出来。人口的多少依靠房屋建造、粮食和环境美化度来维持，当建造房屋数量、粮食的产量和环境美化度达到一定要求时，人口就会增加，但如果房屋、环境和粮食其中之一减少的，人口都会相应减少。煤矿设备主要从青铜峡购买，考虑到青铜峡是回族聚集地，所以要求玩家建造清真寺以获得穆斯林人口，只

① 石嘴山与大庆类似采取了工农村的形式。工农村解决家属就业，提供蔬菜与粮食，并形成了以联排干打垒住房为主的村落格局，目前在石嘴山胜利村尚有少量遗存。

有穆斯林人口达到相应的数量才能在青铜峡买到煤矿设备。地图上可建造六类产品，它们是矿井、煤矿设备、房屋、清真寺、粮食和树。

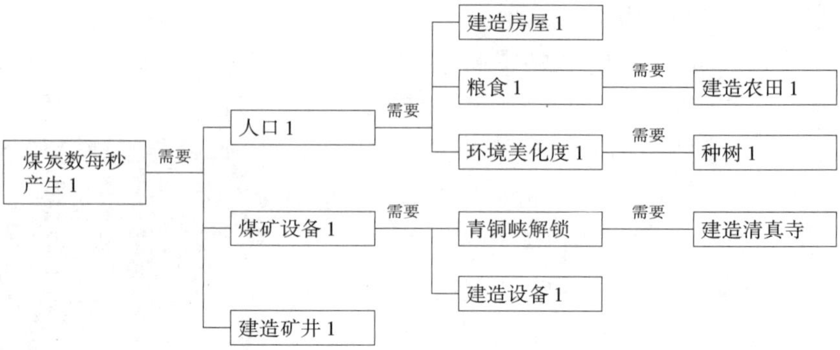

图 10　探索模式的游戏目标需求
（来源：作者自绘）

在游戏“探索模式”中，煤炭采集矿井和煤矿设备是必须建造的单位，这两个单位要求建在一起才能发挥作用。设定建造 1 间房屋增加人口 1，建造 1 块农田增加粮食产量 1，种植 1 棵树木环境美化度增加 1，每建造 1 个清真寺增加穆斯林人口 1 。所以只有当玩家有 1 房屋、1 粮食、 1 树、1 设备、1 矿井、1 清真寺的时候，煤矿才会以每秒 1 单位的速度开始生产。如果玩家建造得更多，则煤矿生产就会变得更多（图 10）。这里每项建造都要花费 500 游戏币。

为了表现石嘴山石炭井煤矿特殊的历史背景，游戏设计了一些特殊规则：

（1）煤矿建设初期所有设备都从兰州黄河渡口筏运到石嘴山，在游戏里就设计了地图左下角青铜峡的按键，玩家需要点击它打开青铜峡界面，从青铜峡界面购买游戏中的煤炭设备。因为青铜峡是回族同胞聚集地，所以游戏里设计了穆斯林人口数值，只有当玩家的穆斯林人口数达到 1 的时候，青铜峡才会售卖给玩家一台煤矿设备，穆斯林人口数达到 2 的时候，青铜峡就可以卖给玩家两台煤矿设备。

（2）从石嘴山石炭井煤矿的相关文献中可见农田和煤矿之间互相影响，彼此在争夺土地资源，煤矿泛滥会破坏生态环境[13]。所以游戏里设计成农田和煤矿如果是相邻建造的，则会有一方失去功能作用，被标记为红色叉号（代表功能无效）。同样，古树和煤矿建造在一起，也会有一方失去作用。

（3）每隔十分钟，玩家会在右上角接到任务，初期是建造某个建筑，在后期会是来自兰州、包头的订单，这样设计是为了让玩家感受到当初拓荒时的紧迫感，石嘴山给其他“三线”建设单位提供了大量帮助。当玩家完成这些任务单的时候，就会获得大量的游戏币奖励。

石嘴山石炭井煤矿建设初期经常出现突发状况，所以考虑在游戏内引入这种机制，玩家在游戏的时候随机会出现突发问题。此类突发事件都是当年煤矿建设中经常遇到的情况，设计了如下几种：

（1）煤矿损毁了，需要重建。当粮食数量小于5时，该事件30分钟触发一次；当粮食数量多于5时，这个事件每5分钟触发一次。

（2）农田被污染了，失去了作用，需要恢复。当矿井数量小于5时，该事件30分钟触发一次；当矿井数量多于5时，这个事件每5分钟触发一次。

（3）房屋倒塌了，失去了作用，需要重建。当房屋数量小于5时，该事件30分钟触发一次；当房屋数量多于5时，这个事件5分钟触发一次。

该游戏设计将历史事件、农业生产、当地民族特色清真寺和煤矿建造过程相结合，通过游戏整合“三线”建设时期故事，初步搭建了游戏的逻辑框架。手机界面上展现在玩家面前的是一个抽象的游戏地图，玩家利用游戏币建造相关的单位，根据以上的游戏规则合理安排建造，使得矿井运作起来，以每秒为单位获得煤炭数量上的收益，获得的煤炭不断累积之后，就可以点击右上角两人握手的图标进入交易面板，把煤炭换成游戏币。然后再利用换来的资金扩大自己的建设，获得更高的产量。同时玩家还要解决各种突发的问题，如果解决问题失败，矿井就会停产（图11）。

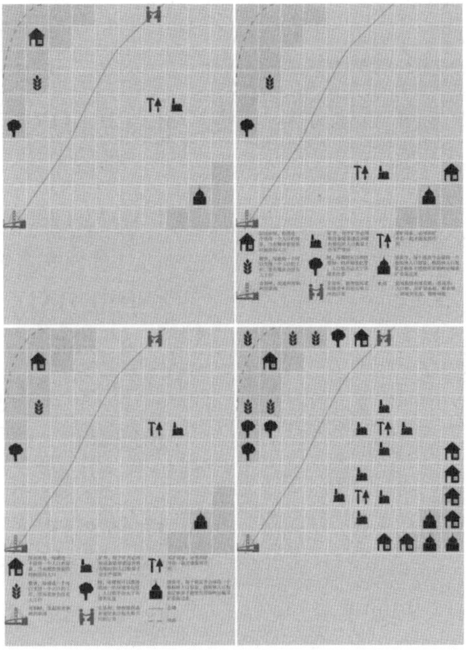

图11　手机游戏“探索模式”界面
（来源：作者自绘）

4　小结

“三线”建设除了物质遗产外，贵在“三线”精神本身具备了鲜明的备战特征，富有游戏探索的潜在趣味性，为工业遗产的保护教育提供了游戏化背景。本文探讨了工业遗产利用游戏化数字媒介的可能性，试图搭建产品框架，并用游戏币和闯关目标将历史事件和叙事统一在游戏目标中。受到跨学科知识整合的限制，游戏目前尚处于粗略的设计研究阶段，特别在游戏化的创意黏合度、地理位置服务、社交互动等方面极为有限，未来希望持续做些探索。

设计原型二维码

虚拟和现实相结合的公众参与方式已在哥本哈根、墨尔本、阿姆斯特丹等地证明是可行的，如哥本哈根开发出可玩的基础设施项目（Playable Infrastructure），支持媒体实验室介入到城市游戏的设计[14]。国外在可游戏的城市和城市精细管理之间逐渐搭建了桥梁，在城市的智能管理中“侵入”游戏策略，通过游戏讨论城市管理，从而将城市空间作为一个活的实验室以提高各种参与度。尽管我国欠发达地区无法套用发达国家的标准，但是公共活动塑造了空间，整个过程再通过包括游戏在内的媒介放大传播，公众介入工业遗产的发现、认知具有一定的普适性。

参考文献

[1] MARINOS I. Digital Heritage:Progress in Cultural Heritage. Documentation, Preservation and Protection [C]. Limassol: 5th International Conference, EuroMed 2014 Proceedings, 2014:221–213.

[2] 麦戈尼格尔 . 游戏改变世界：游戏化如何让现实变得更美好 [M]. 杭州：浙江人民出版社，2012:4.

[3] MCGONIGAL J. Reality Is Broken: Why Games Make Us Better and How They Can Change the world [M].London: Penguin, 2011:69.

[4] Government Office for Science. A visual history of the future. Foresight [C]. London: Government Office for Science.UK, 2012:89.

[5] DOMINIK S. Gamely Urban Mobility: Exploring the Potential for Gamification in Various Modes of Transport[D]. Vienna: College of Design & Social Context, RMIT University, Austria, 2016:65.

[6] 何捷，丁垚 . 纸牌游戏中的遗产教育：美国“遗产资源保护扑克”案例研究 [J]. 建筑遗产，2016(4):40–44.

[7] 陈东林 . 三线建设工业遗产的历史、现状及研究展望 [M]. 工业文化研究（第 1 辑）. 北京：社会科学文献出版社，2017.

[8] 鲁人勇 . 宁夏历史地理考 [M]. 银川：宁夏人民出版社，1993:14.

[9] 李春阳 . 银川市志 [M]. 银川：宁夏人民出版社，1998:55.

[10] 石嘴山人民政府 . 石嘴山市工业遗产保护和利用的方案通知 [R]. 石嘴山人民政府公报，石政办 2015（60）号，2015.

[11] MARINOS I. Digital Heritage: Progress in Cultural Heritage. Documentation, Preservation and Protection [C]. Limassol: 5th International Conference, EuroMed 2014 Proceedings, 2014:78–80.

[12] 国家基本建设委员会 . 新中国建筑 [M]. 北京：中国建筑工业出版社，1976:80.

[13] 石嘴山市档案馆 . 关于石嘴山一局关于在黄河堤上修建水渠严重威胁矿井安全的紧急报告的批复（1972 年）[R]. 石嘴山：石嘴山档案馆，全宗号 T24， 卷宗号 18.

[14] TROY I. Citizens of Play: Revisiting the Relationship Between Playable and Smart Cities Gaming [J]. Media and Social Effects,2016.

融入西安城市演进的工业遗产再利用模式研究*

* 本文受西部绿色建筑国家重点实验室自主研究课题：西北地区工业遗产信息采集与登录研究（项目编号 LSZZ202108）项目资助。

张艺伟　刘宗刚　西安建筑科技大学建筑学院

摘　要：建国初期的工业遗产是记录我国现代化发展进程的理性记忆与珍贵财富。西安作为当时全国八个重点规划建设的工业城市之一，留存至今的工业遗产在全国范围内具有典型性与重要性，对其现状进行调查是现实保护和研究的首要工作。随着国家新型城镇化建设的逐步深入，西安建立“国家中心城市”与都市圈发展规划，工业遗产如何再利用亦成为城市经济发展面临的现实问题。面对中西部经济欠发达地区背景下的工业遗产现状，研究西安现有工业遗产再利用案例特征，本文从工业遗产与城市共融成为城市“市井与日常”的角度，提出价值认知、遗产利用、融合共建三个方面的西安工业遗产活化再利用策略与建议。

关 键 词：西安工业遗产；遗产再利用；新型城镇化；市井；日常

引言

工业建筑遗产作为世界文化遗产的重要组成部分，见证了工业化文明进程的重要阶段，对其保护与利用的研究受到国内外的广泛关注，随之而来的是工业遗产活化成为城市整体复兴发展必须面对的问题。近些年来，国家颁布遗产保护法案、公布遗产名录、出台遗产利用导则……并为老工业城市的工业遗产保护利用提供实施方案，对工业遗产的保护与利用日渐重视。

西安的工业遗产代表着新中国成立后中国现代化建设的较高水准，是中国现代化进程的重要见证。1953 年西安被列为国民经济建设重点地区之一，苏联援建的国家 156 项重点建设项目中 17 项安排在西安。随着社会发展进入新型城镇化建设中，西安推进国家中心城市建设，培育大西安都市圈，加快西咸一体化进程，如何让西安工业遗产再次活起来，在城市的演进中延续自己的价值，实现功能转型，推动城市化进程，是我们要考虑的首要问题。其次，工业遗产作为工业时代的典型代表，承载着所在地居民从新中国成立初期工业现代化、改革开放大发展到 20 世纪末企业转型，再到新世纪区域更新的完整集体记忆，西安的现代化与城市化在相当程度上是依附工业化而产生和发展的。“让居民记得住乡愁” 是“推进以人为核心的新型城镇化”的要求，通过工业遗产活化再利用，激发群体情感，促进相同群体、不同群体之间的共鸣与尊重，构建其精神家园从而产生地域的认同与文化的归属，是工业遗产能够更好地与城市协同共生的途径。

研究内容包括三个方面：首先，西安工业遗产有哪些？通过对西安的工业遗产进行实地调研，建立各个工厂的数据库，总结得出西安工业遗产工业布局、厂区规划、工业产业类型以及建筑特征。其次，西安已改造的工业遗产是哪些？调查西安已改造与正在进行的工业遗产再利用案例，记录其更新内容，总结其改造特点，评估其活化利用中存在的问题。最后，如何让西安工业遗产与城市共生？基于上述研究，从工业遗产活化利用与城市共融角度，提出市井与日常是西安工业遗产改造利用的有效途径，进而通过价值认知、遗产利用以及融合共建三种模式提供建议策略。

1　研究过程：西安工业遗产有哪些

1.1　研究方法

通过文献查阅、实地调研、问卷调查、价值信息记录四种形式对西安工业遗产进行资料收集，了解西安现存工业遗产变迁历史、厂区规模、工厂生活、生产工艺等方面的信息（调研时间轴详见图 1）。其中，文献查阅的方法可以让我们了解西安工业遗产的历史背景、发展沿袭；实地调研让我们明确西安各工业遗产的真实现存状态；问卷调查的手法为我们发掘工业遗产的人文、社会、历史价值提供了基础。通过总结前三种方法得到的资料，对西安工业遗产进行价值信息记录，为后续的研究提供了基础。

注：部分厂区名称简化未使用“西安”前缀。

图 1　西安工业遗产调研时间轴
（来源：作者自绘）

1.2 西安工业遗产分布总图（图2）

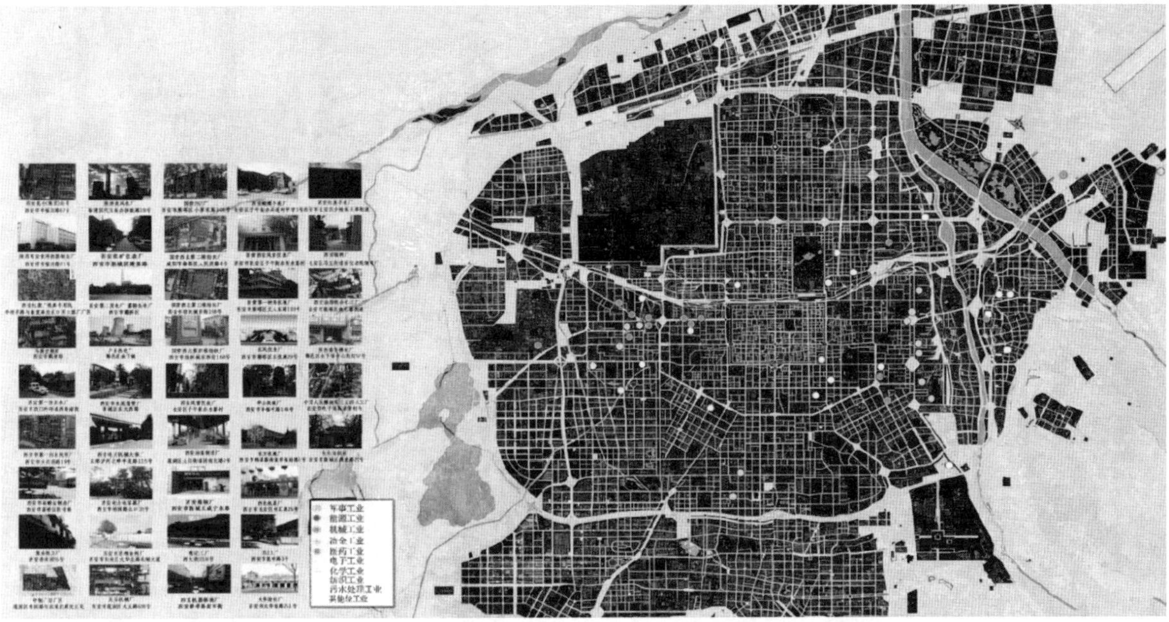

图2 西安工业遗产分布图
（来源：作者自绘）

2 分析过程：西安已改造的工业遗产是哪些

2.1 西安现存工业遗产特征分析

历史：新中国成立后，在国家集中发展工业建设目标指引下，西安进入全新城市发展阶段，围绕规划建设新中国成立后的重点工业城市的目标，国家层面主导首批最为重要、最具有标志性的重大规划活动，对我国城市规划事业的开创、规划人才的培养和城市规划制度的建设起到了十分重要的奠基作用。

现状：自近代以来发展的西安工业，至新中国成立初期的工业化大发展，逐步形成了围绕陇海铁路的西安西郊“电工城”、韩森寨工业区、灞桥工业区三个传统大型工业区以及多个工业点，如渭滨工业点、三桥工业点、洪庆工业点、户县工业点、长安工业点等。目前西安城市的功能布局发生了很大的变化。一方面是城市中近现代工业建筑逐渐失去原有的功能而趋于衰败；另一方面是近现代建筑耐久性较差，更容易被破坏。城市中有大量的产业类历史建筑和相当数量的代表特定时期的典型工艺设备遭到无情的拆毁废弃，许多极有价值的工业遗产正从我们实际生活中迅速消失。

2.2 遗产类型分析

西安规划工业门类齐全，在其包含的十大工业门类中，机械工业、轻工工业、军事工业、电子工业和纺织工业占主导地位，机械工业所占比重最高，轻工工业次之，军事工业和电子工业紧随其后（图 3）。其中代表性的工业遗产有陕西钢厂（机械工业）、西安平绒厂（纺织工业）、大华 1935 纺织厂（纺织工业）等。

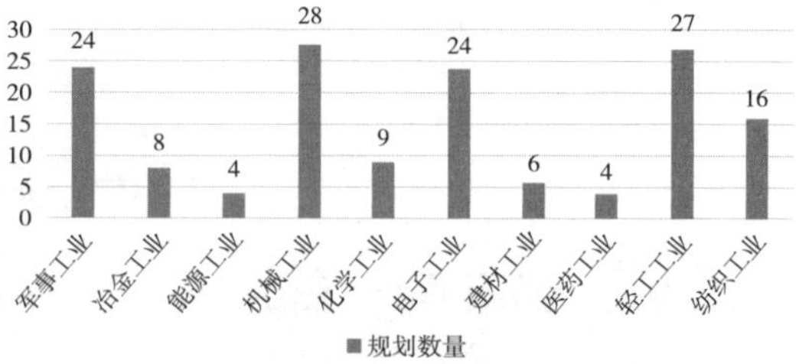

图 3　西安工业遗产类型数据统计
（来源：西安工业遗产研究团队）

2.3　分布特征分析

西安现存的工业遗产，从整体上来看，主要沿着陇海铁路以东西两翼的西郊工业区、东郊韩森寨工业区以及纺织城工业区分布，其他则零散地分布在城市中（分布特征详见图 4、图 5、图 6）。其中，西郊工业区保存现状良好，“一五”时期苏联援建的工厂，厂房多已被新的生产厂房所替代，现如今保存下来具有“一五”时期风貌的建筑主要为西安高压开关厂的办公楼，西安高压电瓷厂的部分厂房，以及西安仪表厂的飞机大楼和厂房等；韩森寨工业区除了陕西钢厂已经进行改造之外，剩下的 6 个“156 项”项目都在自身发展过程中根据企业的发展需求对建筑进行局部的改建、扩建、拆除等，也有部分对建筑立面进行更新改进；纺织城工业区现存的企业为两个棉纺织企业（国营西北第五棉纺织厂和国营西北第三棉纺织厂）、一个印染企业（国营西北第一印染厂）和一个电力企业。

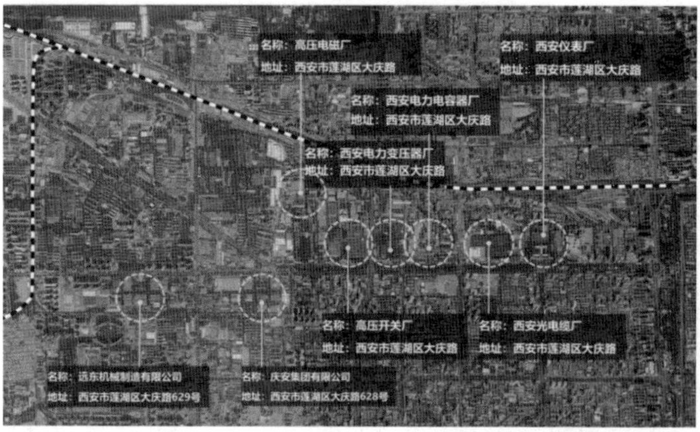

图 4　西郊工业区
（来源：作者自绘）

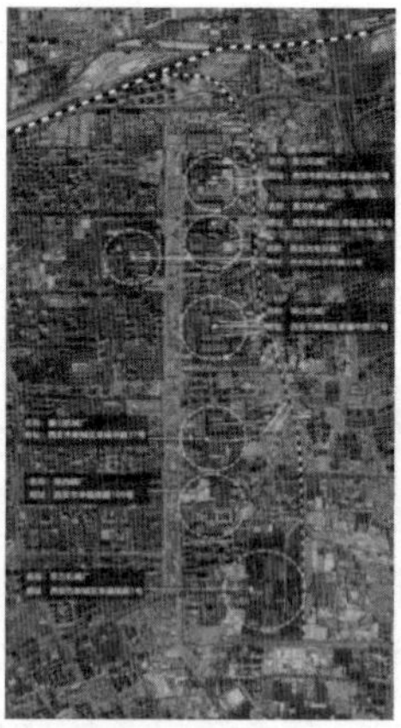

图 5　韩森寨工业区
（来源：作者自绘）

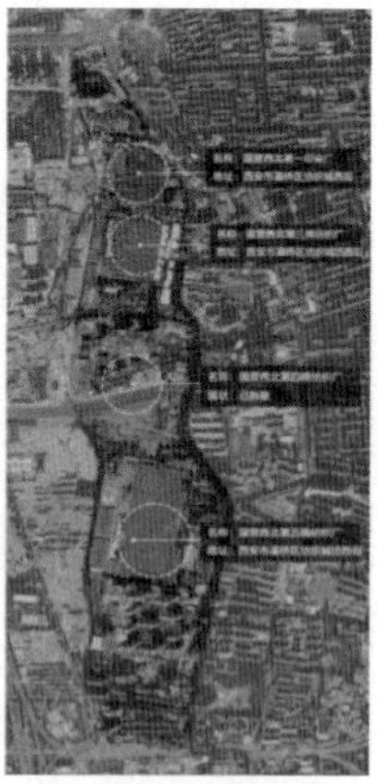

图 6　纺织城工业区
（来源：作者自绘）

2.4　西安已改造工业遗产分析

2.4.1　西安平绒厂

厂区概况：西安平绒厂位于西安市碑林区信义巷，建于 1950 年代，属于中华人民共和国成立初期的第一批工业生产单位，整个厂区布置在西安明城墙内的东南角。厂区被分为南厂区和北厂区两个部分。南厂区以布料加工、印染等生产活动为主；北厂区则是现在综合市场的主要场地，主要进行布料的准备、加工、纺织等。整个厂区占地面积约 2 公顷，是西安较早进行城市更新改造实践的地段之一。

改造历程及改造现状：随着市场经济发展，传统大型纺织企业的生产模式受到冲击。平绒厂于 1988 年全面停产，为解决职工养老、失业、医疗等保障问题，工厂首先将北厂区出租作为菜市场使用。2001 年北厂区被改建成 5000 平方米的建国门综合市场。2004 年整个厂区被改建成综合性室外建国门市场，满足周边近 10 万居民的生活购物所需。2017 年，平绒厂结合信义巷周边环境，将信义巷及建国门综合市场打造成集观光、休闲、购物、娱乐于一体的“老菜场”市井文化创意街区。现西安平绒厂分为南北两厂区，北厂区厂房初期以租赁的方式被外租给附近商贩。同时，北厂区周边及信义巷的商贸满足了城墙周边居民对日常出行购物的生活需求，在引入观光、休闲、购物、娱乐等功能后，逐渐转变为更能吸引新时代年轻人的创意街区，形成了独特的“老菜场”市井文化创意街区。而南厂区在拆迁旧址上结合剩余旧厂房进行了更新再利用改造设计。

现状分析：通过对平绒厂改造前后各空间进行人流对比分析，发现厂区整体空间活力度明显增加，各空间的使用时间出现了明显变化，原厂区是工业生产单位，追求产量的工作制让各个厂房的人群活动出现了不分昼夜的波动规律；而现在的市场是消费职能，供市民白天活动，因此厂房人群活动呈现出白天密集、晚上稀疏的规律（图 7）。

图 7　西安平绒厂——建国门综合市场
（来源：陈炳光绘）

2.4.2 陕西钢厂

厂区概况：陕西钢厂（下文简称“陕钢厂”）旧厂区位于陕西省西安市东郊，城市二环与三环路之间，其东侧为东方机械厂，西侧邻近幸福路，北侧为西安卫星测控中心和建材构件厂，南侧为东方机械厂的南出口，地理位置优越，总占地面积约 3.3 万平方米，保存的原有建筑面积约 1.5 万平方米。

改造历程：原陕西钢厂建筑布局紧凑，主要生产车间分布于厂区中部，辅助功能建筑如办公楼、宿舍楼等则分散于四周。2002 年工厂破产被收购后，原厂区被划分为三大片区进行再建设。三大片区包括以教育产业为主的西安建筑科技大学华清学院教学区、以文化创意产业为主的老钢厂文化创意产业园和以商业房地产开发为主的华清学府城。

遗产现状：华清学院教学区利用原工业建筑约 30 万平方米，进行改造后以适应新的功能使用，其中 3 栋教学楼、学生餐厅、实验楼、综合服务楼、图书馆、教研和大学生活动中心等均由原有厂房或指挥室改造而成；老钢厂文化创意产业园由原厂钢丝车间、拔丝车间等 12 栋厂房改造而来，凸显原有结构构件以强化空间的标志性，通过拆、加、隔等方法创造丰富的空间层次，更新功能为展览、商业、办公、酒店等（图 8）。

图 8　陕西钢厂现状
（来源：西安工业遗产研究团队）

2.4.3 大华 1935

厂区概况：西安大华 1935 位于西安太华南路，地处西安火车站北侧，西邻大明宫国家遗址公园；原是西安大华纱厂，在抗日战争时期发挥了极其重要的作用，1966 年收归国有，改名为“陕棉十一厂”。

改造历程：整个厂区分两批进行改造，一期范围包括1980年代以后建成的大型厂房、1930年代建成的老布厂、1930—1950年代建成的院落围合式办公用房以及1980年代修建的锅炉房及煤场，形成以休闲、文化、娱乐、购物等为一体的城市综合消费的跨界文化商业社区，并已于2012年完成大华1935的一期改造。二期范围为1930—1950年代建成的人字梁花栈库房（图9）。

遗产现状：大华1935是以大明宫国家遗址保护公园为核心形成的综合商业配套项目，用以完善大明宫区域城市功能，形成高端城市综合消费的跨界文化商业社区。然而近两年大华1935的实际效益并不理想，过高的商业消费并不能很好地适应周边居民的平均消费水平，大量无法与周边居民生活相贴切的商业项目难以吸引居民进入厂区内活动、消费。在疫情的冲击下，这样的情况愈演愈烈，如今的大华1935面临着再一次改造。

现状分析：大华1935分别于2011年和2017年进行了两次改造再利用。改造再利用呈现出这样的特点：每当大华1935进行改造之初，人流量都会出现激增，而随着时间推移则会慢慢下降。这样的变化表明大华1935的改造并没有获得稳定的人群来源，没有成为周边居民日常活动的场所，反而成了“图新鲜”的游客常来的工业遗产“游乐场”。可见大华1935的改造并不适合其周边的环境，没有满足周边居民的生活需求。

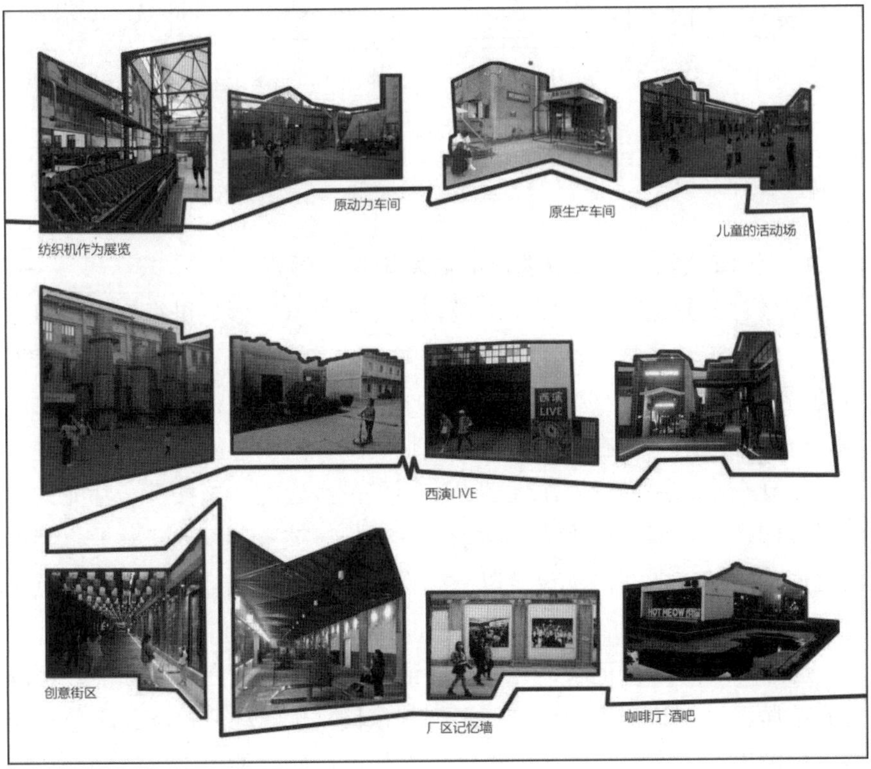

图9　大华1935
（来源：西安工业遗产研究团队）

3　思考与建议：如何让西安工业遗产与城市共生

3.1　对策与建议：倡导市井与日常是城市工业遗产再利用的归宿

城镇化建设是国家现代化进程中的必经之路。党的十九届五中全会通过《中共中央关于制定国民经济和社会发展第十四个五年规划和二〇三五年远景目标的建议》，提出“推进以人为核心的新型城镇化”，明确要求了在新型城镇化建设过程中要注重保护延续城市文脉，让城市留下记忆，让居民记住乡愁。

策略建议：从市井与日常的角度出发，工业遗产再利用应该融工业遗产于“市”、于“民”。只有立足于本土，扎根城市环境，深刻了解周边环境需求，贴近城市居民日常生活，工业遗产改造才能长久地存在与发展。立足城市根底，才能明确一座城市的气质，了解周边环境需求可以为工业遗产提供更加准确的改造方向；足够贴近市民的日常生活才能明确市民所需，才能更好地与城市相融合，真正地与城市协同共生。

3.2　模式与实践：依据策略建议得出的三种模式（图10）

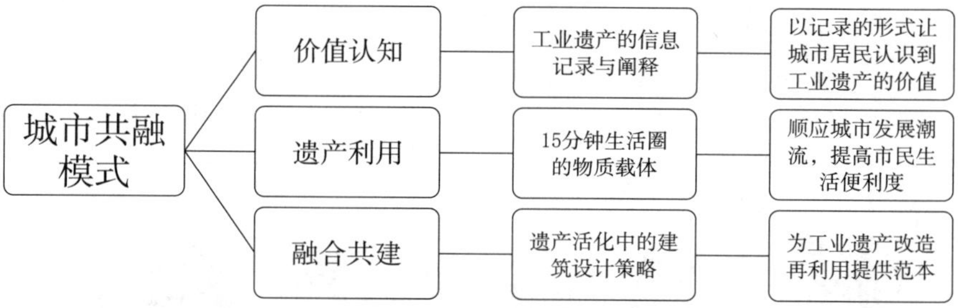

图10　西安工业遗产与城市共融模式
（来源：作者自绘）

3.2.1　价值认知——工业遗产的信息记录与阐释

通过对工业遗产建筑以三维模型、图示语言等形式进行记录，将原本冰冷的建筑转译为市民可以理解的图画文字等，使居民能够认识了解身边存在许久的工业遗产（图11）。工业遗产不仅是进行生产的厂房，也是工厂员工曾在其中生活的记忆场所，充满曾经生活过的痕迹；而对于现在的市民而言，工业遗产也不仅是身边的一栋楼、一片无人问津的废旧厂房，而是周末户外活动的好去处、孩童游乐的聚集地，经过活化再利用的工业遗产不仅可以承载许多的城市功能，也可以满足市民日常的生活需求。

通过对遗产进行记录，让遗产以记录的形式展现在市民面前，可以让城市居民真正认识工业遗产，了解其在日常生活中所扮演的角色，使居民接纳工业遗产，也让工业遗产能够与周边居民的日常生活融合在一起（图12）。

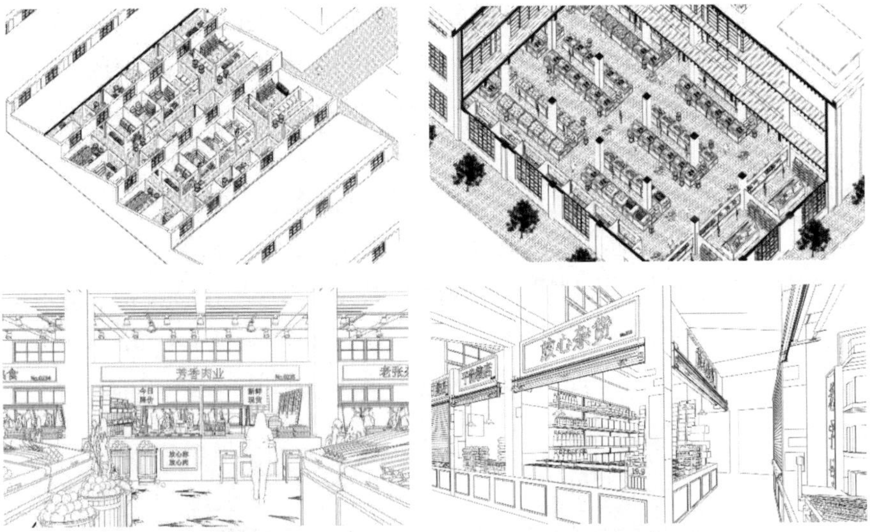

图 11　西安工业遗产价值认知记录
（来源：西安工业遗产研究团队）

（a）西安工业遗产宣传册　　（b）西安工业遗产微信公众号

图 12　西安工业遗产价值认知宣传
（来源：西安工业遗产研究团队）

3.2.2　遗产利用——15 分钟生活圈的物质载体

自 2018 年 12 月 1 日起实施的新版《城市居住区规划设计标准（2018）版》对原《城市居住规划设计规范》进行了重大调整，最大的改变是以人的步行时间为分级标准，用“15 分钟生活圈，10 分钟生活圈，5 分钟生活圈，居住街坊”取代了过去“居住区，居住小区，居住组团”分级模式，强调对社区公共服务设施应以生活圈为依据进行分级配置，满足居民不同类型的生活需求。未来西安市将打造布局合理、功能完善、设施全面、主体多元、开放融合、服务高效的“15 分钟便民生活圈”。因此，打造 15 分钟社区生活圈是西安市未来建设宜居城市、提升生活品质的重要举措之一，可以成为工业遗产改造再利用的指导发展方向。

基于西安 15 分钟生活圈居民社会公共服务设施分布的密度测算，可以发现其分布密度由城市中心向外围递减，且在外围有局部的集中分布区（图 13），与本次工业遗产调查所呈现的工业遗产分布相对比发现，工业遗产密集区与社区公共服务设施分布较少区域大量重合（图 14）。而工业遗产的物质空间结构基本可满足目前服务设施功能与空间场所需求。由此可以看到，在打造“15 分钟便民生活圈”的思想指导下，原本被时代淘汰的、濒临废弃的工业遗产拥有了再次焕发活力的机会。工业区的破旧厂房经过更新、改造、再利用，将承载文体娱乐、商业服务、金融邮电等新的功能，填补 15 分钟生活圈中的缺失部分，以此为导向的工业遗产改造再利用，能够更好地与周边环境相融合，与城市协同共生。改造后的工业遗产不仅可以方便周边社区居民的日常生活，也能成为 15 分钟便民生活圈的物质载体，与城市达成功能供需上的共融。

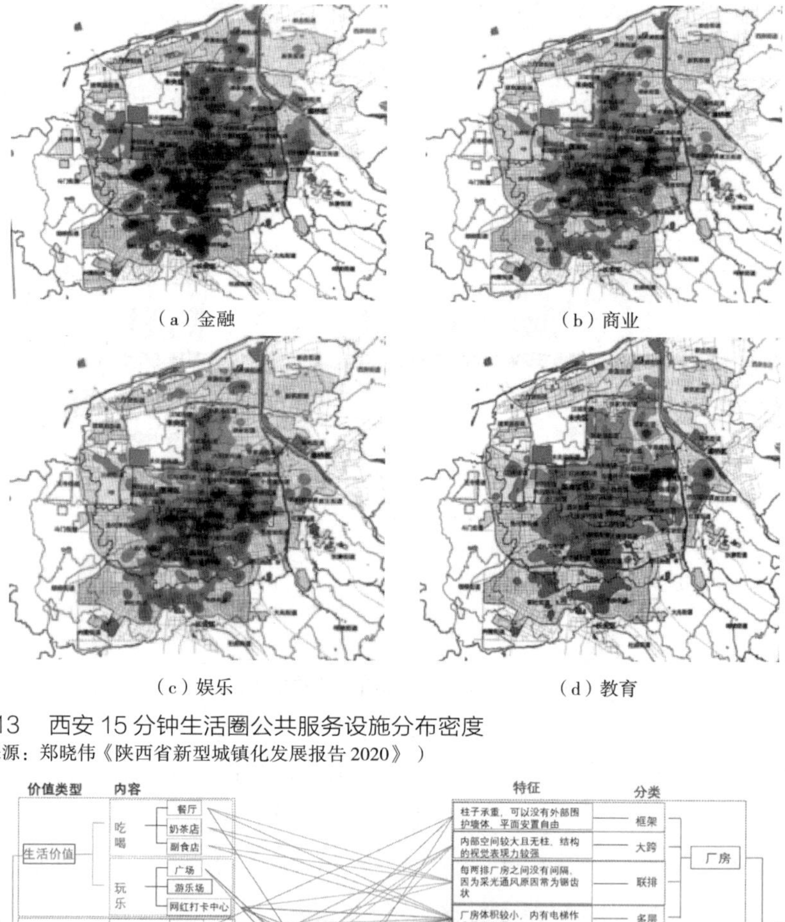

（a）金融　（b）商业　（c）娱乐　（d）教育

图 13　西安 15 分钟生活圈公共服务设施分布密度
（来源：郑晓伟《陕西省新型城镇化发展报告 2020》）

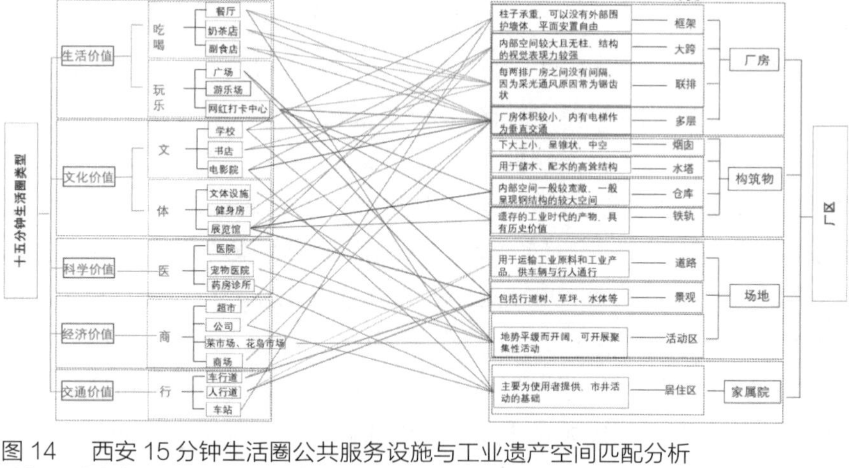

图 14　西安 15 分钟生活圈公共服务设施与工业遗产空间匹配分析
（来源：作者自绘）

3.2.3 融合共建——遗产活化中的建筑设计策略

从建筑设计角度考虑，工业遗产在再利用过程中，其遗产价值本身不应该被改造类的建筑活动所破坏。现如今国内外针对如何活化再利用工业遗产有了许多的探索，产生了很多形式。本文通过对这些优秀的案例进行分析以及类型化研究，总结通常情况下面对工业遗产活化可选择的方式，为西安工业遗产的活化再利用提供可参考的依据（图 15），增加工业遗产有效活化再利用的可能性，减少对工业遗产价值的破坏。

在工业遗产再利用改造的新旧关系上，我们做了部分研究。旧建筑的改造在客观上会受到旧建筑的主体以及社会的环境和相关政策法规的影响，而在主观上还会受到政府决策、建筑师设计、公众价值观和投资的影响。对旧建筑在空间上的改造设计就需要从现实条件出发，采用一些有利的因素，在此基础之上再探索重复利用的可能性，进而使旧建筑可以在城市中扮演一个更加合适的角色。从建筑室内空间的改造来看，其新旧元素之间存在着三种关系：同种功能的更新换代、新旧元素的整合、建筑使用功能的置换。建筑内部空间体系的改造随之也会导致功能发生一定的变化，那么对建筑空间进行改造就体现在空间的质、空间的量、空间的联系和空间的隔离之中。

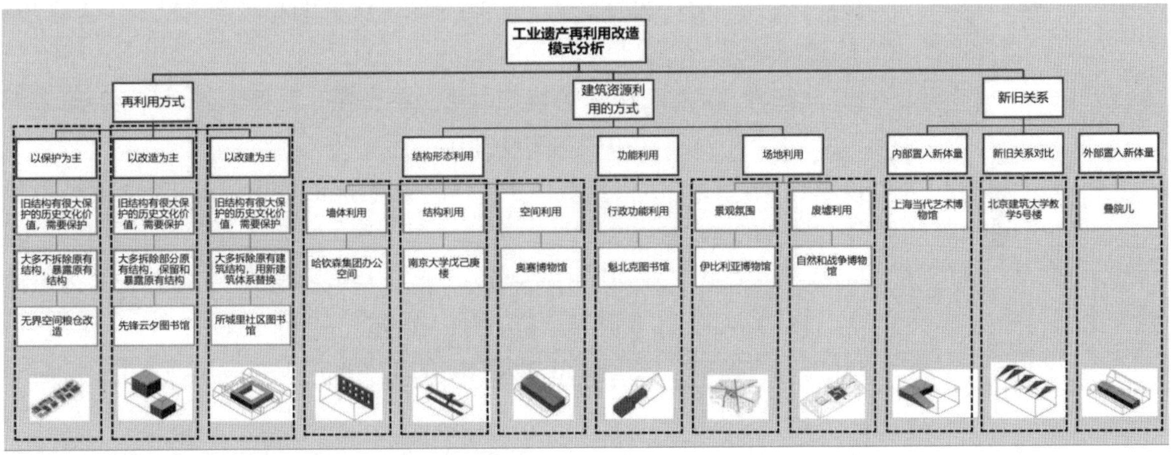

图 15　西安工业遗产改造再利用模式分析
（来源：西安工业遗产研究团队）

4　结语

本研究通过对西安过去及现存的工业遗产进行调查与统计发现，工业遗产作为时代遗存物其生存空间在逐步缩减，其承载着的社会记忆也在逐渐消失。在这样的背景下，仍有一部分的工业遗产建筑以新的方式延续下来，并适应于新时代城市的发展需要以及周边居民的生活需求。

本研究经过调查并对比优秀的工业遗产改造案例，得出工业遗产中建筑的改造再利用集中在其结构形态、功能、场地等的利用方式上的结论。通过对西安本土的三例工业遗产改造再利用实例进行深入了解与研究，不难发现作为工业时代的遗存，在不同的情况下，工业遗产有着不同的留存方式。陕西钢厂在经历收购并置之后，将原本生产钢铁的工厂重新利用为学校，将车间改造成教室，让废弃的厂区重新焕发活力。而不同于强资本注入改造的陕西钢厂，西安平绒厂进行了自发性的产业转型，从一个濒临倒闭的平绒制造加工厂，通过“活化”即适应性再利用，将原本陈旧的、与时代脱轨的企业功能进行转变，形成适合新时代发展特征的新型产业，完成对工业遗产的“拯救”。

在工业遗产再利用过程中，最核心的问题在于“活”，如何对工业遗产周边活态信息进行抽取与分析以找到适合遗产价值有机延续的再利用方式将成为当代工业遗产再利用的主要议题。本研究立足于西安本土，了解西安本土的工业遗产实例中的活态信息，思考面对中西部经济欠发达地区背景下的工业文化遗产现状，探讨如何建立起一套活态化的、高效的、能与城市共融的工业遗产再利用模式，达到对中西部城市工业文化遗产高品质、良性、可持续地保护与利用的目的。

参考文献

[1] 叶春生 . 活化民俗遗产　使其永保于民间 [J]. 民间文化论坛，2004(5):84–86.

[2] 武晓鑫 . 工业遗产保护与“活化”再利用：阜新海州煤矿 [J]. 旅游纵览（下半月），2017(7):200–201.

[3] 刘宗刚 . 西安历史建筑保护中工业遗产价值信息记录研究 [J]. 城市建筑，2020(4):11–16.

[4] 季宏．近代工业遗产的完整性探析：从《下塔吉尔宪章》与《都柏林原则》谈起 [J]. 新建筑，2019(1): 92–95.

[5] 朱妍，杨雪．以国际宪章为脉络的工业遗产保护发展研究 [J]. 江西建材，2019(4):220–221.

[6] 国际工业遗产保护协会 . 工业遗产之下塔吉尔宪章 [Z]. 2003.

[7] 汪芳，吕舟，张兵，等 . 迁移中的记忆与乡愁：城乡记忆的演变机制和空间逻辑 [J]. 地理研究，2017(1):23.

[8] 罗伯特・贝文 . 记忆的毁灭：战争中的建筑 [M]. 魏欣，译 . 北京：生活・读书・新知三联书店，2010.

[9] 狄雅静，吴葱 . 建筑遗产全生命周期管理与建筑信息模型研究：以柬埔寨茶胶寺南外门为例 [J]. 新建筑，2013(4):109–112.

[10] 季宏 . 近现代工业遗产动态信息的记录方法与适应性应用研究：以福建为例 [J]. 建筑学报，2016(12):119–120.

[11] 蒋楠，王建国 . 基于全程评价的近现代建筑遗产登录制度探索 [J]. 新建筑，2017(6):98–102.

[12] 刘宗刚 . 西安都市工业遗产发掘与再利用模式研究 [C]// 陕西省新型城镇化和人居环境研究院 . 陕西省新型城镇化发展报告（2020）. 西安：陕西人民出版社，2021.
[13] 陕西省新型城镇化和人居环境研究院 . 陕西省新型城镇化发展报告（2020）[M] . 西安：陕西人民出版社，2021.

权属演化视角下中国早期工业建筑遗产发展研究
——以合肥市为例*

黎启国　闻　超　程启辉　合肥工业大学建筑与艺术学院

* 本文得到国家自然科学基金面上项目（52178036）、国家自然科学基金青年基金项目（51808408）、合肥市哲学社会科学规划项目（HFSKYY202111）、铜陵市软课题项目（SRKT2021-01）的资助。

摘　要：中国早期工业建筑遗存活化更新在促进城市建筑空间资源优化配置、经济结构转型升级方面将发挥重要作用。基于遗产权属演化的视角，在利益主体追求复杂化的背景下，以合肥为例，对我国早期工业建筑遗产的再利用模式进行研究，探讨不同主导因素对工业遗产开发模式的影响，以及在这种影响下工业遗产再利用形式的演变过程。

关 键 词：工业建筑遗产；权属演化；发展模式；城市更新

1　序

1.1　研究背景

1980 年代，我国一些大城市开始出现产业结构优化升级的问题，一些企业开始从城市中心区搬迁至城郊，城市工业建筑遗产更新成为城市化进程中的重要环节。近些年来，对工业建筑遗产转型的探索成为学术界重点研究方向，工业建筑遗产再利用形式已趋向成熟，研究内容更多的是对于工业遗产建筑目标类型的转型后研究，不同的工业建筑遗产再利用形式呈现不同的业态，如文化创意产业园、工业旅游、博览建筑、景观公园和商业综合开发混合使用等[1]。学界对工业建筑遗产具体再利用模式和业态确定的动因尚未进行详细的讨论和梳理。随着计划经济因素的消除和现代工业企业制度的建立，产权权属问题对工业用地再开发与工业建筑遗产再利用有着重要影响。如何从城乡统筹和遗产存量转换的视角，系统性地制定中国早期工业建筑遗产再利用模式发展策略已成为全社会关注的焦点和热点，而“权属演化”已成为促进工业建筑遗产转型进一步发展的关键。

产权权属是新制度经济学的核心概念之一，由于产权权属随着制度变迁造成对遗产利益重新分配，从而使这一概念进入我国学者的视野[2]。在当前城市研究中工业建筑遗存权属演化问题未得到应有的重视，学界仅从规划的角度思考工业建筑遗产再利用，而忽略了不同利益主体的诉求和权属演变的相互关系。随着经济社会的发展，对于工业用地更新和工业建筑改造问题的应对，出现了一些标志性的特征和引导性的政策文件[3]，根据这些特殊的时间节点，本文划分工业遗产改造再利用的不同历史阶段及产权演化，如图 1 所示 。

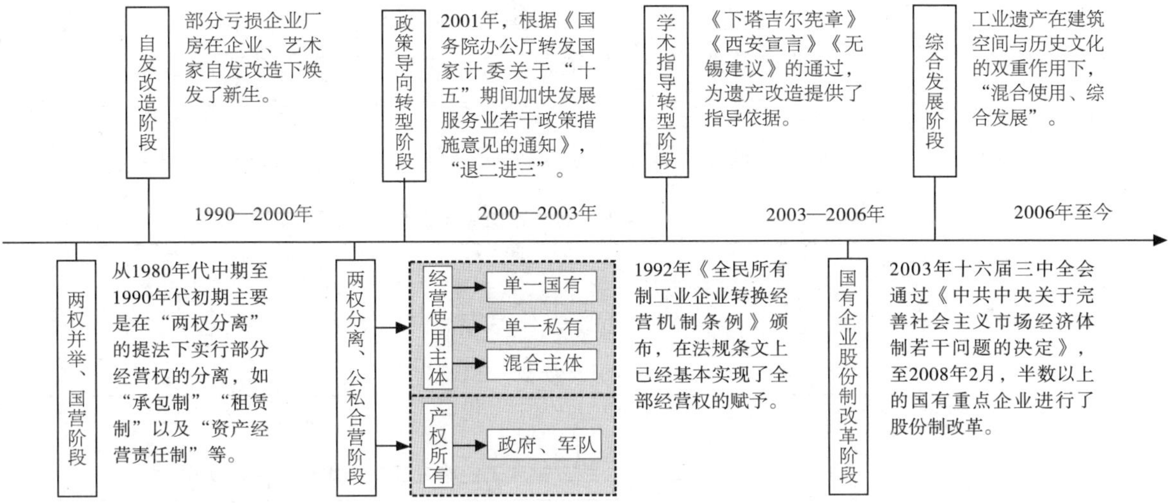

图 1　工业遗产转型及权属演变历史阶段
（来源：作者自绘）

1.2　研究重点

在土地资源紧张和产业转型趋势推动下，工业建筑遗存规划日趋常态化。工业建筑遗产改造再利用是工业用地更新的重要途径之一，也是节约建设成本、塑造文化景观、传承城市历史的必然要求。从建筑学角度看，工业建筑遗产改造再利用关注的是功能置换和空间再利用问题，其内部空间的兼容性是改造再利用的关键[4]。工业建筑遗产转型是工业建筑改造再利用的内在动力，不同工业遗产的再利用形式呈现不同的业态。在实践中，工业建筑遗产包括生产车间、动力用房、办公用房以及仓储用房等，如被改造成居住建筑或公共建筑，则原工业生产功能被住宅、办公、文教、博览、商业等新功能取代。从遗产权属演化学角度看，工业建筑改造再利用，是从第二产业（工业）升级为第三产业（服务业）的过程[5]。然而，工业建筑遗产更新利用在我国不仅仅是一个新功能置入和遗产修复问题，还常常因为现行规划、主导力量和遗产权属更替约束而举步维艰。从工业生产需求到现代城市复合型空间需求，工业建筑遗产的改造再利用最终要融入现代城市的经济发展和社会生活中，才能适应新时期的城市空间需求，继承并提升工业建筑遗产的多元价值。

1.3　合肥市工业建筑遗产概况

现代城市发展与城市工业发展密切相关，合肥工业作为安徽省近现代工业的重要组成部分，随着城市化进程的推进和城市规划空间的扩张，遗留下的丰富工业建筑遗产如何进一步发展成为城市发展的焦点问题。《合肥市城市总体规划（2018 — 2035 年）》和《合肥市国土空间总体规划（2019—2035 年）》指出，合肥未来城市更新的重点主要是东部新中心城区的工业用地置换和工业遗产建筑利用，其中保留下的工业建筑遗产按照产业地块的不同体系，多元权属利益主体的合作开发成为合肥工业建筑遗产发展的主题。文章研究的调查方法包括现场踏勘、资料查阅和深度调查。从是否改变原有功能和是否拆除重建双重维度，下面将选取的重点工业建筑遗产样本分为四个类型（表1、表2）。

表1　合肥市重点工业建筑遗产样本类型

		是否拆除重建	
		拆除重建	保留
是否改变原有功能	改变	建筑重建功能改变	建筑保留功能改变
	保留	建筑重建功能保留（不可能情况）	建筑保留功能不变（尚未更新）

（来源：作者自绘）

表2　合肥市重点工业建筑遗产样本分布更新状况

样本类型	样本名称	是否遗留	更新内容	权属更替	发展前景
建筑重建功能改变	合肥叉车厂	部分遗留	居住区+CBD	是	商住一体
	合肥车桥厂	部分遗留	居住区+艺术中心	是	居住休闲
	安徽拖拉机厂	否	居住区	是	居住区
	合肥玻璃厂	否	居住区	是	居住区
建筑保留功能改变	合肥柴油机厂	是	合柴1972产业园	否	文创街区
	恒通机械厂	部分遗留	长江180文化产业园	是	文创街区
	合肥化工机械厂	否	香樟1958会所	是	居住休闲
建筑保留功能不变（尚未更新）	合肥廉泉啤酒厂	是	正常生产	是	啤酒文创园区
	合肥钢铁厂	是	闲置	否	东部新中心
	合肥老火车站月台	是	闲置	否	景观公园

（来源：作者自绘）

文章选取合肥市早期重点工业建筑遗产为样本。样本主要分布在蜀山区、瑶海区及望江路沿线周边，其余呈零星点状分布在市区北部、西部及市郊。合肥市大多数工业企业的产业类型主要包括钢铁、汽车、叉车等为主的机械工业；电视机、电冰箱等家用电器制造业；轮胎、日化等为主的化工制造业等（图2）。

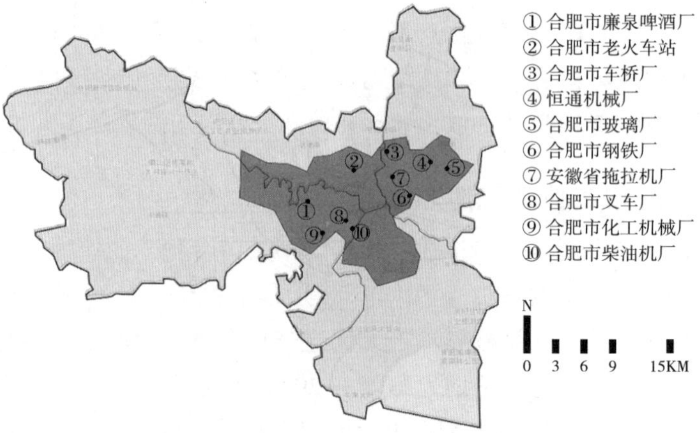

图2　合肥市市区重点早期工业建筑遗产选取样本分布图
（来源：作者自绘）

2　工业建筑遗产转型动因及主导力量概述

2.1　转型动因

2.1.1　土地政策

正处于转型期的中国，土地政策的导向很大程度决定了工业建筑遗产的命运，对其保护与再利用有深远的影响。作为国务院印发的《全国老工业基地调整改造规划（2013 — 2022 年）》中的指定地区，合肥市瑶海区未来的城市更新是国家层面的需求，包河区政府为促进“老城复兴”，坚持综合整治、片区改造、空间整合“三举并措”，合柴 1972 文创园的建设是修补城市建筑风貌，完善综合服务配套，唤醒城市文化精神的重要组成。

近年来不同部门涉及工业建筑遗产保护与再利用的土地政策呈上升趋势，目前与工业建筑遗产相关的宏观政策环境正不断优化、细化，土地政策对工业遗产保护与再利用支持的力度也在不断加大。目前土地政策对工业遗产保护与再利用的影响主要体现在：①从“粗放用地”到“集约用地”发展的土地政策转变，城市增量逐渐转化为存量的内在发展与重构。在此背景下，通过土地政策的转变，促进了工业遗产保护与再利用可以从现有使用者转移到一个更有效率的使用者身上，即工业建筑遗产权属的转移，这也是在产业所有权属和使用权分离后催生出大量使用主体，从而使工业遗产保护再利用形式变得多样化[6]。②针对不同地区现状，制定相对灵活的扶持性土地政策对工业遗产的转型有着重要的意义[7]，在工业遗产再利用的过程中，土地政策对遗产权属的变更起到导向作用。

不同城市土地政策下，工业建筑遗产保护与再利用主要体现在工业遗产所属用地使用权属的转移方面[8]，工业遗产土地使用权属转移有两种情况：一为原始土地使用权主体单位与转让后的主体单位性质相同，土地之上的活动形式发生改变或不变，同时也存在工业遗产用地主体部分转让的情况；二为原始土地使用权主体单位与转让后的主体单位性质相异，土地上的活动形式发生改变，这是工业遗产较为普遍的保护与再利用现状（图 3）。

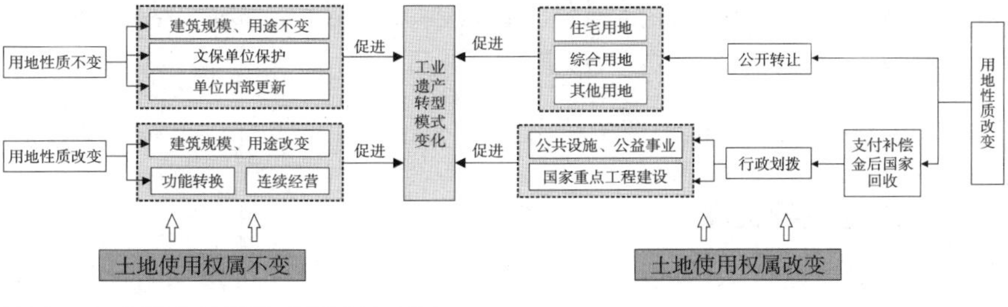

图 3　工业遗产转型模式用地转变图
（来源：作者自绘）

2.1.2 自身价值存量

城市产业结构的转变，引致工业建筑遗产出现，本文从文化价值、空间价值、特殊结构三个方面对以合柴为例的工业建筑遗产自身价值存量[9] 进行分析。①文化价值：利用现有老厂房，融入文艺会展、产品展销、休闲娱乐等功能；②空间价值：合柴现存建筑结构稳定，总体体量保存情况良好，保留厂房建筑内部大空间；③景观价值：合柴园区内部景观环境资源优势大，西侧有一大片景观绿地，具有工业代表的构筑物水塔和烟囱。合肥市近些年来经济发展迅猛，2020 年更是入选全国十五个“新一线”城市之一，在经济发展的同时，城市的文化建设却出现了部分缺失的状况。城市居民对文化的需求越来越强烈，就市民在合肥市第十四届三次会议中提出的“关于推进合肥市老工业遗址保护的建议”，合肥市政府提出关于改造合柴和打造特色文化片区的策略。

2.1.3 城市规划发展需求

目前，新的文化产业正成为城市发展的新动力和创新方向，城市文化的力量正逐渐取代单纯的物质生产成为城市经济发展的主要动力之一。城市工业建筑遗产的经济价值不仅体现在它曾经作为物质生产和科技进步的载体，更多的是体现在遗产文化内涵赋予它的高经济附加值上，未来城市的发展规划需要工业建筑遗产再利用强有力的支撑[10]。将工业城市文明与现代城市生活相结合，改善生态环境，优化城乡面貌，彰显地域魅力，塑造具有辨识性和竞争力的城市文化景观，激发创意环境，吸引创意群体，是实现城市规划发展的要求。

2.1.4 丰富城市内涵

实现城市以较高质量发展是新时期中国推进新型城镇化的重要目标，其中丰富城市发展内涵是提升城市吸引力的重要手段，在城市寻求高质量发展过程中，依托城市遗存重新塑造城市形象，利用遗存转型驱动城市经济增长打造核心竞争力，已经成为城市发展政策制定者的共识。工业建筑遗产作为一类与城市发展密切联系的新型文化遗产，正在成为发展丰富城市文化内涵的重要途径。近年来，合肥市高度重视文化产业的发展，在合肥市第十四届三次会议第 0416 提案中，就促进文化产业发展，合肥市特别重视文化基础设施建设与改造，加大资金投入力度，以合柴为代表的文化创意产业园将突出发掘老工业遗产的优势，以工业遗产保护为前提，壮大文化市场。因此城市建设和丰富城市内涵的内在驱动力促进工业建筑遗产再利用逐渐成为城市发展的一种重要模式。

2.2 转型主导力量

工业遗产建筑保护的核心是针对单一工业遗产建筑是保留还是拆除的问题[11]。保留的工业遗产建筑再利用，就具体实践来看，可以分为以下五种主要方式：个人力量主导、学术团体力量主导、企业力量主导、政府力量主导、第三方力量介入。根据更新地块在产权转移和再开发方式上的不同，运作过程可以尝试探索基于多元主体合作开发的改造新模式。

2.2.1 个人力量主导

主要是以艺术家个人为主，将工业建筑遗产改造成艺术家工作室，是一种萌芽状态的文化创意产业。例如，1995 年有艺术家开始进驻北京 798 街区；1998 年，陈逸飞等艺术家入驻田子坊，利用弄堂工厂做工作室；2000 年，香港出现了牛棚艺术村和伙炭艺术村。其主要特点是低廉的租金和富有艺术潜力的建筑空间，吸引着个人聚集。

2.2.2 学术团体力量主导

作为 21 世纪工业建筑遗产改造再利用的新兴主导力量，其特点在于无商业营利行为、补贴性的租金、团体统一管理、较为纯粹的学术性等。例如北京大学将旧锅炉房改造成核磁共振实验室，四川美术学院将旧仓库改造成当代艺术中心，香港浸会大学将工业大厦改造成创意艺术中心，此类以学术群体为主体对象的工业建筑遗产再利用逐渐成为一股重要推动力量。

2.2.3 企业力量主导

企业根据市场需求、地价变动等多种因素的情况，主动自发地调整和改换生产及经营方式，实现工业用地更新的自主行为。也就是在土地使用产权不变的基础上，更新运作全程由企业自身主导，自发推进保留工业建筑遗存的功能置换以实现经济产能和效率的升级[12]。工业遗产建筑改造再利用早期阶段（1990 年代），工业建筑遗存以改造成大型商业办公建筑为主，如 1995 年，北京印刷厂厂房被改造成官园批发市场。21 世纪后，进入工业遗产保护再利用新阶段，以企业力量主导出现了展览、餐饮、会所、运动中心、文化商业街、工业园林、文化创意产业等新业态，如北京新伟纺纱厂改造成了远洋艺术中心。

2.2.4 政府力量主导

是指由政府规划主导，将工业建筑遗存改造成博物馆、公共艺术机构、景观公园等公共服务设施；或是在政府扶持下发展文化创意产业。对于位于城市重要地段的工业用地，如城市公共中心区、历史文化风貌保护区、重要商贸金融区等的工业用地，应着力推行政府主导下的工业用地更新。即政府通过回购方式收储用地，对土地进行初级整理后，再通过招标拍卖挂牌等方式分地块出让土地[13]。政府在更新改造中对产权的变更裁决常常具有垄断性权利，但政府自己收储土地进行整体开发的做法也受到政府经济水平和资金实力的制约，典型案例是广东中山岐江公园的建设。

2.2.5 第三方力量主导

第三方力量介入并落实工业遗产改造和再利用方案，通常是开发商、投资公司或其他企业等第三方力量基于逐利动机，首先以承租、收购、并购或作价入股联营等多种方式取得原权利企业的土地或厂房空间，在用地转型和更新许可等各项手续完成后，通过改造、投资、包装、招商、策划和运营等全程运作来完成地区的更新。

3 工业建筑遗产更新中权属演化问题

3.1 用地性质与建筑遗产功能的转变

从城市和土地利用总体规划的角度，工业建筑遗产的功能调整首先需要用地性质的转变，一般而言政府或市场主导的用地性质调整主要针对大规模、大面积的工业更新用地；而面积较小，需求不明朗的低效工业用地和其存在的工业建筑遗产自我更新潜力十分低下。于是在实践中，一些低效工业用地的工业建筑多数会因利用率低下、制度约束、实际利益不均、发展不明朗等实际操作限制，导致闲置废弃[14]，如承载合肥工业运输历史的合肥老火车站月台等。

此外，针对有转型潜力和发展前景的遗产，许多老工业用地的权属单位和使用主体不得不以“私自改建，改用”或“物业出租”的方式暗度陈仓，开展未经规划主管部门许可的用途改造，这种方式会导致大量老工业用地实际功能性质与土地性质不匹配的违章现象出现。但随着城市产业发展，这种“非正式”改造模式下的老工业用地新引入的功能往往属于转型时期政府鼓励发展的产业类别，保留下的工业建筑遗产通过这种“特殊”的方式重新焕发新生，此外部分改造模式还因其创新效应和聚集效应逐步获得了社会和市场的广泛认同。

3.2 不同类型工业建筑遗产权属变更的不确定性

城市发展、经济建设以及产业模式发生更替等因素给城市工业建筑遗产注入新活力[15]，在考虑“工业考古”“退二进三”“工业土地划拨”“城市化进程倒逼更新”四个时空上彼此穿插、相互影响的进程后，基于权属利益将工业建筑遗产种类划分为以下四种主要类别：

（1）闲置高价值工业建筑遗产，即是中华人民共和国成立后工业发展城市建立的首批工厂，位于城市核心地区，由于企业迁移或破产而闲置的工业厂房建筑遗存，主要特点是地理位置优越，具有较高工业历史考古价值，转型开发经济产出效益高，是城市未来发展的重要推动力之一，典型案例包括合肥市钢铁厂等早期工业建筑。随着国家针对部分企业进行去产能规划政策调整，越来越多的企业在城市核心区的工业厂房处于闲置状态，其地理位置、转型和再开发前景优越，构成闲置的高价值工业建筑遗产。

（2）闲置低价值工业建筑遗产，与闲置高价值工业建筑遗产特点相似，均是由于城市发展导致的工业厂房闲置，不同的是此类型遗产的特点是土地利用强度与建筑产出效益低，原有工厂为高耗能高污染的厂房，其转型与再利用难度大。

（3）低效型高价值工业建筑遗产，即进行转型后能带来更大的社会经济价值的工业建筑遗产，合肥市典型的代表是更新前的合肥柴油机厂厂房建筑遗产。我国工业发展从中华人民共和国成立至今，发展方向从初期产业向重工业发展到现如今部分产业产能过剩，产业寻求转型，保存下来的工业建筑厂房无法向城市继续提供高效的经济动力。

（4）淘汰型低价值工业建筑遗产，即本应关停的企业，却仍在违规运转的工业厂房，工厂厂房使用成本低，低收益并维持生产的工业建筑遗产。

在划定的大面积工业建筑遗产既有改造规划下，从市场经济角度，少有企业有能力作为主体单位推动片区遗产的更新活化。不同类型的工业建筑遗产在城市发展大环境下有不同处境，目前以合肥老工业园区为代表，企业众多，在以市政府为首的工业建筑遗产改造工作中，众企业改造意愿不同，难以协调统一，由于遗产权属所有和变更等因素使建筑遗产整体开发利用工作受到阻碍。

3.3 多元主体的利益博弈

政府主要通过收储土地、政策引导等形式，利用工业用地更新来达到对土地集约利用、提高工业遗留再利用效率、改善城市面貌与环境等目的。土地权属所有人更关心的是工业用地退出的补偿是否令其满意，甚至未来生计也要求政府同样给予满意的解决方案，漫天要价的现象经常存在[16]。1990年《中华人民共和国城镇国有土地使用权出让和转让暂行条例》，2004年《中华人民共和国土地管理法》等行政法规规定政府对于工业用地可以无偿收回，但应对其地上建筑物和其他附着物给予适当补偿：可以改变用途，但需获得政府相关部门的批准。这也导致了“在何种条件下可以变更用途”和“当政府收回土地时补偿多少才是适当的”成为利益博弈的焦点之一。如果过高的收储成本使得政府机构难以为继，结果自然可能是双方利益博弈失败，导致工业用地无法更新。

对政府而言注重的是中长期利益，一般是没有足够的资金进行更新、改造的。对于投资者来说，受制于土地、遗产权属等问题，基于纯粹的租赁机制下不可能投入资金对工业建筑遗产进行转型升级[17]。无论是国有资本还是社会资本介入，都会与遗产原有权属主体因遗产未来发展预期发生碰撞，如闲置型高价值工业建筑遗产权属主体对遗产价值的期望随经济发展越来越高（图4、图5）。

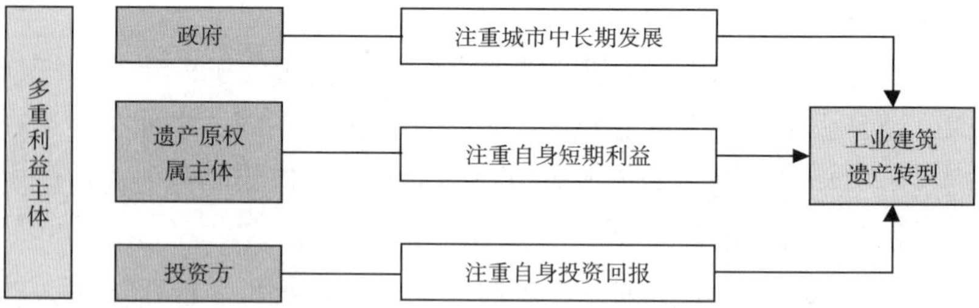

图 4　工业遗产转型模式用地转变图
（来源：作者自绘）

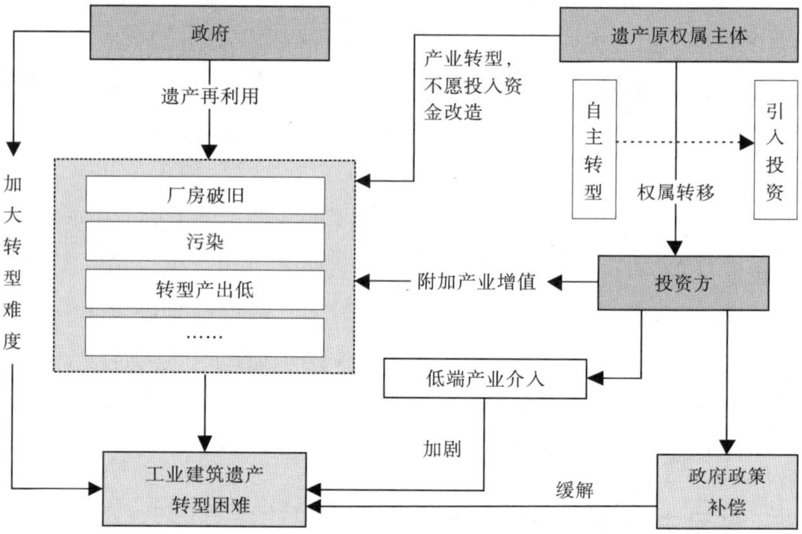

图 5　工业建筑遗产转型更新中的利益博弈
（来源：作者自绘）

4　基于权属问题的发展对策

4.1　遗产的公益性与经营性开发模式

大多数工业建筑遗产的更新利用主要依赖以公众利益为代表的政府自上而下进行决策主导[18]。以政府为主体来主导工业建筑遗产更新时，遗产权属所有人的利益诉求能否得到满足，成为遗产转型更新是否成功的关键，遗产原有权属主体和以公众利益为代表的政府间利益均衡的博弈至关重要。目前，遗产宏观层面的利益均衡主要通过规划约束，从而减少由于权属所有权集中化和大体量规模化可能造成的工业遗产产生外溢效益。工业建筑遗产再利用持续发展的理想前提是政府、遗产原有权属主体、市场之间的利益共赢（图 6）。

4.1.1　企业自主改造模式（经营性主导）

即是企业根据自身产业发展模式，将所属老工业建筑遗存进行再利用更新。其主要更新方向是将延续和发展企业原有运营模式，并提出创新性开发建筑遗产的概念，以合肥廉泉啤酒厂为例，2001 年 10 月安徽华润啤酒收购廉泉啤酒，2020 年 2 月 25 日华润集团与合肥市政府签署战略合作框架协议，合肥雪花啤酒工厂（原廉泉啤酒厂）将改造成为精酿啤酒生产和新型啤酒文化创意为一体的产业园区，实现产业转型提升，带动消费市场升级。通过企业对保留的工业建筑遗产自主进行符合自身发展的改造，延续企业自身原有生产面貌的同时融入了文化创意产业，兼顾企业主导利益基础，实现企业生产文化与文创产业的交织共生。

4.1.2 生态复绿模式（公益性主导）

工业建筑遗产的建筑环境与外部空间环境的整治与改善是未来工业建筑遗产绿色转型的关键所在。工业建筑遗产的转型本身就是资源的可持续再利用的过程，以生态复绿为核心的工业建筑遗产开发模式是增加城市绿地的重要途径之一。如德国鲁尔区，上海苏州河沿岸工业的绿地建设和未来合肥市老火车站月台的遗址改造，即在保护原有工业建筑遗存和设备等资源基础上开辟景观生态公园，再延续原有建筑的空间肌理与格局，进行复绿改造。

4.1.3 政府统租统管模式（兼顾开发）

即是指政府宏观统筹，协调工业建筑遗产权属单位或个人，进行统一的规划和改造，由政府总体把控[19]，成立专门机构负责运营管理和推进，将资源整合建设，不吸纳社会资本投入运作。在项目建成后期由政府统租统管，以较为合适的价格散租给客户，形成兼顾市场利益与社会公益属性的综合性开发改造模式。

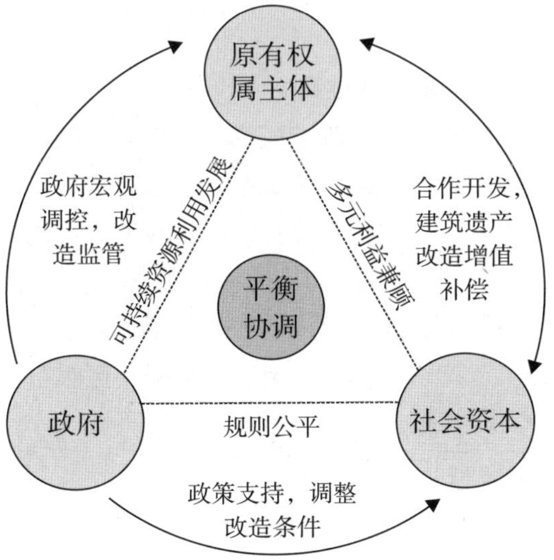

图 6　不同利益主体价值均衡
（来源：作者自绘）

4.2 遗产权属的核定与转移

4.2.1 产权分割

推行工业建筑遗产产权分割，构建合理产权结构，可监督管控产权结构复杂化的风险。与土地产权分割相似，需要注意的是若完全放开遗产产权分割，不可避免会造成遗产产权结构过于复杂，故产权分割、转让、转租需建立合理的审核程序[20]，经地方主管部门或上级管理单位审查通过后，方可实施分割。

4.2.2 以租代转

2008年3月发布的《国务院办公厅关于加快发展服务业若干政策措施的实施意见》提出："积极支持以划拨方式取得土地的单位利用工业厂房、仓储用房、传统商业街等存量房产、土地资源兴办信息服务、研发设计、创意产业等现代服务业，土地用途和使用权人可暂不变更。"这是中央政府的明确表态，划拨工业用地和工业建筑遗产可以在不改变权属的情况下变更用途，在不变更权属的前提下将工业建筑遗产更新改造为创意产业园区和城市所需的产业类型已经成为许多城市的时髦做法。

4.3 遗产多元化开发模式（图7）

4.3.1 权属单一（外部经济性低）

针对外部经济性低、开发改造难度大的单一权属工业建筑遗产，其产权变更难度低，可吸引多元主体进行混合开发[21]，主要是提高建筑遗存的开发强度，如改建新增更多的公共服务设施，从而提高原有遗产的经济效益产出。

4.3.2 权属多元（外部经济性高）

对外部经济性较高，开发改造后经济产出较高的多元权属工业建筑遗产，其改造过程中产权问题复杂，或许会陷入零和博弈的境地导致工业建筑遗产更新失败，因此针对此类遗产，应考虑不同利益主体联动开发，平衡不同主体、不同遗产间产出效益差异。如合肥市车桥厂（现"龙湖·天璞"小区）的改造建设，在兼顾用地效益产出的同时，利用车桥厂老工厂建筑遗产改造成文创街区以增强小区吸引力，打造家门口的文创产业园，实现共赢。

4.3.3 权属结构清晰

对于权属结构清晰且具备更新条件的建筑遗产，应放宽更新限制，鼓励参与市场竞争，原有权属人可以转让建筑遗产改造项目后期经营权与社会资本协作开发。如合肥市柴油机厂（现"合柴1972"）的更新改造，就充分发挥了自身改造优势并与合肥滨湖集团共同开发。

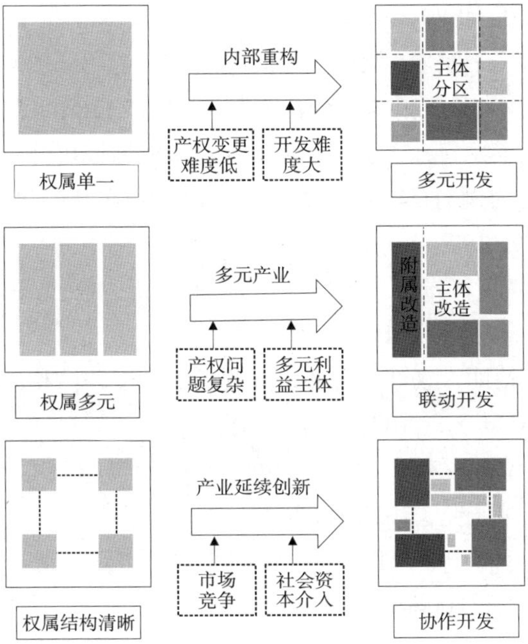

图 7　不同利益主体价值均衡遗产多元开发模式
（来源：作者自绘）

5　结语

城市工业建筑遗产的更新是中国城市转型的重要内容之一，基于权属问题的利益博弈作为其中的核心问题决定了工业建筑遗产未来的发展。在合肥市工业建筑遗产更新的过程中，政府仍然占据主导地位，是多方利益平衡的主导者。本文分析了由于权属因素导致的在工业建筑遗产更新利用中面临的问题，并提出相应的一些举措。作为公众利益代表的政府和遗产权属主体的利益均衡是工业建筑遗产更新成功的关键，现行工业建筑遗产改造应该充分考虑不同利益主体的诉求，才能推动工业建筑遗产保护更新顺利进行。

参考文献

[1] 王建国，蒋楠 . 后工业时代中国产业类历史建筑遗产保护性再利用 [J]. 建筑学报，2006(8):8–11.
[2] 赵燕菁 . 制度经济学视角下的城市规划（下）[J]. 城市规划，2005(7):17–27.
[3] 刘伯英 . 中国工业建筑遗产研究综述 [J]. 新建筑，2012(2):4–9.
[4] 丁新军，阙维民，孙怡 . “地方性”与城市工业遗产适应性再利用研究：以英国曼彻斯特凯瑟菲尔德城市遗产公园为例 [J]. 城市发展研究，2014(11):67–72.
[5] 阳建强，罗超. 后工业化时期城市老工业区更新与再发展研究 [J]. 城

市规划，2011(4):80—84.

[6] 徐苏斌，彭飞，张旭 . 城市土地政策对工业遗产保护与再利用的影响分析 [J]. 天津大学学报（社会科学版），2015,17(5):385-390.

[7] 张传勇，王丰龙，杜玉虎 . 大城市存量工业用地再开发的问题及其对策：以上海为例 [J]. 华东师范大学学报（哲学社会科学版），2020,52(2):161-170,197.

[8] 唐燕，唐婧娴，杨东 . 老旧工业用地更新：制度困境与变革创新 [J]. 城市环境设计，2016(4):390-395.

[9] 王润生，赵怡丽，初妍 . 论青岛工业遗产价值评估和保护再利用的协调性 [J]. 工业建筑，2015,45(7):76-78.

[10] 曾鹏，李晋轩 . 存量工业用地更新的政策作用机制与优化路径研究 [J]. 现代城市研究，2020(7):67-74.

[11] 王建国，蒋楠 . 后工业时代中国产业类历史建筑遗产保护性再利用 [J]. 建筑学报，2006(8):8-11.

[12] 姜克芳，张京祥 . 城市工业园区存量更新中的利益博弈与治理创新：深圳、常州高新区两种模式的比较 [J]. 上海城市规划，2016 (2):8-14.

[13] 魏立华，袁奇峰 . 基于土地产权视角的城市发展分析：以佛山市南海区为例 [J]. 城市规划学刊，2007(3):61-65.

[14] 顾岳汶，吕萍 . 产权博弈视角下存量低效工业用地更新机制研究：以深圳市新型产业用地改革为例 [J]. 城市发展研究，2021,28(1):71-77.

[15] 金晶，黄忠华，陈多长 . 多重逻辑下低效工业用地改革的困境与出路 [J]. 管理现代化，2021,41(2):70-73.

[16] 李东，孙东琪 . 工业用地更新中的利益博弈与治理创新：以佛山市顺德区为例 [J]. 经济地理，2021,41(3):192-201.

[17] 张毅杉，夏健 . 塑造再生的城市细胞：城市工业遗产的保护与再利用研究 [J]. 城市规划，2008(2):22-26.

[18] 杨晓辉，丁金华 . 利益博弈视角下的城市土地再开发与规划调控策略 [J]. 规划师，2013,29(7):85-89,100.

[19] 刘昕 . 深圳城市更新中的政府角色与作为：从利益共享走向责任共担 [J]. 国际城市规划，2011,26(1):41-45.

[20] 赖寿华，吴军 . 速度与效益：新型城市化背景下广州“三旧”改造政策探讨 [J]. 规划师，2013,29(5):36-41.

[21] 梁印龙，孙中亚，蒋维科 .“市场诱导”与“政府失灵”：存量工业用地更新的困境与规划初探：以苏州工业园区为例 [J]. 城市规划学刊，2018(6):94-102.

莆田近现代工业发展、空间分布与工业遗存*

季 宏 魏婧怡 王 琼 福州大学建筑学院

* 本文得到国家社科基金重大项目“我国城市近现代工业遗产保护体系研究”（12&ZD230）、国家自然科学基金青年基金项目“近现代工业遗产动态信息的记录方法与适应性应用研究——以福建为例”（51308122）、福建省科技厅软科学项目“乡村振兴背景下的闽东贫困型传统村落自助式保护与活化的动力学研究”（2019R0025）、福建省教育厅基金项目“福州工业遗产保护中非物质文化遗产的信息记录”（JT180030）的资助。

摘 要：本文基于莆田近现代工业普查、历史地图、相关规划资料等初始数据，以莆田建市的工业格局为对象，通过ArcGIS技术，对莆田近现代工业格局分时期分时段地展开数据分析，探索总结其各阶段空间分布特征的演变与城市化发展之间的联系，并对莆田工业遗存现状进行田野调查，为亟待保护的莆田工业遗产提供保护建议。

关 键 词：莆田；近现代工业；空间分布；工业遗存

近年来众多城市展开了工业的发展历程、格局演变、空间与现状布局等方面的研究，其中部分城市还借助ArcGIS技术进行了数据库建构和定量分析[1-8]。福建的一些城市如福州、南平、三明等，通过录入近现代工业企业的历史信息构建数据库，探讨工业格局的演变与城市化中地理、人口、经济、交通、规划等因素的关系[9-12]。上述成果深化我国近现代城市史、工业发展史等领域的研究，为保护工业遗产提供基础，也为其他城市的相关研究提供参考与借鉴。

位于福建沿海中部的莆田，建市于1983年，由仙游、莆田两县组成（图1），其近代工业萌芽于民国时期，已历经百年发展。对莆田近现代工业的研究成果主要包括“以港兴市，工业强市”的发展战略、城市产业特点及工业经济发展新模式等研究[13-15]。本文将对莆田近现代工业空间分布进行分析，在现场调研基础上对莆田的工业遗存保护提出建议，研究成果可为莆田工业遗产的整体保护方案提供参考，具有重要的现实意义①。

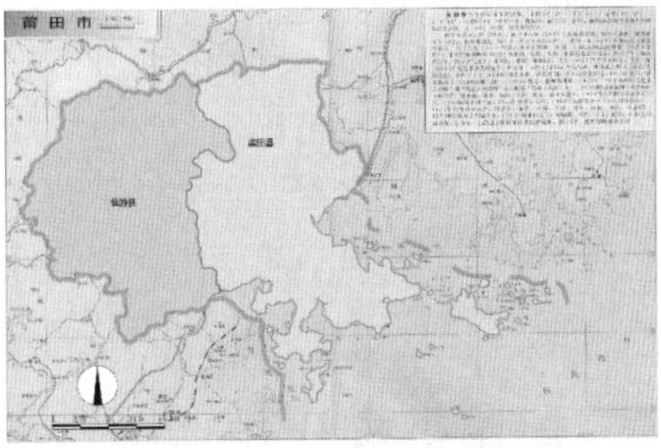

图1 莆仙两县位置示意图
（来源：根据《莆田市志》全市地图改绘，审图号：闽S（1999）018号）

1 莆田近现代工业发展概述

莆田近代工业于民国时期开始萌芽，以三江口为依托，涵江境内出现了最早的工业企业，主要工业类型包括机械、罐头、炼乳等。同时，碾米机和铁质织布机开始推广到农村，取代砻臼加工和木质织布机。此外，莆田、仙游城关还办有小型的铅字印刷厂。抗战爆发后，大型沿海工业纷纷内迁，而动力酒精因在运输上供不应求，酒精行业一时兴盛，但是在战后很快没落[16]。直至中华人民共和国成立，莆田工业仍以传统手工作坊为主。

中华人民共和国成立初期，地方政府创办了一定数量的国营工业，

① 关于莆田市的工业企业历史信息采集来源如下：（1）福建省档案馆、莆田市城建档案馆；（2）工业普查与相关文献：《福建省第二次全国工业普查资料汇编》（1986年），记录在册的莆田市工业企业共421处；《福建近代产业史》《莆田工业史》（1961年）、《莆田市志》《莆田县志》《仙游县志》《莆田文史资料辑》整理出中华人民共和国成立前莆田工业企业共98处，可知具体位置32处；（3）地图：1949年莆仙两县地图，1953年莆田县地图，1962年、1982年莆仙两县地图；（4）网络资源：福建省新方志网。

同时对私营工商业和手工业实行扶持政策。1950年代中期，莆田境内先后创办了仙游糖厂、莆田造纸厂、度峰糖厂等大中型国营企业，实现对私营工商业和手工业的社会主义改造，部分小型个体企业转变为大中型地方国营和集体企业，并初步建立以制糖、造纸、食品、化工等行业为主体的莆仙轻工业体系[16]。

“第二个五年计划”和“三年调整时期”，地方政府着重发展原材料基础工业，对度峰糖厂进行扩建，并新建莆田糖厂、华侨塑料厂等国营企业。此后，在“大跃进”和“全民大办工业”的影响下，人民公社全面开花，莆田工业企业增至418家，但资金、设备及技术短缺，管理混乱，导致国民经济严重失调。1961年，莆田开始贯彻“调整、巩固、充实、提高”八字方针，合并、撤销部分经营不善的企业。1962年，莆田工业企业调整为238家，工业布局渐趋合理，工业行业以发展城乡人民生产、生活所必需的用品为主。在保留下来的企业当中，部分企业成为日后发展乡镇企业的基础。1966年开始，受“文化大革命”影响，莆田许多企业的生产陷于停顿[16]。

1970年代，工业生产秩序逐渐开始恢复，莆田相继建成莆田合成氨厂和莆田水泥厂等国营企业，工业产量缓慢回升，工业总产值突破亿元关。十一届三中全会后，莆田实行对外开放、对内搞活政策。1980年代，莆田境内出现京莆精机公司等跨地区、跨行业的横向联合企业和福祥塑胶有限公司等中外合资企业。为贯彻中共中央《关于经济体制改革的决定》，1984年莆田企业与市场挂钩，引入竞争机制，工业企业由生产与速度型向生产经营与效益型转变，出现核酸酵母、摩托车制动器等科研产品。以鞋革、电子为代表的轻工业产品涌向国内外市场，莆田开始享有“鞋城”“电子城”的盛誉[16]。

2　莆田近现代工业的空间分布特征

1949年后，莆田辖区范围发生多次变化①，本文中莆田近现代工业空间分布所涉及的范围为1983年9月莆田建市的辖区范围。本文的空间分布特征分析，是针对莆田近现代工业企业中能够提供有效位置的企业构成的空间分布进行的分析，共计453处，这虽非莆田工业的全部数据，但已经能够支持莆田近现代工业的空间分布特征的分析并得出比较客观的结论（表1）。

表1　莆田近现代工业企业分布情况

地点 \ 新增工业（个） \ 阶段		萌芽期（清末—1949年）	恢复发展期（1950—1957年）	曲折发展期（1958—1969年）	迅速发展期（1970—1985年）
莆田县	城厢镇（莆田县城关）	9	18	5	26
	涵江镇	18	15	11	34

① 中华人民共和国成立后莆田辖区变化：1950年至1970年5月，莆田县和仙游县属晋江专区。1970年6月，两县划归闽侯专区。1971年5月，莆田专区更名莆田地区。莆田地区辖莆田、仙游、闽侯、闽清、福清、平潭、长乐、永泰8县。1973年，划闽侯县归福州市管辖。1983年5月，撤莆田地区，福清、闽清、平潭、长乐、永泰划归福州市。1983年9月9日，国务院批准建立莆田市，并析莆田县的城厢镇、城郊公社成立城厢区，析莆田县的涵江镇、涵江公社成立涵江区，莆田市为省辖地级市，下辖莆田、仙游2县和城厢、涵江2区。2002年2月1日，国务院批准调整莆田市部分行政区划，撤销莆田县，成立荔城区、秀屿区，市辖有城厢区、涵江区、荔城区、秀屿区和仙游县。截至2020年4月，莆田市辖仙游县、荔城区、城厢区、涵江区、秀屿区等一县四区，此外还辖有湄洲岛管委会、湄洲湾北岸管委会两个管委会。

续上表

地点	阶段 / 新增工业（个）	萌芽期（清末—1949年）	恢复发展期（1950—1957年）	曲折发展期（1958—1969年）	迅速发展期（1970—1985年）
莆田县	黄石镇	0	4	1	8
	笏石镇	0	4	0	6
	江口镇	0	1	3	8
	梧塘镇	0	1	0	5
	西天尾镇（店仔头镇）	0	1	2	3
	常太镇（霞田乡）	0	1	1	5
	庄边镇	0	3	0	5
	北高镇	0	1	2	2
	埭头镇	0	1	1	3
	忠门镇（西埔镇）	0	1	3	4
	南日岛	0	0	3	1
	灵川镇	0	1	2	2
	东庄镇	0	0	2	7
	湄洲岛	0	0	3	2
	东峤镇	0	0	1	10
	平海镇	0	1	1	4
	新县镇	0	0	1	6
	大洋乡	0	0	1	8
	荻芦镇	0	0	0	8
	华亭镇	0	3	0	8
	渠桥镇	0	0	0	5
	白沙镇	0	0	0	5
仙游县	鲤城镇（仙游县城关）	9	12	3	24
	社硎乡	0	1	0	0
	大济镇	0	1	0	3
	榜头镇	0	2	1	7
	盖尾镇	1	1	1	1
	度尾镇	0	3	1	10
	枫亭镇	0	2	2	13
	龙华镇	0	1	1	5
	赖店镇	0	0	2	6
	园庄镇	0	0	3	7
	钟山镇	0	0	1	3
	游洋乡	0	0	1	5
	郊尾镇	0	1	2	3
	书峰乡	0	0	0	4
	菜溪乡（象溪乡）	0	0	0	4
	石苍乡	0	0	0	2
	西苑乡	0	0	0	2
	凤山乡	0	0	0	1
	总计	37	80	61	275

（来源：根据相关工业普查文献资料（P179①）整理）

民国时期，莆田有据可查的企业近百处，但从可知具体位置的37处企业来看，主要分布于木兰溪沿岸。

在工业生产恢复发展期间，莆田新增工业企业数量为80个。从区域分布上看，莆田县增长56个工业点，仙游县增长24个工业点。这一阶段莆仙二县的工业空间分布逐渐开始形成初始格局，根据格局差异可分为双核心辐射型和核心集中型。其中莆田县的工业格局为双核心辐射型，由城厢镇和涵江镇构成，工业企业的数量从核心区向周边乡镇逐渐递减；而仙游县的工业格局为核心集中型，其特征为新增企业主要集中在城关及其范围内的城镇，县内的其他乡镇只有零星新增企业，甚至无新增企业。

工业曲折发展期的莆田新增企业数量为61个。其中，莆田县工业点的增长数量为43个，仙游县工业点的增长数量为18个。在此期间，莆田县依旧保持双核心型工业格局，仙游县则逐渐脱离核心集中型格局，城关区域与木兰溪沿岸乡镇相互竞赛促进，开始向“一带多点”的工业格局转变。

工业迅速发展期的莆田新增企业数量达275个。其中，莆田县工业点的增长数量为175个，仙游县工业点的增长数量为100个。随着工业企业数量增多，各县原有空间格局被打破。莆田县双核心辐射型形态进一步巩固加强，仙游县由原来的核心集中型布局向核心辐射型布局发展（图2）。

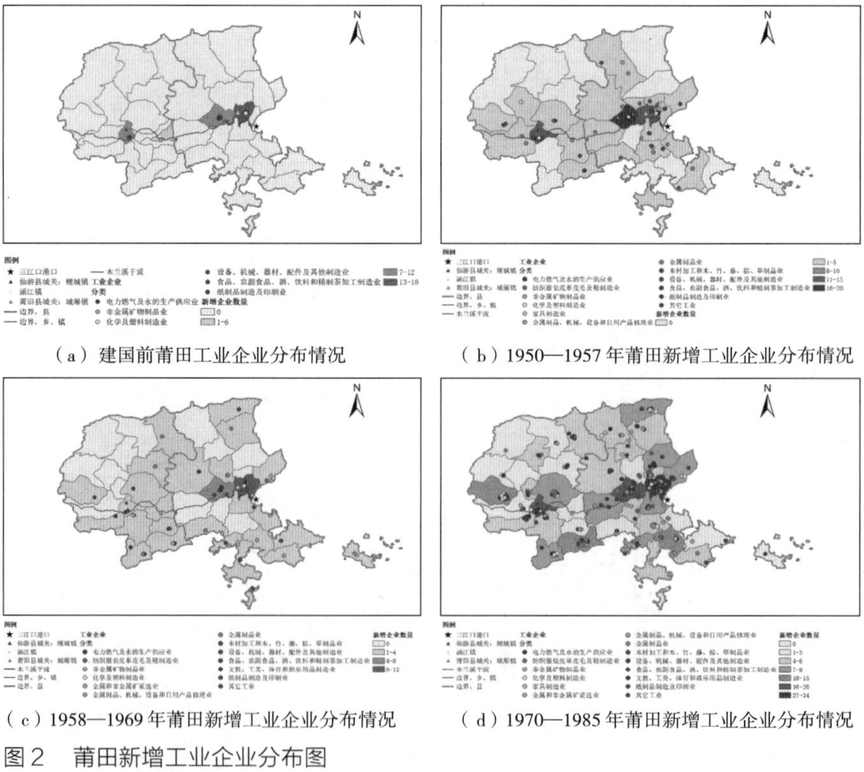

（a）建国前莆田工业企业分布情况

（b）1950—1957年莆田新增工业企业分布情况

（c）1958—1969年莆田新增工业企业分布情况

（d）1970—1985年莆田新增工业企业分布情况

图2　莆田新增工业企业分布图

（来源：根据相关地图资料（P179①）整理改绘）

3 莆田、仙游二县的工业选址因素分析与工业格局比较

3.1 莆田、仙游二县工业的选址因素

莆田工业布局受地理交通、人口资源、形势政策等多种因素的影响。

首先，一些工业如采矿业、木材加工业等的选址与原料、矿产资源的分布密切相关，而原料与矿产资源的分布受地理要素的影响。莆田县滩涂面积广阔，出盐率高，共计 17 处制盐企业坐落在莆田县沿海城镇；仙游县背倚戴云山脉，林木资源丰富，共计 7 处木材加工业的选址贴近山区林场；木兰溪流域盛产甘蔗等经济作物，共计 6 处蔗糖工厂选址在木兰溪流域一带；而制盐业与蔗糖业周边又延伸出化学制造业及造纸业等，以此形成多个工业网络点，如依靠莆田盐场而创办的盐卤化工厂，以莆田糖厂为中心的莆田糖纸联合厂等。

其次，原料与产品运输所需的交通条件也是工业选址考虑的因素之一。工业发展对于原料与产品运输所需要的交通条件多依靠城市原有的水系和建造的公共交通设施，如铁路、公路等。其中城市水系的作用意义重大，近代许多重要工业城市、工业区都是依托城市水系发展起来的，莆田近现代工业建设所需的运输设施主要是由城市原有水系如木兰溪和国道 324 线等公路构成的。从水路运输分析，1980 年以前，在公路运输还未发展的情况下，木兰溪航道便一直是联系莆仙二县的重要交通纽带，全长 62.5 千米，从涵江逆流而上，经华亭、坝下达仙游城关。莆田县木兰溪两岸总计有工业企业 187 处，占莆田县工业企业的 62%，境内溪河码头较大规模的有涵江镇的宫口码头、城厢镇的水光头码头等。如莆田糖厂便选址于城关地带与木兰溪航道交汇处，在木兰溪航道建立黄头码头，以便沟船驳岸装卸产品和原料。仙游县木兰溪两岸总计有工业企业 87 处，占仙游县工业企业的 57%。鲤城镇拥有建于明清时期的会仙码头及 1915 年建立的南门码头，而榜头镇的土堀口码头是榜头、钟山、书峰等仙游北部地区物资进出口的必经之地，刺激了当地工业企业数量增多。从陆路运输分析，莆田境内以 1936 年便全线修通的国道 324 为主干线，辖段长 59 千米，自江口镇入境，经涵江、城厢、枫亭等处入泉州惠安县境内。在近现代工业发展的后期阶段，随着公路运输的发展，车辆运输取代了人畜运输，城关的辐射性增强，工业企业数量随着公路深入境内腹地而增多。总体来说，在近现代工业发展的前、中期因木兰溪航道将莆仙二县紧密联系的缘故，工业企业数量在木兰溪两岸聚集的趋势不断提高，后期因公路运输发展，又增强了木兰溪两岸工业点的辐射性。

再者，在城乡关系的影响下，工业的使用空间打破了城墙限制，毗邻城关的空闲用地成为炙手可热的工业用地，整个工业发展趋势呈现辐射状态。中华人民共和国成立初期，城厢镇与涵江镇向北延伸境域，周边乡镇的工业数量也一直呈现明显的增长走势并不断向外辐射；1960 年代，涵江镇将南部邻近的铁灶镇纳入境内，将工业版图进一步扩张。鲤城镇在中华人民共和国成立伊始也向东南方向延伸城关区域，工业数量随之增长；至中期阶段，鲤城镇的城关优势受形势政策等因素影响，工业企业增长并不明显；进入 1970 年代后，工业企业在距离城关 20 千米的区域呈爆发式增长。

并且，城关区域能够提供更多的人力资源，人口密度大小直接影响到工业规模扩张与发展。1949 年至 1985 年，涵江镇人口数量最多，增长 7 万，新增工业企业幅度也最大，为 60 个；城厢镇人口增长 6 万，新增工业企业 49 个；鲤城镇人口仅增长 6000，新增工业企业 39 个。

最后，由于形势政策的因素，决定了地处海防前线的莆田经济结构只能是从事初级的农副产品加工，并且以农业为主要产业，这为莆田近现代工业的发展道路定下了轻工业体系的方向。

3.2 莆田、仙游二县的工业格局演变比较

莆田县城关与仙游县城关皆处于全县中部，木兰溪穿梭其间，两县除滨海特征外其他地理特征较为相似。它们的工业企业选址多向滨水与城关集中。

按理来说，莆田县工业布局应与仙游县相似，但是它地处沿海，有着天然的深水港口，而涵江镇正位于三江口港口的扼要之处，不仅在近现代工业发展的前期阶段便陆续有归国人士在此创立民族工业，而且在后期阶段市政府于 1985 年颁发的《涵江区总体规划书》中，便拟定于塘北山处建立中型的塘北轻工业区。因此涵江镇便与城厢镇一直保持着莆田县双核心并置的布局。且在资源分布的影响下，随着政策方针的确立，沿海城镇相继发展制盐业，加强了莆田县双核心辐射能力。

仙游县地处内陆，在早期公路运输尚未成熟的情况下，木兰溪航道成为仙游县沟通外界的重要渠道。在近现代工业发展的早、中期阶段，仙游县城关影响力因交通因素而减弱，木兰溪的水力资源与便捷运输资源吸引工业企业聚集，仙游县工业格局便形成围绕木兰溪的带状布局现象。后期阶段，随着公路运输系统的成熟，木兰溪航道被逐渐搁置，公路网络深入仙游县腹地，仙游县开始呈现“一带多点”布局。

4 莆田工业遗存现状及其保护建议

4.1 莆田工业遗存现状

如今，莆田由于产业格局与城市布局的调整，大量企业已无工业遗

存。笔者重点选取当年作为莆仙二县的工业核心——城厢镇、涵江镇与鲤城镇的工业遗存作为田野调查对象。在走访过程中，笔者发现保留下来的工业中，仅有零星企业因本身规模较大或产品质量过硬，通过改革改制继续保持原来的生产，如莆田罐头厂等。少部分工厂旧址保留完好，但转售给私人企业，如莆田鞋革厂等。还有部分企业搬迁或停产后，其旧址租借给外来人员，如莆田市涵江食品厂、莆田染织厂及莆田县木器二厂等。而在消失的企业中，绝大多数因城区扩张、工厂经营不善、环境发展及与周边用地性质的不协调而倒闭或搬迁，市区内工厂旧址多被用以开发地产，或被政府规划成商业街、公园，如仙游糖厂、莆田糖厂等。笔者在此选取具有代表性的莆田工业遗存，其现状如表 2 所示。

表 2　莆田工业遗存调研一览表

所属（市）	企业名称	地址	工业类型	现存状况	现状照片
荔城区、城厢区（原城厢镇）	莆田鞋业集团（原莆田鞋革厂）	莆田市荔城区英惠巷50号	制鞋业	停产，旧址现售给私企。部分厂房用作课外教育行业课室及旧货市场	 （a）工厂入口
	莆田糖厂	莆田市城厢区霞林街道兰溪街665号	甘蔗糖业	停产，旧址大部分已开发楼盘	 （b）原厂房
涵江区（原涵江镇）	莆田罐头厂	莆田市涵江区埔尾村	水果罐头制造业	仍在运营，原厂房及车间保存良好	 （c）工厂入口
	莆田市涵江食品厂	莆田市涵江区霞徐街12号	糖果业	停产，旧址保存完好，现作库房	 （d）原厂房

续上表

所属（市）	企业名称	地址	工业类型	现存状况	现状照片
涵江区（原涵江镇）	莆田染织厂	莆田市涵江区新宫里10号	棉织业	停产，部分厂址保存完好，用作仓库；另一部分厂址改建成庙宇	 （e）原厂房
	莆田县木器二厂	莆田市涵江区保尾街21号	木制家具制造业	停产，部分厂房废弃，工厂局部因火灾破损严重	 （f）烧毁残缺部分  （g）厂房连廊
仙游县	仙游糖厂	莆田市仙游县木兰路728号	甘蔗糖业	停产，旧址大部分已开发楼盘	 （h）原厂址

（来源：作者拍摄并整理）

4.2 莆田工业遗存的保护建议

莆田的近现代工业是莆田城市发展不可或缺的组成部分，虽不像一些重要工业城市那般有着相当数量重要与典型的近现代工业遗产，但仍是莆田集体记忆的重要组成部分，具有一定的社会价值。同时，莆田的近现代工业中仍有一些有价值的工业遗存，具有申报工业遗产名录、历史建筑的可能性。因此，对莆田工业遗存提出如下保护建议：

首先，摸清莆田的近现代工业遗存家底，开展价值认定工作，并选择最重要与最典型的近现代工业遗产积极申报国家级工业遗产。为保护重要与典型的近现代工业遗产，工信部于2017年开始公布国家工业遗产名单，中国科协于2018年开始公布中国工业遗产保护名录，在对莆田的近现代工业遗存摸清家底的同时，需要对工业遗存的历史价值、艺术价值、科技价值、社会价值等进行全面分析，依据分析结论对莆田近现代工业遗存进行筛选，对确有重要价值的工业遗存开展国家级工业遗产的申报工作。

其次，在莆田申报中国历史文化名城的关键时期，宜将一批有价值的近现代工业建筑遗存认定为历史建筑。2018 年莆田市启动中国历史文化名城申报工作，根据《历史文化名城保护规划规范》中提出的历史文化名城、历史文化街区、文物保护单位、历史建筑分层次的保护体系，工业遗产更适宜纳入保护的类型是历史建筑。莆田目前共公布了三批历史建筑，尚未有工业遗产入选，对于无法纳入国家级工业遗产但其建筑风貌的保护对城市文化延续起到积极作用的工业遗存，应争取认定为历史建筑，纳入历史文化名城的保护体系之中。

最后，在认定的基础上对莆田工业遗产开展专项整体保护方案的编制，将保护方案纳入莆田市历史文化名城保护规划与莆田市总体规划。其一，贯彻工业遗产的保护再利用的理念：对破败至难以履行社会功能的旧建筑物进行加固、整修翻新；对使用功能不再符合社会需求的建筑物，在保留部分原有建筑物的前提下，进行扩建、改建等；或取用原有建筑物的实质物体在新建筑中重新利用，但这些改造再利用都需与城市的产业、空间、建筑风格等保持协调。其二，遵循可持续发展理论，对工业遗产集中区制定环境保护方针、生态旅游规划策略等，以此消解工业废料对环境的影响。并且，在相关保护工作落实之前建议停止一切拆除行为，确保有价值的工业建筑在没有认定前不被拆除。

参考文献

[1] 曾刚 . 上海市工业布局调整初探 [J]. 地理研究，2001(3):330-337.

[2] 季宏 . 天津近代自主型工业遗产研究 [D]. 天津：天津大学，2012.

[3] 季宏，徐苏斌，青木信夫 . 工业遗产科技价值认定与分类初探：以天津近代工业遗产为例 [J]. 新建筑，2012(2):28-33.

[4] 张彦涛 . 重庆市工业布局变迁及区位优化研究 [D]. 重庆：西南大学，2009.

[5] 魏琰，杨豪中 . 近现代西安城市工业格局演变的历史研究（1869—1978）[J]. 城市规划学刊，2015(1):106-112.

[6] 王智勇，黄亚平，张毅 . 基于 GIS 的武汉城市工业空间发展的实证研究 [J]. 华中建筑，2012,30(3):132-138.

[7] 徐苏斌 . 重点城市工业遗产 GIS 数据库建构研究：以天津为例 [J]. 工业建筑，2015（增刊 I）:6.

[8] 段正励，刘抚英 . 杭州市工业遗产综合信息数据库构建研究 [J]. 建筑学报，2013(S2):45-48.

[9] 姚敏瑛 . 基于 GIS 技术的近现代福州工业历史格局演变研究 [D]. 福州：福州大学，2016.

[10] 季宏，吴晨露，王琼 . 南平市近现代工业的发展、演变与工业遗存现状 [J]. 建筑与文化，2019(6):69–73.
[11] 张李欢，季宏，王琼 . 三明近现代城市工业格局演变和工业遗存现状 [J]. 工业建筑，2019,49(7):44–50.
[12] 季宏，郑东阳，王琼 . 龙岩近现代城市工业的发展、演变与工业遗存现状 [J]. 城市建筑，2019(7):75–81.
[13] 吴庆荣 . 莆田实施“以港兴市工业强市”发展战略 [J]. 中国港口，2009(12):23–23.
[14] 郑敏，姚组结，李肖书 . 二轻企业横向联合的一条路子：莆田鞋革厂开展横向联合的调查报告 [J]. 福建论坛，1986(8):57–58.
[15] 黄立洪，林文雄 . 从产业链构建角度解读莆田工业循环经济发展新模式 [J]. 福建农林大学学报，2010(2):44–48.
[16] 福建省莆田市地方志编纂委员会 . 莆田市志 [M]. 北京：方志出版社，2001.

基于地方性视角下的青岛工业遗产建成环境适应性更新策略研究

贾　超　青岛理工大学建筑学与城乡规划学院
王梦寒　青岛滨海学院艺术传媒学院
耿晓莹　青岛理工大学建筑学与城乡规划学院

摘　要：当前城市进入精准化发展的新阶段，聚焦工业遗产建成环境适应性更新的具体问题，探索“以人为本”的工业遗产发展方向，是当下研究的热点内容。本文基于地方性研究视角，以“人”与工业遗产的关系为切入点，挖掘青岛工业遗产发展过程中生成的“地方感”，重新审视青岛工业遗产“地方认同”构建过程中的现状与不足，提出营造“地方性”的工业遗产建成环境适应性更新策略。研究成果对探索工业遗产高效、低耗、可持续的更新路径，提高城市活力，盘活存量空间具有现实意义。

关 键 词：地方性；工业遗产；建成环境；适应性更新

青岛独特的地理环境与自然资源孕育了具有地域特点的工业遗产，并在社会变革、城市发展的进程中形成了典型的地方性特色，工业遗产的适应性更新是提高青岛城市活力的重要措施，并为工业遗产进一步转型、升级奠定了重要基础。

1　概念辨析与研究现状

1.1　地方性的概念辨析

“地方性”（placeness）是文化地理学者从人地关系角度提出的概念。20 世纪 60 年代，传统文化地理学从文化的视角提出以物质空间为认知客体的地方性理念[1]。新文化地理学从关联性角度提出以文化为媒介解读空间的思路，将人与人之间的社会、经济、政治关系作为关注对象[2]。安东尼·吉登斯（Anthony Giddens）提出的结构化理论将地方性看作标志所在的空间关系的地点（local）、标志地方社会环境和文脉独特性的场所（locale）和地方感（sense of place）的综合[3]。丁新军从“地方性”概念着手构建了工业遗产适应性更新的基本模型，指出工业遗产从景观关注到文化关注的转变的重要性[4]。本文的“地方性”侧重于强调区域内“自然、社会、人”与工业遗产之间的相互关系，重视主观个体与群体在空间体验过程中认知行为的差异性与统一性，将工业遗产的诞生过程认知为“地方感”的营造过程，保护利用过程认知为“地方认同”的构建过程，适应性更新的最终目标则是实现空间的地方性重构。本文提出“人”的“地方感”是营造遗产空间“地方认同”的核心，突出工业遗产适应性更新中主体的重要性。

1.2 相关研究现状

1.2.1 本土化研究趋势

工业遗产在传统文化遗产领域中不断挖掘自身特色，价值认知逐渐聚焦，保护方式趋于多元。早期“工业考古学”更加关注工业遗产的固有价值，重视文物保护的完整性与原真性。随后为了适应城市需求，工业遗产整体保护观成为主流，并在活化过程中注入了新的使用功能。2012 年，《亚洲工业遗产中国台北宣言》提出需要体认到亚洲工业遗产自发式发展的特殊性及与当地环境的密切关系，将研究视野扩展到了后殖民地的亚洲地区①。日本石见银山、富冈缫丝厂、明治工业遗产先后列入世界文化遗产名录，在工业遗产的本土化过程和地方性价值研究方面有所突破，有意识地将民族复兴过程融入遗产保护内容，取得了良好的效果。

① 2012年11月4日—11日，国际工业遗产保存委员会第15届会员大会暨学术研讨会在台北举行，这是国际工业遗产保存委员会第一次在亚洲举办会员大会。来自世界25个国家及地区近200位专家学者齐聚台北，就各国工业遗产的维护彼此交换意见，探讨亚洲工业遗产的保护问题，并正式发表《亚洲工业遗产中国台北宣言》（Taipei Declaration on Asian Industrial Heritage）。

1.2.2 工业遗产与“人”的结构关系

文化遗产的研究已经从重视物质层面的价值扩展到关注人文主义遗产保护[5]。Shackel P.A. 认为早期工业考古学家善于从技术、工业景观的角度分析遗产价值，但与人生活有关的劳动者往往被忽略或掩盖[6]。《下塔吉尔宪章》提出：“工业遗产作为普通人们生活记录的一部分，提供了重要的可识别性感受；公众对工业遗产的兴趣与热情以及对其价值的鉴赏水平，是实施保护的有力保障[7]。”工业遗产与人的关系主要体现在精神文化传承与物质空间使用两个层面上。工业遗产能够记录工业生产时期的历史信息，唤醒一代人的时代记忆，同时也能引起参与者的共鸣，使人置身其中有很强的认同感（图 1）。

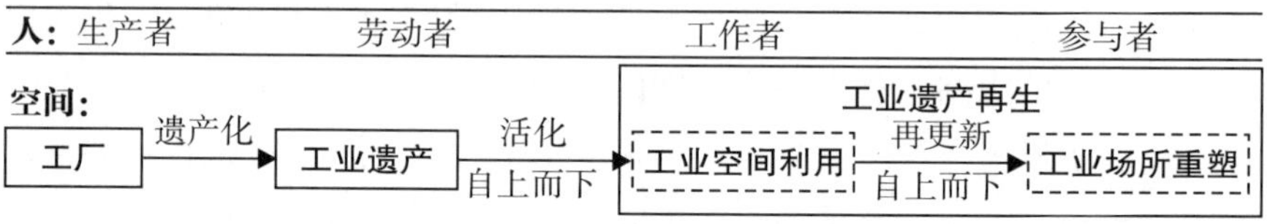

图 1　工业遗产各阶段空间与人的关系示意图
（来源：作者绘制）

1.2.3 适应性更新

适应性更新是指采取调整、升级、再利用等介入手段对原有功能进行调整从而使其适应新环境的更新手段。经济学家大卫·索斯比（David Throsby）提出文化资本属性是遗产经济价值的构成部分[5]。董一平认为工业遗存在“遗产化”过程中面临着多重利益相关者的命运决策，外部环境中的选择与管理具有一定决定权，“资源”是工业遗产价值中的独特视角[8]。菲利普·谢非帆（Philip Feifan Xie）提出工业遗产利用创意产业重新注入动能是一种再地域化过程[9]。青木信夫指出工业遗产本身具有固有价值及再利用后的创意价值，并构建了固有价值及创意价值的价值评估框架[10]。2016 年，蒋楠从可持续发展角度重新探讨了工业遗产的综合价值量化评价的技术路线，提出保护与利用相协调的评价方法[11]。从经济、政治、文化等层面对工业遗产进行使用后价值的评价、认知是适应性更新的重要基础。

2 青岛工业遗产中的“地方感”

地方感是指人在情感上与所在地方形成的联系，是在历史发展过程中经过文化与社会特征改造的特殊人地关系[12]，工业遗产的“地方感”在于人与空间互动过程中所沉积的文化共识，包括社会层面的价值共生、城市层面的空间共建以及个体层面的情感共鸣。

2.1 社会进步与工业发展的价值共生

自建制以来，青岛经历了多次政权更替、社会变革，青岛工业也是在这个过程中不断革新进步，形成了具有地方特色的工业发展道路。开埠之初，德国人利用巨野惨案抢占了胶州湾，在青岛修建了港口、铁路，并建设了配套的工厂。日占时期，青岛爆发了多次反殖民压迫的工人罢工运动，工人阶级在社会变革中扮演了重要角色[13]（图 2 、图 3）。1949 年后，青岛的工厂企业积极进行社会主义改造，不断进行生产技术革新，诞生了中国第一台国产蒸汽机车“八一号”、新中国第一艘钢质水翼快艇、国产第一代梳棉机 1181 型、国内自行设计的首台 N1.5—24 型 1500 kW 冷凝式汽轮机等享誉全国的工业产品，为社会主义建设贡献了重要力量。改革开放以后，青岛工业企业迅速展开经济体制改革，改善经营机制，加大对外开放，发生了张瑞敏砸劣质冰箱、青岛罐头食品厂有偿出让等影响全国的事件（图 4、图 5）。

图 2 1925 年四方机厂工人庆祝大罢工胜利合影
（来源：中共青岛党史纪念馆）

图 3 1931 年青岛七大纱厂工人联合会发布的《告纱厂工友书》
（来源：中共青岛党史纪念馆）

图 4 张瑞敏砸劣质冰箱
（来源：《青岛制造之路》）

图 5 1993 年，青岛第一只股票——青岛啤酒股票发行
（来源：《青岛制造之路》）

青岛工业革新是社会发展的重要推动力，社会进步同样留下了工业发展的印记，青岛工业与社会之间的密切联系形成了青岛工业遗产特有的地方感。

2.2 城市风貌与工业建设的空间共建

青岛地处胶东半岛，滨海山地特色明显，并拥有天然半封闭的良好港湾，是青岛城市风貌形成的重要物质基础。随着胶济铁路的建成通车，青岛与内陆城市来往更加密切，有效带动了青岛工业发展，并为城市扩张提供了动力。港口与铁路构成了青岛城市发展的核心框架，形成了自西向东发展的滨海休闲带和自南向北展开的铁路沿线工业带[14]。

滨海休闲带承载了青岛“红瓦绿树、碧海蓝天”的城市形象，工业遗产是其中重要的构成要素，例如青岛标志性的栈桥、北海船厂都曾具备工业用途（图6、图7）；滨海一线的灯塔、碉堡等构筑物同样是青岛城市的象征。围绕胶济铁路建设的工业区拥有典型的近现代工业特征，并在发展过程中融入青岛地域特征，例如四方铁路公园、北岭山公园、楼山公园、烟墩山公园，均是利用原有的自然资源和山水格局建设的工人休闲场所。另外，里院、“自建公助”住宅[15]等也是具有青岛特色的工人生活场所。

图6　青岛栈桥历史照片
（来源：青岛市城乡规划档案馆）

图7　青岛北海船厂历史照片
（来源：青岛市城乡规划档案馆）

青岛工业遗产与城市特色彼此融合，相互支撑，是在工业建设过程中不断适应自然环境与社会需求形成的具有青岛特色的城市风貌和空间特征。

2.3　市民生活与工业产品的情感共鸣

青岛工业类型丰富、产业特色鲜明，尤其是轻工制造业的发展，深刻影响了青岛市民的生产、生活方式。纺织工业被青岛称为“母亲产业”，不仅涌现了全国劳动模范郝建秀，也同样孕育了一代代的纺织工人。至2011年，青岛仍有18.04万纺织从业人口，占全市从业人数的15.1%，纺织车间、大院等生产、生活空间成为青岛独特的城市记忆。

青岛工人是青岛品牌的制造者，也是青岛制造的使用者，青岛工业遗产所承载的产品文化能够唤起青岛人的地方记忆，是产生情感共鸣的重要物质依托[13]。青岛独特的自然资源和便捷的运输条件孕育了青岛啤酒、崂山矿泉水、青食饼干、大前门香烟、青松肥皂、双星球鞋等国内外知名品牌，伴随着许多青岛人的成长，留下了几代人的共同记忆。青岛轻工制造业生产的“金鹿”自行车、“红灯”收音机、“鹰轮”缝纫机、“骏马”时钟、“金锚”手表等产品同样也是上一代青岛家庭中的必备物品。

3 “地方认同”构建现状与不足

3.1 青岛工业遗产保护现状

“地方认同”是地方性成立与否的判断依据[16]，当前青岛工业遗产的地方认同的构建过程集中在物质层面，包括延续历史价值和挖掘经济潜力。

3.1.1 历史价值的延续

青岛工业遗产的保护实践已经持续了近二十年，逐渐由无组织的“个体行为”发展为有序的“社会行为”，对遗产价值的挖掘遵循文物保护的基本要求，历史价值是遗产界定和保护的重要因素。在相关部门的努力下，各级工业遗产保护名单相继公布，包括国家工业遗产名录、文物保护单位、历史（风貌）建筑、青岛首批工业遗产等，在法定层面为青岛工业遗产进行了评估认定，并制定了相应的保护措施，有效抢救了大量具有典型价值的青岛工业遗产 。目前具有保护身份的青岛工业遗产包括青岛啤酒厂、奥帆中心（北海船厂）、四方机车厂宿舍、总督府屠宰场、国棉六厂（办公楼）日式建筑等，内容涵盖了青岛主要的工业类型，能够反映青岛近现代工业发展的历史轨迹和重要节点，为保护青岛工业文化特色提供了基础支撑[17]。

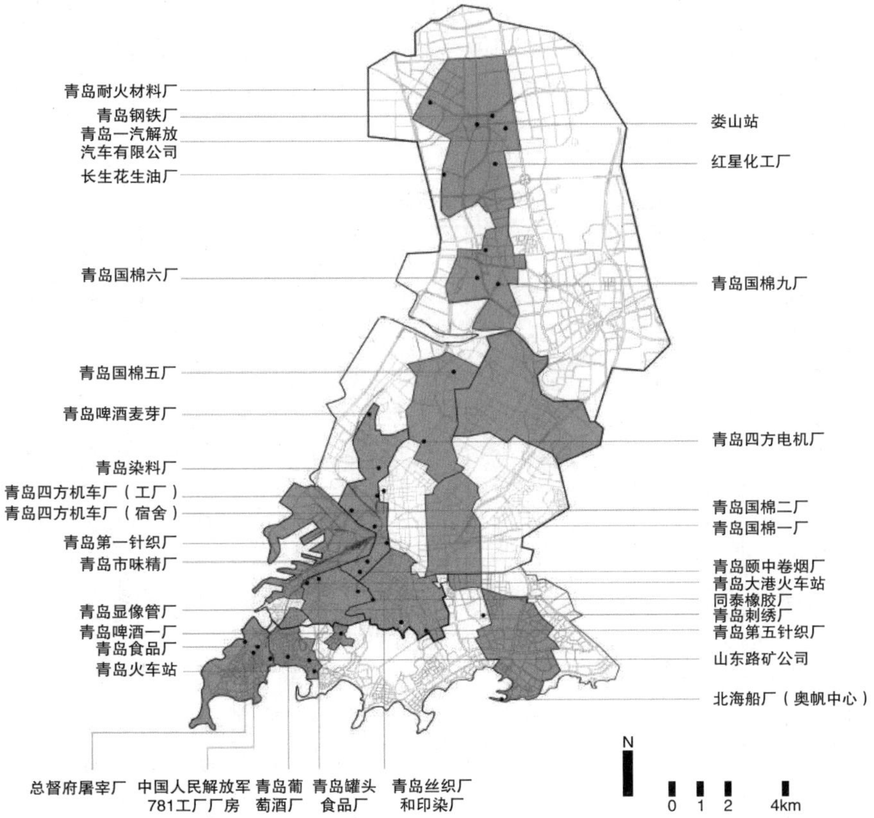

图8 34处青岛重点工业遗产分布图

（来源：作者绘制）

3.1.2 经济潜力的挖掘

遵循城市更新的基本规律，青岛相继出台了“退二进三”政策和“环湾保护、拥湾发展”的发展规划，提出围绕老旧工业产业转型遗留的工业遗产进行活化利用的总体策略。在政策推进下，青岛啤酒博物馆、创意 100 产业园、中联 U 谷、国宴厨房等项目陆续展开，改造方式包括博物馆、餐饮、创意园、景观等，为青岛的第三产业发展提供了重要的物质基础。2012 年，《青岛市“千万平米”文化创意产业园区建设推进方案》鼓励发展第三产业，政府和企业加大了投资力度，从市场准入、土地、财税、投融资、文化消费等方面[18]为园区建设和招商引资提供优惠政策，有效推动了工业遗产转型为创意产业园，诞生了一大批具有代表性的改造案例，取得了一定的社会效应。

3.2 问题与不足

3.2.1 缺少整体保护

2009 年《关于在城市建设中加强历史优秀建筑和工业遗产保护与利用的意见》提出了“五保护”（厂房、设备、技术、人文档案、历史渊源）的全面保护要求。但从青岛工业遗产的现状（表 1 ）来看，能够采用整体保留的案例并不多见，大量工业遗产的保护利用以局部保留为主，主要保留具有核心生产价值的工业厂房或者历史价值的办公建筑，建筑质量较差、特色不够鲜明的工人宿舍等生活空间没能得到妥善保护。另外，仍有大量工业遗产遭到拆除甚至保护性破坏，对保留青岛工业文化、城市记忆而言损失严重。

表 1 青岛主要的工业遗产基本情况表

序号	名称	类型	年代	保护级别	现用途	2008	2012	2016	2018
1	青岛国棉一厂	纺织类	1919年	青岛市工业遗产	“红锦坊”1919 艺术工坊	Θ	Θ	Θ	Θ
2	青岛国棉二厂	纺织类	1916年	市级文保单位 青岛市工业遗产	保障性住房+部分闲置	○	○	Θ	○
3	青岛国棉五厂	纺织类	1934年	第二批国家工业遗产、青岛市工业遗产	纺织谷创意园+纺织博物馆	●	○	Θ	Θ
4	青岛国棉六厂	纺织类	1921年	区级文保单位、青岛市工业遗产	M6 虚拟产业园	●	○	Θ	Θ
5	青岛国棉九厂	纺织类	1919年	青岛市工业遗产、 拟列入历史建筑	租赁、仓储	●	◎	◎	◎
6	青岛丝织厂和印染厂	纺织类	1949年	区级文保单位、 青岛市工业遗产	天幕城	Θ	Θ	Θ	○
7	青岛染料厂	纺织类	1919年	青岛市工业遗产	房地产开发	●	○	◎	◎
8	青岛第五针织厂	纺织类	1980年	青岛市工业遗产	生产	●	●	●	●
9	青岛刺绣厂	纺织类	1954年	区级文保单位、 青岛市工业遗产	创意 100 产业园	Θ	Θ	Θ	Θ

续上表

序号	名称	类型	年代	保护级别	现用途	2008	2012	2016	2018
10	青岛第一针织厂	纺织类	1928年	区级文保单位、青岛市工业遗产、拟列入历史建筑	人才市场	●	○	◎	◎
11	青岛啤酒一厂	食品类	1903年	全国重点文物保护单位、第二批国家工业遗产	青岛啤酒博物馆	●Θ	●Θ	●Θ	●Θ
12	青岛葡萄酒厂	食品类	1912年	市级文物保护单位	住宅区	○	○	○	○
13	总督府屠宰厂	食品类	1903年	市级文物保护单位	部分闲置、部分幼儿园	◎	◎	◎	◎
14	青岛麦芽厂	食品类	1968年	青岛市工业遗产	商住用地	○	○	○	○
15	青岛颐中卷烟厂	食品类	1919年	区级文保单位、青岛市工业遗产	1919 创意产业园	○	○	○	Θ
16	青岛罐头食品厂	食品类	1927年	区级文保单位、青岛市工业遗产、拟列入历史建筑	租赁、部分生产	◎●	◎●	◎●	◎●
17	青岛市味精厂	食品类	1956年	青岛市工业遗产	租赁、办公	○	○	○	◎
18	青岛市食品厂	食品类	1950年	青岛市工业遗产	商住混合	●	○	◎	◎
19	长生花生油厂	食品类	1917年	无	花生油博物馆	●	●	●	Θ
20	青岛市四方机车厂（工厂）	制造业	1900年	青岛市工业遗产、拟列入历史建筑	延续部分生产、出租	◎●	◎●	◎●	◎●
21	青岛市四方机车厂（宿舍）	制造业	1900年	全国重点文物保护单位	爱国主义教育基地	Θ	Θ	Θ	Θ
22	青岛北海船厂	制造业	1958年	全国重点文物保护单位	奥帆中心、上合会场	Θ	Θ	Θ	Θ
23	青岛市耐火材料厂	制造业	1958年	青岛市工业遗产、拟列入历史建筑	租赁	●	●	●	◎
24	青岛钢铁厂	制造业	1958年	青岛市工业遗产	部分保留	●	●	○	○
25	青岛显像管厂	制造业	1960年	青岛市工业遗产	中联 U 谷 2.5 产业园	○	Θ	Θ	Θ
26	青岛四方电机厂	制造业	1980年代	无	闲置	○	○	○	○
27	青岛一汽解放汽车有限公司	制造业	1968年	青岛市工业遗产	延续生产	●	●	●	●
28	中国人民解放军781 工厂厂房	制造业	1930年代	无	仍在使用	●	●	●	●
29	同泰橡胶厂	化工类	1934年	青岛市工业遗产	—	◎	◎	×	×
30	青岛红星化工厂	化工类	1956年	青岛市工业遗产	印刷创意产业园	●	●	Θ	Θ
31	山东路矿公司	采矿类	1902年	青岛市历史优秀建筑，全国重点文物保护单位	民宅	◎	◎	◎	◎
32	青岛大港火车站	交通类	1899年	青岛历史优秀建筑、区级文保	闲置，只作火车票代售点使用	○	○	○	○
33	青岛火车站	交通类	1899年	无	仍在使用	●	●	●	●
34	娄山火车站	交通类	1956年	无	仍在使用	●	●	●	●

（注：○闲置●生产Θ活化◎租赁×拆除。来源：作者整理）

3.2.2 缺乏系统管理

城市发展和市场条件的制约，导致青岛工业遗产的活化效率不容乐观。长期闲置加速了遗产的破坏，甚至存在安全隐患，例如转型中的青岛钢铁厂保留的1号高炉、传送带、铁轨等工业构筑物，仍未得到妥善处理。另外，仍有大量工业遗产处于自由租赁状态，混乱的管理和无序的改造严重破坏了遗产的完整性和原真性，造成不可逆的损失。例如青岛罐头食品厂现在被多家公司、商贩租赁，使用过程中随意改造加建，现状堪忧。

3.2.3 创新活力匮乏

青岛工业遗产的活化利用主要由政府主导，缺乏自主创新能力和市场机制，导致产业特色缺失、创新能力不足。早期改造的天幕城、1919创意园、国宴厨房等项目均已停业。许多仍在运营的创意园区、博物馆同样陷入活力不足的困境。另外，青岛工业遗产更新的开放程度不够，缺乏与城市、社区和市民的有效互动，社会参与度低，也是活化效果不佳的因素之一。

4 地方性重构的策略

4.1 串联要素故事性，强化整体“地方感”

工业遗产的“地方性”强调主观与客观结合的综合表现，不应局限于空间本身，更需要突出“看的方式”（Ways of Seeing）[16]。工业遗产作为丰富且独立的客体，采用更具整体感的故事性表述方式能够充分表达其内在价值，将工业遗产的物质属性同参观者的文化属性相互联系，从而产生“地方认同”。2017年《胶济铁路沿线工业文化遗存保护与利用规划》提出了通过绿廊、旅游线路串联散点，形成系统性文化长廊，引领带动区域整体更新的保护策略，以胶济铁路为线索将青岛工业发展与城市建设相联系，能够有效整合工业遗产资源[19]。目前青岛工业遗产旅游资源丰富，具有工业属性的博物馆包括纺织、葡萄酒、花生油、军事、烟草等，但缺少合理的内容整合和故事串联，很难形成系统的工业文化展示体系。下一步可以围绕特定的工业类型、历史阶段、空间特征等线索，并借助口述历史的搜集整理，通过内容的整合串联形成具有特色的工业文化展示旅游路线，进一步提高工业遗产的地方性特色。

4.2 突出风貌可视性，优化场地“地方感”

可视性功能被认为是地方性特征最直观的表达方式[16]。由于缺乏政策约束，青岛很多企业在“退二进三”的进程中追求开发利益最大化，导致活化利用中破坏了区域的工业风貌，造成了不可逆的影响[20]。政府应积极出台相关政策保证工业风貌的整体保护，重视工业遗产中的美学价值，将保留工业特色的传统风貌区列入工业遗产的保护范围，鼓励在保留风貌特色的基础上进行活化利用，并聘请具有专业素养的社区规划师、建筑师进行改造指导，制定工业遗产传统风貌保护办法与导则，为青岛申请“中国首批城市特色风貌区”打好基础。另外，青岛缺乏真正的工业遗产改造为城市公共景观的优秀案例，作为重要的滨海港口城市，可以利用青岛港等工业遗产进行改造利用，使遗产与城市紧密融合，将会对塑造城市特色、提高市民生活质量起到重要作用。

4.3 增加社区参与性，融合居民“地方感”

“地方感”需要建立在不同主体和不同空间尺度的基础上，特定空间上的主体研究应该突破传统的宏观视角，转为以个体作为出发点，更强调“人”的主体作用和话语权，遵循从个人到群体的基本脉络[16]。随着遗产保护方式更加开放、多元，政府在工业遗产转型中的参与方式需要由“主导者”向“监督者”转变。当前，要积极扩大内需市场，遗产活化不应盲目追求产业升级，而应积极适应社区需求，服务周边居民，开放公共空间，这样能够有效提升城市的通透性和微循环能力。相关运营部门可以借助发展“地摊经济”的机遇，定期举办文创集市、增设临时摊位，提高空间，这样使用效能。从社区层面探索“自下而上”的适应性更新路径，结合区域内的历史、环境、人群、经济等影响因素，利用新媒体、新技术探索微观视域内人与空间的互动关系，充分考虑使用者的经济物质需求、居住者的生活需求、原住民的精神需求，从而增强改造利用的可行性及针对性，加强场地与社区的融合程度。

4.4 提升体验智慧性，增强交互“地方感”

眼见世界已经不能和感知世界画等号，新媒介在推动社区想象（imagination of community）、拟像世界形成和地方认同中发挥巨大作用[21]。2020年，国务院办公厅印发《关于进一步激发文化和旅游消费潜力的意见》提出发展新一代沉浸式体验型文化和旅游消费内容，促进文化、旅游与现代技术相互融合，鼓励发展基于5G、超高清、增强现实、虚拟现实、人工智能等技术的新一代沉浸式体验型文化和旅游消费内容等[22]。青岛新一代信息技术产业拥有良好的发展基础，可以为工业遗产提供重要的技术支持。未来发展中，青岛工业遗产可以利用自身优势，开发以工业遗产为主题特色的虚拟现实空间互动和沉浸式文化展示平台；在园区中设置增强现实的应用程序，将空间信息、文化等内容与移动设备联系，提供更加直观、高效的信息交互；借助互联网平台开发线上“云游览”程序，积极推广园区特色；对园区的管理可以引入大数据技术，利用人工智能实现空间的智能监控、智慧优化，实现动态、渐进、可持续的适应性更新。

5 结论

当前社会积极贯彻文化遗产“两创”方针，重新审视工业遗产的保护方式与活化效果成为当下研究的重点。地方性从人地关系的角度重新构建了建筑、文化与人之间的关系模型，为工业遗产研究提供了新的思路。本文以青岛为研究对象，从“地方感”角度挖掘工业遗产的地方价值；探讨“地方认同”构建过程中的成果与不足；分别从文化、空间、经济、技术四个方面提出融入地方性的适应性更新策略，为实现工业遗产进一步转型、升级提供理论支撑。

参考文献

[1] 何健翔 . 风景与遗址：泛化城市中的公共性与地方性重建 [J]. 建筑学报，2019(7):48–53.

[2] 丁新军 .“地方性”与城市工业遗产旅游再利用：以美国马萨诸塞州洛厄尔国家历史公园为例 [J]. 现代城市研究，2018(7):68–76.

[3] 安东尼・吉登斯 . 社会的构成 [M]. 李康，李猛，译 . 上海：三联书店，1998:195–262.

[4] 丁新军，阙维民，孙怡 .“地方性”与城市工业遗产适应性再利用研究：以英国曼彻斯特凯瑟菲尔德城市遗产公园为例 [J]. 城市发展研究，2014(11):67–72.

[5] 徐苏斌，青木信夫 . 关注工业遗产中的人：天津棉三工业遗产社区的调查实录 [C]// 刘伯英 .2019 年中国第十届工业遗产学术研讨会论文集 . 广州 ： 华南理工大学出版社 ， 2020:146–159.

[6] SHACKEL P A.Labor's Heritage: Remembering the Ame-rican Industrial Landscape[J].Historical Archaeology,2004(4).

[7] 国际工业遗产保护协会 . 关于工业遗产的下塔吉尔宪章 [C]// 国家文物局 . 国际文化遗产保护文件选编 . 张松，译 . 北京：文物出版社，2007.

[8] 董一平，侯斌超 . 工业遗存的“遗产化过程”思考 [J]. 新建筑，2014(4):40–44.

[9] XIE P F.A life cycle model of industrial heritage development[J].Annals of Tourism Research, 2015,33(1):141–154.

[10] 青木信夫，徐苏斌，王若然 . 中国工业遗产价值的宏观框架思考 [C]// 刘伯英 .2016 年中国第七届工业遗产学术研讨会论文集：中国工业建筑遗产调查、研究与保护 . 北京：清华大学出版社，2017:21–31.

[11] 蒋楠 . 基于适应性再利用的工业遗产价值评价技术与方法 [J]. 新建筑，2016(3):4–9.

[12] TUAN Y F. Topophilia: A Study of Environmental Perception[M]. Englewood Cliffs,NJ:Prent ice Hall,1974.

[13] 青岛市史志办公室 . 青岛史志 [M]. 北京：新华出版社，1994.
[14] 初妍 . 青岛近代工业建筑遗产价值评价体系研究 [D]. 天津：天津大学，2016.
[15] 中华全国总工会劳动保险部福利科 . 青岛国棉六厂组织工人“自建公助”建筑住宅的经验 [J]. 劳动，1954(2):23-24.
[16] 丁新军，阙维民，孙怡 .“地方性”与城市工业遗产适应性再利用研究：以英国曼彻斯特凯瑟菲尔德城市遗产公园为例 [J]. 城市发展研究，2014(11):67-72.
[17] 贾超，于洋，吴逸伦，等 . 青岛工业遗产保护利用历程及现状调研 [J]. 城市建筑，2019(7):44-49.
[18] 徐苏斌，仲丹丹，胡阔雷 . 青岛工业遗产保护再利用模式的选择机制研究 [J]. 工业建筑，2016(2):18-22.
[19] 胶济铁路沿线工业文化遗存保护与利用规划 . [EB/OL].[2017-06-11].http://upb.qingdao.gov.cn/n32207870/n32564741/181109163009692834.html.
[20] 马肖，孙丽萍，刘宾 . 青岛城市工业用地更新中工业遗产保护与利用的思考 [J]. 城市建筑，2019,16(20):18-21,43.
[21] 单军 . 建筑与城市的地区性：一种人居环境理念的地区建筑学研究 [M]. 北京：中国建筑工业出版社，2010(5):132.
[22] 国务院办公厅印发《关于进一步激发文化和旅游消费潜力的意见》[EB/OL]. http://www.gov.cn/xinwen/2019- 08/23/content_5423828.ht.

* 本文得到国家自然科学基金面上项目（52178036）、国家自然科学基金青年基金项目（51808408）、合肥市哲学社会科学规划项目（HFSKYY202111）、铜陵市软课题项目（SRKT2021-01）的资助。

基于GIS的武汉市工业遗产时空格局特征研究*

黎启国　许召敏　郭树志　合肥工业大学建筑与艺术学院

摘　要：本文通过对武汉市工业遗产的样本搜集、网络调研、统计分类，基于 GIS 建立武汉市工业遗产地理空间信息数据库，结合工业遗产分类体系、分布总量等信息，对武汉市工业发展历史脉络进行系统梳理和总结，利用 GIS 中的核密度分析、最近邻分析、标准差椭圆分析等方法，探索武汉市工业遗产分布空间格局特征和规律，并提出应对策略。

关 键 词：工业遗产；GIS；时空格局特征；亲水性；聚集性

引言

国际上关于工业遗产的研究始于 1950 年代的英国，1978 年在瑞典成立了国际工业遗产保护委员会（TICCIH），[1] 与国际古遗址理事会（ICOMOS） 共同承担对世界工业遗产项目的鉴定、评审任务，并于 2003 年 7 月颁布了《下塔吉尔宪章》这一具有权威性的工业遗产保护纲领性文件，[2]2005 年该委员会成为世界遗产委员会指定的咨询机构之一。2006 年 4 月 18 日 ICOMOS 将“保护工业遗产”定为当年“国际古迹遗址日”的主题，[3] 反映出工业遗产保护越来越受到国际范围的重视。我国工业化进程较曲折，学术界于 1990 年代中期开始出现对工业遗产的研究，对工业遗产保护与利用的研究起步较晚，2006 年 4 月《无锡建议》在首届中国工业遗产保护论坛上通过，标志着工业遗产保护在国内开始引起学术界的重视，2010 年陆续通过了《武汉建议》和《北京建议》，各地的工业遗产研究保护工作也相继展开。

我国对工业遗产保护与再利用的研究，多以分析优秀案例、寻求遗产保护经验和策略为主，同时还涉及空间分布 [4]、类型划分 [5]、价值评价、遗产旅游等多个层面，并从不同角度研究工业遗产的潜在学术价值和实践意义。在研究学科方面，建筑学及其相关学科占有优势，其他学科关注度较低。[6] 在技术应用层面，GIS 在工业遗产的分布与空间分析中被大量应用，徐苏斌、刘抚英等建立了相关工业遗产历史地理信息系统（GIS）数据库，结合核密度分析等空间统计和分析方法，对工业遗产分布进行统计和分析，[7-8] 为本文的技术路线探索提供了重要依据。

1　武汉市工业发展概述

武汉号称九省通衢，拥有“大江大湖大武汉”的美誉，自古就占据着重要的经济、政治、军事和文化地位，如今也是华中地区的中心城市。武汉的发展起源于军事要塞， 兴盛于水运商贸，繁荣于近代工商业，一直是我国内陆地区重要的老工业基地之一， [9] 拥有雄厚的工业基础，是近现代工业文明的发祥地之一。受诸多历史变革因素影响，武汉市工业企业在多次机遇与挑战面前，经历突破和停滞，有大量工业遗产，其种类繁多、形式多样，在当时具有突出的生产和经济价值，在今天看来仍具有较高的历史价值和文化价值。

2 数据处理与研究方法

2.1 研究思路

随着信息化和数字化技术发展，GIS因其强大的数据分析能力和可视化表达能力，越来越广泛地被应用于遗产保护相关研究中。本文将在武汉市工业遗产样本统计的基础上，基于GIS技术，结合地理影像软件、SPSS数据统计处理软件、网络数字地图等，建立武汉市工业遗产地理空间信息数据库，并以“建造时间”“使用功能”“遗产类型”等遗产属性信息作为字段链接属性，利用核密度、分布方向等分析工具对样本数据加以分析，总结其时间空间格局特征。

2.2 样本来源

本文研究所涉及的工业遗产样本主要来源于《武汉市工业遗产保护与利用规划》公布的包含第一批27处工业遗产在内的主城区95处工业遗产，涵盖了近现代武汉工业发展的6个重要时间阶段，同时以第二批工业遗产推荐名单以及网络调查中较有代表性的工业企业作为补充，筛选整合后，共计样本102个，基本涵盖了武汉市工业发展的各个历史阶段和行业类型。

2.3 工业遗产样本处理

2.3.1 样本数据库建立

武汉市工业遗产分布研究以上述102个样本名录为基础，通过网络信息调查，结合网络数字地图、卫星影像地图等确定地理位置。在界定研究范畴的基础上，确定信息调查的内容，包括工业遗产名称、建造时间、地理位置等（表1）。通过此信息调查，汇总整理数据信息和图形信息，作为基础数据，在地理信息系统（GIS）中构建“武汉市工业遗产信息数据库”。

表1 武汉市工业遗产调查信息

工业遗产原名称		
再利用名称（若有）		
建造时间		（以最初建造时间为准）
地理位置		（区位描述）
原工业类型		（功能分类）
工业遗产概况	建筑面积	（单体建筑面积或片区总建筑面积）
	用地面积	（单体建筑占地面积或片区总用地面积）
	结构类型	（如框架结构、砖混结构等）
	遗产类型	（单体/片区/构筑物）
遗产变迁		（该工业遗产是否经历改造、搬迁、拆除等）
现状功能		（现状功能分类）
保护级别（若有）		
相关图片（若有）		

（来源：根据参考文献[7]改绘）

2.3.2 样本分类

工业生产涉及社会行业的方方面面，种类繁多，对近现代工业遗产的各类相关信息进行整理、分类并形成体系，可以为工业遗产保护与再利用的对策研究、规划设计与建设实施等提供系统、科学、完整的信息数据、判断依据和决策参考。[10]对工业遗产进行合理分类有利于分门别类地探讨各工业企业的分布趋势。学术界对工业遗产的分类因依据不同而各异，本文以刘抚英提出的“按工业生产行业及相关环境分类的近现代工业遗产类型”[10]为依据，去除因信息不足而难以判断类型的样本，从工业与工业相关产业功能类型对研究样本进行分类（表 2）。可以看出，武汉市工业遗产研究样本中，以工业生产型为主，其中制造业又占据主要地位。

表 2　武汉市工业遗产样本及其分类

大类	中类	小类	工业遗产名称
工业（81）	采矿业（0）	煤炭开采和洗选业，石油和天然气开采业，黑色金属矿采选业，有色金属矿采选业，非金属矿采选业，其他采矿业	—
	制造（78）	农副产品加工业，食品制造业，饮料制造业，烟草制造业（10）	邦可面包房、武汉肉类联合加工厂、康城酒厂、福新面粉厂、武汉酒厂、武汉市江北冠生园食品有限公司、南洋兄弟烟草有限公司、武汉卷烟厂、和利汽水厂、赞育汽水厂
		纺织业，纺织服装、鞋、帽制造业（5）	第一纱厂、武汉第二印染厂、武汉市第一棉纺织厂（武汉第一棉集团）、武汉绒印厂、武汉织带总厂
		皮革、毛皮、羽毛（绒）及其制造业	—
		木材加工及木、竹、藤、棕、草制造业	—
		家具制造业	—
		造纸及纸制品业，印刷业和记录媒介的复制（5）	中国人民解放军七二一八工厂、湖北省新华印刷厂、湖北印刷厂、武汉造纸厂、汉阳造纸厂（总厂）
		文教体育用品制造业	—
		石油加工、炼焦及核燃料加工业，化学原料及化学制品制造业石油加工、炼焦及核燃料加工业，化学原料及化学制品制造业（7）	武汉有机合成厂、武汉市清江化工厂、武汉化学肥料厂、武汉葛店化工厂、武汉制漆总厂、武汉无机盐化工厂、武汉石油化工厂
		医药制造业（3）	武汉制药厂、武汉第三制药厂、武汉市中联制药厂
		化学纤维制造业，橡胶制造业，塑料制造业	—
		非金属矿物制造业	—
		黑色金属冶炼及压延加工业，有色金属冶炼及压延加工业，金属制造业（8）	中国第一冶金建设公司、武汉钢铁重工集团有限公司、武汉铸锻中心厂（471厂）、武汉钢铁（集团)公司、汉阳铁厂、武钢集团汉口轧钢厂、武汉铜材厂、汉阳钢铁厂
		建筑材料制造业	

续上表

大类	中类	小类	工业遗产名称
工业（81）	制造（78）	通用设备制造业，专用设备制造业，交通运输设备制造业，通信设备、计算机及其他电子设备制造业（21）	武汉市无线电元件厂、江岸车辆厂、汉阳特种汽车制造厂、武汉轻型汽车制造总厂、青山船厂、武汉船用机械厂（461厂）、武昌造船厂、武汉市无线电厂（二厂）、中原无线电厂、武汉电缆股份有限公司、汉口美最时电灯厂、汉口电灯公司、武汉电视机厂、武汉铁塔厂、武汉冶金设备制造公司、武汉汽轮发动机厂、武汉水泵厂、武汉冷冻机厂、武汉消防器材厂、武汉汽车发动机厂、中国港湾集团第二航务工程局第六工厂
		电气机械及器材制造业，仪器仪表及文化、办公用机械制造业（15）	武汉交通汽车配件厂、武汉市江南电器厂、湖北第三内燃机配件厂、武汉市胜强徽压锅炉厂、汉阳兵工厂、湖北探矿机械厂、武昌轻工业机械厂、武汉阀门水处理机械股份有限公司、武汉锅炉厂、武汉重型机床厂（大门）、武昌轻工业机械厂、汉长机械厂、武汉探矿机械厂、武汉重型机床厂（厂房）、武汉国营长江船用机械厂
		工艺品及其他制造业，生活日用品制造业（4）	平和打包厂、太平洋肥皂厂、武汉制瓶厂、武汉制线总厂
		废弃资源和废旧材料回收加工业	—
	电力、燃气及水的生产和供应业（3）	电力、热力的生产和供应业，燃气生产和供应业，水的生产和供应业（3）	既济水电公司、湖北青山热电厂、宗关水厂
工业相关产业（19）	交通运输仓储、邮政与通讯业（13）	铁路运输业，道路运输业，城市公共交通业，水上运输业，航空运输业，管道运输业，装卸搬运和其他运输服务业，仓储业，邮政与通信业（13）	武烟七里庙仓库、胜利仓库、中国物资储运武汉汉口公司（661库）、汉阳铁厂矿砂码头旧址、汉口民生轮船公司旧址、三北轮船公司旧址、一冶重件码头、汉口平汉铁路局旧址、大智门火车站、和平公园铁轨、青山公园铁轨、济生路电话局旧址、汉口电话局
	水利工程	桥梁，水闸，船闸，水渠，渡槽，泵站，污水处理等水利工程	—
	环保业	环境保护监控，管理设施	—
	公共设施（4）	为工业生产或工厂、矿区等生活服务的办公、科研、科技、商业、医疗卫生、文化、教育、博览、娱乐、体育、纪念、宗教等各种类型的公共设施（4）	汉正街都市工业园、惠罗公司旧址、安利英洋行汉口分行、亚细亚火油公司汉口分公司
	居住生活设施（2）	为工业生产或工厂、矿区等生活服务的住宅、集体宿舍等（2）	青山红房子、一冶机关大院
工业次生景观（0）	采掘沉陷区	采矿、采油沉陷区	—
	废弃露天采矿场	废弃露天煤矿、金属矿、非金属矿采场	—
	工业废弃物堆场	排土场，尾矿场，矸石堆场，矸石山，废灰渣堆场，废渣山	—

（来源：分类标准依据参考文献[10]）

3 武汉市工业遗产时空格局特征

本研究通过地理信息系统数据库，从时间、空间、产业类型等多个维度对武汉市工业遗产分布格局进行分析，总结其变化规律和空间格局特征。

3.1 时间维度的工业遗产分布演变特征

武汉市工业发展按照社会历史事件可分为四个大阶段，即近代开埠时期（1840—1911 年）、民国时期（1912—1948 年）、社会主义建设时期（1949—1977 年）和改革开放后（1978 年至今）。本文根据工业发展状况对民国时期和社会主义建设时期进行细分，将从六个发展阶段对武汉市工业发展及工业遗产分布进行阐述（图 1）。同时，利用 ArcGIS 中 Kernel Density 分析工具对遗产点进行核密度分析，利用相等间隔分类法将分析结果分为七大类，可以清晰地反映各发展阶段分布密度情况和变化情况（图 2）。

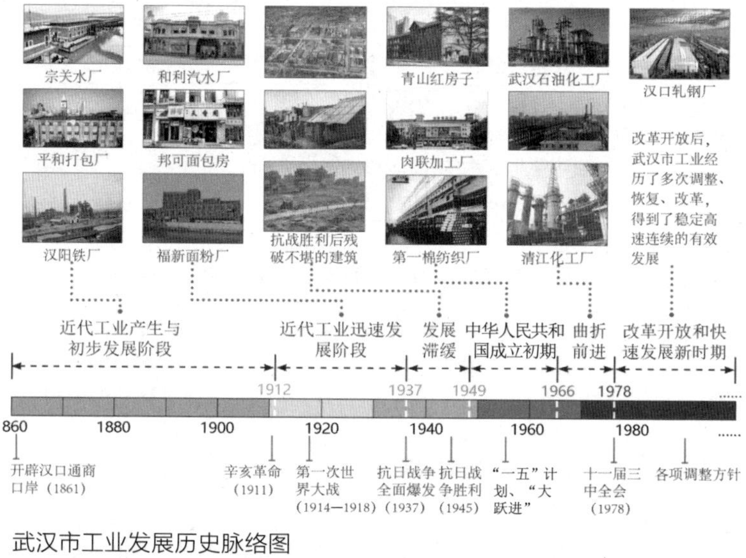

图 1 武汉市工业发展历史脉络图
（来源：作者根据网络图片信息整理并自绘）

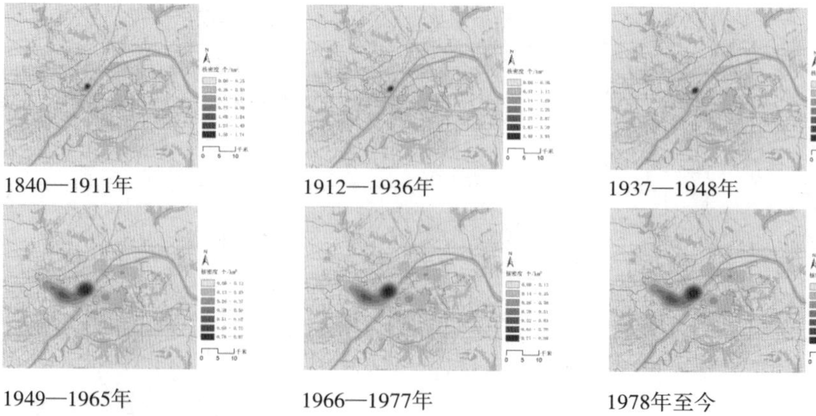

图 2 各阶段核密度分析
（来源：作者自绘）

（1）近代工业产生与初步发展阶段（1840—1911 年）

明末清初，汉口已是国内四大名镇之一。鸦片战争前汉口已经成为繁荣兴盛的商业重镇，《天津条约》签订后汉口被迫开埠，汉口沿长江地带开辟了英、德、法等五国租界，大量外资涌入开设洋行等外资企业，经济高度繁荣，成为工业文化的摇篮。晚清张之洞任湖广总督时期，大力推行洋务运动，引进外来的先进技术和人才，在湖北建立了较为完整的工业体系，民营企业不断涌现，武汉市一度成为全国第二大城市，仅次于上海。[9] 此时期成立的工业产业基数大，建成了汉阳铁厂、平和打包厂、既济水电公司等，也构成了武汉现存近代工业遗产的主要群落，汉阳铁厂在当时成为亚洲规模最大的钢铁企业，共耗资金达 784 万余两白银。张之洞当时在武汉兴办 17 家工厂，投入白银约 1300 万两，汉阳铁厂的投资占资金总额的 60%。[11] 但由于时间久远，且当时武汉因受国外资本主义侵略势力和封建官僚制度的双重束缚，资金技术短缺，许多企业停产歇业，[11] 可查的数量很少，且集中分布于长江与汉江交汇处附近（图 3a）。

（2）近代工业迅速发展阶段（1912—1936 年）

1911 年辛亥革命期间，汉口曾是发生激战的主战场，租界区成为避风港，此后工商企业进一步向租界集中，租界周边发展迅速，租界区内形成的各种以工业企业为核心的城市风貌延续至今。[12] 辛亥革命胜利后，1912 年成立了中华民国，颁布了一系列政策促进民族工商业发展，加之帝国主义国家因第一次世界大战而自顾不暇，相对减弱了对中国的

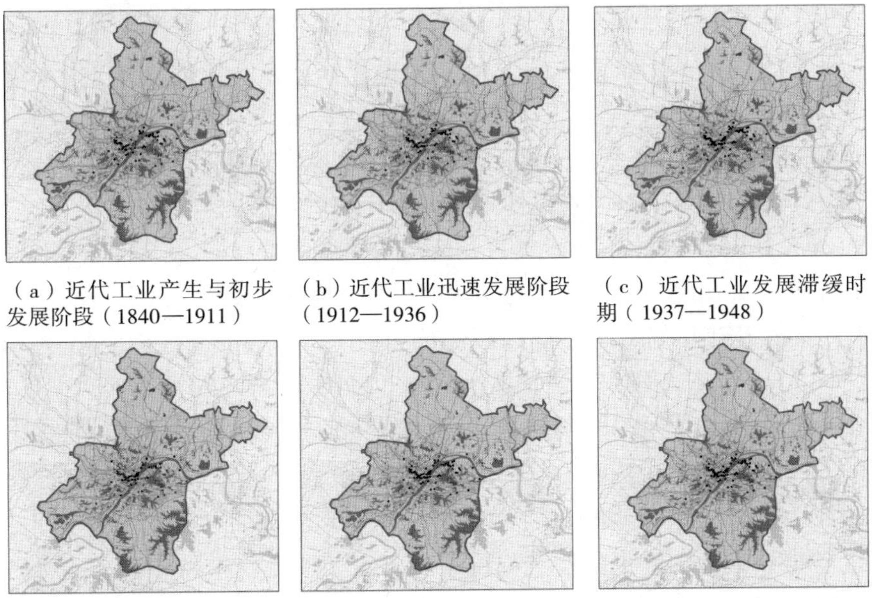

（a）近代工业产生与初步发展阶段（1840—1911）

（b）近代工业迅速发展阶段（1912—1936）

（c）近代工业发展滞缓时期（1937—1948）

（d）中华人民共和国成立初期国民经济恢复和社会主义工业全面建设时期（1949—1965）

（e）现代工业曲折前进时期（1966—1977）

（f）改革开放和快速发展新时期（1978年至今）

图 3　各时段武汉市工业遗产分布图
（来源：作者自绘）

商品输出及资本输出，国内民族工商业获得了喘息和发展的机会，同时"实业救国"思想日益广泛传播，这一时期的武汉机械工业、纺织工业等迅速发展，与青岛、上海一起成为当时中国最重要的纺织工业基地。随后又由于天灾、内战及世界经济危机等，武汉工业发展受挫，这一时期的繁荣耀眼却短暂（图 3b）。

（3）近代工业发展滞缓时期（1937—1948 年）

1938 年，武汉市大量民族工业企业在武汉会战中遭到侵华日军袭击破坏，只有汉阳铁厂等重要企业得到了迁移抢救。抗日战争胜利后，国民政府以接收为名大肆劫掠，致武汉民族资本主义工业又一次遭受严重打击。这段时期由于官僚资本的垄断经营和美国"援华"物资入侵市场的双重夹攻，武汉工商业受到重创，很多工厂濒临倒闭，新增工业数量极少，工业发展停滞不前（图 3c）。

（4）中华人民共和国成立初期国民经济恢复和社会主义工业全面建设时期（1949—1965 年）

中华人民共和国成立后，国家借鉴苏联经验发展重工业，武汉是重点培育地方之一，得益于一系列国家重点项目落地，武汉经济发展开始回温。"一五"计划期间（1953—1957 年），国家确定在武汉兴建武汉钢铁公司、武汉重型机床厂、武汉锅炉厂、武汉肉联加工厂等重点项目，开始建立钢铁冶炼、机械制造、船舶制造等重工业。[11] 后又因 1958 年的"大跃进"运动，出现工业建设贪大求全、片面追求产值和速度的倾向，导致国民经济失衡，重工业发展滞缓，后在中央指示下进入长达五年的经济调整阶段。到 1965 年，各项调整任务效果显著，武汉工业水平大幅提升，发展重点倾向于重工业。这一时期工业建设数量多，分布广，大大增加了武汉市工业企业分布密度，扩大了分布范围，许多经济技术指标达到了中华人民共和国成立以后的最高水平（图 3d）。[11]

（5）现代工业曲折前进时期（1966—1977 年）

从 1966 年开始，武汉成为"三线"建设的重点城市，工业基础得到了增强。在此期间武汉市的工业规模有所提高，建成了武汉石油化工厂、清江化工厂等工业企业（图 3e）。

（6）改革开放和快速发展新时期（1978 年至今）

自 1978 年党的十一届三中全会确定"调整、改革、整顿、提高"的方针后，武汉市工业生产进入了发展的新时期。期间中央制定的方针政策，如实行企业改组联合、发展横向经济联合、加强行业管理等[11]，以及企业管理制度上的改革促进了武汉市工业企业和经济高速发展。1992 年邓小平的南方谈话带来了第二次思想解放，武汉市工业发展稳步提升（图 3f）。

在历史的长河中遗留下的丰富的工业遗产，在社会的发展和历史的更迭中以不同的形式逝去或延续。对一些保存较为完好、结构完整的工业厂房、办公楼等建筑则可进行二次利用。保持旧有建筑的外形特征并利用其原有空间，根据新空间的功能需求对其内部进行改造与更新，来实现老旧建筑的功能转化，是实现工业遗产再利用的重要途径之一。在本文的研究样本中，有 13.7% 的工业遗存被拆除，6.9% 的经历迁址，25.5% 的被改造，另有 13.7% 的被保留保护，余下的样本中包含改制、出租、兼并等多种不确定情况，难以判断遗产本身的变化。其中改造又以创意产业园为主，以文化为脉，以工业遗产旧址为载体，以创意产业为功能核心，在复兴工业遗存的同时实现文化产业的发展。武汉市有近三分之一的创意产业园都是由历史文化建筑改造而来的，其中汉阳造艺术区、楚天 181 文化创意产业园、江城壹号文化创意产业园分别由武汉市工业遗产中的汉阳兵工厂和部分 824 工厂、原楚天印务总公司印刷厂胶印车间、原武汉轻型汽车厂改造而来。

3.2 产业维度的工业遗存分布特征

本文选取的武汉市工业遗产研究样本，依据前文分类方式，按照功能类型分类，从大类的角度主要有工业和工业相关产业两大类，工业大类占比最高，约为 80%，且于主城区中均匀分布（图 4）。从中类的角度看，工业大类中的制造业占比最高，占比 77.5%，且局部呈聚集状分布。其中设备制造业最多，占比 20.6%；机械制造业次之，占比 14.7%；最后是交通运输、仓储、邮政与通信业这一类，以沿江分布为主（图 5）。结合武汉市工业发展脉络，笔者总结出以下几点原因：

（1）制造业是指利用某种资源制造人们日常所需的大型工具、工业品与生活消费产品，可以直接体现一个国家的生产力水平。武汉市经历了洋务运动、“大跃进”等生产力改革时期以及国民经济调整、党的十一届三中全会等经济恢复时期，手工业与制造业是当时发展的重头产业，积累了大量遗存。

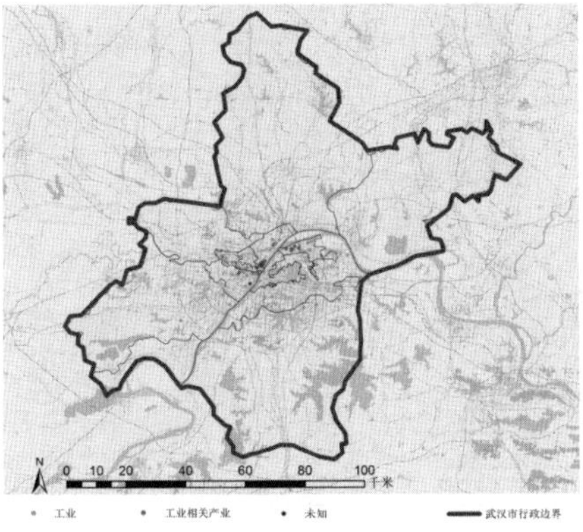

图 4　武汉市工业遗产点大类分布情况
（来源：作者自绘）

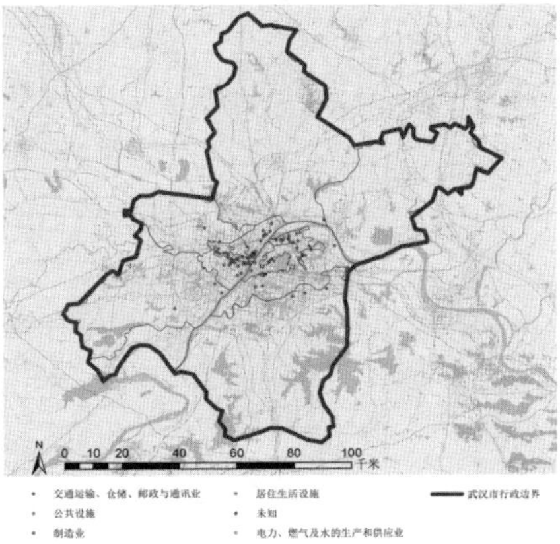

图 5　武汉市工业遗产点中类分布情况
（来源：作者自绘）

（2）工业制造业种类繁多，而武汉市的工业历史与重工业有着密切联系。张之洞修建的汉阳铁厂标志着武汉进入机械化生产时代，民国时期的机械制造业也推动了武汉地区的工业化进程，“汉阳造”闻名至今。中华人民共和国成立后，“一五”计划使得武汉工业发展再度崛起，“大跃进”期间的重工业发展急剧膨胀，国民经济调整期的政策调控也使得武汉市的发展重点向重工业方向倾斜。可以看出，重工业是武汉工业发展的核心，其中设备制造业和机械制造业对武汉市工业发展至关重要，汉阳兵工厂、武汉重型机床厂、武汉锅炉厂等都是典型代表。

3.3 空间维度的工业遗产分布特征

3.3.1 分布的亲水性特征

从武汉市工业遗产研究样本分布可以看出，武汉市工业布局主要集中于主城区，分布方向以东西向为主，多沿汉江、长江侧聚集分布，且长江两侧分布数量较为均衡，另有其他呈散点状分布。通过“全国地理信息资源目录系统”官方网站等网络资源下载全国矢量地理信息数据，提取三级河流 shp 文件，利用 ArcGIS 中邻近分析工具，计算样本点数据与河流的最近距离，计算结果显示与样本点最近的河流线要素均属于“长江”“汉江”两大水系。导出计算结果，利用 SPSS 软件进行统计分析，以时间（年）为单因素变量，探讨工业遗产点在时间变化下与水系关系的变化，从分析结果（图 6）可以看出随着时间的推进，武汉市工业遗产整体上呈现距离水系越来越远的趋势，但各时期仍有大部分工业遗产滨水而建。

武汉市工业遗产与水系的紧密联系主要得益于武汉市自古以来依江而建的地理优势，在当时的社会生产力发展条件下，水路运输是成本最低、灵活性较高的运输方式，穿越武汉市的“长江汉水”不仅可以为工业企业提供码头等便利的水上运输交通条件，还可以为一些特定的工业生产类型提供充足的水源，最终形成了滨江工业聚集状态。

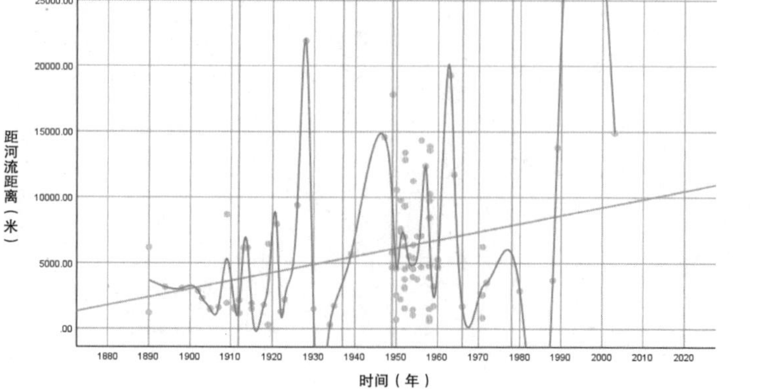

图 6 遗产点与水系距离计算统计
（来源：作者自绘）

3.3.2 分布的方向性特征

ArcGIS 中“方向分布（标准差椭圆）”工具是指以平均中心作为起点对 x、y 坐标的标准差进行计算，来定义椭圆的长短轴，可以根据样本点创建标准差椭圆查看要素分布是否是狭长形的，以及其特定方向，来汇总地理要素的中心趋势、离散和方向趋势等空间特征。本文首先以“发展阶段”（属性表中的“stage”字段）为案例分组字段，结合“平均中心”工具识别要素的地理中心，对阶段新增遗产点进行方向分布分析，再分析阶段现存遗产点，即输入要素包含发展至该时间段的所有遗产点。

从标准差椭圆分析生成的分布方向变化图可以看出，阶段新增遗产的分布范围在逐步扩大，尤其在第二阶段到第三阶段的过程中变化尤为明显，且分布的平均中心有先南移再北迁的特点（图 7）。而阶段现存遗产的分布方向以及平均中心的变化在后期并不显著，可见武汉市工业空间发展的总体趋势是相似的，即分布范围在扩大，但东西向分布、以水为依的特征仍然持续存在（图 8）。

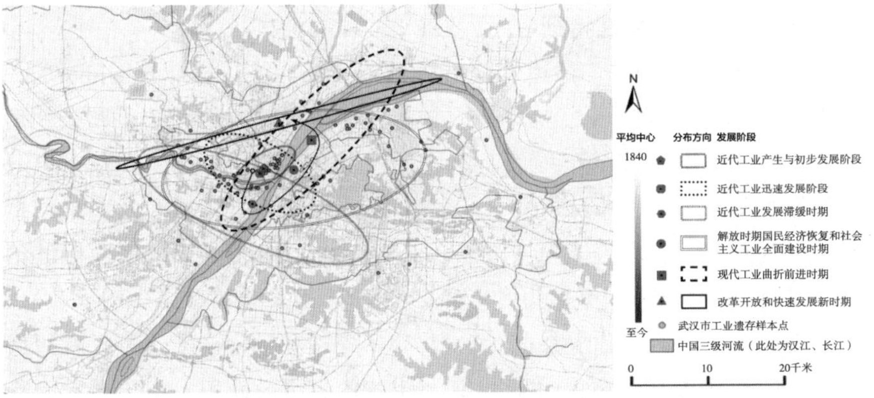

图 7 各阶段新增遗产点分布方向及平均中心
（来源：作者自绘）

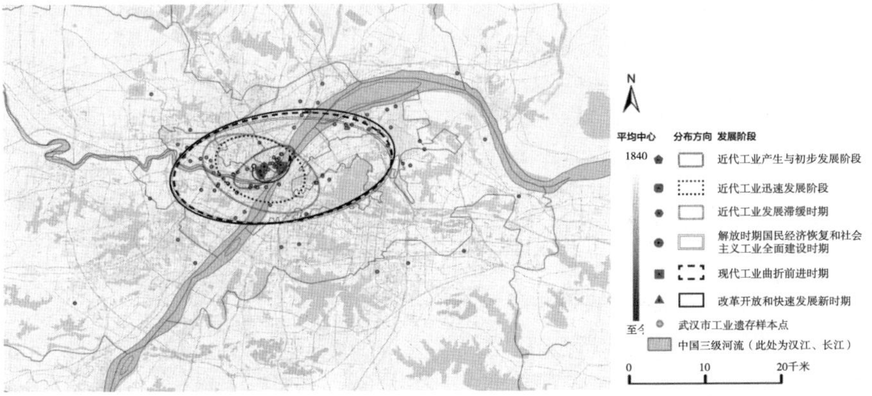

图 8 各阶段现存遗产点分布方向及平均中心
（来源：作者自绘）

与平均中心对应的还有要素中心，通过“中心要素”工具，识别点、线或面要素类中位于最中央的要素。通过识别本文的研究样本点，得出中心要素为“汉口英商电灯公司”，同时结合其核密度分析图和时间发展分布图，可以看出武汉市工业遗产以汉口英商电灯公司为中心元素，呈环形扩散式对外发展。而汉口英商电灯公司在武汉市城市发展中占据着重要地位。汉口英商电灯公司建造于 1905 年，2011 年列入湖北省文物保护单位，2013 年作为一级工业遗产列入武汉市推荐工业遗产名单。公司大楼为三层混合结构，层高 4 米以上，由景明洋行设计，建筑面积为 2983 平方米，混凝土楼板，红瓦屋面，外墙为仿麻石粉刷，风格庄重典雅又变化丰富，极具特色。当时的汉口是中国内地最早用电的城市之一，汉口英商电灯公司也是汉口的第一个电灯公司。在此之前，由于当时的建筑材料多为木质，且多用煤油、汽油等燃火照明，加之战乱破坏，武汉地区成为火灾频发之地。汉口英商电灯公司的出现使汉口减少了明火照明带来的火灾隐患，也见证了武汉市近百年沧桑变化间城市的电力发展和工业发展。

3.3.3　分布的聚集性特征

利用 ArcGIS 中平均最近邻分析工具（Average Nearest Neighbor），可以测量每个要素的质心与其最近邻要素的质心位置之间的距离，然后计算这些最近邻距离的平均值。本文通过计算得出武汉市工业遗产点分布的平均观测距离为 1628.06 米，预期平均距离为 4560.58 米，最邻近比率约为 0.36，Z 检验值为 −12.48，P 值为 0.00，拒绝零假设，以此得出武汉市工业遗产分布呈聚集式（图 9）。再利用创建泰森多边形（Create Thiessen Polygons）工具生成工业遗产点分布的 Voronoi 多边形，并以武汉市行政边界为裁剪要素进行裁剪。计算各多边形面积，得出平均面积 A=113.69 平方千米，标准差为 σ=385.15，变异系数 $C_V=\frac{\sigma}{A}$=338.77%>92%，[13] 也可说明武汉市工业遗产分布呈聚集式，与前述结论相同（图 10）。

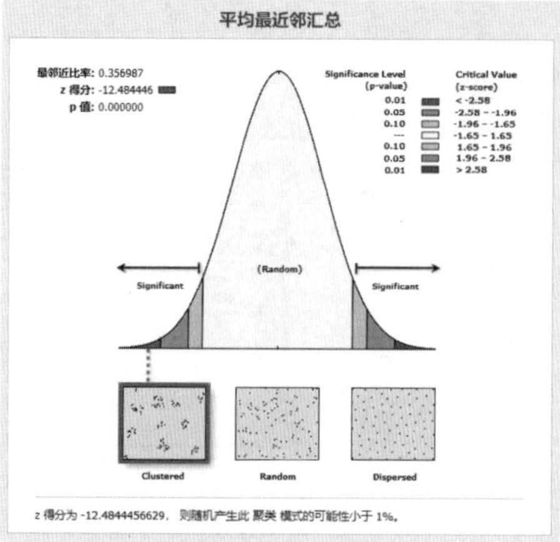

图 9　平均最近邻分析
（来源：作者运用 GIS 分析后的导出结果）

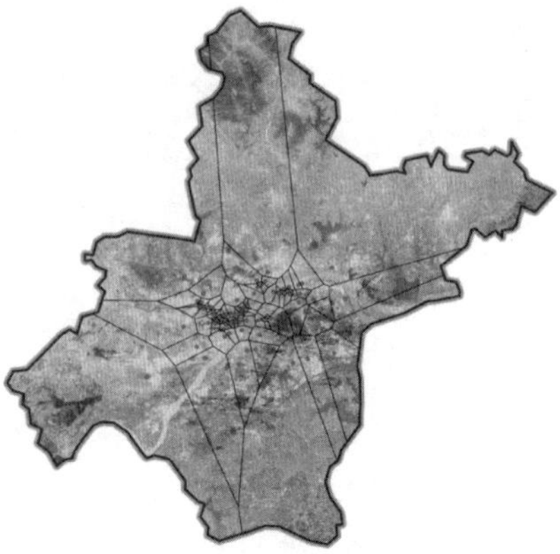

图 10　武汉市工业遗产 Voronoi 图
（来源：作者自绘）

4 思考与策略建议

基于上文对武汉市工业发展的脉络梳理和工业遗产分布格局特征的研究，笔者为武汉市工业遗产保护与再利用提出以下几点思考和建议：

（1）加大普查力度，建立工业遗产预备名录

武汉市工业遗产总量基数大，本文选取的只是信息相对完善、可查询且便于研究的一部分，共102处，大部分仍未被关注，而众多遗产中被列为工业遗产进行保护利用的目前只有27处，约占研究样本的27%，且其中一级工业遗产有15处，约占56%，二、三级工业遗产分别有6处（表3）。[14]同时根据其分布亲水性特征，笔者认为应增大对武汉市工业遗产的普查力度，充分发掘出有研究价值和实践价值的工业遗产，尤其是亲水沿江一带以及仍在生产的工业遗产，建立预备名录，完善登录体系，使工业遗产可查、可寻。可查是指历史沿革、变迁、遗产概况等可查，可寻是指遗产地址能被确定，为以后的工业遗产保护名录推选提供信息丰富的预备名录。保护是再利用的基础，无论是建筑外在形式的改变还是“修旧如旧”式的内部功能置换，都建立在保护原址的基础之上，而加大普查力度，建立工业遗产预备名录，完善登录体系可以为工业遗产保护提供直接、充足的信息，以推进后续工作顺利开展。

表3　武汉市首批工业遗产保护名录及保护模式

保护级别	数量	保护与利用模式	分级保护
一级工业遗产	15处	严格保护	以保护为主，充分尊重历史特征，对建筑原状、结构、式样进行整体保留，不得随意拆除，应在合理保护前提下进行修缮
二级工业遗产	6处	适度利用，具体包括城市开放空间、博物馆、纪念展示馆、创意产业园、综合商业模式等利用模式	在严格保护建筑外观、结构、景观特征的前提下，对功能可做适应性改变，对遗产的利用必须与原有场所精神兼容，不宜作大规模的商业开发
三级工业遗产	6处	适度利用，具体包括城市开放空间、博物馆、纪念展示馆、创意产业园、综合商业模式等利用模式	可对原建筑物进行加层或立面装饰，尽可能保留建筑结构和式样的主要特征，可增加现代设施，赋予新功能，与周边城市环境和功能互动发展

（来源：参考《武汉市工业遗产保护与利用规划（2013）》总结并绘制）

（2）拓展武汉工业遗产登录类型，促进工业遗产保护利用多样化

武汉市第一批27处工业遗产涵盖了农副食品加工业、食品制造业、烟草制品等13个行业。[14]本文的研究样本分类结果显示主城区现存工业遗产中以设备制造业和机械制造业居多，反之工业次生景观类数量为0。笔者认为要促进工业遗产的保护与利用，丰富其名录类型是必要

的，多样的行业类型不仅能促进工业遗产保护全方位、多层次发展，还能丰富城市工业文化和保护利用模式。

目前武汉市对工业遗产再利用的方式以改造为创意产业园为主，在保留其历史价值和社会价值的同时又提升了其经济效益，其次还有建设居住建筑的方向，但这种方式大多是在拆除原厂区的基础上进行，或仅保留个别厂房、构筑物等来保留其工业风貌。武汉市工业遗产多位于主城区，可结合产业文化，发掘更多适用于现代人群的功能场所改造模式，例如休憩娱乐空间、工业博物馆等。拓展武汉工业遗产登录类型，发掘更多样的保护利用模式，不仅可以促进民众对工业遗产保护意识的提升，还可突显武汉市“工业重镇”的重要历史地位。

（3）提升新建工业建筑质量，探讨新建工业建筑“遗产化”的可能性

近年来，随着城市发展由增量扩张向存量更新转变，对工业遗产的保护与再利用越来越受到重视，与此同时大量工业用地面临转型，一些工业建筑由于建造时一味追求使用功能，占地广但质量低，建筑造型和立面单调，缺乏特色，面临拆除。因此笔者认为工业建筑在建造时，应当在注重实用性的同时，注重其可持续性发展，即在未来是否有成为工业遗产或“活态遗产”的可能性，提高建筑建造标准和质量，为工业建筑“遗产化”、丰富城市遗产文化做准备。

（4）打造滨江“城市秀带”，推进城市工业遗产风貌建设

从前文的研究结果可以看出“长江汉水”对武汉市工业发展乃至城市发展起着至关重要的作用，笔者认为无论从使用价值角度，还是景观风貌角度，都应把握“滨江建设”这一重点，推进滨江空间“工业锈带”向“城市秀带”转变，寻找保留城市工业记忆和跟随现代化时代发展之间的平衡点，通过城市公共空间塑造和工业改造升级，以武汉市滨江租界区工业遗产主群为着手点，以点带面，完善周边配套设施建设，带动片区的产业发展，逐渐将以工厂仓库为主的工业生产岸线转变为以开放、娱乐为主的生活、生态、景观岸线，既保护了城市工业遗产印记，又融入了城市变迁脚步。

滨江“工业锈带”整治是全面建成小康社会政策的需要，是城市风貌建设的需要，更是人民精神文化生活的需要。笔者认为应当把握并充分利用滨江工业遗产的独特价值，以“重现风貌、重塑功能、重赋价值”为原则，打造“汉江·长江工业秀带”风景线。

5 结语

本研究以 ArcGIS 软件为主要处理方法，基于 GIS 技术建立武汉市工业遗产调查信息基础数据，确定武汉市 102 个工业遗产点，并对其进行属性分类、距离计算、核密度等分析及可视化表达，得出武汉市工业

遗产存在以下时空格局特征：中华人民共和国成立初期国民经济恢复和社会主义工业全面建设时期工业企业增加数量最多，范围扩大；在武汉市工业发展过程中，在信息可查的研究样本中，约 25.5% 被改造，相比于拆除、保留等其他变迁方式，占比最高；产业属性分类显示，武汉市工业产业类型丰富，机械生产等重工业产业占据主要地位；从空间维度来看，武汉市工业遗产呈聚集式分布，聚集核心点位置变化微小，同时与水系关系密切，分布方向以东西向为主。

本文利用 GIS 对武汉市工业遗产样本分布进行了统计和分析，但仍有未尽之处：文中样本信息部分来源于网络资源，信息有限，且对各遗产建筑的层数、结构、面积等难以做详尽的统计；工业企业会经历搬迁、兼并等多种变化，本文定位均统一以可被定位的原址为标准，因此可能会出现与现状的偏差；本文出于宏观视角，未触及工业厂址的建筑形态、厂区功能关系、文化内涵等微观内容。这些不足也是今后研究的方向。

参考文献

[1] TICCIH. The Nizhny Tagil Charter for the Industrial Heritage[R].TICCIH, 2003.

[2] 中国国家文物局，等 . 国际文化遗产保护文件选编 [R].1 版 . 北京：文物出版社， 2007.

[3] ICOMOS. Industrial Heritage Sites on the UNESCO World Heri-tage List [EB/OL].[2010-05-29]. https://www.icomos.org/18thapril/2006/18april2006.htm.

[4] 佟玉权 . 中东铁路工业遗产的分布现状及其完整性保护 [J]. 城市发展研究，2013, 20(4):41-46.

[5] 解学芳，黄昌勇 . 国际工业遗产保护模式及与创意产业的互动关系 [J]. 同济大学学报（社会科学版），2011, 22(1):52-58.

[6] 张家浩，徐苏斌，青木信夫 . 基于期刊统计的我国工业遗产研究发展分析 [J]. 新建筑，2019,185(4):104-108.

[7] 刘抚英，蒋亚静，文旭涛 . 浙江省近现代水利工程工业遗产调查 [J]. 工业建筑，2016,46(2): 13-17,22.

[8] 刘静，何捷，徐苏斌 . 中国近代城市工业时空演变分析 [J/OL]. 城市规划，2021(2):9-18[2021-02-25]. http://kns.cnki.net/kcms/detail/11.2378.TU. 20210224.1755.006.html.

[9] 刘奇志，何梅，汪云，等 . 武汉老工业城市更新发展的规划实践 [J]. 城市规划，2010,34(7):39-43.

[10] 刘抚英 . 我国近现代工业遗产分类体系研究 [J]. 城市发展研究，

2015, 22(11): 64–71.

[11] 武汉地方志编纂委员会 . 武汉市志：工业志（上）[M]. 武汉：武汉大学出版社，1999.

[12] 万谦 . 探寻武汉工业遗产的产业链价值 [J]. 新建筑， 2012(2):34–37.

[13] DUYCKAERTS C, GODEFROY G. Voronoi tessellation to study the numerical density and the spatial distribution of neurons [J]. Journal of Chemical Neuroanatomy, 2000,20(1): 83–92.

[14] 武汉市自然资源和规划局，武汉市工业遗产保护与利用规划 [EB/OL]. [2013–05–23]. http://zrzyhgh.wuhan.gov.cn/zwgk_18/fdzdgk/ghjh/zzqgh/202001/t20200107_602818.shtml.

城市更新过程中工业遗产与山水环境的融合构建
——以杭州大城北地区为例

韦　飚　施楼蓓　浙大城市学院
吕　震　杭州运河辰祥工业遗址综合开发保护有限公司

摘　要：工业遗产是城市历史文脉保护中的重要组成部分。近年来各地对工业遗产的保护和利用日趋重视，但也存在着与外部城市环境缺乏有机融合的孤立式保护现象，形成了一些碎片化的空间环境。因此，如何将工业遗产与山水环境进行协调和整合是一个亟待研究的问题。本文以杭州市城北地区为例，剖析工业遗产和城市山水环境如何进行融合构建，提炼出“山水环链”的概念，在城市更新的同时有效地改善了地区形象，串联了自然山水，也传承了历史与当代文脉，完善了该地区的山水格局，为居民及外来工作者提供舒适的生活环境，同时也提升了所在区域的经济、历史、文化和艺术价值，可以为各地的工业遗产保护和城市更新提供一定的借鉴。

关 键 词：工业遗产；城市有机更新；景观融合；空间格局

1　概况

1.1　区位介绍

杭州大城北地区是杭州主城区的重要组成部分。这里有千年的大运河文化，也是杭州乃至浙江近现代工业的发源地。城北地区涉及上城、拱墅、余杭三个行政区，拥有德胜路、石祥路、上塘路、秋石路等快速路，以西塘河、大运河、上塘河、杭钢河和电厂河构成“三纵两横”的水网骨架，总面积 135.5 平方千米，现分为大城北核心区和大城北示范区。大城北核心区南靠石祥路、金昌路，北靠绕城高速（局部至余杭区），西邻通益路，东邻拱康路（局部至 320 国道），占地面积约 15.6 平方千米。大城北示范区含运河新城单元及杭钢单元，占地面积约 3.5 平方千米。杭州市委十二届六次全会提出：杭州主城区未来五年的发展方向将以“东整、西优、南启、北建、中塑”为重，加快建设标志性战略性大平台，将杭州大城北地区打造成城市副中心。大城北地区与江东、城西比肩，同为杭州市区的三大重点开发区域，在杭州城市发展中占核心位置（图 1）。

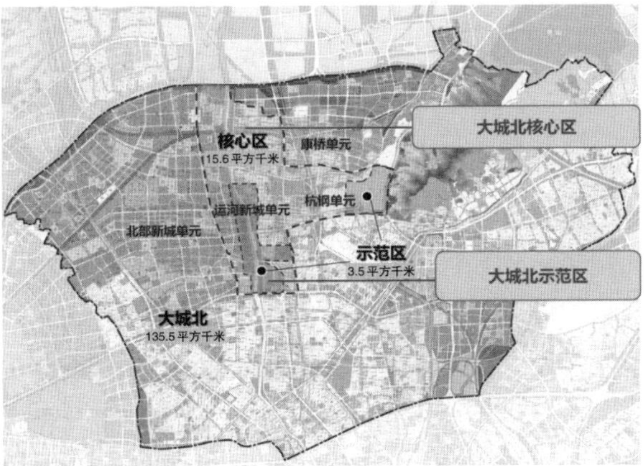

图 1　杭州市大城北范围图
（来源：杭州运河辰祥工业遗址综合开发保护有限公司）

1.2　山水资源

杭州大城北地区拥有大运河和半山两大山水资源（图2）。中国大运河是世界文化遗产，大城北地区的大运河为京杭运河的重要区域，古为漕运、运输系统，带动当时周边经济发展；目前仍具备航运功能，运河周边还设立了博物馆、文创园、非遗保护点等，形成了特色的历史文化街区，给大城北的振兴创造了有利条件。大城北地区的大运河长约11千米，主要支流有杭钢河、电厂河、吴家角河等。大城北地区东部为半山，半山是杭州百余座山中文化积淀最为丰厚的山峰之一，是国家森林公园，也是杭州北部生态带的重要组成部分；总面积1002.88公顷，海拔为283.9米。半山留下了许多帝王将相的遗踪，如石塘战国墓葬群等，也传承了半山观桃、蚕花庙会等八大习俗，为杭州众山中历史文化之最。1950年代，半山脚下炼出的铁和钢宣告着浙江省近代黑色冶金工业的起步。现半山国家森林公园是居民与外来人员休闲旅游的好去处。

图2　杭州市大城北地区山水环链图
（来源：杭州运河辰祥工业遗址综合开发保护有限公司）

1.3　工业遗产情况

因大运河带来的水路交通优势，杭州工业大多沿大运河水系分布。从中华人民共和国成立初期到改革开放后，杭州的规划布局中大城北地区一直都是杭州主城区最为重要的工业功能区块。大城北地区有杭州最集中的工业遗产资源，对于杭州乃至整个浙江都具有重要意义。目前大城北核心区的工业遗产主要有以下7个分布点，从南向北依次为管家漾码头、法液空厂、谢村码头、省粮库、三里洋码头、油库码头、义桥码头（图3）。[①]但因工厂生产带来的环境污染严重，工厂先后搬迁，大城

① 杭州市城市规划设计研究院．大城北核心区工业遗存保护与利用规范[R].2019.

北地区汇聚了大量工业遗产资源，如杭州钢铁厂、杭州玻璃厂、杭州炼油厂等。平炼路将运河畔的杭州炼油厂、三里洋码头和半山脚下的杭钢联系在一起。工厂搬迁使城北地区环境改善明显，良好的产业基础给城北地区山水格局建设带来了良好的条件，充足的用地空间有利于城市建设规划。因此在对大城北地区工业遗产进行保护的同时，将其与该地区山水环境一起统筹规划，通过对平炼路的景观提升，将半山国家森林公园与大运河文化及工业遗产串联，提炼出“山水环链”的概念，提升了大城北地区的山水格局；另一方面将原本分散的工业遗产有机地串联成线，使世界文化遗产与工业遗产和城市山水环境有机融合。

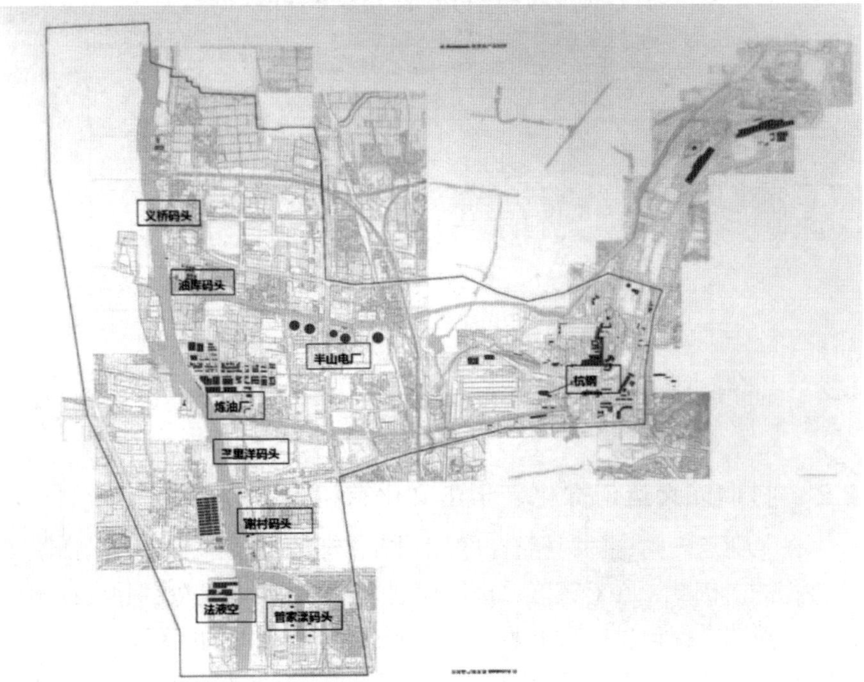

图3　杭州市大城北地区工业遗产分布图
（来源：《大城北核心区工业遗存保护与利用规划》）

2　工业遗产与城市山水融合构建

2.1　总体情况

大城北地区山水环链将充分依托现有的东西向河道——杭钢河与电厂热水河，强化其生态和景观功能，把大运河文化及杭钢、杭州炼油厂、杭州玻璃厂、三里洋码头等工业遗产和半山国家森林公园串联成线，并规划建设京杭大运河博物馆、大运河超级线性公园、大运河滨水公共空间（山水环链景观带）、大运河杭钢工业遗址公园、大运河炼油厂工业遗址公园（国际文化艺术中心）、大运河城市公园（生态艺术岛）、运河音乐公园（图4）。

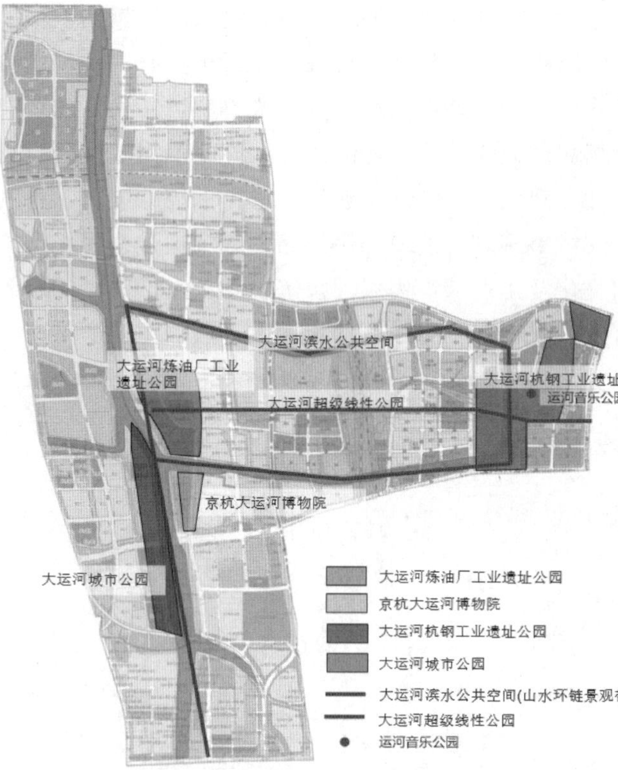

图4　杭州市大城北地区山水环链项目图
（来源：杭州运河辰祥工业遗址综合开发保护有限公司）

2.2　打造以大运河文化、半山文化有机串联的工业遗址公园

在工业遗产附近同时拥有世界文化遗产和国家森林公园的场所是极为难得的。因此，在对该区域进行规划的过程中，将两处独特的山水资源与工业遗产保护进行有机融合是设计工作首要考虑的问题。

在大城北山水环链项目中，大运河炼油厂工业遗址公园和大运河杭钢工业遗址公园是由杭州炼油厂和杭钢集团半山钢铁基地改造的文化公园。杭州炼油厂始建于 1951 年，是一家综合石油加工企业。炼油厂初建于杭州城北武林门，随着生产的发展，工厂由运河西面延伸到运河东面，形成了地方中型企业。 1988 年企业进行生产建设的战略转移，将厂区移至现运河起点拱宸桥附近的康桥。现留存的工业元素包含管道、油罐、码头、生产工艺、仓库车间等，空间上保留了从生产到输出过程的空间布局以及中央景观轴带平炼路。大运河炼油厂工业遗址公园西邻运河，南靠杭钢河。近现代，城北地区主要依靠两条河流进行货运，现可利用滨水空间的优势来建设水上集散中心，为展现运河文化和工业文化的杭州城市文化地标增添色彩。因场地保留了部分石化工业元素，具有一定的历史价值和景观价值，也为炼油厂工业遗址起到见证作用。场地规划保留了原炼油厂 700 米的中央景观轴线带平炼路主干道和道路两旁的梧桐树，体现了场地历史文脉的延续性（图 5）。

图5　炼油厂工业遗产概览图
（来源：《大城北核心区工业遗存保护与利用规划》）

杭钢厂保留下来的工业遗产可分为炼铁分厂、原料场、焦化分厂、转炉分厂、车间5个区域。保留下的工业文化元素可作为景观小品再利用。以杭钢工业遗产为主建造的大运河杭钢工业遗址公园，因场地北靠半山国家森林公园，可将工业遗产与半山文化相结合，打造成涵盖改造和再利用的工业遗产、开放性的广场公园等公共配套设施，集运动休闲、创意展示、游乐体验、研发研究等于一体的文化遗址标志性公园，拟定打造成杭钢遗址工业文化展示和利用地标，并将其与半山国家森林公园融合，开辟半山西侧入口，增加登山步道，使工业遗址公园与半山国家森林公园融为一体，在保留原有的总体格局和工业风貌的前提下与城市发展建设相结合，为居民提供城市休憩开放空间（图6）。

图6　杭钢工业遗址公园改造意象图
（来源：杭州运河辰祥工业遗址综合开发保护有限公司）

2.3 与工业遗产结合，打造特色滨水空间

城北山水环链主要围绕电厂河和杭钢河打造特色滨水空间。农耕时期和工业时代的大运河主要以漕运、运输为主，现以运输、旅游观光为主。大运河滨水公共空间东邻大运河杭钢工业遗址公园，南靠上塘河，西邻运河，北靠崇杭街。沿线主要有京杭大运河、电厂河、杭钢河、上塘河等支流水系及开挖的新河道，共同构成两岸滨水公共空间，将城市山水与工业遗产、码头联系起来，形成滨水步道。在杭钢河和热水河廊道中，设置一定数量的景观布局，与半山形成视线通廊，使得工业遗产与国家森林公园进行联系。根据场地特色设置若干个以运河、半山文化及工业文化活动为主题的水岸活力公园，形成集观光、休闲、运动等多种需求为一体的慢行系统，打造城北特有的极具文化特色、国际水平的滨水空间。其中"杭钢河景观带"整体以工业文化、城市山水与现代艺术融合为主题打造杭钢河滨水开放绿地、国际赛艇大师举办地、国际青少年赛艇比赛基地等。

2.4 与工业遗产结合，打造慢行绿色景观系统

城北山水环链包含内部网状的慢行系统及沟通半山与运河沿线的慢行系统。其中大运河超级线性公园、大运河滨水公共空间为沟通半山与运河沿线的慢行系统，内部网状的慢行系统穿插在沟通半山与运河沿线的慢行系统之间。大运河超级线性公园起始于杭州炼油厂，西邻运河，东至半山国家森林公园，将杭州炼油厂、油品码头、杭钢工业遗址公园及半山国家森林公园串联起来，形成一条" 5 公里工业年轮带"。将平炼路中央景观走廊改造成以慢行和公共通行为主的景观大道，行走途中也能观赏到杭州炼油厂、杭钢保留下来的工业元素。大运河杭钢工业遗址公园不仅涵盖了工业遗产改造利用设施，还建设了开放性广场公园，并在半山西侧开辟入口，增加步道，将工业遗址公园与半山国家森林公园融合，使游客在领略了大运河风光后又能进入半山国家森林公园中观赏丰富的自然和人文景观，如曾与灵隐寺齐名的显宁寺、拱墅区首个以清廉文化教育为主题的半山清风馆。在杭钢工业遗址公园中可近距离观看工业元素，登上半山也可远眺工业遗址公园，纵观全局，感受历史的印记，补齐该地区缺少的休闲设施短板。

2.5 与工业遗产结合，打造创新活力城区

在大城北山水环链中，京杭大运河博物馆及运河音乐公园都为打造创新活力城市而建设。作为曾经的杭州老工业基地，大城北地区工业基础深厚，人才优势明显，可打造为创新活力城区。工业遗产三里洋码头被改造为京杭大运河博物馆。京杭大运河博物馆西邻运河，北靠杭钢河，东至丽水路，南至金昌路。项目包含博物馆、文化酒店、会议中心

三大功能，极具运河文化特色及风土人情，利用工业遗产资源，加快推进创意产业建设，打造体现浙江段运河文化的独特性及兼容创新创业发展的文化综合体，意在成为兼容文化会展、文化创意、休闲旅游等文化功能的国家级综合博物馆、大城北地区的文化地标（图 7）。

图 7　京杭大运河博物馆建筑意象图
（来源：杭州运河辰祥工业遗址综合开发保护有限公司）

运河音乐公园位于京杭运河东岸、石祥路以北，是京杭运河在城北的起点和运河湾的南部核心，亦是大运河山水环链的关键节点。该公园主要以“遗产展示、文化体验”为主题，承载着文化交流、艺术展示、展览等功能，营造杭州运河的繁荣文化氛围，给城北地区带来年轻活力的气息。

3　城市更新中工业遗产与城市景观融合构建带来的价值

3.1　价值评估

城市更新是城市运营的重要组成部分，城市运营是城市更新的更高阶级形式。[①]城市有机更新从城市开发运营的角度探索城市运营和发展的新模式，围绕人居环境改善、现代产业导入与产业转型升级、历史文化资源保护等重要内容，达成城市高质量建设的目标。国内关于城市更新的研究兴起于 2010 年左右，工业遗产保护也是城市更新研究中的重要研究对象。在工业遗产附近同时拥有世界文化遗产和国家森林公园的场所是极为难得的，因此要注重更多地考虑其在地价值，因地制宜考虑工业遗产与杭州城北地区山水环链融合构建后带来的历史价值、文化价值、经济价值和艺术价值。

① 范明月，张武林 . 城市更新视角下西安幸福林带综合开发运营模式研究 [J]. 工程管理学报，2021,35(2):80–84.

3.2　经济价值

工业遗产见证了近现代工业对城市经济发展的影响。一方面，部分保留的工业遗产适当改造后即可利用，为城市更新提供了价格相对低廉的功能场所，为大城北地区的建设节约了资金；另一方面，工业遗产的存在提升了该区域的文化内涵，加之与山水环链景观融合，构建了大城北核心区系统的生态廊道，带来了更高的土地价值。根据《杭州市城市总体规划（2001—2020）》（2016年修订），该区域将建设大城北副中心，在这片原为工业区的土地上增加商业综合体、博物馆、规划绿地、建设公共空间等，强化公共服务和产业集聚功能，给该地区土地价值带来持续的提升，增加周围居民的幸福感。由此，工业遗产的经济价值将愈加得以彰显。

3.3　历史价值

在20世纪以前，大城北地区拥有丰富的历史文化资源——运河文化、半山文化。进入20世纪后，现代工业的发展给城北地区打上了深深的工业文明印记，工业遗产代表了杭州在近现代发展过程中的科技水平和技术，浓缩了当时的社会生活，是近现代杭州发展的见证，是城市记忆和传承的重要载体。虽经历工厂搬迁但仍保留至今的部分工业元素有利于塑造区域特色，凝聚文化特征。在半山脚下、大运河畔建立博物馆、工业遗址公园等，将古代的历史文化与近现代的工业遗产有机融合，形成了杭州城市发展过程中完整的记忆链条。

3.4　文化价值

大城北地区为杭州乃至浙江盛极一时的工业基地，诞生了杭钢等一批大型工业企业。保留下来的工业遗产记载了当时城北地区居民的生活和生产活动，是人类文化传承的历史积淀和重要环节。围绕运河文化、半山文化及工业遗产打造的遗址公园、博物馆都在展示着杭州城北地区丰厚的历史文化。城市更新将文化空间景区化的同时发展文化创意产业，以现有文创产业为基础，建立创意产业园，丰富产业类别，完善产业链。除此之外，大城北地区将加强人才引进、文化交流及区域振兴，共同打造“创业创新走廊”。

3.5　艺术价值

大城北地区拥有的工业遗产保留了工业建筑外观的整体性及工厂的生产工艺，表现出当时的建筑艺术水平和丰富的工业文化资源。无论是半山出土的战国时期文物还是运河的文化遗产或是工业遗产，所保留下来的遗迹都反映了当时的建造工艺和当时的城市生活。利用丰富的文化资源建设京杭大运河博物馆、大运河炼油厂工业遗址公园、运河音乐公园等，打造集运河文化、半山文化、工业遗产文化为一体的大城北地区特有文化景观带，具有明显的后工业时代艺术特征，给原本以工业为主的大城北地区带来了艺术价值，增加了地区、城市的文化底蕴，突出了地区形象转型的独特性与多元化，塑造了更具艺术活力的城市环境。

4 结语

随着城市的不断更新及重塑，城市中旧工业区改造、工业遗产保护也是城市更新中要注意的部分。在城市更新改造中，对工业遗产不应孤立地保护，而应将其系统化地与城市规划形成整体，突出地区、城市形象的独特性与多元性。通过对工业遗产与城北山水环境的融合构建，可以发现城市更新应因地制宜，在保护产业价值的基础上对工业遗产微更新。大城北山水环链建设既体现了运河文化、半山文化、工业遗产所带来的经济价值、历史价值、文化价值和艺术价值，串联了自然山水，也传承了历史与当代文脉，突出了地区形象的独特性与多元化，完善了大城北地区的山水格局，丰富了城市的历史文化内涵，维护了城市历史风貌，塑造了更具文化艺术活力的城市环境。大城北山水环链加强了大城北地区在杭州城市发展中的核心地位，使工业文明的传承融入城市的自然与人文环境，为后工业时代城市更新与工业遗产的保护和利用提供了一定的借鉴。

参考文献

[1] 范明月，张武林 . 城市更新视角下西安幸福林带综合开发运营模式研究 [J]. 工程管理学报，2021,35(2):80–84.

[2] 赵申生，万开亮 . 杭钢搬迁后推动杭州“大城北振兴”区域发展战略的对策建议 [J]. 杭州（我们），2016,10:43–46.

[3] 赵子杰，徐苏斌，田甜，等 . 建筑师价值认知下的工业遗产城市设计研究 [J]. 南方建筑，2021(4):24–30.

[4] 王甜 . 浅谈历史文化街区景观设计中文化与景观的融合：宿迁东关口历史文化公园景观工程 [J]. 中国住宅设施，2021(2):43–44.

[5] 赵梦丹 . 基于共生理念下的旧工厂改造设计研究：以景德镇陶溪川为例 [J]. 居舍，2021(10):70–71.

[6] 柴海龙，程艾，余小芳 . 基于城市韧性理论的旧城改造与更新研究 [J]. 城市学刊，2018,39(1):90–94.

[7] 杜志勇，谢绍茂，陈波君 . 杭州市城北地区空间发展研究 [J]. 城市建设理论研究，2013,3(14):5–8.

[8] 杭州市城市规划设计研究院 . 大城北核心区工业遗存保护与利用规范 [R].2019.

* 本文得到山东省住房和城乡建设厅研究开发项目（2021-K4-3）的资助。

济南近代影剧院建筑变迁浅析*

金文妍　初晓畅　刘清越　山东建筑大学建筑城规学院
肖　衡　山东省建设建工（集团）有限责任公司

摘　要：济南是一个具有悠久历史内涵和曲艺传统的城市，近代自主开埠更是将西洋建筑样式和摩登文娱形式注入到城市生活之中，尤以商埠区最为集中。本文以建筑与文化的互动视角切入济南近代影剧院建筑的发展变迁，分析其动力和作用机制。从济南影剧院的变迁提出建筑文化是城市文化的缩影，文化观念对城市的建设和发展产生重要影响的观点。最后以济南职工剧院的活化利用为例解读近代剧场在传统街区复兴中的文化软实力。

关 键 词：影剧院建筑；建筑变迁；济南商埠区；职工剧院

影剧院是民用公共建筑的一种，用于电影放映和戏剧演出，自然也就成为大众娱乐休闲中最为关注、熟悉的城市建筑类型。不少影剧院更是作为标志性建筑，成为地方乃至国家文化的物化载体，深植于人们的城市记忆中。随着社会发展和城市的变迁，建筑作为城市生活的物质载体在不断变化，建筑的演进往往体现了时代的特征，直观反映出不同时代的人造空间风貌，折射出社会人文理念的变化。而作为文化活动载体的影剧院建筑其发展变迁更加凸显以上因素的影响，成为城市文明的缩影。因此，影剧院建筑的文化属性不仅记载与见证了民族文化的发展与传播、文艺舞台的荟萃与繁荣，也反映了社会思潮的动向以及建筑本体风格样式的更迭与市民审美的喜恶，具有独特而又深厚的历史文化价值。

1　济南商埠区的创设与新兴市民文娱的兴起

1.1　济南商埠区的创设

20世纪初，火车头带动的现代工业文明深刻改造了山东人口稠密、交通迟缓的腹地。1904年在胶济铁路全线通车前，济南自开商埠，同期周村、潍县作为分关附带开放。山东的商贸结构因铁路、小清河码头、青岛港口、三地开埠以及博山、坊子煤矿的兴起而发生了结构性变化。自开商埠允许各国在商埠区内自由贸易后，源源不断的有形物资和无形文化汇聚到铁路枢纽城市——济南，济南商区从原先天津的主导中独立出来，成为新兴商业枢纽。随商埠区迅速崛起的新式商业、新式文化和新式建筑标志着济南城市近代化的开端。

商埠区划定在老城西关之外，东起十王殿（今馆驿街西口），西至北大槐树，南延赴长清大道（今经七路一带），北至胶济铁路以南，占地面积两三百公顷。其中东西长约2500米，南北长不到1500米（图1）。 该区域划作商埠，用以商货传输、发展商业。

商埠区集中了丰富的近代建筑类型，随着近代城市功能的拓展，银行、邮局、车站、影院等新建筑类型涌现，建筑的风格式样也在外来文化与本土文化的交流碰撞中呈现出丰富的样貌。早期建筑受德国、日本影响较多，包括带有德国日耳曼建筑痕迹的西洋式建筑、巴洛特建筑、日式建筑、中西合璧式建筑以及中式建筑（图 2）。中华人民共和国成立后，商埠区依然是济南建筑潮流的桥头堡，出现了若干苏联式风格、装饰主义风格的建筑。商埠区的建筑遗产具有不可复制的历史和地域特色。

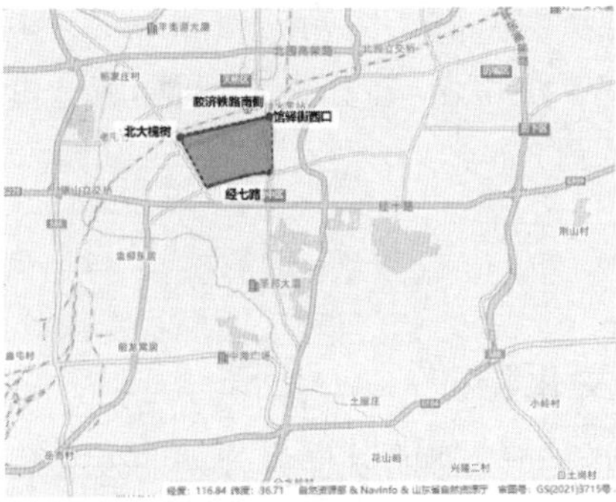

图 1　济南商埠区范围
（来源：底图下载于“天地图”国家测绘网）

图 2　济南开埠后的纬四路街景
（来源：《胶济铁路故事》）

1.2　新式市民文娱的兴起和影响

济南自古以来便有“曲山艺海”的美誉，济南由于戏曲形式种类繁多、技艺精湛，也被称为戏剧、曲艺之乡。济南的说唱艺术文化底蕴深厚，古有北宋词曲、明末梨花大鼓、清代京剧，后有相声、吕剧、山东快书等。民国时期，济南的曲艺文化名声大振，在此地取得声望是曲艺人事业获得认可的重要标志。例如当时相声界有一条公认的规矩：“北京学艺，天津练活，济南踢门槛”，到济南的晨光茶社演出可提升相声演员在全国的名气。济南曲艺昔日之火爆，市民欣赏水平之高，由此可见一斑。

娱乐业和商业共生互利，随着近代商业一并繁荣的是大众娱乐需求的高涨。1920—1930 年代，商埠区内陆续出现了集商贸、娱乐为一体的大型商业综合体。如 1928 年，刘晋卿、李九龄等人开办的“西市场”一举成为当时济南最为繁华的商业、文化娱乐场所。1930 年，杨既清在济南小纬二路开办“大观园”。大观园分南北两段内外两个市场，外市场以宾馆、食肆、百货零售为主，内市场修建了四大影剧院，曲艺人的“圣地”晨光茶社就坐落于此。大观园是当时济南新兴商业文化的地标。

西市场、大观园等集商业、娱乐为一体的场所的建立，极大地推动了济南大众文娱的发展。商埠区成为济南近代商贸、娱乐业态的发祥地，这也是近代影剧院在此区域蓬勃发展的原因。1904 年，小广寒电影院落

1 小广寒：1904年至今
2 北洋大戏院：1905年至今
3 和平电影院：1930—？（已拆除）
4 天庆大戏园：1930—1982
5 前卫电影院（位置同职工剧院）1930—1992
6 职工剧院：1932—2014
7 大众剧场：1932—？（已拆除）
8 八一礼堂：1950年至今
9 山东剧院：1953年至今
10 解放影剧院：1953—？（已拆除）
11 光明电影院：1955—2012
12 中国电影院：1959—2009

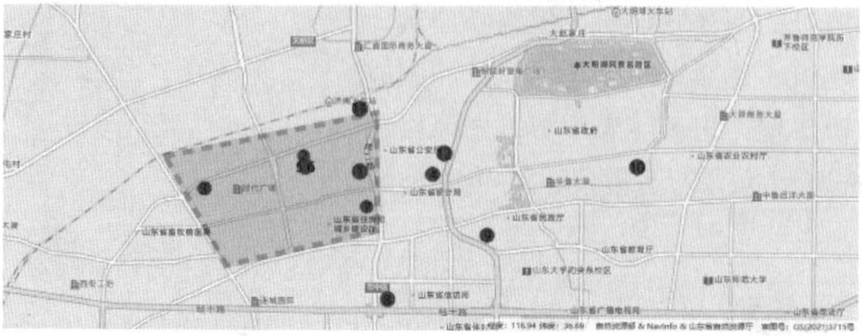

图3　济南影剧院位置
（来源：底图下载于“天地图”国家测绘网）

成于经三小纬二路，当时最先进的娱乐发明——电影第一次进入济南人的生活，这也是中国最早的两家电影院之一。随后，兴华茶园（1905年建）、西新舞台（1930年建）、天庆大戏园（1930年建）、银光电影院（1930年建）、新济南电影院（1932年建）、红乐评剧院（1933年建）等戏院、影剧院相继落成，集中于济南老城西门外至商埠区一带（图3）。

2　济南近代影剧院变迁

2.1　济南近代影剧院建筑风格及文化特征

图4　小广寒电影院
（来源：网络）

济南是中国电影放映比较早的城市之一。影剧院作为外来的公共建筑类型，带有鲜明的非本土文化特征，其发展演变在一定程度上反映了城市建设对外来文化的反馈（表1）。例如小广寒电影院系德国人所建，建筑是两层砖木结构，其外观带有巴洛特风格装饰元素。沿街立面弧形外墙突出，中部顶端以曲线形山花作为装饰，瓦楞铁皮屋顶。楼上有包厢若干，楼下座位五百余个。建筑的外墙和屋顶以柔和曲线为特色，体现了巴洛特风格善用曲线、纹样营造富丽的装饰特色（图4）。

表1　近代济南影剧院建筑特点统计

序号	剧院名称	初建年代	建筑特点	剧院类型
1	小广寒	1904	巴洛特	电影院
2	北洋大戏院	1905	中国传统建筑，民族风格	戏院、剧院
3	和平电影院	1929	现代建筑	戏院、电影院
4	天庆大戏园	1930	现代建筑	戏院、剧院
5	前卫电影院	1930	Art Deco	戏院、电影院
6	职工剧院	1932	Art Deco	舞厅、电影院、剧院
7	大众剧院	1932	苏联式	戏院、剧院
8	八一礼堂	1950	中西合璧	军区礼堂
9	山东剧院	1950	民族风格	剧院
10	解放影剧院	1953	席棚剧场，搬迁后为新建楼房	戏院、剧院、电影院
11	光明电影院	1955	民族风格	电影院
12	中国电影院	1959	民族风格	电影院
13	大同剧场	1954	民宅旧墙加盖席顶使用	剧院
14	历山剧院	1989	现代建筑	剧院
15	鲁艺剧院	1987	现代建筑	剧院
16	历城影剧院	1979	现代建筑	剧院

（来源：作者自绘）

Art Deco是20世纪二三十年代盛行于世界的一种装饰艺术风格，以纵三段立面划分，阶梯状层层跌落构图，立面采用竖向窗带，营造典雅的古典秩序为建筑特色。于1930年建成的银光电影院（后改名前卫电影院）和1932年建成的新济南电影院（后改名为职工剧院），均采用了这种风格元素的外观装饰，同时结合中国传统建筑样式加以运用，体现了中西合璧的独特风格（图5）。

（a）Art Deco代表建筑　（b）前卫电影院　（c）职工剧院

图5　Art Deco装饰艺术风格

（来源：图a源自www.pinterest.com/pin/151715081188271363/；图b源自https://mp.weixin.qq.com/s/6KMhCCXYBX2wMQTB6fZ6yA；图c源自济南市职工文化事业发展中心南院老旧建筑改造提升项目设计）

1950年代在中苏友好的国际形势下，我国在各个领域广泛借鉴苏联模式，建筑领域也不例外，影响了一批影剧院建筑的风格。苏联式建筑多中轴对称，平面规矩，主楼高耸，回廊宽缓，水平划分为檐部、墙身、勒脚“三段式”结构。大众剧场改建后是苏联式建筑的典型代表，其外观中轴对称，阶梯状墙面中部高耸烘托屋顶上方的五角星装饰，有着鲜明的时代印记（图6）。

中华人民共和国成立后，影剧院在建筑风格上提倡社会主义风尚和民族建筑风格相结合，因此中国传统建筑符号如大屋顶、斗拱、彩绘等与红旗、镰刀、麦穗等装饰性元素出现。中国电影院、光明电影院都具有典型的民族形式复兴特征（图7）。

1953年公私合营，不少影剧院进行体制改革，改换了经营方式或营业场所。例如，小广寒改名为明星电影院，迁至经七路纬十二路291号新建剧场。新电影院为砖混结构，平面呈“工”字形的三层对称式布局，正面顶部为传统的女儿墙琉璃瓦装饰，色彩统一协调，中部提高，两翼渐次作台阶状跌落，造型简朴庄重，时代特色鲜明（图8）。

图6　大众剧场

（来源：明府城公众号）

中国电影院门楼　光明电影院

图7　民族建筑风格

（来源：网络）

图8　明星影院

（来源：网络）

2.2 济南影剧院名称变迁的时代印记

济南近代影剧院大多都经过数次更名，而每次更改的名称都与之对应时期的历史发展、文化变迁等因素有着密不可分的联系（表2）。

表2 近代济南影剧院建筑名称变化统计

序号	剧院名称	曾用名
1	小广寒	小广寒（1904）、国民电影院（1946）、济南电影院（1948）、明星电影院（1950）、红星电影院（1967）、明星电影院（1978）
2	北洋大戏院	兴华茶园（1905）、商乐舞台、聚华戏院（1930）、实验剧场（1951）、人民剧场（1954）、北洋大戏院（1992）
3	和平电影院	西新舞台（1930）、齐鲁电影院（1943）、齐鲁欢院（1945）、劳动电影院（1952）、和平电影院（1954）、和平影剧院（1985）
4	天庆大戏园	天庆大戏园（1930）、天庆戏院（1949）、天庆剧场（1956）、红旗剧场（1966）、天庆剧场（1977）
5	前卫电影院	银光电影院（1930）、月宫电影院（1933）、山东戏院（1934）、山东映画馆（1938）、大华电影院（1946）、人民影剧院（解放初期）、军人电影院（1950）、前卫电影院（1981）、知音娱乐厅（1987）
6	职工剧院	济南电影院（1932）、教育电影院（1951）、职工剧院（1961）
7	大观电影院	大观有声电影院（1932）、大观影剧院（1948）、大观电影院（1954）
8	大众剧院	红乐评剧院（1933）、永乐戏院（1945）、大众剧场（1949）
9	八一礼堂	—
10	山东剧院	—
11	解放影剧院	友联戏院（1953）、青龙桥剧场（1959）、解放剧场（1966）、解放影剧院（1977）
12	光明电影院	—
13	中国电影院	—
14	大同剧场	大同剧场（1954）、红卫剧场（1966）、大同剧场（1977）
15	历山剧院	—
16	鲁艺剧院	—
17	历城影剧院	—

（来源：作者自绘）

20世纪二三十年代的影剧院名称多取吉祥喜乐寓意，名称带有传统曲艺的印记。中华人民共和国成立初期，老剧院、电影院的名称也随之变化，体现人民大众当家做主人的时代风貌，一批传统戏园纷纷转型为电影院。如：北洋大戏院改为聚华戏院，又改名为实验剧场（1951年）；天庆大戏园改名为天庆剧场（1956年），永乐戏院后改名为大众剧场（1949年），友联戏院改名为青龙桥剧场（1959年）等。这种文化风尚也体现在如中国电影院、胜利电影院、军人电影院、人民剧场、大众剧场、职工剧院等一大批影剧院的命名上。“文革”时期，济南的一些影剧院为迎合政治环境改名换姓，如：大观电影院改为东方红电影院，大同剧场改为红卫剧场，小广寒电影院改为红星电影院，天庆剧场改为红旗剧场，中苏友好电影院改为反修电影院而后再度改为胜利电影院。

2.3　济南早期影剧院的现状

济南早期影剧院建筑自开商埠在济南兴起，经历 1930—1950 年 代的发展壮大形成相对稳定的空间格局和剧场规模，到 1980 年代济南市影剧院数量多、分布广、上座率高，经营情况达到传统影剧院的顶峰。1990 年代由于市场经济和文娱经营方式的变革，多数影剧院经营情况走下坡路，有的生存难以为继，2000 年后新兴的商业综合体和数字化影剧院以强劲势头占领市场，独立影剧院因不能适应市场发展，有的改换为零售、餐饮功能，有的停业倒闭。其中转型较好的小广寒电影院，原址改造为餐馆和电影主题展馆。遗憾的是和平电影院（1929 年建）、 大众剧场（1932 年建）在城市发展过程中被拆除，后在原场地位置建立了商品市场。而天庆大戏园、前卫电影院、解放影剧院、光明电影院、大同电影院等一批重要剧场相继被拆除后便永远消失在城市的建筑版图上（表 3）。

表 3　近代济南影剧院建筑现状统计

序号	剧院名称	初建年代	建筑留存情况（拆除/改作他用/留存）	代表性成就
1	小广寒	1904	留存/改作餐馆	全国第二家电影院，如今却已是全国现存的最老的影院
2	北洋大戏院	1905	留存	济南市最早的戏剧演出场所，山东省历史最悠久且至今仍在使用的专业戏剧演出场所，2007年被列为市级文物保护单位
3	和平电影院	1929	拆除，改为商品市场	—
4	天庆大戏园	1930	拆除	—
5	前卫电影院	1930	拆除	—
6	职工剧院	1932	留存	—
7	大观电影院	1932	留存	山东省第一家有声电影院，第一家70毫米宽银幕8声道立体声电影院，也是第一家拥有数码电影厅的电影院
8	大众剧院	1932	拆除，改为商场	与北洋剧院同为济南市京剧演出的主要阵地。集济南京剧艺人达百人以上
9	八一礼堂	1950	留存，但利用率降低	曾经作为省、市级重大集会和军民娱乐的场所
10	山东剧院	1950	留存	梅兰芳、尚小云、荀慧生、周信芳等著名表演艺术家都曾在此演出过
11	解放影剧院	1953	拆除	—
12	光明电影院	1955	拆除	1988年成为省内第一家模拟立体声电影院
13	中国电影院	1959	拆除	济南市重点影院，票房收入多年保持在山东省前10位
14	大同剧场	1954	留存	—
15	历山剧院	1989	留存	山东省文化厅、山东省演艺集团直属的综合性文化娱乐场所
16	鲁艺剧院	1987	留存	2000年7月18日在原鲁艺剧院基础上改造的鲁艺电影城，是山东省第一家拥有DTS六声道数控立体声和豪华多厅的影视娱乐城
17	历城影剧院	1979	留存	—

（来源：作者自绘）

3 济南职工剧院的活化更新

3.1 职工剧院的历史文化价值

济南职工剧院位于商埠区“一园十二坊”特色风貌区，是经二路211号工人文化宫院内的一栋临街建筑。剧院坐北朝南紧邻经二路，主体为砖砌体结构，设有楼座，临街局部三层，建筑面积1604平方米，座席1030个，除放映电影外，还可举办会议及其他文艺演出活动。

图9 职工剧院
（来源：魏增鉴拍摄）

剧院初建于1932年，由私商集资兴建，始称“新济南电影院”，1946年由国民党山东省政府教育厅接收改为“教育电影院”，1948年恢复初名，1951年重建定为“职工剧院”沿用至今，2014年停业。

职工剧院是一栋具有装饰主义Art Deco风格特征的建筑，主立面中轴对称，垂直三段式。左右两段水泥抹灰，配水平向分隔缝装饰，中段底部内凹形成面街的入口台阶和门厅空间，中段上部由四组两层通高的长窗配合贯通立面的条形装饰，共同构成了建筑立面的轮廓线条，体现了Art Deco风格崇尚几何的、纯粹的装饰特色（图9）。

济南早期影剧院建筑限于规模和建造水平，多是功能纯粹的单体建筑，且只有一个观众厅。电影院、剧院以及兼顾两种功能的综合型影剧院，作为电影放映、曲艺表演、大型集会的专用场所，它们具有共性的特征。这类影剧院建筑又可称为“独立式单厅影剧院”。职工剧院是济南留存不多的典型独立式单厅影剧院，曾入选济南市历史建筑普查名单，暂未列入市级历史建筑。

1950—1960年代是职工剧院的黄金时期，作为济南工人文化宫的重要场馆，当时它规模宏伟、设施先进，全年无休地进行电影放映，并且以优惠的票价体现工会的福利性待遇，从开业伊始剧院就受到广大职工及基层工会的欢迎。同时，文化宫还曾作为市委、市政府会议的中心会场，见证了中央文件宣贯、表彰先进、经验交流等重要历史时刻。此外，职工剧院是济南文化局、团市委、市妇联、市体委等单位开展活动的具体承办场所，丰富的文娱活动不但密切了工会与其他部门的关系，更提高了其声誉和地位。由此可见，黄金时期的职工剧院是老一辈工人精神生活的重要组成部分，在他们心中镌刻了不可磨灭的时代记忆。

3.2 职工剧院活化更新的挑战

济南商埠区自设立之初就带有现代城市规划的布局思考，居住的里院建筑配套影剧院、邮局、银行、百货商场等配套公共建筑。合理的街坊尺度以及约 160 米间距的“小网格”路网骨架给老街区更新带来结构性的便利，这就允许各街块可以在不影响现有道路结构和相邻街块的情况下开展局部的城市更新，将街块内的空间余量挖掘出来，以更深入的、精细化的空间设计达到提升空间品质的目的。

济南工人文化宫于 2020 年开展职工剧院建筑改造提升及文化宫院内环境整治工程。基地内含中国传统样式大屋顶的职工服务中心一栋、砖木结构的民居院落一组（据文化宫工作人员介绍建于抗日战争时期，曾用作战地医院）、七层培训楼一座（据外观风格推测为 1980 年代建设）、石头房条形仓库一座（据文化宫工作人员介绍建于济南开埠早期）以及改造的主体建筑职工剧院。基地里紧凑地容纳了不同时期建设的五组建筑，是商埠区多元文化交融、历史建筑荟萃的集中体现（图 10、图 11）。

由于室外场地缺乏系统的规划设计，被现有建筑割裂成若干不连通的院落或尽端巷道，阻断了地块内部的交通联系；职工剧院的沿街主立面在早年的立面改造中被弧形蓝玻璃幕和水泥格栅“面具”遮蔽，东立面也以灰色粉刷覆盖原有的红色清水砖墙，建筑外观严重受损；因年久失修，剧院建筑结构隐患显露，剧场配套不完善，设施陈旧，难以满足现代观演需求（图 12）。

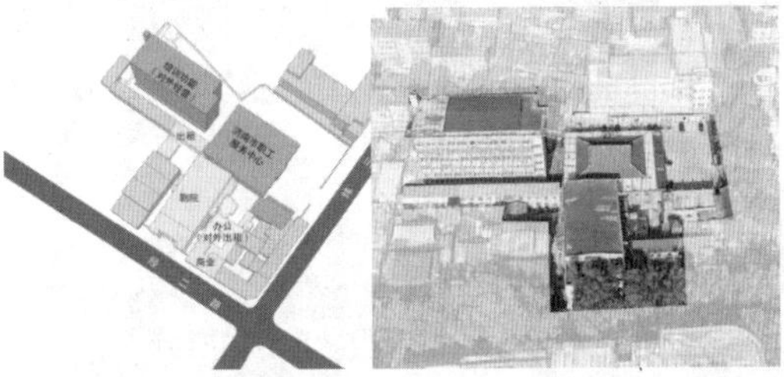

图 10　现状问题梳理
（来源：济南市职工文化事业发展中心南院老旧建筑改造提升项目设计文本）

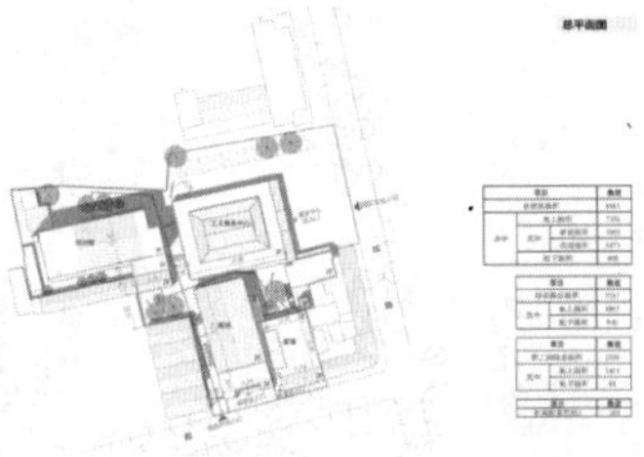

图 11　总平面图
（来源：济南市职工文化事业发展中心南院老旧建筑改造提升项目设计文本）

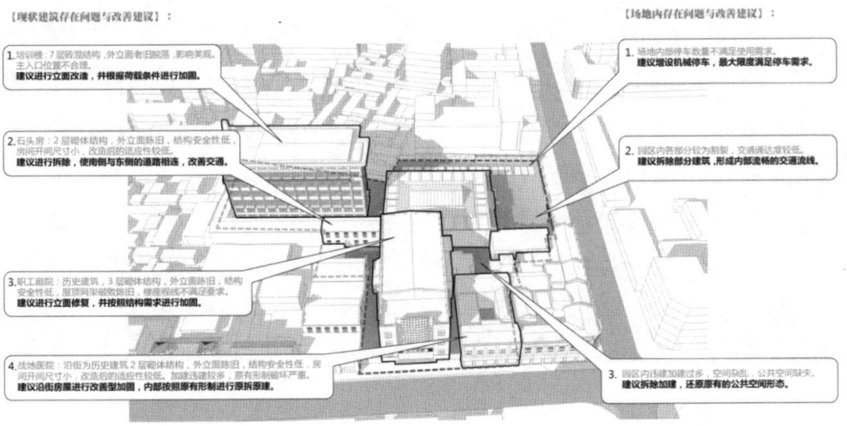

图 12　建筑现状问题及改善建议
（来源：济南市职工文化事业发展中心南院老旧建筑改造提升项目设计文本）

由此，职工剧院的改造提升工程着力于三个方面，一是恢复剧院建设之初的风貌特征，延续历史街区的街巷界面，重塑场所文脉，打造集合商埠历史街区场地特质的形象记忆点；二是梳理地块内空间序列，打通多个建筑间的联系，优化地块内交通组织；三是提升剧场设施、空间品质，营造更佳的观剧体验，满足内部使用兼顾对外经营，服务周边公众，以激活街区活力提升公共资源的价值。

3.3 职工剧院的改造更新分析

3.3.1 复原建筑外观，加固内部结构

职工剧院结构东西向宽 17.50 米，南北向长 40.80 米，结构总高度 17.25 米（室外地坪至屋脊）。建筑物西北部设有局部单层地下室，剧院为烧结砖砌体墙承重的单层房屋，在屋架支座处另设砖砌体扶壁柱。看台、圈梁等均为现浇钢筋混凝土构件，屋盖采用梯形钢屋架。大厅及办公部分为地上 3 层砖混结构，独立柱、圈梁、楼梯、独立梁及楼面板为现浇混凝土构件，屋面板为预制楼板。基础为墙下条形毛石基础及柱下混凝土基础（图 13）。改动重点集中在南立面复原、表面清理、屋顶和承重墙加固三大方面。

职工剧院立面

职工剧院历史照片

职工剧院现状

红砖材质

图 13 职工剧院结构及材质

（来源：济南市职工文化事业发展中心南院老旧建筑改造提升项目设计文本）

剧院南立面修复是改造的重要部分，通过拆除职工剧院南侧主入口立面的玻璃幕墙，恢复1932年初建的历史原貌。同时拆除外墙的搭建物和附加物，如废旧的管道、铁件、换气扇，清理以往加建痕迹、废旧雨水管道等。

外墙现存在着过往的涂料覆盖层已大面积起鼓脱落，原始砖墙也出现不同程度的粉化剥落问题。改造采用清理剂对外墙面的涂料面层进行化学清理，露出原始砖墙基面，修补开裂和破损部位。替换或补砌严重破损的局部砖块；墙体裂缝进行灌浆或局部补强修补，对影响结构安全的裂缝进行加固；用化学药剂对基层发霉泛碱部位进行养护处理。修复后的红砖清水外墙重现了昔日风采，在商埠区新旧建筑毗邻的城市空间中具有厚重的历史感。

职工剧院原结构屋面为钢桁架，屋面板为预制板，已出现裂缝，存在严重安全隐患，需重新安装钢桁架屋架及“钢骨架轻型板”屋面板。

为了达到加固墙体和不破坏外观的双重目的，职工剧院内部墙体采用喷射混凝土加固法进行墙体加固。将预先配好的水泥、砂、石子水和一定数量的外加剂装入喷射机，利用高压空气将其送到喷头和速凝剂混合后，以很高的速度喷向岩石或混凝土的表面形成加固面。虽然喷射混凝土工艺并不是新型技术，但运用到加固工程中也是近年才开始尝试的，加固建筑物外墙时在内侧喷射混凝土是最为稳妥的施工方法，既保留了建筑物外部的历史风貌，又达到了修缮加固的效果，可谓是两全其美。

此外，在剧场的结构加固中还采用了粘钢法。将钢板采用高性能的环氧类黏接剂黏结于混凝土构件的表面，使钢板与混凝土形成统一的整体，利用钢板良好的抗拉强度达到增强构件承载能力及刚度的目的。粘钢加固新技术的应用，提升了加固构建的承载能力，以较小的可见改动较好地保留了建筑的历史风貌。

3.3.2 重组场地路径，盘活消极空间

现状场地内多个建筑位置较深，与剧场隔离，联系它们的路线过于曲折。剧院与培训楼间横亘石头房仓库，造成邻近的这两个建筑交通不畅；剧院与职工服务中心南北毗邻形成室外夹巷，本有机会连成一体，但缺少必要的空间设计。总之，剧场和院内不同功能建筑互不联系，功能割裂，碎片化的空间降低了整个园区的品质（图14）。

针对以上问题，改造策略是拆除剧场东西两侧加建的棚户，打通石头房首层门洞，以此获得剧院东侧的室外场地从园内最深处的培训楼死角区域到经二路通畅的交通路径，以此化解院内建筑与城市街道的隔离。清理剧院东侧民居院落的芜杂棚户，将原来互不连通的剧院和民居转换成一个小综合体，使其功能联系更为紧密。释放出的规整户外庭院，加以砖拱室外走廊形成风格统一的庭院内立面。庭院既是职工服务

中心与剧院间必要的室外过渡，也让剧院、服务中心、民居院落原本杂乱交接的地带获得了以砖拱红墙为连续界面的静谧内院，提升了环境品质。

重组之后的空间序列流线更加清晰，各部分功能之间相对独立，又相互联系（图 15、图 16）。

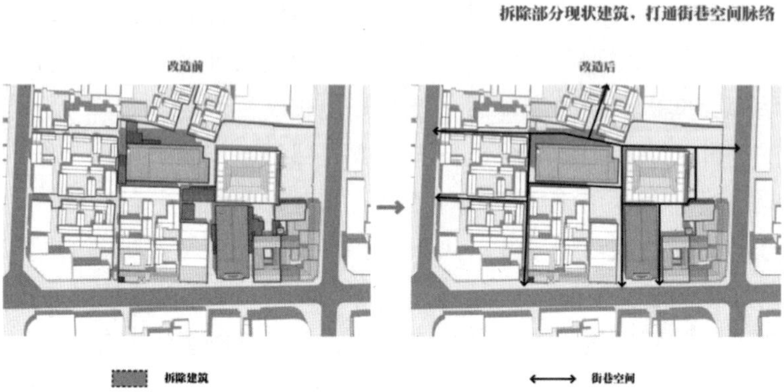

图 14　改造前后整体布局
（来源：济南市职工文化事业发展中心南院老旧建筑改造提升项目设计文本）

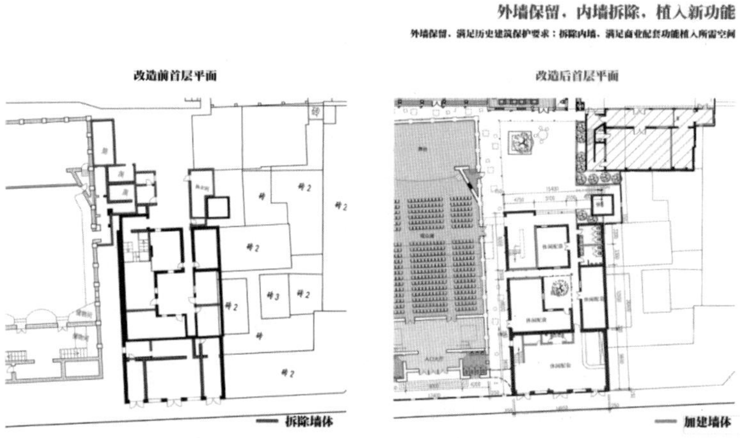

图 15　改造前后首层平面图
（来源：济南市职工文化事业发展中心南院老旧建筑改造提升项目设计文本）

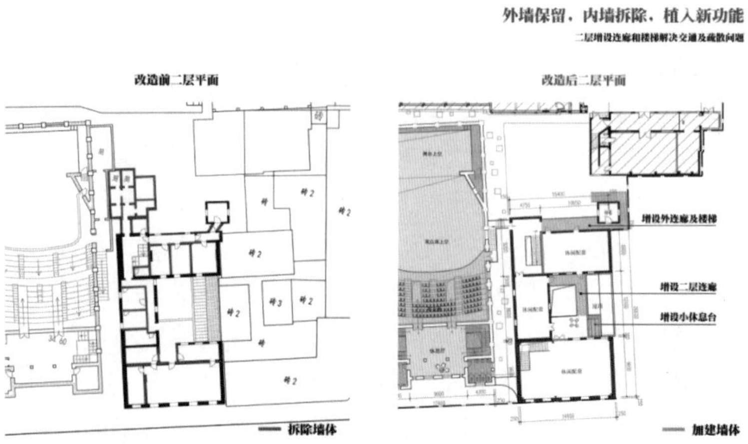

图 16　改造前后二层平面图
（来源：济南市职工文化事业发展中心南院老旧建筑改造提升项目设计文本）

3.3.3 提升观影品质 扩展配套功能

剧院的室内设计以保留历史印记、营造场所精神为基调，结合现代剧场设计的要求，对剧场整体进行了更新，可满足会议、演出、观影的多重要求。通过功能、结构、舞台灯光和声学的综合设计，营造出庄重沉稳、简洁明快的职工剧院新剧场。主要改造体现在观众视线优化、室内风格延续、配套设施完善三大方面。

原剧场视线设计存在缺陷，二层楼座挑出 12.5 米，吊顶高度 4 米，一层后排观众无法看到舞台的台口，存在视觉盲区且空间较为压抑。改造方案拆除了二层部分楼座，缩短出挑深度，一层中后部池座增加踏步，抬高末端观众席的视线，通过对内部空间的综合调整，消除了原剧场视线设计的缺陷，使处于最不利位置的观众也能够享受到良好的观影品质。与此同时，座席也由硬座升级为更加宽大的软座，席位数量从千余座调降为 725 座（图 17）。

在内部功能调整变化、新增消防设施的情况下，室内设计在延续原有风格的基础上，将新增设备与装饰结合，巧妙地将灯光、音响设备融入室内装饰，墙面选用木质穿孔吸音板及声学硬包，更好地提升了剧院的声学效果。值得一提的是，剧场天蓬中央的巨型荷花灯按原物式样用先进的灯光系统一比一复刻，既赋予建筑全新的面貌又使室内特色得以留存延续，使新剧场更具风采。

改造前的职工剧院缺少如卫生间、道具服装、化妆间、贵宾休息等必要的配套服务用房，难以满足当代剧院建筑使用要求。鉴于原剧场室内面积有限，无法容纳全部功能，故将部分配套用房置于东侧民居院落以解决面积不足的问题。因此民居院落改造后承担服务配套功能，增设屋顶平台，通过楼梯和连廊将剧场楼座与院落的室内外空间串联，实现可在不同标高漫步的交通联系，丰富了空间体验。

改造后经二路沿街剧院和院落临街的裙房可作整体运营使用，为未来的使用提供更多的空间弹性，实现社会效益和经济效益的最大化。

改造策略

图 17　剧场内部空间改造策略
（来源：济南市职工文化事业发展中心南院老旧建筑改造提升项目设计文本）

4 结语

建筑文化是社会文化的缩影，在不同的历史时期，城市的人文理念也不同，反映出社会的时代特征。建筑风格演变也是城市发展变迁的一部分。早期的济南影剧院建筑风格特征鲜明，有的体现出西洋建筑的古典风格，有的崇尚传统建筑式样，有的兼而有之。随着放映技术和商业模式的发展，影剧院从独立的单体建筑融入到商业综合体的放映厅，时代也给传统影剧院带来了巨大的变化。

影剧院建筑的发展变迁不仅是工程领域的问题，更是一个城市乃至一个地区文化的缩影，文化以无形之手塑造城市的物质空间建设，通过对过往建筑文化的研究，可以去创新和发展新时期的建筑文化。在这个极速变动的时代，具有历史建筑价值的剧场建筑如何在传统街区中活化利用、良性发展，不仅是济南商埠区的个别问题，更是建筑遗产保护利用之于城市历史发展的时代之问。

以济南职工剧院为例，它是商埠区市民文化活动的重要场所，也是城市发展特色的代表。虽然剧院自身所蕴含的历史、艺术、科学、社会和文化等价值无法与同时期的更大规模的影剧院相比较，但其作为为数不多保存完整的案例，代表了这座城市中影剧院建筑的发展和变迁，它的留存也幸运地避免了此种建筑类型在济南当代城市空间中绝迹。

影剧院的变迁从一个侧面反映了济南城市建筑的变迁，更深层次地反映了人们对待城市建筑的思想、行为变化及其根源。社会对建筑价值的认识是一个动态发展的过程，价值判断随着价值观的变化而变，更换审视的维度会产生新的意义。职工剧院所经历的发展沉浮也正反映了我国对近现代建成遗产保护意识的觉醒和拯救行动的展开，反映了文化自信和对城市记忆的珍视。

参考文献

[1] 党明德，林吉玲 . 济南百年城市发展史 [M]. 济南：齐鲁书社，2004.

[2] 金文妍 . 胶济铁路故事 [M]. 南京：南京出版社，2020.

[3] 济南市规划局 . 济南市规划局商埠区街道设计导则 [EB/OL].[2018-07-19]. https://mp.weixin.qq.com/s/_i-TSYZg2dmOd1UkVq6Vkw.

[4] 张杰，王新文 . 济南商埠区保护利用规划研究 [M]. 北京：中国建筑工业出版社，2012.

[5] 田艳敏 . 西市场："龙头"传说上的百年繁华 [EB/OL].[2019-04-21]. https://news.e23.cn/jnnews/2019-04-21/2019042100030.html?pc.

[6] 同圆设计集团立强（建筑）工作室 . 济南市职工文化事业发展中心南院老旧建筑改造提升项目设计项目文本 [Z].2019.

专题三

工业遗产案例研究

* 本研究得到国家自然科学基金项目（51878438）、国家社科基金重大课题项目（12&ZD230）资助。

现代主义思潮影响下鞍山市街与钢铁厂附属建筑的建设活动*

赵子杰　徐苏斌　青木信夫　天津大学建筑学院中国文化遗产国际研究中心

摘　要：鞍山钢铁厂早期工业遗产既是世界工业革命以后技术传播的重要见证，也是中国建筑近代化“被动受容”的典型代表。本文通过实地测绘考察与一手史料的综合分析，对鞍山日据时期以满铁建筑课为首的建设组织与建设活动进行了分期调查。同时从经济性、舒适性与安全性角度分析了日本建筑师在鞍山率先进行的集合住宅实践活动，并进一步讨论了现代主义建筑形式、构造，以及设备的引入与住宅生活习惯之间的演变与意义。

关键词：鞍山钢铁厂；鞍山；建筑师；集合住宅；现代主义

1　研究背景

1904年日本侵略者在取得日俄战争胜利后获得了中国旅顺、大连租借地与南满铁路及其附属地的治理权，开始了日本在中国东北部长达四十年的殖民统治，至此殖民主义成为中国近代东北部城市建筑近代化的主要政治动力。此后以南满洲铁道株式会社（以下简称满铁）下属建筑组织为核心的日本建筑师们实际掌握了所谓“满铁附属地的殖民地都市计划与建筑设计”的主导权，并将东北作为其实践西方现代主义建筑思想、技术的试验地。鞍山制铁所及市街计划正是在这种“被动受容”（passive receiving）[1]的殖民主义背景下逐步被设计与实施的。

长期以来对鞍钢遗产价值的探讨都是在近代科技、产业史的范畴内进行，作为东北重要的采矿、冶铁事业重心，鞍钢的建设不可谓不重要，但其建筑史研究始终未受到足够的重视。1983年，解学诗、张克良在《鞍钢史（1909—1948年）》中介绍了鞍钢前身鞍山制铁所与昭和制钢厂选址与工厂建设情况。[2]鞍钢史志编纂委员会编制的《鞍钢志（1916—1985年）》则对重要工业建筑的建设进行了编年。[3]建筑史的研究亦有1996年刘景玉编《鞍山地方史研究》[4]与2010年王丽编《鞍山近代建筑》[5]，这些著作均基于通史框架的宏观研究视野，聚焦于重要史料的记述内容。本研究则企图聚焦于建筑组织—人—技术与物证的联系，从这样的角度来解构日据时期殖民统治地区建筑师与当地都市、建筑现代化的关联。

现代建筑史学家对于殖民统治地区建筑的研究，主要从殖民政治、经济与文化等方面来讨论建筑与都市规划的形成，东北地区以包慕萍、刘松茯、刘大平、陈伯超等学者的研究最为瞩目，研究范围包括了哈尔滨、长春、沈阳、大连等中东铁路附属地规划与建筑研究，强调建筑风格、规划设计与殖民政策、社会发展的相互关系。[6]殖民主义背景下建筑理论与技术的传播则是另一个重要课题，为了通过都市现代化建设以更好地服务殖民统治，日本在东北地区设置了包括满铁建筑课、关东都督府土木科等建筑机关，[7] 以及满洲建筑协会等从事技术理论研究与交流的建筑从业者社团。[8] 这些建筑组织作为传播中介将日本文化与西方现代主义知识体系引入东北都市建设之中。

进一步而言，19 世纪至 20 世纪建筑理论、技术的发展是一种表象，在其背后反映了传统与现代、本土与外来的碰撞过程，这一过程必然导致传统手段的淘汰和自我革新，以适应新体系的需求，而先进的外来技术也必须通过本土化试验应用才能够真正立足。鞍山作为满铁日本建筑师自主规划建设的第一个工矿城市，正是建筑师们实现自己设计意图的绝好机会。[5]2019 年 10 月经国务院核定公布，鞍山钢铁厂早期建筑入选第八批全国重点文物保护单位，①在其价值被肯定的同时，鞍钢博物馆与天津大学建筑学院合作开展了对于其建筑沿革与修缮的系列考察，本论文亦源于此。

① 鞍山钢铁厂早期建筑共包括昭和制钢所本社事务所、昭和迎宾馆旧址、井井寮旧址、满洲人工学堂旧址、烧结总厂二烧车间旧址、大型轧钢厂、无缝钢管厂、七号高炉共八处。

2　日据时期鞍山建筑组织与活动的分期考察

2.1　初创期（1916—1923 年）

1916 年 9 月，满铁本社于大连沙河口工场内设临时设计系，② 12 月满铁设立制铁所创立委员会，两者共同负责制铁所工场的前期建设筹备工作。次年 3 月由八幡制铁所工程师八田郁太郎任负责人的鞍山工场准备系取代制铁所创立委员会，负责土地收买、经营与职员培训。[9]4 月满铁本社总务部设立鞍山临时工事事务所，抚顺煤矿土木课课长佐藤应次郎任所长，下设线路系、土木系与建筑系，分别负责铁路、土木给水及建筑工事的施工与监督。[10]7 月沙河口工场设计系改称临时建设科，负责鞍山工场设备与材料机械的采购。随后沙河口工场临时建设科与鞍山工场准备系于 1918 年 3 月合并成立鞍山制铁所，成为直属满铁总裁室的独立事业部门。1918 年 5 月鞍山制铁所分课组织决议正式设立工务课营缮科，下设建筑系、土木系与铁路系，主管制铁所建筑土木工程材料、机械的采购、现场施工与工事修缮（图 1）。[11]

② 依照满铁分课规章，总务部沙河口铁道工场主要负责满铁铁道与机车的机械设计、检查与修理，与中央实验所同样承担工业设计、研发与实验的事务。

事实上鞍山制铁所早期工厂、社宅、铁道与土木设施的设计规划③均由满铁总务部技术局各课④直接设计与指导。1917 年 3 月满铁总务部设置鞍山工事系办事处，作为建筑课管理鞍山工场工事建设的临时驻场机构，[12] 并于 1920 年 2 月正式成立鞍山工务事务所，1923 年移交鞍山制铁所管理，⑤成立制铁所工事事务所，全权负责制铁所土木建筑工事。据《满洲开发四十年史》记载，这一时期鞍山工场建设主要由技术局建筑课小野木孝治课长⑥、横井谦介、青木菊次郎、弓削鹿次郎、安井武雄、小野武雄、狩谷忠麻等人主导，施工监督则由现场机构负责。水道设计由满铁土木课长加藤与之吉负责，[13] 市街建设则由佐藤应次郎主导，小野木孝治亦有参与。[11] 根据西泽泰彦对于满铁建筑技师的职位变

③ 包括第 1 和第 2 期高炉建设、发电所、煤炭、副产物工厂以及水道、市街社宅、瓦斯等主要土木建筑工事。

④ 满铁在 1907 年（明治四十年）第一次本社分课规程中，将本社分为总务部、调查部、运输部、矿业部与地方部，建筑系分属于总务部土木科。1914 年改制为总务部、运输部、计理部、矿业部与地方部，总务部下设事务局、交涉局与技术局，技术局下设建筑课、土木课、保线课。

⑤ 这一时期恰逢满铁建筑课降格纳入满铁地方部，成立地方部建筑课，推测两者有关联。

⑥ 小野木孝治，满铁第一任建筑部门主管，曾参与主导满铁星海公园、鞍山制铁所建案、抚顺千金寨新市街计划案等都市计划方案，以及大量满铁附属地内满铁社宅计划。

动关系研究以及满洲建筑协会会员变动情况推测，铁道工事由技术局保线课岛田吉郎主导。[14]关于满铁建筑课对于鞍山制铁所的影响亦可从建筑课的业务范围变化得到验证，依照满铁建筑组织的分课规定，建筑课业务仅限于住宅的兴建与修缮事宜，[15]但实际上根据仮屋薗盛一的回忆，从1918年开始，建筑课主管的业务范围已经包含卫生、煤矿、制铁、病院、旅馆与社宅等建筑物的兴建事宜。[16]

此时鞍山制铁所对于鞍山地方市街设施的经营亦有部分权限，由其下设机构庶务课地方系负责。1920年4月制铁所地方系的一切地方关系业务交由满铁地方部管理。1923年5月满铁地方部鞍山地方事务所正式成立，首任所长为原制铁所庶务课课长横田多喜助。鞍山地方事务所下设工事系，全权负责鞍山市街土木建筑工程、上下水道等建设事务①。同时这一时期鞍山出现了由日本公私财团控制的大型土木建筑不动产公司，主要负责制铁所代用社宅②的建设与租赁，如东京建物下辖满洲兴业株式会社与康德不动产株式会社[17]、鞍山不动产信托株式会社③、大仓土木株式会社鞍山办事处、东洋基础株式会社鞍山办事处等。[18-21]同时期鞍山亦成立了许多从事建材生产、买卖的会社，如立山炼瓦制造合名会社、鞍山窑业株式会社、鞍山建材株式会社等。

这一时期满铁殖民者对于鞍山的土地收买基本完成，以西北为工厂、南部为社宅的都市规划建设也粗具雏形。建设组织虽因满铁内各部门管辖权的更迭与冲突而略显混乱，但基本建设工作仍以满铁建筑课为主体。在鞍山地方事务所成立后，工厂与市街建设权限逐步明确，同时出现了以满铁社宅建设为中心的公私建筑、建材业。但1919年后由于第一次世界大战的结束以及1920年全球经济危机的爆发，钢铁业持续低迷，制铁所的建设也几近停滞。

① 1923年鞍山地方事务所正式设立，事务所下设庶务系、地方系、经理系、工事系四部门，同时管辖各类学校、图书馆、保健所等。工事系具体负责土木建筑工事、建物改良保存、上下水道、水泵运转以及净水厂设备操作。

② 满铁从1911年开始借用民营不动产公司的住宅作为满铁职工住宅的补充，称为代用职工住宅。

③ 鞍山不动产信托株式会社设立于1921年，由良龟太郎任负责人，满铁为其最大的股份持有者，主要业务包括不动产的买卖、建设、租赁与信托。

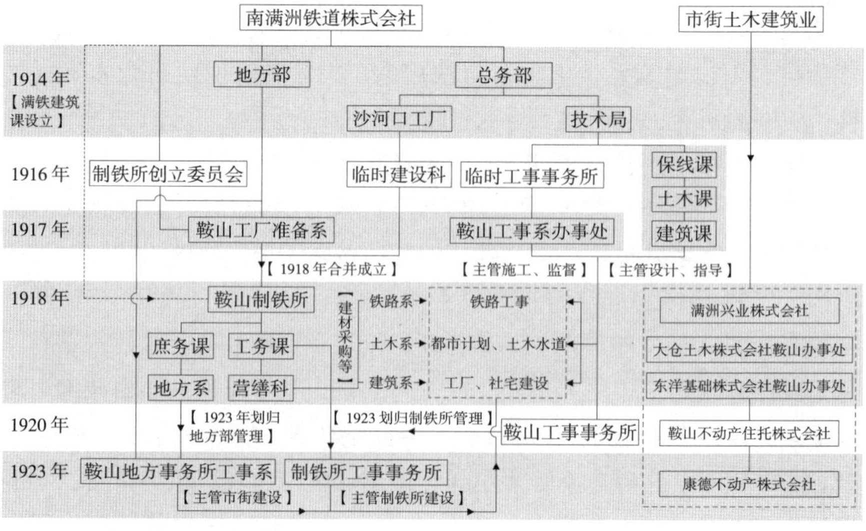

图1　初创期鞍山建筑组织沿革
（来源：作者自绘）

2.2 发展期（1924—1932 年）

1924 年 5 月，由于日本军国主义对于钢铁的急迫需求以及鞍山贫矿技术的解决，一度因钢铁业低迷而被称为“死亡之都”的鞍山开始了新一期土木建筑建设活动。①这一时期鞍山建设组织活动可分为两类，一是制铁所工事事务所负责设计的工厂及其附属建筑工事，以 1924 年选矿工厂的建设为代表。1930 年 9 月满铁本社以整合技术力量为由，将制铁所工事事务所关系移交满铁鞍山地方部事务所管理，[22] 包括卜藏淳良、佐古宇吉、牟田正直、藤井武夫、田中禾、羽生善行、出利叶喜一郎、山县嘉一等一批满洲建筑协会成员工作单位从制铁所变更至鞍山地方部工事事务所建筑系以及大连、奉天、大石桥等其他工事事务所。[23-24] 次年因地方事务所与制铁所所属关系地位的矛盾以及事务联络不便等问题，满铁鞍山地方工事事务所解散，所长狩谷忠麻调回满铁总部，工事事务所重归制铁所管辖，下设建筑系与土木系（图 2）。

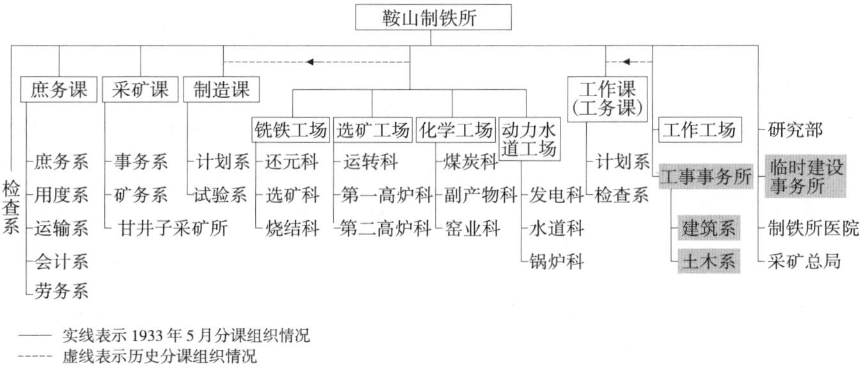

注：①工务课即工作课前身，1930 年改称；②临时建设事务所 1928 年 1 月设置，1929 年 3 月撤销；③振兴公司负责的采矿总局亦由制铁所代管。

图 2　1933 年 5 月鞍山制铁所组织分课情况
（来源：作者自绘）

另一类建设活动则是由私人建筑事务所负责设计的市街公共建筑工事。特别是满铁在 1925 年实行设计建造委外制度后，[16] 众多满铁地方工事被委托给私人事务所，其中以大连小野木横井共同建筑事务所②于 1924 年设计的满铁鞍山医院 [25] 最具代表性。1926 年设立的合资会社山崎英武工务所则是鞍山本地工事事务所的代表，其创始人山崎英武于 1924 — 1926 年、1929 — 1930 年连续担任满洲建筑协会鞍山评议员市街代表。③ [26] 据统计，至 1932 年鞍山至少有 17 家从事建筑设计、施工的私人公司，并有 11 家从事建材砖瓦、木材、钢材、五金、水电以及施工器具买卖与制造的公司。

满洲日日新闻称这一时期为“鞍山与制钢业的复活”，[27] 至此制铁所逐渐从经济危机的阴影中走出，但城市建设主要以制铁所工厂建设为主，市街建设仍处于初步发展阶段，建筑工事以满铁投资的医院、学校

① 随着 1919 年一战的结束及随之而来的全球经济危机爆发，钢铁业遭受重大打击，鞍山制铁所的建设也陷入了低迷期，满铁内部一度出现关闭鞍山制铁所的言论。

② 1923 年小野木孝治、市田（青木）菊治郎、横井谦介于大连成立小野木横井市田共同建筑事务所，次年 2 月市田菊治郎因任满铁建筑课课长一职而退出，事务所改名为小野木横井共同建筑事务所。1930 年小野木孝治因病退出，共同事务所解散，横井谦介以个人名义开设横井建筑事务所。

③ 评议员为会长之咨询，并审议重要事项的职位，同时期其他满洲建筑协会鞍山评议员均为满铁职员，包括岛田吉郎、盐田忠藏、出利叶喜一郎。

等公共设施建设为主，出现的私人建筑公司也以服务满铁建设为主。但私人建筑从业者的兴起与公共设施的完善等迹象，可以表明鞍山已处于从早期工厂驻地向现代化殖民都市的过渡阶段。

2.3　高潮期（1933—1945年）

“如火熄灭般寂寥的鞍山突然恢复了灿烂的光芒”，满洲日报以“铁都鞍山进行曲”为题介绍这一时期鞍山的建设情况。[28]1933年6月昭和制钢所正式接管鞍山制铁所，为满足东北都市化建设的需求，鞍山迎来了土建业的黄金期。昭和制钢所第一次分课组织决议将原工事事务所改设为工务部工事事务所，仍设土木系与建筑系，1937年改称工务部工事课，1939年再次改设建设局建筑课（图3）。[22]制钢所主要附属建筑工事包括了工务部1933年建设的本社办公楼与迎宾馆，[29]建筑课1939年设计的昭和制钢所消费组合与武道场[30]等。

鞍山市街建设高潮期最为明显的特征便是商业、办公建筑的大量增加与建筑师的频繁活动。商业建筑包括横井建筑事务所1934年设计的满洲银行鞍山支行、正金银行鞍山支行、铁都鞍山商店组合。[31]建筑师的频繁活动则首先体现在这一时期共计71位满铁建筑协会会员的调动，调动单位既包括昭和制钢所、地方事务所等官方机构，也包括如大仓组、吉川组、高冈组、福井高梨组等私人土木株式会社。其次，众多设计事务所在鞍山的分支结构相继成立，如伊贺原组鞍山办事处等。值得一提的是昭和制钢所于1937年举办的新事务所悬赏竞图，设计一等奖由曾跟随柯布西耶学习的前川国男获得。

满洲建筑协会编辑人近藤信宜在1934年2月发行的满洲建筑杂志中称这一时期为鞍山建设的复兴期，并以“复兴鞍山的建筑”作为本期主题，赞扬鞍山都市化建设的显著成绩。这一时期鞍山建设组织结构相对稳定。同时伴随着土木建筑、金融、娱乐、工商业的蓬勃发展，以及公共设施建设基本完成，鞍山逐步形成了明确的都市功能分区，[32]基本完成了以工矿业为中心的殖民都市化建设，这一阶段直至二战末期日本战败为止。

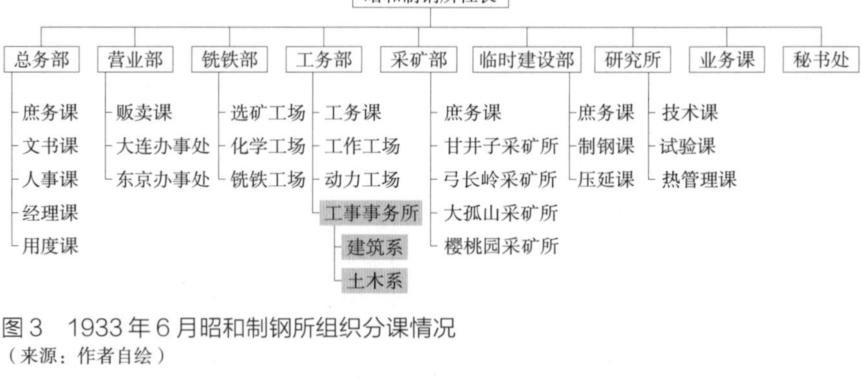

图3　1933年6月昭和制钢所组织分课情况
（来源：作者自绘）

3　现代主义思潮影响下的满铁社宅建设

3.1　鞍山满铁社宅的大规模建设

1916 年满铁在鞍山首先建设了北一、二番町 25 栋 90 户及北五、六番町社宅 106 栋 378 户平层社宅，但因环境恶劣而先后用作中国职员社宅。1918 年鞍山制铁所社宅建设逐步开展，满铁委托东京建物株式会社子公司满洲兴业株式会社于音羽町和铃鹿町建造了代用社宅 193 栋共 660 户作为高级员工住宅区，其中包括制铁所第一代所长的住宅，这也是满铁第一次大规模委托房地产公司按照满铁标准建设职工社宅。[7] 1919 年 10 月满铁于大山通敷岛町一带建造了 30 栋 2 层的代用社宅，在赤城町和音羽町共建设了 3 层 6 栋、2 层 4 栋的集合社宅和 3 栋公共浴室作为普通员工社宅。1920 年鞍山制铁所于台町一带建造特甲级 4 栋 8 户、甲级 3 栋 26 户社宅，并在北八条建了 2 栋 2 层 24 户职员集合社宅。这些社宅全部设置了集中供暖装置，并考虑了居住区的各种设施，如绿地与公园。同时建成的还有井井寮及自疆寮 2 座 3 层单身宿舍，每栋设有 135 个房间，并配备有供暖设备。[11] 当这批建设接近完工时，因一战结束，满铁方针改变，全社业务计划停止，职工宿舍也无需增设。一直到 1933 年昭和制钢所正式接管鞍山制铁所，新一轮的社宅建设重新开始，首先包括鞍山不动产株式会社建设的 270 户与满洲兴业株式会社建设的 90 户代用社宅。[33] 至 1937 年昭和制钢所自持社宅达 130022.84 平方米，共租赁 7 家不动产商代用社宅计 446338.4 平方米。[34]

3.2　建筑经济性的追求——集合住宅（Apartment House）的鞍山试验

初创期鞍山的建设活动正值 1920 年代全球现代主义建筑运动兴起，以满铁建筑课为首的日本建筑师将这种改革思想与大正住宅改良运动[35]相糅合，并基于殖民统治的现实需求，形塑出以独立式住宅与集合住宅为代表的殖民地式住宅样式，[8] 其中集合住宅又分为连立式住宅（attached house）与公寓式住宅（apartment house）。[36] 与在繁华都市中建设公寓不同，在广袤的新兴市街中建设狭窄、拥挤的多层集合住宅是让人质疑的，而在建筑课课长小野木孝治的指示下，[37] 留美 8 年的小野武雄在鞍山音羽町首先设计建造了 2 栋 3 层（每层 14 户）与 4 栋 2 层（每层 12 户）的公寓式集合住宅（图 4），由大仓组、长谷川组、三田组同时施工，[38]1919 年按同图纸进行增建，这是满铁首次大规模建设带有社会福利性色彩的一栋式大规模公寓集合住宅。[39] 究其原因不难推测为以下三点：一是为了快速解决激增的职工住宿需求；二是职工集体生活更利于鞍山制铁所的统一管理、公共基础设施的配置与卫生、治安环境的治理；三是符合迁移至此的日本职员夫妻—子女型核心家庭的使用需求。

鞍山集合住宅的建筑风格与小野武雄 1919 年设计的大连南山寮（图 5）相似，立面采用清水红砖、混水砖墙组合与简化的方窗、拱窗组合，间隔以水刷石山墙面。屋顶为平屋面，装饰以小披檐及传统样式的连续木构角撑。不同的是鞍山 2 层集合住宅山花为双壁柱上撑日式唐破风式屋檐入口空间，3 层集合住宅使用壁柱与曲线山花组合样式，南山寮则更为简洁地去掉了壁柱。两座建筑相比，像大连南山寮上装饰性元素逐渐被淡化，鞍山集合住宅整体风格更为简洁轻快，被称为带有西班牙风格的美式公寓楼。

根据满铁施工监理山地博的回忆，1919 年小野武雄还负责了鞍山三层单身集合住宅的设计（共 104 户），推测为井井寮与自疆寮（图 6）。[①] 井井寮平面呈直角三角形，外观受 19 世纪中叶到 20 世纪初期英国安妮女王建筑风格影响，使用坡屋顶与简化的立面鹅颈山花形式，与 1908 年太田毅设计的大连近江町集合社宅、1920 年安井武雄设计的大山寮风格相似（图 7），可以看到其简化的立面装饰受新建筑思潮的影响。这两处集合住宅的建造是东北地区转型为近现代城市进程中早期受到现代主义设计影响的实例，也是满铁大规模公寓式住宅实践的重要试验品与建设开端。

① 目前主流观点认为井井寮旧址设计者为东京建物会社，依据为《昭和制钢所二十年志》第 354 页记载的“日本人的住宅建设逐步开始增加，包括东京建物会社建造的 650 户代用社宅以及满铁直营的台町社宅 34 户，单身宿舍 2 栋为井井寮与自疆寮”。但事实上这句话并没有明确的主语说明井井寮为东京建物建设，且其他文献中均将东京建物建设的代用住宅与井井寮分别说明，故作者认为其更偏向为满铁建筑课成员作品。原文为：“日本人社宅に於ては東京建物會社代用社宅 650 戸及満鐵直營の臺町社宅 34 戸，獨身社宅 2 棟（井々寮及自疆寮）の建設をはじめ逐次増設を見”。

图 4　鞍山集合住宅

（来源：南满洲铁道株式会社 . 鞍山制铁所新设工事纪念写真帖 . 1921:92）

图 5　大连南山寮

（来源：满铁の建筑と技术人编集委员会 . 满铁の建筑と技术人 [M]. 东京：满铁建筑会，1976:6）

图 6　鞍山独身社宅井井寮

（来源：南满洲铁道株式会社 . 鞍山制铁所新设工事纪念写真帖 .1921:93）

图 7　大连大山寮

（来源：大西守一 . 大连名胜写真帖 [M]. 旅顺：东京堂，1924:17）

3.3 建筑舒适性与安全性的追求——防寒、防火、卫生与抗震设计

在寒冷的东北地区，小野武雄引进的居住设备齐全的居住概念尤为重要。[39] 鞍山集合住宅与单身宿舍均配备了统一的暖气设备与上下水道以满足使用的舒适性要求。以现存井井寮为例，在负一层设置了锅炉供暖设备与配备采光井的公共浴室，暖气管道利用通气层进行传输（图8），使用水泵作为动力将整个楼宇系统连接起来，竖向管道井目前尚未发现，但在1933年建设的昭和迎宾馆现状与图纸中则专门设计了统一的水电暖管道井与电气箱（图9），这种统一、完备的暖气供热系统是东北沦陷期工业化建设的典型表现。此外地面通气层与负一层直接相连，使锅炉产生的热空气流动于通气层，作为地暖设备使用（图10）。上下水道则留存于室外中庭下的化粪池、落水井管道与负一层浴室的干渠处。现存井井寮与昭和迎宾馆首层均使用了高架木地板构造，井井寮采用砖拱地梁（图11），迎宾馆则采用砖砌短柱支撑木地板（图12），形成约1.2米高通气层并配置通气窗，地面铺设混凝土层，可以有效隔绝地基潮气，是重要的建筑保温防潮做法。

图8　井井寮旧址暖气管道
（来源：作者自摄）

图9　昭和迎宾馆管道井与电气箱
（来源：作者自摄）

图10　井井寮旧址通气层与负一层交接处
（来源：作者自摄）

图11　井井寮旧址通气层
（来源：作者自摄）

图12　昭和迎宾馆通气层
（来源：作者自摄）

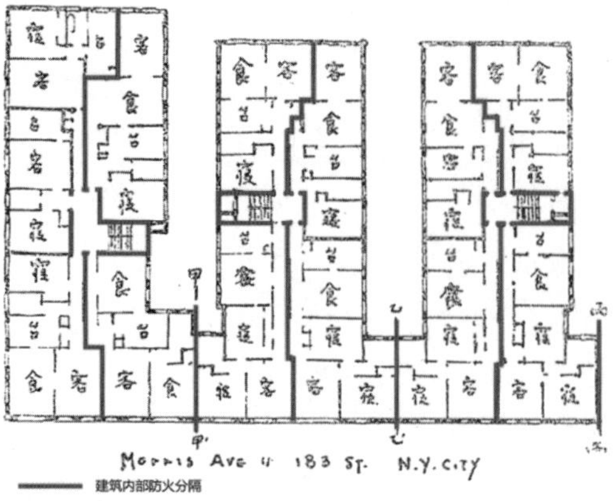

图 13　纽约某中产阶级家庭集合住宅
（来源：小野武雄．アパートメントハウスを論ず[J]. 建築雜誌，1918,379(7):424）

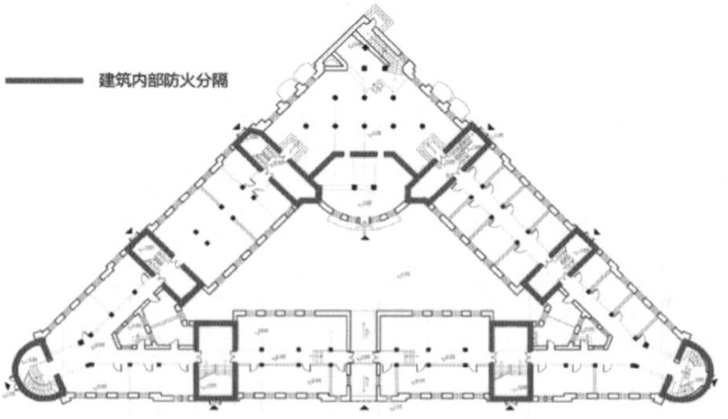

图 14　鞍山井井寮旧址平面图
（来源：天津大学中国文化遗产国际研究中心，薛冰琳、李宏健绘）

建筑布局亦可以影响建筑的保温防寒性能，鞍山集合住宅与大连南山寮、关东馆均为 U 字或 E 字对称布置，井井寮则为三角环形布置，设置了室外中庭与两个小天井来补充采光，这样的布局形式可使室外空间形成相对封闭温暖的小气候。根据小野武雄的文章《论“ Apartment House”》中的论述，这种布局形式既可保证每部分住宅获得足够的太阳直射，又可保证足够的通风性能。[40-41] 但这种配置室外中庭的布局，带来的火灾问题也是显而易见的，根据小野武雄文章介绍与现场勘查，推测其在鞍山集合社宅中引入了欧美公寓通过防火墙进行防火分区的概念（图 13）。在井井寮旧址中设计者使用内框架砖混结构，利用 6 个围合的承重砖混楼梯间将建筑平面分为 7 个防火分区（图 14），保证每个分区有两个直接逃生的楼梯间。竖向防火则将二三层楼板、楼梯与锅炉房所在区域做成钢筋混凝土构造，这样的设计可以最大程度保证各层疏散楼梯间的防火、防震安全。集合住宅则通过封闭钢筋混凝土防火墙划分防火区，每个防火分区由一部楼梯承担交通组织，每户窗台下则预设有逃难绳，后期逃难绳则改为室外逃生楼梯的设计，如 1933 年抚顺集合住宅于每相邻两户厨房外共用一部逃生钢梯（图 15）。类似的防火构造同样使用于大连关东馆与南山寮，为了满足防火要求，关东馆甚至于建成 3 年后大规模地将砖木结构改为钢筋混凝土结构以满足防火需求，鞍山井井寮独身社宅亦曾进行了防火改造。这些防火分区思想的引入、耐火构造的使用与水电暖设备的系统布置是满铁住宅现代化实践进程中的重要尝试。

图 15　抚顺集合住宅设置的防火逃生梯
（来源：满洲建筑协会编辑部．卷頭圖版[J]. 满洲建筑杂志，1933, 13(4): 27）

3.4 住宅生活的改善

住宅生活的改善不止表现在新设备与新风格的引入，更表现在建筑功能空间与生活习惯的改变。1921 年满洲建筑协会在大连举办了第一次“生活改善建筑展览会”，主题分为建筑空间、家具与材料三个部分，借由模型与设计图纸展示了西式住宅的生活形态（图 16）。[42]1930 年满洲建筑协会举办的集合住宅设计图悬赏竞赛一等奖获得者西野作助的作品中（图 17），[43] 设计采用以西式起居室（居间与应接室合并）为中心的布局方式，一改以接待访客的客间为中心的日本传统空间（图 18），[42] 寝室设计亦舍弃了传统和式房间榻榻米的布置而使用西式高脚床，建筑面积也远远大于社宅规定的每户 25 平方米（2 室，9 叠①）至 55 平方米（3 室，20 叠）范围。[44] 单身集合住宅也出现了相同的变化，在 1933 年建成的抚顺昭和寮独身社宅中设计了洋式与和室两种宿舍单元。具有辅助功能的集合住宅（apartment hotel）[45] 多出现于单身社宅，早期大连南山寮仅设置食堂、娱乐室、公共浴室，抚顺昭和寮增加了洗衣室、干燥室、商店再到长春南湖寮增设邮政局、理发室、内科与齿科医疗室等。

对于现代家具的使用在鞍山昭和迎宾馆的家具布置与设计图中表现尤为明显（图 19），大量西式高脚床、桌椅、沙发的使用表现出满铁

① 日本榻榻米的尺寸是固定的，即每一“叠”是日式榻榻米的一个尺寸单位，9 叠即每户榻榻米共计 9 块，20 叠即每户榻榻米共计 20 块。

图 16　1930 年满洲建筑协会举办“生活改善建筑展览会”住宅模型
（来源：满洲建筑协会编辑部．生活改善建筑展览会 [J]. 满洲建筑杂志，1930, 10(10): 22）

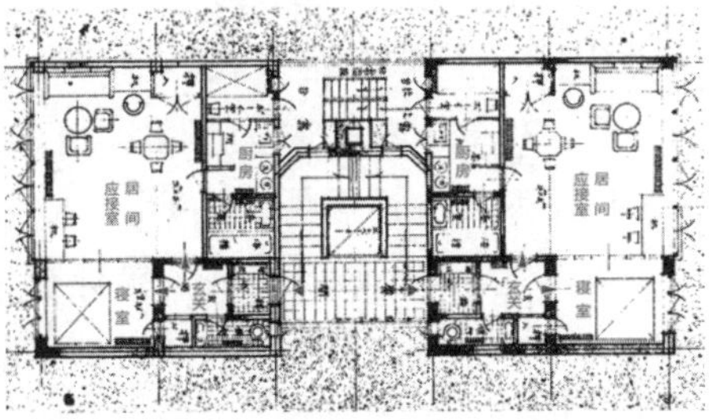

图 17　1930 年满洲建筑协会组织集合住宅竞图一等奖平面
（来源：西野作助．集合住宅一等當選圖案 [J]. 满洲建筑杂志，1930, 10(10): 15）

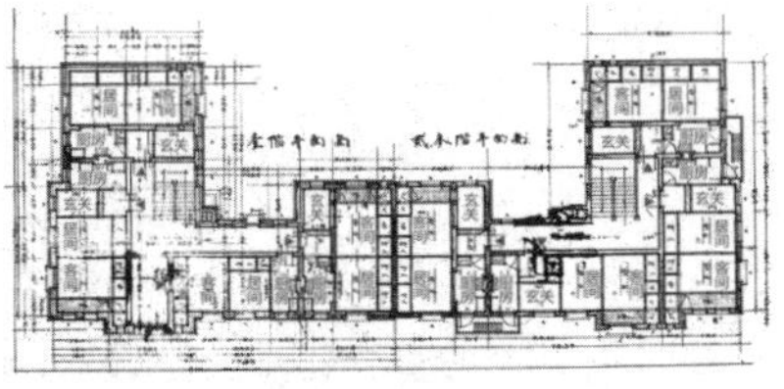

图 18　抚顺集合住宅平面图
（来源：满洲建筑协会编辑部．卷頭圖版 [J]. 满洲建筑杂志，1933, 13(04): 27）

图 19　鞍山昭和迎宾馆首层家具布置图
（来源：作者改绘；底图来源：昭和迎宾馆及本事务所家具配置图，鞍钢设计院档案馆藏，档案编号 012501-1-29）

建筑师对于现代西式住宅生活方式的追求。此外厨房与便所也是生活改善的重要部分，时任满洲建筑协会会长松室重光提出的“理想住宅”为：“厨房是一家生计之根本，却经常遭受建筑家的忽略，厨房宜采光充足以去除湿气，并鼓励使用便利的自来水、瓦斯与电气设备”。[46] 在迎宾馆的厨房布置图中可以看到现代储藏室、料理室、配膳室、食堂的使用功能分区，并配备了完善的现代厨房设备，包括机械排风、30 毫米直径铁质瓦斯管道与厨灶、配备上下水与储水槽的水洗池、壁柜、本地大孤山矿产花岗岩的调理台以及地面防水铺装与漏斗，餐厅则配备有花岗岩壁炉与西式餐桌椅，并单独建设了冷藏库建筑。在这一过程中满铁建筑师表现出强烈的住宅改善意图，住宅设计逐渐走入重视机能的现代主义住宅生活范式。

4 结论

相比于香港、上海与天津等地的租界区，日本在中国东北建立了严格、统一且庞大的建筑组织与研究机构，并形成了稳定的交流平台与建设制度，在鞍山从一个传统乡村发展为一个大型工矿城市的快速建设中发挥了促进作用。满铁建筑课与公私土木建筑从业者为推进城市与建筑近代化而引入的先进的建筑理念、技术与设备，企图以建筑、规划手段解决社会、经济、卫生与治安等都市近代化的问题，构建全新的现代生活方式，但究其根本是为了协助日本当局提高掠夺的效率，并提升在鞍山的日本职员生活居住的品质。

事实上 1950 年代钢铁厂重建初期，鞍钢基建处工程队仍然使用着落后的生产方式与技术，[47] 从这个角度观察，侵略者先进技术理念的使用并没有对“被动受容”主体即被侵略者建筑技术转型产生促进作用，而是一种“空中楼阁”似的技术横向移植。日式集合住宅作为一种为殖民统治服务的外来移植的住宅形式，在战后按照本土化需求迅速被改建，并未形成适合东北人民居住的现代化住宅形式。但在这些现代化实践探索过程中引入的安全、舒适与卫生的设计概念与构造做法，以及以机能为取向的住宅改良与标准化设计仍具有重要的历史价值与技术价值。

参考文献

[1] 徐苏斌 . 关于中国近代建筑发展动力机制的再思考 [J]. 建筑师，2020(1): 96–102.

[2] 解学诗，张克良 . 鞍钢史（1909—1948 年）[M]. 北京：冶金工业出版社，1984.

[3] 鞍钢史志编纂委员会 . 鞍钢志（1916—1985）[M]. 北京：人民出版

社，1991.
[4] 刘景平 . 鞍山地方史研究 [M]. 沈阳：辽宁民族出版社，1997.
[5] 王丽 . 鞍山近代建筑 [M]. 沈阳： 东北大学出版社，2010.
[6] 包慕萍 . 日本在中国大陆地区的建筑活动 [M]// 徐苏斌，伍江，赖德霖 . 中国近代建筑史（第五卷）. 北京：中国建筑工业出版社，2016.
[7] [日] 西澤泰彦 . 南滿洲鉄道株式会社の建築組織の沿革について：20 世紀前半の中國東北地方における日本人の建築組織に関する研究 るの 3[J]. 日本建築学会計画系論文集，1994,457(3):215–224.
[8] 陈建仲 . 日本帝国主义时期满洲建筑协会的形成、发展与影响 [D]. 台南：成功大学，2017:1,156.
[9] [日] 淺輪三郎 . 昭和制钢所二十年志 [M]. 鞍山：株式会社昭和制钢所，1940:2.
[10] [日] 益田千代治 . 立山臨時工事事務所の思い出 [M]// 滿鉄の建築と技術人編集委員會編集，滿鉄の建築と技術人 . 東京：滿鉄建築会，1976:241–243.
[11] [日] 満史会 . 滿洲開発四十年史（下卷）[M]. 東京：滿洲開発四十年史刊行会，1965:614.
[12] [日] 南滿洲鉄道株式会社総裁室地方部残務整理委員会編纂係 . 滿鐵附属地經營沿革全史（中卷）[M]. 東京：龍渓書舎，1977:433.
[13] [日] 越泽明 . 伪满洲国首都规划 [M]. 欧硕，译 . 北京：社会科学文献出版社，2011: 56.
[14] [日] 满洲建筑协会编辑部 . 會報 [J]. 满洲建筑杂志，1925,5(3):43.
[15] [日] 南满洲铁道株式会社庶务部调查课 . 南满洲铁道株式会社第二次十年史 [Z].1928: 39.
[16] [日] 仮屋薗盛一 . 追憶の片斷 [Z]// 滿鉄の建築と技術人編集委員會編集 . 滿鉄の建築と技術人 . 東京：滿鉄建築会，1976:266.
[17] [日] 東京建物社史編纂委員会 . 信頼を未来へ：東京建物百年史 [M]. 東京：東京建物，1998:50,75.
[18] [日] 南满洲铁道株式会社兴业部商工课 . 满洲商工要览 [Z]. 大连：满蒙文化协会，1922:170–177.
[19] [日] 南满洲铁道株式会社兴业部商工课 . 满洲商工要览 [Z].1927:278–288.
[20] [日] 平尾康雄 . 鞍山统计年报 [Z]. 鞍山：鞍山商工工会，1939:25–28.
[21] [日] 帝國商工會 . 帝國商工信用録：分冊 . 昭和 10 年度版（滿洲版）[Z]. 大阪：帝國商工會，1935:185.
[22] [日] 昭和製鋼所業務課 . 業務管理資料 [EB/OL].[2021–03].https://her

mes–ir.lib.hit–u.ac.jp/.
[23] [日] 满洲建筑协会编辑部 . 会报 [J]. 满洲建筑杂志，1930,10(10):73.
[24] [日] 满洲建筑协会编辑部 . 会报 [J]. 满洲建筑杂志，1930,10(11):77.
[25] [日] 满洲建筑协会编辑部 . 满铁鞍山医院新筑工事概要 [J]. 满洲建筑杂志，1928,8(1):42.
[26] [日] 满洲建筑协会编辑部 . 会报 [J]. 满洲建筑杂志，1924,4(4):55.
[27] [日] 佚名 . 鞍山復活と製鋼業 [N/OL].(1923–8–18)[2021–04–30]. http://www.lib.kobe–u.ac.jp/infolib/meta_pub/G000 0003ncc_00049714.
[28] [日] 满洲建筑协会编辑部 . 编辑後紀 [J]. 满洲建筑杂志，1934,14(2): 44.
[29] [日] 满洲建筑协会编辑部 . 建築界彙聞 – 鞍山の都市計畫 [J]. 满洲建筑杂志，1934,14(2):38.
[30] [日] 满洲建筑协会编辑部 . 卷頭圖版 [J]. 满洲建筑杂志，1939,19(2):8.
[31] [日] 满洲建筑协会编辑部 . 滿洲銀行鞍山支店新築工事概要、鐵の都鞍山商店街新築工事概要 [J]. 满洲建筑杂志，1934,14(2):11–12.
[32] [日] 池田官治 . 在來の土木學的都市計畫を精算して新なる都市計畫へ [J]. 满洲建筑杂志，1938, 18(7): 25–39.
[33] 佚名 . 製鋼所・満鉄を除き百万円の工事費・満洲景気は鞍山から 満州日報 [N/OL]. [2021–04–30]. http://www.lib.kobe–u.ac.jp/infolib/meta_pub/ G0000003ncc _00053156.
[34] [日] 南満洲鉄道株式会社総裁室監理課 . 昭和製鋼所用地調 [EB/OL]. [2021–03]. https://hermes–ir.lib.hit–u.ac.jp/.
[35] [日] 木村徳国 . 大正時代の住宅改良と居間中心形住宅様式の成立 [M]// 北海道大學工學部研究報告， 1958(18): 45–149.
[36] 周磊 . 西方现代集合住宅的产生与发展 [D]. 上海：同济大学，2007:4.
[37] [日] 小野武雄 . 小野木孝治氏の事共 [J]. 满洲建筑杂志，1933,13(2):72.
[38] [日] 山地博 . 近江町消費組合新築当時 [Z]// 滿鉄の建築と技術人編集委員會 . 滿鉄の建築と技術人 . 東京：滿鉄建築会，1976:160.
[39] 包慕萍 . 现代主义集合住宅在中国东北的实践：20 世纪 10—30 年代日本建筑师在大连、鞍山、抚顺的设计 [J]. 时代建筑，2020(6):27–33.
[40] [日] 小野武雄 . アパートメントハウスを論ず [J]. 建築雑誌，1918, 379(7):406–432.
[41] [日] 小野武雄 . アパートメントハウスを論ず [J]. 建築雑誌，1918, 381(9):481–516.

[42] 陈建仲 . 殖民地住宅的现代转型：以二次战前满洲日本人住宅的形成及其住宅竞图案为分析中心 [J]. 台湾大学建筑与城乡学报，2017(22): 22.
[43] [日] 西野作助 . 集合住宅一等當選圖案 [J]. 满洲建筑杂志，1930,10(10):15.
[44] [日]清水一 . アパートメントハウス [M] // 清水一，北村德太郎 . 高等建筑学第 14 卷・建築計劃 2. 東京：常盤書房，1933:7.
[45] 刘大本 . 日本集合住宅之考察 [J]. 中华留日东京工业大学学生同窗会年刊，1937(14): 1–4.
[46] [日] 松室重光 . 生活改善と建築（上）[J]. 满洲建筑杂志，1919,1(2): 5–11.
[47] 鞍山市建筑工程志编委会 . 鞍山市建筑工程志 [M]. 沈阳：辽宁人民出版社，1990.

* 本文获国家自然科学基金项目“基于行业视野下的近代机场建筑形制研究”（51778615）资助。

杭州笕桥机场近现代建筑遗存调查评价和保护策略研究*

欧阳杰　尚　芮　中国民航大学机场学院

摘　要：本文分析以“两校一厂”为代表的杭州笕桥机场近现代机场建筑群的历史沿革、建筑特征、飞行区演变，考证近代笕桥机场的总平面布局特征，并应用“二重证据法”新近发现了民国时期的中杭厂和飞机机库建筑遗存，重点论证典型机场建筑遗存的建筑特征及其在近现代航空教育、航空工业、军用航空及民用航空方面的价值体系，最终提出笕桥机场地区延续航空文脉的整体性保护及再利用策略。

关键词：杭州笕桥机场；机场建筑；飞行区；建筑遗产保护

引言

始建于北洋政府时期的近代杭州笕桥机场是集航空培训、航空工业及防空教育于一体的综合性大型航空基地，主要驻扎有以“两校一厂”（中央航空学校、防空学校和中央杭州飞机制造厂）为核心的三大航空机构。1957 年，随着中国民用航空杭州站的正式建站，笕桥机场又开创了军民合用模式。笕桥机场至今尚保留着国内绝无仅有且相对完整的近现代机场建筑群，这些建筑遗产对研究我国近现代航空教育、航空工业及军用航空和民用航空业的发展脉络具有重要价值。

1　杭州笕桥机场的历史沿革及建设概况

杭州笕桥机场位于杭州城东北约 12 千米的笕桥镇，沪杭公路和沪杭甬铁路分别从机场东侧、西侧经过，其交通便捷，具有重要的军事战略地位[1]。笕桥机场的建设历程（表 1）按照时间顺序可划分为以下三个阶段：①北洋政府时期（1924—1927 年）。1924 年，时任浙江督军的皖系军阀卢永祥将笕桥原清朝八十一标马队、炮营驻扎校场改建成机场，并组建浙江航空队和建立航空教练所，这时期的笕桥军用机场粗具雏形。②南京国民政府时期，分抗战前（1927—1937 年）、日据时期（1937—1945 年）和抗战胜利后（1945—1949 年）三个时期。抗战前期，在美国军事顾问团的指导下，笕桥机场由单一的军用机场提升为大型航空基地，这是笕桥机场近代建设规模最为庞大、功能设施最为完备的鼎盛时期。日据时期，侵华日军于 1937 年 12 月占领笕桥机场，将其作为海军航空兵部队的主基地使用。为了满足其侵略作战的需求，扩修了一条水泥混凝土跑道。抗战胜利后，被迫于抗日战争爆发后迁至昆明巫家坝机场的中央航校在 1946 年 6 月迁回笕桥机场，而迁至云南雷允的中杭厂早已解散，这时期的笕桥机场仅对校区和飞行区进行了整修。③中华人民共和国成立后的时期（1949 年至今）。驻场空军先后对机场进行了四次扩建。原有跑道改为滑行道和停机坪，新建一条跑道及其滑行道和联络道。1957年，民航杭州站在笕桥机场设立，机场实现了从军用机场到军民合用机场的转型，持续时长44年。[2,3]

表1　杭州笕桥机场的主要建设历程

阶段划分		建设年份	机场用地面积/飞行区建设	其他设施建设概况	建筑遗存现状
北洋政府时期		1924	土质场面	改建旧校场为机场	民国石桥1座、笕桥火车站
南京国民政府时期	南京国民政府成立初期和局部抗战时期	1931	占地约80 000平方米	设有2座小机库以及一些简陋的木质工棚	航校大礼堂，醒村别墅群（9座），餐厅（招待所），机库1座，中杭厂宿舍楼1座及附属建筑2座，航校铁路支线、机场路
		1932—1933	占地约40公顷	改旧校场为航校校址；建设工厂和飞机棚；扩展校舍，新建航校大礼堂及醒村等；沪杭甬铁路改线；新建清泰门—机场公路	
		1934—1935	场面长宽700米×500米	当年中杭厂投产；防空学校开课，次年迁出；设修理工厂及飞机库6座，油库2座，弹库3座；修建蒲石河铁路支线	
	全面抗战时期（日据时期）	1937	场面长宽2000米×1500米	航校及中杭厂被迫撤离，建设碉堡等防御性工事	办公楼，碉堡（车站东、中杭厂宿舍东、空军医院西各1座），暗堡（机场路2座和空军医院西1座），岗哨1座
		1945	跑道1400米×60米×0.07米，滑行道800米×30米×0.07米，推机道260米×30米×0.07米，停机坪8400平方米	日军建成军用办公楼、发动细菌战基地	
	抗战胜利后时期	1945—1947	占地1.375平方千米	航校迁回；征收民地481丘，整修校区和飞行区	大营门桥、凯旋门（大营门）
中华人民共和国成立后	建国初期	1952	占地5.775平方千米，原跑道改为滑行道和停机坪，新建跑道2153米×60米×0.35米，滑行道2780米×14米×0.35米，停机坪31 292平方米	征地92.7公顷扩建；修缮油库、夜航设备及排水设备，油库容量1380吨	军用跑道和滑行道系统
	“一五”和“大跃进”时期	1957—1959	新建客机停机坪	设民航杭州站（平房3座，含候机室、职工宿舍、发射台）；后期新建三层综合大楼	民航综合楼（建筑面积3150平方米）
	“三五”时期	1965—1971	跑道长3200米，滑行道长2900米，联络道216米，停机坪长340米、宽100～110米，环形停机坪2500平方米	设汽车库、油库各1座；后期新建候机楼；修机坪15200平方米；设远、近归航台和发报台各1座；设变电所2个；改建杭笕公路	候机楼（建筑面积5763.8平方米），机场路（大营门口—闸弄口，全长6.17千米）
	改革开放初期	1990—1993	占地5.5平方千米，跑道3200米×60米，新建客机坪与环形停机坪	装有一类助航灯光系统，能供B747-400飞机起降；后期扩建候机楼7167平方米，总候机楼占地面积达1.5万平方米	候机楼扩建部分

2　杭州笕桥机场的总平面布局特征

2.1　早期机场总平面布局结构

处于鼎盛时期的近代杭州笕桥机场是依托军用机场平台，以中央航空学校（航空教学）、防空学校（防空教育）和中央杭州飞机制造厂（航空工业）所组成的“两校一厂”为主体，并与驻场空军部队共同打造形成的“产、学、军”相互匹配的技术先进、功能齐全、业务关联的大型航空基地。整个机场区域以机场路为界分为东、西两大部分，机场路以东为机场飞行区，内设油料库、弹药库、飞机修理厂、飞机机库、实习工厂和其他军事设施；机场路以西为中央航校的军官住宅区（醒村）、教学区和运动区等；机场路的北端则布局中杭厂和防空学校（图1）。整个机场区域的总体布局紧凑，生产生活功能完备，对外交通便利，现代化的航空基地初具规模。[4]

图 1　近代杭州笕桥机场“两校一厂”驻场机构的总平面布局图
（来源：作者自绘）

2.2　飞行区的演进

南京国民政府成立初期的笕桥机场是中央航空学校的训练机场，仅有长宽 700 米 × 500 米的梯形土质场面，无跑道、停机坪等空侧设施；日据时期，为满足对华作战的需要，侵华日军将机场飞行区扩展至 1500 米 × 2000 米，并修建了一条长 1400 米、宽 60 米的水泥碎石跑道及长 800 米、宽 30 米的滑行道。这时期的飞行区由无跑道的不规则场面向单跑道构型、规则四边形的场面转变；中华人民共和国成立后，空军将原跑道改建为滑行道及停机坪，新建了一条长宽为 2153 米 × 60 米的跑道及平行滑行道，这时期的飞行区整体呈三角形布局。1957 年笕桥机场对民航开放，民用航站区在机场的东北角布局建设，整体格局沿机场路呈现“南军北民”的特点。笕桥军用机场经过多次扩建，跑道长度逐渐延长至 3200 米，同时跑滑系统、推机道、环形停机坪及飞机窝等一应俱全，这标志着飞行区的布局趋于大型化、专业化和现代化（图 2）。

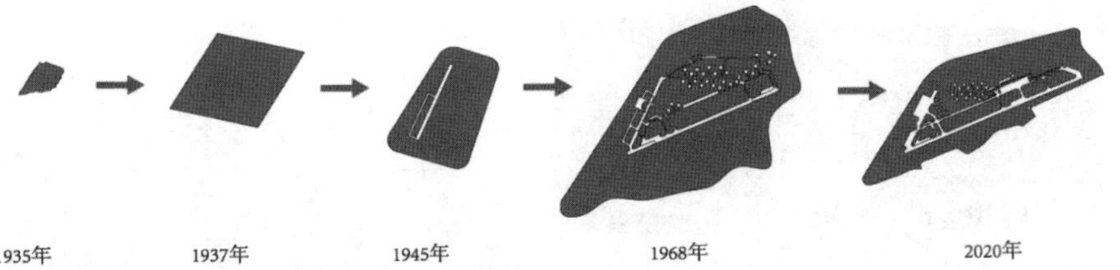

图2　杭州笕桥机场的飞行区演进图
（来源：作者自绘）

2.3　“两校一厂”在机场的空间布局

中央航空学校位于笕桥机场的西部，该校由大兴建筑工程事务所设计，裕记成营造厂施工。它既是中国近代规模宏大、组织完善、管理规范的航空专业人才培训基地，也是在“两校一厂”三个板块中占地面积最大、功能最完备的军事驻场机构。从总平面布局上看，中央航校以主教学区为中心，其东侧为附属的训练机场，南侧设为教官住宅区，北面为运动区。主教学区以航校大礼堂为中心，航校大门与其相对而设，中间为方形广场和十字形水泥路，南北两侧分别布置学员宿舍、食堂、图书馆等生活设施，还在大礼堂西侧建有游泳池，可充分满足学员的日常教学及生活起居需求（图3）。教官住宅区为以西式别墅群为主体的“醒村”，并设有子弟小学、幼稚园、消费合作社和军官俱乐部等配套，还在出入口及中部各设一花园。醒村总体上呈三角形布局。[5-7]

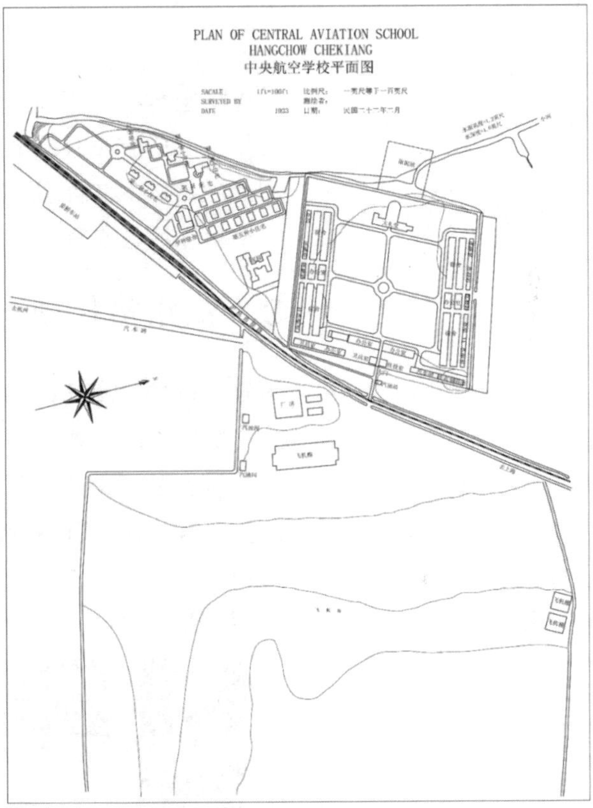

图3　1933年绘制的中央航空学校平面图
（来源：作者根据第二历史档案馆馆藏档案描绘；档案全宗号761，案卷号344）

中央杭州飞机制造厂位于机场的北侧，全套工程设计图纸由美方提供，采用封闭管理式的集中布局。其主体为分设办公区和生产车间两部分的联合厂房（图4），其中办公区共两层，一层为管理间及设备间，包括生产课、管理课和配电间等；二层为中方管理人员及外籍员工办公区，包括设计课、会计课、厂长办公室等。生产车间由中部大跨钢结构的无柱大厅和两侧锯齿状辅助车间所组成，共分为机工、机身、机翼、焊接和装配五大车间。此外，厂房西侧增建有两层的办公建筑及单层的材料库。主厂区北侧建有职工生活区，包括三幢职工宿舍、食堂、饭厅和休息室及公共卫生间等。中杭厂的生活区和工作区各自封闭运作，实现了厂住分离，堪称反映当时先进工业水平的样板，但主厂房终因遭日军轰炸被毁[8,9]。

图4　杭州笕桥机场中央飞机制造厂联合厂房的前后立面
（来源：George B. Arnold 提供）

防空学校位于中杭厂北侧，航校以东。1934年，国民政府航空署征用浙江省立高级蚕桑科职业学校校舍设立防空学校，该校包括两组平房建筑群，其中东西向建筑5幢，南北向建筑4幢。1935年防校撤出笕桥机场后，原有校舍为机场驻军使用。[10]

3　杭州笕桥机场的历史建筑遗存研究

3.1　杭州笕桥机场历史建筑遗存总体分布现状

笕桥机场尽管经过多次战争洗礼，但仍保留有体现军事航空和民用航空要素的近现代建筑群。既有抗战时期的飞机机库，也有1970年代的民用候机楼，且飞行区的跑滑系统、停机坪和飞机窝等主要设施也保存相对完整（图5）。在“两校一厂”方面，中央航空学校建筑群相对保留完整，其保护范围为5923平方米的旧址已纳入全国重点文物保护

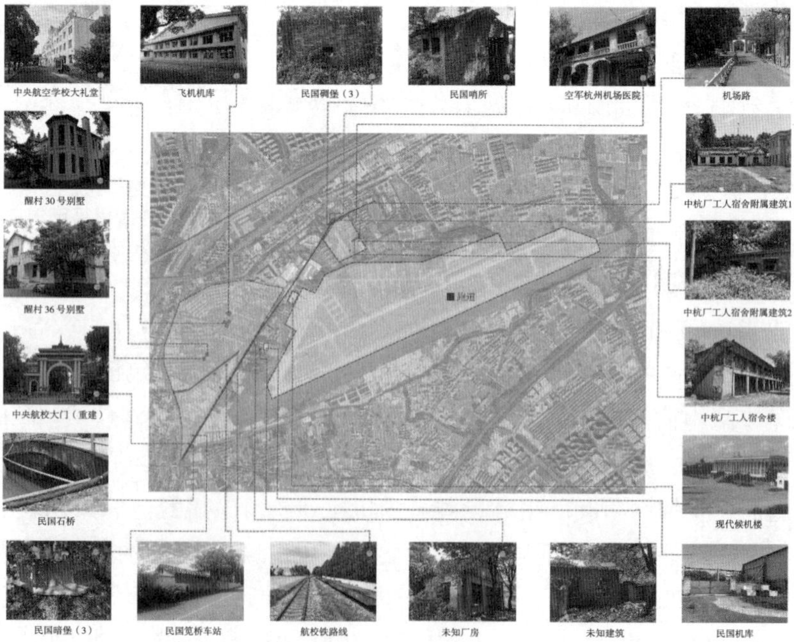

图5　杭州笕桥机场的主要历史建筑遗存分布现状
（来源：作者自绘）

单位；中央杭州飞机制造厂具有鲜明的工业建筑特征，至今尚有职工宿舍楼及附属建筑遗存；防空学校驻场时间短，所借用的校舍建筑现已无存。总体而言，笕桥机场地区的历史建筑类型遗存丰富，但部分建筑遗存的现状堪忧。如空军医院、笕桥火车站、中杭厂宿舍等现已闲置废弃，不同程度地存在着破损、残缺、老旧及拆毁等问题，如民国时期的招待所建筑已被拆除；有的建筑遗存还遭受水泥砂浆填筑、抹平等破坏性维护；有的甚至被大规模拆改，使得原有建筑风貌严重受损。

3.2 杭州笕桥机场典型历史建筑现状特征

3.2.1 中央航空学校医务室

始建于1930年代的中央航空学校医务室位于机场路西侧，航校东侧。该建筑为东南朝向，为主体两层、中间局部四层的砖混结构楼房，青砖砌筑的清水墙面，四面坡木构屋顶，机平瓦屋面，水泥混凝土楼板，走廊水泥地面和室内木板地面。该建筑设计理念先进，采用内外廊结合式，以及采光通风良好的高楼层和高开窗布局。上下两层各设有11个柱廊开间，中间大开间为主出入口，内廊两侧设次要出入口（图6）。屋顶中间位置设有二层式防空炮台，顶层四面均开有两扇大窗，其屋顶及屋外均筑有带女儿墙的露天平台。中华人民共和国成立后，该建筑曾用作“空军杭州机场医院”，现已闲置，但总体状况良好。

图6　1930年代建成的中央航空学校医务室现状

3.2.2 中央杭州飞机制造厂的工人宿舍建筑群遗存

笔者经“二重证据法”考证发现，位于机场路以东的民国建筑群为原中杭厂厂区东面的工人宿舍区建筑遗存，该宿舍区原有三幢东西朝向的二层式标准化宿舍楼，现仅存居中的一幢。该建筑为矩形平面、单面廊和坡屋顶。上下层建筑立面均为12开间的开敞式单外廊形式，其山墙两侧各设直跑楼梯一部。该建筑为四面坡屋顶、清水墙砌筑的砖混结构，所砌筑的青砖为泰山、倪增茂、黄茂顺、顾义顺等品牌混用，推测是由于工期紧、用砖量大的缘故（图7）。在宿舍北部尚遗存有平房一间（现为公共卫生间）。这一国保级的中杭厂工人宿舍区建筑群现已闲置废弃，亟待修缮和纳入保护名录。

图7　中央杭州飞机制造厂工人宿舍原貌与现状对比

3.2.3　中央航校实习工厂机库遗存

经笔者考证，笕桥机场现存的民国时期机库是原中央航校实习工厂区内的双联排式机库，该机库为六榀弧形桁架式的大跨钢结构，机库大门双向进出，屋面设有条状采光带。机库长 91.44 米，宽 45.72 米，由上海慎昌洋行设计施工，1933 年建成（图 8）。因抗战时期受损，该联排机库现已拆改为单跨机库使用，其正面外部为迷彩涂装，但西侧机库大门、南侧山墙面部分仍保留民国时期的建筑形制（图 9）。

图 8　杭州笕桥机场中央航校双联排式机库大跨钢结构施工的原貌
（来源：1933 年《中央航空学校毕业纪念刊》的广告插图）

图 9　杭州笕桥机场机库的原貌与现状对比

3.2.4　现代候机楼

由浙江省工业设计院设计的笕桥机场候机楼是 1971 年为迎接尼克松访华而突击修建的，于 1972 年建成。其从设计到竣工仅历时两个多月。建筑呈东西朝向，长宽高尺寸为 84 米 × 28 米 × 14.5 米，建筑面积 5800 平方米，共三层（图 10）[11]。候机楼整体呈一字形平面布局，以中间的候机大厅为中心，南翼布置贵宾接待区，北翼对称布置宾馆和机务人员宿舍。建筑立面采用四周列柱、间以大开窗的现代建筑风格，空侧面设有 15 米宽室外大踏步直达停机坪，用于步行登机。该建筑集候机、住宿、宴会场所于一体，其造型简洁，风格明快；1981 年被评为全国优秀设计建筑作品，并为 1989 年英国出版的《世界建筑史》所收录；目前作为营区飞行区附属设施仍在使用。

图 10　杭州笕桥机场 1972 年建成的候机楼
（来源：杭州市地方志编纂委员会，《杭州市志》）

4　杭州笕桥机场地区历史建筑遗存的保护与利用

4.1　杭州笕桥机场历史建筑遗存的价值体系认定

杭州笕桥机场不仅是中国空军首战告捷的“八·一四”对日空战的出击机场，也是中国近代军用航空培训业和航空工业的发祥地之一，在航空教育、航空制造和防空等诸多领域进行了探索，为我国近代航空事业的发展积累了丰富的实践经验和培育了不少的专业人才。中华人民共和国成立以来，笕桥机场依然在东部沿海地区具有独特的战略地位并发挥着近海防空作用。尤其是在自 1957 年设立中国民航杭州站的 44 年军民合用时期，为我国后期大规模的军民合用机场运营推广积累了宝贵的经验教训。杭州笕桥机场在中国近现代航空史中的历史积淀丰富，以“两校一厂”三大驻场机构建筑遗存为核心的近现代历史建筑群也因此具有军事建筑、工业建筑和交通建筑等多重性质，这些建筑群既代表了近代中国先进的航空制造业水平，是早期中美航空军工企业合作共进的产物，也是抗日战争初期对日空战的真实反映和近代航空救国思想的具体体现，同时还是中国现代民航事业发展和重大外事活动的物化见证。其承载的航空历史文化丰富，具有绝无仅有的历史价值、文化价值、社会价值、科学价值以及行业价值。

4.2　杭州笕桥机场历史建筑保护面临的问题

杭州笕桥机场地区的文物保护工作自 2005 年就已经陆续开展，“笕桥路拟保历史地段保护规划”被列为杭州市政府当年十大工程之一，[12] 中央航空学校旧址也于 2006 年 4 月经国务院批准为第六批全国重点文物保护单位。2019 年 10 月，杭州市江干区人民政府提出结合中杭厂旧址申遗等工作打造融旧址、遗址、纪念馆等于一体的笕桥郊野公园。但笕桥机场尚由驻场部队使用，军事管理区的相对封闭性一方面从客观上为历史建筑的留存提供了一定保护，避免了因房地产开发热所引发的拆除；另一方面由于驻场部队缺乏相关的文物保护机构和制度以及文物保护专项经费的支持，历史建筑长期处于封闭环境下的自我维护状态，难以实现对尚未列为文保名单的历史建筑切实有效的保护，使得这些濒于破损的历史建筑遗存只能维持现状，几近于自生自灭状态。而对于省市政府文保单位来说，除已列为全国重点文物单位的醒村别墅群和航校礼堂旧址维护较好外，由于历史建筑的档案资料不全，也缺乏对机场地区的全面田野调查，尚不了解营区内部历史建筑遗存的整体分布现状及其价值认定，使得这些建筑遗存无法纳入文保单位或历史建筑名录。

4.3 杭州笕桥机场历史建筑保护和再利用的策略

4.3.1 打造以“两校一厂”为核心的航空历史街区

建议加快编制杭州笕桥机场“两校一厂”旧址保护规划方案，并结合航空历史博物馆（中央航校大礼堂改建）和跑道公园（飞行区改造）等特色航空主题，对接笕桥路历史地段保护规划和笕桥郊野公园规划，共同打造国家级的笕桥航空历史文化街区。针对中杭厂建筑遗存较少、防空学校建筑遗存缺失的现状，建议部分重建中杭厂厂房、防空学校校舍等典型专业建筑，最终将“两校一厂”建筑遗存并入“中央航空学校旧址”这一全国重点文物保护单位，并更名为“笕桥机场近现代建筑群”这一外延更广的名称。

4.3.2 对营区内历史建筑遗存进行军民联合普查

考虑杭州笕桥军用机场搬迁时间的不确定性，建议现阶段地方文物保护部门与驻场部队尽快联合开展对军事管理区内历史建筑遗存的田野调查，对机场内的现有建筑遗存进行全面摸底和价值认定，并设立分类分级的历史建筑保护名册及电子文物档案。对尚未列入保护名单的历史建筑予以抢救性修缮和管理，并最大限度地保留其建筑原貌。另外，针对已经进行了较大尺度改造的历史建筑，应在保障机场安全运行和维护原有建筑风貌的前提下编制并实施其专项保护和活化利用方案。

4.3.3 加强地方文物管理机构与驻场部队在过渡期的有效对接

在杭州笕桥机场迁建前的过渡阶段，针对机场历史建筑遗存亟待保护的紧迫现状，建议尽快建立以地方为主、部队为辅的历史建筑保护与再利用的协调体制机制，明确双方在机场建筑遗产保护工作中的各自职责任务，协调好营区建设和文物保护之间的关系，防范对机场建筑遗存的不适当拆改、利用，并由地方文物保护部门筹措专项经费予以支持，最终推动军民双方共同保护好笕桥机场近现代建筑群，并合力打造国家级的爱国主义航空教育基地。

5 结语

杭州笕桥机场在近现代时期曾是一系列重要驻场机构、重大历史事件和著名历史人物的诞生地、发生地和见证地，它生动地展现了中国近现代航空事业发展的艰难起步和辉煌历程，也在近现代机场建设、航空教育、航空工业、国防建设、外事交往等诸多方面享有独特的地位。加强杭州笕桥机场地区历史建筑遗存的价值体系认定及其保护利用研究，对我国近现代航空文化的传承创新与爱国主义精神的发扬光大都具有重要意义。

参考文献

[1] 欧阳杰 . 中国近代机场建设史（1910—1949）[M]. 北京：航空工业出版社，2008.

[2] 渠长根 . 浙江航空史志 [M]. 北京：光明日报出版社，2010.

[3] 笕桥镇志编纂委员会 . 笕桥镇志（下）[M]. 北京：中华书局，2016.

[4] 渠长根 . 民国杭州航空史 [M]. 杭州：杭州出版社，2012.

[5] 浙江省政协文史资料研究委员会 . 浙江文史集萃 [M]. 杭州：浙江人民出版社，1996.

[6] 中央航空学校航空公墓、教职员平房宿舍、子弟小学校舍等工程建筑费支付预算书 [A]. 中国第二历史档案馆，全宗号 761：案卷号 344.

[7] 中央航空学校实习工场、工厂炉子间及气管沟工程建筑费支付预算书 [A]. 中国第二历史档案馆，全宗号 761：案卷号 346.

[8] 中国航空工业史编修办公室 . 中国近代航空工业史（1909—1949）[M]. 北京：航空工业出版社，2013.

[9] 上海市政协文史资料委员会 . 上海文史资料存稿汇编：工业商业 [M]. 上海：上海古籍出版社，2001.

[10] 李祖运，于长海 . 国民党中央防空学校在大陆的始末 [J]. 抗战史料研究，2012(2):153-160.

[11] 杭州市地方志编纂委员会 . 杭州市志第六篇：交通篇 [M]. 北京：中华书局，1999.

[12] 吴俊剑 . 关于杭州笕桥历史街区保护的建议 [J]. 现代城市，2009(2): 42-44.

* 本文得到国家自然科学基金面上项目“土地重划带动城市老工业区公共空间系统的更新改造研究”（编号：52078114），2019年国家大学生创新创业训练计划项目“南京老厂房改造园区利用现状及周边配套设施状况的分析与改进研究”（编号：201910286002）的资助。

南京环城墙带老工业园区转型创意园区的更新类型及其内在机制初探*

黄思诚　易　鑫　陈袁杰　张淳铖　孙　骜　张　勇　东南大学建筑学院

摘　要：南京环城墙带地区是南京市重要的工业遗产集聚地。过去南京城墙周边地区作为城市边缘区，吸引了大量工业企业集聚，推动了南京的工业化进程。伴随着产业结构转型，工业企业纷纷迁出，南京老城经历了一系列空间改造和功能提升，创意园区成为老工业园区重要的更新方式之一。创意园区为当地带来新发展动力的同时，也遇到了与周边城市空间不相适应的情况。本文从创意园区与城市空间互动的角度，总结环城墙带的老工业园区向创意空间转型的四种更新类型，并分析了其内在机制。

关 键 词：城市更新；工业遗产；创意园区；南京环城墙带

引言

老工业园区在我国快速城镇化过程中发挥了重要作用，推动了城市工业化进程，促进了经济发展。进入工业化成熟期，第三产业开始占据地租更高的中心城区，伴随着城市产业结构升级，工业区位由城市中心区向外迁出，[1] 原来的老工业园区面临更新改造的挑战。

老工业园区中常常保留有一定的工业遗产，具有丰富的历史价值，但也面临着设施老化、再利用难度高、想保护却难开发的尴尬局面；园区周边地区也混杂着一定数量的居住区和配套生活服务设施，过去依托工业配建而成，具有较高的社会价值，但在长期发展过程中，出现了落后产能集中、基础设施老化、环境污染严重等问题。

作为工业空间更新的重要方式之一，历史老城周边的老工业园区改造为创意园区有利于老城区的功能提升，形成创意产业活动的集中区域，促进周边地区发展，对地区经济复兴、物质空间改造和工业遗产保护有重要意义。

本文以南京环城墙带老工业园区为例，探究老工业地区向创意空间转型的更新类型与机制，对其他类似城市中的工业空间更新具有借鉴意义。

1　研究背景与对象

1.1　南京环城墙带地区发展概况

现今的南京明城墙（京城城墙）始建于元朝末期，从当时的城市发展状况来看，城墙建造综合考虑了城南居住区、宫殿地区、自然地形等要素，摆脱了古代方正建城的观念，体现了因地制宜的城市建设观。[2] 城墙的走线与城市要素息息相关，即使到现代，城墙仍不失其城市性，环城墙带作为一个充满机遇与挑战的区域，是城市新老要素碰撞交替的集中地。

晚清以前，城墙一直作为城市的防御边界，外围是农田或荒地，鲜有建设。直到晚清洋务派在城南中华门外兴建起以金陵机器制造局为首的军事工业，环城墙带才开始作为重要的工业用地进入城市建设者的视野。凭借对外交通优势（秦淮河运和京市、宁芜铁路）和城市边缘区位条件，环城墙地区聚集起了大量工业企业，带动了居住区以及配套设施的建设。但改革开放后，南京城市体量不断扩大并跳出城墙范围，城墙失去原有的防御功能，作为文化符号受到保护（图 1）。伴随着工业企业的迁出，南京由生产型城市逐步向消费型城市转变，[3] 环城墙带地区开始了城市更新的进程，第三产业迅速发展，同时更加注重城市环境品质以及遗产保护。

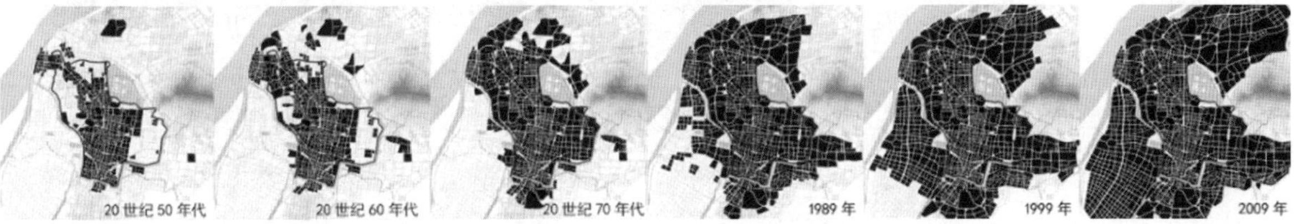

图 1　南京城市形态演进图

（来源：季文媚，程世毓．南京城市空间拓展机制及发展思考 [J]. 安徽建筑，2019,26(1):35–39）

1.2　南京工业布局与老城空间格局变迁

尽管明城墙在明朝就已经建成，但自迁都北京后，南京作为留都，其城市发展动力有限，导致明城墙范围内的空间并未得到充分的利用。到清朝时，城东为宫城区，城南为百姓居住区和商业区，南京的主要建成部分仍集中在城墙范围内的南部地区，其范围东起大中桥，西至三山门（今水西门），南达聚宝门（今中华门），北抵北门桥（今珠江路北）。出北门桥、鼓楼以北的地区大部分为农田和荒地，零星分布军事设施（图 2）。[4]

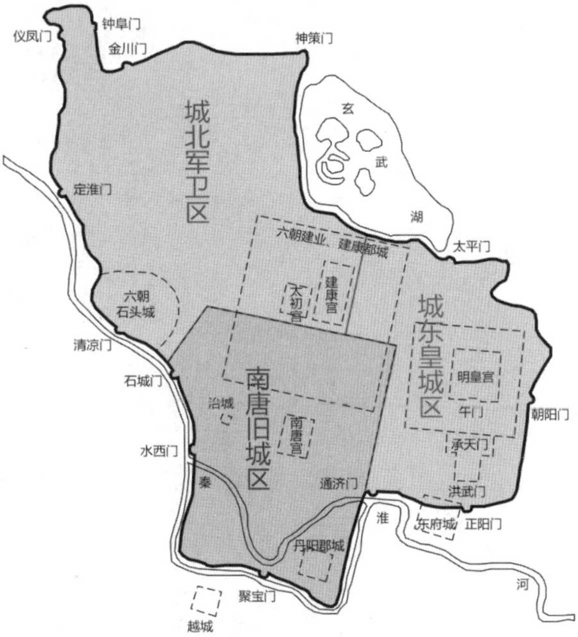

图 2　明代南京城市格局

（来源：陆涵．大事件视角下的南京城市空间演进研究（1840—1937）[D]. 南京：东南大学，2018:64. 作者改绘）

晚清时，下关码头作为连接津浦铁路和沪宁铁路的枢纽成为南京城市的新发展点，同时洋务派在长江和秦淮河沿岸建设以金陵机器制造局为首的第一批近代军事工业，这在一定程度上促进了下关和城南地区的发展。[5] 这是自明代建城墙以来，南京第一次开始跳出城墙的范围寻求发展，自此环明城墙地带成为南京重要的工业聚集地。

民国时期，南京的城市建设开始跳出城南范围，并通过“首都计划”完成了对城墙范围内及周边地区的设想，南京的城市建设进入了一个新的高潮。虽然“首都计划”未尽实现，但沿中山大道两侧汇集了国民政府的行政院、交通部、外交部、最高法院等官署以及宅院、银行、饭店、戏院等，成为南京市内主要的增长空间，同时新街口地区迅速成为南京市新的商业中心（图 3、图 4）。[2] 这段时间主要的工业增长出现在长江沿岸下关地区，城墙周边地区的新增工业以服务居民生活的轻工业为主（图 5）。

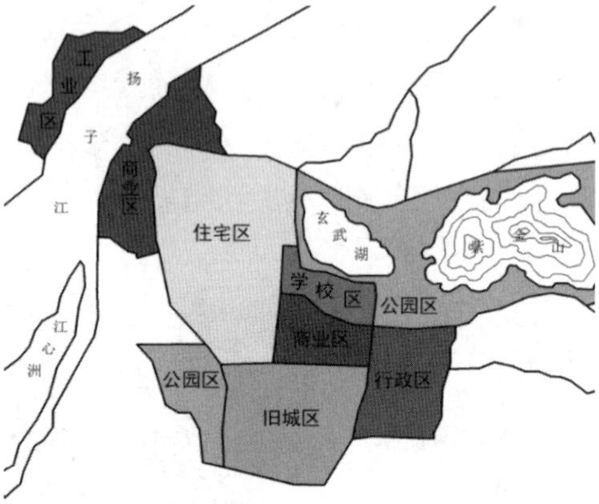

图 3 “首都计划”三稿分区规划示意图
（来源：黄道远 . 1927—1937 年南京城市规划作用机制研究 [D]. 北京：清华大学，2015:27）

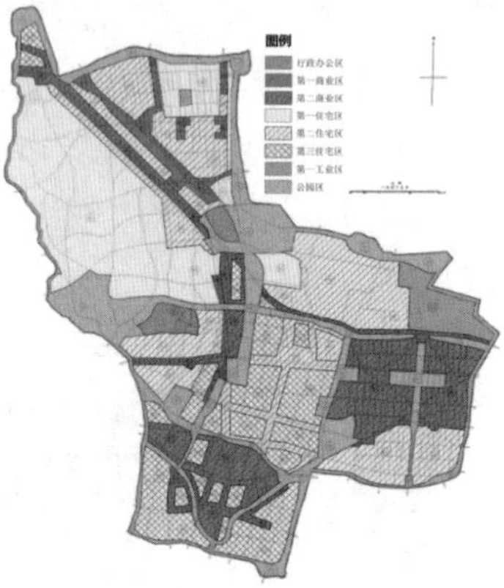

图 4 中心城区土地分区使用规划
（来源：黄道远. 1927—1937年南京城市规划作用机制研究[D].北京：清华大学，2015:40）

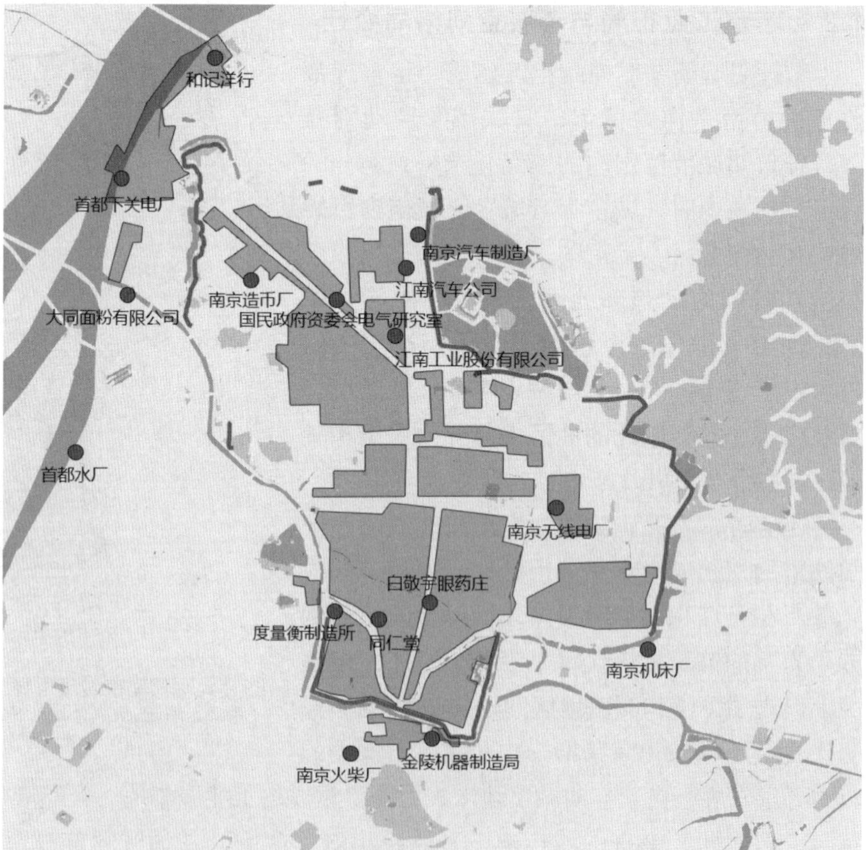

图 5 1945 年南京的人口分布与主要工业位置
（来源：陈亮 . 南京近代工业建筑研究 [D]. 南京：东南大学，2018:122. 作者改绘）

中华人民共和国成立后，南京的城市建设逐渐开始跨越城墙的界限。由于社会经济基础薄弱，加上南京工业实行有控制的发展，因此城市增长缓慢。这一时期，环城墙带地区作为城市的边缘区，依靠低廉的土地成本，吸引了用地规模较大的集团，如机关单位、大专院校和工厂等。南京的发展格局大致延续了民国“首都计划”中的思路，城市空间沿中山路向西北、向东伸展，沿长江南岸出现了大量的工业用地。经过近三十年的发展，到 1978 年，南京老城范围内的城市空间已经基本建设完成。[2]

改革开放后，城市土地有偿使用制度的建立促进了旧城土地置换和企业、居住区郊迁，南京迎来了城市空间迅速拓展的时期。土地价格的变化促使城市内原有的大型工业企业和居住区向外迁移，同时对老城内的土地功能进行更新置换，带动了城市空间不断向外拓展。总体上，过去住房与工作单位连为一体的“单位大院”式的空间模式渐渐消失。[1]但仍有部分工业集聚在环城墙带中一些风貌品质较差、地价水平较低的区域，是老城中心与新区中心之间的边缘地带，处于发展停滞、布局无序的状态。

进入 21 世纪后，老城内的土地开发已经趋于饱和，开始由增量转为存量发展。环城墙带地区也开始产业升级、环境提升等一系列更新进程。原先代表旧动能的工业企业被服务业替代，其遗留下来的工业遗产成为环城墙带更新提升的重要保护对象（图 6），按保护利用方式大致上有博物馆、创意园区、遗址公园、城市空间等更新方向[6]。

总的来说，环城墙带地区在南京城市发展的早期凭借交通条件和低廉的土地成本吸引了大量工业企业集聚，随着城市经济发展，环城墙带地区成为老城的边缘区，面临发展停滞的危机。在南京城市追求产业结构优化和存量发展的当下，环城墙带成为工业遗产集聚的地区（图 7），是城市更新的重点区域。

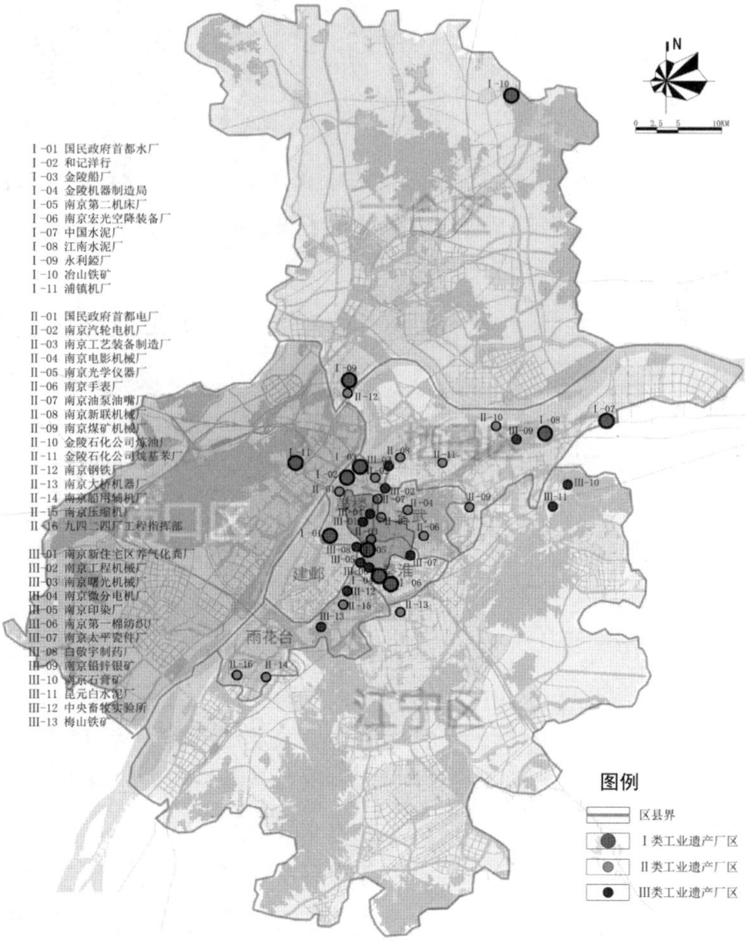

图 6　南京工业遗产分布图
（来源：《南京工业遗产保护规划》）

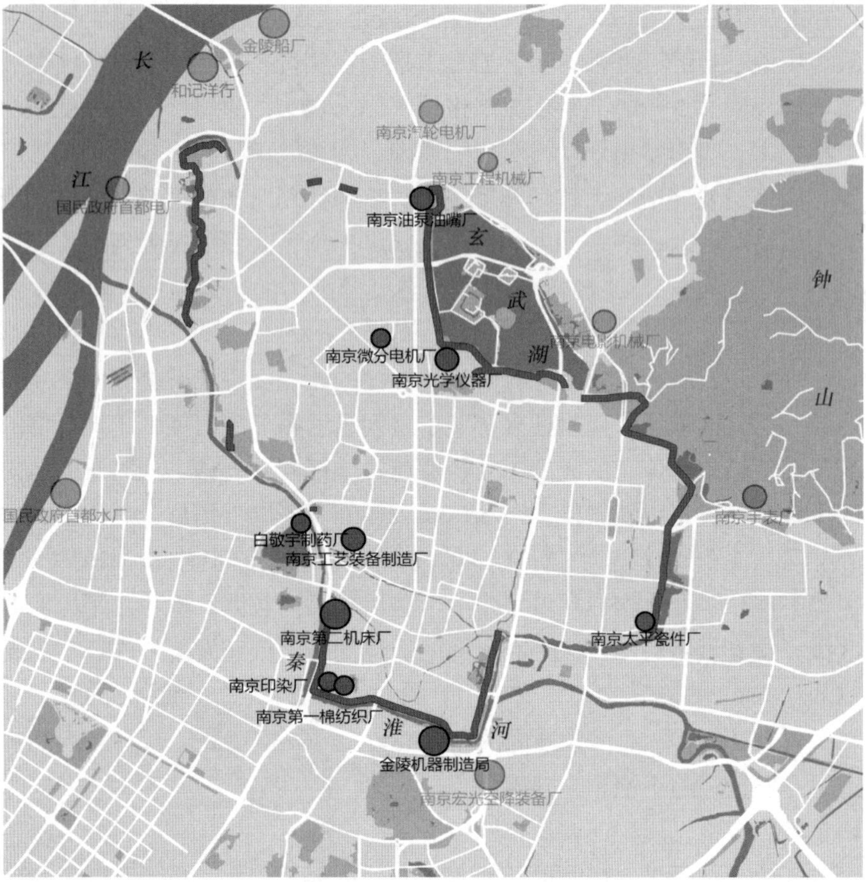

图 7　南京环城墙带工业遗产分布图
（来源：作者自绘）

1.3　创意园区是老工业园区重要的更新方式之一

在南京市经济发展动能换挡、产业结构优化升级、城市更新转型的背景下，老工业园区成为植入文创空间的有力抓手。同时，创意产业作为高附加值的文化产业正在兴起。将老工业园区改造为创意园区是老旧厂房去存量、吸引创意阶层的有效方式。

一方面，老工业园区内的工业遗产具有较高的历史价值、艺术价值和科学价值，是传承发展历史文化、延续城市文脉的重要载体。另一方面，创意阶层本身对城市创意氛围和办公环境有更多的需求，同时，文化创意产业由于其文化氛围浓、附加值高、无污染等特点，与老旧厂房的文化底蕴以及工业建筑空间契合度较好。因此对老工业园区进行以创意文化为主导的改造转型，能够在保护城市空间肌理和工业遗产的前提下，提升地区的经济活力。[7]

目前南京环城墙带上已经形成一定规模的创意园区集群，其中在工业遗产基础上建设起来的有晨光 1865 科技创意产业园（金陵机器制造局）、国家领军人才创业园（南京第二机床厂）、世界之窗创意产业园

（南京太平瓷件厂）、垠坤创意中央（南京油泵油嘴厂）、红山创意工厂产业园（南京工程机械厂）、越界梦幻城文化创意产业园（南京工艺装备制造厂），等等（图8）。

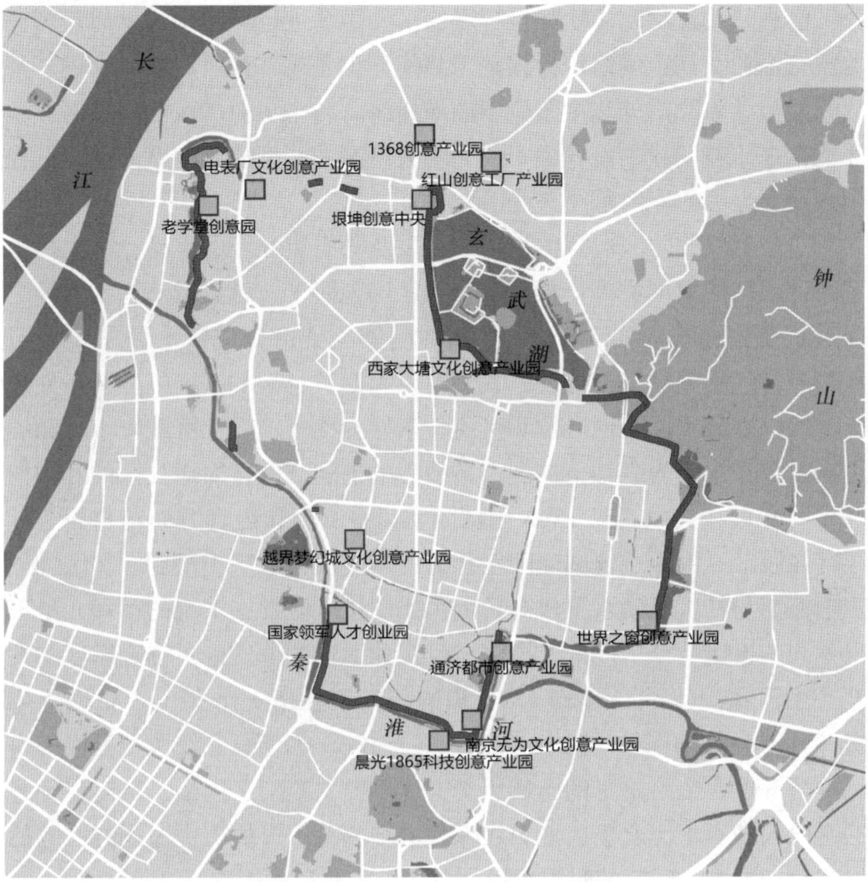

图8　南京环城墙带创意园区分布图
（来源：作者自绘）

2　老工业园区转型为创意园区的更新类型

历史上南京城市规模有限，主要是对明城墙内的城区空间进行更新改造，环城墙周边地区处于城市边缘，因此兴建了大量工业企业，如清末的江南铸造银元制钱总局和金陵机器制造局结合秦淮水运和城南劳动人力考虑建设。除此以外，中华人民共和国成立以后进一步兴建了一系列工业企业，如中华人民共和国成立初期结合中央路交通和周边汽修产业建设了南京油泵油嘴厂，结合城东大型单位院所考虑建设了无线电元件四厂和七厂。南京环城墙地带分布着为数不少的老工业用地，周边地区形成了较为完整的服务工业生产、工人生活的配套设施，城区结构也因此具有一定的封闭性。改革开放以来，随着城市化的快速发展以及经济结构调整，内城周边的工业企业逐步被迁出，原有的工业设施一部分得以保留，作为历史文化遗产得到保护和利用（比如国创园、晨光

1865）；另一部分地区则经历了大规模的城市改建，原有的城市结构基本上被新的结构所替代（比如垠坤）；还有的地区，原有的大型工业集团仍然得以保留，在工业生产职能外迁的同时，相关企业也在考虑对部分厂区进行改造利用（比如世界之窗）。中华人民共和国成立以后形成的国有企业及其空间组织模式趋于封闭，但是改革开放以后呈现逐步开放的趋势。除此以外，由于位于内城边缘，各个工业厂区的交通区位条件也存在比较明显的差异性，成为相关厂区在转型成为创意园区的过程中必须要考虑的外部条件。

结合老工业园区自身的更新改造以及与周边社区的互动，本文提出了四种不同的发展类型：社区融合型（国创园）、触媒带动型（世界之窗）、充分开放型（垠坤）、相对封闭型（晨光1865）。从老工业园区转型升级的关键因素出发，我们对以上四种类型的园区的更新条件进一步加以划分：以交通区位和可达性条件为横轴，以社区配套水平和周边企业合作水平为纵轴，体现了转型后的创意园区与周边社区的互动情况（图9）。其中晨光1865创意园明显在交通和配套方面都与周边社区存在脱节，世界之窗则受限于社区的配套服务水平，国创园和垠坤创意中央都与社区互动水平较高，但也因周边地区发展情况的不同，呈现出不同的更新特征。此外，园区自身工业遗产的价值也对创意园区的发展产生了重要影响，晨光1865和国创园工业历史悠久，历史遗存丰富，具有较高的保护价值，特别是晨光1865在交通受限和配套设施有限的情况下，依靠本身的丰富历史文化价值，吸引了相当一批有竞争力的企业入驻。相比之下，世界之窗和垠坤创意中央的历史遗产方面的价值有限，这对于园区的吸引力也产生了一定程度的影响。

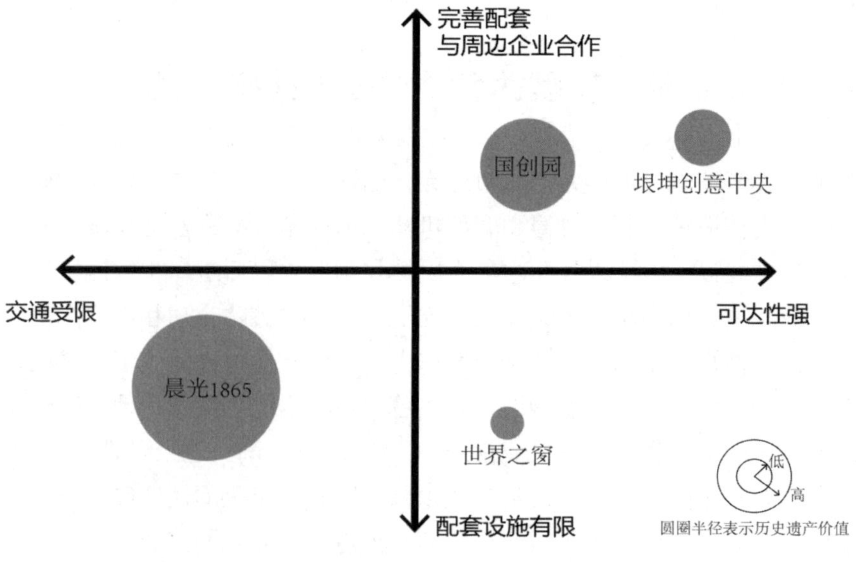

图9　创意园区与周边社区互动情况
（来源：作者自绘）

2.1 社区融合型：国创园

南京国家领军人才创业园（以下简称“国创园”）位于老城南西北角，西靠明城墙，北接秦淮河，具有良好的区位优势，周边社区具有深厚的历史积淀，最初在这里选址兴建铸币局，就是考虑到当时的西水关是内外秦淮河交汇处，货物吞吐量大，交通运输非常方便。长期以来，城南地区一直是规划建设以及更新保护的重点区域，成为保护相对完好、发展趋于成熟的历史城区。利用城墙、秦淮河、古民居等丰富的历史文化要素，城南地区通过老旧小区改造、街巷空间整治、历史遗址挖掘、生态环境修复等措施改善物质空间，又积极鼓励商业服务业发展。

国创园的工业设施最早建于 1897 年，两江总督刘坤一兴建了江南铸造银元制钱总局。1929 年 6 月 4 日造币厂发生大火，之后被迁往上海。1932 年，民国政府在园区旧址上建造了中央度量衡局度量衡制造所。中华人民共和国成立以后，几经改制，1963 年成立了南京第二机床厂，成为国内唯一生产剃齿机的工厂。2011 年，在南京市政府“退城进园”政策影响下，工业类厂房需要迁出主城区发展。2011 年，南京第二机床厂搬迁到江宁区继续发展。同年，在区政府的提议下，厂区原有的树木、房子作为历史文化资源得以保留，并转型成为创意产业园。园区业态定位侧重工业设计、形象设计、技术研发、文化创意等高科技产业。40 余栋老厂房的原貌得以保留，以恢复园区内的记忆。

在保护相对完好、发展已经成熟的历史性城区，园区与周边社区形成良好的互动关系，城市社区能够为园区提供面向创意阶层、符合他们需求的交流场所和配套设施，园区也能为社区提供丰富的展示内容和游览体验。

依托发展成熟的周边生活设施配套，国创园作为与当地社区共享共建的创意园区，对于发展富有活力的历史城区也起到重要作用。一方面，社区容纳大量居民，具备完善的生活设施配套，构成社区活力的基础，轻松活泼的环境有助于创意阶层从事创造性工作，[8] 稳定的本地观光客也有助于工业遗产的宣传展示；另一方面，老工业园区改造的创意园区有助于周边社区提升文化内涵、拉动经济增长，园区组织的文化艺术活动也提升了地区活力。

国创园已经成为主城内部具有重要影响力的创意园区。截至 2014 年，国创园已入驻企业 73 家，集聚南京 321 人才 33 名，从业人员 800 余人。园区以工业设计为特色、文化创意和设计服务为重点定位，已获国家级文化产业试验园区、江苏省工业设计示范园、南京市文化产业园、南京市科技孵化器等称号。[9] 国创园同时也取得了较好的经济效益，根据安居客的相关数据，国创园办公空间的租金为 2.5～3 元 / 平方米 / 天，在南京主城区的创意园区中属于中高端水平。

2.2 触媒带动型：世界之窗

世界之窗创意产业园（以下简称“世界之窗”）位于老城东南角，紧邻护城河和月牙湖公园，景观资源良好，周边社区集聚了一批伴随中华人民共和国成长的工业集团，如航空航天工业部 511 厂（今南京航空航天大学和金城集团）、中国电子科技集团 55 所、中国航天科工 8511 所、解放军 5311 厂等大型单位，最初在这里选址建设无线电元件厂，也是考虑到周边形成了精密仪器制造业集群，具有合作优势。在之后的发展过程中，城东月牙湖地区统合区域内一批集团院所打造“秦淮硅巷”，形成以航空航天科技研发为主导、以军民融合为特色的创新产业集群，但一直未能改变机关院所及其空间组织模式造成的封闭性。

世界之窗的工业设施最早建于 1955 年，初期为机电部定点生产电视机调谐器的专业工厂，后更名为南京汽车仪表厂。1967—1970 年，珠江路上的太平瓷件厂迁至园区东侧，与仪表厂一同更名为南京无线电元件厂（四厂和七厂），成为全国地方企业第一个生产瓷介电容器的厂家。2002 年，成立南京蓝普电子有限公司。2006 年，在南京市经委、白下区政府的合力支持下，民营企业南京顺天实业有限公司利用园区内工业用地和闲置厂房，改造为世界之窗创意产业园，主要建筑格局均得以保留。作为南京市内最早的一批创意产业园，园区业态定位于建筑设计、广告、咨询策划、动漫科技软件、工艺与工业设计等五大创意产业。2009 年，区政府与园区管理方合作打造“创意东八区公共服务平台”，为企业提供公共创意会所平台、图书会所、公共创意餐厅、创意活动展示交流平台和运动休闲平台，提升为园区企业服务的质量。2015 年，园区对配套设施进行升级改造，完成外立面出新、园区景观改造、电梯维护安装等。

在大型工业集团和机关院所集聚的城区，出于各单位私密性的要求，往往用围墙的形式将用地包围起来，街道上公共活动空间不足，造成城市社区活力低下。创意园区在社区中充当活力触媒，在业态上引入创意产业，在空间上结合工业遗址打造与城市共享的活动空间，除此之外，也带动了周边地区的商业服务业发展。[10]

该种更新类型受限于机关院所及其空间组织模式造成的封闭性，园区对城市的触媒带动作用也就止步于地块外围道路沿街面更新，并不足以对地块内部的功能结构产生影响。并且世界之窗自身的产业业态不算高端，经济体量有限，难以通过一个点疏通整个地区的闭塞问题，往往是小区外围的临街面设置一些餐饮店铺，以及面向城市居民的一些基本设施如超市、药店、百货、餐饮等，仍然很少有以创意园区为导向的配套服务设施。

世界之窗在秦淮区创意园区内居于发展前列。截至 2016 年，世界之窗可招商载体约 5.2 万平方米，实有入驻企业 201 家，入住率 89.1%，实现税收 4799.75 万元，经济效益仅次于晨光 1865 创意产业园和双龙科技产业园。[11] 园区在创业服务和公共服务方面为社区做出贡献，获评省级创业孵化示范基地和江苏省服务业标准化试点园区。由于周边机关园所与园区企业之间的合作不足，且园区自身空间有限，配套设施不足，世界之窗的触媒带动作用还有待进一步提升。根据安居客的相关数据，世界之窗办公空间的租金为 2～2.2 元 / 平方米 / 天，在南京主城区的创意园区中属于中低端水平。

2.3 充分开放型：垠坤创意中央

垠坤创意中央产业园（以下称“创意中央”）位于老城北中央门立交东南角，东邻玄武湖，北依神策门公园，具有良好的区位优势，周边社区形成以金融商务业为主的城市中心区，最初在这里选址建设南京油泵油嘴厂，主要考虑中央路作为重要城市干道带来的发展优势。长期以来，城北中央门地区依托城中心和中央路的区位优势，在中央门长途汽车客运站、南京火车站等交通站点的带动下，城市经历了大规模的改建，形成中央门商业圈，周边有南京商厦、金盛百货、玉桥商业广场、奥特莱斯等大型商场，完成了从传统市场向现代商业综合体的转变。[12] 同时东侧为玄武湖公园，是南京市老城内较大的城市开敞空间，地区开发相对完善，配套设施水平较高。园区所属玄武门产业板块重点发展文化创意产业、总部经济产业、休闲娱乐产业三大产业，并依托南京明城墙和玄武湖地位优势发展环城墙和环湖文化产业。

创意中央的工业设施最早建于 1952 年，由苏北棉垦委员会在此成立华东农业机械修理供应站筹备处。1966 年，工厂下放南京市，隶属市通用机械工业公司，专门从事喷油泵和拖拉机、内燃机配件生产。1977 年，定名为南京油泵油嘴厂。1994 年，因经营决策失误，企业破产，厂区由南京金宁精密机械总厂接收，后与无锡威孚集团有限公司共同投资组成南京威孚金宁有限公司。2003 年，因发展需要，公司在南京高新技术开发区建设新厂区。2009 年与南京垠坤投资实业有限公司签约，将老厂区改建为创意产业园。2010 年，改造工程完毕，园区开园，一年后实现 92% 租赁率。园区以“科技研发和文化创意”为产业主题，已经形成了科技和文化产业间的互动提升和共生发展的良好效应。

在金融商务聚集的城市中心区，园区向周边社区充分开放，作为吸引城市活动和文化展览的平台，也为周边写字楼提供休闲娱乐空间。同时商业集聚使地区的金融、交通等要素集中，能够为园区提供发展动力和高水平的配套服务。创意中央承办中俄油画艺术交流展、南京设计双年展等活动，2013 年全年举办各类文化助推活动 20 余场，就是利用了地区发展优势带来的人口、经济、信息交流等方面的红利。

“充分开放”类型的园区得以利用周边地区的资源，作为创意产品展示和文化交流的平台快速发展，除此以外，园区内针对创意阶层设置的书吧、会所、艺术馆、咖啡馆等设施也面向城市居民开放，为园区增加创收。但是这种偏商业化的模式容易在自由发展过程中出现追逐利益、空间混合使用而导致产业低端化，长此以往不利于园区的持续造血。

创意中央成为南京文化艺术界交流平台。截至 2015 年底，园区集聚 120 余家企业，其中文创类 42 家，科技类 39 家，配套服务类企业 13 家，其他 20 余家。2012 年，创意中央被评为市级文化产业园区，2013 年获“南京市现代服务业集聚区”称号。[13] 创意中央也取得了较好的经济效益，根据安居客的相关数据，创意中央办公空间的租金为 2.5～2.8 元 / 平方米 / 天，在南京主城区的创意园区中属于中高端水平。

2.4 相对封闭型：1865 园区

晨光 1865 创意产业园（以下简称“1865 园区”）位于城南中华门外，西邻大报恩寺遗址，隔秦淮河与明城墙相望，周边社区具有悠久的军工历史，最初在这里选址兴建金陵机器制造局，一方面考虑了秦淮河水运便利，另一方面城南居民区也能为工厂提供人力和物力支援。长期以来，外秦淮地区一直为军工重地，改革开放后，军工企业逐渐迁出，外秦淮地区受周边地理和交通要素限制，成为较封闭的城市片区。宁芜铁路老城区段（原江南铁路）和应天大街城市快速高架对外秦淮地区用地造成割裂，削弱了园区与周边城市地区的联系。

1865 园区的工业设施最早建于 1865 年，始于李鸿章筹建金陵机器制造局。1937 年抗日战争爆发，工厂被迫西迁重庆，原址被日军占领。日本投降后国民党改称六〇兵工厂，后迁往台湾高雄。中华人民共和国成立以后，几经改制，1980 年改称南京三〇七厂和南京晨光机器厂。1996 年，工厂改公司制，正式组建晨光集团，并更名为南京晨光集团有限责任公司。2007 年，晨光集团逐步迁往江宁开发区，原址变身为“南京晨光 1865 科技创意产业园”，园区隶属中国航天科工晨光集团。[14] 园区以文化创意和科技创新为主题内容，包括科技、研发、创意、设计、文化展示、总部经济诸多业态。2018 年，江苏省文化创意成果展示中心落户园区。园区内完好保留有 50 余栋优秀工业建筑，包括 9 栋清朝厂房、22 栋民国厂房及中华人民共和国成立后厂房若干，为第七批全国重点文物保护单位。

园区因处在被城市交通和地理要素割裂的老城地区，与周边社区交流受限，从而选择内部提升的策略，围绕工业遗产保护和创意文化提升景观品质，打造文旅产业，在园区内部完成配套设施的供给。

与城市社区相对封闭的状态导致园区内业态多为偏高端的商铺、工作室和酒吧，对市民游客的开放程度有限，缺乏参与和体验感，这不利于园区内工业遗址的宣传展示。[15]

1865 园区已经成为主城内部体量最大的创意园区。截至 2018 年，园区入驻企业 290 余家，文创科技类企业占比 85% 以上。园区先后获评国家动画产业基地、国家级双创基地、全国重点文物保护单位、江苏省文化产业示范基地、省级重点文化产业园、省级科技企业孵化器等称号。[16] 1865 园区同时也取得了较好的经济效益，全年税收 3.1 亿元且保持 40% 的增幅，位于秦淮区之首，根据安居客数据，1865 园区内写字楼租金为 2～3 元 / 平方米 / 天，在南京主城区的创意园区中属于中端水平。

3 总结

本文从老工业园区自身更新改造以及与周边社区互动的角度，总结南京环城墙带老工业园区转型为创意园区的更新类型及内在机制。在城市转型升级、工业企业外迁的过程中，环城墙带地区经历了不同程度的更新改建，造成不同地区在开放程度、配套服务和交通区位水平上的差异，成为老工业园区转型为创意园区的背景条件，影响了园区转型更新的过程。

本文提出社区融合、触媒带动、充分开放、相对封闭四种不同的更新类型。社区融合型的园区依托历史性城区提供的成熟的生活设施配套，与当地社区共享共建，提升城市活力；触媒带动型的园区在机关单位众多的封闭老城区中，作为开放空间和创意活力集聚的节点，在发展过程中应提升地区整体的配套服务水平，强化对创意产业的支撑；充分开放型的园区利用城市中心区域开发建设的优势条件，作为城市活动和创意文化展示的平台快速发展，但同时也需注意高商业程度导致的产业低端化；相对封闭型的园区受限于交通或地理要素对老城空间的限制，应围绕园区内部遗产条件打造优质园区，在发展中提升对市民游客的开放程度，促进工业遗产的宣传展示。创意产业趋向选择开放程度高、包容性强，具有多样性和稳定性、公共服务完善的城市地区，因此老工业园区在更新过程中应该把提升地区综合实力当作改善目标，以创造多样化、活力化、特色化的城市社区。

参考文献

[1] 张庭伟 .1990 年代中国城市空间结构的变化及其动力机制 [J]. 城市规划，2001(7):7-14.

[2] 顾媛媛 . 空间理论下的南京城市形态研究 [D]. 南京：东南大学，2013.

[3] 李俏，王楠，李志斌 . 南京市老城边缘区的范围识别初探 [C]// 中国城

市规划学会．共享与品质：2018 中国城市规划年会论文集．北京：建筑工业出版社，2018:1997–2006.
[4] 陆涵．大事件视角下的南京城市空间演进研究（1840—1937）[D]. 南京：东南大学，2018.
[5] 黄道远 .1927—1937 年南京城市规划作用机制研究 [D]. 北京：清华大学，2015.
[6] 龚恺，黄玲玲，张嘉琦，等．南京工业建筑遗产现状分析与保护再利用研究 [J]. 北京规划建设，2011(1):43–48.
[7] 李晓飞．城市更新背景下老旧厂房保护及文化创意改造运营研究 [C]// 厦门理工学院文化产业与旅游学院．两岸创意经济研究报告（2019）. 厦门理工学院文化产业与旅游学院，2019:8.
[8] 汪毅，何淼．创意产业集聚区外部交往空间规划探索："心理—行为—空间"互动视角下的实证研究 [J]. 资源开发与市场，2012,28(12):1105–1108+1117+1154.
[9] 赵澄．国家领军人才创业园塑造城市文化品牌：南京第二机床厂活化为古城创意发动机 [J]. 创意与设计，2016(3):55–60.
[10] 李雅洁．基于"城市触媒"理论的旧工业区更新改造策略研究 [D]. 邯郸：河北工程大学，2016.
[11] 夏秋江．园区经济服务 创意东八区 [Z]// 秦淮年鉴，2017:368.
[12] 崔功豪，武进．中国城市边缘区空间结构特征及其发展：以南京等城市为例 [J]. 地理学报，1990(4):399–411.
[13] 王莹．驻街园区 创意中央 [M]// 王莉．玄武年鉴．北京：方志出版社，2016:257–258.
[14] 单路．工业遗产保护机制的浅层分析：以 1865 晨光文化创意产业园为例 [J]. 建筑与文化，2016(6):204–206.
[15] 王健南．工业遗产历史文化传承与城市生活的互动：兼谈南京晨光 1865 科技创意产业园现状及改进 [J]. 北京规划建设，2017(6):90–93.
[16] 卫莉．南京秦淮特色文化产业园 南京晨光 1865 创意产业园 [Z]// 秦淮年鉴，2019:219.
[17] 季文媚，程世毓．南京城市空间拓展机制及发展思考 [J]. 安徽建筑，2019,26(1):35–39.
[18] 陈亮．南京近代工业建筑研究 [D]. 南京：东南大学，2018.

基于点评数据的工业遗产类创意产业园公共空间后评价研究*
——以天津棉三创意街区为例

* 本文获得国家自然科学基金（项目编号：51808377）资助。

张　瑶　刘　力[①]　天津城建大学建筑学院

① 本文第二作者为通讯作者。

摘　要：公共空间作为工业遗产类创意产业园重要的组成部分，不仅反映了城市的历史演变，展现了独特的工业价值，而且创造了人与人之间社会交往的场所。本研究以天津棉三创意街区为评价对象，基于大众点评的评论数据，从“整体评价”“点评照片内容”和“点评文本内容”三个方面对公共空间进行后评价研究，了解点评者的使用感受，分析棉三创意街区公共空间的优势与不足，从中总结经验，为今后工业遗产类创意产业园的改造实践提供指导和建议。

关键词：工业遗产；创意产业园；点评数据；公共空间；后评价

1　背景

进入 21 世纪以来，随着国内众多城市经济结构转型、产业布局调整工作的展开，工业厂区正在逐步从城市中心迁出，因而被保留下来的工业遗存亟待更新；另一方面，创意产业作为一种无污染且具有高附加值的新兴产业，顺应了当下城市产业结构升级的潮流，因而得到了快速发展。由于工业遗产开放的格局、灵活的空间契合了创意产业园改造的需求，因此依托于工业遗产改造的创意产业园越来越多。据笔者的不完全统计，截至 2020 年，国内已实施的工业遗产改造项目有近 400 项，其中创意产业园改造项目占据了总数的 18.9%。

外部空间是创意产业园的重要组成部分，它一方面为园区使用者、城市居民提供了交流展示、休闲娱乐的场所，另一方面因其自身工业属性，展现了工业场所的精神，塑造了创意产业园独特的性格特征。就像芦原义信在《外部空间设计》中阐述的那样，“外部公共空间是由人创造的有目的的外部环境，是比自然更有意义的，满足人的意图和功能的积极空间”。因此，如何在工业遗产改造中营造具有工业特色、满足人的活动需求，并且能够激发城市活力的积极的公共空间，成为工业遗产类创意产业园更新的关键点之一。

天津作为我国重要的工业城市之一，在百余年的工业发展历史中，留下了丰厚的工业遗产。近年来天津积极响应国家“退二进三”“退城进园”等政策，开展了对城市中旧工业地段的保护与更新利用工作，其中不乏有创意产业园的改造更新项目，例如意库创意产业园、天津棉三创意街区、1946 创意文化产业园等（图 1）。天津棉三创意街区作为工业遗产类创意产业园中规模最大、硬件最完善的园区，从 2015 年至今已经运营了近 6 年时间。那么，就天津棉三创意街区的外部公共空间而言，其设计是否满足了人群活动的需求？是否达到了预期的使用效果？是否还存在某些不足？这些问题值得我们进一步思考。

图 1　天津工业遗产类创意产业园更新项目
（来源：作者自绘）

2　基于点评数据的评价方式研究

在信息时代，互联网数据已经广泛并且深刻地影响着人们的生活。无论是出行、购物，还是各种具有签到打卡性质的消费行为，都会留下我们的数据信息痕迹。本研究即借助互联网点评数据对天津棉三创意街区公共空间进行评价研究，主要包括园区整体评价、点评照片内容评价和点评文本内容评价三部分。

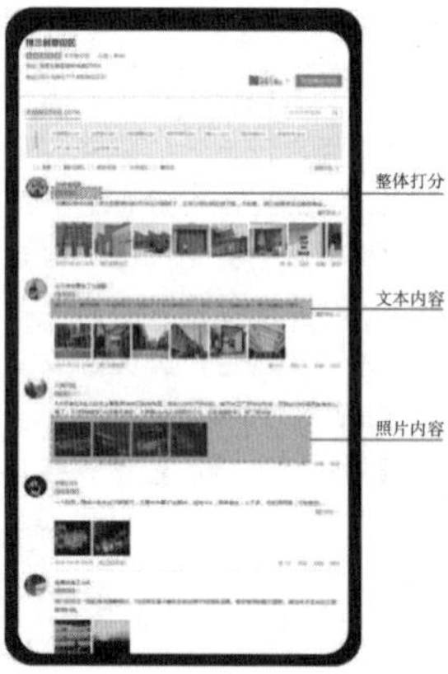

图 2　大众点评网页内容
（来源：作者自绘）

2.1　数据的获取

消费者对某一消费地点进行使用后评价已经成为一种日常行为。消费者自发对某一场所进行点评，评价内容多为描述真实的体验感受，这些数据数量大，图文并茂且内容丰富。大众点评网是国内较早的具有点评功能的网络平台，该平台使用的群体多、覆盖面广，在点评类网站中具有较强的代表性。因此，本研究选取大众点评的点评数据作为分析样本，分析消费者对棉三创意街区的评价内容（图 2）。

2.2　基于点评数据的整体评价

整体评价主要是对平台的评分结果进行统计分析。消费者在消费结束后，往往会在大众点评的网络平台上对其体验进行整体的打分，表达自己的消费感受。以此为依据，本研究通过对平台的打分结果进行统计分析，了解消费者对棉三创意街区的整体感受，先行对后续的公共空间使用评价有一个整体的了解。

2.3　基于点评照片内容的视觉偏好性评价

大众点评平台支持消费者进行拍摄图片的上传，因此照片内容也是该评价分析重要的一部分。公众在消费体验过程中，对满足自我视觉偏好的景观对象会进行拍摄记录，并且在点评时自主上传照片。对这部分内容进行统计分析，能够了解消费者的视觉偏好，对评价研究具有一定的参考价值。

2.4 基于点评文本内容的满意度评价

评价文本是大众点评平台最普遍的评价方式，也是消费者使用感受表达最为直接的评价方式。公众会在平台上分享自己体验某地后的心理感受，对这一地方是否感到满意会有相关文字的表达。通过对大众点评平台上的文本评价内容进行赋值量化转换，同时结合文本内容进行进一步分析，可以了解到消费者对于创意产业园公共空间的满意度喜好。

3 评价过程与结果分析

3.1 评价项目介绍

棉三创意街区位于天津市河东区西台大街 38 号，毗邻海河，占地面积约为 12.67 公顷。其前身是始建于 1921 年的裕大纱厂， 1958 年更名为“天津市第三棉纺厂”，简称“棉三”。老棉三作为近现代中国民营棉纺织业的代表，具有很高的历史价值和社会价值。 2013 年棉三老厂区开始进行保护性整体规划设计， 2014 年《天津市工业遗产保护与利用规划》将其列为最具代表性的轻工业类工业遗产，对核心保护区和重点保护建筑等提出了保护要求。 2015 年“天津棉三创意街区”落成，成为天津首个集创意设计、商务咨询、艺术展示、新媒体服务、文化休闲、人才培训为一体的新型创意街区（图 3、图 4）。

图 3　天津棉三创意街区模型
（来源：作者自摄）

图 4　改造后的棉三创意街区
（来源：作者自摄）

3.2 整体评价分析

笔者选取大众点评的评价数据作为样本，收集了 2019 年 1 月 1 日到 2019 年 12 月 31 日期间关于天津棉三创意街区的评论数据。笔者先统计整理了每一位点评者对棉三创意街区的整体评分情况，统计结果如图 5 所示：在 2019 年期间，到访棉三创意街区的游览者给出的评分中，最低的为 2 分，最高的为 5 分。其中 5 分的点评者居多，占 47.0%，4 分、3 分次之。通过进一步计算，得到棉三创意街区的整体平均分为 4.26 分。整体来看，点评者对棉三创意街区的满意度较高。

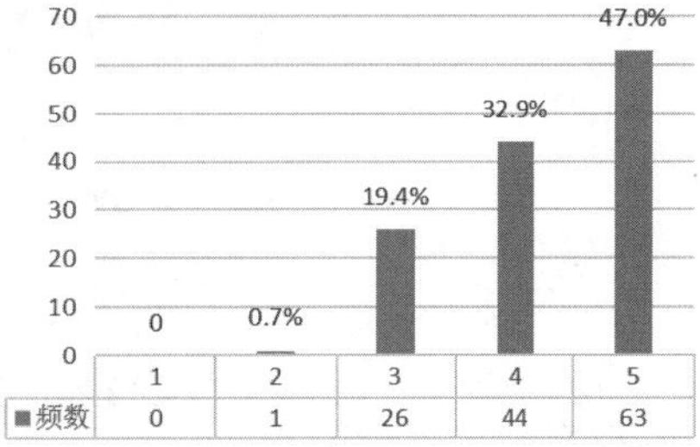

图 5　2019 年点评者评分情况图
（来源：作者自绘）

此外还对可见的点评者注册信息进行统计（图 6、图 7），发现样本中女性评论者较多，占 66.4%，男性评论者则为 28.4%，有 5.2% 的点评者未标明性别信息；到访棉三创意街区的主要是本地居民，占 89.6%，而外地游客只占 10.4%。进一步分析，女性点评者的平均分为 4.24 分，男性点评者的平均分为 4.26 分。天津本地点评者的平均分为 4.26 分，天津以外地区点评者的平均分为 4.21 分。由此可以看出，在性别和地域归属上，点评者的打分情况并没有出现较大的差异，围绕整体平均分的波动幅度较小。

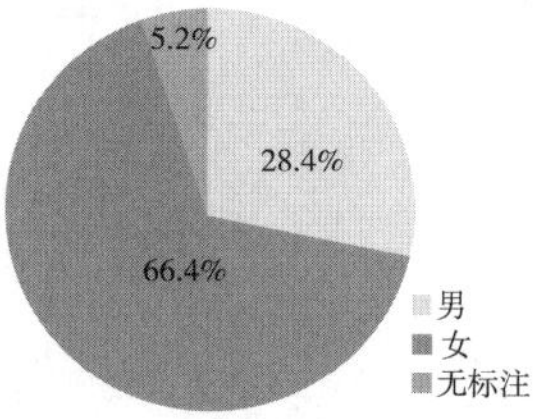

图 6　点评者性别统计图
（来源：作者自绘）

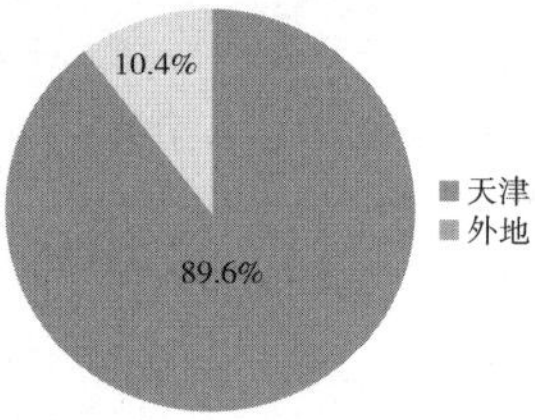

图 7　点评者归属地统计图
（来源：作者自绘）

3.3　点评照片的视觉偏好性评价分析

游客们通过上传照片表达自己对拍摄对象的关注，不同的元素内容在照片中占据的比例也不同，这间接地反映了拍摄者在视觉上对于各种元素的偏好。因此，这些点评照片在一定程度上也为笔者的评价分析提供了良好的数据基础。笔者以点评者自由上传的照片为依据进行统计，2019 年游客针对天津棉三创意街区上传的照片共计 695 张，筛选出与外部公共空间相关的照片有 285 张。笔者对每一张照片所包含的公共空间元素内容进行分类归纳，按照“街道空间”“广场空间”“绿化”“小品景观”“建筑界面”“配套设施”6 个方面进行统计分析。在此基础上运用 photoshop 直方图统计工具，对每一张照片的公共空间元素进行画面比例统计，可以了解到点评者对公共空间主要相关元素的关注度和视觉偏好（图 8）。

1. 照片元素内容**频数统计**
统计每一张点评照片包含的公共空间元素频数，对**评论者关注度**进行分析。

2. 照片元素内容**画面占比数值统计**
对每一张照片的各个公共空间元素的画面占比进行计算，对**评论者视觉偏好**进行分析。

图 8　点评照片评价方法
（来源：作者自绘）

经过上述方法统计之后，在关注度方面，对画面比例小于 10% 的公共空间元素不计入频数统计[①]；在视觉偏好方面，对所有公共空间元素画面比例进行平均值计算，得到最终的统计结果如图 9、图 10 所示。

整体来看，在关注度方面，“建筑界面”元素和“绿化空间”元素

① 画面比例小于 10% 的公共空间元素占据照片内容小，不是点评者特别关注的对象元素，因此可忽略。

在点评者上传的照片中出现的频数较多，其次是“街道空间”元素和“广场空间”元素，“小品景观”和“配套设施”元素出现的频次则较少。在视觉偏好方面，“建筑界面”元素的照片画面比均值也得到较高的统计结果，达到 35.65%。而“广场空间”元素尽管受到的关注不多，但却有较高的视觉偏好，画面比均值达到 22.08%。相反，受到关注度较多的“绿化空间”元素，其画面比均值仅达到 16.84%，说明棉三创意街区公共空间的绿化更多的是作为拍摄对象背景出现，游览者对其的视觉偏好较弱。“小品景观”和“配套设施”元素的画面比均值统计结果同频数统计结果一样仍旧较少。

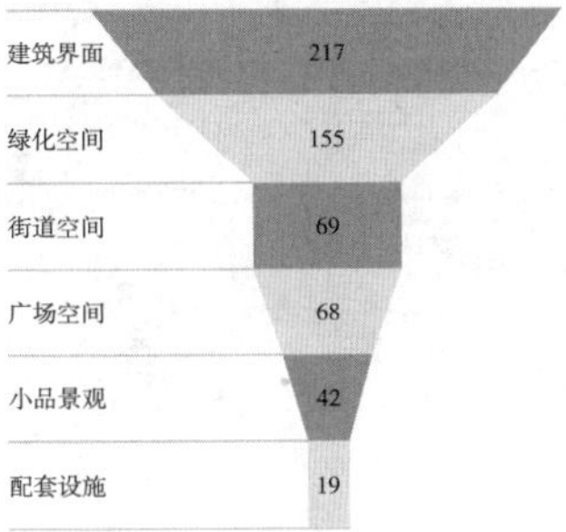

图 9　点评照片公共空间各元素频数统计图
（来源：作者自绘）

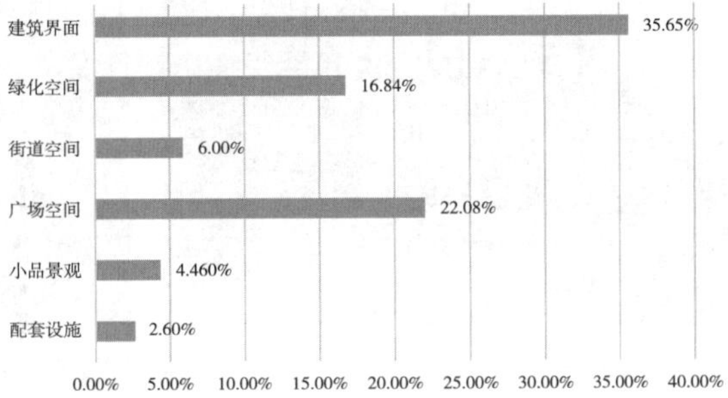

图 10　点评照片公共空间各元素画面比均值统计图
（来源：作者自绘）

“建筑界面”元素能够吸引到游览者较多的视觉关注，同时又获得游览者比较高的视觉偏好，反映出了游览者对棉三创意街区公共空间建筑界面的关注是一种焦点性关注。从照片数据来看，棉三创意街区公共空间的建筑界面常常成为游览者直接的主体拍摄对象，并且往往占据较多的画面。照片中反映出的建筑界面类型主要有两种，一种是经过保留更新后的厂房界面，反映出园区原本的历史美感；另一种是经过艺术改造后的界面，表达出创意街区的时尚态度。二者都是游览者拍照的热门选择（图 11、图 12）。因此，在工业遗产类创意产业园的更新改造中，保留厂区内的旧建筑具有一定的重要性，无论是展现厂区历史的旧建筑原有界面，抑或是在旧建筑基础上经过改造的更新界面，都能够创造良好的公共空间环境，吸引游览者的驻足。

“广场空间”元素虽然不是吸引游览者的主要对象，但是其视觉偏好度却是比较高的。产生这种结果的原因，主要是当棉三创意街区广场空间开展一系列活动时，其广场空间往往成为游览者关注的主要对象，而平常没有活动时则相反（图 13、图 14）。由此可见，游览者更偏好开展活动的广场空间，其成为游览者拍照记录的主要内容。通过外部广场空间进行一系列创意展示活动，吸引游览人群，这成为改造工业遗产类创意产业园并焕发活力的有效途径之一。

图 11　保留的建筑界面
（来源：大众点评 APP）

图 12　更新改造的建筑界面
（来源：大众点评 APP）

图 13　平日无活动时上传的广场空间照片
（来源：大众点评 APP）

图 14　举办活动时上传的广场空间照片
（来源：大众点评 APP）

3.4　点评文本的满意度评价分析

文本点评作为大众点评最普遍的评价方式，能够直接反映出游览者到访某地的体验感受。在文本内容中，游览者会对体验中感兴趣的部分进行描述，并且通过程度副词，比如“很”“特别”“最”等语言表达出对某一空间的满意程度。通过对点评文本内容的分析，能够了解到游览者对某地公共空间的满意度。笔者对点评者在大众点评撰写的点评文本进行收集，2019 年大众点评平台共有 141 条评论，其中有 7 条无关评论，最终进行后续分析的点评文本有 134 条。在此基础上，笔者一方面总结学者在公共空间评价因子方面的研究，另一方面以棉三创意街区点评文本为依据，对每一条评价文本提及较多的元素内容进行分类归纳，最终进行整理，按照“街道空间”“广场空间”“公共活动”“历史文化”等 15 个因子进行统计，同时对每一个评价因子进行量化分析，从而对棉三创意街区公共空间进行评价。具体内容如图 15 所示。

通过上述方法进行评价因子的量化统计后，得到结果如图 16 所示。从图中可以明显看出，“配套设施”“交通”“整体氛围”和“尺度感受”这 4 个评价因子的分数结果小于 0 分，说明游览者在这些方面的体验感受较为不满意。其中“配套设施”评价因子的满意度分数最低，为 −1.33 分。从相关的评价文本内容分析可以知道，游览者认为棉三创意街区的配套设施不足，主要表现在公共空间标识设施的混乱、夜间照明设施的缺失等。“尺度感受”评价因子的得分为 −0.45 分，根据

评照片评价法

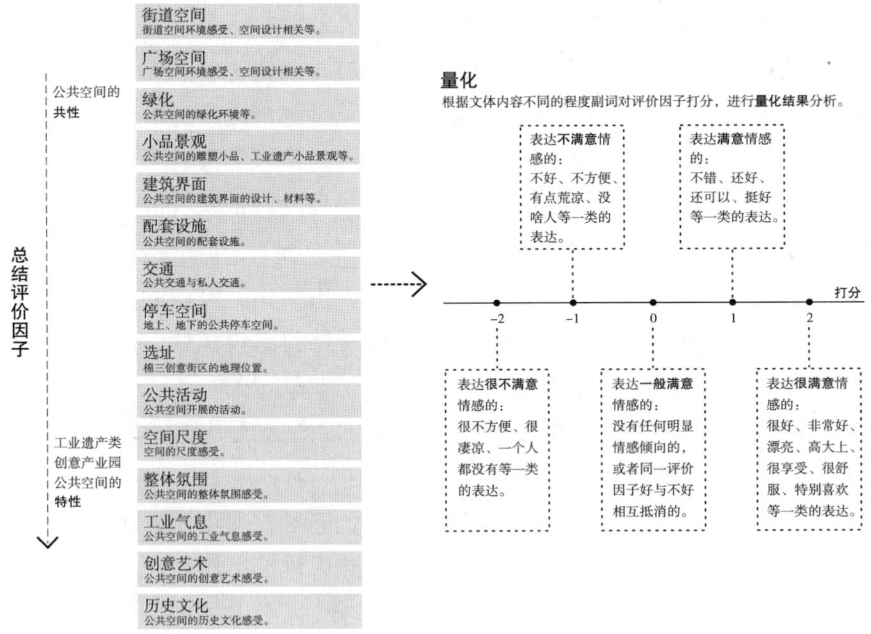

图 15　点评文本内容评价方法
（来源：作者自绘）

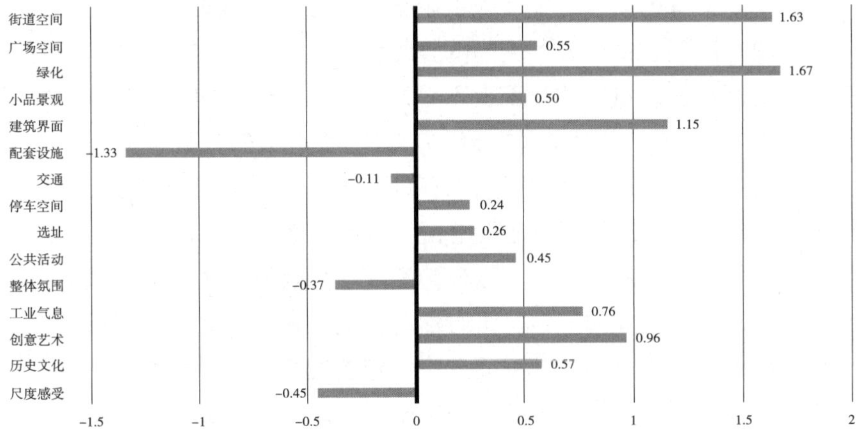

图16　基于点评文本的公共空间满意度评价图
（来源：作者自绘）

点评文本内容来看，在“尺度感受”方面，大多数点评者认为棉三创意街区的外部空间尺度过大，“场地很大，没有什么人，所以显得很空旷”。大尺度的外部空间适合大型的集会活动或者表演活动，然而对于日常的人群交流，点评者认为“人文环境需要的是便利的交流空间，尺寸不大，一抬头就能看到彼此”。

而“街道空间”“广场空间”“绿化”等其他 11 个评价因子的分数结果均大于 0。其中“绿化”和“街道空间”因子得到较高的分数，分别为 1.67 分和 1.63 分。从点评内容可以了解到，点评者主要关注的是棉三创意街区街道空间“干净、整洁”，绿化“环境不错”，对这两个方面感到满意。“建筑界面”因子评价结果为 1.15 分，说明点评者对棉三创意街区“建筑界面”比较满意。通过对该指标的点评文本进行总结分析可以了解到，点评者主要关注到棉三创意街区厂房的红砖外墙，认为其有“历史感”“有特色、很漂亮”，对街区的红砖厂房所营造出来的公共空间氛围感到满意。与“历史感”相反，也有少部分点评者认为“建筑外沿的颜色显得很新”“外沿装饰一新”，但都是持肯定、满意的态度。“工业气息”“创意艺术”“历史文化”方面的评价结果分别为 0.76、0.96、0.57，点评者对这些方面感到比较满意，认为“艺术街区的氛围很浓郁”“满满的工业风”“工业风超酷”，这说明棉三创意街区公共空间在工业氛围、创意艺术的营造上还是达到了较好的效果，得到点评者的认可。

在对点评文本进行统计整理的过程中，笔者发现点评者对“整体氛围”和“公共活动”这两个方面有较多的点评讨论。然而从满意度评价结果来看，“整体氛围”因子得分为 −0.37 分，“公共空间”因子得分也只有 0.45 分。

“整体氛围”是游览者到达棉三创意街区的第一印象感受，公共空间拥有一个良好的氛围，才能吸引游览者的驻留和再次参观。但是点评者对天津棉三创意街区公共空间的整体氛围感受却比较一般，这说明棉三创意街区在整体氛围的呈现上不尽如人意，大部分的点评者认为棉三创意街区公共空间“荒凉、冷清”，空间使用上的人数不多、人流量少。但也有少部分点评者对目前棉三创意街区公共空间的氛围提出较为肯定的评价，认为空间氛围还不错，“喜欢安静的空间氛围”。

“公共活动”是创意产业园公共空间活力焕发最主要的形式之一。游览者来到创意产业园一定是带着活动目的性的，不管是就餐看展，抑或是休闲拍照，都会跟公共空间产生一定的交集。从评价结果来看，点评者对于棉三创意街区的公共活动感受一般。根据相关的评价文本可以了解到，5 月中下旬棉三创意街区室外广场空间举办了一场复古集市活动，此次活动吸引了较多游览者到访。但是此类活动仅仅只在短期内得到较多游览者较好的体验评价，除此之外，在其他时间只有少量的几次展览活动。无活动的时候，公共空间的人流不多，正如上文所描述的比较“萧条”。而平日里到访棉三创意街区的游览者则认为，拍照溜达成了仅有的活动，“是拍照闲逛的好去处”。

4 结语

对改造后的工业遗产类创意产业园进行后评价研究，是整个改造设计过程中不可忽略的一部分。本研究选取天津棉三创意街区为评价对象，基于大众点评的评论数据，从“整体评价”“点评照片内容”和

“点评文本内容”三个方面进行后评价研究，公共空间的优势和不足都得到了直接的展现。

总体来说，点评者对棉三创意街区公共空间的体验基本满意，能够满足游览者日常的休闲活动需要。从“点评照片内容”方面的分析可以看出，棉三创意街区公共空间的界面吸引点评者的关注。对于工业遗产类创意产业园来说，建筑界面是展现工业特质最直接的外在表现。与“现代化”的城市样貌相比，棉三创意街区保留的厂房、高耸的烟囱以及其他带有工业符号的构件带给了游览者新的视觉体验，得到游览者的喜爱和认可。从“点评文本内容”方面的分析可以看出，棉三创意街区虽然在工业气息、历史文化以及创意艺术方面的营造得到点评者较好的评价，但是由于其公共空间尺度的体验感较差，加之平日人流较少，从而展现出“荒凉”的整体氛围，让点评者感到较为不满意。因此，在工业遗产类创意产业园改造设计的过程中，除了要注重强调园区的空间品质和氛围营造之外，对公共空间的多种尺度、多元功能也要有一些人性化的思考，应创造多层次的活动空间，吸引不同群体参加活动，从而激发公共空间的活力。

本文采用网络平台评论数据分析的方法对棉三创意街区公共空间进行后评价研究并且得到一定的结论，但由于点评数据来源于游客的自发行为，点评者的性别和年龄构成会有一定的局限性，例如年纪稍长的游览者样本比例偏低等，希望在后续的研究中能对此加以改进。

参考文献

[1] 刘伯英 . 中国工业建筑遗产研究综述 [J]. 新建筑，2012(2):4–9.

[2] 曲鹏 . 历史地段更新中公共空间的使用后评价研究 [D]. 天津：天津大学，2017.

[3] 王达仁 . 基于视觉行为的体验式商业街区空间分析研究 [D]. 合肥：合肥工业大学，2017.

[4] 吴杭冬 . 基于网络点评数据的剧院使用后评价研究 [D]. 杭州：浙江大学，2016.

产业集聚的上海里弄街区历史演变与空间模式研究
——以北京东路百年五金街为例*

* 本文获国家自然科学基金面上项目（编号：51878452）、国家重大社科基金项目（编号：17ZDA207）资助。

① 本文第二作者为通讯作者。

楚　童　左　琰[①] 同济大学建筑与城市规划学院

摘　要：上海里弄街区具有适宜工业、商业发展的包容性特征，尤其是在单一产业高度聚集的历史街区，其空间模式呈现出极大的丰富性。本文以上海市北京东路百年五金街为例，梳理其五金产业发展的三个历史阶段，并对其间的六个代表性产业空间模式进行详细剖析，分析其出现原因和功能空间特征，并总结其社会意义和特殊价值，以期在北京东路街区即将改造之际，对此百年历史街区的发展和演变留下一份珍贵的历史档案和回忆。

关键词：里弄街区；产业集聚；空间模式；里弄工厂；北京东路五金街

引言

在城市发展和产业结构调整的今天，上海北京东路街区正面临着百余年来最大的变革：对其拆迁和改造的计划已提上日程，百年五金街或将迎来新的生命。本文试从里弄街区的空间模式的视角，对北京东路街区的产业发展和遗产价值进行探究。借以向历史致敬，希望将这个百年历史街区的文化脉络延续下去。

1　里弄工业街区的形成背景和价值特征

近代上海开埠以后，因有港口的便利交通和较好的民族资本的基础，再加上里弄的庞大占比和弄堂内充足的劳动力，[1]里弄街区内小型工业迅速发展起来。里弄工厂具有鲜明的特点：多为中小型工业，规模小，其生产目标和产量根据市场动向具有很强的灵活性；有较高的手工艺技术，接受不同规格的定制和修改；产品多为日用工业品，与市民生活契合度较高。但也不可避免地存在生产质量不稳定、技术和设备水平较低、劳动力素质和劳动环境较差等弊端。[2]也正因此，上海形成了近代先进与落后两端聚集的二元工业结构。[3]

里弄工厂具有多重价值：是大型工厂的产品和服务补充，辅助构成了完整的工业网络和产品线；形成了上海产商居功能混合、空间重叠的独特现象，体现上海里弄包容多元的内涵；同时它还是大量上海居民的工作地点和生活补给站，因此成为弄堂小社会的链接中心。

2　产业导向的北京东路五金一条街发展历程

上海市北京东路作为从外滩延伸而出的几条主要马路之一，修筑完成于1876年，南与南京东路相距不过350米，北与苏州河紧密相邻（图1），两侧多是建造于1830年代前的里弄。[4]1930年代，北京东路街区从综合商业街迅速成为五金交易市场，到20世纪末，这里作为

"北京东路五金街"而享誉全国（表 1）。[5-7] 而五金产业的百年发展除了表现在商业活动上，还在于街区内繁密的五金产业空间。产业空间的存在，除了为产业稳定发展夯实扎实的基础，还促成了里弄街区内功能融合、空间包容、社会活跃的街区状态。

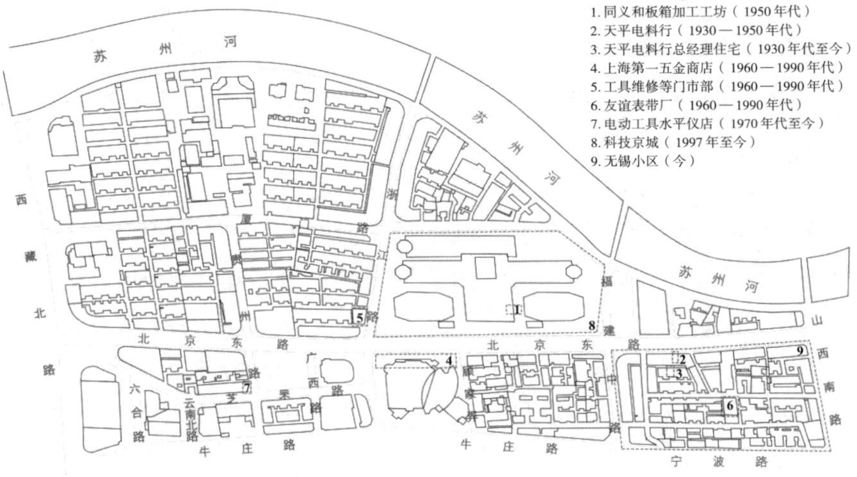

图 1　北京东路街区分布示意图
（来源：作者自绘）

表 1　上海北京东路街区五金产业统计表

时间	1862	1906	1925	1938	1947	1949	1950	1956	1985	1992	1999
北京路五金产业发展状态	华商开设顺记、生昌、福安等五金号	有铜锡业源裕荣五金店、丁森记五金店 2 户和铁行源大铁号 1 户	北京路及其周边路段共37户五金业户	五金业 123户，其中专营88户，兼营35户，并以实力雄厚的大型五金店为主	五金业共192户	北京路五金业有74户，资金 72.96 万元，占全区 58.58%；从业人员595人，占 32.71%	北京路共有五金商店等 210户，从业人员1475人	共有五金商号 115 户，全部实行公私合营	新开五金商店逾 20户，五金街范围扩大，五金商店鳞次栉比	五金商店251户，占76%，8 条支马路共有各类五金店 200多户	北京路加上周边支马路地区经营生产资料企业总数达 802 户，营业面积 10.88万平方米，销售额75.81 亿元

（来源：作者整理，数据来自上海市地方志办公室、黄浦区档案馆、上海市社科院）

2.1　初步聚集阶段：自发式产业

北京东路自 1876 年修筑以来，零星分布其中的五金工坊逐步发展，最终形成了五金产业街区。上海开埠之初，其五金产品主要来自西方，在 19 世纪后半期，城市五金商品进口量高达全国总量的 70%。[8] 这一时期上海的五金工坊商铺多集中在虹口区百老汇路（今大名路）。直到 1937 年，受战火影响的五金产业转移至苏州河对岸的公共租界，即如今北京东路地区。到 1938 年，北京东路有各业商号 419 户，其中五金业 123 户，实力雄厚的大型五金店众多，从此确立了该街区在全市五

五金
白鉛皮定價倒懸
五金交易、近頗清靜、按天津・青島・烟台・牛莊、因滙率步高、無法採辦、故大都形客多在觀望、是以出口生意驟減、本街廠家及閩浙諸幫、客商買賣最近亦少、市勢漸覺平淡、幸各市行盤尚能站住、惟海外定貨交易、則尚有做出、如馬口鐵十一金元、會司鐵七金元六角、白鉛絲四十七金元五角、次白鉛絲三十六金元五角、新鐵品絲噸八金磅十七先令六辨士、白鉛皮二十二金磅十二先令六辨士、黑鐵坯子薄貨五十金元、統貨四十三金元五角、此外各織品雖均有到電、但對於先前報價殊少出入、據以上各價、對于申市除白鉛皮要倒懸十餘元一桶外、其他各貨對于現市尚有微利可圖、故各五金品定出五六十噸至二三百噸不一、惟白鉛皮做出僅五十桶而已、其定進者係北蘇州路一帶五金號為最多、北京路及新開河一帶五金號次之、至小五金帮更次云、

图2　1939年4月21日《申报》刊登的关于五金价格的消息
（来源：上海市地方志办公室）

金产业中的主导地位。[7]

1940年代的战争使国民经济萎靡不振，五金产业发展举步维艰。1949年，北京东路五金商铺减至74户，资金73万元，从业人员仅595人。其中资金超过万元的有信大祥、大丰、庄子记、顺昌泰等15户。[9] 此时北京东路上的五金行业已实现专业细分，支马路各有分工，商铺作坊之间各有专长，如永益偏重水暖阀门，庄子记被称为“管子大王”，产业集群的态势逐渐形成。如图2所示，从1939年4月21日《申报》刊登的一则消息中可知，当时北京东路的五金行情已成为行业风向标。

北京东路五金街的生命力不仅在于商铺，更源于与商铺融为一体的里弄工厂。这些里弄工厂多改自民宅，至1947年，其总数高达14000处，[10] 仅新余庆里就有10家。工厂的车间常改造自里弄的厨房（俗称披灶间），面积10平方米上下，3～5名技工即可在此完成工作，生产、销售与生活在同一里弄建筑内完成，生产环境简陋。却也正因此具有了大型工厂不具备的灵活性，产品可随市场风向快速转变，北京东路因此发展成为工坊、商铺和住宅混合的五金一条街。

2.2　集中发展阶段：计划型产业

中华人民共和国成立后的30年间，北京东路的五金行业有计划地稳步发展。1949年，物价动荡，五金价格六起六落，涨幅最高在50%以上。为了抑制行业波动，五金产业开始实行公私合营，如中国工业器材公司上海五金机器分公司（后改名为上海五金机械分公司）在北京东路851号成立，负责五金机械生产销售。随后，政府对北京东路主要五金商铺展开拆、并、转调整。至1956年1月，115户私营五金商号全部转为公私合营，北京东路开始向综合型五金专业街方向发展（图3）。

图3　1950年代五金细分行业分布图
（来源：作者根据《上海近代五金商业史》整理绘制）

1956年2月25日，黄浦区成立“五金区店”，下辖五金商业、五金零件、玻璃业、铜锡业和旧五金业共321户，

从业人员 2197 人[7]。“文革”期间，铜锡业被列为“四旧”，下游工矿企业的生产也因此受到影响。同期，北京东路上大量闻名中外的老字号被更改，如“永益”改为“东海”，“天平”改为“红光”，传统特色被抹除，产品供给单一。

计划经济时代的北京东路街区，一方面要延续产业发展，另一方面也要开展城市建设、解决民生就业。因此，街区内的产业被赋予更多社会功能。1958 年前后，北京东路附近里弄内出现了一批生产合作社，利用闲置民房和搭建工棚，制造冲击钻头、金属表带、圆钉等五金零件和日用五金产品，既为全国工业发展和城市建设提供支持，也解决了大量本地居民的就业问题。里弄工厂在这一时期达到鼎盛，如在仅 2.4 公顷的无锡小区地块内，就出现了 6 个五金生产合作社，生产从螺钉到表带各类五金产品，生产如火如荼。

2.3 高度专业化时期：高端制造业

改革开放以来，北京东路的五金产业发展迅速并逐渐转型。随着各项计划和指标限制的取消，产业结构逐渐调整为以商业为主、工业为辅，五金商铺鳞次栉比，成为产业高附加值链条的枢纽。电子科技、设计研发被引入，核心地段的生产、加工和仓储等功能则被逐步淘汰或转移至周边街坊。产业升级为北京东路五金产业带来了辐射全国的产业纽带地位。

到 1990 年代，五金产业已向纵深扩展，形成了以北京东路为轴线，包含浙江中路、福建中路、厦门路、宁波路、贵州路等支马路的生产资料大商圈。鼎盛时期，居民破墙开店，政府改造黄浦剧场等文化教育单位，大力扩展五金销售空间。1999 年，北京东路被市商委命名为上海市十大专业特色街，连同周边支马路，经营生产资料企业总数达 802 户，营业面积 10.88 万平方米，年销售额 75.81 亿元，仅次于上海最繁华的商业街——南京东路。[9]

至 21 世纪初，北京东路仅剩的工业主要是五金维修，以及结合电子智能化的高端制造业。一方面，尚有 30% 左右的五金商铺主兼具维修手艺，提供维修服务；另一方面，随着上海科技京城的落成，一批电子技术、软件设计、检测研发等高科技研发制造基地项目入驻，此地成为五金产业以信息化带动工业化的“头脑中心”。

3 上海北京东路五金专业街的六种空间模式

本文根据“生产—销售—居住”三类功能空间的组合形式，从北京东路五金专业街内提取出产商融居、商居毗邻、商居叠合、产居毗邻、前商后居、垂直商贸 6 种典型空间模式。下面对这 6 种空间模式进行分析。

3.1 产商融居模式

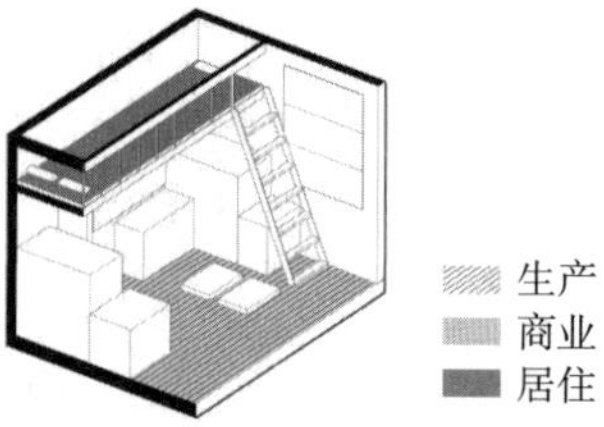

图 4 产商融居模式示意图
（来源：作者自绘）

早期生产空间多同生活空间并置，形成兼顾居住、生产、销售的“产商融居”模式（图 4）。至 1947 年，街区内的 192 家五金商号多为商铺与作坊一体，工人亦在作坊内居住生活。当时的工坊多为学徒制，他们自外地来上海讨生活，工坊即为他们的上海落脚点。而受到里弄工厂的规模限制，销售功能只能依附于工坊。产商融居的模式虽然无法实现规模化生产，但其精细化的产品规格和灵活的商业体量促进了本地五金产业专业化和持续性发展。如北京东路 658 弄新余庆里内的“同义和”板箱加工工坊即是一处产商融居的弄堂工厂：其改自 12 平方米的披灶间，1950 年时雇工和学徒工共计 4 名。工人每天晚上工作到 10 点，且要赶在清晨 7 点交通管制前往返真如火车站取送材料和产品，因此休息场所即是设备旁的通铺，生活条件恶劣。[5]

3.2 商居毗邻模式

另一类早期空间模式是“商居毗邻”（图 5），作坊老板或学徒通过生产积累财富后，逐渐由工转商，盘下沿街店面开始销售五金产品，居住则在商铺后的里弄内。由于剥离了生产功能，生活环境质量大幅提升。贫富差距在此尤为突出：商铺老板买下的是里弄区内的成套住宅，而工人多是挤住在里弄内，商住功能建筑鳞次栉比排布，体现出五金产业发展和资本积累后的功能空间细分趋势。

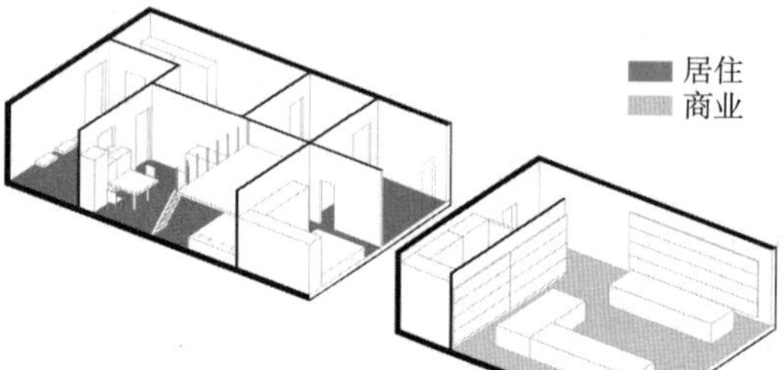

图 5 商居毗邻模式示意图
（来源：作者自绘）

如现今北京东路龙头五金企业——上海新世界五金机电有限公司红光电器分公司，其前身之一即为典型的商居毗邻模式。其创始人葛宏志做了三年学徒后于 1923 年成立天平电料行，在福建中路和山西路之间的北京东路段（今无锡小区地块内）盘下一处商铺。由于这一时期海外货源物美价廉，销售利润远高于生产，葛宏志获利颇丰，同年以五根金条买下商铺相邻里弄中的一套住宅。住宅和商铺分别开设后门，两者之间仅距数米，其职工亦同住在今无锡小区地块内。

3.3 商居叠合模式

计划经济时期的国营五金店，一方面将沿街首层设置为商铺、二层作为住宅，另一方面在周边配套设修配工厂。公私合营催生出一批国营五金企业，其规模大、功能全，集中了区域内五金产业链的各个环节，并在国家统购统销模式下运行。因此，五金价格平稳，生产销售有序，街区产业稳步发展，空间开拓、服务便捷、产品多元等特征逐渐形成。如上海第一五金商店（原名利泰祥五金工具店）曾是改革开放前全国最大的经营五金资料和五金工具的专业性企业，下设四个门市部、一个商场，以及两个联营门市部，经营产品达530多个品种，6000多个规格。[1]空前的规模和齐全的功能，催生出特定空间形式（图6）：沿北京东路商铺界面长达70余米，商铺内设有一长条木质柜台和靠墙的展示收纳货架。商铺二层作为职工住房，道路另一侧则开设修理工坊。此外，在周边的浙江中路上，增设工具出租门市部、建筑木工门市部和工具维修门市部等，形成相对独立的工业片区。这种具有鲜明计划特征的空间组合模式加快了产业聚集，不仅推动了产品和技术升级，也提升了产业链下游的专业服务水平。正如新一五金总经理应俊所说：“当时的人们对第一五金商店有个评价叫作：‘厂外工具间，生产好后勤’，就是说第一五金产品齐全，有很多修理师傅，服务到位，对当时的工业生产来说，是一个非常重要的保障。”

① 来自新一五金有限公司提供的历史资料。

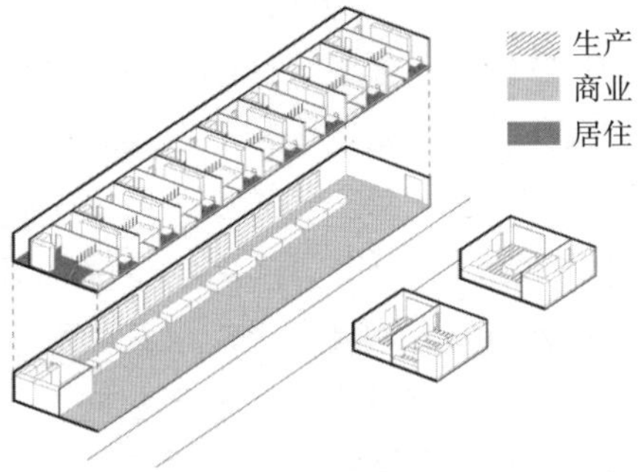

图6　商居叠合模式示意图
（来源：作者自绘）

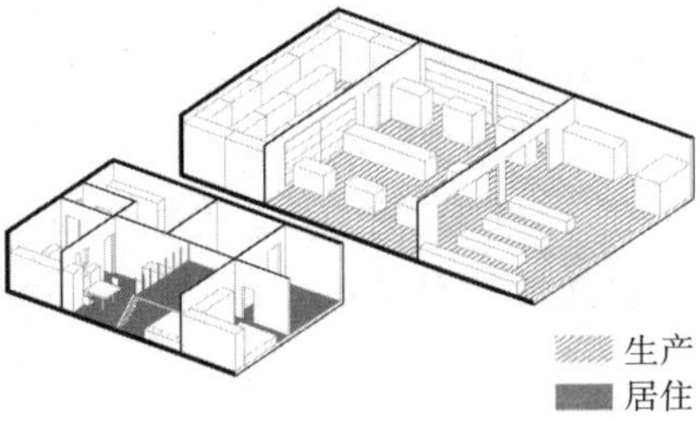

图7　产居毗邻模式示意图
（来源：作者自绘）

3.4　产居毗邻模式

计划经济时期的另一空间模式是个体手工业者或家庭手工业者联合形成的生产合作社。其成员皆为本地家庭妇女或无业居民，在政府组织下被集中到里弄内一处公共建筑内（图7），利用小型生产设备和简易技术，生产加工一些五金元件和日用五金产品，如表带、电钻冲击头、圆钉等，一方面为工业生产和城市建设提供大量基础产品，另一方面吸收了剩余劳动力，有效改善了社会民生。如北无锡路49号（现无锡小区内）曾为黄浦区模范生产合作社的友谊表带厂，建筑为里弄内一处独栋工厂，改造自1905年建设的上海金业公所，自1960年代初，室内经打通非承重墙后形成130平方米的完整通透生产空间。该厂的工作是将大块金属板材切割成小块表带原件，加工塑形后装配成成品表带。工厂底层生产、二层装配和办公的空间使用模式一直延续至1990年代，并在里弄街区内形成“生产—生活”相关联的社会网络。我们据此采访了2位老员工[2]：

“我婆婆就在这里做事，家里没事情就来这里做点活嘛，还能赚一点钱，要是在家看小孩也可以领了活回家做。那时候家里都是这些小元件，一有空就做，能做一件就给一件的钱。”——女工崔阿姨

② 文中所有访谈皆为作者于2020年10月至2021年4月在北京东路街区采访所得。为保护被采访者的个人隐私，文中均采用化名。

“20 世纪七八十年代的时候，里弄里面有些插队回来的，没处干活就来这里，就能有个营生在上海留下了。”“还有些老的在这里干活的，老了子女就顶上，工资也不多嘛，不过就在家门口，方便。”——门房汪大叔

3.5 前商后居模式

改革开放后经济增长迅速，此时的北京东路已是全国闻名的五金生产资料一条街，来自全国各地的采购者络绎不绝。丰厚的利润吸引了大量浙江、江苏商人在此抢租房屋，经营五金生意。本地居民也纷纷加入，改造自家住宅，甚至将公共天井封顶作为商铺。同时，“搬砖头”① 的经营模式对仓储和销售空间面积要求不高，居住和销售功能尚能共生。然而在上海“退二进三”的政策引领下，生产功能被逐渐疏解，手工作坊和工厂或被取缔，或被迫迁至中心城外，原生产空间则被改为商铺或用作经销管理。至此，北京东路五金产业完成了由生产向商贸的转型。如芝罘路 56 号是有着 30 年历史的五金老店——电动工具水平仪店，20 平方米的一层店面内设置玻璃柜台，墙面上悬挂展示货架，二层以上为居住空间，一、二层之间设夹层作为仓库（图 8）。其货源来自店主在江苏启东开办的工厂，自产自销，北京东路只保留产业链中的销售环节。78 岁的电动工具水平仪店店主江先生如是说：

① “搬砖头”指店铺自己没有相应货源，而去有相应产品的五金店中提货转交客户的商业行为。其建立在行业内形成密集信息网和成熟的合作链条的基础之上，对自由资金少、风险承担能力弱的小五金商来说是一种合作共赢的好方法。

“1980 年代，我那时候还给人修工具，那时候苦啊，白天在外面拉生意，晚上在家修理，要捶打也不能放地上，家里住楼上，地面不顶砸，我就放腿上砸。”

“20 世纪八九十年代的时候，北京东路上每一家都是五金店，你要从那走就得‘让让，让让’，从人流里钻过去，根本靠近不了柜台，一层一层全是各地过来的人。我那时候借（租）下来这个店面，又拆成四个柜台租出去，一个柜台一月给我 4 千块，还都是托人来的看面子才给他租。”

“可惜咯，一百多年的五金街一下子就没了。以后上海人缺个螺丝都没处买，全靠网上买的东西，维修的服务就不能指望咯。”

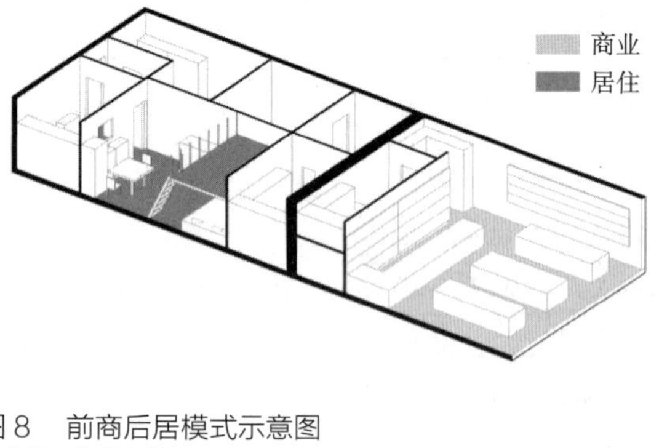

图 8　前商后居模式示意图
（来源：作者自绘）

3.6 垂直商贸模式

1990 年代中后期，发展高层建筑成为上海城市建设的大趋势，这亦影响到五金产业。高层建筑通过空间标准化分隔，密集置入商铺和办公场所，形成垂直商贸的空间模式。这一时期建设了科技京城、物资大厦、东银大厦等高层建筑，新增商场建筑面积达 9.3 万平方米。尽管失

去了沿街商铺的便利性，但高层商铺终于改善了本地“一铺难求”的紧俏局面，产业规模、产值和行业影响力达到历史最高峰。产业空间的聚集和重叠，在一定程度上刺激了产业链的延伸，电子科技、人工智能、4G/5G 等技术赋能，引领了五金产业的转型升级。

如 1997 年建设完成的上海科技京城，总建筑面积达 20.6 万平方米，其中商业面积近 8 万平方米，是当年上海最大的建筑群。作为“高新技术产业的桥头堡”，科技京城被定位为“全国最大最好的集成电路设计孵化器”，从而带动街区产业从机电产品向高科技电子产品的转移。科技京城包括北部双排裙房、东西 2 个塔楼以及中央商场，裙房作为高科技展厅和五金电子机械产品商铺，塔楼作为相关企业办公场所（图 9）。在中央商场内，五金商铺被分在一个个标准隔间内，混合了商家的展示、销售、办公和仓储的空间。产业的高度聚集使得科技京城成为远近闻名的五金销售市场，在促进行业吸引力的同时，也为产业升级奠定了基础。

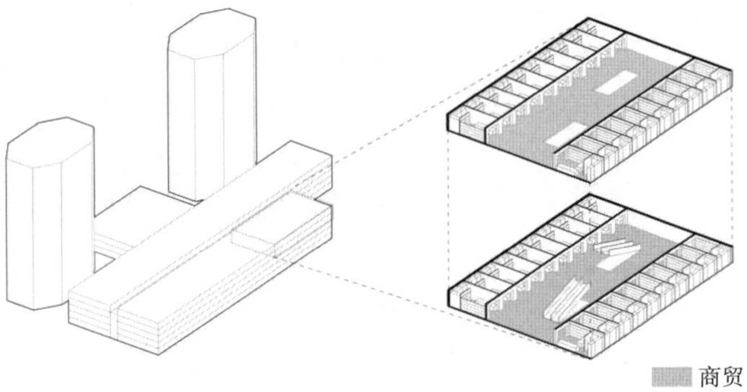

图 9　垂直商贸模式（上海科技京城）示意图
（来源：作者自绘）

4　产业聚集的里弄街区价值分析

单一产业聚集的里弄街区作为工业、商业、居住三者融合的产物，展现了上海独特的丰富性和活跃性，百年的兴旺发展注定其具有以下多重特性与价值：

（1）空间兼容开放

空间的兼容开放一方面表现在空间的普适性。里弄的建筑尺度同时满足小作坊、小商业的运营：3.5 米左右的面宽和 13 米上下的进深，加上 2、3 层的居住空间，非常适宜小型家庭式生产经营的模式，对承载其他模式也具备很强的潜力。另一方面表现在空间的开放性。里弄内四通八达，且开口众多，比如占地面积 2.4 公顷的无锡小区就有 7 个出入口，里弄巷道的通达性和宜人尺度正好满足生产销售的需求，来往穿梭的人群为街区空间增添了生命力。

（2）功能多元灵活

只要时局和市场有需求，功能即可形成与之匹配的结合方式。近代上海经历了政治经济的更迭波动、社会文化的碰撞交融、时代环境的一系列变换，产业链内功能不断进行组合与分离、升级与淘汰。从生产、销售、居住一体到生产和销售，再到设计、研发，功能主动调节并以多元的组合模式适应环境。

（3）产业稳定持续

繁密的里弄作坊和小商铺是产业稳定发展的基础，也是大量产品的来源。尽管不能排除设备简陋、技术水平较低、劳动力专业程度较低等缺陷，但作为一种在产业高度聚集的环境下自发形成的小型生产销售空间，其较高的数量和密度构成致密的产品网络和产业关系网络，使得街区产业能够有更强的抵抗风险和自我调整的能力。单一产业的高度聚集也助力街区形成在上下游产业中的强大影响力。

（4）社会流动融通

在近代上海多变的政治经济环境以及房屋租赁体系的背景下，里弄内的人群流动率高，带动了信息、资金的流动，也形成了社会文化的多样性。里弄内的人群可以通过同一个产业而形成链接，也可以通过产业解决就业等民生问题。在这样的社会环境之下，五金街具有更强的创造力和生命力，得以更稳定和谐地发展。

5　结语

随着城市的快速发展和产业变迁，上海北京东路街区如今面临着产业落后、居住条件差等与其定位截然不符的现实问题。黄浦区政府已将北京东路街区的更新改造提上日程，商铺和里弄的搬迁正如火如荼地进行，以北京东路为核心的 1.6 平方千米的城市区域将进行“科技、文化、时尚、商业”四位一体的整体改造。对于北京东路街区未来的发展，我们应怀着尊重历史的态度，尽可能延续里弄街区的内在活力。

产业脉络的传承并非僵化的延续，而是顺应街区的经济、社会环境，给予街区足够的自由来进行自我调节。[11] 街区内五金产业在此扎根百年，我们应充分利用其中繁密的产业网络基础，顺应街区底蕴而非生硬地进行产业置换。保持空间的丰富性和功能的复合性是延续产业聚集的里弄街区活力的基础，要通过积极地修缮和升级再利用使其重新焕发出百年里弄街区的风采与魅力。

参考文献

[1] 左琰，安延清 . 上海弄堂工厂的死与生 [M]. 上海：上海科学技术出版社，2012.

[2] 左琰 . 上海弄堂工厂的历史兴衰与街区再生 [J]. 中国园林，2013,29(7):23–28.

[3] 黄汉民 . 近代上海工业结构历史演进分析 [J]. 学术月刊，1991(4):35–40.

[4] 万勇 . 近代上海都市之心：近代上海公共租界中区的功能与形态演进 [M]. 上海：上海人民出版社，2014.

[5] 朱恬骅，上海社会科学院文学研究所 . 你的地方 · 讲述：寻找北京东路的意义 [EB/OL]. https://www.sohu.com/a/292221959_617377,2019.
[6] 上海市黄浦档案信息网 . 城区记忆（201501）：北京路今昔 [EB/OL]. http://daj.huangpuqu.sh.cn/dajfront/008/20150327/008004_9a49492c-257d-408c-883e-ce9a310171f9.htm?InfoID=9a49492c-257d-408c-883e-ce9a310171f9&CategoryNum=008004.
[7] 上海市地方志办公室 . 闹市中的五金一条街 [EB/OL]. http://www.shtong.gov.cn/newsite/node2/node71994/node71995/node71999/node72013/userobject1ai77398.html，2005.
[8] 上海社会科学院经济研究所 . 上海近代五金商业史 [M]. 上海：上海社会科学院出版社，1990.
[9] 上海地方志办公室 . 北京路五金街 [EB/OL].http://www.shtong.gov.cn/dfz_web/DFZ/Info?idnode=66288&tableName=userobject1a&id=61881,2003.
[10] 徐新吾，黄汉民 . 上海近代工业史 [M]. 上海：上海社会科学院出版社，1998.
[11] 孙淼 . 全球城市背景下都市工业遗产转型社区的适应性策略研究 [J]. 工业建筑，2018, 48(7): 44-48, 114.

山东省通信业遗产遗存调查保护研究

耿晓莹　贾　超　李少轩　青岛理工大学建筑与城乡规划学院

摘　要：山东省通信历史始于春秋时期，19世纪末在西方的影响下出现了新型通信技术及相应的电报局、电话局。通信业的发展与众多历史事件、人物息息相关，是山东省乃至中国近现代社会的见证。时过境迁，曾经的通信技术逐渐退出了历史舞台，所遗留的通信业遗产也在城市更新中面临着被废弃、被拆除的困境，如何保护及合理利用通信业遗产是亟待解决的问题。本文通过文献研究和实地调研，梳理了山东省通信业遗产的发展脉络，分析了其遗产现状及价值特征。

关键词：通信遗产；发展脉络；遗产现状；价值特征

通信工业转型于19世纪末，到如今百余年的时间已经经历了多次迭代升级。2020年我国工信部于新闻发布会上指出中国已经建成了世界上规模最大的光纤宽带网络和4G网络，在新经济、新动能影响下，政府对5G建设也给予了大力支持，通信优化升级的步伐正在加快。因此，通信业遗存也面临被拆毁的困境。2019年国资委在京举办中央企业工业文化遗产（信息通信行业）名录发布活动，20个项目入选名录，其中包括青岛邮电博物馆、山东省邮电博物馆，由此可见，中国的通信业遗产保护已经全面展开。

1　山东省通信工业发展脉络

1.1　邮驿发展历程

山东省的通信历史悠久，春秋时期已设邮驿，孔子曰“德之流行，速于置邮而传命”，说明邮传速度之快、流传之广。元代由于扩充疆域，邮驿规模远超前朝，《经世大典》记载元朝山东共有驿站50余处，每年山东的邮驿经费为900锭。至清朝山东省的邮驿遍布各州各县，清雍正年间山东省内的驿站达到155处。

随着商业的发展，清朝时山东出现了私营的民信局，最早在烟台开办，民信局的业务范围覆盖多个方面，包括汇款、寄信、包裹、银信，但规模较小。《海关十年报告（第一辑）》中记载，烟台最大的一家民信局只有经理、职员、信差三个职务共五人，每月的收入不到十元。1896年大清邮政成立，清政府对民信局的开办制定了严格的规章制度，要求各民信局必须到邮局统一挂号，否则不能办理递信业务。受官办邮局的影响，民信局的业务量逐渐减少。1934年交通部以邮政国家专营是世界统一为由，严令民信局于年底停止营业，当年12月山东省的民信局全部关闭。

1.2　西方“客邮”引入

清乾隆年间，来华贸易的商人增多，他们通过在船上悬挂外国邮箱与侨民通信，鸦片战争以后，英国在通商口岸广设邮局，清政府将外国人在中国开办的邮局统称为“客邮”。西方国家在山东设立的邮政机构主要分布在济南、青岛、烟台这三个城市，其中青岛的邮政机构最多。德国侵占胶澳以后便在青岛开办了邮政代办所，随后在胶济铁路沿线设置了高密、沧口、李村、潍县、青州等邮政点。“客邮”的出现虽然带动了通信业的发展，但当时清政府已在济南、烟台、青岛设邮，西方各国对中国的区域占领在一定程度上影响了中国的通信发展。

1896 年清政府在山东省设立大清邮政烟台总局，20 世纪初又相继增设了胶州、济南副邮界，内部设邮政总局管理本地及邮政分局的事务。至 1909 年济南被划为正邮界，界内设济南邮政总局，烟台、胶州各为副邮界，由此确立了济南统领山东省邮务业务的地位。

1.3 电报、电话的发展

1881 年津沪电报线路建成，济宁、临清设立电报局，山东省的电信事业开始发展。在电报业发展的随后三十年里，山东省形成了以济南为中心的辐射状电报通信网，设立电报局 19 处，电报线路 11 条，民国时期增加至 14 条。电报机构的设立与城市有着密切的关系，山东省电报机构多数设置在经济和军事要地，例如台儿庄、胶州、威海卫、德州等地。电信发展初期电报机多是从国外采购的莫尔斯人工电报机，后来随着技术的完善，音响机、电传机等各种机器取代了人工电报机。中华人民共和国成立以后济南局装设了美国制的打字电报机、电传机，随后又增设了国产中文译码机，电报的处理速度得到了提高。虽然电报在山东出现的时间较晚，但是发展、更新速度极快并且逐步适应了时代的变迁。

山东省最早自主开办的电话机构是于 1902 年在济南设立的官电房。1910 年山东省成立济南官办市内电话局，装设了多个磁石交换机，设备性能有所提高，也开放了市话业务。省办长途电话在 1930 年正式开放，至 1935 年山东省各县区电话网全面建成。山东省的长途电话网发展速度之快、规模之大在当时远超其他省份。

山东省的通信业经历了邮驿、邮政、电信这几个主要阶段，是一个比较完整的由原生到西化再到结合延伸的过程。发展初期社会体制的改革对其影响较大，随着产业模式的调整和技术的进步，邮政、电信有了各自的发展体系并逐渐成型。受人文地理、文化、经济等的影响，山东近代邮电发展迅速，在整个国内邮电史中占据比较重要的位置。

2 山东省通信业遗产现状调查

文献研究和现场调研是研究工业遗产的重要方法，文献研究可以获取工业遗产的历史资料、发展脉络；现场调研则可以收集最新的数据，了解工业遗产的物质遗存、保护概况等。基于山东省工业遗产保护规划、山东省邮电志、中国近代建筑总览等资料，本研究整理出有历史记录的通信业遗产30多处（表1、图1、图2），然后据此对通信业遗产进行了GPS定位以及实地走访调查。调查发现有的通信业遗产位于原处并保存较好，具有极高的研究价值，其中济南市邮政局被列为第二批省级文物保护单位、第七批全国重点文物保护单位，烟台邮政局被列为市级保护单位。但是也有不少建筑并未被发掘，政府没有出台相应的保护政策，一直处于闲置的状态。因此需要对通信业遗产进行统计和认定工作，确定通信业遗产的数量和身份。

表1　山东省通信业遗产名录

建筑名称	建筑类型	始建年份	现功能	现状
济南市邮政局纬六路邮政支局	经营型	1930年代	邮局	正在使用
济南市邮政局大楼	经营型	1920	济南市邮政局大楼	改造利用
山东省邮政局宿舍	生活配套设施	1919	山东省邮电博物馆	改造利用
山东省邮电管理局宿舍	生活配套设施	不详	商业	拆除消失
山东省邮电器材公司宿舍	生活配套服务设施	1919	山东丰大银行旧址	改造利用
山东省邮政机械厂	生产型	1973	济南邮政电商产业园	改造利用
山东省通信电缆厂	生产型	1967	商业	拆除消失
山东省电信器材厂	生产型	1961	医院	拆除消失
济南老电报大楼	经营型	1904	山东华夏书信文化博物馆	改造利用
凤凰公馆	经营型	1904	博物馆	改造利用
济南市邮政局报刊零售公司	生产型	1947	商业	拆除消失
山东省邮电学校	生活配套设施	1942	学校	正在使用
烟台邮政局山下支局	经营型	1925	邮局	正在使用
烟台邮政局库房	仓储型	1906	烟台美术馆	拆除消失
德国邮电局	经营型	1900	旅馆	改造利用
俄国邮政局	经营型	1908	克立顿饭店旧址	改造利用
法国邮政局	经营型	1904	挪威领事馆旧址	改造利用
烟台无线电一厂厂房	生产型	1930	烟台无线电一厂厂房	荒废闲置
烟台无线电一厂办公室	生活配套设施	1920	烟台无线电一厂厂房	荒废闲置
烟台无线电九厂办公室	生活配套设施	不详	商业	拆除消失
青岛德意志帝国邮局	经营型	1901	青岛邮电博物馆	改造利用
台东邮电局	经营型	1891	新天悦广场	拆除消失
中山路邮电局	经营型	1912	百盛大厦	拆除消失
帝国海军信号站	经营型	1900	电信基站、餐厅	正在使用
沧口邮电局	经营型	1919	高架桥	拆除消失
胶澳商埠电汽事务所	生活配套设施	1914—1922	胶澳商埠电汽事务所旧址	改造利用
堂邑路邮电局	经营型	1919	堂邑路邮电支局	正在使用
德国第一邮政代理所	生活配套设施	1898	青岛清真寺	荒废闲置
周村大清邮局	经营型	1900	邮局	正在使用
潍县大清邮局	经营型	1900	邮局	正在使用
德建邮政局	经营型	1898—1914	德建邮政局旧址	改造利用
德建电报大楼	经营型	1898—1914	德建电报大楼旧址	改造利用

续上表

建筑名称	建筑类型	始建年份	现功能	现状
大清台庄邮政官局	经营型	1899	台儿庄邮政博物馆	改造利用
济宁电报分局	经营型	1881	已拆	拆除消失
临清电报分局	经营型	1881	已拆	拆除消失
刘公岛邮局	经营型	1900	刘公岛邮局旧址	正在使用

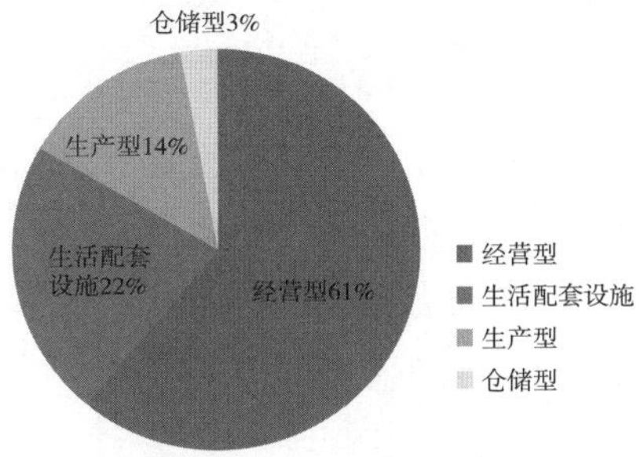

图 1　山东省通信业遗产类型
（来源：作者自绘）

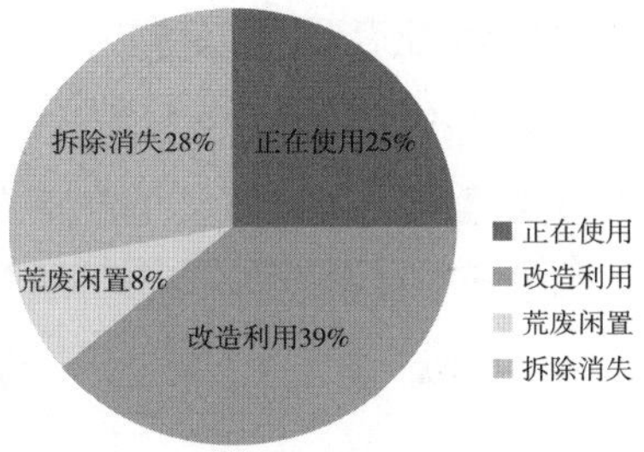

图 2　山东省通信业遗产现状
（来源：作者自绘）

2.1　经营型工业建筑

经营型工业建筑主要由邮政局、电报局、电话局组成，由于工业设备不同，这类建筑在空间布局、建筑结构等方面也有差异（图 3～图 5）。邮政局涵盖寄递、函件、报刊业务，因此内部要避免流线交叉，同时也要考虑存储、办公空间的分离，平面形式一般为 L 形、一字形。电报传送的技术复杂，类型极多，电报员需要独立办公，电报房平面形式一般为走道式。电话局由于需要放置设备，内部空间体量较大，常采用 U 字形布局，从原有照片可以看出电报接线器一般靠墙放置，电话业务员坐在一侧办理接线转换的业务。

图 3　清末的邮政局
（来源：青岛邮电博物馆）

图 4　清末的电报房

图 5　清末的电话房

2.2　生产型工业建筑

这类建筑包括机械厂、电缆厂、器材厂，中华人民共和国成立前这类建筑大多与经营型工业建筑合并使用，后来随着产业升级、技术发展、人类生活需求增加，各类厂房也进行了功能划分，形成了单一的产业结构模式，各司其职，独立自营。

2.3　仓储型工业建筑

同生产用房一样，仓储型工业建筑是生产链中不可或缺的一部分，一般与生产用房、经营型工业建筑有着密切的联系。例如烟台邮政局与邮政局库房均位于海岸街，位于不同的两栋建筑中，但是相距较近，便于储存与管理。但这并不是唯一的布局方式，库房与主体建筑也可在同一座建筑，或分层或布置在同一层。

2.4　生活配套服务设施

除去几个主体的建筑类型，通信工业建筑中还有包括教育、生活、办公等类型的附属建筑。例如烟台无线电一厂办公室、山东省邮电局宿舍、山东省邮电管理局宿舍。这类建筑目前大多已经改造为他用或拆除消失了，但是它们对于通信的意义非同小可，是通信业遗产的组成部分。

3　山东省通信遗产价值评析

3.1　历史价值

（1）时间维度价值：见证战争期间重要历史事件。

与其他工业门类不同，通信的作用在于传递信息，所以通信机构在战争期间发挥了重大的作用。巴黎和会时由于青岛所属问题，山东省政府拍发了多封电报，从联系北京政府到下发各地通知，电报的介入使各地成为一个互通的场域，同时也表明了山东政府的政治态度。同时期的有山东战时邮务总局、山东邮务管理局，它们都是历史的见证者、记录者。

（2）时间维度价值：见证通信工业百年的发展过程。

1897 年德国占领青岛，在青岛建立了系统的邮电通信设施和管理机制，实行邮政、电报、电话三家分营制度。1905 年德国人出资买下现位于广西路与安徽路交叉路口处的冯·提帕斯基希公司商业大楼，建立了德意志帝国邮局。邮局从初期开始一直作为邮务机构使用，直到 2009 年停止营业，联通公司对其进行修缮然后作为博物馆对外开放。这是山东首座邮电博物馆，它见证了青岛百余年的通信发展。

（3）空间维度价值：见证城市通信工业布局特色。

烟台、青岛作为沿海城市其通信工业空间布局呈现出从海岸线向内陆不断扩散的趋势；烟台海岸街是近代通信机构的密集区（图 6），包括大清烟台邮政总局、法国邮政局、俄国邮政局、德国邮政局、日本邮政局，这些邮电建筑大多建于 20 世纪初期，整体风格相似，但其材料、立面细部的处理手法均带有各自国家的明显特征，例如俄国的尖塔屋顶、德国的外廊和阳台。

■ 经营型工业建筑 ■ 生活配套服务设施 ■ 仓储型工业建筑 ■ 生产型工业建筑

图 6　烟台海岸街附近邮电机构分布图
（来源：《中国近代建筑总览·烟台篇》）

青岛的通信机构密集区为中山路、广西路一带。德国占领青岛时从海上进入，一进入便占领了制高点信号山，建立了无线电台，之后在此处建立了德国第一邮政代理所（现青岛清真寺），直到德意志帝国邮局成立其通信业务才开始转移。日本占领青岛后也从中山路一带发展邮电事业，建立了胶澳商埠电汽事务所和堂邑路邮局。国民政府统治期间在中山路、广西路、浙江路等多条道路上建立了邮局和无线电台。中山路是青岛百年来通信机构的总站点且逐渐向其他区域辐射（图 7）。

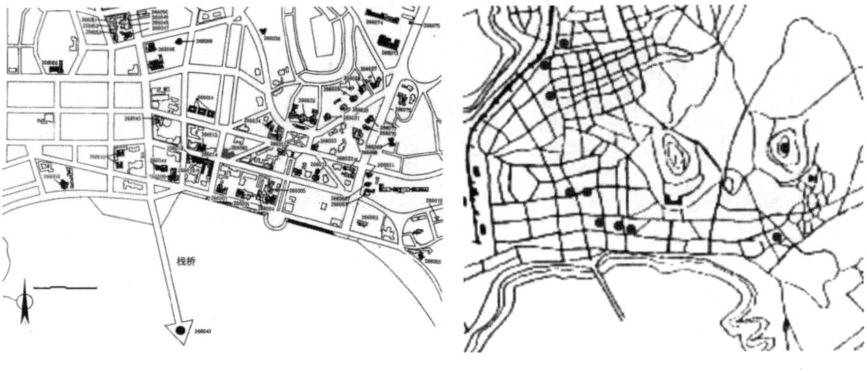

图 7　青岛中山路附近邮电机构分布图
（来源：《中国近代建筑总览·青岛篇》）

济南的邮电机构布局特点是沿铁路布置，向中心区不断扩散。济南火车站附近是济南近代邮电事业的起源地，现有的火车站库房是济南最初的邮电局，在其南侧的经二路附近分布有济南邮政大楼、邮政局宿舍等多个邮电机构（图8）。

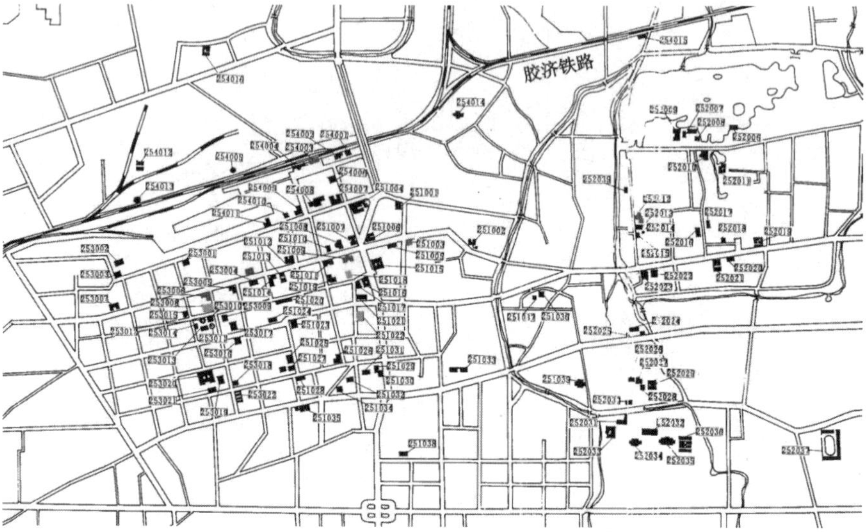

图8　济南火车站附近邮电机构分布图
（来源：《中国近代建筑总览·济南篇》）

3.2　技术价值

通信工业的技术价值体现在两个方面，一是建筑技术，山东省的通信工业建筑结构形式多样，以砖木结构、砖石结构为主，另外还有钢筋混凝土结构、砖混结构等。如济南市邮政大楼，建筑整体为法国古典主义风格，采用砖石结构，屋顶部分后期修复改为钢筋混凝土结构，这是济南最早使用钢筋混凝土结构的建筑，代表了当时先进的建造技术水平。二是通信技术，山东省通信工业建设初期吸取国外经验，引进国外先进技术，留下了一批具有科技价值的通信设备，如电报机、“丈母娘电话”、无线传呼机等。通信设备的演变从侧面反映了通信工业的进步，这些设备对于研究通信工业具有重要的价值（图9）。

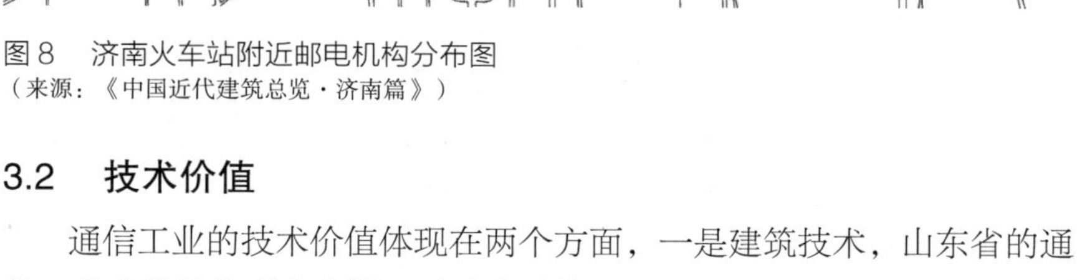

图9　通信设备
（来源：青岛邮电博物馆）

3.3 艺术价值

通信业遗产反映了通信建筑不同时期的设计风格、流派和特征。山东省的通信业遗产经历了德占、日占等时期，产生了多样的建筑风格，包括中式、西式和中西结合的样式，尤其是后期西式风格的本土转译，具有高度的美学、文化价值。由于通信建筑建造年代、国家不同，建筑特征各不相同。如青岛德意志帝国邮局，具有德国特征性的方尖塔楼、敞廊（图 10）；青岛原堂邑路邮局，立面采用当时盛行的对称手法，色彩是一种具有提示性内涵的淡黄色，加上日本的装饰性山花，具有独特的地域特色（图 11）；烟台一等邮政局，主体建筑带有法国古典主义风格，对称式立面，居中主入口采用了圆柱式，上下两层叠柱，上方为带花饰的三角形山墙，屋檐处丰富的凸出线角造成丰富的阴影变化，形成强烈的水平方向感，整个建筑构图庄重典雅，比例和谐匀称。

图 10　青岛德意志帝国邮局
（来源：青岛邮电博物馆）

图 11　青岛原堂邑路邮局
（来源：青岛邮电博物馆）

3.4 社会价值

通信工业在特定的历史时期创造了独特的精神财富，反映了一个时代的特征及社会认同，如山东战邮纪念馆、青岛台东邮电局。山东战邮纪念馆中记录了众多战邮前辈的事迹，是当代人学习和了解革命精神的教育基地，有极大的纪念意义。青岛台东邮电局则作为城市的地标承载了许多人的回忆，这里曾是青岛最接地气的地方。它是一个导向标、指示牌，也是当地人联络的节点；另一方面它也见证了周边商业的发展，见证了台东从单一的小村庄到周边电器、美发、商超等各类商业配套齐全的景象，通信工业的快速发展带动了其他工业门类的发展，加快了城市建设。2012 年由于城市更新，台东邮电局被拆除，台东邮电局在几十年的时间里作为一个地标建筑具有极高的社会价值。

4 通信业遗产现状

4.1 正在使用

基于目前的调研结果来看，山东省通信业遗产保护状况不容乐观。目前正在使用中的历史邮电机构较少，而且这些邮电机构已经进行了内部空间改造，以一种现代化的建筑风格取代了原有的建筑样式，内部的功能流线也进行了置换，保留的仅仅是旧址。

4.2 改造利用

在城市更新及经济发展的影响下，有一部分通信业类工业遗产被改造利用。经营型工业建筑改造的类型主要是博物馆、展览馆，其他生活附属建筑则改为了餐厅、商业场所等。如今通信类工业建筑改造类型比较单一，没有统一的管理机制，使得山东省内的通信类工业建筑发展状况一般，再利用的方式缺少创新动力。如何发挥工业建筑的价值以及注入更多的活力是我们接下来需要进一步思考的问题。

4.3 荒废闲置

山东省通信业遗产中荒废闲置的占少数，多为初期的工厂、邮局。例如青岛德意志第一邮政代理所，建筑后来改为青岛清真寺（图 12），但是其内部一直没有开发利用，处于闲置状态，其他类似的还有烟台无线电一厂厂房、一厂厂房办公室。这种荒废造成了工业遗产资源的浪费。

图 12　青岛清真寺（原德意志第一邮政代理所）
（来源：作者拍摄）

4.4 拆除消失

从目前的调查中发现，多数通信业遗产已经拆除消失了，拆除后的工业建筑旧址通过功能置换改为了商业活动中心、居住区等，失去了原有的工业痕迹。

5 结语

20 世纪后期，人们开始关注工业遗产这一问题，但是近代工业遗产存在的时间并不长，所以人们对其关注程度普遍不高。通过对山东省通信业遗产初步调研可知，通信工业作为历史的记录者皆在某个特定时期发挥了重大的作用，具有非常突出的社会价值、历史价值、艺术价值和技术价值，然而目前多数建筑已经湮灭、消失。所以如何进行进一步研究与再利用，提高对其的关注度，发挥工业遗产的作用，是我们接下来需要探究的问题。

参考文献

[1] 山东省地方史志编纂委员会 . 山东省志：邮电志 [M]. 济南：山东人民出版社，2000.

[2] 汪坦，藤森照信 . 中国近代建筑总览：烟台篇 [M]. 北京：中国建筑工业出版社，2004.

[3] 汪坦，藤森照信，徐飞鹏，等 . 中国近代建筑总览：青岛篇 [M]. 北京：中国建筑工业出版社，1992.

[4] 张润武，张复合，村松伸，等 . 中国近代建筑总览：济南篇 [M]. 北京：中国建筑工业出版社，1996.

[5] 李松松，徐苏斌，青木信夫 . 文化语境下的工业遗产价值解读 [J]. 中国文化遗产，2019(1):60.

[6] 贾超，王梦寒，于洋，等 . 青岛工业遗产保护利用历程及现状调研 [J]. 城市建筑，2019,16(19):44–49.

[7] 顾永杰 . 晚清有线电报技术的引进和发展 [D]. 呼和浩特：内蒙古师范大学，2007.

[8] 扈亚宁，赵彦卿，林子藤，等 . 工业遗产视角下铁路遗址价值与利用研究 [C]// 中国建筑学会 .2020 中国建筑学会学术年会论文集 . 北京：中国建筑工业出版社，2020:276–281.

[9] 初妍，陈雳 . 青岛近代工业遗产的类型和特征研究 [J]. 城市观察，2018(4):156–164.

[10] 贾超，郑力鹏，王梦寒 . 现代工业建筑遗产的保护与利用：以南方面粉厂南筒库区为例 [J]. 华中建筑，2020(10):37–41.

[11] 闫觅，王雨萌，李青淼 . 河北省工业遗产现状与研究初探 [J]. 自然与文化遗产研究，2019,4(7):12–16.

一座生产的机器
——原上海工部局宰牲场建筑调查研究

贾兴舟　张　鹏　同济大学建筑与城市规划学院

摘　要：本文以原上海租界工部局宰牲场为研究对象，通过对工部局工务处建筑师、宰牲场建筑设计师卡尔·惠勒于1936年在《中华国际工程学会会刊》上发表之论文的解读，结合遗产现状佐证，对宰牲场从牲畜蓄养、宰杀检验、肉品冷却、销售贮藏到劣品处理这一生产流程的功能空间和建筑设备展开调查研究，试图以建筑师的角度还原宰牲场这一特殊功能建筑的设计建造逻辑，探讨宰牲场设计的先进性与创新性，从而加深对这座极具代表性的工业遗产建筑的理解。

关键词：工部局宰牲场；1933老场坊；工业遗产；建筑设计；建筑设备

原上海工部局宰牲场位于上海市虹口区，1930年开建，1933年竣工。作为公共租界曾经的集中屠作场地，其建筑平面布局和空间组织严格按照功能要求设计，流线复杂，造型独特，具有极强的功能性，是近代上海首屈一指的工业建筑。现在宰牲场由沙泾路10号的主体部分和29号的化制站组成，2005年10月31日被上海市人民政府公布为第四批优秀历史建筑，2007年改造成为创意产业园后取名为“1933老场坊”。由于独特造型带来的强烈视觉冲击，宰牲场得到广大媒体的关注，受到民众的广泛喜爱，成为上海工业遗产的代表之一，具有非常突出的工业遗产价值。①

工业建筑的设计对于生产功能和建筑空间、设施设备的配合协调均有很高的要求。上海工部局宰牲场作为当时最大的现代化屠宰场，创造性地采用多层楼的设计，制定了向心式的平面布局方式，配备了现代化的宰杀设备。然而宰牲场在设计建成之初的使用方式、工艺流程如何？建筑师在建筑设计时究竟受到怎样的现实条件羁绊，又以何种角度出发，如何权衡利弊，最终选定呈现在眼前的方案，形成如此复杂如迷宫般的内部空间，在此过程中又有怎样的精确考量？这些针对这座极具代表性的近代工业建筑的调查，有助于工业遗产的研究与保护。

1　文献来源

由于宰牲场特殊的建筑职能，这座民国时期工部局局属的工业生产性质的建筑，留下的史料、报道较少，给研究增加了困难。针对建筑本体历史的研究，主要集中于何巍、朱晓明对相关档案的比较研究。

关于宰牲场的建筑设计师，坊间盛传为英国人巴尔弗斯，后经过论证确定建筑师为供职于当时工部局工务处建筑科的建筑师卡尔·惠勒（A.Carr.Wheeler）②，但有关卡尔·惠勒的信息亦十分有限。

对典型工业生产型建筑的关注点主要集中于对使用科学性、合理性、经济性的考量，建筑空间与功能的配合，以及作为工业生产保障的

① 针对宰牲场作为工业遗产的价值，聂波在其硕士论文中总结出以宰牲场为代表的混凝土工业建筑具有建筑学、历史、技术、经济四个方面的价值。详见：聂波．上海近代混凝土工业建筑的保护与再生研究（1880—1940）：以工部局宰牲场（1933老场坊）的再生为例[D]．上海：同济大学，2008:23-26.

② 具体论证过程参见：何巍，朱晓明．上海工部局宰牲场建筑档案研究[J]．时代建筑，2012(3):112.

机械设备。研究宰牲场应该从工程师的角度出发，这样才更加契合这座“大机器”的设计与建造逻辑。

按照此思路，笔者有幸在1936年公开出版的《中华国际工程学会会刊》[①]第34卷中发现由工部局工务处建筑师卡尔·惠勒撰写的论文，该文曾在1936年4月20日的学会大会上公开宣读讨论，而卡尔·惠勒正是工部局宰牲场的设计者之一。根据论文附录，宰牲场项目负责人为工务处建筑师斯特伯弗（C.H.Stableford），首席土木工程师为吉姆森（A.F.Gimson），结构工程负责人为卡拉克德(N.W.B.Clarked),建筑设计师为工务处高级助理建筑师卡尔·惠勒，结构设计师为温特贝格（P.F.Unterberger）。

① 中华国际工程学会是在上海由英国人创立的，是以西方人为主导的工程师群体，其宗旨是促进中国的工程近代化和提升工程师的专业能力。《中华国际工程学会会刊》正是该学会出版发行的官方刊物，刊中载有相当数量的技术理论探讨和建筑工程实录，上海工部局宰牲场即为一例。

原论文共17节，详细介绍了工部局宰牲场从设计到使用的始末，包含设备的使用，宰杀的工艺流程与各部分的功能空间、结构建造、设施设备等技术细节，涉及大量的机械工程、结构工程等跨专业的技术知识，配有诸多实景照片，文末还附有机械工程师和结构工程师对宰牲场机械和结构设计所作的说明。限于篇幅，本文则着重于调查研究现实矛盾对空间塑造的影响，以及建筑空间与生产设备、工艺流程之间的互动协调。

2 宰牲场设计的先进性与创新性

宰牲场完全由当时的工部局工务处设计建造，并和卫生处进行必要的协商。建成之前租界内宰作比较分散，于沙泾路设计集中宰牲场的目的是在合格的卫生条件下为公众提供充足的肉类，并确保肉类从供应源到消费者的过程得到有效的监督和处理。其发展不仅是城镇人口集中的结果，也是为满足公众对肉类高标准和高质量的需求。

集中化的设计在肉类和动物产品的市场价格上为公众提供了实惠，具体措施包括：①批量运输动物和定期运输安排；②劳动集中；③提供节省劳动力的现代化机械设备；④提供普通储存和冷藏储存空间，利于在适当时机增加供应并投放满足市场需求的产品，从而在一定程度上限制价格波动。

此外，宰牲场的动物集中为兽医科学的应用提供了便利条件，在整个蓄养过程中可以对动物进行详细的检查，为研究动物疾病和监测牲畜状况提供了合适的场所。其研究结果和改进建议可供牲畜饲养者利用，以提高牲畜群的健康水平，从而能生产更好的肉类，获得更高的利润。

2.1 多层宰牲场的创新方案

当时世界上宰牲场绝大多数为单层，建造多层宰牲场并无多少现成经验可供参考。并且多层宰牲场在初期提出时并不被看好，卫生处认为虽然多层叠加节省了资金投入，但同时也会产生诸多问题。然而经过多次方案修改和讨论，最终之所以突破常规做法，选择向上叠加的方式，主要是要化解租界飞速增长的屠宰需求导致的扩大规模的要求和租界地价快速增长及场地面积限制的矛盾。多层宰牲场的方案主要具有以下优势：

（1）整体性：三层宰牲场可以依据需要加设夹层，以方便设备使用和满足操作规程要求；

（2）节约性：占地面积小，节约的土地成本可以抵消建设成本；

（3）经济性：部门的集约化设计减少了人员成本、设备运行成本和部门间的沟通和处理的时间和成本；

（4）通风性：宰牲场地处城镇，楼层高且集约的建筑可以更好地自然扩散其中的气味。考虑到某些副产物和不合格肉品会产生令人厌恶的气体排放物，不论是否经过处理，排放物都应尽可能实现高空排放；

（5）自给性：牲畜步行上楼，肉品受重力作用可以自行下落,大大节省能耗。

由于当时的英国宰牲场多为一层建筑，如此规模和层数的多层宰牲场在世界上并无先例。上海工部局宰牲场选择集约化设计的方式，是在参考当时国际经验基础上独一无二、独具匠心的创造，充分体现了上海当时的建造水平，是同时期中国工业建筑的代表实例。

宰牲场落成后运行有序，多层的集约化方案被证明是可行且成功的。宰牲场设计中体现着科学性。由于宰牲场的设计理念完全是工厂流水线式的“大机器”，因此操作流程的安排相当重要，为避免造成浪费或拥塞以及统筹各处所的吞吐量，建筑师在设计时统计了不同部门所需要的操作时间，以确保结构和布局的合理和经济。

2.2 向心式布局的独特创造

宰牲场中进出栏的牲畜通常属于屠夫个人所有，他们受各种执照条件的约束，并在兽医监督下工作。因为私有的关系，在整个生产过程中除了不合格的动物和肉类，所有牲畜和肉制品均属屠夫个人所有，所有协助屠夫工作的劳动力亦为屠夫所雇佣。这些条件显然与普通的工厂流水线模式有相当大的差异，使得在整个建筑规划和设备的布局中增加了额外的复杂性，而上海宰牲场的现有条件加剧了这种复杂性。

在宰牲楼的设计中，有两个关键问题。一是每个有执照的屠夫需要同等的工作空间和一致的设施设备；二是现代化的屠宰方式需要和当地的传统方法结合，但前提是雇佣的劳动力将在单个屠夫的指导下操作，而在这里工部局的雇佣劳工仅仅负责清洁、看守等后勤辅助工作。卫生处作为项目管理部门，曾提出多层宰牲场存在的问题，比如功能布局复杂，管道排布不易处理；大体量导致采光不足；不易打扫和监视；通风不足，血腥味聚集，易使动物受惊等。[①]

① 何巍．上海工部局宰牲场建筑档案研究[D]. 上海：同济大学，2011:35.

这些在设计中发现的问题最终被建筑师一一解决，创造性地使用了向心式布局的平面布置方式，出色化解了复杂功能流线和狭窄场地之间的矛盾。为了更好地解决使用难题，设计师还对几种建筑方案进行了估算和比较，以确定最满意和最经济的布局，最后决定选择使用圆形的方案来解决这个核心矛盾。

宰牲场的平面布局相当紧凑，建筑外围由四栋楼围合成四边形，其中有三面是蓄牲楼，一面是冷却楼。宰牲楼在平面上是一个环形，放置在院落正中央；环形宰牲楼圆心处是中心核，每层楼的吊轨系统都会汇聚在中心。之所以有这种独特的向心式布局设计，除了考虑场地地形外，主要是因为其符合牲畜和肉品归屠夫私人所有的客观实际。这种布局在结构和设备上表现出了最大的经济效益。由于圆形的边缘到中心等距的几何特点，在向心布局的宰牲场中，蓄牲楼到宰牲楼最近的宰杀台基本上等距，宰杀台汇聚到中心也同样等距，从而避免了宰杀设备的布置对某些屠夫有利、对某些屠夫不利的差异性，保证了平等的劳动权和设备使用权，消除某些位置可以提前出发或效率较高产生的不平等优势。位置竞争的情况因而得到避免，征收统一固定的费用成为可能。此外宰牲楼的圆形平面有助于避免空间的浪费，所有的牲口躯干在被转运到冷却楼之前都要聚集到一个集中点进行检查。

四面的蓄牲楼、冷却楼和中心的宰牲楼的实体，共同围合出一个环形的院落虚体，这个院落不仅分开了活体牲畜和宰杀后肉品，同时也是污秽区域和卫生区域的分界线。这个院子可以通向蓄牲楼底层，同时有两条倾斜的牛道通向上层蓄牲楼。

建筑师亦探讨过矩形平面的方案，结果显示矩形平面使得下工作流线会产生不可避免的交叉干扰，滑道的集中也更加困难。与圆形平面相比，完成工作流程工人所走的距离大大增加，效率低下，且给管理增加难度。

3　现代化宰杀流程：不同功能空间与设备的配合

宰牲场主要功能包括：①在符合经济条件、人道主义和现代方法的前提下尽量减少对屠宰业的干扰，保障公共肉类供应；②建立公众认可的质量和安全标准；③从流通中取出所有危险或患病的动物和肉类并消毒；④协助屠宰和市场交易实现更完善的销售系统。

图 1 所示为宰牲场总平面图，牲畜自西南方向的入口进入内院后，经由坡道进入围合的三座蓄牲楼内，经规定的蓄养时间后通过连桥进入宰牲楼宰杀，宰杀后躯干经检查后由滑轨转送至冷却楼，最后分流至南侧的肉市场和冷库销售或路对面化制站销毁。整个宰牲场实现了牲畜蓄养、宰杀检验、肉品冷却、销售贮藏、劣品处理的现代化宰杀全流程。

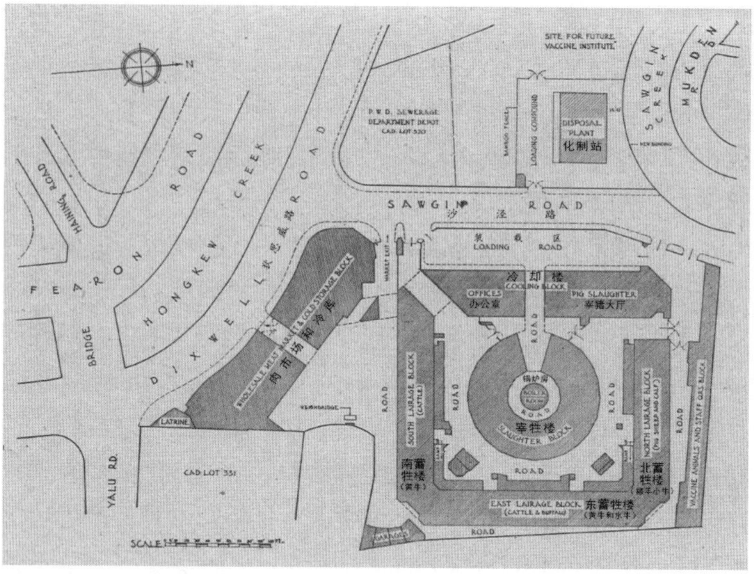

图 1　上海工部局宰牲场总平面图
（来源：底图来自《中华国际工程学会会刊》第 34 卷）

3.1　蓄牲楼：针对不同动物的蓄养空间

蓄牲楼的设计取决于牲畜特征、入栏条件、出栏时间、兽医要求等因素。为设计适合上海地区条件的蓄牲楼，设计师研究了长江流域不同牲畜的入栏尺寸、重量，统计了所需要的空间尺寸，甚至估计了牲畜每小时所需要的新鲜空气量，由此可见其设计考虑因素之全面。

蓄牲楼共四层，南翼和东翼用以饲养黄牛和水牛，北翼的一楼用以养猪、二楼四楼饲养绵羊、三楼饲养山羊。每种动物的饲养棚都被巧妙地放置在对应的宰杀台对面。不同楼层的高度由屠宰场的高度决定，蓄牲楼的第一层和第二层服务于第一层宰牲楼，宰牲楼其余部分则由第三、四层蓄牲楼服务。

为适应不同种动物的特点，羊舍牲畜栏的空间明显区别于牛舍，图 2 所示为牛舍，图 3 为羊舍。牛舍中 8 英尺[①]宽的牛道占据了空间中央，牛背对背站立其中，用链条固定。而羊蓄养在混凝土砌筑的围栏中，饲料槽和水槽亦用混凝土砌筑。槽的底部比地板抬高了 2 英寸，并在下面设计排水管道，牲畜栏从此管道排水。

① 1 英尺约为 0.30 米，1 英寸约为 0.03 米。

图 2　牛舍
（来源：《中华国际工程学会会刊》第 34 卷）

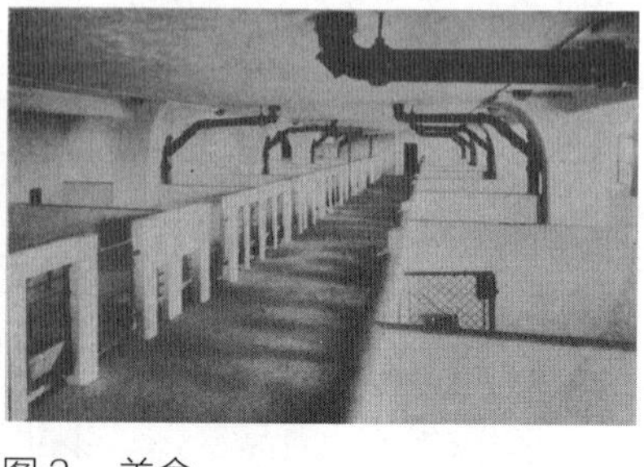

图 3　羊舍
（来源：《中华国际工程学会会刊》第 34 卷）

集中蓄牲会产生各种动物气味，通风问题成为需解决的重点问题之一。蓄牲楼通风系统由间接的、均匀分布的输送竖井组成。竖井口覆盖着金属格栅，并设计在地面上方 4 英尺的地方，以便冷空气在到达动物的鼻子高度之前得以散发流通。排气管放置在天花板上，然后引至屋顶上使气体排出。在潮湿炎热的夏天，打开窗户通风时，通风系统的效果令人满意。即使在隆冬，门窗紧闭时也没有明显的闷热或可察觉到的动物异味。

3.2 宰牲楼：集中化的宰杀方式

3.2.1 中心宰牲楼

在圆形的宰牲楼内为每个屠夫提供了相同的单独宰杀牛羊的区域，并安装有电击宰杀笼。宰牲楼有两层楼用以宰杀，可处理牛羊等牲畜，圆形平面中的宰杀区域与每种动物各自的蓄牲楼区域相对应。

待宰牲畜栏位于蓄牲楼边缘的阳台，待宰牲畜栏可以容纳一小时的屠宰量，每对围栏之间都有桥梁通向宰牲楼。宰杀前牲畜在待宰牲畜栏汇集后被引导进入连桥，连桥的设计宽度使得牲口不能转向，只能径直走进宰杀笼中。这些桥梁还为宰牲楼和蓄牲楼的屠夫和养牛人提供安全通道，并配备了足够的保障装置处理意想不到的突发状况。

在宰牲楼中心核，四根柱子支撑着悬挑的圆形楼板。这些平板第一层和第二层接收从宰牲楼连桥汇聚而来的牲畜，并为宰杀后的检查和分配提供了空间。中心核处建有圆形锅炉房，之所以放置在中央，是考虑可以方便将蒸汽分配到不同部门。

如图 4 和图 5 所示的宰杀笼依照动物特征设计，钢构框架，内衬柚木。使用时屠夫先引导驱赶牲畜，然后从旁边的通道将其固定于笼中，烦躁不安的动物可用鼻环固定再实施电击。当宰杀笼倾斜时可以借助重力自动释放笼中牲畜。宰杀后，手动放杆笼子倾斜，无意识的牲畜滑至放血平台，之后宰杀笼会自动返回到初始位置并锁定。

图 4　开启状态的宰杀笼
（来源：《中华国际工程学会会刊》第 34 卷）

图 5　关闭状态的宰杀笼
（来源：《中华国际工程学会会刊》第 34 卷）

宰牲楼的一层有一间特殊的屠宰室，其入口面向蓄牲楼，主要供兽医对带进宰牲场且在正常屠宰前查明受伤或患病的牲畜进行特殊宰杀。

3.2.2 宰猪处

宰猪的处所按照当地习俗是与其他动物分开的，设计依据一是猪在宰杀前无需贮栏蓄养，二是猪常被放在板条箱里放出来后几分钟内都不能行走，三是猪宰杀后无需处理。

因此，猪被饲养在蓄牲楼北翼的一层，而宰猪室被安排在冷却楼一层，同样配备有电击笼。为满足民众对猪肉的需求，工部局原本打算将空置的冷却楼四层扩建为宰猪处，但由于洋人食用猪肉有限、宰猪多为国人民生，该处直到1939年才投入使用。

3.3 冷却楼：肉品的冷却分流

冷却室位于冷却楼的二、三层，冷却主要依靠大气循环流通。根据季节不同，冷却时间为24到48小时不等。

牛肉、羊肉和猪肉都有单独的冷却空间，图6所示为牛肉冷却大厅内景。牲口躯干的悬挂位置受天顶轨道间距的限制，以保证有循环流通的空气和宽敞的检查空间，同时仅供单向滑行的吊轨亦将空间划分成适合个体屠夫的分割单元。两层楼均设有可疑和不合格的肉品室，不合格品将转移至化制站；合格品一部分通过起重系统卸载到楼下运输卡车上，一部分通过连桥送往南侧的肉市场和冷库。肉品至此完成分流。

牲口躯干的转运卸载方案经历了从电动卷扬机（electric hoists，如图7所示）到吊运式输送机（trolley conveyor）的转变。前者易损坏且危险系数过高，后者卸料时可依重力运行，返回时用低功率电机运回空置手推车即可，安全可靠。因而后来由3台吊运式输送机作为主卸料装置联系冷却楼各层，正常工作时每9秒就会运送一车牛肉或其他肉类，原有电动卷扬机一部分保留用来运送其他一般物品，一部分用作吊运式输送机的紧急备用。

图6　牛肉冷却大厅内景
（来源：《中华国际工程学会会刊》第34卷）

图7　冷却楼电动卷扬机
（来源：《中华国际工程学会会刊》第34卷）

3.4　肉市场和冷库：保证供应调节供需

肉市场和冷库位于宰牲场南侧，通过一座连桥与冷却楼的南端连接，现址为九龙宾馆。图 8 所示为肉市场和冷库沿狄思威路（现溧阳路）入口立面，此部分建成于 1935 年 7 月，即宰牲场主体落成之后，可容纳 1000 只牲口躯干，即 35 万至 45 万磅[①]的肉。

① 1 磅约 0.454 千克。

之所以要单独建设冷库是出于以下四点考虑：①落实兽医监督机制，满足从冷藏卸货到流入市场过程中的储藏、检查各类肉品的要求；②通过提供现代的贮存设备，协助均衡宰牲场的入库量和出产量；③根据市场供求关系调整投放量，避免零售商库存积压；④在干旱时期和特殊时期调节价格，维持供应，防止肉制品短缺。

图 8　肉市场和冷库楼
（来源：《中华国际工程学会会刊》第 34 卷）

肉市场和冷库很大程度上影响着屠宰场的产量，因为其保证每日的宰杀量不受天气状况、季节变化和一些不确定因素的影响。生产可以在整周之内连续进行，并保持相当的稳定从而减少设备的平均使用成本。

肉市场和冷库配备有非常现代化的装备，可以保证宰牲场的高运转量。肉市场内装配有双系统滑轨，如图 9 所示，一端与冷却楼相连，另一端通往冷藏室或一楼的卸货装载平台。这些滑轨安装在四个独立的隔间中，而且被涂上不同颜色附以中英文说明，用来区分不同经销商拥有的肉品。此外冷库里所有冷藏室和前厅均使用了不同厚度的压缩软木板隔热，每个房间装有远程温度记录仪连续记录冷藏室的温度。通风系统可以保证每 24 小时换一次新鲜空气，并配备有臭氧发生器用以保证冷藏肉品的质量。

图 9　肉市场内滑轨
（来源：《中华国际工程学会会刊》第 34 卷）

虽然肉市场和冷库现已经不存，但从图 10 所示的设计图纸中依旧可以看到其庞大的规模。这座建筑长 250 英尺，宽 70 英尺，一层为冷库，二层为市场，沿街有一个单独的公共入口供经销商和买家使用，可直达市场。为塑造干净、明朗的市场形象，二层的市场大厅主跨度 42 英尺，高度是 28 英尺 4 英寸，如图所示有一个由钢筋混凝土抛物面拱支撑的轻质混凝土屋顶，消除了柱子给摊位带来的不便影响。

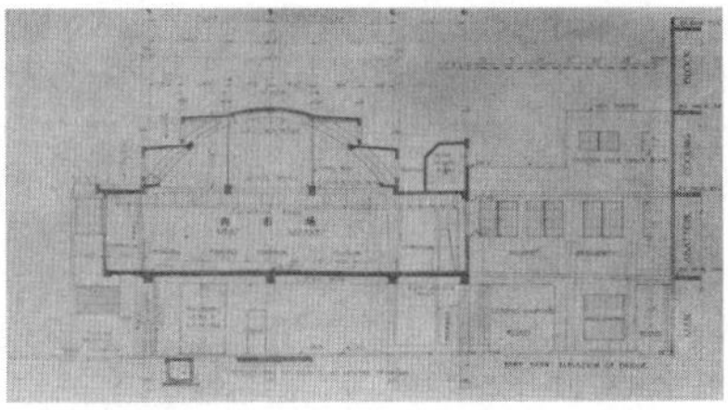

图 10　肉市场和冷库楼剖面
（来源：底图来自《中华国际工程学会会刊》第 34 卷）

3.5　化制站：肉品质量的最后保障

化制站亦称“废肉摒弃所”，建成于 1935 年，位于沙泾路 29 号，为废弃肉品处理工场，紧邻宰牲场但保持足够的距离。建成之前废弃肉品处理业务在宰牲楼底层的处理间完成。化制站共 3 层，钢筋混凝土框架结构，北侧中部局部四层，屋顶北侧中部有一高耸的烟囱，房屋平面呈矩形。

化制站的作用是处理宰牲场中的所有不合格肉品并消毒，以及处理危险的患病动物、不宜食用的肉品、不健康的动物血液等，确保不合格的肉品除无菌产品外不以任何其他形式销售，同时对高度危险的牲畜和肉类进行销毁处理。化制站安装有 4 部卷扬机，待处理品从底层进入化制站后，通过滑轨或者卷扬机转运至三楼的检验室后进行处理。

除了主要服务于工部局宰牲场外，化制站还处理从上海各地运来的患病动物和不合格肉品，其建成后甚至在一段时间内处理了大量外来品，以至于安装的设备超负荷运转。

4 结语

宰牲场建筑布局奇特，楼体外方内圆，高低错落，廊道盘旋，布局宛若迷宫，空间却又次序分明，看似随机、充满想象力的空间其实背后蕴藏着极具理性的功能逻辑。如今所有工业遗产创意空间的内部，都对应着建成时工业化大生产的机械逻辑。2003 年国际工业遗产保护委员会通过的《关于工业遗产的下塔吉尔宪章》（The Nizhny Tagil Charter for the Industrial Heritage）指出："工业遗址的考古调研是一种帮助研究的重要技术手段。应该像对其他历史文化时期遗址的考古调研活动一样，把工业遗址的考古调研提高到相同的高度。"因而探寻这座"大机器"最初设计的生产逻辑对我们深入理解工业遗产之于今日的意义相当有益。

宰牲场的建设正值上海建筑大繁荣大发展的时期，公共租界里的宰牲场无疑正是中国近代城市走向急速现代化的代表和缩影。上海作为近代化程度最高的节点城市，新兴的理念、制度、技术在这里登陆后，继而走向全国，而宰牲场又是在这次急速的发展浪潮中极具代表性的例子。它采用了西方现代化的工厂流水线式的屠宰方式，又因当地条件的限制在此基础上进行了独特的创造，创造性地使用了多层楼设计和向心平面，这证明上海已经具备处理这种复杂的钢筋混凝土建筑的能力。

上海作为我国近代工业的摇篮，留存至今的大量工业遗产建筑展现了自开埠以来城市现代化的历程，见证了我国近代工业从起步到发展壮大的全过程。而宰牲场作为上海城市工业文明发展的亲历者，其原本的设计与建造历程却因为有限的史料记载而蒙着神秘面纱，本文从建筑设计师的角度出发还原宰牲场原本的设计理念与功能逻辑，以期对中国近代工业建筑发展的研究有所启发和贡献。

参考文献

[1] 朱中原，宋吴琼 . 工业建筑遗产的保护性修缮与再利用：1933 老场坊保护性修缮工程 [C]// 朱文一，刘伯英 .2010 年中国首届工业建筑遗产

学术研讨会论文集 . 北京：清华大学出版社，2010:344–352.
[2] 何巍，朱晓明 . 上海工部局宰牲场建筑档案研究 [J]. 时代建筑，2012(3):112.
[3] 何巍 . 上海工部局宰牲场建筑档案研究 [D]. 上海：同济大学，2011.
[4] 杨春菊 . 沙泾路 29 号结构改造加固设计 [J]. 建筑设计，2017(4):19–20.
[5] 朱晓明，何巍 . 一份 80 年前的施工报告：上海工部局宰牲场营造档案的样本与解读 [C]// 朱文一，刘伯英 .2011 年中国第二届工业遗产学术研讨会论文集 . 北京：清华大学出版社，2011:330–338.
[6] WHEELER A C. Abattoir design and their equipment[C]// Engineering Society of China. Proceedings of the society and report of the council 1935—1936.China Reconstruction and Engineering Review,1936,Vol. XXXⅣ:1–141.

* 本文得到福建省自然科学基金项目（2019J01062）、教育部人文社会科学研究青年项目（19YJCZH074）资助。

企业集团主导下的“厂宅”改造策略研究
——以泉州市安踏与七匹狼旧厂宅为例*

周志贤　赖世贤　华侨大学建筑学院

摘　要：改革开放初期，“厂宅”是家庭工厂经济体的重要空间载体之一，具有工厂与住宅的双重属性，可视为一种特殊的工业遗产类型。文章通过对泉州市“安踏”和“七匹狼”两家企业旧厂宅的调研，探索厂宅的发展背景和空间特征。两栋“厂宅”不同的改造模式极具时代和地方特色，该现象在闽南地区亦具有普遍性。本研究基于该特殊而有趣的现象展开，探索和剖析其背后的社会和文化意义，以期为“厂宅”改造提供新的借鉴与参考。

关键词：企业集团；厂宅；改造策略

引言

家庭工厂是在农村联产承包责任制的基础上发展起来的，主要以自家住宅作为加工基地进行工业生产经营，形式有自营型、联营型、承包型和雇工型四种。[①]改革开放初期这种新型经济体表现出很强的生命力，改变了当时农村经济的构成，有着发展速度快且经济效益高等优点。目前，对于家庭工厂的研究多聚集在社会人类学领域，建筑学领域中黄华青在对武夷山当代茶村的研究中提到了“厂宅”[②]这一概念，本文的“厂宅”概念亦受其启发，意指在轻工业类型产业背景驱使下，具有居住、生产、经营三种功能的工业遗产建筑。

在众多厂宅发家的企业案例中，安踏和七匹狼是从“小家”发展到“大家”[③]的典型个案，通过对两者的研究，希望以点带面探究泉州轻工业企业厂宅建筑产生的时代背景及其空间价值。而随着市场经济的不断发展及企业规模的逐渐扩大，厂宅中生产和居住“混合一体” 的功能早已丧失，建筑物质本体也已老化，但众多厂宅建筑在企业整体用地中仍占据着很重要的位置，对其如何利用成为企业面临的现实问题。

1　作为特殊建筑类型的“厂宅”

1.1　厂宅的发展背景

厂宅作为一种日常的乡土建筑同时具有住宅建筑和工业建筑两种属性，在乡村社会生活中是不可忽视的一种空间类型。传统意义上的建筑价值体现在历史、艺术、社会、文化等几个方面。厂宅的艺术价值几乎可以忽略，然而从社会价值方面来看，它却承载了一定的时代特征和企业特色。

在 1980 年代中期，泉州初步形成了以轻工业为主体，国家、集体、个体、合资等多种经济类型并存的工业体系。[④]其中，在石狮市和晋江市，由缝纫业分别发展出了服装和鞋的产业集群，至今已有数十家

① 黄家声．家庭工厂探索[J]. 经济问题，1984(12):30-34.

② 厂宅：指茶产业发展背景下，扎根于乡村家宅建设语境中，将家庭、生产、经营三种空间融合的当代乡土建筑。摘自：黄华青．武夷山桐木村当代茶村厂宅的空间与社会变迁[D]. 北京：清华大学，2017.

③ 这里的“小家”是指以住宅为工作单位的家庭作坊，“大家”是指发展至一定规模的企业。

④ 吴少峰．泉州历史城区近现代工业遗产的特征与价值研究[D]. 厦门：华侨大学，2014.

上市企业。这些企业当初的发迹地大都是厂宅，主要是以家庭为单位组建的从事简单加工的私营企业，生活、加工、经营和贮存都在厂宅内进行。

泉州市的制鞋工业热潮起源于洋埭鞋帽厂的创办。改革开放初期，林土秋在自家琉璃瓦小作坊里创办了陈埭镇第一家股份制乡镇企业。仅靠一台缝纫机的简易操作即进行生产，以家庭作坊式起家于自家住宅。周边农民、渔民们纷纷效仿，他们将自己的家宅空间腾出来用于制鞋，掀起了家庭式制鞋工业的浪潮（表 1）。拥有同样经历的还有 361° 的丁健通，1981 年他召集了四个在附近鞋厂做学徒的年轻人，尝试在家中开办家庭工厂，这四个年轻人在鞋底、帮面的设计与制作上各有所长，因此家庭工厂的生产能力不断扩大。到了 1983 年，丁健通成立了华丰鞋厂，1989 年改立别克鞋业有限公司。丁和木与丁世忠父子于 1991 年成立的安踏鞋厂，在当时也仅仅是一个普通家庭工厂。

表 1　以厂宅发家的部分泉州企业

创办人	现公司名称	最初工厂形式	创办时间	公司前身	最初开办形式
林土秋、林和杰	鳄莱特	自宅	不详	洋埭鞋帽厂	集资经营
丁健通	361°	自宅	1981	华丰鞋厂 别克鞋业有限公司	集资经营
丁和木、丁世忠	安踏	自宅	1981	求质鞋业有限公司	集资合办
周永伟、周少雄、周少明	七匹狼	自宅	1989	恒隆制衣有限公司	集资经营
丁水波	特步	自宅	1987	三兴制鞋工艺厂	集资经营
许景南	匹克	厂房	1989	丰登制鞋有限公司	集资经营

（来源：作者自绘）

1.2　厂宅的空间发展特征

1.2.1　从“以宅为主”到“厂宅结合”

特定的社会背景影响了厂宅空间，后者呈现出了有趣的变迁过程。改革开放初期，侨汇办厂是泉州地区工业发展的一大特色，在这个时期里住宅建筑从“以宅为主”逐渐向“厂宅结合”转变。建筑出现了堂屋、卧室的“车间化”，又保留着原来的使用功能，与住宅原有的空间产生了竞争关系。堂屋、卧室等空间逐渐被缝纫机等机器和工具所占据，堂屋的礼仪、会客功能减弱，生产原料和成品堆放在卧室等空间，原来的日常活动空间被大大压缩（图 1）。361°老板丁健通就曾在一次媒体采访中回忆道：“当时地板上摆满了鞋底、鞋面和线头，就连床上也摆满了胶水，睡觉都只能睡半边。”

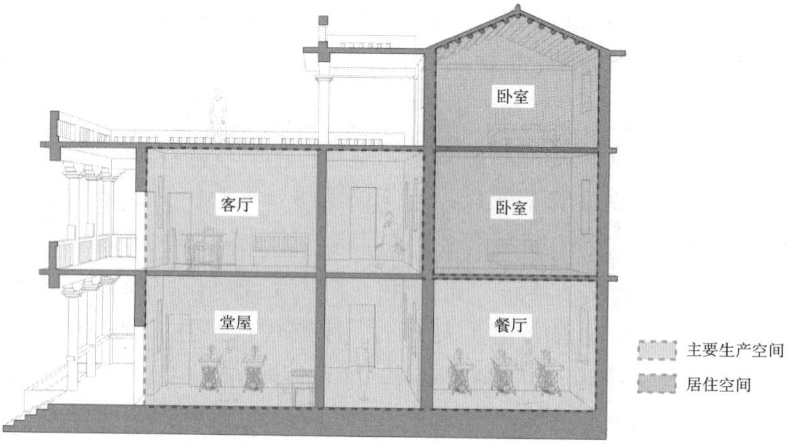

图 1　安踏老宅剖面图
（来源：作者自绘）

1.2.2　从“厂宅结合”到“以厂为主”

生产设备简陋、经营方式粗放和产品质量不高等因素使缝纫业生产呈现出低起点、小型、分散、低技术含量的“满天星星”景观。然而随着经济组织的增多与利润的减薄，小作坊很难成长为大企业，一些制鞋厂开始思考如何通过规模化生产来扩大竞争力。于是它们有的通过嫁接外资的方式，走上了规模、资本扩张之路，也有的通过华侨网络获得国外知名制鞋品牌的订单，走上贴牌生产之路。[①]

① 黄世界．乡镇民营企业的崛起与乡镇治理的转型 [D]. 武汉：华中师范大学，2013.

1995 年泉州市的企业不断增加，企业有了一定的原始积累后开始建起新厂房，其中有的选择在老宅周边建起了新厂房，形成了厂宅并置的新格局，比如安踏在老宅右侧建起了一栋四层混凝土结构厂房（图 2），七匹狼企业在老宅右侧建起一栋三层的混凝土结构厂房，“宅”与“厂”的空间得到了区分并逐渐向“以厂为主”转移。新厂的投入使用也为安踏、七匹狼集团带来了全新起点，在生产环境品质和技术上超过了泉州当时多数的企业。

图 2　安踏老宅与老厂房
（来源：陈磊提供）

2　厂宅困境与改造策略探索

2.1　面临问题

厂宅既是企业创始人“白手起家”的起源地，又是研究乡村工业发展的重要线索之一。针对厂宅老化的现象，是拆除、废弃还是继续利用并重新赋予功能，是从经济利益出发还是同时思考其文化和象征意义，成为摆在众多企业面前的问题。

（1）改造出发点的差异

我国工业遗产的保护与改造再利用实践起步相对于国外较晚，从工业遗产的改造与再利用模式角度出发，依然存在重视商业价值，轻视历史文化价值的问题。厂宅这类建筑的改造出发点不同，由于企业家拥有厂宅的产权，其自发性的改造大都以扩大自身企业规模和发扬企业文化为主导。工业的形成与发展需要投入大量的人力、物力和财力，而在后期的保护与改造上则需要从较为经济的角度来促进其循环与再利用。

（2）价值提升的重点

在乡镇更新的进程中，对于建筑的保护与改造往往需要经过价值评估等一系列程序后，再制定更为经济的保护手段，然而泉州企业家们对厂宅自发性的改建并不考虑那么多。只要能让记忆场所再现，纵使厂宅本体的建筑艺术价值不高，他们仍旧愿意出资对它进行复原与更新，且不计代价。厂宅遗留的建筑材料痕迹与空间场所，是企业家内心情感的寄托。泉州人对故乡的情感常体现在通过事业获得财富后回到家乡建起能彰显实力的豪宅，而对于本就位于故乡的企业发迹地来说，厂宅改建受重视程度也极高。与城市工业遗产相比，厂宅的历史文化价值更受企业家们的重视，社会、经济、艺术等价值同样也需要更加深入地认识与保护。

（3）建筑类型的定位

工业遗产所涉及的领域十分广泛，在时间、范围和内容方面都具有丰富的内涵和外延。厂宅是在家庭作坊的基础上发展起来的，属于狭义上的工业遗产范围和内容[①]，但是与大部分工业遗产不同的是厂宅的建筑类型具有双重性，即居住建筑的外壳下包含着工业建筑相关的生产加工区，既可以称它为家宅也可以称它为工厂。随着时代变迁，原有建筑的内部功能已不能适应现代人的发展需求，是基于单一功能还是复合功能的改造，需要进一步思考。

2.2　安踏和七匹狼的厂宅改造探索

安踏和七匹狼的厂宅改造揭示了企业集团主导下改造的不同侧重点。安踏和七匹狼作为泉州市知名龙头企业，常常扮演被模仿的角色，因此对于该地区厂宅的改造利用具有一定的影响力。

① “在范围方面，狭义的工业遗产主要指生产加工区、仓储区和矿山等处的工业物质遗存，包括钢铁工业、煤炭工业、纺织工业、电子工业等众多工业门类所涉及的各类工业建筑物和附属设施。在内容方面，狭义的工业遗产主要包括作坊、车间、仓库、码头、管理办公用房以及界石等不可移动文物。” 摘自：单霁翔．关注新型文化遗产：文化线路遗产的保护 [J]．中国文物科学研究，2009(3):12-23.

安踏老宅的改建工程中，丁和木与丁世忠父子斥资2000万用于翻修，几乎是把老宅推倒重建，利用千斤顶等工具对建筑进行了整体抬升，以保证与广场高度的协调。老宅以钢筋混凝土结构替换了传统的石结构，并保留了原始的建筑材料——红砖与花岗岩条石，试图还原最初的模样（图3）。一旁的旧厂房也根据老宅的建筑材料对立面进行重新组织，原先的立面材质是白色瓷砖和白色涂料，改造则采用了与老宅相呼应的石材和红砖，南向立面的栏杆样式、出檐的马赛克瓷砖以及石墙裙和胭脂砖墙身也与老宅相同，其余三个方向的立面则用砻石旧材料以干挂的方式进行砌筑，与老宅形成了视觉上的统一协调性。在功能方面，厂宅建筑目前是以博物馆的形式进行打造，但是从外观上却还是原有建筑的模样。值得一提的是，2019年丁和木在老宅一旁新建起了一栋文化中心供当地村民使用，建造成本达到了6000万左右（图4）。三栋建筑围合的中心广场平时也作为村民喜庆节日设宴的临时场所。

图3　改建后的安踏老宅与厂房
（来源：作者自摄）

图4　和木文化中心
（来源：作者自摄）

七匹狼的周氏老宅与旧厂房是七匹狼集团的前身——晋江恒隆制衣有限公司所在地。随着企业厂区的原地扩展，周氏老宅与周边旧厂房采用“融合”的方式与新建建筑共同改建成男装博物馆，建筑面积约1万平方米。建筑立面主要采用当地的花岗岩和玻璃进行组合，新老建筑在材料上形成了统一。在建筑平面布局上，老建筑中宅与厂的部分也随着功能的再组织重新焕发活力。老宅保留基础格局成为附属用房，老厂房则面向街道成为服装展示店服务于顾客，并通过外部庭院与新建筑中的博物馆展厅形成动线的连接，厂宅空间的使用性质也从住家与生产结合转变到商业经营（图5、图6）。

在对厂宅的建筑类型定位上，安踏与七匹狼都对厂宅赋予了全新的功能，将厂宅转变为博物馆这种公共性建筑以满足现今企业文化的宣传需要。在改造技术和材料的选择上，二者也是尽量采用了当地材料来凸显乡土地域特色。安踏厂宅“修旧如旧”的改造模式以高额成本体现了企业家对建筑历史价值的重视。七匹狼厂宅“融合”的改造模式则体现出企业家对旧建筑的取舍之道。

图 5　七匹狼男装博物馆平面布局
（来源：作者自绘）

图 6　改造后的七匹狼博物馆沿街效果图
（来源：作者自摄）

2.3　厂宅改造与再利用策略思考

（1）内部空间再利用

厂宅建筑原型为乡村住宅，内部空间已不能适应当代人的居住需求，也无法再作为生产厂房使用，原有建筑的结构存在一定的安全性问题。因此再利用时首先要对空间格局、结构、室内设备与室内环境进行改善。

在空间格局方面，应突出“厂宅”一体的思考，根据改造的目的赋予空间新的功能。比如打造成历史博物馆，对原有住宅的家具布置、生产工具摆放、装饰特色进行还原，以保留原汁原味的“厂宅”空间特点。若打造成文创办公、企业展览等空间则需要在保证结构安全性的前提下对空间进行扩展，利用现代灯光、材料等新技术对室内舒适性和实用性进行改善。

在结构方面，由于泉州地区的厂宅存在部分以石柱、石墙与石板为结构体系的石构建筑，在改造时则需要对这类结构的抗震性和完整性进行评估。早期的施工技术水平不及当下，在必要时应对重点结构节点进行加固，损坏严重的则需要以钢筋混凝土、钢等新型材料进行替换。

在室内设备与室内环境方面，原有建筑的设备和装饰图案体现着曾经的时代特征和工艺特色。对于损坏严重的地砖、墙砖和设备管道，应找寻相同材质的材料进行更换，以延续室内整体的历史风格，有助于增强人们对场所的归属感。

（2）外部特征的取舍

厂宅建筑的外部特征主要由建筑材料、造型、色彩、图案装饰等元素构成。泉州地区的建筑材料以花岗岩、胭脂砖为代表，对保存完好的此类材料进行保留，能体现建筑的“原真性”和“地域性”。若是以新材料进行改造也应注意厂宅与周边建筑的协调性，应尽量以适当的建筑色彩去表现厂宅艺术特征，体现对工业文化、地域文脉的尊重。

（3）外部环境的联系

厂宅一般位于各乡镇之中，企业可以将厂宅改造成村民活动的公共性建筑，有利于提升企业的公益慈善影响力和乡村建筑形象。厂宅的改造也伴随着周边环境的改造，通过宅前广场使建筑与环境更好地相容。另一方面，厂宅的开放在一定程度上也会吸引村民和游客，对乡村工业文化的传播和教育具有积极意义。

3 结语

本文对泉州地区企业厂宅改造的现象进行初步探索，旨在抛砖引玉，让更多学者关注到厂宅这类特殊工业遗产的研究。探讨厂宅的发展背景和空间变迁可以加深对特定的历史阶段下厂宅建筑的发展特征和空间价值的理解。厂宅建筑的改造与再利用能在一定程度上对企业历史文化、乡村工业文化的传播和教育起到积极的作用。在安踏和七匹狼的厂宅改造过程中，企业集团自发且不计代价的改造模式是一个值得关注的现象，也是工业遗产改造与再利用方面值得思考的话题。

参考文献

[1] 黄家声 . 家庭工厂探索 [J]. 经济问题，1984(12):30–34.
[2] 单霁翔 . 关注新型文化遗产：文化线路遗产的保护 [J]. 中国文物科学研究，2009(3):12–23.
[3] 唐子豪，郝占国 . 基于场所精神的工业遗产改造再循环利用探究：以长江埠盐场剧院改造为例 [J]. 建筑与文化，2021(1):230–232.
[4] 黄华青 . 武夷山桐木村当代茶村厂宅的空间与社会变迁 [D]. 北京：清华大学，2017.
[5] 吴少峰 . 泉州历史城区近现代工业遗产的特征与价值研究 [D]. 厦门：华侨大学，2014.
[6] 黄世界 . 乡镇民营企业的崛起与乡镇治理的转型 [D]. 武汉：华中师范大学，2013.

专题四

国内外工业遗产比较研究

国内外工业遗产适应性再利用现状与展望

付　研　内蒙古科技大学艺术与设计学院

摘　要：工业遗产的适应性与再利用研究如今已成为工业遗产新的学科生长点和多学科景观综合研究的重点领域。以适应性再利用与工业遗产关联为基础，分析国内外工业遗产的再利用现状，在归纳工业遗产与适应性概念内涵的基础上，运用调查法、个案研究法展开对适应性再利用的具体策略分析。依照旅游效益、可持续发展、创新产业适应性保护进展的思路，提出未来城市规划、多元民族、科技创新、多学科交融四个研究方向，以求对工业遗产保护与开发研究有所裨益。

关键词：工业遗产；适应性再利用；文化价值；多学科融合

工业遗产是伴随城市高速发展而形成的，反映了特定历史时期社会经济的发展状况，见证了城市进程中的发展变迁，是文化遗产的重要组成部分。《无锡建议》《国家工业遗产管理暂行办法》①的发布，规范了国家工业遗产认定和保护利用，重点强调了保护措施需包含对城市生活的重建，规避传统死板的静态修复，在原有的基础上重新注入适应性因子，实现多元价值的再现。可见工业遗产适应性再利用的重要性不言而喻。

再利用的关联研究长期以来都是工业遗产的核心研究领域，为老工业地区的可持续发展提供了多维途径。[1] 就我国而言，大部分工业遗产保护仅限于单独利用开发，对于资源整合与优势联合仍处在起步阶段。[2] 因而本文通过对工业遗产的适应性再利用的研究，提出并展望未来有关城市规划、多元民族、科技创新、多学科交融四种适应性再利用方向。实现工业遗产优化升级和经济价值转化，对于塑造城市形象、延续城市文脉、振兴地区经济具有重大意义。

1　工业遗产的界定及分类

1.1　工业遗产的界定

工业遗产研究始于 1952 年，美国学者 D.B. 斯坦曼撰写的《布鲁克林大桥的重建》中首次涉及工业遗产；[3]1955 年迈克尔出版的《工业考古学》一书首次将工业考古学引入到文献中，[4] 提出“工业考古学是研究产生于工业革命早期遗留的学科”等相关概念。[5] 而概念的具体阐述可追溯到 2003 年 7 月在国际工业遗产保护大会上通过的《关于工业遗产的下塔吉尔宪章》（简称《下塔吉尔宪章》）②，该宪章提出：“凡为工业活动建造的建筑与结构，以及其中所含工具和工艺、城镇与景观、其他物质和非物质表现，包括建筑、机械、厂房、生产作坊和工厂矿场等遗址，仓库货栈，生产、转换和使用的场所，交通运输和基础设施及用于居住、宗教崇拜或教育等和工业相关的社会活动场所，都称作工业遗产。”我国首次正式提出工业遗产是在 2006 年首届工业遗产保护与利

① 《国家工业遗产管理暂行办法》由中华人民共和国工业和信息化部印发。该办法从认定程序、保护管理、利用发展、监督检查等方面对开展国家工业遗产保护利用及相关管理工作进行了明确规定。

② 国际工业遗产保护联合会（TICCIH）是保护工业遗产的世界组织，也是国际古迹遗址理事会（ICOMOS）在工业遗产保护方面的专门顾问机构。《下塔吉尔宪章》由 TICCIH 起草，提交 ICOMOS 认可，并由联合国教科文组织（UNESCO）最终批准。

用研讨会上形成的《无锡建议》中，该建议被称为“中国首个倡导工业遗产保护的纲领性文件”。[6] 其将工业遗产界定为具有历史学、社会学、建筑学和技术、审美启智和科研价值的工业文明遗存，包括建筑、工厂车间、机械、矿山等及相关的社会活动场所，还包含工艺流程、数据记录、企业档案等物质和非物质文化遗产。[7] 同年，联合国世界遗产委员会将当年的国际文化遗产日主题定为“工业遗产”，意味着世界范围内的工业遗产保护登上国际舞台，将工业遗产保护推至新高度，开启了工业遗产保护的新阶段（表 1）。[8]

表 1　工业遗产的发展历程

时间	地点	事件	内容
1952	美国	《布鲁克林大桥的重建》的发表	第一个涉及“工业遗产”方面的文章
1955	英国	“工业考古学”的提出	迈克尔于1955年出版的《工业考古学》一书中首次将工业考古学引入到文献中，提出“工业考古学是研究产生于工业革命早期遗留的学科”等相关概念
2003	俄罗斯塔吉尔	《下塔吉尔宪章》	提出“凡为工业活动建造的建筑与结构，以及其中所含工具和工艺、城镇与景观、其他物质和非物质表现，包括建筑、机械、厂房、生产作坊和工厂矿场等遗址，仓库货栈，生产、转换和使用的场所，交通运输和基础设施及用于居住、宗教崇拜或教育等和工业相关的社会活动场所，都称作工业遗产”
2006	无锡	工业遗产保护与利用研讨会	将工业遗产界定为具有历史学、社会学、建筑学和技术、审美启智和科研价值的工业文明遗存，包括建筑物、工厂车间、磨坊、矿山和机械，以及相关的社会活动场所、工艺流程、数据记录、企业档案等物质和非物质文化遗产
2006	联合国世界遗产委员会	当年国际文化遗产日的主题被定为“产业遗产”，后定名为“工业遗产”	世界文化遗产中的工业遗产越来越受到重视，标志着国际工业遗产保护新阶段的开始

（来源：作者自绘）

1.2　论工业遗产的分类

工业遗产是工业文化的遗存，合理的分类是开展工业遗产适应性与再利用理论研究和实践规划的重要基本前提。由此研究者着眼于不同视阈对工业遗产进行了详细分类。刘伯英等 [9] 从工业遗产的资源构成出发，将工业遗产界定为广义工业遗产与狭义工业遗产，广义工业遗产包含如冶炼、陶瓷、纺织等古代工业与古道、车辆等组成的古代交通设施及各种矿藏开采设施等。狭义工业遗产指始于英国工业革命后，采用钢铁等新材料、煤炭和石油等新能源，以机器生产为主要特点的工业遗存。徐拥军等[10]从建筑学分类法、行业种类、区域层级和物质形态等方面入手，对工业遗产进行横向分类。韦锋[11]按照工业遗产的本质特征进行划分，包含时间尺度、空间规模尺度、与城市位置关系三方面。冯立昇[12]认为工业遗产从形态上分为可移动、不可移动和非物质三类。《无锡建议》则将工业遗产分为物质遗产和非物质遗产，物质遗产既包括工业生产的物质要素，如建筑厂房、库房、构筑物等，又包含工业生产的文化要素，如标语口号、印刷品、奖杯奖状等；非物质遗产包括厂史厂志、工艺流程、规章制度等。由此可见，不同的学者由于各自研究方向的不同对工业遗产的分类多有差异，但毋庸置疑的是，强调工业遗产的物质性以及所包含的精神意蕴是各学者进行分类研究的主要出发点，同时随着工业遗产的精细分类，其研究重点也由其概念本身向适应性再利用探索方向转变。

2　适应性再利用与工业遗产的关联

2.1　适应性与遗产学结合

适应性概念起源于生态学领域，1950年代美国人类学家斯图尔德[13]将其延伸至人类学系统，随即开始涉足人文科学、社会学、政治生态学、建筑学、可持续科学等领域。在工业考古学背景下，其具体含义产生了异质性转变，指代一种使工业遗产与居民和周边整体环境景观产生关联并需要主动适应社会的过程。适应性与工业遗产的首次结合是在1937年发表在《住宅与花园》上的一篇期刊报道中，内容是将纽约华盛顿的一处马厩改造为公寓住宅楼的项目。道格拉斯[14]指出适应性再利用是一种当构筑物原有功能过时，通过采取调整、升级、再利用等介入手段，使其适应新环境的利用方法。针对这一概念，杨宇峤[15]在建筑学科领域对其进行分析并延展了其在工业遗产中的应用范畴：强调更改建筑物最初的使用功能，使其适应新的使用要求，从而让建筑物获得新活力，使建筑物整体机能得到复苏与活化。值得考量的是，该利用方法不仅应用至美国与北欧后时代的工业国家，还逐步拓展至上海、纽约等高精尖技术城市，用于产生全新的价值。[16]适应性概念与工业遗产的有机结合从根本上就是实现建筑的功能置换，一方面最大限度地发挥整体价值，优化环境、空间系统；另一方面将遗产经济与文化的双重属性进行综合考虑，通过文化产业的开发，促进工业遗产的市场化，进而带动地区经济重振与发展。

2.2 适应性保护的主要特征

工业遗产通常会面临机能作用消失殆尽而物质功能尚存的尴尬情况，因而适应性利用是为旧建筑、旧设备、旧空间注入新的适应性因子，助其完成动态平衡。一般来看，适应性保护具有动静结合性、维持风貌性、策略创新性、区域文化性等几种特征。

2.2.1 动静结合性

传统的保护方式是对工业遗产进行冷处理，也称为凝冻式保护手段，朱莹等[17]将其形容为一种近似于“福尔马林的标本保护”，又将工业遗产留下的物质遗存视为物种群落，干瘪的“标本保护”使本就枯竭的群落完全沦为一种假象的存在，成为群落“脱胎换骨”的阻碍。相比于静态保护，动态保护是更为适宜的保护策略，满足旧厂区与城市建设的弹性需求。如首钢石景山厂区改造方案，通过“拆与留”展现了适应性保护的动态灵活性。[18]但过度的动态更新会致使场所精神流失，因而在前期规划时应注重科学的决策定位，避免过度更新。适应性再利用作为一种强调建筑物整体机能复苏与活化[15]的有效利用方式，解决了目前所存在的产业绅士化、空间功能缺失等问题，具有动静结合的特点。

2.2.2 维持风貌性

“风”是对社会人文精神或文化的软件系统概括，“貌”作为“风”的载体，是环境硬件特征的综合呈现，是有形形体与无形空间的有机融合。[19]旧厂区中的景观特征、人文精神、文化内涵、历史文脉需靠适应性再利用中的维持风貌性得到传承与延续，如位于波兰的威利奇卡盐矿，从中世纪开始运作一直延续至今，如今在开采利用的基础上，仍旧维持其原有建筑风貌，改造为盐矿博物馆，成为盐矿的主要经济来源，现已被列为世界遗产。[20]维持风貌性承接上述动静结合性，可知其具有保留场所精神的特性，是有利于社会文化的再利用方式。

2.2.3 策略创新性

策略创新性是适应性保护的主要特性之一，运用创新技术可以保证工业遗产的可持续多维度发展，[21]如上海同济大学创意学院楼的扩建设计，充分发挥了适应性再利用中的策略创新性，采用嵌入策略，你中有我，我中有你，独立而共生，新旧建筑有明显区分，但又作为独立的个体相互依存，形成了一个创意型空间。[22]适应性保护的活性因子需具备创新性才可使工业遗产迸发价值。

2.2.4 区域文化性

适应性再利用的核心内容重在“适应”，既要充分融合地方区域特色，又要主动适应社会，政府的主要着力点在于规划组织与管理的创新，引导工业遗产保护的快速发展，践行“区域文化性”与“地方性”的适应保护措施。在尽可能保存工业生产类建筑特征和所携带的历史信息的前提下，将新的空间元素、新功能注入其中。如位于英国的曼彻斯特凯瑟菲尔德城市遗产公园[16]，功能植入上突出“地方性”，融入多元主体的文化诉求和新生活方式，再生空间中形成独具特色的文化形式与生活方式，丰富了城市生活形态。

3 工业遗产适应性再利用研究现状

自 1960 年代首次出现工业遗产适应性再利用概念以来，适应性保护主要应用于基于旅游效益的工业遗产适应性再利用、基于可持续发展的工业遗产适应性再利用及基于创意产业的工业遗产适应性再利用。《武汉建议》[23]与《北京倡议》的通过，掀起了工业遗产保护的热潮，进一步明晰了工业遗产适应性保护在学科领域中的发展方向与研究重点，经过数十年的关注，工业遗产的适应性保护已成为遗产学科领域的重点研究对象之一，景观学者围绕着工业遗产的旅游效益、可持续发展、创意产业二次开发等研究主题展开了大量关于理论方法的探讨以及案例研究。

3.1 基于旅游效益的工业遗产适应性再利用

基于旅游效益的工业遗产适应性再利用具体是指从工业化到逆工业化的历史进程中出现的一种因工业遗产保护而发展起来的新的旅游形式。即在废弃的工业旧址上，通过保护和再利用的方式将原有的厂房建筑、生产设备、工业机器等改造成可吸引现代人们了解工业文化又兼具独特的观光、休闲等旅游功能，能服务大众的景点。[24]

基于旅游效益的工业遗产适应性再利用，一方面是用于形成城市可持续发展模式以及达成绿色旅游出行的目标，另一方面则是意图将工业遗产融入当地街区与居民，与周边环境景观形成关系联结，因而将工业遗产改建为公共且娱乐大众的开放性旅游场所是全新趋势。[25]李蕾蕾[24]从区域综合整治角度，提出提高工业遗产旅游效益的三种开发模式：①区域化一体模式。如北京 798 创意园区，[26]原厂区为 718 联合厂，是由德国德绍一家建筑机构负责建筑、施工设计而成的，建筑外部造型简洁，内部空间高大完整，整体注重实用性与灵活性，极具包豪斯学院的设计风格，一举奠定了后期这一地区的改造格局。20 世纪初在政府的支持与文化机构的进驻下，718 联合厂启动了保护再利用的景观工程，设计改造一方面保留废墟与生产厂房的现状，以少干预激活厂区；另一方面将空厂房规模出租利用，聚合多种艺术空间。改造以多目标的区域综合整治与振兴计划，延续了场所精神，彰显适应性再利用中的区域文化性。社会大众慕名纷至沓来，既带动了当地的经济发展，又“以点带面”在空间上形成“厂区文化—社区文化—城市文化—区域文化”相辅相成的活化性总体战略。[27]② 博物馆模式[28]。该模式将公共空间改造为旅游场所，激发大众参与感与认同感，增添了场所所缺失的寓教性。如长城美术馆[29]，其设计着力点是建筑内外转换和场地关系的处理，将艺术活动充分融入开放性空间，促进人与艺术环境的互动，将空间与原有工业记忆串联，使原有的废旧厂房再现生机。这种改造方式将开放性空间与工业遗产进行有机结合，使周边居民生活更加丰富，遗产的文化性与区域的文化性潜移默化地融入参观者生活之中，做到让城市更好用，让艺术更生活。③公共游憩空间模式。该模式将工业遗产转为与生态相结合的景观公园，从而推进文化生态区域的系统性与整体性。如杜伊斯堡景观的改造设计[30]，杜伊斯堡原是于 1985 年停产的集采煤、炼焦、炼钢于一身的大型工业基地，现被改造为以煤—铁工业景观为背景的大型景观公园。可见这种模式是工业景观得以再利用、创造经济价值、延续城市活力的有效途径。此外吴相利[31]以经营管理理念的分析为切入点，归纳总结了英国工业旅游发展的基本特征。

通过对上述案例的具体分析，不难看出基于旅游效益的工业遗产适应性再利用具有多种开发模式，但无可厚非的是，目前旅游开发缺乏对客观条件的完善，首先是缺乏对开发对象的具体评析和保护机制，忽略潜在开发条件，使开发方案搁置；其次资金匮乏导致偏远地区工业遗产利用开发成为未知数，旅游开发模式无法落实，抑制资本参与热情。因而基于旅游效益的工业遗产适应性再利用仍是当今保护利用物质遗产的待研究方向。

3.2 基于可持续发展的工业遗产适应性再利用

1992 年联合国环境与发展大会制定并通过了《 21 世纪议程》，为全球范围推进可持续发展战略提供了行动指南。[32]赵亚博等[33]认为可持续发展是工业遗产的重要目标，而适应性再利用则是可持续发展的实现手段。尽管有学者提出适应性改造是可持续保护的良好举措[34]，但目前尚未形成系统性的保护体系。

国内外学者对工业遗产可持续策略提出了诸多想法：Bosse[35]根据瑞典哥德堡林德霍姆片区改造案例提出两种可持续策略：①多产业互动合作，协同发展。Bosse 将科技、教育进行产业融合，加之协同合作，促使瑞典哥德堡林德霍姆片区在吸引外资时发展成为极具吸引力的创意社区与现代生态系统，不仅为城市经济注入安全且有市场需求的动能，又鼓励其树立典型的城市品牌形象。[33]② 加快工业遗产创新发展步伐。林德霍姆片区的改造让公众积极地参与到创意开发中，园区内引入专业知识人才，发挥规模集聚效应，将林德霍姆打造为创新加速器，加快城市及区域可持续发展。同时查娜等[36]从城市规划建设的角度，在无锡西漳传统蚕种场的适应性保护再利用中运用了三种可持续性策略：①复原原有建筑功能，即最大限度保存西漳蚕种场部分工业历史建筑痕迹，让原有建筑以活态展示馆的形式再现经典生产流程；②增强公众参与程度；③改建特色景观，即复原并扩大桑田规模，并与景观融为一体，形成特色生态园。如英国庞特基西斯特水道桥与运河[37]被改造为教育基地、地方活动场所，增添了“绿色壁垒”等开放性空间，使其与周围路堤、廊道有机融合。

基于可持续发展的工业遗产适应性再利用是以环境与自然资源为基础，其着重强调的不是发展进程中实践层面的连续性，而是长期发展所带来的城市及人居环境的质量改善的影响，因此其已成为工业遗产关联性保护的重点研究范式。

3.3　基于创意产业的工业遗产适应性再利用

创意产业与工业遗产融合，是对旧建筑、旧厂区进行二次建设、注入活力的契机[38]，可以延长建筑使用寿命并带来多重效益，目前已成为工业遗产保护的热门趋势。

创意产业格局的适应性再利用可大致分为三种模式：①乔治等[39]从共生模式视域下探索工业遗产的创意景观设计，通过分析瑞昌城市的空间格局，将其产业资源划分为“三轴五带多点”的空间分布形态，为瑞昌市带来更大的发展机遇；②刘歆等[40]从POE角度提出面向创意产业的工业遗产优化策略，与风景园林中SBE法[41]大同小异，通过分析天津市二棉厂的各项指标来考量创意产业的综合指向性；③以注入文化因子为导向的创意产业模式，有文章以英国利物浦的Rope Walks地区为例[42]，对当地文化产业和城市再生的政策进行分析，着重探讨了相关政策方法对于该地区的作用和有效性，以此证明以文化创意产业为依托的工业遗产进行保护与再利用是多赢选择。

创意产业所带来的力量不可小觑，因而工业遗产的适应性再利用必须考虑物质遗产中的创意模式与产业格局的内在关联，进而在实现兼顾文化、美学功能的同时保持工业遗产的健康发展，以及坚持文化认同感等多种发展目标。当前对基于创意产业的工业遗产适应性再利用缺乏更深入的研究，应深化对创意因子的选择论证、开发结果的再评价等方面的研究，进一步佐证创意因子与开发结果的科学性。

4　工业遗产适应性再利用展望

2006年以后，我国工业遗产研究进入主题化研究阶段[43]，随着基于旅游效益、可持续发展以及创意产业的适应性再利用迅速发展，工业遗产适应性再利用受到学者与公众的广泛关注，基于前述对国内外工业遗产自身组织结构的复杂性叙述及其适应性保护与利用的理论体系与技术方法的总结，当前应重点强调4个研究方向，即城市规划适应性再利用、多元民族适应性再利用、科技创新适应性再利用、多学科交融适应性再利用。

4.1 城市规划适应性再利用

城市文脉是城市生命的根基[44]，是人类生产力发展的阶段性产物。城市更新背景下的工业遗产开发是在利用现代人心理定势改造手法的基础上，提升现代人对于工业遗产价值的认知以及实现遗产地功能置换的一个有机更新过程。因此要加强对于城市规划角度的工业遗产改造研究，通过系统评估城市规划建设，柔化城市作用机理，进行选择性的拆与留。

4.2 多元民族适应性再利用

少数民族聚居的偏远地区存在大量工业遗产，进行开发时需慎重考虑多民族因素，结合地区自然环境、地方人文、民族文化，创造以工业遗产文化为核心的民族区域地方性精神空间和文化生态区。在系统地考量工业遗产所在区域大的文化背景、居民生活习惯及民风民俗的前提下，围绕着“活态”进行多元文化重组、优化，从而使重组的文化更适应发展需要，兼具稳定与活力。这种文化遗产的活态性重组方式，将那些更具浓郁人性化、生活化、情感化、乡土化、色彩化的地方文化融入冰冷的工业遗存空间，通过选取地方特色文化，利用工业遗产环境修复、民族融合的情感记忆、社会价值的实现让遗产与文化真正“活”起来，带动景观的创新与城市文化的重塑，实现城市文化复兴。

4.3 科技创新适应性再利用

随着科技的不断进步，传统静态的评价以及管理方法已不再适用于多重维度的工业遗产。就动态变化的工业遗产而言，工业遗产的定量识别与聚类分析目前主要依靠系统仿真研究[43]，如加强运用 3D 测绘、BIM 技术等手段，完善工业建筑遗产历史信息的采集，使用 GIS、Flex 等软件平台，协同不同的评价方法创建工业遗产保护数据库。

4.4 多学科交融适应性再利用

从当前国内外相关研究中发现，适应性保护与再利用模式已有显著发展，但在一些方面仍有模式单调、学科融合不足等问题，故针对此类情况，需反思工业遗产“范式化”开发的现状，深入思考工业遗产与城市、社区和人的需求的关系，需要多学科与多维角度的融合，走出一条工业遗产与城市共生的更新之路。

5 总结

本文通过对工业遗产适应性再利用的界定梳理以及国内外适应性案例的分析，归纳了适应性再利用所用到的方法与策略，由此提出了适应性再利用的发展前景与保护机制。适应性保护有利于国内外工业遗产价值的体现与文化多元性的呈现，突破了我们以往对于传统工业遗产保护的狭隘眼界，提高了我们对于工业遗产保护的危机意识，因此，适应性保护是工业遗产实现可持续发展的重要利器。

参考文献

[1] 范晓君 . 双重属性视角下的工业地遗产化研究 [M]. 沈阳：辽宁人民出版社，2018.

[2] 范玉洁，吴雪梅 . 工业遗产保护与再利用现状概述 [J]. 工业设计，2017(9):37–38.

[3] 阙维民 . 国际工业遗产的保护与管理 [J]. 北京大学学报（自然科学版），2007(4):523–534.

[4] KENNETH H.Industrial archaeology:an introduction[M].London:Methuen Publishing, 2016.

[5] MICHAEL R.Industrial archaeology[J].The amateur historian,1955,2(8):225–229.

[6] 工业遗产：成为城市转型的新“名片”[N]. 人民日报，2019–12–2.

[7] 无锡建议：注重经济高速发展时期的工业遗产保护 [J]. 建筑创作，2006(8):195–196.

[8] 范晓君，SOYEZ D，代姗姗 . 工业遗产的社会建构及旅游再利用：中国与德国的比较研究 [J]. 思想战线，2012,38(6):123–128.

[9] 刘伯英，李匡 . 工业遗产的构成与价值评价方法 [J]. 建筑创作，2006(9):24–30.

[10] 徐拥军，王露露 . 工业遗产保护开发研究：述评与趋势 [J]. 学术论坛，2017,40(4):142–149.

[11] 韦锋 . 在历史中重构：工业建筑遗产保护更新理论与实践 [M]. 北京：化学工业出版社，2017.

[12] 冯立昇 . 关于工业遗产研究与保护的若干问题 [J]. 哈尔滨工业大学学报（社会科学版），2008(2):1–8.

[13] 赵传慧，杨兴柱，王群 . 国内外适应性研究进展与启示 [J]. 云南地理环境研究，2019,31(3):65–76.

[14] 许亦农 . 审视过去，走向未来：建筑适应性再利用杂记 [J]. 世界建筑，2009(3):78–88.

[15] 杨宇峤 . 历史建筑场所的重生 [M]. 西安：西北工业大学出版社，2015.

[16] 丁新军，阙维民，孙怡 . “地方性”与城市工业遗产适应性再利用研究：以英国曼彻斯特凯瑟菲尔德城市遗产公园为例 [J]. 城市发展研究，2014,21(11):67–72.

[17] 朱莹，张向宁 . 进化的遗产：东北地区工业遗产群落活化研究 [J]. 城市建筑，2013(5):110–112.
[18] 郭厉子，冯赛，赵云鹤，等 . 基于“动态改造”方法的工业遗产再生新途径：以首钢石景山厂区片区改造方案为例 [J]. 建筑与文化，2016(6):251–253.
[19] 蔡晓丰 . 城市风貌解析与控制 [D]. 上海：同济大学，2006.
[20] 高长征，闫芳 . 中原工业文明遗产研究 [M]. 北京：中国水利水电出版社，2015.
[21] 黎启国，郑伯红 . 基于适应性再利用的我国工矿遗产保护初探 [J]. 工业建筑，2014,44(2):1–4.
[22] 邹子敬，刘健 . 工业遗产适应性再利用中的“嵌入”策略：上海同济大学设计创意学院大楼改扩建设计 [J]. 时代建筑，2016(3):120–125.
[23] 关于转型时期中国城市工业遗产保护与利用的武汉建议 [J]. 城市规划，2010,34(6):64–65.
[24] 李蕾蕾 . 逆工业化与工业遗产旅游开发：德国鲁尔区的实践过程与开发模式 [J]. 世界地理研究，2002(3):57–65.
[25] 龙凌 . 工业遗产旅游发展综述：现状 · 问题 · 建议 [J]. 湖南工业职业技术学院学报，2015, 15(5):22–24.
[26] 韩风 . 工业遗址保护与经济发展的关系研究：北京 798 艺术区案例分析 [J]. 装饰，2010(12):98–99.
[27] 徐振强 . 智慧城市新思维 [M]. 北京：中国科学技术出版社，2017.
[28] 迈克尔洛 . 工业遗产保护与开发 [M]. 桂林：广西师范出版社，2018.
[29] 韩文强，王宁 . 新旧穿越：淄博齐长城美术馆 [J]. 设计，2017(14):52–57.
[30] 沈浚 . 谈工业遗迹的景观改造与经营：以德国北杜伊斯堡公园为例 [J]. 改革与战略，2009, 25(9):176–178.
[31] 吴相利 . 英国工业旅游发展的基本特征与经验启示 [J]. 世界地理研究，2002(4):73–79.
[32] 郭日生 . 全球实施《21 世纪议程》的主要进展与趋势 [J]. 中国人口 · 资源与环境，2011,21(10):21–26.
[33] 赵亚博，臧鹏，朱雪梅 . 国内外城市更新研究的最新进展 [J]. 城市发展研究，2019,26(10):42–48.
[34] 整体性保护工业遗产：访同济大学建筑与城市规划学院教授张松 [N]. 中国社会科学报，2015–6–22.
[35] BOSSE L. Heritage and peacebuilding[M].Britain:Boydell&Brewer, 2017.
[36] 查娜，朱蓉 . 基于可持续发展的无锡西漳传统蚕种场保护性再利用

[J]. 工业建筑，2014,44(3):52–54.
[37] 高朝飞，奚雪松，王英华 . 英国庞特基西斯特水道桥与运河的遗产保护与利用途径 [J]. 国际城市规划，2017,32(6):146–150.
[38] 王璐，刘姗，李晓润，等 . 活力再现：结合创意产业的旧工业建筑适应性再利用策略 [J]. 工业建筑，2012,42(S1):74–76.
[39] 乔治，范文鹭，马军 . 共生视角下的工业遗产文化传承及创意系列化设计 [J]. 包装工程，2019,40(8):141–150.
[40] 刘歆，邵燕妮，王昳昀 . 基于 POE 面向创意产业的工业遗产改造优化策略研究 [J]. 现代城市研究，2017(5):58–66.
[41] 王娜，钟永德，黎森 . 基于 SBE 法的城郊森林公园森林林内景观美学质量评价 [J]. 西北林学院学报，2017,32(1):308–314.
[42] LEE C B. Cultural policy as regeneration approach in western cities: a case study of Liverpool's Rope Walks[J].Geography compass, 2009,3(1):495–517.
[43] 高祥冠，常江 . 近十年我国工业遗产的研究进展和展望 [J]. 世界地理研究，2017,26(5):96–104.
[44] 王学勇，张永超 . 基于城市文脉的工业遗产保护和再生研究 [J]. 工业建筑，2017,47(12):57–60,65.

援助与崛起——苏联与中国“一五”“二五”计划比较研究

沈民智 刘伯英 清华大学建筑学院

摘 要：工业革命发源于1760年代，西方主要资本主义国家自19世纪中期起先后实现了工业化，历经数十年乃至上百年。1928年到1937年，苏联通过两个五年计划建设成为工业强国，其速度是前所未有的。而中国也于1953年到1962年实施两个五年计划，进行大规模工业建设，奠定了中国工业的基石。在中苏两国各自的两个五年计划里，是什么迅速地促进了工业的发展？而缘何中苏分别在各自的两个五年计划中取得的成就存在差异？本文将苏联和中国的前两个五年计划进行比较，全面认识工业技术的全球转移和“156项目”的遗产价值。

关键词：苏联；中国；五年计划；工业建设；技术转移

引言

1929—1933年资本主义世界遭遇经济危机，当时正值苏联要开始实施五年计划。苏联利用租让企业、技术援助协议、外贸公司，从西方国家获取了大量工业技术，开启了国家工业化的进程，为夺取二战的最终胜利打下了坚实的基础。1950年代，在美苏冷战、朝鲜战争的背景下，中国也开始了自己的五年计划。作为社会主义阵营的同盟，苏联对中国进行了全面的技术援助。两国分别在五年计划时期大规模地引进外国的技术和资金进行工业化建设，加强国防发展经济。本文接下来要讨论的，就是中苏两国分别在各自的两个五年计划期间面临的种种条件和机遇的异同，以及它们把握外国技术援助程度的异同，取得成就的异同。希望通过这种比较，能够得到有意义的结论，从而更加全面和深刻地认识工业技术在各国之间的转移方式，并从宏观视角认识我国“156项目”工业遗产的价值。

1 外部环境的对比

1.1 苏联面临的外部环境

十月革命后，俄国退出一战，这相当于放弃了对德国的制约，对协约国是不利的。许多领导人相信，布尔什维克主义是比普鲁士军国主义和德国扩张主义严重得多的威胁，没有任何国家承认苏维埃政权，资本主义列强还对苏俄的内战进行军事干预。1919年的巴黎和会（苏俄没有受邀参加）上，就苏俄问题，英国首相劳埃德·乔治（Lloyd George）表达了这样的观点：“就我个人而言，我会把苏维埃当作俄罗斯事实上的政府来对待。威尔逊总统也是如此。但我们都同意，我们不能达到那种程度……我们的议会、国家的公众舆论害怕布尔什维克的暴力，害怕它的蔓延……因此，必须采取其他的权宜之计……”[①]由于与会各国间的矛盾，以及一些激烈反对布尔什维克的声音，巴黎和会没有解决对待苏

① KENNAN G. Russia and the Versailles conference [J]. The American scholar, 1960—1961,30(1):13-42.

俄的问题，对苏俄外交的孤立仍然持续着。最先与苏联外交关系正常化的是德国——同样在凡尔赛和约中损失了巨大利益的国家。1922 年，苏德在意大利的拉巴洛签署互惠互利、外交正常化的《拉巴洛条约》。直到 1924 年，苏联才正式与英国、法国建立外交关系，而直到 1933 年，才与美国建交。

1919 年 10 月，协约国向全部中立国以及德国提出的对俄政策如表 1 所示。

表 1　1919 年 10 月协约国提出的对苏俄进行经济封锁的内容

序号	内容
1	对于所有布尔什维克拥有的要驶入或者从俄国港口发出的船只，禁止放行
2	将上述做法应用到以任何途径送往布尔什维克俄国的全部商品中
3	对于所有前往或来自布尔什维克俄国的人，拒发护照（联合政府特许者除外）
4	禁止银行与布尔什维克俄国做生意
5	各国尽可能禁止国民使用邮件、电报或无线电等通信设施与布尔什维克俄国通信

（来源：GAWOREK N H. From blockade to trade: allied economic warfare against Soviet Russia, June 1919 to January 1920 [M]//VERLAG F S. Jahrbücher für Geschichte Osteuropas, 1975:39–69. 整理自 British Foreign Policy vol. 1, appendix G to doc. No. 67）

尽管如此，外国列强对苏俄的经济封锁却并不顺利。一些国家不愿意追随列强，希望整个欧洲的经济状况正常化。瑞典和德国最强烈地反对参与国际封锁，德国于 1919 年 10 月 29 日委婉地拒绝了参与封锁计划。在认识到战后的经济困难和社会动荡之后，资本主义列强国内也出现了反对对俄封锁的声音，美国和英国尤甚。1920 年 1 月 14 日，在巴黎举行的盟国代表团首脑会议（the Paris meeting of the heads of delegations of the allied powers）上，劳埃德·乔治提出了"对俄商业政策"，他计划通过俄罗斯的合作社组织来实施他的新政策，结束对苏俄的经济孤立并开始贸易。同年 1 月 16 日，盟国代表团发表声明，其中提到："决定允许俄罗斯人民与盟国和中立国在互惠的基础上进行货物交换（作者注：通过合作社组织）。"[①] 1920 年，苏俄和爱沙尼亚签订了第一个贸易和约，1921 年又先后和英国、德国、挪威、奥地利、意大利签订了临时贸易协定。从 1924 年起，又与西方各国签订了一系列贸易条约。[②] 1928—1932 年苏联执行第一个五年计划时，西方资本主义世界正处于 1929—1933 年经济危机。苏联利用此契机，从西方获取了大量的设备、技术，此部分将在后文详述。

① GAWOREK N H. From blockade to trade: allied economic warfare against Soviet Russia, June 1919 to January 1920 [M]//VERLAG F S. Jahrbücher für Geschichte Osteuropas, 1975:39-69.

② 邢书纲．苏联是怎样引进和利用西方的资金与技术的?[M]. 上海：上海三联书店，1988: 37-39.

1.2　中国面临的外部环境

中华人民共和国成立后，美国拒绝承认中国共产党领导下的合法政府，也不与中国建立外交关系。1949 年 12 月 30 日的美国国家安全委员会 48-2 号文件中写道："在形势进一步明朗化之前，美国仍应继续承认中华民国国民政府。美国应避免承认中共政权，直到此举显然符合美国利益的时候。”[①]在整个20世纪五六十年代，仅有英国于1950年宣布承认中华人民共和国，于1954年和我国建立了代办级外交关系，1964年法国与我国建交，其他的西方资本主义大国与我国都处于尚未建交状态。

与政治态度相对应的，美国也采取了一系列经济措施来遏制新生的中共政权。输出管制统筹委员会（coordinating committee for export to communist countries），又叫巴黎统筹委员会，是由美国提议于1949年11月在巴黎成立的，其目的是对社会主义国家实行“封锁”和“禁运”。之后，随着1950年6月朝鲜战争爆发，美国对中国的经济封锁不断升级（表2）。

表2 1950年至1951年美国对中国的经济封锁

时间	管制
1950年2月	美国要求英国禁运战略物资至中国
1950年3月	美国宣布“战略物资管制办法”，600多种物资受到管制。同时要求接受“马歇尔计划”援助的国家禁运战略物资至中国
1950年11月	美国将管制物资增加到2100余种
1950年12月	美国对中国发动全面的封锁禁运和外汇冻结
1951年3月	美国限制中国土特产输入
1951年5月	美国操纵联合国大会通过对中国实行“禁运”的提案
1951年8月	美国宣布禁止中国及朝鲜生产的所有货物和这两国货物在其他国家加工的制品进口到美国

（来源：作者整理，资料来自董志凯，吴江．新中国工业的奠基石：156项建设研究[M].广州：广东经济出版社，2004: 29–37.）

在西方资本主义国家的经济封锁下，新中国只能与社会主义阵营国家进行贸易。1949年2月16日，《中央关于对外贸易方针问题的指示》中指出：“凡苏联及东欧各新民主主义国家所需要的货物，我们当尽量向苏联及新民主主义国家出口，凡是苏联及新民主主义国家能提供给我们的货物，我们当尽量从苏联及新民主主义国家进口……首先了解我们与苏联及东欧各国进行贸易的可能性，然后决定我们对资本主义国家进行贸易的范围。”1950年2月，《中苏友好同盟条约》签订，4月19日又签署了《中华人民共和国中央人民政府、苏维埃社会主义共和国联盟政府之间的贸易协定》。1951年3月14日，《中苏铁路联运协定》签订。除了苏联，新中国也同东欧国家发展贸易。1950年与波兰、捷克签订易货协议书。1951年与民主德国签订了贸易协定。1958—1960年，同保加利亚、罗马尼亚、匈牙利、波兰、捷克斯洛伐克、民主德国、阿尔巴尼亚等国签订了长期贸易协定。[②]除贸易协定外，在1952年5月至1960年6月，我国还先后同捷克斯洛伐克、罗马尼亚、匈牙利、民主德国、波兰、苏联、阿尔巴尼亚、保加利亚、南斯拉夫、朝鲜签订了双边政府间科技合作协定。[③]

① 上海市国际关系学会．战后国际关系史料．第一辑[Z]. 1983:74.

② 董志凯，吴江．新中国工业的奠基石：156项建设研究[M]. 广州：广东经济出版社，2004: 29-37.

③ 姚杰．新中国第一个政府间科技合作协定[EB/OL]. (2009-08-13)[2021-04-28]. http://archive.wenming.cn/wmdjr/2009-08/13/content_17381475.htm.

1.3 小结

由上述内容我们可以得到本研究第一个结论：在中苏的“一五”计划即将开展之际，苏联和中国面临的是不一样的外部形势，虽然中苏两国在政治和外交上都受到孤立，在经济上都受到封锁。但苏联因西方经济危机得以和西方国家展开大规模的贸易，引进西方国家的资金和技术；而我国则受困于冷战局势，仅得到社会主义阵营的援助（表3）。

表3 中苏“一五”“二五”计划的比较

	苏联	中国
外部环境	一战结束，1929—1933年资本主义世界经济危机	美苏“冷战”，朝鲜战争
贸易国家	西方各国	苏联及东欧国家

（来源：作者自绘）

2 五年计划建设成果的对比

2.1 工业建设基础的对比

2.1.1 苏联工业建设的基础

俄国十月革命后，苏俄政府实行战时共产主义，又于1921年开始实行新经济政策。经过这一段国民经济恢复时期，到1928年第一个五年计划开展之际，苏联的工农业产值超过了历史最高水平（表4）。

表4 苏联1917—1928年主要工业产品产量增长情况

产品名称	1917	1928	增长率（%）
生铁（万吨）	294.5	328.2	11.4
钢（万吨）	309.3	422.5	36.6
煤（亿吨）	0.36	0.40	11.1
石油（万吨）	875.7	1167.6	33.3
发电量（亿度）	25.3	50.7	100.4
水泥（万吨）	89.6	178.8	99.6
棉织品（粗布）（万平方米）	105.9	199.1	88.0
砂糖（万吨）	90.9	127.7	40.5

（注：1917年的发电量数据缺失，表格中实际上为1916年的数据。另外，在1959年的统计年鉴中，涉及的并不只有上述几项统计，表格只是取了1917年、1928年都能计算得到确切产量的几项。来源：苏联部长会议中央统计局.苏联国民经济统计年鉴1959[M].梅国彦，译.北京：世界知识出版社，1962:93-98.）

2.1.2 中国工业建设的基础

1949年到1952年是我国的国民经济恢复时期。到1952年，我国工农业主要产品的产量都超过了中华人民共和国成立前的最高水平（表5）。

表5 1949—1952年主要工业产品产量增长情况

产品名称	1949	1952	增长率（%）
纱（万吨）	32.7	65.6	100.6
布（亿米）	18.9	38.3	102.6

续上表

产品名称	1949	1952	增长率（%）
火柴（万吨）	671.0	909.9	35.6
原盐（万吨）	298.7	494.1	65.4
糖（万吨）	20.0	45.1	125.5
卷烟（万箱）	161.2	265.0	64.4
机制纸（万吨）	10.7	37.0	245.8
原煤（亿吨）	0.32	0.66	106.3
原油（万吨）	12.0	43.6	263.3
发电量（亿度）	43.0	72.6	68.8
钢（万吨）	15.8	134.9	753.8
生铁（万吨）	25.0	192.9	671.6
水泥（万吨）	42.9	286.0	566.7
平板玻璃（万箱）	108.0	213.0	97.2
硫酸（万吨）	4.0	19.0	375.0
纯碱（万吨）	8.8	19.2	118.2
烧碱（万吨）	1.5	7.9	426.7
切削机床（万台）	0.16	1.37	756.3

（来源：董志凯，吴江．新中国工业的奠基石：156项建设研究[M].广州：广东经济出版社，2004: 61.）

2.1.3 小结

苏联从1917年布尔什维克取得政权到1928年开始实施第一个五年计划，用了10年进行恢复和准备，内外政策得到充分调整；而中国从1949年中国共产党取得政权到1953年开始实施第一个五年计划，仅仅经历了短短的4年时间，国民经济便得到初步恢复，后迅速开始大规模工业建设。在中苏开展第一个五年计划之际，两国的工业产值，尤其在生铁、钢、石油这三类产品上存在相当大的差距（表6）。从百分比来看，虽然我国在国民经济恢复时期极大地缩小了与苏联的差距，但是这也与基数大小有关，工业基础仍然十分薄弱。工业基础的差异，对随后两个五年计划工业建设的规模和成果有直接影响。

表6　建国及国民经济恢复期中苏的工业产量对比（中国以100计）

国家和时间	中国1949	苏俄1917	中国1952	苏联1928
生铁	100	1178.0	100	170.1
钢	100	1957.6	100	313.2
煤	100	112.5	100	60.6
石油	100	7297.5	100	2678.0
发电量	100	58.8	100	69.8
水泥	100	208.9	100	62.5
糖	100	454.5	100	283.1

（来源：作者整理）

2.2 五年计划任务、方针、成果的对比

2.2.1 苏联的五年计划

苏联自1928年至1937年实行了两个五年计划。其任务是尽快以强大的社会主义重工业和农业奠定社会主义经济的基础，增强国防能力，消除城乡资本主义。根据这个任务，国家主要资金流向了重工业。斯大林的讲话以及五年计划的相关统计数据佐证了这一陈述（表7、表8）。

“五年计划的基本任务，就是要把我们这个技术落后、往往是落后到中世纪程度的国家，移到新技术、现代技术轨道上来。

五年计划的基本任务，就是把我们苏联由一个依赖于资本主义各国意旨的贫弱农业国家，变成为毫不依赖于世界资本主义意旨而完全独立的富强工业国家。

五年计划的基本任务，就是要在实行把苏联变为工业国家时，彻底排除资本主义分子，扩大社会主义经济战线，并造成经济基础来在苏联消灭阶级，建成社会主义社会。

五年计划的基本任务，就是要在我国创立一种不仅能把全部工业，而且能把运输业和农业都按社会主义原则改造改组过来的重工业。

五年计划的基本任务，就是要把散漫细小个体农业移到巨大集体农业轨道上，藉以保证社会主义在乡村中的经济基础，并这样来消灭资本主义在苏联恢复的可能性。

最后，五年计划的任务，就是要在国内造成一切技术上经济上的必要前提来最高限度提高国防能力，以至于能彻底打退所有一切外来的武装干涉企图，彻底打退所有一切外来的武装侵犯企图。”

——斯大林，《第一个五年计划的总结》，1933年1月7日在联共（布）中央委员会和中央监察委员会联席全会上的报告[①]

“我们比先进国家落后了五十年至一百年。我们应当在十年内跑完这一段距离。或者我们做到这一点，或者我们被人打倒。”

——斯大林，《论经济工作人员的任务》，1931年2月4日全苏社会主义工业工作人员第一次代表会议上的演讲[②]

① 斯大林.第一个五年计划的总结[M].北京：人民出版社，1954: 13-14.

② 斯大林.斯大林全集.第13卷[M].中共中央马克思恩格斯列宁斯大林著作编译局，译.北京：人民出版社，1985:38.

表7 两个五年计划中苏联国民经济中的投资构成——按部门划分（单位：十亿卢布）

时间	投资总计	工业	农业	运输和邮电	住宅建设	商业和共用事业企业、科学、文化教育、卫生等机关的建设
“一五”计划（1928—1932）	67.2	29.0	9.0	12.5	7.9	8.8
“二五”计划（1933—1937）	151.7	63.8	12.0	32.4	15.5	28.0

（来源：苏联部长会议中央统计局.苏联国民经济统计年鉴1959[M].梅国彦，译.北京：世界知识出版社，1962:544.）

表 8　两个五年计划中苏联国民经济中的投资构成——按建筑、设备等划分（单位：十亿卢布）

时间	投资总计	建筑安装工程	设备、工具和用具	其他基本建设工程和支出
“一五”计划（1928—1932）	67.2	55.5	7.4	4.3
“二五”计划（1933—1937）	151.7	119.4	21.2	11.1

（来源：苏联部长会议中央统计局．苏联国民经济统计年鉴 1959[M]．梅国彦，译．北京：世界知识出版社，1962:540.）

苏联在“一五”期间，有 1500 多家大型国营工业企业投入使用，包括马格尼托戈尔斯克（Магнитогорский）和库兹涅茨克（Кузнецкий）钢铁厂、斯大林格勒（Сталинградский）和哈尔科夫（Харьковский）拖拉机厂、高尔基（Горьковский）汽车厂等巨头。“二五”期间则扩充到了 4500 多家企业（表 9）。

表 9　两个五年计划中新建、恢复和动用的大型国营工业企业数（家）

时间	企业数
“一五”计划（1928—1932）	1500
“二五”计划（1933—1937）	4500

（来源：苏联部长会议中央统计局．苏联国民经济统计年鉴 1959[M]．梅国彦，译．北京：世界知识出版社，1962:555.）

苏联通过两个五年计划，主要工业特别是重工业产能得到大幅提高，成为工业强国（表 10、表 11）。1937 年其工业总产值已经超越欧洲各大国，仅次于美国，位居世界第二（表 12）。

表 10　苏联 1917—1937 年工业产值为 1917 年的百分比（%）

年份	百分比	年份	百分比
1917	100	1930	270
1921	44	1931	326
1924	63	1932	373
1925	102	1933	394
1926	137	1934	469
1927	155	1935	575
1928	185	1936	740
1929	222	1937	823

（来源：苏联部长会议中央统计局．苏联国民经济统计年鉴 1959[M]．梅国彦，译．北京：世界知识出版社，1962:138.）

表 11　苏联 1928—1937 主要工业产品产量增长情况

产品名称	1928	1937	增长率（%）
生铁（百万吨）	3.3	14.5	339.4
钢（百万吨）	4.2	17.6	319.0
煤（亿吨）	0.4	1.4	250.0

续上表

产品名称	1928	1937	增长率（%）
石油（百万吨）	11.7	28.7	145.3
发电量（亿度）	50.7	370.6	631.0
水泥（百万吨）	1.8	5.4	200.0
棉织品（粗布）（百万平方米）	2.0	2.6	30.0
砂糖（百万吨）	1.3	2.5	92.3

（来源：苏联部长会议中央统计局．苏联国民经济统计年鉴 1959[M]. 梅国彦，译．北京：世界知识出版社，1962:93–98.）

表 12　1937 年苏联主要工业产品产量为美国、英国、法国及联邦德国的百分比（%）

产品	美国	英国	法国	联邦德国
生铁	39	168	184	111
钢	35	134	224	114
铁矿石	38	192	73	370
煤（折算为硬煤）	27	49	266	76
石油	16	—	—	—
煤气	3	26	137	—
发电量（售电量）	23	107	172	127
人造纤维和合成纤维	6	13	25	10
水泥	27	74	127	56
粗织品（粗布）	33	77	187	—
毛织品	32	35	76	—
砂糖	156	632	278	—

（注：英、法、德的石油开采量很少，故不予比较。来源：苏联部长会议中央统计局．苏联国民经济统计年鉴 1959[M]. 梅国彦，译．北京：世界知识出版社，1962:100–102.）

2.2.2　中国的五年计划

我国自 1953 年至 1962 年实行了两个五年计划。第一个五年计划的基本任务是：集中主要力量进行以苏联帮助我国设计的 156 项（实际完成 150 项）建设单位为中心的、由限额以上[①]的 694 个建设单位组成的工业建设，建立我国的社会主义工业化的初步基础；发展部分集体所有制的农业生产合作社，并发展手工业生产合作社，建立对于农业和手工业的社会主义改造的初步基础；基本上把资本主义工商业分别地纳入各种形式的国家资本主义的轨道，建立对于私营工商业的社会主义改造的基础。[②]（据薄一波在《“一五”计划奠定了工业化的初步基础》中所述，实际建设了 921 个大中型项目[③]）1956 年 9 月 16 日，周恩来在中国共产党第八次全国代表大会上作了报告，题为《关于发展国民经济的第二个五年计划的建议的报告》，其中阐述了第二个五年计划的基本任务，其内容是“一五”计划的继承与发展，并增加了“增强国防力量”。

虽然一度出现“大跃进”运动这样的波折以及自然灾害，导致自 1960 年起产值出现倒退，但我国工业除生活产品生产外仍然通过两个五年计划取得了巨大进步（表 13～表 15）。

① “限额以上”指企业在一定规模以上。

② 中华人民共和国发展国民经济的第一个五年计划 [M]. 北京：人民出版社，1955:18–19.

③ 陈夕．莫基：苏联援华 156 项工程始末 [M]. 北京：天地出版社，2020:213.

表 13　1949—1962 年中国工业总产值及增长率

年份	产值（亿元）	基于1949年的增长率（%）	年份	产值（亿元）	基于1949年的增长率（%）
1949	140	—	1956	642	358.6
1950	191	36.4	1957	704	402.9
1951	264	88.6	1958	1083	673.6
1952	349	149.3	1959	1483	959.3
1953	450	221.4	1960	1637	1069.3
1954	515	267.9	1961	1062	658.6
1955	534	281.4	1962	920	557.1

（来源：国家统计局 . 中国统计年鉴 1987[M]. 北京：中国统计出版社，1987:36.）

表 14　各部门物质消耗占总产值的百分比（总产值以 100 计）

年份	物质生产部门合计	农业	工业	建筑业	运输业	商业
“一五”时期平均	44.3	26.2	65.6	64.4	33.6	23.4
“二五”时期平均	50.3	24.0	65.4	67.0	36.0	24.6

（来源：国家统计局 . 中国统计年鉴 1987[M]. 北京：中国统计出版社，1987:57.）

表 15　两个五年计划时期主要工业产品产量增长情况

产品名称	1952年	1962年	增长率（%）
纱（万吨）	65.6	54.8	–16.5
布（亿米）	38.3	25.3	–33.9
原盐（万吨）	494	994	101.2
糖（万吨）	45	34	–24.4
卷烟（万箱）	265	244	–7.9
机制纸及纸板（万吨）	37	112	202.7
原煤（亿吨）	0.66	2.20	233.3
原油（万吨）	44	575	1206.8
发电量（亿度）	73	458	527.4
钢（万吨）	135	667	394.1
生铁（万吨）	193	805	317.1
水泥（万吨）	286	600	109.8
平板玻璃（万箱）	213	399	87.3
硫酸（万吨）	19.0	96.8	409.5
纯碱（万吨）	19.2	51.9	170.3
烧碱（万吨）	7.9	29.0	267.1
切削机床（万台）	1.37	2.25	64.2

（来源：国家统计局 . 中国统计年鉴 1987[M]. 北京：中国统计出版社，1987:281–283.）

2.2.3　小结

结合上述 1952 年中国与 1927 年苏联的数据可发现，通过两个五年计划，中苏两国在工业产值，尤其是重工业产值上获得了相似的增长，可以将一部分原因归结为，两国对五年计划提出的基本任务是一致的（表 16）。

表 16　执行两个五年计划后中苏的工业产值对比

产品名称	1937年苏联占1962年中国工业产值的百分比（%）
生铁	180.1
钢	263.9
煤	63.6
石油	499.1
发电量	80.9
水泥	90.0
糖	735.3

（来源：作者整理）

由于我国工业基础相较于苏联更加薄弱，并且存在等距离追赶的问题，在前两个五年计划完成之际，我国工业虽然取得前所未有的成绩，但没有像苏联一样跻身世界工业强国（表 17）。

表 17　我国工业主要产品产量居世界位次的变化

产品名称	1949年	1957年	1965年
钢	26	9	8
煤	9	5	5
原油	27	23	12
发电量	25	13	9
水泥	—	8	8
硫酸	—	14	3
化肥	—	33	8
化学纤维	—	26	—
布	—	3	3
糖	—	—	8

（来源：国家统计局 . 中国统计年鉴 1987[M]. 北京：中国统计出版社， 1987:868.）

3　技术转移的对比

3.1　西方向苏联的技术转移

3.1.1　转移方式

1921 年 4 月 11 日，列宁在全俄工会中央理事会共产党团会议上关于租让问题作了报告，他说到："要在资本主义包围中利用资本家对利润的贪欲……社会主义共和国不同世界发生联系是不能生存下去的，在目前情况下应当把自己的生存同资本主义的关系联系起来……"列宁还在给阿捷尔拜疆、格鲁吉亚、阿尔明尼亚、达格斯坦、哥里共和国共产党员同志们的信中指出，要"通过租让和贸易政策，在经济上极力利用、加紧利用和迅速利用资本主义的西方"。[①]主观上希望，客观上能够实现，这促使苏联对资本主义西方进行最大限度的利用。

① 列宁．列宁全集．第 32 卷 [M]. 北京：人民出版社，1958:303,306.

从数据来看，苏联二战前与资本主义世界的贸易主要集中在德、美、英三个国家，苏德的贸易额较高（表 18）。但就技术转移的角度而言，英国则与德、美两国不在同一水平上，而德、美两国对苏联技术的贡献也不能仅从贸易额来判断。曾在苏联设立于美国的阿姆托尔格贸易公司（Амторг）工作的莱德内夫（Ledeneff，全名不详）如此评价关于英美的技术转移：“在美国，我们花一样的钱得到了更多的东西。我们在美国除了花钱买，还免费得到了一些东西。而这些东西在英国是用多大代价都得不到的。”[①]

① ZELCHENKO H L. Stealing America’s know-how[J]. The American mercury, 1952(2):75-84.

表 18　二战前苏联同主要资本主义国家贸易额对比（单位：百万卢布）

年份	德	美	英	法	意	日
1918	0.8	11.8	11.0	1.5	—	—
1920	5.0	0.8	4..7	0.1	1.0	—
1921	43.9	31.7	55.7	6.1	0.1	—
1922	72.2	34.5	55.7	0.9	1.9	—
1925	225.6	119.8	274.7	46.4	44.5	12.0
1930	358.0	239.4	282.3	57.9	50.2	25.8
1931	423.4	198.1	266.1	34.0	54.5	25.4
1932	335.8	38.3	180.7	25.9	42.5	11.7
1934	99.8	25.2	78.8	26.3	24.2	9.9
1940	196.3	95.3	2.4	0.4	0.5	1.0

（来源：邢书纲．苏联是怎样引进和利用西方的资金与技术的？[M]. 上海：上海三联书店，1988: 112. 原出处为苏联《对外贸易统计年鉴》）

在 1920—1930 年代，西方技术向苏联转移的方法经历了从纯粹的租借（有的译作租让）企业和合股公司到技术援助协议的变化。[②] 1920 年 11 月 23 日，苏俄颁布了租让制法令，规定将国家暂时无力经营或开发的一些企业出租给外国资本家经营管理，并从中取得利润和产品。承租的外国资本家必须遵守苏联政府的法令，按期交纳租金和税金，租约期满后，全部机器归苏联所有，对雇用的苏联工人，承租人必须保障他们的生命和健康。[③] 1928 年苏联租让的企业总数达 68 个（表 19）。

② A.C. 萨顿．西方技术与苏联经济的发展 1930—1945[M]. 安冈，译校．北京：中国社会科学出版社，1980: 23.

③ 邢书纲．苏联是怎样引进和利用西方的资金与技术的？[M]. 上海：上海三联书店，1988: 115.

表 19　1928 年苏联租让企业一览表

<table>
<tr><td>租让企业总数</td><td rowspan="2">国别分类</td><td>德国</td><td>美国</td><td>英国</td><td>日本</td><td>其他国家</td></tr>
<tr><td rowspan="7">68个</td><td>14个</td><td>9个</td><td>7个</td><td>7个</td><td>31个</td></tr>
<tr><td rowspan="2">部门分类</td><td>加工业</td><td>采矿业</td><td>商业</td><td>林业</td><td>其他</td></tr>
<tr><td>24个</td><td>14个</td><td>7个</td><td>6个</td><td>17个</td></tr>
<tr><td rowspan="2">概况</td><td>外国投资</td><td>租让企业工人总数</td><td>外国工人</td><td>苏联收入</td><td>租让企业产值占苏联工业产值比重</td></tr>
<tr><td>5770万卢布</td><td>2万人</td><td>2千人</td><td>1010万卢布</td><td>0.6%</td></tr>
</table>

（来源：邢书纲．苏联是怎样引进和利用西方的资金与技术的？[M]. 上海：上海三联书店，1988: 116.）

关于租让制的结束，美国学者 A.C. 萨顿与我国学者邢书纲给出了两种不同解释。萨顿认为，纯粹的和合股租借企业的结束是因为苏联的征用。逐步的征用始于 1923 年，在 1930 年 12 月 27 日苏联人民委员会废除了先前所有有关租借（特许）权的法律后进入决定性阶段。“当每一个租借企业变成有利可图的时候，它也就成为征用的对象（目标）了。”萨顿指出，苏联通过暴力、破坏合同、课税、骚扰折磨等手段来瓦解租借企业，从而对其进行征用。[①]而邢书纲则认为：“不少承租的资本家提出苏联不能接受的苛刻条件，有的破坏苏联的法律和合同……掠夺式的经营……不使用先进的技术和工艺……利用租让企业搞间谍和颠覆阴谋活动，等等……迫使苏联政府在1920年代末1930年代初逐步减少租让企业。”[②]

上述的两种解释并不互相排斥，它们可能同时存在。能够得出的结论是，在租借企业这一活动中，苏联与资本主义世界始终没有对对方放松警惕，一直试图谋求对自己更大的利益。

1928年以后，苏联开始采用新的技术转移方式——技术援助协议，以及与外国公司、工程师、技工和顾问等个别签订工作合同。萨顿关于技术援助协议的评价是：“更易于为苏联所接受……西方的操作者甚至没有理论上的所有权，而苏联人则能更有效地控制苏联境内的技术转移和经营管理。”[③]在萨顿的《西方技术与苏联经济的发展1930—1945》一书中，记载有217个（不完全记录）在1929—1945年间签订的技术援助协议（表20、表21）。其中，到1930年就已经有104个技术援助协议在执行。

① A.C. 萨顿．西方技术与苏联经济的发展1930—1945[M].安冈，译校．北京：中国社会科学出版社，1980: 24, 28-34.

② 邢书纲．苏联是怎样引进和利用西方的资金与技术的?[M].上海：上海三联书店，1988: 115-116.

③ A.C. 萨顿．西方技术与苏联经济的发展1930—1945[M].安冈，译校．北京：中国社会科学出版社，1980: 23.

表20　1929—1945苏联技术援助协议工业部门分布情况

工业部门	协议数目
机械	38
燃料	28
冶金	26
化工	24
运输	19
电气	15
汽车和拖拉机	12
食品	9
军事	7
工程与建筑	5
农业	4
纺织	2
其他	26

（注：全部的技术援助协议绝不止217个，在某些整体性的协议下，还有进一步的协议，这是A.C.萨顿没有放入附录中的。譬如美国弗林工程公司（Freyn Engineering Co.）1928年曾与全苏冶金工厂设计院（Гилромеэ）签订了技术援助协议，从那之后，1930年又与新钢厂筹建局（Новосталь）专门签订了建设库兹涅茨克钢铁厂的协议，另外可能存在类似的协议。附录中仅计算了1928年的一次。来源：作者整理，资料源自A.C.萨顿．西方技术与苏联经济的发展1930—1945[M].安冈，译校．北京：中国社会科学出版社，1980: 附录C.）

表21　1929—1945苏联技术援助协议国家及协议数目

国家	协议数目
美国	140
德国	33
英国	11
意大利	9
法国	9
瑞典	4
瑞士	2
加拿大	2
丹麦	2
挪威	1
西班牙	1
捷克	1
荷兰	1
其他	2

（注：上表总和为218个，是因为诺德伯格制造公司（Nordberg Manufacturing Co.）对苏联铁路设备的援助是美国和英国共同提供的，故计算了2次。来源：作者整理，资料源自A.C.萨顿．西方技术与苏联经济的发展1930—1945[M].安冈，译校．北京：中国社会科学出版社，1980：附录C.）

技术援助协议通常包括工艺技术、专利、规程和试验结果的提供，还包括建设的监督管理、设备的安装以及第一座工厂的开工初期的操作。另外，用俄语出版训练教材和维护检修手册、培训操作人员和提供后勤服务，也在技术援助之中。苏联方面通常是提供劳动力、原材料和半成品材料。[①]

① A.C. 萨顿 . 西方技术与苏联经济的发展 1930—1945 [M]. 安冈，译校 . 北京：中国社会科学出版社，1980: 20-21.

3.1.2 技术援助的利用

技术援助协议的种类是多样的。有一些协议是统领性的，要求外国公司包建工厂，完整地协助建设一大类工业，或是负责五年计划的规划、设计工作。美国的卡恩公司（Kahn, Albert, Inc.）于 1928 年接受了一个 4000 万美元的拖拉机工厂的建造订货单和另外一批价值 20 亿美元（这个数字是卡恩公司在美国国内 1903—1939 年营业总额的两倍半）的建筑规划提纲，这个规划提纲实际上就是卡恩公司为苏联的两个五年计划全部工业建筑的建设提供设计（完成了 531 个工厂的规划设计）、监督和咨询；美国的弗林工程公司（Freyn Engineering Co.）于 1928 年与全苏冶金工厂设计院（Гилромеэ）签订的技术援助合同则是帮助建设苏联的整个钢铁工业，向行政管理人员、工程师和操作人员都传授美国的知识和经验，帮助改造老厂，按美国标准建造新厂。有一些援助协议则是较有针对性的，譬如德国的通用电气公司（AEG—Allgemeine Elektrizitäts Gesellschaft）与哈尔科夫电机制造厂的技术援助协议是向后者提供电力机械设备。[②]

② A.C. 萨顿 . 西方技术与苏联经济的发展 1930—1945 [M]. 安冈，译校 . 北京：中国社会科学出版社，1980: 88, 224, 364-365.

下面以钢铁工业为例，来探究苏联是怎样利用技术援助的。

技术援助是绝对彻底的。在库兹涅茨克钢铁厂的案例中，弗林工程公司是包建角色——工厂的设计、鉴定、设备选型、制造、指导安装，以及负责开工工作。与此同时，与弗林工程公司对接的全苏冶金工厂设计院也大幅度地美国化了。有美国人成为工程项目的总工程师、部门的领导乃至整个分院的副总工程师。他们按照美国的方式组织工作，去除了苏式的一些习惯。

苏联在接受援助的过程中始终保持有自主性，通过标准化和仿制来消化西方的技术，尽管标准化工作也是与德国人、美国人密切相关的。这些人将外国的技术、设备进行简化以及标准化，交给新建的乌拉尔重型机器厂（Уралмаш）和扩建后的克拉马托尔斯克机器厂等冶金设备制造厂去复制。也就是说，苏联通过标准化和仿制获得了自主生产的能力。

在钢铁工业中，有一系列成功实现标准化的案例。譬如 1928 年与弗林工程公司签订援助协议后出现的容积为 930 立方米的、日产生铁 1000 吨的标准高炉，其原型是弗林工程公司的设计。45 英寸（1.143 米）的标准型号初轧机是在联合工程公司（United Engineering Co.）和德马

① A.C. 萨顿 . 西方技术与苏联经济的发展 1930—1945[M]. 安冈，译校 . 北京：中国社会科学出版社，1980: 87-116.

格公司的 45 英寸（ 1.143 米）轧机的基础上改进的。[①]

不光是工业技术，苏联在工业的配套设施上也得到了援助。1929 年苏联与美国福特汽车公司（ Ford Motor Co. ）达成协议，建设高尔基汽车厂（ GAZ ）。在该项目中，美国奥斯汀公司（ Austin Co. ）随后介入，形成了三方合同。奥斯汀公司负责建筑和工程设计、工厂建设监工，以及附近一个能容纳 35000 工人和他们家庭的工人城的设计。工人城的规划明显带有斯大林时期的审美，其功能齐全，几乎涵盖了工人的全部生活所需。今日，俄罗斯的高尔基汽车厂附近的规划仍然能看到当年奥斯汀公司规划的影子，其中体育场、学校、住宅等的分布与 90 年前有着相似之处（图 1、图 2）。[②]

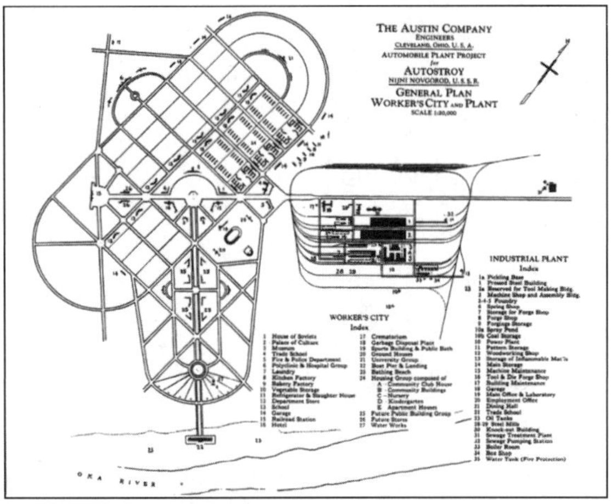

图1　下诺夫哥罗德（高尔基）城的汽车工厂和工人城总体规划
（来源：奥斯汀公司于 1929 年绘制[③]）

图 2　高尔基汽车厂和高尔基城（2020）
（来源：谷歌地球）

②③ MELNIKOVA-RAICH S. The Soviet problem with two “unknowns”: how an American architect and a Soviet negotiator jump-started the industrialization of Russia. Part II: Saul Bron[J]. The journal of the society for industrial archeology, 2011,37(1/2): 5-28.

3.1.3　得到援助的途径

苏联是以什么途径得到这些技术援助的，这个问题需要探讨。苏美之间的贸易主要由代表苏联工业和贸易组织的四家纽约的公司负责：

阿姆托尔格贸易公司（ Amtorg Trading Corporation; Amtorg 是 Amerikanskaya Torgovlya 的缩写，俄语为Амторг），1924 年设立，位于纽约百老汇 165 号，1929 年以后迁至第五大道 261 号，是苏联主要托拉斯、辛迪加、贸易机构和其他经济组织在美国的代表，但全俄纺织辛迪加和合作社组织除外。

全俄纺织辛迪加（ All-Russian Textile Syndicate ），位于纽约百老汇 39 号，苏联纺织辛迪加的代表，负责购买美国棉花运往苏联。

Centrosoyus-America，位于炮台广场（ Battery Place ）17 号，是苏联消费者合作社联合会的代表。

Seiskosojus-America，位于纽约西街 90 号，是苏联农业生产者合作社的代表。

有几家公司通过与苏联政府签订的特殊协议直接与苏联打交道，分别是：艾廷贡－席尔德公司（Eitingon-Schild Co.）、纽约标准石油公司（Standard Oil Co. of New York）、莉娜金矿公司（Lena Goldfields Co.）、美国联盟公司（Allied American Corporation）、俄美压缩天然气公司（Russian-American Compressed Gas Co.）。[①]

① METCALF J F. Soviet Amtorg Trading Corp [EB/OL]. (2017-01-22) [2021-04-08]. https://www.electric-history.com/~zero/434b-amtorg.html.

由此能够得出结论，美国对苏联在工业领域的技术援助绝大多数都会经阿姆托尔格贸易公司实际操作。以下摘录自1929年6月17日《时代》中的文章《手中的卢布》：

“上周阿姆托尔格，位于曼哈顿第五大道261号的俄罗斯贸易公司，宣布了下列美国公司与苏联签订的合同：

休·L·库珀和它的公司（Hugh L. Cooper & Co.），位于曼哈顿，耗资1亿美元在乌克兰建设水力发电厂。建成后，这座发电厂将成为世界上最大的发电厂。

美国无线电公司（Radio Corp. of America），交换专利和技术信息。

弗林工程公司（Freyn Engineering Co.），位于曼哈顿，负责钢厂的设计。

斯图亚特，詹姆士和库科（Stuart, James & Cooke），曼哈顿咨询工程师，重建旧煤矿，建造新煤矿，安装现代煤矿设备。

美国杜邦公司（E.I. du Pont de Nemours）为建设氨化肥厂提供技术援助。

氮工程公司（Nitrogen Engineering Corp.），位于曼哈顿，为建设氮肥工厂提供技术援助。

朗艾克工程和建设公司（Longacre Engineering and Construction Co., Inc.），位于曼哈顿，负责莫斯科公寓住宅的技术援助和监督。

② MELNIKOVA-RAICH S. The Soviet problem with two “unknowns”: how an American architect and a Soviet negotiator jump-started the industrialization of Russia. Part II: Saul Bron[J]. The journal of the society for industrial archeology,2011,37(1/2): 5-28.

麦考密克有限公司（McCormick Co., Inc.），位于曼哈顿，在莫斯科设计一家烘焙工厂。

阿尔伯特·卡恩公司（Albert Kahn, Inc.），底特律建筑事务所，设计斯大林格勒的拖拉机工厂（一年生产4万辆拖拉机）。

亚瑟P. 戴维斯（Arthur P. Davis），加利福尼亚州奥克兰，苏联中亚地区的灌溉工程咨询工程师。”

前文提到的弗林工程公司和阿尔伯特·卡恩公司就名列其中，而剩余的其他公司，也是A.C. 萨顿在《西方技术与苏联经济的发展1930—1945》中记载过的。由此进一步确定，阿姆托尔格就是苏联引进美国技术的核心机构（图3）。

图3　1930年1月9日苏美公司签署合同[②]
（前排从左至右：阿尔伯特·卡恩；索尔·G·布伦，阿姆托尔格主席。后排从左至右：N·奥尔科夫斯基，阿姆托尔格的代理人；莫里茨·卡恩；J·迈克尔斯，阿姆托尔格的代理人）

3.2 苏联向中国的技术转移

3.2.1 不止于技术

我国从苏联获得技术援助，相比于苏联从资本主义世界获取技术，没有那样复杂隐秘的博弈，也绝不局限于工业技术。苏联对中国的援助是国家间的，而非公司间，或是国家和公司之间的对话。

中华人民共和国成立之初，在国家管理方面是亟需帮助的。早在1949年7月6日，刘少奇在《关于向苏联学习党和国家建设经验问题给联共（布）中央斯大林的信》中提出，希望“将关于国际形势，新的战争危险，苏联与帝国主义美英间的关系等问题的估计与分析，向斯大林同志请示”，同时，还希望请苏联各相关部门与中方交流，包括内务部、教育部及文化高级机关、外交部、国家计划局、银行、合作社、商业部、对外贸易部、财政部、党的组织部、工会、青年团，以及莫斯科州委、市委、市政府，除此之外还请一个至两个工厂的厂长、支部书记、工会主任——作为一个新诞生的国家，中国希望向苏联学习她的国家组织、经济计划与管理、文化教育以及党的组织与群众团体的组织。[①]据苏共中央统计，1954年第一季度时，在中央政府各部委的顾问达403人，其中318人集中在北京。他们不同于技术专家，而是被分配在政府主管部门，负责机构设置、规章制度、体制管理等方面的工作，在安全、军事、经济、情报、教育、文化、体育、卫生等方面参与着决策。[②]

3.2.2 工业技术的转移方式、过程和侧重

苏联援华的项目是分数次确定的（表22），其原因是，在编制五年计划时，我们“对工业建设应当先搞什么、后搞什么，怎样做到各部门之间的相互配合，还不大明白……有的是我方提出的，有的是苏方提出的，经过多次商谈才确定下来”。[③]这些项目涵盖了军事、冶金、机械、能源、化学、轻工业和医药。项目的种类分布很明确，要着重帮助我国建立基础工业和国防工业（表23）。尤其是军事方面，厂址是非常重要的一个考虑因素，据薄一波回忆：“一个重要项目的厂址，要有几个甚至十几个方案，经过反复踏勘比较后才能确定下来……把厂址标在地图上，并用直线标出它与南朝鲜、日本等美军基地的距离，说明美国的什么型号的飞机可以攻击到它……”[④]

① 刘少奇．关于向苏联学习党和国家建设经验问题给联共（布）中央斯大林的信[M]//陈夕．奠基：苏联援华156项工程始末．北京：天地出版社，2020:375-378.

② 沈志华．苏联专家在中国[M]．北京：中国国际广播出版社，2003:90,109.

③ 薄一波．“一五”计划奠定了工业化的初步基础[M]//陈夕．奠基：苏联援华156项工程始末．北京：天地出版社，2020:213.

④ 薄一波．“一五”计划奠定了工业化的初步基础[M]//陈夕．奠基：苏联援华156项工程始末．北京：天地出版社，2020:215.

表22　1950年代苏联援助中国项目数量

商定时间	事件	项目数量	项目总数
1950—1952年	分数次委托	50	50
1953年5月15日	签订《关于苏维埃社会主义共和国联盟政府援助中华人民共和国中央人民政府发展中国国民经济的协定》	91	141
1953—1954年8月	项目调整	增减调整	144

续上表

商定时间	事件	项目数量	项目总数
1954年9—10月	赫鲁晓夫访华，签订《对于1953年5月15日关于苏联政府援助中华人民共和国中央人民政府发展中国国民经济的协定的议定书》	18	162
1955年	我国第一个五年计划正式通过颁布	项目调整	154
1956年	中苏先后签订两次协议	67	221
1957年3月	—	增减调整	232
1957年5—6月	国家计委与苏方商谈苏联援助我国建设项目两国协议的修改	撤销51项	181

（注：一般为人所知的“156项目”是指1955年“一五”计划颁布时的154个项目（156这一数字是因为两个项目的重复统计），用于“一五”时期的宣传。在154个项目中，第二汽车制造厂、第二拖拉机制造厂、山西潞安一号立井、山西大同白土窑立井这4个项目未能建设，因此共150个项目是正式建设的。来源：作者整理，资料源自董志凯，吴江．新中国工业的奠基石：156项建设研究[M].广州：广东经济出版社，2004: 136–150.）

表23　“一五”计划确立的150个实际施工的项目分布

种类	数量
能源	52
军事	44
机械	24
冶金	20
化学	7
其他	3

（来源：整理自薄一波．“一五”计划奠定了工业化的初步基础[M]// 陈夕．奠基：苏联援华156项工程始末．北京：天地出版社，2020:214.）

3.2.3　技术援助的利用

据李富春1953年在《关于我国五年计划的方针任务的意见》中所述，苏联对中国的技术援助是“从选择厂址，搜集设计基础资料，确定企业的设计任务书，设计、供应设备，指导建筑安装和开工运转，培养技术干部（实习生），一直到新产品的制造，组织现有企业生产配套用的和辅助性的半制品、成品及材料”。[①]

可以从苏联援建长春第一汽车制造厂（一汽）的案例来具体理解援建的措施。据李刚在《忆一汽筹建前期的驻莫斯科工作小组》中所说，“苏方的援建采用的是所谓的“成套交货”的方式，即提供全套产品图纸和技术资料；提供全套的工厂设计资料，包括土建设计、工艺设计以及组织设计等；提供全部关键设备和工艺装备；提供土建和我方制造设备和装备用的特种钢材；派遣100名各类援建技术专家指导施工建设和调试生产，接纳600名（实派518名）不同专业和岗位的中国实习生前来培训。他们把生产技术和管理方法传授给我们，直至中国人自己能掌握技术、生产出合格的产品来为止。”[②]这与前文提到的美国公司给苏联包建工厂是很相似的。

① 李富春．关于我国五年计划的方针任务的意见[M]// 陈夕．奠基：苏联援华156项工程始末．北京：天地出版社，2020:528.

② 李刚．忆一汽筹建前期的驻莫斯科工作小组[M]// 陈夕．奠基：苏联援华156项工程始末．北京：天地出版社，2020:244.

计划建设一汽是在1949年12月毛泽东主席访苏期间，当时苏联建议我国建设一个综合性汽车制造厂。1950年3月，重工业部成立了汽车工业筹备组。1950年12月，根据中苏签署的协议，沃罗涅斯基和基涅谢夫受苏联汽车拖拉机工业部委派来到北京。他们协助中方人员收集资料，调研勘探，评估地区可行性，确定厂址。苏方的建设目标是年产3万辆吉斯150型载重汽车（吉斯150型不是当时最先进的型号）。到1951年3月19日，汽车制造厂确定选址在长春孟家屯车站西侧。

陈祖涛在苏联生活了十几年后回国。1951年9月，他根据周恩来总理的指示赴苏联，作为第一汽车厂代表和苏联谈判。一汽工厂的设计是由苏联汽车工业部委托全苏汽车工业设计院做的。同年12月，苏方完成了初步设计，据陈祖涛的叙述，“把厚厚的几十本设计书和图纸交给我……无什么仪式，也不需要繁杂的交接手续……我用外交邮袋装上设计资料，一个人搭乘飞机直飞北京……”到北京后，将图纸转交了郭力和江泽民，立刻组织了翻译工作。翻译历时两个半月。在审核设计时，“基本上没怎么讨论就完全通过了”，“新中国刚刚成立……没有技术人才来对苏联的设计进行技术审查，基本上是苏联提供什么样的设计，我们就同意什么样的设计……”出于这个原因，以及节省时间的考虑，在之后的设计阶段，图纸都不送回国审核。

彼时，重工业部授权了汽车工业筹备组成立驻莫斯科一汽工作小组。其任务是保证按照建厂进度和要求，及时地沟通并协调两国间各种设计文件和资料的转达，设备和装备材料的供应，专家和实习生的派遣等。该小组除了陈祖涛，还有孟少农（组长，专家、教授、总订货人代表、留美硕士，曾在福特汽车厂担任工程师）、窦英伟（中国人民大学俄语系，翻译）、潘承烈（清华大学毕业，从事企业管理工作）和李刚（清华大学毕业，从事汽车工业工作）。

1953年底，一汽进入施工图设计阶段，苏联选择斯大林汽车厂来担任施工图设计，成立了“AZ—1”设计组和援建中国一汽办公室，由该厂的总工艺师兼工艺处处长赤维特可夫担任设计组组长。一汽工作小组得到了从“AZ—1”学习苏联施工图设计、汽车厂设计的机会，“从前方的机床设备、人员定位到后方的供电、供水、压缩空气、燃油，甚至办公楼、工人宿舍、厂区环境等都参与进去……”

一汽于1953年7月15日破土动工，调来了全国各地的干部、工人和技术人员，组成了各车间、处、室，对设计文件进行翻译、学习、应用。1953年9月22日，苏联交付了全厂的设备总清册，全部设备共10364台，苏方供应5923台，中方供应4441台，苏方供图2266套。其中，苏方的设备，是来自苏联设备制造厂的产品、仿照西方设备的新改进品和大修后的美国设备，有一些是东欧采购的设备；中方的设备，一部分是苏方供图我方制造组装的设备，另一部分则采用中华人民共和国成立前进口的设备。1953 年底到 1954 年，先后有实习生来到莫斯科学习。1956 年 7 月 15 日，一汽的总装线上生产出第一批解放牌汽车。筹建历时三年，建设亦历时三年。[①]

3.3 小结

据此，已经可以对中苏在两个五年计划时期利用外国技术转移的情况作如下对比。

首先，是援助内容。进入 1960 年代之前，作为社会主义阵营的盟友，苏联对中国的援助大规模地涉及了军事以及国家管理的体制与运行，这一点是西方没有给苏联提供的（西方对苏联在二战期间的援助不在本文讨论之内）。西方对苏联的援助中，出现了公司镇的规划，在苏联对我国援助中也得到体现，如一汽厂区和居住区的规划、沈阳铁西区“工人村”、洛阳涧西区规划、武汉工业区和“红房子”工人住宅区的规划。美国对苏援助还有建设公司承担大量工业建设任务，同时，还有很多外国工人在苏联工作，在煤矿开采业尤甚—— 1931 年顿河煤矿约 2000 人（以德国人为主），列宁斯克煤矿约 1500 人（以美国人为主）。[②]而苏联对我国的援助项目都是中国自己建设的——“我国建设毕竟是我国自己的事情，苏联绝不能代替包办……用自己的人力物力进行建筑安装，组织现有企业生产配套用的和辅助性的半制品、成品和材料……”[③]。总体来说，就转移的主体内容而言，两国是高度相似的——选址、规划、设计、供应设备、指导建设、培训工人、指导生产——都是整套的工业援助。但无论是美国对苏的援助，还是苏联对我国的援助，都根据受援国的经济基础、技术能力进行了适应性的“简化”，并根据社会主义国家的性质增加了意识形态的表现内容，譬如，解放牌汽车是改进了的吉斯 150 型汽车。苏联委托阿尔伯特·卡恩对大量工厂进行规划设计的同时，还对几乎所有工业建设项目提供监督和咨询，而苏联对我国的援助则缺少这样强有力的技术管理。

其次，是转移的方式。苏联对中国的技术转移是社会主义国家之间的援助，总是伴随着国家首脑之间的谈判以及大规模的、大批量的协议的确定。虽然在核技术方面存在政治博弈，但总体上是友好的。西方对苏联的技术转移是公司与公司，或者说，公司与苏联之间的，它往往伴随着西方资本家对利益的追求和苏联对这种特征的利用，是怀着敌意的竞赛，在方法上无所不用其极，阿姆托尔格是最鲜明的写照。

对技术的消化程度是很关键的一个问题。苏联在整个吸取西方技术的过程中，呈现的是一个“技术觉醒”了的状态，它有意识地去攫取最先进的技术，在学习的过程中也力图将西方的技术完全变成自己的——通过标准化，通过仿制。究其原因，苏联在技术上的觉醒，认识到其重

① 陈夕．奠基：苏联援华 156 项工程始末 [M]. 北京：天地出版社，2020: 235-258.

② A.C. 萨顿．西方技术与苏联经济的发展 1930—1945 [M]. 安冈，译校．北京：中国社会科学出版社，1980: 134.

③ 李富春．关于我国五年计划的方针任务的意见 [M]// 陈夕．奠基：苏联援华 156 项工程始末．北京：天地出版社，2020:528-529.

要性，是有数百年的铺垫的。早在1724年，彼得一世就签署创立了彼得堡科学院（Петербургская академия наук），这意味着西欧的近代科学被引入了俄罗斯。[①]相比之下，虽然中国亦是主动地向苏联寻求技术援助，但是在面对获得的技术时，中国又显得有些被动，或者说，在迅速建设国家的压力下，没有精力去理解这个技术的意义，只是迅速地将其投入生产，这一点在前文一汽的建设中就体现出来了。这与我国缺少技术觉醒的时间和基础必然存在关系。

① 鲍欧，周宇，王芳．科技革命与俄罗斯（苏联）现代化[M]．济南：山东教育出版社，2020:21.

另外，获得技术援助的时间跨度也是值得关注的。从1920年代初，苏联就已经开始获得西方的技术，到第二个五年计划结束，已经历时近二十年，并且直到二战时期、战后，苏联对西方技术的获取仍未结束。而我国从苏联获取技术援助是1950年代的事情，到1960年代中苏交恶赫鲁晓夫撤走专家，约十年时间。1989年，曾任苏联援华专家首席负责人的阿尔希波夫回忆他1960年访问成都时的经历：

“周恩来提议我可以参观中国的任何一家工厂，由我自己挑选，但是有一个条件，就是不要我们的使馆人员陪同。我表示愿意看一看一些国防工业企业。

我特别参观了用苏式现代化设备装备的成都飞机制造厂。工厂维护得很好，但令人瞩目的是车间里很少有人，实际上连一点金属切削屑都没有看见。问起这是为什么时，厂领导人回答说，因为缺少原材料（过去是由苏联供应的）。工厂只开工一班。其实，连这一班也不用开，这是为了我来参观，特意安排，找一些工人来上班的。

这只是举一个例子，说明我们缩小合作后，中国人承受了何种困难。”[②]

② 暮云深．苏联援华专家首席负责人阿尔希波夫回忆节选[EB/OL]．(2017-04-03)[2021-04-18]. https://bbs.tiexue.net/post2_12523767_1.html.

可以认为，在苏联终止对华的大规模援助后，中国是没有充分准备好立刻独立自主地进行工业建设的。

“一五”“二五”时期，中国还得到民主德国（718联合厂、郑州第二砂轮厂、西安仪表厂等）、捷克（中捷友谊厂）、匈牙利等东欧社会主义国家的援助，但苏联援助的“156项目”无疑是最全面和最重要的。

4 总结

通过对中苏“一五”“二五”计划期间面临的外部环境，工业基础，执行五年计划的方针、成果，以及利用外国技术援助的对比，能够得出一些结论（表24）。

毋庸置疑，苏联和中国通过两个五年计划都取得了很大的成就，但是这成就是有差别的：苏联成为了世界第二的工业强国；我国也为后来的工业发展奠定了基础，但在彼时并未成为世界一流工业强国。这与上述的外部环境、工业基础、利用外国援助的方法和途径，都有着密切关系。尽管苏联今日已经不复存在，改革开放后，我国的综合国力也已经日益强大，但是研究过去两国工业建设的差异、利用外国技术的不同，在今天仍然有着指导意义。

从上述分析可以看出：苏联援助我国的“156项目”，是工业革命后，科学技术从苏联到中国的传播过程，是科学技术在全球传播的重要一环，是世界上两个大国之间进行技术合作的见证，这在全球工业化进程中都是独一无二的。虽然从中国近代洋务运动和开埠以来，西方工业生产技术就已经在我国登陆，但规模和门类是有局限性的。“156项目”是中国近代以来规模最大的技术引进，为中国打下了坚实的工业基础；为改革开放更大规模地引进先进技术积累了经验；为中国改革开放40年全面实现工业化进程、走向工业强国、走向经济辉煌奠定了坚实基础。所以无论从全球技术传播的视角、技术传播的方式，还是从中国工业化进程来说，“156项目”都具有重要的遗产价值，需要珍视和保护。

表24　苏联与中国“一五”“二五”计划的对比汇总

	苏联	中国
外部环境	一战结束，1929—1933年资本主义世界经济危机	美苏冷战，朝鲜战争
贸易国家	西方各国，以美、德为主	苏联及东欧国家
工业基础	强于中国	弱于苏联
五年计划成就	世界第二的工业强国	为工业发展奠基
技术转移内容	设计、设备、工艺，工厂管理，工人城市	设计、设备、工艺，工厂管理，全部门建设、制度、决策，国防军事
技术转移方式	公司交易	国家技术合作
消化技术	尽力攫取，力图学会，标准化	尽快建设，弥补工业缺失
援助时间跨度	1920年代初至战后	1950年代
完成工业建设（“一五”）	1500	921（150+771）

（来源：作者整理）

参考文献

[1] GAWOREK N H. From blockade to trade: allied economic warfare against Soviet Russia, June 1919 to January 1920 [M]//VERLAG F S. Jahrbücher für Geschichte Osteuropas, 1975:39-69.

[2] KENNAN G. Russia and the Versailles conference[J]. The American scholar, 1960—1961, 30(1):13-42.

[3] 邢书纲．苏联是怎样引进和利用西方的资金与技术的？[M]. 上海：上海三联书店，1988.

[4] 上海市国际关系学会 . 战后国际关系史料 . 第一辑 [Z].1983:74.
[5] 董志凯，吴江 . 新中国工业的奠基石：156 项建设研究 [M]. 广州：广东经济出版社，2004.
[6] 姚杰 .（新中国档案）新中国第一个政府间科技合作协定 [EB/OL]. (2009-08-13)[2021-04-28]. http://archive.wenming.cn/wmdjr/2009-08/13/content_17381475.htm.
[7] 苏联部长会议中央统计局 . 苏联国民经济统计年鉴 1959[M]. 梅国彦，译 . 北京：世界知识出版社，1962.
[8] 斯大林 . 第一个五年计划的总结 [M]. 北京：人民出版社，1954.
[9] 斯大林 . 斯大林全集 . 第 13 卷 [M]. 中共中央马克思恩格斯列宁斯大林著作编译局，译 . 北京：人民出版社，1985.
[10] 中华人民共和国发展国民经济的第一个五年计划 [M]. 北京：人民出版社，1955:18-19.
[11] 国家统计局 . 中国统计年鉴 1987[M]. 北京：中国统计出版社，1987.
[12] 列宁 . 列宁全集 . 第 32 卷 [M] . 北京：人民出版社，1958.
[13] ZELCHENKO H L. Stealing America's know-how[J]. The American mercury, 1952,2:75-84.
[14] A.C. 萨顿 . 西方技术与苏联经济的发展 1930—1945[M]. 安冈，译校 . 北京：中国社会科学出版社，1980.
[15] MELNIKOVA-RAICH S. The Soviet problem with two "unknowns": how an American architect and a Soviet negotiator jump-started the industrialization of Russia. Part II: Saul Bron[J]. The journal of the society for industrial archeology, 2011, 37(1/2):5-28.
[16] METCALF J F. Soviet amtorg trading corp[EB/OL]. (2017-01-22)[2021-04-08]. https://www.electric-history.com/~zero/434b-amtorg.html.
[17] A ruble in the hand[N]. Time,1929-06-17.
[18] 沈志华 . 苏联专家在中国 [M]. 北京：中国国际广播出版社，2003.
[19] 陈夕 . 奠基：苏联援华 156 项工程始末 [M]. 北京：天地出版社，2020.
[20] 鲍欧，周宇，王芳 . 科技革命与俄罗斯（苏联）现代化 [M]. 济南：山东教育出版社，2020.
[21] 暮云深 . 苏联援华专家首席负责人阿尔希波夫回忆节选 [EB/OL]. (2017-04-03)[2021-04-18]. https://bbs.tiexue.net/post2_12523767_1.html.

近代亚洲海洋贸易网络与典型亚洲港城空间特征探析*

* 本文得到国家自然科学基金（51978471）资助。

罗文婧　同济大学建筑与城市规划学院

摘　要：近代亚洲海洋贸易网络基于14—18世纪朝贡贸易和帆船贸易而形成，西方国家的介入在很大程度上改组了亚洲市场。近代时期，西方列强与中国签订的一系列条约打开了中国通商口岸，九龙、上海等港口承担了十分重要的角色。英国、日本等是中国通商口岸最大的进出口贸易国家。亚洲港城的形成多受到殖民因素的影响，主要特征包括：采用西方城市规划的手法进行城市规划，形成放射状或网格状路网；城市规划以港口为中心，沿海岸线向两侧拓展，并向腹地方向延伸；本土居民与外国殖民者分区居住；在城市与腹地之内建设铁路与公共交通等。

关键词：近代；亚洲海洋网络；港城；空间特征

1　近代亚洲海洋贸易网络的形成

亚洲的海洋贸易网络是以中国和印度为两个轴心，以东南亚为媒介而形成的。15—16世纪以后，以中国的朝贡贸易及互市贸易等官营贸易为契机，民间贸易也不断扩大，由华侨、印侨从事的帆船贸易在亚洲区域内形成了多边贸易网。中国茶叶、生丝、土布，日本贵金属、海产品，泰国大米，印度棉花，爪哇砂糖等是主要的贸易商品。因此，在近代资本主义国家打开闭关锁国的中国之前，近代亚洲海洋贸易市场就已经形成，而西欧国家的加入在很大程度上也改组了亚洲市场。

1.1　14—18世纪近代亚洲海洋区域市场

1.1.1　朝贡贸易

朝贡贸易是东亚贸易网络形成的前提，泰国、越南、菲律宾、朝鲜等地与中国华南、华北、东北通过地域间的沿岸贸易相互联结，甚至扩展到南亚、非洲等地。同时，地域间的移民也在不断深化朝贡贸易网络的影响。[1]

1371年，明朝施行海禁政策，禁止沿海军卫和民众与海外诸国来往。为接待外国使节，1383年，明朝发予暹罗（泰国）、占城（越南）、真腊（柬埔寨）勘合文册以辨别使节真伪。永乐年间，明成祖派遣郑和前往海外诸国，并欢迎更多的海外国家前来朝贡，接受明朝的分封（图1）。朝贡船并不是由各国自由派遣，明朝规定了贡期，如朝鲜国一年一贡、琉球两年一贡、日本十年一贡等。朝贡时进入中国的地点也被指定：东南亚诸国在广州；琉球初在福建泉州，后改至福州；日本在宁波。朝贡品也同样被指定：日本的朝贡品为马、铠、腰刀等；琉球是马、硫磺及香料等；暹罗则是象、象牙、犀角、孔雀尾等特产。明朝返礼的赐品主要为高级丝织物、书籍、金银、古器等。[2]

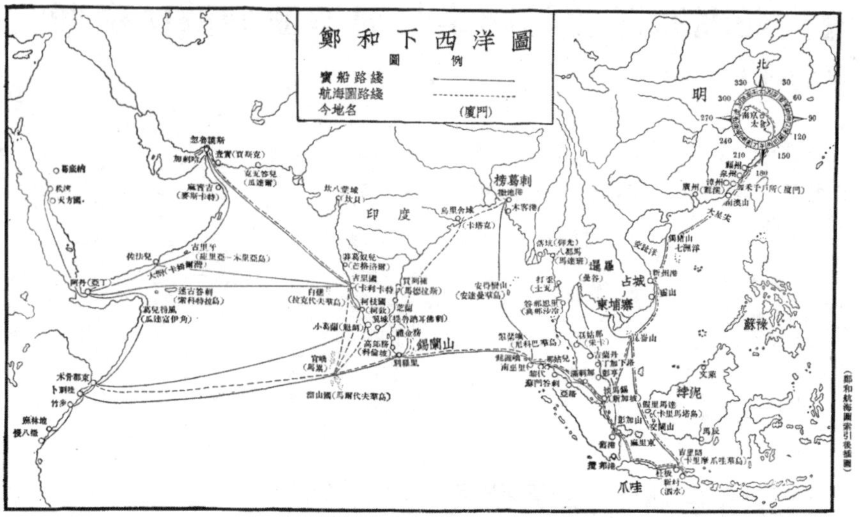

图 1　郑和航海图
（来源：向达. 郑和航海图 [M]. 北京：中华书局，2000.）

1.1.2　帆船贸易

帆船贸易是除朝贡贸易之外形成 14 — 18 世纪亚洲航运市场的另一种贸易形式。中国古代帆船的制造技术是极其先进的，其一般特征为平底、方头、高尾和四角帆，另外，中国帆船在下风处安置板架来减弱逆风行驶时下风漂流的力量，荷、英两国在近海交通船上使用这种方法比中国晚好几个世纪。[3] 帆船贸易并不只是指中国帆船对外贸易这一方面，也是印度洋和南中国海的贸易的总称，有着广阔的历史背景和地域特征。[1] 清代以后在东亚沿海航运中最为活跃者为“沙船”①“鸟船”“福船”“广船”②，即被称为清代四大海船的中国帆船。[4]

明代后期，随着海禁措施日趋缓和，民间的海外贸易逐步兴盛；清朝平定郑氏之后，废除海禁，允许商船航行海外，华南的对外贸易扩展了几条通道。在明代，人们以中国华南一带为中心设有一条子午线，其东边的海上各国称为东洋，西边的地域则称为西洋。[5]16 世纪，中国帆船与在菲律宾的西班牙人进行贸易，以菲律宾马尼拉作为中转站，以西班牙人从新大陆带来的银钱为贸易货币。中国向外输出陶器和瓷器，输入黄金制品和白银货币，促进了中国沿海经济的繁荣，同时也带动了人口的流动。

1886 年日本领事报告《清式帆船贸易概况》[6] 将清式帆船的航路分为三区：辽东锦州、天津、芝罘等诸港之间，称大北；上海、宁波、乍浦等诸港之间，称小北；厦门及近旁之间，称厦郊。宁波是清式帆船出入最频繁的港口，南北回航船只均须在此停靠。

帆船贸易圈（图 2）由几个典型地域形成，从西至东依次为：孟加拉湾沿岸地区和缅甸南部地区；暹罗、马来半岛、缅甸、交趾地区；交趾、马来半岛、爪哇；爪哇、菲律宾、中国华南南部沿海地区；菲律宾

① 沙船指平底型海船，主要活跃于上海崇明，自长江口北上至渤海沿海的锦州、牛庄、盖州等地，带去棉布与茶叶等江南产品，归航时带回东北产的大豆等农副产品。

② 鸟船、福船、广船均属于尖底型海船，其中鸟船不仅活跃在福建附近海域，而且还活跃在渤海沿线，更在海外航行。

和中国台湾、华南东南部沿海地区；长崎和中国台湾、华南沿海地区、华东沿海地区；长崎、中国华东沿海地区、朝鲜半岛南部沿海地区；缅甸北部和中国贵州、云南；暹罗北部和中国云南、广西；越南和中国云南、广西；朝鲜半岛北部、中国东北地区，等等[3]。

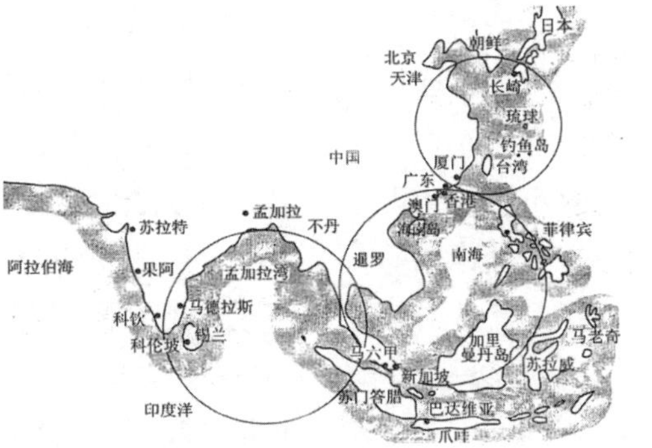

图 2　印度、东南亚、东海地域贸易圈的示例
（来源：滨下武志．中国近代经济史研究．清末海关财政与通商口岸市场圈 [M]. 高淑娟，孙彬，译．南京：江苏人民出版社，2008.）

1.2　西欧国家对亚洲市场的介入

欧洲商人在介入亚洲的沿海贸易时，利用了既有的帆船贸易网络，进行了被称作地方贸易（country trade）的沿海地域贸易。东印度公司义务运入英国制品并进行贩卖，在亚洲区域从事鸦片、棉花、米、砂糖等的贸易。东印度公司的沿海贸易分为三个部分：印度沿岸贸易，科摩林角以西的亚洲、美洲沿岸贸易，科摩林角以东的缅甸、马来西亚、中国沿岸贸易。这三个部分分别与印度贸易圈、伊斯兰贸易圈、东南亚—华南贸易圈相对应，形成了以印度鸦片为媒介的英、印、中三角贸易关系。

2　近代亚洲海洋网络

2.1　近代中国的海洋贸易网络

2.1.1　近代中国的开放口岸

鸦片战争之后，西方国家通过一系列条约打破清政府闭关锁国的状态，中国开放大量通商口岸，同时设置海关管理贸易（表 1）。海关虽然是全新设立的机构，但其场所大部分在以往清朝常关①的所在地，即已经具有市场功能的港湾。海关的组织体系与管理以外国人为首，但在运营和机能上，如海关的位置、税率和征税基本参照了明代以后的税关、常关的历史经验。起初海关和常关在组织上并无直接关系，到 1902 年义和团运动之后，议定书规定海关周围 50 里（25 千米）以内的常关交与海关管理并征税，此后两者成为直接的统属关系。因此，从 1854 年开始设立，以罗伯特·赫德为总税务司的海关完全成为外国进入中国市场的一个通道，事实上成为掌握管理权的行政部门。

① 常关一般有四种类型：以边防军属整备为主旨（龙泉）；加强对藩属等周边地区的统治（三座塔）；直属织造、内务等中央或皇室（崇文门）；由地方官所管辖（潘桃口），一般是地域社会经济中心。

1842—1870 年，中国主要在东南沿海、台湾、长江沿线设置海关；1871—1890 年，增加长江与珠江沿线的通商口岸，形成了包围华南经济地带的开放口岸态势；1891—1900 年，长江与珠江沿线口岸继续增加，清朝开始自行开放口岸；1901—1910年，华北、东北地区通商口岸逐步开放，同时，连接主要开放口岸的铁道网计划开始正式实施。

在不同时代因不同条约而设置的开放口岸，表现出各个不同开放口岸具有不同的重要性。根据贸易量的比例，即海关税收的多寡，民国时期将海关分为四等，如上海、广州为一等，天津、营口、芝罘、汉口等为二等，宜昌、九江、芜湖等为三等，苏州、金陵、梧州等为四等。

从1892—1911年中国开放口岸进出港船数（图3）和吨数（图4）来看：1906年前，九龙长期保持着最大的船只接待量，但其运载的货品数量并不是最多的，拱北的情况与此类似。随着上海的崛起，来往于九龙的船只逐年减少，1906年之后上海港的船只数量急剧增加，超过九龙，同时上海港的货物运载量也长期处于全国通商口岸的领先地位。镇江的货物运载量位于全国第二位，但只约有上海的二分之一。中华民国建立初期，各大通商口岸的通航量与货物运载量均有不同程度的减少。

表1　基于条约设置的通商口岸

条约名	海关（地点/时间）
1842《中英南京条约》	江海（上海/1854）、粤海（广东广州/1859）、浙海（浙江鄞县/1861）、闽海（福建莆田/1861）、厦门（福建厦门/1862）
1858《中英天津条约》	潮海（广东澄海/1860）、镇江（江苏丹徒/1861）、九江（江西九江/1861）、江汉（湖北汉口/1862）、东海（山东福山/1863）、山海关（奉天营口/ 1864）、琼海（广东琼山/1876）、金陵（江苏江宁/1899）
1860《北京条约》	津海（天津/1861）
1876《中英烟台条约》	宜昌（湖北宜昌/1877）、北海（广东合浦/1877）、瓯海（浙江永嘉/1877）、芜湖（安徽芜湖/1877）
1886《中英香港鸦片贸易协定》	九龙（广东新安/1888）
1887《中葡北京条约》	拱北（广东香山/1888）
1887《中法续议商务专约》	龙州（广西龙州/1889）、蒙自（云南蒙自/1889）
1890《中英续增烟台条约》	重庆（四川巴县/1890）
1893《中英藏印条约》《藏印续约》	亚东（西藏亚东/1894）
1895《中日马关条约》	杭州（浙江杭县/1896）、沙市（湖北江陵/1896）、苏州（江苏吴县/1896）
1895《中法续议商务专约附章》	思茅（云南思茅/1896）
1897《中英续议缅甸条约付款》	梧州（广西苍梧/1897）、三水（广东三水/1897）、腾越（云南腾冲/1900）、江门（广东新会/1904）
1899《中德青岛设关征税办法》	胶海（山东胶县/1899）
1902《中英续议通商行船条约》	长沙（湖南长沙/1904）
1903《中美通商行船续订条约》	安东（奉天安东/1907）
1903《中日通商条约》	大东沟（奉天大东沟/1907）
1905《中日会议东三省事宜正约》	大黑河（黑龙江大黑河/1905）、满洲里（满洲里/1907）、滨江（吉林滨江/1907）、奉天（奉天/1907）、珲春（吉林珲春/1910）、龙井村（吉林龙井村/ 1910）
1907《中日会订大连设关办法》	大连（奉天金海/1907）

（来源：笔者自绘，表中地点以当时行政建置归纳）

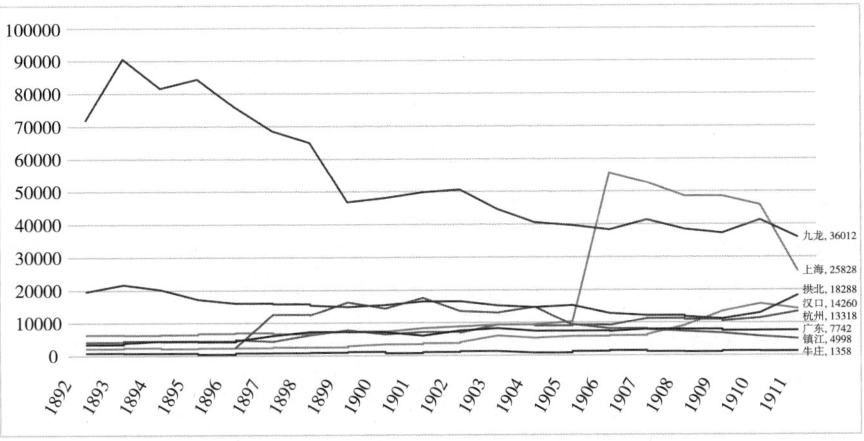

图 3　中国开放口岸进出港船数（1892—1911 年）
（来源：笔者自绘，数据来自滨下武志．中国近代经济史研究．清末海关财政与通商口岸市场圈 [M]. 高淑娟，孙彬，译．南京：江苏人民出版社，2008.）

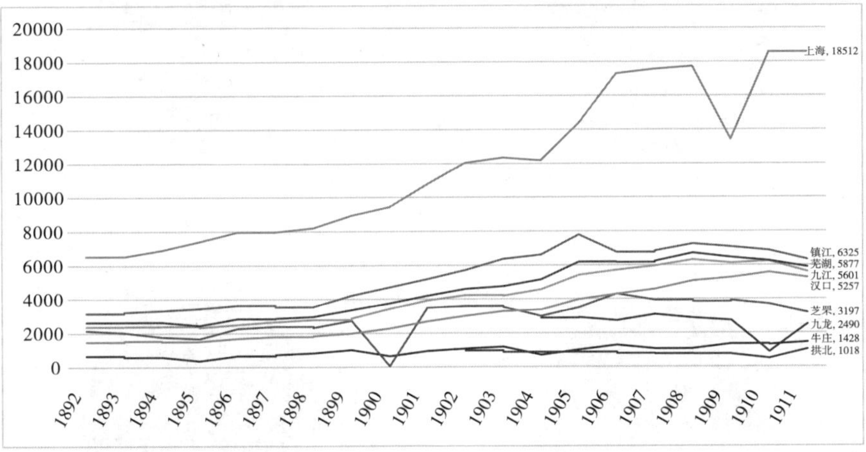

图 4　中国开放口岸进出港吨数（1892—1911 年）
（来源：笔者自绘，数据来自滨下武志．中国近代经济史研究．清末海关财政与通商口岸市场圈 [M]. 高淑娟，孙彬，译．南京：江苏人民出版社，2008.）

2.1.2　近代中国外部贸易网络

1887 年维也纳万国博览会提出的商品种类目录，记载了中国农产品（谷类、豆类等）的出口到达港，显示了近代中国重要港口与亚洲、欧洲等地域的商贸联结。[7] 牛庄（营口）的主要出口对象为朝鲜、蒙古、日本等；天津的主要出口对象为东印度诸岛、海峡殖民地、日本、马尼拉、蒙古、泰国等；芝罘（烟台）的主要出口对象为东南亚诸岛、印度诸岛、欧洲、美国等；上海的主要出口对象为日本、朝鲜、印度、东南亚诸岛、俄罗斯、美国、澳大利亚、欧洲等。此外，厦门的主要出口对象为英国、美国、印度、海峡殖民地、爪哇；香港的主要贸易对象为我国台湾、澳门、东南（广东、福建）与西南（广西、云南）地区，以及东南亚（新加坡、菲律宾）、日本、英国等。

1882—1890 年，我国内地向英国本土、我国香港、印度及英殖民地

（当时均统计在大英帝国贸易名下）进出口的贸易额约占进出口贸易总额的 3/4；1890 年之后，大英帝国的占比逐步减少，到 1930 年，只占全部总额的 1/3；其中，中国内地与当时被英国占领的香港的进出口额占比最大，其次为印度及其他英殖民地，再次为英国本土。伴随着与英国贸易的减少，中国与日本的进出口贸易逐步占据主导地位，从 1882 年的 4.23% 升至 1930 年的 24.45%。此外，中国与美国的进出口贸易占比也有小幅度提升，中国与欧洲国家、西伯利亚等地的贸易占据很小的比重。中国与各地的进出口贸易占比变化与英国逐渐退出中国市场、日本强势进入中国市场这一历史进程是一致的（图 5）。

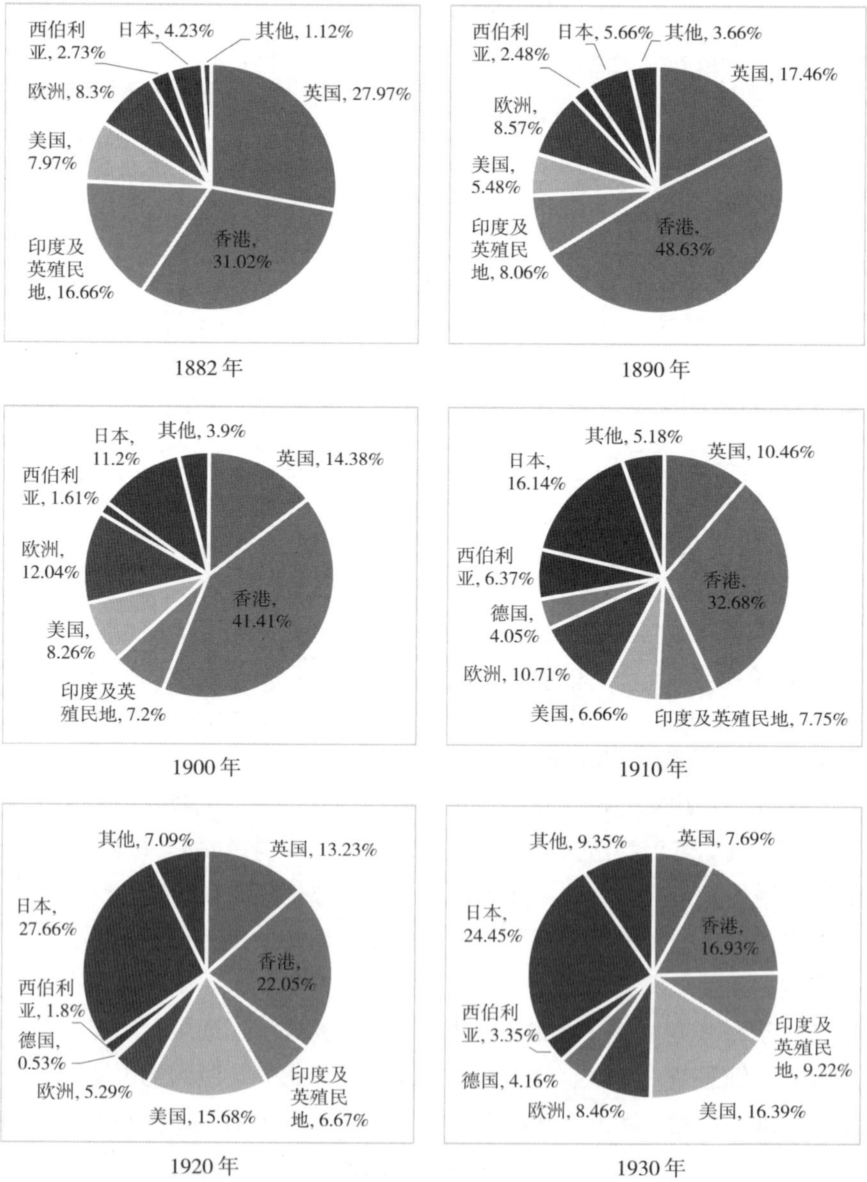

图 5　1882—1930 年中国进出口贸易国别（地区）比率变化[①]

（来源：笔者自绘，数据来自滨下武志. 中国近代经济史研究. 清末海关财政与通商口岸市场圈 [M]. 高淑娟，孙彬，译. 南京：江苏人民出版社，2008.）

① 参考文献的数据中英国、德国和欧洲并列，本文尊重原数据，依原数据绘制。

2.1.3 近代中国内部贸易网络：港口与腹地的关系

各港口在国内贸易网络中主要有以下四种作用：①牛庄（营口）、厦门等沿海港口为远距离贸易活动的通商口岸；②天津、上海、广州等为邻近内陆各省、沿海沿江各省的大型货物集散地；③长江沿岸如九江、汉口等为与邻近各省呈放射状分布的广泛地域的货物集散地；④东侧沿海只局限于是沿海地域的货物集散地 。

通商口岸的市场圈也可依据商品流通范围来分析，与各港口商品流通方向相对应，依次为：①以近邻腹地为市场圈的通商口岸；②连接内河流域的大集散地；③延伸到众多地区及广泛地域的集散地；④与沿海远距离贸易的基地。

值得注意的是，以海关贸易记录反映港口与腹地之间的关系，只能观察到 20 世纪初期的通常口岸市场圈情况。1910 年代之后，铁路大量建设，内陆运输得到强化，通商口岸市场圈与内陆市场圈并存，并相互影响产生新的关系。以 1902 年天津的数据为例，天津与内地市场约 24% 的商品由铁路运输，31% 由西河运输，18% 由大运河运输。铁路占有很大一部分比重，加强了港口城市与内地市场的连接（图 6）。

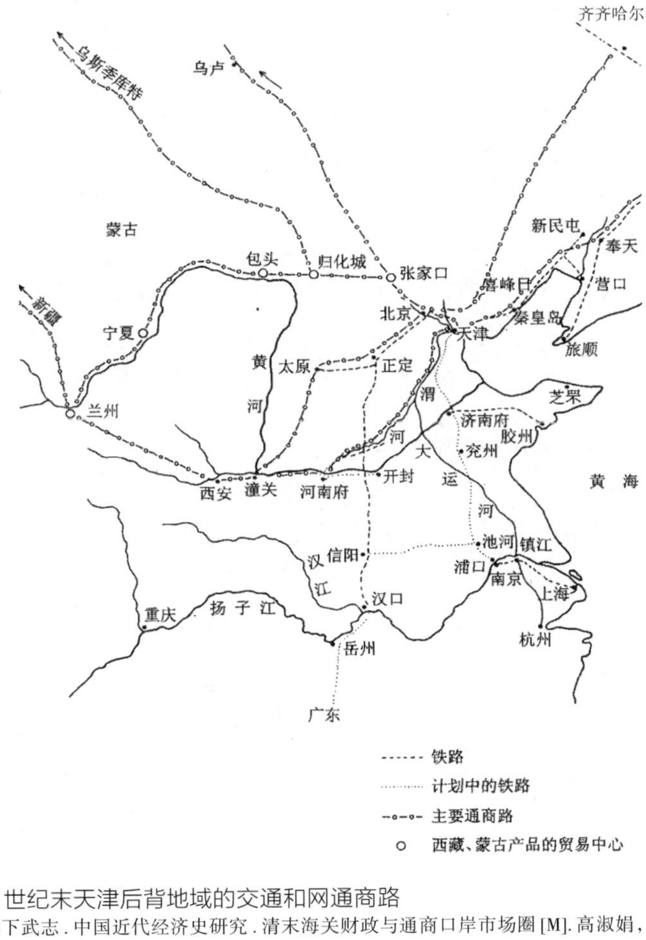

图 6　19 世纪末天津后背地域的交通和网通商路

（来源：滨下武志. 中国近代经济史研究. 清末海关财政与通商口岸市场圈 [M]. 高淑娟，孙彬，译. 南京：江苏人民出版社，2008.）

2.2 近代亚洲其他国家与地区港口及城市

近代亚洲港城的形成多受到殖民因素的影响，其形成时间与近现代区域定位见表 2，梳理其殖民影响因素具体如下：

东北亚：日本近代港口的开放与建成多在 1858《 日美友好通商条约》签订之后，并在同年日本与荷兰、俄国、英国、法国签订了内容大致相同的条约，总称《安政五国条约》。日本先后同意开放下田、箱馆、神奈川、长崎、新潟、兵库（横滨）、大阪、江户等港口，划定外侨居地，规定领事裁判权。朝鲜近代港口多为在中日战争、日俄战争中日本的军国主义兵站基地，如镇南浦港。

东南亚：越南海防港是 1873—1874 年法国第一次远征北圻时，强迫阮朝允许法国在此驻军并扩建港口，开发越南资源，并在 1888 年法国殖民政府统治下以港市发展而形成的。1571 年，西班牙殖民者入侵菲律宾马尼拉港，在此建立城堡和炮台，成立西班牙殖民统治当局的首府，成为当时帆船贸易的重要节点；1898 年美国人进入马尼拉，取代西班牙的统治，并在 1901 年将马尼拉辟为特别城市； 1942 年，日本取代美国；马尼拉港城形成了融合中国文明、印度文明、西班牙及美国的西洋文明的风貌。1882 年，马来西亚巴生港被雪兰莪英殖民政府控制，为运输锡米开始在此建设铁路，促进巴生港的开发。马六甲始建于 1403 年，是曾氏马六甲王国的都城，1511 年沦为葡萄牙殖民地，1641 年被荷兰占据，是太平洋和印度洋间的重要通道。新加坡也同样经历了英属和日据时期，1867 年成为海峡殖民地，受英国直接控制，成为欧亚之间的重要停泊港口，1942 年之后被日本占据。

西亚：印度的重要港口多由英国东印度公司建成，如孟买，1668 年英国东印度公司在此建立深水港，并在 1687 年成为东印度公司的总部。西亚其他重要港口还包括卡拉奇、吉大港、仰光港等。

表 2 近代亚洲重要港口表

国家/地区	港名	形成时间	近现代区域定位
日本	横滨港	1859	1858年《日美友好通商条约》签订之后最早的对外开放港口之一。当前为日本最大的海港，也是亚洲最大的港口之一
	神户港	812（1868 对外开港）	目前是日本最大的集装箱港口，世界十大集装箱港口之一
	东京港	1612—1900	日本五大港口之一，世界二十大集装箱港口之一
	大阪港	1868	京都的海上门户，日本五大集装箱港口之一
	名古屋	1907	日本主要工业中心
	横须贺	1877	日本军港，东京门户
朝鲜	镇南浦港	1897	中日战争、日俄战争时日本军国主义兵站基地。朝鲜西部最大港口，平壤外港
	元山港	1880	朝鲜东部最大海港

续上表

国家/地区	港名	形成时间	近现代区域定位
韩国	釜山港	1876	目前韩国最大的港口，世界第六大集装箱港口
	仁川港	1883	首尔外港
越南	海防港	1870—1873	越南北方最大的海港，首都河内的海上门户，越南北方中转站
	胡志明港	1623	越南最大的港口
菲律宾	马尼拉港	1571	菲律宾最大的海港
印度尼西亚	安汶港	1526	印度尼西亚东部主要港口之一
马来西亚	巴生港	1882	马来西亚最大港口，首都吉隆坡的外港
	马六甲	1403	经过马六甲海峡的船只大都在本港经过，战略地位重要
	槟城	1786	马来西亚第二大港，著名的转口贸易港
新加坡	新加坡港	1819	亚太地区最大的转口港，世界最大的集装箱港口之一，扼太平洋及印度洋的航运要道，可供来往马六甲海峡的船舶停泊、补给和维修
印度	孟买港	1668	印度最大海港
巴基斯坦	卡拉奇	1843	巴基斯坦最大港口
孟加拉	吉大港	9世纪	孟加拉国最大的海港
缅甸	仰光港	1855	缅甸最大的港口，全国的外贸中心
沙特阿拉伯	吉达	17世纪	沙特阿拉伯最大的集装箱港口，是圣城麦加的海上出入门户
苏丹	苏丹港	1906	苏丹对外贸易港口

（来源：笔者自绘）

3 近代典型亚洲港城空间特征

3.1 东西方港城空间关系研究

对西方港城空间关系的研究已经持续数十年。1963 年，伯德（Bird）[8] 通过对英国港口的考察，提出了通用港模型（anyport model），包括港口初始建设、边际码头扩张、边际码头完善、船坞建造完善、船坞细部调整、码头专业化生产六个阶段。布莱恩·霍伊尔（Brian Hoyle）[9] 主张将城市与港口结合起来，他将港口城市的发展归纳为六个阶段：原始港城、扩张港城、现代工业港城、港城分离、滨水区再开发、港城关联更新。同时，布莱恩·霍伊尔提出了港口界面模型，研究对象为港口和城市之间最为敏感和活跃的界面区域。该模型很好地阐述了西方国家从工业化到后工业化，再到后现代化的港口城市的演变，但对于亚洲港口并不适用。

亚洲港口多起源于渔港，受到殖民因素的影响，其港口的发展演变模型与西方的港口发展模型并不相同。韩国学者李成宇（Sung-Woo Lee）等 [10] 重点将亚洲港口与霍伊尔的西方港口发展阶段进行比较，提出亚洲港口的空间演变模型。对应霍伊尔的原始港城—扩张港城—现代工业港城—港城分离—滨水区再开发—港城关联更新六阶段，亚洲港口发展阶段为渔村—殖民港市—中转城市港—自由贸易港市—枢纽港市—国际枢纽港市（图 7）。

西方港城模型		时期		亚洲枢纽港城合并模型
原始城港 城市与港口的空间和功能紧密联系	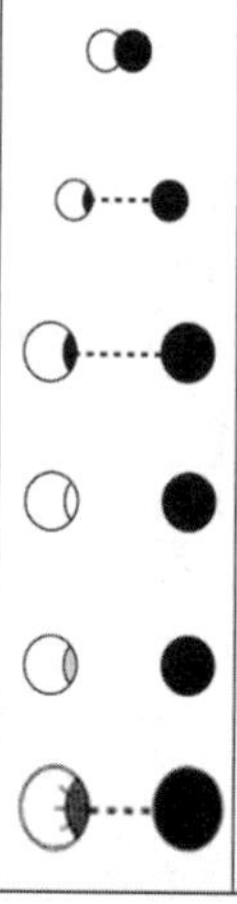	古代/中世纪—19世纪	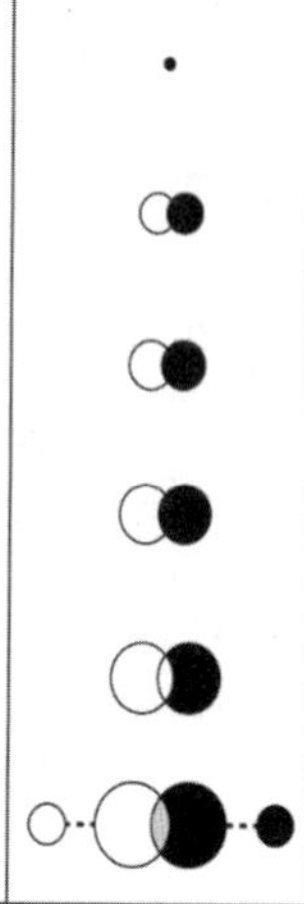	**沿海渔村** 当地人的小社区实行自给自足的地方贸易
扩展城市港口 商业和工业的快速发展迫使港口超越城市边界，发展线性码头和散杂货工业		19世纪—20世纪早期		**殖民地城市港** 由外来势力的利益需求发展港口和城市以便于货物出口及地缘政治控制
现代工业城市港 工业增长（特别是炼油）和引进滚装和集装箱设施需要分离和增加空间		20世纪中期		**中转港口城市** 贸易扩张和中转功能发展，现代港口发展由海洋拓展
退出城市滨水区 海洋技术的变化导致了独立的临港工业区的发展		1960年代—1980年代		**自由贸易港口城市** 出口导向政策通过免税产品或者低价劳动力吸引工业利用港口设施
滨水区复兴 大型现代化港口消耗大面积的土地和水域空间，是城市更新的原核心		1970年代—1990年代		**枢纽港口城市** 枢纽功能增加港口生产力，靠近城市中心导致土地压力增大
港口城市联系恢复 全球化和多式联运改变港口作用；港口城市联盟复兴；城市的再开发促进港口-城市的融合		1980年代—21世纪		**全球枢纽港口城市** 由于枢纽港成本增加和腹地拓展，产生持续的港口活动和新港口的建成

图 7　西方港口与亚洲港口城市模型比较
（来源：笔者自译， Lee S, Song D, Ducruet C. A tale of Asia's world ports: the spatial evolution in global hub port cities [J]. Geoforum, 2008,39:372-385.）

3.2　近代典型亚洲港城形成

根据韩国学者李成宇等提出的港城模型，近代时期的亚洲港口多处于渔村发展到殖民城市的阶段。亚洲港城按照被侵入程度的不同，可以分为三种，以我国港城为例：①先后被其他国家占领，按照不同国家的规划进行建设，如青岛、大连等先后被沙俄、日本占领，其港城规划体现了不同时期的特色；②同时被多个帝国主义国家占领，各自为政、布局混乱，如上海、天津；③完全被同一个国家长期占领，体现该国规划思想与本土特色，如香港。下面以我国大连、上海、香港和新加坡等以港筑城的港市为例，分析其近代港市规划。

大连于 1898 年被沙俄租借后，由工程师萨哈罗夫负责筑港与城市规划，并聘请德国工程师布卡利夫斯基及犹恒帝鲁两位建筑师[11]，在大连的都市计划中，两人导入德国郊区式样，并将市区分为行政市区、欧洲市区、中国人市区三种，明确划分居民的阶级、人种以及地区机能。大连港市的道路形态以广场为中心，配置放射状道路，主要以尼古拉广场为中心，配合数个次要广场，广场中央配置大型公共建筑，如寺院、博物馆、铁路车站等地标，形成道路端景，这种手法继承了文艺复兴（罗马纪念碑广场）与巴洛克都市计划（拿破仑三时代的巴黎更新计划）的特点。当时亚洲尚无此种道路形态，可见沙俄对于大连都市的经营。日俄战争后，1904 年，日军占领大连，儿玉源太郎①和后藤新平②二人计划基本维持沙俄的城市规划，并不断改善维持既有市区设施，继续推展西部的都市发展。同时，日本政府颁布大连市的土地使用分区管制条例，划分军事地区、日本人居住地区、中国人居住地区三区，但并非强硬隔离，而是允许中国人和日本人混合居住，客观上促进了大连的繁荣

① 1898—1906 年台湾总督，满洲军总参谋长。
② 1898—1906 年，台湾总督府民政长官，满铁初代总裁。

（图 8）。

上海于 1843 年开埠，之后英租界成立，奠定了近代上海城市的基础，港口与城市紧密结合。上海近代城区可以分为租界和华界，港城以租界城区为中心，黄浦江为市内主要航道，吴淞江为内河运输航道（图 9）。租界的道路建设，尤其外滩区域，向港性明显，逐步形成了港城一体的格局。1854 年成立的工部局，全面主持英租界的城市规划。1864 年，英租界和美租界合并为公共租界，至 1900 年已经扩展到非常大的范围，1924 年工部局成立交通委员会，并于 1926 年拟定《上海地区发展规划（1926 年）》，将上海分为四个区域：港口区、工业区、商业区、居住区。与之相比，华界的发展则显滞后，1922 年孙中山先生在《建国方略》中提出“东方大港”的设想。1927 年，上海特别市政府成立，正式提出城市规划方案，即《大上海计划》。抗日战争爆发后，日本占领上海，编制《大上海都市建设计划》和《上海都市建设计划图》，港口逐步向黄浦江下游转移，虹口区成为外滩港区转移的目的地[12]。

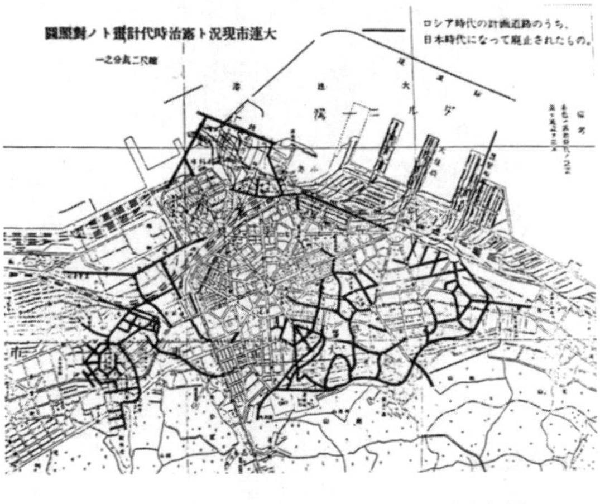

图 8　俄占时期与日占时期大连都市计划比较
（来源：越沢明 . 中国东北都市计划史 [M]. 台北：大佳出版社，1986.）

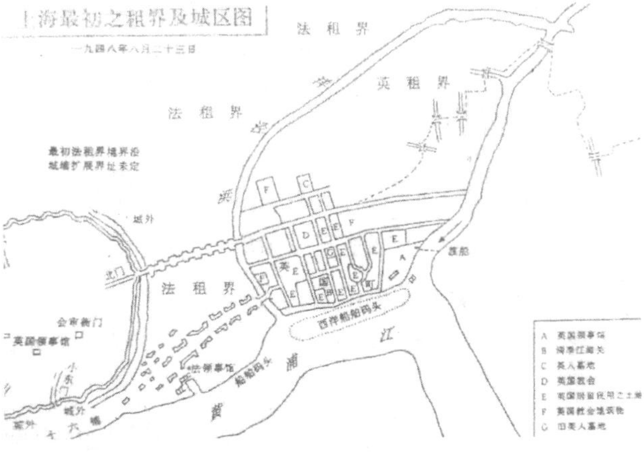

图 9　1848 年上海最初租界及城区图
（来源：熊月之，袁燮铭 . 上海通史 . 第 3 卷 . 晚清政治 [M]. 上海：上海人民出版社，1999.）

1841 年，香港开埠，英国将其定位为“自由贸易商港”，初期规划重点在香港岛北面，利用地势修建皇后大道，与海岸线基本平行，道路向两旁发展，形成网格状。同时，政府开始兴建码头，通过文咸填海计划、宝灵填海计划等创造港口用地。城中华人和洋人分住，形成城市风貌的东西方差别。香港城市在山地与海旁呈带形延伸发展，城市发展空间被挤压，为此，香港不断开山填海，扩张港口与城市，如 1860 年代后的西、中、下环填海计划。九龙半岛在近代时期被英国作为军事用地，并在 20 世纪初期得到建设，修建九广铁路、电车以增强港口与城市的联系。香港长期被英国占领，虽然短期受到日本影响，但其港城空间已基本形成，是我国少有的高度发展的殖民地式港市的成熟形式[13]（图 10）。

近代新加坡港在1819年莱佛士爵士登陆之后开始发展，英国逐步控制这个区域，建立海峡殖民地，并主持多项新加坡发展与城市规划的法令和条例，将其定位为自由贸易港口。新加坡最早的城市规划蓝图由科尔曼和杰克逊中尉勘测与设计，以新加坡河口为中心，沿原古海岸线做基础划分，分为行政机构区、商业区、苏丹皇宫、华人区、马来人区、欧洲人区、印度人区和阿拉伯人区等主要区域，商业区和行政机构区分列新加坡河口两岸。此外，新加坡港城也受到了华人华侨移民的影响，与繁忙的港口结合，产生了丰富多样的华人商业[14]（图11）。

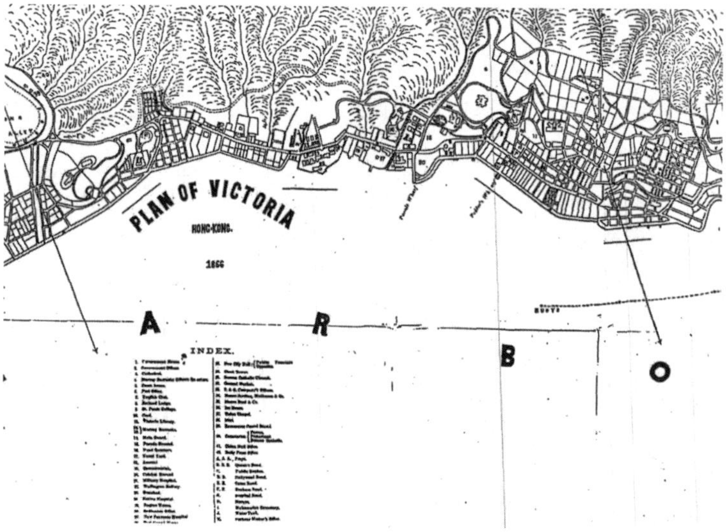

图10　维多利亚港城市规划图
（来源：邹涵.1945年前香港近代城市规划历史研究[D].武汉：武汉理工大学，2009.）

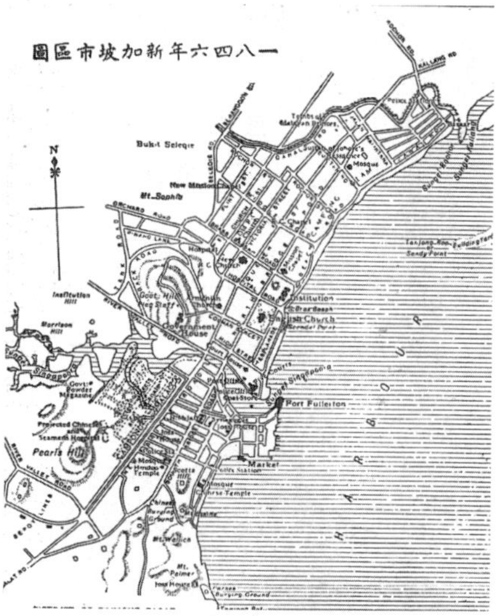

图11　1846年新加坡市区
（来源：关楚璞.星洲十年[M].新加坡：星洲日报社，1940.）

3.3　近代典型亚洲港城空间特征

综上所述，近代亚洲港城规划及建设特征有以下几点：

（1）从渔村发展到近代都市，亚洲港城的规划多受到殖民因素的影响，采用西方城市规划的手法，形成放射状或网格状路网。

（2）城市规划以港口为中心，沿海岸线向两侧拓展，并向腹地方向延伸。

（3）本土居民与外国殖民者分区居住，形成保护条例，某些地区之内，只允许外国人居住，兴建洋房，外国人的居住条件十分优越。

（4）颁布一系列建筑、城市法规，并成立专业机构和组织进行城市规划建设活动。

（5）在城市与腹地之内建设铁路与港口相连，加强贸易及货物运输，在城市内发展公共交通。

4　结语

近代亚洲的海洋贸易网络在14—18世纪的朝贡贸易和帆船贸易中

已成体系，西欧的介入改组了亚洲市场，形成英、印、中的三角贸易模式。殖民要素是亚洲港口从临海渔村发展为早期近代港口的重要推动因素，伴随着铁路及电车等其他近代公共交通的发展，港口的辐射作用越来越大，与腹地的关系也十分紧密。无论是中国通商口岸，或是东北亚、东南亚的近代港城，即使在屈辱的历史进程中曲折发展，对本土近代化的推动作用也是毋庸置疑的。

参考文献

[1] 滨下武志 . 中国近代经济史研究 . 清末海关财政与通商口岸市场圈 [M]. 高淑娟，孙彬，译 . 南京：江苏人民出版社，2008.

[2] 松浦章 . 清代华南帆船航运与经济交流 [M]. 杨蕾，译 . 厦门：厦门大学出版社，2017.

[3] 田汝康 . 中国帆船贸易和对外关系史论集 [M]. 杭州：浙江人民出版社，1987.

[4] 松浦章 . 清代上海沙船航运业史的研究 [M]. 大阪：关西大学出版部，2004.

[5] 宫崎市定 . 南洋を東西洋に分つ根拠に就いて [M]. 东京：岩波书店，1942:257–277.

[6] 李少军 . 晚清日本驻华领事报告编译（六卷本）. 第 1 卷 [M]. 北京：社会科学文献出版社，2016.

[7] China I M C.Port catalogues of the Chinese customs collection at the Austro–Hungarian universal exhibition,Vienna[R].1873.

[8] BIRD J.The major seaports of the United Kingdom [M].London:Hutchison,1963.

[9] HOYLE B.Global and local change on the Port–City waterfront[J]. Geographical review,2000,90(3):395–417.

[10] LEE S,SONG D,DUCRUET C.A tale of Asia's world ports: the spatial evolution in global hub port cities [J].Geoforum,2008,39:372–385.

[11] 越沢明 . 中国东北都市计划史 [M]. 台北：大佳出版社，1986.

[12] 武强 . 近代上海港城关系研究（1843—1937）[D]. 上海：复旦大学，2011.

[13] 邹涵 .1945 年前香港近代城市规划历史研究 [D]. 武汉：武汉理工大学，2009.

[14] 黄晓玲 . 新加坡早期港口城市规划与华人商业：兼论粤籍批局的经营网点分布 [J]. 海洋史研究，2020(1):50–66.

日本“产官学民”合力作用下的工业遗产保存活化模式研究
——以冈山县仓敷市近代纺织工业遗产为例

徐　畅　日本筑波大学
呼　笑　陕西中建西北工程监理有限责任公司

摘　要：在“产官学民”四方面的合力作用下，日本冈山县仓敷市近代纺织工业遗产保存活化的主要特征表现为：一，保持了产业文化核心及其内容的一惯性；二，加强了遗产本身与周边历史景观的调和，保证工业遗产保护中“点、线、面”的空间层次；三，动员了企业自身与当地居民，使遗产保护参与主体多样化，并复合应用国家法律与地方规范支持。本文通过对仓敷市近代纺织工业遗产保存活化模式的分析，提出了对中国工业遗产保护的一些启示。

关键词：仓敷纺织；大原综一郎；长春藤广场；日本遗产；近代化产业遗产群；仓敷美观地区

1　日本工业遗产保存活化活动整体概要

明治维新后，日本经历了传统产业急速近代化以及重工业快速发展的阶段。作为产业载体的工厂与矿山等相关设施，其价值被发掘并首先得到了日本官方的妥善保存与维护。1990 年日本文化厅在“文化财”当中增加“近代化遗产”这一条目，并将保存状况良好、文化底蕴深厚的工业遗产指定为重要文化财。1996 年，日本文化厅增设“登录文化财制度”，“近代化遗产”成为其中一个重要组成部分。

此外，日本经济产业省也制定了“近代化产业遗产”相关制度，对于日本产业近代化过程当中所继承下来的建筑物、机械、文档资料等，要求要充分加强对其历史价值的认知与宣传，使之成为启发地区活化的“种子”。2007 年日本就已有岛根县“石见银山与其文化景观”，2014 年群马县富冈制丝厂与丝绸产业遗产群两处工业遗产群也被联合国教科文组织列为世界遗产。2013 年 9 月，日本政府将“九州・山口近代化产业遗产群”作为世界遗产候选，向联合国教科文组织进行推荐，并最终以“明治日本产业革命遗产：制铁、制钢、造船、煤炭产业”之名于 2015 年获批为世界遗产。

当下，在日本近代化产业遗产的保存活化中，除去传统行政指导力量与高校科研机构参与的方式外，产业方本身与当地居民的参与也发挥了重要的作用。其总体呈现出一种参与方多元化的趋势，即“产官学民”的合力作用于遗产保存活化活动。“产”“官”“学”“民”分别代表产业界（民间企业）、官公厅（国家到地方一级的行政组织）、学校（教育与科研机构）、民间（当地居民与团体组织）四者。

本文以冈山县仓敷市的纺织工业遗产的保存活化过程为例进行分析。冈山县仓敷市的纺织工业遗产的保存利用在日本开展较早，其保存过程由产业方本身积极牵头与行动。在自主设立“美观地区”并推行保存活化的同时，企业与当地居民和民间团体共同协作；并在市一级行政机构与国家法律规范的指导下积极进行了地方规范的设定，具有一定的参考价值。

2 仓敷市纺织产业背景与近代化遗产形成

仓敷市（图 1）位于日本冈山县，面向濑户内海，具有悠久的纺织生产历史。因为该地土壤盐分过高，不适于稻米生长，所以棉花与灯芯草成为当地栽培的主要作物，并逐渐开展以棉花与灯芯草为主要原料的纺织生产。幕府时期，仓敷利用仓敷川运河与海上运输的便利，成为备中地区的物资集散地，并涌现出了大批棉花交易商与中间人。其中一部分成功的商人在此建立了豪华宅邸。如今仓敷川两岸都遗留有以白色为主的商家建筑，以及小码头、石板街等遗迹。①

明治时期，日本政府鼓励民间从事和发展纺织业，日本国内出现纺织工厂遍地兴起的现象。1888 年，当时的仓敷纺织所设立，并拥有了一批英国最先进的机械。作为社长的大原孙三郎将经营所得投资于社会与福利事业，大力鼓励民间艺术文化发展。②其中就包括日本最早的私营西洋美术馆——大原美术馆等诸多洋风建筑，成为在仓敷市传统商家建筑群中的一道风景。至此，仓敷不仅在纺织技术与产品上出现了“和”与“洋”的融合，在城市建筑与景观上也出现了“和洋交织”的独特景象。

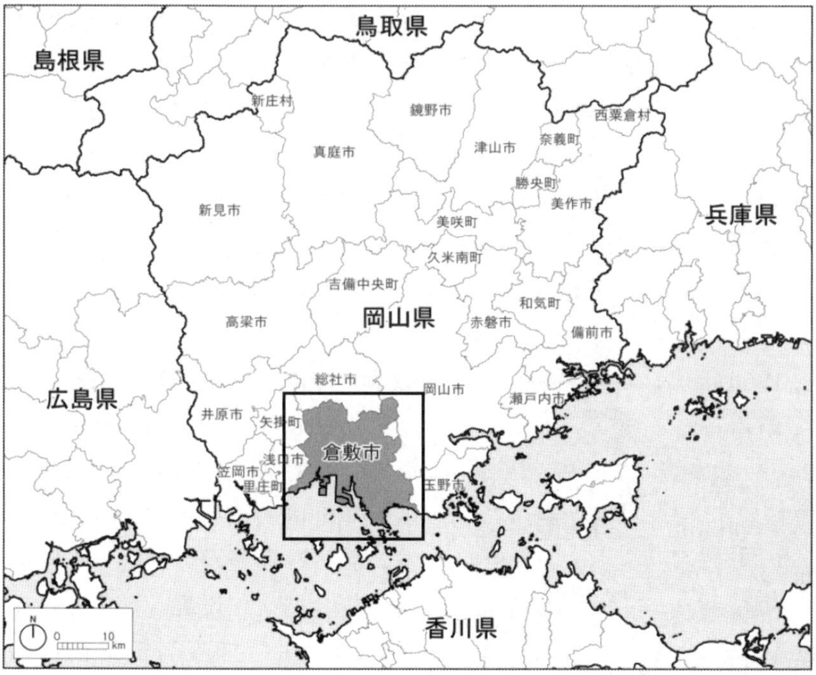

图 1　日本冈山县仓敷市地理位置

（来源：仓敷市日本遗产推进室，*JAPAN HERITAGE PORTAL SITE STORY #49*：https://japan-heritage. bunka.go.jp/ja/stories/story049/ ）

在这样的产业传统与近代化背景下，仓敷成为“日本第一的纤维之城”，并形成了以“美观地区”周边为中心，与纺织产业密不可分的城市文化核心内容和遗产（图 2）。

①② 参见仓敷市遗产推进协议会，*KURASHIKI Japan Heritage*。

（a）仓敷川传统建造物群保存地区　（b）旧中国银行仓敷支行　（c）仓敷纺织纪念馆

（d）长春藤广场　（e）仓敷考古馆　（f）大原美术馆

图 2　仓敷市纺织工业遗产的构成（部分）
（来源：仓敷市日本遗产推进室，*JAPAN HERITAGE PORTAL SITE STORY #49*：https://japan-heritage.bunka.go.jp/ja/stories/story049/ ）

3　仓敷市工业遗产保存活化中“产官学民”合力作用机制研究

3.1　“产”——企业公共责任范畴的扩增

“产”，指遗产主权所属的产业、资本，以及后来逐渐参与进来的个体户等组织。该层面上，仓敷市遗产保护的传统与发源于当地的仓敷纺织株式会社（KURABO）密不可分。热衷于地方社会与福利事业的第二代社长大原孙三郎，在执掌仓敷纺织株式会社时就对仓敷的历史街区保护提出了设想。其子大原综一郎也继承了这一家族与企业传统，对历史文化街区保护的重要性有深刻的见解。第二次世界大战后，企业就对江户时期的旧仓库进行改修，分别于 1948 年开设仓敷民艺馆，1950 年开设仓敷考古馆。[①]

① 参见仓敷市遗产推进协议会，*KURASHIKI Japan Heritage*。

1960 年代，仓敷美观地区游客激增，出现了住宿与餐饮设施不足的问题。在仓敷市居民的强烈请求与建议下，仓敷纺织株式会社将其毗邻仓敷美观地区的工厂进行了改造与再开发，于 1974 年开设长春藤广场（图 3）这一复合型文化设施。该文化设施在保留原有工厂外观与基本构造的同时，加入广场设计以供当地居民与游客使用。场地范围内设有住宿设施、餐厅、宴会场、工坊、历史纪念馆、纺织品纪念品店等。该设施于 2007 年被经济产业省认定为“近代化产业遗产”，并于 2017 年被日本

图 3　长春藤广场
（来源：长春藤广场官网 https://www.ivysquare.co.jp/ ）

文化厅划定为“日本遗产”构成“文化财”之一。除上述之外，与仓敷纺织和大原家族关系密切的大原家住宅、大原美术馆、旧中国银行仓敷支行、有邻庄等建筑，也被纳入“日本遗产”构成“文化财”当中。

除了仓敷纺织与大原家族这样的大型资本参与之外，近年来，民营个体户也加入进来，将旧商业町家、仓库进行租用并改装，用来开设咖啡厅、餐厅以及纤维杂货的手工艺品商店。这些举动无疑丰富了工业遗产保存活化资本来源与利用形式。由此可以看出，资本与产业主体通过提升自身对公共责任的认知，对工业遗产中“点”状分布这一空间层级的遗产，发挥了发现价值、保存活化的作用。在这一方面，产业与城市公共环境提升形成了互惠的关系。

3.2 “官”——政府法律规章引导

“官”，即官公厅，国家到地方一级的行政组织。该层面上，如本文第一部分所述，由于国家级行政层面上日本文化厅的“近代化遗产”与经济产业省的“近代化产业遗产群”等制度存在，2017 年在文化厅“日本遗产”认定中，仓敷将城市工业遗产的文化核心内容定为“一朵棉花上开出的仓敷物语——和洋交织的纤维之城”。

事实上，仓敷市对于历史文化街区的保护，在大原综一郎的倡导与行动之下，始于 1940 年代，属于日本保存意识萌芽较早的城市。从 1950 年代后期开始，历史街区保存的主体逐渐向行政组织与当地居民扩大。1968 年，仓敷市开始自主立规，制定了《仓敷市传统美观保存条例》，并把包括仓敷川两岸的传统商业町家、近代仓敷纺织工厂在内的诸多建筑元素，以及景观元素统一纳入传统美观保存地区范围。1975 年仓敷市委托专家团队，展开仓敷市传统建造物群保存地区调查。1978 年制定了《仓敷市传统建造物群保存地区保存条例》，并于次年通过传建地区都市计划决定、都市计划告示和国家选定，正式成为《文化财保护法》规范下的国家级“重要传统建造物群保存地区”。仓敷市于 1990 年进一步积极完善地方立规，制定《仓敷市仓敷川畔传统建筑物群保存地区背景保全条例》，2000 年根据《建筑基本法》制定了《仓敷市美观地区景观条例》，对包括纺织工业遗产在内的仓敷川两岸的历史景观的保护加强了规范。[①]

可见，在行政层面，区别于通常滞后出现的、由上及下的遗产保护相关法律及规范，仓敷市于 1968 年采取了自主立规的方式保留真实遗产，并为之后遗产保存及活化活动争取了主动权。在国家层面遗产保护相关法规逐渐完善后，仓敷市结合上位法规，在法律规范层面对遗产保存活化进行了及时主动的引导，从而实现了在规划“线”与生活“面”的空间层面上，将仓敷川河畔与周边都纳入了美观地区，实现了整体性保护的目的（图 4）。

① 参见仓敷市政府官网，仓敷市教育委员会分项，《美观地区保存的历程》。

图4　仓敷美观地区
（来源：仓敷市官方观光网站“仓敷观光 WEB”:https://www.kurashiki-tabi.jp/extra/photo_trips/spot/bikan.html）

3.3 “学”——价值调查发掘遗产

“学”，即教育与科研机构的研究。这一层面上，除仓敷市在1975年委托专家团队展开仓敷市传统建造物群保存地区调查之外，冈山县作为省一级行政单位，县教育委员会在2003—2004年两个年度，利用国家补助金对县内实施了“冈山县近代化遗产综合调查”。调查团队主要包括：由冈山大学环境理工学部马场俊介教授担任委员长的冈山县近代化遗产综合调查委员会，由委员会推荐的29名建筑与土木领域专家组成的“冈山县近代化遗产综合调查现地调查员”，县内各级教育委员会的近代化遗产调查负责人。[①]该调研对于冈山县内的近代化遗产进行了详细的现地考察、测绘以及历史论证，并于2005年推出了《冈山县的近代化遗产——冈山县近代化遗产综合调查报告书》。这次调研与报告，包括了仓敷川河畔的传统商业町家、仓敷纺织工厂旧址、旧中国银行仓敷支行等近代纺织工业遗产相关设施。

2017年，仓敷城市工业遗产的文化核心内容定为“一朵棉花上开出的仓敷物语——和洋交织的纤维之城”，此后，仓敷市以此为主题，以纺织业等纤维产业的发展历史为中心，对相关历史建筑等进行进一步的调查与研究，力图将核心内容做得更加洗练的同时，把调研成果回馈给市民。仓敷市日本遗产推进室与“一朵棉花上开出的仓敷物语”近代化遗产研究会在2019年3月底与2020年3月底推出了年度调查研究事业报告书。其中2018年度报告书由5名产业考古学会会员、4名仓敷市立短期大学学生完成；[②]2019年度报告书则由大阪市立大学教授中野茂夫、清心女子大学教授上田恭嗣以及产业考古协会3名产业考古学会会员完成。[③]

① 参见冈山县教育委员会2005年发布的《冈山县的近代化遗产——冈山县近代化遗产综合调查报告书》。

② 参见小西伸彦等2019年编写的《平成30年度“一朵棉花上开出的仓敷物语”调查研究事业报告书》。

③ 参见小西伸彦等2020年编写的《令和元年度“一朵棉花上开出的仓敷物语”调查研究事业报告书》。

教育与科研机构的研究考证了工业遗产的由来，深化了工业遗产价值的认知，是仓敷市保留城市文化底蕴、保存活化遗产的理论基础。

3.4 “民”——居民赋权活化遗产

“民”，即当地居民与民间组织。仓敷地区的民间保存如上所述，受到大原综一郎的影响较多，对于遗产及保护有一定的认知。1948 年，仓敷民艺馆馆长外村吉之助等有识之士成立了“仓敷都市美协会”，开始加强民间对仓敷的商用民居、仓库等的保存利用的呼吁。[①]如 3.1 节中所述，将仓敷纺织开发厂房作为长春藤广场这一事件上，也有仓敷民间团体力量的恳请活动在推动。

近年来，尤其是 2017 年日本文化厅颁布仓敷市日本遗产物语核心内容之后，民间针对包括近代纺织工业遗产在内的仓敷历史文化遗产，自下而上组织了丰富多彩的活动，例如：市民公益活动团体“仓敷案内人”组织当地人作为导游，陪同到访游客在美观地区游览并向其宣讲历史文化遗产的由来与价值；民间非营利组织“仓敷町家 TRUST” 则主要针对以仓敷川为中心扩散的传统建筑物群与地域风土景观，对棉纺商业相关的町家进行保存活化。此外，在仓敷市日本遗产推进室的牵头组织下，由相关专家、市民文化代表在市内进行多次题为“与历史、文化、社区营造紧相连的日本遗产”巡回宣讲会；组织市内高中开展“高中生日本遗产魅力宣传事业”等活动。日本遗产推进室还推出了针对普通民众的学习漫画《日本遗产　仓敷的秘密》、手机 APP“ 日本遗产仓敷 Navi” 等。

在当地居民与民间组织这一层面上，当地居民作为工业遗产保存活化的最终受益人，充分认知并实践了自身既是继承主体也是推广主体；同时在遗产保存活化的过程中，提高了对仓敷市作为纺织类历史城市主体的认知与经济效益，达到了提升自身生活质量的目的。

3.5 2018 年推行的《仓敷市历史文化保存活化规划》

在 2016 年的《仓敷市历史文化基本构想》上，仓敷市于 2018 年 3 月进一步推出了《仓敷市历史文化保存活化规划》。规划的主要目的是在仓敷市由市民、专家、行政等多样化的主体进行合作，保护、培育、活化将文化财产与周边融为一体的历史文化环境，提升地区魅力与活力。

在纺织工业遗产方面，该规划提出了“被纤维养育的街区”的新主题与推进方针（图 5）， 该主题区域包括了与仓敷的纤维产业形成、发展息息相关的仓敷川河畔地区，以及仓敷纺织相关的近代工业遗产群。在推进机制上，构建成立“保存活化推进协议会”，经过以行政为中心的试运营阶段，逐渐转型为地区运营型多主体参与平台，实现意见充分

① 参见谷泽明 2007 年撰写的《四国 · 山阳地区地域营造相关研究》。

交换与合作，最终作用于纺织工业遗产的保存活化。

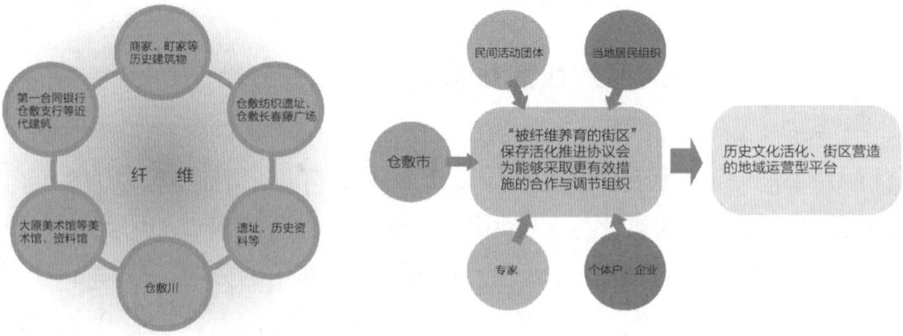

图 5　“被纤维养育的街区”新主题下的整体方针与主体间推进机制
（来源：仓敷市 2018 年发布的《仓敷市历史文化保存活化规划》）

4　仓敷市工业遗产保存活化的特征与启示

仓敷市保存活化成果与今后的规划具有一惯性及复合性的特点。一惯性主要体现了仓敷市遗产保护活化与纺织产业文化核心内容的一惯性，如“一朵棉花上开出的仓敷物语”提案、“被纤维养育的街区”规划主题。复合性体现在“产、官、学、民”四方面力量作用于遗产点、规划线、生活面三个空间层次上，且使得工业遗产与周边景观如厂房、银行等近代设施和原有町屋、仓敷川河岸两侧美观地区相调和。

目前，中国部分工业遗产存在保存不善、价值认知不清晰以及活化利用效果不佳的问题。日本仓敷市工业遗产保存活化案例可以为实现中国特色的、多元化的工业遗产保存活化路线提供如下启示：

（1）构建地域特有的产业文化核心，使产业成为城市名片，增加地域的辨识度。

（2）重视空间上与周边历史景观的调和，而不是将保存活化的重点仅仅落实在厂房等建筑物本身。

（3）在保证行政组织与高校参与度的同时，调动企业对自身企业文化与遗产保存的积极性，加入民间团体与民间资本的力量，将工业遗产作为相关企业与企业所在地居民的自身资源来认识。

参考文献

[1] 吉田宗人，出口敦 . 仓敷川畔传统建造物群保存地区自主条例下进行街区保存修正相关研究 [C]// 日本建筑学会计划系论文集，2006,81(729):2443–2451.

[2] 森岛俊行 . 企业创业地区的近代化产业遗产的保存与活化：从仓敷地区与日立地区的比较分析来看 [J]. 地理经济学年报，2014,60(2):67–89.

[3] 谷泽明．四国・山阳地区地域营造相关研究 [C]// 爱知淑德大学现代社会学部论集，2007,12:41–56.

[4] 仓敷市遗产推进协议会．KURASHIKI Japan heritage [EB/OL]. https://www.city.kurashiki.okayama.jp/kura-story/.2021–05–09.

[5] 冈山县教育委员会．冈山县的近代化遗产：冈山县近代化遗产综合调查报告书 [R]. 冈山：冈山县教育委员会，2005.

[6] 仓敷市遗产推进协议会．仓敷市历史文化保存活用规划 [R].2018.

[7] 小西伸彦，等．平成 30 年度“一朵棉花上开出的仓敷物语”调查研究事业报告书 [R].2019.

[8] 小西伸彦，等．令和元年度“一朵棉花上开出的仓敷物语”调查研究事业报告书 [R].2020.

[9] 仓敷市日本遗产推进室．Japan heritage portal site story #49 [EB/OL]. https://japan-heritage.bunka.go.jp/ja/stories/story049/.2021–05–09.

[10] 仓敷市政府．仓敷观光 WEB [EB/OL]. https://www.kurashikitabi.jp/. 2021–05–09.

[11] 仓敷市教育委员会．美观地区保存的历程 [EB/OL]. https://www.city.kurashiki.okayama.jp/6223.htm/.2021–05–09.

美国公司镇的典范
——芝加哥市普尔曼镇

刘小慧　北京华清安地建筑设计有限公司
刘伯英　清华大学建筑学院

摘　要：本文介绍了美国铁路大亨乔治·普尔曼的发家史及其创立的普尔曼豪华车厢公司的发展历程，以及在南北战争结束后美国工业高速发展的背景下，作为美国公司镇典型代表的普尔曼镇的缘起、规划、建设、发展、衰落的过程，还有贯穿其中的劳资关系的演变。

关键词：乔治·普尔曼；普尔曼镇；普尔曼建筑；家长式社区；普尔曼大罢工

1　铁路大亨的发迹

1.1　青年时代

乔治·莫蒂默·普尔曼（George Mortimer Pullman）于1831年3月3日出生于纽约州的布罗克顿。1845年，他的父母搬到纽约阿尔比恩，父亲在伊利运河上当木匠，后来凭借整体移动建筑物的专利方法成为企业家。普尔曼14岁时辍学，17岁追随家人到了阿尔比恩，22岁接管了父亲的生意。次年，普尔曼拿下了纽约州的合约，将大约20座建筑物（主要是仓库）从运河上移开，以便后续拓宽运河。年轻的普尔曼意识到，与纽约州的合作迟早会结束，他将目光转向了快速崛起的芝加哥市。芝加哥市建在沼泽上，许多街区地平面都处于地下水位的高度附近，整个城市需要平均提高6英尺（1.83米）才能防范洪水的危害，此外还要安装现代的污水处理系统。普尔曼了解如何将建筑物搬到新的基础上，在此基础之上他设计了一种将芝加哥的建筑物提高到新标高的方法，成为他早年发家的肇始。

1.2　发明卧铺车厢

乔治·普尔曼始终是一位富有创造精神的企业家，据传，从布法罗到韦斯菲尔德的一趟极为不舒服的通宵火车触动了他敏锐的商业神经，他意识到，舒适、整洁、高效的客运市场潜力巨大。在伊利运河的运船方面的经历，使得他对于紧凑而高效的住宿环境拥有丰富的经验。受此启发，普尔曼设计了一种改良的客运铁路车，车厢中包括了所有乘客的卧铺。白天，上层铺位被折叠起来，就像客机的高架行李舱一样，晚上，上铺向下翻折，下部的两个面对面的座椅铺平以提供相对舒适的下铺。这较以前的布局有了很大的改进，并且车厢的两端都设有洗手间（图1）。

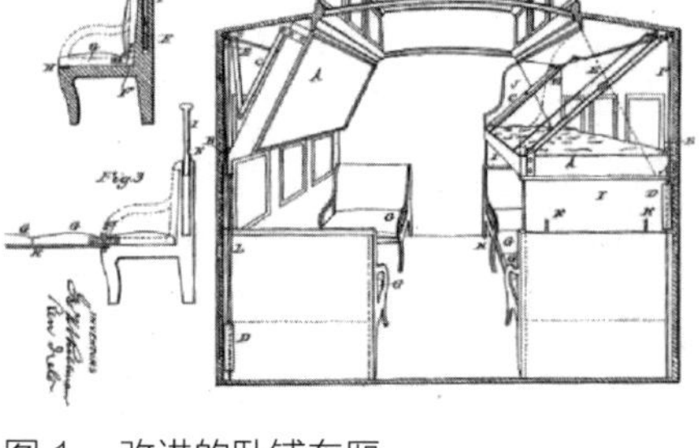

图1　改进的卧铺车厢
（来源：https://www.midcontinent.org/rollingstock/builders/pullman2.htm）

1857 年，普尔曼与前纽约州参议员本杰明·菲尔德（Benjamin C. Field）合伙，制造并销售了数辆卧铺车。然而菲尔德对政治的兴趣更加浓厚，几年后二人分道扬镳。

1859 年初，科罗拉多州出现了淘金热。普尔曼（图 2）深受吸引，他渴望为新生的乘用车业务提供资金，便试图先在科罗拉多州建立自己的财富王国。普尔曼意识到，要在淘金热中真正获利，更好的办法是为其他淘金者提供服务。于是，他与别人合伙成立了一家公司，经营货运业务和矿石破碎机。后来经过几次交易，普尔曼的公司拥有了约 1600 英亩（6.47 平方千米）土地，成为金矿区的一个重要的大本营。矿工们可以在那里休息、扎营，购买物资以及食品饮料。

图 2　大约 30 岁的普尔曼在西部淘金时的照片

（来源：https://www.pullman-museum.org/pshs/pshsFullRecord.php?collection=pshs&pointer=14348）

1863 年 4 月，普尔曼带着财富和雄心返回芝加哥，继续他的卧铺车事业，这些车厢价格昂贵、舒适、干净、漂亮，仅“先驱者号”造价就高达 18 000 美元。1864 年，普尔曼本应被征召入伍，但就像当时许多有能力的年轻人一样，他也聘请了一名替补来代替他服兵役。

1.3　普尔曼公司的黄金时代

1865 年 4 月，亚伯拉罕·林肯总统被暗杀后，“先驱者号”被选作将总统遗体从华盛顿特区运送到伊利诺伊州斯普林菲尔德的列车，获得了全国的关注，人们吊唁总统的同时，也见识了普尔曼车厢的豪华和舒适。而后，普尔曼豪华车厢公司（Pullman Palace Car Company）随之成立，林肯总统的长子罗伯特·托德·林肯也以首席顾问的身份加盟其中。

普尔曼并不是第一个想到卧铺车的人，他的首创在于创造了主打舒适的列车厢，并为之提供必要的服务，加上普尔曼天才般的公关能力，使得普尔曼车厢大放异彩。

1867 年，普尔曼凭借自己和投资者的财富，对公司进行了扩张。他创建了自己的第一家带轮子的“酒店”——带厨房和餐厅的卧铺车厢，名叫“总统号（President）”，一年后又推出了“德尔莫尼科号（Delmonico）”，这是世界上第一辆主打精致美食的卧铺车，造价达到了 20 000 美元，“总统号”和“德尔莫尼科号”以及后续的普尔曼卧铺车都提供了一流的服务。1869 年，普尔曼收购了底特律汽车制造公司，将其所有制造业务合并到一个工厂，生产制造五类车厢：酒店车、会客车、休息室车、卧室车和用餐车。由于价格昂贵，铁路公司无法直接购买，因此普尔曼围绕租赁车厢并为乘客提供全套服务的方式建立了他的商业模式。

2　普尔曼镇的规划与建设

2.1　贝曼和巴雷特

1880 年，普尔曼以 80 万美元的价格在芝加哥以南沿着伊利诺伊州中央铁路大约 14 英里（22.53 千米）处的卡卢梅特湖附近购买了 4000 英亩（16.19 平方千米）土地。他雇用梭伦·斯宾塞·贝曼（Solon Spencer Beman） 在这里设计新工厂，并且为了解决劳动力流失和劳工贫困的问题，他还在工厂附近建造了一座以自己名字命名的小镇，小镇中有住房、购物区、教堂、剧院、公园、酒店以及员工图书馆。

贝曼出生于纽约布鲁克林，17 岁开始学习建筑，24 岁时就已经独立经营事业并做得很好，因此被推荐给普尔曼。普尔曼于 1879 年聘请贝曼设计和监督南普尔曼镇的建设，随后，普尔曼镇作为城市规划发展的典范而闻名全美。贝曼的第二次婚礼便是在普尔曼镇的卫理公会教堂举办的。

纳森·富兰克林·巴雷特（Nathan Franklin Barrett）则进行了普尔曼镇整体的景观设计。巴雷特从 1869 年起就开始设计花园，当时的景观设计还是一个崭新的领域。后来，他与贝曼携手合作，共同创建了这个伊利诺伊州的模范镇，这成为巴雷特最骄傲的成就之一。

2.2 美国最成功的公司镇

普尔曼镇是美国第一座标准化的公司镇，也是执行得最成功的一例。它类似于克虏伯弹药公司创建的德国埃森，以及提特斯·萨特（Titus Salt）爵士为艾尔河岸边的纺织厂工人开发的英格兰索尔泰尔。事实上，普尔曼在 1870 年代初访问英国时就看到了索尔泰尔，这显然成为普尔曼镇的灵感来源，后来在普尔曼镇中存在很多与索尔泰尔相同的功能。

这种“公司镇”在当时的美国并不罕见，它是与同行争夺优秀工人的良策。普尔曼从一个普通工人逐步成为百万富翁，几乎是美国式传奇的一个代表。是时，普尔曼认为粗糙的城市街区是美国快速工业化的产物，他决心要创造一个全新的环境。他希望用良好的生活环境给自己的公司带来更稳定的劳动力，培养一支快乐而忠诚的员工队伍来稳固和壮大自己的工业帝国，也希望工厂降低成本、提高利润，给世界引进一整套新的企业运营模式。

普尔曼的工厂吸引了成千上万的人，其中大多数是熟练工人。这些工人的薪水比非熟练工人要高，普尔曼打算让他的小镇吸引并留住这些工人。该公司还努力雇用工人的女眷从事诸如缝纫之类的工作。到 1883 年秋天，普尔曼镇的人口已超过 8 000 人。在 1885 年，普尔曼居民中只有不到一半是土生土长的人，其余大多数是斯堪的纳维亚半岛、德国、英国和爱尔兰的移民。

普尔曼镇别具风格，充满了田园诗意：联排住宅周围是精心修整的草坪，街道中心是鲜花盛开的花坛，人行道两侧是高大茂密的乔木……除此之外，房型从单身公寓到家庭住宅、农庄小院、丁克住宅不一而足，在旁人眼中，普尔曼镇几乎是乌托邦式的存在。在1893年哥伦比亚世界博览会期间，普尔曼创造的围绕工厂组织起来的家长式社区的愿景一度让公众着迷，并引起了全国轰动。游客蜂拥而至，参观这个模范小镇，普尔曼的仁慈和远见也受到国家媒体的称赞。

2.3 建设普尔曼镇

建造普尔曼镇的总成本为800万美元。普尔曼镇的实际用地不到300英亩（1.21平方千米），这其中包括了车间的占地。住宅区有531栋房屋，位于第111街和第115街之间。普尔曼镇的独特之处在于，几乎所有住宅房屋都和最初兴建时的样貌相差不大。

破土动工发生在1880年的春天，建设工作进展异常迅速，整个夏天，每周有一百多辆铁路货车在普尔曼镇卸货。到了秋天，城镇的第一座非工业建筑开始投入使用，即佛罗伦萨酒店，同时，工厂建筑正式建成。

最先建造的工业厂房是砖厂，用以提供建造“第一个全砖城市”所需的材料。由于普尔曼镇的用地高于密歇根湖水平面10英尺（3.05米），由陆地逐渐向水面倾斜，地表是90英尺（27.43米）厚的肥沃的黏土层，下面是石灰岩，因此，黏土成为普尔曼公司生产普通砖的原材料。而镇上比较高档的部分建筑的外立面则选用了印第安纳州生产的红砖。砖厂的工人宿舍不合标准，在居住区和生产车间建成后便被拆除。

2.4 普尔曼镇的运营维护

公司拥有产权并负责维护的住房质量通常都非常好，这符合普尔曼的哲学，他认为快乐的工人将能创造更高的生产力。每个街区内的住房类型都是丰富多样的。建筑上的差异旨在适应收入、地位和家庭构成的变化以及街景的变化，这种变化在屋顶轮廓、烟囱和饰面材料的装饰水平上表现得很明显。同时，立面比例的相似性、关键细节的重复以及街道上的曲折保持了街区风格的连续性。

普尔曼公司的大多数员工住在两居室到七居室不等的住宅中。基础和一些装饰物是用石头制成的，倾斜的屋面上铺着石板瓦。房屋至少以两户为一栋来建造，以此可节省建筑和维护的成本。每个家庭都可以直接进入私人庭院、木棚和带有铺装的小巷。小巷用作供应商供货和垃圾收集的通道，服务费已经包含在租金中。

本森家族，第一批永久居民，于1881年1月1日搬入圣劳伦斯街11109号。同年4月，普尔曼车间开始运转，到5月，超过350人居住在普尔曼。普尔曼镇一期的建设于1884年完成。三室公寓的平均租金为每月8至8.5美元。五室联排别墅（带地下室、浴室，两层都有水管接入）的租金为每月18美元。专业人士和公司职员的大房子租金为25美元起步。房租以获得住房建设成本6%的回报来计算，因此普尔曼镇的住房要比城市其他地区的贵一些，同时质量远远优于其他地方。到1893年，普尔曼镇的居民，包括工人及其家属，已经达到12 000人。

普尔曼希望小镇能够为他赚钱，到1892年，社区本身就已盈利，其价值超过500万美元。也许这个社区本应该很愉快，但普尔曼像封建男爵一样统治着这座城市，他禁止独立媒体采访、公开演讲、城镇会议或公开讨论，他的检查员定期进入房屋检查卫生情况，并有权在十天后终止租约。教堂空无一人，因为没有教派去租赁，也不允许其他会众参加。小镇上禁止成立私人慈善组织。普尔曼公司的员工宣称："我们出生在普尔曼的房子里，由普尔曼车间供养，在普尔曼学校受教育，在普尔曼教堂被授以教义，当我们死后，将会去普尔曼地狱。"

2.5 普尔曼镇的空间格局

2.5.1 111街和林间别墅大道

今天，大多数人是开车到达普尔曼镇的，但1880年代的人们是乘火车到达的。因此，普尔曼镇的"前院"面向铁轨，并以普尔曼火车站（图3）为中心。该火车站位于111街，梅特拉电铁线（Metra Electric Tracks）以西。

图3 普尔曼火车站
（来源：https://www.pullman-museum.org/pshs/pshsFullRecord.php?collection=pshs&pointer=16032）

111街上铺着碎石，两旁种植枫树，通向卡卢梅特湖，其岸线一直延伸到今天的警察局所在地。卡卢梅特湖心是竞技岛，上面有球场、跑道和看台，人们还可以在此观看赛艇。

林间别墅大道（Cottage Grove Avenue）最初是一条蜿蜒狭窄的供马车通行的路，从107街开始，延伸到商业大楼的前门，并从维斯塔湖和钟楼之间穿过。正如巴雷特所称，这种"蛇形"路径与正式的方格网系统并存。

111街和林间别墅大道交叉的路口，最初有一个环岛。普尔曼镇有几个交叉路口都是这样处理的，可以打破方格网系统的严肃和呆板，这是巴雷特喜欢的手法，使主次系统能够形成对抗。

2.5.2 北区

根据1882年普尔曼镇的地图资料显示（图4），111街以北为办公区和工业区。这一片区的西南角是行政大楼，行政大楼及其钟楼一起构成了一个长达700英尺（213.36米）的中心建筑。工业区设有装配车间，运输车间，木工、金工、锻造车间，以及干燥窑和水塔等建（构）筑物（图5）。这些建筑物通风良好，窗户和天窗众多，内部采用浅色喷涂，以最大限度地利用自然光，从而使车间的工作条件能够更好。但不幸的是，这种精致、通风、有益的建筑导致了建筑物结构的早期毁坏，比如天窗是用木头框制成的，无法长期抵抗自然损坏。

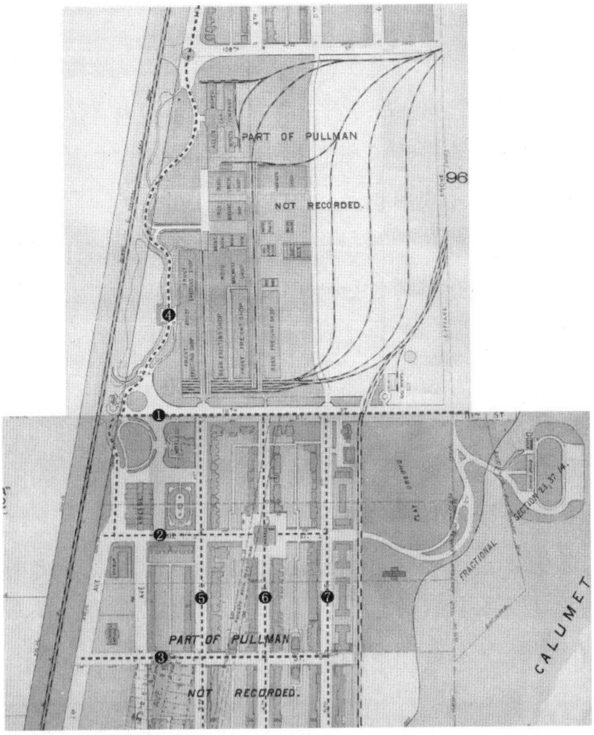

图4　1882年的普尔曼镇地图[1]
（来源：https://www.pullman-museum.org/maps/）

[1] 这是普尔曼最美的地图之一，是1882年的海德公园镇（Hyde Park Township）地标地图，由手工绘制而成。普尔曼不允许地图制作者使用“他的”财产，因此他们被迫使用图纸和照片来猜测各部分的位置。图中，1为111街；2为112街；3为113街；4为林间别墅大道；5为圣劳伦斯大道（以圣劳伦斯河命名，圣劳伦斯河则是以早期的罗马烈士克里斯蒂安·道·圣劳伦斯命名），后改为瓦特大道（以发明第一台现代高效蒸汽机的詹姆斯·瓦特命名）；6为尚普兰大道（以建立魁北克市的法国探险家和航海家塞缪尔·德·尚普兰命名），后改为斯蒂芬森大道（以铁路机车之父乔治·斯蒂芬森命名）；7为兰利大道（可能以埃斯特·兰利命名），后改为富尔顿大道（以美国工程师和发明家罗伯特·富尔顿命名）。值得注意的是，在南部地图上，有一个较旧的在普尔曼镇之前建成的开发区。

图5　工业区的艾伦纸车轮厂、水塔、考利斯大楼（从左到右）
（来源：https://www.pullman-museum.org/pshs/pshsFullRecord.php?collection=pshs&pointer=14560）

2.5.3 南区

111 街以南是工人住宅（图 6）以及配套的服务设施。小镇上的住宅是户型繁多的联排住宅，尽管面积并不宽敞，但每套住宅均配备有煤气管道和给排水系统，生活污水经集中处理后用来灌溉附近的农田，农田里长出来的粮食蔬菜又被运回镇里卖给居民。

贝曼为普尔曼镇设计的建筑主要包含了大量安妮女王风格的典型元素。尽管大多数安妮女王风格的建筑物都是木制的，但贝曼选择了砖作为建筑材料。美国安妮女王风格将平面和体量进行不规则组合的同时，还结合了哥特式复兴。很多建筑物都会使用多种类型的材料，以增强色彩和质感的对比。贝曼在联排住宅的外立面设计上极大地发挥了想象力，创造了丰富的立面，以避免形成千篇一律的社区印象。砖通常是用错综复杂的方式砌筑的，切割砖和模制砖通常精巧地用在烟囱上。上部的楼层通常设有鱼鳞状的瓦片作为外墙装饰材料。虽然安妮女王风格的房屋很少采取对称设计，但大多数都采用了平衡的构图。立面元素相互配合，产生一种安静而又不对称的感觉。

图6　从商业大楼的屋顶向东俯看工人住宅区
（来源：https://www.pullman-museum.org/main/originalPhotos/FacadeProjectPhoto4.jpg）

巴雷特将普尔曼镇的景观设计定位为类似于郊区公园的概念，这对工人阶级社区是一个激进的观念。每排房屋都有一个小的前院。沿大路种植各种各样的树，主要是白榆、枫树、白蜡木和菩提树。普尔曼公司拥有所有的住房产权，而由公司的员工进行景观维护。该公司的花房和苗圃位于 112 街尽头的卡卢梅特湖岸边，每年种植多种植物。

1894 年（普尔曼镇开始大罢工的那一年）之后，更确切地说，1897 年（乔治·普尔曼去世的那一年）之后，普尔曼镇原始的景观开始遭到破坏：维斯塔湖被填平；商业大楼东侧的公园被夷为平地；取消了蜿蜒的马车小道，取而代之的是今天笔直的普尔曼大道；公司对景观的维护逐渐减少，后来彻底停止维护。尽管大多数人的注意力常常集中在普尔曼镇的历史建筑上，但小镇的规划布局和景观设计也同样重要，也许有一天，巴雷特的原始景观设计将被恢复。

3 田园诗意的小镇建筑

3.1 沿着 111 街（圣劳伦斯大道到兰利大道之间的区段）的行政住宅（Executive Row）

住房的类型及位置是由普尔曼公司的阶层意识决定的，因此行政住宅距离工厂最近，这使得高管人员无需穿过南部的普通住宅区即可到达工作区域。在其他普通的工人住房中找不到的内外部细节，在行政住房中得以体现。这些房屋包括八个到九个房间，每月租金在 28 至 50 美元之间，全部都有地下室、壁炉、餐厅和阁楼空间。

3.2 联排住宅（Arcade Row Homes）

除 111 街的行政住房外，圣劳伦斯大道上位于 111 和 112 街之间的宽敞住宅以及中心公园以南的宽敞房屋被认为是最理想的。这些大房子是为工头和公司高级职员设计的。它们代表了最典型的联排住宅的风格，同时侧重于荷兰殖民地建筑风格（图 7 、图 8 ）。

图 7　联排住宅
（来源：https://chicagoist.com/2017/09/15/explore_the_fascinating_history_of.php）

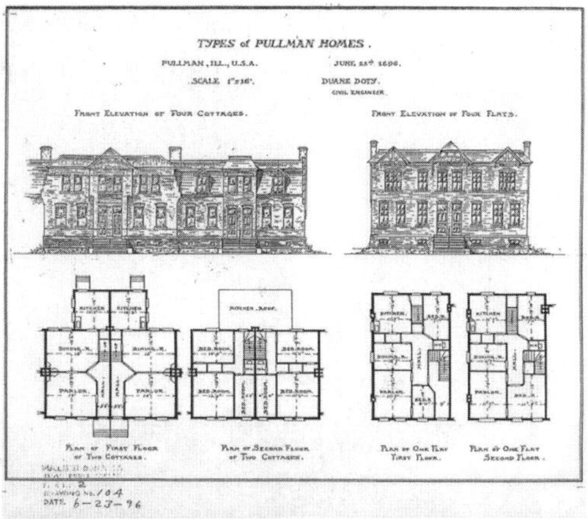

图 8　联排住宅和行政住宅两种类型的住宅线描图
（来源：https://www.pullman-museum.org/pshs/pshsFullRecord.php?collection=pshs&pointer=14711）

3.3 行政大楼（Administration Building）

行政大楼和钟楼一起构成了一个长达 700 英尺（213.36 米）的中心建筑。为了表达出普尔曼公司这一强大的经济体的真实性和象征性，建筑物必须表现出强烈的秩序感，这一点至关重要。

行政大楼门前是维斯塔湖，维斯塔湖一方面用于收集考利斯蒸汽机的冷凝水，另一方面充当了钟楼的倒影池，衬托出行政大楼的威严，宣告着权力中心的所在。靠近钟楼的湖岸景观主要是大片的种植草坪，并以低矮树木和灌木丛为点缀，以衬托钟楼的景观。

中间的钟楼和屋顶，与山墙的形状相呼应，标志着长立面的边界。最重要的立面朝向西侧，遥指中伊利诺斯铁路公司。对于坐火车抵达普尔曼的客人来说，当他们看到宏伟的工厂、公园、酒店、商业大楼时，会自然而然产生敬畏之情（图 9）。

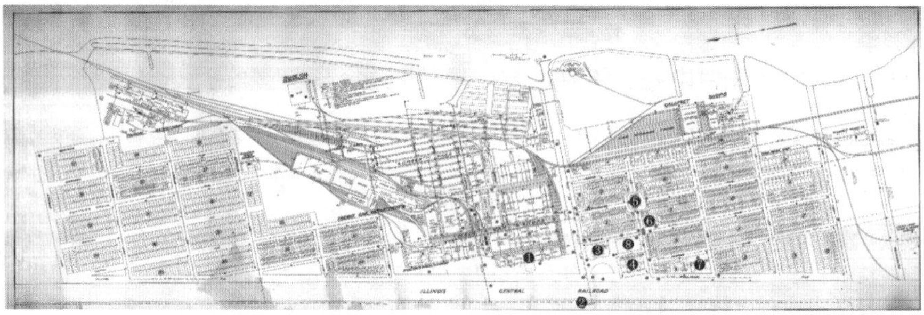

图9　1901年的普尔曼镇总平面图

（来源：https://www.pullman-museum.org/maps/images/PullmanInsuranceMap.jpg）

1— 行政大楼；2 —火车站；3 —佛罗伦萨酒店；4 —商业大楼；5 —市场大厅；6 —绿石教堂；7 —普尔曼学校；8 —中心公园

行政大楼反映出来的建筑元素源于与 17、18 世纪法国建筑相关的元素，同时减少了对称的手法，通过周围区域的景观处理来强调形式。建筑的装饰则是简化的浪漫与自然风格，很大程度上是从英国借鉴而来的。为了使行政大楼与镇上的其他建筑协调一致，贝曼将多种拱形和直线形引入其他建筑的设计，以弥补建筑的单调和重复。塔楼和行政大楼端部的拱形与工厂整齐均匀的天窗形成明显的对比（图 10、图 11）。

图 10　行政大楼的原始外观

（来源：https://www.pullman-museum.org/pshs/pshsFullRecord.php?collection=pshs&pointer=11660）

图 11　行政大楼的现今外观（大楼的南翼已经消失）

（来源：https://www.npca.org/articles/429-faq-new-national-monument-at-pullman-shines-a-spotlight-on-community-spirit）

3.4　佛罗伦萨酒店（The Hotel Florence）

豪华的佛罗伦萨酒店（图 12），以普尔曼最喜爱的女儿的名字命名。佛罗伦萨酒店主要因其设计和装饰的优雅美丽及其在家具、固定装置和家用电器方面的豪华而著称，所有这些相结合，使它可以与任何大城市中最昂贵的酒店媲美。

该酒店最初约有 60 间客房，后来略有变化，确切的数字尚不确定。这些房间没有壁橱，客人们使用大型衣柜，大多数人都带着巨大的衣柜式手提箱旅行。第二层和第三层走廊尽头的套房都设有私人洗手间，其他客人则要使用大厅的公共洗手间，供女佣使用的浴室是单独设置的。大多数房间都可以容纳家庭居住。因为没有电梯的缘故，所以二楼的房间被指定为头等客房；三楼为二等；四楼的房间小而且形状不规整（很可能是供陪同客人到酒店的仆人使用的），显然是三等。每个房间都装有一个热传感器并与前台相连接，用于探测火灾。餐厅布置优雅，提供精美的饭菜，它特别迎合了工业家和社会领袖，这些嘉宾包括许多欧洲名流。行政总厨在厨房上方有一间公寓，而在三楼则为厨房的男孩们留出了空间，首席管家（一个行政职位）在同一地区也有一个公寓。酒店里的小酒吧是镇上唯一的一家酒吧，消费高昂，并且不欢迎工人入内。一楼有一个女士会客厅，一个可容纳100人以上的饭厅，其余房间（阅览室、理发店、台球室、酒吧和办公室）都“仅限男士”使用。无人陪伴的女客人使用旅馆的北入口，而单独的女士无法注册为酒店的客人。

图12　佛罗伦萨酒店
（来源：https://www.nationalparks.org/sites/default/files/Pullman_0.jpg）

佛罗伦萨酒店本身展现了安妮女王风格的许多方面。长长的优雅阳台和包含客厅的设计大胆的北翼实现了很好的平衡。烟囱精致细腻，细节丰富，半露在外。屋顶窗和山墙有许多精致的细节，展示着安妮女王的风格。附楼建于1914年，可容纳工人和普尔曼游客居住。旅馆的最后一位居民一直住在附楼的111室，直到大楼关闭。

位于场地东南角的玫瑰园并不是一开始就存在的，它于1973年由普尔曼居民创建，并于1990年代后期恢复。根据内政部长颁布的《历史遗产处理标准》和《文化景观处理指南》，玫瑰园等景观添加物（虽然不是原始的）将保留并解释为正在进行演变的一部分文化景观。

酒店最初是用煤气灯照明的，配有电火花点火装置，可同时点亮所有的灯。蒸汽散热器通过埋在街道下方的管道给建筑物供热，热源是来自工厂的锅炉或锤锻车间的多余蒸汽。街道下面是否存在管沟并不确定。迄今为止的证据表明，该镇内的蒸汽管道属于直埋型，蒸汽给酒店、商业大楼、教堂、市场大厅和第111街的行政住宅供热。这是美国第二套区域蒸汽加热装置。

历史悠久的普尔曼基金会于1975年购买了佛罗伦萨酒店，以保护这座老旧建筑物免于被拆除，并对其进行翻新。1991年，它被出售给伊利诺伊州历史保护局，作为普尔曼州立历史遗址的组成部分。

3.5　商业大楼（The Arcade）

商业大楼于 1882 年 6 月竣工，定位为普尔曼的主要社会综合体之一。该建筑集中的购物和服务场所被大跨度的钢和玻璃拱廊所覆盖，实现二楼走廊和人行道的自然采光。商业大楼是该镇最大的非工厂建筑，横跨整块街区，占地约 1 英亩（4046.86 平方米），第一层和第二层包含商店、图书馆、剧院、其他多功能室以及办公室，第三层楼为会议室。

这种拱形玻璃屋顶覆盖的商业建筑是现代购物中心的前身，其首层和二层均设有纺织品商店，出租给各个经营者；二楼有一个会员图书馆，还有一个华丽的可容纳 1000 个座位的剧院。1883 年 5 月，普尔曼贷款和储蓄银行搬入了该大楼的东北角，邮局也入驻了西北角。

拱廊商业大楼（arcades）和大型百货商店（large department stores）是比较早地尝试将多个商店或一系列商品放在同一个屋顶下的两种类型，尤其是在交通和出入成为问题的人口稠密的城市地区。百货商店非常成功，商业大楼却没有持续多久，该建筑在 20 世纪初陷入失修状态，并于 1926 年被拆除（图 13）。

图 13　印有商业大楼的明信片
（来源：https://www.pullman-museum.org/theTown/images/pc_arcade_bank.jpg）

3.6　市场大厅（Market Hall）

第一个市场大厅是一个两层结构的建筑物，包括 1 个午餐柜台和 16 个摊位，用于出售新鲜的肉类和蔬菜，二楼设有一个可容纳 600 人的会议厅，它于 1892 年被大火烧毁。

第二个市场大厅于 1893 年在同一地点建造，三层高。同时添加了每栋包含三套公寓的圆形建筑。这些新建筑及其优美的柱廊和拱门，旨在更好地围合和强调广场。新的市场大厅在一楼有 12 个摊位，在二楼有一个带舞台的礼堂，第三层有举行会议的房间。在 1931 年发生另一场大火后，大楼的上半部分被拆除，下半部分被杂货店和小酒馆占据，直到 1974 年再次被大火烧毁。

3.7　绿石教堂（The Greenstone Church）

绿石教堂（图 14、图 15）的外立面采用宾夕法尼亚州开采的蛇纹石灰石，初始建造成本为 57 000 美元，内部可以容纳 600 个座位。普尔曼计划将建筑物出租给不同的教派，各由一位牧师来主持，然而这个想法没有成功。教堂每月 300 美元和南部的牧师住宅每月 65 美元的租金太高了。

该建筑物由纽约救世主教堂的詹姆士·普尔曼牧师兄弟于 1881 年举行祝圣礼。这座建筑空了一段时间，因为各种宗教都不同意分享设施。长老会后来在这里举行礼拜，直到 1906 年该建筑被出售给卫理公会。

具有讽刺意味的是，卫理公会拥有了这座建筑物，而卫理公会的部长约翰·卡瓦丁（John Carwardin），以普尔曼大罢工中工人事业的前线倡导者之一的身份于 1894 年出现。正是他的数据收集和著作为法律考量提供了证明文件，最终导致 1896 年州最高法院作出一项裁决，命令普尔曼公司剥离与其国有特许制造无关的所有资产。

绿石教堂内的管风琴由马萨诸塞州斯普林菲尔德市的 Steere and Turner 公司（19 世纪最优秀的风琴制造商之一）于 1882 年建造，是仍在美国保留的少数轨杆机风琴之一。它最初由手动风箱驱动，后来由水力马达驱动，现在由电动鼓风机驱动。这是唯一的现代化仪器。该风琴在很大程度上处于原始状态，并且在过去的一百年中几乎没有经过维修，表明了其材料和工艺的质量之高。

教堂西侧玫瑰窗已通过社区筹集的资金恢复，大部分玻璃是原装的，窗户是由贝曼设计的。

图 14　绿石教堂

（来源：https://tse3-mm.cn.bing.net/th/id/OIP.UKjImoxBZBQLLd9l-4ujewHaFX?pid=ImgDet&rs=1）

图 15　绿石教堂外立面

（来源：https://tse1-mm.cn.bing.net/th/id/OIP.NmVlsVaHWDS3ChpeHlIziAHaFv?pid=ImgDet&rs=1）

3.8　普尔曼学校（Pullman School）

早在 1881 年，第一批家庭就开始入住普尔曼镇的新房子，大概有六个孩子住在第 111 和 112 街之间的瓦特大街，在三个月的时间里，穿过草原去肯辛顿旧学校上学，由普尔曼学校的马丁先生任教。1881 年 11 月 21 日，马丁先生在老师拜登夫人的协助下，在富尔顿（Fulton）和第 111 街的旧岩岛仓库建立了普尔曼学校。次年一月，范弗里辛根学校校长的姐姐艾格尼丝·布伦南小姐加入到教师队伍中。现在由黑斯廷斯快运公司（Hastings Express Co.）占用的货运仓库和旧的市场大厅之前一直由学校使用。1883 年 2 月，普尔曼大街和第 113 街的新教学楼竣工投入使用。1896年，学校大楼增加了8个房间。1905年，预备学校建成，以容纳普尔曼北区的孩子们。这部分的小孩子在分校里住得很差，而大一点的孩子则去上小学了。自1885年以来，夜校一直是普尔曼学校的特色，在这个社区特别是在外国人中起到了重要的作用。普尔曼学校一直拥有一支高效的师资队伍，并获得其所服务的社区的信任，这与教师任职的时间久有重大关系。

乔治·普尔曼去世时，他的财产价值约760万美元。依照他的遗嘱，将提供120万美元为在普尔曼镇居住或工作的人们的孩子建立一所工业学校。这所学校建于1915年，被称为普尔曼免费手工培训学校，第一届有106名学生。这所学校一直运营到1948年。当捐赠资金用尽时，这所学校由芝加哥大主教管区购买并运营。它现在归芝加哥公立学校所有，被称为格温多林布鲁克斯学院（Gwendolyn Brooks Academy）。

3.9 其他普尔曼镇的建筑

3.9.1 医院

医院是在一栋公寓大楼的后部进行加建改造而成的，为普尔曼工人服务了多年。后来恢复了其私人住宅的原始用途，并进行了翻新，电梯井在每层楼的空间都被改成新的浴室，停尸房仍在地下室。

3.9.2 运动岛和看台

普尔曼运动岛（Pullman's Athletic Island），是举办公共体育赛事的场所。该岛是内森·巴雷特的心血结晶，由城镇建设中开挖的土石堆成，是普尔曼镇生活中不可或缺的一部分，直到乔治·普尔曼去世为止。看台在1898年拆毁，被一个环形的铁路机车库取代，这是贝曼在普尔曼镇设计的最后一座建筑。

4 普尔曼大罢工

1893年，在全国性的经济衰退中，普尔曼豪华车厢的需求直线下降，因为有钱享受它的人越来越少。乔治·普尔曼忍痛做赔本生意，希望出现转机，但情况不见好转，于是工厂开始裁员和降工资，住房租金却没有相应地减少。由于租金是从薪水中扣除的，所以工人剩下的工资基本不够用。一个极端的事例是有位工人领到工资扣除房租后只剩下两美分。即使公司三令五申员工不得加入工会，也不接受任何形式的调解与罢工，但形势还是将工人们推入了美国铁路工会。1894年5月11日，普尔曼公司的近4000名雇员（占全公司员工的90%）发起了针对普尔曼和铁路经理协会的罢工。工人们提出要求："工资回到1893年的水平，加班要有1.5倍的薪水，以及工厂保证不追究罢工领导人的责任。"

从罢工的第一天开始，普尔曼就表示，他的公司因为运营情况不佳，不可能给工人提高薪水。然而三天后，他就宣布给公司股东分红。

这一举动激怒了工人们。可是无限期罢工会使工人们的生活水平不升反降，镇上的商家为了讨好普尔曼，也为了镇压工人运动，选择拒绝接受普尔曼工人赊账购买必需品。此时，社会大众也广泛同情这些对抗着“一个顽固的、家长式的雇主”的工人们。

为了迫使普尔曼接受调解，1894 年 6 月早些时候，美国铁路工会在举办于芝加哥的全国代表大会上决定，从 6 月 26 日开始发动总罢工，第二天便轰动全美。总罢工的第一周，十余万工人拒绝为有普尔曼车厢的列车工作，这严重干扰、延迟了交通。规模宏大的示威在部分地区确实造成了混乱。第六天，一场让媒体大做文章的事件发生了。据报道，一个名叫 Murvin 的扳道工在蓝岛（Blue Island）破坏了一列有着三节普尔曼车厢的列车，导致乘客受伤和交通阻断。

对于这场罢工，美国铁路工会主席尤金·德布兹和时任美国总统克利夫兰都认为，政府是否干预，关键在于美国邮政运输是否受到干扰。罢工一旦打断了邮政运输，政府就有理由采取行动。这是内战结束以来，联邦政府头一次派兵对本国公民采取行动。蓝岛事件发生的第二天，1894 年 7 月 2 日，在保证美国邮政系统继续运营的名义下，联邦政府启动了获取针对德布斯和其他工会领导人禁止令的程序。通过这一举动，司法部与铁路经理协会合作，在实际上将美国铁路工会的活动非法化，并调遣 1936 名联邦军队官兵前去执行这一命令，工会从此失去了主动权。事实上，武装力量的到来大大激化了矛盾，引起了在芝加哥的第一波暴力冲突，包括当街抗议、攻击铁路财产、引发铁路车场的大火，以及劳工和当局的武力对抗。7 月 10 日，工会主席德布兹因扰乱邮政运输而被逮捕。7 月 12 日，美国劳工联盟宣布了普尔曼罢工的失败。截至 7 月 19 日，火车重新开动，普尔曼工厂已经准备好雇佣任何保证不加入工会的人。

这场中止了中西部交通运输几个月、造成损失以百万美元计的罢工终于落下帷幕，全国共出动了联邦军队官兵 16 000 人镇压暴乱。到暴乱完全平息，在 7 个州共死亡 40 人，其中芝加哥至少 11 人。克利夫兰总统虽然相信他为国家做出了正确的选择，但内心仍然同情劳工。为了对劳工做出补偿，他在 1894 年下半年规定了 9 月第一个星期一为一年一度的劳工节。

5 普尔曼镇的后普尔曼时代

5.1 时代的缩影

南北战争后，美国国内隔阂被打破，南方被解放的黑人作为自由劳动力涌向北方工业城市，美国国内的市场得到了整合，更幸运的是，美国在这个时候遇上了第二次工业革命，也就是内燃机和电力革命，于是，在1894年美国工业产值跃居世界第一，建成了五条横贯大陆的铁路线，这些铁路线又反过来为工业提供了良好的基础设施，带动了其他经济部门的连锁反应。作家马克·吐温将南北战争结束到20世纪初期的这段时期称为"镀金时代"，到处都有机会，仿佛一个金灿灿的时代。在这样的工业化大发展的浪潮中，普尔曼找准了自己的锚，坚定地与国俱进。普尔曼的卧铺车厢不仅为铁路工业的机械制造带来了一场革命，同时也改变了当时人们出行乘坐马车的交通方式。19世纪后期，普尔曼车辆风格成为对美国工业发展成果的总称。

南北战争后的三十多年间，美国工业迅速走向了集中、垄断。垄断资本主义逐渐成为了美国经济的基础，工业竞争日益激烈，工业巨头不断产生。当美国公司逐渐拥有了历史上任何一个经济组织都不曾有过的经济力量时，它开始脱离社会控制，进而开始支配社会。也许可以算作是空想社会主义探索的延续，家长式的普尔曼镇成为这个时代的缩影。

伴随着美国的城市化进程，一直为美国人提供无限机遇的西部边疆地带已经不复存在。到19世纪末的时候，已经没有新的地盘可以开拓了。于是，大规模的铁路建设结束了，钢铁大量过剩，修路工人和钢铁工人的失业率迅速上升，工人的平均工资显著下降，随之发生的，便是各种规模的请愿和罢工。一方面是工人的生活和工作条件越发恶劣，另一方面是欧洲激进思想的传入，使得工人的团结和反抗意识逐渐增强，劳工问题成为彼时美国社会最为尖锐的矛盾之一。作为企业老板，也许普尔曼的本意是想提升员工的素质，改善他们的生存环境，但资本家追求利益最大化的特征却又使他丧失了一位开明企业主应有的良知。终于，一场工人运动的风暴震撼了整个美利坚。普尔曼成为一个遭到公众痛骂的人。他死于普尔曼大罢工三年之后。由于担心死后遭人鞭尸，他将墓地选在了远离普尔曼的芝加哥北郊，并在遗嘱中详细要求坟上铺架几层铁轨、钢筋混凝土和沥青。普尔曼死后的第二年，芝加哥所属的伊利诺伊州最高法院责令普尔曼公司出售其非工业生产用地，也就是几乎整个普尔曼镇。芝加哥市兼并了该镇，接管了那里的公园、街道和学校。

5.2 普尔曼镇的复兴之路

普尔曼公司破产后，1960年，普尔曼镇也成为了种族问题突出、犯罪率高、就业机会少的问题社区。由于该社区被认定为工业园区，因此要拆毁大量历史建筑。但在当地居民的联合抵制下，当地历史建筑得以保留下来。经此事件之后，1970年普尔曼成为国家级的历史地标区（National Historic Landmark District），普尔曼由此踏上了复兴之路。2015年2月，普尔曼镇由于为制造业和铁路运输业的发展、为城市规划和建筑的进步、为美国劳工法的建立以及为非裔美国人的公民自由等做出贡献，被时任美国总统奥巴马指定为普尔曼国家纪念公园（Pullman

National Monument），它成了芝加哥南部的宝藏。

无论是过去备受赞扬，还是处在风暴中心历经血雨腥风，或是如今成为由多元人口和文化构成的生机勃勃的社区，恬静、优雅的普尔曼镇都默默地记载着昨天，也承载着当下，更将启示着未来。它曾经是劳工的天堂，也是劳工的地狱，它是美国梦实现的地方，也是潘多拉魔盒打开的地方，它是美国劳工节开始的地方，也是 8 小时工作制由来的地方。如今，它焕发出了厚重而崭新的生命力。

参考文献

[1] Pullman history site [EB/OL].[2021-11-05]. https://www.pullman-museum.org.

[2] [美] 克里斯・华莱士 . 危急时刻的大国领袖 [M]. 北京：中共中央党校出版社，2006.

[3] 罗振宇 . 罗辑思维：历史篇 . 多角度理解历史 [M]. 上海：文汇出版社，2020.

[4] 曲思翰 . 1894 普尔曼罢工：联邦政府权力的扩大与美国劳工运动的式微 [EB/OL].(2017-08-01)[2021-11-05].https://www.sohu.com/a/161393557_120776.

[5] 卢山 . 普尔曼镇的回眸 [J]. 住区，2012,2:97-103.

[6] The Pullmans Palace Car Company[EB/OL].[2021-11-05]. https://www.midcontinent.org/rollingstock/builders/pullman1.htm.

[7] 2017ASLA 分析规划类荣誉奖：定位普尔曼，芝加哥 /site design group：历史社区改造的芝加哥宝藏 [EB/OL].(2017-12-19)[2021-11-05]. https://www.gooood.cn/2017-asla-analysis-and-planning-award-of-honor-positioning-pullman-chicago-by-site-design-group.htm.

[8] A brief overview of the Pullman story[EB/OL].(2015-08-20)[2021-11-05]. https://www.nps.gov/pull/learn/historyculture/a-brief-overview-of-the-pullman-story.htm.

[9] Solon Spencer Beman: architect of the Mother Church[EB/OL].[2021-11-05]. https://www.longyear.org/learn/research-archive/architect-of-the-mother-church-extension/.

[10] The cultural landscape foundation [EB/OL]. [2021-11-05]. https://tclf.org/pioneer/nathan-barrett.

[11] Paper wheels[EB/OL].(2006-04-11)[2021-11-05]. https://www.midcontinent.org/rollingstock/dictionary/paperwheels.htm.

工矿遗产保护与利用视野下的波兰维利奇卡盐矿遗产案例研究

钱　毅　潘　萌　北方工业大学建筑与艺术学院

摘　要：工矿遗产是工业遗产中重要的组成部分，工矿遗产的保护与利用也是当今工业遗产领域重要的课题。本文分析了工矿遗产相关的概念，梳理了国内外工矿遗产保护与利用现状，选取 1978 年第一个入选世界遗产名录的波兰维利奇卡盐矿为案例，剖析其历史背景、遗产价值，并对其运营、保护及利用的理念与经验进行分析，以期为我国工矿遗产的保护与利用工作提供参考。

关键词：工矿遗产；维利奇卡盐矿；保护；利用

引言

工矿遗产是工业遗产的重要组成部分。在国际上，工矿遗产最初是作为后工业时代工业考古的对象为学术界所关注，后来逐渐形成一个系统的研究领域。随后，工矿遗产作为人类工业文明的见证也逐渐成为文化遗产保护的对象，1978 年波兰维利奇卡盐矿（Wieliczka Salt Mine）被列入世界文化遗产名录，之后陆续有许多工矿遗产项目登录成为世界遗产。

近十几年来，随着我国工业遗产保护工作的展开及矿山公园建设的兴起，工矿遗产走进了学术界乃至社会公众的视野。面对当前我国逐步迈入后工业时代的社会时代背景，如何更有效地在保护工矿遗产的基础上充分展现与利用其价值，是当今重要的课题。本文尝试以波兰维利奇卡盐矿遗产为案例，对其保护、运营及展示利用几十年的经验进行深入的分析及总结，以期为我国工矿遗产的保护与再生、利用提供参考。

1　工矿遗产的概念

目前国内外对工矿遗产相关概念并没有权威明确的界定，国际工业遗产保护委员会（TICCIH）2003 年 7 月颁布的《工业遗产之下塔吉尔宪章》（The Nizhny Tagil Charter for the Industrial Heritage）明确地将“矿山和处理精炼遗址”作为工业遗产的一部分，确认了工矿遗产属于工业遗产的一部分。[1]

对于其相关的概念，国内外各方面组织及各领域学者以各自的角度进行了研究及概念的界定与阐述。

沙普尔斯（Sharples，2002）[2]、张成渝（2005）[3] 对地质遗产（Geological Heritage）进行了辨析与界定；侯万荣[4]、倪琪[5] 使用了矿业遗迹的提法；而阙维民（2009）[6]、戴湘毅（2012）[7] 对矿业遗产（Mining Heritage）的概念进行了定义及阐释；在此之后，黎启国（2017）以工矿遗产（Industrial Mining Heritage）[8] 的概念来进一步界定、阐释这一类遗产（图 1）。

广义上，凡是以矿业资源开发为基础的遗产均为工矿遗产。狭义上，工矿遗产是指以矿产资源开发为基础的，在采掘业与加工工艺联系紧密、地理位置相对集中的工矿区，有历史、技术、社会或科学价值的历史遗存。内容可包括矿产查勘、开采、选冶和产品制作等过程中形成的遗存，有矿场、工具、文字记载和建筑群等物质实体，也有与之相关的非物质工艺技术、社会活动、宗教信仰等。[7-8]

图 1　工矿遗产相关概念示意图
（来源：作者自绘）

2　工矿遗产保护与利用现状

2.1　作为世界遗产的工矿遗产

自 1978 年维利奇卡盐矿被列入世界文化遗产名录至今，共有 31 项工矿遗产或相关联项目被列入世界遗产名录。

其中，除了单纯的工矿遗产之外，还有一些是以工矿遗产相关历史城镇、文化景观、文化线路形式列入的。其中作为工业文明发源地的欧洲相关的世界遗产项目最多，多达 21 项，拉美也有 7 项，亚洲有 3 项，我国目前还没有此类世界遗产。从入选遗产依据的突出普遍价值来看，采用世界遗产入选标准Ⅳ（独特地或至少杰出地见证了一种文化传统，一种已经消失或依然存在的文明）的达到 80.6%，采用标准Ⅱ（某一时间跨度或世界某一文化区域内，在建筑、技术、纪念物艺术、城镇规划和景观设计方面展示了人类文化之间的重要交流）的也占到 70.1%（表 1）。可见对于世界遗产中工矿遗产相关类型的遗产，其价值评价强调文明的见证以及技术和相关文化的交流。

表 1　工矿类世界遗产项目分析

序号	列入年份	遗产名称	国家	矿产类型	列入标准
1	1978/2013	维利奇卡盐矿（Wieliczka Salt Mine）	波兰	盐	(Ⅳ)
2	1980	欧鲁普雷图历史名镇（Historic Town of Ouro Preto）	巴西	金	(Ⅰ)(Ⅲ)
3	1980	勒罗斯矿城（Røros Mining Town）	挪威	铜	(Ⅲ)(Ⅳ)(Ⅴ)
4	1982/2009	从萨兰莱班大盐场到通过露天晒盐池生产盐的阿尔克—塞南的皇家盐场，熬盐的生产（From the Great Saltworks of Salins-les-Bains to the Royal Saltworks of Arc-et-Senans, the production of open-pan salt）	法国	盐	(Ⅰ)(Ⅱ)(Ⅳ)
5	1986	乔治铁桥区（Ironbridge Gorge）	英国	铁、煤	(Ⅰ)(Ⅱ)(Ⅳ)(Ⅵ)
6	1987	波托西城（City of Potosi）	玻利维亚	银	(Ⅱ)(Ⅳ)(Ⅵ)
7	1988	瓜纳托历史名城及周围矿藏（Historic Town of Guanajuato and Adjacent Mines）	墨西哥	银	(Ⅰ)(Ⅱ)(Ⅳ)(Ⅵ)

续上表

序号	列入年份	遗产名称	国家	矿产类型	列入标准
8	1992/2010	赖迈尔斯堡矿场、戈斯拉尔古城及上哈尔茨山的水资源管理系统（Mines of Rammelsberg，Historic Town of Goslar and Upper Harz Water Management System）	德国	银、铅、锡、铜	（Ⅰ）（Ⅱ）（Ⅲ）（Ⅳ）
9	1993	萨卡特卡斯历史中心（Historic Centre of Zacatecas）	墨西哥	银	（Ⅱ）（Ⅳ）
10	1993	历史名城班斯卡－什佳夫尼察及其工程建筑区（Historic Town of Bansk á tiavnica and the Technical Monuments in its Vicinity）	斯洛伐克	银、金	（Ⅳ）（Ⅴ）
11	1993	恩格尔斯堡铁矿工场（Engelsberg Ironworks）	瑞典	铁	（Ⅳ）
12	1994	弗尔克林根钢铁厂（Völklingen Ironworks）	德国	铁	（Ⅱ）（Ⅳ）
13	1995	库特纳霍拉历史名城中心的圣巴拉巴教堂及塞德莱茨的圣母玛利亚大教堂（Kutná Hora: Historical Town Centre with the Church of St Barbara and the Cathedral of Our Lady at Sedlec）	捷克	银	（Ⅱ）（Ⅳ）
14	1997	哈尔施塔特－达特施泰因/萨尔茨卡默古特文化景观（Hallstatt–Dachstein / Salzkammergut Cultural Landscape）	奥地利	盐	（Ⅲ）（Ⅳ）
15	1997	拉斯梅德拉斯（Las Médulas）	西班牙	金	（Ⅰ）（Ⅱ）（Ⅲ）（Ⅳ）
16	2000	斯皮耶纳新石器时代的燧石矿（Neolithic Flint Mines at Spiennes (Mons)）	比利时	燧石（石材）	（Ⅰ）（Ⅲ）（Ⅳ）
17	2000	卡莱纳冯工业区景观（Blaenavon Industrial Landscape）	英国	煤、铁、石材	（Ⅲ）（Ⅳ）
18	2001	埃森的关税同盟煤矿工业区（Zollverein Coal Mine Industrial Complex in Essen)	德国	煤	（Ⅱ）（Ⅲ）
19	2001	法伦的大铜山采矿区（Mining Area of the Great Copper Mountain in Falun）	瑞典	铜	（Ⅱ）（Ⅲ）（Ⅴ）
20	2005	亨伯斯通和圣劳拉硝石采石场（Humberstone and Santa Laura Saltpeter Works）	智利	硝石	（Ⅱ）（Ⅲ）（Ⅳ）
21	2006	塞维尔铜矿城（Sewell Mining Town）	智利	铜	（Ⅱ）
22	2006	康沃尔和西德文矿区景观（Cornwall and West Devon Mining Landscape）	英国	锡、铜、砷	（Ⅱ）（Ⅲ）（Ⅳ）
23	2007	石见银山遗迹及其文化景观（Iwami Ginzan Silver Mine and its Cultural Landscape）	日本	银	（Ⅱ）（Ⅲ）（Ⅴ）
24	2010	皇家内陆大干线（Camino Real de TierraAdentro）	墨西哥	银、汞	（Ⅱ）（Ⅳ）
25	2012	瓦隆尼亚的主要矿区遗迹（Major Mining Sites of Wallonia）	比利时	煤	（Ⅱ）（Ⅳ）
26	2012	北部–加莱海峡的采矿盆地（Nord–Pas de Calais Mining Basin）	法国	煤	（Ⅱ）（Ⅳ）（Ⅵ）
27	2015	明治工业革命遗迹：钢铁、造船和煤矿（Sites of Japan’s Meiji Industrial Revolution: Iron and Steel, Shipbuilding and Coal Mining）	日本	煤	（Ⅱ）（Ⅳ）
28	2017	塔尔诺夫斯基·戈里铅银锌矿山及其地下水管理系统（Tarnowskie Góry Lead–Silver–Zinc Mine and its Underground Water Management System）	波兰	铅、银、锌	（Ⅰ）（Ⅱ）（Ⅳ）

续上表

序号	列入年份	遗产名称	国家	矿产类型	列入标准
29	2019	厄尔士/克鲁什内山脉矿区（Erzgebirge/Krušnohoří Mining Region）	德国、捷克	银、锡、铀	（Ⅱ）（Ⅲ）（Ⅳ）
30	2019	科舍米翁奇的史前条纹燧石矿区（Krzemionki Prehistoric Striped Flint Mining Region）	波兰	燧石	（Ⅲ）（Ⅳ）
31	2019	沙哇伦多的翁比林煤矿遗产（Ombilin Coal Mining Heritage of Sawahlunto)	印度尼西亚	煤	（Ⅱ）（Ⅳ）

（来源：作者绘制）

2.2 我国工矿遗产保护利用概况

2.2.1 我国工业遗产保护体系中的工矿遗产保护

针对工矿类相关遗产，1987年地矿部下发《关于建立地质保护区规定的通知（试行）》，以部门法规的形式对包括矿业遗迹在内的地质遗迹建立保护区，这也是相关领域最早的保护。

2006年“无锡论坛”之后，国家文物局下发了《关于加强工业遗产保护的通知》，标志着我国工业遗产的保护利用开始在国家层面上展开。各级文物保护单位及各地历史建筑名单开始加强对工业遗产的重视，工业遗产的保护也逐渐成为历史文化名城编制的重要组成部分。[9]

我国向国际工业遗产保护委员会递交的报告中说明，我国的工业遗产保护在政府层面，由国家文物保护体系、工信部的国家工业遗产名单体系及中国工业遗产保护名录体系三个体系进行保护。[10]

在国家文物保护体系中，工矿遗产相关项目主要在古遗址（矿冶遗址）、近现代重要史迹及代表性建筑（工矿相关建筑及附属物）以及其他三类之下。如1961年至2019年公布的共8批5058处全国重点文物保护单位（最高级别）中具有工矿遗产性质的国保单位超过52项。列入各级文物保护单位的工矿遗产能够以《中华人民共和国文物法》作为法律依据，得到有效保护。

2016年12月10日成立了中国工业遗产联盟（China Industrial Heritage Alliance），隶属于工业和信息化部。自2017年起，工业和信息化部颁布了4批国家工业遗产名单，包括工业遗产164项，其中工矿遗产共31项。2018年11月颁布了《国家工业遗产管理暂行办法》，推进其对工业遗产，包括工矿遗产的保护与管理。

2018年开始，中国科协创新战略研究院、中国城市规划学会共同选定“中国工业遗产保护名录”项目，至今已经公布了2批共计200项，其中工矿遗产共32项。

此外，2004年，国土资源部下发《关于申报国家矿山公园的通知》，2007年，下发《中国国家矿山公园建设工作指南》，以建设国家、省级两级矿山公园推进工矿遗产保护与利用工作，至今共批准建设国家矿山公园 87 处，其中正式命名 37 个，授予建设资格 50 个。

2.2.2 我国工矿遗产的利用模式及现状

工业和信息化部颁布的《国家工业遗产管理暂行办法》中，为促进工业遗产的合理利用，归纳了几种保护再利用模式：①依托工业遗产建设工业博物馆；②利用国家工业遗产资源，开发具有生产流程体验、历史人文与科普教育、特色产品推广等功能的工业旅游项目；③利用国家工业遗产资源，建设工业文化产业园区、特色小镇（街区）、创新创业基地等。这几种模式也适合于工矿遗产。[11]

国土资源部以矿山公园建设推进工矿遗产的利用工作，《中国国家矿山公园建设工作指南》中也将矿山公园按照功能分类为：旅游休闲型矿山公园，矿山环境恢复治理示范型矿山公园，综合开发利用型矿山公园，科研、科考型矿山公园。[12]

2.2.3 我国工矿遗产的保护与利用存在的问题

我国包括工矿遗产在内的工业遗产保护与利用在过去十几年的发展中取得了很大进步，但还存在着一些问题，主要体现在工业遗产基础研究薄弱、管理机制有待加强、再利用模式不够丰富等几方面。[13]

3 波兰维利奇卡盐矿的保护与利用案例

3.1 概况

维利奇卡盐矿位于波兰南部的喀尔巴阡山北麓，历史名城克拉科夫（Kraków）以南 15 千米。该盐矿开采的历史最早可追溯到 13 世纪，是欧洲最古老的皇家盐矿。

1978 年，该盐矿列入世界遗产名录，2013 年又将项目扩展，更名为维利奇卡和博赫尼亚皇家盐矿（Wieliczka and Bochnia Royal Salt Mines）。维利奇卡盐矿是世界遗产名录中唯一一处利用地下岩盐直接开采技术进行制盐的盐矿。联合国教科文组织认为其符合世界遗产突出普遍价值之标准Ⅳ。即该盐矿展示了从 13 世纪到 20 世纪欧洲采矿技术发展的历史进程，其地下廊道、岩室的设置与装饰反映了采矿者的社会和宗教传统、工具和机械，以及数百年来管理这座建筑的盐场城堡，为开采地下岩盐所涉及的社会技术体系提供了杰出的见证。

目前，该遗产由维利奇卡盐矿及城堡、博赫尼亚盐矿组成（图 2）。盐矿最大深度约 327 米，共达 9 层，东西绵延约 5 千米，南北约 1 千米。其内部包含天然的地下湖和人造的矿井、廊道、竖井、工作空间，以及在盐岩中雕凿而成的精美教堂等（图 3）。

1964 年维利奇卡盐矿地下采矿工作基本停止，从工业生产转型成为世界著名的旅游景点及地下疗养胜地。1996 年，盐矿生产完全停止。这里每年接待 200 万来自世界各地的游客参观，作为一处独特的世界遗产，成为公众了解波兰民族历史和文化的窗口。[14]

图 2 维利奇卡盐场城堡保护范围
（来源：https://whc.unesco.org/en/documents/155573）

图 3 米查洛维奇厅
（来源：作者自摄）

3.2 保护管理体系

3.2.1 管理运营机制

如今的维利奇卡和博赫尼亚皇家盐矿，在实际中由维利奇卡盐矿公司（Wieliczka Salt Mine Company）、博赫尼亚盐矿公司（Bochnia Salt Mine Company）和作为非营利文化机构的克拉科夫盐业维利奇卡盐矿博物馆（The Cracow Saltworks Museum Wieliczka）共同运营。

两家盐矿公司归属国家能源部管辖，维利奇卡盐矿博物馆隶属于国家文化与遗产部。根据这两个机构的协议，游客可以购买联合门票来参观，门票的服务包括地下盐矿游览和博物馆参观。

目前这两个盐矿公司实际是没有采矿许可证的矿业公司。公司的主要业务是抢救清理历史矿井、维护设施，以及提供教育、商业、度假疗养等旅游业相关服务。而维利奇卡盐矿博物馆也不仅仅只履行典型的博物馆功能，它同时还可以为遗址的开发提供知识和技术援助。[14]

3.2.2 法律保障

该盐矿在运营中需遵循波兰的《地质采矿法》（*The Geological and Mining Law*）和《古纪念物保护法》（*The Old Monument Protection Law*）。这两项法规规定了该盐矿在日常运营及遗产保护方面需遵循的原则与限制。而这些法规在具体执行时则需要盐矿公司、盐业博物馆、矿业监管部门、纪念物保护办公室之间保持密切交流与合作（图 4）。[14]

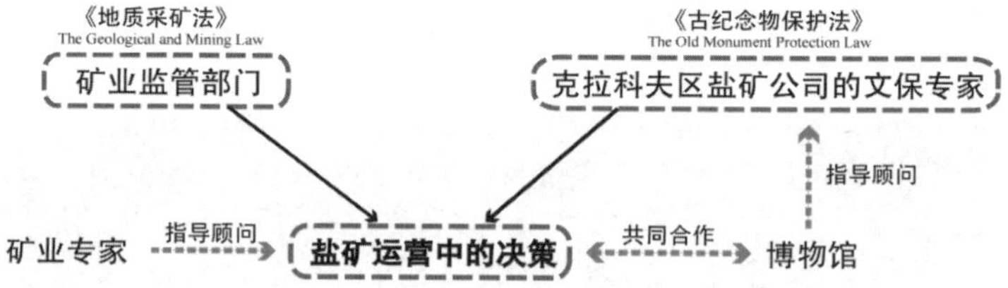

图 4　维利奇卡盐场遗产保护决策机制
（来源：作者自绘）

3.2.3　经费来源

当维利奇卡盐矿停止盐业生产活动以后，每年大约可从旅游业获得650 万波兰兹罗提的收入，这笔收入都用作对盐矿的保护与开发。但是这些资金仍不能覆盖整个保护计划的开支。因此，波兰政府对维利奇卡盐矿有着额外的经济资助和政策支持。[15]

3.3　遗产保护策略与方法

3.3.1　成功的国际合作保护案例

1980 年代末到 1990 年代初，维利奇卡盐矿曾发生灾难性的漏水事件。波兰政府在 1982 年向联合国教科文组织申请了国际援助。1984 年，申请将维利奇卡盐矿列入“世界濒危遗产名录”。五年以后，在专家的调研与国际呼吁的支持下，世界遗产委员会决定将维利奇卡盐矿列入濒危名录中，并提供用于援助维利奇卡盐矿的保护工程。工程包括购买保存盐雕所需的干燥设备和建造为地下矿井提供通风的空气干燥站。

经过十多年的多方合作，维利奇卡盐矿的状况持续向好。1998 年，世界遗产委员会将维利奇卡盐矿从“世界濒危遗产名录”中删除。维利奇卡盐矿也成为为数不多的经过遗产所在地国家与国际合作成功挽救，并从“世界濒危遗产名录”中除名的案例。[16]

3.3.2　多方合作的保护体系

在维利奇卡盐矿的保护中需要历史学家、地质学家、地球物理学家、测量师等不同领域的专家合作进行联合研究，并根据具体的需求制定相应的保护措施。

具体的保护工程包括保护地表建筑设施、降低自然灾害（漏水和崩塌等）威胁、优化结构、降低维护成本和对历史区域的复原等。[16]

3.3.3　运用科技进行遗产保护

维利奇卡盐矿的保护涉及大量的大地测量工作，为了提高测量效率，并避免传统测量对遗产本体的干预与破坏，测量利用不断发展的新技术采用非侵入式的测量方法，既可以保护遗产免受勘测造成的破坏，也可以使勘测人员减少进入地下不安全的区域（图 5）。

维利奇卡盐矿中有着世界上最大的地下教堂——圣金嘉教堂（St Kinga’s Chapel），其测绘便结合了经典测绘方法和新技术。AGH 科技大学（Akademia Górniczo-Hutnicza）协助盐矿，采取了大地激光扫描技术（terrestrial laser scanning technology）等方法对教堂进行了详细的测量，通过非接触式的方法采集了详细、精确的数据，并通过测量的数据创建了三维模型。采用这些新技术，还可以通过定期比对收敛循环测量信息模型，对威胁性的变化进行监测。图 6 所示的是圣金嘉教堂 2010 年 与 2016 年的收敛循环测量结果，图中深色区域为收敛位移较小（小于 6 毫米）的部分；浅色部分为变化最大的部分（高达 100 毫米），主要为南侧重建的木制箱体结构。[17]

图 5　地下三维激光扫描点云模型

（来源：https://www.3deling.com/portfolio-item/drifts-in-wieliczka/）

图 6　圣金嘉教堂 2010 年与 2016 年激光收敛循环测量结果

（来源：参考文献 [17]）

另外，保护工程受地下空间条件限制，在进行盐矿的结构维护时无法使用大型机械作业，许多维护工作只能由人力完成。同时由于维利奇卡盐矿的化学特性，金属材料易受腐蚀，因此，该盐矿的地下空间大部分附加结构是木结构，这些精妙的木结构也是重要的文化遗产。如今在盐矿的结构维护中仍旧延续着这种木结构技艺。

3.4　遗产展示利用

维利奇卡盐矿悠久的历史、独特的挖掘方式、精彩的地下和地上景观及丰富的空间具有独特、珍稀的价值，这些价值的展示利用成为重要的课题。

克拉科夫理工大学对五个欧洲国家的案例进行了调研，对盐矿展示再利用的模式进行了分析研究（表 2）。[18]

维利奇卡盐矿作为一处世界文化遗产，其展示利用主要包括盐矿及博物馆的旅游参观以及健康疗养两大类。此外，也综合利用盐矿的地下及地上场地承接活动，包括会议、文化活动、文艺表演等（图 7～图 9）。

表 2　盐矿遗产的再利用模式分析

盐矿的主要特征	再利用方向（适应盐矿遗址原有功能）		功能调整对以下因素的影响	
	基础功能	盐矿拥有的元素	吸引力和重要性	可达性
· 盐矿的历史价值 · 壮观的视野和景观 · 地下独特的气氛	旅游业	旅游路线开发	有益	可达

续上表

盐矿的主要特征	再利用方向（适应盐矿遗址原有功能）		功能调整对以下因素的影响	
	基础功能	盐矿拥有的元素	吸引力和重要性	可达性
·盐矿的历史价值 ·壮观的视野和景观	地下博物馆	博物馆浏览	有益	可达
·优秀的灯光环境 ·丰富的地下空间		展览	有益	可达
·原汁原味的因素 ·机器和设备		机器和设备	有益	可达
·环境的抗菌特性 ·独特的小气候	SPA和康养	疗养地和SPA	有益	局部可达
·壮观的视野和景观	运动和游戏	大型赛跑或轮竞	有益	可达
·稳定的气候环境 ·丰富的空间系统和盐矿的大尺度空间		极限运动或山地车比赛	有益	局部可达
·盐矿的有机形态 ·复杂的狭小空间		洞穴探险	有益	局部可达
·大尺度的地下空间 ·独立的气候条件		运动场地（球场、活动场地等）	有益	可达
·壮观的视野和景观 ·优秀的灯光环境	娱乐	桌球、保龄球、俱乐部等	有益	可达
·地下独特的气氛 ·灯光条件	文化与艺术	艺术展览	有益	可达
·地下腔体的完美音响效果 ·隔离噪声		音乐厅、电影院、戏剧舞台	有益	可达
·壮观的视野和景观 ·大尺度的地下空间	交流功能	会议厅	有益	可达
·地下独特的气氛 ·壮观的视野和景观	宗教	教堂、圣坛等	有益	可达
·隔离噪声 ·原始宗教元素和物品		朝圣、巡礼	有益	可达
·地质构造的科学价值 ·裸露的盐矿表皮	教育及学术	文档储存	有益	局部可达
·次生地质现象		游学	有益	可达
·低自然辐射环境 ·隔绝干扰冲击 ·大尺度的地下空间		地下实验室	有害	局部可达
·稳定的气候环境 ·封闭环境 ·大尺度的地下空间	档案储存	文件存档	有害	局部可达
·低建造和使用费用 ·防止极端因素威胁 ·大尺度的地下空间 ·盐矿床优秀的封闭性 ·盐的化学和物理惰性	库藏	气体及液体储存	有害	不可达
·盐矿床优秀的封闭性	储存	当地废弃物储存	有害	局部可达

（来源：作者绘制）

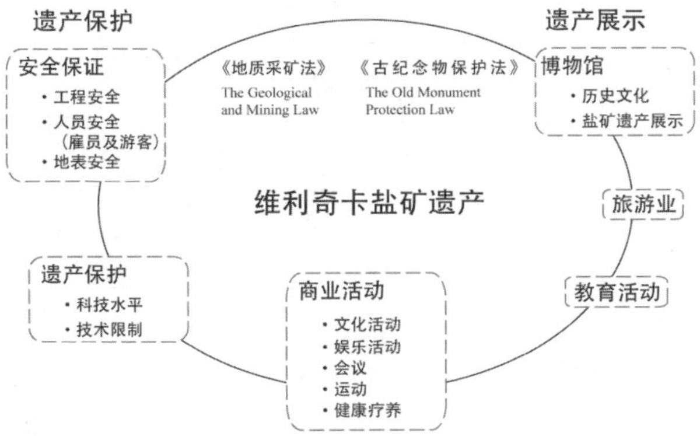

图 7　维利奇卡盐矿遗产的保护与再利用
（来源：作者自绘）

图 8　卡西米尔大厅盐矿工作场景展示
（来源：作者自摄）

图 9　利用盐矿地下空间的舞蹈演出
（来源：https://www.wieliczka-saltmine.com/events）

（1）盐矿及博物馆的旅游参观

维利奇卡盐矿作为旅游参观地具有悠久的历史，可以追溯至 15 世纪末。史料中记载的游客不乏著名的科学家、旅行家和国家首脑、外交官。据记载，伟大的天文学家尼古拉·哥白尼（Nicolaus Copernicus）在 1493 年参观了这座盐矿，因此在盐矿中为其雕刻了盐像，供游人瞻仰。1774 年起，进入维利奇卡盐矿参观需要得到皇家许可，来访者多为贵族、科学家和外交官等。到了 18 世纪，维利奇卡盐矿首次设立了旅游专用设施并提供服务。作为当时盐矿管理当局的奥地利确立了维利奇卡盐矿的初步地下旅游模式和旅游线路，其影响延续至今。如今，盐矿的地下游览区域进行了扩展，面积几乎是 19 世纪时的两倍。但原有的参观区域依然在如今的游览路线中，甚至其中的旅游设施仍可以为今天的游客服务。相当长的一段时期，维利奇卡盐矿的游览与采矿并行发展，相互平衡，游线与工作流线互不干扰，仅在某几个点互有交叉，交叉的部分可以为游客生动地展示盐矿开采的具体流程。[19]

维利奇卡盐矿的开放区域中有两条重要的交通轴线，一条被称为达尼洛维茨轴（Danilowicz Shaft），另一条是里加斯轴（Regis Shaft）（图 10）。

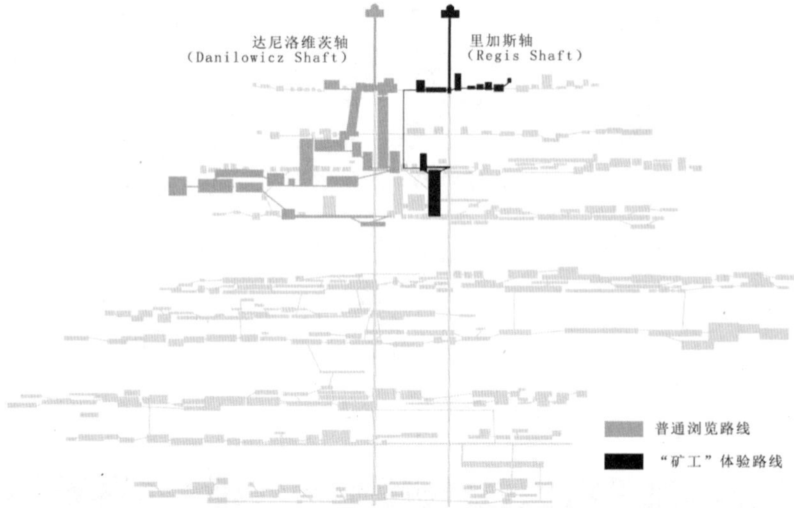

图 10　维利奇卡盐矿遗产的保护与再利用
（来源：根据 https://www.wieliczka-saltmine.com/individual-tourist/ 自绘）

达尼洛维茨轴是最为主要的普通游览路线（图 11）。它在奥地利统治时期建立，延续超过百年，仅发生了细微的改变。这条旅游线路与其说是地下盐矿遗址的现代化开发，不如说是一种文化遗产的延续。普通游客成团游览，由导游引导完成整个旅程。这条游览路线由达尼洛维茨竖井沿木制楼梯步行进入盐矿，逐层参观。游览过程大概需要 2 小时

图 11　达尼洛维茨轴
（来源：Tourist Guide of Wieliczka Historic Salt Mine）

左右，需要步行超过 3.5 千米，最深可以到达地下三层，约 135 米，最后从地下三层乘电梯返回地面。这条路线开放的地下区域十分丰富，包括地下盐湖、壮观的木构架支持结构以及最富盛名的圣金嘉教堂等（图 12、图 13）。作为世界上最大的地下教堂，圣金嘉教堂内陈列着约翰保罗二世（The Holy Father John Paul II）盐雕像和达芬奇《最后的晚餐》盐浮雕副本，以及精致的盐晶吊灯，十分精巧。[20]

图 12　圣金嘉教堂
（来源：作者自摄）

图 13　盐矿地下横向的通道
（来源：作者自摄）

里加斯轴也被称为“矿工”游线，游客在导游带领下身穿矿工服进入矿井之中，分别在地下一层（地下 57 米）和地下二层（地下 101 米）亲身体验矿工的工作。体验包括操作碎石机、甲烷测试仪和做地下木工等代表性的采矿工作，相对普通参观流线更加富有趣味性和教育性。整个游览时长大约 3 小时，步行距离 2 千米左右（图 14）。[20]

（2）健康疗养

维利奇卡盐矿地下空间内的空气形成独特的盐气候：细菌菌群纯度优异，不存在过敏原和污染物；空气呈 13～14.5℃ 的恒温状态，湿度 60%～80%；富含氯离子、钠离子、镁离子和钙离子。这种条件对慢性阻塞性肺病（COPD）、鼻咽喉疾病、慢性支气管炎和肺炎、过敏性疾病及支气管哮喘等疾病均有积极的治疗或缓解效果。因此，盐矿在地下 135 米处的区域开辟了疗养场所，其历史可以追溯到两百年前。2011 年，波兰卫生部长认定维利奇卡盐矿疗养院为波兰唯一的地下疗养院（图 15）。[20]

图 14　里加斯轴矿工游线的游览
（来源：https://www.wieliczka-saltmine.com/individual-tourist/miners-route）

图 15　维利奇卡盐矿地下疗养
（来源：https://www.wieliczka-saltmine.com/health-resort/accommodation-and-meals）

4 结语

工矿遗产作为工业遗产中的重要类型，在见证工业文明、体现技术与文化交流等方面具有独特的价值。本文以波兰维利奇卡盐矿为例，回顾了这座作为世界第一处被列入世界遗产名录的工矿遗产，其曾经历灾害而一度被列入世界濒危遗产名录，又在国际各方共同合作努力下，依托不断健全、多方合作的保护体系，有针对性地进行科学保护，进而成功从世界濒危遗产名录除名。维利奇卡盐矿的曲折历程展现了全面、深入的遗产基础研究，有效健全的管理机制与法律保障，多方合作的保护体系以及强有力的资金、技术支持在工矿遗产保护中的重要性。除此之外，维利奇卡盐矿依托多方合作的管理模式，围绕遗产价值，力求多角度的价值阐释，形成了融合专业性、丰富性及趣味性的遗产展示、利用模式。其保护与利用方面的经验均可为我国工矿遗产及相关领域遗产的保护与利用工作提供有益的借鉴。

参考文献

[1] 国际工业遗产保护协会 . 工业遗产之下塔吉尔宪章 [J]. 建筑创作，2006 (8):197-202.

[2] SHARPLES C. Concepts and principles of geoconservation [EB/OL].[2010-05-16]. http://www.parks.tas.gov.au.

[3] 张成渝 . 中国地质遗产概念的确定 [J]. 北京大学学报：自然科学版，2005(2):249-257.

[4] 侯万荣，黄志强，陈小伍，等 . 矿业遗迹的开发和矿山公园的建设 [J]. 西部资源，2005(4):40-41.

[5] 倪琪，谢艳平 . 矿业遗迹保护研究：以浙江遂昌金矿国家矿山公园为例 [J]. 中国人口 . 资源与环境，2006(2):133-136.

[6] 阙维民 . 世界遗产视野中的浙江省矿业遗产资源 [C]// 中国地理学会百年庆典学术论文摘要集 .2009:189.

[7] 戴湘毅，阙维民 . 世界遗产视野下的矿业遗产研究 [J]. 地理科学，2012,32(1): 31-38.

[8] 黎启国，童乔慧，郑伯红 . 工矿遗产的概念及其分类体系研究 [J]. 城市规划，2017,41(1) ：83-88.

[9] 刘伯英 . 工业建筑遗产保护发展综述 [J]. 建筑学报，2012(1):12-17.

[10] TICCIH. National reports 2016 — 2018[EB/OL].[2010-09].https://ticcih.org/wp-content/uploads/2018/10/TICCIH-National-Reports-2018-Chile-Web-Version.pdf:30.

[11] 国家工业遗产管理暂行办法 [EB/OL].(2018-11-05).http://www.gov.cn/

gongbao/content/2019/content_5366487.htm.
[12] 国土资源部地质环境司 . 中国国家矿山公园建设工作指南 [M]. 北京：中国大地出版社，2007.
[13] 韩孟缘，张景秋 . 中国工业遗产保护利用研究进展 [C]//2020 年工业建筑学术交流会论文集（中册）. 工业建筑杂志社，2020:33–38.
[14] GODŁOWSKI J. Cracow saltworks :the preserved heritage of mining[C]// International Conference of Mining and Underground Museums. Poland, 2018:27–35.
[15] PIOTROWSKA K. Royal salt mines in Wieliczka and Bochnia: 40 years on the UNESCO World Heritage List [C]//International Conference of Mining and Underground Museums.Poland,2018:51–57.
[16] ZARĘBSKI Z. Prorection and safe access to a historical mining facility on the example of the "Wieliczka" salt mine [C]//International Conference of Mining and Underground Museums.Poland,2018:113–121.
[17] OCHAŁEK A, JABŁOŃSKI M, JAŚKOWSKI W, etc. Inventory surveys in the process of protection of historical post–mining underground objects and adits [C]//International Conference of Mining and Underground Museums.Poland,2018:123–133.
[18] LANGER P. Underground excavations in European salt mines:the specificity and directions of use for modern functions [C]//International Conference of Mining and Underground Museums.Poland,2018:135–145.
[19] KONWERSKA B. Origins of fascination with the Wieliczka salt mine. Development of tourist route in the 19th century [C]//International Conference of Mining and Underground Museums.Poland,2018:59–71.
[20] The "Wieliczka" salt mine tourist route [EB/OL]. https://www.wieliczka-saltmine.com/individual–tourist/tourist–route.

澳大利亚悉尼鹦鹉岛工业遗产保护

陈　霁　左秀明　北京建筑大学建筑与城市规划学院

摘　要：作为澳大利亚罪犯遗址和曾经的皇家海军造船厂，鹦鹉岛经过历史的变迁，保留了众多珍贵独特的遗留物。本文着重关注工业建筑更新保护和活化利用的问题，以“鹦鹉岛”为例，通过对历史事件的梳理，相关保护政策的讨论，复兴岛屿计划的实施，来探求工业建筑的保护和利用模式，同时希望对其他工业遗产的保护起到一定的借鉴作用。

关键词：工业建筑；鹦鹉岛；更新保护；活化利用

鹦鹉岛本身具有浓厚的历史文化气息，至今岛上仍保留着众多工业遗迹和厂房建筑，这些遗迹尽管已经失去了原本的功能价值，但是它们见证了人类文明的发展。这座被遗忘在悉尼港中央的岛屿，在2003年进行规划利用后，重新获得了生机，并在2010年被联合国教科文组织列为世界文化遗产。作为海洋工业遗产，其时间价值和文化价值被发掘出来，推动了当地经济和环境的可持续发展，鹦鹉岛的更新发展模式值得我们学习和借鉴。

1　岛屿概述及价值研究

1.1　现状描述

鹦鹉岛是悉尼港最大的岛屿，位于莱恩科夫河和帕拉马塔河的交汇处。鹦鹉岛的原始状态是一个上升到海平面以上18米的砂岩小丘，只有12.9公顷；后通过广泛的采伐、开垦和填海，土地面积已扩大到17.9公顷。鹦鹉岛原本岩石裸露、崖壁高耸，后经岛上的囚犯们多年开山劈石，形成了海岛中央部分是悬崖峭壁、四周是低矮平地的独特样貌。

该岛在1992年至2001年间空置，许多建筑物在此期间恶化。一些地区还存在一个多世纪前造船造成的工业污染，岛上的一些区域仍然留存一系列工业建筑、干船坞和码头相关结构。2001年，鹦鹉岛归悉尼海港联合会信托基金（海港信托基金）所有。在澳大利亚政府（包括国防部）的财政援助下，开始了净化、基本维护和增加安全措施的进程。2005年，鹦鹉岛音乐节的举办证明了所有补救工作的成功。从那时起，该岛向公众开放，成为活动、艺术展览和拍摄的热门场所（图1）。

图1　鹦鹉岛现状
（来源：Cockatoo Island Management Plan 2017）

1.2 历史概况（图2）

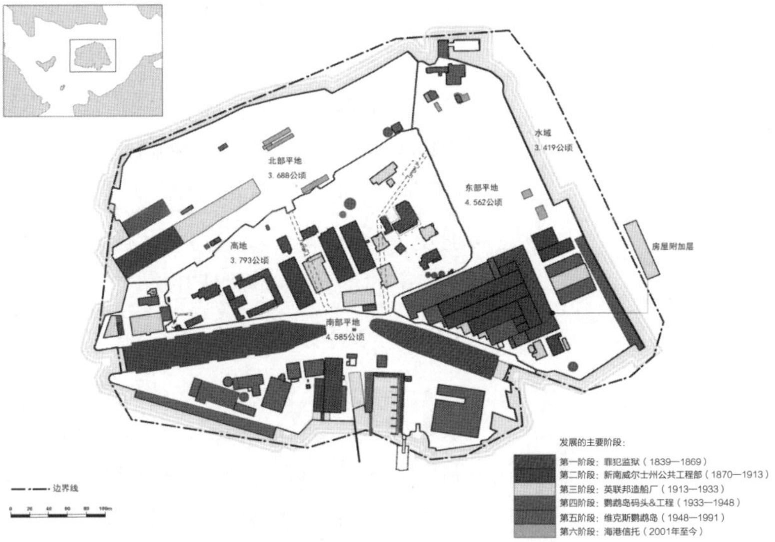

图2　不同发展阶段遗留下来的建筑物
（来源：根据 Cockatoo Island Management Plan 2017 图纸改绘）

据早期殖民者记载，在欧洲人定居于此之前，土著居民在鹦鹉岛居住了数千年。欧洲对鹦鹉岛的占领始于1839年，当时60名罪犯被转移到鹦鹉岛，以缓解诺福克岛的过度拥挤。1845年，囚犯们建造了菲茨罗伊码头，该码头历时9年建造，在之后的几年里，菲茨罗伊船坞主要负责皇家海军舰艇的维修和保养。1869年，鹦鹉岛监狱关闭，随后，监狱建筑被改造成了一所工业培训学校和一所女童感化所。1888年，鹦鹉岛再次被用作监狱（图3）。1908年，囚犯被重新安置到了小海湾，这结束了该岛作为监狱和船坞的历史，并促成了国家造船厂的出现。

1913年，该岛成为澳大利亚皇家海军的造船厂（图4）。第一次世界大战促进了造船厂的发展，曾有多达4000人受雇建造战舰，并将商船改装为战船为战争服务。二战爆发后，随着商船和豪华班轮被改装成部队运输船、海军舰艇，鹦鹉岛再次成为活动的“蜂巢”。战后造船业继续快速发展，造船厂在1950年有所增加。在这一阶段，大部分旧结构得到了维护和使用，其中包括原来的菲茨罗伊码头和囚犯营房。到了1960年代初，造船厂规模缩减、设施老化等问题导致产能下降，造船厂也逐渐走向了没落。

图3　1890年代监狱时期高原主要走道
（来源：Cockatoo Island Management Plan 2017）

图4　1914年机械车间
（来源：Cockatoo Island Management Plan 2017）

1.3 研究价值

鹦鹉岛是11个“澳大利亚罪犯遗址”之一，于2010年7月31日被联合国教科文组织列入世界遗产名录，其研究价值随着岛屿的复兴重新得到认识。

1.3.1　历史记忆的载体

鹦鹉岛因其与罪犯的联系而具有重要意义，其遗迹的性质和范围显示了罪犯场所监禁与苦役双重用途相结合的主要特点。鹦鹉岛拥有与罪犯的管理、监禁和工作条件有关的建筑和结构遗迹，有很大潜力帮助人们了解罪犯工业区的运作情况。同时，鹦鹉岛是一个罪犯工业定居点及前联邦和后联邦造船厂所在地，其遗迹可帮助我们了解造船厂长达134年的运营状况及其在两次世界大战期间的贡献。

1.3.2　文化景观的标志

三大要素相结合，创造了鹦鹉岛的文化景观。首先，该岛是悉尼港最大的岛屿，位于帕拉马塔河的宽阔河段，具有相当大的审美吸引力；第二，该岛一直是罪犯活动的地方；最后，鹦鹉岛多年来一直是澳大利亚主要造船、维修和工程设施的所在地之一。鹦鹉岛的文化景观是一个持续的景观，早期罪犯建造的遗址部分已经消失，为更多的船坞设施让了路。岛上文化景观的工业特征是从海上活动和监狱活动的相互作用中发展而来的，并通过人造悬崖、石墙及台阶、码头、起重机、滑道和建筑形式来表达。

1.3.3　国家遗产的证据

鹦鹉岛的船坞、工业、海事和国防用途是为国家和国家利益而开发的，100多年来对澳大利亚至关重要。这些遗迹展示了19世纪中叶以来澳大利亚海洋和重工业活动的变化。现在岛上这些设施的幸存部分，特别是码头、仓库和工业建筑，以及一系列起重机、船台等，说明了建造造船厂所用的材料和技术，是国家文化遗产不可分割和不可替代的一部分。

2　遗址面临的问题

海港信托基金的目标是在现有规划框架内，在不冲淡该岛与众不同的基本要素的情况下，实现鹦鹉岛的复兴。然而，为实现海港信托基金目标的行动可能有一系列潜在的问题。

2.1　遗址本身遭到破坏

鹦鹉岛上的车间厂房和码头构筑物经过多年的风雨侵蚀，材料表面和承载能力都遭到一定的破坏。现有的建筑厂房需要进行修复，而进一步修复可能会损害具有考古意义的材料，同时在修复的过程中需要移除有助于形成有趣的工业庭院的构筑物，使得遗址本身遭到破坏。

2.2　遗址建筑功能置换

要让公众有机会重新在该岛上长期生活，就需要对建筑物的功能进行升级和置换，对于岛上现有建筑物和构筑物如何取舍，保留下来的建筑物的功能如何进行升级分区，升级后的建筑是否能激活这片区域，这些问题对鹦鹉岛的未来发展至关重要。

2.3　新建筑与周围环境不协调

随着鹦鹉岛逐渐对公众开放，岛屿会根据建筑健康和安全要求对建筑物进行升级以供出租，这些工程可能会导致创建一个个闪亮的“新”建筑物集合，若这些建筑物集合与周围环境不符，会大大削弱鹦鹉岛的遗产价值。

3　保护利用方法策略的构建

3.1　制定多项保护政策

为保证该岛的遗产价值不会降低，保持岛屿原有的独特风貌，鹦鹉岛制定了多条保护政策来应对可能出现的问题和风险，着手解决遗产价值与现代发展的冲突，包括一般政策、文化景观政策、考古政策、自然环境政策、船坞政策等，每个政策都有对应的配套措施。这些政策和准则指导了鹦鹉岛的养护和适应性再利用，为鹦鹉岛的遗产价值保护提供了管理指导，在保证原风貌的基础上井然有序地更新发展相关产业。

3.2　坚持生态可持续发展原则

海港信托基金有法律责任根据生态可持续发展原则，采用可持续发展的方法，并考虑经济、环境和社会因素，管理鹦鹉岛。海港信托基金采用对环境最佳的做法来补救该岛的受污染地区，并实现对水、能源和废物的环境可持续管理。海港信托基金希望通过可持续发展让这个地方重新焕发活力，将其建成实践中可持续发展的标志性例子，并在未来变化的背景下最大限度地发挥其弹性，根据该岛的过去和未来适当利用该岛。

4　更新保护与活化利用的进程

2003 年 8 月 21 日，环境和遗产部长批准了由海港信托基金制定的海港遗址综合计划（图 5）。该计划是根据《2001 年悉尼港联邦信托法》的要求制定的，它阐述了海港信托对鹦鹉岛的设想。规划提出复兴鹦鹉岛，使之成为一个海上工作场所，并成为悉尼文化生活的一个有效、活跃的部分。岛屿的遗产价值将得到保护，该岛将向公众免费开放。该岛丰富的历史将得到承认，并将激励其复兴。现有的建筑和结构正在被适应性地重复使用，文物遗址被保存并被解释为该岛吸引人的重要元素，通过复兴鹦鹉岛强大的海洋传统，以及引入一系列新用途和活动，岛上的生活正在重新焕发生机。

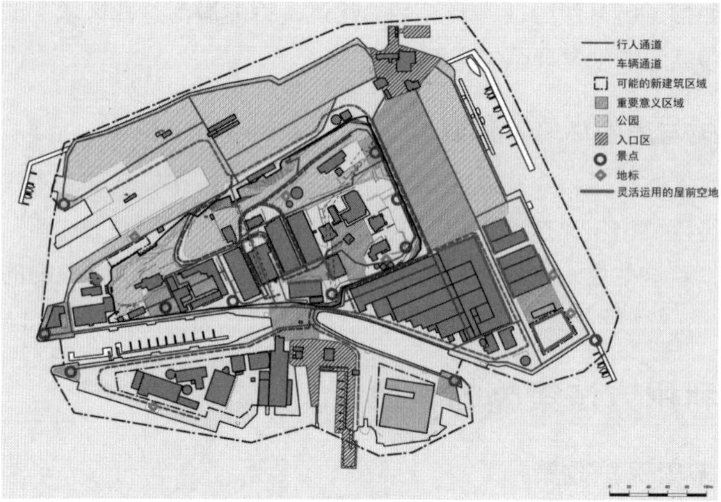

图 5　岛上现有开发模式提供的空间序列
（来源：根据 Cockatoo Island Management Plan 2017 图纸改绘）

4.1　更新保护措施的实施

（1）平地的管理修复

2002 年至 2008 年期间，海港信托基金对东部平地和入岛广场地区、中部高原、北部平地和南部平地进行了适应性的规划和一些修复更新工作。在建筑物翻新或拆除前进行有害物质调查、清除和消减，包括建筑物的全面净化；清除和处理所有表面可见的石棉碎片和其他严重废物；回收和清除岛屿周围的废物。

（2）建筑物或构筑物的维修

鹦鹉岛上的许多建筑都有一系列不符合澳大利亚现行建筑规范（BCA）的问题。其中最主要的是楼梯、扶手和栏杆，也存在残疾人进出和行动不便的问题。已经展开的工作包括对帕拉马塔和坎伯码头进行维修，以便为残疾人士提供安全的渡轮和通道；对行政大楼（30 号楼）进行翻修，以容纳教育设施和办公空间；对一般建筑进行维修，包括刷油漆、去污、做防水处理和维修屋顶；对发电厂烟囱进行重新维修，包括更换 3000 多块砖和翻新原有避雷针。建筑物和构筑物的维修保证了其使用年限的延长。升级建筑物以方便公众使用，135 号楼改为咖啡厅，24 号楼为游客信息中心，34、83、119 和 150 号楼为公共厕所。

（3）基础设施的修建

2002 年，海港信托委托 PPK 咨询公司进行详细调查，以确定现场服务的范围和条件。这项研究考察了电力、电话、供水、消防、污水和雨水等方面的施工及管理工作，并提出了一些建议，以使这些服务合理化和升级，海港信托基金已逐步改善建筑和工地服务，以完善岛上工人和游客使用的设施。

雨水：鹦鹉岛的雨水直接排入海港，有许多建筑物排出的水与来自其他潜在污染区域的地表径流也进入了雨水系统。海港信托基金正逐步封闭和清理现有受污染的下水道、坑和管，以防止水通过这些途径排入海港。

污水：自船坞 1992 年停止运营以来，岛上自给自足的排水系统一直未使用。最初，海港信托公司建设了一个临时污水处理厂，现在已经被一个处理污水的浸渍器所取代。

供水与消防：鹦鹉岛的供水系统直接与大陆的总压供应相连，岛上管道将逐步升级或更换。在消防方面，海港信托基金正研究安装无线火警探测系统，以实现更有效的资源保护。

电力与通信：2010 年，海港信托基金从联邦政府获得资金，在工业区屋顶安装了并网光伏阵列以保证电力充足。岛上的电信系统通过安装巴尔曼的光纤电缆得到了改善。2011 年，高原水塔基地安装了一个移动通信基站，该设备改善了鹦鹉岛及附近大陆郊区的移动电话服务。

运输方式：货物和人员的水上运输是该岛的命脉，为了满足水上运输需要，岛上已建立了永久性渡轮服务。岛上的船台、码头将得到维修，以方便进出，并提供系泊基础设施，允许私人船只临时访问。

4.2 遗址建筑的活化利用

（1）码头

菲茨罗伊码头和萨瑟兰码头是重要的遗产项目，因此对其的保护是高度优先的。

菲茨罗伊码头是仅存的一个囚犯劳动建造的干船坞，是悉尼现存最大的监狱时期公共工程之一。菲茨罗伊码头保留着鹦鹉岛建造和修理海事船只的大量证据，码头的石头工程已经遭受风化和磨损。菲茨罗伊船坞的沉箱已通过小修稳定，并留在船坞内。弯道码头和浮筒已经重建和恢复，现在成为了岛上工人和游客的第二个出入口。

萨瑟兰码头是 1882 年至 1890 年间由自由劳工建造的。按照当时的世界标准，新船坞的设计和建造都很出色。根据萨瑟兰船坞的设计特点、简单操作的沉箱、使用年限和尺寸，维护可能比重新建造更可取。萨瑟兰码头对于解读该岛的造船史是很有价值的，若今后进行维修，可作为停泊大型船只或货物装卸的设施。另外，萨瑟兰码头是鹦鹉岛建成景观带的主要单元，是岛上重要的前滨元素，所以萨瑟兰码头亦可作为观景平台服务于民众。

（2）发电站

发电站在历史上具有重要意义，因为自 1918 年建造以来，发电站在为全岛提供电力方面发挥了重要作用。由于其特殊的遗产重要性，发电站（58 号楼）也将得到保留。它未来更多的是作为一个工作的艺术品，而不是一个全面运作的设施。发电厂将成为工作文物，以帮助人们理解其在鹦鹉岛中的作用。

（3）工业建筑

高原的中心区域有一组大型工业建筑（图6），包括模具室（6号楼）、绘图室（10号楼）、木工车间（12号楼）、抛光车间（13号楼）和电气车间（15号楼）。它们都是2～3层的木材和钢框架大棚，大多用波纹铁皮包裹。木材仓库（19号楼）是一座两层的木材建筑，用板条木材和波纹铁皮包裹。尽管这些建筑物是在一些以前的建筑物和空间的场地上建造的，包括罪犯操场、木材场、采石场和水箱，但不建议拆除。考虑到工厂建筑在岛上造船厂历史中的重要性，这些建筑将被修复并重新使用。

车间建筑群（图6，119、120、123和124号建筑）在东面平地的南面，形成了一条精致的城市街道，这些临街建筑的用途是为过往的公众提供一些有趣的活动。这些车间可作为文化活动场所、展览空间、茶点、咖啡馆、餐厅或零售店。汽轮机车间（150号楼）和重型机械车间（139、140号楼）适合开办大型表演、活动、展览等。南部较小的相邻车间可提供与文化活动相关的空间，或用于与菲茨罗伊码头有关的海运业，例如船只储存、展示或修理。

（4）监狱建筑

一批囚犯建造的沙石建筑（图6，1、3、4、5、9、11、20、22和22a号建筑）是监狱建筑中优先得到修复和保护的。这些建筑和空间的历史和意义将被重新诠释，并将成为其未来使用和管理的主要焦点。其可用作教室、活动举办场地、博物馆或展览空间，使民众们了解岛屿作为罪犯监狱的那段历史。

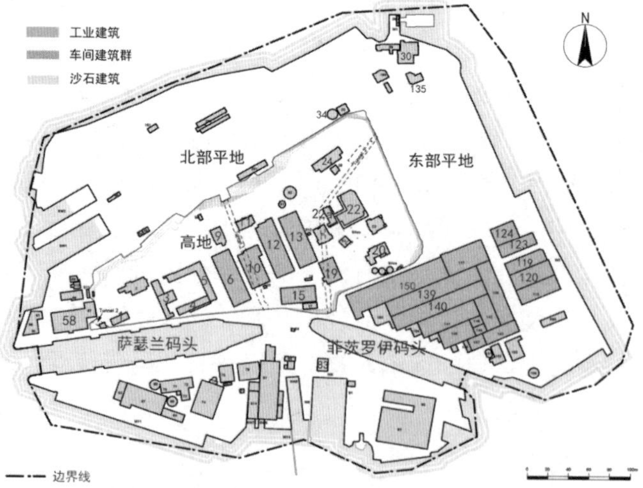

图6　鹦鹉岛保留建筑对应号码

4.3　新建筑的增建

新的建筑物在必要时建造，其设计应符合该岛的整体风貌、特点以及与水上的景色协调。预计新建筑将被填充在原有建筑中，而不是整个建筑群的拆除和更换。任何新建筑物或现有建筑物的添加物应遵循以下原则：①保持独立建筑群的整体特征；②与建筑物的轮廓及其在砂岩峭壁面上的单独屋顶形式相协调；③利用现有的建筑形式、细节、建筑材料（浅砖、波纹铁皮）和建筑标志；④在萨瑟兰码头和附近提供足够的平地空间，用于卡车和起重机的移动以及储存；⑤在规定的建筑范围内保留建筑物与水边、船台、码头和萨瑟兰码头的空间关系；⑥在建筑物之间保留偶尔的空间，在建筑物之间保留零星一瞥；⑦新建筑的高度要符合限高，最好与现有建筑一样高。

5 启示

鹦鹉岛遗址是澳大利亚罪犯遗址和造船厂演变的重要载体，它完整地保存了各个时期的历史文化记忆，内在价值极高，潜在的发展机遇也极多。鹦鹉岛的保护更新和活化利用可能不是尽善尽美的，在发展的过程中可能存在活化利用力度不够、港口特色不明显等问题，但其“低成本、低干预”的适应性发展模式在工业遗产中有着十分典型的借鉴作用。

我国工业遗产的保护利用工作起步相对较晚，澳大利亚工业遗产的保护工作有很多值得借鉴的地方。通过学习工业建筑更新保护和活化利用的成功案例，可以帮助我们对现有的工业遗产进行合理的规划，制定健全的发展模式，使其得到长足发展。在面对工业建筑遗产的时候，要保证遗迹的整体风貌不被破坏，将可持续发展的观念注入到整个保护工作中，将遗迹中所蕴涵的文化气息发掘出来，使我们的城市焕发出更大的发展活力。

参考文献

[1] 付朗．从艺术中来，到公众中去：第 18 届悉尼双年展案例研究 [D]. 北京：中央美术学院，2014.

[2] 庄稼．后工业景观：废墟美学的运用 [J]. 公共艺术，2019(5):22-29.

[3] Australian Government. Sydney Harbour Federation Trust. Cockatoo Island management plan 2017[EB/OL].(2017-12-21)[2020-04-06]. https://www.harbourtrust.gov.au/media/1366/cockatoo-island-management-plan-2017_final_23-jan-2018_lr.pdf.

[4] Roads and Maritime Services. Cockatoo Island wharf upgrade - submissions report [EB/OL]. (2017-02-15)[2020-04-06]. https://roads-waterways.transport.nsw.gov.au/documents/projects/sydney-inner/cockatoo-island-wharf/cockatoo-island-wharf-upgrade-submissions-report-2017-02.pdf.

* 本文得到国家社会科学基金重大项目（编号：17ZDA207）、与国家自然科学基金项目（编号：51678412）资助。

后工业革命时期工业建筑遗产及启示
——阿尔伯特·卡恩作品解读*

马悦淇　意大利博兹（Gruppo Pozzi）集团

摘　要：后工业革命时期，美国建筑师阿尔伯特·卡恩将实用主义与建筑工业美学完美结合，在工业建筑历史上独树一帜，他的作品以不同视角记录了20世纪初美国从底特律地区开始的工业建筑历史。本文通过对卡恩设计思想和作品的梳理及对比同时代欧洲工业建筑，探讨20世纪初欧美工业建筑的特点并力求为我国工业建筑设计研究、工业遗产保护再利用提供参考。

关键词：工业建筑；现代主义；美国建筑；实用主义；建筑遗产

1　阿尔伯特·卡恩简介

阿尔伯特·卡恩（Albert Kahn，1869.3.21—1942.12.8）是美国最有影响力的工业建筑师和城市规划师，20世纪初由于创新了工厂结构，被誉为“现代工业之父”（图1）。他于1869年生于德国南部的犹太家庭，父亲是一名犹太拉比，母亲擅长视觉艺术和音乐。卡恩11岁时全家移民美国底特律，15岁进入底特律建筑事务所工作，并获得去欧洲学习的奖学金。学习期间他游历了德国、法国、意大利和比利时等国家，加深了对欧洲历史建筑的认知，为后期建筑设计的巅峰奠定了基础。1895年在美国底特律创立了阿尔伯特·卡恩联合事务所，开启了他的建筑设计之路。在西方工业革命潮流影响下，卡恩创立了实用主义工业建筑风格，其设计的立面、墙、屋顶、支撑系统、防火系统都可称为当时工业建筑的创新。1909年卡恩与美国汽车大亨福特公司合作，以底特律为中心，开始了以汽车工业为重点的工业建筑设计之路。一百多年来，他对建筑尤其是工业建筑的影响不可替代，至今底特律艺术学院还保留着卡恩的研究机构及300多部他的设计作品；他搭建的工厂模型仍作为工业设计的原型普遍沿用至今；他为福特公司设计的高地公园工厂项目，因其独特的历史意义和对室内结构的重大革新，现被重金拍下改建为记录福特汽车工业时代和底特律历史的博物馆。

图1　阿尔伯特·卡恩
（来源：https://en.wikipedia.org/wiki/Albert_Kahn_(architect)#/media/File:Albert_Kahn_(architect).jpg）

2　设计思维的形成

效率第一的设计思维模式是阿尔伯特·卡恩作为卓越建筑师的最大

成就之一，他认为建筑师在设计时首先应该考虑的是如何使效率最大化。因此，他设计工业建筑时不仅考虑外观宏大，而且注意与企业规模和发展规划结合，避免不必要的空间浪费；美化建筑造型时不仅考虑创新求异，而且注意与城市文化特点融合，考虑整体的协调一致；建筑材料运用上不仅大胆使用新材料，而且高度重视性价比和安全性能；在内置空间设计上不仅开放灵活，而且更加注重细化务实。实践中卡恩创造了著名的科学管理方法，在总协调管理层下分设两大部门：行政助理和执行机构。行政助理下设技术部门并细化到结构、机械、建筑、设计等岗位；执行机构下设施工部门及管理办公室等。这种从美学视角出发，对建筑设计内置科学分类、细化管理的设计思维，在当时工业建筑设计史中尚属前瞻者。

纵观卡恩的科学管理方法可以看出，一名优秀的建筑师在工业建筑设计中要善于综合利用科学知识，尽最大可能使设计最大化地提高生产率。在这样的思维指引下，卡恩的管理方法要求工业建筑设计不仅是传承历史、融入时代、创新选材、降低成本，还要将设计美学和高效管理融入建筑设计中，工业建筑设计上的高效与美观同样重要。20世纪初，将工业化科学化管理知识运用于工业建筑设计之中是卡恩在后工业革命时代的创举，其作为思维遗产被载入工业建筑史册。

3 设计思想

20世纪初，阿尔伯特·卡恩对正在崛起的美国建筑发展趋势进行了预测。他认为：由于美国是一个移民国家，人口必将快速增长，处于后工业革命时代加速发展是社会的必然，随着人民对物质生活需求的日益增长，对客观环境的要求将越来越高，加之美国有着广袤的土地，建筑业尤其是工业建筑高速发展的机遇即将到来。如何结合美国国情，制定适合国民经济发展需要的建筑发展规划是当务之急。于是，卡恩调研了近50年间欧洲不同功能的建筑，分析了立面元素、整体风格结构。在调研总结中，他对德国建筑师阿尔弗雷德·梅塞尔的韦特海姆百货公司建筑（图2）给予了高度评价。他说，作为德国人第一次尝试摒弃传统建筑理念，建立一种现代主义风格的建筑，取得了非常积极的效果和影响。浑厚的实墙立面配以圆拱形高大入口，既考虑了货物运输的需要，又具有简单质

图2　韦特海姆百货公司（1920年代）
（来源：阿尔伯特·卡恩，《美国趋势》）

朴的美学感受，同时也涵盖了欧洲经典建筑元素；考虑到百货公司对采光功能需求不高，从二楼起采用了和入口轴线对齐的高细窗，让人联想到了教堂的细长窗户甚至是同期 AEG 工厂的窗。梅塞尔的精神影响了同期很多德国建筑师，如柏林城市规划建筑师路德维西·霍夫曼、尝试确立德国国家现代主义风格的威廉·莫里斯等，也影响了卡恩，为其逐渐形成的折衷主义和实用主义设计思想奠定了基础。由于美国移民国家的特征，多种文化的构成自然弱化了文化个体属性，建筑作为功能和构建生活环境的载体，要有利于经济发展与社会和谐，在建筑风格上选择折衷主义正是促进和谐的国情需要。在此基础上，卡恩提出美国建筑风格趋势应走注重功能和美学相对结合的折衷主义之路。在他发表的论文里，将精细工艺和专业性建筑两者在实践中如何融会贯通作为核心思想，强调了对平衡和对称性及整齐规范化建筑的看好，对个人主义风格的批判。卡恩的《美国趋势》论文，成为美国后工业革命时代的工业建筑设计与发展的指导性文献，他的折衷主义和实用主义设计思想也成为时代特征被载入工业建筑史册。

4　设计实践（1910—1940）

阿尔伯特·卡恩的建筑设计理念及构造方法不仅定格了美国工业建筑的风格和发展趋势，也影响了世界后几十年工业建筑的流行与发展。下面以卡恩的实践项目为例解读其设计理念。

4.1　底特律高地公园厂房项目

这是卡恩在 1909 年与福特汽车公司合作的第一个项目，项目的完美收官不仅拉开了卡恩与福特长达 30 多年的合作序幕，也奠定了美国底特律汽车城美誉的根基。在项目初始设计时卡恩考虑到了历史上工业建筑室内空间局限性的弊端，从而选择了宽敞开放的室内空间的方案。运用钢筋混凝土作为建筑基本材料和自主研发的支撑系统（图 3），攻克了工业建筑超大空间立面支撑功能和材料防火功能的难题。结构的稳定性和新材料的防火功能，增强了工业建筑的安全性；硕大的室内开放空间增加了功能分区的灵活性，改进了生产线分布，创造了提高生产率的空间条件。至此，工业建筑不再只是浑厚巨大、庄严肃穆、室内功能呆板的建筑模式，而是增加了外观轻盈、结构简洁、实用低价、视野开阔、功能灵活等特点的建筑新模式。超大的室内空间不但有利于改善室内的生产和工作环境，也为工人提供了更加舒适、多元化的空间。至此，卡恩翻开了美国后工业革命建筑史的新篇章。

现今的底特律高地公园厂房已被伍德沃德协会（Woodward Avenue Action Association）购买了其中两座有代表意义的建筑，正在改建成剧院、信息中心、汽车历史博物馆等。卡恩的代表作品已成为底特律汽车城历史的见证（图4）。

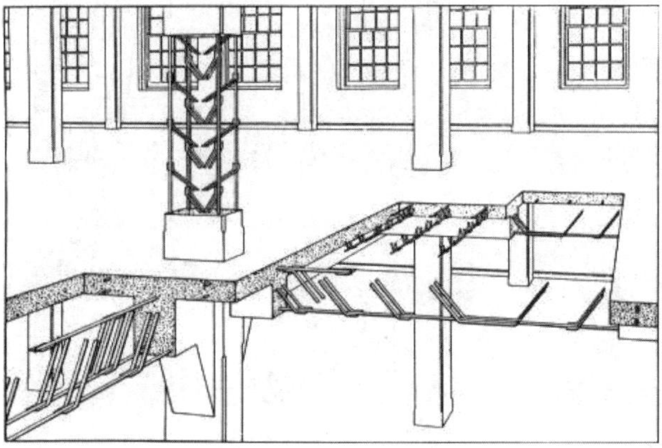

图3　阿尔伯特·卡恩的钢筋混凝土支撑系统（1903）
（来源：https://jerubbel.wordpress.com/2013/03/05/albert-kahn-and-the-innovation-of-his-kahn-crete/）

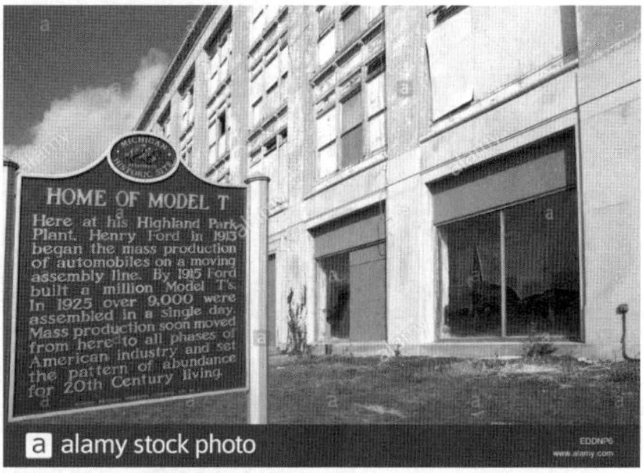

图4　高地公园厂房现状（2014）
（来源：https://www.alamy.it/foto-immagine-ford-motor-impianto-modello-t-la-prima-linea-di-assemblaggio-highland-park-mi-stati-uniti-d-america-25-ottobre-2014-77134462.html）

4.2　底特律红河工厂项目

1929年卡恩为福特设计底特律红河工厂（River Rouge Plant），他的建筑理念再次升华。作为当时全世界体积最大的工业建筑群，红河工厂长2.4千米，宽1.6千米，占地面积550万平方千米，其中包括了93座建筑及内部供电系统、炼钢厂及内部运输轨道等基础设施（图5）。建筑材料大量使用了近代建筑冠以绿色材料的玻璃，增强了采光通透性；生产线采用了莫里斯·卡恩（Moritze Kahn）提出的新生产线资源整合方案，进一步提高了生产设计效率。底特律红河工厂以其完善的工业流水生产线系统引起了广泛关注，创造了大量就业机会，夯实了底特律汽车之城的地位，构建了以汽车工业及配套设施为核心的乌托邦新城，吸引了大量民众迁此定居，一定程度上推动了美国去城市化的进程。

图5　红河工厂建筑群（1927）
（来源：https://en.wikipedia.org/wiki/Ford_River_Rouge_Complex）

底特律红河工厂1948年投产后一直正常运转，至今仍然生产福特F-150型汽车（图6）。其间只在1999年进行了一次设施改造，建筑师威廉·麦克唐纳在迪尔伯恩（Dearborn）卡车组装厂的100 000平方米屋顶上覆盖了4公顷的景天属植物，这是一种生长缓慢的地被植物。景天储存并净化雨水的同时还调节建筑物的内部温度，从而节省了能源。

图 6　红河工厂建筑群现状
（来源：https://alchetron.com/Ford-River-Rouge-Complex）

4.3　伊利诺伊州埃斯特夫人工厂项目

1937—1938 年卡恩设计了伊利诺伊州埃斯特夫人工厂（Lady Esther Plant），在完善实用主义设计原则的同时引入了更利于劳动资源分布的平面设计方案：在一层平面超大工作空间里为不同工种分出独立的工作空间，配以合理的逻辑流线；一条生产线贯穿整个大空间，五条配置走廊穿插在其中，这种车间平面设计模式在工业建筑中沿用至今（图 7）。

图 7　埃斯特夫人化妆品工厂（1937—1938）
（来源：Federico Bucci，*The Kahn Method*）

4.4　克莱斯勒卡车工厂项目

1937—1938 年卡恩设计了坐落于巴尔的摩的克莱斯勒卡车工厂，对实用主义与美学的融合达到了职业巅峰。他将玻璃作为建筑表面材料的运用达到了炉火纯青的地步，同时摒弃了工厂一贯的平屋顶设计，采用了一种类似车顶窗图案的屋顶造型，使依旧庞大的体量不再像以前那样沉重，多了一种平静纯粹、理性之感（图 8）。这无疑是美国现代工业建筑历史上的一个里程碑，也昭示了工业建筑也可以作为一个历史建筑景观、一座体积巨大的博物馆，以其独到的形态影响世界。

2020 年克莱斯勒卡车工厂进行了产品升级改造，转换为生产吉普 Wagoneer（图 9）。

图 8　克莱斯勒半吨卡车工厂（1937—1938）
（来源：https://ndion.de/en/industrial-architecture-by-albert-kahn-exhibition-and-book/）

图 9　克莱斯勒半吨卡车工厂改造方案（2020）
（来源：https://i1.wp.com/moparinsiders.com/wp-content/uploads/2019/10/View-from-SW-2.jpg?fit=4344%2C2445&ssl=1）

5　卡恩与欧洲贝伦斯工业建筑设计的对比

18 世纪末 19 世纪初欧洲工业建筑中，德国是发展速度最快的国家之一。彼得·贝伦斯（Peter Behrens）作为德国现代建筑之父、德国现代主义设计重要奠基人，他及他设计的德国电器公司（AEG）的形象、规格化的工业设计语言，与阿尔伯特·卡恩各有千秋。将卡恩在美国工业建筑方面的成就与同时代建筑艺术文化底蕴深厚的欧洲建筑师贝伦斯进行对比，可以看出，二者分别在当时世界文明最发达的地球两端同时创造出了满足时代需要、体量庞大、功能相近、外形不同的工业建筑模型，都在工业建筑史上留下浓重一笔。两位建筑师由于成长背景与文化底蕴的不同，创造了不同风格的工业建筑。

彼得·贝伦斯由于深受在欧洲宗教氛围之下以教堂为中心的社群文化影响，在设计德国电器公司 AEG（1909 年）时选择了立面相似于古神庙的弧形屋顶，窗户选用了贯穿楼层的长窗以利于采光，用和谐的绿色穿插在整个外表面和窗框，使二者浑然一体。彼得·贝伦斯的工业建筑设计不但展示出美学元素，而且由于融入宗教元素使整个建筑渲染出浑厚巨大、外墙厚实、庄严肃穆的氛围，从而摆脱了传统工业建筑单调的设计模式，开创了城市文化底蕴、建筑风格与工业建筑融为一体的先河（图 10）。

图 10　德国电器公司 AEG（1909）
（来源：https://it.wikipedia.org/wiki/Fabbrica_di_turbine_AEG）

阿尔伯特·卡恩设计的美国底特律福特高地公园厂房（1922 年）由于少了厚重的城市文化历史羁绊，以纯粹功能性和成本性为设计理念，采用模块设计法，规整的外形给人一种轻盈、明快、简约、时尚的感觉。一眼望去，可以清楚地从建筑外部观察出楼层的规划，将钢筋混凝土技术与大玻璃方窗相结合，不但给人一种新美国功能主义之下的秩序之美，也为他此后的工业设计之路奠定了先导地位（图 11）。

贝伦斯和卡恩不同的设计风格，成就了后工业革命时期不同历史、不同文化下产生的不同工业建筑模式。他们的共同特点是，传承建筑历史、融入城市文化、开拓设计领域、创新建筑思维、适应时代潮流。他们的侧重点是，欧洲彼得·贝伦斯在工业建筑设计上，更注重欧洲厚重的历史文化传承与整体城市风格的协调一致，在工业建筑上继续书写着欧洲浓郁的教堂文化；美国阿尔伯特·卡恩在工业建筑设计上，更看重创新、时尚和性价比，更加追求高大上的新兴元素，在工业建筑选材上率先采用了新发明的钢筋混凝土结构、铁质窗框及大量玻璃，起到了新型工业建筑示范作用。可以说，贝伦斯和卡恩作为后工业革命时期的工业建筑开拓者，不但成就了那段历史，也启迪了后来者。

图 11　底特律福特高地公园厂房（1922）
（来源：https://en.wikipedia.org/wiki/Albert_Kahn_(architect)#/media/File:Packard_plant_no_10_construction.jpg）

6　总结和启迪

阿尔伯特·卡恩以其独特的实用主义工业美学为设计原则，结合工程师思维及对理性折衷主义建筑的不懈追求，以跨越时代的经典作品和对社会经济发展的准确定位，在后工业革命时期的建筑尤其是工业建筑历史上留下光辉篇章，也一定程度上影响了世界工业建筑设计的潮流趋势。梳理卡恩的工业建筑设计思维和代表作品我们可以汲取四个精髓：

一是实用主义。实用是卡恩工业建筑设计思维的基础，从他的代表作品中可以看出，对待任何一个项目他首先想到的是从实际出发，而不是照搬照抄。他的实用主义不但体现在追求物美价廉方面，更体现在借鉴、融合、发展、追求百年大计方面。二是效率优先。实现效益最大化是卡恩设计思维的核心，在著名的底特律红河工厂项目中，完善的工业流水生产线提高了生产设计效率，引起广泛关注，被称赞“用最简洁的方法达到最满意的结果”。三是勇于创新。大胆开辟设计新路径是卡恩设计思维的动力源泉。底特律高地公园厂房项目由于卡恩大胆选择宽敞开放室内空间的设计方案，运用新材料钢筋混凝土作为建筑基本材料等，攻克了工业建筑超大空间立面支撑功能和材料防火功能等难题，成为美国后工业革命建筑史的首创。四是永无止境。卡恩一生担任大多数美国大汽车公司的主要建筑师达 30 年之久，为美国设计了 19% 的工业建筑，为福特汽车公司设计了上千的工程，为苏联设计了 521 个工厂等，足以说明其对设计的不懈追求。

我国改革开放至今实现了经济持续高速发展，经济增长已位居世界前列，工业建筑已俨然成为诸多城市空间的重要组成部分，与城市发展和人民生活息息相关，承载着历史的记忆。因此，工业建筑的设计开发、工业遗产的保护利用和吸取借鉴他国经验与教训对我们同样至关重要。汲取卡恩工业建筑思维的精髓，能够给我们带来两方面参考：首先是工业建筑设计的思维模式。在建筑设计上，卡恩作为现代工厂的开创者，他在建筑设计上的实用主义思维、效益优先理念、兼容制造技术、科学管理原则、完美融合时代等为我国工业建筑设计提供了一些参考，当然不是复制他创造的现在看起来有些过时的工厂模式，而是在工业建筑设计上可以借鉴卡恩更合理的空间布局、更高的利用效率的设计理念。卡恩的卓越在于他依靠自身敏锐的反应能力，为企业不断变化的生产需求提供合适的解决方案，最终创建了美国标准化工厂模式。如今我国制造业正在不断涌现最新的自动化技术，对未来工业建筑设计提出了新课题，要求工业建筑与新的技术导向相结合。随着制造领域新技术的置入，设计需要再次走出传统模式，实行跨界融合。正如卡恩所说：“可以在不增加成本的情况下形成恰当的比例、合适的分割和良好的轮廓，这些比精心制作的装饰更令人满意。”其次是工业建筑遗产的保护利用。通过调研卡恩代表作品的改造现状，可以发现工业建筑遗产保护利用和商业价值方面的重大历史及现实意义。我们可以将有保存价值的、已经不符合现代工业需求的工业建筑遗产进行改造利用，实行商业化运作，变废为宝，这不但保留了对一个工业历史时代的回忆，也展现了我国不同时代建筑遗产的多样性。工业建筑虽然因生产活动应运而生，但也终将在时间的流逝中融入城市的日常生活，印记在历史的长河中生生不息。

参考文献

[1] JOHNSON D L, LANGMEAD D. Makers of 20th century modern architecture: a bio-critical sourcebook [M]. Chicago: Fitzroy Dearborn Publishers: 161-164.

[2] CHRISTY B. Masters of mess production, Indianapolis [M]. IN: Bobbs-Merrill Co., 1945:97-100.

[3] What about Kahn [EB/OL]. (2010-10-29) [2011-05-27]. albertkahn.com.

[4] ARTHUR H. Freedom's forge: how American business produced victory in World War II [M]. New York: Random House Publishing Group, 2012.

[5] SONIA M R. The Soviet problem with two "unknowns": how an American architect and a Soviet negotiator jump-started the industrialization of Russia. Part I: Albert Kahn [J]. The journal of the society for industrial archeology, 36(2): 59-73.

[6] BUCCI F. The Kahn method[M]. Milan: Bilingue, 2017.

[7] Detroit Times Building: buildings of Detroit[EB/OL]. [2010-10-26]. https://historicdetroit.org/buildings/detroit-times-building.

[8] KENNETH F. Modern architecture: a critical history [M]. London: Thames and Hudson, 1985.

专题五

工业遗产保护利用实践

基于“绿色再生”理念下的船政文化马尾造船厂片区工业遗产保护实践

梁章旋　黄　平　福建省建筑设计研究院有限公司

摘　要：船政文化马尾造船厂片区工业遗产保护实践，试图从“绿色再生”的视角出发，以保护修缮和绿色改造为主要整治方式，避免建设性破坏，利用节能改造、“绿色表皮”、装配式设计、低影响开发等策略在保证最大化地展示工业遗产历史记忆的同时，体现船厂保护建设过程中再生和可持续发展的理念。

关 键 词：绿色再生；工业遗产保护；船政文化；适度节能改造

1　历史背景

福州马尾造船厂始建于1866年，是清末洋务派兴办的第一座军工造船厂，是中国近代海军的摇篮，是中国近代第一家机器造船厂，也是同期亚洲地区最大的造船厂（图1）。民国时期在马尾造船厂内设立的海军飞机工程处是中国第一家飞机制造厂，开创了中国飞机制造的先河。船政学堂是中国第一所新式学校，也开创了我国近代科技教育之先河，培育出了众多优秀的风云人物，活跃在近代中国的军事、文化、科技、外交、经济等各个领域。船政为海军之根基，可以说近代以来船政是集教育系统、军事系统、社会系统和工业系统四大系统于一身的科技创新和爱国护海的重要领域。中华人民共和国成立后，马尾造船厂以制造民用船舶为主恢复生产。马尾造船厂片区内呈现出不同建造年代、不同风貌类型、不同结构类型的建筑叠加，2016年马尾造船公司整体搬迁，旧船厂成为历史遗址，2019年启动马尾造船厂工业遗址保护建设。

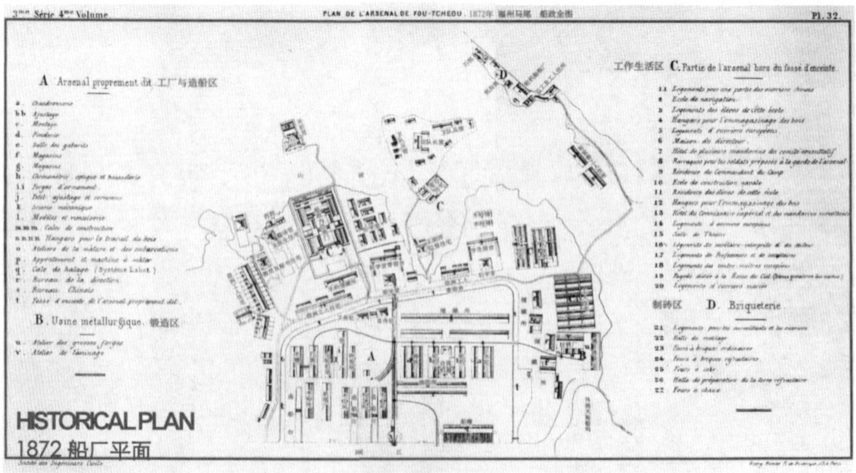

图1　1872年船厂总平面图

2 规划策略

马尾造船厂工业遗址的整个保护规划策略为对已灭失和现存的重要价值点进行系统梳理，作为整个保护规划的设计依据。以保护修缮和绿色改造为主要的整治方式，避免建设性破坏，对于不同年代不同类型的建筑采取不同的改造或修缮策略：对于文物类建筑，以最小干预、改造遵循可逆原则，保证文物本体特征；对于历史风貌类建筑，尽量呈现出不同时期的历史记忆，通过修补的方式呈现建筑特色；对于工业风貌类建筑，结合功能更新适当地加入一些现代元素以彰显船政传承创新的精神内核（图 2、图 3）。

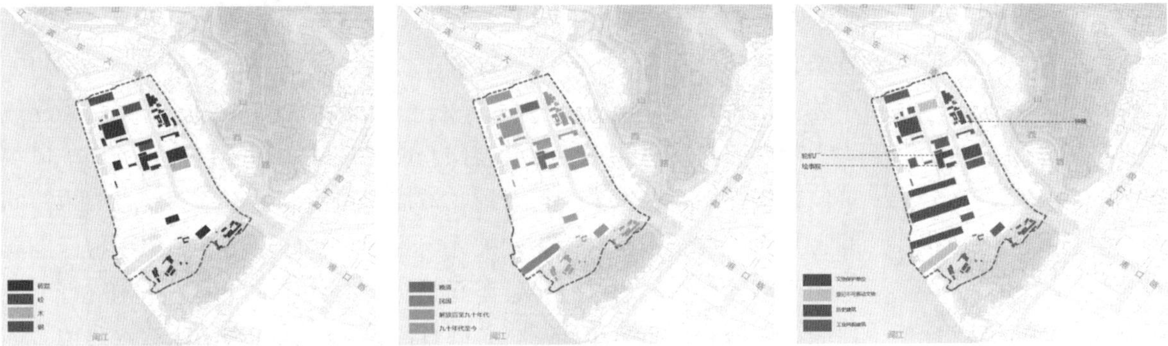

图 2　船厂内建筑类型分布

图 3　船厂保护规划鸟瞰图

3 建筑设计策略

核心区主要为铁胁厂、综合仓库、机装车间、机装课仓库以及甲居课保障组五栋建筑。建筑设计基于“原真性、叙事性、生态性”三个原则，最大限度地保存不同历史时期的遗存，以叙述造船工业历史为根本出发点，利用空间、光线、材料、细部构件等元素记录和展示造船工业的历史故事和空间氛围。在建筑材料上尽可能使用可再生材料和船厂内遗存的建筑构件，体现船厂再生和可持续发展的理念，新建和改建部分既要体现工业建筑的粗犷，又要体现现代工艺的精致。

3.1 适度节能改造

对于一般公共建筑的改扩建项目，节能设计需遵循《公共建筑节能设计标准》（GB 50189—2015）和《福建省公共建筑节能设计标准》（DB J13-305—2019）的设计要求，但对于工业遗产项目中的历史风貌类建筑，如机装车间及机装课仓库，应以最大限度地保存建筑的历史风貌为前提，不能简单地以满足围护结构的热工性能规定指标为目标，因此在外围护结构修复的基础上应采用适度节能改造的方式对建筑室内的热舒适性进行性能改造提升。

机装车间及机装课仓库为始建于1970年代左右的青砖外墙建筑，机装车间为一层钢筋混凝土排架结构厂房，单体占地面积为4152.36平方米，建筑面积为6832.83平方米；机装课仓库为一层砖混结构厂房，单体占地面积为740.95平方米，建筑面积为1203.4平方米；两栋建筑均为南北朝向。机装车间及机装课仓库建筑外立面具有较好的历史风貌价值，但外墙存在木窗糟朽严重、玻璃大量脱落、屋顶预制板漏水等问题，且建筑经结构可靠性鉴定被评定为四级，即不符合国家现行标准规范的可靠性要求。通过对机装车间及机装课仓库的外围护结构进行节能性能评估得到，机装车间及机装课仓库外墙为240毫米厚清水砖墙，传热系数为2.24瓦/（平方米·度）；外窗为木窗加4毫米厚透明玻璃，传热系数为6.44瓦/（平方米·度）；机装车间屋面为40毫米厚钢筋混凝土预制板屋面，传热系数为5.784瓦/（平方米·度）；机装课仓库屋面为0.5毫米厚压型钢板，传热系数为58.2瓦/（平方米·度）；两栋楼围护结构热工性能和室内热舒适性均较差。

在保护建设过程中对机装车间及机装课仓库的立面清水砖进行清洗、修补，最大化地还原建筑历史风貌；对原有糟朽的木窗进行修缮，替换5毫米厚隔热涂膜玻璃，有效地增强门窗的隔热性能，更换隔热涂膜玻璃后的门窗传热系数为5.79瓦/（平方米·度），比原有透明白玻璃优化10%；原先糟朽严重无法开启的门窗在修缮后均保证可开启，且室内高窗增加电动开启装置，保证室内空间拥有良好的通风。机装车间屋面为30毫米厚预制板屋面（图4），现有屋顶无法满足传统保温隔热屋面做法的荷载需求，经过多轮方案比选，最终采用聚氨酯薄涂型涂料与仿古面层热反射型涂料组合的方式，在保证屋面防水的同时有效地增强屋顶的隔热性能（图5、图6），修复后的屋面传热系数为4.305瓦/（平方米·度），优化约25.5%，且最大限度地保持原有屋面的风貌（图7）。另外机装课仓库原有屋面已缺失，现状屋面为后期搭盖的简易彩钢板屋面，其风貌及保温隔热性能均不理想，故采用深灰色铝镁锰板加厚保温岩棉的屋面构造替代原有彩钢板屋面，在还原原有瓦屋面风貌的同时增强屋面的保温隔热性能，改造后屋面的传热系数为

0.486 瓦 /（平方米 · 度）。

图 4　机装车间现状屋面

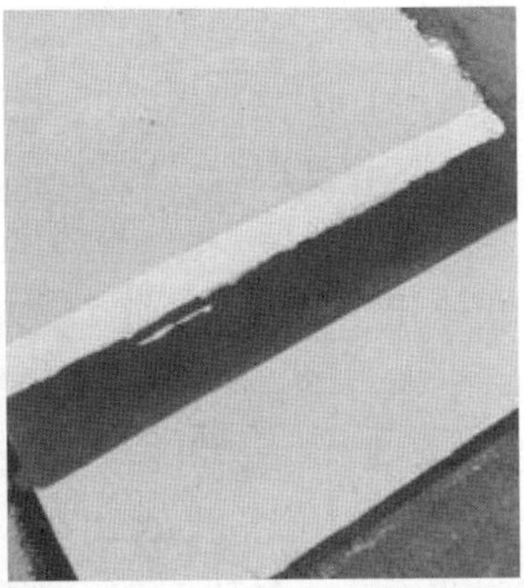

图 5　保温隔热材料分层做法

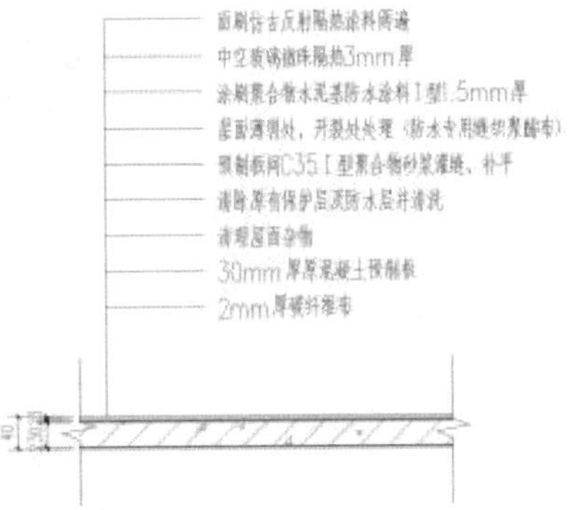

图 6　保温隔热材料构造做法

图 7　修复后机装车间屋面

3.2　“绿色表皮”再生

厂区内的铁胁厂及综合仓库均为钢结构建筑，但现状表皮均为简易彩钢外墙，对建筑风貌及铁胁厂内原有钢构的保护均不理想，亟需替换建筑表皮以满足船政文化城园区运营的需求及对铁胁厂钢构进行保护的要求。

铁胁厂始建于 1875 年，原为歇山顶、青瓦屋面木构建筑。1898 年聘请法国人杜业尔任洋监督，福州将军兼船政大臣裕禄听从他的意见，将铁胁厂改建为钢构架厂房。抗日战争期间该厂多次被轰炸，1944 年仅存屋架，1947 年重建铁胁厂。1998 年对铁胁厂进行维修改造。在 2016 年马尾造船厂搬迁时，铁胁厂为简易钢板屋面及局部砖砌外墙，对内部结构主体缺乏有效保护，原有的钢结构为不同时期改扩建而成，经结构鉴定已不具备承重作用。铁胁厂是船政建筑的重要组成部分，是中国最早的近代西式钢构架厂房，也是最早的飞机制造车间，因而是国内重要的近代工业遗产，具有很高的文物价值，亟需妥善保护。

由于原铁胁厂的基础承载力及主要构件已不能满足正常建筑使用需要，为避免对原结构进行过多的更换与加固，从保护文物的角度出发，铁胁厂的遗产保护建设定性为“保护性设施建设工程”，即“为保护文物而附加安全防护设施的工程”，在原结构的外部新建类似“橱窗”的表皮，将原铁胁厂的主要构件以“展品”的形式进行保存。外部表皮采用“时间轴”的设计理念，通过木纹陶砖以及彩釉玻璃屋面由实至虚像素化演变的方式将铁胁厂由木构到钢构的不同历史时期的建筑风貌在立面上呈现出来（图 8）。屋面系统采用双层玻璃系统，中间留 130 毫米厚空气间层，有效增强屋面的保温隔热性能，并通过双层玻璃系统的局部开口促进空气间层的空气流动，有效地通风散热；屋面系统下设电动遮阳帘，避免夏季阳光直射（图 9）。利用双层屋面系统中间空隙间层的龙骨作为避雷带，在保证建筑整体效果的同时，减少材料的使用，同时双层屋面系统起到两道防水的作用。通过局部的电动可开启外窗设置，实现自然通风，顶部以烟囱造型设置通风器增强通风，改善室内微气候。

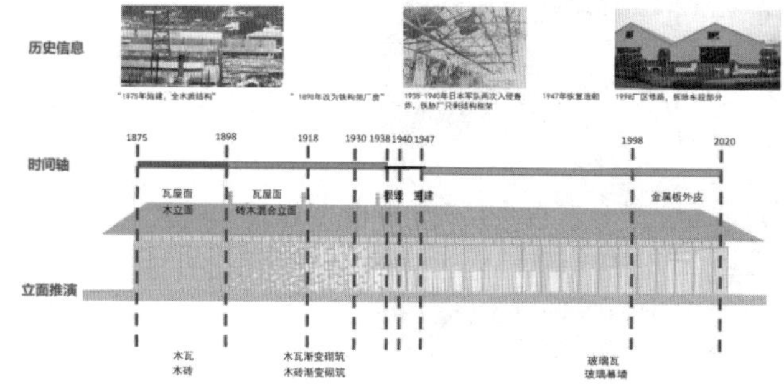

图 8　铁胁厂设计概念

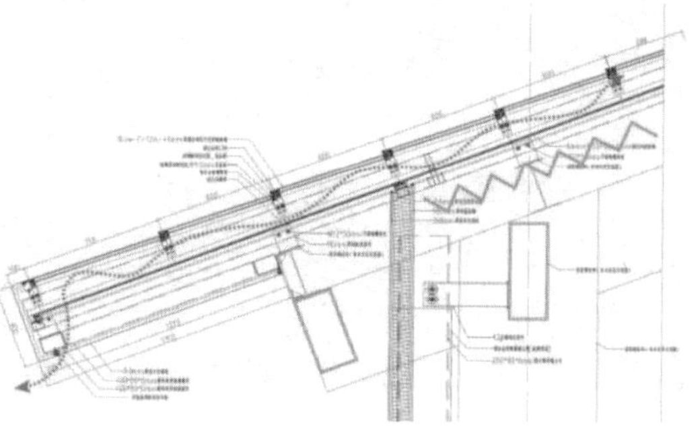

图 9　铁胁厂屋面构造图

综合仓库始建于 2005 年左右，单体占地面积为 2456.42 平方米，建筑面积为 8388.88 平方米，为主体四层局部两层的钢结构仓库，建筑整体质量较好，外围护结构原为蓝色简易钢板（图 10）。综合仓库的整体改造策略为在保存原有钢结构主体框架的情况下，拆除原蓝色简易钢板外皮，替换为波浪形穿孔铝板表皮，在延续原有的立面肌理特征的基础上，又隐喻船政深厚的海洋文化（图 11）。立面延续原有建筑条形开窗逻辑记忆，通过“穿孔铝板 + 玻璃”的双层幕墙系统，有效地遮蔽阳光，并通过双层幕墙内的空腔实现自然通风，改善室内微气候（图 12）。

图 10　综合仓库改造前照片

图 11　综合仓库改造效果图

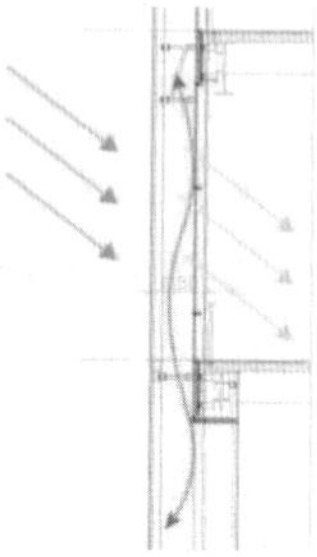

图 12　综合仓库表皮构造做法

3.3 重现历史记忆

铁胁厂原结构钢材生产于约 120 年前，具有很高的文物价值，因此全部保留原有的钢结构构件和吊车、吊车梁柱钢构（图 13）。对于锈蚀较轻的钢结构构件，采用表面清理再喷涂透明阻锈剂的方式进行处理，最大化地展示原有构件的历史记忆。对锈蚀严重的钢柱，采用贴焊钢板的方式进行加固，焊接完成后，柱脚位置进行混凝土外包，其他位置采用外刷透明阻锈剂进行处理。同时对于原有钢构件上遗留的不同时期工业生产的附属构件如电风扇、设备管道等均最大程度地保留下来，最大限度地展示船厂时期工业生产的印记（图 14）。

图 13　保留吊车及吊车梁柱

图 14　保留风扇及设备管道

为了保证原有钢构件的展示效果，新增设备管道均基于最小干预的原则，其中空调管道采用通风管廊的形式，严格避开原有基础，在铁胁厂地面布置送风百叶口进行送风（图 15）。

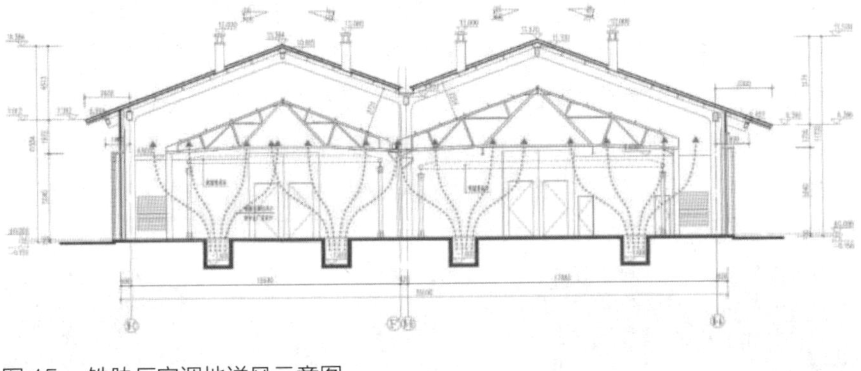

图 15　铁胁厂空调地送风示意图

3.4 装配式设计

新增表皮均采用模数化设计，其中铁胁厂外部陶砖根据结构柱网尺寸，采用两种陶砖的模数（480 × 240 × 150 及 1035 × 240 × 150）进行设计，采用两块陶砖对拼的方式进行组装，方便施工和后期维修更换（图 16），并采用像素化搭接的方式做出立面渐变的肌理。铁胁厂屋面玻璃采用 300 × 600 的彩釉玻璃模数，同样通过像素化拼贴的方式做出屋面渐变的肌理。综合仓库采用 750、1500、3000 三种模数的穿孔铝板，拼贴出波浪起伏的立面效果。

新增的结构体系均采用工厂预制，现场安装。其中铁肋厂新增钢结构仔细避开原密集的钢结构（图 17），并且利用木纹肌理来体现“铁肋木壳”的意向；钢构节点采用一体成型铸钢节点，展现现代工艺的精致。外围护结构采用钢材、玻璃、铝板等可再循环材料，最外层陶土砖渐变表皮采用模数化预制，现场锁扣安装。室内空调通风系统采用地送风的形式，实现对历史构件的最小干预。所有新增室内墙体均采用轻钢龙骨一体化预制墙板，减少现场施工环节。

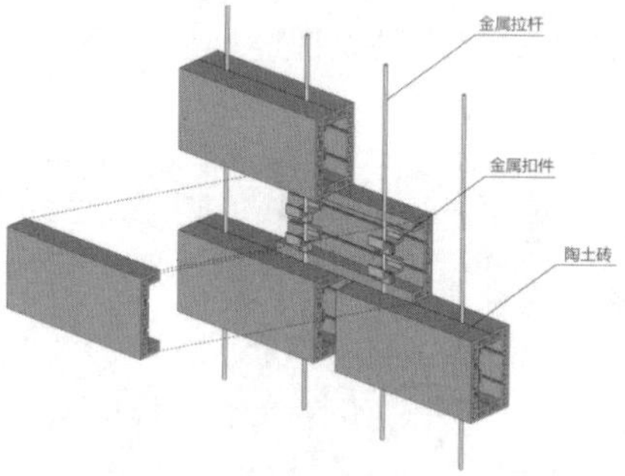

图 16　铁肋厂外墙陶土砖节点

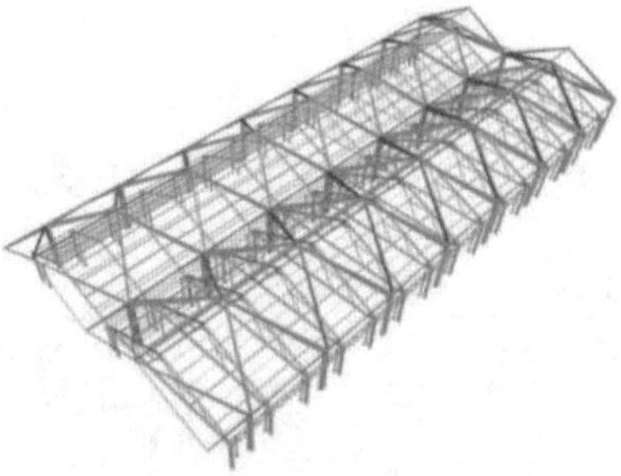

图 17　铁肋厂新增结构体系

4　低影响开发场地设计

保护规划充分尊重场地不同历史时期的遗存（图 18），从场地现状出发，最小干预场地，将废弃材料进行再利用。设计根据场地不同片区的历史信息进行不同的定位表达并通过景观进行串联，将保护改造的造船厂区域通过景观的碎片重组，将船政遗存与现代工业发展的碎片化空间重新体系化。通过景观的叙事性表达及互动设计，以及弹性活动场地的预留，为未来的使用者提供丰富的参与体验与多种可能。

在场地植物方面，最大限度地保留现状树木，根据现场条件筛选现状植被作为主导植被，保留场地内遗存的构筑物，并以构筑物的形态作为景观小品设计的依据。

图 18　场地遗存构筑物

在屋面排水方面，屋面雨水一部分通过雨水管排入建筑周边植草沟，通过植草沟的净化作用渗透入土层，植草沟设置溢流口衔接雨水排放系统；另一部分屋面雨水经过雨水过滤后进入埋地雨水搜集池，作为室外景观水景的水源（图 19）。

对船厂片区内拆除的建筑废料进行循环再生利用，将废弃混凝土块进行破碎、清洗和分级后，按一定比例相互配合形成再生粗、细骨料，以此代替天然骨料配置新的混凝土，并将再生混凝土用于船厂滨江码头广场铺装的基层，可以有效地减少船厂区域内的建筑垃圾外运，实现建筑废料的在地消化，同时可以减少天然骨料的消耗（图 20、图 21）。

图 19　室外植草沟示意

图 20　建筑拆除的废料

图 21　再生骨料混凝土透水铺装材料

5　结语

马尾造船厂片区工业遗产保护作为工业遗产绿色改造的案例，在建筑单体上呈现了丰富多样的形式。工业遗产建筑的绿色再生是一个全新的概念，建筑不再被认为是静态的，它是一种可以进行新陈代谢和有机伸展的活体，它具有极强的自我适应能力，以适应外界的新需求。在这种新旧功能融合的时代下，我们应该对工业遗产建筑进行针对性的分析，对不同建筑类型、不同建筑形式等工业遗产建筑采用不同的绿色再生技术，强调绿色再生技术的可靠性、可操作性、经济性，根据建筑特点和系统特性制定适宜的综合改造方案，体现出真正的建筑与地域结合，建筑与生态结合，让工业遗产建筑带着城市的历史，焕发出新的活力。

参考文献

[1] 霍晓卫，杨勇 . 福州市历史建筑保护利用案例指南 [M]. 上海：同济大学出版社，2020.

[2] 陈悦 . 船政史 [M]. 福州：福建人民出版社，2016.

[3] 秦雨相，于汉学 . 工业建筑遗产活化利用策略研究 [J]. 城市记忆与工业遗产，2019(10):73–74.

[4] 张春茂，万川特，王维 . 首钢工业遗产改造中的绿色转化 [J]. 工业建筑，2014(44):68–71.

* 本文得到国家自然科学基金（51178465）、教育部人文社科规划基金（20YJA760050）、湖南省哲学社会科学基金（20ZDB034）、湖南省社会科学成果评审委员会课题（XSP20YBC017）、湖南省社会科学成果评审委员会课题（XSP21YBC229）的资助。

“城市双修”理念下湘潭锰矿国家矿山公园规划研究*

张　平　吴　越　王　顶　杨昌鹏　湖南科技大学建筑与艺术设计学院

摘　要：随着城市发展、经济转型，一些传统采矿工业因前期开采，留下大量的“疤痕”，而将其改造成矿山公园是目前国内矿业废弃地治理的主要形式。本文从我国矿业废弃地现状和“城市双修”概念入手，介绍了“城市双修”理念下矿业废弃地的改造原则和方法，并结合湘潭锰矿国家矿山公园规划实例，从“生态修复”和“城市修补”两个角度论述了锰矿矿业废弃地的改造方法，以期为矿业废弃地的修复和改造提供一些思路。

关键词：城市双修；湘潭锰矿；生态修复；城市修补；矿业废弃地

改革开放以来，随着我国城镇化进程不断加快，许多传统工业却不能很好地适应快速发展带来的影响，面临关、停、并、转，最典型的如采矿工业。大量的矿业开采留下了大面积挖损、塌陷和污染的废弃地，不仅浪费了城市土地资源，制约经济发展，还带来了一系列社会和环境问题。“城市双修”理念于2015年6月提出，是融合生态修复、城市更新、城市复兴等多种内容的中国特色城市更新理念。本文将从“城市双修”理念出发分析矿业废弃地改造的内容、原则、流程和方法，并以湘潭锰矿国家矿山公园规划为例，分别从“生态修复”和“城市修补”两个角度对锰矿矿业废弃地改造方法进行具体论述，为实现矿业废弃地及所在城市可持续发展和“精明型”转型升级提供新的理论指导和案例借鉴。

1　“城市双修”理念与矿业废弃地现状

1.1　“城市双修”理念

“城市双修”，即生态修复和城市修补的简称，是指用再生态的理念，修复城市中被破坏的自然环境和地形地貌，改善生态环境质量；用更新织补的理念，拆除违章建筑，修复城市设施、空间环境、景观风貌，提升城市特色和活力（图1）。[1]

生态修复旨在使受损城市生态系统的结构和功能恢复到受干扰前的自然状况，一方面重点将城市开发活动给生态系统带来的干扰降到最小，另一方面通过一系列手段恢复城市生态系统的自我调节功能，使其逐步具备克服和消除外来干扰的能力，促进生态系统在动态过程中不断调整而趋向平衡。

城市修补就是采用好的城市规划和设计理念方法，以系统的、渐进的、有针对性的方式不断提高城市公共服务质量，改善市政基础设施条件，发掘和保护城市历史文化和社会网络，使城市功能体系及其承载的空间场所得到全面系统的修复、弥补和完善，使城市更加宜居，更具活力。

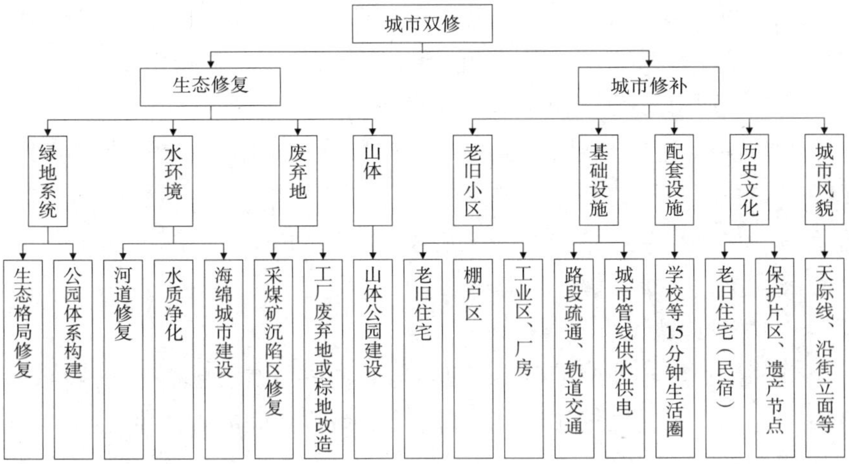

图 1　城市双修体系
（来源：作者自绘）

1.2　矿业废弃地现状

我国是矿业大国，矿业废弃地广泛分布于矿业城市中，事实上，矿业废弃地也广泛分布于其他职能类型城市之中。[2] 诸如，在 23 个省会城市和 4 个直辖市中，约 80% 的城市都拥有丰富的矿产资源，而且这些城市内部存在不同程度的矿业废弃地，这些废弃地分布点多面广，不仅占用城市土地，破坏自然景观，呈现出一片“山河破碎，满目疮痍”的情景，更留下较多的地质灾害隐患，影响居民安全与健康。例如，长沙市雨花区跳马镇历史遗留的废弃矿坑非常多，这些矿坑曾是采石场，被废弃后由于常年雨水汇集，有的演变成了池塘，有的直接成为非法垃圾倾倒地，环境负面影响逐渐显现，更有甚者被某些企业用来作为排污点，造成更深的环境污染。

湖南省矿产资源种类丰富，素有“有色金属之乡”和“非金属之乡”的美誉。根据《湖南省矿产资源总体规划》记载，目前湖南省矿山有 6900 多个，其中大型矿山 94 个，中型矿山 313 个，截至 2019 年全省存在 859 个废弃露天矿山，矿业产业结构调整任务紧迫，废弃地环境治理恢复任务繁重。

1.3　矿业废弃地改造存在的问题

（1）规划设计的研究与实践不足

现如今，虽然对废弃地修复改造逐渐重视起来，但一方面相关的理论研究和规划设计实践还没有广泛展开，缺乏示范项目的引领和辐射。[3] 另一方面废弃地修复改造是多学科交叉、系统性工作，而在实践中多学科协作互补不足，较少运用综合性的设计方法，多是“头痛医头，脚痛医脚”的片段式工程。

（2）矿业数据库建设不到位

过去对矿山盲目开采，未建立完整的数据库，矿山实际信息数据掌握少，由于资料缺失，严重影响废弃地修复。

（3）规划设计理念和建设水平有待提高

从目前有的废弃地改造实践案例来看，规划设计理念和建设水平还存在一定的问题，比如，更重视视觉景观的营造，刚性工程较多，人工干预大，忽视了生态系统的自愈能力；较少运用综合性的设计方法，各个学科之间缺少相互协作，等等。

（4）管理建设机制存在缺陷

我国矿业废弃地属于多头管理，导致一些现状信息和空间基础数据不清、不精，缺乏数据和信息共享平台，各规划间的协调性较差，废弃地闲置期长。

1.4 “城市双修”与矿业废弃地改造

在快速城镇化发展背景下，2015 年提出的“城市双修”工作旨在解决城市发展空间不足、生态环境恶劣、社会文化分裂、景观风貌遗失等问题，是引导城市转型发展的一种生态化、精细化、可持续的多层次、多维度城市更新方法。在“城市双修”体系中，废弃地的修复是生态修复中的重要一环，而我国很多矿业废弃地由于其在历史文化方面具有重要价值，亦属于城市修补的重要部分，因此对矿业废弃地实施“城市双修”工作是应对生态问题、文化问题，建设美丽中国的战略举措。

一方面矿业废弃地改造是属于存量规划的范畴，也是实现城市“精明增长”的必然要求。[4] 矿业废弃地虽然土地利用率低，却蕴藏着丰富的景观、空间、建筑以及土地资源，通过合理可行的整合和挖掘，可成为城市发展新的着力点。

另一方面，矿业废弃地改造可以完善城市功能，实现城、郊，新城与老城区之间和谐发展。矿业废弃地是城市网络系统中不可或缺的一部分，它们广泛分布于城区周边、郊区等。通过矿业废弃地的改造，可以对其功能进行修补，激发其价值，完善其设施，提高城市人居环境质量和水平。

2 “城市双修”理念下矿业废弃地改造

2.1 “城市双修”理念下矿业废弃地改造定义与内容

矿业废弃地改造是开展“城市双修”工作的必然要求，“城市双修”理念下矿业废弃地改造是指依据周边环境及城市对矿业废弃地再生的要求，采用适当方法妥善处理矿业废弃地当下与未来的关系，重新激发矿业废弃地活力，使矿业废弃地和谐有序发展，与周围系统有机融合，既促进城市整体环境改善修复，又达到城市功能、空间、形态以及基础设施完善修补的目的。它包括了两方面的内容：

（1）在生态修复方面，以创造优良的人居环境、实现“生态—城市系统”的合二为一为目标。[5]矿业废弃地多由矿山、塌陷地、废弃工厂、广场等组成，这些场地大都处于损毁、闲置或未完全利用的状态，要使这些受损土地的结构和功能恢复到接近受干扰前的状态，需尊重自然生物和景观文化的多样性，使生态系统逐渐趋于平衡。

（2）在城市修补方面，完善城市的功能结构、基础设施条件和公共服务水平，因地制宜地开展城市风貌改造，增加公共空间，激发活力。现阶段的改造多以生态修复为主，较少结合城市有机发展，实际上矿业废弃地及其周边环境多是基础设施和公共服务设施薄弱的区域，改造要采用综合、系统的思维，进行生态修复的同时，改善周边人居环境，提升公共服务设施质量。

2.2 “城市双修”理念下矿业废弃地改造原则

（1）整体性原则

改造中，要将矿业废弃地内部各组成要素以及周边环境系统看作一个相互作用的有机复合体，[6]看作城市整体空间体系中的一个有机部分，在改造中应挖掘矿业废弃地与城市的相互作用关系，修补被破坏的城市生态、空间和功能结构，从整体尺度进行统筹规划和系统分析。

（2）渐进性原则

改造需在尊重矿业废弃地原有建筑形态、城市肌理及生态环境的基础上，逐步地、有序地、渐次地进行。[7]渐进式改造既可以保证在矿业废弃地改造中有足够的空间容纳出现的不确定因素，也可以保持和创造所在城市的多样性和居民需求的多元性。

（3）文脉延续原则

改造过程应保护城市的矿业历史文化，[8]突出地方特征，挖掘并传承城市的矿业文化脉络，重塑富有矿业特色的城市文化生态和新的个性空间。

（4）生态优先原则

改造以尊重自然生物和景观文化的多样性为主导，在调查梳理城市内矿业废弃地资源现状后，保护和改善现有山体、水系和绿地，优先考虑生态性用地空间框架，[9]将矿业废弃地转换为生态性用地，严格保护生态敏感区，促使城市生态系统逐渐趋于平衡。

2.3 “城市双修”理念下矿业废弃地改造流程

（1）详细分析矿业废弃地及周边环境存在的问题，结合“城市双修”理论确定矿业废弃地改造要求，以及城市修补和生态修复的目标。[10]

（2）剖析“城市双修”的核心理念，提出改造规划原则，并根据原则和基础条件推导出具体规划目标和内容。

（3）以“生态修复、城市修补”为主要方法，运用相关改造措施，制定矿业废弃地改造规划策略（图2）。

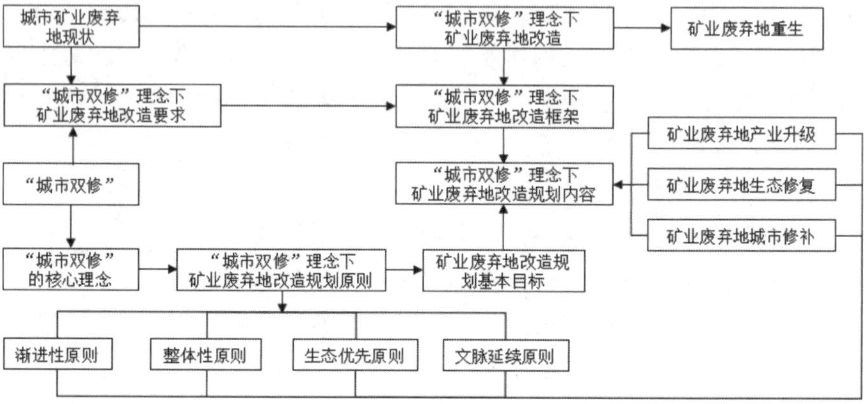

图2 “城市双修”理念下矿业废弃地改造规划框架
（来源：作者自绘）

3 “城市双修”理念下矿业废弃地改造方法

3.1 生态修复方法

（1）修复生态格局

矿业废弃地改造中，需要整合碎片空间，修复生态系统网络，首先评估并消除地质安全隐患，在统筹考虑生态系统完整性、地理单元连续性和经济社会发展可持续性的前提下，构建景观生态格局，结合自然要素和人工要素，设置植被修复和水体修复的边界。

（2）修复水网绿网

水网是构筑城市生态安全格局的主要骨架，在城市建设中承担防洪排涝、文化承载、水体自净、旅游景观等功能。[11]修复水网以保证良好的水环境、水安全，系统、整体地修复河流生态，主要通过清理淤积、治理污水、净化水质、优化生态岸线等实现。

绿网是城市整体自然环境优美、生态资源丰富的重要表现指标。修复绿网，一方面需要考虑与山体水体的联系，修复城市空间环境和景观风貌；另一方面需要兼顾考虑城市历史人文资源，构建多元化、完整的绿网。

（3）修复损毁场地

修复损毁场地一方面需要恢复土地的生产功能，主要采用净化水体、清理污染物等方法。通过土壤改良、植被修复、水土保持、复垦模式启用等方法实现土地复垦，引进种植吸收重金属的植被实现水土保持和净化。另一方面需要消除安全隐患，主要采用生物技术和工程技术等手段，修复塌陷地、矸石山等损坏场地，并进行土壤修复，可通过“渗、蓄、净、用、排”等关键技术实现雨洪管理策略，将矿业废弃地纳入城市“海绵”绿地体系。

3.2 城市修补方法

“城市双修”理念下的矿业废弃地改造的重点是通过产业结构升级促进功能修补，以推动城市可持续发展转型和区域更新。

（1）利用产业化升级修补城市功能

从城市功能的角度看，矿业废弃地可通过产业转化和升级修复其功能，如转化为商业用地、居住用地、科研用地、休闲用地等，特别是历史文化积淀深厚的矿业废弃地，可以通过完善文化、教育、医疗等公共服务设施，举办相关文化活动，发展相关文化产业，着力实现功能与文化创意、艺术设计、休闲娱乐、旅游服务等新型业态的融合，进一步修补和完善城市功能。

（2）用产业化升级修补城市生态环境

矿产地由于被开采，自然环境破坏严重，基础设施落后，但同时也会产生新的生态系统和发展契机。诸如有些矿业废弃地经过有效治理可供游憩观赏、农业灌溉等。基于“城市双修”理念的矿业废弃地改造，倡导实现“城市—生态系统”的合二为一，既改变破碎的生态环境现状，又修复其生态格局，通过产业化升级修补城市生态环境，将矿业废弃地开发为城市风景区、都市农业区、新兴休闲娱乐区等，既满足生态旅游需求，又能发挥出再生利用价值。[12]

（3）用产业化升级修复城市文化

通过矿业废弃地的产业化升级改造，复兴矿业文化，可以使得城市变得更加宜居、地域化。对旧的厂房和设施，重新赋予新的功能，激发老旧矿区的活力。旧的厂房和设施，往往都是老一辈人们心中的记忆所在，保留并重新赋予它们新的功能，恢复并创造性地改造厂区文化建筑物和构筑物，既可以激发老旧矿区的记忆和活力，又可以复兴和丰富矿区文化，达到宜居、地域化的目的。

4 “城市双修”理念下湘潭锰矿矿山公园改造研究

4.1 工程概况

湘潭市为我国“两型”社会建设的示范区，矿产资源丰富，有大型矿山 4 个，中型 11 个，小型 133 个。湘潭锰矿是湘潭市大型矿山中历史最悠久的一座，位于鹤岭镇和响塘镇，曾被誉为“中国锰都”。湘潭锰矿开采历史悠久，始于 1914 年裕甡矿业公司，至今已百年有余，中华人民共和国成立以前，先后经历了商办、官办、官商合办、日军掠采四个阶段。百年的矿业开发活动留下了内容丰富的矿业遗迹，包括矿产地质遗迹、矿业生产遗迹、矿业制品遗迹、矿区社会生活遗迹等 24 处（图 3）。

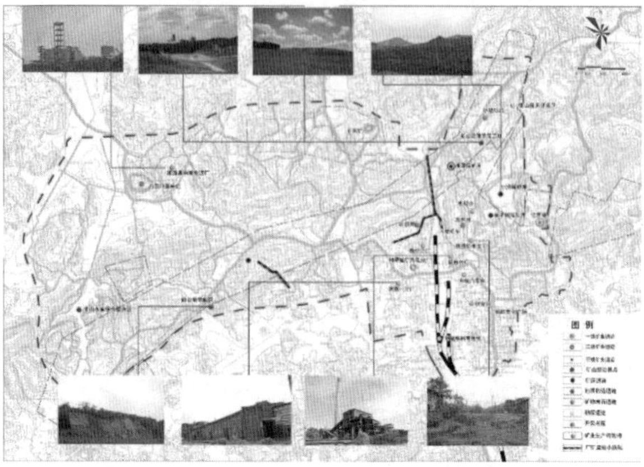

图 3　湘潭锰矿现状矿业遗迹分布图
（来源：《湘潭锰矿国家矿山公园总体规划（2013—2030 年）》）

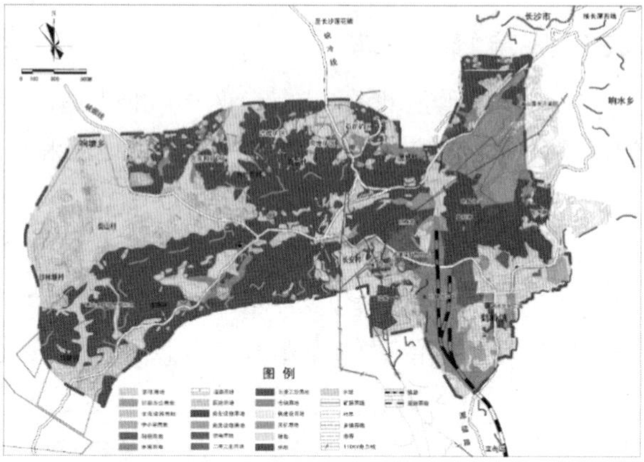

图 4　湘潭锰矿现状土地利用图
（来源：《湘潭锰矿国家矿山公园总体规划（2013—2030 年）》）

湘潭锰矿矿山公园为丘陵地带，地势东西向连绵起伏，中部高南北低，中部为矿脉山体。中部地势起伏较大，不适宜大规模开发建设，只有东南部鹤岭镇区及西北部地形平坦，适宜建设。区域内有多个矿区和露天开采区，在东南部是鹤岭镇生活区，南部有电解厂、热电厂、冶炼厂及物流园等，西南部为柴山水库综合整治区（图 4）。

4.2　现状问题分析

湘潭锰矿虽然开采历史悠久，文化渊源深厚，但是历史遗留的环境问题较为严重，日军侵华期间大规模的掠夺式开采，近年来更有受利益驱使的非法开采行为，导致了湘潭锰矿的地质灾害严重，以及一系列生态环境问题，影响到锰矿地区几万居民的生命安全，锰矿地区地质修复刻不容缓。

（1）生态空间支离破碎。多年的开采造成了不少的采空区，引发地面塌陷，土地面貌变得千疮百孔、支离破碎，直接影响景观的环境服务功能。

（2）生产成本不断上涨。随着采矿复杂性的增加，传统的采矿技术与方法已经不能满足矿企的生存与发展，产业亟需升级改造。

（3）土壤、水体等污染严重。锰矿开采、洗矿、冶炼、加工过程中产生大量的非矿物和无工业价值的矿物，随着采矿发展，这类矿业废弃物日益增多，造成了严重的环境问题。锰矿开采对环境的影响包括水土流失、地面沉降、土壤污染、含有重金属等的废水对地下水的污染以及生物多样性的破坏等。

4.3 基本目标

基于"城市双修"理念，锰矿矿山公园规划设计时，主要有4个目标：

（1）最小干预工业景观，尽量保留原来的自然风貌、工矿文化、历史遗存，将这里打造成为湘潭工业历史、矿业文化风貌的展示之地。

（2）以矿山景区生态恢复为核心，通过各种生态设计手法和模型方法，恢复锰矿公园的生态环境，再现怡人自然风景，创造良好的游览环境。

（3）精细化设计植物景观，实施生态修复、矿坑复垦，构建翠绿屏障和缤纷花海，将这里打造为生态科普教育基地。

（4）打造复合功能区，实现矿区功能修补，形成多方向的发展轴和多元化的发展节点，带动矿区产业经济转型与发展。

4.4 湘潭锰矿矿山公园规划

湘潭锰矿矿山公园定位为以矿业遗迹为主体、以景观休闲特色地域文化为辅助，以环境更新、生态修复、文化重现为手段，集科考、科普、观光、休闲于一体的复合型国家级矿山公园。规划将湘潭锰矿矿山公园分为7个功能区：矿山文化展示区、生态恢复治理区、综合发展区、生态农业休闲体验区、郊野山地运动区、现代工业参观示范区、矿山综合服务区（表1、图5），并在各功能区根据其主导功能设置对应的景点（图6）。

表1　湘潭锰矿矿山公园规划功能分区

功能分区	位置	景点设置
矿山文化展示区	公园东北部	为公园核心建设区，通过建设矿业科普广场、矿山公园博物馆、忆苦窿教育基地、公园管理和游客服务中心等，打造以"湘潭锰矿"为中心，并涵盖历史文化教育的矿山文化展示区
生态恢复治理区	公园中部	选取本土植物建成经济林，对当地生态进行恢复，推动产业发展、提高经济收益，实现可持续发展
综合发展区	公园西北部	利用现状水泥厂的设备等进行整理和环境改造，再现当年的开采场景，供游客参观、体验和探秘，同时远期在北侧建设矿山主题公园
郊野山地运动区	公园北部	在对原场地进行改造利用的同时，设置各类户外拓展活动场所。以最少干预为原则，在尽量不破坏自然生态环境的前提下，设置登山、军事拓展、汽车露营等项目
现代工业参观示范区	公园东南部	以现有的锰矿开采业、电解锰工业以及即将建成的铁路物流园为基础，建设"211工业参观走廊"，供国内外游客参观、学习和考察
生态农业休闲体验区	位于公园东北部和西部柴山水库一带	以现有农田、菜园、果园为基础，以区内低山丘陵和水塘为依托，大力发展集种、养、加工和生态旅游、休闲于一体的休闲观光农业和生态旅游业
矿山综合服务区	公园东南部	对有保留价值的旧建筑进行翻新和装修，使其建筑风格统一，开辟矿山风情街，打造一个为游客提供吃、住、行、购、娱等服务的综合服务区

（来源：作者自绘）

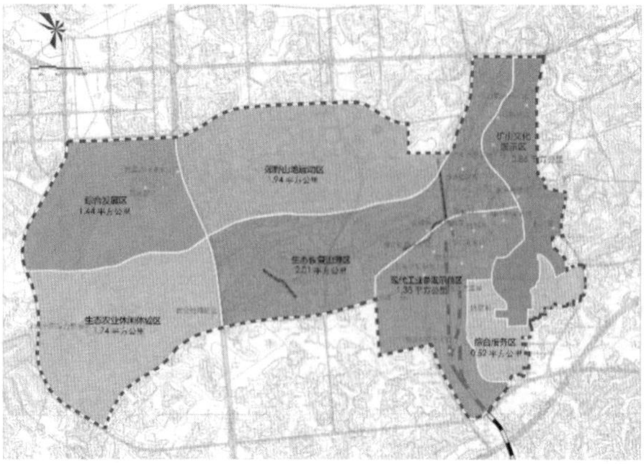

图5　湘潭锰矿矿山公园规划功能分区图
（来源：《湘潭锰矿国家矿山公园总体规划（2013—2030年）》）

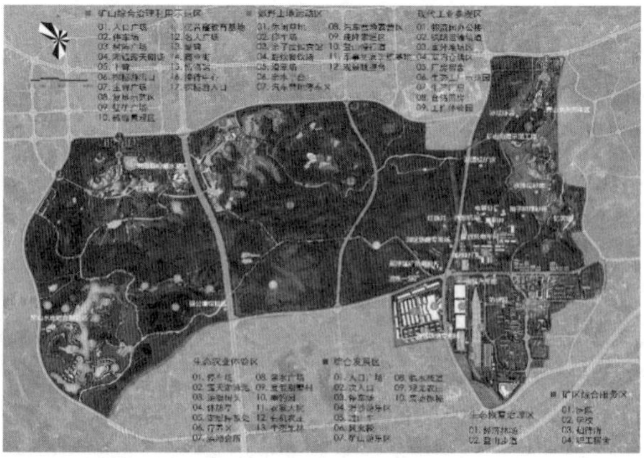

图6　湘潭锰矿矿山公园总体规划图
（来源：《湘潭锰矿国家矿山公园总体规划（2013—2030年）》）

4.5　湘潭锰矿矿山公园规划生态修复方法

（1）利用植物的不同种类和属性修复自然生态环境

根据各区域不同的条件和生态修复的目标选用相应植物进行种植设计。对矿山公园每个功能区的植物资源进行全面调查，根据各区不同功能，精心设计和挑选植物景观，把握植物空间结构和变化，改善被污染的环境，恢复矿山的自然生态（表2）。

表2　锰矿矿山公园规划种植设计与分区

分区	种植设计要点	植物种类
矿山文化展示区	凸显景区特色，用植物造景，与已有构筑物等相结合，形成和谐的景观景象，营造城市形象，形成具有视觉冲击力和城市记忆影像价值的绿色空间	复羽叶栾树、枫杨、杜英、紫藤、桂花、紫薇等
生态恢复治理区	选择大量富集植物，并通过植物吸收、过滤、降解、挥发、固定等作用，达到净化土壤重金属的目的。治理修复环境的同时，形成具有丰富观赏立面的生态体系	泡桐、紫穗槐、马尾松、胡枝子、黄荆等
郊野山地运动区	通过乔灌木的有序搭配，形成丰富多彩的植物造景效果，打造集科普、展示、休闲于一体的山地植物园	商陆、莎草、白茅、香附子、青蒿、悬钩子、革命草等
综合发展区	以乡土乔木为主，随着树龄的增长，树木自然郁闭成林，冠盖相接，成为草坪上的主景，林下为人提供休闲、聚会、活动的舒适空间	野菊花、苔草、六月雪、盐肤木、复羽叶栾树、杜英等
生态农业休闲体验区	在滨湖区域以耐旱、耐涝、具有自净能力的水生植物和色彩艳丽的乡土植物为支架，依托地形设计创造各种类型植物的生态环境，营造丰富多彩的植物生态群落	芦苇、水莎草、水蓼、灯芯草、黄菖蒲、千屈菜等
现代工业参观示范区	以常绿树种作为“背景”，用四季不同花色的花灌木和草本类花卉进行搭配和点缀，使工业参观区四季常绿，三季有花。树种选择还要求飞毛少，抗污能力强	泡桐、旱柳、蜀桧、合欢、女贞、刺槐、珍珠梅、碧桃等
矿山综合服务区	通过乔灌木的有序搭配，形成和谐的景观景象，冠盖相接，成为草坪上的主景，林下为人提供休闲、聚会、活动的舒适空间	叶栾树、杜英、合欢、女贞、刺槐等

（来源：作者自绘）

（2）采用地貌重塑技术修复地表痕迹

对于矿业生产期间留下的明显痕迹，如堆石场、残余山体、基坑等，根据其原有的痕迹特征，进行适度保留、艺术加工，形成地表艺术品，供游客观赏、拍照。过去由于露天开采，遗留了裸露山体，在稳固山体边坡的前提下，采用山体彩绘的形式，绘制锰矿厂的历史，使游客了解矿厂的过去，并感受到矿工们坚韧不拔的精神（图7）。

图7　湘潭锰矿裸露山体改造设计前（左）后（右）
（来源：《湘潭锰矿国家矿山公园核心区景观设计（2017）》）

（3）采用“基质—斑块—廊道”的模型方法恢复生态格局

为达到植被基本恢复、生态系统营造以及宜居环境构建的全方位、多角度的生态修复目的，采用“基质—斑块—廊道”的模型方法来修复锰矿废弃地的生态格局。具体改造措施见表3，生态格局恢复前后对比如图8所示。

表3　锰矿矿山公园基于“基质—斑块—廊道”方法的改造措施

类型	重点	重点修复内容	锰矿矿山公园改造措施
基质	景观基底修复	整治黏合破碎生态空间，消除地质安全隐患，建立生态安全格局	对露采场、废石堆、尾砂库等破坏的土地，根据其地貌特征，在消除安全隐患的同时，进行回填、平整、覆土绿化等综合整治，根据锰矿土壤性质，采取覆盖土壤、施加肥料、种植固氮植物进行土壤改良，然后复垦成林地、农地、滨水游乐地、休闲娱乐用地或公共用地，构建生态安全格局
斑块	修复受损生态片区	植被修复和生物多样性修复、净化污染物、净化水体和土壤，采取干扰最小的生态景观设计方法	净化水体和土壤，对区域内较大的水体柴山水库，先进行清淤防渗，再对水塘基地进行黏土置换。对于污水，先打捞废物，清除杂草，再种植净化水体的水生植物
廊道	生态廊道串联景观节点	对线性空间集中部署，空间串联渗透到每个功能分区中，形成生态廊道，不仅考虑修复生态环境，还要考虑生态系统保护、历史人文资源保护等多样性关系	锰矿公园改造根据现场条件，采用不同方式修复和利用破碎生态空间，按照功能分为7大功能区，各区之间采用绿色廊道进行串联。在改造设计中，通过对各工矿遗迹的保留、纪念碑牌和广场的设立、矿业雕塑的创造等方式，保护锰矿工业遗址的历史人文资源

（来源：作者自绘）

图8　露采区生态修复前（左）与后（右）
（来源：左图源自 https://www.sohu.com/a/273140129_100014772；右图为作者自摄）

4.6 湘潭锰矿矿山公园规划城市修补方法

（1）保护和重建文化构筑物，唤醒市民记忆

对锰矿工业遗存，包括矿场、废弃厂房、工具和建筑群等物质文化遗产，以及非物质工艺艺术遗产等，在保证原真性前提下，进行改造再利用，赋予新功能或新元素。[13] 如地下开采的前进井现状遗存，恢复“忆苦窿”洞口，再现当年采矿场景，建设相应的参观游览设施，并打造井下探秘的新型游览场所，改造原有巷道，营造惊险刺激的矿井迷宫（图9）。

（a）前进井改造前

（b）改造后的入口大厅

（c）改造后的多彩锰矿晶石园

（d）改造后的锰矿设备展示

图9　前进井改造前后

（来源：图a由作者自摄；图b、c、d源自《湘潭锰矿国家矿山公园总体规划（2013—2030年）》）

（2）改变矿山废弃设施的利用方式，实现产业的转型升级

对废弃的矿山设施进行分类处理，根据其完整程度决定整体保留、部分保留、构建保留或废弃物再利用，改变废弃矿山设施及材料的利用方式，实现产业的转型升级。例如建于1950年代的锰矿文化宫，因年久失修，被迫拆除，但为了延续锰矿文化，缅怀昔日情节，保留了它古典欧式严谨的三段式建筑风格，改为锰矿博物馆（图10）， 向人们展示湘锰历史、矿业遗迹、锰矿工业等，让人们在实体中了解矿业相关知识与文化。其他矿山废弃设施及材料既能增加场地的景观特征，延续基地的历史文脉，体现生态设计理念，又能减少运输和采购成本。故在锰矿矿山公园改造中，部分设施和材料也被加以再利用（表4）。

图10　锰矿文化宫改造后效果图

（来源：《湘潭锰矿国家矿山公园总体规划（2013—2030年）》）

表 4　湘潭锰矿矿山设施及材料的改造利用方式

废弃类型	废弃设施	改造利用方式
生产作业及管理设施	矿井及井下采矿设备	科普、展示、探秘
	地面生产作业场地	活动、集散、停车场地
	办公及管理建筑	游客中心、博物馆等
采矿附属设施	运输道路及铁轨	游览线路、交通道路、景观构筑物
遗留地貌形态	露天矿坑及边坡	采矿工业展示、攀岩娱乐
	塌陷地	人工湿地、人工湖、景观微地形
排放固体弃料	锰废石、弃土	覆绿、景观绿地

（来源：作者自绘）

（3）讲好锰矿“故事”，将锰矿遗产与湘潭其他旅游景区联合开发

在矿山综合治理利用示范区，通过锰矿石碑、微缩景观、忆苦窿遗址、名人广场、锰矿博物馆等文化建筑与景观，再现“中国锰都”风采，讲好“锰都故事”，唤醒市民与游客记忆。并将矿业遗产与湘潭市周边工业遗产和其他红色旅游景区相结合，采取联合开发模式，以获取更高的资源集聚度，实现优势互补。增加湘潭旅游景区板块，形成以韶山为代表、以彭德怀纪念馆为主要组成部分的红色旅游，以湖南水府旅游区为代表、以湘潭农博园和韶山风景名胜区为重要组成部分的绿色山水旅游，以齐白石为代表的历史文化旅游和以锰矿矿山遗址公园为代表的工业遗产旅游四大旅游景区板块，并将各旅游资源串联打通。

（4）产业化升级实现功能修补，带动矿区产业经济发展

锰矿矿业废弃地功能修补需要以解决周边居民生活需要为基础，打造既能带动矿区产业经济转型与发展，又能满足居民需求的复合功能区域，形成多方向的发展轴和多元化的发展节点。如矿山综合服务区，通过打造集购物、餐饮、住宿、文体娱乐等功能于一体的复合型综合服务中心，为矿区居民和来访游客提供综合配套服务，丰富矿区居民文化娱乐设施，激发矿区经济发展潜力。现代工业参观示范区，是矿区实现产业化升级的表现，将以现有的锰矿开采业、电解锰工业以及即将建成的物流园为基础，建设一条工业参观走廊，供游客参观、学习和考察。生态恢复治理区，通过建设经济林场、登山步道等实现土地复垦，开展种植、养护、加工一体化的绿色生态产业，协调好生态保护和经济发展的关系。生态农业休闲体验区则是以现有农田、菜园、果园为基础，以区内低山丘陵和水塘为依托，发展集种、养、加工和生态旅游、休闲于一体的休闲观光农业和生态旅游业，走出一条特色农业发展之路。

5　意义与展望

矿业开采遗留下大量的废弃地，不仅浪费城市土地资源，制约城市经济发展，还会带来一系列社会和环境问题。从湘潭锰矿国家矿山公园改造来看，探索“城市双修”理念下的矿业废弃地改造，将在社会、文

化、经济等层面具有重要意义。

①社会层面，有助于城市活力提升。湘潭锰矿矿山公园规划在“城市双修”的理念下对矿业废弃地进行改造，不仅保护了矿业遗产本身，也促进了生态环境的改善与恢复，调整了城市功能结构和产业结构，进一步提升了湘潭的城市活力。

②文化层面，创造了地方性特色的工业景观，丰富城市文化内涵。湘潭锰矿有着悠久的历史痕迹，而矿山公园规划在“城市双修”的理念下保留并改造了这些带有深刻地域特色的工业遗产，使得工业文化成为城市文脉的一部分，极大地丰富了湘潭城市文化内涵，提升了城市艺术品位。

③经济层面，有助于实现城市经济转型发展，对于盘活城镇低效用地具有重要作用。[14-15] 当下正处于从增量规划转向存量规划的过渡时期，盘活城镇低效用地的重要性日益凸显，湘潭锰矿矿山公园规划在“城市双修”理念下对矿业废弃地进行改造，以城市生态环境优化为前提，解决了过去用地布局散乱、利用粗放、用途不合理、建筑危旧等问题，成功实现了成本集约、功能复合、生态友好的改造目的，成为高效率、高品质、安全无污染的城镇低效用地改造的典型。

综上所述，“城市双修”理念下，矿业废弃地的改造规划要遵循整体性、渐进性、文脉延续、生态优先等原则，使用生态修复和城市修补的具体方法，如修复生态格局、水网绿网、损毁场地，进行产业升级等。对湘潭锰矿矿山公园规划实际案例进行详细分析，从植被种植、地貌重塑、生态格局、文化构筑物、废弃设施再利用、产业化升级等方面，指出“城市双修”理念下矿业废弃地的改造规划途径，可以为实现矿业废弃地及所在城市可持续发展和“精明型”转型升级提供借鉴，推动城市健康可持续发展。

参考文献

[1] 雷维群，徐姗，周勇，等 .“城市双修”的理论阐释与实践探索 [J]. 城市发展研究，2018,25(11):C32–C36.

[2] 张进德 . 我国矿山地质环境调查研究 [J]. 中国地质灾害与防治学报，2011,22(3):58.

[3] 葛书红，王向荣 . 煤矿废弃地景观再生规划与设计策略探讨 [J]. 北京林业大学学报（社会科学版），2015,14(4):45–53.

[4] 徐晓曦 .“城市修补”理念下特色小城镇旅游适应性更新研究 [D]. 南京：东南大学，2016.

[5] 倪敏东，陈哲，左卫敏 .“城市双修”理念下的生态地区城市设计策略：以宁波小浃江片区为例 [J]. 规划师，2017,33(3):31–36.

[6] 黄文华，王铁铭，任军强 . 西安工业遗产保护利用的原则与模式探索 [J]. 中外建筑，2015(5):77–79.
[7] 陈晓悦 . 北池子历史街区小规模渐进式微循环改造模式研究 [D]. 北京：北京工业大学，2007.
[8] 郝赤彪，肖亮 . 城市文脉延续背景下工业遗产的保护更新初探：以青岛国棉六厂改造为例 [J]. 青岛理工大学学报，2017,38(3):28–32.
[9] 谭敏 . 遵循生态优先基本原则寻求城市建设图底关系：关于推进城市非建设性用地的规划与建设 [J]. 四川建筑，2008,28(5):5–8.
[10] 杨灏 . “城市双修”视角下矿业废弃地再生规划研究 [D]. 北京：中国矿业大学，2018.
[11] 占幼鸿 . 浅谈有色金属矿业废弃地的生态恢复 [J]. 矿冶，2018,27(2):96–100.
[12] 杜立柱，杨韫萍，刘诘，等 . 城市边缘区“城市双修”规划策略：以天津市李七庄街为例 [J]. 规划师，2017,33(3):25–30.
[13] 王燕 . 矿业型工业遗存的景观重构研究：以湘潭锰矿矿区为例 [D]. 湘潭：湖南科技大学，2016.
[14] 贾依晨 . 收缩型中小城镇的低效用地评价与布局优化研究：基于经济—生态权衡的思考 [D]. 武汉：华中师范大学，2020.
[15] 黄玉莉，姚静林 . 国土空间规划背景下存量用地的挖潜与利用：以柳州市为例 [J]. 南方国土资源，2020(4):20–24.

* 本文得到中国博士后基金面上项目（2020M681388）、上海市超级博士后资助计划（2020281）资助。

既有工业建筑改造“楼中楼”的设计策略研究*

孙　森　韩珊珊　同济大学建筑与城市规划学院
刘　健　同济大学建筑设计研究院（集团）有限公司设计一院

摘　要：既有工业建筑是城市存量发展的重要资源，采用“楼中楼”改造模式，能较好平衡保护和利用的关系，利于低碳环保，应用前景广泛。本文梳理“楼中楼”式改造的系统性特征；结合案例，总结嵌套、分层、内凹、突破 4 种设计策略；归纳所需研发的 4 类支撑技术：绿色低碳、结构加固、风貌存续、施工组织；展望我国相关技术有待突破的 3 个方向：集成技术开发、零碳排放、数字化改造。以期为推广既有工业建筑改造“楼中楼”模式提供借鉴。

关键词：既有工业建筑；“楼中楼”；设计策略；改造技术；系统性

引文

我国城市中的既有工业建筑基数大、占比高，转型任务重。全国既有工业建筑面积超过 120 亿平方米，[1] 其中不到 10% 集中在一线城市，其余则分布在数百座中小城镇。同时，各城市工业仓储用地在城市建设用地中的占比多在 25%～35%，而同一指标在西方仅为 15%～17%。[2] 随着我国城市产业结构调整，未来十余年间有数十亿平方米工业建筑有待转型，其中至少数亿平方米亟需改造。新趋势将引发建筑产业、建筑技术和建筑理论的革新。

既有工业建筑既是存量资源，也是工业遗产，保护利用需兼顾并行。然而，当前研究更多聚焦前端的价值评估和功能策划，后端技术研发的投入有限；实践则关注设计效果同改造收支的平衡，较少涉及工业遗产保护、节能减排和抗震减灾等议题。研究和实践脱节在非一线城市尤为突出。我国城市正迈向高质量发展，一要创新驱动的发展模式，二要安全韧性的建成环境，三要绿色低碳的运转路径，四要开放共享的场所空间，五要坚定我们的文化自信，规模庞大的既有工业建筑改造市场，将为实现上述目标助力。这一过程中，研究应为实践提供可转化、可落地、可持续的设计策略和技术支撑。

在实际工作中，除了工业文物外，多数既有工业建筑是通过 3 种改造模式重获价值：水平加建（“楼边楼”）、顶部加建（“楼上楼”）、内部加建（“楼中楼”）。其中“楼中楼”模式对城市环境影响较小，综合效能较高，可以兼顾环境、经济和社会文化的可持续发展诉求。本文以此为出发点，通过国内外案例研究，梳理归纳既有工业建筑改造“楼中楼”的 4 种设计策略，以期为进一步构建结构、环境控制等关键技术提供思路。

1 既有工业建筑改造“楼中楼”的意义和相关研究

1.1 “楼中楼”式改造的意义

既有工业建筑改造“楼中楼”的关键是从“物本”到“人本”的转型。工业建筑长期处于腐蚀、高温和振动的不利环境中，加之早期建筑的节能和安全标准低，改造设计技术难点众多。相比其他改造模式，“楼中楼”式改造具有综合、均好、易操作的优势：①无需新增建设用地，适用于各类城市环境中；②充分利用既有厂房，提升空间效率，利于建筑循环使用；③较完整传承文脉，保护工业遗产，延续工业景观；④利于低碳节能，遵循建筑生命周期规律，能耗和建筑垃圾排放较少（表 1）。

表 1　三种改造模式的比较

	楼边楼	楼上楼	楼中楼
示意图	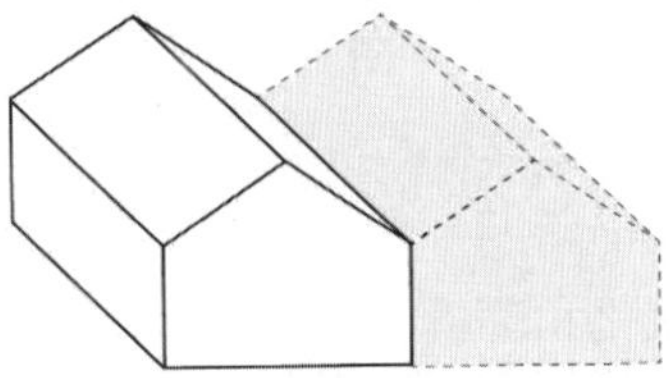	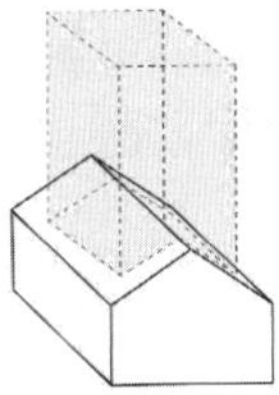	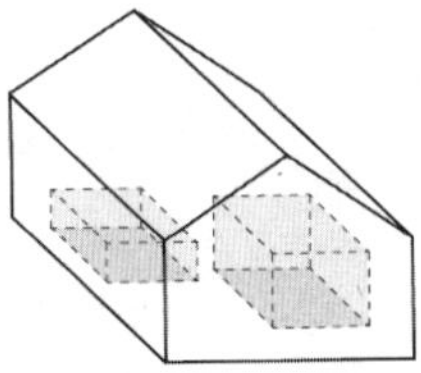
节地	◎	●	●
空间效率	○	●	◎
建材循环	●	○	◎
能源消耗	◎	○	●
排放量	◎	○	●
风貌延续	◎	◎	●
遗产保护	◎	○	●
改造难度	●	○	◎

● 明显优势　◎ 普通优势　○ 缺乏优势

（来源：作者自绘）

“楼中楼”式改造具有巨大的应用前景，符合当前国家发展趋势。首先是平衡保护和再利用的关系。随着既有工业建筑“遗产化”扩大到城市范围，[3]“楼中楼”模式能较好尊重场地关系、立面形式和建筑结构，同时提升空间效能。其次是体现低碳环保的发展理念。“楼中楼”式改造“只增不减”，在“建造拆除碳排放”和“建材生产运输碳排放”两个方面减碳明显。最后是新材料、新工艺和数字技术的应用。“楼中楼”式改造对施工周期和精度要求较高，能够加速预制构件生产，推广纳米水泥、建筑碳纤维等材料的应用，催化人工智能、虚拟现实、3D 打印和工业机器人建造等技术的产业转化。

1.2 “楼中楼”式改造的相关研究

既有工业建筑改造“楼中楼”的相关研究，呈现出实现“多诉求兼顾、多技术兼容、多学科兼蓄”的系统性特征（图 1）。

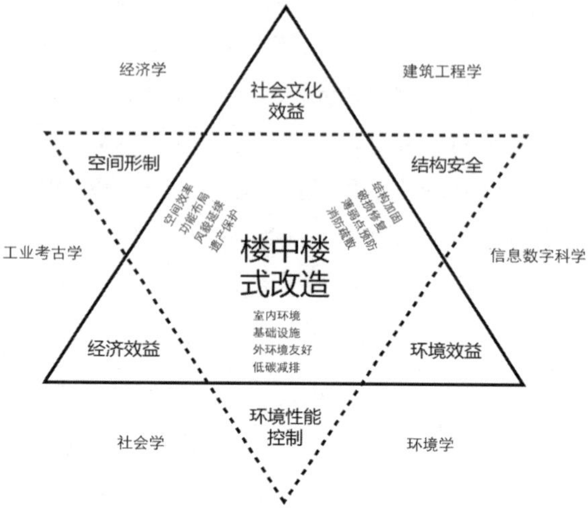

图 1 “楼中楼”式改造的系统性特征
（来源：作者自绘）

多诉求兼顾聚焦经济、社会文化和环境的可持续发展，主要包括成本收益、社会文化的制约、绿色节能三个方面。[4] 一方面，作为不动产洼地和潜在经济发展区域，既有工业建筑再利用反映了商业和技术的关系；[5-6] 另一方面，作为工业遗产，承载了公众对工业历史的记忆和对地方性的认同；[7] 此外，既有工业建筑也是各类污染残留的集聚地，[8] 涉及污染治理、生态恢复以及公共空间和景观的优化再现等。[9] 相关改造研究体现在空间形制、结构安全、环境性能等维度。

多技术兼容关注空间形制、结构安全和环境性能控制三个维度。空间形制的研究重点在于调整容积率和密度、空间布局、厂房采光、无障碍设施、改善结构和立面、基础设施、防火等方面，[6] 催生出垂直分层和水平分隔、局部加建庭院和中庭、局部拆减楼板梁柱等设计手法，[10] 具备探索建筑结构设备一体化设计的可能性。[11] 结构安全研究包括加固修复和应急防灾。加固修复一方面是用新结构强化既有结构承载，如外粘或新增钢板钢柱和钢梁，外涂碳纤维材料，改造排架结构系统为框架并增加横向连接等；[12] 另一方面复原既有结构的承载力，如减缓霉菌对结构的侵蚀，增强结构的抗腐蚀性等。[13] 防灾则是加固厂房的结构薄弱点，比如纵墙端开间、高低跨悬墙、预制屋面和基础连接；以及提高耐火等级，重新划分消防分区，控制消防间距等。[14-15] 环境性能控制一是改善室内的声光热环境，提高气密性和舒适度，减少空间使用能耗；[16-17] 二是降低厂房全生命周期的碳排放，循环利用建筑材料，减少不必要装修，避免采取高频率、低投入、内外装分离的改造模式。[18]

多学科兼蓄是以建筑、规划工程学为核心，涉及经济、社会、环境、工业考古和信息数字等多个领域。改造后的工业建筑多将承载文创旅游产业，同创意阶层、本地工人阶层和游客关联紧密；[19] 工业建筑依附的棕地是有待治理的制造业场所和都市废景；[8-9] 工业建筑还包括众多工业遗产，其价值需结合工业考古学进一步发掘；[20] 此外，新的信息数字技术赋予既有工业建筑改造更多可能，如数字化扫描和 BIM 建模、虚拟 / 增强环境模拟、 AI 识别风险、纳米级修复、工业机器人建造等，适用于在有限室内空间展开设计和施工。[21-23]

鉴于既有工业建筑改造的系统性特征，本文以可持续发展为出发点，结合若干国内外案例，将“楼中楼”改造设计策略分为“嵌套、分层、内凹、突破” 4 种类型（表 2），初步探讨设计方法同空间改造、结构加固、环境性能控制等技术的结合。

表 2　“楼中楼”式改造的常见剖面形式

	常见类型1	常见类型2
嵌套	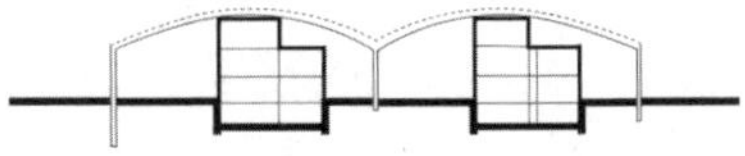	
分层	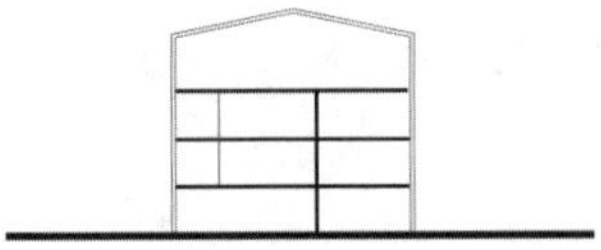	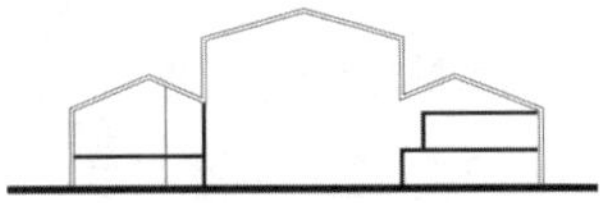
内凹	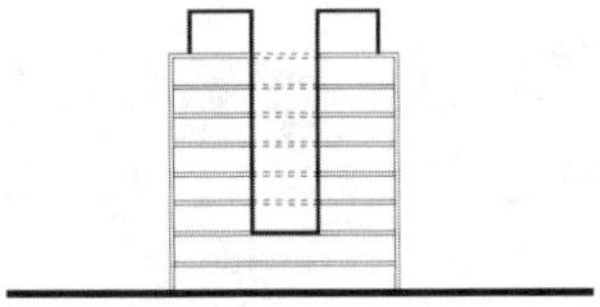	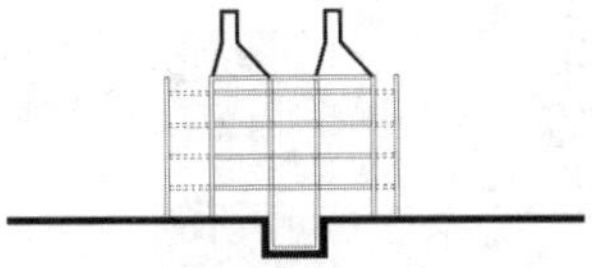
突破	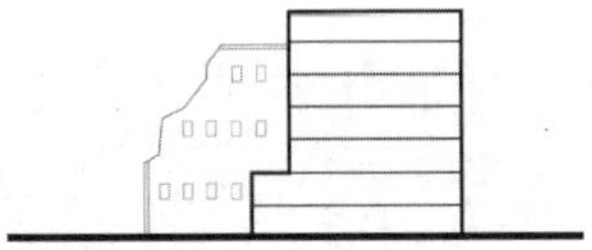	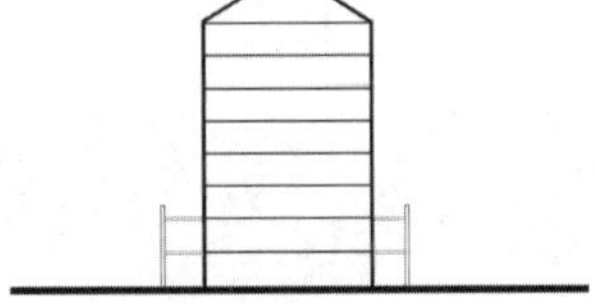

2　“楼中楼”式改造的四种设计策略

2.1　嵌套式改造

嵌套作为“楼中楼”式改造的基础设计模式，是将既有工业建筑看作景观“外壳”，新建筑看作功能“舱体”。新旧建筑之间看作半公共空间，通过新与旧、大与小、虚与实、封闭与通透等对应关系来诠释新的建筑空间关系。

2007 年，位于德国杜塞尔多夫东南方向的一座 1914 年建设的轻轨停靠站（图 2），被改造成联排住宅。建筑事务所 BM+P 创新地在文保建筑里置入居住功能，保留了6米模数的钢结构体系、山墙和钢结构厂门等，增加钢斜撑，拆除部分预制水泥屋面板形成采光通风空槽，其余则以铝材屋面板代替，既可以保障住宅的自然光环境品质，又可以避免过量太阳直射造成的热量堆积。两排平行住宅位于拱顶高点之下，是南高北低的被动房模式，以更好利用太阳能并减少夜间热释放。为提高施工效率，建造时先拆卸钢结构，完成住宅部分后再重新搭接并加固。庄慎在常州棉仓城市客厅项目中提出“屋中屋”的设计策略（图3），原厂房主体表皮作为第一道防护外壳，减少外界热环境的渗透；内部嵌入两个平行布置的由超白玻璃和透明PC板构成的舱体，一个作为服装成衣店，另一个提供书店、文创和多功能活动空间。舱体主空间高10米，副空间高4米，均配置独立的空调和新风系统，可以根据各自需求对热环境进行独立调节。庄慎在改造中探索了建筑、结构、设备和室内一体化的实验， 1.2米间隔的钢木桁架既是结构也是室内装饰亮点，用钢架与悬链结构组织起来的风管垂落伸到舱体内，亮绿色也成为室内景观之一。此外，舱体之间、舱体同厂房之间的“冗余空间”被看作“月台”，放置了很多儿童游乐设施，以及滑板车、蹦床、乒乓球台和休息座椅等设施 。[24]

图2　杜塞尔多夫轻轨停靠站
（来源：BM+P事务所官网）

图3　常州棉仓城市客厅
（来源：阿科米星事务所官网）

2.2 分层式改造

分层是“楼中楼”改造的高效设计模式，利用既有工业建筑高大的室内空间，增加墙板重新划分。新建筑是将旧建筑纵向重构成“人”的尺度，同时最大限度地利用既有建筑的结构承载力、采光通风设计和立面形式。

美国费城海军码头的历史核心区内，由 MSR Design 事务所设计的城市品牌企业园（Urban Outfitters）建筑面积 9000 平方米，设计理念在于创建一个私密和公共混合的创意空间（图 4）。一方面把山墙面做成玻璃幕墙，延续屋面侧窗以获取更多自然光；另一方面将厂房分为三部分：东段研发办公，中段公共中庭，西段配套设施。其中东段植入钢结构体系，将 9 米高的厂房分为两层使用。中段通高空间，提供公共活动空间并兼具建筑自然通风、采光和景观功效。西段则插入一系列 U 形玻璃或混凝土的“盒子”，承载厨房、健身房等不同附属功能。“盒子”同厂房屋面下的“中介空间”转化为展示舞台。上海船厂 1862（图 5）是限研吾改造的一栋万吨巨轮造船车间，长 200 米，宽 45 米，最大净高 26 米，12 米的柱网之间留出巨大的通透空间。改造设计从表现粗糙有力的结构质感出发，充分利用了既有超静定混凝土排架结构的巨大承载力。通过植入钢结构和楼板，根据剧院、多功能厅和商业零售等不同功能需要，将厂房空间划分为 3～5 层不等，并穿插形成多个穿过建筑的纵向中庭，将混凝土柱与鱼腹梁、钢楼梯、复杂的机械管道等展示出来。在功能区，实现从“船”的尺度回归“人”的尺度；在中庭区，突出“船”的尺度同“人”的尺度之间的强烈对比。

图 4　费城海军码头城市品牌企业园
（来源：作者自摄）

图 5　上海船厂 1862
（来源：朱怡晨摄）

2.3 内凹式改造

内凹反映了“楼中楼”式改造中的环境性能需求，是在进深过大的既有工业建筑内部“去除”一个建筑体量，从而实现充分的自然采光和通风，且不影响建筑外部风貌，常见于框架结构的多层厂房。

美国纽约布鲁克林滨水区的奥斯丁尼克尔斯仓库（Austin Nichols

Warehouse），曾是世界上最大的批发食品企业配送点。为了实现将132 米 × 54 米的巨大体量转为住宅，建筑师 Morris Adjmi 在 3～6 层挖出一个带状中庭，将大进深空间消解为 2 个 18 米的住宅体量，而 1～2 层则作为商场和停车场使用，2 层顶部是花园。中庭作为过渡空间，不仅可以引入自然光，还可以起到对外界环境的气候调节作用。通过保护地役权政策，改造获得将去除的建筑面积转移到屋顶的许可，从而在 7 层退台新建了多套退台住宅（Penthouse）。住宅采用内廊式并分为 4 个区，垂直交通和内廊等半公共空间沿中庭分布以获取景观朝向（图 6）。H Arquitectes 在西班牙巴塞罗那改造的普耐尔市民中心（Planell Civic Center），在南北各挖出一处三角形和带形空腔，以获取更优质的物理性能。两处空腔将新建筑同既有建筑外墙分隔开，不仅可以保障历史建筑的完整性，减少施工过程中对历史建筑的干预破坏，还形成了面向红砖历史建筑的独特空间视觉体验。空腔顶部的天窗改善了房间的自然采光，同时可以作为空气间隔层，加强新建部分的隔音和保温隔热性能。空腔两侧设置多个进风口，配合建筑顶部的 4 个太阳能烟囱出风口，巧妙利用文丘里效应，加强室内空气流通，保证室内空气的清新自然。在不同季节，通过控制通风频率来调节室内热环境（图 7）。

图 6　纽约奥斯丁尼克尔斯仓库改造
（来源：作者自摄）

图 7　普耐尔市民中心
（来源：archdaily.com）

2.4　突破式改造

突破最能彰显“楼中楼”式改造的设计个性，打破既有工业建筑外轮廓，将新建筑延伸至厂房以外。尤其针对残缺不全或无法使用的遗迹，能够更好呈现设计为建筑带来的新生。

美国明尼阿波利斯的磨坊城市博物馆（Mill City Museum），曾是 1890 年代全球最大的工厂。尽管被列为国家历史地标，但 1991 年一场大火后建筑只留下 8 层外墙。MSR Design 事务所不仅改造了部分厂房，还将新建筑坐落在烧毁的厂房外墙内，从而形成新旧融合的建成有机体。新建筑采用玻璃作为外围护结构，最大限度弱化自身体量，与风化的砖石墙形成了强烈反差，以突出强调该处作为工业遗产的历史。同时整个建筑群是松散的，在三个层次上有多处入口，新旧建筑既是功能空间，也是开放的城市景观（图 8）。O&O 事务所在德国杜伊斯堡设计的北威州档案馆（NRW State Archive）是德国最大的档案建筑，由一座 1930 年代建设的玉米仓库改造而成。改造中，一栋 76 米高的塔楼从旧建筑中升起，但采用浅红色面砖同风化变暗的砖墙区分，强化新旧建筑的独立性（图 9）。同时，建筑师还填充了既有窗户，将旧建筑意向化为一个保护性的“围栏”，从而强调作为档案馆的内部功能。区别于旧建筑的封闭，新建办公区部分采用了延展曲线造型，考虑了自然采光的需求。在我国无锡大运河畔，限研吾改造的开源机床厂主车间则是采用艺术化手法，将山墙面打开，一个仿太湖石的穿孔铝板装置自内而出，延伸至城市广场上，打破红砖厂房制度化的轮廓，亦没有突破工业遗产建筑改造中对新建面积的限制（图 10）。

图 8　明尼阿波利斯磨坊城市博物馆
（来源：MSR Design 事务所官网）

图 9　北威州档案馆
（来源：Ortner 事务所官网）

图 10　无锡运河美术馆
（来源：作者自摄）

3　设计策略的发展前景和所需技术支撑

国内既有工业建筑的“楼中楼”式改造仍处于探索阶段，由于用地、建设、消防、环保等政策约束，地方政府对土地财政的依赖，工业遗产的价值对公众普及不足，文保建筑改造管控过严等问题，改造设计策略总体上略显保守。然而，随着我国力争在 2030 年前实现碳达峰、2060 年前实现碳中和，以及动迁成本不断提高，改造而非拆除重建的趋势日渐明朗。以 10 亿平方米既有工业建筑为预期载体，连同上下游产业链，将衍生出一个数十万亿的工业建筑改造市场，必然有力支撑起存量时代的我国建筑产业、建筑技术和建筑理论的可持续发展。

空间设计策略需要技术支撑，至少需要如图 11 所示的多个方面的技术研发。

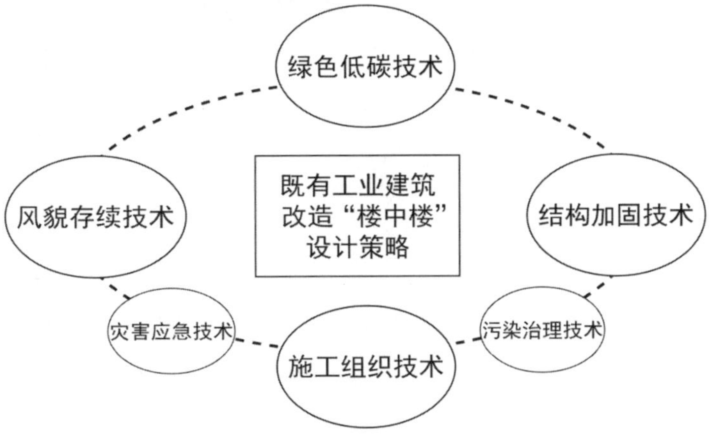

图 11　“楼中楼”改造设计策略的技术支撑

（1）绿色低碳技术。既有工业建筑的热工性能较差，室内环境控制是以通风散热为目标，因此既有外墙和屋面结构极少设置保温隔热层。改造中，在满足室内舒适条件的前提下，能耗和碳排放远高于普通民用建筑。以无锡运河美术馆为例，作为机床生产车间，要尽快代谢生产过程中产生的热量以维持室内温度，因此外墙导热系数高，散热效率高。改造为商业功能后，厂房高阔的建筑体量和相对轻薄的表皮都不利于保温隔热，夏天只能通过不间断的大功率中央空调设备降低室内温度。

（2）结构加固技术。既有工业建筑的基础浅，屋架抗剪力不强，围护结构如屋面板、天窗和砌体墙等位置抗震偏弱。在厂房内部新建建筑，一方面会导致新老建筑基础不均匀沉降，引发地坪开裂、建筑物倾斜等危险；另一方面在遭遇突发外力时，屋架上弦端头剪力过大易折断，屋面等存在因支撑失稳而坍塌的风险。

（3）风貌存续技术。既有工业建筑的内外立面肌理和材质是工业遗产价值的重要载体。改造中不仅涉及保什么、修什么、改什么，还需明确如何修复。前者应建立一个更广泛、更弹性、可落地的评价体系，既要尊重工业遗产，又要确保活化可行。后者是修复砖墙、屋面板、钢结构和混凝土梁板柱以及门洞窗洞和构造节点等，且不会因植入新建筑而被遮挡。

（4）施工组织技术。既有工业建筑改造室内施工，受到建筑高度、入口尺度、复杂结构等多标准控制。尽管有如杜塞尔多夫轻轨站住宅采用“拆卸—新建—复建”的模式，但其成本非常规项目所能承受。在国内，多数改造项目倾向采用工厂预制生产模式，因此亟待大规模提高预制部件比例，推行建筑、结构、设备与管线、内装修等集成设计和制造模式。

此外，如何应对灾害、污染等亦需要跨专业技术支撑。

4　结论和展望

本文通过梳理国内外典型案例，总结了既有工业建筑“楼中楼”式改造的4种设计策略——嵌套、分层、内凹、突破；分析设计如何满足空间形式、结构安全和环境性能控制的要求，进而实现经济、环境和社会文化的综合效益；并讨论了4种设计策略的发展前景和所需技术支撑，以期供建筑师借鉴参考。

既有工业建筑“楼中楼”式改造具有巨大的发展前景。展望建筑产业的未来，“楼中楼”式改造需要前沿技术支持，相关研发可能在以下3个维度得到突破：①集成技术开发。即更好地平衡新与旧、内与外、功能与形式、保护与利用的关系，尽量避免不同技术之间的冲突，在常见问题和矛盾中，形成适应性的技术策略，比如在保持既有立面形式的基础上提升其保温性能，在保障自然采光的前提下减少热损失等。②全生命周期的零碳排放。不仅要关注改造完成后、运营中的节能环保效应，还需一并考虑相关材料选择、施工中的能源消耗以及建筑拆除后再利用阶段的碳排放总量。③数字化改造。以数字模拟进行全面评估，通过预测结果不断反推进行方案优化。采用 AI 技术可以识别既有工业建筑的结构、构造老化破损情况和空间环境特征。运用 VR/AR 和其他数字模拟技术，评估改造前后的空间、结构和环境性能变化。施工中可以采用建筑 3D 打印和机器人修复等技术，最小程度地对薄弱点进行介入，降低改造成本，提高改造效能。多维度突破，可能催化出新的设计策略，研发出一条可负担、可实施、可推广的技术路径，在更广泛的范围内普及既有工业建筑的“楼中楼”改造模式。

参考文献

[1] 编者 . 文章导读 [J]. 工业建筑，2018,48(11): 1–8.

[2] 孙淼，李振宇 . 中心城区工业遗存地用地特征与更新设计策略研究：以长三角 7 个城市为例 [J]. 城市规划学刊，2019(5):92–101.

[3] HARRISON R. Heritage: critical approaches [M]. Milton Park: Routledge, 2013:80.

[4] BALL R. Developers, regeneration and sustainability issues in the reuse of vacant industrial buildings [J]. Building research and information, 1999, 27(3):140–148.

[5] SIGMAN H. Environmental liability and redevelopment of old industrial land [J]. The journal of law & economics, 2010(2): 289–306.

[6] STRATTON M. Industrial buildings: conservation and regeneration [M]. London: E & FN Spon, 2000.

[7] CURULLI G I. The making and remaking of dismissed industrial sites [M]. Florence: Alinea International, 2014.

[8] KIRKWOOD N. Manufactured sites: rethinking the post–industrial landscape [M]. Milton Park: Taylor & Francis, 2001.

[9] BERGER A. Drosscape: wasting land in urban America [M]. New York: Princeton Architectural Press, 2006.

[10] 王建国 . 后工业时代产业建筑遗产保护更新 [M]. 北京：中国建筑工业出版社，2008.

[11] 庄慎，王迪，邓健 . 建筑结构设备一体化的“屋中屋”：常州“棉仓城市客厅” 改造 [J]. 时代建筑，2018 (4):96–103.

[12] 邹子敬，刘健 . 工业遗产适应性再利用中的“嵌入”策略：上海同济大学设计创意学院大楼改扩建设计 [J]. 时代建筑，2016(3):120–

125.
[13] CARTAGENA E G, MORILLAS H, MAGUREGUI M, etc. A comprehensive study of biofilms growing on the built heritage of a Caribbean industrial city in correlation with construction materials [J]. International biodeterioration & biodegradation, 2020, 147: 104874.
[14] 金来建，贾洁，朱丹 . 汶川地震中单层钢筋混凝土柱厂房典型震害分析 [J]. 建筑结构学报，2008(4):34–41.
[15] BOURNAS D A, NEGRO P, TAUCER F F. Performance of industrial buildings during the Emilia earthquakes in Northern Italy and recommendations for their strengthening [J]. Bulletin earthquake engineering, 2014,12(5): 2383–2404.
[16]《既有建筑改造年鉴》编委会 . 既有建筑改造年鉴（2017）[M]. 北京：中国建筑工业出版社，2017.
[17] 宋德萱，韩珊珊 . 基于舒适性能提升的既有建筑绿色改造技术初探 [J]. 动感（生态城市与绿色建筑），2016(4):68–70.
[18] 张凯，李岳岩 . 基于建筑全生命周期使用阶段的工业建筑低碳改造研究：以西安建筑大学热力中心为例 [J]. 室内设计与装修，2021(3): 116–117.
[19] 刘伯英，冯钟平 . 城市工业用地更新与工业遗产保护 [M]. 北京：中国建筑工业出版社，2009.
[20] 刘伯英 . 工业建筑遗产保护发展综述 [J]. 建筑学报，2012(1):12–17.
[21] 朱宁，高琦，郭亚成 . 基于数字技术的工业遗产保护和再利用策略研究 [J]. 工业建筑，2014,44(2):5–7,12.
[22] 石越，青木信夫，徐苏斌，等 . BIM 技术在历史建筑信息采集中的应用：以黄海化学工业研究社为例 [J]. 建筑与文化，2014(7): 79–81.
[23] 张亮 .BIM 与机器人全站仪在场地地下管线施工中的综合应用 [J]. 施工技术，2016,45(6):27–31,48.
[24] 庄慎，华霞虹 . 棉仓城市客厅 [J]. 建筑学报，2018(7):42–51.

河南三线建设及遗产保护与再利用思考

吕建昌　杨润萌　上海大学文学院

摘　要：三线建设研究近年在学术界已成为一个热点，但对三线建设留下的三线工业遗产保护和再利用的研究并未在我国工业遗产界引起更多的关注。三线工业遗产的价值内涵尚有待深入认识和发掘。河南三线建设是全国三线建设的一部分，与大西南的三线建设研究成果相比，河南三线建设研究的广度与深度都存在一定差距，河南三线工业遗产保护和再利用研究较为薄弱。我们通过实地调研考察和文献资料收集，梳理了河南三线建设的过程和特点，分析了河南三线企业遗址的分布与现状，就河南三线工业遗产的保护与再利用，提出了几点思考。

关 键 词：河南三线建设；三线工业遗产；保护与再利用

在中国工业遗产研究中，对三线建设工业遗产的保护和再利用研究已经引起部分学者的重视，陆续有一些成果面世。但与其他老工业城市的工业遗产研究相比，主要分布在西部山区乡村的三线工业遗产所受到的关注度很低。河南的三线企业搬出山区后，留下的工厂遗址及其工业建筑物、构筑物等遗迹，有不少至今依然闲置，如何保护与开发利用这份遗产资源，这是一个亟需解决的问题。

发生在 1960 年代中期至 1980 年代前期的三线建设，是我国为应对外敌入侵的严峻局势而实施的一项重大国防经济建设战略，以备战为指导思想，调整国家失衡的东西部工业布局，在西部地区建立一个稳固的后方基地。河南三线建设是国家三线建设的重要组成部分。1964 年至 1983 年间，河南在京广铁路以西的豫西山脉纵深地区展开了轰轰烈烈的三线建设。三线建设由“大三线”与“小三线”组成。三线工业遗产是三线建设历史文化的重要载体，三线工业建筑遗产是三线建设直观的物质见证，具有开发与再利用价值。保护与开发利用这些工业遗产，使之造福于三线地区的人民，是“后三线建设”时代的一项重要使命。

1　河南地区的三线建设

河南的三线建设是同时围绕“大三线”与“小三线”展开的。以 1968 年为界，可分为前、后两个时期，前期以地方政府规划、投资的军工建设（也就是“小三线”）为主，后期以国家直接规划、投资的“大三线”建设为主。截至三线建设结束，河南形成了以鲁山、宜阳等地为中心的“小三线”军工体系和以南召县、济源市为中心的火炮、高炮基地，以及以洛阳为中心的科研、机械加工基地和以焦作为中心的军工协作中心。

1.1　河南“小三线”建设

“小三线”建设重点是军工项目，包括与军工项目配套的交通、通信建设。与国内其他地区的“小三线”一样，河南“小三线”军工项目的生产产品也以步枪、冲锋枪、轻重机枪、子弹、炸药等轻型武器为

① 国家计委、国务院国防工办关于小三线地方军工建设几个问题的请示报告 [M]// 陈东林．中国共产党与三线建设．北京：中共党史出版社，2014:236,238.

主，用以装备团级以下部队与民兵。[①]

根据中央部署，1964 年底河南拉开三线建设的序幕。河南省委、省军区组织人员到豫西地区的南阳、平顶山等地开展选址定点工作，考察确定在豫西伏牛山东麓的宜阳、汝阳、临汝、鲁山、南召等县内布局和建设。河南“小三线”建设共规划建设 12 个军工企业、1 个战时专用医院，以及包括交通、电力、无线电通信、战备储备库等在内的若干个配套工程，在豫西伏牛山脉东麓的纵深地带建立一套战时军工体系。

1.1.1　地方军工项目

河南 12 个地方军工企业中有 8 个轻武器和弹药工厂，除工厂外还有 1 个战时医院（表 1）。所有项目从 1965 年开始建设，基本于 1969 年建设完成，1970 年全部建成投产。

“小三线”军工企业以“靠山、分散、隐蔽”为选址方针，“依山傍水扎大营”，借助山体、森林等天然屏障对空隐蔽。同时，工厂内部建筑布局也力求紧凑，要求工厂生产做到“小而精”，不求“大而全”。工厂建设多依山就势，呈“瓜蔓式”“羊拉屎式”分布，不搞方块形和大型集聚，以降低空中侦察被发现的可能性。工厂与城市保持适当距离，兼顾工厂建设的便捷性与保密性，保密性较强的轻武器厂和弹药厂建在较为隐秘的山区，其他服务性工厂定址在半山或浅山地带，部分还直接放置在交通便利的县城附近。

表 1　河南“小三线”军工企业概况统计表

企业代号	企业性质	设计纲领	开建时间	投产时间	地址
983厂	半自动步枪厂	年产2.5万支	1965	1969	临汝县
856厂	手榴弹厂	年产木柄手榴弹100万枚、地雷10万枚	1965	1967	宜阳县
9676厂	轻机枪厂	1500挺/年	1966	1967	鲁山县
9617厂	迫击炮弹厂	5万发/年	1966	1968	鲁山县
9641厂	枪弹厂	1亿发/年	1966	1969	鲁山县
9649厂	工具厂	—	1966	1966	鲁山县
9623厂	炮弹厂	82和75式破甲弹、85微旋破甲弹、69-11坦克油箱等产品	1967	1969	南召县
9645厂	硝铵炸药厂	年产煤炭炸药、岩石炸药、抗水炸药等各类硝铵炸药6000吨	1966	1969	宜阳县
9654厂	雷管导火索厂	年产导火索4千万米、雷管2千万发、小黑粒药50吨	1966	1969	宜阳县
9659厂	铸锻厂	—	1967	1969	南召县
9679厂	汽修厂	年大修军车150辆以及生产加工各类汽车配件	1968	1969	鲁山县
9689厂	汽修厂	年大修军车200辆，兼具排气门、离合器等产品生产能力	1968	1969	汝阳县
105医院	战时医院		1966	1969	鲁山县

（来源：根据郭根祥主编的《河南省地方军工志 1965—1987》（内部资料 1990 年版）第 1～5 页内容整理绘制）

1.1.2 战略储备库和空军指挥所项目

战略储备库是国家为应对可能突发的战争，为保障战时需要，储藏战略物资的仓库。为保证战时战略物资的供应，“小三线”建设将战略储备仓库也作为建设重点之一。[①]河南分别在鲁山县及洛阳市等地陆续建设医药、油库等各类储备仓库9个。

在伏牛山腹地建成空军预备指挥所07基地，内有飞机场、地下指挥中心、医院和油库、军械库等。工程于1968年开建，1971年8月竣工，共动用了两个师的兵力，历时三年半，耗资4亿元。[②]特别是地下指挥中心，分为指挥洞、作战洞、通讯洞三个部分，各洞两端均装有防原子弹的大门，以防备敌人核武器的袭击。鲁山军用飞机场是空军预备基地的重要组成部分，于1968年兴建，1970年建成，工程代号为“8682”，总投资1亿元，占地面积约达100万平方米，其中建筑和使用面积约达70万平方米。[③]

1.1.3 通信、交通配套建设项目

河南“小三线”通信建设主要集中在平顶山市鲁山县、洛阳市汝阳县两地，建立起了以鲁山县为中心的通信设备生产基地和以汝阳县为中心的通信枢纽基地（表2）。鲁山县的通信设备生产基地包括704厂与703厂两个项目。1976年两厂合并，统一称703厂。[④]汝阳通信项目共计安排7项。

表2 河南“小三线”通信项目统计表

项目代号	项目内容	地址
703厂	生产交换机与电话机等通讯器材	鲁山县
704厂	生产交换机与电话机等通讯器材	鲁山县
301项目	汝阳至焦作至长治载波线路工程	汝阳县
601项目	汝阳至郑州载波线路工程	汝阳县
602项目	汝阳至许昌载波线路工程	汝阳县
603项目	汝阳有线中心站	汝阳县
701项目	汝阳至卢氏载波线路工程	汝阳县
702项目	汝阳至南阳至襄樊载波线路工程	汝阳县
703项目	汝阳无线中心站	汝阳县

（来源：作者根据相关资料绘制）

1.2 河南“大三线”建设

“大三线”建设规划之初，国家建设的重点地区主要集中在以云南、贵州、四川为中心的西南地区，以及以陕西、宁夏、甘肃为中心的西北地区，河南并未受到重视。1967年以后，河南“大三线”建设才大规模集中展开（图1、表3）。

① 川、贵、云三省1970年计划执行情况和“四五”规划几个问题汇报提纲[M]// 陈东林．中国共产党与三线建设．北京：中共党史出版社，2014:254.

② 孙春明．走出“深山”的林彪秘洞[J]．中国商界，2005(3).

③ 中国人民政治协商会议鲁山县委员会文史资料研究委员会．鲁山文史资料：18．纪念鲁山县政协成立二十周年[Z].2001:269.

④ 中国人民政治协商会议鲁山县委员会文史资料研究委员会．鲁山文史资料：18．纪念鲁山县政协成立二十周年[Z].2001:266.

图 1　河南三线建设分布图
（注：以郑州为中心，西半部的深色地带为三线企业分布区域）

表 3　河南“大三线”建设军工企业表

基地	企业名称	主要产品	开建时间	投产时间	地址
南召光学仪器基地	358厂	高炮、地瞄军用光学仪器总装	1967	1968	镇平县
	378厂	原定为地面瞄准光学仪器装配厂，后改为58式方向盘、37式小高炮瞄准镜生产	1968	1969	镇平县
	508厂	高炮瞄准镜、指挥镜、炮对镜等配套光学玻璃原件	1968	1971	镇平县
	548厂	军用光学仪器压铸、机加	1968	1970	南召县
南召大口径炮基地	5104厂	105无座力炮破甲弹用压电引信、航空弹用引信、大口径炮弹底火，以及精密仪器检修	1968	1978	南召县
	5113厂	硬质合金、大口径炮弹药筒	1969	1974	鲁山县
	5143厂	大口径炮弹总装厂，年产火箭弹20万发	1968	1979	南召县
	5103厂	弹体制造厂，主要为提供各式农榴炮的弹体和全弹装药装配	1968	1982	南召县
	5153厂 5114厂	原为炮弹引信厂，1979年合并为5123厂，为特种弹药装配厂，规划生产特种炮弹18万发	1971	1985	方城县
济源531高炮基地	5127厂	高炮厂	1969	1984	济源市
	5147厂	高炮厂，规划年产100毫米高炮毛坯500门，57毫米高炮毛坯1000门，并支援晋南坦克厂	1969	1983	济源市
1060基地	1060基地	海军航空兵济源飞机场站	1969	1974	济源市
洛阳军工科研生产基地	5111厂	5.56、7.62毫米子弹，以及各类手、自动枪械生产与修理	1969	1972	洛阳市
	158厂	航空电器研制与生产	1970	1971	洛阳市
	632厂	散射通讯整机、散装通讯车	1972	1974	渑池县
	744厂	真空钨钼材料厂，钨钼丝、钨钼杆等电子通讯材料	1972	1975	渑池县
	725研究所	船舰及海洋工程领域材料研测	1971	1971	洛阳市
	613研究所	航空火力控制系统	1970	1970	洛阳市
	5715厂	航空雷达、无线电大修、航空电子设备加工、零备件制造等	1974	1978	洛阳市

续上表

基地	企业名称	主要产品	开建时间	投产时间	地址
焦作军工协作基地	258厂	坦克炮瞄准镜、高炮指挥镜等军用光学仪器及其他地瞄产品	1964	1964	焦作市
	3550厂	主要生产仿美卡宾枪、重型水下穿孔枪、反坦克枪榴筒等，1974年后以军车修理为主	1970	1974	焦作市

（来源：根据相关文献资料整理绘制）

1.2.1　豫西兵器工业基地建设

在三线建设规划之初，国家对兵器工业基地建设的实施步骤是：首先建设以重庆为中心的常规兵器工业基地，随后建设豫西、湘西、鄂西生产基地，以及高射武器和光学仪器等专项项目。[①] 1967 年底，重庆兵器工业基地的第一批项目基本建成，豫西兵器工业基地建设随之被提上日程。豫西兵器工业基地共规划 20 余个建设项目，由四个部分组成。一个是以南召为中心的大口径炮弹基地，主要生产火箭弹、反坦克弹、火炮弹头、引信和瞄准镜、方向盘等光学仪器；另一个是以济源为中心的高炮生产基地，主要进行高炮生产、总装、坦克炮水压锻件加工、高射炮弹生产和各种军事雷达、指挥仪等电子仪器生产。[②]同时，还陆续建立以洛阳为中心的军工科研生产中心和以焦作为中心的军工协作基地。

1.2.1.1　南召大口径炮弹基地

自 1967 年开始，第五机械工业部（以下简称五机部）先后在豫西伏牛山区的镇平、南召两地部署了 358 厂、378 厂、508 厂、548 厂四个光学仪器工程，主要生产高炮瞄准镜、指挥镜等军用光学仪器产品。因四个光学仪器厂之间有着较为密切的生产协作关系，故相距不远，均在 20 千米内，且有公路相通。1970 年，四厂基本建成投产，形成了以镇平为中心的军工地瞄生产基地。[③]

豫西炮弹工业基地以南召为中心、沿拟建的焦枝铁路分散分布，共规划有 5143 厂（总装厂）、5104 厂（引信厂）、5113 厂（弹药筒厂）、5103 厂（弹体制造厂）、5123 厂（特种弹药装配厂）5 个总装和协作工厂。5143 厂于 1968 年开始筹建，1969 年 7 月正式全线动工开建。因原生产纲领变动，改为生产火箭弹，建设工程几经变更，整个建设时期长达十年，直到 1979 年 1 月才基本竣工，完成验收。[④] 5104 厂于 1968 年开始筹建，1978 年完成五机部的竣工验收，开始进入生产阶段。[⑤] 5113 厂于 1969 年 5 月开始建设，1974 年打通生产线后进入生产阶段。[⑥]5103 厂于 1968 年开始兴建，1982 年基本建设总体竣工。5123 厂由原 5153 厂和 5114 厂合并而成。5153 厂和 5114 厂于 1971 年开始建设；1972 年，5153 厂因在厂址地下发现铀矿而缓建；5114 厂也因建设资金不足，于 1977 年被迫停建；[⑦]1979 年，5153 厂、5114 厂两

① 何郝炬．三线建设与西部大开发[M]．北京：当代中国出版社，2003:303.

② 中华人民共和国第五机械工业部．关于豫北高炮生产基地（代号五三一工程）的建设方案有关事项通知(1970 年 9 月 15 日)[Z]// 国营第五一四七厂志编纂委员会．国营第五一四七厂志:424.

③ “地瞄”，即地面光学瞄准仪器。资料源自：杨越．努力打造国际一流的光电产品：河南中光学集团有限公司依靠科技创新发展光电产业纪实[J]．国防科技工业，2007(3):6.

④ 中华人民共和国第五机械工业部．关于批准五一四三厂基本建设竣工验收的通知[Z]// 国营第五一四三厂志编纂委员会．国营第五一四三厂志(1968—1987): 497.

⑤《国营第五一〇四厂志》编纂委员会，国营第五一〇四厂志(1968—1987)，第 10 页。

⑥《国营第五一一三厂志》编纂委员会，国营第五一一三厂志（1968—1985），第 62 页。

⑦《国营第五一二三厂志》编纂委员会，国营第五一二三厂厂志，第 7、8 页。

厂合并，在5114厂址筹建豫西特种弹药装配厂，定代号为5123，并于1981年8月正式开始施工，1985年通过国家基建验收。[①]

1.2.1.2 济源531高炮基地和1060工程

1970年，代号为“531工程”的防空高炮基地，选址在河南济源县以西地区。[②]配套的大大小小十几个工厂延绵分散在数百公里的山脉之中。531工程规模庞大，设计为13个项目，分为高炮厂、高炮弹厂以及雷达、指挥仪、电机厂等部分，并设立531指挥部进行统一领导与管理，531工程从1970年开工建设，因“九一三”事件缓建，再到1972年下马，历经近三年时间。其建设规模随着国际形势变化和国防工业战略布局调整而大幅调整，13个分厂削减为2个，厂名分别改为国营5127厂和5147厂。国营5147厂是531工程的第一指挥分部，由包头高炮厂（447厂）包建，生产高炮毛坯铸件。在建设过程中，5147厂的生产纲领多次发生变更，致使工厂一直处于基建阶段，迟迟未能投入生产。到1984年，火炮毛坯“一条龙”生产线基本建设完成，相应的生产设备得到安装，基建工作才算基本结束。

1060工程，即海军航空兵济源飞机场站，是1960年代末建设的一项重要的国防建设工程。[③]1969年，以海军工程兵为主体、外加部分当地民工参加的施工队伍开工建设，1972年7月在机场附近东口洞库扩挖山洞，用于隐藏战机。[④]

1.2.1.3 洛阳军工科研生产基地

洛阳位于“京广线”以西的豫西地区，是河南大、小“三线”建设的重点。该地区拥有着较大数量的三线军工企业。洛阳“大三线”建设项目主要包括兵器工业、航空工业、船舰工业、军用电子4个方面，共计8个项目。除5111厂为常规兵器工业外，其他均为高科技军工科研企业。

1.2.1.4 焦作兵器工业建设

与河南其他地区的三线建设方式不同（如南召、济源等地的三线建设企业以迁建和新建为主，洛阳地区的三线建设企业以新建和扩建为主），焦作地区的三线建设企业多以原地企业改建的方式参与三线军工建设。

1.2.2 河南兵器动员生产线建设

“兵器动员生产线”是国家为在战时提高军工生产能力，在民用工业企业组织军品生产的一种形式，它是兵器工业生产体系的重要组成部分。[⑤]兵器动员生产线多采取“一厂一件、百厂成线”的大协作方式建立，参与生产线的企业平时主要进行民品和部分紧缺武器装备生产，战时则迅速形成军工生产能力，转为兵器生产线。兵器动员生产线为1980年

① 兵器工业部关于河南五一二三厂基本建设竣工验收的批复[Z]// 国营第五一二三厂志编纂委员会．国营第五一二三厂厂志．1988:330.

② 中央军委办事组．复大口径炮厂选定厂址问题（1970年5月3日）[Z]// 国营第五一四七厂志编纂委员会．国营第五一四七厂志:424.

③ 济源档案馆，1060工程档案《关于影响工程施工进度、工程质量的事故通报》。

④ 济源档案馆，1060工程档案《关于东口洞库扩挖、被复初步施工方案》。

⑤ 熊武一，周家法．军事大辞海[M]. 北京：长城出版社，2000:1302.

代以后三线企业全面实行由“调整改造”转型向“军民融合，平战结合”方向发展积累了实践经验。河南洛阳作为当时全国重要的重工业基地，以“156 项目”建设的企业为支柱，三线建设期间曾前后两次参与国家的兵器动员生产线建设，承担完成了主要的生产任务。参与兵器动员生产线建设的相关企业统一建立生产某代号军品的分厂，如洛阳矿山机器厂 704 分厂、洛阳轴承厂 704 分厂、第一拖拉机厂 704 分厂等厂均为“704 产品”生产企业，各企业间存在着密切联系与协作（表4）。[①]

表 4　三线建设时期河南兵器动员生产线建设情况表

企业名称	建设时间	投产时间	生产产品
洛阳矿山机器厂218生产线	1965	1967	高射机关炮
第一拖拉机厂665分厂	1966	1968	军用越野车
洛阳矿山机器厂704分厂	—	1970	坦克炮塔等
洛阳轴承厂704分厂	1970	—	坦克炮塔总成
第一拖拉机厂704分厂	1971	—	坦克总成、组装
610军工动员生产线	1970	—	半自动步枪

（来源：作者依据相关文献资料整理绘制）

2　河南三线工业遗产（遗址）现状

国家从“七五”计划（1986 年）开始实施以脱险搬迁为主的三线布局调整，到“九五”计划（2000 年）完成的 15 年时间里，全国列入调整计划的企事业单位中，有 245 个实施了整体或部分搬迁。[②]这些单位搬迁之后，基本都产生了遗址。河南在这一时期同样也发生了三线企业的搬迁，留下的遗址成为河南三线建设的重要遗产。

对于老工业城市中工厂搬迁后的遗址，保护性利用逐渐成为国内外社会各界的共识。近年来，国内对于工业遗产的开发与利用中，不乏一些较为成功的案例。如上海杨浦滨江“工业秀带”、上海田子坊文化街区、广东中山市岐江公园、山东青岛啤酒博物馆等经典案例，不仅较好地保存和利用了这些城市文脉，而且使城市焕发了新机，成为当地的文化地标和旅游经济增长点，实现了社会效益和经济效益的双效统一。

对于分布于西部山区的三线工业遗产的保护与利用则相对较差。总体而言，三线建设工业遗产整体被保护利用的情况并不多，大多数都属于局部的保护利用一类，即三线企业搬迁后留下的生产区建筑和生活区建筑等被业主分成小块分别利用。不同的产权所有者根据不同的需求，将工业遗产改造成不同用途的新建筑空间，如生产用房、培训基地、旅馆酒店等（图 2）。[③]

① 洛阳档案馆馆藏《河南省国防工办、重工局关于“七〇四”坦克研制问题的规划及军工生产问题会议纪要》。

② 国防科技委员会．三线建设调整的有关政策问题研究（内部报告）[M]// 彭南生，严鹏．工业文化研究：第 1 辑．北京：社会科学文献出版社，2017:105.

③ 吕建昌．现状与研究对策：聚焦于三线建设工业遗产的保护与利用 [J]. 东南文化，2019(3):6-12.

图 2　被改造为老兵工酒店的济源 531 工程锅炉房遗址
（来源：作者自摄）

笔者通过实地考察洛阳、济源、鲁山等地的三线遗址发现，河南三线工业遗产的利用情况与西部地区的三线遗址类似，保护与利用程度不高，除鲁山空军基地、531 锅炉房、5127 厂等遗址得到保护与开发利用外，其他三线工业遗产大多被拆毁或闲置，其现状主要有以下几种情况：

一是整体利用型。代表遗址有鲁山空军基地、531 锅炉房、5127 厂。鲁山空军基地在驻守部队撤离后，作为旅游景点被开发利用。531 锅炉房是 531 基地规划中的一个项目，1973 年因国民经济调整而半途下马停建。后经济源文旅集团牵头，改造为“老兵工酒店”，遗址的工业建筑遗产原貌得到了较好保存，保留了浓厚的军工风格，其中还收藏了许多三线时期的老物件。“老兵工酒店”自开张之日起便吸引了大量的游客，经济效益明显，同时也获得了良好的社会反响，成为济源的特色旅游项目。5127 厂是 531 工程仅保留的两个项目之一。后因经营不善，2006 年宣布破产，被中原特钢厂（原 5147 厂）兼并收购。近年来随着生产设备的搬迁，厂房基本闲置，济源市政府根据当地的历史文化特色，将其改建为“愚公移山干部学院”（图 3）， 至 2021 年初基本改造完成。

图 3　开发为愚公移山干部学院的济源 5127 厂
（来源：作者自摄）

二是正常生产型。如1060基地、5111厂等，这些厂仍在原址进行生产活动，厂区未进行大规模的拆迁，三线建设时期的厂房保存较好，部分价值较高、具有保护意义的建筑被空置，在企业发展过程中也产生了部分闲置遗址。如5111厂中兴建于1960年代的大礼堂，具有明显的苏联建筑风格，至今仍保存完好，具有较高的保护、利用价值（图4）。

图4　5111厂苏式建筑风格大礼堂
（来源：作者自摄）

三是整体闲置型。如158厂、632厂、358厂、378厂、508厂、548厂等，这些工厂多已搬至邻近市区，原厂房被整体闲置，但保存完好，开发与利用空间较大，是难得的三线工业遗产财富（图5）。

图5　空置的洛阳158厂区
（来源：作者自摄）

四是关停并转型。其中包括9645厂、9654厂、9689厂、725研究所与856厂。国营9645厂与9654厂，主要生产炸药、导火索等产品，因产品性质特殊，不适宜在人口密集处建厂，三线建设时期选址较为合理，交通也方便，因此企业未搬迁。但由于厂房与生活区的改造升级，三线建设时期建筑已全部拆除，并无保留。9689厂，在企业破产后，厂房被闲置，破败不堪，后被乡镇民企收购，用来作为储物场所或简易生产车间，因几经易手，多次改造，原址原貌已是无处找寻。725研究所原址与856厂原址则因城市建设发展，被重新利用，开发为居民楼

（图 6）。

河南省部分三线企业调整搬迁后遗址情况见表 5。

图 6　被开发为住宅小区的 856 厂
（来源：作者自摄）

表 5　河南省部分三线企业调整搬迁后遗址情况表

企业名称	企业现状	三线工业遗址利用现状	地址
9689厂	破产	1980年代并入洛阳钢厂，整体搬迁至洛阳，原址建筑已完全拆除	洛阳市汝阳县
158厂	搬迁	主厂房部分被当地村委会利用，部分被用作木料加工厂	洛阳市宜阳县
856厂	破产	基本拆除，原址上已建成商品房	洛阳市宜阳县
9645厂	生产民品	在原厂址上翻建新厂房	洛阳市宜阳县
9654厂	生产民品	在原厂址上翻建新厂房	洛阳市宜阳县
5111厂	转型民品	仍在原厂址上生产，部分三线时期厂房保存良好	洛阳市涧西区
613研究所	军民结合	未搬迁，部分三线建设时期建筑仍保存十分良好	洛阳市西工区
725研究所	搬迁	遗址基本被开发为新建居民小区，仍有小部分厂房保存良好	洛阳市涧西区
704厂	厂房转让	与703厂合并，现被民企天瑞水泥厂收购，用作生产厂房	平顶山市汝州市
9641厂	搬迁	遗址保存较为完整，现已闲置	平顶山市鲁山县
空军指挥部	军事基地	开发为“鲁山秘洞”旅游点	平顶山市鲁山县
9659厂	搬迁	遗址保存良好，现为闲置状态	平顶山市鲁山县
5147厂	搬迁	生产线基本搬迁，大量厂房闲置，三线时期部分厂房留存不多	济源市
5127厂	倒闭	改造为愚公移山干部学院，目前已建成投入使用	济源市
531锅炉房	停建	改造为老兵工酒店，效益良好	济源市
1060基地	在用	—	济源市
744厂	搬迁	原厂搬入洛阳，遗址被民企收购，改造利用为水泥加工厂	三门峡渑池县
632厂	搬迁	原厂搬入洛阳，遗址厂房均保存相对完整且良好，现为闲置状态	三门峡渑池县

（来源：作者根据实地调查信息并结合已收集的史料信息绘制，调查时间为 2019 年 7 月—2020 年 6 月）

3　河南三线工业遗产保护与利用的思考

三线建设不仅是一场国防建设活动，同时也是工业布局调整活动，改善了中西部工业落后的面貌。但三线建设企业毕竟不是当地经济内生作用下的产物，对于落后地区的经济带动作用十分有限。就三线工业遗址分布地区而言，多是经济贫困的山区，有的还处于国家曾经划定的集中连片的特困地区，在曾经的全国四大贫困地区中，陕西、四川交界的秦巴山区，四川的大小凉山山区，贵州的乌蒙山区，都曾经是三线建设的重点地区。[①]

河南三线工业遗址的分布同样存在这样的特点，多数遗址位于山区，属于原河南贫困地区，如531基地分布于王屋山脉地带，9679厂、9617厂等“小三线”企业分布于伏牛山区。这些地方基础设施差，产业经济不甚发达，人均纯收入较低， 尽管已经脱贫，但经济基础并不稳固，依然面临“返贫”的可能，迫切希望寻求地区经济发展的良方。为此，我们提出以下几点思考意见。

① 陈东林.三线建设工业遗产的历史、现状及研究展望[M]//彭南生，严鹏.工业文化研究：第1辑.北京：社会科学文化出版社，2017:116.

3.1 政府要发挥主导作用

河南三线工业遗址的保护与利用工作，首先要发挥政府的主导作用。责任部门应做好三线遗址保护、开发、利用的调研，开展科学规划，组织专家对遗址的经济价值与文化价值进行评估，为遗址的开发利用方式方法提供学术参考。其次，要积极鼓励和引导社会力量参与开发三线工业遗产的投资，拓宽融资渠道，调动多方资源，激发三线工业遗产的经济活力。再次，要借鉴国内外工业建筑遗产保护与利用的成功经验，对三线工业建筑遗产进行合理改造再利用，使之适应新的功能需求，让工业建筑遗产“活”起来。同时在开发过程中要注意处理好保护与利用的关系、经济效益与社会效益的关系、利益获得方与非利益方的关系。突出遗产的教育、宣传功能，传承三线建设的文化与精神。

3.2 采取属地政府负责制

三线工业遗产保护利用可以说是一个“历史遗留问题”（尽管它的历史并不悠久）。因为当年三线企业搬离后，留下的工厂遗址连同其上的工业建筑遗产都作为国有资产转交给了地方政府（除了少数整体转让给了别的国有企业或出售给民企之外），地方政府仅仅利用了一部分建筑，大多数都闲置，没有保护利用起来，致使部分工业建筑和职工住宅等建筑损毁破败。部分出售给民企或私人的三线遗址及建筑等，几经转手，产权与使用权发生变化，要求这些民企或私人保护利用三线工业遗产，会直接影响到他们的利益。当地的政府是三线工业遗产保护利用的主体责任者，政府应该出面将三线企业遗址的土地收储，回购遗址之上的工业建筑等。今天，在三线建设亲历者的呼吁下，在社会舆论的传播中，部分地方政府认识到三线工业遗产的价值，开始了保护利用的实践，设计招商引资项目，吸引社会力量开发利用三线工业遗产。调研发现，不少地方的三线工业遗产开发利用的成功案例，背后都有地方政府在积极地助推，鼎力支持。如果地方政府不作为，那么三线工业遗产保护利用就很难有起色。对三线工业遗产的保护利用，我们寄希望于地方政府，他们是乡镇地方的直接管理者，只要该地方区县、乡镇领导重视了，该地的三线工业遗产保护利用就会有起色。为此，我们建议要像开展“精准扶贫”那样，采取属地政府负责制，将三线工业遗产保护利用落实到区县和乡镇政府，促使地方政府在调查摸清家底的前提下，开展价值评估，制定具体的开发利用计划、预期的建设目标，设计开发项目，设定建设完成的时间及社会效益与经济效益指标等，严格进行考核。

3.3 打造多元化的旅游复合景观

三线工业遗产是中华人民共和国史上重大历史事件的物质遗存，是弘扬优秀中国工业精神、增强民族凝聚力、坚定文化自信的直观载体。做好河南三线工业遗址的保护利用工作，具有重要的现实意义：一方面可以对三线建设这段历史起到积极的宣传作用，让更多的人了解这段激情燃烧的岁月，铭记历史，砥砺前行；另一方面，科学合理地开发利用这些闲置的遗产，将促进当地文化旅游业的发展，助力贫困乡村的产业振兴。

党的十九大报告提出了实施乡村振兴的伟大战略。乡村中的三线工业遗产是当地重要的发展资源，应善加利用以实现文化产业的振兴。三线工业遗产中自带的军工企业符号、“村落式”的厂房布局、充满时代感的标语和口号、与青山绿水相伴的天然环境，对于人们有着天然的吸引力，非常适合打造成集农业文明、工业遗产与自然风光于一体的复合景观。如山东蒙阴利用“小三线”军工遗址打造的“三线军工文化园”旅游基地，结合岱崮地貌的自然景观特色，将沂蒙革命老区的红色文化、三线军工文化与自然景观有机融为一体，既借鉴了在国内已经发展较为火热的红色旅游经验，又突出了三线军工的遗产文化特色，传播与弘扬三线精神，避开了与其他遗址旅游的雷同化，是较为成功并值得推广的案例。又如湖北宜昌的三峡白马营艺术园区（图 7），利用三线工业遗址所在地的青山绿水环境和优美景致，因地制宜，改造为集休闲度假与艺术创作于一体的格调高雅的旅游休闲区，创造了良好的经济效益与社会效益，也是一个较好的案例。

图 7　宜昌三峡白马营艺术园区
（来源：作者自摄）

4 结语

河南三线建设前期以“小三线”建设为主，后期以“大三线”建设为主要任务。河南“小三线”建设开始于1965年，规划有13个军工项目，以及各类交通、通讯项目和战略储备库，军工项目基本于1970年全部建成投产。河南“大三线”建设开始于1968年，规划的主要目标是建设生产常规兵器的豫西兵器工业基地，大部分项目于1980年代初完工。河南“大三线”主要形成了以南召为中心的大口径炮生产加工基地，以济源为中心的高炮生产基地，以及以洛阳为中心的军工科研生产中心和以焦作为中心的军工协作基地。

进入三线建设调整改造时期后，河南三线企业大多进行了“军转民”的转变，并从原厂址搬迁至附近市区。三线企业搬迁后留下的遗址成为不可多得的三线遗产资源，具有开发再利用价值。三线工业遗产蕴含的三线精神对当前培育社会主义核心价值观、进行爱国主义教育和实现中华民族的伟大复兴，都具有极高的现实意义和社会价值。我们希望地方政府高度重视辖区内的三线工业遗址，深刻认识三线工业遗产的潜在价值，在中西部乡村工业遗产文化旅游资源的开发中，充分利用好三线工业遗产，使之助力于当地的乡村振兴和美丽新城镇建设。

环境行为学理念下工业遗产创意产业园区空间改造策略研究
——以北京“天宁一号”创意产业园为例

刘京晶　胡雪松　北京建筑大学建筑与城市规划学院

摘　要：随着国内城市化进程的不断加快，越来越多的传统工业区逐渐走向衰败，于是出现了大量的现代工业遗产向创意产业园区转型的情况，尽管针对现有工业遗产的改造已经有了很多研究和实践，但多数缺乏对使用人群需求和行为模式的考量，且其改造过程也多受政府或开发商等干预。基于此，文章以北京“天宁一号”创意产业园为例，详细研究了该地区使用人群的时空分布和行为特征，结合环境行为学理论，从领域性、空间行为、人的需要等方面对其更新策略进行总结和归纳，力图寻求能够真正符合使用者需求，并吸引周边城市居民前往驻足与交往的舒适空间。同时从环境行为学的角度进行分析研究，最后总结工业遗产创意产业园区的空间改造策略。

关 键 词：环境行为学；工业遗产；创意产业园；领域性；空间行为

1　基本概念

1.1　环境行为学

环境行为学是一门综合性的多交叉跨领域学科，运用环境心理学、行为学、人类社会学、人因工程学、社会心理学等基本理论、方法与概念，研究人类外显行为（包括经验、行动）与所处环境（社会、文化、精神、物质环境等）之间的相互关系和作用，加以运用到城市规划、建筑设计和室内设计等领域中，以改善人们的生活环境。[1] 通过研究环境行为学科，有利于建筑师从新的视角分析问题，开拓新的设计思路，更多地考虑人的需求，也有利于提高设计作品的空间活力和大众的认可程度。

国内著名学者李道增在其著作《环境行为学概论》中从以下三个方面分析环境与行为的相互影响：第一是人类的领域性问题，第二是在微观、中观和宏观三种空间层次上分析个人空间行为，第三是人的基本需要问题。人的心理和行为会由于所处环境的变化而不断调整、适应和发展，甚至发生较大的改变，两者之间的作用是双向的，所处环境会改变人的心理和行为，人的心理和行为也会反作用于环境。

1.2　工业遗产创意产业园区

2003 年，国际工业遗产保护协会通过了《下塔吉尔宪章》。在这个宪章中，工业遗产的身份得到了确认。工业遗产不仅包括工业建筑和机械设备等，还包括与工业有关的社会活动。

现如今伴随着城市化和城市更新进程的加快，原有的传统工业区正经历调整转型，大批工厂外迁，这导致城市中出现了越来越多荒废的工业园区和工业建筑等工业遗存。园区内部野草丛生，人迹罕至，再也看不到昔日繁荣的人类生产活动；建筑外墙老化、脱落，内部设备生锈、荒废，一副衰败景象。这些占地面积相对较大的工业遗产，既影响了城市环境的风貌和品质，也降低了工业遗产的艺术价值与文化内涵，因此对其进行重新利用和保护十分重要。

工业遗产保护与再利用的方式多种多样，将其发展为一个创意产业园区是近年来国内发达城市中较为常见的做法，例如北京798艺术区、上海8号桥创意产业园区等。创意产业作为探索和发挥人类智慧的生产活动，这种创新活动是需要物质载体的，因此作为历史文化凝结的工业遗产适用于承接其文化基础，两者相辅相成，同时创意产业园区能够传承和延续工业遗产的社会价值与文化价值，并赋予其新的精神内涵和表现形式。[2]

然而，在改造过程中，一些工业特色文化浓重的工业遗存并没有得到应有的重视和适宜的更新建设，一些地区的老工业区在未经过深思熟虑的情况下就直接进行简单的功能置换，这就导致尽管园区的空间环境焕然一新，但是依旧达不到建设预期，园区内部活力不足，市民参与度不高，同时工业遗产的多元复合文化价值也被破坏，园区内部的工业特色体验差强人意。本文通过分析北京“天宁一号”创意产业园的规划，调研其现状概况，再从环境行为学的角度进行分析研究，最后提出工业遗产创意产业园区空间改造策略，以期对相关改造提供一定思路。

2 北京“天宁一号”创意产业园实证研究

2.1 研究地点及原因

北京“天宁一号”创意产业园紧邻北京天宁寺。天宁寺位于北京市西城区广安门外街道东北部，寺中有北京最高的密檐式砖塔——舍利塔，辽代所建。天宁寺舍利塔通高57.8米，立于方形砖砌平台之上，塔身呈八角形，属于全国重点文物保护单位。北京“天宁一号”创意产业园前身是北京第二热电厂，建于1972年，总占地面积为7.9万平方米。2007年热电厂搬迁，搬迁后的厂区计划经两期改造后成为“天宁一号”创意产业园。创意园区分两期工程实施，一期目前为开放部分，每月大约会办一次展览；二期目前为厂房与空地，空地主要作为停车场。

作为北京市唯一一片历史遗产与工业遗产共存的区域，其特殊性使其城市空间改造策略难以确定。通过调研发现，现有的“天宁一号”创意产业园活力不足，天宁寺作为历史重要节点隐于场地，因此通过分析人的空间行为，找出存在的问题并改进，是提升城市环境质量、加强城市意象的必要措施。

2.2 现状分析

凯文·林奇于1960年所著的《城市意象》一书，将环境心理学引入到城市设计领域并产生了重大的影响。他将人们对城市的意象归纳为道路、边界、区域、节点、标志物五种要素，[3] 因而基于五要素对现状场地进行分析。

2.2.1 道路

道路是城市最为突出的元素，人们沿着道路行动，同时观察城市，并靠这些道路把其余的环境因素组织、联系起来。创意园区一期工程道路经过规划设计，主要是由人行道和绿地组成。道路尺度适应人的行走，基本宽 3 米左右，但缺少可停留的空间和配套设施，均质的街道空间难以丰富人的游玩体验并容易产生单调无聊的感觉。二期工程道路未经过规划设计，为大片空地，作为停车场使用。场地内最大的问题是园区和天宁寺没有道路相通，这就导致园区中的人群若想去天宁寺看一看，须到园区北门沿着城市道路进入该地区东侧到达天宁寺，破坏了场地内部道路的延续性。

2.2.2 边界

边界是除了道路以外的线性要素，通常是两片区域的分界线。边界往往也是道路，通常被表述为强调了界线性质的道路，像道路一样，边界也可以有指向性。园区入口空间是人群通过和停留的场所，也是园区风貌的展示窗口。根据现场调研，园区的出入口尺度小，标识不明显，缺乏辨识度，容易造成人们找不到入口的情况。园区的边界封闭，外侧多为连续的写字楼与小型商铺，人们无法在外侧观察到园区内部正在进行的活动，同时在园区内部的人们也无法感受到自己与园区边界的相对位置。

2.2.3 区域

通过边界和道路形成一定的区域，人们通过建筑形式、使用功能等划分不同的区域。根据现场分析，天宁寺周围的建筑形式显得较为杂乱，缺少城市区域之间的联系。园区相比天宁寺更有活力，其中南部的广场由于视野比较开阔，能看到相隔近千年的“双塔”（热电大烟囱与天宁寺舍利塔）并列高耸的景象，活力最强（图 1）。

图 1　南部广场
（来源：作者自摄）

2.2.4 节点

节点既是聚集点也是连接点，是连接交通处的节点。园区内的转角空间明显比其他街道空间活力更强，出现了咖啡厅等休憩空间，提供了活动的可能性（图2）。

图2　室外剧场
（来源：作者自摄）

2.2.5 标志物

城市标志物是点状参照物，是观察者的外部观察参照点，有可能是在尺度上变化多端的简单元素。它作为一种地标，构建了人们的城市意象。场地内180米的大烟囱与天宁寺在城市天际线、形态、色彩、体量上均难以达到协调统一，因而其去留问题一直被广泛地讨论。大烟囱与天宁寺舍利塔“双塔”并立的景象在一定程度上汇集着人群，这种强烈的对比，增强了我们的城市意象，也阻碍了我们的联想。

2.3 调研成果总结

2.3.1 访谈与问卷调查的验证

本次调查是以访谈和调查问卷的形式针对目标人群进行的，共发放问卷100份，收回问卷95份。分发工作是在开展不同活动的各个场所进行的，调查对象包括了学生、年轻人、中年人、老年人。本次调查主要关注的是来到园区的人的年龄，他们如何和为什么来到园区，以及他们停留的时间。通过访谈和问卷调查，研究人们在园区的行为模式，并提出改善和优化园区空间的建议。

（1）使用人群性别比例

在园区的人群中，工作日和休息日的男女比例稍有不同，工作日来园的男性使用者更多，主要都是来上班的，休息日来园的女性使用者较多，主要是带着孩子来游玩的。但男女比例相差不大。

（2）使用人群年龄、住址分析

无论是在假日还是在工作日，园区人群以 60 岁以上的退休人士以及随父母前来的 12 岁以下儿童为主。人群大多来自北京市内，且大多来自附近小区，外地人群较少。

（3）使用人群来园交通方式与频率分析

大部分人群是乘坐地铁、公交车或骑共享单车来园区游玩，其次是附近市民步行前来，还有少量人群自驾前来游玩。这说明人群主要为附近的居民及市内的市民。来园频率大部分集中在每周一次和每举办活动一次，较低的来园频率说明场地内部活力较低。

（4）使用人群来园同伴与停留时间分析

大多数人都是和家人或朋友一起来园区参加活动，其次是选择单独前往。大多数人在园区停留时间小于 3 小时，且主要在 1 小时以内。也有小部分停留时间较长的使用人群，多为前来参加活动的一家三口或者是前来闲逛聊天的中老年人。

2.3.2 行为观察结果分析

经观察，前来此地的人们行为上缺乏与园区内其他企业人员或游人之间的交流与互动。园区在交往空间上存在功能单调、尺度不适宜且没有足够的设施等问题。其中园区配套设施尤其是座椅严重缺乏，使人难以找到合适的地方坐下来进行更进一步的交流活动。除此之外，被访者还希望园区内增加餐饮、休闲娱乐等业态以及共享空间等功能。空间缺少在细节上的处理，很多情况下远看不错的空间走近之后却发现没有预想中的有趣，既不能使人长久地驻留在其中，也难以对附近的人产生足够的吸引力。这些空间大部分都具有很大的潜力发展成为有活力的优秀交往空间。

2.4 基于领域性的空间改造更新策略

领域是个人或群体为满足某种需求，或是出于对私密性和安全性的考虑而占据某种空间或是其空间里的所有物，其空间多具有相对独立性或是空间中的所有物具有不可替代性。可以将其概括为以下三种：主要领域、次要领域、公共性领域。主要领域是由个人或小群体所有的相对永久性空间。次要领域相比主要领域不具有中心感与排他性，但也是人们会经常光顾的空间。公共领域是个人或小群体暂时占有的空间，多数属社会共有的空间。

基于“领域”而提出的园区更新策略是对场地进行重新划分，其中靠近立交桥的东北角产业用地部分相对比较喧嚣，私密性最弱，故将其划分为公共领域，此领域的功能为商业文化空间。天宁寺北侧场地划分为开敞领域，将天宁寺原有的轴线反向拉长，打开城市界面。第二热电厂厂房的私密性最好，原有建筑的特征和空间记忆尽量最大限度保留，新的建筑空间以再利用的方式和旧建筑合作对话，在对话中创造全新的空间可能。

2.5 基于空间行为的空间改造更新策略

人们在不同的空间中体现出不同的空间行为，通过对不同人的行为进行分析，可以揭示出人们行为所需的空间结构特征及其决策机制。而空间行为按照人们活动范围的大小分为微观空间行为、中观空间行为和宏观空间行为。微观空间行为主要发生于个人空间，是指生物体占据自己身体周围的行为活动。中观空间行为一般大于个人空间行为的范围，是半永久性的，其所在的空间可能是一个人、一个群体或一个小团体的空间。宏观空间行为所在的空间是个人离开家外出活动的最大范围，也就是公共空间，交通越方便，其范围越大。然而，个人在城市中并非哪里都去，他们通常被限制在某些区域。

2.5.1 微观空间行为

微观空间行为多发生于个人空间之中，其他人只有受到邀请或得到默许才能进入别人的个体空间范围内。在公共空间中，人类既需要私密性也需要相互间接触交往，对每个人来说既要有能够退避到的保证私密性的小空间，又要有与别人接触交流的机会，我们所做的公共空间中的具体小品设计要创造条件求得两者间的平衡，满足人私密性和公共性两方面的需要。[4] 因此，公园里的座位和其他配套设施需要升级。座位应远离步行道和活动空间，适合 2～3 人使用的座位最佳，并应分散摆放，以提高空间内环境设施的使用率，同时提高空间的利用率，达到吸引人流和增加停留时间的目的。

2.5.2 中观空间行为

在城市化过程中，社区的类型逐渐丰富，不同类型社区占有着不同的位置和不同的资源环境。社区是地理和社会高度统一的概念，因为社区首先占据一定的地理空间，但社区又不仅仅是一个地理空间，它是一帮相互有认同感、归属感的人群的集合。

园区内使用人群多数来自周围社区，这些社区前身则是北京第二热电厂的家属楼，在这里地位、经济收入、工作方式差不多的人聚集在一起，有自己的交往方式和思维方式。因而不能为了激活该区域活力便大力拆迁居住区，而应尊重社区亚文化，进行微更新改造，提升社区品质，加强其与园区和天宁寺的空间联系。

2.5.3 宏观空间行为

研究宏观空间行为，就不得不研究人的“活动体系”。“活动体系”是一个人每日几段特定时间内经常重复的一系列活动，比如工作、休闲娱乐、日常交际等。其活动体系可以简化为“出发地—目的地”，通过对场地内使用人群的出发地与目的地的调查，可以了解人们在城市中离家（出发地）活动的范围，对场地土地利用与交通预测有所帮助。城市中的人们除去工作时间，其外出活动的目的地多为休闲和娱乐的场所，因此一个视野开阔、体验丰富的景观广场的设置十分有必要，不仅能为内部工作人员提供一个工作之余的休息场所，也为周边的城市居民提供一个活动场所。

2.6 基于人的需求的空间改造更新策略

马斯洛在 1943 年发表的《人类动机理论》中提出了需要层次论。人的需求有五个层次——生理需求、安全需求、情感需求、尊重需求和自我实现需求。五种需求分为高低两级，其中生理需求、安全需求和情感需求都属于低一级的需求，通过外部条件就可以满足；而尊重的需求和自我实现的需求是高级需求，是通过内部因素才能满足的。在空间改造中，尊重需求体现在城市更新对历史和工业文化的传承和尊重，自我实现需求体现在提供平衡融洽的创新就业空间。场地内部的令人矛盾的大烟囱便可以利用起来，作为一个巨型投影的城市装置，展示天宁寺和二热厂的文化，与人们建立物理关联，激发人们的联想；也可以宣传创意产业园，鼓励人们实现自我需求，激发该区域的经济活力。

3 环境行为学对工业遗产创意产业园区空间改造策略的启示

3.1 开放的空间界面

为了方便当年的生产生活活动，旧有园区的内部功能体系完善且比较单一，对外没有明显的需求，厂区外围有明显的边界限制，厂区与外界的整体联系相对较弱。因此改造设计需要对外围的空间界面进行重新组织，弱化该区域的独立性，扩大狭窄的园区入口，提高人们进入园区的可能性。改造可以通过底层架空的手法，或是利用玻璃、格栅等材料使得建筑与周边环境的界面不完全封闭，以此来增加空间的通透性。

3.2 宜人的尺度与设施

在早期以机械化生产为主导的老工业区建设中，为了满足机械化大规模生产的功能要求，厂区内的建筑物、构筑物的规模和间距都比较大，外部空间的流线简单直观，交通空间的尺度也比较大，改造成创意产业园区后，人行走在其中会有强烈的不适感和渺小感。在改造设计中，应考虑到人的行为尺度和需求，重新组织空间，缩小空间尺度，以增加人们在园区内的舒适度。

基于扬·盖尔的城市公共空间设计理论，公共空间和行为活动的相关性可以体现在空间设计中，以提升园区内部空间活力，提高人们的交流交往频率。针对公共空间和人们的停留行为这二者的关系，相关研究以物理环境的心理感知为切入点，结合现实生活中的例子，分析适合停留行为发生的场所特点和规律，并以此来指导公共空间的设计。研究表明，空间边界、局部隐蔽的凹陷空间和多种多样的空间界面都是吸引停留行为的空间特征。[5] 因此，园区内的设施可以适当结合人们的空间停留行为布置，考虑人们的小群生态的活动模式，设置可移动的座椅和台阶等非常规设施，更容易吸引人们驻足与交往。

3.3 再利用的工业元素

目前，人们的生活水平逐渐提高，对环境的品质追求也有所提升，针对工业遗产创意产业园区内的行为活动需求，不再限制于社交，而是开始产生更高层次的学习与美学的需要。因此针对园区内的工业元素不仅仅是要保护，还可加以利用，结合一些具有现代感和未来感的美学元素，形成新旧对比，产生碰撞，增强空间的趣味性，带给人们视觉和心理上的刺激感，引导人们空间行为的发生和延续。因此，尽可能地对工业元素进行再利用，提高空间参与度，也是工业遗产创意产业园区空间改造的发展策略。

4 总结

本文以“天宁一号”创意产业园为例，通过对使用人群环境心理和行为模式进行研究和分析，总结了人群的环境行为习惯，发现了场地现状问题，从环境行为学的角度，以领域性、空间行为、人的需求作为出发点，对该地区的空间改造更新策略进行探讨。本文探讨了环境行为学在工业遗产创意产业园区的适用性，通过开放的空间界面、宜人的尺度与设施、再利用的工业元素，塑造人们的认知、情绪、行动，合乎人们的行为习性，形成一个对使用人群能够产生积极影响的和谐场所。

参考文献

[1] 李道增 . 环境行为学概论 [M]. 北京：清华大学出版社，1999.
[2] 王琪琪，赵江丽，刘文渊 . 文化创意产业视域下的工业遗产旅游开发研究：以洛阳市为例 [J]. 创新科技，2018,18(1):20–22.
[3] 凯文・林奇 . 城市意象 [M]. 北京：华夏出版社，2001.
[4] 张玲玲 . 环境心理学中的微观空间行为 [J]. 黑龙江科技信息，2009 (6):235.
[5] 赵春丽，杨滨章 . 停留空间设计与公共生活的开展：扬・盖尔城市公共空间设计理论探析（2）[J]. 中国园林，2012,28(7):44–47.

高炉景观保护与价值重现

胡　燕　北方工业大学建筑与艺术学院

摘　要：高炉是钢铁厂典型的工业设施，外形独特，体量庞大，常常形成后工业景观的新地标。本文借鉴国内外高炉的景观保护与价值重现经验，提出高炉景观保护途径——保护核心载体、保护附属设施，并从空间和精神两个方面提出高炉价值重现方法，最后进行了归纳总结，以期为我国不同城市中的钢铁厂城市复兴项目提供参考。

关 键 词：高炉；钢铁厂；景观保护；价值重现

高炉是钢铁厂典型的工业设施。它体量庞大，结构复杂，具有浓厚的工业风貌，是钢铁厂标志性工业设施，也是承载公众记忆的典型工业符号。因而，当钢铁厂关闭、搬迁后，高炉往往作为后工业景观的重要标志被保留下来。高炉成为周边场地的控制性要素，高大独特的形态形成强烈的工业意象。游客通过参观了解钢铁生产工艺，学习钢铁是怎样炼成的。

1　高炉概况及其价值分析

1.1　高炉基本组成

高炉包括高炉本体和辅助系统设备。高炉本体是炼铁的主要设施，由炉喉、炉身、炉腰、炉腹、炉缸组成（图 1），外面覆盖钢板作为炉壳，内部砌筑耐火砖。生产时，将铁矿石、焦炭、熔剂（常用石灰石）从炉顶装入，由热风炉吹入热风帮助焦炭燃烧，在高温下焦炭中的碳与空气中的氧气和水蒸气结合生成一氧化碳和氢气，铁矿石等在下降过程中与上升的煤气发生作用，从而还原得到生铁。炉底出铁口流出铁水，装入铁水罐，送往炼钢厂。生铁是炼钢的重要原料，高炉冶炼的主要产品是生铁，还有副产品炉渣和高炉煤气。铁矿石中的杂质与石灰石等熔剂相结合形成炉渣，自出渣口排出，经水淬处理后作为水泥生产原料；同时产生的高炉煤气从炉顶导出，除尘后，作为热风炉、焦炉、锅炉等的燃料。

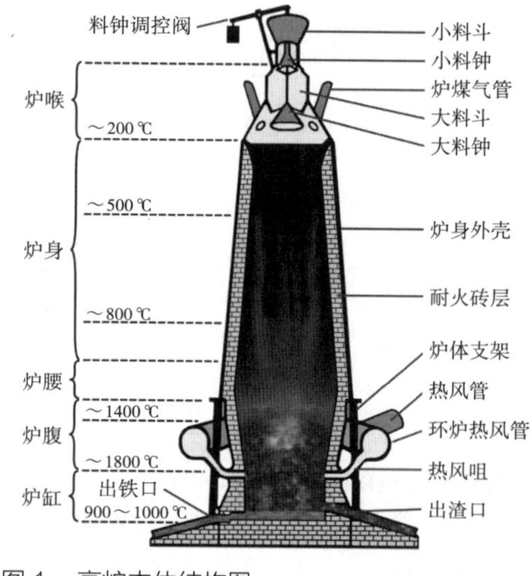

图 1　高炉本体结构图

（来源：百度百科 https://baike.baidu.com/item/%E9%AB%98%E7%82%89/10975451?fr=aladdin）

高炉辅助系统包括：供料系统、送风系统、炉渣处理系统、除尘系统等。生产中，各个系统互相配合，形成一个连续的生产过程。这些辅助系统设备环绕在高炉本体周围，形成庞大的体量。高炉生产是连续进行的，一旦开炉，整个系统日以继夜地不停生产，直到寿命终结才停炉。一代高炉（从开炉到停炉）的寿命大概是几年到十几年。

1.2 高炉造型特点

（1）大

高炉本体内部空间较高，上部有各种管道，周围有复杂的辅助系统设备，如除尘设备、送风设备等，管线纵横交错，还要留出一定的操作空间，所以高炉整体占地面积大。

（2）高

炼铁时，高炉中需要有足够高的空间，才能使铁矿石在下降过程中充分反应，还原生成铁水。如大型高炉本体有效高度约 30 米，加上外部罩棚及各种辅助设备，总体高度有 70～80 米。高炉是一个体量巨大的工业巨人。

（3）复杂

高炉及其附属设备错综复杂地交织在一起，有运送原材料的皮带廊、提供热风的热风炉等，且有不同的操作平台，共同组成独特的工业造型，具有视觉震撼力。

1.3 高炉价值分析

1.3.1 历史价值

高炉是工业时代的产物，体现了工业文明的进化，记录了工业技术的进步，保存了工业发展的历史信息。同时高炉也是记载工业历史的符号，它反映了重工业革命的发展变化过程。高炉也是人类掠夺自然—征服自然—回归自然的过程见证者。工业化初期，矿石开采、高炉林立，工业化严重污染环境，威胁到人类自身的生存。人类不得不反思，进而有了高炉倒塌、钢铁厂关闭，建立起可持续发展的生态观念，学会与自然和平共处。高炉作为工业遗产的一个标志性符号记录了人类与自然斗争、共处的变化历史过程，提醒着人类保护环境。高炉是工业文明的象征和工业文化的载体，体现了时代的风貌，对于城市史、工业史、技术史等研究具有重要的参考价值。

1.3.2 技术价值

高炉反映了工业技术的发展和演进，记录了生产技术、设备、工艺的变化。工业革命出现的新材料、新工艺和新技术，大大提高了钢铁的冶炼技术。高炉记录了工业技术的发展，显示了科学技术的进步，具有重要的技术价值。如弗尔克林根钢铁厂（Voelklingen Ironworks）是世界上第一个大规模使用高炉煤气来推动巨大的鼓风机为高炉提供动力的炼铁厂，是当时先进技术的体现。

1.3.3 艺术价值

高炉及其附属设施造型独特，体量庞大，在视觉上给人强烈的“冲击感”，表现出鲜明的工业气质，具有独特的艺术价值。废弃的钢铁厂中高耸的高炉、破败的设备、锈迹斑驳的构架，以及荒凉的场地，都具有独特的艺术价值，与整齐划一的现代城市形成了强烈反差，很受大众和艺术家的推崇。高炉成为大众摄影的经典元素，体现了人们对于工业美的崇拜。

2 高炉景观保护

2.1 保护核心载体

2.1.1 保护高炉本体

高炉本体是核心载体，应当严格保护起来。高炉附属设施是高炉的配套设备，当高炉失去作用时，可以适当地选取一些设备进行保护，另外一些则可以拆除或者重新利用。

鞍山钢铁厂是中华人民共和国钢铁工业的长子，是中华人民共和国成立后工业建设中第一批大型钢铁联合企业。鞍山厂内昭和制钢所1号高炉是由中日合办的振兴铁矿无限公司于1917年兴建的，2005年停产并拆除。高炉占地面积300平方米，通高约71米。[1]现放置于鞍钢集团博物馆，被作为工业遗产文物保护下来。但是在两次搬迁中，高炉的附属设施被拆除，表面刷了混油，原始风貌未能保护好。而且由于展陈空间有限，不能看到高炉全貌，只能近距离观察局部。这种将高炉本体完整保留下来的做法值得鼓励，但是展陈方式可以进一步优化。

2.1.2 保护高炉及附属设施

德国弗尔克林根钢铁厂曾经是德国最大的冶铁工厂，1986年停产，1994年作为文化遗产列入《世界遗产名录》。整个工厂被完整地保留下来，向人们展示了一幅完整的大型钢铁厂的历史画面，准确地将过去的铸铁生产过程展现出来。[2]

弗尔克林根钢铁厂的高炉及其附属设施被完整地保留下来（图2），定期保养，并且在固定时间向游客展示生产状态。载着矿石的小矿车从

图2 弗尔克林根钢铁厂高炉全貌①

① 文中图片未标注来源的均为作者拍摄。

原料场出来，沿着钢架斜坡上升到高炉顶部，将铁矿石倾倒入炉内；巨大的鼓风机还在转动，发出呼呼风声，不时还能听到金属的碰撞声。高炉及其附属设施基本保持了生产状态，经过加固，安装适合攀爬的楼梯、平台，游客可以手脚并用地到达高炉的各个部位，近距离去触摸钢铁巨人，了解炼铁工艺，了解 19—20 世纪炼铁的科技文明。

高炉本体和附属设施是核心载体，要进行全面严格的保护。将高炉及其附属设施作为文物展品，还原钢铁生产场景和工艺流程，保留真实的工业生产历史场景，这种保护方法是对工业时代的追忆，对工业技术的致敬。

2.2 保护空间环境

除了保护高炉本体及其附属设施外，还应保护高炉周边的空间环境。德国梅德里希钢铁厂（Meiderich Ironworks）于 1985 年关闭，后被改造为北杜伊斯堡公园，1994 年开放。彼得·拉茨与合伙人将以高炉为核心载体的钢铁厂主要工业建（构）筑物保留下来，并将其周边环境加以保存和改造，使得高炉成为公园核心景观，进而成为地区景观标志符号（图 3）。[3] 高炉周边空间环境是突出核心载体的保障。只有在原有的环境之下，才能体现出高炉的气势。原来的矿石场变身为精致的花园，用优雅的绿化环境衬托出高炉的宏大；高炉脚下用废弃钢铁重铸后形成的钢铁广场，成为以巨大高炉为舞台背景的特殊表演场所，是一个独特的舞台。

高炉及其周边空间环境一起保存场地的历史记忆，形成有地域特色的景观标志，延续原有的工业场所文脉，唤起公众共鸣，承载游客休闲活动。这种将核心载体及环境共同保护的手法能够更好地体现高炉的场所认同感。

图 3 北杜伊斯堡公园高炉

2.3 保护工业技艺

高炉不仅仅是直观的标志符号，更是工业技艺的展现。高炉代表了工业时代的技术，炼铁工艺的发展、演进代表着人类与自然博弈的过程，蕴含其中的工业文化传达出人类思想变革的过程。在弗尔克林根钢铁厂内，有整个炼铁过程的互动模型，观众通过直观的模型，了解了高炉炼铁工艺、生产过程、生产流线等，让参观者在游戏中学到炼铁技艺，了解工业文化发展。这种寓教于乐的方式很好地展示和传播了工业文化，同时也是一种工业技艺和文化的保护。

3 价值重现

高炉价值重现可以从空间再利用、精神价值重现等方面展开。

3.1 空间价值重现

首钢集团位于北京西延长线上，1919 年建立，2011 年停产，目前是北京 2022 年冬奥会组委会办公驻地。百年首钢经历了建厂、发展、腾飞、搬迁、转型等阶段，如今摇身一变，成为北京西部城市复兴的新地标。[4] 首钢北区以 3 号高炉为核心，形成了具有浓郁工业风貌的新兴园区，分为石景山、工业遗址公园、冬奥广场、公共服务配套区、城市织补创新工场五个区域。石景山和工业遗址公园区采用完整保护的办法，其他三个区域进行城市更新处理。北部以筒仓为代表的原材料场地被改建为冬奥组委会总部办公基地，3 号高炉成为工业遗址公园的核心景观，多座工业厂房被改造为冬奥会训练场馆。

3.1.1 高炉空间再利用

首钢 3 号高炉（图 4、图 5）1993 年建成投产，2010 年停产，是首钢最具代表性的工业设施，是首钢发展历程、北京城市规划变迁的历史见证，也是中国钢铁工业历史的重要载体。[5]3 号高炉经过更换铁皮罩棚、加固原有构件的修缮后，内部空间围绕着高炉形成独特的展示空间。由于工业设施形态不一，展厅虽受限于设备空间，却又形成丰富的展示背景，为参观者提供了不同的体验感受，加深了参观印象。展厅中

图 4 从南侧看首钢 3 号高炉

图 5 从北侧看首钢 3 号高炉

陈设首钢改造规划及高炉模型，直观地将整个园区呈现在参观者眼前。

高炉本身是一件精美的展品，可远观，可触摸，可仰望，可俯视，各个角度都是美的。首钢3号高炉还有两个上人平台，游客可以搭乘电梯上去，近距离观察、触摸高炉的每个部位。其中一个是玻璃观景平台（图6），修建在高炉炉顶天车梁上，标高为70.1米，平台面积约为200平方米。站在玻璃观景平台上，俯瞰首钢园区、石景山风景区，工业遗产与城市风貌交相辉映，形成独特的观景感受。脚下战战兢兢，犹如在空中行走，眼前是令人震撼的工业巨构，内心的冲击力无法言说。爬到高炉平台之上，俯瞰园区，远处石景山默默静立，近处水面宁静，曾经喧嚣的工厂变成了秀丽风景（图7）。

图6 从空中玻璃平台看3号高炉

图7 从3号高炉平台俯瞰首钢园区

3.1.2 高炉附属设施空间再利用

首钢园区充分利用高炉附属设施的特有空间，改造了一系列有意思的空间，形成环境优美的文化创意园区。如冷却池下修建了停车场，缓解了停车问题，发电控制室变身为咖啡厅。

秀池原为冷却池，考虑到未来园区需要大面积的停车空间，在秀池下方修建了停车场，提供了850个停车位，上部仍然是水面景观。与停车场相连的是水下临时展厅，厅内结合水景设计了一个中庭，创造了一个从圆形天窗中仰望高炉的角度（图8），给人豁然开朗、耳目一新的感受，非常有新意。参观者在地下停好车，走出地面的时候，首先是被中庭的一抹亮光吸引过去，绕着其中的圆形水池

图8 从水下停车场中庭仰望3号高炉

图 9　除尘器前发电控制室改造的咖啡厅

走，蓦然抬头，看到了高炉顶部，那是怎样的惊喜！及至地面，偌大的高炉完整地呈现于眼前，又是怎样的震撼！这种欲扬先抑的设计手法带给人豁然开朗的感受。

将高炉附属设备除尘器前的发电控制室改造成咖啡厅（图 9），除尘器那有韵律的美，成为咖啡厅的背景。坐在高大的设备前，有清风翠竹的陪伴，远离城市的喧嚣，对比着机器的冰冷与环境的柔美，别有一番休闲意境。

这种不仅保留高炉外观，而且进一步将高炉及其附属设施的空间进行再利用的方法，是让工业建筑重现价值的重要方法，符合社会需求，与时俱进，可以广泛应用。

3.2　精神价值重现

首钢园区以 3 号高炉改造为开端，以保护为基础，局部更新利用，将整个园区改造为新兴的城市空间。更可贵的是，首钢园成了首钢工人及周边居民的新家园。原来的首钢工人在新岗位上再就业，充满深情地向参观者介绍这片曾经工作的土地，讲述工业遗产故事，传递精神财富。国际奥委会主席巴赫说："首钢的转型是城市更新的典范。"是的，一座高炉不仅是城市复兴的新地标，让工业遗产焕发出无限魅力；也是当地居民情感价值的新载体，让居民获得丰富的精神寄托！

卢森堡贝尔瓦钢铁厂（The Belval Steel Plant）建于 1909 年，1997 年关闭，曾经是一个拥有选矿、炼铁、炼钢、轧钢全部生产流程的大型钢铁厂。2001 年卢森堡政府批准了贝尔瓦科学城规划，决定将废弃的钢铁厂区建设为现代化的宜居城区（图 10）。[6]2005 年卢森堡大学入驻科学城，后续又有音乐厅、研究中心、政府部门、金融机构、火车站等进驻。目前，该地区已经变成一座集科学、文化、创新于一体的以大学与研究机构为主的新兴区域。贝尔瓦科学城的最大亮点是建于 1965 年和 1979 年

图 10　贝尔瓦科学城

的两座高炉，[7]它们被保留下来，融入新的城市，是城市的历史记忆，也是城市精神价值的重现。

4 结论

高炉具有工业标志性、技术代表性的特征，有较高的历史价值和技术价值，对其应采取尊重历史、严格保护的态度。在保护高炉风貌、历史文脉、工业技艺的前提下，充分挖掘高炉及附属设施原有空间结构，探寻新的使用价值，为参观者提供新的体验感受，发挥高炉的精神价值。

高炉具有工业建筑的雄浑气势，给参观者带来强烈的视觉冲击，带来与众不同的体验感受。应当保护高炉的核心载体、空间环境和工业技艺，综合考虑文化、历史、社会需求等因素，从风貌、空间再利用、精神等方面进行价值重现，进行合理的更新再利用，形成有趣的创意空间和城市地标，使其成为城市更新新的活力点。

参考文献

[1] 马斌 . 首批中国国家工业遗产：鞍山钢铁厂工业遗产群文物保护规划前期调研报告 [C]// 刘伯英 . 2018 年中国第九届工业遗产学术研讨会论文集 . 北京：清华大学出版社，2019:396–402.

[2] 胡燕 . 钢铁类工业遗产的活化再利用研究 [J]. 工业建筑，2019(5):27–31.

[3] 付泉川，郑晓笛. 国际建筑展驱动下的德国鲁尔区区域性棕地再生策略 [J]. 中国园林，2019(2):21–26.

[4] 薄宏涛. 百年首钢的凤凰涅磐：首都城市复兴地标的营造历程 [J]. 建筑学报，2019(7):32–38.

[5] 杨思然 . 首钢石景山厂区三号高炉工业遗产的细节评价 [J]. 西安建筑科技大学学报（自然科学版），2016(10):726–730.

[6] 刘向东 . 贝尔瓦科学城：崛起于工业遗产上的创新之城 [C]// 朱文一，刘伯英 . 2015 年中国第六届工业遗产学术研讨会论文集 . 北京：清华大学出版社，2016:419–425.

[7] 安托瓦妮特・洛朗 . 贝尔瓦尔科学城拾英，阿尔泽特河畔埃施，卢森堡 [J]. 世界建筑，2019(9):32–34.

* 本文得到内蒙古自治区自然科学基金项目（2019LH05022）、内蒙古工业大学科学研究项目（X201327）资助。

既有工业建筑绿色改造技术优选评价体系设计初探*

王　婷　内蒙古工业大学建筑学院　内蒙古自治区绿色建筑重点实验室
内蒙古工业大学建筑技术科学学科团队
冯　柯　燕山大学建筑学系

摘　要：当前在既有工业建筑绿色改造领域，在改造技术选择方面仅参照现有标准中分值大小选取技术手段，很难高效、准确地选出既符合舒适要求，又符合环保标准的技术指标，反而可能造成“高分低能”的尴尬局面。为进一步推进既有工业建筑的绿色改造，并确保改造项目的绿色与健康程度，本文基于对国内外既有工业建筑绿色改造相关标准、研究及成功案例的统计分析，采用综合评价方法，尝试建立既有工业建筑绿色改造技术优选评价体系。

关键词：既有工业建筑；绿色改造技术；优选评价体系

引言

目前，虽然国际上现有的绿色建筑评价体系在既有工业建筑绿色改造评价方面基本都有专门章节或有专项标准，我国也于 2016 年 8 月 1 日开始实施《既有建筑绿色改造评价标准》，近年来在实践中也取得了很多成功经验，但由于既有工业建筑绿色改造所面临的实际问题颇多，改造难度较大，使得需要改造的项目与完成绿色改造的项目数量悬殊。本研究尝试运用综合评价方法，构建符合既有工业建筑绿色改造要求的技术优选评价体系。

1　评价基础和方法

1.1　评价基础设定

本文建立既有工业建筑绿色改造技术优选评价体系的目标，是运用“绿色”的改造手法、确保“健康”的建筑物理环境。优选评价体系是在既有工业建筑结构安全保障下，对能够确保改造后建筑“绿色”“健康”的改造技术进行优选。

1.2　评价方法选择

综合评价（comprehensive evaluation，CE），也叫综合评价方法或多指标综合评价方法，是指使用比较系统的、规范的方法对多个指标、多个单位同时进行评价的方法。它不只是一种方法，而是一个方法系统。综合评价针对研究对象建立一个测评的指标体系，利用一定的方法或模型，对搜集的资料进行分析，对被评价的事物作出定量化的总体判断。[1]

结合收集的资料进行分析，并考虑到研究建立的优选评价系统特征以及单一评价方法的局限性，本研究以综合评价理论为平台：

首先，选用定性统计法对相关标准、研究及建成案例中的绿色建筑技术进行统计，以筛选体系的二级框架；

其次，将二级框架与《既有建筑绿色改造评价标准》进行对标筛选三级指标；

第三，采用专家评分法对上述筛选形成的问卷进行评价；

第四，选用多元统计分析方法对专家问卷结果进行检验与分析，最终形成既有工业建筑绿色改造技术优选评价体系。

2 评价体系二级框架构建

针对绿色建筑设计最终效果与目标不匹配的问题，将整体优选评价体系分为三级框架层次：一级为评价的目标——绿色与健康；从二级框架开始为具体评价内容，每个二级指标都是体系的关键因素，而每个关键因素可以对应若干个三级指标。本研究通过组织二级框架和对应三级指标来构建最终的优选评价体系。

2.1 确定原则

（1）科学性原则。即整个评价指标体系指标层级必须科学、合理、准确。

（2）目的性原则。即整个评价体系的构成必须紧紧围绕着评价目的层层展开，保证最终的评价结论的确反映技术优选的评价意图。

（3）可操作性原则。一个优秀的综合评价方案只有付诸现实才能够实现其真正的价值。这就要求指标体系中的每一个指标都必须是可操作的，必须能够及时搜集到准确的数据。

2.2 指标来源

本研究的评价指标是以《既有建筑绿色改造评价标准》（GB/T 51141—2015）的评价指标为基础，结合既有建筑绿色改造项目的实施经验、各国绿色建筑评价标准的总结经验以及国内外既有工业建筑绿色改造项目的发展实际，并根据既有工业建筑改造项目特点及改造技术相关要求得到的。进行指标分类时，本研究参考其他类似研究评价指标分类方法，并始终坚持将“绿色和健康”作为体系的定位理念。

2.2.1 相关标准统计分析

经过对美国 LEED 2009 for Existing Building、英国 BREEAM Offices 2008 和澳大利亚 Green Star-Office Existing Building 2008，以及我国大陆（内地）《既有建筑绿色改造评价标准》和台湾 EEWH、香港 BEAM-Plus 的统计分析，各大标准中的绿色技术按大类可分为场地、能源与大气、水效率、材料与资源、室内环境质量五类。[2]

2.2.2 相关研究成果分析

国内有多位学者及研究团队对既有工业建筑改造技术相关理论进行研究，本文根据内容相关程度主要参考张扬[3]和周浩[4]两位学者的研究成果，高效围护结构保温/隔热技术、太阳能光热和天然采光、通风技术是仅有的3个同时兼具高百姓获得感、高节能效益和环保效益的技术。从第一步调查评级结果看，这3个技术的适用性和投资回报率也是非常高的，尤其是高效围护结构保温/隔热技术。

2.2.3 建成案例统计分析

根据国内学者李慧民教授团队对国内106个既有工业建筑改造项目进行的详细实地调研，可以归纳出常用的绿色技术为围护结构节能改造、太阳能利用、风能利用、地源热泵技术、绿化优化、废旧材料再利用、水回收系统、照明控制、智能化管理系统9大类（表1）。

表1 国内既有工业建筑改造常用绿色技术统计表

技术名称	具体内容
围护结构节能改造	使用节能材料和外墙保温、屋面保温、门窗节能改造措施减少能耗
太阳能利用	①将太阳能转化为热能，从而为建筑供暖或供应热水 ②将太阳能转化为电能，从而为建筑供电 ③直接利用太阳能光能，通过遮光板或反光、导光等设备，为建筑内部提供自然光
风能利用	①利用原工业厂房的高大空间，建立室内自然通风系统 ②设风机，利用风力带动叶片旋转，透过增速机提升旋转速度，促使发电机发电
地源热泵技术	①利用地下土壤热资源进行供热及制冷，其末端装置为分体式水环热泵机组 ②通过江水冷却水系统从江中取水，适当处理后作为冷却用水供水源热泵机组使用
绿化优化	以建筑物、构筑物顶部或外墙为载体，以植物为主体进行配置，不与自然土壤接触的绿化方式
废旧材料再利用技术	结合废弃材料剩余功能的特点二次利用，如将拆除的黏土砖应用到含水率较高场所；将废弃木梁砸碎后加工为背景墙；将工业构件直接或处理后作为工艺品使用
水回收系统	利用膜生物反应器收集处理废水和雨水，用于绿化水景和冲厕等
照明控制	采用高效节能荧光灯调整照明密度及功率以降低建筑能耗，日光感应器根据自然光变化调整灯光亮度
智能化管理系统	门禁系统：单点控制、多点联网、集中管理。监控系统：全园区24小时监控系统覆盖，对消防、安全等流程进行实时预防。有线、无线数字覆盖

（来源：作者根据参考文献[3]张扬博士论文内容整理）

综合上述的统计分析，本研究对理论与实践中常用的绿色技术大类，根据其被选用频次，提取出场地、能源、水、材料与资源、室内环境、围护结构和管理7大类作为既有工业建筑绿色改造技术优选评价体系的二级指标初选框架。

3 评价体系三级框架确定

进一步根据初选框架，对比《既有建筑绿色改造评价标准》①，筛选出本研究体系的三级指标项；以综合评价理论为平台，借助选用专家

① 参照《既有建筑绿色改造评价标准》进行三级指标的筛选，使体系评估得分与国家标准相应题项得分对应，以便于今后本研究体系与国家标准对接，最终为设计决策提供直接参考，以达到优选的目标。

评分法形成预问卷，运用多元统计分析方法对预问卷进行检验和分析，最终形成既有工业建筑绿色改造技术优选正式问卷，用于最终优选评价体系的确定。

预问卷是在整理前述统计分析内容的基础上形成的初选评价指标问卷，邀请具备既有建筑改造设计经验的工程师和高校研究既有建筑改造领域的学者组成专家小组参与评价以完善问卷。

运用综合评价理论中的模糊统计相关理论，采取五级语义差别量表进行打分，以 −2 表示“非常不可行”，−1 表示“不可行”，0 表示“一般”，1 表示“可行”，2 表示“非常可行”形成各题项的评分选项。

根据初评意见，删除与评价主旨关联性不高的 6 个题项，形成 32 个题项的正式问卷。问卷示例见图 1。

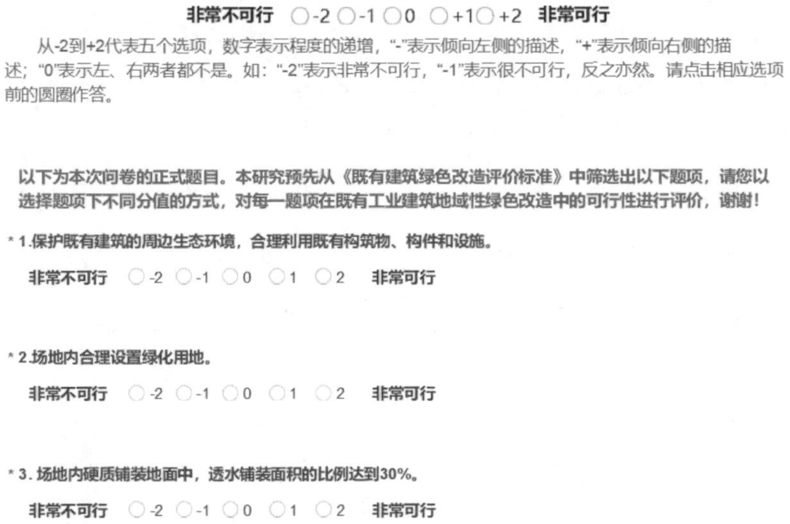
非常不可行 ○-2 ○-1 ○0 ○+1○+2 非常可行

从-2到+2代表五个选项，数字表示程度的递增，“-”表示倾向左侧的描述，“+”表示倾向右侧的描述；“0”表示左、右两者都不是。如：“-2”表示非常不可行，“-1”表示很不可行，反之亦然。请点击相应选项前的圆圈作答。

以下为本次问卷的正式题目。本研究预先从《既有建筑绿色改造评价标准》中筛选出以下题项，请您以选择题项下不同分值的方式，对每一题项在既有工业建筑地域性绿色改造中的可行性进行评价，谢谢！

* 1.保护既有建筑的周边生态环境，合理利用既有构筑物、构件和设施。

非常不可行 ○-2 ○-1 ○0 ○1 ○2 非常可行

* 2.场地内合理设置绿化用地。

非常不可行 ○-2 ○-1 ○0 ○1 ○2 非常可行

* 3. 场地内硬质铺装地面中，透水铺装面积的比例达到30%。

非常不可行 ○-2 ○-1 ○0 ○1 ○2 非常可行

图 1　正式问卷示例
（来源：作者自制）

运用多元统计分析方法对问卷结果进行检验。首先经相关分析后，删除一项与总体同质性不高的题项。第二步进行信度检验，整体信度系数为 0.963，大于 0.9，说明研究数据信度质量很高；进一步分析，将其中两项题项删除后，整体信度会有大幅提升且不影响整体完整性。

4　结论

本研究在综合评价理论指导下，运用定性与定量相结合的方法，根据既有工业建筑绿色改造相关评价标准和研究以及建成案例常用的绿色技术，首先确定了既有工业建筑绿色改造技术优选二级指标框架，然后结合二级指标框架与《既有建筑绿色改造评价标准》对三级指标进行筛选，形成初步评价问卷，经由专家参与问卷评价，并对评价结果进行统计分析，最终确定了既有工业建筑绿色改造技术优选评价正式问卷。本研究尚处于优选评价体系研究的初级阶段，随着参与正式调查问卷专家人数的增加，统计结果将会趋向完善与客观，并能够最终支撑既有工业建筑绿色改造技术优选体系的确立。

参考文献

[1] 田蕾 . 建筑环境性能综合评价体系研究 [M]. 南京：东南大学出版社，2009:10.

[2] 王婷，冯柯 . 既有建筑绿色改造技术优选刍议 [J]. 建筑技艺， 2020 (S2):56.

[3] 张扬 . 再生旧工业建筑绿色改造评价研究 [D]. 西安：西安建筑科技大学， 2016.

[4] 周浩，林波荣，刘菁，等 . 基于专家评分的绿色建筑与建筑节能发展关键技术探讨 [J]. 建筑节能， 2019(6):142.

工业遗址体内隐形加固保护方案
——记阿塞拜疆巴库港2#烟囱修缮

汪方勇　吴　真　江苏筑致营造科技有限公司

摘　要：因城市发展及对城市工业历史信息保存的需要，阿塞拜疆巴库曾对一幢56米高的工业烟囱进行加固、保护，并在该建筑周围建设新的商业综合建筑。加固保护措施要求能够解决现有的结构病害，提升原结构的抗震能力，更要求对原建筑历史信息做到原状保存，且在实施过程中不得对施工人员及原建筑物造成新的伤害和损坏。因此，经过多方研究及论证，最终确定采用体内隐形锚杆加固技术对结构进行大深度钻孔加固。

关键词：工业遗址；原状保护；抗震加固；大深度钻孔；体内隐形锚杆加固技术

1　项目缘由

2010年10月，作者有幸和英国Cintec公司专家一起参加了在上海同济大学举办的第七届历史建筑结构分析国际会议。会议期间阿塞拜疆的专家了解到Cintec公司拥有在建筑构件的内部实现结构加固的体内隐形锚杆加固技术，于是与该公司就棘手的巴库港一处工业场地所留存下来的约56米高的烟囱（图1）的加固方案进行了讨论。

巴库是阿塞拜疆首都，巴库港是里海最大、最古老的港口之一。这个城市有可追溯到12世纪的世界文化遗产舍基历史中心及汗王宫殿、少女塔等著名历史建筑群。为保持该城市与工业历史发展的联系，阿塞拜疆的国家领导人伊利哈姆·阿利耶夫将曾一度计划拆除、建设大型商业综合体的地块中的工业烟囱保存下来。为充分展现工业遗址与全新商业综合体的协调性，设计师以工业遗址为中心，设计了双子塔建筑（图2）。

图1　建筑原貌
（来源：Cintec公司）

图2　商业中心完成后的整体风貌
（来源：Cintec公司）

2　项目介绍

该烟囱高度约56米，底部直径约5米，顶部直径约3米。下部为15米高的八边形构造，上部为约50米高的圆台形构造。因地震、飓风、材料老化等因素，烟囱的局部部位有砖块缺失及竖向裂缝，但总体而言，烟囱的整体结构仍是坚固、稳定的。

为完成这项工作，Cintec 的技术团队与阿塞拜疆的管理方、设计方经过多次研讨、论证，历经 5 年，最终采用了 Cintec 技术团队提供的体内隐形锚杆加固技术，于 2016 年 1 月 5 日实施完成。

3 体内隐形锚杆加固技术介绍

3.1 材料组成及作用

体内隐形锚杆由高强度、耐腐蚀的不锈钢杆件，以及包裹着易于流动且强度适中、无收缩的无机质水泥基浆料的衬套共同组成。不锈钢杆件在构件体内起到抗拉、抗剪的作用，且如果和体内光纤感应器配合使用，更可以起到监测构件内部应力变化、提供结构安全预警的预防性保护作用。无机质水泥基浆料可提升构件整体抗压强度，且在注浆压力下能均匀充斥在孔洞内部，以此起到锁键咬合、提升锚杆整体抗拉应力的作用。衬套在体内隐形锚杆中必不可少，衬套能约束浆料的性能，能有效控制浆料不过量泄漏，减少对建筑物表面的污染，且浆料中的浆液通过衬套网孔适量分泌，仍可与孔壁黏合，增加锚杆的附着力；同时在注浆的过程中，衬套在注浆压力下产生的鼓胀可以有效地与孔壁凹凸面形成锁键咬合，增强锚杆的整体抗拉能力；衬套的使用，也可防止因浆液过量注入而对孔壁周围的基材产生侧向内应力。

3.2 钻孔要求

体内隐形锚杆的施工要求是在结构基材上精准钻孔，尤其钻孔角度需要精准控制，不得采用锤击或对基材稳定性产生扰动的钻孔方式，且如有内、外装饰或构件内部有土体填料的结构必须采用无水干钻钻孔。

3.3 技术特点

体内隐形锚杆加固技术的特点是在建筑构件的体内种植锚杆，锚杆的植入及受力过程完全发生在建筑构件的内部，不会对建筑表面产生任何影响，对保存建筑物的历史原貌有极佳的表现。且在基材自身结构稳定的情况下锚杆并不参与过多的受力，尤其是竖向锚杆，当有如基础沉降、地震、风荷载等附加水平应力发生时，锚杆才会受力起到保护原结构的作用。

3.4 技术核心

体内隐形锚杆加固技术的核心是对原结构及加筋后结构的受力计算分析。对锚杆的数量、布置的间距、钻孔的直径、杆件的直径、锚固的深度、锚固的角度、钻孔的可行性、实施过程中原结构的安全控制，都需要经过严格的计算、严谨的分析，才能进行最终实施。

4 项目分析

项目实施前期，阿塞拜疆的设计团队对项目进行了由内到外、从上到下、从主体到基础的全方位勘察。

4.1 病害分析

烟囱内部砖块因高温灼烧已出现局部的釉面，并在热胀冷缩的交替作用下出现了多处浅表裂纹，这对内部砖块的强度影响非常明显。加之阿塞拜疆地处欧亚大陆交界处的南高加索地区东部，地震频率较高，2000 年 11 月在其东部濒临里海地区曾发生过里氏 7.0 级强烈地震。因此在烟囱的墙壁上留有因地震、炉内高温热胀冷缩造成的明显的竖向裂缝（图 3）。巴库全年多风，其意即为“风城”，在长期风荷载的作用下，烟囱的顶部有多处砖块剥落（图 4）。并且巴库紧邻里海，雨水充沛，这也导致了烟囱基础位置的砖块出现了多处风化、酥损的现象（图 5）。

图 3 竖向裂缝
（来源：Cintec 公司）

图 4 顶部砖块剥落
（来源：Cintec 公司）

图 5 基础附近风化
（来源：Cintec 公司）

4.2 设计要求

项目管理方对该烟囱的方案设计提出了明确要求：

（1）加固手段不能影响建筑物的历史原貌；

（2）解决已有的结构病害，且能消除巴库地区多地震、多台风对建筑物产生的结构影响；

（3）消除紧邻综合体建筑物基础及地下室的施工过程对烟囱的影响；

（4）最为关键的是在实施的过程中要保证原建筑物绝对安全，不能造成结构损伤，更不能出现意外倒塌或人身伤害事故。

4.3 传统加固方式介绍及利弊分析

在 2010 年之前对于阿塞拜疆设计团队而言，满足以上要求是一项非常艰巨，甚至几乎无法完成的任务。对于高度达到 56 米的高耸独立烟囱，我们常用的加固手段可以考虑两个方案：外部加固方案和烟囱空腔内部加固方案。

4.3.1 外部加固方案

在建筑物的外表面布置加固材料，例如外包钢带（图 6）、粘贴碳

图6　外包钢带
（来源：作者拍摄）

纤维或聚合物砂浆和钢筋网配合等。外包钢带是最为经济的加固手段，可以解决烟囱的局部结构安全问题，但无法满足烟囱的整体抗震要求，更无法达到不影响建筑历史原貌的要求。同样，粘贴碳纤维材料、聚合物砂浆和钢筋网配合使用可以满足结构安全、建筑物整体抗震的要求，但无法满足不影响建筑历史原貌的要求。

4.3.2　烟囱空腔内部加固方案

这类方案可以选择的手段比较多，总体有两类手段：

第一类和外部加固方案做法相似，是在内墙壁上布置粘贴材料，如选用强度较高的聚合物砂浆和钢筋网配合使用，进行墙面抹灰加固；也可以选择粘贴钢板、粘贴碳纤维类材料。

第二类是在空腔体内新建辅助支撑结构，如新建钢筋混凝土构架或钢结构构架，并局部采用钢筋网聚合物砂浆抹面的做法或粘贴钢板。

以上两类手段，可以满足结构安全和整体抗震要求，但一些关键因素会影响这样的加固手段的实施效果：

（1）烟囱内壁因高温灼烧出现釉面，且因高低温的交替作用出现了多处浅表裂纹，作为粘贴聚合物砂浆、碳纤维、钢板等高强度材料的基材必须将已经失去强度的表面材料进行剥除，露出强度较高的部分，该施工手段对原结构的稳定性会造成极大影响。

（2）内部新建的钢筋混凝土构架或钢结构构架，因其自重较大且需要形成自身稳定，所以需要在烟囱空腔体内新建结构基础；但空腔体内空间狭小，将会导致对新建构架基础承载能力需求非常集中，该基础的设计深度甚至会超过烟囱原有的基础深度，新建基础的施工过程必将对原结构基础产生扰动。且新建构架在自身荷载的作用下存在早期沉降的问题，在沉降过程中必将对原结构的稳定性、安全性造成影响，这样的影响无法做到准确预测。

（3）在空腔内部施工过程中，因巴库为多地震地区，很难保证偶然性的破坏因素不会随时发生，这对在内部施工的工作人员的人身安全产生了极大的威胁。

（4）如采用钢筋网聚合物砂浆抹面的做法会增加烟囱自身的荷载，对原结构基础要求加固，以提升基础承载能力。

4.3.3 传统加固材料分析

无论是在烟囱外部进行加固，还是在烟囱空腔内部加固，还存在着一些材料腐蚀、老化以及材料自身强度过大的共性问题需要面对和解决：

（1）巴库紧邻里海，里海属内陆咸水湖，空气常年都较为湿润，其空气中饱含对普通碳素钢具有强腐蚀作用的氯离子，对外包的钢带、粘贴的钢板、钢结构构架都有加速腐蚀作用。

（2）粘贴碳纤维、粘贴钢板以及聚合物砂浆（全称聚合物改性水泥砂浆）所用的粘贴材料均含有改性环氧类树脂材料，该材料因有机物成分的影响，存在老化性问题，现阶段所能达到的耐久年限也仅为30年。

（3）粘贴碳纤维、粘贴钢板以及聚合物砂浆所用的改性环氧类树脂材料，因其粘结性能要求较高，所以自身的强度非常大，远远超过了所粘贴基材砖块的强度。这对建筑原材料存在着应力反蚀的副作用，也就是说在病害发生时新材料、新结构体系未有损坏，而原材料（文物本体）却已经发生损毁。

以聚合物砂浆为例，一般对砌体结构加固而言，其选用的聚合物砂浆强度指标为 28 天抗压强度≥ 45 兆帕，而烧结砖与混凝土普通砖的抗压强度≤ 30 兆帕。

5 加固实施方案

通过在上海同济大学召开的国际学术交流会议，阿塞拜疆的设计团队与 Cintec 公司取得联系，并进行了详细的项目接洽、技术交流，在充分了解到 Cintec 的技术团队对诸如埃及金字塔、英国温莎城堡、加拿大 StoneyCreek 战场纪念碑（约 30 米）、加拿大唐谷砖厂烟囱（倾斜 2°，高度 31.5 米）、澳大利亚 Yarralumla 砖厂烟囱（46 米）等高耸建筑物的加固保护方案和实施过程后，最终确定采用由 Cintec 技术团队提供的体内隐形锚杆加固技术对巴库港 2# 烟囱进行结构加固。

Cintec 技术团队接触该项目伊始，也被该烟囱 56 米的建筑高度，上小下大、上部圆台形、下部八边形的构造风格所震撼，在以往的实施项目中，完成的多是四到八边形的高耸建筑。

Cintec 技术团队提出了为增强建筑物整体抗震、抗风载能力，从烟囱的顶部到基础设置多根竖向锚杆，且该锚杆从顶部到底部应采用通长的杆件；为解决前期地震导致的结构竖向裂缝病害，采用横向锚杆对开裂受损部位进行拉结；为减少周边新建建筑基础及地下室的施工对烟囱的扰动，并提升基础对烟囱主体结构的承载能力，对原结构基础进行基础端面加大处理。

经过 Cintec 技术团队计算，决定对该烟囱采用八根竖向杆件围绕烟囱顶部均匀布置，并一直延续到建筑物的基础。

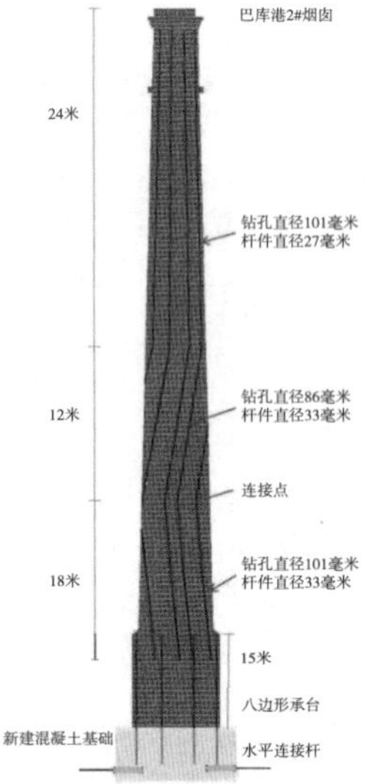

图7　锚杆方案
（来源：Cintec公司）

为减少施工成本，且降低施工中的风险，对上部近50米高度的圆台形主体结构部分采用了三段不同长度杆件连接而成，从顶部开始长度分别为24米、12米、18米。根据锚杆的受力要求以及锚杆的长细比设计要求，24米部分采用了101毫米孔径，内部配筋采用直径27毫米螺纹不锈钢杆件；12米部分采用86毫米孔径，内部配筋采用直径33毫米螺纹不锈钢杆件；18米部分采用101毫米孔径，内部配筋采用直径33毫米螺纹不锈钢杆件（图7）。三段杆件均采用同材质的不锈钢套筒连接件进行连接，形成54米长的通长锚杆（图8）。

为增强下部八边形基座的承载能力和提升建筑物整体抗震能力，基座同样布置了8根竖向锚杆，且锚杆深入至原有的基础内，长度15米，钻孔直径85毫米，内部配筋采用直径33毫米螺纹不锈钢杆件。

在基础加固部分，Cintec同样为阿塞拜疆的设计团队提供了适宜的加固锚筋植入方案。为增强基础承载能力，拟采用钢筋混凝土材料对原有的基础截面进行加大，且新老基础需要采用钢筋锚接，形成整体受力。而烟囱的原基础是强度较弱的烧结砖材料，传统的浅埋深植筋工艺无法满足新老结构间的抗拉强度要求，为此，Cintec提供了直径25毫米，长度6米的不锈钢杆件，其钻孔深度为3米、孔径为40毫米，植入砖块部分采用体内隐形锚杆加固技术进行固定，新浇筑的混凝土部位采用裸筋处理，并与新基础内的钢筋进行绑扎、连接，以此形成完整的基础承台（图9）。

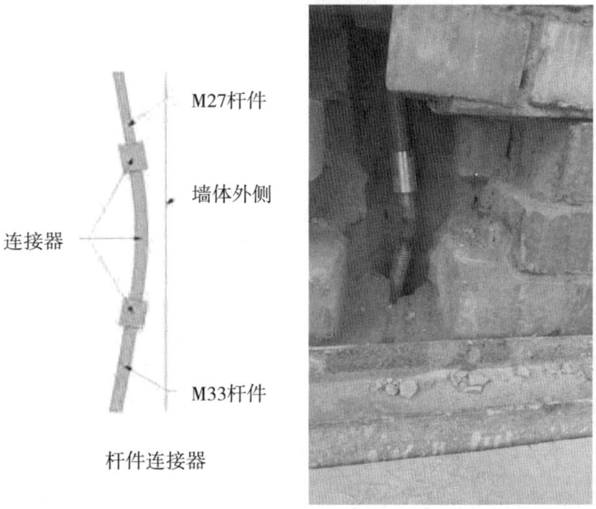

图8　锚杆连接方案示意及实际运用
（来源：Cintec公司）

对因地震、炉内高温变形导致的烟囱壁上的竖向裂缝加固，采用孔径40毫米，直径16毫米的螺纹不锈钢杆件的短锚杆进行横向加固，用于拉结开裂的墙壁，防止裂缝继续发育（图10）。

图9　基础部位
（来源：Cintec公司）

图10　裂缝部分
（来源：Cintec公司）

6 施工过程控制

经过阿塞拜疆管理方、设计方多次分析、论证后，明确采用了由 Cintec 公司提出的体内隐形锚杆加固技术方案。但当加固设计方案确定后，56 米高的独立高耸建筑的钻孔施工及锚杆安装却成为新的难题。因为阿塞拜疆的管理方明确提出在施工过程中必须保证原建筑物的绝对安全，不能造成一丁点的结构损伤，更不能出现意外倒塌或人身伤害事故。为此建设临时构筑物对烟囱进行支撑、保护，并作为施工操作平台，成为下一步的工作重点。

为完成这个艰巨项目的施工，阿塞拜疆管理方接受了在烟囱的外侧搭建一座从底部到顶部的钢结构施工平台的建议（图 11）。这座钢结构施工平台保证了施工人员的生命安全，也方便了施工，便于确定锚杆的位置和控制钻孔的角度，在施工过程中如果发生地震灾害也可以减少地震对建筑物的损伤。

图 11　钢结构操作平台
（来源：Cintec 公司）

在施工过程中，每根锚杆的钻孔位置都需要做到精准，钻机的位置、钻头的切入角度都需要符合烟囱的外部锥度，并能够满足上下杆件的连接要求，以形成 54 米通长的锚杆。

当 Cintec 的工作人员进行现场钻孔、安装的时候，阿塞拜疆的管理方惊叹，这是给建筑物做“微创外科手术”。

7 总结

作为传统锚杆技术的衍生运用，体内隐形锚杆加固技术能有效地增强原构件的抗压、抗拉、抗剪能力。当砖石砌体构件面临灾害时，尤其产生横向水平冲击力时，竖向锚杆的运用为主体结构形成抗水平冲击力的构件，可以有效保持原结构的稳定性，提升原建筑的抗震能力。而植入的水平向锚杆将破损开裂的砖、石连接在一起，形成构件的整体受力。

体内隐形锚杆的实施过程是在建筑物构件的体内完成，对原建筑的外表面几乎没有损伤，真正达到对原建筑最小干预、保持历史原貌的修缮要求。为此，该技术已被世界遗产组织官方认可。

体内隐形锚杆的施工过程快速、高效，不受模板限制，在施工过程中对原建筑做到最小干扰。其选用的无机质水泥基浆料具备抗老化及防火性能，不锈钢钢筋更是具有超强的防腐蚀能力。

在整个锚杆实施过程中，以及项目完成交付后，均可通过内置光纤感应器对结构的变形及建筑物的稳定性进行实时监测。

综上所述，体内隐形锚杆加固技术做到了设计分析可视（采用现代技术进行计算机分析）、实施过程可控制、实施结果可监测。该技术完全符合我国文物建筑、近现代历史建筑结构加固保护的使用要求。

经过 Cintec 技术团队和阿塞拜疆管理方、设计方、施工方的共同努力，该建筑于 2016 年初顺利完工。阿塞拜疆的商业开发商开始在烟囱周围施工新建商业中心，为减少新建筑施工对烟囱的影响，他们在烟囱的基础周围安装了 20 根支护桩，以及在烟囱周边新建的建筑物下建设深度达 15 米的地下停车场。

这座 56 米的高耸砖砌烟囱，从几乎被拆除的厄运中被解救出来，经过多方精心修缮保护，和双子塔建筑完美融合，必将成为阿塞拜疆巴库港的标志性建筑群和商业发展中心。

参考文献

[1] 甄进平 . 砌筑墙体内钻孔注浆加固新技术研究 [J]. 工程抗震与加固改造，2014,36(4):122–125.

[2] JAMES P. Saving the pyramids[M]. Cardiff：University of Wales Press, 2018.

[3] 耿文旭 . 一种新型建筑体内锚杆技术及其在文保砌体结构加固中的应用 [D]. 南京：南京工业大学，2019.

[4] 中华人民共和国住房和城乡建设部 .GB 50728—2011 工程结构加固材料安全性鉴定技术规范 [S]. 北京：中国建筑工业出版社，2011.

[5] 中华人民共和国住房和城乡建设部 .GB 50702—2011 砌体结构加固设计规范 [S]. 北京：中国建筑工业出版社，2011.

[6] 汪方勇 . 关于“建筑体内锚杆技术”在古建筑加固中的运用 [R]. 北京：中国民族建筑研究会，2017.

[7] 汪方勇，孙义杰 . 建筑体内锚杆智能检测装置：中国，ZL 2017 2148 1070.9[P].2018–06–26.

[8] 汪方勇 . 砌体构件锚杆加固的方法：中国， ZL 2018 10032200.3[P]. 2020–07–24.

专题六

工业遗产与社会文化

* 本文获广州市哲学社科规划2021年度课题（2021GZDD05）的资助。

基于改革开放时期厂志厂史的工业遗产研究——以广东为例*

刘　晖　何思晴　华南理工大学建筑学院

摘　要：厂志厂史是一种特殊类型的地方志，改革开放以来广州的大型国企很多都编纂了厂志，详细解读这些厂志，并与实地勘察、访谈和文献相互印证，有助于对工业遗产的物项构成及价值进行评估。本文介绍了工业遗产研究中利用厂志的方法和要点，并就利用厂志开展工业遗产研究的局限和需注意的事项提出讨论。

关键词：厂志；编纂；工业遗产；价值评估；广东

1　改革开放时期的厂志厂史

1.1　厂志编纂概况

中国自古就有编修地方志的传统，厂志（包括厂史、店志、院志、公司志等，以下统称厂志）可视为一种特殊的地方志。与一般的工业志或行业志不同，厂志是以单个企业为主体，全面详细地收集记述有关企业的史料，麻雀虽小，五脏俱全。详细研究代表性企业的厂志，是从事地域工业遗产调查研究和保护的重要途径。

从现有资料看，广东的企业编纂厂志，始于改革开放后的1980年代中期，之前没有系统编写厂志的做法。大部分厂志是由企业组织编纂委员会或编辑小组编写，体例上综合运用述、志、图、表、录等形式，记述的重点是生产建设和企业管理，厚今薄古，志体为本，史贯于志。编纂质量高的厂志也是该企业权威的文献资料，例如《广纸厂志》记载，为了编写厂志第一卷，“编志人员查阅了300多卷档案，搜集了数百幅历史照片，摘抄了过百万字的原始资料，走访了数十位老同志，经过考证，专人执笔和集中讨论修改，三次大型的编审会议，八易其稿”，才完成了第一卷的编写。该厂志还收录了二战期间广纸被日军占领，机器设备被劫掠到北海道，抗战胜利后历经磨难追回①的宝贵档案资料和当事人的回忆文章。这样编成的厂志具有相当的可信度。1990年代到21世纪初有些企业续编了厂志，但是两相比较，1980年代中后期的厂志由于编写更用心，质量也更好。

① 这是二战胜利后我国向日索赔的少数成功案例，追回的机器设备重达3655吨，时值美金900多万元。

1.2　厂志的断限

广东企业大多是在1980年代第一次修志，因此厂志的上下限通常都是从建厂年份到修志年份。那些历史悠久企业的厂史，也就是一部该工业门类的近现代发展史，如广铁集团志上溯到开始筹办粤汉铁路的清光绪二十二年（1896年），广州市自来水公司厂史上溯到清光绪三十一年（1905年）创办的“官商合股广东省河自来水公司”，广船志虽以1954年作为上限，但在第一章“历史溯源”写了广州造船厂的前身——1914年创办的广南船坞，广纸志、东莞糖厂志和广东省市头甘蔗化工厂志都以陈济棠主政兴办实业的1930年代建厂年份为上限。1990年代后续编厂志时，上限一般与1980年代那一版厂志相衔接。如广州石化总厂共有3版厂志，上下限年份分别是1974—1987年、1988—1995年、1996—2000年。

1.3 体例与内容

除了序言、跋、编后记之外，厂志一般包括大事记、企业概况、机构设置、基本建设、生产（或运输）发展、经营管理、职工教育、生活福利、企业文化、党群工作、附录附表等，其中很多章节都与工业遗产保护密切相关。

厂志的附录和附图信息量大，值得重点解读。广钢志、广纸厂志、广州合金钢厂志、文冲船厂简史等都配有厂区、生活区的平面图（图1），广州市自来水公司厂史还收录了至2000年的供水规划及设想。紫坭糖厂志里附有一幅1950年代初表现炼糖生产的版画（图2），具有艺术史料价值；龙门糖厂志附录里详细呈现了与周边村民的各种协议和征地凭证（图3），可能是与村民有土地纠纷，厂方在修志时把于己有利的证据“载入史册”；很多厂志里都收录了极具时代特色的厂歌厂徽（图4）。

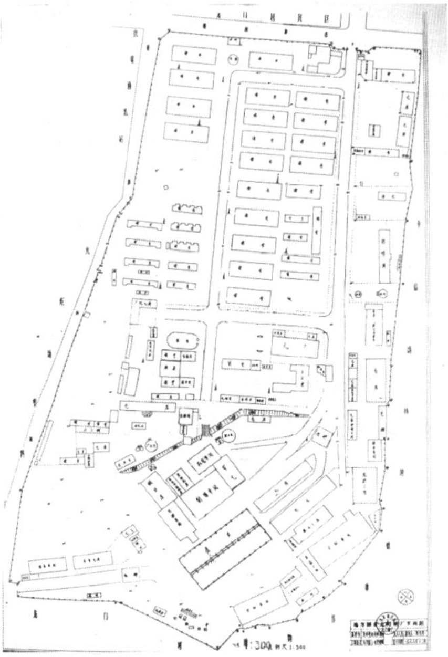

图1　地方国营龙门糖厂平面图
（来源：《龙门糖厂志》）

图2　1950年代紫坭糖厂炼糖生产版画
（来源：《紫坭糖厂志》）

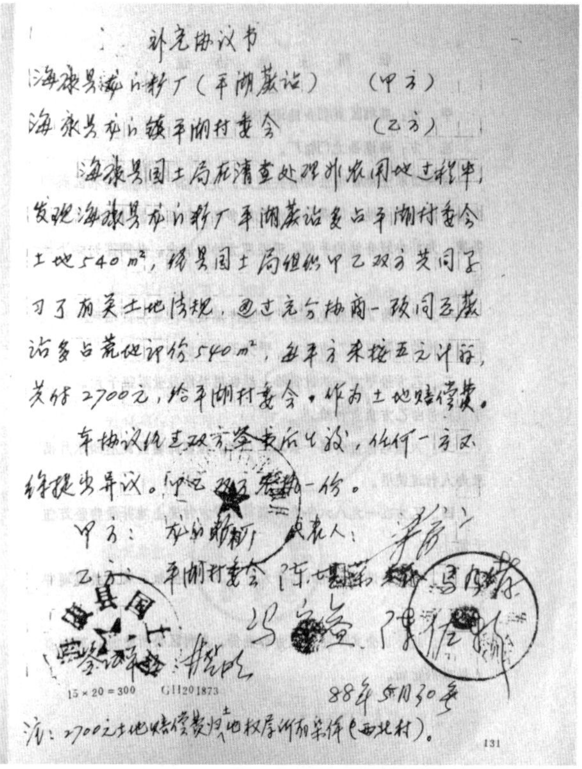

补充协议书

海康县龙门糖厂（平湖蔗站）　　（甲方）

海康县龙门镇平湖村委会　　（乙方）

海康县国土局在清查处理非农用地过程中，发现海康县龙门糖厂平湖蔗站多占平湖村委会土地540m²，经县国土局组织甲乙双方共同学习了有关土地法规，通过充分协商一致同意蔗站多占荒地评价540m²，每平方米按五元计算，共付2700元，给平湖村委会，作为土地赔偿费。

本协议经甲乙双方签章后生效，任何一方不得提出异议。甲乙双方各执一份。

甲方：龙门糖厂　代表人：

乙方：平湖村委会

15 × 20 = 300　GH201873

88年5月30日

注：2700元土地赔偿费归土地权属[illegible]（西北村）。

131

图3　龙门糖厂与周边村民的协议
（来源：《龙门糖厂志》）

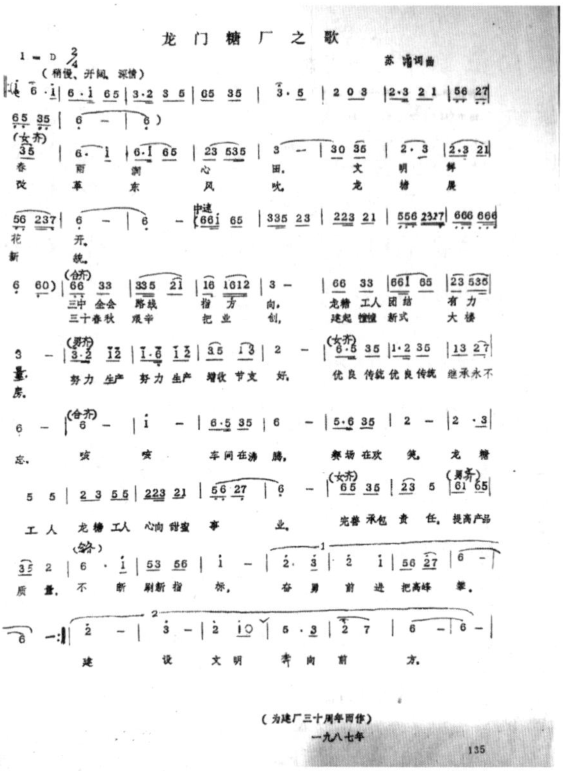

图4　龙门糖厂厂歌
（来源：《龙门糖厂志》）

不少厂志是配合厂庆（店庆、台庆）活动编纂的，往往还配有图志（如广石化）、纪念图册（如广东电台、花园酒店）、回忆录纪念文集、新闻报道集（如黄埔发电厂、文冲船厂、花园酒店、白云山制药厂等）同时发行，图志图集收集的历史照片也是工业遗产研究的宝贵依据。

1.4　流通出版状况

一般工业企业的厂志多为内部资料，极少出版。正式出版的少量厂志要么是电力、民航系统汇编的大部头，要么是电台、电视台等传媒单位的资料，而且正式出版并不代表高质量，1980年代非正式出版的厂志反而整体质量最好①，但现在只能通过二手书店和厂方档案室等途径获取。

因为很多厂志并未正式出版，仅作为内部资料留存和有限度交流，随着企业的停产转制改组，档案流失是普遍现象，厂志部分弥补了资料缺失，本身现已是工业遗产的重要组成文献，因此收集和保护厂志（表1）也已成为工业遗产研究者的紧迫任务。

① 二手书店的厂志定价某种程度上反映了编纂质量和稀缺程度，如五卷本全新的《南方航空志》重达10.2千克，售价仅100元。

表1　广东改革开放时期的部分厂志

序号	厂志名称	企业	时间上下限	分卷、章节、篇幅情况	出版情况	其他说明
1	广纸厂志	广州造纸厂（曾有广东模范纸厂、广东省营制纸厂、广东造纸厂、广州造纸有限公司等多个厂名）	1932—1993	分2卷，第1卷（1932—1957）除序、引子、附录外，分为9篇、21章，237页；第2卷（1958—1993）除附录、补录、后记、鸣谢之外，分为12篇、41章，676页	内部资料，未正式出版	收录了抗日战争胜利后向日本交涉归还被劫掠的机器设备的史料，包括刘宝琛、陈丕扬等人的口述史料
2	广船志	广州造船厂（前身为广南船坞、广安船坞，曾有广州第一造船厂、广州船舶修造厂等厂名）	1954—1993	分上下卷，上卷（1954—1985）分9篇、39章，下卷（1986—1993）分9篇、43章，另有附录，共401页	内部资料，未正式出版	1994年还印制了《金色的航程——广船建厂40周年纪念画册（1954—1994）》
3	广船国际公司志	广州广船国际股份有限公司	2003.05—2013.05	不分卷，除序言、附录外，共475页	内部资料，未正式出版	广船国际是在广州造船厂基础上改制而成
4	广州黄埔造船厂简史	黄埔造船厂（历史上曾有柯拜船坞、香港黄埔船坞公司、广东黄埔船局、黄埔船厂、黄埔海军造船所、中国人民海军黄埔修造船厂、海军二零一工厂等名）	1851—2001	除序言、前言、附录外，分为4编、12章，260页	内部资料，未正式出版	
5	广州文冲船厂简史	文冲船厂	1955—2000	不分卷，除序言、附录外，分为8章，338页	内部资料，未正式出版	
6	广州文冲船厂有限责任公司简史	广州文冲船厂有限责任公司	2001—2015	不分卷，除序言、附录外，分为9章，共332页	内部资料，未正式出版	广州文冲船厂有限责任公司是在文冲船厂基础上改制而成
7	广钢志	广州钢铁厂（广州钢铁集团公司）	1957—1995	分2卷，第1卷（1957—1985）除序言、附录外，分为8篇、63章，586页；第2卷（1986—1995）除序言、附图、附录、编后记外，分为12篇、88章，共748页	内部资料，未正式出版，其中第2卷有广州市非盈利性出版物准印证，证号为[97]穗印准字0179号	
8	中国南方航空志	中国南方航空集团公司（南方航空公司）	下限至2008年12月	分5卷、27编，有编后记，共3852页	中国经济出版社，2009年11月第1版	这5卷均属子卷，目前未发现总卷
9	广铁集团志	广州铁路局（广州铁路集团公司）	1896—2000	不分卷，除概述、大事记、跋之外，分14篇、84章，共796页	中国铁道出版社，2002年1月第1版	

续上表

序号	厂志名称	企业	时间上下限	分卷、章节、篇幅情况	出版情况	其他说明
10	广州石油化工总厂志、中国石化广州石油化工总厂志、中国石化广州石油化工总厂图志、广州石化志	广州石油化工总厂（中国石化集团广州石油化工总厂、中国石油化工股份有限公司广州分公司）	1974—2000	分3卷，另有图志。第1卷除序、附图、附件、后记外，分为13篇、68章，452页；第2卷除大事记、概述、附录、跋、后记外，分为9编、27章，399页；第3卷除大事记、概述、附录、后记、跋之外，分为10编、30章，383页；图志除概述、大事记、附录、跋、后记外，分为6编，部分编分章，共313页	第1卷为内部出版物，准印证号为[89]穗印准字第0037号；第2卷1997年6月由广州出版社出版第1版；第3卷2003年5月由香港荣誉出版有限公司出版第1版；图志1998年11月由花城出版社出版第1版	各卷厂名有所不同
11	广州合金钢厂厂志	广州合金钢厂	1966—1990	不分卷，除序言、附录、附图外，分为6篇、48章，共267页	内部资料，未正式出版	
12	珠江冶炼厂厂志（第一卷）	珠江冶炼厂（广东省661研究所）	1966—1985	第1卷分9章，共152页	内部资料，未正式出版	未见第2卷
13	广东省紫坭糖厂厂志	紫坭糖厂	1952—1987	不分卷，除前言、概述、后记、附件外，分8章，共153页	内部资料，未正式出版	油印本
14	广东省市头甘蔗化工厂志	市头甘蔗化工厂（市头糖厂）	1934—1990	不分卷，除序言、概述、大事记、附录外，分10章，共143页	内部资料，未正式出版	
15	东莞糖厂志（东糖志）	东莞糖厂（东糖实业集团公司）	1935—1995	分2卷，其中第1卷又分4个分册，389页；第2卷除概述外，分5篇，321页	内部资料，未正式出版	第1卷有合订本和4分册两种不同装订的版本
16	龙门糖厂志	广东省地方国营龙门糖厂	1957—1987	不分卷，除概述、大事记外，分10章，共138页	内部资料，未正式出版	海康县地方志丛书之一
17	广州铁路局局志(战备人防武装篇）	广州铁路局（广州铁路集团公司）	1952—1998	不分卷，除前言外，分5章，共190页	内部资料，未正式出版	是广州铁路局志的单独篇章，内容与广铁集团志相对独立
18	岁月留声：广东电台简史	广东人民广播电台及其前身广州人民广播电台	1949—2009	不分卷，分5章，有附录、后记，共271页	广东省出版集团广东人民出版社，2009年9月第1版	岁月留声60年丛书之一
19	风起南粤：广东电视台发展史	广东电视台	1959—2009	不分卷，分11章，有附录，共355页	南方日报出版社，2009年10月第1版	广东电视台建台50周年丛书之一
20	黄埔发电厂志	黄埔发电厂（广东粤华发电有限责任公司）	1973—2000	不分卷，除序言、概述、大事记、附录、编后记外，分为10篇、38章，共414页	内部资料，未正式出版，准印证号为[2001]粤准印证字第0155号	广东省电力工业志丛书之一（粤火电4）

续上表

序号	厂志名称	企业	时间上下限	分卷、章节、篇幅情况	出版情况	其他说明
21	广州港志	广州港集团、广州港务局、黄埔港务局等	公元前214年—2015	不分卷，除概述、大事记、专记、附录、后记外，分为6编、24章	广州出版社，2019年12月第1版	广州市部门志、行业志丛书之一
22	广州市自来水公司厂史简介	广东省河自来水公司、广州市自来水公司及下属10间水厂和3间产品厂	1905.10—1985.10	不分卷、章节，分为八十年简介、下属厂简介、大事记、规划设想4部分，共57页	内部资料，未正式出版	包括“广州市至2000年供水规划测算及设想”
23	广州花园酒店志	花园酒店	1979—2000	不分卷，除概述、大事记、附录、后记外，分4篇、26章，共377页	广东旅游出版社，2002年10月第1版	
24	成功之路：广州白云山制药厂厂史、新闻汇编	广州白云山制药厂	1973—1985	不分卷，厂史分为5个部分，22页	内部资料，未正式出版	广州白云山制药厂宣传科编
25	广州市精神病医院院志	广州市精神病院、惠爱医院、惠爱医癫院、广州市精神病防治院、广州市第十人民医院	1898—1998	不分卷，除领导题词、序、前言、机构示意图之外，分为3个部分、13章，共152页	内部资料，未正式出版	中国第一家精神病专科医院
26	广州医学院第一附属医院院志	中法韬美医院、广州市工人医院、广州医学院第一附属医院	1903—1996	不分卷，除附录外，分为6章，共245页	内部资料，未正式出版	
27	番禺县糖业志	市头、紫坭、梅山、鱼窝头等多间糖厂	西汉—1987	不分卷，分12章，共165页	内部资料，未正式出版。其中第5章《紫坭糖厂》的创建、发展和现状另有一版油印稿	包括多间糖厂的简史，体例上不同于一般的行业志，更接近厂志汇编，因此收录在此
28	百年广柴	协同和机器厂、广州柴油机厂、广州柴油机厂股份有限公司	1911—2011	不分章节，共45页	内部资料，未正式出版	仅有简介和大事记，非完整厂志

（来源：作者整理）

2 厂志在工业遗产研究中的作用

2.1 了解企业历史和发展概况

厂志的概述（概况）章节都会对企业的历史沿革、建设年代、主要发展阶段等做简明扼要的介绍，了解厂志概况是工业遗产调研时掌握企业历史全貌的首选途径；厂志里介绍的该企业的名称和隶属沿革，都是索引查询相关信息、挖掘更多史料的关键词（表2）。

表 2　厂志内容支持工业遗产价值评估

厂志的章节	工业遗产相关研究
大事记和企业概况	确定遗产建成年份，以历史事件和人物研究遗产的历史价值
基本建设	掌握选址、设计、施工、投资、改扩建情况，与生产发展章节互相印证，研究遗产的科技价值、艺术价值和历史价值
生产发展	了解生产工艺、技术革新，研究遗产的科技和历史价值
职工福利	查询工人住区规划设计、生活福利设施数量和布局，研究工业遗产服务周边等社会价值

（来源：作者整理）

2.2　研判遗产构成

很多厂志都附有厂区地图或平面图，标出了厂区位置、地形地貌、四至范围、厂内各车间（工段）、主要建（构）筑物，结合基本建设篇章，解读这些图纸，有助现场辨识建（构）筑物名称和用途；将不同版本或不同时期的图纸进行对比，可看出企业发展扩张以及建筑的拆改、扩建情况。

以广州造船厂船坞的历次扩建为例，据厂志记载，该船坞筹建于1954年初，长104米，坞室宽18.3米，坞深7.7米；1958年对船坞进行了扩建接长，扩建后船坞长145米，宽18.3米，深7.7米，可建造6万吨级船舶；1970年代末，为改造向阳红五号科考船，再次对船坞进行扩建接长；2002年为增加船坞的起重能力，在船坞上增设55米跨的80吨龙门吊机，坞壁及坞墩结构采用掺大块石混凝土垫层浆砌块石；2005年对船坞和吊车道等结构进行升级改造，改造后的船坞长185米，宽36米，深9.35米，可建造6万吨级以下的船型；2010年，对船坞再次进行接长，计划往西延伸83米（实际接长65米），改造后的船坞长250米，宽36米，深9.35米，且坞首位置不设弧形，改为长直方形。根据厂志上述记录对照实地查勘，确定了保留船坞的1970年代扩建时的长度，宽度按照现状保留，同时保留闸门和人行桥，并利用船坞空间建设博物馆。

2.3　辅助价值评估

通过历史沿革、生产经营等篇章，有助分析工业遗产的历史价值和科技价值。东莞糖厂始建于1930年代，制炼车间是制糖工业最有特色和值得记忆的建筑物，最能展示和体现制糖工业流程的特点。东莞糖厂制炼车间早期建筑是否仍存在成了遗产调查评估认定的关键。通过研读整部东莞糖厂志，发现制炼车间（煮糖楼）始建于1935年，至今经过三次较大规模的加、改建，厂志对历次改扩建和内部工艺流线的调整、设备的替换均有详细记录，但没有整体拆除重建的记录，也没有因为拆建厂房而停榨的记载（按照土建施工水平，整体拆除重建的周期势必在半年以上，至少影响一个榨季的产糖），再结合实地查勘，从厂房钢结构连接方式、栏杆细节、围护墙的用砖与同时期建成的顺德糖厂制炼车间的红砖戳记相同（图5）等综合判断，得出制炼车间部分结构和设备仍是30年代早期建筑存留原物的结论。

图5　东莞糖厂制炼车间外墙红砖的戳记
（来源：作者自摄）

通过生活福利等篇章，有助研究工人住区规划和社会价值。广钢志、广纸志、广州石油化工总厂志、珠江冶炼厂志都专门绘制了与生产区平面图同等规格的职工生活区平面图，龙门糖厂志、广州合金钢厂志也都把生活区统一绘制在厂区平面图上，这既体现了80年代对职工住房和福利的重视，也反映了企业办社会的单位制传统。这些生活区总平面图对于研究我国居住区规划史和工人住宅建设发展演变都是难得的实例和资料。

3　厂志的运用与局限

3.1　要与现场踏勘比对印证

现存编纂质量较高的厂志多于1980—1990年代成书，企业后续的技术改造、建（构）筑物的改扩建都不会体现在厂志厂史里，现状勘察尤其要关注与厂志描述不一致的地方，厂志只能作为现场调研的旁证，进行价值评估时不能简单照搬厂志的描述，更不能用史料裁剪现实，削足适履。

3.2　要与其他文献资料和口述史对照

利用厂志开展工业遗产研究，要与地方志、行业志、相关企业的厂志、与该厂有关的论文文献等对照，方能得到全面信息。厂志所载多为正面事迹，负面记录一般是安全事故。对于决策失误、经营困难或行业衰败等负面情况厂志往往一笔带过，与工业遗产保护密切相关的建（构）筑物的拆除和场地清理更是极少收录。

3.3 图像影像的局限

照片包含的丰富信息常常超过文字描述，但厂志多以文字描述为主，因受限于编纂体例和当年的纸张印刷质量，厂志里的老照片较少，专业的图纸更少，即使少数厂志配有专门的图志也主要是领导视察和产品照片，近年的照片多，历史照片少，能够体现工业遗产价值的建（构）筑物细节照片更是罕见。

3.4 不同厂志质量参差

要注意鉴别厂志的编纂质量，有些厂志仅是各部门工作总结的材料堆砌，看似卷帙浩繁，实则干货很少（电力、民航等企业志尤甚），甚至有错漏，使用时要注意甄别。

4 结论

（1）改革开放初期编纂的那批厂志搜集了之前的宝贵资料，质量较高，体现了励精图治、锐意改革的朝气，在工业遗产调查研究中有着不可替代的作用，其价值目前尚未得到充分重视。

（2）厂志作为工业遗产研究的重要文献，亟待搜集整理。厂志厂史大多为非正式出版物，印量不大，很难在公共图书馆查阅到，流失也很严重，修志“资政存史”中“资政”的目的很少达到，没有正式出版的厂志甚至不能算“存史”。

（3）利用厂志进行工业遗产研究要综合运用多种方法和途径，与现场实物勘察、老工人访谈等互相印证，才能做出准确全面的价值评估，才能指导工业遗产的认定、修复和利用。

（4）本文仅是基于广东地区 20 多部厂志的初步梳理总结，其他省市情况可能不同，有待进一步研究。

参考文献

[1] 陈应祥 . 浅谈工矿企业编纂厂志的几个问题 [J]. 肉类工业，1988(11): 13–16.
[2] 杨寄蓉 . 厂志编纂框架设计初探 [J]. 辽宁大学学报，1997(1): 110–112.
[3] 马福生，阎靖西 . 厂志地图制图初探 [J]. 地域研究与开发，1989(10): 30–31, 60.

[4] 广州市地方志编纂委员会，广州港务局，广州港集团有限公司．广州港志 [M]. 广州：广州出版社， 2019.
[5] 广东省市头甘蔗化工厂志编纂领导小组．广东省市头甘蔗化工厂志 [Z]. 广州，1991.
[6] 广船志编辑工作小组．广船志 [Z]. 广州，1994.
[7] 广船国际公司志编纂委员会．广船国际公司志（2003.5—2013.5）[Z]. 广州，2013.
[8] 广州黄埔造船厂简史编委会．广州黄埔造船厂简史（1851—2001）[Z]. 广州，2001.
[9] 广州市自来水公司办公室．广州市自来水公司厂史简介（1905.10—1985.10）[Z]. 广州，1985.
[10] 广钢志编辑办公室．广钢志（第一卷）[Z]. 广州，1988.
[11] 广钢志编辑办公室．广钢志（第二卷）[Z]. 广州，1997.
[12] 广州造纸厂．广纸厂志（第一卷）（1932—1957）[Z]. 广州，1988.
[13] 广州造纸有限公司．广纸厂志（第二卷）（1958—1993）[Z]. 广州，1996.
[14] 广州文冲船厂简史编纂委员会． 广州文冲船厂简史（1955—2000）[Z]. 广州，2001.
[15] 广州文冲船厂有限责任公司简史编纂委员会．广州文冲船厂有限责任公司简史（2001—2015）[Z]. 广州，2015.
[16] 广州铁路（集团）公司史志编委会．广铁集团志（1896—2000）[M]. 北京：中国铁道出版社，2002.
[17] 广州铁路（集团）公司战备武装处．广州铁路局志战备人防武装篇 [Z]. 广州，1998.
[18] 广州合金钢厂厂志编纂委员会．广州合金钢厂厂志（1966—1990）[Z]. 广州，1991.
[19] 珠江冶炼厂志编纂办公室．珠江冶炼厂志（第一卷）（1966—1985）[Z]. 广州，1989.
[20] 广东省地方国营龙门糖厂厂志编写组．龙门糖厂志 [Z]. 海康，1989.
[21] 广东省紫坭糖厂厂志 [Z]. 广州，1987.
[22] 广州石油化工总厂．广州石油化工总厂志（第一卷）（1974—1987）[Z]. 广州，1989.
[23] 中国石化广州石油化工总厂志编纂委员会．中国石化广州石油化工总厂志（第二卷）（1988—1995）[M]. 广州：广州出版社，1997.
[24] 吴小敏，马东佑．广州石化志（第三卷）[M]. 香港：香港荣誉出版有限公司，2003.
[25] 中国石化广州石油化工总厂图志编纂委员会． 中国石化广州石油化

工总厂图志 [M]. 广州：花城出版社，1998.
[26] 东莞糖厂志（第一卷）（1935—1990）[Z]. 东莞，1990.
[27] 东糖实业公司厂志编写组 . 东糖志（第二卷）（1991—1995）[Z]. 东莞，1997.
[28] 广东省番禺县糖业志编写组 . 番禺县糖业志 [Z]. 广州，1990.
[29] 黄埔发电厂志编委会 . 黄埔发电厂志（1973—2000 年）[Z]. 广州，2001.
[30] 广州白云山制药厂宣传科 . 成功之路：广州白云山制药厂厂史、新闻汇编 [Z]. 广州，1986.
[31] 广州市精神病医院 . 广州市精神病医院院志 [Z]. 广州，1998.
[32] 广州医学院第一附属医院院志（1903—1996）[Z]. 广州，1997.
[33] 广州花园酒店志编纂委员会 . 广州花园酒店志 [M]. 广州：广东旅游出版社，2002.
[34] 白玲，张云江 . 岁月留声 60 年：广东电台简史（1949—2009）[M]. 广州：广东人民出版社，2009.
[35] 余得通 . 风起南粤：广东电视台发展史 [M]. 广州：南方日报出版社，2009.
[36] 广东粤华发电有限责任公司 . 珍藏岁月：黄埔发电厂投产三十周年纪念文集 [Z]. 广州，2008.
[37] 赖竹岩 . 广州花园酒店二十年 [M]. 广州：花城出版社，2000.
[38] 陈熙炎 . 我与花园酒店：一个五星酒店老总的经历 [M]. 广州：广东旅游出版社，1993.
[39] 广州花园酒店十周年纪念册 [Z]. 广州，1995.
[40] 广东电视台建台三十五周年纪念册（1959—1994）[Z]. 广州，1994.
[41] 广州铁路（集团）公司 . 迈向新世纪：广铁集团五十年（纪念图册）[Z]. 广州，1999.
[42] 百年广柴（纪念图册）[Z]. 广州，2011.

工业遗产研究的另一个视角——苦难遗产研究现状综述*

* 本文得到国家自然科学基金项目（51808021）和北京建筑大学市属高校基本科研业务费专项资金（X20178）的资助。

孟璠磊　崔振美　北京建筑大学建筑与城市规划学院

摘　要：工业遗产价值研究大多聚焦于其正面、进步、辉煌的一面，有时会回避工业化阶段所带来的另一方面影响，即那些残酷的战争、殖民主义、社会动荡、自然灾害所导致的负面影响。苦难遗产的提出代表了遗产研究的一种尝试——试图建立一种更为平衡和全面的理解，认识过去对当代问题影响的多样性，探索更具包容性的工业遗产表达方式。本文综述了国内外"苦难遗产"中关于工业遗产的研究现状，尝试将苦难价值取向列入既有价值评估框架中，使其作为评估的一部分，从而进一步完善人们对工业遗产真实性和完整性的理解。

关键词：苦难遗产；负面遗产；工业遗产；战争遗产；黑色旅游

引言

近年来，"苦难遗产"的概念在考古学和更广泛的文化遗产研究中得到了重视。它起源于更为具体的"黑色旅游"（Dark Tourism）研究领域。苦难遗产和黑色旅游在当前的使用中都是相当模糊的术语，无论是战场、集中营、监狱，还是其他灾难地[1]，它们通常是围绕着死亡、痛苦和灾难的地点，有几个术语与"苦难遗产"密切相关，包括"黑暗遗产""困难遗产""有争议的遗产""不和谐的遗产"和"负面遗产"。这些术语最近开始频繁地出现在关于遗产的讨论中，它们之间既有重叠，也有不同的侧重点。然而，从本质上讲，所有这些术语都代表着一种扩大遗产研究范围和探讨多样化遗产含义的尝试，让我们认识到遗产是多样化的、有争议的并且通常是不美好的。人们越来越意识到遗产还以各种"负面"形式存在，如战争、殖民主义、环境污染、社会不平等和贫困，这些都是过去遗留下来的，并对当今产生了深远影响的遗产。

1　国外研究现状

1.1　"黑色旅游"研究中的工业遗产

虽然有关黑色旅游的研究兴起于1990年代，但黑色旅游的活动有着更为悠久的历史，从最早的信徒到耶稣遇难地祭拜，到后来游客到美国9·11世贸中心遗址去参观、游览等都属于黑色旅游范畴。1996年英国格拉斯哥卡利多尼安大学（Glasgow Caledoian University）教授马尔克姆（Malcolm Foley）和约翰（John Lennon）首先提出了"黑色旅游"[2]的学术概念，对于历史上发生过悲剧、死亡、人权抗争等事件的纪念地，提出进行旅游开发的文化政策研究。在日常用语中，人们经常提到事件或发展的"黑暗"一面，由于"黑暗遗产"没有明确的定义，因此只能隐晦地假定是历史遗产中黑暗的部分。Graham等人在没有进一步明确定义的情况下引用了这个概念："不可避免地……通过呈现遗产过去的负面部分也促进了暴行、错误和罪行的历史的传播……”随着人们对黑暗历史的挖掘以及对黑色旅游的探知，越来越多的相关遗址成为黑色旅游目的地。Lennon 和 Foley 的观点认为“黑色旅游”是一种后现代的暗示：

（1）黑色旅游的对象本身似乎引入了对现代性课题的焦虑和怀疑；

（2）相关遗址的教育元素伴随着商品化的趋势。

Dietrich Soyez 认为，拓宽我们对黑色旅游的理解对于大多数工业遗址（也许在其他领域也有必要）是适当和必要的。首先，在国家和团体的历史上，有些事件即使在数百年之后仍然是痛苦的，至少有一方会称之为“苦难”。在这方面非常典型的是战场遗址，它们在国家的集体记忆中起着决定性的作用，如 Amselfeld 战场（图 1）。

图 1　Amselfeld 战场遗址照片
（来源：https://baijiahao.baidu.com/s?id=1618433991269004262&wfr=spider&for=pc）

除了 Amselfeld 战场这样的战争遗址，还有很多黑色旅游的目的地如 Peenemünde[①] 这样的遗址，见证了整个欧洲工业化的进程，同时也见证了暴力、压迫以及羞辱。在 Peenemünde 遗址中的历史技术博物馆，一方面是令人印象深刻的工程壮举，另一方面是对奴隶的残酷剥削，两者之间令人震惊的对比在场地中得到了展现。此外，由于最近对 Peenemünde 的频繁讨论，遗址的相关信息得到了一些完善。然而，对于每个不知情的参观者来说，仍然不可能理解这个凶残的工业生产系统以前的规模以及它的内部运作机能。换句话说，Peenemünde 在第二次世界大战期间作为欧洲最重要的军事工业联合体（MIC）之一的关键元素没有得到充分的体现，它的关键性信息还不够完整。

通过欧洲的苦难遗产可以看出：欧洲现存和潜在的工业遗址呈现出复杂的历史性和空间性，可以通过多重、强烈分化、对比甚至相互排斥的叙述来发展。从研究来看，可以发现一个多层次的工业历史，通常情况下可以唤起苦难记忆以及追溯（潜在的）有争议遗产的地点，这就提供了内在不和谐的例证，即“遗产的意义不一致或缺乏一致”[②]。

① Peenemünde 军事基地：第二次世界大战纳粹德国秘密研制导弹的基地，研制包括 V1、V2 这两种当时极其先进的导弹。

② 此观点源于 Tunbridge、Ashworth（1996）和 Graham 等人（2000）。

1.2 “战时集中营”研究中的工业遗产

在人类历史上，很少有哪个时期能像希特勒的“第三帝国”那样，与人类生命的毁灭如此紧密地联系在一起。生命的大规模损失可归因于民族社会主义国家十二年专制统治期间的政策和行动，这首先发生在德国，然后出现在许多邻近的欧洲国家，这在最近的历史上是巨大的灾难。为此，纪念纳粹德国受害者的历史遗址在欧洲形成了广泛的文化遗产[3]。这方面可提供研究的最重要遗址就是奥斯维辛集中营1号、2号和3号（图2）。除此之外还有一些鲜为人知的案例，如前达豪集中营（图3）的纪念地，在那里有一大批附属集中营，其中一些在纪念悲惨事件时也格外突出，如Kaufering附属集中营。

生产新型Me-262战斗机（这是德国第一个赢得空中优势的喷气式飞机）的大型地下工厂里被强迫的劳工的生活和工作条件是可怕的，这里死亡率极高。据估计，在11个“Kaufering”集中营的30 000名囚犯中，有14 500人死于1944—1945年生产场址被放弃后的撤离路线上。Kaufering和奥斯维辛3号（Monowitz Camp）等工业基地有许多相似之处，比如在那里工作并死去的主要是匈牙利犹太人。如Soyez研究所示，这些不同的军事基地是1943—1945年欧洲范围内大型生产系统的一部分，这些“苦难工业遗产”的纪念活动也有相似之处。尽管达豪和奥斯维辛遗址接待了数百万游客，但附近的工业遗址却很少受到关注，甚至直到最近才得到承认。自2008年以来，位于前奥斯维辛集中营遗址的沃尔海姆纪念馆开始以公开讲座的形式提供历史信息和旅游教育。在Kaufering/Landsberg地区，还有一些纪念碑和牌匾提醒着公众关注相关的历史事件。

在战时集中营研究的最后一部分主要讨论一个更具一般性的问题：在与纳粹德国12年恐怖主义有关的历史领域中，苦难工业遗址的信息和访问门户在哪里？Hartmann R. 认为需要建立一个遗址地图，给予在1943—1945年军事工业后期经常被遗忘或被忽视的强迫劳动遗址应有的承认。

图2　奥斯维辛集中营遗址照片
（来源：http://tuchong.com/5418497/28287272/）

图3　达豪集中营遗址照片
（来源：http://www.mafengwo.cn/photo/90528/scenery_10206114/357534606.html）

1.3　“积极叙事”研究中的工业遗产

与其他国家对苦难遗产的避而不谈不同，日本在谈论苦难遗产时更倾向于其积极的作用。日本政府不仅在地方、国家和国际各级投入大量资源来扩大遗产保护范围，并且将遗产旅游作为日本旅游业的重要组成部分。许多地方社区都被旅游业发展为经济振兴之路的想法所吸引，并争相让其所在地的文化遗产因其文化价值而受到认可，这就形成了公认的文化遗产不断扩大的景象。这些文化遗产所讲到的故事都是庆祝性的，讲述了日本非凡的文化和美学成就以及自然风光。在纪念悲剧或灾难的地点，叙事倾向于表现积极的属性，例如恢复力、和平或对自然崇高力量的尊重。

日本经常遭受自然灾害以及其他灾害的重创，经常不得不从逆境中恢复过来。在过去的100年中，日本经历了1923年的关东大地震，东京被夷为平地；1945年，两枚核弹轰炸广岛和长崎；1995年的神户大地震及两个月后的东京地铁沙林毒气袭击；以及2011年东北地区地震（图4）、海啸和核灾难的三重冲击。就在2019年10月，台风哈吉比斯造成了广泛的破坏和死亡。日本学者认为，逆境和困境，从某种程度上使日本在文化中表现出坚毅和生命力。

图4　2011年东北海域地震对日本东部沿海地区造成大规模破坏
（来源：https://ychef.files.bbci.co.uk/1600x900/p08hn1gr.jpg）

有学者甚至认为，克服困境并不意味着需要忍受艰辛，而是意味着恢复并变得更加强大。例如，1923年地震后和1945年美国空军轰炸后的东京重建，把它变成了一个现代城市。还有广岛不仅被重建，而且被完全重新构想成一个和平纪念城市（图5），如1949年《建筑法》所称的“对真诚和持久和平的真诚追求”。神户地震现在被认为是日本公民参与志愿服务的转折点，出现了如今根深蒂固的灾后志愿服务趋势。日本东北三重灾难后，重建东北地区项目的福岛县周围涌现出了寻求核能替代能源的人们，这对于日本的发展来说也是有益的。

图5　广岛是世界上第一个遭受核攻击的城市，此后被完全重新构想为和平纪念城市
（来源：https://ychef.files.bbci.co.uk/1600x900/p08hn1gy.jpg）

在过去的几年中，日本政府一直在提倡“希望旅游”的概念，使游客可以了解受灾地区的现状，并与当地人民进行关于未来发展的讨论。通过旅游公司Wondertrunk & Co组织“希望之旅”的冈本武浩认为，“希望旅游”是“黑色旅游”的反义词，旅行者不仅可以从地震和核事故中学习知识，而且可以从重建和克服逆境中学习坚毅。旅行者可以参观受灾遗址和相关地点，包括福岛第一核电站附近的道路和东京电力公司退役档案中心，可以在其中了解该厂目前的退役工作。

在2011年日本东北地区灾难发生后，整个日本都出现了使用可再生能源的趋势。日本在灾后展开了一场重新评估核能的基层运动，引发了该国数十年来最大规模的抗议活动。这使得核电厂发展受阻，太阳能投资有所增加。

日本民众认为“希望旅游”是一种铭记灾难影响的方式。日本的许多灾难经历使日本人民“非常有耐心和团结”，但与此同时，这些灾难很容易被遗忘，人们容易再次犯同样的错误。

1.4　批判性研究中的工业遗产

与上文中对苦难遗产积极叙事不同的是，水野裕美（Hiromi Mizuno）

对拉沙岛（Raza Island）在日本工业化中的作用被遗忘历史的恢复；宫本贵史（Miyamoto Takashi）对三井三池煤矿（Miike Mine）（图6）中使用定罪劳动的研究及其当今的表象研究；以及韩正舜（Han Jung-Sun）对当代基层运动为恢复战时强迫劳动记忆所做的努力的考察提供了截然不同的东西。他们专注于“苦难遗产”本身的涵义（Han将其确切地比喻为“耻辱的遗产”），这些遗址是“没有吸引力的”以及“黑暗的”场所。这些研究不仅将注意力集中在主流遗产论述和实践不希望解决的遗址上，而且还作为一种批判的记忆形式探讨了遗产保护的可能性和局限性[4]。

日本政府十分重视评估本国的工业遗产，从1992年文化局对“现代遗产”（kindai isan）的调查开始，目前在该局的登记册中有2500多种与工业化有关的“重要文化财产”（jūyō bunkazai）。日本经济、贸易和工业部（METI）也开始行动，从2007年8月起，编制了自己的“工业现代化的遗产名录”（kindai ka sangyō isan gun）清单，2015年甚至将“日本明治工业革命遗址”列入联合国教科文组织的世界遗产名录，这反映了日本政府对工业用地的日益重视，也与日本打算提名佐渡矿山入选遗产名录有关[5]。Mizuno的研究是对日本国家参与保护性工业用地这一更大范围的背景问题的拓展研究。他们的研究都质疑日本国家强调的工业发展积极叙事的潜力。Han和Mizuno的研究表明，日本的现代工业化与殖民主义、帝国主义和战时侵略的历史息息相关，他们关于如何面对这些历史的问题与日本在申报明治工业化基地的辩论中出现的一些问题产生了共鸣。重要的是，这些研究使我们了解到，强迫劳动的使用是贯穿日本工业化和战时动员历史的一个线索。[6]

图6　三井三池煤矿纪念1963年爆炸受害者的纪念碑
（来源：https://apjjf.org/data/4997-04.jpg）

图7　三井三池煤矿隧道入口
（来源：https://www.japan-guide.com/g9/2252_11.jpg）

这些研究同时提出一个关键问题——哪些遗址被纪念，哪些遗址却被忽视了。苦难遗产与许多人不愿记得的历史有关。然而，有些苦难遗产确实获得了民族社会的某种程度的认可。研究者在思考是否存在一个苦难遗产等级体系，其中哪些遗址比其他遗址更容易被接受和理解？

在战时松代和高崎的地下隧道以及在三井三池煤矿（图 7）的保护中，当地社区和个人发挥了重要作用，他们致力于恢复和宣传这些遗址的历史。与之密切相关的问题是谁“拥有”这些遗产以及有对其发表言论的权利。无论是第二次世界大战强迫劳动的使用，资本主义剥削还是定罪劳动的历史，日本都致力于在这些问题上留下自己的叙事。Han 和 Miyamoto 表明，当地社区有时会制定自己的议程，这不仅违背了政府偏爱的积极叙事，也超越了对历史的争辩，成为干预当代社会问题的方式。在这种情况下，保护苦难遗产的风险显著增加。

Mizuno 对拉沙岛（图 8）的研究也证明了本地社区对于遗址的保护至关重要。[7] 除了拉沙岛外，研究还表明地方一级政府为恢复被遗忘历史所做的努力巨大。Miyamoto 指出，就三井三池煤矿而言，作为“日本明治工业革命遗址”的一部分而被列入世界遗产名录的同时，人们还希望它能够帮助拓展该地区的旅游业。对工业用地文化价值的欣赏，对于三井三池煤矿的苦难历史能否吸引更广泛的受众至关重要。同时，Han 认为其苦难遗产仅仅能被用作促进长野市旅游业的工具，而并不一定有助于了解这些遗址的历史意义。

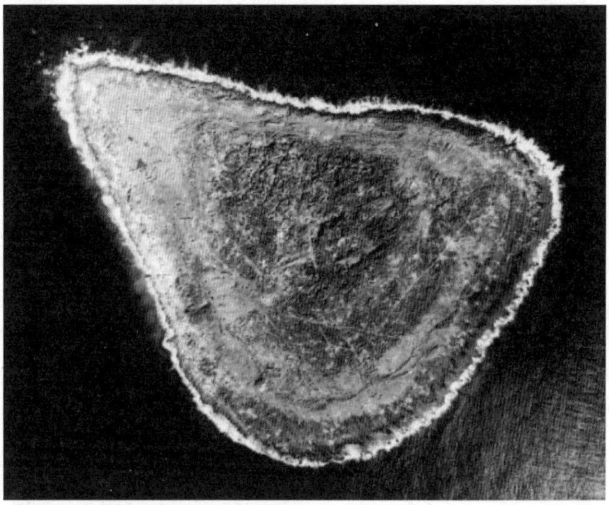

图 8　拉沙岛
（来源：https://apjjf.org/data/4996-01.jpg）

这里的批判性研究提出了若干个苦难遗产案例，超越了工业化主流叙事的潜力，并提出了与保护苦难遗产相关的复杂性的问题。重要的是，通过在有关日本工业化历史以及如何动员并强迫特定的下层阶级在这一过程中发挥作用的对话中探索这些遗址，研究将遗产保护与更大的社会正义与和解进程联系在一起。这样一来，这些研究者们不仅加深了我们对苦难遗产可以做什么的理解，也加深了我们对苦难遗产的理解。

2　国内研究现状

2.1　革命遗址研究中的工业遗产

中华民族的历史，就是一部不屈不挠的抗争史。对于身经百战的中国，苦难遗产的研究大多聚焦于战争遗址。自 1840 年以来，近代中国先后经历了第一次鸦片战争（1840—1842 年）、太平天国运动（1851—1864 年）、第二次鸦片战争（1856—1960 年）、中法战争（1883—1885 年）、中日甲午战争（1894—1895 年）、义和团运动（1899—1900 年）、八国联军侵华战争（1900—1901 年）、辛亥革命

（1911—1912年）、二次革命（1913年）、护国运动（1915—1916年）、护法运动（1917—1918年）、第一次国内革命战争（1924—1927年）、第二次国内革命战争（1927—1937年）、抗日战争（1931—1945年）、解放战争（1946—1950年）[8]，这些都为当代中国留下了大量的近代战场遗址——与战争相关的建筑物及构筑物，如弹药库、故居、烈士陵园、纪念馆等。由于中国独特的历史轨迹、独特的文化传统、独特的基本国情，爱国主义情感在我国近代战争文化遗存的研究和保护中起着关键的作用，这意味着中国战争遗产的筛选和建构具有特殊性。

国内与战争相关遗产目前多从“革命遗址”“红色旅游”“红色文化”的视角阐释。中共中央党史研究室自2006年以来把普查革命遗址当作一项党史调查的重要任务。[9] 2014年为纪念中国人民抗日战争暨反法西斯战争胜利，国务院颁布了《国家级抗战纪念设施、遗址名录》，这是第一次以“战争纪念”为主题设立的保护名录，至2015年，两批公布共计180处抗战纪念设施、遗址[13]。90年间，从最初的党内对烈士纪念品的保存和追思，到目前全国登记革命旧址、遗址33 315处，红色旅游超过8亿人次的年出行人数（截至2018年7月数据），[10] 围绕战争纪念的爱国主义教育旅游已形成了一种有中国特色的、近乎全民性的思想教育方式，爱国教育旅游基地包括816地下核工程遗址（图9），宝鸡长乐塬抗战工业遗址（图10）等。

图9　地下核工程遗址入口
（来源：http://cq.bendibao.com/tour/2015511/55911_11.shtm）

图10　宝鸡长乐塬抗战工业遗址
（来源：https://m.sohu.com/a/353569935_120065240）

2.2　战争叙事研究中的工业遗产

陈佳利在研究战争叙事时指出，战胜国通常以国家民族角度叙述历史观念，并透过对战争之认同，巩固国家历史与民族认同；战败国则以受难者叙事观点，尤其以受到战争牵连而被屠杀的无辜老百姓的观点，来控诉施暴政权之不公不义。[11] 日本正是利用这种叙事策略，为广岛和平纪念公园（原子弹爆炸遗址）成功申遗，同时将自己塑造为一个战争受害者、和平倡导者的形象，却选择性地忽略了正是其对亚洲及太平洋地区持续不断的军事侵略才导致原子弹投掷的事实。所以，在这样的遗产的叙事中，争论是不可避免的。“遗迹所刻记的记忆和所标志的历史通常被视为共享的公共叙事的有机部分，并不断被加强身份意识和正统性意识。许多国家（尽管并非所有国家）渐渐地利用尚未固定、还在争议和充满矛盾的记忆、叙事和遗迹来实现这种效果。”[12]在对明治工业革命遗产价值的理解和叙事中，日本从国家层面突出了其所象征的特定时期（幕府末期和明治维新时期）日本与西方接触（其中也包括战争）后所进行的探索性努力及其成为可能的社会、思想、文化等基础因素的意义，而与该遗产相关的强征劳工及其与对外侵略战争的关系等负面价值则被忽略了。

希望这种针对争议性遗产的负面价值叙事能够进入到世界遗产突出普遍价值标准修订的讨论中，也希望在以后世界遗产申报文本中能够看到更全面、更完整、更真实的针对遗产的叙事。

2.3 灾难事故研究中的工业遗产

在国内，与苦难工业遗产研究有关的除了革命遗址研究、战争叙事研究，就是有关工业事故的研究，工业事故包含工业爆炸、工业污染等。人类历史上有诸如切尔诺贝利核事故、博帕尔毒气泄漏事件这样骇人听闻的重大工业灾难，但是更多的是那些鲜为人知的，却发生在我们身边的工业事故。2010 年以来，我国许多行业都曾发生重大灾难，如山西煤矿溃坝、福建紫金矿业大污染、大连原油泄漏、南京塑料厂大爆炸……每次工业灾难的发生，都对人的生命和环境造成了巨大伤害。国内研究学者多通过工业事故案例（表 1）进行研究，分析灾害形成原因，并提出相应的安全生产管理对策。

表 1　工业灾难安全隐患示意表

存在风险行业	安全隐患	案例
钢铁	炉渣爆炸	2014 年比莱钢铁厂爆炸事故
	高炉爆炸	2012 年印度 RINL 维沙卡帕特南钢铁厂爆炸
	火灾	2001 年伯恩斯港钢铁厂大火事件
	铁水外溢	2011 年江苏南京钢铁厂铁水外流事故
	频炉爆炸	2011 年江苏兴化钢铁厂爆炸事故
	天然气泄漏	2014 年维扎格钢铁厂事故
能源	核爆炸	1986 年切尔诺贝利核事故
煤矿	粉尘爆炸	1906 年法国科瑞尔斯矿难
	瓦斯爆炸	1942 年本溪湖煤矿爆炸
	透水事故	2005 年大兴煤矿透水事故
化工	毒气泄漏	1984 年博帕尔毒气泄漏事件
	原料桶泄漏	2011 年福建紫金矿业集团污染汀江事件
	化学品爆炸	2015 年天津滨海新区爆炸事故
纺织	火灾	2015 年萧山纺织厂火灾事故

续上表

存在风险行业	安全隐患	案例
纺织	粉尘爆炸	2017 年哈尔滨亚麻纺织厂粉尘爆炸事故
交通 & 通信	运输爆炸	1947 年美国德州爆炸事故
水利	溃坝	1975 年驻马店水库溃坝事件
石油	原油泄漏	2010 年墨西哥湾原油泄漏事件
	原油爆炸	1988 年英国北海钻油台大爆炸事故
造纸	火灾	2017 年珠海造纸厂火灾事故

然而，举世闻名的重大工业灾难，只有少数几处被作为遗产（如中国的本溪湖工业遗址群），或者成为工业遗产的组成部分；那些为人类发展所做出的牺牲，用生命换来的惨痛教训，更应该被载入史册，供人瞻仰、缅怀、纪念和吸取教训。

3 苦难遗产带来的思考与启示

3.1 苦难遗产带来的思考

《下塔吉尔宪章》（2003 年）认为，“工业遗产是工业活动的见证，这些活动一直对后世产生着深远的影响”；“工业遗产作为普通人们生活记录的一部分，提供了重要的可识别性感受”。如何在新的问题面前解读这份关于工业遗产的国际宪章？“OUV（突出普遍价值）”的探讨促进了文化遗产全球化联动思考，同时打破地域、学科界限的全球化研究①也促进了对于文化遗产内涵多面性的思考。

英国肯特大学文化遗产研究方向的索菲亚・拉巴迪（Sophia Labadi）教授的著作《联合国文化遗产与突出普遍价值：基于世界遗产与非物质遗产公约的价值分析》（2013 年）中提及了遗产地要同时考虑到当地人民，特别是社会底层人民。当地人民的历史和文化，与该地区的遗产及其背景息息相关。任何遗产从申请登录，到保护、管理和发展的任何程序，都是不可能脱离当地人民而独立完成的。很多遗产在具有珍贵价值的同时，亦带有不能忽略的负面压迫、劳役以及人民抗争的历史背景。而这些方面，由于“受害者”和“施害者”两方面的对立或价值观相异，并在某种程度上含有政治因素和国家实力、话语权的博弈等影响，往往出于种种“考虑”，在官方宣传或是世界遗产登录申报文件中，被极大程度地忽略。索菲亚・拉巴迪教授认为，遗产的指定与申请文件中，需真实完整地记述在历史中通常被边缘化的问题，比如在提名和登录文件中需要同时记述政治时代性，记述社会底层人民的挣扎、痛苦、探索、阶级斗争和对抗强权的抗争，以提供一份更加“真实的”，而非“净化过的”文件报告。这样的展示，也从另一方面反映了“OUV（突出普遍价值）”在负面的内涵价值。

① 全球化研究是超越原来的国际关系学、国际政治学、国际经济学、国际法学、国际社会学、人类学、地域研究、文化研究等的界限，以全球的视野对现在席卷全球的各种现象进行综合研究。

1989年国际古迹遗址理事会（ICOMOS）成立了“共同殖民建筑和城市规划科学委员会”。该委员会2003年正式更名为“ICOMOS 共同建筑遗产委员会”（ICOMOS Shared Built Heritage）。委员会指出共同遗产包括因为殖民或多文化共同交叠而成的历史城镇建筑、乡村建筑，旨在加强全世界范围内对于融合了多种文化的遗产的理解、研究、记述、保护以及发展管理等，使见证了历史更迭、权利变化、文化和习俗的交融、殖民影响以及人民抗争、痛苦、外来势力与本土力量的矛盾等的遗产，得以完整和真实地保存。[13] 对苦难遗产的关注反映了欧洲对于遗产价值的认识发生了很大变化。

由于近代工业遗产大多数涉及了苦难价值的内容，所以我们也认为苦难价值的思考具有一定普遍性。各个国家有不同的历史背景，因此苦难遗产也表现为不同的形式。中国曾经是半殖民地半封建社会，有“731”部队遗址等苦难遗产。在近代工业遗产的价值研究中，评估标准是十分综合的体系，包括历史价值、科学价值、美学价值、社会文化价值，我们认为应该将苦难价值取向列入既有价值评估框架中，使其作为评估的一部分，从而进一步完善人们对遗产真实性和完整性的理解。苦难价值是一种记忆，发生的历史都是镌刻在人们脑海里记忆的重要组成部分。积极评估苦难遗产并展示之，是文化政策的关键问题之一，而优秀的文化政策可以促进城市文化产业发展。

3.2 苦难遗产带来的启示

3.2.1 面对跨民族矛盾产生的“苦难遗产”

如前所述，工业革命与帝国主义殖民扩张千丝万缕的联系及早期工业化阶段普遍存在的歧视和压迫等令近代工业遗产蒙尘。当工业区叙事与沉重的历史紧密相连时，出于某些因素，有些被铭记，有些则被淡忘。我们不能以普遍存在为由就认为其理所当然，就对这些负面的东西视而不见。

（1）承认历史是走向和解的第一步

我们希望工业遗产以及在遗址上讲述的故事和记忆能得到完整保存；期待遗址能够成为多元阐释的载体，将历史与时间的维度引入现时的发展中。

（2）面对苦难价值，要着眼现在，面向未来

通过遗产反映的过去的故事对于人类的当下和未来有着重要的意义。如古代的战场、监狱、集中营，或其他反映暴力和压迫的遗址都能提醒我们和平、宽容及平等的重要性。我们可以利用具有苦难价值、充满争议的遗址来开展关于当代问题的对话，推动当前社会问题的解决。如利物浦国际奴隶博物馆将视角投向当前社会中存在的奴役与压迫、人口贩运与童工、强制劳动、种族歧视等当代“奴隶制度”问题，用反映

遭受家庭剥削和虐待的劳动者的展品让观众思索现代社会某些领域存在的“奴隶”问题。

（3）在遗产叙事中，应鼓励公众参与，呈现多元声音

国际古迹遗址理事会《文化遗产阐释与展示宪章》规定，“文化遗产地的阐释与展示必须是遗产专家、遗产地负责机构和相关社区，以及其他利益相关者共同的有意义合作的结果。”[14] 在遗产的叙事中，应当采取包容性的措施，让专家、公众及社会团体都参与进来，必须允许多种声音出现，并创造机会让多种声音得以表达，同时让这些声音能用自己的话语及方式来呈现，避免只有单一、权威的声音。

3.2.2 面对工业生产管理不当造成的苦难遗产

从发生的事故灾害情况来看，工业事故灾害大多由以下原因所造成：城市危险源布局不合理，存在诸多安全隐患；安全管理的规章制度不完善，防范不足；信息管理落后，危险源设施情况不明；安全意识淡漠，违章运行操作，盲目施工。

为此，提高城市危险源设施安全管理的意识和水平，是减少城市工业事故灾害发生的基本对策。为加强工业事故灾害的防范意识，应从城市规划建设层面提出措施与建议。

（1）严格生产安全管理

造成人员伤亡最严重的是危险品生产储存设施的爆炸事故。因此，加强危险品生产、储存和营销城市管理环节的安全管理是必须采取的首要措施。

（2）建立完善城市防灾相关法规

目前城市规划的法规、标准体系中缺乏对危险品设施控制的要求，规划综合防灾的内容未包括工业灾害防范，防止工业灾害的规划内容缺失。

（3）切实保证安全防护空间

设置安全防护距离是城市规划建设中避免危险品设施事故伤害的基本手段，现有的相关爆炸器材生产企业和化工企业的安全距离及卫生防护距离标准，可以作为城市规划对危险品设施设置安全防护距离的依据。

（4）编制危险品设施防灾专项规划

城市应根据自身情况开展城市危险品设施防灾专项规划，解决城市危险品设施与城市用地安全方面的矛盾。

（5）建立城市地下管线信息库

应利用现代技术手段，建立城市地下管线电子文档信息库。信息库应具有快速便捷的资料输入和调阅功能，可以清晰、准确地表现各类地下管线的位置和相关细节。

4　结束语

工业遗产中所凝固的历史证据，当然不仅仅是技术进步与传播的欢愉。事实上工业遗产的历史是注定被铁与火、血与泪包围的。联合国教科文组织通过世界遗产的评选与人类共同遗产的保护，给缔约国参与国际对话的机会，让人们能够相互理解和尊重，从而实现世界和平。但是，现代某些国家对遗产的强势政治权力和话语霸权的介入，使得那些宏大的、久远的、具有纪念碑意义的历史遗迹，那些代表国家和社会进步的宏大的建筑和工业革命的遗迹更受青睐；在遗产叙事中，也是有选择性地串联某些高潮或值得铭记的成就来组织连贯“国家故事”以建构国家的身份认同，而那些提出了有关过去尴尬问题的苦难遗产或遗产中的苦难价值则有意无意间被忽略了。我们希望大家在歌颂工业发展进步的同时不要忘记被掩盖其下的“黑色阴影”，重视对苦难工业遗产的研究。我们需要以史为鉴，对工业遗产中负面的部分，理性面对、真实记录、完整传承，更好地让“遗产”起到缅怀、唤醒、教育、警示的作用。在遗产叙事中，应鼓励公众参与，呈现多元声音。特别是在苦难价值的叙事中，应让事件亲历者、相关社会团体等所有利益相关者都能参与进来进行对话，只有通过对话才能形成共识，实现和解。

参考文献

[1] STONE P R. A dark tourism spectrum: towards a typology of death and macabre related tourist sites, attractions and exhibitions[J]. Tourism: an interdisciplinary international journal, 2006, 54(2): 145–160.

[2] LENNON J, FOLEY M. Dark tourism[M]. Cengage Learning, 2010.

[3] HARTMANN R. Dark industrial heritage: the commemoration of victims at Places of Forced Labour in Subsidiary Camps of the Dachau Concentration Camp System [R]. Poland: IGU Regional Conference, 2014.

[4] HAN J S. Relics of Empire underground: the making of dark heritage in contemporary Japan[J]. Asian studies review, 2016 (40): 287–302.

[5] UNDERWOOD W. History in a box: UNESCO and the framing of Japan's Meiji era[J]. The Asia–Pacific journal, 2015,13(26) : 18–21.

[6] SOON K H, HYUNG K Y. Remembering and redressing the forced mobilization of Korean laborers by Imperial Japan[J]. The Asia–Pacific journal, 2010, 7(3): 10–12.

[7] FIGAL G.Beachheads: war, peace, and tourism in postwar Okinawa[M]. Rowman & Littlefield, 2012.

[8] 吴奕霖 . 我国近现代战争文化遗产认定研究 [D]. 重庆：重庆大学，

2017: 7-21.
[9] 魏东 . 武安革命旧址建筑调查与修缮保护策略研究 [D]. 邯郸：河北工程大学，2019.
[10] 新华社 . http://www.gov.cn/zhengce/201807/30/con tent_5310494.htm.
[11] 陈佳利 . 生命中不可再现之痛：论战争纪念博物馆之展示与叙事策略 [J]. 博物馆学季刊，2009(1): 52-53.
[12] 沙伦・麦克唐纳，陈春莉 . 骚动不安的记忆：对棘手的公共遗迹的干预与争论 [J]. 马克思主义美学研究，2008(2): 195.
[13] ICOMOS Shared Built Heritage. Objectives of SBH [EB/OL].http://sbh.icomos.org/index.php/what-we-do/objectives-of-sbh.
[14] 王璐，刘克成 . 中国考古遗址公园中遗址展示的问题与原则 [J]. 建筑学报，2016(10): 13.

苏联专家援建包头钢铁公司考略*

* 本文获高等学校博士学科点专项基金项目（20131502110001）的资助。

武月清　内蒙古建筑职业技术学院
仪德刚[①]　内蒙古师范大学科学技术史研究院　东华大学人文学院

① 为本文通讯作者。

摘　要：包头钢铁公司（简称包钢）是“一五”时期苏联重点援建钢铁项目之一，由苏联黑色冶金设计院完成初步设计方案，从选址到1号高炉出铁，都有苏联专家指导。苏联专家还帮助包钢培养了一批专业技术干部和技术工人。文章通过档案等文献资料对苏联专家从1953年包钢筹建到撤走七年时间所做的具体工作进行了梳理，苏联专家援建包钢是包钢得以建立的重要因素。他们在包钢工作期间提出的建议帮助包钢推广和采用新技术，对包钢加快建设速度，节约原材料和国家资金，保证工程质量等都起到了很好的作用，也为包钢的后期发展打下了基础。

关键词：苏联专家；包头钢铁公司；技术援助

包钢是“一五”时期苏联重点援建钢铁项目之一，由苏联黑色冶金设计院完成初步设计方案，从选址到1号高炉出铁，都有苏联专家指导。从1953年到1960年，先后到包钢工作和考察的苏联专家达150人次，其中包钢长期聘请的苏联专家23名，全部都是工程技术专家，冶金部综合组代聘的苏联专家41名，共计64名。这些专家在包钢工作期间共提出重大的书面或口头建议3500余条，对包钢建设和生产起到了重要的作用。[1]

关于苏联专家在包钢所做的工作，邱成岭在论文中综述了苏联在包头钢铁基地筹建和初步设计时期所起的作用，展示了其冶金技术向中国转移的过程。[2] 论文还以包钢为例探讨了苏联向中国进行技术转移的经验和教训，[3] 探讨了苏联撤销援华协定对包钢建设的影响。[4] 刘艳红从苏联专家援助包头建设的历史背景、苏联专家工作及生活条件分析、苏联专家援助包头建设的具体体现和撤离情况以及对其援助包头建设的评价四个方面进行说明，主要描述了苏联专家在一机厂的工作历程，力求还原苏联专家在包头的真实历史。[5] 其他文章包括包钢内部发行的一些史志类书籍中都有涉及苏联专家在包钢工作的某一方面的描述，但都没有系统论述。如赵长有的中苏合作地质队对白云鄂博矿区的研究中记录了中苏合作队对白云鄂博矿区考察的成果，并对矿产如何综合开发给出了建议。[6] 有关档案资料真实地记录了苏联专家在包钢工作的历程，本文利用档案资料对在包钢工作过的苏联专家进行了统计，并选取重要工程师的工作来描述援建包钢的过程，论述他们的工作特点，以展示苏联专家在援建包钢过程中所起的作用，丰富苏联援建包钢这段史料。

1　在包钢工作过的苏联专家

苏联专家担任了包钢的主要设计及各技术领域的指导，从资源的勘探、厂址的选择、设计资料的收集、建筑的设计、机械的安装到投入生产各个环节，均没有离开过苏联专家的指导。表1列出在包钢工作过的苏联专家在包钢所担任的职务和负责的主要工作。

表 1　苏联专家在包钢的职务及参与的工作

苏联专家	职务	负责工作
别良契可夫	苏联黑色冶金设计院莫斯科总院院长	参加包钢厂址选择、包钢初步设计和包钢勘测工作
安德列也夫	列宁格勒分院总工程师、包钢总设计师	
格里高里扬	列宁格勒分院总工程师、武钢总设计师	
克夫顿	焦化设计院总工程师	
库里契金	建筑专家	
叶菲莫夫	地质专家	
索尔达柯夫、贝可夫	选矿专家	
沙拉耶夫、少维诺娃	矿山专家	
艾尔绍夫	矿山运输专家	
格拉什丹金、雷夏柯夫、满锡列夫	建筑专家	
捷门吉耶夫	总图专家	
什梅罗夫	电气专家	
索斯洛夫	供水专家	
克瓦斯尼柯夫	矿山机械专家	
卡祖诺夫	矿山总图专家	
马约诺夫	炼焦总图专家	
索尔尼	耐火专家	
米赫耶夫	工程地质专家	
伊丽娜、阿拉诺维奇	水文地质专家	
伊丽娜、阿拉诺维奇、罗曼纽克、卡纳瓦诺夫、莫宁、奥日柯夫、马舒可夫、库贝斯金		参加包钢厂区测量、黄河勘测及扬水试验工作
赫罗莫夫、肖米克		参加包钢矿厂试验工作
罗曼克、库里斯克		参加包钢附属企业厂址选择工作和编制设计任务书
柯舍列夫		参加包钢初步设计审查工作
马斯良耶夫、米乔尔金、查哈诺夫	土建专家	长期参加包钢施工准备和生产基地建设工作
斯捷班斯基	专家组长	参加包钢建设工作
列文、莫罗茨、谢罗瓦特柯	炼铁专家	
刘顿什比格里	机械专家	
列兹尼钦柯、卡兹纳切耶夫	电气专家	
马茨	燃气专家	
毕达节列夫	矿山专家	
克鲁格里柯夫	金结专家	
维里切夫	什器专家	
贝柯夫	焦化专家	
西道林柯夫	管道专家	
安德里昂诺夫	烧结专家	

（来源：本表系作者根据以下资料整理制作。①武月清．包头钢铁公司的创建与技术创新（1953—1965 年）[D]. 呼和浩特：内蒙古师范大学，2016:113. ②来包钢工作过的苏联专家 [A]. ③包钢史料选辑：1–10 辑合订本 [G]. 包头钢铁公司厂史办公室，1982(3):17. ）

在另一份 1962 年整理的档案资料[7]中，记载了 36 位冶金工业部代聘在包钢工作的苏联专家情况。表 2 中记录了这些专家在包钢的工作时间和所担任的职务。

表 2　冶金工业部代聘在包钢工作的苏联专家登记表

姓　名	译　名	专业或职别	来华日期	离华日期
Кошелев В.В.	科谢列夫	院长	1956.2.3 1959.4.28	1959.7.29
Волохов Н.С.	渥洛霍夫	轧钢	1956.2.3	1956.4.28
Андреев М.Т.	安德列耶夫	设计总工程师	1956.2.11 1959.6.5	1959.9.1
Цапыев М.М.	查布列夫	炼铁设计	1956.2.17 1959.6.5	1959.7.29
Ревинский И.Е.	列维斯基	总务	1956.2.11	1956.5.5
Геращенко С.И.	格拉辛柯	矿石研究	1956.2.11	1956.4.28
Ковтун В.И.	科夫顿	炼焦	1956.2.11	1956.4.26
Гарцман П.Е.	格尔茨曼	供排水	1956.2.17	1956.4.19
Березовскин С.И.	别列卓夫斯基	燃气	1956.2.15	1956.4.19
Федосеев А.Д.	费道谢也夫	耐火材料	1956.2.17	1956.4.28
Гараудий Т.А.	格拉乌金	采选矿	1956.2.17	1956.4.4
Андрианов А.П.	安德里安诺夫	含氟试验	1956.12.5 1959.7.10	1957.3.24 1959.8.11
Степанский И.Я.	斯捷班斯基	建筑	1957.8.7	1959.10.24
Хомяков Н.А.	哈敏科夫	供排水	1957.11.22	
Казначеев В.П.	卡兹纳切也夫	电气	1958.8.31	1959.10.24
Леван Л.Я.	列文	高炉生产	1958.9.29	1959.10.24
Лютершпиголь Н.И.	刘顿什比格里	机械安装	1958.10.22	1959.8.9
Мороз Н.А.	玛洛	高炉机械	1959.2.20	1959.3.28
Резицченко Ю.З.	列兹尼琴柯	高炉电气	1959.2.20	1959.11.29
Мац М.С.	玛茨	燃气洗涤	1959.2.20	1959.11.29
Сыроватко И.М.	赛洛瓦特柯	燃气工	1959.2.20	1959.10
Коругликов А.А.	克鲁格里柯夫	金属结构	1959.4.24	1960.8.20
Веричев В.А.	维里切夫	计器	1959.5.8	1959.10
Питателев В.А.	皮达节列夫	采矿	1959.5.15	1960.8.20
Быков А.Н.	贝柯夫	焦化	1959.6.6	1960.8.20
Чернов П.А.	切尔诺夫	鼓风机	1959.6.8	1960.7
Коваль В.А.	科瓦里	称量车	1959.6.13	1959.7.21
Сидоренко Н.А.	西多连柯	管道	1959.6.14	1960.8.20
Качатков А.И.	卡恰特柯夫	高炉生产	1959.12.3	1960.8.20
Скородумов М.В.	斯科拉杜莫夫	土建	1960.2.28	1960.8.20
Емец Л.К.	叶米茨	炼钢生产	1960.5.26	1960.8.20
Паномарёв Н.Н.	巴那马廖夫	破碎板安装	1960.5.31	1960.8.20
Танцерев О.В.	唐采廖夫	炼钢研究	1960.6.3	1960.8.20
Масляев Н.И.	马斯良耶夫	地建	1955.7	1957.6
Метелкин И.С.	米乔尔金	管道	1955.9.25	1957.9.2
Захаров Н.М.	扎哈洛夫	施工机械	1955.10	1957.10

（来源：文献[7]）

2 苏联专家的具体工作

从 1953 年包钢筹建到苏联专家撤走，在此期间苏联专家的工作大致可分为三个阶段：第一阶段是包钢设计阶段（1954—1956 年），这一时期先后来包钢工作的苏联专家共计 41 名，工作主要是帮助选择厂址、编制设计任务书、进行扬水试验、冶炼矿石及审查初步设计，进行施工建设的准备工作；第二阶段是基本建设阶段（1957 — 1958 年），这一阶段共聘请苏联专家 6 名，工作任务主要是帮助一期施工建设，解决施工中的技术关键问题；第三阶段是基建和生产并进阶段（1959 年到 1960 年 8 月），这一阶段共聘请苏联专家 17 名（另有匈牙利专家 3 名），在继续进行大规模建设的同时，包钢大型焦炉、大型高炉系统和大型平炉部分开始投入生产，完成了提前出铁等重大任务。①包钢的专家工作机构是在 1958 年成立的，也就是说专家工作走上正轨也只有三年时间。专家在主要环节上参与了大部分工作并且提出了许多重大建议。[11]

① 本节由笔者根据以下档案文件整理。1955—1960 年专家工作总结 [A]. 包钢档案馆档案，案卷号：1-17-0541：1-113.

2.1 技术援助

2.1.1 选择厂址和编制包钢设计任务书

为选择包钢厂址和编制设计任务书，1954 年苏联派来了以冶金工厂设计院列宁格勒分院院长别良契可夫及包钢设计总工程师安德列夫专家为首的设计组，亲自率领选厂址工作组进行选址工作（图 1 、图 2），进入场地做了仔细的研究对比，最后由专家组组长别良契可夫编写了厂址选择建议书。别良契可夫的日志（关于在包头选厂意见的报告记录）[12] 反映苏联专家选厂筹建包钢的最初想法：根据中国政府决定利用白云鄂博铁矿资源在包头地区建立钢铁基地的设想，根据矿石产量，决定钢铁厂初期规模定为 120 万～ 150 万吨，最后发展到 300 万吨以上，允许有进一步发展的可能。报告首先分析了矿石的特点，因矿石中含有稀土元素，具有宝贵价值，矿样送到苏联进行选矿试验，进行提取稀土的研究；第二是介绍了矿石中含有萤石（氟化钙），不能让这种有毒氟气影响附近居民、工人的健康，但根据石景山进行的高炉冶炼试验结果显示可以冶炼，报告特别强调这不是一般矿石，一定要引起注意。根据钢铁厂厂址选择要求，专家组从 15 个地址中先选出 3 个，又进行经济指标比对，还从水源、运输、城市规划等方面提出意见，最后决定在宋家壕建厂。绘图专家德门其也夫关于冶金工厂厂址选择的意见指出厂区的确定主要考虑以下方面：一是厂址要接近原料产地，以缩短运输距离；二是要考虑到国民经济的长远发展；三是依据军事上的考虑，提出选择厂址的原则。[13] 另外马约洛夫和米赫也夫等十几位苏联专家就企业交通运输、工程地质勘测和水土分析等方面提出了建议。厂址确定后，设计组根据国家对钢材的需求情况、地区生产分布及技术上的合理性协助编制了包钢的设计任务书。至今包钢选址方案也是同类型企业选址中比较

图 1　中方技术人员与苏联专家考察厂址
（来源：文献[14]）

图 2　包钢经理杨维（中）与专家别良契可夫考察厂址
（来源：文献[14]第 44 页）

优越的方案。

2.1.2　厂区测量、黄河勘测以及扬水试验

许多苏联专家参加了厂区测量、黄河勘测以及扬水试验工作，如伊丽娜、阿拉诺维奇等专家来包头，从布置任务、制定操作方法，直到整编资料对包钢进行了具体指导，提出了许多建议。如厂区测量原采用量距法，专家建议采用视距法，执行结果显示大大减少了外业工作量并缩短了外业工作时间，使整个工程量缩简了三分之一，及早地提交了资料。在水土分析方面，阿拉诺维奇专家建议分析室所作之全硬度可不必单测，可用测得的 Ca^{2+} 和 Mg^{2+} 的含量来换算，这样可省略多余的工作。在扬水试验方面，米赫也夫专家提出在昆都仑河进行扬水试验，水文地质专家伊丽娜指出为了获得 2500 吨 / 小时的水，先要进行普查，了解整个河谷平原地下水的情况，在各个地区、各个蓄水层中进行比较，然后选择各种条件优良的作为水源地，还提出扬水工作的八点要素指导包钢扬水工作的顺利进行。

2.1.3　矿石试验

包头矿石是世界上罕见的难冶炼的矿石，没有可参照的经验，为了保证高炉冶炼顺利进行，在矿石试验过程中有许多苏联专家参加指导了该项工作， 1954 年专家肖米克提出含铁量较高的包头矿石是可以不进行选矿就进入高炉冶炼的，因为选矿的主要目的是去氟化钙，肖米克专家提出，即使萤石含量高的矿石，如将炉渣碱性提高到 4（ 即超碱度，一般操作这种碱性是根本不允许的）也能保证高炉冶炼顺利进行。冶炼结果证明，只要保持炉渣是超碱性的，含氟炉渣就可以炼出低硫的生铁，所以可以先不必忙于选矿烧结系统的建设，而用未选的矿石来开始生产，这将使公司提早投入生产，还大大节省近期投资。根据当时记载的矿石冶炼试验工作资料证实了肖米克专家论点的正确性，从而使选矿烧结系统延缓建设（推迟到第二期建设），为国家节省了两亿多资金。这些决定虽然后来被证明是有问题的，但在当时有限的试验条件下特别符合当时包钢建设实情。另外还有许多卫生专家、煤气洗涤专家、化学专家给予了很多宝贵建议。煤气洗涤专家阿德柯洛夫建议煤气洗涤时加上一个文氏管， 这在当时是洗涤效果很好的新技术；专家还设计了一个准确性高的确定煤气含氟量的装置，从而消除了过去准确性不够的弊病。

2.1.4 建设施工附属企业基地的选择和设计任务书制定

包钢建设施工附属企业基地的选择和设计任务书是在鞍钢总顾问罗曼克和专家组长库里斯克等十余位专家参加下编制的，编制过程中专家提出了许多建议，如库里斯克建议附属企业应从整个区域考虑，因为单从一个冶金企业考虑是不经济的。罗曼克建议在固定热电站建成以前，应在原有发电厂的基础上加以扩大，这就解决了施工阶段的电源问题。专家还在基建材料和施工机械设备以及水、电、运输相互协调成为一个整体等方面提出一系列建议。

2.1.5 包钢初步设计审查工作

包钢于1955年开始设计审查工作，苏联派来了以柯瑟列夫及安德列也夫为首的专家工作组，审查存在的问题，以使设计更能符合我国的具体情况。专家对各方面的情况加以综合研究，亲临现场进行比较，使初步设计中存在的主要问题得到较为合理的解决。在当时，包钢设计被认为是世界上最现代化的、最新的、技术最先进的设计，而且是更符合我国具体情况、最大程度节约投资的设计，包钢初步设计表明了苏联对我国无私的帮助。

2.1.6 施工准备和生产基地的建设

施工准备和生产基地的建设这项工作在专家组长马斯良也夫和斯捷班斯基、米乔尔金以及扎哈洛夫等6位专家参加下，对包钢施工用生产技术，基地初步设计，有关厂区施工用水、用电计算，施工机械国外订货以及临时管道加工工厂工艺过程等方面提出了不少建议，对于包钢的顺利施工和加速包钢的基本建设起了重要的作用。

2.1.7 基建与生产并进

这一阶段专家提出建议2000多条，其中重大建议有60多条，在确保一号高炉出铁的奋战中，全体苏联专家表现出高度的国际主义精神和忘我的劳动热情，加班加点，夜以继日在高炉工地上苦战，有时连续十几个小时顾不上吃饭。苏联专家在高炉开工、高炉高压炉顶设备的安装调整、鼓风机安装调整、主卷扬机调整、称量车安装调整等技术复杂的工作中起了重大的作用。提出的558条建议对保证一号高炉提前一年顺利地投产起了很大的推动作用。一号高炉出铁后，对二号高炉施工和一号平炉的施工生产也付出了不少努力。[15]

以上是苏联专家在包钢所做工作的一部分，可以说来包工作的专家基本完成了他们的任务，培养了包钢的技术人员，推动了包钢建设工作。

2.2 其他工作

2.2.1 语言学习

苏联专家在俄文学习方面也给予了筹备处员工很大的帮助。1953年9月，国家给包头筹备处调来4位苏联姑娘任俄文打字员，分别为西玛、扎格洛娃、玛丽亚、娜佳，[16] 协助进行苏联专家文件处理工作。筹备处办起俄文学习班，由这几位早期苏联职工担任教员，利用每周二、四、六的下午学习两个小时，当时筹备处大多数职工的俄语水平得到了不同程度的提高，但不到一年时间，4位俄文打字员被苏联政府召回。业余俄文教学活动由中苏友好协会主办，其在呼和浩特、包头、海拉尔等地开展业余俄文教学十来年，最多每年开办过20个班次，学员多达2171人，最少的年份也有15个班次，学员达1000余人。毕业的学员能够翻译和阅读一般的俄文书刊。[17] 当时因掌握俄文的人少，这些培训班培训出的学员在协助苏联专家工作的过程中起到了很大作用。

2.2.2 装备引进

苏联专家对于从苏联引进钢铁工业的最新技术装备起到了关键作用，这些新技术和装备包括1513立方米的国内最大的高炉、500吨的大平炉，高压炉顶操作技术、汽化冷却技术、焦炭化学工厂采用的新的汽化脱酚法、中央试验室设的示踪原子检验法等，在当时填补了国内空白。[14] 在施工过程中，斯捷班斯基组长试验应用了压浆混凝土技术，在国内也属于首创技术。[8] 引进的新装备都是在苏联专家指导下完成安装。为了保证专家意见的执行，还制定了专家建议通知书及与苏联专家的谈话或会议记录（如图3、图4）。图文并茂的建议内容通俗易懂，还写明执行单位和贯彻人，便于落实。

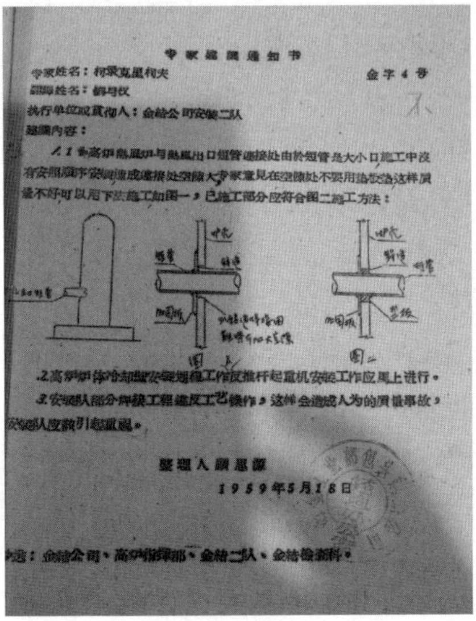
1959年5月18日

图3　专家建议通知书
（来源：文献[18]）

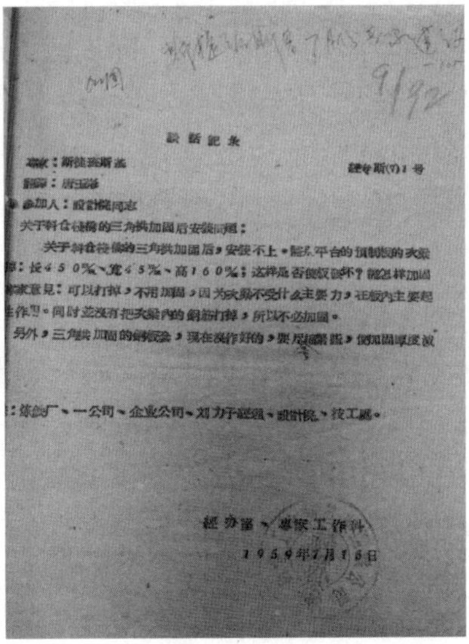
1959年7月16日

图4　会议记录
（来源：文献[19]）

2.2.3 人才培养

苏联对中国钢铁工业的重大帮助之一是苏联专家帮助中国钢铁行业培养了许多技术人才。一方面包钢送出一批人员去苏联学习深造，另一方面是在包钢的苏联专家言传身教培养技术人才。当时的《内蒙古日报》一篇报道称：苏联专家在帮助包头建设的过程中，亲手培养了大批技术人才。就“冬季施工”“组织设计”“怎样保证工程质量”“工艺管理”等问题，苏联专家对工程技术人员作过百余次报告，解决了许多疑难问题，增长了技术人员的知识。[20] 包钢焦化厂建厂时，在苏联专家、苏联科学院硕士米罗什尼钦的指导下，项目组制定了 49 个配煤试验方案，依次进行试验，对比分析适用于大型高炉的实验结果，参加项目的同志学到了精湛的技术。焦化厂的重要工程都是在苏联专家指导下进行的，如在焦化鼓风机的安装过程中，苏联机械专家列顿比克尔一次又一次亲手检查，向工人们介绍安装经验和安装方法。[21] 苏联专家的这种做法一直贯穿在包钢建设中的各个技术领域，解决技术问题的同时又培养技术工人（图 5 ～图 14）。

苏联专家对技术的严谨和对工作的敬业影响教育了中国的技术干部和工人。苏联专家在施工生产过程中提出了许多宝贵意见，尤其对施工质量要求非常严格。他们亲自在现场指导施工，及时提出处理办法，认真负责的工作作风非常值得学习。炼铁专家希洛瓦特克在高炉砌砖时，每天爬到炉内围管里面，指导技术工人如何砌好砖并保证质量[22]；煤气专家玛茨发现高炉只有一个煤气放散阀，导致高炉多余煤气放不出去，会降低铁的质量，所以根据他的建议又增加了一个煤气放散阀，解决了问题。[23] 包钢的技术干部和工人都很尊重专家的建议，大多数专家建议被采纳并认真执行，由于客观原因不能执行的，也会说明原因。[1] 苏联专家及时解决了施工中的问题，为包钢的建设提供了有利条件。

总之，包钢的建设从 1954 年地质勘探开始，就有苏联地质学家来帮助探明铁矿的储量和品位；苏联政府又派出以黑色冶金设计院别良契可夫和安德列也夫为首的 30 多位专家来帮助选择厂址和编制设计任务书，炼铁专家肖米克指导了矿石冶炼试验。包钢的全部初步设计和大部分技术设计，都是由苏联专家指导完成的，包钢的设计使用了苏联当时最新的冶金技术成就；苏联许多机械厂承担包钢主要设备的制作任务，为了提前出铁，大批高炉重要设备提前运到包头，可以说包钢的建设是中苏友谊的结晶。[24] 苏联的冶金技术通过专家来华工作大规模地被应用到包钢建设中。

图 5　电气专家卡兹那切耶夫在现场
（来源：包钢档案馆）

图 6　管理专家西道林柯夫在包钢研究水车排风
（来源：文献[14]第 77 页）

图 7　苏联专家讲解设备操作技术
（来源：包钢档案馆）

图 8　鼓风机专家切尔诺夫指导研磨轴瓦
（来源：包钢档案馆）

图 9　专家谢明欣科夫在黄河工地
（来源：包钢档案馆）

图 10　国务院顾问瓦洛金在黄河工地
（来源：包钢档案馆）

图 11　计器专家伏 · 维里切夫讲解压力调整器构造
（来源：包钢档案馆）

图 12　苏联专家和炼铁厂人员观看高炉装料情况
（来源：包钢档案馆）

图 13　金结专家克鲁格里柯夫在现场
（来源：包钢档案馆）

图 14　焦化专家贝柯夫在现场
（来源：包钢档案馆）

3　包钢与苏联专家的合作分析

苏联专家从包钢选址、勘探、扬水试验、初步设计到基本建设、焦炉出焦、1 号高炉出铁、1 号平炉出钢、生产调整等方面都进行了现场指导，解决施工中的技术问题，在这一过程中传授技术，培训技术工人干部，在包钢建设的设计、施工、生产各个方面都做出巨大贡献。[25] 在建设过程中，包钢也采用了多种形式向苏联专家学习，主要有：

（1）为每个专家配备一至两名技术助理，固定专人向专家学习，协助专家工作。

（2）与专家共同在现场工作，向专家学习，也是当时一个最有效的学习方法。

（3）开专业训练班，请专家讲课，用这种方法突击培养某一专业人员。这样可以在较短的时间内，培养出急需的技术力量。

（4）请专家作专题报告或出席专题座谈会也是个很好的学习方法，做好会议记录，认真执行专家建议，特别是解决某一专门问题时更有效。

（5）通过研究和执行专家建议向专家学习，这也是包钢向专家学习最常用的方式。专家的丰富技术知识和工作经验主要表现在他所提出的各种建议上，很好地研究学习这些建议，就可以提高技术知识和技术水平。包钢还对其中重要的专家建议和一些技术经济价值较大的技术资料进行了汇编（如图 15），来帮助技术人员掌握学习苏联的先进经验和科学技术知识。[26]

包钢通过这些方式向苏联专家学习，掌握了苏联传入的最基础的技术应用，培养了一批技术专家，为今后的技术发展奠定了基础。

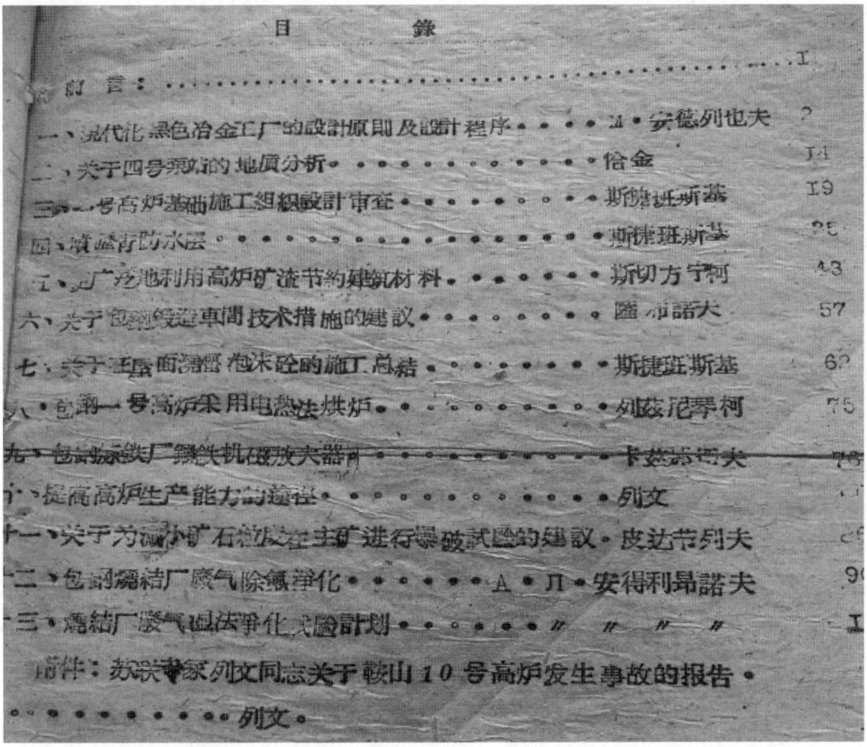

目　　錄

前言：……………………I

一、现代化黑色冶金工厂的設計原則及設計程序……Ⅱ·安德列也夫　2

二、关于四号[illegible]的地质分析……恰金　14

三、一号高炉基础施工組織設計审查……斯[illegible]斯基　19

四、[illegible]防水层……斯捷班斯基　25

五、[illegible]广泛地利用高炉矿渣节約建筑材料……斯切方宁柯　43

六、关于包钢[illegible]車間技术措施的建議……[illegible]諾夫　57

七、关于[illegible]泡沫砼的施工总結……斯捷班斯基　6[illegible]

八、包钢一号高炉采用电热法烘炉……列兹尼琴柯　75

九、包钢[illegible]铁厂[illegible]机磁放大器[illegible]……卡[illegible]夫　[illegible]

十、提高高炉生产能力的[illegible]……列文　[illegible]

十一、关于为[illegible]矿石[illegible]在主矿进行爆破試驗的建議·皮达节列夫　[illegible]

十二、包钢烧結厂废气除氟淨化……А·П·安得利昂諾夫　9[illegible]

十三、烧結厂废气[illegible]法淨化試驗計划……〃　〃　〃　〃　I[illegible]

附件：苏联专家列文同志关于鞍山10号高炉发生事故的报告……列文。

图 15　专家建议汇编
（来源：包钢档案馆）

因为引进的是苏联的钢铁技术，苏联专家在包钢建设过程中的作用是不容忽视的，几年来专家提出的重大建议解决了包钢建设工作中的不少技术问题，同时也为国家节约了大量的资材。专家组长斯捷班斯基向市委汇报工作[27]时指出，包钢提前出铁是可以的，但是需要解决存在的一些问题，如黄河水源的预应力砼管代替钢管的问题，对矿石试验要重视起来的问题，对辅助石灰石开采的问题等，如不解决，最后都会成为包钢技术不能正常发展的重要影响因素。

苏联专家与中国技术人员的合作过程中，多数情况下是互信的、友好的，中方技术人员能够尊重专家建议，按专家意见执行，执行效果符合实际需要，但也有一些问题：（1）有时不虚心向专家学习，怀疑专家建议的正确性，掌握专家建议的情况差，不能及时研究与解决专家建议中的一些问题，并且对专家建议的组织研究、贯彻没有专门领导负责，执行专家建议不坚决，部分执行的也有许多严重的问题；还有对专家建议不表示反对，也不及时贯彻，也不愿和专家一起研究问题的情况，在修改设计时，设计院不希望有设计监督专家，尤其是在“大跃进”期间，修改设计遭到专家的反对，感到更麻烦了。（2）对专家工作的安排不够具体、细致。不能及时介绍情况、提出任务，临时有事临时找专家，有的更是把专家当验收员，出了问题找专家，专家作用不能更好地发挥。公司领导没有及时向专家介绍国家和企业内部每个时期的相关重大方针以及企业内部新的决定等，也没有建立定期与专家联系的会议制度，各业务处供给专家资料不及时。虽然专门设立有专家工作机构，在生活接待、友好交往方面做得很好，但专家与厂矿之间的工作联系少，有脱节现象；也缺乏全盘考虑，没有更好地组织技术人员向专家学习。（3）聘请和延聘专家方面存在缺点，聘请专家计划常变，建设项目变动太大，有时提前，有时推后。聘请专家不是包钢自己需要时聘请，而是由对外国专家局来聘请，有的专家提前来了没事做，开工时在华期限到了，再延聘，专家不乐意，还有临时增聘的专家不能及时来华，工作也受到影响。（4）翻译文件质量不高，数量不够。专家对自己的翻译不满意，大多数翻译人员都是从武钢、鞍钢借来的。翻译工作人员专业不对口，工作质量不高。包钢一直也想组织翻译人员集中学习，但因专业不同，时间也紧迫等问题，对翻译人员的培养工作直到苏联专家撤走也没有很好解决。

这些问题并不是只在包钢存在，而是苏联专家在华工作的一些普遍状况，沈志华在《“大跃进”中的苏联援华专家》[28]一文中也论述了存在着这样的普遍问题。

1960年8月2日，包钢接到正式通知：驻包钢全体苏联专家在8月16日前到北京，8月20日离京回国。当时在包钢工作的苏联专家9人，家属13人，共计22人需回国。苏联撤走专家，是苏联国家政策决定的，并非苏联专家个人意愿，苏联专家与包钢的建设者们是友好的，包钢把1号高炉命名为“中苏友谊炉”，以纪念苏联无私援助和专家的忘我劳动。[29] 8月10日，全体苏联专家结束在包钢的工作，包钢组织欢送会并留影纪念（图16）。

图16　1960年欢送苏联专家
（来源：文献[14]第81页）

周恩来在给苏联政府备忘录的回文中说："苏联政府对于建设和改建中国的91个新企业和正在进行的50个企业援助，将使中国人民逐步建立起自己强大的重工业和国防工业，这对于中国工业化和走向社会主义是具有极其重大作用的。"[30]苏联对于这些援助的企业提出详细的项目草案，"从选择厂址，搜集设计基础资料，确定企业的设计任务书，进行设计，供应设备，指导建筑安装和开工运转，一直到新产品的制造，无偿地给制造新产品的技术资料等，从头到尾全面地给予援助，并派遣大量专家来中国"。[31]包钢的建设基本就是按这个路径发展的。苏联专家对包钢建设是尽职尽责的，他们不仅对包钢的建设乃至对包头的工业基地建设和城市建设都发挥了非常重要的作用。苏联专家在工作中也会出现一些问题，有时因对苏联专家的迷信也会让我们失去了判断力，因此苏联专家的工作对包头建设也产生过一些负面影响。[5]在包钢1号高炉出铁的庆祝会上，乌兰夫接见了当时在包钢帮助建设的9位专家，代表周恩来总理向苏联专家组组长斯捷班斯基授予感谢状，夏耘代表冶金工业部部长王鹤寿向苏联炼铁专家组组长列文授予感谢状。乌兰夫还给专家佩戴了"中苏友谊"纪念章。[32]因此，苏联专家援助包钢建设是值得肯定的，对内蒙古乃至全国的工业建设发展都有积极作用。

4 结论

包钢的建设无疑是苏联援建中国冶金工业的一个成功典范，对于苏联钢铁技术向中国的转移起到了重要作用。其建设模式也反映了苏联援华的主要途径：通过设备和技术的引进来建设，技术和管理方式主要依靠苏联的技术资料和专家的指导，专家通过具体指导操作和讲课等方式为包钢培养了许多技术和专业管理人才。苏联专家在包钢工作近七年，为包钢提供了当时世界上最先进的钢铁联合企业的技术设计，帮助包钢建设了1号焦炉、1号高炉、2号高炉和1号平炉系统的各项工程。专家在包钢工作期间，除提出许多宝贵的建议外，专家组长在帮助催交设计、设备和聘请专家方面也起了很大作用，为1号高炉提前投产创造了必要条件。作为一个现代化的钢铁联合企业，包钢企业规模巨大，从建厂开始，苏联专家在包钢的生产和建设上，在理论和技术的提高上，在各种规范和设计方法的制定上，在各种新技术的推广、人才的培养上都给予了巨大的帮助。

包钢创建之初，苏联对包钢建设的帮助从设计到使用是全方位多方面的，专家的专业实用性很强，符合当时包钢建设情况的需要，全面考虑到了当时包钢的建设和今后的全面发展，是包钢得以建立的重要因素，也为包钢的后期发展打下了基础。本文主要基于包钢档案资料记述了苏联专家援建包钢史实，在圣彼得堡图书馆有关于苏联专家的详细档案因条件所限未能查阅，故以此文抛砖引玉，希能引起更多人关注并丰富这段历史。

致谢：感谢包钢档案馆吕培荣馆长对我查阅档案的支持，感谢两位馆员于志云、党红志耐心细致地帮我查找档案资料；感谢罗见今教授帮助校对苏联专家的俄文翻译，帮助联系他的学生阿克塔莫夫院长查找关于苏联专家的俄文资料。

参考文献

[1] 包钢专家工作检查报告 [A]. 包钢档案馆档案，案卷号：1–17–0382:1–21.

[2] 邱成岭 . 包头钢铁基地的创建与苏联的援助 [J]. 中国科技史料，2004(2):153–164.

[3] 邱成岭 . 包头钢铁基地创建工程的技术引进研究 [J]. 工程研究：跨学科视野中的工程，2009,1(3):223 –235.

[4] 邱成岭 . 苏联援建包头钢铁基地史略 [D]. 呼和浩特：内蒙古大学，2004.

[5] 刘艳红 . 建国初期苏联专家援助包头建设研究（1954—1960）[D]. 呼和浩特：内蒙古大学，2016.

[6] 张宇 . 内蒙古包头钢铁基地的建设与发展 [M] . 呼和浩特：内蒙古人民出版社，2013 :670–677.

[7] 冶金工业部包钢专家登记卡 [A]. 包钢档案馆档案，案卷号：1–17–0544:1–38.

[8] 苏联专家组组长斯捷班斯基在包工作总结 [A]. 内蒙古档案馆档案，案卷号：1–17–0382:46–54.

[9] 苏联专家卡兹纳切也夫的工作总结 [A]. 内蒙古档案馆档案，案卷号：1–17–0382:69–74.

[10] 苏联专家列文同志在华工作期间的工作总结 [A]. 内蒙古档案馆档案，案卷号：1–17–0382:77–81.

[11] 1955—1960 年专家工作总结 [A]. 包钢档案馆档案，案卷号：1–17–0541:1–113.

[12] 别良契可夫的日志：关于在包头选厂意见的报告记录 [A]. 包钢档案馆档案，案卷号：1–17–0010: 63–72.

[13] 德门其也夫专家关于冶金工厂厂址选择的报告 [A]. 包钢档案馆档案，案卷号：1–17–0010:187–190.

[14] 历史镜头中的包钢 [Z]. 包钢（集团）公司办公厅，2004:41.

[15] 包钢建厂初期工作总结 [A]. 包钢档案馆档案，案卷号：1–17–69 : 44–66.

[16] 张宗奇 . 参加包钢筹建工作的回忆 [Z]// 包钢史料选辑：1–10 辑合订本 . 包头钢铁公司厂史办公室，1982(1):17–24.

[17] 内蒙中苏友协十年来工作情况 [A]. 内蒙古档案馆档案，案卷号：309-1-125:31-39.
[18] 柯鲁克里可夫、切尔诺夫专家建议 [A]. 内蒙古档案馆档案，案卷号：1-17-0387:4.
[19] 斯捷班斯基、列文专家建议 [A]. 内蒙古档案馆档案，案卷号：1-17-0389:91.
[20] 包头建设得到苏联巨大帮助 [N]. 内蒙古日报，1957-10-20.
[21] 1959 年包钢专家工作总结 [A]. 包钢档案馆档案，案卷号：1-17-0382:91-119.
[22] 希洛瓦特克专家工作总结 [A]. 包钢档案馆档案，案卷号：1-17-0382:82-88.
[23] 玛茨专家工作总结 [A]. 包钢档案馆档案，案卷号：1-17-0382:65-68.
[24] 建设中的包钢 [J]. 钢铁，1959(18):858-859.
[25] 包钢七年来的专家工作总结 [A]. 包钢档案馆档案，案卷号：1-1-0390:98-112.
[26] 专家建议汇编 [A]. 包钢档案馆档案，案卷号：1-17-0549:1-2.
[27] 驻包钢苏联专家组长斯捷班斯基同志向市委汇报记录 [A]. 包钢档案馆档案，案卷号：1-17-0382:92-95.
[28] 沈志华 ."大跃进"中的苏联援华专家 [J]. 江淮文史，2018(5):033-049.
[29] 包钢一号高炉命名为"中苏友谊炉" [N]. 包钢报，1959-11-7，第 3 版 .
[30] 沈志华 . 对中苏同盟经济背景的历史考察 [J]. 党的文献，2001(2):58.
[31] 沈志华 . 苏联专家在中国（1948—1960）[M]. 北京：中国国际广播出版社，2003:183.
[32] 感谢苏联专家帮助建设包钢 乌兰夫副总理授予感谢状 [N]. 人民日报，1959-10-17.

技术美学视角下工业遗产公共休闲空间的美学体验
——佛山南风古灶的案例*

* 本文为国家自然科学基金项目（41801131）“工业遗产公共休闲空间的地方情感共创及其作用机制”的阶段性成果。

范晓君　广东金融学院工商管理学院

摘　要：工业遗产作为公共休闲空间从“工业锈带”转换为“生活秀带”，提供了差异化的美学体验。技术何以为美？本文从技术美学视角出发，借助法国技术哲学家西蒙栋“技术显像”（technophanie）的概念，通过对以佛山南风古灶为代表的陶瓷工业遗产的微观尺度分析，探索了工业遗产公共休闲空间技术价值的美学呈现过程及其影响因素。研究发现，工业遗产的美不同于自然之美和艺术之美，技术之美为大众所接受必然需要通过仪式化过程和情境的塑造，才能实现常人的感知认同与文化互动。技术教育对发现技术之“美”必不可少，只有通过教育才能理解技术的“功能”。休闲旅游为技术教育提供了娱乐化的软性方式，将技术与日常对接，通过美学体验实现工业遗产的情境再造和价值重塑。

关键词：工业遗产；公共休闲空间；技术显像；旅游体验；南风古灶

1　工业遗产与技术美学

1.1　工业遗产公共休闲空间的技术美学价值

工业遗产是工业文明的遗存，具有历史、科技、社会、审美等价值。工业遗产被适应性再利用为公共休闲空间，由生产场所转变为消费空间，从“工业锈带到生活秀带”，成为城市记忆、知识传播、创意文化、休闲体验的载体。工业技术活动及其生产成果既满足了人类的物质需要，也带来了精神愉悦，具有美学价值。工业遗产反映了工业时代技术美学的基本特征。[1] 在技术美学看来，技术美主要有形式美、功能美、科学美、技术美、劳动美等。其中，形式美属于自然美，其他则属于社会美。[2]

工业社会的理性主义和功能主义对技术美学产生了深刻的影响，功能主义把传统的“美学优先”转变为与目的相结合，将艺术家可能认为“丑”的工业机器视为美的形态。几何形式美、材料美和结构美成为技术美学的核心。而后工业社会的后结构主义多元化趋势，更为技术美学提供了存在的合理性。工业废弃物被新达达主义重新处理和利用，以表达对工业文明的怀疑与赞美、批判与肯定的复杂情愫，并且包含某种自我反省的意味。机械设备如井架和烟囱等传统美学中不具有艺术性的工业元素成为新的审美对象，[3] 曾经被认为丑陋的弃置工厂如今通过艺术化提升了历史、美学和实用价值。[4]

工业遗产失去了原初的环境和用途，成为一种特殊的文化记忆符号和人们怀旧的独特观赏对象，被赋予了新的价值和意义。[5] 对于工业遗产的美学诠释基于对过去的重新理解，而这种理解离不开当下的现有需要。[6] 工业遗产改造为公共休闲空间的过程，实际是工业文化向消费文化转变的过程，[7] 工业与艺术、创意联系在一起，工业建筑和机器设备在外观和用途上都进行了改造，曾经的工业生产场所转变为新的文化生产和消费场所，凸显出独特的美学价值。[8]

1.2 技术美学与自然美学的差异

美是事物呈现形象于直觉时的特质，美感经验就是对形象的直觉，主观价值是美的重要成因。美是心与物的关系，是心借物的形象来表现情趣。美的欣赏是把自然加以艺术化，即人情化和理想化。美是艺术创造出来的，而艺术所创造的意象是饱含情感的，艺术是传达情感的媒介。[9]而技术美的本质是善的形式力量和真的丰富内容二者之间的和谐统一。[10]

技术美不同于自然审美。审美体验被认为是一个主观的过程，在这个过程中个体被审美质量所刺激，从而产生认知判断和审美情感。这意味着视觉、听觉、嗅觉、味觉和触觉对身体的感知[11]等感官刺激是自然审美体验的第一步。[12]用感官感知的美学品质只产生物理刺激，但不一定是审美体验。感官刺激是否能产生审美判断和情感，实际上取决于游客对自然景观审美质量的主观知觉加工。这种知觉加工是基于个体本身的不同价值体系[13]、审美观念和偏好[14]，显然受文化影响[15]。这意味着审美感知也是文化建构的，而不仅仅是身体和感官刺激。比如在自然审美中，文学知识的审美联想（Literary association）会融入到自然审美体验中，丰富观众对审美的理解，从而影响审美情感体验。[16]

技术美不同于艺术美，艺术美感是静观发生的，它不需要欣赏者行为的参与，基本上是一种知觉心理过程。而对技术对象的功能美的深层体验则需要知觉与动觉的配合、感知与使用的统一，使用、操作等行为能强化或消解人们对产品的审美态度。新达达主义通过对工业废品的重新处理，表达对工业文明的怀疑与赞美、批判与肯定的复杂情愫，并且包含某种自我反省的意味。原先被大多数人认为是丑陋的弃置工厂如今被艺术化地提升了其历史、美学和实用价值。[4]

1.3 技术显像

法国技术哲学家西蒙栋提出了技术美学的“技术物件何以是美的”，探讨了技术物件如何被常人感知、认同，从而为文化所接纳的问题。他将“技术显像”作为核心概念，阐述了技术与文化之间的互动关系。“技术美学”（Techno-Aesthetics）源于对现实技术状况的直接考察，有效地切入了技术的大众接受的结构特点，但是对技术生产过程特别是经济因素考量不足。

“技术显像”（technophanie）一词由表示“技术”的“techno-”和表示“显现”的“phanie”组成，意思是模仿“神明显灵”（théophanie）。西蒙栋用这个自造词指代技术的文化形象的表现或实现，技术通过某种能够为人感知的方式显示出形象，其代表则是仪表盘。

在对技术物件的仪式化运用中，人们用单个、片面的技术表现形式来作为整个技术物件的象征，如汽车的码表。[17]

技术显像在工业遗产的审美活动中，体现出了技术与文化的互动，使技术成为能够被大众感知和接受的具体形象。这一技术仪式化的过程，促成了工业遗产价值的美学转化，是工业遗产适应性再利用中非常重要的环节。那么，技术显像如何影响工业遗产公共休闲空间的技术价值呈现？技术美学过程中如何实现情境再造和价值重塑？这是本文意图重点讨论的问题。为此，本文选取陶瓷工业背景的南风古灶作为研究案例，尝试探讨休闲旅游路径下工业技术的美学呈现和价值传递过程及其影响因素，以此为工业遗产的阐释和展演提供借鉴。

2 案例地选择与研究方法

2.1 案例地南风古灶

“有家的地方就有佛山造”，佛山是世界知名的制造业城市，其中尤以陶瓷工业为人们所熟知。同时，石湾也是中国现代陶瓷工业化的起点，成为改革开放后全国产量最大、技术最先进的陶瓷产业基地。陶瓷与日常生活联系紧密，陶瓷工艺又连接了传统制造业和现代工业，积淀了殷实厚重的陶瓷文化底蕴。

佛山南风古灶有着5000年的制陶历史，年代久远、保存完好，1989年被公布为广东省文物保护单位，2001年被公布为全国重点文物保护单位。南风古灶所在的石湾地区至今仍为我国著名的陶瓷产区，陶瓷产业具有较高的知名度和美誉度。南风古灶的古龙窑始建于1506年，至今仍延续使用，被誉为“活的文物”，是目前世界保存最完好、持续使用时间最长的传统柴烧龙窑，对研究中国古代陶瓷生产技术具有重要价值。自建窑起，南风古灶以生产陶瓷生活器皿为主。在清朝和民国时期，产品远销南洋，成为佛山“海上丝绸之路”的重要组成部分，被誉为“活态文物”“移不动的国宝”。南风古灶与高灶均是历代窑改的定型产物，更是石湾陶瓷生产技术进步的见证，具有很高的历史价值、科学价值、社会价值和艺术价值。2020年，南风古灶入选工业和信息化部发布的第三批国家工业遗产名单。

南风古灶尝试将石湾传统陶瓷文化推向公共空间，[18] 陶艺成为公共空间的重要环境设计元素。南风古灶成为国家AAAA级旅游景区、佛山新八景之一，是佛山较为知名的公共休闲空间。南风古灶主要景点有广东石湾陶瓷博物馆、石湾公仔街、国际陶艺家村、古灶榕风、仿古寮场等，另有高灶、林家厅、高庙偏厅三个市级文物保护单位和瑞龙献宝、镇牛井等分景点。南风古灶是石湾陶瓷产业转型的实物标志。

南风古灶和高灶两条龙窑采取有条件的保护性使用和保护性维修措施，以每月烧窑两次的频率进行保护和传承；并特聘石湾龙窑营造和烧制技艺的传承人为龙窑窑体维修的主要施工人员。石湾龙窑按照历史时间的年轮脉络，形成年轮式廊道，将传统风貌和现代陶瓷商贸结合在一起，包括二十世纪七八十年代陶业生产厂房的再利用，同时将石湾公园和东平水道的自然水体与其融合，形成了历史与现代、自然与工业的融合。[19-21]

2.2 研究过程与方法

本文以佛山南风古灶为例，尝试对工业遗产公共休闲空间的美学呈现过程及特点进行探索，以期通过休闲旅游体验和提供娱乐化的教育方式，实现工业遗产技术价值的传递。针对上述设想，本研究组人员主要采用田野调查和网络调研相结合的研究方法，在 2018 年 6 月— 2019 年 9 月，先后多次前往南方古灶进行观察体验，通过数次实地调研，搜集了丰富的宣传册、景区介绍、地图、照片等文字与图片材料。同时，研究人员对南风古灶的游客进行了访谈，结合携程、马蜂窝等网络游记的文字表述及南风古灶国际创意园公众号（图 1）平台展示资料，分析游客对工业遗产空间的美学体验。

图 1　南风古灶微信宣传形象图
（来源：南风古灶国际创意园公众号）

3 工业遗产公共休闲空间技术价值的美学呈现过程及其影响因素：佛山南风古灶的微观案例分析

3.1 仪式化过程与情境塑造

在技术审美过程中，美学价值通过技术物件仪式化（ritualisation）而凸显和传递。技术因具体的形象而显现，这种显像化拉近了技术与生活的关系，使人们更易于理解其中的意义。在南风古灶中，陶瓷技艺和文化通过仪式化和情境塑造得以显现，成为人们可以接受的物象，具体的对象主要包括龙窑意象、火神塑像和陶瓷公仔等。龙窑作为南风古灶技术价值的突出代表，成为南风古灶的典型形象，是南风古灶陶瓷文化的核心意象，也是陶瓷技术的代表；而火神塑像成为工业技术元素的显像化和拟人化代表；陶瓷公仔是陶瓷技艺的显像。

龙窑的传统柴烧技法，从装窑、烧火到出窑（图 2）共需三天，石湾当地人俗称为“三日火”。2013 年石湾龙窑营造与柴烧技艺被列入广东省非物质文化遗产名录。龙窑柴烧不同于现代电脑温控技术，是完全依靠窑工肉眼与经验去判断窑内的温度，温度细微的变化会使烧制出的釉色呈现丰富多彩的变化，这种“窑变”和“釉变”是现代技术无法取代的，具有强大的艺术生命力。为了防止古灶坍塌，每个月必须烧制一至两次以维持窑内的基本功能，这种保护性利用使观众有了近距离了解柴烧技术的途径，也使古灶的形象深入人心，成为南风古灶陶瓷文化的核心意象和技术显像。情景塑造还有窑尾大缸作坊表演。窑尾作坊位于南风灶的尾部，主要展示拍大缸、印模、上釉等陶艺制作生产。作坊内的龙窑师傅为游客展示拍大缸表演，凭借师傅的巧手和多年经验，游客可亲眼目睹陶泥演变成龙窑大缸，更可见南风古灶独有模具印制成各种样式的产品，再通过上釉、晾晒等程序制成龙窑柴烧产品的过程。

图2　古窑内部及龙窑出窑
（来源：南风古灶国际创意园公众号）

由于龙窑保持着正常的功能，结合陶艺制作工艺的展示，能够将烧制技术直观地展现出来，因此游客对龙窑的感知较为深刻：“让我们了解了柴烧陶瓷的历史，更让人惊叹的是柴火龙窑的火一直未断，是陶瓷界的活化石”“本来是抱着打卡心态去的，结果令人震撼！这个窑如此古老却仍在使用”“惊诧古窑的结实，百年之久，仍在使用”。

南风古灶的火神是柴烧技艺中火的形象化体现，火神（图3）将抽象的火具化为神的形象，火神身形魁梧，头发似燃烧的火焰，卡通化的人物造型将火生动再现。火作为柴烧技艺的关键要素，以具体的形象加以表现，将技术通过能够为人感知的方式显示出来，这一形象的技术表现形式成为整个柴烧陶瓷技术的象征。在暑假的活动中，火神又以卡通形象化身为游客作向导和伴游，火神邀你“玩陶”“搬砖”的拍照打卡点营造出了互动情境，而火神开讲·烧窑科普（图4）使游客能更深入地了解南风古灶的技术价值。游客对火神的感知是“寓意有着500年悠久历史的南风古灶文化的薪火相传”，也有游客因火神而获得“身为佛山人，特别自豪”的情感互动。

图3　火神塑像

图4　火神开讲

（来源：南风古灶国际创意园公众号）

3.2　感知认同与文化互动

在南风古灶中，陶艺活动和陶谷创意市集带来了游客与工匠间的人际互动，加深了理解和认同。南风古灶是陶瓷艺术家的集聚区，石湾现拥有各级陶艺大师150多位，其中国家级陶艺大师25位，省级陶艺大师58位，市级陶艺大师近80位。另外，还有龙窑柴烧技艺传人和龙窑建造传人。一代代陶瓷匠人传承佛山的工匠精神，是佛山陶瓷之魂。南风古灶中保留旧厂房作临时展厅，举行儿童陶艺展、古玩跳蚤市场及年轻人喜欢的cosplay等活动。此外，南风古灶围绕龙窑柴烧艺术主题，举行了多次大型陶艺活动、文化专场活动、南风live音乐会和创意市集活动，将陶艺、音乐、美食和创意融合在一起（图5）。

图5　每月举办一次陶谷创意市集
（来源：南风古灶国际创意园公众号）

3.3　技术教育的娱乐化软性方式

“古窑映象”是南风古灶的展示演艺区（图6），占地面积400余平方米，保留了古窑的制陶工作场所。“古窑映象”分为“陶艺廊”“演艺厅”“古瓦瀑布”“亲水休憩区”等部分，每天都会有传统脚蹬古作车拉坯的表演，展示传统制陶技艺，“后场到前场，生产到展示”，并融入游客的互动环节。陶艺廊有陶艺师傅演示微雕、注浆、印制、塑形、上釉等不同技艺，游客在观看的同时能动手参与，体验陶瓷生产过程。

陶瓷技艺展示演示项目，将陶瓷工业艺术化为陶瓷人文艺术，实现工业与日常生活的符号化联结，通过艺术加工形成独特的艺术风格和形式，使工业遗产走向公众的日常生活空间。

图6　古窑映像及陶艺表演
（来源：南风古灶国际创意园公众号）

4　结论与讨论

南风古灶作为国家工业遗产，以仪式化和情境塑造的方式，将技术价值传递给游客，实现了非物质文化遗产的传承。南风古灶游客与工业遗产公共休闲空间的互动方式，将无形的技术显像为具体的制陶技艺、火神形象等，使参观者在具体的情境中感受到制陶技艺的技术之美，提升了大众的审美体验，从而促进非物质文化遗产的传承。这一过程是一种软性的技术教育，以赏心悦目的娱乐方式进行科普。

通过对南风古灶微观案例的分析，可以发现在工业遗产的美学呈现过程中，工业技术以具体的形象被显像出来，仪式化过程和情境塑造为技术审美搭建了可能的途径（图 7）。对于工业技术的审美感知会融入到技术审美体验中，丰富观众的理解和认识，从而丰富审美情感体验。此外，陶瓷工业的特殊性加深了陶瓷技术审美体验的可实现性，陶瓷目前仍在使用，与日常生活距离较近，兼具历史传承和实用性的特征。

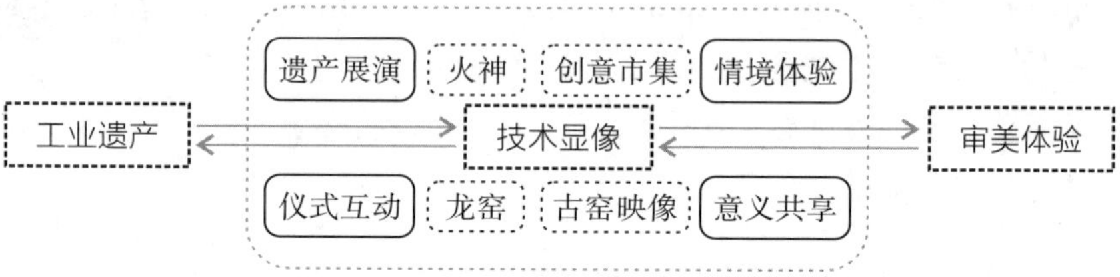

图 7　工业遗产的技术显像及审美体验

在工业遗产的技术美学呈现中，技术教育起到了至关重要的作用，实现了对工业遗产的价值重塑。游客在观看制陶演示和参与体验的过程中，不断实现与技术的互动，将技术转换为可以被自己感知的、与自己有关的实物和形象。技术教育对发现技术之“美”必不可少，只有通过教育才能理解技术的“功能”。休闲旅游为技术教育提供了娱乐化的软性方式，将技术与日常对接，通过美学体验实现工业遗产的情境再造和价值重塑。

参考文献

[1] 郭焕宇 . 技术美学视野下旧工业建筑改造的审美特征 [J]. 工业建筑，2015,45(3):54–58.

[2] 韩笑 . 技术美学视角下工业遗产审美价值探析及其意义 [J]. 现代商贸工业，2018,39(2):191–193.

[3] 刘丽华，韩笑 . 基于杜夫海纳技术美学思想的工业遗产旅游利用 [J]. 遗产与保护研究，2018,3(5):18–21.

[4] 钱静 . 技术美学的嬗变与工业之后的景观再生 [J]. 规划师，2003(12):36–39.

[5] 范晓君，徐红罡 . 建构主义视角下工业遗产的功能置换和意义诠释：广州红专厂的案例研究 [J]. 人文地理，2015,30(5):22–28.

[6] STORM A. Hope and rust: reinterpreting the industrial place in the late 20th century[D].Stockholm: Royal Institute of Technology.KTH. 2008.

[7] 范晓君，DIETRICH S，代姗姗 . 工业遗产的社会建构及旅游再利用：中国与德国的比较研究 [J]. 思想战线，2012,38(6):123–128.

[8] 范晓君 . 双重属性视角下的工业地遗产化研究 [M]. 沈阳：辽宁人民出

版社，2017.
[9] 朱光潜 . 朱光潜谈美三十六讲 [M]. 北京：台海出版社，2018.
[10] 李泽厚 . 谈技术美学 [J]. 文艺研究，1986(6):4–5.
[11] HALL N A. Aesthetic perception, nature and experience[D].Edinburgh: University of Edinburgh.2015.
[12] EMILY B. Imagination and the aesthetic appreciation of nature[J]. The Journal of Aesthetics and Art Criticism, 1998(2):2.
[13] KIRILLOVA K, FU X, LEHTO X, et al. What makes a destination beautiful? Dimensions of tourist aesthetic judgment[J].Tourism Management, 2014 (42):282–293.
[14] WANG Y X, ZAN C, CHEN W. Aesthetic values in sustainable tourism development: a case study in Zhangjiajie National Park of Wuling Yuan, China[J]. Journal of China Tourism Research, 2008, 4(2):205–218.
[15] BOURASSA S C. Toward a theory of landscape aesthetics[J]. Landscape & Urban Planning, 1988, 15(3–4):241–252.
[16] ZHANG Q F, XU H G. Understanding aesthetic experiences in nature-based tourism: The important role of tourists' literary associations[J]. Journal of Destination Marketing & Management, 2020, 16:1–12.
[17] 朱恬骅 . 西蒙栋“技术美学”评析 [J]. 自然辩证法研究，2018,34 (5):37–42.
[18] 张温帙 . “千年之烧”启示录：石湾南风古灶陶瓷文化历史变迁实录 [J]. 中国陶艺家，2007(2):68–71.
[19] 佛山市禅城区南风古灶片区详细规划方案 [J]. 南方建筑，2008(4): 84–87.
[20] 张碧娟 . 关于龙窑南风古灶的保护研究 [J]. 佛山陶瓷，2018,28(2): 41–45.
[21] 欧惠冰 . 岭南天地与南风古灶：历史街区文化特色营造对比 [J]. 建筑工程技术与设计，2014,000(32):137.

黄石市工业遗产保护与城市文化传承研究

张　靖　张　帆　杨建民[①]　北京理工大学设计与艺术学院

① 本文通讯作者。

摘　要：在城市化的进程中，黄石市既是急需转型的资源枯竭型城市，也是拥有国家级工业遗产最多的地级市之一。工业遗产是黄石市城市文化的重要组成部分，在工业遗产保护的过程中唤醒城市记忆、传承城市文化具有重大价值和现实意义。本文基于工业遗产保护的内涵、方式和主体来分析传承城市文化的脉络、手段和最终目的，从而论证黄石市工业遗产保护的主动性、参与性和时代性对传承城市文化的重要意义。

关键词：工业遗产；矿冶遗产；遗产保护；城市文化

黄石市几千年的矿业开采历史沉淀了深厚的矿冶文化，保留了大量的矿冶遗址。[1] 历史上，黄石以矿建厂，以厂建镇，联镇成市，成就了美丽的黄石。工业遗产，是黄石精神的源泉，是“美丽黄石”的根脉。黄石市的工业遗产见证着黄石市的历史发展。《黄石市国民经济和社会发展第十四个五年规划和二〇三五年远景目标纲要》（2021）中指出：“推进文化强市建设要提高社会文明程度，推进文化事业和文化产业高质量发展，推动文化保护发展向文旅融合发展转变，以工业史诗为主题加快打造国家历史文化名城，建设文化强市。”本文通过对黄石市工业遗产保护的内涵、方式、主体三个维度来阐述保护什么、怎么保护和谁来保护的问题，这三者与传承城市文化中的价值、途径和参与层面有着密不可分的关联。黄石市工业遗产的保护可以延伸城市文化的脉络，丰富传承城市文化的路径，实现传承城市文化的目的，进而成为城市文化传承的重要途径之一。

1　延伸文化脉络——黄石市工业遗产的文化价值

工业化、城市化是人类社会发展的方向，也是人类文明不断演变的具体体现。工业化的发展衍生出的工业文化构建起城市最初的肌理。工业遗存承载着工业发展的历史文脉，它的文化价值与城市发展息息相关。黄石地区的工业发展以夏朝早期开始开采的铜绿山古铜矿遗址为起点，到近代洋务运动时期的大冶铁矿、汉冶萍公司、华新水泥厂等，每一处遗址都真实地记载着中国矿冶及工业发展的悠久历史和卓越成就。黄石市是青铜文化发祥地，也是近代民族工业的摇篮，工业遗产的文化价值内涵是对城市文化的丰富和延展。

黄石素有“百里黄金地，江南聚宝盆”之称，是中国的青铜古都、钢铁摇篮、水泥故里。[2] 市内资源丰富，已发现和探明的大小矿床（点）273 处，其中金、铜、铁等金属矿产 17 种，煤、硅灰石等非金属矿产 25 种。每年可供自产煤 65 万吨、生铁 136 万吨、铜 1.6 万吨、钙粉等非金属 30 万吨[②]。黄石矿冶文化的兴衰与整个中华文明发展轨迹

② 数据来源：黄石市市政府官网。

一脉相承、紧密相联，是中华民族几千年矿冶文明史在一个地区的高度浓缩和完整体现。从商周时期至今，黄石的矿冶文化几乎没有断裂，而且其矿业技术和开采规模是历史上各个重要时期最高水平的代表。铜绿山古铜矿遗址、汉冶萍遗址、华新水泥厂等国家级工业遗产都成为黄石市城市文化的重要代表，奠定了工业文化的根基（表1）。

表1　黄石市主要工业遗产

开采时间	名称	地址	价　值
夏朝早期（约前21世纪—前16世纪）	铜绿山古铜矿遗址	大冶市金湖街道，距大冶城西3千米	世界上发现的规模最大、采掘年代最长、当时冶炼工艺水平最高、保存最完整、文化内涵最丰富的古铜矿遗址；第二批全国重点文物保护单位；第二批国家工业遗产
公元229年开采；1893年官办命名	大冶铁矿（现为黄石国家矿山公园）	黄石市铁山区，距大冶市15千米	亚洲第一大人工天坑；中国第一个用大型机器开采的露天铁矿；毛主席唯一视察过的铁矿山；全国首个国家级矿山公园；十个国家工业遗产旅游基地之一；入选中国第一批工业遗产保护名录
1890—1948年	汉冶萍遗址——大冶铁厂	黄石市西塞山区叶家塘路与黄石大道交叉口	中国乃至亚洲最早、最大的钢铁联合企业；第六批全国重点文物保护单位；第一批国家工业遗产
1909—2005年	华新水泥厂旧址（现为湖北省水泥遗址博物馆）	黄石市黄石港区黄石大道145号	中国近代最早开办的三家水泥厂之一；被誉为远东第一水泥厂；第七批全国重点文物保护单位；第三批国家工业遗产
2012年11月17日，铜绿山古铜矿遗址与大冶铁矿、汉冶萍遗址、华新水泥厂旧址组成“黄石矿冶工业遗产”入选《中国世界文化遗产预备名单》			

（来源：作者自绘）

1.1　历史价值

该地矿产丰富，自古以来长期进行大规模的采矿冶炼，从夏朝早期（约前21世纪—前16世纪）开始，该地区的人们就由“铜草花”来寻找矿床，采用木结构支护、坑采方式进行采矿。在宋乾德五年（967年）取“大兴炉冶”之意，此地被定名为大冶县（今大冶市，归属于黄石市）。据清同治六年（1867年）《大冶县志》记载：“铜绿山在县西马叫堡，距城五里，山顶高平，巨石对峙，每骤雨过时，有铜绿如雪花小豆点缀土石之上，故名。”这就是“历三千年而炉火不熄”的铜绿山古铜矿遗址名字的由来。铜绿山古铜矿遗址是迄今世界上发现的规模最大、采掘年代最长、当时冶炼工艺水平最高、保存最完整、文化内涵最丰富的古铜矿遗址。

近代以来，随着洋务运动的开展，清光绪三十三年（1907年）由慈禧太后亲笔御批，并于1909年建成的华新水泥厂，是中国近代开办最早的三家水泥厂之一。1908年大冶铁矿、汉阳铁厂和江西萍乡煤矿一起组成了中国乃至亚洲最早最大的钢铁联合企业——汉冶萍公司。大冶铁矿成为中国第一家使用机器开采的大规模露天铁矿，也是张之洞创办洋务企业唯一保留下来、仍在正常运作的一家。[3] 此外，黄石地区还分布着中南地区第一条铁路——大冶铁矿运矿铁路、中南地区第一大电厂——黄石电厂、湖北省最大的煤炭基地——源华煤矿公司、长江最大的运矿港口——黄石港。清末民初，黄石是中国唯一钢铁、水泥、煤炭、电力等重工业部门齐全的矿冶工业基地，是近代中国民族重工业分布最集中的地区。

黄石市矿冶工业的发展按时间顺序可分为古代、近代和现代三个阶段。根据中国矿业城市①的发展来看，黄石市是唯一一个在三个阶段都极具代表性的城市（表2）。黄石现有工业遗存中有大部分与古代传统矿冶生产或矿冶工业相关[4]（表3）。其高效、集中的可持续矿冶开发历史，使黄石当地人在矿冶活动的环境背景下形成了独特的技术传统。这种生产传统有薪火不熄的历史传承性和独特的群体性，作为反映人类社会文化的一个重要组成部分，矿冶生产的文化传统推动了人类社会文化的形成与发展，并形成了独特的文化风貌；使黄石地区成为了中国乃至东亚地区矿冶生产文化传统的代表。[5] 由此，矿冶文化成为黄石市城市文化形成最早、渗透最深、普及最广的文化体系。

① 矿业城市是指围绕一个矿产资源丰富的地区形成一个以矿石开采、加工、冶炼为主要产业的城市。

表2　中国矿业城市发展阶段

阶段	时　期	主要特点	代　表　地
古代	殷商时期（约公元前1300年—公元前1046年）	以金、银、铜、锡和宝玉石开采、加工为主	大冶（隶属黄石）、铜绿山（隶属黄石）、铜陵、自贡、个旧
近代	清末洋务运动（1861—1895年）	出现机器设备生产，形成现代意义的矿业城市	大冶（隶属黄石）、萍乡、唐山
	民国时期（1912年）	民族资本、官僚资本、外国资本推动发展	黄石、唐山、萍乡、大同、徐州、铜陵、东川、个旧、鞍山、玉门
现代	计划经济时期（1953年）	国家政策支持，优先发展重工业，建立大型矿业基地	黄石、阜新、抚顺、平顶山、乌海、石嘴山、鞍山、包头

（注：作者根据国土资源部咨询研究中心副主任李裕伟演讲“我国矿业城市的可持续发展战略”整理）

表3　黄石市古代矿冶工业遗址

时间段	遗　址　名　称
古代	铜绿山古铜矿遗址、草王嘴城址、钢绿山铁屎包冶炼遗址、银屎背冶炼遗址、摇蓝山遗址、遥牌坊遗址、茅城恼遗址、郭华一遗址、眠羊地遗址、大泉遗址、港背遗址、李家院遗址、岔路村遗址、铁门坎遗址、黄土坡遗址、占爱宇遗址、汪家巷遗址、老鹳庙遗址、肖铺冶炼遗址、葫芦山采矿遗址、五里界城址、小箕铺遗址、三角桥遗址、叶花香采矿遗址、曹家嘴冶炼遗址、枫桥村冶炼遗址、余元恼冶炼遗址、石井山冶炼遗址、燕窝山冶炼遗址、解家畈冶炼遗址、新屋冶炼遗址、靠背山冶炼遗址、山下王湾冶炼遗址、国和冶炼遗址、对面山冶炼遗址、下首山冶炼遗址、铁屎墩冶炼遗址、老屋卡冶炼遗址、邹界田冶炼遗址、尹家嘴冶炼遗址、烟包山冶炼遗址、瓦雪地冶炼遗址、彭家垸冶炼遗址、王家后背山冶炼遗址、王家铺冶炼遗址、富池镇有野港下采矿遗址、李家湾铜矿采矿冶炼遗址、鸡笼山金铜矿遗址、封山洞铜矿采矿冶炼遗址、白沙镇大路铺矿冶遗址、河口镇铁铺垴遗址、蟹子地遗址、李家湾遗址、袁石头嘴冶炼遗址、袁罗家铺冶炼遗址、古塘墩遗址、袁铁渣墩炼铁遗址

（来源：作者自绘）

1.2 科技价值

工业遗产承载着真实和相对完整的工业化时代的历史信息，帮助人们追溯以工业为标志的生产基地的选址规划、建筑物和构造物的施工建设、机械设备的调试安装、生产工具的改进、工艺流程的设计和产品制造的更新等具有科技价值的内容。[6]黄石市工业遗产的历史沿革客观记录了矿冶工业技术在各个历史时期艰难曲折的发展过程。笔者通过对黄石市古代铜矿、近代煤铁矿和水泥三种类型的遗址与同类型遗址进行比较（表4），分析黄石市工业遗产科技价值的独特性和稀缺性。铜绿山古铜矿遗址相对于其他同类型遗址而言，开采时间更早，冶炼工艺水平更高，以及具有早期通过“铜草花”识别矿床位置的特色。近代煤铁矿中大冶铁矿和开滦煤矿有相同之处，二者均是国内早期使用大型机器开采的代表，打破了中国矿冶生产只能靠土法冶炼的困境。在水泥类型的工业遗址中将华新水泥和启新水泥相比较，二者均为中国近代最早开办的水泥厂。对比发现在现有的工业遗存中，二者均有从外国引进的水泥窑，都是珍贵的工业遗存。华新水泥厂遗留的水泥窑属于独特的湿法旋窑，它将燃料喷入窑内煅烧，在保证煅烧出良好的水泥熟料的同时降低煤耗。华新水泥旧址见证了中国湿法水泥制造工艺从引进设备、熟练应用、自主研发直至技术淘汰的发展史。

通过对黄石地区不同类型工业遗产的原真性保护和完整性保留，可以为整个工业领域中科学技术的发展轨迹提供佐证，同时也为黄石地区工业技术发展史提供见证。工业遗产的科技价值不仅可以提高对科技发展史的研究水平，更能加深人们对黄石科技发展历史的认识，加深黄石人对黄石市的认同感和文化自信。

表4　黄石市工业遗产与同类型工业遗产技术价值比较

类型	名称	时期/时间	位置	技术价值
古代铜矿遗址（国家文保单位）	铜绿山古铜矿遗址	夏朝早期（约前21世纪—前16世纪）	湖北省黄石市	开凿竖井、平巷与盲井等，并用木质框架支护，采用了提升、通风、排水等技术。通过铜草花来判断矿床位置
	大井古铜矿遗址	青铜时代（公元前4000年—公元初年）	内蒙古林西县	世界上唯一直接以共生矿冶炼青铜的古矿冶遗址
	铜岭铜矿遗址	商周时期（约公元前1600年—公元前256年）	江西省瑞昌市	采矿方法上，有从露采到坑采，包括落矿、出矿和地压管理三种作业
煤铁矿（国家级工业遗产）	大冶铁矿	1893年（官办）	湖北省黄石市	中国第一家使用机器开采的大规模露天铁矿，培养了中国第一批本土钢铁工程师。主要设备：450吨高炉两座
	开滦煤矿	1878年	河北省唐山市	国内首批使用机器生产、西法开采技术的煤井，其开拓做法在竖井阶段基本沿用至今

续上表

类型	名称	时期/时间	位置	技术价值
水泥（国家级工业遗产）	华新水泥	1909年	湖北省黄石市	现存三台大型水泥湿法旋窑，其中两台为1947年从美国进口
	启新水泥	1889年	河北省唐山市	现存磨房和水泥窑共8台，1-3号磨房从丹麦进口，4-8号为旋转式水泥窑

（来源：作者自绘）

1.3 经济价值

工业遗产不仅见证了工业发展对经济社会的带动作用，也能在现代社会中转化为新的经济价值。习近平总书记在上海杨浦滨江考察时提出将“工业锈带”变为“生活秀带”。工业遗产在新的时代语境下应当有新的发展空间。《下塔吉尔宪章》规定：“赋予工业遗址新的用途以保证其生存下去是一种可行的途径，除非该遗产具有特殊突出的历史意义。新的用途必须尊重原有的材料，维护原始的人流活动，并且尽可能与初始或主要用途兼容。推荐留出某个区域展示曾经的用途。”

大冶铁矿、大冶钢铁厂、华新水泥等大型企业的开办，直接带动了铁路和码头的建成、人口的流动，使得铁山、下陆、石灰窑连成一片，直接带动了黄石市的经济发展和城市建设。毛泽东在《论联合政府》中写道：“没有工业，便没有巩固的国防，没有人民的福利，没有国家的富强。”矿产资源的开采，矿冶工业的发展是黄石市城市发展的根基和命脉。“一五”“二五”建设时期是大冶铁矿发展的巅峰时期。当时的矿区有 4 万余人口，厂矿职工人数占八分之一左右。[7] 从黄石市工业遗产的分类（表 5）中可以发现，厂矿职工日常生活所需的宿舍、学校、俱乐部和医院都十分齐全。当时企业效益高，员工福利好。黄石地区工矿企业的发展与当地居民的生活紧密相联。

现在，黄石市通过提炼矿冶文化内涵，将其文化精髓融入到文化产业的发展中，在促进城市人文精神创新的同时推动文化产业的发展和城市建设。利用大冶铁矿东露天采场旧址打造的黄石国家矿山公园是国家 4A 级景区、国家 10 大工业遗产旅游基地，每年接待游客 30 余万人次。[8] 湖北水泥遗址博物馆局部 2017 年底对外开放后，矿渣库现已被改造利用为黄石（华新旧址）文化创意中心，新装车站台被改造为黄石文化艺术长廊。黄石市工业遗产通过创造性转化、创新性发展，在传承历史文脉、彰显城市特色的同时不断深入地推动地区经济社会可持续发展。

表 5　按存在形态划分的黄石市工业遗产

类型	遗　址　名　称
开采遗迹	见表3古代矿冶工业遗址

续上表

类型	遗　址　名　称
工业厂房	华记湖北水泥厂旧址、汉冶萍煤铁厂矿旧址、华新水泥厂旧址、利华煤矿井口、大冶电厂泵房、大冶电厂煤仓、大冶钢厂苏式建筑群、新冶铜矿旧址、黄石造船厂、湖北拖拉机厂、劲牌公司老厂区
办公建筑	源华煤矿办公楼、华中钢铁公司办公楼、铜绿山矿办公楼、美尔雅办公楼、东贝公司办公楼
机械设备	卸矿机、高炉栈桥、冶炼铁炉、磨房装包机、水泥湿法旋窑
隧道码头	汉冶萍底隧道
职工生活旧址	下陆俱乐部、华新高级职员宿舍、华中钢铁公司大冶技校、大冶钢厂职工医院住院部、大冶钢厂职工俱乐部

（来源：作者自绘）

2　丰富传承文化路径——黄石市工业遗产保护的方式

英国文化历史学者罗伯特·休伊森（1943）曾对工厂烟囱有段论述“一百根工厂烟囱是繁荣时的污染，十根冷却的烟囱是丑陋的眼中钉，但是最后一根工厂烟囱受到了拆毁的威胁却成为过去工业时代骄傲的象征。”[9] 通过保护利用作为工业时代骄傲象征的工业遗产，让其发挥出更大的价值是新时代的要求。国内外对于工业遗产的保护利用大体可以分为景观公园模式、博物馆模式和文化创意园区模式。根据不同的工业遗产类型采取特定的模式进行保护利用有助于城市的文化基因活态传播，有利于城市记忆渗入城市的肌理。

2.1　景观公园模式

工业遗址通常带有大面积的工业废弃地，尤其是矿冶开采类型的遗址更是如此。工业用地需要在修复生态环境的基础上被赋予新的功能。工业遗产利用的景观公园模式最早开始于1960年代左右欧美发达国家，1990年代左右德国鲁尔区北杜伊斯堡景观公园的建成意味着该模式进入相对成熟阶段。德国鲁尔区曾是涵盖采煤、炼焦、钢铁多业态的大型工业基地。19世纪中期，由于煤炭资源的枯竭和城市发展面临产业结构升级，鲁尔区的工业开始衰退停滞。北杜伊斯堡景观公园位于鲁尔区杜伊斯堡市北部，园址原来是一家钢铁厂，现在被德国著名景观设计大师彼得·拉茨改造为以煤—铁工业背景为主的大型工业旅游主题公园。该公园的独特性和代表性在于将人们认为难看的废旧的建筑、设备、场地植被、场地道路尽可能地保留下来，它的改造突出强调了工业遗产的工业文化价值，充分尊重场所的人文和历史。彼得·拉茨认为原始的场地和所有设备见证了城市的工业发展，蕴涵了无数工人的历史记忆，通过对厂区生态景观的修复，以艺术手法提升其审美价值，可以使改造后的景观公园既让人感受到历史的印记，又符合现代人的审美需求。

黄石市将三国时期开始开采的大冶铁矿（主园区）和夏朝早期开始

开采的铜绿山古铜矿遗址（分园区）改造成国内第一座国家矿山公园，通过建立景观公园的模式对资源型城市和遗址进行转型和升级，既能够展示丰富的矿冶文明，又对改善矿山生态、地质环境和促进矿冶遗址的可持续发展具有重大意义。利用工业景观特色，以公园的模式可以提高地段的整体景观和文化环境特色。以开发废墟审美内涵价值的形式，将矿区原有的工业与历史遗址，如建筑、生产设备、废旧材料、挖矿遗迹等按类型与需要划分进行多样化改造或修复，重塑矿区活力，有助于形成独特的记录区域历史与工业的文化，从而延续城市文化。

2.2 博物馆模式

有关博物馆的定义较多，最被普遍接受和传播的博物馆定义来自国际博物馆协会（ICOM）："博物馆是非营利的永久性公共机构，它为社会及其发展而服务，对公众开放，并为了学习、教育与欣赏的目的，收藏、保存、研究、展示和传达人类及其环境的物质与非物质证据"。[10]工业遗产以博物馆的模式进行更新再利用最早是从德国鲁尔区的改造开始，整个鲁尔区有200多座博物馆，位于德国波鸿的矿业博物馆是该区内访问量最大的博物馆之一，也是目前世界上最大的矿业博物馆，它集中展示了从中世纪以前到现今世界各地采矿业的发展历史，展览主题涵盖了技术、经济、社会、文化等各层面，并通过图片、模型、实物展品、电影放映、幻灯片等多种媒介手段传递信息。[11]博物馆采用大量现代传媒技术，通过场景、灯光、音效等设施的模拟，达到场景仿真的效果，使游客切身体会采矿的历程。

黄石市在工业遗产保护利用的进程中积极吸取世界各地的优秀案例，博物馆模式是黄石市工业遗产保护利用的重要手段之一。现阶段黄石特色工业遗产博物馆群包括黄石市博物馆、铜绿山古铜矿遗址博物馆、大冶铁矿博物馆、汉冶萍煤铁厂矿博物馆、湖北水泥遗址博物馆（华新水泥遗址博物馆）。以湖北水泥遗址博物馆为例，将华新水泥厂旧址作为展示的对象，利用旧址的遗留的湿法水泥窑、四嘴装包机等生产设施、设备、厂房、办公房、档案以及其他相关实物等，还原华新水泥生产场景，介绍其生产技术并回顾其发展历史，就是黄石市工业遗产保护利用的重要手段。

通过这种模式可以有效保护遗产地的科技价值和历史价值，通常也能够将对遗产地的物质性改造控制在最低水平，从而较好地达成工业遗产真实性和完整性保护的目标。[12]通过"博物馆式更新"的模式，可以形成博物馆、展览、休闲、文化等功能集聚的综合区域。[13]博物馆作为城市公共空间，是传承城市文化，彰显城市特色的重要载体。黄石市工业遗产博物馆可以通过现代高科技技术的引用，在宣传和吸引群众参观上达到更好的效果。博物馆模式的保护利用使工业遗产在当代环境中既保留了过往记忆，又拥有了全新的活力，是黄石市城市文化新的传播语境。

2.3 文化创意园区模式

随着城市经济和文化的发展，文化创意产业成为经济增长的重要动力。将工业遗产与文化创意相结合，在工业遗产独有的特色工业建筑空间上进行现代文化艺术创作、展示、交流的文化创意园区模式，是工业遗产活化利用中较为常见的模式。文化创意园区在保护工业遗产的同时有利于文化产业集群的建设，可以有效发挥工业遗产公共文化服务的功能。它相对于景观公园和博物馆而言更具有时代性，更符合年轻人的审美需求，这方面比较成功的案例有北京 798 文化艺术园区和广州“红专厂”文化创意产业园。北京 798 文化艺术园区的前身是“一五”期间建设的“北京华北无线电联合器材厂”，即 718 联合厂。通过成规模地租用和改造空置厂房，合理利用工业遗存，现在的 798 文化艺术园区逐渐成为具有国际化特色的画廊、艺术中心、艺术家工作室、设计公司、餐饮酒吧等各种空间的聚合。广州“红专厂”园区的前身是 1956 年中国最大的罐头厂——广州罐头厂，其废弃的车间通过改造被划分为展览、办公、餐饮三类功能空间。

黄石市政府创新工业遗产活化利用模式，由政府主导，城市投融资平台投资运营，在《华新水泥厂旧址保护总体规划》基础上，制订了《黄石市特色空间规划及华新水泥厂旧址片区修建性详细规划》。华新水泥厂旧址目前只是简单地被改造成适合办展的艺术长廊，在后期的规划中通过政府引导、企业联合、民众参与等方式，会让工业建筑空间发挥更多的可能性，将用年轻人喜闻乐见的形式为工业文化和人文艺术的交流提供平台，最后达成将旧址改造为黄石市文化创意中心的目标。

2020 年国家多部委联合印发了《推动老工业城市工业遗产保护利用实施方案》，更清晰地将工业遗产的价值、时代功能，与弘扬优秀传统文化、增强民族凝聚力、坚定文化自信紧密结合起来。黄石市出台的《黄石市工业遗产保护条例》是国内首部专门针对工业遗产的法规。黄石市委市政府将黄石工业遗产保护与利用纳入城市转型发展战略，已经将景观公园模式和博物馆模式运用于黄石市工业遗产的活化利用实践中，同时规划建设文化创意园区。黄石市在几种模式的实践运用中可以考虑区域型一体化发展，将遗产片区整体纳入活化利用的范畴，在遗产片区以铜绿山古铜矿遗址、大冶铁矿、汉冶萍遗址、华新水泥厂旧址四个工业遗产点为主要文化锚点，构建起黄石市特色矿冶工业旅游线路，让工业遗产中的城市记忆突破固有的建筑载体，在吸引公众主动参与的过程中拓宽城市文化的深度和广度。

3 实现传承文化目的——黄石市工业遗产保护的主题

单霁翔认为文化遗产保护是城市文化建设的重要内容，关系到经济社会的全面协调可持续发展，关系到保障人民的基本文化权益，关系到提高城市的凝聚力、创新能力。[14] 遗产的保护直接影响着城市文化特色和城市文脉的传承，人在其中发挥着绝对的主观能动作用。

3.1 城市记忆

黄石市工业遗产作为城市社会发展的物质载体，完整地记录着黄石市的发展历程，保存着黄石市的发展记忆。黄石市曾经以矿立市以矿兴市，矿业工人群体在黄石市城市发展过程中发挥着极大作用。每一个矿业工人背后都是一个家庭，这为黄石市矿冶文化的传播和传承创造了良好的群众基础。工业遗产作为工业社会的见证物，同周围的人居环境一起触发当地居民形成强烈的“场所精神”共鸣。对矿冶工业遗产进行保护，是为了帮助人们理解在工业动态发展过程中矿冶遗产对于黄石市的意义以及背后所赋予的精神内涵。保护工业遗产，其实也是保护人们的情感、护住人们的乡愁。工业遗产物质载体主要是工业遗产建筑以及工业活动空间，精神内核就是人们内心的记忆，这二者相辅相成同时作用于今天黄石市的城市肌理和精神面貌的建设。

从大冶市“大兴炉冶”的建市由来到黄石市“工业兴市”的建市历程，黄石市的城市记忆在工业文脉的延续中一点点积累起来。矿冶工业是黄石市的历史根基、文化基因、经济命脉，是黄石城市特色的重要体现。在“千城一面”的文脉失色危机以及文化失落现象面前，保护黄石市的工业遗产就是在延续黄石市的城市记忆，保护城市特有的文化，保障城市的特色。

3.2 保护原则

工业遗产的保护重在世代传承和公众参与。世代传承要求每一代人在分享传播工业遗产价值的同时要以活化利用的方式赋予其新的时代内涵，做到既传播又继承。公众参与强调工业遗产不是个人的也不是某个单位的，它是全社会的财富，需要所有市民参与到传承和保护的过程中来。从根本意义上说，是黄石市的先人和前辈创造了黄石市的矿冶工业文化，遗留下大量宝贵的工业遗产，黄石市的后人就应该是这些遗产的主人和传承者。

3.2.1 主动性

在工业遗产活化利用的过程中政府可以对原住民实行补助政策，以切实保障原住民的切身利益为前提调动公众对遗产保护的主动性和积极性，以丰富的矿冶工业主题文化活动娱乐大众的同时，拉近群众和古遗址的距离。只有激发出人们对黄石市矿冶文化的自豪感、归属感，才能让公众由被动的参观者变为主动的参与者和传播者。

3.2.2　参与性

文化是历史的积淀，留存在城市和建筑中。工业遗产是黄石市城市文化的重要载体，已融入人们的日常生活中。公众对工业遗产保护的参与度直接影响着遗产在社会动态发展过程中的价值。工业遗产保护的每一种模式都离不开人的参与性，人的参与是工业遗产保护利用中最为核心的动力。

3.2.3　时代性

《关于建筑遗产的欧洲宪章》中强调在当今社会，视觉感受和亲身体验在教育中起着决定性作用。只有当绝大多数人，尤其是作为未来保护者的年轻一代理解了保护的必要性时，这些物证才能得以保留。在新的时代要求下，遗产的保护和文化的传承可以借助数字化等一系列现代科学技术手段，鼓励年轻人亲近工业遗产，主动参与遗产保护与文化传承。

4　结语

现代城市的急速发展导致“千城一面”现象频发，城市文化特色的发掘和城市文化的传承迫在眉睫。黄石市丰富的矿产资源和工业遗产蕴涵了城市文化的深厚底蕴。工业遗产的保护和城市文化的传承都是为城市发展奠定坚实的文化基础。人是文化传承的主体，当工业遗产的保护引发公众的共鸣和共情，黄石市的矿冶工业文化得到人们的认同和理解，城市文化的传承才能有更好的前景。工业遗产见证了黄石市社会、经济、文化的变迁，是一代又一代黄石人情感传承的纽带。工业遗产承载的城市记忆，是城市文脉活态延续的重要物证。将工业遗产保护与黄石市文化传承相结合，是促进文化城市发展，推进精神文明建设的重要举措。

参考文献

[1] 黄石市地方志编纂委员会 . 黄石市志 [M]. 北京：中华书局，2001.

[2] 金磊 . 中国 20 世纪建筑遗产项目的认定与价值分析 [J]. 中国文物科学研究，2018(1):14–19.

[3] 王坤，汤昭，胡玉玲 . 黄石工业遗产现状调查及保护研究 [J]. 中外建筑，2010(9):81–84.

[4] 杨成刚，陆文娟 . 工业遗产再利用视角下的黄石市文化产业发展模式研究 [J]. 湖北师范学院学报（哲学社会科学版），2016,36(6):74–79.

[5] 季宏，王琼 . 世界遗产视角下的中国近现代工业遗产研究 [J]. 中外建筑，2015(12):58-61.
[6] 郝珺，孙朝阳 . 工业遗产地的多重价值及保护 [J]. 工业建筑，2008，38(12):33-36.
[7] 完颜文豪 . 比美国黄石更有历史底蕴的“中国黄石” [J]. 档案记忆，2018(10):1,4-7.
[8] 黄石工业遗产从“锈带”到“秀带” [N]. 黄石日报，2021-03-01.
[9] 罗伯特・休伊森 . 对《遗产工业》20 年后的修订 [R]// 英国遗产局 . 被遗忘的：社会经济状况与遗产参与，2009.
[10] DESVALLEESA，MAIRESSEF,etc.Key concepts of museology [M].Paris: Armand Colin，2010.
[11] 刘抚英，邹涛，栗德祥 . 德国鲁尔区工业遗产保护与再利用对策考察研究 [J]. 世界建筑，2007(7):120-123.
[12] 张文卓，韩锋 . 工业遗产保护的博物馆模式：以德国鲁尔区为例 [J]. 上海城市规划，2018.
[13] 李论，刘刊 . 德国鲁尔区工业遗产的“博物馆式更新”策略研究 [J]. 西部人居环境学刊，2017.
[14] 单霁翔 . 城市文化建设与文化遗产保护 [C]// 北京市文物保护协会 . 北京古都历史文化讲座第 2 辑 . 北京市文物保护协会，2015:33.

专题七

工业遗产与技术研究

* 本文获国家自然科学基金（51978471）的资助。

泰山面砖——我国近代装饰建材业的技术特征及建筑历史风貌呈现*

吴淑瑜　朱晓明　同济大学建筑与城市规划学院

摘　要：基于文献梳理并结合现场实地调研，本文从泰山砖瓦公司的背景、泰山面砖的使用、泰山面砖与近代建筑的关系三个要点出发，进一步对泰山面砖的推广进行了分析，对其在上海、南京两座城市的空间分布进行了比较。泰山面砖是可识别性极强的建筑材料，它至今对剖析大都市核心区的风貌特征具有重要的作用；泰山面砖包含着企业成长和技术成长的历程，是我国近代装饰建材业发展的重要缩影。本研究具有一定的建筑技术史学术价值和历史风貌保护的应用价值。

关键词：泰山砖；面砖；近代建材；摩登；历史风貌

从学术上看我国对近代建筑的历史研究，正在从最初建筑风格、建筑师、城市风貌等领域开始向房地产、建筑材料、建筑施工等方面延伸。相比于水泥、玻璃等现代建材，或石材、石灰等开采型材料，砖瓦作为中国传统建材，它的生产与运用深刻记录着近代乡土工业向现代化工业发展的巨大变革，而此变革中尤以技术发展为显著特征。因此，目前对近代砖瓦建材的研究多倾向于技术视角，如舒畅雪的 *China's Brick History and Conservation: Laboratory Results of Shanghai Samples from 19th to 20th Century*、*Fire brick in China: from Mining to Architecture*，赖世贤与徐苏斌的《中国近代制砖技术发展研究》，都是从技术视角对砖瓦建材开展研究。此外，还有《中国近代砖瓦标识研究》一文，以砖瓦标识为切入点，从近代生产管理制度、社会审美观念等方面进行阐述，开始将砖瓦建材研究与经济、文化、政治等社会变革进行结合论述。《美国条纹面砖在东亚的技术传播》一文通过对某一面砖种类的传播分析，提出全球技术流动中政治、文化等因素在其中的作用，但“条纹面砖”属于未被精准定义而过于宽泛的概念，且面砖“殖民性”无文字史料支撑，依靠的是个案推演。①近期，《材料的国族化：1930 年代国货运动对中国国产建材工业的影响》以商业活动与政治运作为探究视角，提出了国族建材在推广过程中所关联的民族性与现代性，并在结尾对“如何被使用”等问题提出了下一步的研究设想。②

综述可见，关于建筑材料的研究吸引了中外学者的大量目光，近十年来成果斐然，对推动建筑技术历史、跨文化的建筑传播、建筑现代性的研究均具有积极意义。本文试以品牌精准定位为前提，以泰山面砖为例，探讨国产建材在特定历史环境下如何被生产、推广与使用。泰山面砖作为建筑立面装饰材料，其空间分布记录了近代上海、南京的城市变迁，也会对今后的城市风貌产生不可磨灭的影响。

① 张书铭，刘大平．美国条纹面砖在东亚的技术传播 [J]. 装饰，2020(10):105-109.

② 姚颖，赖德霖．材料的国族化：1930 年代国货运动对中国国产建材工业的影响 [J]. 建筑师，2020(6):63-73.

1　泰山砖瓦公司与“专利十年”产品泰山面砖

1.1　企业概览与泰山面砖定义

泰山面砖为华企泰山砖瓦公司于1926年制成的无釉面砖，1937年由民国时期国民政府军事委员会主编的《中国工业调查报告》中记录“更有各色面砖，砌筑墙之外面，以为美观，现在唯泰山公司有之。”[①]（图1）直至今日，它依旧是无釉面砖的别称。泰山面砖以上海为主要据点销往全国各地乃至东南亚，“首都计划”实施后的南京成为面砖销路的第二大城市。在上海，占领天际线近半个世纪的“远东第一高楼”国际饭店、马勒别墅、百老汇大厦、“远东第一豪宅”吴同文宅等建筑，以及广州中山堂和南京“外交部”、美龄宫等国民政府重要建筑都选用这种外墙装饰材料。然而，留下如此多印记的泰山面砖，却从未有专门的论著将其作为主要研究对象进行论述。

泰山面砖作为外墙装饰材料被广泛运用于近代中国、东南亚国家的建筑立面，同时也因在上海、南京地区的广泛使用，对其城市景观产生了巨大的影响。因此，本文聚焦泰山面砖这一装饰性国货砖瓦产品，从泰山砖瓦公司与民国政府的关系来审视近代砖瓦企业与国家政治间的关系，此外，还能从装饰性建材的角度窥探近代面砖生产技术、砌筑方式、外观审美、使用方式的变迁，以及近代中国，特别是上海建筑风格与城市景观的演变。

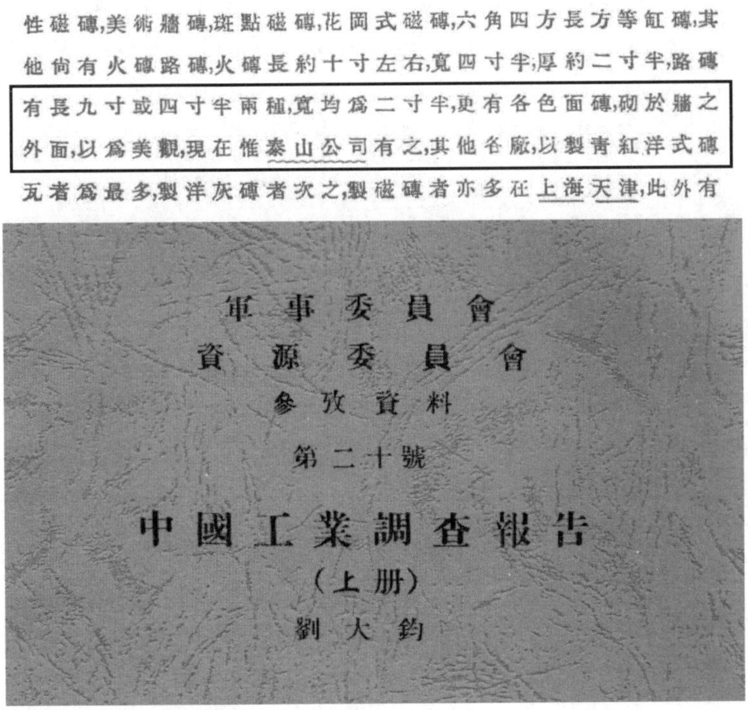

性磁磚,美術牆磚,斑點磁磚,花岡式磁磚,六角四方長方等缸磚,其
他尚有火磚路磚,火磚長約十寸左右,寬四寸半,厚約二寸半,路磚
有長九寸或四寸半兩種,寬均爲二寸半,更有各色面磚,砌於牆之
外面,以爲美觀,現在惟泰山公司有之,其他各廠,以製青紅洋式磚
瓦者爲最多,製洋灰磚者次之,製磁磚者亦多在上海天津,此外有

軍事委員會
資源委員會
參攷資料
第二十號
中國工業調查報告
(上册)
劉大鈞

图1　中国工业调查报告
（来源：中国工业调查报告）

① 调查：中国砖瓦工业[J]. 工商半月刊，1929,3(22),96-22.

因泰山面砖独特的外形与较为集中的使用年代，时常看到与泰山面砖极其相似的建筑材料，但又考虑到历史上存在仿造泰山面砖的情况，以及无法排除该面砖由国外直接进口等不可预料的因素，本着学术严谨的精神，本文将这些面砖定义为“类泰山面砖”。提出“类泰山面砖”概念的具体前提有以下几点：

（1）泰山面砖被推广使用的时间较为集中，大多使用泰山面砖的建筑，其建造时间集中于1926年到1937年短短十一年，除此之外，泰山面砖还获得了1928—1938年间“专利十年”的销售垄断权。

（2）泰山面砖的大宗产品为仿造美国花旗总会大楼所使用的面砖而制，大楼建成之日“沪人士目光为之一变。”[①]足以说明泰山面砖有着区别于清水砖墙的独特外形特征。如表面的皱面纹理、薄面砖时期特有的“L”形角砖类型等。

（3）泰山面砖的大宗产品因材质孔隙率较大以及表面较为粗糙的纹理，面砖表面很容易产生深色污渍，经过近百年的洗礼，第二历史成为其外貌特征的重要识别要素。其中，深色面砖在太阳光的照射下，更容易达到较高的温度，从而产生独特的色泽。目前使用类泰山面砖的历史建筑数量众多，它们与使用泰山面砖的建筑都归属于该独特的饰面材料类别，是城市风貌的重要组成部分。

① 上海市档案馆．柳子贤．近二十年我国之砖瓦业[A].1935, Q412-1-7.

1.2 泰山砖瓦公司

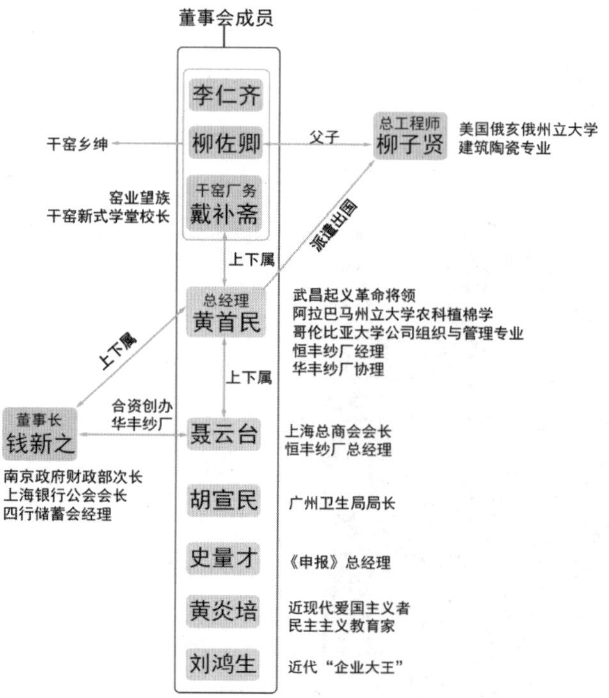

图2 泰山砖瓦公司主要成员关系图
（来源：作者自绘）

1914年第一次世界大战爆发后，新兴建筑科学技术的广泛传播使得上海对新式建材的需求也随之兴盛。1920年，武昌起义将领黄首民感于无新式国货砖瓦，于是联手上海银行公会会长钱新之、上海总商会会长聂云台、留美陶瓷专家柳子贤、窑业望族后代戴补斋等人开始着手创办完全华股的泰山砖瓦股份有限公司（图2）。设立之初，公司立足上海，以窑业之乡嘉善干窑镇为据点建立机制砖瓦一厂，并由戴家管理厂务。嘉善一厂业绩甚佳，公司遂于1922年在上海近郊新龙华购地160亩，并将股本扩充至100万元开办第二厂（图3）。与此同时，派遣柳子贤赴美入各砖瓦厂实习两年，购得整套机制砖瓦设备和窑炉图纸等技术资料。在南京国民政府成立前，泰山牌砖瓦斩获上海总商会商品陈列会、工业化学展览会、浙江省物品展览会等多个国货展会的奖项与荣誉，公司成为近代民族砖瓦企业的重要成员（表 1）。

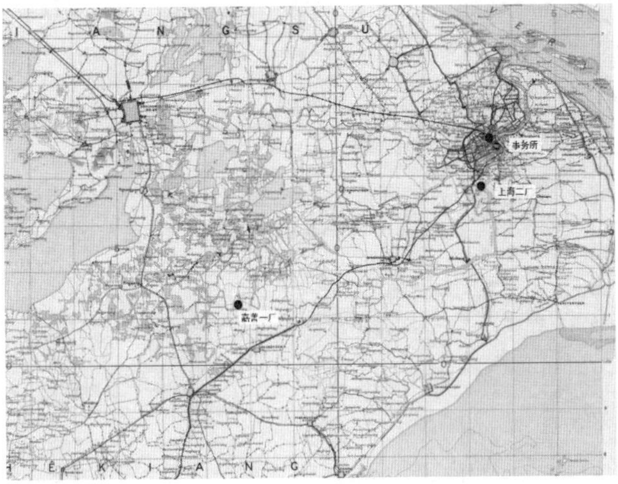

图 3　工厂与事务所分布
（来源：作者整理）

表 1　泰山砖瓦有限公司所获奖章

时间	颁发展会或部门	奖项及荣誉
民国十二年（1923）	上海总商会商品陈列会第三次展览会	红瓦 空心瓦 最优等
民国十三年（1924）	第三次工业化学展览会	最优等奖章
民国十四年（1925）	浙江省开物品展览会	黏土制品第一等奖章
	江苏第三次省地方物品展览会	各种砖瓦 一等奖
民国十八年（1929）	西湖博览会	一等奖

（来源：作者整理）

1.3 “专利十年”产品泰山面砖

民国十四年（1925 年），“上海美国总会购用花色面砖于美国及至落成，沪人士目光为之一变。”总经理黄首民注意到这种进口面砖的商业价值，开始利用新式砖瓦技术与本土砖瓦原料相结合的方式对其进行仿制，于民国十五年（1926 年）研制成功泰山面砖。混凝土结构为建筑立面形式带来更多可能性，相较于石材，泰山面砖价格低廉，与同等价位的水刷石相比，面砖在施工便利度、耐火性等方面都有优越性。中国工程师学会工程材料试验委员会对其耐冻性、抗压性、吸水率等指标进行检测后，评价“所试面砖质地优良，其平均吸水量甚低，与美国材料试验公会所定标准比较可列入透明砖（vitrified brick）一级，耐压亦高出普通造房砖数倍。”（图 4）[17] 更重要的是其独特而丰富的颜色种类为城市色彩打开新篇章，无疑，泰山面砖成为饰面材料中不可替代的新星。

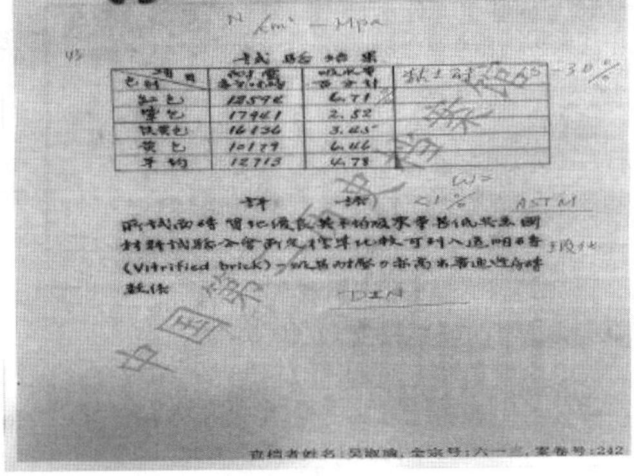

图 4　泰山面砖工程检测报告
（来源：中国第二历史档案馆）

泰山公司最初烧制的是与美国总会立面材质相仿的厚面砖，后又研制出薄面砖，薄面砖与厚面砖的唯一区别在于尺寸的变化（图5、图6）。泰山砖瓦公司董事长钱新之是一位出色的银行家，曾助力北伐并出任国民政府财务次长，民国十六年（1927年），对该产品在南京政府时期获得“专利十年”[①]具有重要的推动作用（图7）。此外，以国货推广为目的发起的各大展览会、宣讲会，当时“振兴实业，救亡建国”的经济政策以及全民上下的民族情怀都为泰山面砖的推广使用起到了推波助澜的作用。

至此，优良的产品性能与十年行业垄断权使泰山面砖成为国族建材中闪闪发亮的明星。

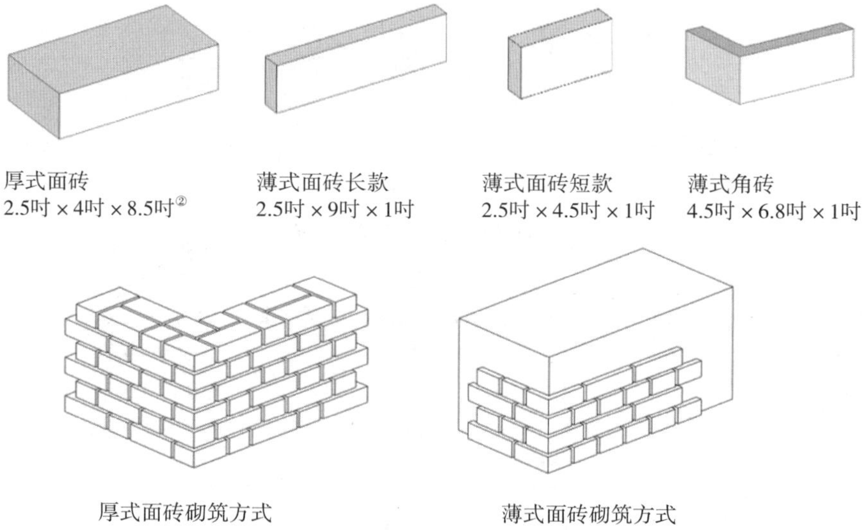

图5　泰山面砖大宗产品尺寸与砌筑方式
（来源：作者自绘）

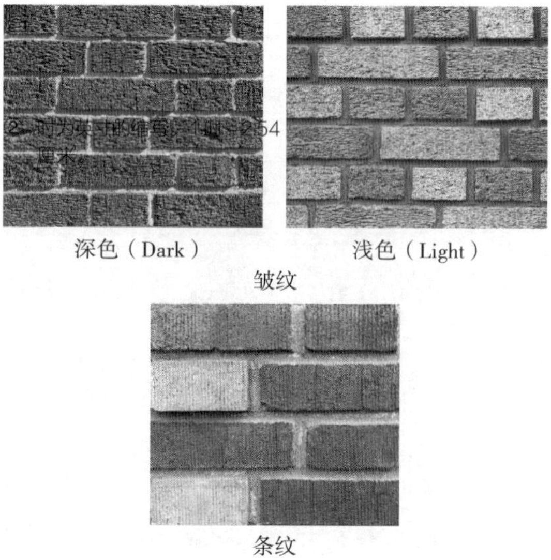

图6　泰山面砖种类
（来源：作者自摄）

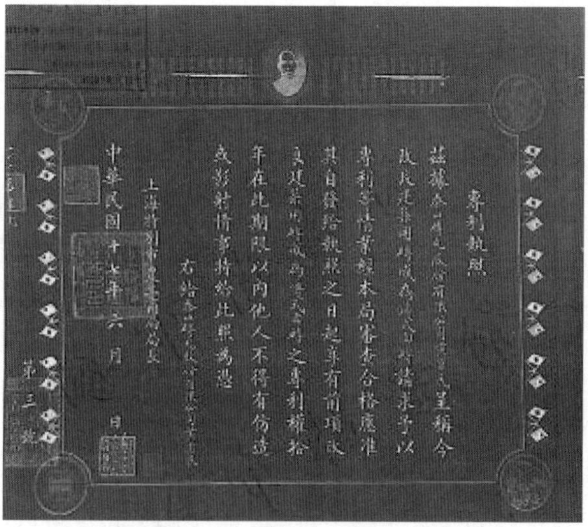

图7　专利执照
（来源：上海市档案馆）

① “享有前项改良建筑用砖成为薄式面砖之专利权十年，在此期限内，他人不得有仿造或影射情事”[A]. 上海档案馆 . 泰山砖瓦公司薄式面砖专利执照 .Q412-1-29.

② 吋为英寸的缩写，1吋=2.54厘米。

2　泰山面砖与近代建筑

2.1　泰山面砖与上海的摩登生活

在上海所有使用泰山面砖的建筑中，强调装饰艺术风格的建筑在数量上处于绝对优势。作为上海最早建成的有明显装饰艺术风格的建筑——德义大楼，外立面使用的正是泰山面砖。这些建筑立面大多临街，倾向使用深色与多样色彩组合来强调建筑在街道空间中的视觉效果，其大多在法租界和公共租界的区域（图8、图9）。

图8　泰山面砖建筑在上海的分布
（来源：作者自绘）

从功能上看，使用泰山面砖的建筑中最具代表性的四个类型分别为租界城市设施类建筑、影剧院、公寓以及银行。上海租界管理机构通过建设极具现代化和高质量的城市基础建筑设施，不断提升整个租界的生活品质与空间质量，谋求土地利益的最大化，从而实现财富增长的最终目的。上海电话公司、上海电力公司、提篮桥监狱、仁济医院等建筑代表着近代上海现代城市建设的开端，泰山面砖作为这些现代城市空间的对外窗口，其所展现的现代城市气息是显而易见的。“1928—1932年间，上海电影院的生长，有着非常惊人的速度，单就第一流的电影院来说，即有光陆、大光明、南京、新光、兰心、国泰六家。”[①]这其中就有四家电影院使用泰山面砖作为建筑外立面材料。无疑，泰山面砖是展现近代最新潮娱乐空间的重要媒介，这一现象也从侧面凸显了泰山面砖本身的摩登气质。公寓作为近代上海最摩登的居住方式，也是近代建筑商品化的重要体现，其建筑外形更多服从于地产开发商的商业需求，作为近代上海最具代表性的地产开发商之一，英商沙逊洋行和其附属地产公

① 上海通社编辑，上海研究资料续集：上海电影院的发展[M].上海：中华书局，1939:538.

图 9　上海现存使用泰山面砖的建筑
（来源：作者自摄）

司旗下的华懋公寓、峻岭公寓、炮台公寓、国泰公寓、长春公寓、河滨大楼等都使用泰山面砖作为外饰面材料，可见，泰山面砖在公寓建筑的应用之广。近代银行不仅是现代银行信用事业的创始者，更是作为财富象征的资本集合体，其建筑形象往往采用当时最时兴的样式与最奢华的装饰。建于 1920 年代底至 1930 年代的商业银行如上海四行储蓄会、中国企业银行、大陆银行、大连交通银行、中国银行南京分行、中南银行南京分行等银行都选择了泰山面砖作为建筑立面装饰，饰面建材所传递的信号可见一斑。

上海当时使用泰山面砖的高层建筑多达 20 座， 10 层及 10 层以上的建筑有国际饭店、体育大厦、百老汇大楼、华懋公寓、八仙桥基督教青年会大楼。承载顶尖技术与资本的摩天楼成为“现代化之神”的化身，“第一高的摩天楼”更是成为传播这一精神的图腾，随着摄影与印刷技术的普及，图腾也随之在中国得到广泛的传播。1934年，以泰山面砖为外饰面的国际饭店打破了华懋大厦（今和平饭店）的记录，赢得了“远东第一高楼”的桂冠，并占领上海最高天际线达半个世纪之久，作为“现代化之神”的外衣，泰山面砖也成为承载“现代化”精神的重要媒介。

20世纪以后，公共汽车及电车等现代公共交通对近代城市空间的发展产生了巨大的影响，公共交通的线路成为沪上中外房地产商进行房地产开发的基本依据。以泰山面砖为立面的建筑大多位于公共汽车及有轨无轨电车等通行沿线（图10），拥有大量泰山面砖公寓的沙逊集团更是通过直接出资设立英商中国公共汽车公司，垄断公共租界公共汽车的经营权，进而带动其房地产事业的发展。①

① 陈文彬．近代城市公共交通与市民生活：1908—1937年的上海[J]. 江西社会科学，2008，000(003):135-139.

图10　泰山面砖与上海近代公共交通
（来源：作者自绘）

以经济因素驱使设计建造的近代泰山面砖建筑，不管是风格、类型还是城市风貌，所呈现的生活图景都指向泰山面砖作为建筑外饰面所承载的摩登和现代化的内涵。

2.2　泰山面砖与南京的“民国子午线”

使用泰山面砖的建筑中以民族内涵为价值导向的建筑风格主要有中国古典复兴和新民族形式。这两种风格作为近代民族建筑的典型代表，满足了政治和文化上的双重诉求。

1927年国民政府启动了首都计划，南京中山大道，是谓“民国子午线”，中山码头—中山北路—中山路—中山东路—中山门构筑的梧桐林荫路，长达12千米。中山路方位正南正北，选址经过了星象的精算，

“子午线”沿途分布着民国中央医院、中央饭店、铁道部大楼等多栋地标，均采用泰山面砖为外饰面（图 11 、图 12）。根据“民国外交部大楼”档案，泰山面砖曾被官方推荐，进一步与民族复兴的建筑诉求产生了关联。对比以商业驱动的上海历史建筑，“民国子午线”上的建筑非常集中，形成了范文照、童寯、杨廷宝等名师的作品展廊，但建筑对外封闭，与街道的融合度较差，与上海海纳百川的文化和商业氛围差异很大。

除了南京国民政府，大量中国业主也倾向使用国产建材，从 1925 年泰山面砖问世，邬达克在上海设计的使用泰山面砖的建筑只占所有已知饰面材料建筑的 25%，其中为中国业主的业务却达 78%。① 并且，在选择泰山面砖的银行建筑中，绝大部分为华资银行。国人建筑师范文照

① 根据《上海邬达克建筑地图》记录信息整理。华霞虹，乔争月．上海邬达克建筑地图 [M]. 上海：同济大学出版社，2013.

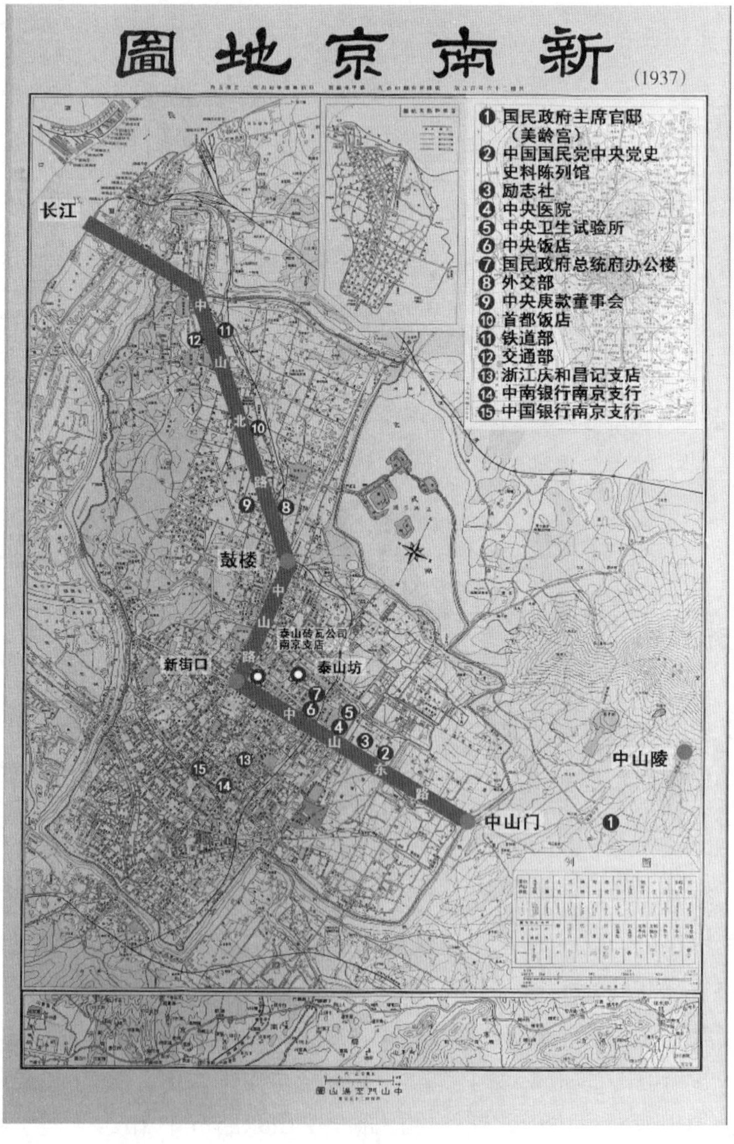

图 11 “民国子午线”上的泰山面砖建筑分布
（来源：作者整理）

图 12　南京泰山面砖建筑群像
（来源：作者自摄）

1929—1936 年建成的 14 个作品中，有 8 个建筑都使用了泰山面砖，并且这 8 个建筑的业主既有国民政府、中国商人，还有外国人，此外，其刊登于《中国建筑》现代主义代表作西摩路市房公寓，特别指出所用饰面为泰山面砖，可见范文照在泰山面砖的推广使用中所起的作用。

中国传统官式建筑中少有将砖裸露出来的习惯，大多会在砌筑砖外侧进行粉刷，因此，泰山面砖的使用形式更趋向于西方建筑的风格，是与首都计划中所倡导的“中国之装饰方法”相违背的。由此，也可以推测：面砖的使用方式越强调砌体墙式特征，如加深砖缝与砖面的颜色对比、加粗砖缝厚度等，则建筑立面给人的印象更西化。此外，南京“首都计划”中特意强调了民族建筑的色彩多样性，“颜色之配用最为悦目也。中国之建筑物，大抵五色杂施，光艳夺目，使人居住其间，最易发生快感，与外国建筑物之纯用一色，暗淡无华者，迥然不同。”①丰富的色彩选择作为泰山面砖的突出特征，却未在国民政府建筑中被强调，而是多用浅色且单一的色彩方案。因此，泰山面砖作为国货精品，在设计运用上考虑了身份象征、传统习俗和街道风貌的多重要求。

① 国都设计技术专员办事处．首都计划 [M]．王宇新，王明发点校．南京：南京出版社，2006．

3　泰山面砖的运用方式

3.1　砌筑方式

从厚面砖到薄面砖的改变，实质上是砌筑逻辑的转变。厚面砖的尺寸与砌筑方式都类似普通烧结砖，只需一种尺寸的砖，转角的拼接方式通过现场切割的半砖来实现。而薄式面砖则需要长短不同以及角砖组合运用来实现与厚面砖相同的砌筑效果。相对厚面砖，薄面砖的砌筑厚度大大减小，重量减轻，面砖间没有了力学作用，只需要用砂浆承受面砖的重量即可，材料形式变得更契合立面装饰。厚面砖时期，砖与砖之间 0.5 吋的砖缝，以及错缝搭接的砌筑方式都来源于结构上的需求，但到薄面砖时期，面砖之间的结构联系实际上不需要同等厚度的砂浆来支撑，可以推测不管是厚砂浆还是薄砂浆都是对厚面砖外观上的模仿与美观上的需求。若将这些砌筑方式按时间顺序进行并置（图 13），可以看出从最开始厚面砖到薄面砖，砖之间的结构关系被打破，从 1930 年闸北水电厂贯通竖缝，最后到国际饭店与吴同文住宅完全正交砌筑，并且砖缝变小，这显示了从 1925 年厚面砖问世到 1938 年吴同文宅面砖的砌筑方式，变化历程实际上是弱化结构关系，消解力学意味的过程，是对结构与表皮真实关系的回归。相比于上海泰山面砖砌筑方式的变化，南京的建筑几乎都维持着错缝搭接式的拼接方式。

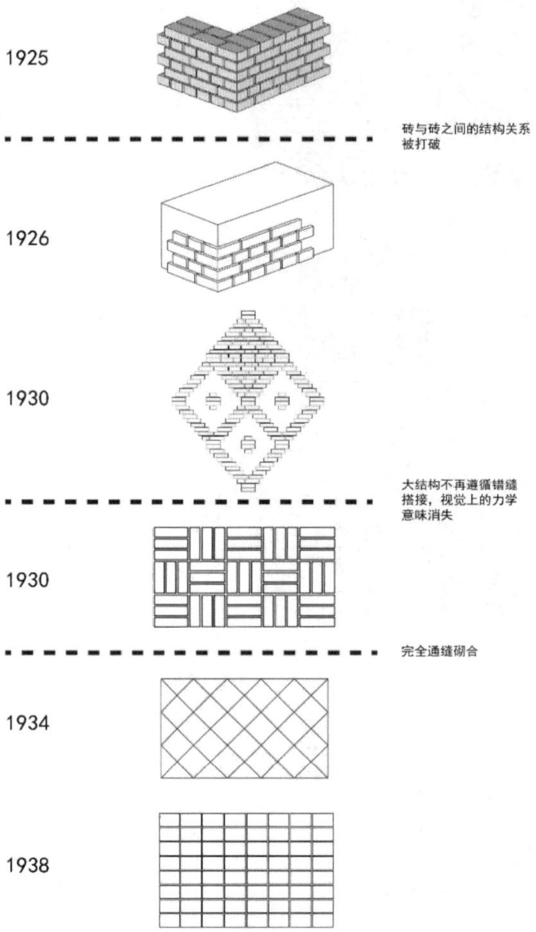

图 13　泰山面砖砌筑方式演变
（来源：作者自绘）

3.2　立面组织

泰山面砖在建筑立面上的面积、位置不尽相同，但在视觉倾向上有两大方向，根据其是否为立面的视觉重心区分为“主”和“次”视觉地位。对于面砖处于“主”位置的建筑，泰山面砖对于塑造建筑形象起到至关重要的作用，面砖的使用方式决定着立面的整体风格，其砌筑方式与颜色搭配也更为多样。但对于面砖处于“次”位置的建筑，泰山面砖对建筑风格的塑造可以说无足轻重，拼接样式也相对简单与单一（图 14）。

处于“主”视觉地位的泰山面砖有装饰艺术风格和现代主义风格。其中，装饰艺术风格最经典立面组织形式就是竖直的构图方式，如国泰电影院中，通过泰山面砖与竖向长窗的交替排列，从而呈现竖直向的立面构图，这种组织方式大多被运用于装饰艺术风格。现代主义风格则是采用水平向的构图形式，如富民新村立面，利用泰山面砖、窗的深色与立面涂料的浅色形成对比，从而强化水平向的线条感。

泰山面砖在西方古典复兴与中国古典复兴风格立面上处于“次”的位置，在西方古典复兴风格的建筑立面上，如华懋公寓、太阳公寓、安亭公寓等，面砖是其他古典建筑要素窗套、隅石、窗楣等的背景，虽在面积上占到大部分，但建筑立面并不以泰山面砖为中心，它最重要的作用是填充，从而突出其他建筑要素的视觉效果。中国古典复兴建筑中，如铁道部、美龄宫等，其大屋顶、彩画、窗棂等古典元素相对面砖占据了建筑立面的视觉重心。

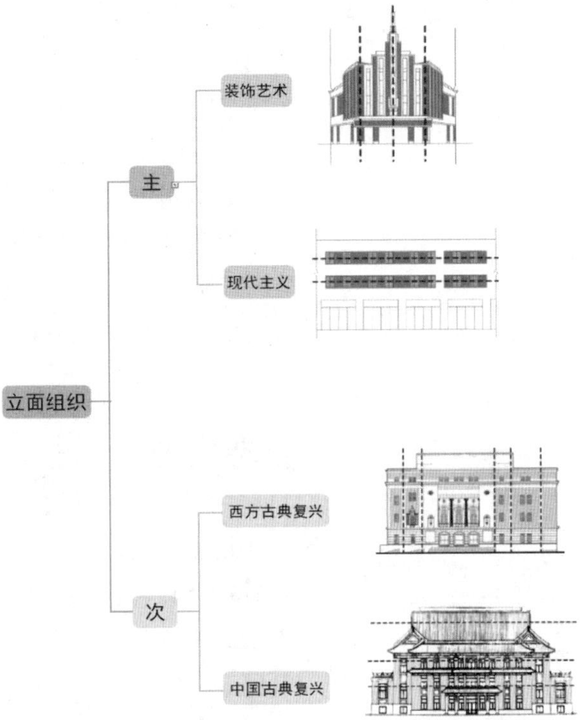

图 14　泰山面砖建筑立面组织
（来源：作者自绘）

4　结语

泰山砖瓦公司对欧美国家砖瓦设备和技术资料的引入，是对西方砖瓦技术全面学习，实现了先进制砖技术与本土传统制砖原料的有机结合，是近代传统乡土工业向现代化砖瓦工业转型的重要实例，促进了西方新材料与新技术在中国的传播，助推了上海建筑营造业的迅速发展，其在工业化初期完整的产业链和知识链，更是探寻近代建材企业经营与发展的重要窗口。国货热潮是泰山砖瓦公司不可或缺的社会机遇，是泰山面砖得以广泛推广的宣传依托，民国政府、建筑师、有识之士等都在其中起着推波助澜的作用。此外，上海资本家与南京政府间千丝万缕的关系也是不容忽视的要素。

泰山面砖的生产与使用顺应上海摩登城市生活的兴起与发展，依托商业经济对上海租界的驱动发展，面砖的空间分布契合着城市建筑风格、类型、分布等各个方面。南京使用泰山面砖的建筑依托政府规划“首都计划”分布。在使用方式上，不同建筑风格上面砖的变化，实际上是脱离非理性装饰，到探寻新建筑的装饰可能性，并逐渐向现代主义靠近，以致最后展现建筑真实建造逻辑的过程。

建筑的色彩与材质肌理作为一个城市最直观的风貌特征，是对特定地域、特定时期的城市文脉最好的体现。使用泰山面砖的建筑在上海数量众多且分布广泛，并在短时间内大范围刷新了上海城市界面，真实记录了公众审美的变化，并且面砖色彩、质感上的可识别性使建筑带来独特的视觉感受。此外，这些建筑往往在水平和垂直方向都占据着街区与城市空间重要的视觉位置如街角空间、天际线、街区景观等，使上海成为一个有质感、有色彩、有摩登生活品味的国际化城市。因此，泰山面砖是建筑走向现代化和海派城市风貌的不可复制的历史地标。对于南京，1929—1934 年“民国子午线”串联起了不少使用泰山面砖民族风格的政府建筑，打造了范文照、杨廷宝、童寯等名师作品的展示廊道，它至今是金陵城市骨架的营造载体之一。

参考文献

[1] 张书铭，刘大平 . 美国条纹面砖在东亚的技术传播 [J]. 装饰，2020(10):105–109.

[2] 姚颖，赖德霖 . 材料的国族化：1930 年代国货运动对中国国产建材工业的影响 [J]. 建筑师，2020(6):63–73.

[3] 调查：中国砖瓦工业 [J]. 工商半月刊，1929,3(22),96–22.

[4] 柳子贤 . 近二十年我国之砖瓦业，1935.

[5] 许乙弘 . Art Deco 的源与流 中西“摩登建筑”关系研究 [M]. 南京：东南大学出版社，2006.

[6] 陈文彬 . 近代城市公共交通与市民生活：1908—1937 年的上海 [J]. 江西社会科学，2008(3):135–139.

[7] 上海通社编辑 . 上海研究资料续集：上海电影院的发展 [M]. 上海：中华书局，1939:538.

[8] 华霞虹，乔争月 . 上海邬达克建筑地图 [M]. 上海：同济大学出版社，2013.

[9] 国都设计技术专员办事处 . 首都计划 [M]. 王宇新，王明发点校 . 南京：南京出版社，2006.

[10] 上海市档案馆 . 泰山砖瓦股份有限公司公司章程 [A].Q412–1–37,1922–07.

[11] 上海市档案馆 . 泰山砖瓦股份有限公司 1927 年至 1936 年剪报汇编，工商人物志 [A].Q412–1–7,1924.

[12] 上海市档案馆 . 泰山砖瓦股份有限公司公司推销广告图书 [A].Q412–1–36,1936.

[13] 上海市档案馆 . 泰山砖瓦股份有限公司关于东南仿造面砖案正件 [A].Q412–1–27,1936.

[14] 上海市档案馆 . 泰山砖瓦股份有限公司面砖专利凭证 [A].Q412–1–29,1982.

[15] 上海市档案馆 . 泰山砖瓦股份有限公司关于上海机制瓦同业公会成

立大会、纪念上海总商业陈列所第三次展览品评会证书、国民政府全国注册执照等 [A].Q412-1-1,1923.

[16] 上海市档案馆 . 柳子贤 . 近二十年我国之砖瓦业 [A].Q412-1-7,1935.

[17] 中国第二历史档案馆 . 泰山面砖工程检测报告 [A].613-242.

[18] 中国第二历史档案馆 . 泰山砖瓦股份有限公司专利呈请书 [A].613-240.

[19] 泰山砖瓦有限公司概况 [J]. 商业杂志，1929,4(4).

[20] 闵乃先，钱士皋 . 参观泰山砖瓦厂记 [J]. 同济旬刊，1937(129):6-9.

[21] 董俊文 . 泰山砖瓦厂参观记 [J]. 龙门社刊，1935，创刊号：130-134.

[22] 国货推销法之讨论 [N]. 申报，1932-05-28(3).

[23] 章琴 . 谈泰山砖瓦公司 [N]. 新闻报本埠附刊，1928-08-28(7).

[24] 赖世贤，徐苏斌 . 中国近代砖瓦标识研究 [J]. 建筑与文化，2017(6):48-50.

[25] 赖世贤，徐苏斌 . 中国近代制砖技术发展研究 [J]. 建筑史，2016(2):210-212.

[26] SHU C X, CANTISANI E, FRATINI F, et al. China's brick history and conservation: laboratory results of Shanghai samples from 19th to 20th century[J]. Construction and Building Materials, 2017, 151: 789-800.

[27] SHU C X , FANG Y B . Fire brick in China: from mining to architecture[R]// Building Knowledge, Constructing Histories: the 6th International Congress on Construction History. 2018.

近代工业遗产建筑保护修缮技术综述
——以混凝土和木材为例

孙淑亭 徐苏斌 青木信夫 天津大学建筑学院 中国文化遗产保护国际研究中心

摘 要：国内对近代工业建筑的修复已经有一定的发展基础，梳理修复技术的发展对未来工业建筑的进一步修缮具有重要意义。本文针对工业建筑中较常用的混凝土与木材两种材料，对其修复技术的发展进行综述，并整理相关修缮法规与标准，结合具体案例，对两者修缮技术进展做报告研究。

关键词：工业建筑；修缮技术；混凝土；木材

1 混凝土修复技术进展状况

我国对钢筋混凝土劣化与修复的研究工作起步较晚，在1990年代末我国科技人员开始关注钢筋混凝土耐久性研究，国内主要是一些建筑研究院和高校对于混凝土修复进行了较为系统的研究。

较早开始进行研究并形成体系的机构是中冶建筑研究总院（原名中国冶金工业部建设研究总院），并将多数研究成果发表于《工业建筑》期刊。如1987年陈宗严在《防止钢筋混凝土建筑物劣化的措施》[1]中系统地介绍了混凝土劣化原因和一些基本的修复方法。1998年岳清瑞等著的《碳纤维材料（CFRP）加固修补混凝土结构新技术》[2]介绍了碳纤维材料加固技术的特点、使用材料、施工工艺及国内外研究开发情况。早期研究主要针对混凝土耐久性和钢筋锈蚀问题，最初由林志伸与惠云玲于1997年发表了《我国工业厂房混凝土结构耐久性的宏观调研》[3]，将工业厂房混凝土结构耐久性状况和存在问题分四个时期分别论述，分析了混凝土结构耐久性破坏的原因，并提出对策。郝挺宇于2002年对混凝土结构耐久性病害诊治技术进行了技术的总结与展望[4]；并在2004年举办的沿海地区混凝土结构耐久性及其设计方法科技论坛暨全国第六届混凝土耐久性学术交流会上发表了《混凝土结构耐久性修复与防护技术规程简介》[5]。2012年后科技人员开始针对工业建筑中混凝土的修复进行了一系列的实验与研究，并且对于钢筋混凝土的劣化原因与修复逐渐由理论研究开始转向实践探索。如2012年王玲等于第八届全国混凝土耐久性学术交流会上发表的《锈损钢筋混凝土试件修复效果试验研究》[6]中结合不同的修复技术，对锈损钢筋混凝土试件进行修复研究，通过电化学法评估不同修复方法的修复效果，提出在不同环境下钢筋混凝土破损修复应选择最佳的修复方法。王玲与岳清瑞[7]于2017年进一步对长期暴露环境下锈损钢筋混凝土试件耐久性进行了修复试验研究。近两年郭小华、于英俊[8]等对酸和氯盐耦合作用下混凝土结构耐久性评估及修复进行了研究，在总结酸和氯盐对钢筋混凝土的侵蚀机理和两者耦合作用下影响耐久性的因素后，提出了两者耦合作用下对结构耐久性评估所需调查和检测的内容和耐久性评定方法，并运用到了具体的工程中进行分析。

此外，进行混凝土修复技术研究的还有一些国内知名高校如同济大学、东南大学、西安建筑科技大学等的学者。

其中同济大学学者对混凝土修复技术的研究开始较早，也形成了较为完善的体系，1998 年，同济大学教授黄士元在《近代混凝土技术》[9]一书中从建筑材料视角对混凝土的抗冻、抗氯盐侵蚀、抗碳化方面均作了较深入的研究。他与杨全兵教授于 2001 年与 2004 年在土建结构工程安全性与耐久性科技论坛中提出了对混凝土结构抗冻融及盐冻侵蚀耐久性设计的建议[10]。

东南大学教授淳庆与其研究团队于 2013 年针对民国建筑钢筋混凝土的修复和加固技术进行了一系列的研究[11]，包括钢筋混凝土结构常见的缺陷及加固方法、检测鉴定技术、构造设计修复方法等方面，并于 2015 年发表《典型建筑遗产保护技术》[12]，针对遗产建筑中不同的材料，提出了修复导则。

西安建筑科技大学牛荻涛教授与其研究团队自 2002 年开始对钢筋混凝土残损修复的偏向理论，如针对混凝土结构碳化耐久性进行了研究[13]，包括对不同荷载下混凝土耐久性的研究[14]，不同环境下混凝土寿命的研究[15]等，多次进行了混凝土耐久性的实验测试。近几年牛荻涛教授及其团队开始结合实际工程项目对理论进行验证，如 2019 年发表的《基于 KNN 算法的工业建筑混凝土结构耐久性环境指标体系》[16]中以武汉钢铁工业区为背景，调查分析了不同工业建筑环境特点，建立工业建筑混凝土结构耐久性的环境指标体系，并利用 KNN 算法对典型工业环境腐蚀等级进行划分。

2 木材修复技术进展状况

关于近现代历史建筑木构件修复技术的研究，主要见于一些专业类书籍、研究机构的专业文献以及各高校的硕、博士论文中。其中有重庆大学、东南大学针对南方木构架的修复研究，以及近年来北京工业大学针对北京 20 世纪遗产建筑进行的一系列的修复研究。

关于木结构的修复技术有一部分存在于综合性的遗产保护技术类文献中，其中针对历史建筑研究理论的研究如由重庆大学张兴国教授指导、博士生陈蔚完成的博士论文《我国建筑遗产保护理论和方法研究》，阐述比较了国内外历史建筑的保护历史与理念；针对遗产建筑修复技术的研究如天津大学张帆的学位论文《近代历史建筑保护修复技术与评价研究》[17]木结构建筑这一章节中，不仅对木构建筑的调研提出具体要求，还对其修复技术和评价指标进行了研究。此外，东南大学教授淳庆所著《典型建筑遗产保护技术》[12]，同济大学教授戴仕炳、张鹏所著《历史建筑材料修复技术导则》[13]中对木材常见病害和木结构勘测技术与修复技术有了较为系统全面的阐述，具有指导意义。由上海市房地产科学研究院编著的《上海历史建筑保护修缮技术》，依据上海本地特点提出历史建筑保护技术，其中的第四章“建筑内部特色部位保护修缮工艺”中有详细阐述室内木装修修缮工艺[19]。

单独针对木结构修复的主要为针对木构件防腐蚀技术的研究，如1993年西安建筑科技大学教授王景云在《木建筑防腐对策研究》[20]中分析木材腐朽原因的基础上，提出了木建筑防腐的基本对策，着重论述了通过建筑防潮设计达到防腐的方法，也提到了药物防腐的一般原则。也有学者对木构件腐朽性能进行了实验研究，基于木材阻抗仪对拆自实际建筑的旧木构件进行了微钻检测，提出了新的检测分析方法[21]。

对木构件局部加固技术的研究目前主要集中于工程计算方面，并且有结合实例的论述，如张伟斌[22]结合南京某办公楼加固与改造实例，较全面地讨论了近代砖木结构加固改造设计中应考虑的若干关键问题，包括基础加固、墙体加固、抗震构造加固及木屋架加固等，介绍了一些有效的解决办法，可供同类建筑物加固改造参考。

也有学者对近代建筑木屋架展开研究，如北京工业大学李旋的硕士学位论文以近代北京建筑的木屋架为研究对象，对其进行了气候、环境影响下的微生物劣化处理机理分析和修缮技术策略研究[23]。2012年魏强发表的《优秀历史保护建筑中的木结构屋架修复技术》[24]中，记述了上海优秀历史建筑崇思楼木结构屋顶损坏后，对其进行了保护性修复，恢复其原有“孟莎”顶面貌的情况；阐述了工程中如何把握修缮的“老”与“新”的关系问题与处理方案，在实际施工中最大程度上还原了建筑历史风貌，保存了其文化蕴味。

总之，相比于针对古建筑中木结构的研究，对近代建筑木构架修复的研究相对较少，并且多数集中于针对力学的研究和综合性的研究。此外，古建筑与近代建筑的年代、技法均有很大的不同，两者针对木构架的修复虽可以说是一脉相传但又有不可忽视的不同，针对工业遗产建筑木构架的研究更是缺乏系统性的论述。

目前关于混凝土修缮技术的相关标准经过整理后有6个国家标准，其中包括混凝土结构耐久性评定、现场检测技术、结构设计规范、修复、灌浆树脂等标准。木材修复方面主要针对古建筑木结构维护与加固技术、木结构工程施工质量验收等开展了研究，相对来说混凝土的修缮标准会更加完善一些。

3　混凝土修缮技术个案分析：上海工部局宰牲场（1933老场坊）

3.1　遗产概况

上海1933老场坊共有四栋建筑，其前身为原上海工部局宰牲场，建成于1933年，是当时亚洲地区规模最大、技术最完善、功能最现代化的屠宰场，曾被称为“混凝土工业的机器”。在修缮中，通过对混凝土建筑的立面、坡道、过廊等的修复，保存了建筑的原有格局。1933老场坊的建筑融汇了东西方的特色，整体建筑可见古罗马巴西里卡式风格。“无梁楼盖”“伞形柱”“廊桥”“牛道”等早期对于特殊的混凝土结构的加固和修复对我们都有一定的借鉴意义（图1、图2）。

工部局宰牲场由沙泾路10号和29号两座保护建筑组成，原为宰牲场（生产车间）和化制站（废物处理）。改造之初进行了细致的初始结构检测，对建筑的300余根梁都作了承载力测试。建筑的主体外墙及梁柱体系整体完好，修缮时对局部薄弱处进行了加强，破损处进行了修补，以保证改造工程50年的使用年限。宰牲场的外墙曾经由于街道立面整治被刷成了鲜艳的红色，改造中，这层红色承性涂料被仔细地打磨清除。由于宰牲场属于上海保护工业建筑，并且具有极高的历史价值，设计风格、手法都非常有特色，带有装饰艺术的典型特点，因而改造设计对外墙的形式、风格、效果等都采用了保护性修复及还原，力求再现其原貌特色。

图1　1933老场坊外部
（来源：作者团队自摄）

图2　1933老场坊内部
（来源：作者团队自摄）

3.2　老场坊的结构检测与加固[25]

3.2.1　老场坊的结构原状①

宰牲场建筑平面布局外方内圆，整个建筑内部为二十四边形主楼，与外围“回”字楼通过十三座天桥相连。主楼又分为内外筒，通过五座天桥相连（图3、图4）。外围南北方向总宽度约78.9米，东西总长度约81.2米，四个角部为45°切角。主楼外筒外接圆直径约37.6米，内接圆直径约21.9米。主楼内筒外接圆直径约7.3米，轴线按15°等分。主

① 2006年8月，工部局宰牲场改造开发的投资方上海创意产业投资有限公司委托上海市建筑科学研究院房屋质量检测站为宰牲场制定了检测方案。业主锦江国际实业发展有限公司移交了全部图纸档案，沙泾路10号宰牲场（Abattoir）的历史资料基本完整，而29号化制站（Disposal Plant）的资料残缺不齐。检测站的调查内容包括房屋历史沿革、建筑风格特色以及结构体系、保护范围等。在掌握已有的图纸资料的基础上，通过现场调查与复核，建立和完善了建筑的整体档案以及文字、图片资料。

楼内筒共4根立柱，主楼外筒内圈共12根立柱，外筒外圈共24根立柱。[26]

图3　1933老场坊外立面形态的复原
（来源：作者团队自摄）

图4　1933老场坊内部连廊的复原
（来源：作者团队自摄）

根据1933年的历史图纸，“回”字楼的最初设计均为四层，其东、北、南翼的层高基本一致，西翼则与主楼的各层层高基本一致。西翼和主楼的四层楼面标高基本与东、北、南翼的屋面标高齐平。1930年代建成后，随即在东翼和南翼东侧的屋面局部加建了一层钢筋混凝土框架结构，屋面采用木屋盖，在西翼局部也加建了一层钢筋混凝土框架结构。1966年在北翼屋面加建了一层钢筋混凝土框架结构，1980年则在主楼外筒屋面加建了一层砖混结构，屋面采用现浇钢筋混凝土梁板。

围护结构上，“回”字楼东、南、北翼围护墙采用356毫米的大孔预制混凝土砌块，西翼则采用的是102毫米厚钢筋混凝土墙，立面沿竖向镂空形成花格窗。主楼外筒围护墙采用200毫米厚砖墙，内筒二、三层无围护墙。[27]

“回”字楼西翼底层原设计完全敞开，改造前已被各种加建遮挡，西立面也在街道的集中整治中被粉刷成了粉红色。主楼外筒外立面采用混合砂浆粉刷，外墙内立面多粘贴瓷砖。楼地坪在现浇钢筋混凝土楼板上采用整浇面层，使用过程中存在多次装修找平情况。

3.2.2　老场坊的结构检测

经过检测，1930年代浇注的混凝土实测强度为C22，而1960年代加建的混凝土实测强度仅为C15，外墙预制混凝土砌块的实测强度评定为C18。部分墙体和天花板有严重渗水现象。对于钢筋的测试表明其实测强度达到了HPB235级热轧钢筋的要求①，同时多数钢筋表面未发生锈蚀或仅有轻微浮锈。对构件的混凝土碳化深度检测表明，大多数构件本身实测混凝土碳化深度在2～35毫米之间，未超过保护层厚度。[28]

① 抗拉强度不小于235兆帕。

3.2.3　老场坊的结构加固

针对结构检测的结论，在屠宰场的改造方案中，修缮团队作了针对性的加固及修复设计。

首先对原混凝土的梁柱进行了加固，对原有的混凝土破损处做了水泥补强，环廊柱头用外包钢箍进行了加固，侧廊柱则以工字钢梁提供额外支撑。对柱身也加包钢箍，外抹水泥面层。拆除了原有的圆形屋面，重新安装了轻钢构架屋面（图 5～ 图 8 ）。

图 5　改造完后柱梁效果（一）
（来源：作者团队自摄）

图 6　改造完后柱梁效果（二）
（来源：作者团队自摄）

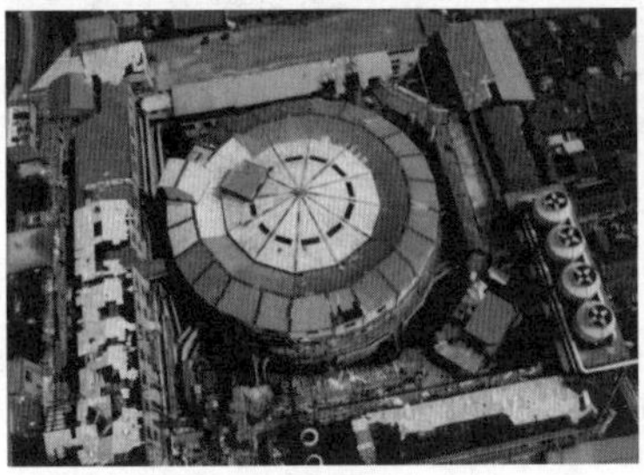

图 7　1933 顶部原始形态
（来源：作者团队自摄）

图 8　1933 轻钢结构与玻璃舞台
（来源：作者团队自摄）

修缮设计中，对后期增加厚度较厚的加建地坪部分进行人工分段，小心凿除，凿至 1933 年原始找平层部位，然后在原始找平层上重新作素混凝土楼地面，既可以减少楼板的荷载，又可以恢复到原设计时的状态，保持建筑原有的特质（图 9 ）。

（a）改造前　　（b）施工中　　（c）改造完成

图 9　1933 老场坊改造前后地坪效果对比
（来源：聂波 . 上海近代混凝土工业建筑的保护与再生研究（ 1880—1940 ）[D]. 上海：同济大学，2008.）

3.3 老场坊的建筑风貌的整治修复[25]

风貌修复上，清除西立面上的粉红色水性涂料对于恢复建筑的历史面貌意义重大。清除采用的方法是：清扫表面，再用外墙涂料中性清除剂通过多次配比实验和压力水枪的不同压力实验，现场实际操作时通过取样对比确定配比和水枪压力，按一定比例掺入水中，用高压水枪及稀释好的清除剂冲洗外墙涂料，冲洗时高压水枪需经常变化不同角度。经反复数遍操作，使涂料全部脱落，最后用清水高压水枪冲洗干净，使外墙面恢复原貌。待井墙干燥后，涂上一层与原建筑相同颜色的外墙防水涂料，随后再在该灰色涂料上涂一层透明的保护膜，使得改造后的外墙面既不褪色又美观（图 10 、图 11）。

图10　1933老场坊改造前的外墙
（来源：《19叁Ⅲ老场坊历史建筑保护性开发模式的探索与实践》，由上海创意产业中心提供）

图 11　1933 老场坊改造后外墙效果
（来源：作者自摄）

外墙修复根据图纸在不同的部位采用不同的修复方法。修复前仔细检查墙表面的空鼓和裂纹情况，将空鼓和裂纹表面清除后再进行处理。轻度损坏缺角、表面风化的墙面，凿除风化酥松，宜用配色砂浆修补；严重损坏风化的墙面，则采用挖补、镶补等方法。修补后的墙面色泽协调，表面平整，头角方正，无空鼓。

改造前墙面已有许多地方由于损坏被水泥砂浆修平，但表面质感与原墙面不一致。这样的修平表面有大有小，在修平表面大于 100 厘米 × 100 厘米时，凿掉已修平部分，再按原外墙面做法修复（图 12）。

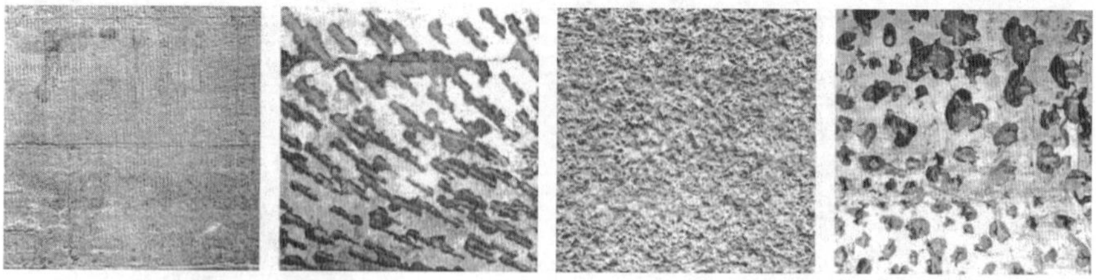

图 12　不同墙面的修复纹理
（来源：聂波 . 上海近代混凝土工业建筑的保护与再生研究（1880—1940）[D]. 上海：同济大学，2008.）

水泥花格窗以西立面为主，在南北立面的西端也采用了这种形式的窗。这类花饰窗基本保留完好，大部分只需清洗干净即可。如果已经损坏，则根据图纸复制后进行安装。已被更换的外窗全部被拆除，按

1933年的钢窗样式复制新窗安装；已被封堵的窗洞，则小心凿开，按1933年的钢窗复制新窗安装（图13、图14）。

图13 1933窗形态的复原（一）
（来源：作者团队自摄）

图14 1933窗形态的复原（二）
（来源：作者团队自摄）

伞状柱帽（八角形和四边形）是宰牲场的建筑特色之一，其形状来源于无梁楼盖的结构设计，均匀分布在该建筑方形的外围体量中。八角形伞状柱帽主要分布于建筑外围的西侧，方形伞状柱帽主要分布于建筑外围“回”字楼的东、南、北翼。原有的伞形柱全部保留，将原有的装饰面全部清理后，按原工艺、原材料做成新的水泥抹面，通体打磨，恢复其旧有面貌（图15）。内廊桥基本保存完好，改造设计将损坏较严重的两座原有廊桥修复，并拆除了后加的两座廊桥，以恢复1933年竣工时的样子。

图15 伞形柱修复细部（可以看到明显的碳化和修补痕迹）
（来源：作者团队自摄）

4 木材修缮技术个案分析：福州马尾船政轮机厂的修缮与再利用设计

4.1 历史沿革

福建船政建筑为第五批公布的全国重点文物保护单位。福建船政建筑的所在地为福建省福州市，文物类型为近现代，公布批号为5-0491-5-018。福州马尾船政轮机厂为福建船政建筑之一。

轮机厂始建于1867年，系单层建筑，砖木结构，建筑木料系用泰国红桑木，内用铸铁支架承载屋面，安装有移动吊车，总占地面积

2744 平方米。该厂当时制造船大小机件和合拢校准，最盛时工人达 360 名。1869 年，制造出中国第一台船用蒸汽机。

轮机厂建筑的修缮体现了工业遗产中木构建筑修复的早期方法，同时也有很多不足，可以体现出木材修复的变化过程。

4.2 文物本体修缮和结构加固

轮机厂建筑本体留下来最有价值的部分，就是其砖石铁木合构的结构和清水砖墙。马尾船政建筑现在是国家级的全国工业旅游示范点（图 16、图 17）。

图 16　全国工业旅游示范点牌匾
（来源：作者团队自摄）

图 17　参观人员
（来源：作者团队自摄）

轮机厂对于木屋架的修缮，根据我们现场调研，只能看到最后一道防护措施——涂刷了白色的涂料。因为涂料的覆盖，我们只能判断出结构加固并没有增加新的受力杆件。至于对原屋架是否有局部或整体的修补、替换，是否有对裂缝的处理，我们无法判断。采取这种修缮方法，使木屋架的真实性受到了很大的掩盖。同样，轮机厂室内的铁柱以及木屋架与铁柱的结合部位，都涂刷了覆盖性很强的白色涂料，让人无法分辨结构的真实材质。

4.3 不足之处

轮机厂的修缮是 2011 年动工的，作者在 2015 年调研时，已过去了 4 年多时间，作者也发现了一些修缮的不足之处，在此提出，供以后的工业遗产改造时参考借鉴。

4.3.1 内部结构的修缮方法不妥

图 18　内部结构修缮效果
（来源：作者团队自摄）

轮机厂的砖石铁木合构作为建筑本体最具价值的一部分，作者认为这一部分的价值并没有得到很好的展示。修缮时将木屋架和铁柱统一刷为白色，使其失去了真实性，使人很难分辨其原来的材质及相互连接的方式。而且结构被粉刷得非常新，使其丧失了历史信息（图 18）。作者认为在结构加固安全后，可以采用无色防护剂对木屋架进行防蛀防腐处理，对铁柱进行防锈蚀处理即可，而不必改变其外观颜色，这样可最大程度保留其原貌。

4.3.2　涂料起皮，影响保护作用和美观

轮机厂是 2011 年修缮的，到作者调研时已过去 4 年多的时间，凡是涂料涂刷过的地方都开始大面积起皮、掉皮。这是因为当时修缮时选用涂料不当，没有做防护处理，受潮后涂料起皮脱落（图 19）。这样，不仅涂料丧失了保护构件的作用，而且极大地影响了美观。作为国家级的工业旅游示范点，每天一定会有很多的参观者，这样的效果会带来不好的影响。而等出现这样的问题再来修缮解决，一定会比 2011 年整体修缮时长远考虑方案，付出更多的时间和费用。所以，在遗产整体修缮时，要考虑到使用过程中可能出现的问题，不要因为一时造价稍高欠缺修缮而导致后期使用中产生更大的麻烦。

图 19　结构及大门涂料起皮脱落现象
（来源：作者团队自摄）

4.3.3　屋顶漏雨

屋顶漏雨，导致室内墙体大面积雨水污染，木屋架木头局部腐朽。建筑屋顶的防水，在建筑修缮时，防水构造应该整体施工，并做好接缝和檐口交接处的处理。在使用中，只要有一个点漏雨，局部修补只能起到临时的作用，要解决漏雨的问题，还是要整体重新做防水层。所以，屋顶防水的施工，在遗产修缮时一定要做好，否则在使用中出现漏雨问题，解决起来也比较麻烦，而且会对建筑造成损害（图 20、图 21）。

图 20　屋顶漏雨现象
（来源：作者团队自摄）

图 21　雨水腐蚀木屋架
（来源：作者团队自摄）

参考文献

[1] 陈宗严 . 防止钢筋混凝土建筑物劣化的措施 [J]. 工业建筑，1987,3: 13.

[2] 岳清瑞，陈小兵，牟宏远 . 碳纤维材料（CFRP）加固修补混凝土结构新技术 [J]. 工业建筑，1998(11):1–5,34.

[3] 林志伸，惠云玲 . 我国工业厂房混凝土结构耐久性的宏观调研 [J]. 工业建筑，1997(6):2–6,54.

[4] 郝挺宇 . 混凝土结构耐久性病害诊治技术现状及展望 [J]. 建筑科技情报，2002,(3):5–8.

[5] 郝挺宇 . 混凝土结构耐久性修复与防护技术规程简介 [C]// 中国工程院土木、水利与建筑工程学部，中国土木工程学会混凝土及预应力混凝土分会混凝土耐久性专业委员会，深圳大学 . 沿海地区混凝土结构耐久性及其设计方法科技论坛与全国第六届混凝土耐久性学术交流会论文集 .2004:519–522.

[6] 王玲 . 锈损钢筋混凝土试件修复效果试验研究 [C]// 中国土木工程学会混凝土与预应力混凝土分会混凝土耐久性专业委员会 . 第八届全国混凝土耐久性学术交流会论文集 .2012:535–542.

[7] 岳清瑞，王玲 . 长期暴露环境下锈损钢筋混凝土试件耐久性修复试验研究 [J]. 工业建筑，2017(1):118–122.

[8] 于英俊，郭小华，王玲，等 . 酸和氯盐耦合作用下混凝土结构耐久性评估及修复 [J]. 工业建筑，2019(3):180–185,159.

[9] 黄士元 . 近代混凝土技术 [M]. 西安：陕西科学技术出版社，1998.

[10] 杨全兵 . 对混凝土结构抗冻融及盐冻侵蚀耐久性设计的建议 [C]// 中国土木工程学会 . 混凝土结构耐久性设计与施工论文集 .2004:53–65.

[11] 淳庆，周琦 . 民国建筑钢筋混凝土结构检测鉴定及加固技术 [J]. 建筑技术，2013,44(2):153–156.

[12] 淳庆 . 典型建筑遗产保护技术 [M]. 南京：东南大学出版社，2015.

[13] 徐善华，牛荻涛，王庆霖 . 钢筋混凝土结构碳化耐久性分析 [J]. 建筑技术开发，2002(8):8–10.

[14] 牛建刚，牛荻涛 . 荷载作用下混凝土的耐久性研究 [J]. 混凝土，2008(8):30–33.

[15] 肖前慧，牛荻涛，朱文凭 . 冻融环境下混凝土强度衰减模型与耐久性寿命预测 [J]. 建筑结构，2011,41(S2):203–207.

[16] 牛荻涛，陈国鑫，刘西光，等 . 基于 KNN 算法的工业建筑混凝土结构耐久性环境指标体系 [J]. 工业建筑，2019,49(6):63–68,152.

[17] 张帆 . 近代历史建筑保护修复技术与评价研究 [D]. 天津：天津大学，2010.

[18] 戴仕炳，张鹏 . 历史建筑材料修复技术导则 [M]. 上海：同济大学出

版社，2014.
[19] 上海市房地产科学研究院 . 上海历史建筑保护修缮技术 [M]. 北京：中国建筑工业出版社，2011.
[20] 王景云 . 木建筑防腐对策研究 [J]. 西安建筑科技大学学报（自然科学版），1993(3):1–7.
[21] 李坤 . 木构件腐朽性能试验研究 [D]. 南京：东南大学，2019.
[22] 张伟斌，禹永哲 . 南京某近代砖木结构加固与改造设计 [J]. 建筑结构，2007,37(S1):48–50.
[23] 李旋 . 北京近现代建筑木屋架微生物劣化机理与修复技术评析 [D]. 北京：北京工业大学，2013.
[24] 魏强 . 优秀历史保护建筑中的木结构屋架修复技术 [J]. 建筑施工，2012,34(12):1157–1159.
[25] 聂波 . 上海近代混凝土工业建筑的保护与再生研究（1880—1940）[D]. 上海：同济大学，2008.
[26] 上海市建筑科学研究院房屋质量检测站 .1933 老场坊项目房屋质量检测报告：沪房鉴（002）证字第 2006. 220 号 [Z].2006–10–11:6
[27] 上海市建筑科学研究院房屋质量检测站 .1933 老场坊项目房屋质量检测报告：沪房鉴（002）证字第 2006. 220 号 [Z].2006–10–11:8,9
[28] 上海市建筑科学研究院房屋质量检测站 .1933 老场坊项目房屋质量检测报告：沪房鉴（002）证字第 2006.220 号 [Z].2006–10–11:38,42

* 本文得到国家自然科学基金面上项目（52178036）、国家自然科学基金青年基金项目（51808408）、合肥市哲学社会科学规划项目（HFSKYY202111）、铜陵市软课题项目（SRKT2021-01）的资助。

从“刚需”到“情怀”：近现代武汉工业遗存红砖营造特性研究*

黎启国　程启辉　闻　超　合肥工业大学建筑与艺术学院

摘　要：本文以近现代武汉工业遗存红砖为研究对象，采用实测数据与科技文献相互佐证的方法，对红砖的营造特性、砌筑手法、现状问题进行解析，归纳工业遗存红砖用材由盛到衰的发展历程，挖掘其背后隐藏的社会变革和人文情怀等历史信息，为当下红砖保护与再利用途径提供技术指导和理论依据。

关键词：工业遗存；红砖；营造；病害；保护

绪论

中国古代的制砖工艺最早可以追溯到汉代，到明清时期才广泛应用于居住、祭祀等建筑。但受到传统等级观念的影响，只有皇室才能使用红色，所以民用建筑多以青砖为主要建筑用砖。[1] 直至近代，鸦片战争带来西方建筑思想的同时，西方建筑风格所提倡的建筑红砖也在中国生根发芽，由此拉开了近现代中国工业红砖用材的序幕。

中华人民共和国成立后，国家进入了飞速发展的建设时期，并且生产红砖比青砖更为便利、快捷，有利于实现机械化生产，红砖在这一时期的应用达到了顶峰，被广泛运用于厂房、居住等建筑。21 世纪以来，一方面考虑到红砖的烧制原料为黏土，对农田、耕地的破坏极大，同时考虑到红砖的烧制过程对环境的负面影响，使得“禁黏”运动成为社会的主流；另一方面，新型的材料如灰砂砖、混凝土砌块砖的兴起，红砖逐渐退出建筑材料的历史舞台。

我国工业建筑材料已经完成由红砖向钢筋混凝土、复合钢板转变，现有的红砖工业遗存成为那个时代特有的印记。红砖作为历史的承载者和见证者记录着那段时期的生产生活方式和社会变革，成为城市记忆的重要组成部分，具有时代性和社会认同感。因此，探索红砖的营造特性与适应性再利用技术对追寻时代记忆具有深刻影响。

1　近现代武汉红砖的发展背景和问题

1.1　研究样本的时空语境

文章选取武汉有深远影响的红砖工业遗存为主要研究对象，涵盖了从近代工业产生到改革开放后现代工业快速发展新时期在内的 74 个研究样本。这其中包括冶金工业、机械工业、纺织工业等多工业类别，官办、民办、集体所有在内的不同权属工业建筑，为研究提供了多样、复杂的研究样本，[2] 如表 1 所示。

表 1 样本选取的范围和数量

时期	样本数量	样本名称
近代工业产生与初步发展阶段（1840—1911）	13	邹紫光阁毛笔店（坊）、汉阳铁厂、汉阳兵工厂、卢汉铁路江岸机厂（铁道部江岸铁路工厂）、铁道部江岸车辆工厂（简称江岸车辆厂）、汉口电灯公司、平和打包厂、汉口美最时电灯厂、宗关水厂、既济水电公司、赞育汽水厂、汉口老沙逊洋行仓库、硚口织布厂
近代工业迅速发展阶段（1912—1937）	13	亚细亚火油公司汉口分公司、南洋兄弟烟草有限公司、和利汽水厂、武汉第三制药厂、第一纱厂、武汉卷烟厂、太平洋肥皂厂（现武汉第一化工厂）、福新面粉厂、南阳烟厂、武汉制漆总厂、武汉市江北冠生园食品有限公司、邦可面包房、武昌造船厂
近代工业发展滞缓时期（1937—1949）	4	武汉制药厂、武汉制线总厂、中原无线电厂、中国人民解放军七二一八工厂
国民经济恢复和社会主义工业全面建设时期（1950—1965）	35	武汉第二印染厂、汉阳造纸厂、武昌第二机械厂、武汉机床厂、武汉消防器材厂、武汉轻型汽车制造总厂、武汉市国光织布厂、武汉市第一棉纺织厂、武汉无机盐化工厂、武汉酒厂、武汉交通汽车配件厂、湖北探矿机械厂、汉阳钢铁厂、武汉水泵厂、武汉饮料二厂、武汉市中联制药厂、青山红房子、武汉阀门厂、中国第一冶金建设公司、武汉钢铁公司、武汉有机合成厂、武汉健民制药厂、武汉市武汉国营酒厂、武汉冷冻机厂、湖北省新华印刷厂、武汉锅炉厂、武汉肉类联合加工厂、武汉液压件厂、湖北青山热电厂、湖北第三内燃机配件厂、武汉制瓶厂、武昌印染厂、武汉船用机械厂、湖北省农业生产资料公司
现代工业曲折前进时期（1966—1978）	6	武汉市清江化工厂、武汉光明仪表厂（265厂）、武汉石油化工厂、武汉造纸厂、武汉市胜强徽压锅炉厂、武汉三五四一服装总厂
改革开放后（1978至今）	3	武钢集团汉口轧钢厂、武汉高压电器厂、武昌第二针织厂

（来源：作者自绘）

1.2 武汉红砖应用的发展脉络

红砖制砖业是武汉市建材工业中历史最长、规模最大的一个行业。最初武汉建筑红砖是由厦门、泉州等地零星采购而来，直到 1892 年张之洞督鄂时期在武汉创办钢铁、枪炮、纺织等工业，砖瓦供应“俱来远道，价昂而又不能应急需”。[2] 在此社会背景下，为适应生产需要，武汉开始出现以官办和外资砖厂为主的近代砖瓦工业。民国初年经历了初期短暂的衰退后武汉砖厂逐渐走向了兴旺，各式工业红砖建筑也相继出现（图 1）。1938 年，日军侵占武汉，大部分砖厂迁至重庆，加上连年战争，直至 1949 年武汉解放前夕，武汉制砖业多处于停工状态，低于 1936 年的建设水平。中华人民共和国建设初期的国民经济恢复和社会主义工业全面建设阶段，砖瓦供应严重不足，出现了各建设单位自办砖瓦厂的兴旺景象，武汉砖厂大多掌握在军区和省部机关手中，直到 1952 年，为便于统一管理和机械化生产，军队系统办的厂奉令交地方。到 1960 年代前期，国家调整国民经济，各砖瓦厂均精减职工、减少产量， 1965 年以后，随着技术和管理水平提升，市属砖瓦厂在减少的同时，东西湖区、洪山区等地开始兴办地方砖瓦厂，直到 1985 年，全市共有砖瓦工业企业 36 家，武汉制砖业在这一时期达到了顶峰（图 2）。[3]

21世纪初，武汉开始了“禁黏”运动，多数制砖厂濒临倒闭的局面，红极一时的制砖厂也逐渐没落。

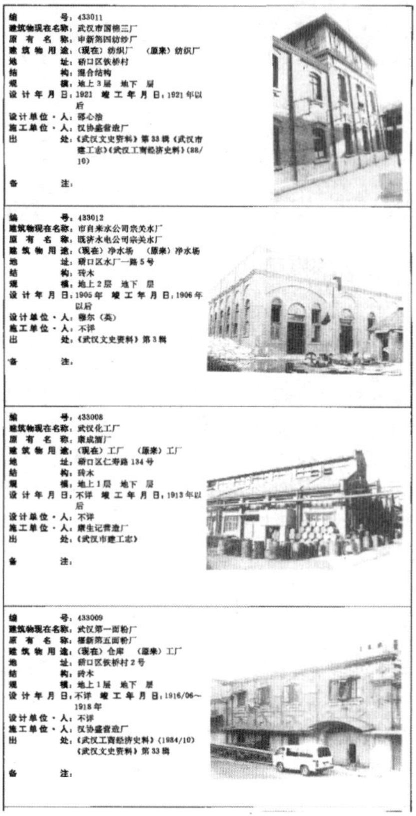

图1 武汉地区工业建筑原貌
（来源：《中国近代建筑总览：武汉篇》）

表394 1985年武汉市属建材工业企业概况表

厂 名	地 址	经济类型	产 品	总产值（万元）	固定资产（原值）（万元）	职工（人）
市建筑材料工业局属工业						
武汉市第一砖瓦厂	汉阳琴断口	全民	粘土砖	411.10	769.30	734
武汉市第二砖瓦厂	汉阳赵家台	全民	粘土砖	354.60	638.20	1 210
武汉市第三砖瓦厂	汉阳黄金口	全民	砖瓦	327.70	348.80	735
武汉市第七砖瓦厂	汉阳县张湾	全民	粘土砖	265.90	484.80	805
武汉市第八砖瓦厂	汉阳县新农乡	全民	粘土砖	411.10	769.30	734
武汉市十里铺砖瓦厂	汉阳江家岭	集体	红砖	55.20	102.10	285
武汉市快活岭砖瓦厂	汉阳快活岭	集体	粘土砖	117.50	106.00	269
汉阳区永丰第三砖瓦厂	汉阳十里铺	集体	红砖	49.70	89.70	171
武汉市江堤砖瓦厂	汉阳江堤乡	集体	粘土砖	67.20	57.80	187
武汉市湖江砖瓦厂	汉阳江堤	集体	粘土砖	67.30	102.90	165
洪山区砖瓦厂	洪山区和平乡	全民	粘土砖	70.20	116.2	278
新建砖瓦厂	洪山区建设乡	集体	粘土砖	33.60	16.4	166
和平砖瓦厂	洪山区和平乡	集体	粘土砖	67.30	55.10	181
九峰砖瓦厂	洪山区九峰乡	集体	粘土砖	82.60	61.10	220
建设乡砖瓦三厂	洪山区建设乡	集体	粘土砖	62.80	18.20	252
花山砖瓦厂	洪山区花山乡	集体	红砖	81.30	68.10	256
石嘴砖瓦厂	洪山区青菱乡	集体	粘土砖	79.60	64.00	260
青菱砖瓦厂	洪山区青菱乡	集体	粘土砖	79.10	56.60	265
洪山乡砖瓦厂	洪山区洪山乡	集体	粘土砖	112.20	78.60	281
建设砖厂	洪山区建设乡	集体	粘土砖	112.30	77.80	308
吴家山砖瓦厂	东西湖吴家山	全民	粘土砖	49.50	44.10	275
走马岭农场砖瓦厂	东西湖走马岭	全民	粘土砖	83.40	51.30	276
新沟农场砖瓦厂	东西湖新沟	全民	粘土砖	62.00	63.20	250
荷包湖农场砖瓦厂	东西湖荷包湖	全民	粘土砖	118.50	66.00	360
辛安渡农场砖瓦厂	东西湖辛安渡	全民	粘土砖	55.50	95.40	230
东山农场砖瓦厂	东西湖东山	全民	粘土砖	85.00	90.70	341
柏泉砖瓦厂	东西湖柏泉	全民	粘土砖	72.90	31.60	262
径河砖瓦厂	东西湖径河	全民	粘土砖	65.20	39.80	351
水产养殖场砖瓦厂	东西湖养殖场	全民	粘土砖	46.20	29.70	185
三店农场砖瓦厂	东西湖三店	全民	粘土砖	171.80	119.10	538
汉南建材公司	汉南区纱帽镇	全民	红砖	188.30	90.30	544
城东砖瓦厂	城东农场	全民	粘土砖	95.10	71.60	345
汉南农场砖瓦厂	汉南农场	全民	粘土砖	67.90	53.20	215
汉南砖瓦厂	汉南区水洪街	集体	粘土砖	87.70	77.60	357

图2 1985年武汉市砖厂工业企业概况表
（来源：《武汉市志：工业志·下》）

2 红砖的营造特性

2.1 红砖的砌筑方式

武汉市红砖墙体砌筑类型多样，以每皮丁顺相间砌筑方式为主，占样本总量的40.54%。每皮丁顺相间砌筑即水平皮丁顺相间，上下皮之间丁顺交错砌筑，这种方法砌筑难度较高，但墙体稳定性较好，多用于建筑外墙，例如福新面粉五厂和武汉电视机总厂的外墙砌筑就是这种方式。另一种常见的砌筑方式是上下皮一丁一顺的砌筑方式，这种砌筑方式占样本总量的31.08%，即砌一皮顺砖再砌一皮丁砖，砌法简单，易于施工，如武汉冷冻机厂的外墙。此外，还有两种占比较小的砌法，包括全顺式（16.22%）、三顺一丁式（12.16%）等（表2）。另外，受限于红砖生产的不规范性，红砖的规格存在差异，虽然多数红砖都能做到错位相交，灰缝交错，但仍不乏一些建筑砌筑方式存在紊乱的现象。[4]例如汉阳铁厂转炉车间，在施工过程中，就存在根据实际尺寸随机砌筑以满足灰缝错位要求的情况。

表2　建筑样本中主要使用的砌筑方法

砌法名称及样本数量	示意图	建筑图例	建筑名称	样本占比
每皮丁顺相间砌筑	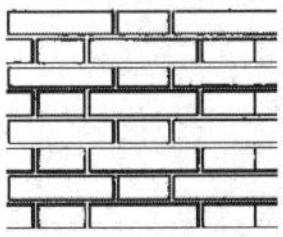		湖北省林业机械厂	40.54%（30/74）
上下皮一丁一顺	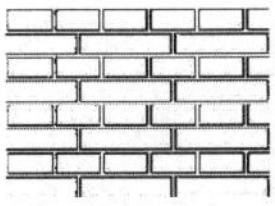		汉口南阳烟厂	31.08%（23/74）
全顺式	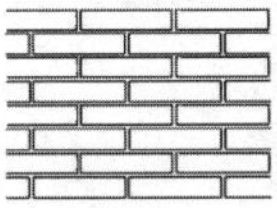		一冶机关大院红房子	16.22%（12/74）
三顺一丁式	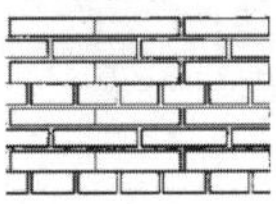		国营长江电源厂	12.16%（9/74）

（来源：作者自绘）

受限于红砖性能的稳定性，通常在砖墙砌筑过程中设置构造柱，这些砖柱主要分为独立柱和附墙柱两类，而红砖砌筑墙体和柱子的砌筑方式也不同，独立柱主要是以一丁两顺砌筑为主，尺寸以240毫米×370毫米及490毫米×490毫米较为常见（图3）；附墙柱根据墙厚度不同以及柱的大小而定，同时柱与墙逐皮搭接，而不能分离砌筑，搭接长度至少1/2砖长，柱子根据错缝需要，可加砌3/4砖或半砖。

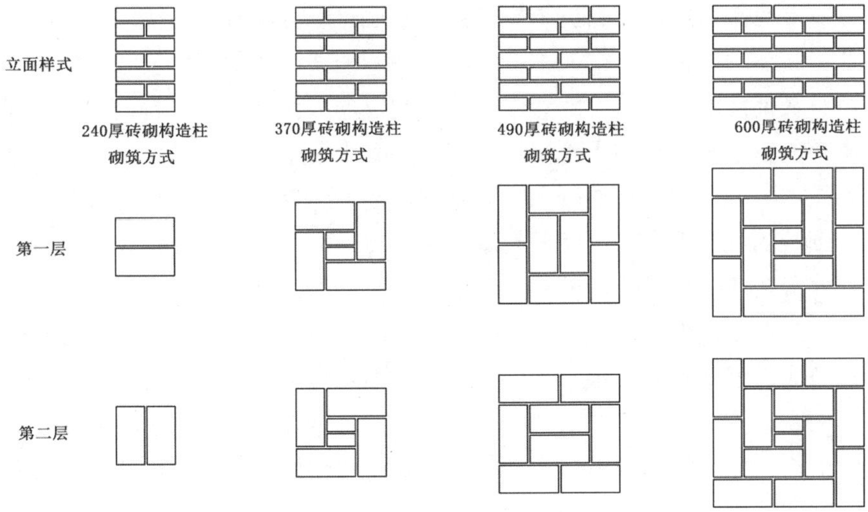

图3　不同厚度的红砖构造柱砌法
（来源：作者自绘）

在武汉工业遗存中，往往会存在一些大跨度的拱形结构，或者因为美观需要而设置的小跨度的弧形门洞，在这些特殊的构件中红砖的砌筑方式不同，针对小跨度，用砖砌平拱过梁，常常简称平拱。这种过梁是采用竖砌的砖做成拱券。这种券是水平的，故称平拱。砖砌平拱过梁的灰缝应砌成楔形缝（图 4）。灰缝的宽度，在过梁的底面 5 毫米；在过梁的顶面不应大于 15 毫米。拱脚下面应伸入墙内不小于 20 毫米，拱底应有 1% 的起拱。从其受力特点及施工工艺考虑，必须保证拱脚下面伸入墙内的长度和拱底应有的起拱量，保持楔形灰缝形态。

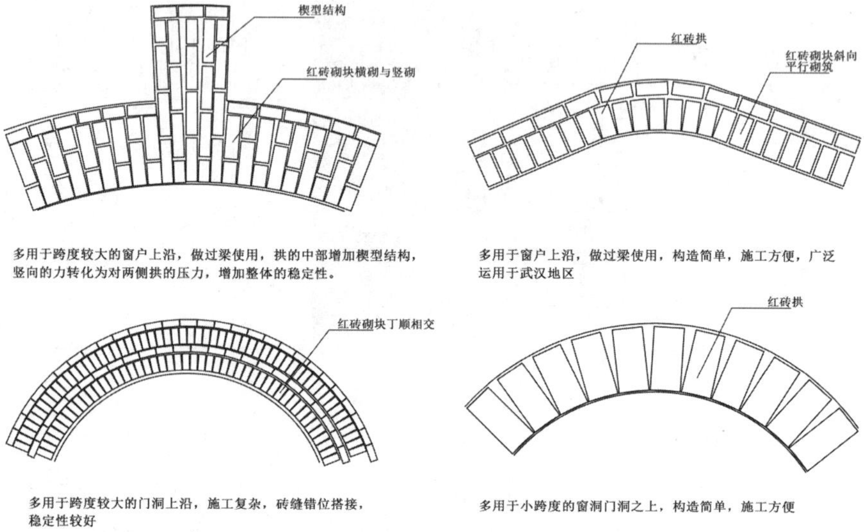

图 4　不同拱的砌筑方式
（来源：作者自绘）

2.2　红砖与其他结构的衔接

砖墙作为建筑的围护结构，会和其他建筑构件材料衔接，包括围护结构和屋顶的衔接，框架结构中红砖墙和框架柱的衔接以及红砖墙和白色石灰饰面的融合等。随着建造技术的发展和新材料的兴起，武汉工业遗存的屋顶桁架结构由木桁架转变为混凝土桁架，而在砌体结构中，不论是木桁架结构还是混凝土桁架结构，他们桁架的两端都直接搁置在红砖砌筑的承重墙上，而在框架建筑中，由于红砖墙只起围护作用，桁架都放置在柱头或混凝土梁上。[5]

在砌体结构中，因为柱子也属于墙体的一部分，柱子也是由红砖砌筑而成，因此砌体结构中的柱子和砖墙相互咬合，逐皮搭接。而在砖混结构中，柱子本身不承重，只增加建筑的稳定性，在与红砖的衔接时通常由构造柱中扦插钢筋完成，以增加红砖墙和构造柱的连接性，增加砖的抗拉性能；在框架结构中，其承重结构主要由楼板、柱和梁承担，墙只起围护作用，砖和框架柱的衔接主要是由砂浆黏结而成，没有结构上的交叉咬合衔接。

红砖墙和外部饰面包括两大类，主要为裸露的墙体和有饰面的墙体，有饰面的墙体又分为室内饰面和室外饰面。红砖因为其选材为粘土，这种材料烧制出来的红砖决定了它的质感粗糙。砖的表面细密的孔洞及泥土烧制后粗糙的质感会使砖表面呈现出颗粒状的让人想要触摸的亲切感。所以很多厂房会直接裸露红砖，但是对于一些要求较高或追求美观和舒适的建筑，会对墙体进行粉刷，通常外墙会刷水泥砂浆，再加颜色涂料，美观的同时也能起到保护红砖的作用，内墙涂料则更为简单，通常为白色石灰砂浆。

2.3 红砖的色彩变化

通常砖的艺术感染效果与其材质肌理有关，但更重要的是其独特的颜色艺术，反观红砖的制作流程及原材料的选取，红砖的颜色很难保持统一。一方面烧制的过程受到温度、湿度、氧气及时间的影响，以及红砖多采用当地的黏土，由于不同地区的黏土所含成分的比例不同，烧制呈现出来的颜色会差别较大。另一方面，以砖墙作为厂房的围护结构也会因生产活动而发生显著的变化。如汉阳铁厂转炉车间因为其特殊用途红砖而呈红褐色，而太平洋肥皂厂因为其化学反应而呈深红色（如表3）。当红砖的颜色因为岁月的沉淀而变得深沉的时候，那正代表了特有的文化气息，当建筑的颜色变得越来越不纯净的时候，也是最能融于环境的时候。

表 3　不同类型红砖的颜色对比

			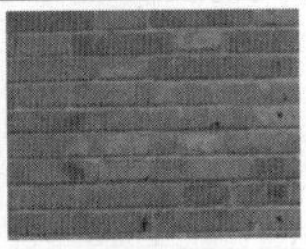	
R169 G104 B84	R172 G93 B60	R222 G158 B110	R156 G94 B57	R163 G134 B136
中原无线电厂	武汉既济水塔	汉阳钢铁厂	电视机总厂	平和打包厂

（来源：作者自绘）

3 红砖的现状病害分析

红砖作为建筑的围护结构，虽然有些建筑会进行外墙粉饰，但经过几十年的沧桑岁月，红砖本身的物理性能导致砌块本身也会产生不同的老化和破损，加上建筑使用者改变时常对原有建筑进行一定程度的改造，同样影响红砖的保存现状。本文试图通过了解红砖的现状，更精确地提出对红砖改造与再利用技术的策略。

3.1 自然老化

无论是砌体结构还是钢结构，都无法抵御自然的老化。红砖建筑作为存留了近百年的工业遗存，存在不同程度的老化，这些老化主要来自温度、湿度以及风化因素等不同程度的影响。自然界中的日照、雨雪等都会对红砖产生酥脆、腐蚀、热胀冷缩的影响从而导致墙体老化破坏。

外墙粉饰会有不同程度的脱落，例如既济水塔，原有的饰面已经脱落，现在裸露的红砖向人们展示经历的沧桑，另外，由于地基不均匀沉降和地震力的影响，墙体会产生开裂、老化现象。

3.2　人为不恰当改造

无论是在生产生活还是改造利用过程中，人们都会将自己的意志强加在建筑物上。一方面，适当的改造利用会改善红砖的生存面貌，使红砖建筑焕发新生；另一方面，由于改造人员水平参差不齐，改造的结果也多有差异，有些建筑改造不当的情况也时有发生，例如新旧建筑融合不和谐，时代性标语混乱等都是对建筑的破坏。由于工业厂房存在使用主体的更迭，旧建筑原有空间结构往往不能满足新的生产生活需求，使用主体就会自发对建筑加以改造，并常常产生不可逆的后果。

3.3　生产过程中的影响

首先，不同的工业厂房所承载的建筑功能不同，而工业厂房在社会生产过程中不可避免的会产生粉尘、酸碱性腐蚀介质，而这些物质会对红砖墙产生一定的破坏，红砖具有弱酸性且孔隙率较大的物理特性，工业厂房内的残留物质会进入红砖砌块内改变其物理性能。其次，对于一些易挥发物质，或者燃烧未充分的煤灰等也会附着在墙体表面，导致墙体变色。最后，在生产过程中机械的震动也会使红砖墙共振导致墙体疏松，稳定性下降（表4）。

表4　红砖病害原因分析

破坏类型	具体要素	老化说明	破坏类型	具体要素	老化说明
物理性破坏	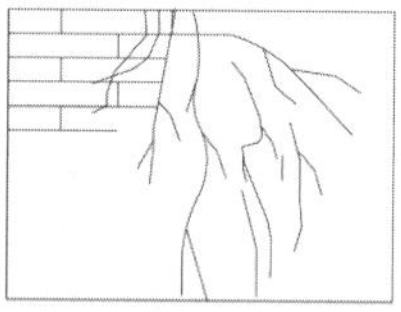	时间较长导致墙面不均匀伸缩沉降产生裂缝	风化性破坏	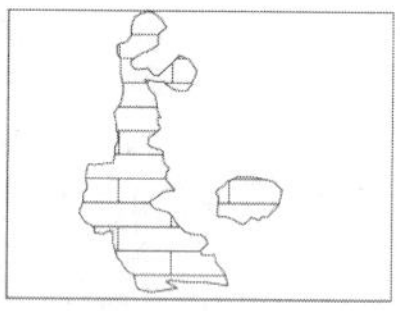	受到自然风化的作用，红砖砌块与饰面分离
生物性破坏	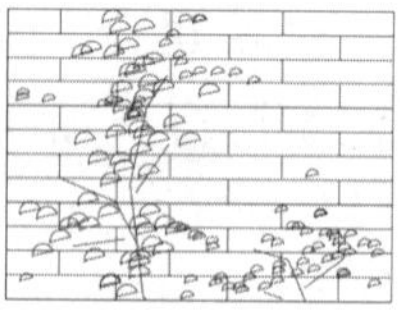	环境潮湿，墙体表面产生苔藓等植物	人为性破坏	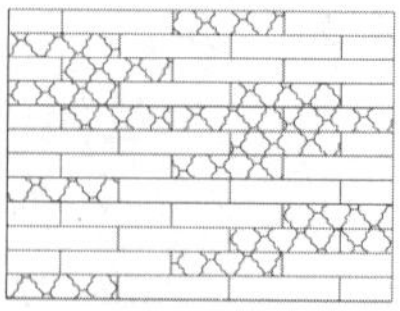	人为不正当使用或改造
化学性破坏	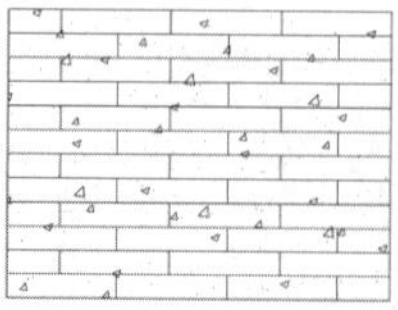	受雨水及空气酸碱腐蚀，导致砖老化酥脆	生产性破坏	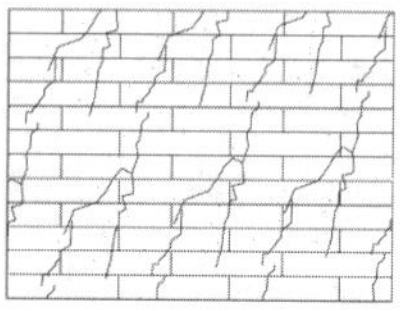	生产生活过程中，对红砖墙体产生的破坏

（来源：作者自绘）

4 红砖保护与再利用探究

4.1 红砖保护的重点与难点

4.1.1 建筑性格保护

在对红砖建筑保护过程中，应该充分考察红砖砌块的物理性能以保障建筑物的安全性，对物理性能较差的砌块我们应该进行替换或采取必要的加固措施，这必然会对建筑的风貌产生伤害。其次，后期若对建筑空间重组，进行厂房的功能置换时，也需要对原有红砖墙进行风貌整合，如何维持原有的工业群体的建筑性格也是重点之一。[6]

4.1.2 多为承重结构，有部分的墙体无法进行拆除后修缮

考虑到钢筋混凝土技术在中国起步较晚，当时的技术尚不成熟，并不能适应中华人民共和国成立后快速高效的基建发展，武汉的工业遗存主要还是以砖混结构或砌体结构为主，给红砖保护带来极大困难。由于砖墙承重，本着安全优先的原则，不能进行拆除后修缮，只能进行一些表皮的加固措施。

4.1.3 颜色不匹配

考虑到红砖的烧制材料来自于当地的黏土，而各地的黏土成分不尽相同，加上自然环境的侵蚀，人的主观活动会使建筑产生不同程度的老化和破损而呈现不同的建筑色彩，在后期的保护和再利用的同时，很可能会出现颜色材质不统一的现象。

4.2 再利用的途径

现在随着社会认同感和怀旧情结愈加强烈，作为社会变革见证者的红砖墙和红砖建筑逐渐成为人们的情感寄托，对其进行再利用的设计，可以满足人们对于那个年代怀旧情怀的表达需求。在对红砖及红砖建筑再利用过程中应该充分考虑红砖的稳定性、经济性和代表性。根据对以上因素的综合考量，可以根据不同价值诉求采取不同程度和规模的再利用途径。

4.2.1 以建筑单体的建筑形态改造

并非所有的建筑单体都值得像文保单位那样不做丝毫改动、原样保留下来。在城市发展的进程中，一些保存较为完善、稳定性较好的红砖厂房，应该尽量保留其整体的建筑形态，通过现代的营造技术和设计手法，对原有功能进行更新置换。[7] 例如，武汉 403 国际艺术中心就是由武汉锅炉厂改造而来。但值得注意的是，红砖工业遗存由于其特殊属性，在生产过程中，绝大多数建筑并不具备保温隔热特性或对保温隔热要求不高，经过再利用设计以后，使用人群可能由原先的产业工人转变成普通市民，因此，保护与再生过程中所面临的热舒适性提升是红砖保护的重点问题。其次，工业红砖建筑其巨大空间尺度与现代人的生活体

验相协调也是在红砖保护过程中需注意的重点问题。

4.2.2 以墙体、构件整体设计

当红砖建筑保存不太完整，仅剩局部墙体或构件保存完整时，可以对建筑主体拆迁，将具有历史文化价值和代表性意义的建筑墙体和构件保留下来，这种墙体和构件会成为新空间中最具特色的景观。这种方式可最大限度地保护红砖和红砖构件所承载的情感价值，[7]人们感知砌筑艺术、肌理和文化价值也更为直接。例如武汉重型机床厂所遗留的烟囱成为新建小区最具特色的景观之一。同样，北京798艺术街区的红砖墙体以涂鸦彩绘的形式增加了园区的艺术氛围和历史气息（图5）。

图5　北京798艺术街区红砖墙涂鸦
（来源：作者自摄）

图6　红砖美术馆
（来源：作者自摄）

4.2.3 以红砖砌块为最小单元设计

红砖作为武汉工业遗存砌筑的最小单元，在更新拆除过程中必然会以砌块的形式大量保留，而受限于现代的建筑形态，原有红砖的营造特性已经无法满足新建建筑大规模的使用，但这并不妨碍红砖砌块以现代的艺术工艺再现。同样的材质，不同的肌理会给人不同的感受，"肌"为材料的质地，"理"是材料表面的纹路，相同质地的材料也会有各种纵横交错、高低不平、粗糙平滑的纹理变化。例如红砖美术馆，已经成了一种园林空间设计的范本（如图6）。[9]另外，每一个城市都有独特的城市记忆，在建造城市文化建筑或园区时，需要能代表城市记忆的元素，例如王澍在设计宁波博物馆的同时，就提出了瓦片墙的概念，即将城市中的废瓦旧砖重新组合。出现在新建建筑中的这些旧砖是历史与情怀的延续。[10]

4.2.4 以碎砖为片段进行形态重塑

红砖砌体是近代建筑最具代表性的构筑材料，以红砖墙为代表的砖建筑材料不仅仅用于实现建筑的结构功能，也随着技术的进步被转换成了装饰美学的表现手段。[11]在现代的艺术街区和创意产业园中，有时为了追求红砖的装饰效果，会将废弃的碎砖进行加工，形成具有红砖纹理的装饰面砖，使其依附于新建建筑表面，通过这种方式达到装饰的效果。无论是在经济层面还是文化层面，相较于新材料，对旧砖瓦的利用是一种态度，是在旧建筑改造中满足情感需求和经济诉求的具体体现。

4.2.5 以砖渣原料为修复材料的红砖再利用技术

对于红砖砌块破损、残缺严重的砖渣，也可以将其研磨成粉，通过现代技术途径使其变成优良的现代修复材料。[12] 由于受到自然条件与人文环境的影响，红砖的颜色多有不同，但通过砖渣转变而来的修复材料可以达到坚固美观的修复要求，体现建筑的原真性，形成具有丰富质感和肌理的红砖表面。

5 结语

本文梳理了中国近现代红砖的来源与背景，着重通过对武汉市工业遗存红砖的厂址分布、砖的规格尺寸、砌筑方式、色彩变化等的剖析，归纳出不同时期不同社会背景下工业红砖的规律性特点，解读出砖材料背后的历史文化、社会变革等信息。此外，武汉工业遗存红砖的信息解码对历史建筑以及红砖材料保护具有积极意义，提醒人们在修缮过程中不能肆意粉饰、更换、抹灰，不能有意或无意间破坏砖材料所承载的历史信息而造成不可逆的损失。

参考文献

[1] 张光玮 . 关于传统制砖的几个话题 [J]. 世界建筑，2016(9):27-29,125.

[2] 李传义 . 中国近代建筑总览：武汉篇 [M]. 北京：中国建筑工业出版社，1992.

[3] 武汉市地方志编纂委员会 . 武汉市志：工业志（下）[M]. 武汉：武汉大学出版社，1999.

[4] 王其钧 . 中国建筑图解词典 [M]. 北京：机械工业出版社，2007.

[5] 李睿卿 . 砖的模式语言 [D]. 北京：清华大学，2013.

[6] 刘洋 . 粘土砖砌筑的旧工业建筑更新与改造研究 [D]. 北京：北京建筑大学，2017.

[7] 吴凡 . 当代“砖建筑”的表现与建构研究 [D]. 西安建筑科技大学，2019.

[8] 杨昌鸣，张帆 . 近代历史建筑清水砖墙修复初探 [J]. 建筑学报，2010(S1):51-54.

[9] 王姿 . 从红砖美术馆看传统砖筑结构的现代设计应用 [J]. 设计，2019,32(17):50-52.

[10] 唐浩，胡期光，张宇 . 从拆解到营建：提升旧砖价值的建筑设计方法 [J]. 工业建筑，2016,46(6):177-181.

[11] 梁艳武 . 当代红砖工艺在旧建筑改造中的运用 [J]. 科技与企业，2016(7):226.

[12] 冉晋，张金喜，杨米加，等 . 基于城市红砖建筑垃圾再生细骨料的可控性低强度材料制备（英文）[J]. 东南大学学报（英文版），2017,33(4):496-501.

中东铁路干线石拱桥的形态与构筑特征解析

徐见卓　王　岩　哈尔滨工业大学建筑学院　寒地城乡人居环境科学与技术工业和信息化部重点实验室

摘　要：桥梁作为铁路交通工程设施的重要代表，不仅保证了线路成功逾越各类复杂地形障碍，并因其具有类型多样性的特点而丰富了铁路工业遗产的内涵。中东铁路干线上有着分布范围广泛且现存数量众多的石拱桥，其外观精美、设计考究，展现出较高的设计和建造技术水准。本文借助大量的文献调研与实地踏勘，对中东铁路干线石拱桥的地理分布、结构形式及其技术特质进行了梳理，力求揭示中东铁路遗产中曾被忽略的技术遗产部分，进一步丰富铁路工业遗产的研究内涵。

关键词：中东铁路；石拱桥；遗产；技术

1　中东铁路干线石拱桥的形态类型与分布概况

石拱桥的建造史非常悠久，早在古罗马时期石拱桥便大范围应用于输水道和跨河桥，而将石拱桥应用于铁路桥梁则始于工业革命，英国于1830年建设了世界上首座用于客货运输的铁路石拱桥，该桥位于利物浦至曼彻斯特区间的桑基河上。此后，因石拱桥具有材料易得、坚固耐久、外形美观和维护费用节省等优点，而在欧洲各条铁路上得以广泛应用（图1）。石拱桥由主拱、拱上结构、桥台及桥墩等组成，中东铁路干线石拱桥的桥台平面多为U形，桥墩则立于水中或山谷之中，立于河流之中的桥墩大多设有半圆形或三角形的分水尖。在寒冷地区分水尖的作用显得尤为突出，除了引导水流快速绕行桥墩外，亦可在河面开封之时引导冰凌顺利通过而不损坏桥墩。主拱之上的填平部分称为拱上结构，干线石拱桥的拱上结构是由两道石墙围合而成的实腹式（图2）。

（a）英国桑基运河高架铁路桥（1830）

（b）德国戈尔茨希高架铁路桥（1845—1851）

（c）瑞士维斯纳尔高架铁路桥（1906—1909）

图1　部分建于19—20世纪的欧洲铁路石拱桥
（来源：网络）

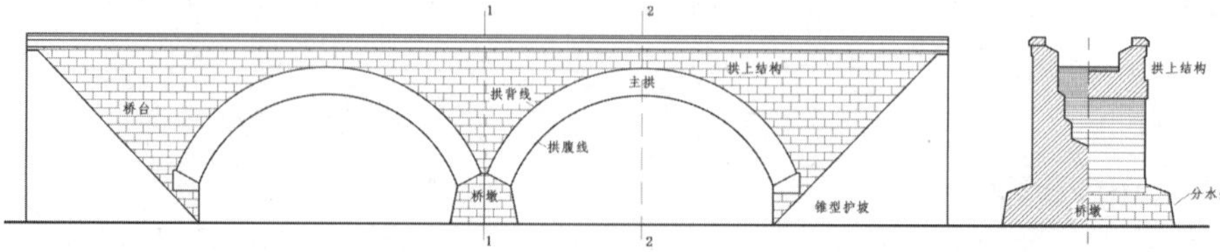

图2　石拱桥构造示意图
（来源：作者自绘）

根据《中东铁路标准化施工图集（1897—1903）》（以下简称《施工图集》）进行统计，中东铁路干线全线石拱桥共计208座，在线路上各种桥梁中占比达32.6%。1905年出版于俄罗斯圣彼得堡的《中东铁路大画册（1897—1903）》（以下简称《大画册》）中将桥梁单孔跨度在10.7米以上的桥梁称为大孔桥，依此统计，中东铁路干线石拱桥中共有40座大孔桥，占比达19.2%，并呈现出大孔桥少、小孔桥多和东线分布数量远高于西线的特点。若根据《铁路桥涵设计规范》（TB10002—2017）中“铁路桥涵分类：6米以下是涵洞，6米以上是桥梁，20米以下是小桥，100米以下是中桥，500米以下是大桥”的规定，桥长106.7米的免渡河大桥和小绥芬河桥以及桥长128.0米的穆棱河大桥是全线仅有的3座大型石拱桥，中桥和小桥的数量则分别为21座和185座（图3）。

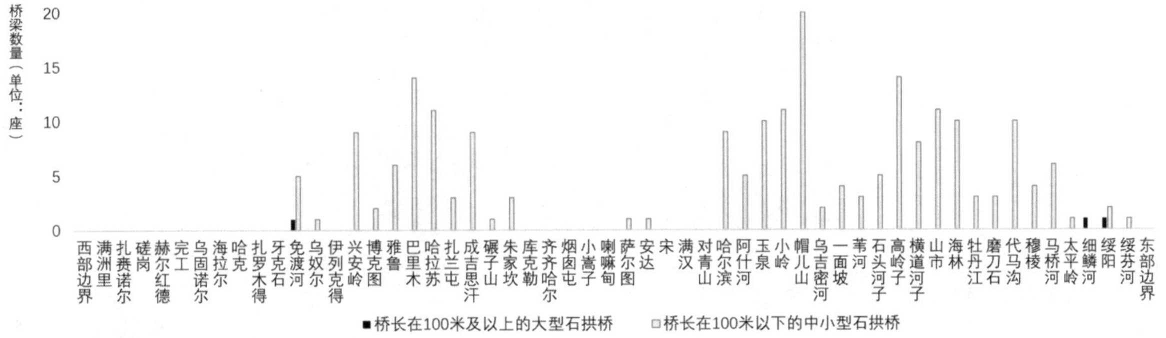

图3　干线石拱桥在各站区间分布情况示意图
（来源：作者自绘）

如果按照石拱桥的拱券数量来划分，中东铁路干线石拱桥又可分为单跨和多跨两种类型，跨河桥和谷架桥是单跨石拱桥的常见形式，多跨石拱桥则多用于河面较宽但无大型船只通航需求的河流之上（图4）。单跨石拱桥多分布于西部线穿越兴安岭路段以及东部线山区路段，多跨石拱桥则广泛分布于线路所经的中小型河流处。干线石拱桥亦可根据桥面形状和坡度划分为直线平坡、直线斜坡和曲线斜坡三类，因压顶石砌筑形式的差异可将直线斜坡式进一步细分为台阶式和斜线式（表1），相较于在干线上普遍分布的直线平坡式而言，直线斜坡式和曲线斜坡式仅分布在东部线的四处大型翻山线路之中，这与桥梁所处的地形地貌和线路条件等因素密不可分。建设于20世纪初期的中东铁路干线，在工程技术水平、施工技术条件、机车设备条件等客观因素，以及沙俄极度渴望线路尽快开通的主观意愿的双重影响下，敷设大范围展线的方案代替开凿长大隧道的计划成为实现翻越干线东部山区的最佳方式。东部山区山谷密布、沟壑纵横，为保证线路坡度的连续性，以带有坡度的桥梁承接线路、连接山谷两岸成为必然选择，因而才出现了密布于此的众多斜坡式石拱桥。

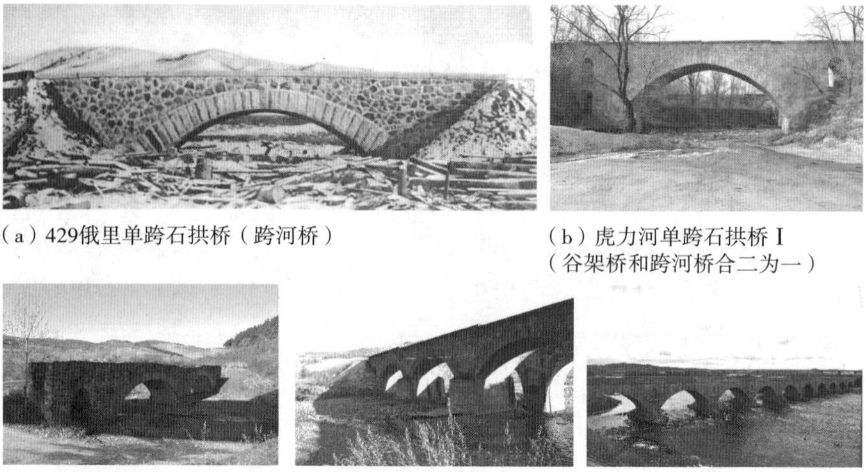

（a）429俄里单跨石拱桥（跨河桥）

（b）虎力河单跨石拱桥 Ⅰ（谷架桥和跨河桥合二为一）

（c）代马沟展线山底站西两跨石拱桥

（d）代马沟展线鞭子河三跨石拱桥

（e）免渡河十跨石拱桥

图4　拱券数量不同的干线石拱桥实例
（来源：《中东铁路大画册》和作者自摄）

表1　直线平坡、直线斜坡和曲线斜坡三类干线石拱桥

直线平坡		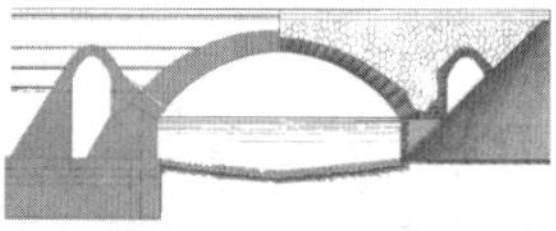	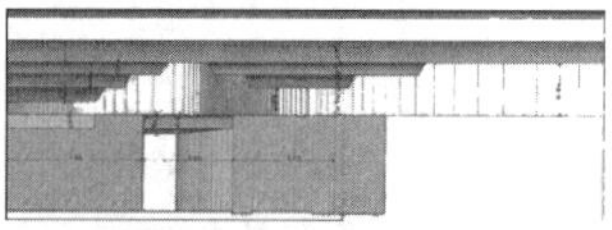	
		409俄里桥[①]		
直线斜坡	台阶式	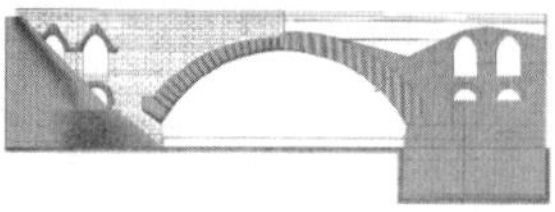	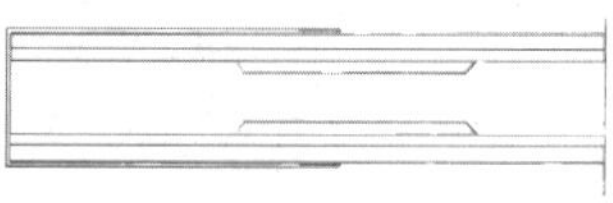	
		虎力河桥 Ⅰ		
	斜线式		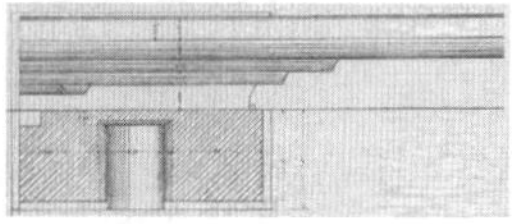	
		山石河桥		
曲线斜坡				
		石头河子桥		

（来源：作者自绘）

① 1俄里约等于1.07千米，409俄里桥即为中东铁路干线409俄里里程处桥梁。

2　中东铁路干线石拱桥的构筑特点

石拱桥因其主要承重结构石拱券必须在拱架上进行砌筑，故建设过程需消耗大量石材及木材。为此沙俄在进行线路选线设计前，早已未经清廷同意就擅入东北腹地完成了区域内的地形地质勘探和森林资源调查，最终选择了这条与符拉迪沃斯托克直线距离最短、沿途拥有丰富矿产和林业资源的线路，并同步建设了为修筑干线提供石材的四处采石场及散布在沿线各地的林场，以保证物料供应充足。

2.1 桥台与桥墩

中东铁路干线石拱桥的桥墩和桥台下方基础采用围堰方式建造，与维特鲁威在《建筑十书》中记述古罗马石拱桥的基础建设方式相一致。工程建设一般选在初春河水匮乏之时，根据《施工图集》中的设计图所示，推测木笼围堰做法如下：以预先设计完成的桥墩（或桥台）点位为中心向外画出一个矩形，在矩形的四个顶点及四个边上将间隔均匀的木制刃脚钉入淤泥直至江底岩石层，刃脚之间楔入木板，再以水平向的半圆形截面木横栏从围堰内外两侧将刃脚和木板联结成整体，即可完成木笼围堰的搭建，此后便可在其内部进行施工（图5）。

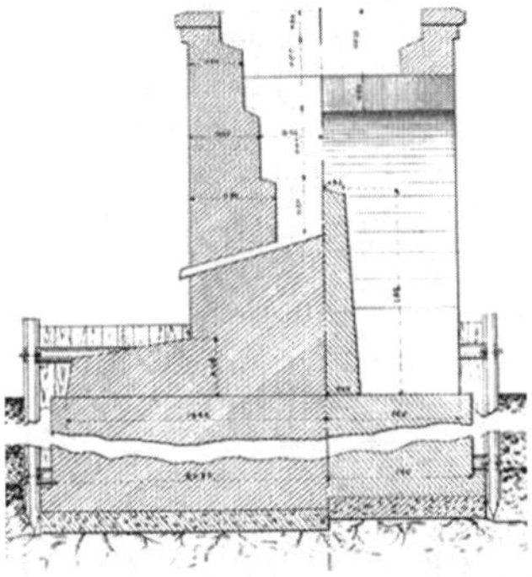

（a）马桥河石拱桥桥墩和桥台剖面图

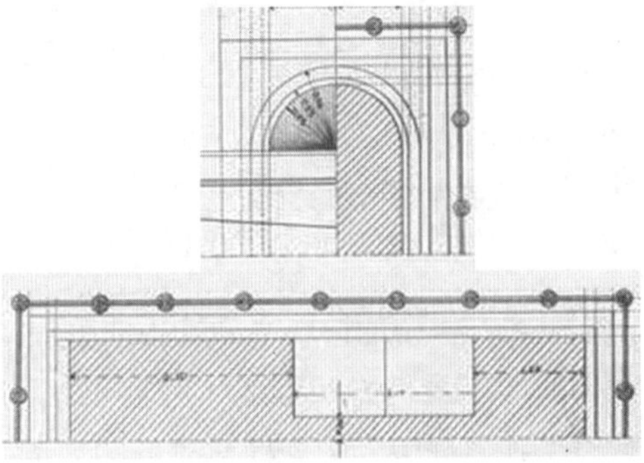

（b）蚂蜒河石拱桥桥墩和桥台施工平面图

图5　干线石拱桥桥墩和桥台设计及施工图纸
（来源：《中东铁路标准化施工图集（1897—1903）》）

为保证基础的稳定性和耐久性，需在围堰内的岩石层上方浇筑一层混凝土，混凝土上部砌筑石质基础，随后便可开始建设桥墩。为保护桥墩，须在桥墩的迎水面和背水面分别砌筑分水尖。干线石拱桥的分水尖一般砌筑到券洞的起拱线以上，在水流量较大的石拱桥下游一侧，起拱线以上部分大多砌成光滑的三棱锥，即使桥墩遭遇洪水冲击亦能减小阻力防止破坏。分水尖的平面形式在兼顾功能与视觉效果两方面的同时也呈现出多样的形式，大体可分为前弧后半圆式、前后尖式和前后半圆式三种（图6）。

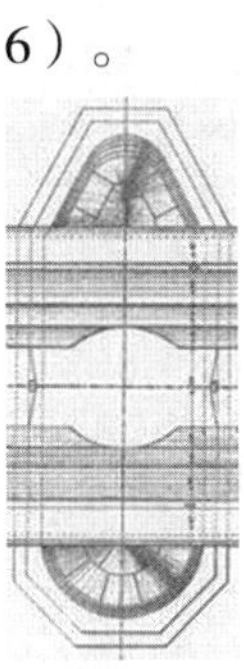

（a）前弧后半圆式

（b）前后尖式

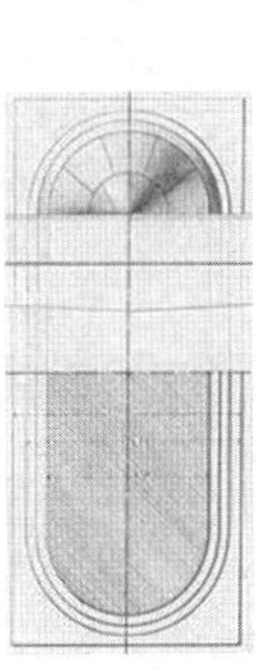

（c）前后半圆式

图6　干线石拱桥桥墩分水尖形式
（来源：《中东铁路标准化施工图集（1897—1903）》）

干线石拱桥多在桥墩分水尖与压顶石间砌筑壁龛或泄洪孔，可有效避免桥墩上部墙体过实带来的视觉单调和荷载过重等问题（图7）。

（a）桥墩砌有壁龛的山石河拱桥

（b）桥墩砌有泄洪孔的小绥芬河拱桥

图7　干线石拱桥桥墩的不同类型
（来源：《中东铁路标准化施工图集（1897—1903）》）

干线石拱桥的桥台平面均为U形，这虽解决了侧向挡土的问题，但其极大的圬工量仍无法回避，有鉴于此，干线大型石拱桥常在桥台上设置拱券，并根据桥台的规模对拱券的数量、层数和形式进行调整（表2）。

表2　干线石拱桥带拱券桥台的侧墙形式

按拱券数量及层数分类	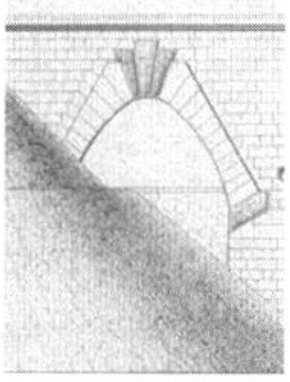 单层单拱侧墙	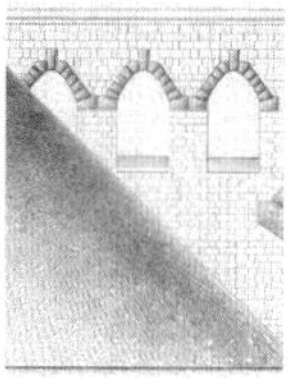 单层多拱侧墙	 双层多拱侧墙	
按拱券类型分类	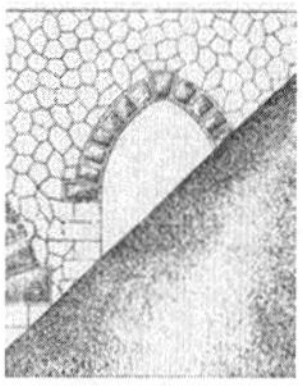 尖拱侧墙	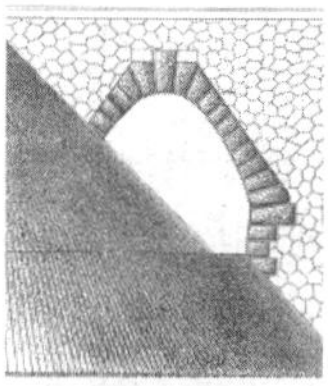 椭圆拱侧墙	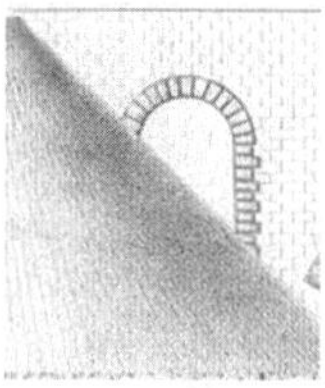 半圆拱侧墙	 组合拱侧墙

（来源：作者自绘）

2.2　主拱和拱上建筑

干线石拱桥的主拱在形式上大量采用三圆心尖拱和半椭圆拱，而鲜见圆弧拱。尖拱仅用于跨度为4.2米的主拱，椭圆拱的适用范围较广且实例众多，其跨度从6.4米至21.3米不等，既适用于跨越中小河流的小尺度跨河桥，亦可用于逾越深谷沟壑的谷架桥。相较于前两者丰富的实例，圆弧拱则显得凤毛麟角，仅见于12.8米的单跨石拱桥中（表3）。

表 3　干线石拱桥主拱形态类别

尖拱	 1153俄里4.2米单跨石拱桥		
椭圆拱	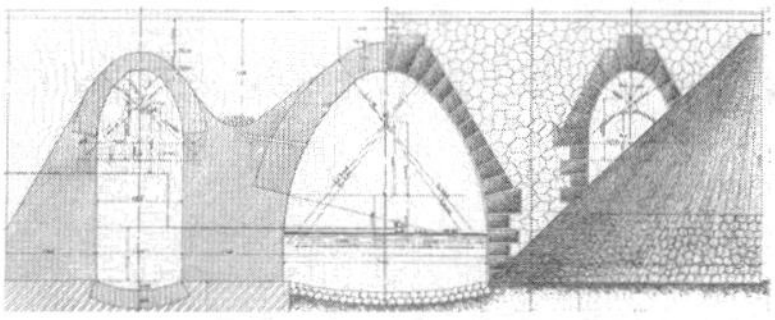 907俄里6.4米单跨石拱桥	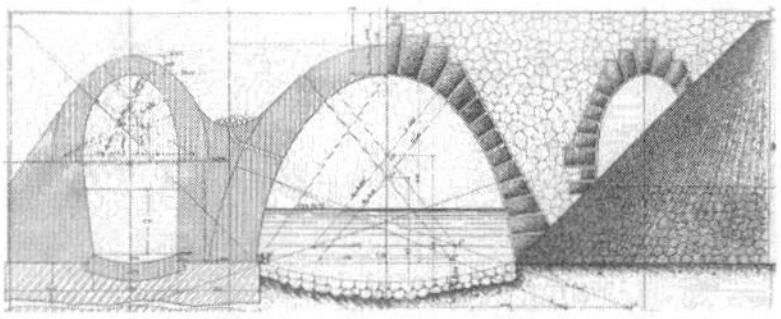 912俄里6.4米单跨石拱桥	
	 鞭子河单跨10.7米3跨石拱桥	 穆棱河单跨12.8米10跨石拱桥	 虎力河21.3米单跨石拱桥 I
圆弧拱	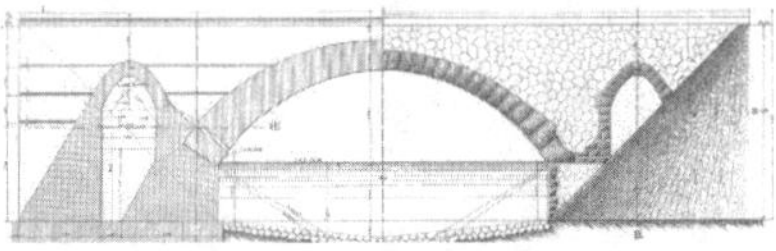 906俄里12.8米单跨石拱桥		

（来源：作者自绘）

中东铁路干线石拱桥主拱的砌筑是在满堂式木制拱架上完成的，这种木拱架的主要形式为撑架式拱架，即在传统梁柱式拱架中增设斜撑柱的拱架形式。实际施工过程中撑架式的运用和组合方式灵活多变，通常是将上部带斜撑柱的部分做成类似钢结构桥梁中的曲弦桁架，下部形式则取决于桥墩的高度。在河道内直接放置拱架的做法仅适用于桥墩较低且河面流量较小的情况，若桥梁身处深沟峡谷之中则需在上部桁架下铺设叠木式拱架，若桥墩高度介于前两者之间，则需在起拱线以下架立传统梁柱式拱架。此外，《大画册》中仅有个别桥梁采用将支撑柱按照扇形依次架立的扇撑式拱架（图 8）。

（a）撑架式拱架　（b）撑架-叠木组合式拱架　（c）撑架-梁柱组合式拱架　（d）扇撑式拱架

图 8　干线石拱桥拱架形式
（来源：《中东铁路大画册（1897—1903）》）

主拱拱券两侧的边沿用石，均选用边缘整齐、表面平坦，或是进行过凹凸处理和纹理设计的精加工石材，根据其位置和作用不同而被设计成拱脚五角石、拱脚梯形石、拱心楔形石、转角楔形石和拱上方形石等不同类型（图 9）。这些石材将按设计方案被放在搭设完成的拱架上，待拱圈两边沿石材全部安好后，再用粗加工石材填充边沿间空隙，最后进行抹灰处理。大多数拱券都砌有拱心石且形式多样，一些表面平整并与券面平齐，另一些则被雕琢成具有装饰样式的多面体，砌筑时突出于券面。干线石拱桥均为实腹式，其拱上结构由两道位于拱圈边沿之上的石边墙构成，内部填筑土石等材料后进行分层夯实。同时在砌筑石边墙时往往将其向上延伸并超过桥面一定高度，起到保护桥面及列车运行安全的作用，边墙顶部设有起到稳固与装饰作用的压顶石，个别实例则在压顶石上安装了石质栏杆。

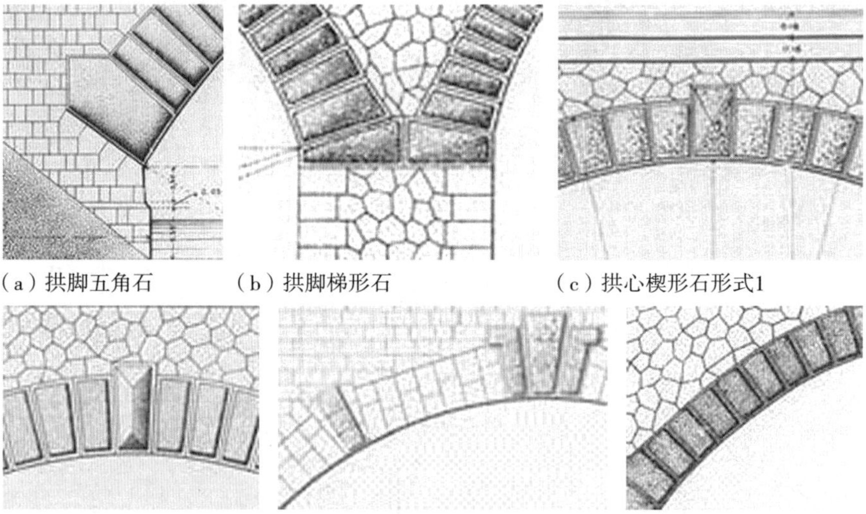

（a）拱脚五角石　（b）拱脚梯形石　（c）拱心楔形石形式1

（d）拱心楔形石形式2　（e）转角楔形石和石拱心楔形石形式3　（f）拱上方形石

图 9　干线石拱桥的主拱上选用的精加工石材样式
（来源：《中东铁路标准化施工图集（1897—1903）》）

边墙的砌筑形式分为三种，分别是应用于大中型石拱桥的块石规则式与不规则式，以及应用于小跨度石拱桥的毛石随机式砌筑形式。块石规则式选用的精加工矩形块石，其边缘整齐、规格统一，且同种块石的高度和宽度保持一致，促使灰缝十分狭窄并与墙面融于一体。块石方格式边墙与拱圈的连接一般有两种方式，采用大块五角边沿石砌筑拱圈或用小型五角石填补拱圈边沿石与边墙块石间的空隙，虽然二者在拱券和边墙分界处都能形成富有韵律感的台阶状图案，但前者视觉效果更为显著。不规则多角石在进行拼贴砌筑时斜边相互咬合，其平坦光滑的一面朝向桥身外侧与拱圈边沿石相协调，形成天然的裂痕式纹理。毛石随机式则应用未经加工的粗糙毛石进行砌筑，毛石分布较为随机且无规律性，凹凸不平的墙身与经过处理的拱圈边沿构成了鲜明对比（图 10）。

（a）块石规则式　（b）块石不规则式　（c）毛石随机式

图 10　干线石拱桥拱上结构边墙的砌筑形式
（来源：作者自摄）

2.3　泄水设施

中东铁路干线地处冬季漫长且雨雪频繁的中国东北，如果铁路桥梁受雨雪水的长时间浸泡与冲刷及冻胀作用的影响，桥梁结构安全将受到极大的影响并危及铁路行车安全，因此中东铁路大中型石拱桥的不同位置上都设有泄水管。经现场踏勘和查阅史料发现，泄水管除在两侧为实体无拱券边墙式桥台的单跨石拱桥中没有设置外，其余石拱桥中均有设置。依据泄水端所在位置的不同，可分为边墙泄水管和拱腹泄水管两类，在同一拱桥中两种布置方式可单独使用亦可相互结合。前者泄水端位于桥墩分水尖以上的石墙面中，管体布置在沿垂直于桥体跨度方向的竖向平面内，并在泄水端外常设有壁龛或环形饰面石来改善外观，而后者泄水端则位于拱腹近桥墩或桥台侧，两者的集水端则位于拱上边墙内相邻两拱间较易集水处，并在集水口处敷设河底卵石，起到过滤作用以防止边墙内部土石掉落堵塞水管（表 4）。

表 4　干线石拱桥泄水管布置方式

单独使用边墙泄水管	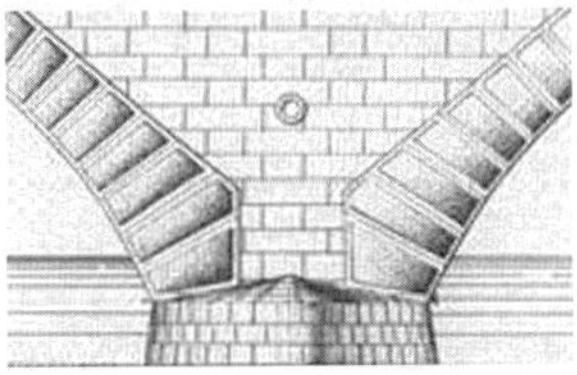 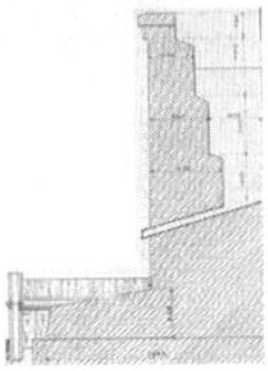	 马桥河桥
单独使用拱腹泄水管	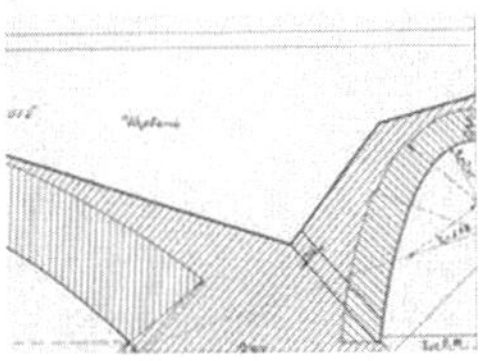 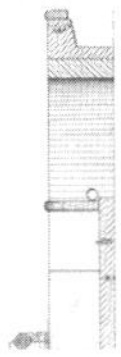	 腰岭子河桥
两者结合使用	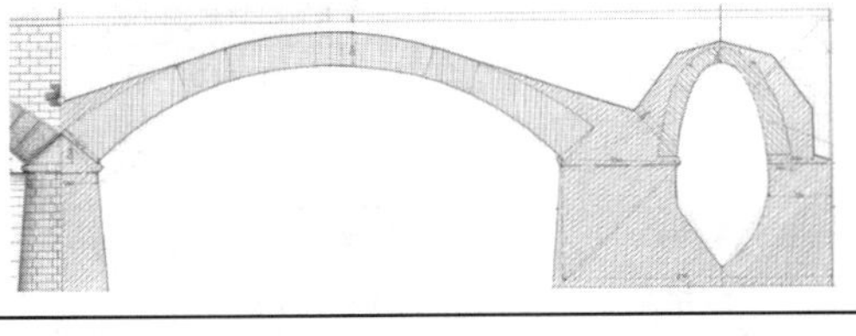	 蚂蜒河桥 I

（来源：作者自绘）

3 中东铁路干线石拱桥的构筑特征解析

3.1 设计标准化

干线石拱桥的标准化设计体现在如桥跨单元模数和同型桥梁的标准化设计等方面。干线石拱桥的桥长是以主跨单元为模数，再依据地形因素进行叠加以实现跨越河流或山谷的目的，《施工图集》中共列有2.1米、4.2米、5.3米、6.4米、8.5米、10.7米、12.8米和21.3米等8类跨度模数单元，除5.3米的石拱桥仅有1座外，其余各跨度石拱桥在线路中均得到广泛应用且数量众多（表5）。

表5 干线石拱桥单拱长度与桥梁实例统计表

<table>
<tr><th>单拱跨度（单位：米）</th><th colspan="5">桥长（单位：米），数量（单位：座），代表实例</th></tr>
<tr><td>2.1</td><td colspan="5">2.1，14，937俄里桥</td></tr>
<tr><td>4.2</td><td colspan="2">4.2，120

37俄里桥</td><td colspan="3">8.4，5
1236俄里桥</td></tr>
<tr><td>5.3</td><td colspan="5">10.7，1，976俄里桥</td></tr>
<tr><td>6.4</td><td colspan="2">6.4，21
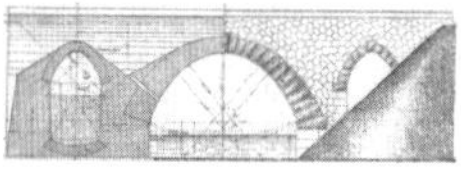
188俄里桥</td><td colspan="2">12.8，3

38俄里桥</td><td>19.2，1

雅鲁河桥</td></tr>
<tr><td>8.5</td><td colspan="5">8.5，3，1243俄里桥</td></tr>
<tr><td rowspan="2">10.7</td><td>10.7，11

429俄里桥</td><td>21.3，4

汗达河桥</td><td>32.0，6

鞭子河桥</td><td colspan="2">42.7，2

山石河桥</td></tr>
<tr><td colspan="5">74.7，1
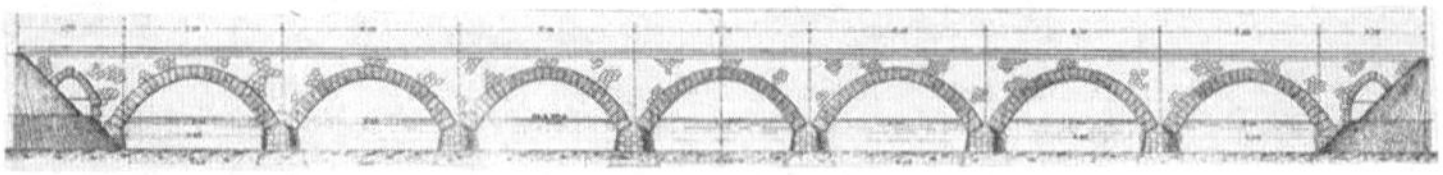
乌诺尔格尔河桥</td></tr>
<tr><td>12.8</td><td colspan="2">12.8，2

虎力河桥Ⅱ</td><td colspan="3">51.2，1

八道河子桥</td></tr>
<tr><td>21.3</td><td>21.3，2

虎力河桥Ⅰ</td><td>64.0，1

833俄里桥</td><td>85.4，1

蚂蜒河桥Ⅰ</td><td>106.7，2

小绥芬河桥</td><td>128.0，1

穆棱河桥</td></tr>
</table>

（来源：作者自绘）

中东铁路干线对中小型石拱桥采用了同型桥梁的标准化设计，即对相同外观形式的石拱桥在构造做法及形式等方面进行标准化设计，如对桥梁平面、桥台及桥墩的基础构造做法，桥台外观形式及断面，桥墩样式及分水尖形式等方面作相同设计，但在单跨跨度和桥墩高度等方面则较为灵活并不僵化，使石拱桥可因跨度不同而发生局部变化。这样的设计不局限于固定的形式，而是提供了一套灵活多变的设计方法，不仅可以缩短物料准备时间并提高工程施工速度，还可减轻工程人员的设计强度而让其有更多精力专注于复杂及大型石拱桥的设计。以《施工图集》中的桥台设单拱券、桥墩设壁龛的双跨石拱桥为例，该型石拱桥单拱跨度模数单元分为 8.5 米、10.7 米和 12.8 米三种，可适应宽度为 17 米、21.4 米和 25.6 米的河面，其平面形式、外观样式、泄水设施形式及位置、桥台和桥墩断面及基础做法、分水尖平面形式均保持一致，但在高度方面保持可变做法，桥梁高度可随地形进行因地制宜的设计（表6）。

表 6　桥台设单拱券、桥墩设壁龛的双跨石拱桥标准化设计图形式

立面图、桥台和桥墩断面图及分水尖平面图	8.5米		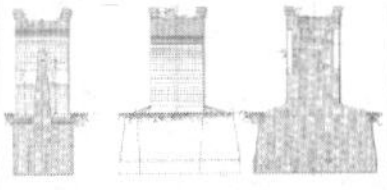	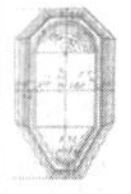
	10.7米		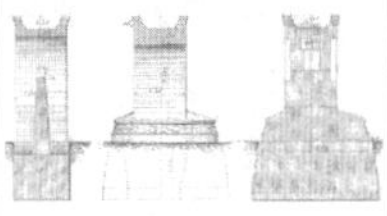	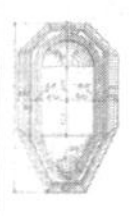
	12.8米	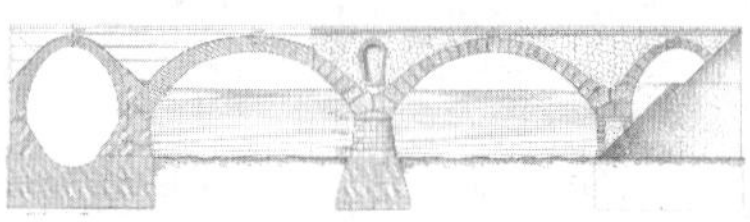	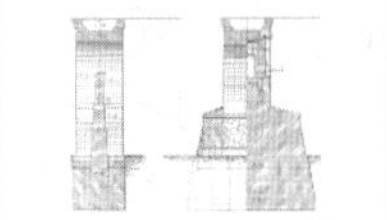	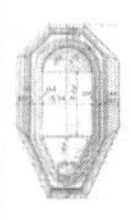
标准化平面	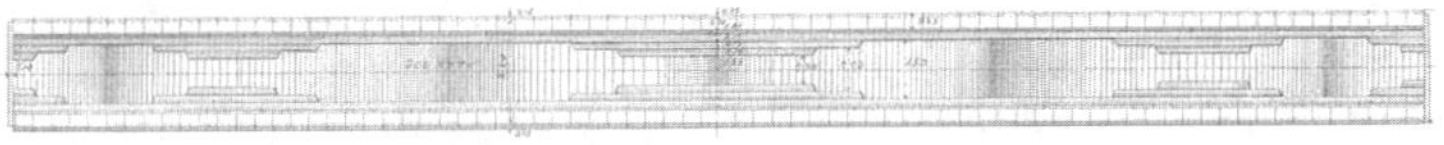			

（来源：《中东铁路标准化施工图集（1897—1903）》）

3.2　形态多样性

干线石拱桥的形态多样性不仅体现在石拱桥的类型、主拱形式以及分水尖样式等桥梁主要结构构件的形式选择与组合上，还在细部构造及装饰细节等方面同样有所体现。石拱桥在石材的类型选择上受线路所经区域地质条件影响而呈现出多样化的倾向，花岗岩、玄武岩和石灰岩三类石材均有使用，同时因使用不同加工深度的天然石材，使得石拱桥在整体色彩和质感方面呈现出多样化的效果。无论是块石规则式、块石不规则式和毛石随机式三种砌筑形式的应用，还是在大型石拱桥起拱线下方的桥台立面转角处砌有凸形方石，以及在大型石拱桥的主拱和带拱券桥台的拱券上砌有精致拱心石的装饰手段，又或者是在桥墩上方砌筑不同样式的壁龛，都是砌筑形态多样性的最佳见证（见图 11）。干线石拱桥泄水设施的设计同样具有形态多样性。在泄水口的位置选择上分为主拱拱腹和桥墩边墙两处，而其外观样式又分为无装饰式、壁龛式和环形饰面石式三种标准形式。拱腹泄水口适用于全部石拱桥，而大中型石拱桥还可选装桥墩泄水口。无论石拱桥规模大小其拱腹泄水口均选用无装饰式，但桥墩泄水口样式可在三种样式中进行自由选择。

（a）转角处砌有凸形方石的桥台　（b）“X”形拱心石　（c）倒梯形拱心石

（d）“I”形拱心石　（e）半圆拱形壁龛　（f）尖拱形壁龛

图 11　干线石拱桥的石材形态多样性
（来源：《中东铁路标准化施工图集（1897—1903）》和作者自摄）

3.3　技术先进性

中东铁路干线仅用 3 年时间就建成通车，其标准化的设计方案、合理的施工组织以及预制装配化的施工方式无疑起到了至关重要的作用。建设干线石拱桥，早期采用的是“因地制宜，就地取材”的施工模式，由于同步建设的物料工厂尚未完工，故早期石拱桥所用的本地材料多较粗糙。但随着线路的逐步完工通车，以及前瞻性的标准化设计模式，使得干线石拱桥建设有机会转变为“统一生产，预制装配”的模式，即干线石拱桥所需的标准化块石、搭设拱架的木材以及稳固基础所用的混凝土均由各专用工厂生产完毕后，经铁路运送至各施工现场进行施工建设。除了砌筑石拱桥所需的块石采取预制装配化的生产方式外，拱架的搭建同样亦采取同类办法，除干线石拱桥中的单跨拱桥外其余的石拱桥均为同跨距多跨拱桥，故其拱架可在施工现场进行统一搭建，完成后按照设计位置将拱架依次安放即可。

此外，石拱桥拱券形式的设计与选用、单拱跨度所能达到的最大值亦能反映中东铁路的技术水平。桥长 128 米、由 6 个单跨跨度为 21.3 米的椭圆拱组成的穆棱河大桥当属中东铁路干线上最长的石拱桥。此外，全线石拱桥单拱跨度共有8种模数单元、组成了20种桥梁长度，拥有3种拱券形式，其中椭圆拱的单拱长度达7种之多，这些都反映了中东铁路的技术水平。相较于建成时间略晚、桥梁遗存较多且地形条件复杂的滇越铁路（1910年），从拱券形式、跨度和桥梁长度三个维度来衡量（表7），滇越铁路全线仅采用了半圆拱和椭圆拱两种拱券形式，在数量上半圆拱也远远多于椭圆拱，后者仅应用在如位于218千米处的单拱跨度为10米的三跨拱桥等个别实例中（见图12a），同时中东铁路干线石拱桥的拱券常为三圆心拱券，较滇越铁路常用的单圆心拱券在设计和施工方面更显技术成熟。

此外，中东铁路干线石拱桥单拱跨度从2.1米至21.3米，涵盖了滇越铁路单拱跨度的全部数值，前者单拱跨度最大值亦较后者大了许多，可见中东铁路干线石拱桥在跨度的灵活性以及单拱跨度最大值方面具有较大优势。滇越铁路全线各跨度石拱桥桥墩上部既无减轻桥梁荷载的贯通式小拱券，也无减轻桥梁荷载的壁龛，桥台部分也均为无拱券实体边墙（图12b～e），使其桥梁整体形式过于单一且技术稍显落后。

表7　中东铁路干线与滇越铁路石拱桥对比

线路名称	中东铁路干线	滇越铁路
拱券形式	尖拱、椭圆拱、半圆拱	半圆拱、椭圆拱
拱券跨度	2.1米、4.2米、5.3米、6.4米、8.5米、10.7米、12.8米和21.3米	3米、4米、5米、6米、8米、10米和15米
桥梁长度	最长128米（穆棱河大桥） 最短2.1米（937俄里桥）	最长70米（217.0千米桥） 最短3米（57.8千米桥）

（来源：作者自绘）

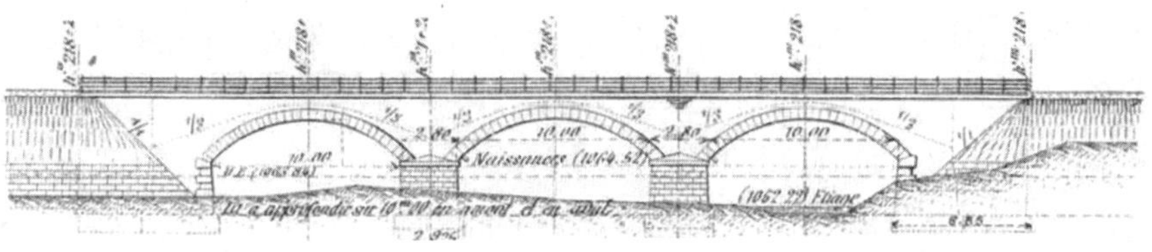

（a）218千米椭圆拱桥

（b）396.5千米跨度3米两跨半圆拱桥　（c）227.1千米跨度4米三跨半圆拱桥　（d）77.5等流跨度5米三跨半圆拱桥　（e）217.0千米跨度10米七跨半圆拱桥

图12　滇越铁路不同形式石拱桥
（来源：《滇越铁路（1910）》）

4 结语

作为一条对于东北地区区域发展有着重要意义的铁路，中东铁路及其工业遗产愈发受到人们关注，各类研究成果也日益增多，但对于以石拱桥为代表的铁路交通工程设施遗产尚关注较少。时至今日，中东铁路干线石拱桥遗存数量依旧众多，其在设计理念、形式选择、建造技术等方面具有显著的独特性及先进性，是 20 世纪初期我国境内先进的铁路桥梁工程技术的杰出代表。全面客观地梳理干线石拱桥的形态与构筑特征，揭示中东铁路干线的石拱桥的技术水准，对于更加完整地认识这份铁路工业遗产的历史地位以及更好地保护这份珍贵的遗产显得尤为重要。

参考文献

[1] 刘大平，王岩 . 中东铁路历史建筑构筑形态与技术 [M]. 哈尔滨：哈尔滨工业大学出版社，2018.

[2] 刘大平，卞秉利，李琦 . 中东铁路建筑文化遗产 [M]. 哈尔滨：哈尔滨工业大学出版社，2020.

[3] 中东铁路管理局 . 中东铁路标准化施工图集（1897—1903）[Z].1904.

[4] 中东铁路管理局 . 中东铁路大画册（1897—1903）[Z].1905.

[5] 罗英，唐寰澄 . 中国石拱桥研究 [M]. 北京：人民交通出版社，1993.

[6] 唐寰澄，唐浩 . 中西方石拱桥 [M]. 北京：中国铁道出版社有限公司，2019.

[7] 比尔・阿迪斯，程玉玲 . 世界建筑 3000 年 [M]. 北京：中国画报出版社，2019.

[8] 王承礼，徐名枢 . 铁路桥梁 [M]. 北京：中国铁道出版社，1993.

[9] 司道光 . 中东铁路近代建筑的技术表征与发展演化研究 [D]. 哈尔滨：哈尔滨工业大学，2020.

[10] 法国滇越铁路公司 . 滇越铁路 [Z].1910.

结合口述与历史地图叠合技术的石油城市历史景观特征演变研究*

* 本文获国家自然科学基金（51978471）的资助。

崔燕宇　朱晓明　同济大学建筑与城市规划学院
张丹秋　昆明理工大学建筑与城市设计学院

摘　要：石油被认为是工业的血液，民族石油工业发展紧系着近现代大国博弈，也常伴随着大规模的人口迁移和城市的兴衰。本研究将口述研究方法与GIS地图学研究方法相结合，记录老职工对石油工业的记忆，将石油工业城市的历史、社会价值可视化，生成石油城市的历史景观特征识别地图，提出石油城市历史景观的保护思路。在石油企业转型的关键时期，对石油历史景观进行保护，有利于缝合油地关系，推进石油文化遗产的保护和城市集体记忆的延续。

关键词：口述；历史地图；历史景观特征；变化；石油

1　研究问题

石油被认为是工业的血液，可用作燃料和化工原料等，用途广泛。从1861年台湾出磺坑发现石油，至21世纪可燃冰的勘探，民族石油工业的发展紧系着国家及其他工业的发展。

石油城市在不同的时间节点吸引全国的经济和人才力量，聚焦政治的目光，也有各自不同的特色禀赋。进入后石油经济时期，玉门、大庆、胜利等石油资源城市或早或晚地进入转型阶段。然而，从遗产保护角度来看，这些城市缺乏足够的关注度与遗产价值认知，加之石油设施具有易拆卸、临时性的特点，如何加强石油工业的记忆和实施有效的遗产保护有待我们持续探讨。

本研究将口述研究方法与GIS历史地图学研究方法相结合，记录老职工对石油工业发展的记忆，将工业城市的历史、社会价值可视化，生成石油城市的历史景观特征演变地图，提出石油城市历史景观特征的保护思路。在资源性城市转型的关键时期，对石油历史景观进行保护有利于缝合油地关系，推进石油文化遗产的保护和城市集体记忆的延续。

2　概念与方法

2.1　口述样本

在历史地图和档案难以获取的时间段，尤其是在近现代史的研究中，亲历者的口述内容是历史特征信息的重要来源。本研究以老石油工程师张勗（xù）的口述为主线，串联中华人民共和国成立初期建设时期在各种地质前提下的石油工业活动和不同的地貌景观，并以调查问卷为辅助分析石油城市聚落的人口特征和景观特征。

2.2　历史地图

历史地图一直是历史特征信息的重要来源。本研究用到的历史地图主要为美国地质勘探局（United States Geological Survey，简称USGS）

提供的卫星影像图，1957 年美国陆军制图局 1∶25 万比例尺地图，以及中国国家测绘地图信息局提供的 2020 年的标准地图等。

美国 USGS 解密的卫星影像图以 1961—1972 年的卫星图为主。以黄河三角洲为例，扫描并非每年都覆盖每一寸土地，而是在重要矿产资源地段，会同一天多次扫描拍摄，例如 1969 年后卫片质量很高，可以识别到建筑布局、肌理、农地、大小道路、铁路、水体等的级别，结合 1957 年美国陆军制图局 1∶25 万比例尺的地图，可以形成 10 年左右间隔、微观视角的用地解读。

2.3　石油城市历史景观特征识别及其方法

“石油城市历史景观特征”是依托石油工业活动与自然地质地貌紧密相关的特点，基于石油工业城市风貌亟待保护的现实问题提出的。“石油城市历史景观特征”体现了石油工业相关的历史记忆与景观的复合性。

“历史景观特征”的概念源于英国已经有比较长时间实践的历史景观特征识别（Historic Landscape Characterisation，HLC）项目。HLC 提供了一个智能地管理变化和探索历史的工具。它侧重“Characterisation”，即对特征区域进行识别、分类和描述，旨在通过 GIS 和历史地图研究，识别、描述和呈现景观特征的演变，建立一个“所有景观都有价值，所有人都可使用”的数据平台。HLC 以应对变化为目标，其数据成果能够与既有保护成果、评价项目广泛地兼容，为遗产保护、管理和规划制定等提供数据支撑，也为大众阅读和探索历史建立平台。[1]

HLC 的理念广泛影响了《欧洲景观公约》（The European Landscape Convention）。Carys Swanwick[2]，Christine Tudor[3]，Graham Fairclough 和执行官 Pate Herring[4] 等人在各自的文章里都分析了 HLC 的理念和发展演变。目前，中国学者鲍梓婷 [5]、李华东 [6]、郭紫薇 [7] 等对英国乡村景观的政策研究、分类、特征评价等议题已经进行了介绍，但在中国国内少有针对地方的实践。2021 年，本研究团队深入学习了 HLC 的理念和技术方法，并为石油工业景观特征识别绘制了技术路线图（图 1）。虽然中

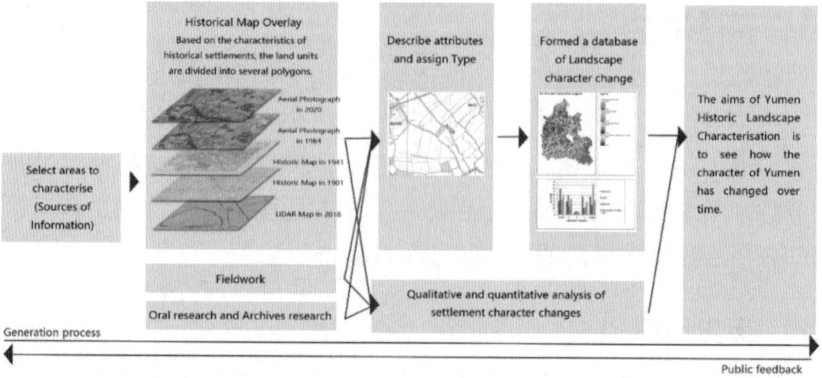

图 1　石油城市景观特征识别研究技术路线图
（来源：作者绘制）

英两国文化背景不同，但同为热爱遗产并有着深厚遗产积淀的国家，该理念和技术方法在石油城市的本土化实践具有现实意义。

3 结合石油前辈口述对民族石油工业发展的概述

石油被认为是推动19世纪、主宰20世纪、影响21世纪的能源主角。它是一种化石燃料，性质优异，不可再生，并有可能被消耗殆尽。国际上普遍把美国宾州石油的钻探定义为现代石油工业的肇始。第二次工业革命后，随着内燃机的发明，石油被用于照明、机械、汽车、发电，1914年，德国人从原油中提炼出了芳香烃，引起了传统化学工业的变革。石油已经成为一个国家经济、军事安全的重要战略物资。

3.1 “贫油论断”中起步和无力开发

19世纪中国的三个石油主产区是台湾、陕北和天山北麓。1861年台湾苗栗出磺坑发现石油被认为是中国石油开采的开端。日本在《马关条约》（1895年）后占领台湾，从1912年开始，做过三次石油勘探。由日本海军省委托商工省地质调查所勘测绘制了1∶20万的《台湾石油地质概查图》，并附有报告书。1906年，清政府在陕西设立延长官油厂，先后与日本技师、美国美孚石油公司合作；后因勘探工作不力，认为延长没有开采价值。1897年，新疆商务局发现独山子产油，与俄国人合作生产少量石油；因地点偏僻及俄国在里海发现石油，1917年，独山子油田被废弃。[8]1914年，北洋政府和美孚石油公司签订“中美合办油矿合同”，但开采收效甚微，外国地质界出现了“中国贫油”的论断。

1930年，日本在中国东北开发油页岩，并在抚顺、锦州、吉林、四平等地建立炼油厂。1943年中国石油产量80%来自抚顺。日本投降后苏联人拆迁设备。国民党接手时，东北炼油厂被破坏严重。

3.2 中国地质学家的成长和玉门石油的发现

在河西走廊，中国第一批自己的地质学家成长起来。西晋张华有记载：“酒泉……南山水有肥……始黄后黑燃极明”。1921年地质学家翁文灏和谢家荣穿越了祁连山对玉门的石油进行勘测，完成了《甘肃玉门石油报告》。之后，李四光、谢家荣均提出：“美孚的失败，并不能证明中国无油可办。”[9]但是由于军阀混战，当时没有能力进行开采。直到1937年抗日战争全面爆发，日本军队封锁了沿海港口，原油不能再依靠进口，在河西走廊的玉门找油变得十分迫切。

1938年后，国民党经济部资源委员会设立了甘肃油矿筹备处。孙建初带队找油，选定老君庙施工钻探，采油机从陕北被拆卸运至玉门。1939年3月，玉门一号井出油，日产10吨。1941年甘肃油矿局成立。中华人民共和国成立前玉门共开发44口油井，共开采原油50万吨，占全国总量的90%以上。

3.3　中华人民共和国成立后的10年等待和人才紧缺

1949年6月，解放军第一野战军在彭德怀的指挥下向国民党部队发起攻击。毛泽东指示“希望本年年底能解决甘、青、宁三省，直达甘、凉、肃三州，取得油源”。这个油源就是河西走廊西端的玉门油矿。中华人民共和国成立后，共和国缔造者们一方面迅速恢复生产生活，一方面大力推进勘探工作。

1950年，新中国中央西北局制定的《西北区经济建设三年计划草案提要》中明确提出，西北地理环境和经济资源决定了它是我国最巩固、最有希望的国防建设和工业建设的重要基地之一。4月，燃料工业部召开全国石油工业会议，决定大力开发西北石油资源和尽快恢复东北人造石油工业，即玉门油矿和抚顺石油一厂。1951年，习仲勋向中共中央提出开发计划，甘肃河西走廊地区详测了储油构造，计划建议1953年开矿建厂。1952年玉门油田和兰州炼油厂被列入了第一个五年计划“156项目”中。1954年2月，石油工程第一师改编完成，成为近代河西走廊的第一批移民。次年，发现的克拉玛依、冷湖油田等先后投产，石油工业部成立。当年全国石油勘探人员只有6000人，由于勘探工作和技术人员的培养需要相当长的时间，技术人员紧缺，玉门办起了工农兵大学。1956年，高中毕业19岁的张最拿到了玉门工农兵大学的通知书离开了家乡武威，开始学习炼油技术。张最在学校里学习炼油，因为会有苏联专家来讲课，也学习俄语，还会到玉门炼油厂实践。

1957年，新华社向世界宣布玉门——新中国第一个现代化的石油工业基地建成。[10] 至今，玉门17个区块总计勘探并开采石油资源总量9.56亿吨。基地培养了包括王进喜在内的大量石油地质和开发人员，他们成为后续大庆、胜利等各个大油田石油会战的先行者和主力。现代诗人李季曾描述道“凡有石油处，就有玉门人”。

1958年，赫鲁晓夫撕毁了中苏经济合同，大批苏联专家被撤走。玉门的学校只能开展专业实践而基础课欠缺，于是学校决定送张最去西安继续学习炼油。由于创立于1951年的西北石油工业专科学校在这一年刚刚开设本科教学，更名为西安石油学院，张最成了学院的第一批本科生。但是进校后，学院由于学炼油的学生太多，建议他报名新开设的地质专业，而且地质专业不同于其他专业的5年制，4年就可以毕业。他和另外几个同学一起报名了地质专业。

3.4　推翻中国贫油论断和大庆石油会战

就在张最大二的时候，1958年东北的松辽盆地以安达（原名萨尔图）为中心的地带探井出油，该油藏位于冲积平原，是典型的自流盆地走势，储量大、油藏浅、易出油。该发现证明了 1941 年潘钟祥提出的陆相生油理论，也证明了陆相生油且油藏量大，该发现也推翻了国际上普遍认为的海相生油理论和中国贫油的论断。为了庆祝中华人民共和国成立十周年，这个油田被起名为大庆油田。1961 年冬天，大庆会战初期，张鼒坐上了到大庆实习的火车。当时的玉门在 1956 年已通火车（兰新铁路东段），加上解放前甘新公路和玉花公路、民众公路、镜铁山公路联结城市和乡镇，玉门被认为是交通便利的地段。但是从河西走廊的酒西盆地到松辽平原要花 7 天时间。到了大庆，天寒地冻，住宿又紧张，起初他和同学们累到不行找了个猪窝躺下就睡着了。实习的钻井队叫 1215 钻井队（编号记忆模糊）。实习时，时常能听到其他钻井队的捷报。由于石油钻采工作具有危险性，大庆对实习生要求非常严格，天气再冷，上班也要坚守岗位。他曾经靠在柴油机上取暖，回想在玉门还有天然气炉子的温暖，但对于这位 23 岁的年轻人来讲，大庆不同于玉门，这里的油田连成一片，钻井不必很深就可出油。从钻井到采油都是他的实习内容。1962 年实习结束后，他回到了学校，等待分配。出于对家庭的考虑，他的分配理想目的地是离家 6 个小时的玉门油田。

1962 年玉门已经分了一矿和二矿，焦立人和焦万海分别任局长。他被分配到玉门油田开发室，研究油藏，目的是继续找油扩大产量。由于玉门许多的开发人员分去了其他油田，很多茅草平房空了下来。他把妻子和刚满 4 岁的女儿接到了跟前，一家人终于团圆了。但自然环境不断制造难题，他所在的油区地处祁连山褶皱系，根据黄汲清的研究，甘肃西部地区新构造运动活跃且普遍，玉门位于甘西四大地质构造单元的昆仑—祁连—秦岭地槽褶皱区。这一褶皱区以强烈的挤压、褶皱、隆起为特征，也是近代地震多发地区之一。例如，疏勒河峡出口处断层把洪积扇相对左旋错移了 3～4 千米（图 2、图 3）。矿区地貌是一个个连续又相似的山坡和沟，晚上走夜路要提防被狼尾随。他的妻子有一次出门挑水还差点迷路，直到看见等在路头的孩子才终于找到了家。1962 年是国家内外交困的一年，美国在台湾海峡多次举行以入侵中国大陆为目标的军事演习，中印战争爆发，国家的安全和经济都需要石油。由于当时玉门“产量低、面积小”，张鼒告别家人随着钻井队奔赴四川厚壩（又作“厚坝”），继续找油工作。

这一时期，国家找油规模加大，覆盖青海柴达木盆地、西藏黑河地区、甘肃河西走廊、陕北、鄂尔多斯、四川盆地、华北平原、东北松辽平原以及塔里木盆地。1958 年开始，军事将领余秋里被毛泽东指定为石油部部长，石油开发采用军事作战思路和会战模式，大批石油工人和退伍军人遵照 “先生产后生活”的指示会战在油区。大庆、胜利和大港等油田都是在这一时期发现的，这使国家从石油绝大部分依靠进口转为了自给自足。石油工业成为“二五”时期为数不多完成计划指标的工业门类。

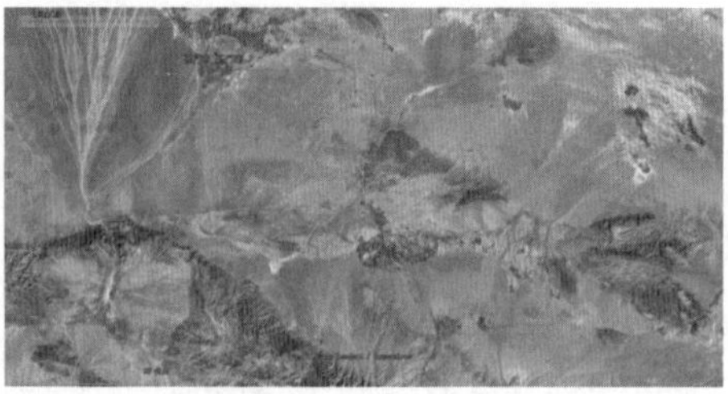

图 2　1984 年的玉门油田的地貌
（来源：百度卫星影像）

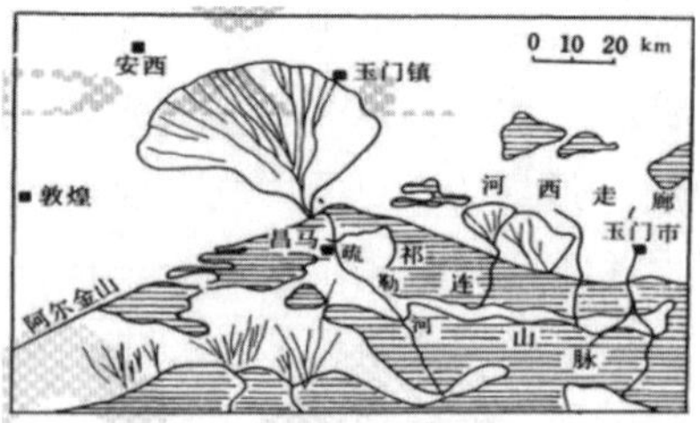

图 3　玉门油田的出油构造
（来源：中国石油地质志·卷十三：玉门油田）

3.5　川中会战“大有希望”和“碰钉子”

四川在历史上早有盐井发现天然气和石油的记录，如富顺县的自流井和贡井等都出产少量石油。[11] 抗战期间，海岸被封锁后，国民党经济部资源委员会在 1938 年设立四川油矿探勘处，但当地产量甚微。1950 年代地质勘查人员对四川盆地展开了大规模勘探。1958 年，四川广安龙女寺、南充、蓬莱镇等多地出油，并且伴随井喷，《人民日报》以《第二个克拉玛依》《川中油区大有希望》为题进行了报道（图 4）。当年石油专家、学者、工人云集川中达 3 万余人，创造了中国史上第一次石油会战。但几个月后，川中的油井出油戛然而止，随后川中会战结束，新疆、青海、玉门各局勘探队伍撤离川中。在四川的受挫让人们意识到石油地质情况的复杂性，并在之后被证实川中属于裂缝性油藏。

图 4　川中会战布局和出油的报道
（来源：人民日报 1958 年 3 月 22 日）

1966 年，地质勘查人员初步在川西北（当时叫法，实际为四川北部）江油县厚坝镇砂岩中发现了石油，玉门因此向厚坝派了十个钻井队，张扁作为地质员一起到了厚坝。但没过多久，大家就发现当地由于地震多发，储油地质上翻，石油挥发后沉积的油藏很稠，打不出来。此时正值胜利油田刚开始勘探开发，十个钻井队从四川直接奔赴了华北渤海之滨。

3.6 会战渤海滩和生产兼顾生活

早在1955年地质勘查人员就开始在华北平原普查，1961年4月发现第一口井，油藏位于黄河古冲积扇形成的平原，绕过山东丘陵，兼有陆相沉积和海相沉积。[8]油区早期被命名为九二三厂。1964年人们在胜利村打出了第一口全国日产千吨的油井。1966年起，坨庄—胜利村（即胜坨）一带不断出油，后来该地区被正式命名为胜利油田。有别于其他油田，胜利油田的油藏在陆地和海洋都有分布，被认为地质构造最复杂。1970年后，国家对黄河北岸的沼泽荒滩和浅海也进行了开发。根据1968年国务院关于“将入海河道改至清水河沟，把这一地区垫高，为油田开发创造条件”的指示，1976年完成了史上第一次人工的黄河改道工程。几乎同期，第一座钻井平台在浅海投产，1988年第二座浅海平台投产，这是世界上唯一的浅海步行坐地式平台，该平台人员后来还承担了中国首次出国开采任务。

张赑在1966年随着十个钻井队来到渤海滩上。不同于玉门、四川、大庆，这里人很少，是一片“白茫茫、水汪汪”的盐碱荒滩。但他喜欢这里的地势平坦、四季分明。张赑起初工作在胜坨，从作业队、采油队的地质分析到日常管理都干过。1974年，油田招收子女工，他的大女儿高中毕业从武威老家来到这里和他一起工作生活。女儿和她的许多同龄人一样，都是十五六岁的年纪就来了油田，成为了学习石油相关技术的“油二代”，为渤海滩带来了青春和活力。1970年代，张赑周围的同事渐渐有把家属接到油田生活。他的女儿再也忍受不了挤火车、抢座位、丢行李以及对母亲、弟弟、妹妹的思念，央求他把家人一齐从老家接过来。长期埋头在石油勘探里的张赑终于开始把注意力从工作切换到生活了。1982年，告别了20多年的长期异地生活，张赑和妻儿们终于团圆了。随着油田胜采指挥部成立，他作为高级工程师留在了指挥部。1980年代，张赑当起了老师，负责石油技师的教学和培训工作，也包括为转业官兵培训石油技术。到1990年代退休，他的学生不乏技术骨干和劳动模范。随着采油布局的扩大，胜利采油厂拆分为胜利（胜坨）、东辛和现河三大采油厂，其生活组团演变为东营中心城区的旧城片区。[13]张赑的子女们分别在油田的财会、钻井、电力行业就业。

从1964年至1975年，石油职工人口从几千人飞涨到9万余人，连同家属逾20万人。油田开发初期遵循“先生产，后生活”原则，居民点依托油区建设，布局分散，城市功能差。1966年，人民日报发表《大庆建成工农结合城乡结合的新型矿区》文章，提出“工农结合，城乡结合，有利生产，方便生活”的方针（图5、图6）。

由此，职工住宅、医院、学校、会场等围绕矿区展开，形成一个个

人民日報
RENMIN RIBAO
毛泽东思想统帅一切
大庆建成工农结合城乡结合的新型矿区
矿区的建设体现了“工农结合、城乡结合、有利生产、方便生活”的方针，它是乡村型的城市，也是城市型的乡村，是一个崭新的社会组织。

图5 人民日报关于“大庆工农结合”的报道
（来源：人民日报1966年4月22日）

图6 1974年油二代采油队的茄子丰收
（来源：梁延庆拍摄）

小组团。1983年东营市成立时，随矿建设的居民点已达200多个[12]。为了保证石油开发，城市基础设施和防护工程必不可少，公路、铁路、黄河大桥、机场、水渠、水库、海堤、海港包括黄河改道均在1985年前完成，形成了明显的石油矿区城镇特色，奠定了东营市的空间雏形。1983年，张最坐上了从东营胜利机场起飞的飞机回到玉门参加石油部的会议，讨论井场管理的问题。

由于模仿大庆亦工亦农，胜利油田从石油机械工具到粮食蔬菜均自给自足，油田所产的天然气通过地下管道供应矿区和职工家庭。石油通过管道输送到淄博的炼油厂（即胜利石油化工总厂），绝大部分原油输送到青岛黄岛销往菲律宾和罗马尼亚。鲁宁管道铺设完成后石油被送到南京。张最家在胜利采油厂，离人工水渠六干河很近，退休了的他常带着小孙女在河边玩耍，石油工人用石油杆件焊了一座小铁桥跨过并行的两个河道。但是这里的孩子们常常有桥不走，非要去走跨河的石油管道。幸好管线够粗，可以安全通行。在黄河的枯水期，他带着小孙女还可以下到河底，在河床上画画。春夏季的时候，河岸绿树茵茵，他每天还会采桑叶带回家养蚕。

4 石油城市历史景观特征识别——以东营为例

张最是石油工业战线上的普通一员。我国初期只有6000勘探人员，在1958年的川中会战中，从玉门、克拉玛依、青海抽调的石油工人达万人，至1964年923厂石油会战汇集工人4000人。1970年代，遵照“生产兼顾生活”的指示，广大家属从全国各地来到渤海湾参与油田建设。会战初期工作条件十分艰苦，没有建好的房屋，干部、工人住的是窝棚、茅舍；没有修好的道路，有的是一些满是坑洼的车马道路和一片片白茫茫的盐碱滩涂。

4.1 关于记忆与历史景观特征的问卷调查

中华人民共和国成立初期的石油开发历程往往都是勘探、会战、开采、企业转型的过程，20 世纪中叶短时间聚集的工业人口与矿产资源所产地的居民融合是一个复杂和缓慢的过程。2021 年 4 月本研究人员对胜利油田 255 位 20 岁以上人口进行分层问卷调查。调查问卷显示（图 7～图 10），40—70 岁的人口属于油田会战时期来到的一代、二代石油职工，来时年龄普遍在 30 岁以下，18 岁以下人口占到 3/4。其中，50% 以上人口去过其他油田参与勘探、开发和建设活动。其工作不仅限于钻井、采油等石油开发，也包括医疗、教育、电力等城市初期建设的方方面面。因此，石油职工人口在 1964 年到 1975 年间由 4000 人涨到 9 万余人，人口结构以青壮年为主，职业种类覆盖城市建设各行各业。勘探开发的职工虽举家迁至渤海湾，但工作环境并不固定，是“头戴铝盔走天涯”的真实写照。

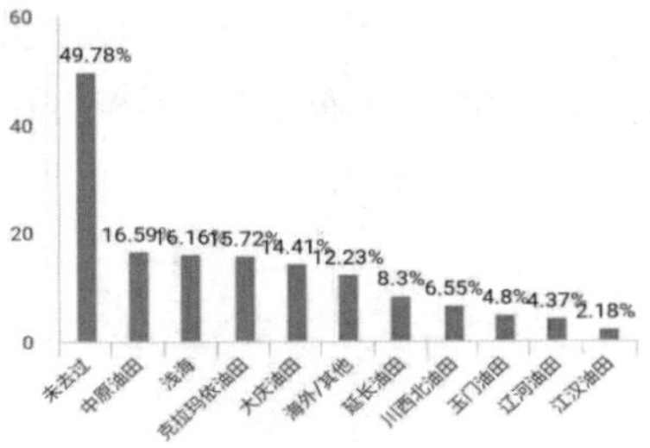

图 7　石油职工足迹

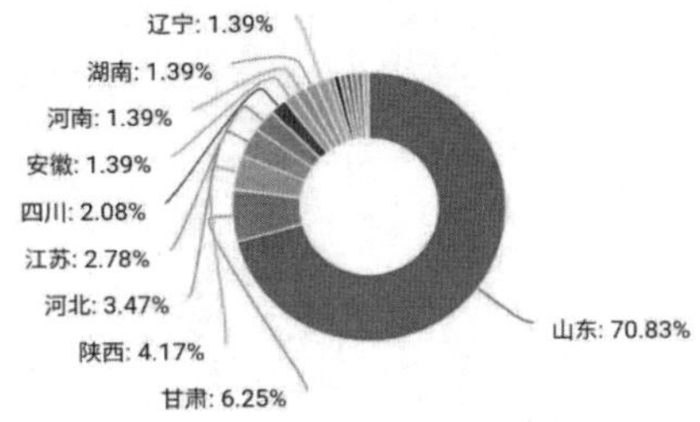

图 8　石油职工祖籍

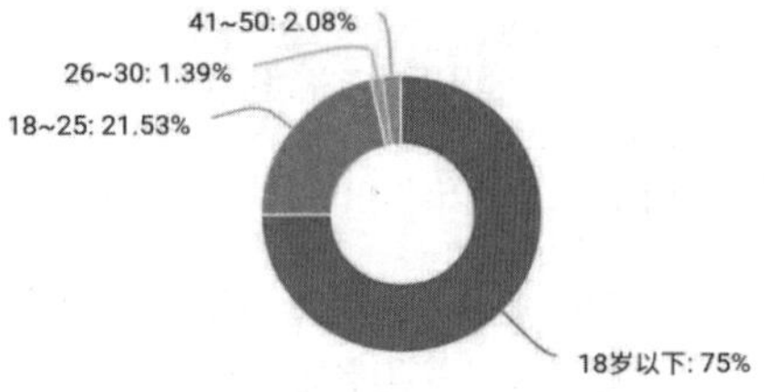

图 9　职工到油田时的年龄

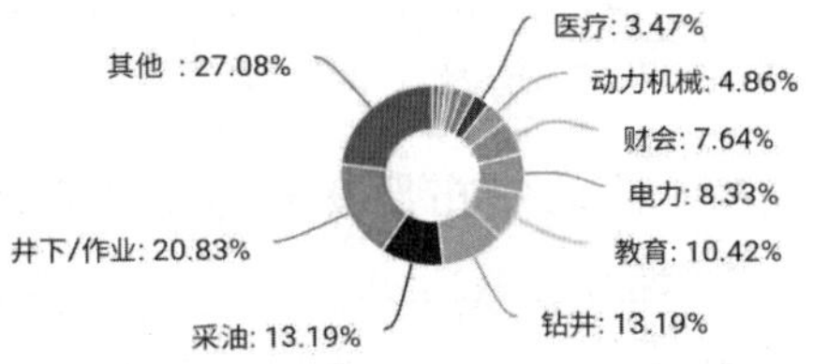

图 10　职工到油田时从事的工作

4.2　石油工业遗产的特点和保护难点

石油工业遗产体现了人与复杂多样的自然地质、自然生态的互动。石油开发形成的文化与红色文化、劳模文化、新村文化相互影响，紧密相关。石油工业遗产保护的难点主要源于石油工人的工作环境具有不固定性，工业设施具有易移动、易拆卸的特征。

石油开发工作“地下决定地上”的运转机制决定了钻井架、海洋平台、采油设备等需要更换地点、重复使用。在油井开采结束后会将采油设备拆除并封井。因此，石油工业遗产的原址保护具有难度。[13] 东营区是胜利油田旧城片区的所在地，由于处于开发后期，片区内少有石油井架，并且随着城市扩张，采油设施四周的环境从自然环境逐渐转变为人工环境（图 11）。

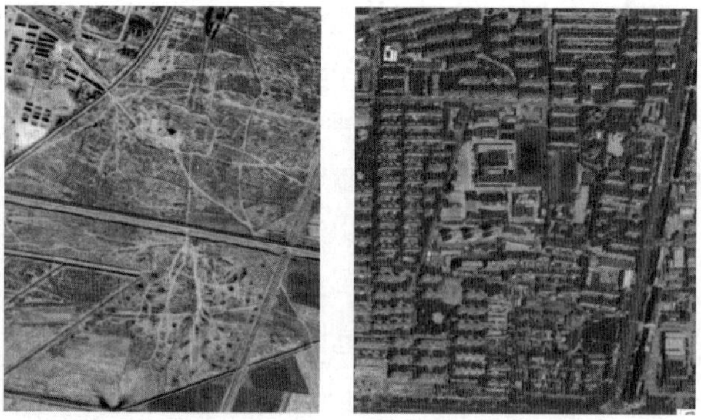

图 11　1969 年与 2000 年的开采环境的变化（现科技一村位置）
（来源：1969 年、2020 年航空影像图）

问卷反映出人们对油田历史景观的描述以“井架”“抽油机”和“荒凉”“盐碱地”为主（图 12、图 13），人们普遍认为历史环境是比较艰苦的。那么 1960 年以后的石油开发会战形成了怎样的景观特征呢？

图 12　职工（1970 年前出生）到油田时的景观描述

图 13　职工（1972 年前出生）到油田时的心态描述

4.3　石油城市历史景观特征演变识别

下面通过对 GIS 历史地图（表 1）的研究，以现在的行政区东营区为研究范围，识别农业、水体、居民点、铁路、道路用地的变化，在 1∶30 000 的精度下绘制景观特征类型地图。

通过四个时间段的图纸叠合（图 14）可识别 1969 年建成的矿区、会战初期修建的水渠、道路等一类特征类型。二类特征类型是对于一类的细分，例如矿区可分为盐碱滩矿区、芦苇湿地矿区、住区矿区、人工岛矿区等（图 15）。历史景观特征识别地图可作为石油工业遗产风貌保护区的划定依据。

表 1　分时间段的历史景观特征识别分析

历史地图	历史景观特征识别	分析
1957年美国陆军制图局1:25万比例尺地图	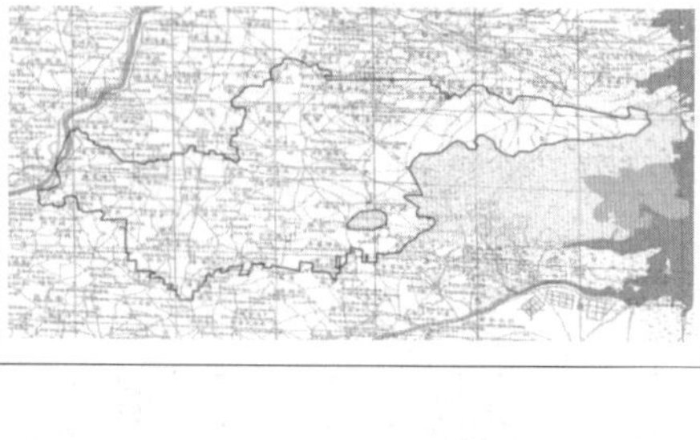	图中共有40余个自然村集中在西部，约1/3的东部大片被识别为盐碱地和少量盐田。村村以蜿蜒的小径相连。与2020年的东营区标准地图对比，仅有六户、茶坡、龙居等少数村落留存

续上表

历史地图	历史景观特征识别	分析
1969年12月的卫星影像		该影像中可以识别出自然村落边缘呈弧形，直径普遍在300米左右的村落居多。此时广利河已建成，西四路、北二路、青岛路为主要建成通车路段。边缘方正的工业聚落沿笔直的公路分布。东部盐碱滩达364平方千米，靠近盐碱滩的荒地大片建成农场
1984年12月的卫星影像	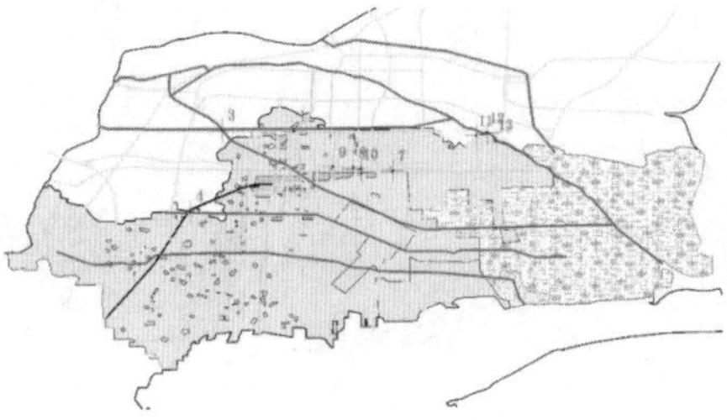	1984年12月在北二路、济南路、西四路两侧形成有一定规模的城市聚落。设计院、地质、钻井、井下等单位纷纷开辟荒地、碱地建立各单位的丰收村农场，总面积达106平方千米，盐碱滩面积逐年减少
2020年东营区1:18万标准地图	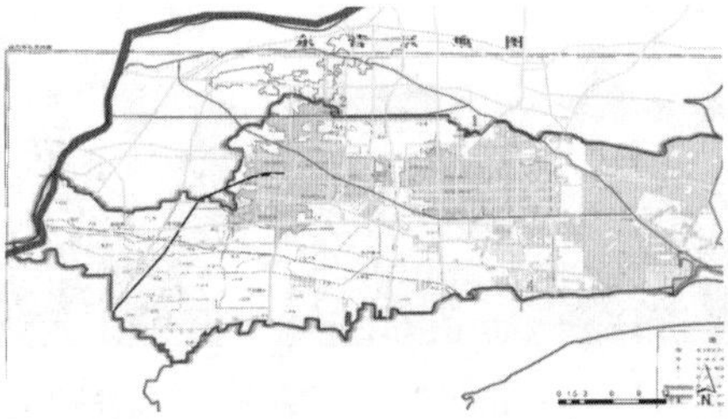	至2020年，城市聚落面积从1969年的7.3平方千米，1984 年15.8平方千米发展到177 平方千米。盐碱地建设为景观公园

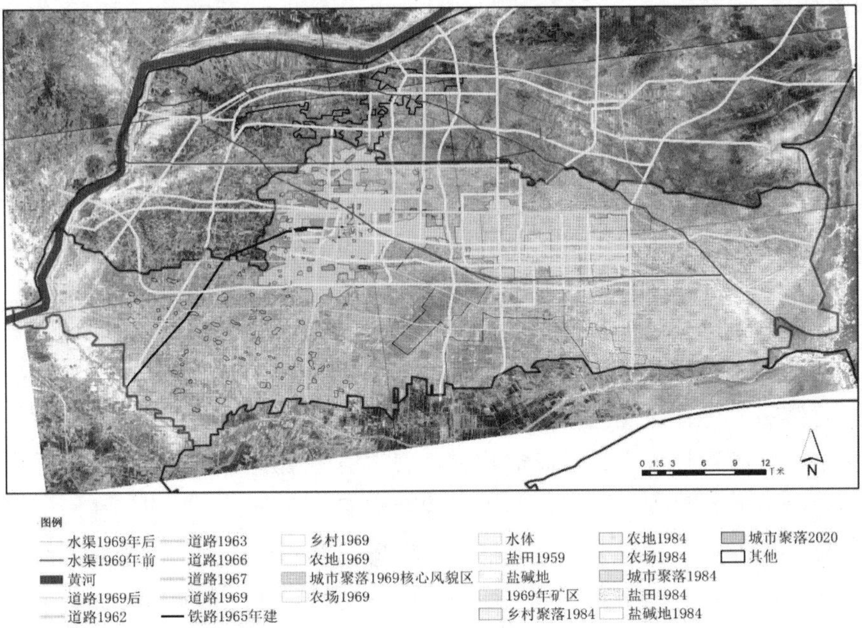

图 14　东营区石油工业历史景观特征识别（一类要素）
（来源：作者绘制）

图 15　二类历史景观特征要素举例
（来源：李怀远、崔燕宇拍摄）

5　结论与思考

中国特有的石油文化集中体现在 20 世纪工人群体的精神面貌中。与今日的地理叠合，石油文化是人与河西走廊、松辽盆地、渤海湿地、四川盆地等特殊的储油地质地貌和气候“相互征服”的产物，这一文化的影响不仅在城市，也包括乡村。

综合张蓇口述（图 16）、历史地图、公众调查问卷的信息，了解到石油设施与自然地貌的亲密性，本文提出保护石油城市历史景观特征是延续石油工业历史与记忆的有益方法。建立在 GIS 历史地图“分类—叠合—分析”技术上，本研究将石油城市历史景观特征变化以大比例尺的叠合图方式呈现。特征地图不仅提供数据、管理变化，还便捷地传播信息，为专业人员和公众之间建立了信息交换的平台，可用于遗产核心保护区的划定、历史资源敏感性分析以及文化传播。这使得历史景观特征演变识别的普适性、透明性和公益性成为可能。

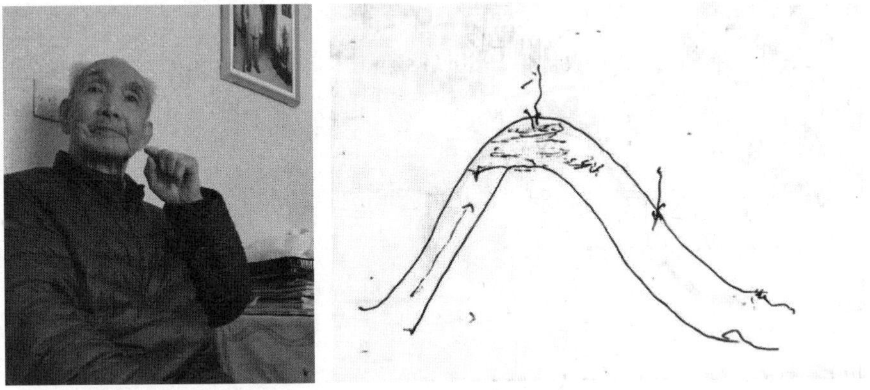

图 16　张聶访谈和手绘稿——褶皱地貌油藏的设施布局
（来源：作者拍摄）

本研究生成的 1:30 000 精度覆盖的东营区历史景观特征地图力求人工景观、自然景观或复合景观的空间信息都得以识别，这对人本视角的聚落特征演变研究具有积极意义。

参考文献

[1] Historic England. Oxford shire historic landscape characterization project[C]. Oxford: Oxford shire County Council, 2017.

[2] 凯瑞斯 · 司万维克 . 英国景观特征评估 [J]. 高枫，译 . 世界建筑，2006(7):23–27.

[3] TURNER S. Historic landscape characterisation, in Routledge handbook of landscape character assessment[EB/OL].(2018–05–10)[2021–04–03].Routledge Handbooks Online.

[4] FAIRCLOUGH G, HERRING P. Lens, mirror, window: interactions between historic landscape characterisation and landscape character assessment[J]. Landscape research, 2016:186–198.

[5] 鲍梓婷，周剑云，周游 . 英国乡村区域可持续发展的景观方法与工具 [J]. 风景园林，2020,27(4):74–80.

[6] 李华东，单彦名，冯新刚 . 英国历史景观特征评估及应用 [J]. 建筑学报，2012(6):40–43.

[7] 郭紫薇，洪亮平，乔杰，等 . 英国乡村分类研究及对我国的启示 [J]. 城市规划，2019(3):75–81.

[8] 陈正祥 . 中国的石油 [M]. 香港：田地图书有限公司，1979.

[9] 申力生 . 中国石油工业发展史 . 第二卷：近代石油工业 [M]. 北京：石油工业出版社，1988:9.

[10] 玉门油田石油地质志编写组 . 中国石油地质志 . 卷十三：玉门油田 [M]. 北京：石油工业出版社，1991:86.

[11] 申力生 . 中国石油工业发展史 · 第一卷：古代的石油与天然气 [M]. 北京：石油工业出版社，1980:118.
[12] 东营市城乡规划志编纂委员会 . 东营市城乡规划志 [M]. 北京：中华书局，2011.
[13] 崔燕宇 . 胜利油田旧城片区工业遗产调查与研究 [D]. 重庆：重庆大学，2017.

专题八

铁路及工矿遗产

火车拉来的城市：郑州铁路工业遗产探研

郑东军　李文彪　毕　昕　郑州大学建筑学院

摘　要：郑州处于中国铁路南北交叉点，特殊的区位优势使郑州与铁路有着不解之缘。本文以清末民初时期郑州铁路建设与城市发展格局演变为主线，结合历史文献资料，对郑州铁路工业遗产的类型和空间分布特征进行总结，提出遗产所蕴含的城市历史价值、城市文化价值和建筑价值。并通过走访调研，对郑州工业遗产的保护与再利用现状进行分析，以促进郑州铁路工业遗产的保护和再利用，达到可持续发展的目的。

关键词：郑州；铁路工业遗产；二七纪念塔；黄河第一铁路桥；郑州铁路局

郑州地处中部内陆，因近代京汉铁路和陇海铁路相继修建并交汇于郑州，使其从一个农业县城逐步发展成近代中国最重要的铁路交通枢纽之一，被称为“火车拉来的城市”。1954 年因交通优势，河南省会由开封迁到郑州，郑州开启了城市建设的新纪元。自铁路通车后，经过百余年的发展，郑州与铁路相得益彰，大量铁路工业遗产成为城市文化的重要组成部分，有着保护和再利用的现实需求，这正是本文研究的历史和现实背景。

1　郑州城市发展与铁路建设

1.1　重要的铁路工业建设

甲午战争之后，清政府逐渐认识到修建铁路的重要性，遂拟在华北地区修建铁路。1899 年，两广总督张之洞建议清廷在中部腹地修建铁路干线，视铁路为开通土货、连接四海的利器。关于京汉铁路跨过黄河的线路选择，张之洞之所以没有选择经由当时河南地区行政中心——开封跨过黄河，主要是因为黄河的开封段土质松软，给修建黄河第一铁路桥带来技术上的难题。“正是这一地理因素，决定了平汉铁路河南段最终选择经由郑州，这就是为郑州城市带来快速成长的交通区位因素，也为日后开封城市相对衰落埋下了伏笔”。[1]1897 年 4 月开工兴建京汉铁路，1905 年 11 月 15 日郑州黄河第一铁路桥完工（图 1），1906 年 4 月 1 日京汉铁路全线通车。郑州火车站于 1904 年始建，1911 年车站铁质天桥投入使用（图 2）。

图 1　京汉铁路黄河第一铁路桥
（来源：《百年郑州》）

图 2　1911 年的郑州火车站铁质天桥
（来源：《百年郑州》）

在京汉铁路开工修建之后，铁路总公司督办大臣盛宣怀于1899年12月2日奏请清廷，建议修建由开封经郑州到洛阳的铁路，作为京汉铁路的支线。该铁路委托比利时承办，1904年4月汴洛工程总局在郑州成立，1908年12月汴洛段铁路全线完工，汴洛段铁路通车后比利时公司以线路太短、不能发展为由，要求承办陇海铁路，将汴洛铁路并入。于是1915年5月开始建设陇海铁路，时断时续，直至1953年7月才全线竣工。

中华人民共和国成立后，为发展河南经济，1957—1959年修建了地方铁路新密支线，全长41.6千米，建设大桥4座。[2]1950年修复广花支线，1983年该支线增加了为黄河公路大桥运送石料等任务，全长16.73千米，正线14.91千米，此后又经历三次部分拆除、修缮。[3]

1.2 铁路建设与城市格局的形成

近代郑州依托铁路这一新的运输方式，逐渐摆脱传统机制的制约，城市空间结构改变，城市功能亦随之转换，交通功能得以彰显，火车站区域遂取代传统的驿站及官署驻地成为新的城市生活重心，郑州城市的发展格局由此发生了根本性的转变。

在铁路交通区位因素的推动下，郑州已是百货骈臻，商贾云集。1920年河南省议会通过决议，拟申请郑州正式开辟为商埠。1922年3月31日，郑州辟为商埠的大总统令颁布，宣告郑州正式开埠。到1925年，郑州“城内外共有大小街道116条，其中新街市60余条，已占一半多”。[4]

在20世纪上半叶，郑州先后四度出台了城市建设规划，分别是1927年的《郑埠设计图》（图3）、1928年的《郑州市新市区建设计划草案》（图4）、1946年的《郑州市复兴规划指导委员会初步建设计划纲要》和1950年《郑州市将来发展计划》，谋求用现代管理理念和现代管理方式对城市发展进行规划设计。随后，《郑州市新市区建设计划草案》《郑州市将来发展计划》引领郑州城市发展跨越铁路，突破了原有的结构框架，呈“带形”结构、沿铁路放射性发展的态势。[1]

1950年，北京都市计划委员会的陈翰、钟汉雄赶赴郑州参与制定郑州都市规划，提出了《郑州市将来发展计划》设想。该规划确定建设年限为30年，城市人口规模100万，规划面积108.9平方千米。该发展计划重新规划城市功能分区，主要包括行政区、商业区、住宅区、工业区等。

1953年郑州被纳入国家“一五计划”重点发展城市，计划兴建若干大型棉纺织厂，将郑州建设成为重要的棉纺基地。1954年河南省会迁往郑州，其铁路交通枢纽地位更加彰显，郑州成为国家第一批棉纺织工业基地和交通枢纽，城市发展的核心取向是构建交通枢纽型城市和棉纺织工业城市。这一时期郑州的城市规划理念初步构成了现代郑州城市发展的基本框架，并取得了较为显著的成绩，截至1957年底，市区人口规模发展到45.7万，建成区面积40.3平方千米。[3]

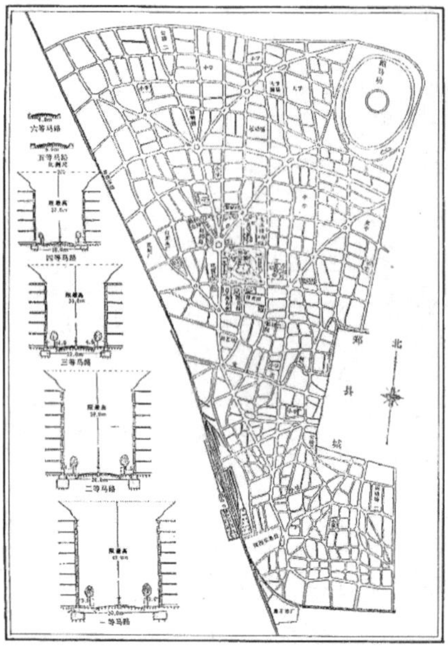

图3 《郑埠设计图》
（来源：《郑州市志》）

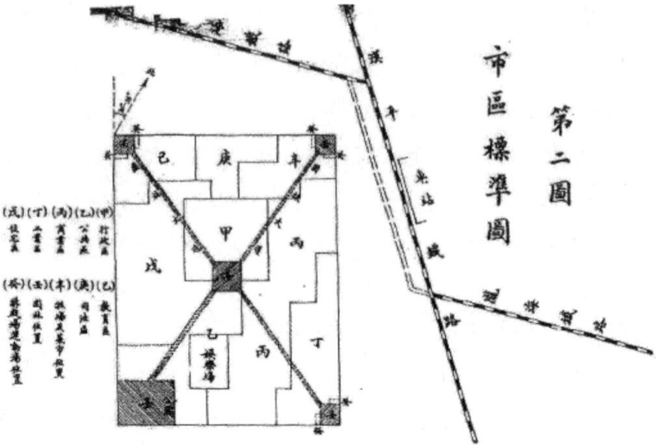

图4 《郑州市新市区建设计划草案》
（来源：《郑州市政月刊》）

2 郑州铁路工业遗产现状调研

2.1 铁路工业遗产的构成（表1）

由于郑州铁路发展的复杂性和历史背景的特殊性，郑州铁路工业遗产呈现分布广泛和多样的现状，基于类型学研究的角度，综合遗产保护分层的理论方法，本文将郑州铁路工业遗产按照与铁路运输发展关联的紧密程度和原始功能划分为主体铁路遗产和伴生铁路遗产。[5]另外，部分与铁路工业关联度较低，但是对铁路和城市发展有促进作用或对重大历史事件有见证作用的要素，因具有较大的历史价值和社会价值，且作为城市区域的标志性景观要素，亦被此次调查纳入铁路工业遗产范围。

表1　郑州铁路工业遗产类型分析

遗产类型	遗产分类	遗产特征	典型案例
主体型遗产	火车站房	供铁路部门办理客承降、货运输业务和列车技术作业的场所；与每位到达郑州的旅客和本地居民都有着直接而紧密的联系；具有较高的历史文化价值	郑州火车站、黄河南岸站、司赵火车站、中牟老火车站
	铁路线路及桥梁隧道	郑州地处平原，铁路发展较早，京汉铁路与陇海铁路交汇于此，成为这座名不见经传的城市腾飞的重要推动力；北依黄河，地形复杂，铁路建设难度高，拥有第一座黄河铁路桥；具有较高的技术史研究价值和观赏价值	黄河第一铁路桥、邙山隧道、京汉铁路

续上表

遗产类型	遗产分类	遗产特征	典型案例
主体型遗产	铁路管理机构及附属工业建筑	位于城市区域，负责铁路整体的运营、管理及沿线设施的维护、保养等工作；属铁路局直属的工厂区域；是铁路遗产的重要组成部分；具有较高的历史文化价值	郑州车务段、郑州铁路局装卸机械修配厂
伴生型遗产	铁路职工住宅、学校、医院、社区	广泛分布于铁路沿线区域，反映了普通铁路工人的生活状况；具有较高的社会价值	郑州铁路分局医院、郑州铁路职业技术学院、郑州铁路职工子弟中学
	因交通区位优势而崛起的工业	广泛分布于城市当中，体现了城市的工商业发展情景；具有较高的历史文化价值和观赏价值	国棉三厂、豫丰纱厂
历史型遗产	对与铁路发展相关的重大历史事件具有见证作用的历史遗迹	是城市的地标；极具爱国主义教育意义和历史文化价值	二七纪念塔和纪念堂、铁路职工学校旧址和日本驻郑州领事馆

（来源：作者自绘）

2.2　郑州铁路工业遗产的遗存与分布

本次调查的范围为郑州市全境6区5市1县在1898—1980年间与郑州铁路相关的历史遗存，重点选取车站、桥梁和修理车间等铁路基础设施，与铁路相关的工业遗存和见证铁路发展中的重大历史事件的遗迹为调查对象。

本次调查中，共统计郑州区域铁路工业遗产45处，按照遗产类型可分为三类（表2），按照保护等级可分为6类（表3），在郑州市域图中进行标注（图5）。

表2　郑州地区铁路工业遗产类型分类统计

单位：处

主体型遗产	伴生型遗产	历史型遗产	合计
37	4	4	45

（来源：作者自绘）

表3　郑州地区铁路工业遗产保护等级分类统计

单位：处

全国重点文物保护单位	河南省文物保护单位	郑州市文物保护单位	全国文物普查不可移动文物	中国工业遗产保护名录	未被纳入文物保护体系	合计
1	3	2	8	2	29	45

（来源：作者自绘）

通过本次郑州铁路工业遗产的调查统计，计算这3种工业遗产所占比例，其中主体型工业遗产所占比例最大，有37处，占比82.2%；伴生型遗产和历史型遗产各4处，分别占比8.9%。其中经文物局普查纳入文物保护单位的仅16处，有29处具有较高价值的建筑尚未被纳入文物保护体系，由此可见，郑州铁路工业遗产的保护现状并不乐观，仍然面临毁坏、遗弃、掠夺式开发等威胁。

郑州市区作为区域政治、交通、经济中心以及郑州铁路局驻地，在地理分布上具有较多的铁路工业遗产。本次调查的 45 项铁路工业遗产中，除京汉铁路、陇海铁路、新密支线、广花支线作为线性遗产，具有跨区域分布的特点外，其余 41 处均为点状铁路工业遗产，其中郑州市辖区内有 36 处，占比 87.8%；新郑市有 3 处，占比 7.3%；新密市和中牟县各 1 处，分别占比 2.4%。

（a）概貌图　　（b）市区详图

图 5　郑州铁路工业遗产保护
（来源：作者自绘）

从空间布局上看，郑州市域的铁路工业遗产主要分布在郑州市辖区，其中二七区、中原区、管城区较多，均是郑州铁路工业遗产较具代表性的区域。形成这一分布特点的主要原因有以下三个方面：（1）郑州市区作为区域政治、交通和经济中心，京汉铁路与陇海铁路交汇于此，在铁路最初修建及后期运营维护过程中，大量的铁路工人及其家属流入郑州，在市区建设了数量丰富的铁路交通社区、学校、医院等配套设施；（2）作为地方政府和铁路局驻地，负责铁路整体的运营、管理及沿线设施的维护、保养等工作的机构（如郑州车务段、机务段）都坐落于此，负责生产、维修机车的工厂（如郑州机车车辆配件厂、郑州铁路局装卸机械修配厂）也位于市区，带来了数量丰富、特征鲜明的工业遗产；（3）作为铁路枢纽城市，在建设进程中修筑了大量客运车站、货运车站及编组车站，也为郑州市区带来了丰富的主体型遗产。

3　郑州铁路工业遗产的价值分析

2003 年国际工业遗产保护联合会（TICCIH）通过的《下塔吉尔宪章》中指出工业遗产具有四种固有价值：工业活动的历史证据、社会价值、技术和科学价值、美学价值。2014 年我国颁布的《工业遗产保护和利用导则》中指出工业遗产具有历史、科技、艺术、社会价值。结合上述文件及郑州铁路工业遗产的特征，本文从城市历史价值、城市文化价值和建筑价值三个层面阐述郑州铁路工业遗产的价值。

3.1　城市历史价值

郑州铁路工业遗产历史悠久，是郑州城市化进程的见证。京汉、陇海两条铁路交通干线在郑州交汇，使之一跃成为全国最重要的交通枢纽之一，因此称郑州是“火车拉来的城市”。早期郑州流入人口大多是铁路工人及其家属，随着铁路工业的发展，铁路工人聚集生活，形成了大量的铁路附属社区，使得郑州城市的人口聚集、空间拓展、工商业发展均表现出浓厚的铁路色彩，在相当长的一段历史时期里，郑州都拥有“铁半城”的称谓。[1]

3.2　城市文化价值

郑州是一座具有光荣革命传统的城市，被誉为“二七名城”，二七纪念塔作为郑州的地标，是为了纪念京汉铁路工人大罢工而修建的纪念性建筑物，它见证了这一历史事件的过程，具有深刻的历史纪念意义和爱国主义教育意义，为城市文化书写了新的篇章。

3.3　建筑价值

建筑施工技术和材料反映了一个时代的科学技术水平，由于郑州近代的铁路设施设计、施工长期由外国工程师把持，新的建筑结构、建筑形式和建筑材料被运用到铁路建设中，桥梁、隧道等构筑物使用了钢筋混凝土等新材料、以及钢结构、大跨度等先进桥隧技术及相关施工技术。1906 年 4 月 1 日正式通车的黄河铁路桥，全长 3010 米，共 102 孔，是中国第一座横跨黄河的钢架结构单线铁路桥。

4　郑州铁路工业遗产的保护与再利用

4.1　郑州铁路工业遗产的保护现状

郑州作为我国最早建设铁路的地区之一，在中国铁路发展史上具有重要的地位。在百年发展过程中，郑州留下了丰富的铁路工业遗产，但是保护现状并不乐观。根据调研成果，郑州铁路工业遗产的保护现状可以划分为以下四类：

（1）各级文物保护单位。少量具有较高价值、原真性、完整性的历史建筑被列为各级文物保护单位。以二七纪念塔和纪念堂为例，它是郑州地区唯一一处被列为全国重点文物保护单位的铁路工业遗产。铁路职工学校旧址及日本驻郑州领事馆、黄河第一铁路桥旧址是省级文物保护单位的代表。中牟老火车站、郑州纺织工业基地则被列为市级文物保护单位。

（2）中国工业遗产保护名录。为了唤起公众对工业遗产保护的关注，支撑政府做出科学决策，传承和发展城市文化，2019 年 4 月，中国科学技术协会调研宣传部召开了中国工业遗产保护名录（第二批）发布会，郑州市域内有京汉铁路和陇海铁路被列入保护名录。

（3）其他保护身份。如东风渠南岸老铁路、司赵火车站旧址等入选第三次全国文物普查不可移动文物名录。

（4）没有保护身份。大部分铁路工业遗产尚处于亟待保护的境地，如嘉应观黄河铁路桥（1960 年建成的第二座黄河铁路桥），自 2014 年废弃之后便横亘在黄河之上，任其破败。也有通过改造实现再利用的铁路工业遗产，如黄河南岸站，2018 年开始翻新改造，2019 年 1 月投入使用，改为行车技能实训基地，继续发挥余热作为铁路培训场所。

4.2 郑州铁路工业遗产的再利用现状

4.2.1 原功能价值使用

从调查结果看，对于已获得保护身份的法定铁路工业遗产，建（构）筑物保护状况总体良好。而且郑州地区大部分铁路工业遗产都具有一个较为鲜明的特点——依然保留着铁路运输职能，保持高效的生产作业。不同于其他变更使用功能的再利用方式，该利用方式并没有改变建筑的使用功能。如建站于 1955 年的郑州编组站（现名郑州北站），被列为全国文物普查不可移动文物，同时也是全国最大的编组站之一（图 6），属中国铁路郑州局的特等站，业务繁忙，每日平均为运行在京广、陇海铁路的 24 000 辆列车办理解体、编组作业。除郑州北站外，其他大多数站点，如郑州站、南阳寨站、广武站、五里堡站都始建于 20 世纪初，作为郑州铁路枢纽的一部分，安全平稳运行至今。

图 6　郑州编组站
（来源：《郑州——枢纽之城 24 小时》）

4.2.2 变更功能再利用

将铁路工业遗产置换功能，以融入大众的形式展现铁路遗产及其发展历程，激发社会参与感和认同感，使其焕发新的生机是铁路工业遗产常用的保护形式。铁路公园是铁路工业遗产再利用的常见类型，如东风渠南岸老铁路因废弃多年而损毁严重，2009 年经过改造之后，废弃轨道变成了以铁路为主题的现代艺术雕塑公园——“1904 公园”（图 7），公园内有“郑县火车站”“火车机车”“候车的母子”“沿铁轨行走的情侣”“指挥列车的信号员”“外国乘客夫妇”等一系列雕像。如今，该公园已成为周边社区的重要公共活动空间，是娱乐、休闲及唤醒大众历史回忆的物质依托。

图 7　1904 公园（原东风渠南岸老铁路）
（来源：作者自摄）

图 8　二七纪念塔
（来源：作者自摄）

除了铁路公园这一再利用类型外，还有的将铁路工业遗产改造为文化博览场所，如二七纪念塔（图 8）和纪念堂已经成为郑州的重要历史文化名片和科教、游览、休闲场所，是传承郑州铁路文化的重要媒介。

4.2.3　尚未再利用

此外，尚有一些建筑遗产虽已获得法定保护身份，但依然停滞在历史中，任由时光侵蚀，逐渐流露出衰败的迹象。如中牟老火车站，1959 年因铁路改道另建新站而停用，1978 年变为附近村民私宅，2009 年被列为郑州市文物保护单位，2017 年启动了维修计划，虽然得到了良好的维护，但就此闲置，未被再次利用；还有国棉三厂生活区，虽然也被列为郑州市文物保护单位，但是大部分建筑已经空置，并出现了不同程度的损毁，其原真性和真实性遭到破坏。

对于暂时没有获得法定保护地位，且已经废弃不再使用的建（构）筑物遗存，其保护现状也令人忧虑。如黄河迎宾馆内的车站，最初是作为毛主席视察郑州时修建的铁路专线车站，现已破败不堪，据现场调研及与迎宾馆工作人员交流得知，2019 年该站仍有列车驶入，近一两年才逐渐废弃。

5　结语

关于郑州铁路工业遗产保护与再利用的研究工作尚处于起步阶段，大量亟待保护的铁路遗存有待认定，推进郑州铁路工业遗产的保护与再利用工作迫在眉睫。如何在有限的资源下发掘并释放铁路工业遗产的潜力，是郑州铁路工业遗产保护工作的重要课题。

郑州铁路遗产作为线性遗产和点状遗产组合形成的一种复合遗产，其中蕴含着难以量化的社会公共价值和经济价值，如何在郑州地区日益现代化和城市化的进程中加强对铁路工业遗产的保护利用，需要决策者做出具有前瞻性的顶层设计；需要遗产保护者推动文化认同，加强感知和体验非物质文化的价值；还需要社会大众转变以往陈旧的观念，认识到铁路工业遗产是承载我们回忆的物质载体。如新密支线和沿线车站作为乡村旅游景点和老火车旅线的再利用规划，不仅打造了提升城市形象的文化名片，也能够展现独特的铁路遗产的价值。

参考文献

[1] 刘晖 . 铁路与郑州城市化进程研究：1905—1954[M]. 北京：商务印书馆，2018.

[2] 郑州铁路分局史志编纂委员会 . 郑州铁路分局志：1897—1990[M]. 北京：中国铁道出版社，1997.

[3] 郑州市地方史志编纂委员会 . 郑州市志：第 3 分册 [M]. 郑州：中州古籍出版社，1997.

[4] 曹洪涛，刘金声 . 中国近现代城市的发展 [M]. 北京：中国城市出版社，1998.

[5] 崔卫华，胡玉坤，王之禹 . 中东铁路遗产的类型学及地理分布特征 [J]. 经济地理，2016,36(4):173-180.

广东铁路建设历史

李　童　彭长歆[1]　华润置地（深圳）开发有限公司、亚热带建筑科学国家重点实验室

① 华南理工大学建筑学院教授，本文通讯作者。

摘　要：本文分别梳理了清末、民国、新中国时期广东各条铁路线路的建设历程，研究了参与广东铁路建设的工程师与相关铁路工业技术，力求为后续广东铁路研究奠定理论基础。

关键词：广东；铁路线路；建设历程；铁路技术

前言

广东铁路的建设活动从时间上经历了清末、民国、新中国三个发展阶段，至今已有超过百年的历史（图1）。清末为广东铁路发展肇始期，1901年广三铁路的破土动工标志着广东省修建铁路的开端。此后，潮汕铁路、新宁铁路、广九铁路华段先后开工建设。民国时期为广东铁路取得长足发展时期，新宁铁路、粤汉铁路相继实现全线通车，粤汉铁路与广九铁路于1937年实现接轨。新中国及改革开放后，铁路建设得到快速发展。本文基于相关历史文献，从建设背景、线路选取、站点建设等方面，试图梳理广东铁路建设的历史过程，为学界进一步研究广东铁路奠定理论基础。

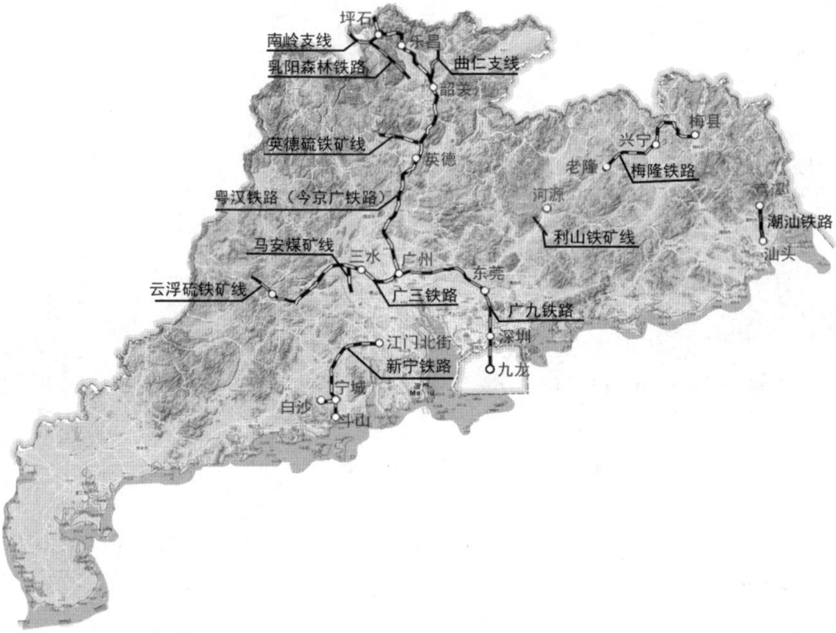

图1　广东铁路线路分布图
（来源：根据百度地图，作者改绘）

1　清末广东铁路的建设（1901—1911年）

清末为广东铁路发展的肇始期，在此期间，广三铁路、潮汕铁路、广九铁路华段相继动工并建设完成，粤汉铁路广东段与新宁铁路开工建设了部分线路工程。

1.1　广三铁路（图2～图4）

广三铁路起自广州市珠江南岸的石围塘，途径佛山、小塘、狮山等站点最终到达三水。铁路于1901年动工修建，1903年全线通车，是近代广东省内第一条通车的铁路线路，历史意义重大。

作为粤汉铁路的先修段，广三铁路由美国华美合兴公司投资兴建，铁路线路选择巧妙。铁路全线位于广州市西南方，线路走势与北江平行，由东向西穿越珠江三角洲。铁路联系了广州、佛山、三水等商贸重镇，沿线人口众多，经济发达。广三铁路作为客货运混合铁路，铁路运营收益颇丰。

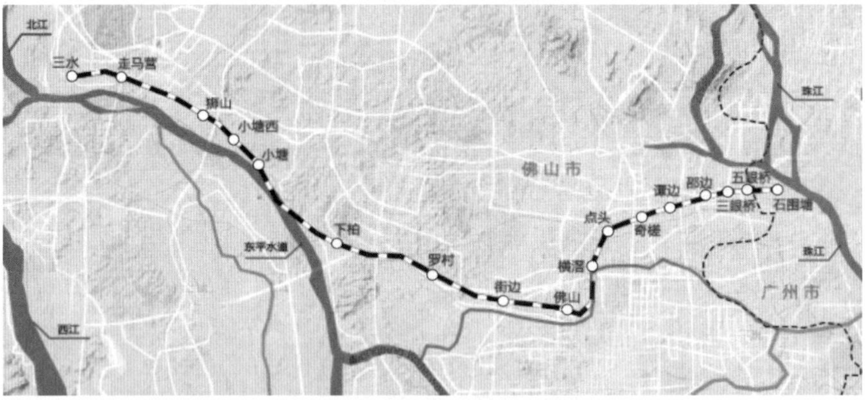

图2　广三铁路线路图
（来源：根据百度地图，作者改绘）

图3　广三铁路路轨（一）
（来源：https://www.meipian.cn/b21qqph?from=timeline）

图4　广三铁路路轨（二）
（来源：http://www.chinamaxicard.com）

全线共有车站18个，其中石围塘站是广三铁路的始发站，在珠江大桥建成之前，自三水、佛山乘火车而来的旅客需在这里换乘轮渡以到达广州市区。铁路的通车使石围塘成为沟通广州与粤西各地区的枢纽。

佛山站（图5）为当时线路中规模和物流量较大的车站之一，铁路的通车使往来佛山的商贸活动更加频繁。佛山站候车楼为两层高，一侧有塔楼凸出屋面。屋顶出檐较深，由斜向构件支撑。建筑与铁轨之间有月台联系，上部由三角屋架覆盖，便利旅客候车。

图 5　广三铁路佛山站
（来源：*TWENTIETH CENTURY IMPRESSIONS OF HONG KONG　SHANGHAI,ETC*，第 787 页）

三水站作为广三铁路终点站，位于西江、北江和绥江汇流之处，极具航运和军事价值（图 6、图 7）。清末，当广东还未修建公路与铁路时，三水即为贯通省城广州与粤西、粤北水路运输的转运点。随着 1901 年广三铁路动工修建，铁路运输与已有的西江、北江水路运输联运，三水成为水路、铁路联运的中心，对外贸易进一步得到发展。

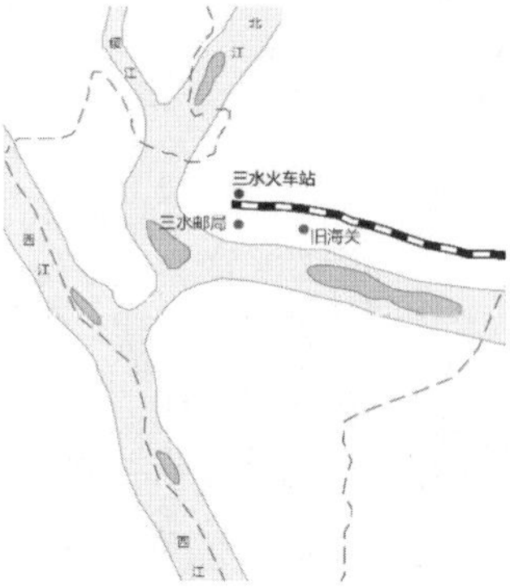

图 6　三水站的地理位置
（来源：作者自绘）

图 7　广三铁路三水站
（来源：三水市档案馆）

1.2　潮汕铁路

潮汕铁路位于粤东地区，这是我国近代第一条商办铁路，具有特殊的历史意义。该铁路也是全国第一条由华侨集资兴办的铁路，影响深远。

20 世纪初，爱国华侨纷纷在国内投资实业。清光绪二十九年（1903 年），为了改善民生、推动家乡建设，张煜南奏请在汕头至潮州间集资修建潮汕铁路，获得商部立案准许。同年，潮汕铁路有限公司成立。

潮汕铁路的建设最初受到日本资金技术的影响。铁路获准立案后，张煜南聘请詹天佑为潮汕铁路总工程师。经实地勘测后，詹天佑认为线路应避开人烟与坟墓聚集区，沿韩江江岸展开（后称为乙线），但台湾三五公司[①]建议铁路线路应由汕头向北经庵埠、彩塘、浮洋等地（后称为甲线）。两线比较，甲线总里程较短，沿线地区人口众多，利于获得较大铁路收益；但是铁路穿越较多村庄，容易引起纠纷[②]。最终日方以低价承建为条件，促使张氏兄弟选择甲线（图 8），并由日方包办工程技术和施工管理工作。自清宣统元年（1909 年）起，日方管理人员逐步撤离，潮汕铁路由华人自行管理。

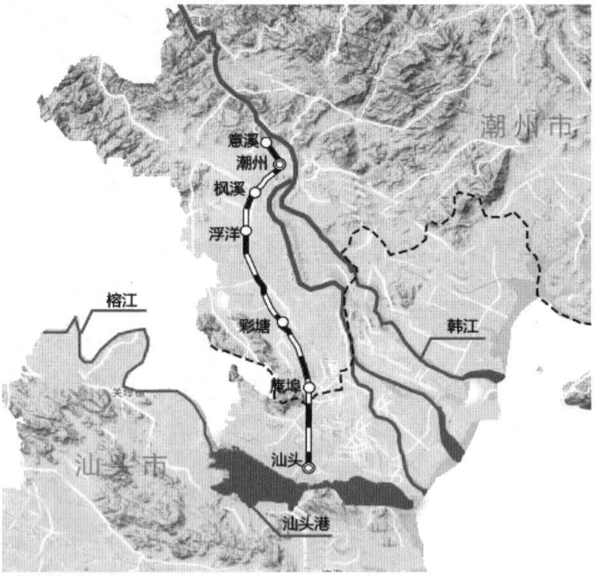

图 8　潮汕铁路线路图
（来源：根据百度地图，作者改绘）

潮汕铁路前后分两期建设，1906 年完成汕头（图 9、图 10）至潮州干线，全程 39 千米；1908 年，潮汕铁路自潮州车站向北延伸至意溪车站。终点站设在意溪，使铁路实现了与韩江水运的联运，便利了客货往来。

图 9　汕头站正立面
（来源：《汕头旧影》，第 46 页）

图 10　汕头站站台
（来源：《汕头旧影》，第 47 页）

① 台湾三五公司是 1902 年爱久泽直哉得台湾总督后授命藤新平以个人名义筹组的一个机构，但实质对外全权代表台湾总督府，目的在于拓展日本在华南地区的经济、文化侵略活动。参见郑政诚 . 日治时期台湾的国策会社——三五公司华南事业经营之探讨 [J]. 台湾人文，2000(4).

② 陈海忠 . 从民利到国权：论 1904—1909 年的潮汕铁路风波 [J]. 太平洋学报，2008(10):87.

潮汕铁路的建设对改善粤东地区交通状况、便利潮汕一带的客货运输具有重要意义。从客运看，潮汕铁路使海外侨胞与家乡的联系更密切。从货运看，韩江流域的各类特产和经汕头港运入的进口货物均可通过潮汕铁路运输，对促进潮汕地区商品经济和海运贸易的发展意义重大。

1.3　广九铁路华段

广九铁路由中、英政府分华、英两段共同建造，其中自广州大沙头至深圳罗湖桥为广九铁路华段。1949 年后，广九铁路华段改称为广深铁路，在经济建设与对外交往中发挥了重要作用。

广九铁路的建设酝酿时间较长。清同治三年（1864 年），英国铁路工程师蒂文生爵士提出兴建一条连接中港两地的铁路的建议，但未能获得当时清朝政府和港英当局的支持。清光绪三十三年（1907 年），清朝政府与中英银公司签订《广九铁路借款合同》。同年，广九铁路华英两段同时动工建设。1911 年，广九铁路全线竣工（图 11）。其中，英段铁路长 35.78 千米，华段铁路长 142.77 千米[①]。

① 广东省地方史志编纂委员会.广东省志：铁路志[M].广州：广东人民出版社，1998:57.

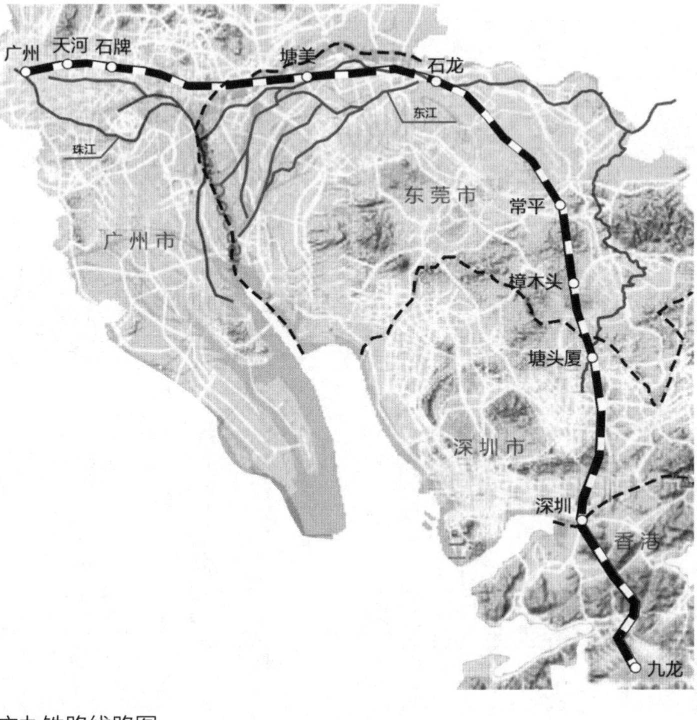

图 11　广九铁路线路图
（来源：根据百度地图，作者改绘）

广九铁路华段车站共计 29 个，大沙头火车站（图 12）为广九铁路的起始站，于 1911 年 10 月建成使用。车站站房建筑采用西方古典主义建筑风格，气势恢宏，是当时广州城内的标志性建筑物之一。1937 年大沙头站扩张为广九及粤汉铁路列车的始发车站，专营客运，大沙头火车站的运营进入鼎盛时期。

图 12　大沙头火车站
（来源：《广东百年图录》，第 67 页）

广九铁路线路跨越东江及其支流，沿线桥梁众多（图 13）。东莞石龙南桥为其中的典型代表，由英国铁路公司负责建造，詹天佑担任顾问。作为广九铁路的重点工程，该桥梁采用钢石木混凝土混合结构，于 1907 年开工建设，1911 年正式竣工。

图 13　广九铁路沿线桥梁
（来源：《The Far Eastern Review》1911 年，第五期，第 149 页）

1.4　粤汉铁路广东段

粤汉铁路全线从广州黄沙开始，向北出韶关（1916 年粤汉铁路株韶段通车时设韶州站，1936 年更名为韶关站）经湘鄂段直至湖北武昌徐家棚（图 14）， 由南至北跨越广东、湖南、湖北三个省份，是我国南北铁路交通大动脉。粤汉铁路广东段的线路建设历经清末、民国两个时期。

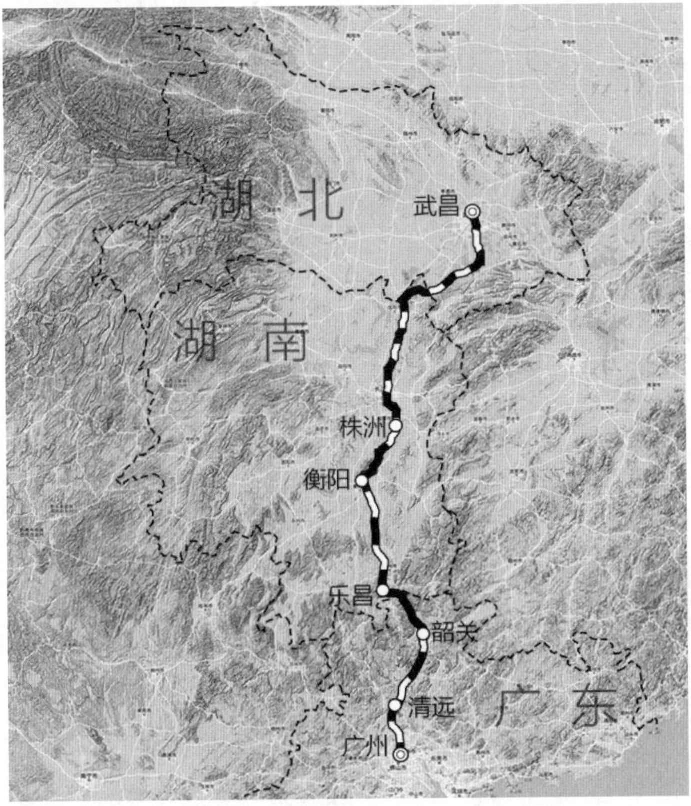

图 14　粤汉铁路线路图
（来源：根据百度地图，作者改绘）

清光绪二十二年（1896 年），中国铁路局成立，粤汉铁路的修建被正式列入日程。为筹集资金，清政府与美国华美合兴公司（ American China Development Company）签订《粤汉铁路借款合同》。1905 年 8 月，粤汉铁路收归国有。

粤汉铁路赎回后，铁路采取分省办理、各修各路的办法。由于广东良好的资本主义工商业发展基础，清政府允许粤汉铁路广东段商办。1906 年，商办广东粤汉铁路总公司在广州成立，并于 1910 年选举詹天佑担任总办兼总工程师。

粤汉铁路全线分三段修筑，北段为湘鄂段、中段为株韶段、南段为广韶段。总体来说，清末粤汉铁路干线修筑缓慢。广韶段自广州黄沙行至韶关，由华美合兴公司于 1901 年开始修建。至路权收回时，该公司仅修建完成黄沙至高塘段路基。

1.5 新宁铁路

新宁铁路又名宁阳铁路，跨越台山和新会两地，沿线大部分为潭江流域，地势平坦，是华侨陈宜禧倡建的商办铁路。它是中国第一条建成通车的民办铁路，从筹备、设计、修建、经营到管理均由中国人独自完成，意义重大。

新宁铁路全线前后分三期建设，经历了清末与民国两个阶段。1906年，新宁铁路正式动工。1909年，首期工程公益至斗山段实现通车（图15），全长61.25千米。二、三期工程于民国时期完工。

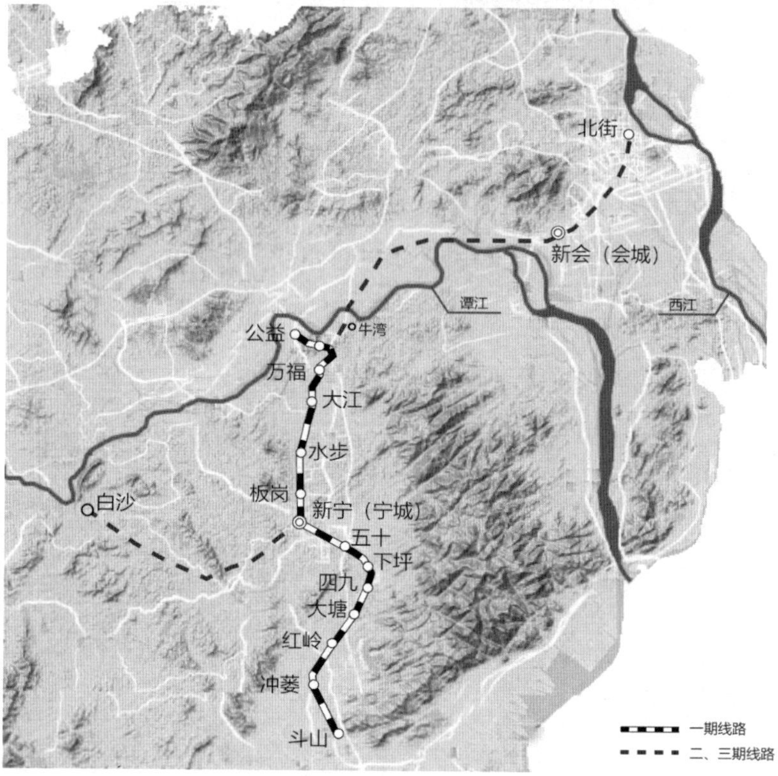

图15　新宁铁路一期工程线路图
（来源：根据百度地图，作者改绘）

2 民国广东铁路的建设（1912—1949年）

民国时期的广东铁路在清末铁路建设的基础上进行延伸，取得了长足发展。该时期的铁路建设活动以粤汉铁路的全线通车为代表，同时，新宁铁路实现全线通车，汕樟轻便铁路建设成为近代广东第三条侨资铁路。

2.1 粤汉铁路广东段

粤汉铁路广东段自湘粤省界隧道与省界桥处，向南经坪石、韶关、英德至广州黄沙，线路包括广韶段全段与株韶段部分线路（图16）。广韶段自广州黄沙至韶关，沿北江东岸北行，于1916年实现通车。

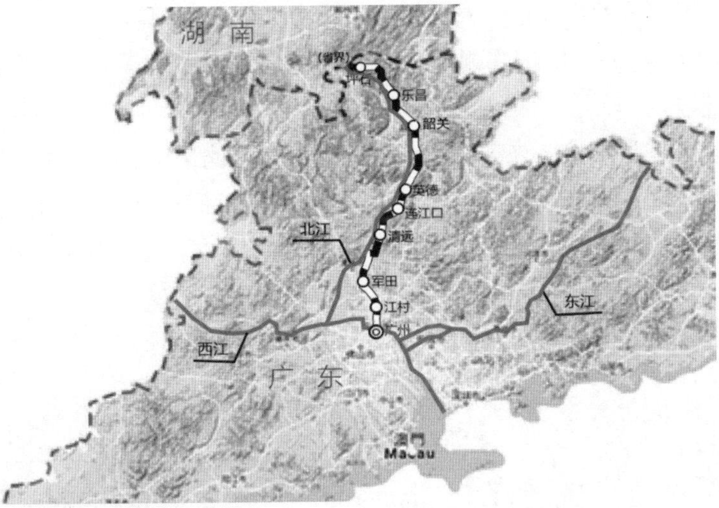

图 16　粤汉铁路广东段线路图
（来源：根据百度地图，作者改绘）

株韶段自株洲至韶关，全长 456 千米，广东境内 112 千米[①]。株韶段地形复杂，沿线设立七个工程段分段施工（图 17）。其中广东境内包括韶关、乐昌、坪石三个工程段。三个工程段均需跨越崇山峻岭，沿线桥梁隧道众多。英国人曾对株韶段线路做过多次测量，但因展长系数过大、隧道众多等因素未能定案。经实地踏勘，凌鸿勋选定的金鸡岭坪石线，将原来由英国人勘测需建的 70 多座隧道大大减少，设计巧妙。

① 广东省地方史志编纂委员会. 广东省志：铁路志 [M]. 广州：广东人民出版社，1998:47.

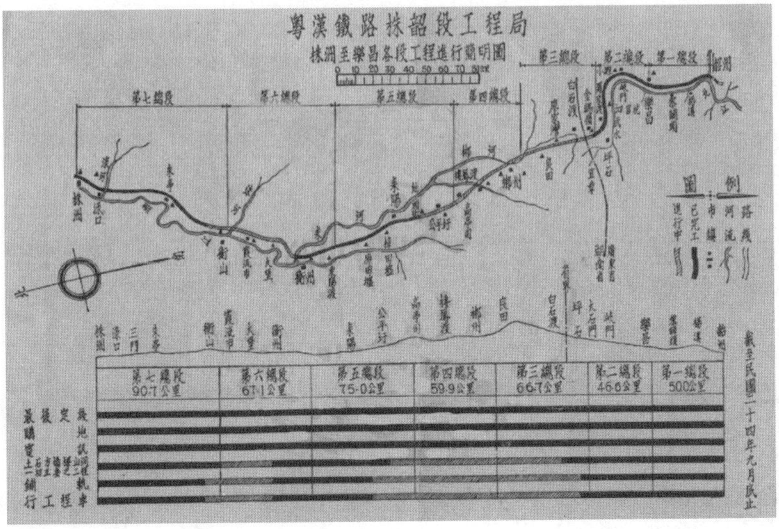

图 17　粤汉铁路株韶段工程段划分图
（来源：《粤汉铁路株韶段工程参观便览》）

株韶段广东境内共计有桥梁 12 座，在湘粤交界的白石渡至坪石的崇山峻岭间，凌鸿勋设计了五座钢筋混凝土跨河拱桥，作为当时的大型工程闻名全国。1935 年开工，1936 年竣工，广东境内为碓硙冲桥及新岩下桥。

① 广东省地方史志编纂委员会.广东省志：铁路志[M].广州：广东人民出版社，1998:46.

② 广东省地方史志编纂委员会.广东省志：铁路志[M].广州：广东人民出版社，1998:47.

粤汉铁路广韶段共有车站25个[①]，其中广东境内共有7个[②]。黄沙车站（图18）位于广州珠江水域，曾是华南地区最大、历史最悠久的水陆联运车站，承担着客货运输的任务。1946年12月，随着该站客运业务转移到大沙头火车站，黄沙站改名为广州南站。2005年，广州南站正式关闭。黄沙站站房建筑风格庄重典雅，站房呈中轴对称布局，中央开间有方形塔楼凸出。檐口使用叠涩线脚，立面使用拱形门窗装饰，装饰精美。

图18　粤汉铁路黄沙站
（来源：《中国铁路百年老站》，第242页）

从站房建设角度看，粤汉铁路的站房按照标准化图纸实施建设，不同等级的站房对应不同的设计准则（图19～图22），设计管理模式趋向成熟。根据现有图纸，铁路站房、闸房、扳道房等均有标准化设计手法。

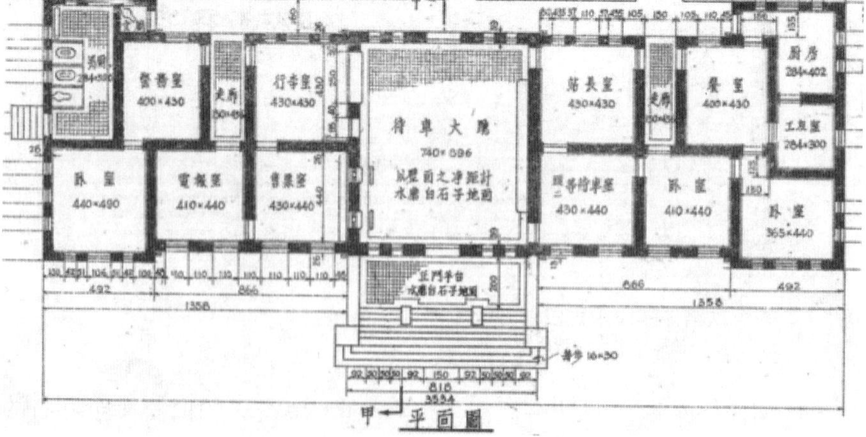

图19　粤汉铁路三等车站站房平面图
（来源：《铁路工程设计参考图集》，第199页）

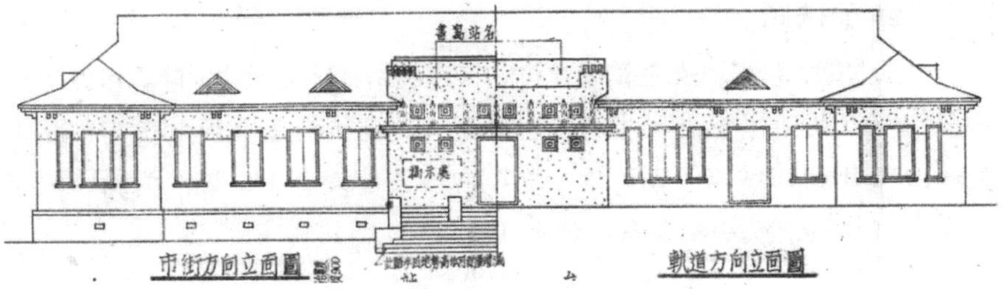

图 20　粤汉铁路三等车站站房立面图
（来源：《铁路工程设计参考图集》，第 199 页）

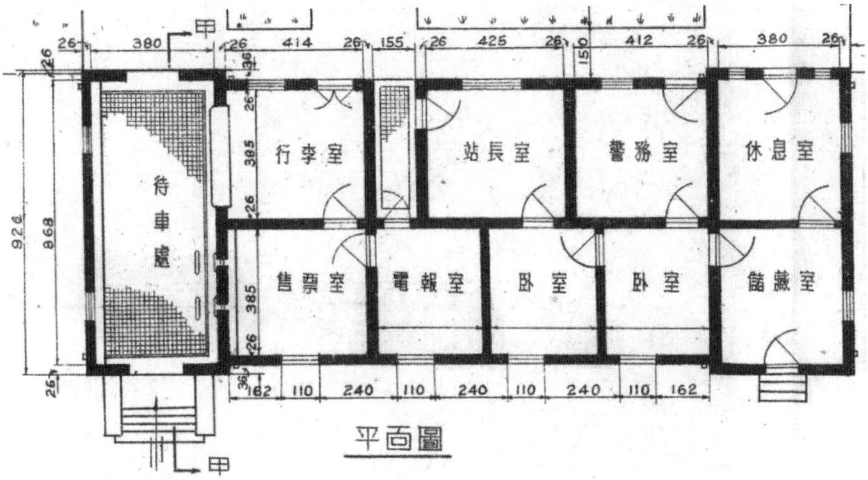

图 21　粤汉铁路四等车站站房平面图
（来源：《铁路工程设计参考图集》，第 201 页）

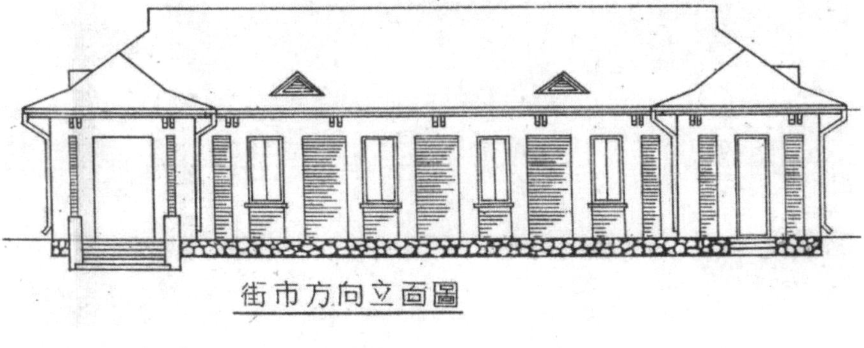

图 22　粤汉铁路四等车站站房立面图
（来源：《铁路工程设计参考图集》，第 199 页）

粤汉铁路广东段的通车，密切了广东与内地的经济联系。粤汉铁路建成后，积极寻求与全国交通网的联运，形成了沟通华北、华东、华中与华南的交通运输网，意义重大。1957 年，随着武汉长江大桥建成使用，粤汉铁路与京汉铁路接轨，并改称京广铁路，成为当代中国的南北交通大动脉。

2.2 新宁铁路

民国时期，新宁铁路在清末建设的首期线路基础上继续延伸。1913 年，新宁铁路二期工程公益至北街段建设完工，斗山经公益至北街为铁路干线。1920 年新宁铁路三期工程宁城至白沙段建设完工，该段为新宁铁路支线。自此新宁铁路实现全线通车（图 23），共有车站 45 个。

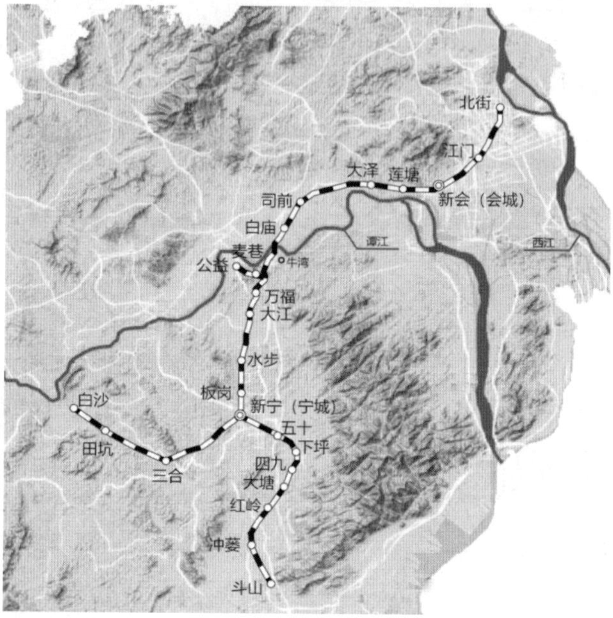

图 23　新宁铁路线路图
（来源：根据百度地图，作者改绘）

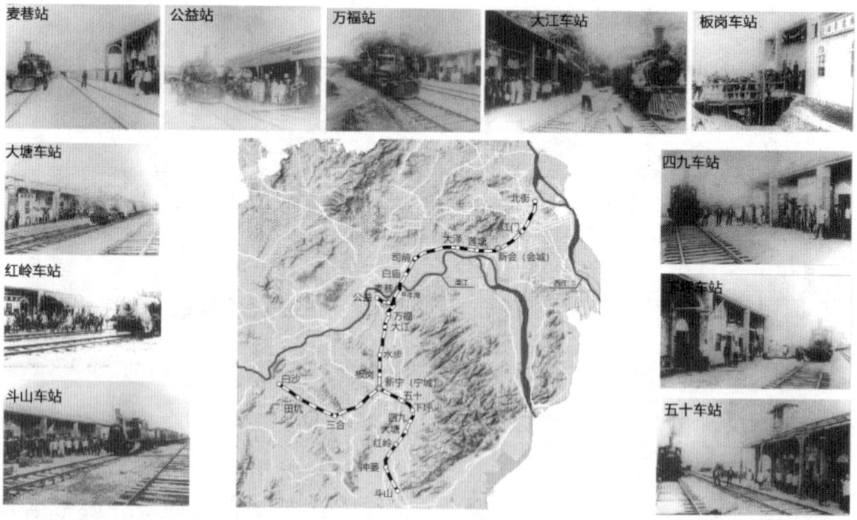

图 24　新宁铁路沿线站房
（来源：根据江门市博物馆历史照片，作者改绘）

1926 年，新宁铁路整理委员会接管新宁铁路，一系列的修整活动使新宁铁路呈现出崭新面貌。1927 年，新宁火车站（图 25～图 28）和北街火车站（图 29～图 32）分别被改建为砖石混凝土建筑。1931 年，新宁铁路修建公益铁桥，桥长423.2米，设计与施工均由美国马克顿建筑公司承包（图33）。在桥建成之前，铁路在牛湾设过江轮渡（图34），每次渡江需一个多小时。公益铁桥的修建改变了铁路采用轮渡过牛湾的形式，大大提高了运输效率。

图25　改造前的宁城车站
（来源：《新宁铁路整理之经过》，新会图书馆藏）

图26　改造后的宁城车站
（来源：《新宁铁路整理之经过》，新会图书馆藏）

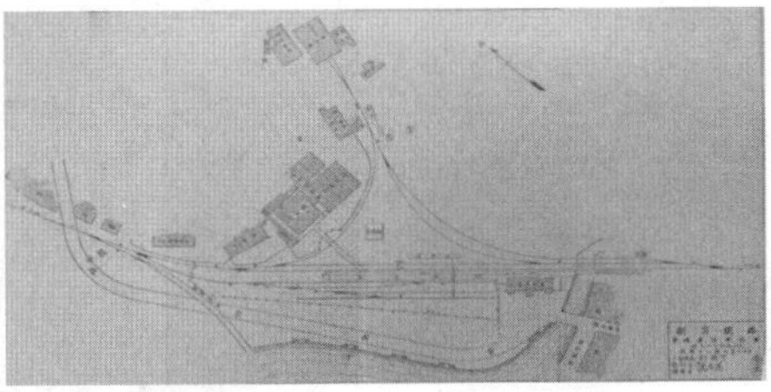

图27　改造后宁城车站总平面图
（来源：《新宁铁路整理之经过》，新会图书馆藏）

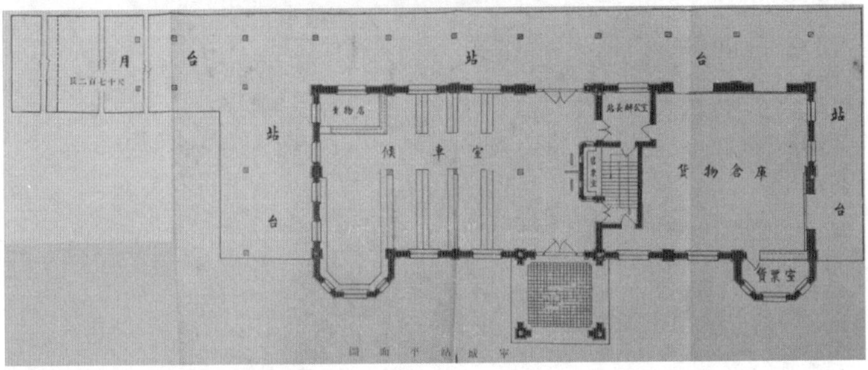

图28　改造后宁城车站平面图
（来源：《新宁铁路整理之经过》，新会图书馆藏）

图29　改造前的北街车站
（来源：《新宁铁路整理之经过》，新会图书馆藏）

30　改造后的北街车站
（来源：《新宁铁路整理之经过》，新会图书馆藏）

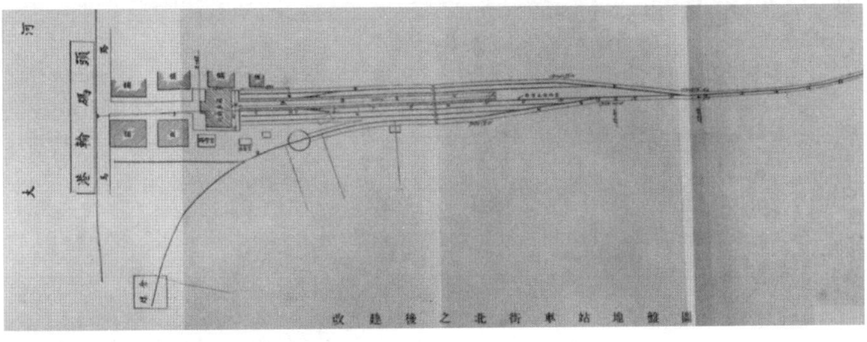

图31　改造后北街车站总平面图
（来源：《新宁铁路整理之经过》，新会图书馆藏）

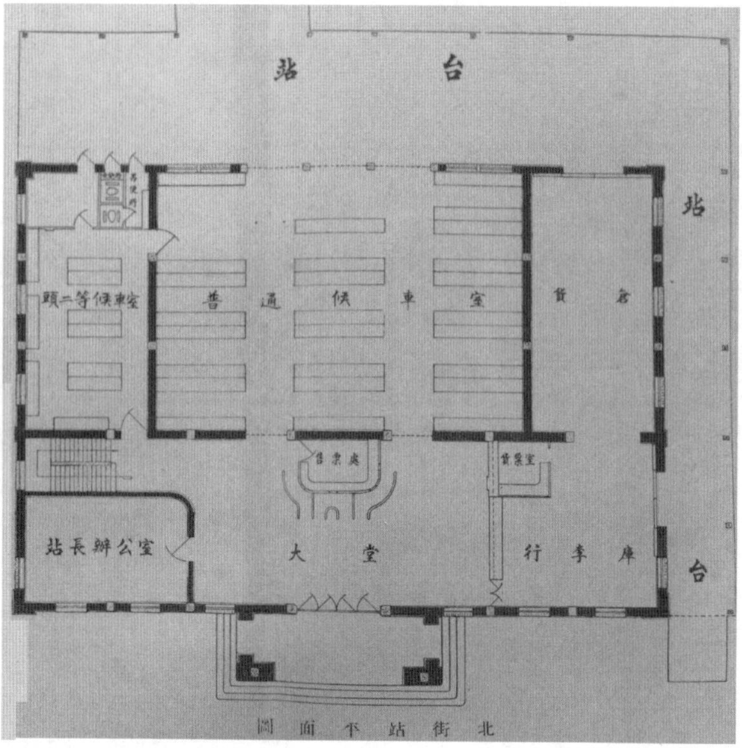

图 32　改造后北街车站平面图
（来源：《新宁铁路整理之经过》，新会图书馆藏）

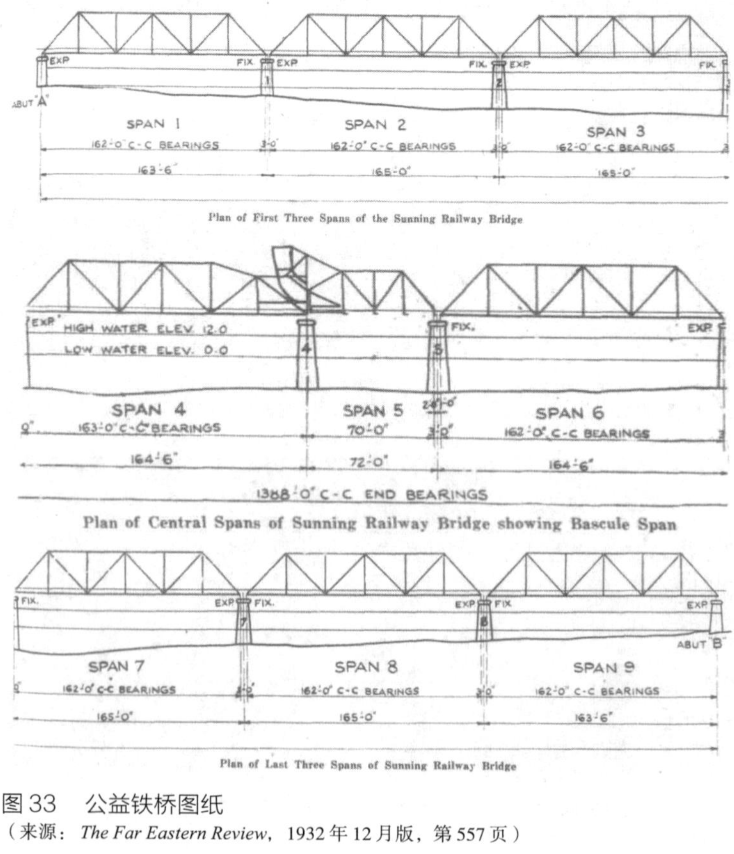

图 33　公益铁桥图纸
（来源：*The Far Eastern Review*，1932 年 12 月版，第 557 页）

图 34　改造前火车使用轮渡过牛湾
（来源：《良友》1920 年第 40 期，第 28 页）

新宁铁路的通车对沿线地区影响深远。铁路带动了沿线墟镇的商业繁荣与建筑业发展，沿线白沙、水步、四九等城镇商业发达，遍布旅馆、商店、钱庄等各类消费建筑，改变了传统城市结构。同时，由于交通体系的完善，进口的钢筋、水泥等新型建筑材料通过铁路大量输入，推动了侨乡地区建筑业的蓬勃发展。

2.3　汕樟轻便铁路

汕樟轻便铁路位于广东汕头市与澄海县境内，它是近代华侨在广东投资建设的三条侨资铁路之一，对于改善潮汕地区交通状况产生积极作用。

汕樟轻便铁路的筹建者为大埔商人杨俊如。为便利故乡交通，1915 年杨俊如正式筹建汕樟轻便铁路。1916 年铁路正式动工兴建，起点设在汕头埠盐埕头，1923 年通车至澄海县城，全长共 18.5 千米。

汕樟轻便铁路线路不同于传统意义上的铁路线路（图 35）。首先，从运行动力来看，该条铁路采用人力运行。其次，轻便铁路车厢形制独特，车厢由竹、木、藤制成，可以载客或载货。车厢下是装有四个小铁

图 35　1920 年代的汕樟轻便铁路
（来源：《汕头城市山水》）

轮的小型台车，由人力推动车在铁轨上行走。此外，受地形限制，线路采取分段运行方式。铁路在河边设站，到站下车搭船渡河，渡河后再换车前行。

铁路修筑初期，获利极多。因澄海是著名侨乡，铁路便利了从国外回来的华侨及沿线居民的客货运输。1938 年 6 月，日军入侵潮汕，当年 10 月，市政府奉令破断交通设施，轻便铁路随之拆除。汕樟轻便铁路虽然通车时间较短、运载量有限，但对沟通汕头、澄海两地交通，促进两地工农业的发展仍起到了积极作用。

3　新中国时期广东铁路的建设（1949年以来）

新中国时期，广东铁路建设进一步发展。广东省内陆续修建了南岭铁路、曲仁铁路、梅隆铁路等多条线路，这些铁路大部分以工矿企业为依托，对促进广东省的经济发展起到重要作用。此外，粤汉铁路与京汉铁路于 1957 年合并，统称为京广铁路。

3.1　南岭铁路

南岭铁路也称坪木铁路，是以煤炭运输为主的标准轨铁路。线路跨越湖南和广东两省，由京广线坪石站出岔，最终到达湖南省临武县木冲矿（图 36）。这条铁路对沟通粤北与湘南地区的物资运输具有重要意义。

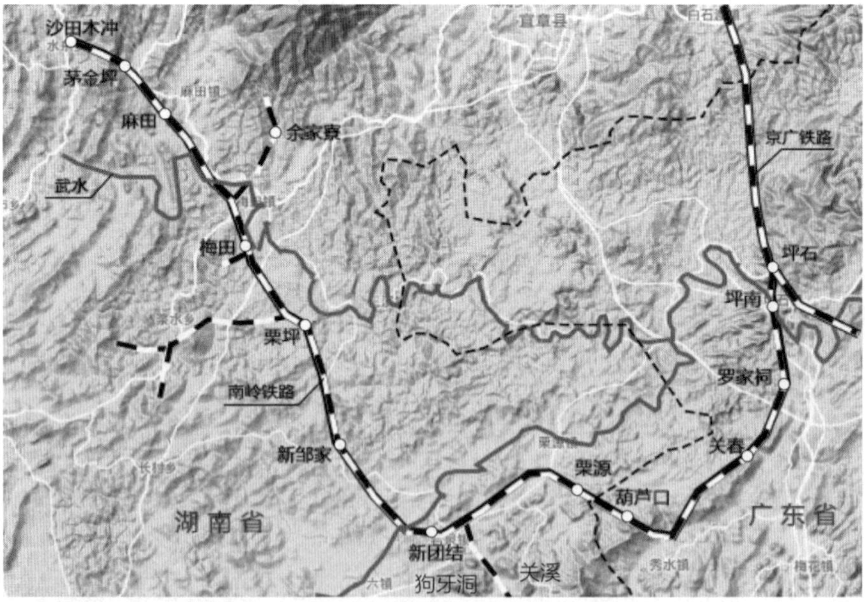

图 36　南岭铁路线路图
（来源：根据百度地图，作者改绘）

南岭铁路线路由中华人民共和国成立前修建的狗牙洞支线与 1949 年后续建的坪梅铁路及其延伸的梅沙路段连接而成。南岭山区烟煤储量丰富，抗战胜利后，广东省内修建了狗牙洞铁路支线以便于煤炭运输。1952 年，狗牙洞铁路支线改名为南岭铁路支线。1967 年，为加快对湘、粤两省接壤地带煤矿资源的开采，广东省修建自南岭支线至梅田的铁路，称坪梅铁路。1971 年，为适应梅田矿务局开发矿区的需要，广东省将坪梅铁路延伸，修建了梅沙线。

梅沙线建成后，狗牙洞支线、坪梅、梅沙三段铁路连通，并以南岭铁路命名全线线路，1976 年 10 月南岭铁路全线运营。

3.2 曲仁铁路

曲仁铁路是由富国煤矿轻便铁路改造而成的标准轨距铁路，铁路线路自京广铁路黄岗车站出岔，经新茶山、花坪、云顶、格顶车站到达凡口铅锌矿，中途经过新村装卸点（图 37）。

1930 年，为便利煤矿运输，富国煤矿股份有限公司从河边厂修建 600 毫米窄轨铁路至茶山，线路全长 9 千米。1948 年初，富国煤矿轻便铁路从茶山延伸到花坪。

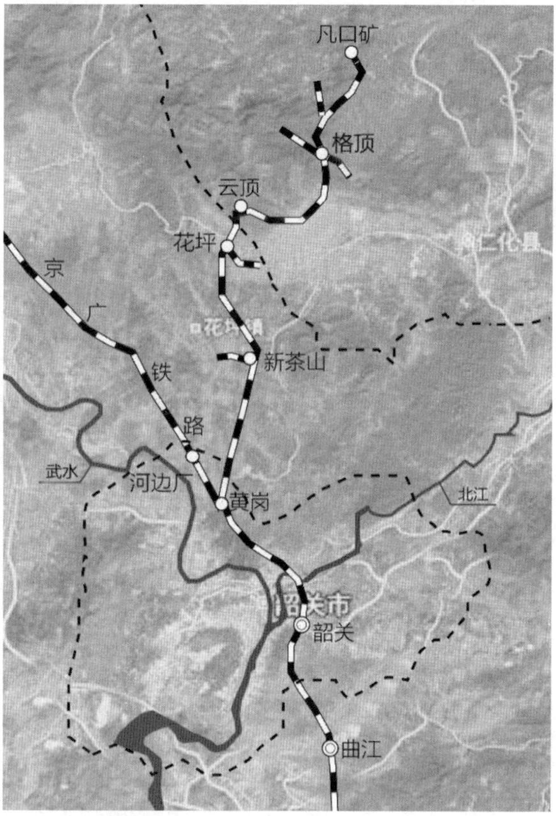

图 37　曲仁铁路线路图
（来源：根据百度地图，作者改绘）

1959 年，为解决云顶、格顶等处矿产运输问题，在原有富国煤矿轻便铁路的基础上，广东省修建了曲仁铁路，1961 年 8 月全线通车，正线长 31.96 千米。同时，为解决凡口铅锌矿产品运出问题，1961 年从凡口矿区到曲仁铁路格顶车站的专用铁路修建完成，线路长 7.89 千米。

3.3 梅隆铁路

窄轨铁路是广东地方铁路的一种特殊类型。中国窄轨铁路的建设得益于 1950 年代国家工业化的大发展，由于社会生产对矿产资源的需求大幅增加，窄轨铁路以建设成本低、灵活适应地形成为首选交通类型。

梅隆铁路作为广东地区窄轨铁路的代表，由梅四、兴四、兴老 3 条线路组成（图 38）。1958 年，为解决四望嶂煤矿外运问题，由梅县至四望嶂的梅四铁路开工修建，1964 年 10 月全线通车。兴四铁路由兴宁至四望嶂，线路于 1960 年动工修建，1966 年竣工。1968 年，为提高四望嶂煤炭的对外运输效率，由兴宁至龙川老隆的兴老铁路动工修建，1970 年全线通车。随着梅四、兴四、兴老 3 条铁路正式接通，全线被命名为梅隆铁路，正线全长 172.38 千米。

梅隆铁路的修建与四望嶂煤矿的运输密切相关，除承担煤炭运输，全线也兼营铁矿石等其他物资的运输和客运业务。铁路线路的建成投产，既使矿区获得了良好的经济收益，也对发展粤东北地区地方经济起到促进作用，是粤东北山区的重要交通运输线。

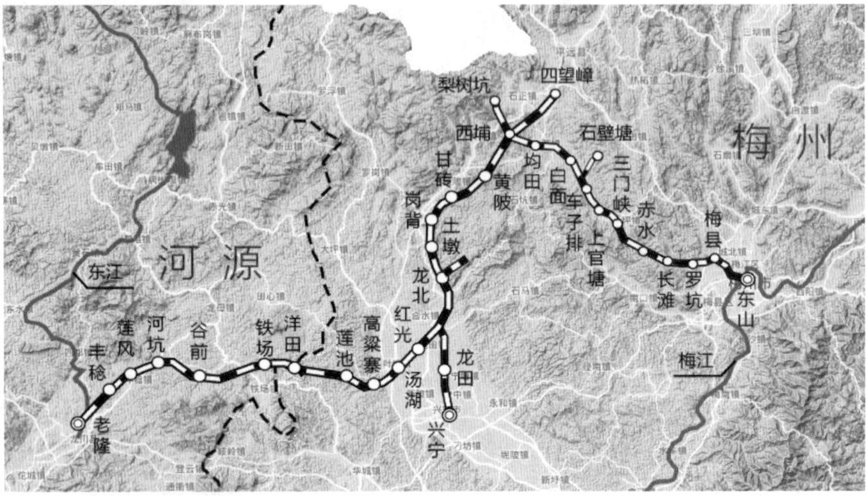

图 38　梅隆铁路线路图
（来源：根据百度地图，作者改绘）

3.4　京广铁路广东段

京广铁路由北京向南行至广州，由原京汉铁路、粤汉铁路连接而来，是我国重要的南北铁路干线。京汉铁路北起北京，南抵汉口；粤汉铁路南起黄沙站，北抵武昌徐家棚。1957 年 9 月，武汉长江大桥建成，京汉、粤汉两线贯通，当年 10 月该线路正式命名为京广铁路。

京广铁路广东段北起省界白沙河桥处，经坪石、韶关、英德至广州。作为中国南北交通大动脉，京广铁路广东段利用既有粤汉铁路线路运营，客货运输繁忙。伴随国民经济的发展，复线建设是提升铁路运能的重要方式。1970 年代，京广铁路广东段运能与运量的矛盾日趋尖锐。1988 年，衡广复线建成通车，缓解了日益增长的铁路运输矛盾。目前，京广铁路广东段仍在运行，对带动广东地区发展意义重大。

4　广东铁路工业技术

得益于专业的铁路工程技术人员与先进的工业设备，近代广东铁路建设体现出了一流水平。中华人民共和国成立后，以广州火车站为代表的铁路站房建设，成为新中国时期广东铁路工业技术的缩影。

4.1　广东铁路工程师

詹天佑是近代中国铁路工程界的领袖，为早期广东铁路的建设及铁路工程技术人才的培养作出巨大贡献。早年他曾考入耶鲁大学土木工程系铁路专科，1909 年入选美国工程师学会会员。1910 年，他被推选为广东省商办粤汉铁路总公司总理。詹天佑直接参与了多条广东铁路的建设工作，并发挥重要作用。

凌鸿勋是继詹天佑之后，又一位将西方铁路技术引入中国的重要人物。凌鸿勋曾在哥伦比亚大学进修，回国后他主张自主设计铁路线路、执行国有铁路建设标准，对广东铁路建设作出巨大贡献。他还曾担任粤汉铁路株韶段工程局局长兼总工程师，对粤汉铁路株韶段的线路选取、拱桥方案等的设计，使他闻名国内。

在早期广东铁路建设中，很多外籍工程师参与了建设工作，使广东铁路体现出近代世界先进的工业水平。1898 年至 1899 年间，美国土木工程师柏生士曾参与粤汉铁路的勘察工作（图 39）。同样来自美国的伯捷（图 40）曾参与粤汉铁路主干线和三水支线的初步勘测，上述经历使他随后赢得了大沙头火车站的设计工作，他所在的伯捷洋行还承担了广九铁路广东境内所有桥梁的设计工作。

图 39　柏生士参与勘测粤汉铁路地形
（来源：*An American Engineer in China*）

图 40　伯捷（最前排正中）
（来源：《帕内建筑艺术与近代岭南社会》）

4.2　广东铁路工业设备

早期广东铁路的铁路设备主要受到美、英、日等国影响，工程技术标准多样。广东铁路的修建资金来源多样，最初有美国、英国等财团出资兴建，随后有侨商、绅商集资修路。这些不同背景的出资与建设者为广东铁路制定了不同的工程标准，使广东铁路工业设备呈现来源国别多、车型种类多的特点。

粤汉铁路的工程标准历经各段分散到全段统一的过程。因湖北、湖南、广东三段各自修建，三段铁路标准不一。1917 年，民国政府交通部成立“铁路技术标准委员会”，负责为铁路制定统一设计标准。1934 年，在凌鸿勋的组织下，粤汉全路均调整为既定国有建设标准，方便了以后的线路联运和维修工作。

机车作为铁路的象征，具有独特的标识性。粤汉铁路横跨南北，地况复杂，需要大功率机车提供牵引力。但民国时期修建的铁路桥梁承载能力低，无法满足国外大功率机车通行所需的承载条件。针对上述情况，国民政府铁道部自行设计了联盟型蒸汽机车（KF1 蒸汽机车）以满足粤汉铁路的需要（图 41）。该机车是中国人第一次自行设计的大型蒸汽机车，意义重大。

图41　KF1蒸汽机车
（来源：中国铁道博物馆）

4.3　新中国时期铁路站房建设

新中国时期，广东铁路沿线的站房逐步升级，站房建设在规模、空间、设备等多方面得到完善。韶关站、佛山站、坪石站、广州火车站等重要站房在1949年后均有进一步发展。

韶关车站位于北江东岸，1949年后经历多次改扩建。佛山站最初为广三铁路沿线客运站，1949年后站房规模扩大，设备得到改良。除了上述各站房建筑，广州火车站在空间、结构、设备等方面达到较高标准，是新中国时期省内站房建设技术的代表。

广州火车站由林克明主持设计，方案历经多次变更。1960年代初的方案设计中，站房设计达到较高设计水准（图42、图43）。从平面设计看，候车空间与辅助空间组合形成方形组团，主要候车厅组团位于中间，两个专用候车厅组团位居两侧（图44）。出发大厅由三个巨型薄壳屋面覆盖，汽车可以顺坡道直达二层出发大厅。

图42　广州火车站1960年代实施方案（建筑师：林克明）
（来源：林克明，佘畯南，麦禹喜．广州几项公共建筑设计[J]. 建筑学报，1959(8):15–8）

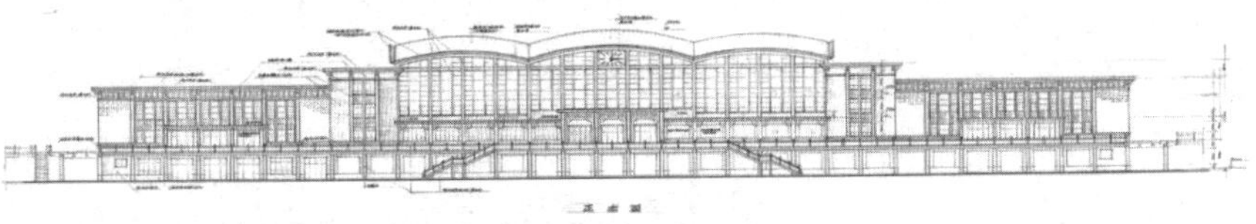

图 43　广州火车站 1960 年代初方案正立面图
（来源：广州市设计院）

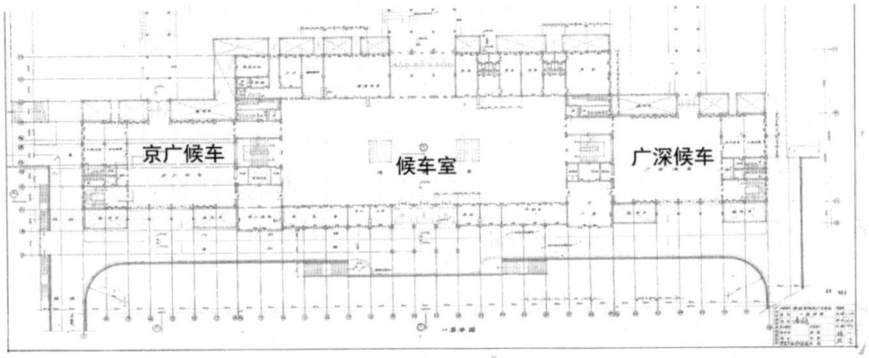

图 44　广州火车站 1960 年代初方案首层平面图
（来源：广州市设计院）

1960 年车站规模扩大方案中，平面采用庭院式布局，以大广厅为中心，左右两侧各有一个庭院，候车厅环绕两侧庭院布置（图 45）。同时建筑规模与功能配套有所优化，立面保留竖向五段式划分的同时，抛弃了上一版方案中不必要的传统装饰元素（图 46）。该方案上报后，因顾及车站高度太高，影响白云机场飞机降落，未能通过。

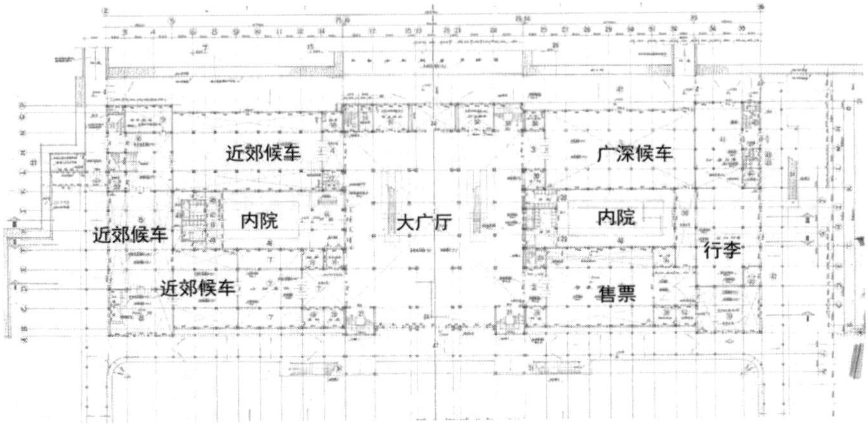

图 45　广州火车站 1960 年扩大方案首层平面图
（来源：广州市设计院）

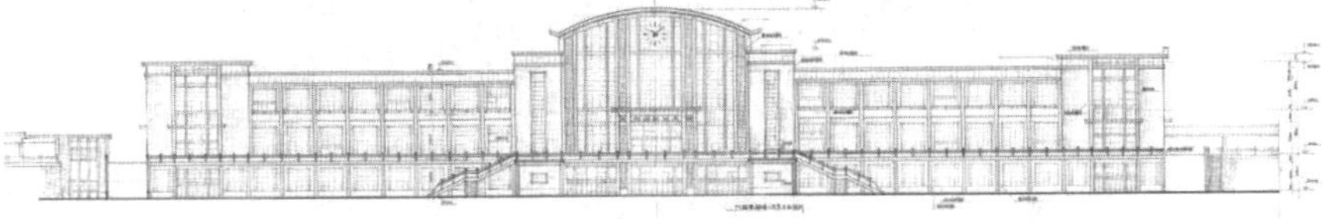

图 46　广州火车站 1960 年扩大方案正立面图
（来源：广州市设计院）

1970年代的最终建成方案更加强调功能性和实用性（图47）。方案首先对铁路线的布局做了调整，京广线列车和旅客作为独立单元处理，安排在车站西侧；中段和东段用于近郊的广深线和广三线，设置为更为方便高效的通过式（图48）。建筑形体也做了较大改动，中间大厅被压缩，立面上的大面积玻璃幕墙变为普通窗户，三个巨型薄壳屋面被普通平屋顶取代。立面最终呈现为对称式布局，中段四层，两翼从三层至二层渐次叠落（图49、图50）。

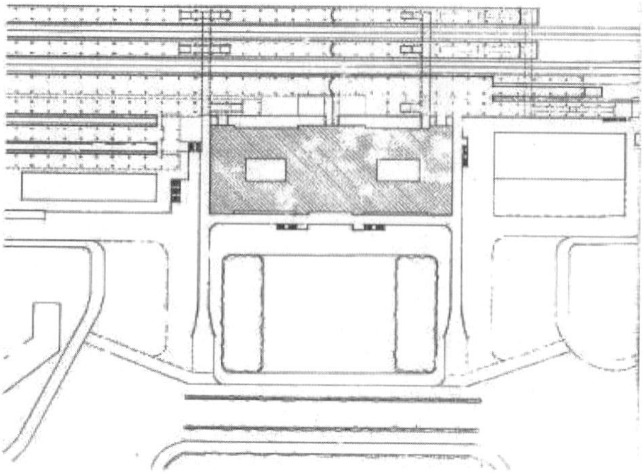

图47　广州火车站建成方案总平面图
（来源：杜汝俭，陆元鼎．中国著名建筑师林克明[M].北京：科学普及出版社，1991:136）

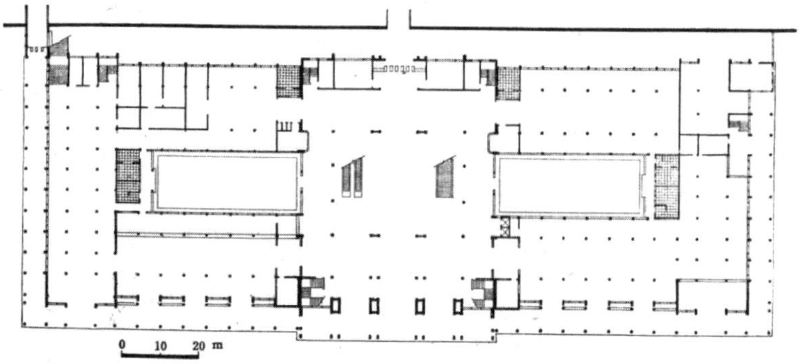

图48　广州火车站建成方案首层平面图
（来源：铁道部第三设计院．铁路旅客站建筑设计[M].北京：中国建筑工业出版社，1977:156–60）

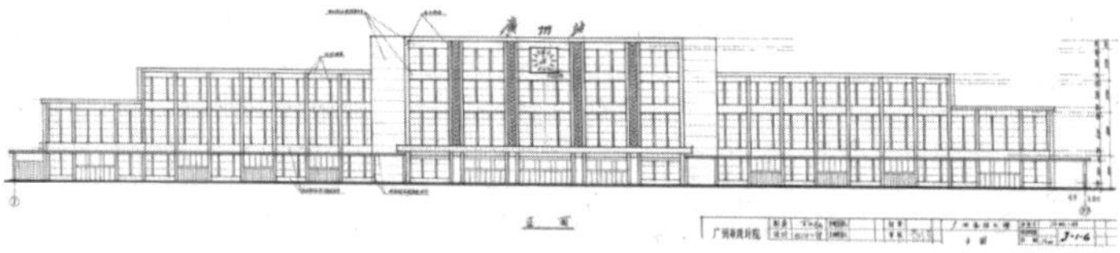

图49　广州火车站建成方案正立面图
（来源：广州市设计院）

图50　广州火车站建成图
（来源：国家基本建设委员会建筑科学研究院．新中国建筑[M].北京：中国建筑工业出版社，1976）

5 小结

广东铁路建设历史悠久。从清末广东铁路工业的发端到民国时期铁路线路的不断延伸，以及新中国时期广东铁路的进一步发展，铁路发展的历史特色鲜明。此外，广东铁路体现出一流的建设水准，铁路工程师、铁路工业设备、铁路站房建设水准均属国内先进水平。本文研究并梳理了广东铁路发展历史，希望可以为后续开展广东铁路工业遗产等相关研究奠定良好的理论基础。

参考文献

[1] 广东省地方史志编纂委员会 . 广东省志：铁路志 [M]. 广州：广东人民出版社，1998.

[2] 金士宣，徐文述 . 中国铁路发展史 [M]. 北京：中国铁道出版社，1986.

[3] 新宁铁路总务课 . 新宁铁路整理之经过 [Z].1928.

[4] 粤汉铁路株韶段工程局 . 粤汉铁路株韶段工程记载汇刊 [Z].1936.

[5] 粤汉铁路局 . 粤汉铁路广韶段史略：附广三段 [M]. 台北：文海出版社，1993.

[6] 刘玉遵，成露西，郑德华 . 华侨，新宁铁路与台山 [J]. 中山大学学报：哲学社会科学版，1980(4):24–47.

[7] 广州市地方志办公室 . 广州近现代大事典：1840—2000 年 [M]. 广州：广州出版社，2003.

[8] 广州市越秀区档案馆 . 广九百年记忆 [Z].

[9] 三水县地方志编纂委员会 . 三水县志 [M]. 广州：广东人民出版社，1995.

[10] 广东省梅隆铁路管理处编纂办公室 . 广东梅隆铁路志 [M]. 广州：广东人民出版社，1989.

[11] 彭长歆 . 现代性地方性：岭南城市与建筑的近代转型 [M]. 上海：同济大学出版社，2012.

[12] 彭长歆 .20 世纪初澳大利亚建筑师帕内在广州 [J]. 新建筑，2009(6):68–72.

[13] 文丹 . 清末粤汉铁路研究 [D]. 贵州：贵州师范大学，2009.

* 本文获国家自然科学基金青年基金项目（51808377）的资助。

景观基础设施视野中的天津环城铁路改造探讨*

陈立镜　天津城建大学建筑学院

摘　要：铁路遗存的保护改造是城市土地“存量优化”的重要部分。本文从分析我国铁路遗产景观化保护的现状和不足出发引入景观基础设施理论，并分析了景观基础设施理论用于城市铁路遗产保护的可行性、优势以及具体特征。并以天津环城铁路改造为具体案例，在充分分析现状和其规划设计的基础上，结合点评数据分析探讨了当前已实施路段存在的问题，提出相应的调整策略。试图为我国大量现存铁路遗存的改造和保护提供一定借鉴。

关键词：铁路遗存；景观化；景观基础设施；天津环城铁路

自2008年京津城际高铁开通运营后，我国跨入高铁时代，伴随着轨道标准化的实施和高速铁路建设的推进，铁路线网全面调整升级。在大量新交通基础设施投入建设的同时，全国范围内出现了大量废弃铁路线路。由于无法满足城市使用需求的转变，废弃铁路中部分被拆除，更多则陷入一种尴尬的境地，特别是具有一定历史遗产价值的铁路。随着铁路及沿线附属设施的废弃，大量用地成为城市中的“棕地”，在城市中扮演着消极的角色。这类空间正是2013年“中央城市化工作会议”中提到的“低效或闲置存量土地”中的一种，用何种视野如何看待这类空间，用何种理论指导这类空间的改造激活是决定这类空间是否能够完成“存量优化”内涵式开发的关键。

1　我国铁路遗产景观化保护的发展现状

针对这一类具有一定遗产价值的废旧铁路，世界范围内特别是欧美发达国家早已开展了大量立足于保护和再利用的实践。对于历史文化价值较高的铁路线，在保护方面，欧洲的赛默灵铁路、雷塔恩铁路和印度的高山铁路早已作为线性文化遗产入选世界遗产名录；在再利用方面，铁路所在地针对废旧铁路遗存所蕴含的巨大更新改造潜力和其作为线性遗产的连续性特征，进行了一系列结合文化艺术、自然景观和城市更新相关理论的不同类型改造实践。

1.1　城市铁路遗产的内涵

在我国，鉴于保护的迫切性，有学者借用工业遗产和线性遗产的理念将铁路遗产定义为“将铁路技术与自然或人文环境有机融合的，具备重要科学、文史、景观、建筑或艺术价值的，线性或带状区域内的相关物质和非物质历史遗存”。其中同时强调了铁路遗产作为线性遗产连续地与周边自然或人文环境相结合的特征，以及作为工业遗产应包含整个“工艺流程”的特征。这两方面特征为铁路遗产的保护更新提供了多角度的发展方向，使具有不同特征的铁路能够有不同类型的发展模式。

1.2 我国铁路遗产保护的模式及景观化保护手法

通过研究近几年来部分学者对我国铁路遗产类型的总结，和一些学者试图利用工业遗产再生价值相关理论对铁路遗产进行的评价和更新，以及广州、厦门、北京、天津、哈尔滨等城市的一系列相关实践，可以总结出三类铁路遗产保护的模式：①以开放式博物馆激活模式：适用于遗址平面以点、面状出现且遗产价值较高的铁路遗产，如哈尔滨中东铁路公园。②以功能提升复活式激活模式：适用于具备恢复运营条件的铁路线路。一类能够结合周围较好自然环境发展成为旅游观光线路，另一类则通过升级改造融入整体轨道交通体系。如现已规划并部分建设的京张铁路遗址公园，拟局部开通詹天佑号观光火车，活化历史记忆。③以景观绿道进行景观化保护模式：适用于有一定遗产价值，遗存平面呈线状且与自然环境结合较为紧密的铁路遗存，是当前我国城市内铁路遗产采用的最为普遍的保护模式，如厦门市铁路文化公园等。

在具体手法上，当前城市铁路的景观化保护也呈现出多样化，但本质上依然主要是基于适应性再利用的原则，在尊重场地特征的前提下合理利用沿线存留的建（构）筑物，通过考虑周边交通、生态和商旅多方面的因素进行景观化的保护和改造。具体常用手法：①利用保存较好的站房、道口信号亭、厂房、车库、机务段、车辆段等建（构）筑物，恢复标志性场景，营造铁路文化空间；②利用自然环境，合理设计线性景观及乡土植物，并综合利用多媒体手段营造场地特色氛围，给人全方面的休闲体验，从而重塑场所生态；③结合周边城市环境和功能，置入能够吸引旅游的商旅功能，形成新的“触媒”，从而激活场所使其重获活力。但由于铁路元素往往具有相似特征且形态较为单一，整体路线也较长，导致在实践过程中各地采用景观化保护的铁路遗存往往显得极为同质化（图1），很难最大限度地发挥各地遗存的价值。

（a）厦门　（b）北京　（c）哈尔滨　（d）天津

图1　厦门、北京、哈尔滨、天津铁路遗存改造后呈现的同质化景象
（来源：图1a～图1c来自百度百科，图1d作者自摄）

2 景观都市主义与景观基础设施的相关实践

城市铁路线作为城市基础设施的重要组成部分也与其他多种城市基础设施直接联系，在改造的过程中似乎能够以此作为同质化的突破口，因地制宜最大限度地提升整体线路的丰富性。虽然城市铁路线改造与景观化保护同样关注与自然生态的关系，但在关注范围、整体系统性和多

样化等方面又有所不同。

2.1　景观都市主义与景观基础设施的概念与发展

景观都市主义与铁路遗产景观化保护的产生其实有极为相似的原因，都是对现代主义城市规划以及工业化带来的能源与生态危机的反思。景观都市主义将城市理解为一个生态系统，其中的建筑、基础设施、开放空间等都只是片段或形态上的具体表现，而景观是处理所有人地关系的世界观与价值观。在城市中，景观系统既是一种城市支撑结构，又是一种延展城市的载体，能够重塑自然与人的关系，使城市更好地应对生态、社会和经济的发展。而景观基础设施是景观都市主义中的一个研究方向，核心内容即探讨景观与基础设施共同建设的可能性与方式。在生态基础设施（Mander，1988；Selm1988）、绿色基础设施（Benedict，2001）等概念的基础上发展而来，在强调保护自然空间网络的连通性和完整性的共同点之上，更强调通过积极的手段创造更多自然生态、社会功能和基础设施相混合的景观空间。该研究方向致力于功能单一的灰色基础设施能够绿色化、功能综合化，并融入系统化的景观基础设施系统，形成具有环境、经济和社会多元价值的景观与基础设施有机融合的整体。

2.2　景观基础设施在工业遗产保护中的实践

伴随着我国城市发展“退二进三”的步伐以及工业产业的更新换代，大量原有工业用地面临置换，而这些用地往往与城市交通基础设施、水源以及城市功能有紧密的联系，有些甚至本身就是城市基础设施网络的重要组成部分，这类用地是景观基础设施理论得以施展拳脚的最理想场所之一，国内外都有大量相应的实践。从国际上较早的德国鲁尔工业区的北杜伊斯堡景观公园、美国波士顿海岸水泥总厂及其周边环境改造，到国内较早的广东造船厂改造的中山岐江公园（图2）以及最新的绿之丘——上海烟草公司机修仓库更新改造（图3），均对城市空间品质显著提升，同时也能看出其中关注点的一些改变。景观基础设施理论中所强调的系统性和综合性在较新案例中体现得更为明显。以“绿之丘”为例，对原烟草仓库的改造不仅促成了新城市道路（安浦路）的贯通，在通过建筑结构显露来强化工业感的同时拉通了滨江景观带，向城市腹地打开滨水岸线，而在自身功能上则成为了集市政基础设施、公共绿地和公共配套服务于一体的城市滨江综合体。

图2　中山岐江公园鸟瞰
（来源：https://www.gooood.cn）

图3　绿之丘——上海烟草公司机修仓库更新鸟瞰
（来源：https://www.archdaily.cn）

2.3 景观基础设施视野中的城市铁路遗产保护

当然运用景观基础设施理论最多的实践领域还是在城市的血管——城市交通基础设施之上，如遍布世界各地的高架桥、快速路改造。而废弃城市铁路线作为历史上城市交通基础设施的一部分具有工业遗存的属性，在景观基础设施理论运用方面有明显的优势。

如前文所言，城市铁路遗存具有天然的连续性特征，具备了利用景观基础设施理论进行改造的第一前提——具有自然空间网络的连通性。在景观基础设施理论引导下对城市铁路遗存进行保护改造，能够完美地践行景观基础设施理论对于自然、地形和触媒等几方面的探索。①在自然方面：除去前文所述铁路遗存连接的城市外自然环境，当前我国现存城市铁路遗存大多为工业支线和专用线，往往连接着大量的工业用地且临近水源，工业用地往往又配有大面积防护绿地。因此，其既拥有较好的先天自然条件又能够体现出人类对自然的改造，对其进行适应性保护利用既能够凸显出将自然作为人类社会政治经济的产物这一景观基础设施理论的新观念，又能够达到利用自然进程自我修复或人工干预生态修复为城市自然环境带来生机的目的。②在地形方面：铁路的修建最讲究对地表起伏的研究，其形态往往能够充分地反映出自然地形和人工地形的关系。对铁路遗存进行整体的保护改造能够充分体现出景观基础设施理论中地形包含由景观、建（构）筑物整合的空间形式的概念，也有助于消解构筑物与场地的二元对立关系，形成一种新的人工化地表重塑城市环境的连续性。③在触媒方面：铁路遗存虽大多处于荒废的状态，但其自身除去大量拥有遗产方面价值外还往往承载着大量城市居民的城市记忆，部分空间及建筑物甚至已经被城市居民进行了自发改造，同时，其往往跟其他城市基础设施空间发生直接关联，这都体现出铁路遗存拥有基础设施作为城市触媒的属性，具有激发连锁反应的潜力，能够最终激活城市空间。

在景观基础设施理论的引导下，城市铁路遗产能够多方面参与到城市整体景观系统的构建之中，成为城市整体公共空间有机的组成部分。同时，景观基础设施的理论在处理城市铁路遗产保护方面似乎能够在一定程度上解决当前主要采用的城市铁路遗产景观化保护手法带来的同质化问题，增强其系统性和丰富性。因为，其最终目的是将废弃铁路转化成为一个能够联通城市、功能复合的生态空间。

3 天津环城铁路改造反思与探讨

天津环城铁路绿道公园是城市铁路遗产景观化保护的一项实践，下文将以其为例通过实地调研以及大众点评数据分析，结合景观基础设施理论对其改造实践进行探讨。

3.1　天津环城铁路历史及现状（图 4、图 5）

现存天津环城铁路主要由陈塘庄、津浦、京山、李港四条铁路的部分组成，途径除和平区以外的其他 5 个天津市中心城区以及西郊的西青区，线路总长约 65 千米。北侧的津浦铁路和东侧的京山铁路主要在快速路以内，大部分仍在运行；西南侧陈塘庄支线及李港铁路线位于快速路和外环线之间，已基本停运废弃。其中京山铁路历史最长，始建于洋务运动时期，抗日战争时期被破坏，后于 1949 年修复。津浦铁路、陈塘庄铁路、李港铁路则分别始建于 100、60、40 多年前，其中，始建于 1957 年的陈塘庄支线铁路全长 24.37 千米，连接津浦铁路和天津西营门货场、陈塘庄货场，是一条服务于天津市区西南方向的重要的货运铁路，在 1985 年天津“工业东移”的战略影响下，运量不断降低，最终于 2017 年 12 月彻底停运。

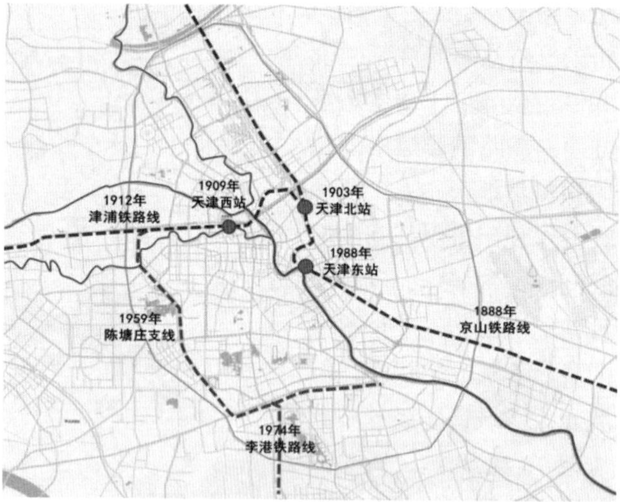

图 4　天津环城铁路格局及各站线建成时间
（来源：遗产保护视角下天津环城铁路周边地区演变与更新研究[6]）

（a）冬天

（b）夏天

图 5　天津废弃铁路现状
（来源：作者自摄）

天津环城铁路上及两侧 500 米范围内现存工业文化遗存 17 处、铁路文化遗存 3 处、运河文化遗存 1 处，横跨从清末到新中国各个时期，其中中华人民共和国成立前的遗存 13 处。铁路线周边建设用地性质以居住用地为主，占 37.4%，其中存在 14 处与铁路生产相关的住区。周边存留可利用防护绿地为 315 公顷，多为铁路、河流周边防护绿地及工厂周边防护绿地，铁路线直接滨水里程达 19 千米，其中 4 千米两面临水，跨河铁路桥 8 处，但除已改造地段外，整体景观品质较低，水质较差。由于天津位于华北平原之上，地貌较为平坦，铁路与城市道路相交仅呈现高架、下穿、平交三种形式，在总计 43 处交叉口中，三种分别占 39.5%、34.9% 和 25.6%，同时造成断头路高达 37 处，对周边地区的整体阻隔性明显。

3.2 天津环城铁路绿道公园设计及改造现状

针对上述问题，为推动天津中心城区后工业时代的资源再利用，天津市城市规划设计研究院于2013年编制了《天津环城铁路绿道公园规划》，试图以微更新的方式对总长度为45千米的天津环城铁路进行生态化改造，力图使其成为激发城市活力、促进城市更新的新引擎。其中，属河西区的从卫津南路到紫金山路长度约5.6千米的区域已于2019年底完成了总投资约6000余万元的改造。

3.2.1 规划概况及特点

作为获得2015年度全国优秀城乡规划设计一等奖的设计，规划整体以铁路周边资源整合为主要内容，将设计重点放在对铁路线、沿线河道、公园、绿地、城市零散用地和闲置地的整合之上，力图形成集生态涵养、工业文化教育展示、公共服务、绿色交通等功能于一体的城市绿色开放空间（图6）。在问题分析上，综合探讨了生态、社会及经济方面的作用，构建了一套两类三级共计35个评价指标的评价体系，尝试通过设计提升周边土地利用效率，激活整个中心城区。规划设计时考虑到作为一个大规模的城市铁路遗存改造项目不能仅依照已有国内部分铁路绿道公园的成功案例，将设计着眼在自然生态环境优化方面，还需要关注其城市尺度的空间特征，以完成城区的生态格局系统化建构。在具体设计上，规划连接了18处原本零散的公园、绿地与河渠，延展了15处绿道支系；整合了沿线10余处工业遗产，推动将其改造为多元文化类型的工业文创园；联系了沿线69个成熟社区，共计84万城市居民，作为活力公共空间引导社区营造；串联了天津市“一主两副”三大中心和十大重点项目，促进沿线公共服务设施优化，带动沿线项目投资（图7）。能够看到这一规划理念极具景观基础设施理论特征，功能复合性、系统性特征显著，但落实到细节以及当前已完成的局部段落来看却仍有可探讨之余地。

图6 《天津环城铁路绿道公园规划》资源整合分析图
（来源：天津环城铁路绿道公园）

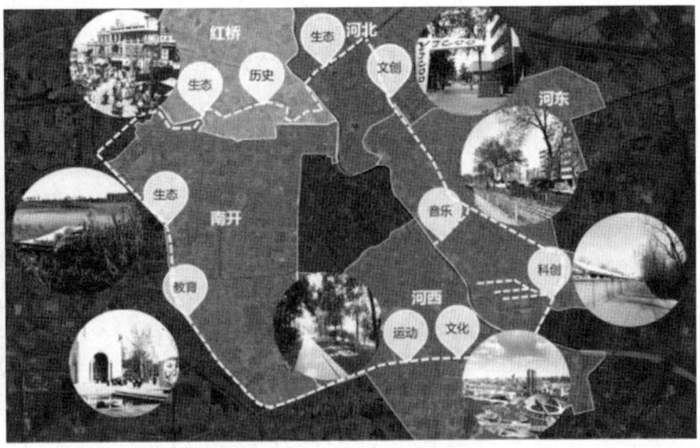

图7 环城铁路规划“一环多态”活力结构
（来源：基于城市废弃铁路再利用的高密度城区生态格局建构规划研究[9]）

3.2.2 实施路段现状及反思

当前已建设完成的一期工程位于整体铁路原有景观最好的部分之一，大部分铁轨两面临水，且紧邻社区相对成熟。建设基本完成了规划的部分预期效果，虽然在天津的知名度不高，但通过大众点评上高达4.95分的评分①能够看到民众对其基本持较高评价，其中一条5分评论的点赞人数高达1319人（图8）。通过对大众点评的321条评论进行数据分析，能够发现一些值得探讨的问题。

① 天津相似的景点评分：五大道文化旅游区4.92分，天津意大利风情旅游区4.85分，水西公园4.91分。

该项目成功之处非常明显，出现频率最高的10个词语分别为“绿道公园”“好”“铁轨”“长”“废弃”“花草”“环境”“健康”“孩子”“拍照”（图9）。良好的景观环境、复现了鲜明的铁路特色，是使用者最认同的特征，也能够看出使用人群主要是带着孩子的周边居民或是老人，游客主要是冲着铁轨拍照打卡的心态前往，这基本上达到了设计时使用人群的预期。但我们能够发现不足之处同样显著。

（1）设计丰富度不足：此段绿道空间中的活动以散步、跑步和拍照为主。“长”成为使用者对此空间最为关键的印象，这一方面反映了铁路的原有线性空间特征，另一方面也有可能是使用者感到空间单调的表征，“没什么可玩的”也是在现场调研中最常听到的评价。从评论月份分布能够发现10月、4月和5月是人们访问最多的时间（图10），与花季有直接联系，也从侧面反映出其他月份的活力不足，公园整体多样性和吸引力不够。

（2）改造互动性不足：在14条4分以下的评论中，13条抱怨的都是地图定位不准确，由于电子地图中定位不准确，笔者第一次调研也没有准确找到位置。这反映出在设计与改造过程中，宣传力度不足，公众参与程度较低，整体互动性不足。在设计细节上，空间适应性不足，在调研过程中能够发现使用者还会有垂钓、写生、球类运动等相关需求，但当前空间大多不能够满足其使用要求。

（3）整合及可达性不足：当前铁路与两侧社区基本延续了原有连接方式，虽然在部分地段有所改良，但整体上并没有改变铁路及河流割

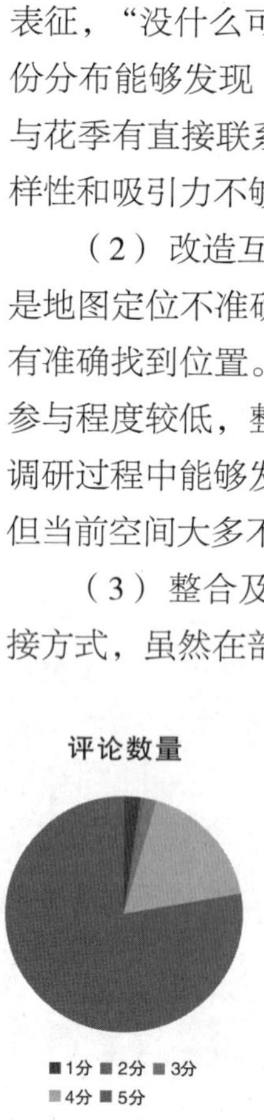

图8 评论分数分布
（来源：作者自绘）

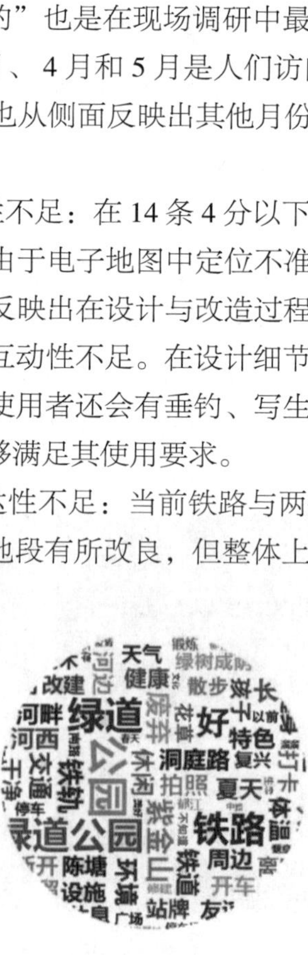

图9 评论词云图
（来源：作者自绘）

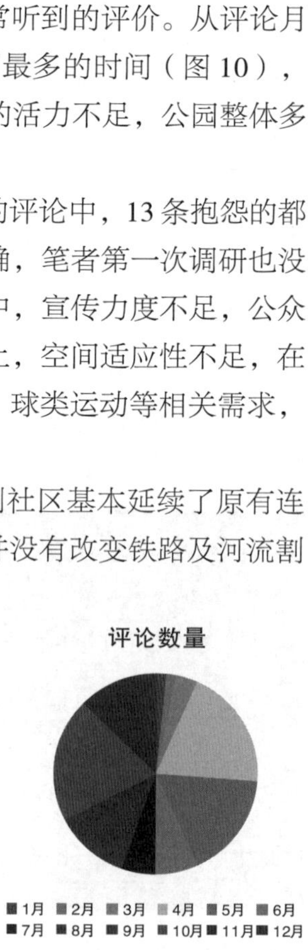

图10 评论月份分布
（来源：作者自绘）

裂城市的现象。其中紫金山路到友谊路段长度近900米，其间没有一座能够拉通南北的桥梁，从长远来看这一长度甚至会达到2千米，远超过适宜步行长度，而绿道管理条例还禁止骑行。同时，绿道上除卫生间外并无其他使用功能，饮用水都成为了奢侈品，与此相对应的绿道两端门前的马路上则摆满了小贩的水果摊贩（图11）。

图11　绿道两端门前马路上的水果摊贩
（来源：作者自摄）

3.3　景观基础设施理论引导下天津环城铁路绿道公园设计策略

针对现状问题，本文运用景观基础设施理论对天津环城铁路绿道公园设计提出以下策略：

（1）引导公众参与提升空间公共性：无论是纽约高线公园或是正在进行的巴黎环城铁路改造（La Petite Ceinture）（图12），公众参与都是其中不可缺少的重要部分，参与者可以是如“高线之友”的公益组织也可以是各方面的艺术家，更可以是周围的居民，不同人群的共同探讨才能够达到各方利益的最大化，从而满足各方面的需求，形成真正具有意义的公共空间。在操作上可以参考美国纽约街道空间治理的经验，使用行动试验的策略促成参与空间营造及治理的主体基础性共识的达成，推动完成公共空间的共同界定（图13）。

图12　巴黎环城铁路上参与活动的艺术家
（来源：https://www.sohu.com/a/452956793_505583）

图13　行动试验影响下改造的纽约时代广场
（来源：earthpowernews.com/humans-make-comeback-battle-cars/）

（2）落实整合三维空间拓展可达性：综和运用步行桥、增设高架桥上的人行及自行车道的形式增强铁道、河道、高架桥的联系，建立三维联通的空间生态网络，全面提高空间可达性（图14）。适当放宽绿道内的管理，提升空间弹性，增加自行车穿行的可能以及放宽商贩、艺术家、垂钓者等各类群体的活动与空间改造。

（3）拓展思路挖掘更多改造可能性：结合城市整体基础设施生态体系的建构，可以为环城铁路赋予其他更多实用性功能。如巴黎修建 RER 区域快铁 C 线时就借用了部分已废弃的环铁线路。对于还未动工的陈塘铁路支线天津西—李七庄段，鉴于其既有铁路资源非常珍贵，可以考虑将其运输功能部分复活，改造为景观化的城市铁路与当前已有城市轨道交通接驳补充，这样不仅有利于减轻城市西侧部分区域的交通负担，形成更好的城市轨道交通客运网，还能保护铁路遗存（图 15）。

图 14　马萨诸塞州剑桥市北岸大桥公园
（来源：https://new.qq.com/rain/a/20210506A02CL200）

图 15　铁路改造后预期轨道交通网络
（来源：作者自绘）

4　结语

本文通过对当前我国铁路遗产景观化保护成果以及景观都市主义理论的梳理，发掘了景观基础设施理论适用于我国铁路遗存改造的合理性，以及其更着眼于城市整体性和强调创造复合化多功能景观的特征，并结合天津环城铁路绿道公园设计及改造实例探讨了在景观基础设施理论引导下对其进行调整的策略。面对我国现存特征各异的城市铁路遗存，希望通过景观基础设施理论的引入，从实际需求出发，挖掘城市特征，以铁路遗存为触媒，全面构建城市生态，打造出具有地域特征、文化氛围的城市生活。

参考文献

[1] 代书剑 . 基于再生价值的城市废弃铁路空间潜力量化评价及更新策略研究 [D]. 北京：北京交通大学，2020.

[2] 冯霁飞，杨一帆，李楠，等 . 城市铁路遗产的景观化保护：京张铁路遗产公园的规划设计 [J]. 工业建筑，2021,51(3):15–21.

[3] 吴伟，付喜娥 . 绿色基础设施概念及其研究进展综述 [J]. 国际城市规划，2009(5):67–71.

[4] 张斌，为公共性赋形：基础设施作为建筑学实践的新领域 [EB/OL].(2021–04–19). https://mp.weixin.qq.com/s/v–qSx7LWkv5FCbuPWGKvfg.

[5] 李倞 . 现代城市景观基础设施的设计思想和实践研究 [D]. 北京：北京林业大学，2011.

[6] 侯英裕 . 遗产保护视角下天津环城铁路周边地区演变与更新研究 [D]. 天津：天津大学，2019.

[7] 黄晶涛 . 天津环城铁路绿道公园，天津，中国 [J]. 世界建筑，2020(7):50–53.

[8] 常燕勋，李芳，赵先悦 . 城市铁路绿道周边土地高效利用评价指标研究：以天津市环城铁路绿道公园为例 [C]// 中国城市规划学会 . 规划 60 年：成就与挑战—— 2016 中国城市规划年会论文集（11 风景环境规划）. 北京：中国建筑工业出版社，2016:424–432.

[9] 左进，曾韵，李晨 . 基于城市废弃铁路再利用的高密度城区生态格局建构规划研究 [J]. 城市建筑，2017(21):37–40.

[10] 陈煊，刘奕含，丁竹慧. 基于行动策划的街道公共空间治理路径研究：以纽约街道空间治理过程为例（2007—2020 年）[J/OL].(2021–03–29). https://kns.cnki.net/kcms/detail/11.5583.TU.20210326.1446.002.html.

[11] 林箐 . 缝合城市：促进城市空间重塑的交通基础设施更新 [J]. 风景园林，2017(10):14–26.

[12] 王新 . 天津枢纽闲置铁路改造为城市铁路规划探讨 [J]. 铁道工程学报，2014,31(3):19–24.

城市更新视角下超大城市铁路遗产区域的保护更新策略初探
——对上海淞沪铁路—沪杭铁路段（轨道交通3号线）更新实践的思考

时　寅　陈　鹏　上海市城市规划设计研究院

摘　要：本研究聚焦在城市更新注重存量提质优化的发展背景下，我国超大城市如何更好地开展铁路遗产的更新利用，实现高质量发展的目标。研究通过分析国际、国内铁路遗产保护更新利用的案例，重点解读上海松沪铁路—沪杭铁路段及周边地区从交通廊道到城市复合功能走廊的实践历程。结合经验趋势的总结，提出需要从铁路遗产区域的整体视角，统筹考虑铁路遗产本体和周边区域，从完善价值体系、拓展对象体系、优化功能利用、分段分类施策、创新主体治理等方面进行系统性的保护更新，将铁路遗产区域的更新利用融入更大背景下的地区乃至城市的功能、品质和活力复兴。

关键词：铁路遗产区域；系统性措施；城市更新

《中共中央关于制定国民经济和社会发展第十四个五年规划和二〇三五年远景目标的建议》提出需要“实施城市更新行动”，推动解决城市发展中的突出问题和短板，提升人民群众获得感、幸福感、安全感。我国北京、上海、广州等超大城市已经逐步进入了从关注增量、粗放式发展走向聚焦存量、强调内涵发展的城市更新新阶段，如何更好地贯彻新理念、挖掘新资源、采用新策略、探索新机制将为成为决定城市更新是否可以有效地推动城市高质量发展，提供高品质生活环境的关键。

城市遗产作为超大城市重要的存量空间资源，合理的保护利用不仅可以彰显历史风貌，展现城市魅力和精神品格，提升文化软实力，更对促进城市更新有着重要的战略意义。工业遗产是我国城市遗产中重要的组成部分，现在也得到了越来越多的关注。2018 年 1 月起中国科学技术协会先后公布了 3 批“中国工业遗产保护名录”，北京 798、上海 M50 等工业遗产利用也成为城市更新中的经典案例。

工业遗产的类型丰富多样，不仅有传统工业建筑、大型市政基础设施，和超大城市形成、拓张、发展息息相关的铁路遗产也是重要的遗产类型。但是我国对铁路遗产的研究启动较晚，内容也相对较少，主要关注铁路文化遗产的价值（杨玲，2011；董一平、侯斌超，2012）、国外铁路遗产保护利用经验的借鉴（陈雳，2020；夏海山，2020），实证研究层面主要集中在中东铁路和滇越铁路等高等级且有明确保护身份的铁路遗产（佟玉权，2013；牛韶斐，2014），在具体对象上关注了铁路线路本身以及直接相关的场、站、轨、桥等设施的保护和利用（王长松、马千里，2017）。现在从城市更新视角对超大城市核心地区的铁路遗产以及结合铁路遗产的研究较少。

综上，本次研究将从城市更新视角，重点关注超大城市铁路遗产和周边区域，结合国际国内案例分析，总结经验，提出可以推动地区整体更新和活力复兴的保护更新策略，同时也可以弥补我国相关研究领域的空白。

1 研究背景

1.1 城市更新——超大城市实现高质量发展的路径

在新一轮的《上海市城市总体规划（2017—2035年）》（以下简称“上海2035”）中明确提出，城市已经进入了聚焦存量、精明增长、内涵发展的新阶段，全面推动城市更新不仅适应我国超大城市发展的新形势，更是实现高质量发展目标的重要路径。

城市更新是通过综合的、整体性的观念和行为来解决城市经济、社会、物质环境等各个方面的问题，针对不断变化和生长的建成区提出长远、可持续的改善和提升措施。城市更新重点会对已经丧失了的经济活动进行重新开发，对已经出现障碍的社会功能进行恢复，对出现社会隔离的地方促进社会融合，对已经失去了的环境质量和生态平衡进行复原等。

工业遗产是我国城市建成遗产重要的组成部分，作为城市过去辉煌发展历史的见证，它们现在往往因为经济发展、产业结构转型、新技术应用、生活方式变化等原因，亟待开展整体功能、品质、活力的更新提升。工业遗产门类繁多，且空间规模较大，是实现城市更新的重要物质和空间载体资源，也更需要整体、系统地“量身订做”保护更新策略。

1.2 铁路遗产——超大城市工业遗产中不可或缺的组成部分

铁路一直被视为近代工业革命的标志。英国建于18世纪的“铁桥峡谷”作为第一个工业遗产，其中的铁轨也是众多保护要素之一。随着《保护世界文化与自然遗产公约》对“系列遗产”概念的提出和深入，铁路遗产也被视为“系列遗产”的重要类型。

在我国前后3批“中国工业遗产保护名录”中，铁路遗产共有17处，其中第一批9处，第二批7处，第三批1处，主要为在我国交通史上有重要意义的区域、城际铁路线路，具体对象包括与铁路直接相关的轨道、站房、机车库、机车厂、配套服务设施等要素。

铁路对超大城市更是有着不可取代的意义，可以说每个超大城市的成功背后都离不开铁路在一段时期甚至延续至今的客、货运交通支撑。在铁路周边也会集聚一批依托铁路而生的工业、仓储业等企业，具有生产、生活功能。铁路遗产在空间布局上体现了当时交通与产业、居住等功能，河道、周边路网等系统相互作用的规划建设理念；在对象体系上不仅有承担区域交通功能的轨道线路或场站，也有服务大型工业或产业园区的内部铁轨；站点、生产、生活区域的建筑类型和特色上也更多样。但是随城市快速发展、空间扩张和结构变化，区域交通体系调整、生产生活方式变化等因素，许多铁路及沿线区域虽然在区位条件上从过去的“空间边界”转变为主城区内部重要的带状空间，但是在功能上则会出现初始功能消失或弱化后的“被边缘化”，亟待开展整体的更新利用，成为城市更新重要的战略空间资源。

因此在新发展阶段背景下，铁路遗产和周边区域的整体保护策略的创新已经成为我国超大城市更新需要直面的新课题。

1.3 研究框架

本次研究聚焦在城市更新注重存量提质优化的发展背景下，我国超大城市如何更好地开展铁路遗产的更新利用，实现高质量发展的目标。

研究通过分析国际、国内铁路遗产保护更新利用的案例，重点解读上海淞沪铁路—沪杭铁路段及周边地区从交通廊道到城市功能走廊的实践历程，最后通过趋势分析和经验总结，提出需要以铁路遗产区域的整体视角，强调各个要素的统筹保护利用，从完善价值体系、拓展对象体系、优化功能利用、分段分类施策、创新主体治理等方面进行系统性的保护更新措施，将铁路遗产区域融入更大范围的地区乃至城市功能、品质和活力的复兴。

2 国际铁路遗产保护更新模式的经验总结

2.1 铁路遗产更新利用的“三个阶段”

从最早的英国“铁桥峡谷”的保护开始，国际上在铁路遗产的保护更新模式经历了三个阶段的变化（表 1）。第一阶段主要以点状的博物馆式保护，重点关注铁路相关的场站、设施的“冻结式”保护利用，将其作为展现地区发展历史和文化的重要场所。

第二阶段关注了沿线文化、景观、历史价值突出的城郊铁路或生产、煤矿等专用铁路，主要由传统货运功能转型为观光体验线路。欧洲、日本等国家和地区有较多这样的案例，最著名的有奥地利的赛梅林铁路、日本神户的六甲山旅游观光火车等。

第三阶段重点关注了超大城市扩张后，现在位于城市中心地区、区位条件较好的铁路遗产的更新利用。这些铁路遗产和城市发展、转型以及市民日常生活结合更为紧密，保护更新方式、措施和机制也更为多样。近年来，纽约利用曼哈顿中城废弃的货运铁路专线打造高线公园作为城市的空中花园走廊，日本的东急东横线轨道地下化释放地上线型空间作为城市公共活动步行街区，柏林格雷德瑞克公园将铁轨交汇的三角地更新为市民公共活动中心都是该阶段的重要实践案例。巴黎也从 2017 年起对核心区周边 23 千米长的环状废弃铁路开展更新改造，名为

"小腰带"项目，以"物种多样性"和"可逆性"为基本原则，通过"化整为零、分段施策"的核心策略，鼓励政府、居民、开发商、社会组织的多元主体参与治理，最终形成带动社区活力复兴、提升周边区域价值、推动城市更新发展的重要功能活力带。

表 1　国际铁路遗产保护利用的"三个阶段"

阶段	类型	名称	区位	功　能	特　征
第一阶段	博物馆式保存	英国约克国家铁路博物馆	英国约克市内	文化展示：以英国铁路发展和历史为主，拥有超过一百头铁路机车，馆藏众多，包含铁路相关的各方面	前身为约克北车厂，英国三大科学博物馆之一，世界上最大的铁路博物馆
		德国达尔豪森铁路历史博物馆	德国波鸿达尔豪森	文化展示：展出共计200多辆蒸汽机车和铁路相关车辆，展示德国铁路和机械行业发展历程	原为火车生产工厂，是德国最大的铁路博物馆
第二阶段	保留交通功能，增加景观观光体验等功能	赛梅林铁路	奥地利市郊	观光游览：全长41.9千米，至今仍是奥地利铁路的主要干线，也是全世界知名的旅游胜地	以精良的修建技术、杰出的建筑以及周围优美的环境，被评为世界文化遗产，成为全世界知名的旅游胜地
	保留交通功能，转为观光铁路	台北平溪线	台北市郊	观光游览：曾为煤矿货运线路，作为客运观光线被保留下来	无电气化的慢速铁路串联周边特色村镇
第三阶段	与周边城市区域整体发展	高线公园	纽约曼哈顿中城西侧	开放空间：全长2.33千米，1930年建成的一条高架铁路货运专用线，1980年废弃后被改造成为城市空中绿道	没有延续铁路的交通运输功能，作为线性公共空间，连接了纽约中心区沿线的22个街区，融入到城市发展之中；成为城市更新发展的重要触媒、IP项目，城市网红打卡点，推动周边价值提升的重要触媒区域
		小腰带铁路	法国巴黎市内	功能复合：包括交通、开放空间、文化、交流、商业等，城市公共活力廊道，自1852年建成第一段后使用至1934年被废弃，现状是一段23千米长的环状废弃铁路，通过景观改造和功能提升，成为城市重要的公共活力走廊	致力于促进自然、建筑和景观遗产的发展，并持续探索多样化的开发改造方式，借由铁路遗产刺激和带动周边区域的发展，唤醒城市活力；开发机制上分段实施，鼓励政府、市场、社区等多样主体协同参与

（来源：作者自绘）

2.2　经验借鉴总结

目前，国际上超大城市都已经进入以铁路遗产作为重要激发点带动区域整体更新的发展阶段，这也为我国未来城市更新工作带来了重要启迪，纵观国际上铁路遗产保护更新实践的三个阶段，呈现出以下特征：

在价值挖掘上，从关注铁路遗产的历史、文化价值迈向发现其蕴含的社会、经济、教育等方面的多元价值。

在保护对象上，从城市之间的城郊、区域铁路遗产线路拓展到位于超大城市内部与发展、转型、市民生活结合更紧密的铁路遗产；在具体对象上不仅关注铁路相关的轨道、场站利用，更是将周边关系密切的生产、生活和开放空间纳入整体更新的范畴。

在利用方法上，从传统的博物馆冻结式的展示利用逐步走向作为商业、文化、办公、居住、开放空间或者微更新等功能更复合、手段更多样的整体利用方式，并会形成一批具有标杆引领性的更新项目。

在实施主体上，从以政府为主导的单一主体走向引入社区、居民、开发商的多元主体的综合治理。

3　上海淞沪铁路—沪杭铁路段（轨道交通3号线）的更新实践

铁路对上海城市发展建设有着重要意义。1876 年建成的吴淞铁路不仅是上海建成的第一条铁路，也是中国第一条运营通车铁路。在上海现在已经建立的“点（优秀历史建筑和文物建筑）—线（风貌保护道路、街巷、河道）—面（历史文化风貌区、风貌保护街坊）”城市遗产保护体系中，虽然已经加强了工业遗产的保护，但是对铁路遗产的关注仍较少，仅有沪宁铁路局（安顺洋行旧址）被列为优秀历史建筑（图 1）。

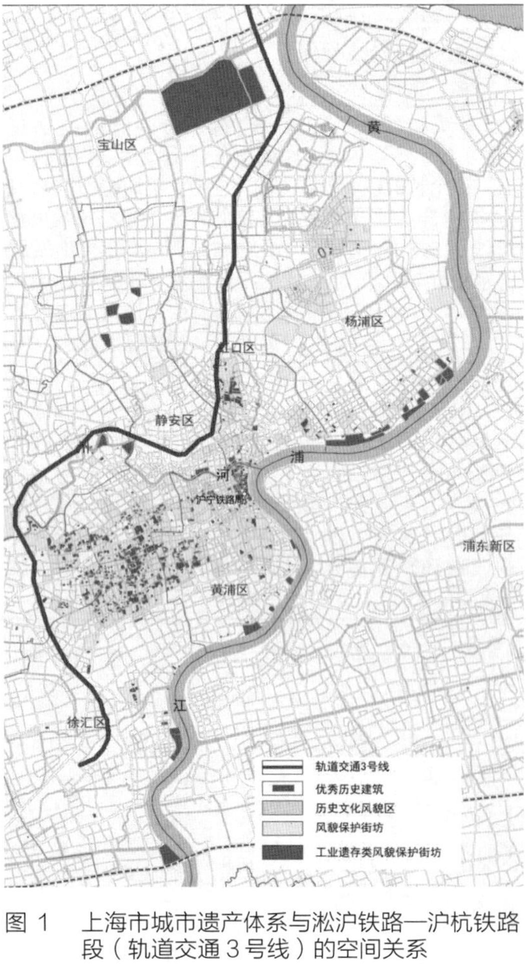

图 1　上海市城市遗产体系与淞沪铁路—沪杭铁路段（轨道交通 3 号线）的空间关系

（来源：作者自绘）

淞沪铁路—沪杭铁路段作为在我国铁路发展和上海城市发展建设历程中具有重要意义的带状工业遗存，也经历了从上海城市边缘地区到中心城核心区域的区位变化，同样也面临原有功能失去后亟待转型和更新的问题。经过多年的实践发展，上海通过“自上而下”将区段整体作为城市轨道交通和“自下而上”的沿线周边工厂、市政设施的自发更新、微更新品质提升等行动实现了铁路遗产区域的整体更新和品质提升，打造了一条既能体现城市记忆又能承载新功能的活力走廊。

3.1　从城市发展边界到中央活动区的空间边界——城市南北重要公共交通走廊

上海开埠后，进出口贸易持续增长带来了交通压力，为了解决货物运输的问题，1876 年英商怡和洋行擅自修建了以窄轨为主，全长 14.5 千米的吴淞铁路。甲午战争后，清政府成立了铁路总公司，于 1897 年利用原吴淞铁路旧路基的十分之三开始修建淞沪铁路。淞沪铁路于次年 9 月 1 日建成通车，“自上海（今宝山路东华路附近）至吴淞炮台湾，全长 16.09 千米，采用 1.435 米的标准轨距”，初期建有上海站（宝山路）、天通庵站、江湾站、吴淞站、蕴藻浜站和炮台湾站 6 个车站。

1897 年应江苏、浙江两省绅商联合请求，清政府于 1908 年开工建设全长 186.2 千米的沪杭铁路，并于 1909 年 9 月全线通车营业。1916 年从上海东站起，向西跨苏州河，经梵皇渡、徐家汇至沪杭铁路龙华站和梅家弄站，设龙华新站的沪杭铁路内环线建成，衔接沪宁、沪杭两大干线。

在当时来看，沪杭铁路内环线的选址处于城市发展的近郊，沿线均为农田，少有人烟，既绕开了市区，也能为居民提供便捷的火车客运服务。在《大上海都市计划》中对城市铁路交通布局也提出了调整方案，提出对原京沪、沪杭甬铁路进行改道，建设绕城铁路（图 2）。抗日战争期间，淞沪铁路上海南站、沿线地区站房及周边厂房、民居都遭到了严重破坏。上海解放后，沪杭铁路、淞沪铁路等很快被修复通车，主要承担客运和货运功能。

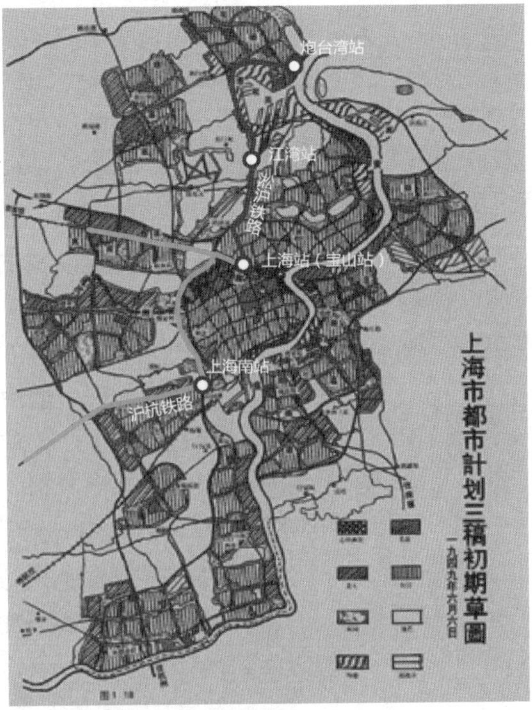

图 2　都市计划三稿中的铁路信息
（来源：作者根据《循迹启新》改绘）

随着城市化进程推进和快速发展建设扩张以及近郊南何支线、何杨支线等公共交通的建设，当时作为城边界的淞沪铁路—沪杭铁路沿线区域已经成为人口稠密的城市主城区范围。到了 1980 年代后期，淞沪铁路自身的客货运功能已经取消，无定点列车开行。区域成了亟待更新提升的重要空间资源。

1995 年上海开始研究通过拆除沪杭铁路内环线和淞沪铁路江湾镇以南的线路建设高架铁路来解决南北沟通的交通问题，并于 1997 年开始利用相关资源开展轨道交通 3 号线的建设。作为国内第一条高架城市轨道交通线，2000 年 12 月 26 日，3 号线一期上海南站至虹口区江湾镇站建成通车，全长 25 千米，其中高架线路 21.5 千米，地面线路 3.5 千米，沿途共设 19 个车站；2006 年 12 月向北延伸新增 10 个车站，延伸至江杨北路站。

按照“上海 2035”总体规划，轨道交通 3 号线已经从最早的城市发展边界演变为中央活动区空间边界，实现了区位条件上的“华丽转身”（图 3）。

图 3　松沪铁路—沪杭铁路段（轨道交通 3 号线）与中央活动区、主城区的区位关系
（来源：作者根据“上海 2035”总体规划改绘）

3.2　从交通走廊到城市活力带：淞沪铁路—沪杭铁路段（轨道交通 3 号线）沿线的更新实践

现在 3 号线沿线已经积聚了一批上海城市的创新功能区，实现了从利用铁路遗产自身带状的资源特征作为公共交通走廊，到带动周边区域整体更新发展成为城市活力带的变化，其过程主要经历了三个更新发展阶段：

第一阶段“自上而下”引领，以大运量公共交通赋予铁路遗产新的功能。由于淞沪铁路和沪杭铁路内环线与城市道路间交叉口众多，给城市交通带来很大的负面影响，因此经多方讨论，最终决定整合既有的铁路资源，建设城市轨道交通线路，重新打造服务于城市内部南北通勤的公共交通走廊，现在 3 号线日均客流量达到了 38 万人。

第二阶段“自下而上”推动，沿线工厂转型为文化创意园区带来新功能的集聚。淞沪铁路和沪杭铁路内环线作为城市重要的交通线路，沿线有众多工厂，随着上海“退二进三”工业外迁，部分工厂开展了自发的更新利用改造。上海市内最早的工业遗产更新如 M50、8 号桥等均在 3 号线铁路沿线，轨道交通带来的区位交通条件改善也为更新利用、人群集聚带来便利。现在随着创意文化产业不断地集聚，3 号线沿线已经成为上海重要的创新功能和城市公共活力集聚带（图 4）。

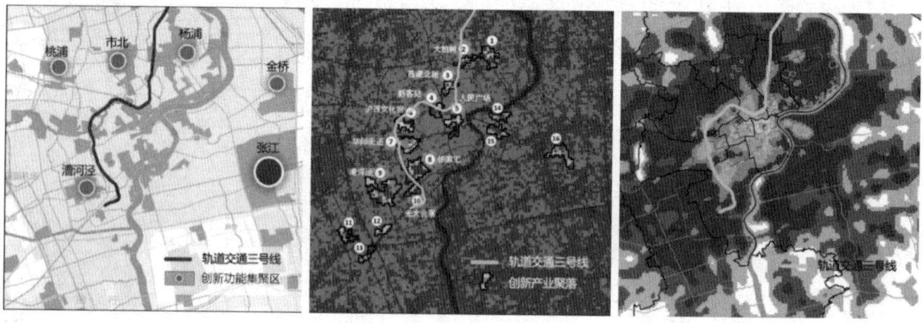

图 4　3 号线与上海创新产业及城市活力的关系
（来源：根据公众号“新一线城市研究所”文章《轨交高架下除了搞绿化还能做什么？我们用数据看了看北上深的做法》的内容自绘）

第三阶段聚焦微更新，反哺周边社区居民，打造生活新节点。在近年来聚焦存量空间微更新的导向下，3 号线沿线地区也开始关注闲置小微空间的转化和利用以及地区环境品质的综合提升。3 号线作为高架轨道交通，桥下空间资源丰富，据不完全统计，3 号线宜山路路段至赤峰路段，共有 37 处机动车停车场、8 处道路绿化、6 处公交站点、4 处租车汽修、1 个菜市场和 1 处公共卫生间①。“行走上海——城市空间微更新计划” 2018 年及 2019 年连续两年以“微更新激活桥下空间”为题聚焦上海桥下空间，以 3 号线虹口足球场站、宜山路站、凯旋路段等桥下空间作为试点，开始新的空间微更新实践。

具体从站点周边来看，3 号线遗留下来的众多铁路遗产要素与市民

① 数据来源：公众号“新一线城市研究所”文章《轨交高架下除了搞绿化还能做什么？我们用数据看了看北上深的做法》。

生产生活关系密切，而且在城市发展中有重要的促进作用（表2）。以大柏树站为例，其周边的水网和铁路路网塑造出的空间结构一直沿用至今，原五矿集团仓库也转型成为1876老站创意园，尽管淞沪铁路江湾站已经完全拆除，但车站南路等历史路名也反映出空间的历史痕迹（图5）。

表2　轨道交通3号线沿线部分站点变化历程

站点	简介	1948年	1979年	1994年	2020年
大柏树站	北侧是原淞沪铁路江湾站，沿轨交线路设有淞沪铁路江湾站旧址				
宝山路站	西侧是原沪宁铁路上海站，南侧建有上海铁路博物馆				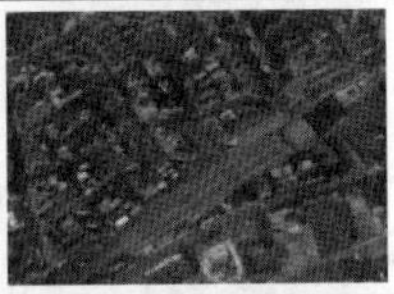
中潭路站	位于原沪杭铁路内环线上，周边工厂成为创意产业先锋地				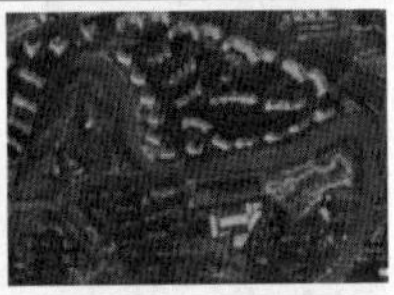
上海站	原沪杭铁路内环线上海东站，延续火车站功能	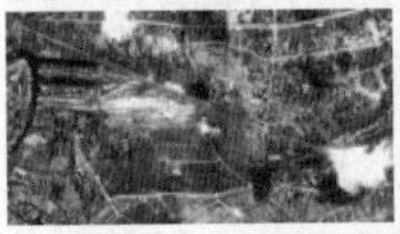			

（来源：作者自绘）

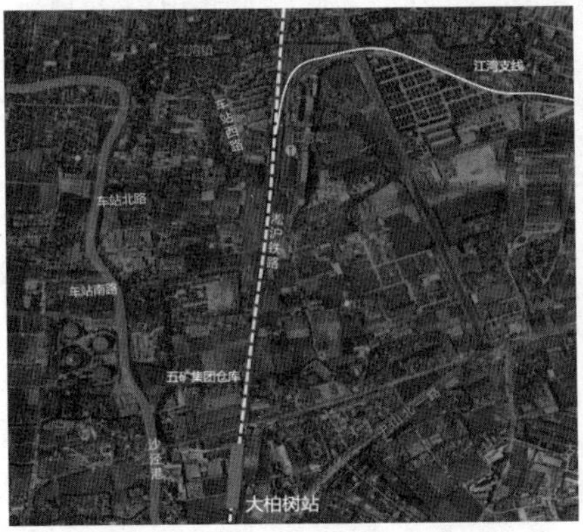

（a）更新前

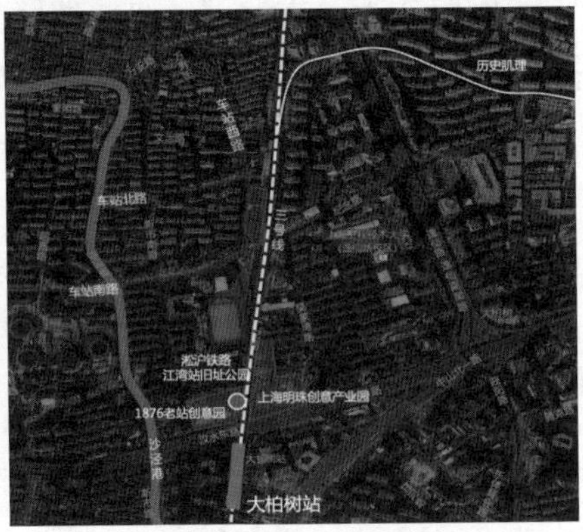

（b）更新后

图5　大柏树站周边铁路遗产区域更新分析
（来源：基于1979年和2020年卫星航拍图自绘）

虽然3号线沿线的更新实践实现了对铁路遗产的空间格局改造、功能复兴、社区活力和环境品质提升等目标，并通过淞沪铁路遗址公园、淞沪铁路江湾站遗址等，保存了城市的集体记忆，但是在建设中还是遗留了一些遗憾。例如在建设初期对铁路遗产价值认知的不充分不全面，导致许多具有一定价值的铁路、站点被拆除；在经历了蓬勃发展期后，第一批转型为创意园区的沿线工业遗产也逐渐出现了功能趋同、同质化现象严重的问题，急需统筹和引导。在站体内部配套功能、桥下空间微更新等方面还需要和周边社区居民的诉求结合得更加紧密。最后作为已经运行了20年的全国第一条高架轨道交通，3号线自身价值也值得再次被挖掘，作为未来工业遗产中重要的新类型。

4 超大城市铁路遗产区域系统性的保护更新策略

从既有国内外更新案例和上海淞沪铁路—沪杭铁路段（轨道交通3号线）沿线地区的更新实践经验中可以看出，为了更好地发挥铁路遗产区域在超大城市更新中的作用，需要从价值体系、对象体系、功能业态、保护措施、实施机制等方面系统性地创新保护更新策略。

4.1 更系统的价值体系构建——多元价值，铁路遗产利用的基础（图6）

作为工业遗产的重要组成部分，铁路遗产中除了部分标志性场站建筑具有突出的艺术、审美价值外，大部分还是凸显功能性、实用性的功能价值。因此在开展保护利用前，需要以超大城市的城市更新和可持续发展为目标，建立差异化的价值评估体系，凸显其作为“系列遗产”价值交叉性强的特点，不仅要关注铁路遗产具备的传统工业遗产在功能、材料、技术、建设工程等方面的价值，更需要挖掘其作为城市更新重要空间战略资源在教育、社会、经济方面的价值内涵。

同时作为城市发展脉络衔接紧密的带状空间，铁路遗产串联着城市内不同时期、不同发展阶段和不同特征的区域，是展现城市“历史性城镇景观”层积变化、各个时期社会发展和场所记忆的重要“时空旅带”，因此在保护利用中更需要关注铁路遗产特有的空间景观价值，加强超大城市历史环境的整体保育。

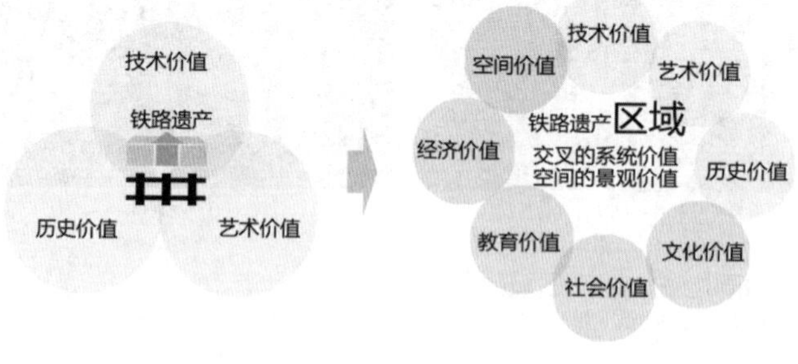

图6 铁路遗产区域的价值拓展
（来源：作者自绘）

4.2 更系统的对象拓展——从铁路遗产到铁路遗产区域（图7）

随着对铁路遗产价值认知的深入，需要通过对本体要素、衍生历史资源要素、非物质要素这三种类型对象要素进行统筹，实现从铁路遗产到铁路遗产区域的体系拓展。

铁路遗产本体要素：包括铁路车站、设备检修用房、停车库、桥梁、隧道、路基等建（构）筑物，车辆、轨道、型号、相关设备等物质要素，也包括遗产在城市中的空间走向。

衍生历史资源要素：针对铁路遗产交通系统性和空间景观性的价值特征，应拓展视野，将通过铁路遗产线路串联或位于沿线周边，和发展历程密切相关或依托铁路衍生形成的各类生产生活功能组团、道路交通系统、河道水系等纳入对象要素体系，为后续更整体全面的保护和更积极有效的更新提供资源。

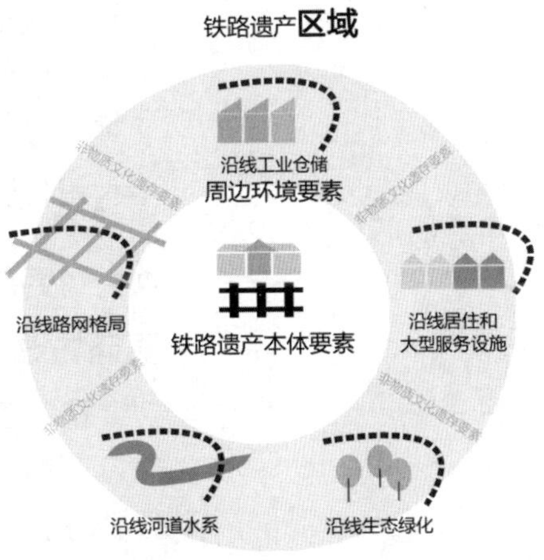

图 7　从铁路遗产到铁路遗产区域
（来源：作者自绘）

非物质要素：不仅包括铁路建设、修缮技术，线路名称、路名等文化信息，也包括铁路遗产对城市居民生活、生产、交通出行模式的影响、地区集体记忆、重要城市事件等非物质层面的要素内涵。

综上，从铁路遗产到铁路遗产区域，不仅是空间上从线到带的拓展，更是响应了城市更新中综合性思考，整体统筹，通过多种要素综合叠加，为城市发展中的经济、社会、物质环境中各种突出问题提供可持续、精细化的改善和提升措施的理念。

同时铁路遗产作为城市遗产体系的重要组成部分，也应结合分级分类将保护要素和法定保护对象名录相结合。对通过铁路遗产线路串联、周边格局保存较为完好、价值突出的地区，可以采用划定历史文化街区或地段的形式开展更整体的保护。

4.3　更系统的功能业态引入——从静态保护走向动态多元复合利用

铁路遗产区域的功能植入需要结合城市和周边地区发展定位、社区更新的诉求等各方面实现整体更新。

铁路遗产区域的更新需要系统性的策划，为铁路遗产植入可以促进城市更新发展的本源型带动力。近年来纽约高线公园、巴黎“小腰带”项目等的成功经验表明，铁路遗产区域完全可以通过发挥自身价值多元、形态特征鲜明的特点，通过承载公共交通、文化、社区服务等多样业态，根据区域特色重点引入可以带动周边区域整体转型和功能提升的本源型功能。

铁路遗产区域的再利用也要充分强调以区域为视角，加强轨道交通、绿道、水脉、场所各系统资源的统筹考量，建立多样化、差异性的功能业态布局。

而针对区域内各类历史建筑，需要发挥区域内大型工业厂区或仓储区规模尺度大，内部空间灵活性、可塑性强等优势，从整体功能业态提升、社区功能完善等视角，优先考虑功能的公益性、公共性，鼓励引入文化、创意、休闲、交流等业态，打造激发城市活力的重要活动节点，实现从最初的静态保护走向多样功能的动态复合保护，实现可持续的更新利用目标。

4.4　更系统的保护措施创新——化整为零、分段施策、创新保护更新方法（图8）

铁路遗产区域由于带状的特质往往空间长度较长，且会跨越不同行政范围和城市功能片区，因此在整体统筹策划基础上，需要结合不同区段特征，化整为零，分段施策，结合不同地区、人群的需求，采用差异化的功能定位和保护更新方式。

铁路遗产区域的更新需要探索各类要素多样的保护利用形式，既可以采用现在铁路遗产较常见的博览展示，也可以将轨道等要素作为环境要素融入周边景观设计或地区微更新，展现场所特质。

针对铁路遗产容易带来城市割裂的问题，保护更新应从区域整体设计入手，通过融入地区整体慢行公共活动体系网络、突出立体复合、加强多样交通形式衔接等措施，创造地区出行的整体体验。

由于铁路遗产区域和城市更新建设衔接紧密，在面对因为必要公共利益必须拆除铁路遗产或区域内相关保护对象的情况，应鼓励采用艺术化表达、新技术等手法，通过公共环境艺术、全息投影、视觉场景模拟等方式，在地区未来建设中保存历史信息，延续文化记忆。

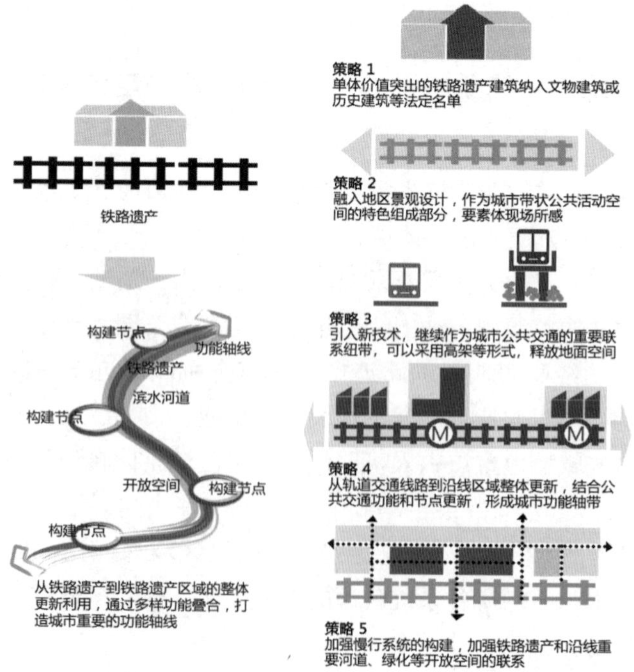

图8　铁路遗产区域的多样策略体系
（来源：作者自绘）

4.5 更系统的实施机制——多元融合治理模式

铁路遗产区域具有系统交叉性，空间范围面积大，涉及主体多，各方利益诉求难以平衡，实施推进中难度大，因此更需要形成协同治理的平台机制和特色政策供给。

可以建立聚焦项目实施，由市、区、街道多层级、多部门以及专家和群众全面参与的工作机制，加强沟通对话，协调各方诉求，实现综合治理。对已经建立高层级历史文化保护委员会或者办公室的城市，可以充分发挥议事平台机构的协调和监督推进作用。同时需要充分听取社区居民的意见，强调在更新中提升周边居民的满足感和获得感。

要为铁路遗产区域的更新实施统筹发展时序和计划，明确各个发展阶段建设重点和定位，这样不仅可以形成一批有影响力的触媒项目，更可以避免各类要素在更新利用中趋同，例如工业园区向创意园区的转型，通过功能错位互补，实现转型共赢。结合治理平台的构建，还可以区域整体为基础，确定开发时序，预留空间弹性，促进资源更为合理、有效地应用。

鼓励发挥各类城市活动事件对铁路遗产区域品牌营造、知名度提升的作用，增加市民整体认同感，打造城市文化脉络的“IP”，以文化引领城市功能复兴和空间品质提升。

最后创新促进实施的城市更新政策供给，激发多元主体参与的积极性，对掣肘铁路遗产区域更新利用的土地权属等问题，建立多元参与、联合开发机制，鼓励铁路部门利用土地或建筑面积采用“参股”等模式，打通堵点，加强功能复合利用。对在更新建设中新增保护对象、提供开放空间或服务设施的，可以给予相应的空间奖励，并建立跨行政区的开发权平衡协调机制，激发各方参与的积极性。

5 结语

随着保护理念和内涵的不断拓展深化，我们越来越认识到工业遗产等20世纪遗产的重要性，它们不仅是人类共同遗产中不可忽视的组成部分，更将成为彰显城市历史风貌特色、精神品格的重要元素。

铁路遗产区域是见证超大城市发展历程的重要文化脉络，体现了各个时期城市发展规划建设理念，展现了历史性城市景观，更和广大市民生产生活密切相关，应成为城市遗产保护体系中的重要组成要素。

未来我们需要结合超大城市自身发展特色，构建铁路遗产的价值评估和要素体系，从传统铁路要素拓展到对铁路遗产区域的整体更新利用，从城市高质量发展、市民高品质生活的源头问题思考，整体谋划铁路遗产区域的发展定位，并分段施策，将铁路遗产区域打造为文化引领、功能复合，促进沟通联系，激发公共活力，带动地区功能复兴和品质提升，可以全面提升超大城市文化软实力的标志性地区。

参考文献

[1] 董一平，侯斌超 . 工业遗产价值认知拓展：铁路遗产保护回顾 [J]. 新建筑，2012(2):22–27.

[2] 陈雳 . 西方铁路遗产活化利用概况 [J]. 工业建筑，2020,50(5):198–202.

[3] 杨玲 . 中国铁路文化遗产现状与保护对策研究 [J]. 中国文物科学研究，2011(3):54–58.

[4] 王长松，马千里 . 京津冀铁路遗产廊道构建研究 [J]. 首都师范大学学报（社会科学版），2017(3):71–78.

[5] 夏海山 . 废弃铁路与城市再生研究综述 [J]. 世界建筑，2020(7):10–16,125.

[6] 牛韶斐 . 铁路遗产再生：滇越铁路保护与更新设计研究 [J]. 四川建筑，2014,34(2):61–63.

[7] 佟玉权 . 中东铁路工业遗产的分布现状及其完整性保护 [J]. 城市发展研究，2013,20(4):41–46.

[8] 骆悰，彭晖 . 高速铁路与城市发展转型关系浅议：兼议高铁时代上海城市发展转型的思考与应对 [C]// 中国城市规划学会 . 转型与重构：2011 中国城市规划年会论文集 . 南京：东南大学出版社，2011:5467–5479.

小火车的困境与突围——开远城市转型与工业遗产保护

罗　菁　云南艺术学院

摘　要：开远被誉为火车拉来的城市，工业是其建城以来的发展重心，铁路的兴衰见证着开远这座边疆城市的发展与转型。由于边疆地理位置的特殊性，工业城市的转型面临着诸多的挑战，而工业遗产的保护与利用也存在很多瓶颈。本文通过对开远工业与城市发展的梳理，探讨边疆工业城市转型中工业遗产的特征与保护的困境，通过分析开远铁路遗产的开发与利用案例，为其工业遗产的保护与利用提出对策与建议。

关 键 词：边疆城市；工业城市转型；工业遗产保护与利用；铁路遗产

1　前言：小火车拉来的城市

开远作为祖国的一座边疆小城，却是云南省重要的工业城市之一。早在1980年代，开远的工业生产总值已经超过农业，而这一切的开端是滇越铁路的兴建。作为中国较早的国际铁路之一，滇越铁路改变了沿线居民的生活方式和思想观念，促进了沿线城市发展、贸易交流和工业兴起，开远也成为滇越铁路沿线重要的工业城市之一，由于滇越铁路的轨距为1米，比准轨（1435毫米）窄，人们也亲切地称滇越铁路上行驶的列车为“小火车”，而开远也成为一座名副其实的“小火车拉来的城市”。

此后，开远的城市兴衰与铁路息息相关，铁路带来的人流、物流让开远这个边疆城市转眼成为当时中国工业社会发展的先驱。据《开远市志》[1]记录：“自宣统二年（1910年）滇越铁路全线通车，促进了商品流通，经济初步发展，清末民初，大庄果花、都比锑矿兴旺一时，矿丁百余……民国五年（1916年）通明电灯公司成立，置英制整齐直流发电机，开机器生产先河……民国三十二年（1943年）南桥水电厂建成供电，电石厂、白糖厂、碾米厂相继启动，地方工业有了新的起步。”

中华人民共和国成立后，由于开远铁路枢纽的区位优势以及丰富的自然资源，1953年至1957年，依托“156项目”，国家在开远优先建设能源基地，先后建成小龙潭煤矿、云锡开远电厂火电分厂和开远发电厂。此后，1958年至1972年间，国家又投资新建开远糖厂、驻昆解放军化肥厂、开远水泥厂、红河州磷肥厂、开远印刷厂等一批重点企业，开远逐步发展成为新型工业城市，成为滇南地区重要的能源、化肥、建材、制糖、造纸基地。

改革开放后逐步推行经济体制改革，企业调整产品结构，适应市场需求，至1990年代初期形成了以开远糖厂、滇南发电总厂、小龙潭煤矿、驻昆解放军化肥厂、开远水泥厂为首的一批大中型企业。然而仅短短十年时间，因为设备老化落后，经营管理落伍、机制体制不灵活、人员众多、工厂“小而全”的服务体系等问题，开远糖厂、云锡开远电厂火电分厂等一大批国有企业纷纷申请破产，通过破产清算实现资本结构优化，完成国有大中型企业的改革之路，也为有众多历史故事的企业画上了句号。一段段辉煌的工业历程给开远留下了丰富的工业遗存和工业记忆，作为开远城市发展和工业文明的见证，这些丰富的工业遗产也是城市文化遗产的重要组成部分。

21 世纪以来，为完成国家全面建设小康社会的宏伟目标，开远加入到云南省委、省政府建设个开蒙滇南中心战略城市的构想中，为此开远市委、市政府进一步确立了“工业立市、工业强市、工业富市”的思想。但长期以来，开远以煤化为主的重工产业布局，造成严重的环境污染，让“黑”一度成为开远的底色，开远成为全省空气污染最严重的城市之一。目前，开远要着力解决经济社会发展与保护生态环境的矛盾，大力发展循环经济，转变资源消耗型经济增长模式。而“重工业太重、轻工业太轻”的产业结构也使得开远新兴产业发展乏力，城市发展后劲不足，各种社会问题滋生，城市转型迫在眉睫。

2　理论基础：工业遗产保护与边疆城市转型的内在逻辑

2.1　边疆城市转型的战略思路与重点方向

21 世纪以来，我国社会发展的重心从强调经济发展转向了社会的全面可持续发展，边疆城市转型也成为这一社会转型中重要的一环。我国计划经济时期，重工业的发展往往是依托资源丰富的地区建立工业基地，由于自然资源的分布，很多边疆城市在此时期成为我国工业发展的中心地区，在东北、西北及西南地区形成大量“工业建市”的城市。此后的“三线”建设计划又进一步推进了边疆地区工业的发展，但此时仍旧是围绕自然资源的工业建设，自然资源的开采与枯竭以及生态环境的破坏和恶化已经成为横在这些边疆工业城市前进道路上的一块绊脚石，在强调社会和谐发展的今天，促进边疆城市经济转型和社会可持续发展就成为了焦点话题。

此外，边疆城市在地缘上长期以来是中国社会发展的边缘地带，中国地域广大，边疆城市的短时可达性成为其城市发展的重要条件，加之一些边疆城市本身就受到自然地理条件的约束，有大江大河的阻隔或是山区平地面积的限制，使得边疆城市转型与其交通设施建设息息相关。所以，边疆城市转型的突破口除了在寻找新产业外，还要注重外部连接交通的建设。

2.2　工业遗产保护及其相关产业的发展

2003 年 7 月，国际工业遗产保护委员会通过了《旨在保护工业遗产的下塔吉尔宪章》，2006 年 4 月，作为对 2006 年国际古迹遗址日“工业遗产”主题的回应，国家文物局以及中国主要工业遗产城市的代表及专家学者，在无锡通过了旨在倡导人们关注尚未得到足够重视的工业遗产行业共识性文件《无锡建议》。此后工业遗产保护逐渐成为被学者和相关人士提及的话题，对于工业遗产的研究也越来越趋向完善，工业遗产保护中衍生出的诸多产业形态也逐步趋向成熟，工业遗产旅游就是其中一种。

我国工业旅游的起步早于工业遗产保护。国家旅游局在 2001 年对工业旅游进行了专门的调研，并制定了相应的指导规范，并在 2004 年至 2007 年间评选了“国家工业旅游示范基地”，诸多工业企业敞开大门接待游客。然而，彼时对于工业遗产旅游的认识还没有得到完全的重视，工业遗产旅游的实践仅在个别点上得到相关部门的重视，例如北京 798 、中山岐江公园、上海钢铁十厂等地点状的保护与旅游开发成为工业遗产旅游的先锋。

但是这些利用工业遗产开发的旅游规模非常有限，并且与当地的社会经济转型和发展几乎没有关系。就国外鲁尔区的经验来看，工业遗产旅游的发展带动城市转型的功能巨大。煤炭产业作为该地区支柱产业自 1960 年代开始衰落，其最大的煤矿 1986 年关闭后开始发展工业文化和保护工业遗产，2001 年该区内关税同盟煤矿被联合国教科文组织列为世界文化遗产，2010 年鲁尔区成为欧洲文化之都，2018 年鲁尔区关闭最后 2 座煤矿，2027 年鲁尔区将举办德国十年一届的国际花园展览（ IGA 2027 ）…… 煤炭之都变为花园城市的转型之路建立在其工业遗产旅游产业的发展上， 1998 年，“鲁尔区”将本区内工业遗产旅游景点整合为著名的“工业遗产旅游之路”，将区域内的工业娱乐、购物旅游、世界遗产文化、钢铁景观集合在一线，对整体区域进行整治和规划，便于区域内各工业遗产项目均衡发展，形成各地工业遗产项目之间的联动效应。[2]

因此，我国工业遗产保护及其相关产业的发展还处在初级水平，很多地方连工业遗产旅游的博物馆、展览馆的阶段都没达到，对于工业遗产的展示缺乏系统性和整合性，大多数地方仅保留了一些工业文明符号，而对工业遗产的利用也仅停留在工业建筑的空间改造层面，没有涉及旅游开发。

2.3 工业遗产保护与边疆城市转型的共同目标

首先，工业遗产作为城市文明发展的历史记忆和文化遗存，对于留住城市社会发展的历史痕迹，塑造独特城市记忆及城市文化有重要的作用。[3] 在城市转型的过程中要注重对城市历史文化脉络的梳理，让人们在社会中有归属感和文化自信，才能在新环境中延续城市文化，留存城市记忆。

其次，工业遗产保护意味着对工业遗产的再利用，将大量废弃的建筑以及自然资源耗尽的空地转化为新的资源，为边疆城市转型提供大量基础设施及空间，且对工业遗产的合理再利用可以提升时间效益，也符合资源节约型和环境友好型社会的建设要求。

再次，工业遗产保护及其相关产业的发展，特别是工业遗产旅游的发展可以解决城市转型中再就业的问题，各种年龄结构和文化水准的人员都可以找到合适自己的就业岗位[4]，同时旅游业也带动了城市基础设施建设，吸引新的投资建设来改变城市面貌。

最后，城市转型中涉及环境改善和生态修复的问题，也可以通过工业遗产保护来完成，在工业遗产的改造中，修建休憩空间、休闲观光街区、健康步道等公共空间有利于城市环境的整体完整以及人民幸福感的提升。

3 案例分析：小火车唤醒的工业城市记忆

3.1 小火车的困境

有着百年历史的滇越铁路是开远城市发展的见证，随着城市转型的迫切需求，作为重要交通运输线路的“小火车”也遇到了其历史发展的瓶颈。从交通运输的线路上看，滇越铁路米轨轨距无法加入到全国标准轨距交通运输网的大家庭中，使得货物必须换装后才能运输到全国各地，增加了铁路运输的成本；从交通运输功能上看，对于货物运输来说，窄轨运输本身时间长、运力弱，且工业转型和产品升级使得开远的企业放弃了生产效率低的产品线，关停了一部分能源消耗大的产业链，铁路没有了需要运输的货物，而客运部分也由速度更快、乘坐方式更为灵活和舒适的公路运输所分担。虽然铁路部门对米轨的运力和速度进行多次提升，开设国际线路，增设和改建转运站，但仍无法维持小火车基本维护保养费用，更不要说产生经济效益。2003 年，滇越铁路停止客运，作为滇越铁路上重要运输节点的开远也失去了大量的客流，由于开远大部分工厂企业都在城市北边，开远北场承担了货运部分的工作，昔日繁华热闹的开远火车站门前也逐渐冷清下来。2018 年弥蒙铁路开始兴建，开远将逐步迈向高铁时代，小火车的运输也将在新的高速铁路建成时逐步走到终点，开远小火车何去何从成了很多开远人心中的疑问。

3.2 小火车的突围

滇越铁路停运后还时不时有小火车穿过开远市中心，但十多年过去了小火车的客运没有恢复，货运列车也越来越少，甚至滇越铁路的存废问题都一度成为热门讨论话题。云南省政协在 2008 年和 2009 年组织了关于滇越铁路的调研工作，并在滇越铁路建成 100 周年之际（2010 年）

组织了一系列活动，这让滇越铁路又重新走进了人们的视野，同时也唤起了开远人对滇越铁路的回忆。

2015年，建水县在原有个碧石铁路（滇越铁路支线）的基础上开通了一趟临安（建水县城）至团山的旅游专列，这是工业遗产保护与利用的一次新尝试。与开远不同，建水是一个旅游城市，小火车的开发只是作为串联其旅游景点的一种旅游交通工具，工业文化和工业遗产并不是其重点。而开远作为一个老牌工业城市，其小火车的开发与利用则传承了工业文明的基因，将工业遗产的保护与开发纳入到了城市转型的整体规划中。

2016年开远市发展与改革局向云南省投资促进局提交了《开远市轨道交通建设项目》①，共规划建3条线路，总长为33.5千米，其中K2线路为南北向骨干线，沿既有的滇越铁路通道建设，总长为11千米，串联城市北部的红磷化肥厂、解放军化肥厂、城市核心片区、七星湖片区和弥蒙铁路火车南站片区，线路主要加强南北方向工业园区、老城区、南洞片区之间的联系，弥补新、老城区现有城市公交短板，促进客流双向流动，联系弥蒙铁路和开远站，并带动南洞片区的旅游开发。

① 云南省投资促进局官网[EB/OL].http://invest.yn.gov.cn/wxinvestdetail.aspx?id=5278.

2018年7月20日，开远南北轨道交通公交列车正式运行（图1），昆明铁路局集团与开远市政府共同打造百年滇越铁路文化名片，可带动周边旅游和产业发展。运行在这条城市轨道上的火车，机车头和客车厢涂成深绿色以唤醒人们对“绿皮慢火车”的文化记忆，内部装饰以百年滇越米轨历史文化为主题，凸显开远“火车拉来的城市”和“旱码头”的历史文化背景（图2）。再次运转起来的小火车，不仅保证了滇越铁路百年米轨的正常维护，同时也盘活了铁路闲置资产，提高其使用效率，并且将铁路文化和城市发展紧密联系在一起，实现了经济效益和社会效益的双丰收。

图1　开远南北轨道交通（开远站）
（来源：作者自摄）

图2　列车内部复古装饰（软卧车厢）
（来源：作者自摄）

开远工业遗产的保护不仅仅是散点状的开花，还从恢复交通运输的角度入手，用城市轨道交通这一概念重塑小火车的重要性，缓解和改善开远市的交通环境，串联起工业城市的各个片区，提升开远市的区位重要性。且小火车自身就是工业遗产的文化突破口，打造城市文化名片，让小火车再次成为开远市一道靓丽的风景线，让转型后的开远不仅有交通条件保障，也更有城市文化底蕴，增强市民的文化自信。

3.3 小火车再利用与生态城市的建设

滇越铁路从中穿过的开远凤凰生态公园曾经是一块占地 200 多公顷的垃圾堆积地，由于新建的开远南北轨道交通从中穿过，为改变城市形象，提高城市综合承载力，开远市开展了为期 14 个月的凤凰湖片区综合整治，可以说铁路遗产的再利用启动了开远生态城市的建设步伐（图 3、图 4）。目前这里已经成为开远的城市“绿肺”，4.9 平方千米的生态新城让开远的城市环境越来越优美。[5] 铁路沿线诸多地点的环境也因小火车的再次启动而得到改善，可以说工业遗产的保护和利用带动了城市转型，而城市转型也离不开工业遗产保护这一重要环节。

图 3　凤凰湖旁铁路车站及健康步道（1909 广场站）
（来源：作者自摄）

图 4　凤凰湖旁铁路主题公园
（来源：作者自摄）

4 建议对策：由铁路遗产保护开始的城市转型之路

小火车就像是开远这个城市的隐喻，小火车废则城市废，小火车兴则城市兴。交通运输设施条件的好坏决定了一个城市的兴衰。在小火车迎来其新生的同时，城市转型也将迎来新契机，走好工业遗产保护这条路，理顺工业遗产保护与城市转型的内生逻辑，将有助于开远这个边疆城市顺利转型。

4.1 开远工业遗产资源的评估

工业遗产资源的评价应从工业城市文化的续存角度出发，从整体保护的概念出发，不是单纯以单个厂区或建筑单体作为工业遗产进行独立评价，而是要从大的空间范围对其进行综合评估，同时要考虑到边疆城市地理位置的特殊性，以交通运输线路作为工业遗产彼此之间重要的关系网络，从历史价值、艺术价值、科技价值、社会和文化价值以及经济价值的角度思考工业遗产保护的全貌，顺着历史脉络寻找工业遗产，特别是云南近代工业以来开远地区留下的历史痕迹，完整反映了一个工业城市“从无到有，从有到衰，从衰到变”的过程。所以在筛选开远工业遗产时要突破传统思维框架，以工业文明发展的高度来选择工业遗产。在评估开远工业遗产时要从城市转型角度入手，考虑到工业遗产再利用的可行性与生态城市建设的必要性，以城市整体规划为出发点，着力形成有经济实用性和建设可操作性的评估报告（表1）。

表1　开远工业遗产资源整理

	工业遗产名称	保护内容与要素
交通运输线路	滇越铁路（开远境内段）	站点：灯笼山、小龙潭、开远、玉林山、大塔、大庄、驻马哨等，开远站周围站房建筑及相关附属建筑，水塔、水鹤等车站附属建筑。铁路桥：玉林山七孔桥、开远木花果小花桥、小龙潭大花桥等
	厂区专线铁路	铁轨及沿线设施
工业厂区	开远水泥厂	厂区风貌（1969年12月建成）、德国设备
	驻昆解放军化肥厂	厂区风貌（1958年开建，陆续建成）
	红河州磷肥厂	厂区风貌（1966年开建，属于“三线”建设工程）
	开远糖厂	厂区风貌（1958年开建，1961年建成投产，2000年破产）
	开远小龙潭煤矿	厂区和矿区风貌（1953年开建，矿区面积30余万平方米）
	开远发电厂	厂区风貌（1954年开建）、苏联设备、历史价值（云南第一座半自动化火力发电厂，“156项”重点工程）
	开远南桥水电厂	厂区风貌（1937年开建，1943年竣工），机组为德国西门子制造
工业街区	彩云街火车站周围	保留滇越铁路时期街区风貌
	市环城路周围厂区即生活街区	居民楼、食堂、礼堂、澡堂等，有苏式建筑

（来源：作者自制）

4.2　开远工业遗产的保护框架建议

第一，颁布相关保护条例，对工业遗产进行依法保护。从国家层面来看，对于工业遗产的保护是从不同部门、不同维度来进行的，国家文物局主要是从文物的角度开展工业遗产保护的立法工作，包括《无锡建议》《关于加强工业遗产保护的通知》《工业遗产保护和利用导则（征求意见稿）》，而工信部、自然资源部以及铁路部门也相应出台了保护条例来指导工业遗产的保护工作。各级地方政府也在此指导下颁布相关法律法规来对工业遗产进行普查、认定以及保护。开远也应该根据本地实际情况，借鉴其他地方法规，从整体保护工业遗产的角度出发，制定相关法律法规机制。

第二，多方寻求合作，解决产权障碍和资金问题。开远城市轨道交通是由昆明铁路局和开远市政府合作的项目，其中涉及铁路局和各级地方政府之间的协调，所以这种合作是非常有必要的。由于我国工业企业经历了从国营到私营的过程，很多工业遗产产权不明晰，对工业遗产的开发与保护造成了极大的障碍。对此，政府部门应发挥其协调功能，提高服务意识，为工业遗产开发与利用提供便利条件与平台，使得其运转更为顺畅。

第三，建立完整的工业遗产档案和保护研究体系。为将工业遗产的保护与开发纳入到城市转型的整体规划中来，不仅需要对工业遗产的实体进行保护，还需要建立文字及影像档案，特别是针对在城市转型中已经消失或正在消失的工业遗产进行记录和资料保存，搜集图书、图纸、日记、工作手册等纸质资料的同时也要注意对口述历史、歌谣、仪式、庆典活动等文化记忆的保存。

第四，将工业遗产旅游作为再利用的突破口。近年来，遗产廊道、文化线路、工业旅游线路等保护理念成为工业遗产保护的趋势，这种整体性保护的观念不仅将工业遗产保护融入到城市发展中，其产生的旅游线路、文化景观以及公共空间也成为城市转型和经济发展的增长点，用工业文化将工业城市打造成为一个旅游综合体，实现城市转型与可持续发展。

5 结语：小火车开向的未来

工业遗产保护越来越受重视。在新时期随着资源枯竭，产业升级转型是城市发展的必经之路。工业遗产保护和城市转型有着一致的目标和内在的联系。作为边疆城市的开远，地理区位和交通工具之间的联系使得铁路遗产的保护与利用成为带动城市转型的驱动力，对其他工业遗产的整体保护有借鉴意义。百年之前小火车选择了开远，让这个边疆城市从农业社会迅速走进了工业文明社会，百年之后小火车引领着开远，走上城市转型之路。

参考文献

[1] 开远市志编纂委员会 . 开远市志 [M]. 昆明：云南人民出版社，1996: 263–264.

[2] 海尔曼・皮拉特，杨志军 . 德国鲁尔区的转型与区域政策选择 [J]. 经济社会体制比较，2004(4):72–75,60.

[3] 单霁翔 . 关注新型文化遗产：工业遗产的保护 [J]. 中国文化遗产，2006(4):10–47.

[4] 国家旅游局规划财务司 . 大力发展工业遗产旅游促进资源枯竭型城市

转型 [M]. 北京：旅游教育出版社，2014:32.
[5] 欧阳小抒 . 开远市：老工业城闯出绿色发展新路 [J]. 云岭先锋，2020(2):48–49.
[6] 政协开远市委员会文史资料委员会 . 开远工业发展的足迹：开远文史资料（第 7 辑）[Z].2005.
[7] 刘伯英，冯钟平 . 城市工业用地更新与工业遗产保护 [M]. 北京：中国建筑工业出版社，2009.
[8] 李小云，郑剑艺，钟新平 . 城市转型背景下的景德镇市陶瓷工业遗产保护和再利用 [J]. 工业建筑，2015,45(5):38–41.
[9] 崔磊，苏志岩 . 转型发展背景下资源型城市工业遗产开发利用研究：以安徽省铜陵市为例 [J]. 湖北师范学院学报（哲学社会科学版），2018,38(4):59–64.
[10] 李文玥，易鑫 . 工业城市中工业遗产的保护与利用：以焦作老城区范围工业遗产为例 [J]. 自然与文化遗产研究，2019,4(7):31–36.

基于《世界遗产名录》的矿业遗产保护及利用研究
——以德国为例

张冬林　马中军[①]　石家庄铁道大学建筑与艺术学院

① 石家庄铁道大学建筑与艺术学院副教授，本文通讯作者。

摘　要：联合国教科文组织作为国际性机构，其颁布的《世界遗产名录》能有效反映出各类型遗产的发展情况。本文通过统计《世界遗产名录》中33项世界矿业遗产项目，分析世界矿业遗产的登录标准、分布特征、突出普遍价值、矿产类型等。结果表明：矿产类型主要以金属矿产为主；评选世界矿业遗产大多以第ii、iii、iv项标准为主，其突出普遍价值主要体现在技术、历史等方面的地位；世界矿业遗产在空间上分布不均衡，话语权主要在欧洲地区。因此，文章以德国的世界矿业遗产为例，分析其保护方法与模式，以期对中国的矿业遗产发展提供参考。

关 键 词：矿业遗产；世界遗产；德国；中国

自20世纪中叶“工业考古学”概念被提出之后，各国工业考古学会相继成立，并发表了多篇有关遗产保护的国际性文章，拉开了工业遗产保护的序幕。矿业遗产作为工业遗产的重要组成部分，也是工业遗产保护的重要对象。1976年，联合国教科文组织（UNESCO）颁布了《世界遗产名录》，名录主要包括自然遗产、文化遗产、自然与文化遗产、文化景观4大类。矿业遗产被归入文化遗产一类而列入世界遗产名录中。截至2021年5月，被列入世界遗产名录的矿业遗产共有33项。近年来，虽然国内对工业遗产的关注与研究逐步增加，但从研究成果的角度来看，对矿业遗产的研究相对较少。这方面主要有阙维民[1]对国际工业遗产保护的发展历程进行了阐述，分析研究了《世界遗产名录》中的工业遗产，继而对中国工业遗产提出保护建议；戴湘毅[2]统计并分析了世界矿业遗产，为我国矿业遗产保护提供借鉴；崔卫华[3]等人对世界工业遗产进行分析，总结其发展动态、分布特征以及相关影响因素等；刘绍晨[4]、傅舒兰[5]等人对日本矿业遗产的概况及保护利用进行了阐述研究。

我国对世界范围内的矿业遗产保护的研究分析主要有两个方面，一是分析《世界遗产名录》中矿业遗产的多方面特征，二是对国外矿业遗产保护的历史发展及实践案例进行分析借鉴。本文通过统计整理《世界遗产名录》收录的33项世界矿业遗产，进而分析世界矿业遗产的登录标准、分布特征、矿产类型、突出普遍价值和趋势，以及目前的保护模式，以期为中国的矿业遗产发展提供一定的参考。

1　矿业遗产的定义及其发展历史

1.1　定义

矿业按不同的区分方式可以有多种类型。阙维民在论文中按不同的区分方式对其进行了分类：按矿体的物质属性，分为金属与非金属矿业；按矿体的物理特性，分为固体、气体与流体矿业；按采矿的空间位置，分为地表与地下矿业；按矿业的生产过程，将矿业分为矿石原料的开采、矿石原料的冶炼加工、矿业产品的生产。[6] 根据矿业的分类及学者对矿业遗产的研究，矿业遗产一般是指历史上在矿产查勘、开采、选冶和产品制作等过程中形成的一切遗存，包括矿场、工具、文字记载和建筑群等物质实体，以及相关工艺技术、社会活动、宗教信仰等。[2]

1.2 发展历史

国际上对矿业遗产最初是纳入工业遗产来进行保护的，并没有单独对其进行定义和研究。1978 年，波兰的维利奇卡盐矿被联合国教科文组织列入《世界遗产名录》，成为最早以矿业遗迹为主题的世界遗产。嗣后，越来越多的矿业遗产被评选为世界遗产。至 1990 年代，矿业遗产成为专门的研究方向，以其为主题的学术论文逐渐增多，矿业遗产保护委员会也相继设立，对于矿业遗迹的关注逐步走向高潮。

国内对于矿业遗产的保护及利用也有较长时间的研究，但因我国遗产管理等方面尚有不足之处，致使矿业遗迹没有得到良好保护。2004 年，我国国土资源部指出矿业遗产资源需要加强保护力度，并以“国家矿山公园”的概念来强调矿业遗产保护。

2 《世界遗产名录》中的矿业遗产统计分析

联合国教科文组织通过一系列严格的评选标准来认定、分类遗产，并明确了评选的标准及程序、组织管理方式等，为我国矿业遗迹的保护及利用提供了参考。[7] 被列入《世界遗产名录》的遗产项目必须具备突出普遍价值，且至少符合《世界遗产公约》规定的十项评选标准之一，该标准由六项文化遗产和四项自然遗产标准组成。世界矿业遗产的评选根据文化遗产标准选定（表 1）。

表 1　世界文化遗产选择标准

选择标准	内容
Criteria(i)	代表一种天才创造性的杰作
Criteria(ii)	在一定时期内或世界某一文化区域内，对建筑、技术、纪念性艺术、城市规划或景观设计方面的发展有重要的交流与影响
Criteria(iii)	为文化传统或现存的、已消失的文明提供独特见证
Criteria(iv)	可作为一种建筑或景观的杰出范例，展示出人类历史上的重要阶段
Criteria(v)	可代表一种或多种文化，也可作为传统的人类居住地或使用地的杰出范例，尤其在不可逆转变化的影响下变得脆弱
Criteria(vi)	与具有突出普遍意义的事件、生活传统、思想、信仰、文学艺术作品等有直接或有形的联系（委员会认为此标准最好与其他标准结合使用）

（来源：作者整理，内容来源于 http://whc.unesco.org/en/criteria/）

截至2021年5月，《世界遗产名录》共收录了33项矿业遗产（表2），其中28项（约84.85%）世界矿业遗产以第iv项标准成功入选；23项（约69.70%）矿业遗产根据第ii项标准入选；根据第iii项标准入选的矿业遗产有15项（45.45%）；根据第i项标准入选的有8项（24.24%）；根据第v项入选的有4项（12.12%）；根据第vi项入选的有5项（15.15%）。由此可见，评选为世界矿业遗产的项目大多是以第ii、iii、iv项标准为主，其突出普遍价值主要在于科技和历史方面。

表2　世界矿业遗产名录中的矿业遗产项目

序号	年份	编号	洲际	成员国	项目名称（英文名称）	主要时期	矿产类型	入选标准
1	1978（2008，2013年扩增）	32	EN	波兰	维利奇卡和波希尼亚皇家盐矿	13—20世纪	盐	(iv)
2	1980（2010年扩增）	55	EN	挪威	勒罗斯矿城及周边地区	17—20世纪	铜	(iii)(iv)(v)
3	1980	124	LC	巴西	欧鲁普雷图历史名镇	17—19世纪	金	(i)(iii)
4	1982（2009年扩增）	203	EN	法国	从萨兰莱班大盐场到通过露天晒盐池生产盐的阿尔克—塞南的皇家盐场，熬盐的生产	18—19世纪	盐	(i)(ii)(iv)
5	1986	371	EN	英国	乔治铁桥区	18—19世纪	铁、煤	(i)(ii)(iv)(vi)
6	1987	420	LC	玻利维亚	波托西城	16—19世纪	银	(ii)(iv)(vi)
7	1988	482	EN	墨西哥	瓜纳托历史名城及周围矿藏	16—19世纪	银	(i)(ii)(iv)(vi)
8	1992（2010年扩展）	623	EN	德国	赖迈尔斯堡矿场、戈斯拉尔古城及上哈尔茨山的水资源管理系统	10—19世纪	银、铅、锡、铜	(i)(ii)(iii)(iv)
9	1993	676	EN	墨西哥	萨卡特卡斯历史中心	16—20世纪	银	(ii)(iv)
10	1993	618	EN	斯洛伐克	历史名城班斯卡－什佳夫尼察及其工程建筑区	9—19世纪	银、金	(iv)(v)
11	1993	556	EN	瑞典	恩格尔斯堡铁矿工场	17—20世纪	铁	(iv)
12	1994	687	EN	德国	弗尔克林根钢铁厂	19—20世纪	铁	(ii)(iv)
13	1995	732	EN	捷克	库特纳霍拉历史名城中心的圣巴拉巴教堂及塞德莱茨的圣母玛利亚大教堂	10—16世纪	银	(ii)(iv)
14	1997	806	EN	奥地利	哈尔施塔特－达特施泰因/萨尔茨卡默古特文化景观	前20—2世纪	盐	(iii)(iv)
15	1997	803	EN	西班牙	拉斯梅德拉斯	1—3世纪	金	(i)(ii)(iii)(iv)
16	2000	1006	EN	比利时	斯皮耶纳新石器时代的燧石矿	新石器时代	燧石（石材）	(i)(iii)(iv)
17	2000	984	EN	英国	布莱纳文工业区景观	17—20世纪	煤、铁、石材	(iii)(iv)
18	2001	975	EN	德国	埃森的关税同盟煤矿工业区	19—20世纪	煤	(ii)(iii)
19	2001	1027	EN	瑞典	法伦的大铜山采矿区	13—17世纪	铜	(ii)(iii)(v)
20	2005	95	LC	智利	亨伯斯通和圣劳拉硝石采石	19—20世纪	硝石	(ii)(iii)(iv)
21	2006	1214	LC	智利	塞维尔铜矿城	20世纪	铜	(ii)
22	2006	1215	EN	英国	康沃尔和西德文矿区景观	18—20世纪	锡、铜、砷	(ii)(iii)(iv)
23	2007	1246	AP	日本	石见银山遗迹及其文化景观	16—20世纪	银	(ii)(iii)(v)

续上表

序号	年份	编号	洲际	成员国	项目名称（英文名称）	主要时期	矿产类型	入选标准
24	2010	1351	LC	墨西哥	皇家内陆大干线	16—19世纪	银、汞	(ii)(iv)
25	2012	1360	EN	法国	北部–加来海峡的采矿盆地	18—20世纪	煤	(ii)(iv)(vi)
26	2012	1313	EN	西班牙/斯洛文尼亚	阿尔马登/伊德里亚汞矿遗址	16—20世纪	汞	(ii)(iv)
27	2012	1344	EN	比利时	瓦隆尼亚采矿遗址群	19—20世纪	煤	(ii)(iv)
28	2015	1484	AP	日本	日本明治维新时期工业革命遗址：钢铁、造船与煤矿	19—20世纪初	铁、煤	(ii)(iv)
29	2017	1539	EN	波兰	塔尔诺夫斯克山铅银锌矿及地下水管理系统	16—19世纪	铅银锌	(i)(ii)(iv)
30	2019	1478	EN	捷克/德国	厄尔士山脉/克鲁什内山脉矿区	12—20世纪	银、锡	(ii)(iii)(iv)
31	2019	1599	EN	波兰	科舍米翁奇的史前条纹燧石矿区	公元前3900—1600年	燧石（石材）	(iii)(iv)
32	2019	1610	AP	印度尼西亚	沙哇伦多的翁比林煤矿遗产	19—20世纪	煤	(ii)(iv)
33	2019	1602	AF	布基纳法索	布基纳法索的古冶铁遗址	公元前8世纪	铁	(iii)(iv)(vi)

（注：AF=非洲地区；AR=阿拉伯地区；AP=亚洲太平洋地区；EN=欧洲、北美地区；LC=拉丁美洲及加勒比海地区。表格来源：作者绘制）

2.1 隶属国家分布

根据表 2 中世界矿业遗产的成员国一项，统计共有 19 个国家的矿业遗产入选世界矿业遗产名录。拥有 3～4 项的国家只有 4 个，而拥有 3 项以下的国家共有 15 个（图 1），其中德国和捷克共同拥有一项矿业遗产（Erzgebirge/Krušnohoří Mining Region），西班牙和斯洛文尼亚也共同拥有一项矿业遗产（Heritage of Mercury:Almdén ang Idrija）。这揭示出世界矿业遗产的话语权主要在欧洲地区。虽然一些缔约国拥有的世界矿业遗产数量相对较多，但与其各自拥有的世界遗产数相比较，仍然存在很大差异。如世界遗产拥有量多的中国、意大利、德国、法国等国家，与其各自拥有的世界矿业遗产数相差太大（表 3），说明世界矿业遗产在空间分布上呈现出不均衡状态。

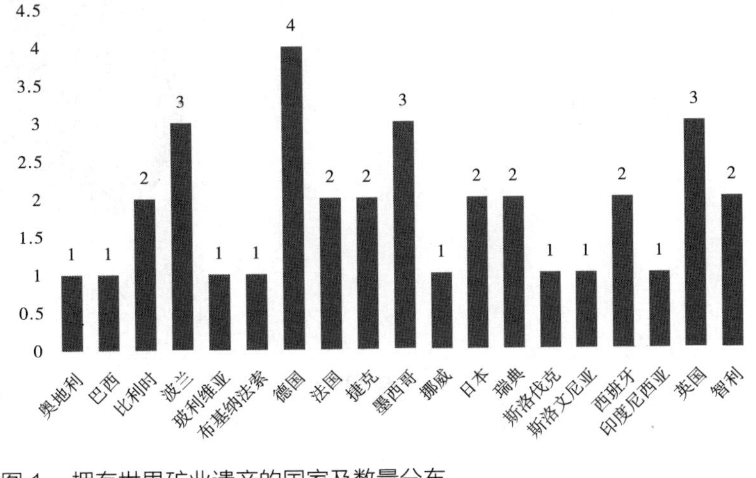

图 1　拥有世界矿业遗产的国家及数量分布

（注：其中两项矿业遗产为共同拥有的遗产项目，在拥有国家中分别列入。来源：作者自绘）

表 3　部分国家世界遗产拥有量对比

国家	世界遗产数	世界工业遗产数	世界矿业遗产数
中国	55	2	0
意大利	55	3	0
西班牙	48	3	2
德国	46	5	4
法国	45	6	2
日本	23	3	2

（来源：作者统计）

2.2　隶属洲际分布

从世界矿业遗产的洲际分布来看，欧洲作为工业革命和工业保护运动的发源地，有 24 项遗产主要集中于除东欧外的其他欧洲地区，占世界矿业遗产的 67%，分布的 12 个国家中德国（有 4 项）、英国（有 3 项）、波兰（有 3 项 ）的遗产项目较多；美洲地区的世界矿业遗产数共 7 项，其中位于北美洲地区的墨西哥拥有 3 项世界矿业遗产，南美洲 3 个国家共计 4 项。美洲地区世界矿业遗产项目较多的原因在于该地区丰富的矿藏资源以及历史悠久的古印第安文明，部分也在于欧洲对美洲殖民统治时以移民方式引进先进技术和工业设备，[3] 提高了美洲的工业水平，使该地区留下丰富的矿业遗产。亚洲两国共拥有 3 项，分布于东亚的日本和东南亚的印度尼西亚，非洲地区目前只有位于布基纳法索的 1 项遗址被列入世界遗产名录中（图 2）。

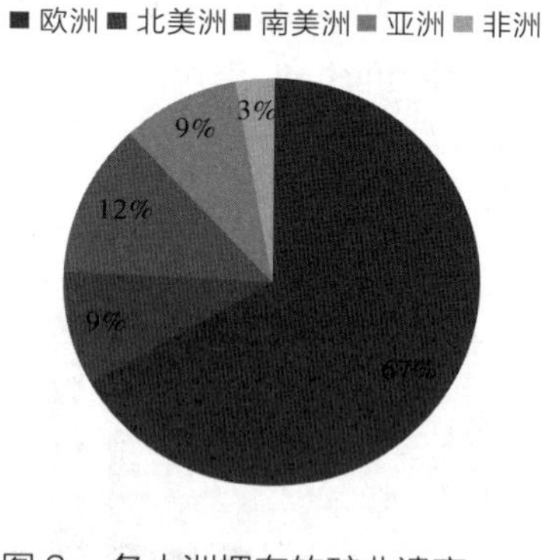

图 2　各大洲拥有的矿业遗产
（来源：作者自绘）

2.3　登录时间

从世界矿业遗产的登录年份来看，2019 年登录的世界矿业遗产数最多，共计 4 项。1993 年、2012 年各有 3 项矿业遗产登录，1980 年、1997 年、2000 年、2001 年、2006 年都各有 2 项，其余登录时间分别各有 1 项（图 3）。通过分析可见，当前世界矿业遗产数量在登录时间上呈现缓慢且不稳定增长的趋势。

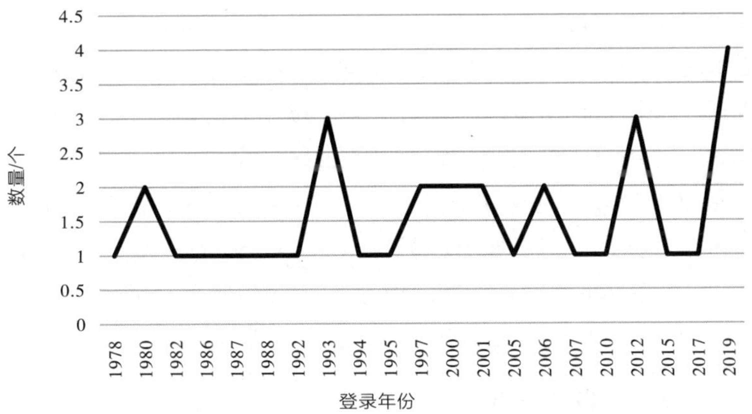

图 3　世界矿业遗产的登录时间及数量
（来源：作者自绘）

2.4　矿产类型

经过统计后发现，世界矿业遗产的矿产类型大多涉及煤、盐、银、铁、铜、金、锡、铅、汞等矿产，其中 24 项遗产是单种矿产类型，其余 9 项涉及多种矿产。涉及银矿的矿业遗产占比最多，共有 10 项；涉及煤矿的有 7 项；其次是铁矿，共 6 项；第四是铜矿，共 5 项；涉及锡矿、金矿、盐矿的遗产分别各有 3 项（图 4）。由此得出，金属矿业在世界矿业遗产中占比较大，33 项中有 22 项属于金属矿产，约占总数目的 66.67%；剩余 11 项属于非金属矿业遗产。

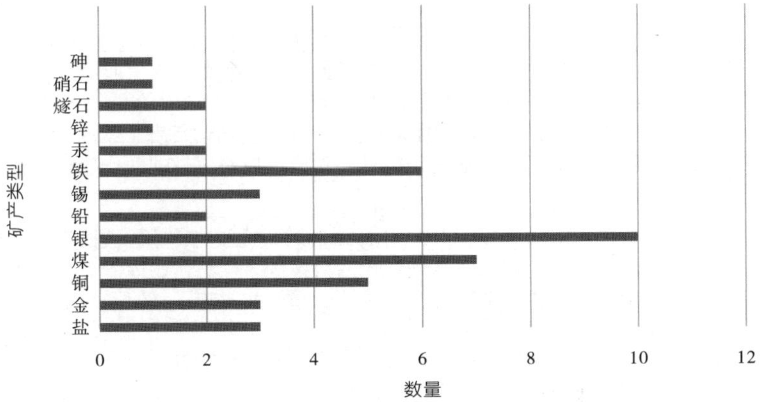

图 4　世界矿业遗产涉及的矿业类型分析
（注：有 9 项遗产涉及多种矿产类型，分别在矿产类型分析表中列入。来源：作者自绘）

3　德国矿业遗产的保护及利用

德国两次工业革命的交叉进行，为德国的工业发展提供了较高起点。德国通过殖民扩张和海外移民的方式，将大量工业技术引入到统治和移民地区，推动了当地以及自身工业水平的快速发展。以上两方面都促进了德国工业的发展，使其产生众多工业遗产，从而影响了德国在世界矿业遗产中的位置。

以煤炭、钢铁等重工业为核心的德国鲁尔区成为重要的工业区之一[8]，几乎撑起了德国长达150年的发展。后来由于能源结构的改变及科技革命等原因，煤炭逐步失去优势，鲁尔工业区的煤炭产业衰落，环境日益恶劣，最终导致煤矿场相继关闭。在1970年代后期，钢铁产业同样也面临危机。之后，德国便开始了对这些矿业遗迹的保护与利用。从1992年德国第一项世界矿业遗产登录开始，相继有三项矿业遗产又被《世界遗产名录》收录。德国矿业遗产统计见表4。

表4　德国矿业遗产统计

登录年份	编号	名称	入选标准	突出普遍价值
1992（2010年扩展）	623	赖迈尔斯堡矿场、戈斯拉尔古城及上哈尔茨山的水资源管理系统	(i)(ii)(iii)(iv)	标准（i）：该遗址是欧洲最大的有色金属采矿和冶金区之一。它自古以来就存在，从中世纪开始一直持续使用。在采矿技术和工业用水管理领域，该遗址是人类创造性的杰出典范。 标准（ii）：从欧洲中世纪到现代时期，该遗址在采矿和水管理技术领域表现出重要的价值，也是文艺复兴时期Agricola有关冶金和采矿的权威著作《金属之谜》的灵感来源。 标准（iii）：从中世纪到文艺复兴时期，该遗址的地下和地上遗迹都是欧洲出色的采矿设施和实践的证明。 标准（iv）：该遗产在采矿技术、有色金属冶金以及排水和电力用水管理领域构成了杰出且非常全面的技术组合。它通过沃肯里德修道院的遗迹和戈斯拉尔古城的城市规划，为中世纪和文艺复兴时期的行政和商业组织提供了典型案例
1994	687	弗尔克林根钢铁厂	(ii)(iv)	标准（ii）：在铁生产中，几个创新技术在弗尔克林根炼铁厂首次成功应用，目前在世界范围内广泛使用。 标准（iv）：弗尔克林根钢铁厂是综合铁生产工厂的杰出范例，在19世纪和20世纪初占据了该行业的主导地位
2001	975	埃森的关税同盟煤矿工业区	(ii)(iii)	标准（ii）：关税同盟煤矿工业区是一个杰出的工业遗址，其建筑物是在整个工业环境中将现代设计理念应用于建筑的杰出实例。 标准（iii）：关税同盟XII的技术和其他结构代表了欧洲传统重工业发展的关键时期，通过平行发展和应用质量卓越的现代建筑设计得到了加强
2019	1478	厄尔士山脉/克鲁什内山脉矿区	(ii)(iii)(iv)	标准（ii）：Erzgebirge /Krušnohoří 矿区是撒克逊-波西米亚矿石山脉作为从文艺复兴时期到现代的科技创新中心所发挥的杰出作用和强大全球影响力的特殊见证。该地的采矿业影响了其他采矿地区的后续发展，同时建立了第一所采矿高中。矿工在全球范围内的不断移民，在采矿技术及相关科学的发展交流中发挥了关键作用。 标准（iii）：该采矿区在技术、科学、行政、教育、管理和社会各方面具有非凡的见证，支撑了与矿山文化相关的人们的生活传统、思想和信仰的无形维度。采矿官僚机构保持对劳动力的严格控制，为早期的资本主义融资体系创造了良好的氛围，影响了欧洲大陆所有采矿区的经济、法律、行政和社会制度，对早期现代货币体系的发展也产生了重大影响。 标准（iv）：该遗产代表了一个连贯的矿山景观，保存完好的矿井工作、技术集成和景观特征，证明了从中世纪晚期到现代应用的所有已知的主要采掘和加工技术，以及地面和地下的水管理系统的发展

（来源：作者自绘，根据UNESCO的内容整理）

德国被列入《世界遗产名录》的4项矿业遗产发展时期较长，历史底蕴丰富，突出普遍价值主要体现在其技术和历史方面的重要性。下面以埃森的弗尔克林根钢铁厂及关税同盟煤矿工业区为例，探讨德国矿业遗产的历史及其保护方式（表5），以期为我国的矿业遗产保护及利用提供借鉴。

表5　德国世界矿业遗产保护与利用案例

遗产名称	类型	开采时间	现　状	再利用模式
赖迈尔斯堡矿场、戈斯拉尔古城及上哈尔茨山的水资源管理系统	银、铅、锡、铜	10—19世纪	博物馆、旅游景点	发展旅游业
弗尔克林根钢铁厂	铁	19—20世纪	博物馆	工业旅游模式
埃森的关税同盟煤矿工业区	煤	19—20世纪	餐厅、大型剧场、露天博物馆	文化创意产业模式
厄尔士山脉/克鲁什内山脉矿区	银、锡	12—20世纪	部分采矿场废弃，部分继续运行。地下设施原真性保护；地上废弃的建（构）筑物被拆毁或功能置换	发展旅游业

（来源：作者自绘）

3.1　弗尔克林根钢铁厂

弗尔克林根钢铁厂位于德国西南部的萨尔州，从19世纪开始进行工业生产，直至20世纪晚期正式结束生产历史，跨越两个世纪的钢铁厂在这一阶段的科技史和工业文明史中具有独特的地位。1986年，钢铁厂全面停产后作为文化古迹被原样保护，展现出19至20世纪期间完整的大型铸铁生产厂的风貌（图5）。

炼铁厂的矿业景观包括覆盖生铁生产过程各个阶段的装置设备，这些装置与1986年停产时的装置完全相同。德国制定法律法规保护钢铁厂，让其作为文化古迹一直留存，并设立专门的组织负责该厂的保护和改造，对其进行定期检查、评估和维护。钢铁厂的整体外观仍保留为最初建造的建筑模样，在1935年钢铁厂重建后没有再增加任何新装置。该遗迹以保留原始元素的单个物品的形式存在。尽管1935年进行了重建，但大部分原始炼焦厂如1898年的煤塔、1905年至1914年建造的六台吹气发动机、1911年的悬挂式输送机系统和干燥的煤气净化系统仍得以保留。如今炼铁厂的建筑群被重新利用作博物馆，开展欧洲艺术展览及其他文化活动。[9]这在很大程度上促进了对钢铁厂的保护再利用，通过使用传递了钢铁厂的历史文化，展示了钢铁生产的工业文明。

图5　弗尔克林根钢铁厂
（来源：https://whc.unesco.org/en/list/687/gallery/）

3.2 埃森的关税同盟煤矿工业区

埃森的关税同盟煤矿工业区（图 6）位于德国西部鲁尔区中心，该厂区完好保存着煤矿生产的基础设施（图 7）及一些具有杰出建筑价值的 20 世纪的建筑物，见证了 20 世纪煤矿业的辉煌与衰落。[10]

1986 年，埃森的最后一家矿厂关闭，继而停止了所有设备的运作，结束工业生产的同时，当地发展陷入困境。但在“生态景观大公园”计划的契机下，关税同盟煤矿工业区迎来了新的发展机会。废弃的煤矿厂区摇身转变为办公场所、展览馆、博物馆等，2001 年，埃森煤矿被评选为世界矿业遗产。这个至今保留完整的工矿，不仅完好地保存了生产时的结构设备，还适应现代社会人们的需求，建筑设备的新用途、新功能使该区重新焕发生机，成为了鲁尔区经济转型的标志。该地区的保护与利用探索主要包括两个方面：

①整体性保护。对矿场的整体布局、厂房框架、空间节点、构成元素等进行完整性保护，通过保留与更新使工业文化得以传承。

②综合利用模式。该遗址以旅游业主导的服务性行业为主，冲压车间改造成餐厅；厂房车间改建成为大型剧场；配电站改造成游客服务中心；洗煤厂房、锅炉房改建为展厅、设计中心；车间厂房改造为管理办公楼；洗煤厂房被分隔为若干空间，用作博物馆陈列空间；包豪斯风格的建筑成为艺术类公司的办公场所和作品展览场地等。

图 6　关税同盟煤矿工业区
（来源：https://whc.unesco.org/en/list/975/gallery/）

图 7　炼焦流水线
（来源：https://whc.unesco.org/en/list/975/gallery/）

3.3 德国矿业遗产保护趋势

根据德国 4 项世界矿业遗产的现状及利用模式，本文总结出德国对于矿业遗产的保护主要为以下两点：

①保留工业古迹，对其进行真实、整体性保护。对有价值的矿业遗迹进行全方位、完整且真实的保护，尽可能保留矿业遗存，使矿业历史得到完整的展现。

②以综合利用为主，发展矿区旅游业。即以保护为前提，将遗产作为观光资源加以适当的规划设计，激发厂区各种设施的空间潜力并充分发掘其功能价值，使厂区设施相互结合，从而实现遗产的综合利用，使其得到良好维护并充分展示矿业历史。通过再利用的设计赋予其新的用途，如改造车间厂房用作博物馆、体验项目场所等。这不仅能创造维持所需的经济资源，而且可以促进地区的整体发展。

4 中国矿业遗产的应对策略

中国的矿业历史十分悠久，全国重点文物保护单位、《中国世界文化遗产预备名单》都有矿业遗产列入，但我国入选世界遗产的55个项目中并无矿业遗产。这说明我国对矿业遗产的关注程度较低，同时也表明我国可以在此方向重点突破，使更多矿业遗产项目入选世界遗产名录。[11]下面以2012年列入《中国世界文化遗产预备名单》的黄石矿冶工业遗产为例，对其价值体现进行概述分析。

4.1 黄石矿冶工业遗产的突出普遍价值

世界矿业遗产的评选标准主要为《世界遗产公约》第ii、iii、iv项，体现在遗产的交流、见证、典型范例方面的价值。因此，黄石矿冶工业遗产的突出普遍价值可以这三项标准作为切入点。

①交流价值：黄石地区经过长期的工业生产形成了特色鲜明的工业文化，具有丰富的历史文化资源，以其优秀的生产文化传统和影响力推动了社会的发展，从而在很大程度上对中国乃至亚洲地区的矿业文明发展产生较大影响。

②典型范例价值：黄石矿冶工业遗产经历了三千多年的发展历史，遗存囊括了采矿、冶金、水泥等工业生产，以完整的矿冶生产序列体现出时空上的整体性，其中铜绿山古铜矿体现出古代对铜矿资源的高度利用，古代该地区的人们成功地适应当地环境，是人类利用土地资源的杰出范例；汉冶萍煤铁厂和华新水泥厂诞生于清末，见证了我国半殖民地半封建社会时期矿冶工业的韧劲。黄石矿冶遗存先进的技术与设备，代表了古代青铜文明和现代工业文明萌芽期矿冶工业技术的最高水平和杰出范例，支撑了国家政治、军事的发展，对中国的经济、社会发展起到至关重要的作用。[12,13]

③ 见证价值：黄石矿冶遗产形成的工业生产文化，经历古代青铜时期及现代工业文明初期的发展，是这两个阶段矿冶工业发展的特殊见证，也是中国矿冶生产发展的写照和当时社会文化形态的独特见证。[12,14]

4.2　对中国矿业遗产的保护建议

目前我国对全国重点文物保护单位、中国工业遗产保护名录的认定，以及提出国家矿山公园的概念，对矿业遗产的发展起到了积极作用。我国丰富的矿冶资源并未让全世界所熟知，这说明我国在世界矿业遗产方面的话语权不足，以及重视力度不够。矿业遗产作为工业遗产的重要部分，我们对其展开独立研究较晚，相对于国际上对矿业遗产的保护和管理，我国面临很多问题。针对我国矿业遗产的现状，本文提出相应的几点建议：①首先我国政府应该与联合国科教文组织的世界遗产保护与管理宗旨相一致，重视矿业遗产的保护与利用，从世界遗产的角度出发，加强对中国矿业遗产资源保护与管理的规划实践；②以世界文化遗产的评选标准为基础，对我国符合该标准的矿业遗产进行调查与认定，进而拓展我国世界遗产的矿业主题；③以我国日渐强盛的综合国力为资本，提高我国在世界遗产申报的话语权 。[3]

5　结语

分析世界矿业遗产的矿产类型、发展时期、洲际分布、入选标准，以及德国对矿业遗产的保护及利用所取得的成果和经验，对我国矿业遗产的保护与利用具有现实指导意义。我国虽暂无世界矿业遗产，但1994年世界遗产委员会提出的“全球战略”的实施，为中国的矿业遗产申报带来了机遇。中国的矿业遗产十分丰富，且拥有充足的教育、科研、旅游资源，对矿业遗产的保护与利用值得关注和研究。根据我国世界遗产类型缺少的现状，本文提出矿业遗产可以作为申报世界文化遗产的突破口，力争做到政府重视、详细调查、公众参与、利用发展，为我国世界矿业遗产的申报奠定坚实基础。

参考文献

[1] 阙维民 . 国际工业遗产的保护与管理 [J]. 北京大学学报（自然科学版），2007(4):523–534.

[2] 戴湘毅，阙维民 . 世界遗产视野下的矿业遗产研究 [J]. 地理科学，2012,32(1):31–38.

[3] 崔卫华，王之禹，徐博 . 世界工业遗产的空间分布特征与影响因素 [J]. 经济地理，2017,37(6):198–205.

[4] 刘绍晨，谢洁雯 . 日本对近代化产业遗产的保护和利用研究：以矿业遗产为例 [J]. 城市观察，2015(5):108–114.

[5] 傅舒兰，西村幸夫 . 日本矿业遗产概况及其保护趋势 [J]. 中国园林，2012,28(7):38–43.

[6] 阙维民 . 中国矿业遗产的研究意义与保护展望：兼《中国园林》矿业

遗产组稿导言 [J]. 中国园林，2012,28(7):5–12.
[7] 梁登 . 中国矿业遗迹分类与评价研究 [D]. 北京：中国地质大学（北京），2017.
[8] 李晟晖 . 矿业城市产业转型研究：以德国鲁尔区为例 [J]. 中国人口・资源与环境，2003(4):97–100.
[9] Völklingen Ironworks[EB/OL].[2021–05–11].https://whc.unesco.org/en/list/687/.
[10] 埃森的关税同盟煤矿工业区 [EB/OL].(2012–05–02)[2021–05–11]. http://blog.sina.com.cn/s/blog_57a711e301012c3l.html.
[11] 戴湘毅 . 地理学视野下的矿业遗产研究 [M]. 北京：科学出版社，2017.
[12] 季宏，王琼 . 世界遗产视角下的中国近现代工业遗产研究 [J]. 中外建筑，2015(12):58–61.
[13] 汤强松，胡雅年 . 黄石矿冶工业遗产的内涵和价值 [J]. 中国文化遗产，2016(3):45–51.
[14] 王晶，许凡 . 黄石矿冶工业遗产矿冶生产的完整序列 [J]. 世界遗产，2015(7):52–57.
[15] 黄颖哲 . 德国工业建筑遗产保护与更新研究 [D]. 长沙理工大学，2008.
[16] 联合国教育、科学及文化组织保护世界文化与自然遗产政府间委员会，世界遗产中心 . 实施世界遗产公约操作指南 [EB/OL].(2019–07–10)[2021–05–11].https://whc. unesco.org/document/178167.

* 本文获国家重大社科基金项目（17ZDA207）的资助。

基于文献数据分析的我国煤炭工业遗产保护与再生研究综述*

程　城　同济大学建筑与城市规划学院
姜培培　同济大学建筑设计研究院（集团）有限公司

摘　要：本文初步梳理了我国的煤炭资源分布和煤炭企业概况，探讨了煤炭企业发展及其城乡空间变化的特征与关联，通过对目前我国煤炭工业遗产研究文献的分析，梳理了目前煤炭工业遗产研究的趋势、热点和不足，并以甘肃为代表进行了佐证，以此呼吁各位专家学者关注以西北地区为代表的其他煤炭工业遗产保护与再生研究，为地区发展注入新的动能。

关键词：煤炭工业；工业遗产；保护与再生；城乡空间；文献分析

人类历史的发展离不开对物质能源的不断探索，石蜡、木柴、煤炭、石油、天然气、氢气、可燃冰、太阳能、潮汐能、地热能……，每一种物质能源的发现与利用，见证了人类社会生产力和生产工具的变迁，也推动了人类社会不断发展进步，并不断向外拓展着人类足迹所涉及的范围。

煤炭，作为其中最重要的能源之一，也成为人类工业时代的重要标志之一。在经济利益的驱动下，近乎“疯狂”的煤炭开采与使用，让一个个煤炭能源企业成长起来，也带动了区域、城市的经济发展，一座座资源依赖型城市似乎成了当时国家经济发展的代名词。煤炭能源在加速国家的城市化进程，催生出一个又一个“经济神话”的同时，也带来了严重的环境问题，人们又不得不去探索新的更加环保的替代能源以降低煤炭在整个可利用能源结构中的占比。这就迫使一部分曾经的煤炭生产矿井减产或停产，煤炭企业合并或转型。一部分转型失败的企业逐步退出历史舞台，其矿井、设备设施及其配套建筑也成为“过时品”被时代抛弃。

需要注意的是，这其中有很多煤炭企业的兴衰往往与当地的城镇发展密切相关，它们的所在地是我国资源依赖型工业城镇的典型代表。其城乡空间的格局演变呈现出与企业发展相互适应、相互依托、因煤而兴、因煤而变的特点。

当前，遗产保护已经成为国家和行业发展的重要议题，工业遗产是其中最为重要的研究分支，而煤炭工业又是其中重工业的典型代表，其建设和发展取得了丰硕的物质和精神财富，也留下了大量的工业遗产，这些逐步为学界所重视。

1　我国的煤炭资源分布及煤炭企业概况

我国的煤炭资源分布极不平衡，全国 31 个省（自治区、直辖市），除上海外，基本上都有煤炭分布，但总体上呈现出“北多南少，西多东少”的特征。我国煤炭资源量大于1000亿吨以上的有新疆、内蒙古、山西、陕西、河南、宁夏、甘肃、贵州等8个省（自治区），煤炭资源量之和为50750.83亿吨，占全国煤炭资源总量的91.12%；这8个省（自治区）探明保有资源量之和为8566.24亿吨，占全国探明保有资源量的84.18%。[①]

以甘肃省为例，甘肃省煤炭资源西起玉门关，东至陇东高原，分布较广。东部地区包括平凉、庆阳两市，主要矿区以华亭矿区和正在开发的庆阳煤田为主；中部地区以兰州为中心，包括窑街、白银地区，以窑街、靖远两矿区为主；西部包括整个河西走廊，以正在开发建设的民勤县红沙岗和山丹县长山子、花草滩煤田为主。据1995年全国第三次煤炭资源预测与评价，甘肃省煤炭资源主要集中于陇东，其中庆阳、平凉两地煤炭储量占到全省储量的九成以上。截至2018年，甘肃全省煤炭预测储量为1656亿吨，已探明300多亿吨，保有资源储量120亿吨，煤炭资源集中分布于庆阳、华亭、靖远和窑街等矿区，总储量位列全国第7位。[②]

资源的集约化、单一性分布，促使窑街、靖远、华亭等地区分别诞生了大型国有煤炭工业企业窑街煤电集团有限公司、靖远煤电股份有限公司、华亭煤业股份有限公司，这三家企业的产能也占据了甘肃省煤炭总产能的50%以上[③]，是甘肃经济发展工业产值的主要贡献单位。

同时，兰州市窑街镇、白银市平川区（原属于靖远县）、平凉市华亭镇也成为甘肃省资源依赖型工业城镇发展的代表，其城乡空间格局的变化与企业的发展密不可分，主要表现在以下几个方面：

第一，其城镇的主要道路规划最初是以连接企业内各个生产单位和方便生产产品运输为目的，而不是以“人的需求”为目的；

第二，其居民区和生产区的划分最初也是以方便生产作为基本出发点，而不是以“人的健康”和当地气候环境等现代规划理念作为基本出发点；

第三，由于地理位置处于城市郊区或者城乡结合部，周边往往山川环绕，早期交通较为不便，这就导致这些城镇不得不建立独立的社会功能，医院、学校、邮局、商业等社会服务设施多为企业自办，但是由于早期规划格局的不合理，其功能分区不是特别明显，生产区和生活区混杂的布局模式屡见不鲜，环境污染的问题也就较为突出，这给后来企业转型与城乡空间格局的调整带来极大的难度。

然而，随着新世纪国家环保政策和去产能政策的提出落地，这些国有大型煤炭企业不得不减产以响应国家号召，这些曾经为当地经济做出突出贡献的矿井逐渐退出了历史舞台。但是它们生产所带来的采煤沉陷、环境污染等诸多问题依然伴随其中，在国家“建设绿色矿山，发展

① 凤凰新闻：中国煤炭资源分布简介，https://ishare.ifeng.com/c/s/7uoKmDUE6Y9[OL].2020-03-20.

② 数据来源：甘肃省国土资源厅。

③ 国泰君安证券研究分析报告，2018.

绿色经济”的政策导向下，这些企业开始谋求转型，采取的措施包括对废弃矿井的改造、采煤沉陷区的修复、环境污染的治理等。正如前文所述，由于规划不合理和“先污染后治理”的陈旧观念所带来的城乡空间结构混乱的问题并不能通过局部的改造和修复在一朝一夕之间得到解决，所以需要我们站在更高的维度上通盘考虑企业未来发展和城乡空间结构布局，运用现代规划理念和产业思维，提出创新性的改造策略，让企业转型和城乡空间发展产生内在的共生协调机制，以期能够取得一个两全其美的相对均衡的解决办法。因此，本文对国内既有的煤炭工业遗产以及甘肃煤炭工业遗产研究现状文献进行系统梳理，明确主要研究趋势及研究热点，以期对接下来的研究提供必要参考。

2　关于煤炭工业遗产保护与再生的国内研究现状分析

在知网数据库中分别以“煤炭”+“工业遗产”（310 篇）、“煤矿”+“城市空间”（119 篇）、“煤炭”+“工业遗产”+“城市空间”（51 篇）三组关键词为搜索词条，检索出共 480 篇相关文献，剔除非建筑规划领域和重复的文献资料后，遴选出 78 篇与煤炭工业遗产有关的研究文献，现将其通过 Citespace 软件和知网智能分析进行关键词聚类、作者学科分布、依托单位及被引频次分析，并将分析结果可视化，直观地呈现目前国内对于煤炭工业遗产的研究现状和问题。

2.1　主要研究趋势

从发文趋势来看，虽然工业遗产的研究起步较早，但是对于煤炭工业遗产这一细分领域的研究却是在 2000 年以后才开始，特别是 2016 年之后的近 5 年才获得了研究学者的广泛关注（图 1），究其原因，主要是因为自 2016 年国家全面去产能政策和强力的环保施压下，整个煤炭

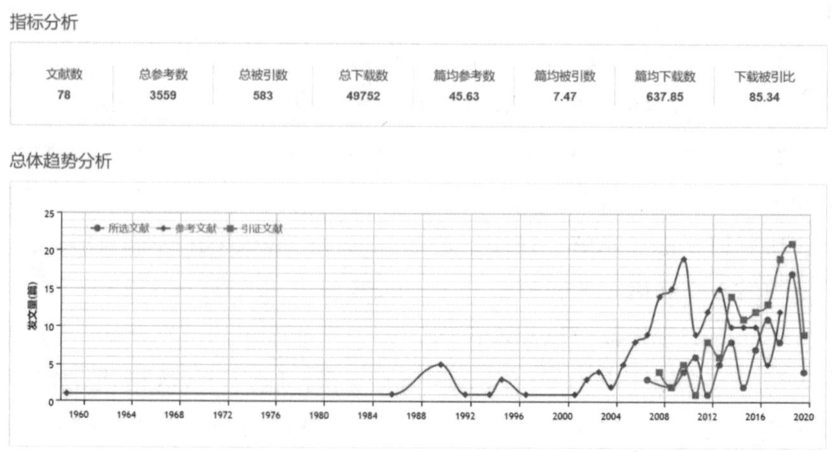

图 1　总体趋势分析

（来源：知网）

市场开始下行，越来越多的企业面临转型和转产，保护与改造的工作已经迫在眉睫，也就促使越来越多的研究学者介入，为企业的转型发展建言献策，总体趋势呈现出震荡上升的态势。

2.2 关键词聚类分析

从关键词出现的频次来看，“工业遗产的保护与更新”是本领域研究最核心的关键词，“工业旅游”“废弃地景观重塑”和“资源型城市的历史变迁”也在近几年进入了研究者的视野，例如荣琴在其文章中指出：在长期煤矿开挖作业条件下，我国许多地区都存在煤矿废弃地，且此类地区一直呈上涨趋势。长期以来此类地区“无人问津”，呈现开挖时的粗放采掘结果，其外形“丑陋”严重影响了当地整体景观性，针对煤矿废弃地提出了两种治理方式，即景观重塑与工业遗产再利用。文章结合案例开展分析，主要分析了景观重塑与工业遗产再利用的应用条件、方法与能效。[①] 张倩在其硕士学位中以资源型城市复兴为背景，探讨了城市文化空间保护的规划策略及其属性。[②]同时，从聚类分析图（图 2）中可以明显看到当前煤炭工业遗产研究的族群有工业遗产保护与再利用、工业旅游、矿业遗迹与矿山公园研究、生态修复、工业废弃地再生等，这些族群反映了当前资源依赖型矿山工业遗产研究的集中度，也自然形成了该领域研究的以下分类。

① 荣琴 . 浅议煤矿利用矿山遗迹开发旅游项目的思考：煤矿废弃地景观重塑与工业遗产再利用 [J]. 智能城市，2019,5(20):129-130.

② 张倩 . 资源型城市复兴中城市文化空间的保护与更新规划研究：以广元市旺苍县为例 [D]. 成都：西南交通大学，2018.

图 2　关键词聚类
（来源：作者自绘）

A类：煤炭工业遗产保护的理论研究。该类研究侧重于汲取此前对于工业遗产形成历史、价值分析、利用策略、保护准则等方面的既有成果，将其运用到对于当地煤炭工业遗产的分析中，并结合当地的地域现状，剖析其特有的价值和文化属性，提出因地制宜的保护再生方法。例如韩剑尘、王琦在其文章中以安徽淮南为研究对象，深入剖析了当地煤炭工业遗产对于淮南市和新中国煤炭工业发展的重要意义及其科学、历史、文化等诸多方面的价值属性，探索了适合淮南的煤炭工业遗产保护与再利用策略。[①]徐苏斌、郝帅、青木信夫等在其文章中基于文化遗产真实性和完整性的原则，以《中国工业遗产价值评价导则（试行）》为依据，在开滦煤矿近代技术史研究的基础上，对工业遗产群进行了价值认定的探讨。[②]

B类：煤炭工业遗产改造的实证研究。这类研究主要是利用国内外既有的工业遗产保护与再利用理论途径探索具体实证案例的在地性运用。例如山东建筑大学的胡鹏在其硕士学位论文中就运用既有分析方法，探讨了山东肥城大封煤矿工业遗产的保护与再利用途径。[③]金承协、冯俊琪等在其文章中从工业厂区层级、单体工业建筑设施层级对晋华宫煤矿工业遗产进行了再利用模式的分析；最后在实地调研的基础上，试图分析“活态保护”思想在晋华宫煤矿保护与再利用中的应用。[④]与此同时，有的作者还介绍了国外的保护案例如德国鲁尔工业区的保护实践经验，为我国煤炭工业遗产保护与再生的实践策略提供了参考。[⑤]

C类：煤炭工业遗产保护与再生的多维视角。这类研究主要是从旅游学、风景园林学、信息地理学、经济学等跨学科的视角探讨废弃遗产地的矿山转型策略及其运营方法。例如中国地质大学的杜青松在其学位论文中探讨了基于循环经济的煤矿类矿山公园建设模式[⑥]；上海师范大学的陈燕在其学位论文中研究了资源型城市转型中的旅游业发展问题[⑦]，田美玲等在其文章中从旅游学的角度重点讨论了资源枯竭型城市湖北黄石依托矿山遗址开发国家矿山公园工业遗产旅游的路径[⑧]（图3）。

D类：煤炭工业遗产与城市关系研究。这类研究将目光转向更高一级的城市与城乡空间维度，小到煤矿工人的居住空间，大到城乡空间的变革，再到省级区域的更新都有涉及。究其原因，是因为煤炭企业的相对单一、独立，通过长期的发展形成了自己的社会功能和运作机制，但是它所留下的工业遗产往往会涉及多个门类，而并非是传统的单一厂房形式。很多资源依赖型的城镇也都是在这个工业基础上不断发展起来的，如河南焦作、平顶山，湖北黄石，甘肃兰州、白银，陕西榆林，山西大同，安徽淮北、淮南，河北邯郸，四川广元，山东枣庄、济宁等。这些城市与煤炭企业的发展密不可分，企业转型必然又会对既有的城市空间格局造成影响，故而研究煤炭工业遗产与城市的关系就显得尤为必要了。例如西安建筑科技大学的王彤在其硕士论文中探讨了河北邯郸市

① 韩剑尘，王琦．淮南市煤炭工业遗产价值及其保护与再利用[J]．山西高等学校社会科学学报，2016,28(7):35-38.

② 徐苏斌，郝帅，青木信夫，等．开滦煤矿工业遗产群研究及其价值认定的探讨[J]．新建筑，2016(3):10-13.

③ 胡鹏．肥城大封煤矿工业遗产改造与再利用研究[D]．济南：山东建筑大学，2016.

④ 金承协，冯俊棋，王园，等．晋华宫煤矿工业遗产保护与再利用[J]．华中建筑，2020,38(5):115-119.

⑤ 王颖．德国鲁尔区工业遗产综合利用之道[J]．装备制造，2014(9):78-79.

⑥ 杜青松．基于循环经济的煤矿类矿山公园建设模式研究[D]．北京：中国地质大学，2011.

⑦ 陈燕．资源型城市转型中的旅游业发展研究[D]．上海：上海师范大学，2011.

⑧ 田美玲，方世明．资源枯竭型城市工业遗产旅游开发：以黄石国家矿山公园为例[J]．资源与产业，2019,21(04):103-106.

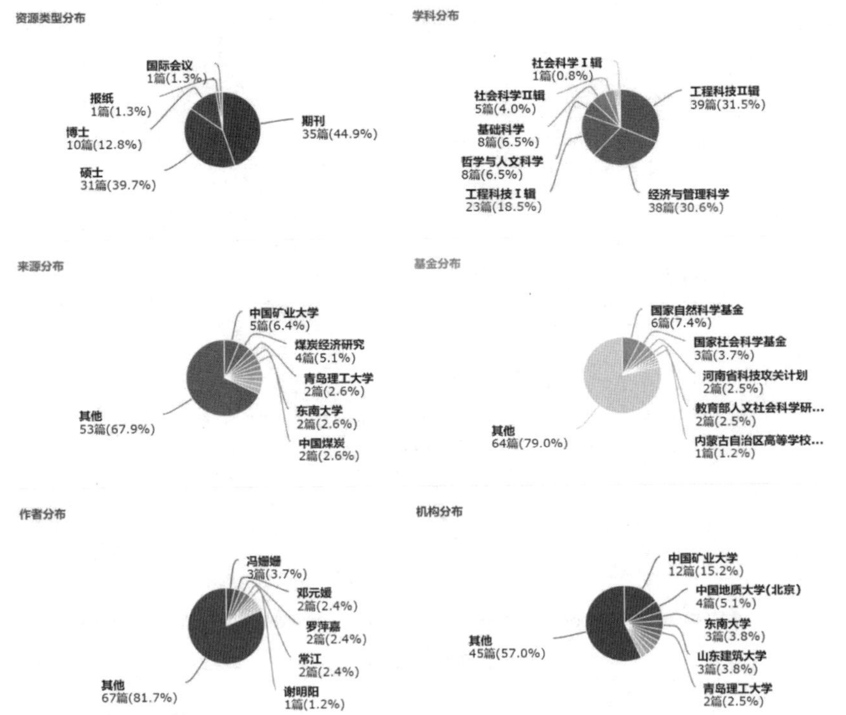

图3　文献相关学科分布

（来源：知网）

峰峰矿区城矿乡居住空间重构问题。[①]天津师范大学的郝媛媛在其硕士学位论文中探讨了1898—1956年河南焦作因为煤炭工业发展所形成的城市空间及其拓展。[②]

将聚类分析进一步细化，以时间轴的方式呈现（图4、图5），可以发现以上四个大类基本上是按照时间顺序依次被研究学者所关注和重点研究的。从2007年的工业旅游、工业遗产的保护与再利用；到2010年的循环经济，国外（英国、德国）经验的引入；再到2013年关注煤炭工业遗产如鸡西煤矿、大同煤矿等的实证研究；进入2016年开

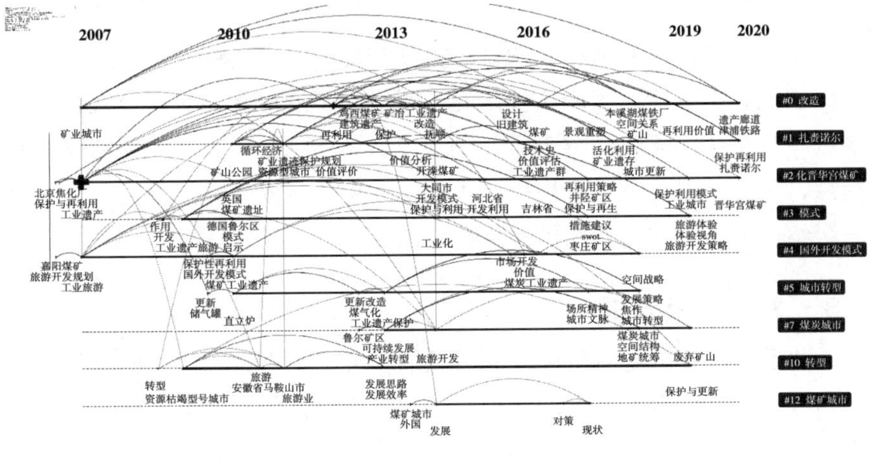

图4　关键词时间轴

（来源：作者自绘）

① 王彤．邯郸市峰峰矿区城矿乡居住空间重构探讨[D]．西安建筑科技大学，2018．

② 郝媛媛．因煤而兴：焦作城市空间的形成与扩展（1898—1956）[D]．天津师范大学，2018．

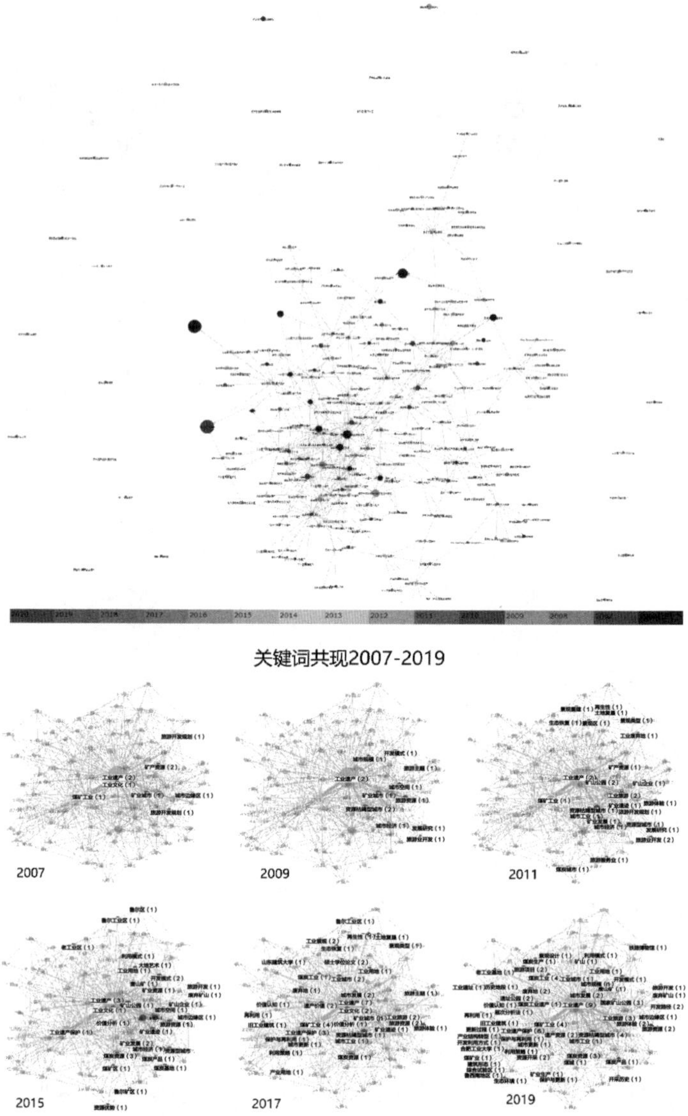

图5　关键词出现的时间顺序
（来源：作者自绘）

始的工业建筑群与城镇空间的整体更新与复兴、场所精神，再到近年来的保护性矿山、遗产廊道价值研究，对煤炭工业遗产的研究一直在不断推进。从整体的研究趋势来看，呈现出从单一到多元、从局部到整体的特点，但是这些研究成果相比庞大的工业遗产研究基础来讲是远远不够的，亟待更多的学者加入和补充。

2.3　共引文献分析

共引文献分析是将所选择的文献的参考文献进行统计，找出其中共同参考的文献，有助于帮助研究者快速锁定有价值的参考文献。通过本次分析，找到了相当数量在煤炭工业遗产研究中具有突出意义的共引文献（图6、图7）。

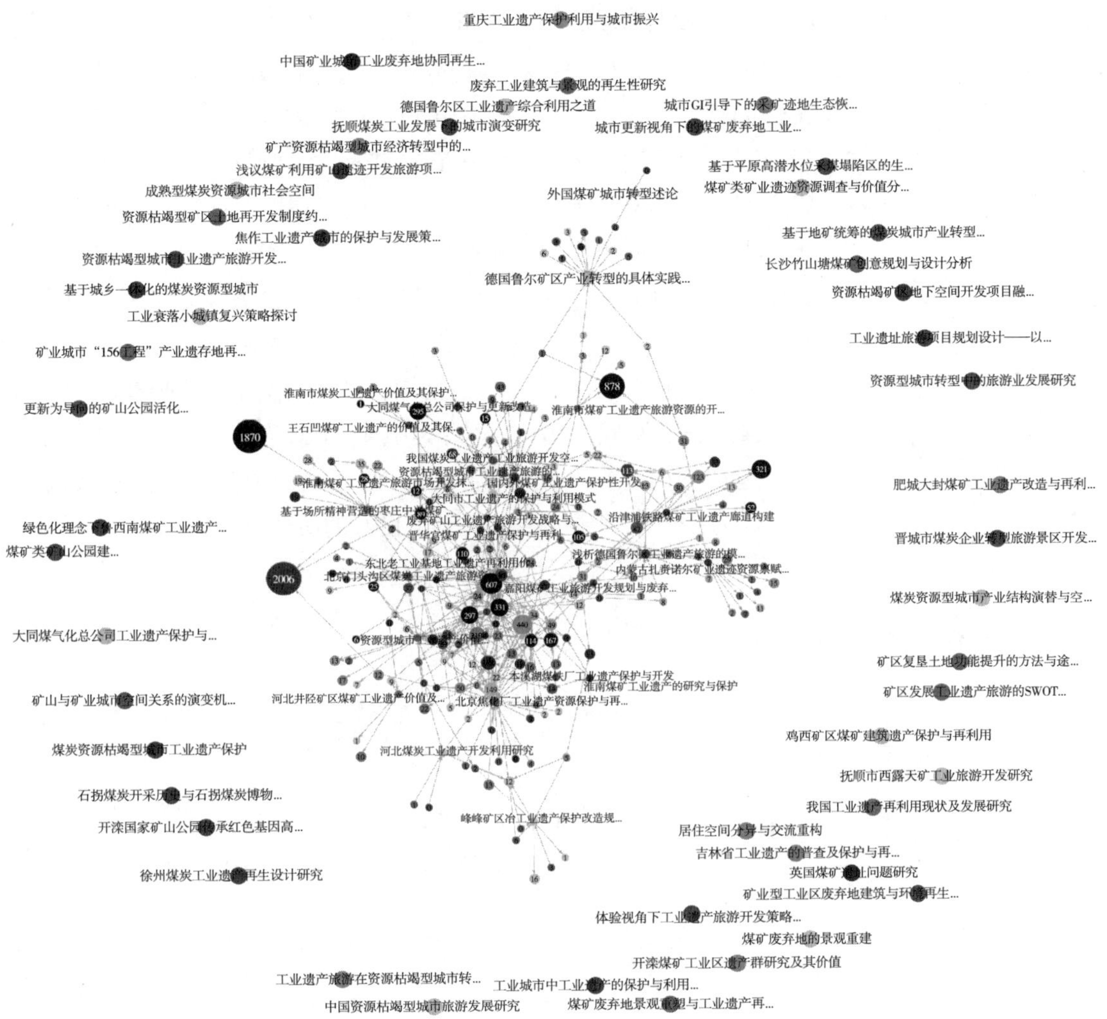

图 6　所选期刊刊名及参考文献的被引频次

（来源：知网）

本组文献	共被引文献
许祥左. 德国鲁尔矿区产业转型的具体实践及其启示. 煤炭经济研究. 201 3 薛毅. 外国煤矿城市转型述论. 湖北理工学院学报(人文社会科学版). 2014	向言. 开滦集团产业转型战略研究. 燕山大学. 2018
杜青松; 武法东; 甄世民. 国内外煤矿工业遗产保护性开发新进展.资源与产业. 2010 罗萍嘉; 妈姗姗; 常江. 嘉阳煤矿工业旅游开发规划与废弃矿区的复兴. 煤炭经济研究. 2007 郭汝. 资源型城市工业遗产价值评价探讨——以平顶山为例.城市. 2018 金承协; 冯俊棋; 王园; 李明; 吴德雯. 晋华宫煤矿工业遗产保护与再利用. 华中建筑. 2020 汪秋菊; 刘宇. 废弃矿山工业遗产旅游开发战略与政策建议. 煤炭经济研究. 2019 王吉臣; 邓元媛; 冯姗姗. 东北老工业基地工业遗产再利用价值研究——以抚顺为例. 城市建筑. 2019	杜青松. 基于循环经济的煤矿类矿山公园建设模式研究. 中国地质大学(北京). 2011 韩福文; 佟玉权; 张丽. 东北地区工业遗产旅游价值评价——以大连市近现代工业遗产为例. 城市发展研究. 2010
郭汝. 资源型城市工业遗产价值评价探讨——以平顶山为例.城市. 2018 金承协; 冯俊棋; 王园; 李明; 吴德雯. 晋华宫煤矿工业遗产保护与再利用. 华中建筑. 2020 王吉臣; 邓元媛; 冯姗姗. 东北老工业基地工业遗产再利用价值研究——以抚顺为例. 城市建筑. 2019	刘伯英; 李匡.工业遗产的构成与价值评价方法. 建筑创作. 2006
郭汝. 资源型城市工业遗产价值评价探讨——以平顶山为例. 城市. 2018 杜青松; 武法东; 甄世民. 国内外煤矿工业遗产保护性开发新进展. 资源与产业. 2010 马存利. 资源枯竭型城市工业遗产旅游的法律问题. 煤炭经济研究. 2011	俞孔坚; 方碗丽. 中国工业遗产初探. 建筑学报. 2006
张辞凡; 郝妍璐.王石凹煤矿工业遗产的价值及其保护与再利用. 城市建筑. 2019 汪秋菊; 刘宇. 废弃矿山工业遗产旅游开发战略与政策建议. 煤炭经济研究. 2019 李登凤. 淮南煤矿工业遗产旅游市场开发探析——保护性利用视角下. 现代商贸工业. 2016	李纲. 中国民族工业遗产旅游资源价值评价及开发策略——以山东省枣庄市中兴煤矿公司为例. 江苏商论. 2012
邓元媛; 操小晋. 我国煤炭工业遗产工业旅游开发空间战略构想. 遗产与保护研究. 2018 罗萍嘉; 梁晓涵.沿津浦铁路煤矿工业遗产廊道构建. 矿业研究与开发.2020	俞孔坚; 奚雪松. 发生学视角下的大运河遗产廊道构成. 地理科学进展. 2010

本组文献	共被引文献
金承协; 冯俊棋;王园;李明;吴德雯. 晋华宫煤矿工业遗产保护与再利用. 华中建筑. 2020 汪秋菊; 刘宇. 废弃矿山工业遗产旅游开发战略与政策建议. 煤炭经济研究. 2019	刘抚英. 工业遗产保护与再利用模式谱系研究——基于尺度层级结构视角. 城市规划. 2016
李晓丹; 陈智婷; 孙思嘉. 峰峰矿区矿冶工业遗产保护改造规划研究. 城市发展研究. 2014 武晶.河北煤炭工业遗产开发利用研究.中国煤炭.2015	李晓丹; 孙思嘉; 赵大千; 陈智婷. 矿业遗产保护研究探讨——以峰峰矿区为例. 中国园林. 2013
杜青松; 武法东; 甄世民. 国内外煤矿工业遗产保护性开发新进展. 资源与产业. 2010 马存利. 资源枯竭型城市工业遗产旅游的法律问题. 煤炭经济研究. 2011 邓元媛; 操小晋. 我国煤炭工业遗产工业旅游开发空间战略构想. 遗产与保护研究. 2018 杜青松; 武法东; 甄世民.国内外煤矿工业遗产保护性开发新进展. 资源与产业. 2010 李登凤. 淮南煤矿工业遗产旅游市场开发探析——保护性利用视角下. 现代商贸工业. 2016	张金山. 国外工业遗产旅游的经验借鉴. 中国旅游报. 2006 刘明. 煤炭资源枯竭型城市工业遗产保护与更新研究. 青岛理工大学. 2019
徐艺文; 常江. 基于场所精神营造的枣庄中兴煤矿工业遗产保护及再利用. 工业建筑. 2017 杜青松; 武法东; 甄世民.国内外煤矿工业遗产保护性开发新进展. 资源与产业. 2010 李登凤. 淮南煤矿工业遗产旅游市场开发探析——保护性利用视角下. 现代商贸工业. 2016	杨栋智. 绿色化理念下鲁西南煤矿工业遗产保护与再利用策略研究. 青岛理工大学. 2019
邓元媛; 操小晋. 我国煤炭工业遗产工业旅游开发空间战略构想. 遗产与保护研究. 2018 韩剑尘; 王琦. 淮南市煤炭工业遗产价值及其保护与再利用. 山西高等学校社会科学学报. 2016	张辞凡; 郝妍璐. 王石凹煤矿工业遗产的价值及其保护与再利用. 城市建筑. 2019
高海; 富中华;吕仕儒. 大同市工业遗产的保护与利用模式. 山西大同大学学报(自然科学版). 2014 杜青松; 武法东; 甄世民. 国内外煤矿工业遗产保护性开发新进展. 资源与产业. 2010	刘磊; 武美楠. 矿山公园建设的场所精神营造——以大同晋华宫国家矿山公园为例. 建筑与文化. 2016
高海; 富中华; 吕仕儒. 大同市工业遗产的保护与利用模式. 山西大同大学学报(自然科学版). 2014 武红艳. 浅析德国鲁尔区工业遗产旅游的模式及启示. 太原大学学报. 2010	刘铁山. 废弃工业建筑与景观的再生性研究. 辽宁工程技术大学. 2017

图 7　共引文献代表分析

（来源：知网）

2.4 作者与研究单位分布

对于作者和研究机构进行分析，可发现 78 条文献数据中，包含了 105 位作者、34 家单位，其中单位以中国矿业大学出现的频次最高，中元国际工程公司、东北大学江河建筑学院等单位次之。作者方面以冯珊珊为例，她与导师常江长期致力于矿山废弃地工业遗产的保护与再生研究，提供了区域协作、旅游开发、生态潜力恢复、旅游规划、景观重构等多方面的视角，2007—2020 年知网收录的发文数量达到 15 篇。当然，冯珊珊和导师所关注的矿山不完全是煤炭矿山，她对其他同类型矿山工业遗产的研究，为本文接下来的研究提供了重要基础（图 8）。

通过分析发现，105 位作者集中在 34 家单位，由此可见，对于煤炭工业遗产的研究集中度较高，对于该领域的研究表现出了较高的协作性，这为接下来的研究推进提供了良好的协作基础（图 9）。

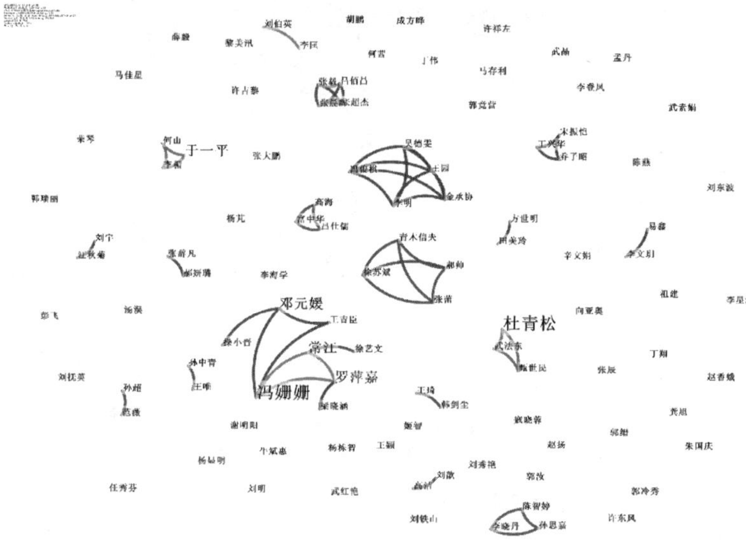

图 8　作者及其协作关系分布
（来源：作者自绘）

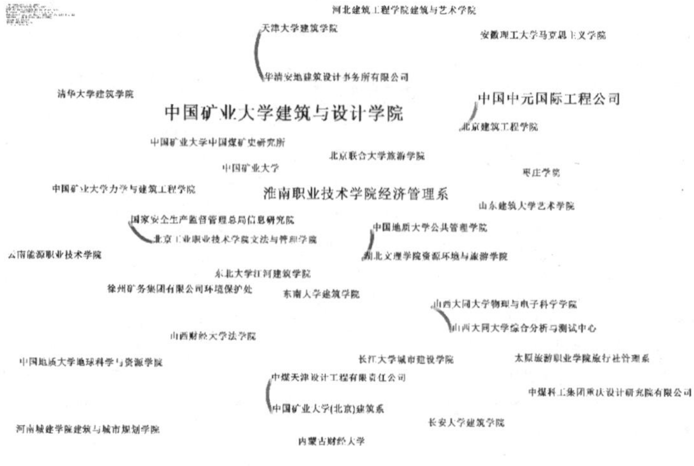

图 9　研究单位及其协作关系分布
（来源：作者自绘）

3 国内煤炭工业研究中出现的问题

纵观当前国内煤炭工业遗产研究的现状，正如前文所述，呈现出从单一到多元、从局部到整体的趋势，但是这当中仍然存在一些问题，亟待在今后的研究中予以重视和解决。

其一，煤炭工业遗产是工业遗产的重要组成部分，但对它们的关注度相比对工业遗产整体的关注度来讲依然不足，究其原因，第一，多是由于煤炭工业遗产不同于一般的地面工业遗产，其大部分位于山洞或者地下；第二，由于煤炭生产的特殊性，废弃后的遗址和遗存一般被损程度较大，改造和修复的成本较高；第三，大部分煤炭企业仍然在生产，即便是有废弃的矿井，因为安全问题多做了填埋处理，学者介入的难度也较大。

其二，煤炭工业不同于其他工业遗产形式，其遗产类型涉及地下矿井、矿山山洞、露天煤场、选煤楼、铁路运输线等诸多类型，就目前来看，对煤炭工业遗产类型的研究仍然较少，很多配套性的遗产类型尚未被关注和研究，然而这却是煤炭工业遗产全局观的重要方面。

其三，对国外煤炭工业遗产保护与再利用经验的研究有待加强，不要仅仅局限对德国鲁尔区和英国局部地区的研究，需要有全局性的视野，广泛了解国外先进的保护与再生经验，将其有机融入适合我国国情和企业实际情况的保护与再利用实践中。

其四，我国的煤炭资源分布较为广泛，然而目前的研究集中在少数几个城市，有些西部地区的煤炭工业遗产尚未被关注，这和我国广泛的煤炭资源企业分布情况不相协调。

以甘肃为例，当在之前提到的三组关键词前加入“甘肃”这一地域限定词后，仅检索到 10 篇与煤炭工业有关的文献，其中 8 篇偏重于对煤炭工业经济可持续发展和产业转型的思考，1 篇是研究城市转型背景下的武威市工业遗产保护与再利用策略，1 篇是探讨基于“156 项工程”的白银市总体规划推进特征（表 1）。此外，对于甘肃传统工业遗产研究也有学者介入，但其研究多集中在兰州①、天水、酒泉等工业城市，其中以兰州较多，达到 8 篇，但其研究对象是兰州西固区、七里河区②、安宁区③等老工业区的工业遗产保护与再生策略，例如对兰州铁桥④、兰州石化公司、兰州胶鞋厂等的保护，同时甘肃省地方志办公室编著了《甘肃省志・煤炭工业志》，其中包含甘肃省煤炭工业发展的历史、分布、煤炭企业的基本情况等诸多基础性资料，也为这个细分领域课题研究提供了重要参考。

① 仲亚男．“156 项工程”视角下兰州老工业基地的转型发展与规划干预研究 [D]. 兰州：兰州交通大学，2019.

② 李盼睿．基于城市文化振兴的兰州七里河旧工业区更新策略研究 [D]. 兰州：兰州交通大学，2016.

③ 曾繁萌，王骏，徐杰．“活力再生”视角下现代工业遗产转型更新策略研究：以兰州安宁区为例 [J]. 城市建筑，2019,16(19):38-43.

④ 刘起．兰州黄河铁桥考量及价值转型探讨 [J]. 兰州交通大学学报，2020,39(1):147-152.

表 1　甘肃省煤炭工业及其遗产研究相关文献

序号	作者	文章名称	类型	年份	所属单位
1	彭显明	城市转型背景下武威市工业遗产保护与再利用研究	学位论文	2019	西北民族大学
2	程胜龙	基于“156项工程”的白银市城市总体规划演进研究	学位论文	2019	兰州交通大学
3	李睿	甘肃省煤炭产业发展循环经济路径研究	学位论文	2013	兰州大学
4	张涛	甘肃能源产业发展研究	学位论文	2011	兰州大学
5	井鉉	关于甘肃煤炭资源环境状况的思考	期刊论文	2011	甘肃科技
6	王履宣、王德方	甘肃煤炭工业可持续发展存在的问题与对策	期刊论文	2009	社科纵横
7	王军、陈金贤	西北煤炭工业可持续发展的核心问题	期刊论文	2003	经济管理
8	王海山	关于甘肃煤炭工业发展战略的思考	期刊论文	2002	人大研究
9	孙永清	甘肃煤炭工业布局与煤炭利用问题的探讨	期刊论文	1987	西北师范大学学报（自科版）
10	甘肃省地方志办公室	甘肃省志・煤炭工业志	著作	1989	甘肃省地方志办公室

（来源：作者自绘）

由此可见，甘肃的工业遗产研究相比全国宏大的工业遗产研究热潮还是远远不够的，成果也比较缺乏。其中煤炭工业遗产这个细分领域仅有零星学者关注，尚未形成完整的研究体系，更无法形成规模。这与甘肃全国第 7 位的煤炭储量和数百家煤炭工业企业发展不相适应，因此，对于甘肃煤炭工业遗产的研究亟待更多学者的关注和推进。对其工业遗产的研究也有着非常重要的意义和必要性，主要包括以下几个方面：

第一，根据《甘肃省志・煤炭工业志》记载，甘肃省的煤炭资源储量丰富，然而其开发的过程却很曲折。首先是因为甘肃特殊的高原地貌环境，煤层埋深较大，开采难度极大；其次是因为甘肃的煤炭企业经历了从小煤窑到国营收购，再到停产、管理权下放、引入市场资本再次恢复生产等一系列复杂的过程，每一个成长起来的煤炭企业都有一段可歌可泣的历史；再者是因为甘肃的工业体系是在抗战时期的第一次国家工业力量大转移中建设起来的，在“三线”建设时期第二次工业大转移中被加强。它是我国两次工业力量大转移的重要见证者与承袭者，具有重要的研究价值。

第二，正如前文所述，甘肃的很多城镇都是依托当地的煤炭企业发展起来的，城镇空间的演变与企业的生产发展需求紧密相关，区别于当代“以人为本”的规划理念，这种与当代规划理念格格不入的规划方式也给城市空间带来极大的问题，如环境污染、公共空间缺乏、居住区和生产区混杂等一系列问题也困扰着当地居民的生产和生活。在国家去产能和强硬环保政策的要求下，这些煤炭企业迫切地需要找到一条适合的发展途径以延续企业的运营，这就需要不同背景的研究学者介入，为企业的发展建言献策。而且对于这些地方的煤炭工业企业发展决不能将工业遗产的保护与产业结构调整和城乡空间演变割裂来看，而是需要树立更高层面的全局意识加以整体考虑。

第三，在国家“一带一路”倡议和“西部大开发”战略的推动下，甘肃作为其中的重要组成部分，需要寻找适合自身的发展途径以适应全局发展，当前的甘肃已经基本实现了脱贫，人民对美好生活的追求日益提高。绿水青山就是金山银山，在国家全面建成小康社会和“十四五”发展的重要起点上，补足甘肃煤炭工业遗产研究的短板，改变曾经环境质量差的老工业城市面貌，打造地区实践蓝本，形成示范效应，铸就人民美好生活，也是甘肃发展所要迈出的重要一步。

4 结论

目前，我国的煤炭工业遗产研究已经取得了不菲的成就，但是也存在着较大的研究分布不均匀、研究覆盖不全面的问题，甘肃仅仅是其中一个被“偏科”的代表，它的背后仍然有大量的煤炭工业遗产代表未被纳入研究的视野，但这并不能说明它们不重要，它们的发展仍然需要不断的研究以注入新的发展动能。因此也以此文呼吁广大研究学者为西北地区的煤炭工业遗产保护、煤炭工业发展积极建言献策，这既是对地区发展的贡献，也是对我国工业遗产研究的补充。

参考文献

[1] 荣琴 . 浅议煤矿利用矿山遗迹开发旅游项目的思考：煤矿废弃地景观重塑与工业遗产再利用 [J]. 智能城市，2019,5(20):129–130.

[2] 韩剑尘，王琦 . 淮南市煤炭工业遗产价值及其保护与再利用 [J]. 山西高等学校社会科学学报，2016,28(7):35–38.

[3] 徐苏斌，郝帅，青木信夫，等 . 开滦煤矿工业遗产群研究及其价值认定的探讨 [J]. 新建筑，2016(3):10–13.

[4] 金承协，冯俊棋，王园，等 . 晋华宫煤矿工业遗产保护与再利用 [J]. 华中建筑，2020,38(5):115–119.

[5] 王颖 . 德国鲁尔区工业遗产综合利用之道 [J]. 装备制造，2014(9):78–79.

[6] 田美玲，方世明 . 资源枯竭型城市工业遗产旅游开发：以黄石国家矿山公园为例 [J]. 资源与产业，2019,21(4):103–106.

[7] 曾繁萌，王骏，徐杰．“活力再生”视角下现代工业遗产转型更新策略研究：以兰州安宁区为例 [J]. 城市建筑，2019,16(19):38–43.
[8] 刘起．兰州黄河铁桥考量及价值转型探讨 [J]. 兰州交通大学学报，2020,39(1):147–152.
[9] 戴海雁．兰州市工业遗产的现状与保护情况概述 [J]. 北京规划建设，2012(6):59–63.
[10] 甘肃省地方志办公室．甘肃省志：煤炭工业志 [M]. 兰州：甘肃文化出版社，1995.
[11] 张倩．资源型城市复兴中城市文化空间的保护与更新规划研究：以广元市旺苍县为例 [D]. 成都：西南交通大学，2018.
[12] 胡鹏．肥城大封煤矿工业遗产改造与再利用研究 [D]. 济南：山东建筑大学，2016.
[13] 杜青松．基于循环经济的煤矿类矿山公园建设模式研究 [D]. 北京：中国地质大学（北京），2011.
[14] 陈燕．资源型城市转型中的旅游业发展研究 [D]. 上海：上海师范大学，2011.
[15] 郝媛媛．因煤而兴：焦作城市空间的形成与扩展（1898—1956）[D]. 天津：天津师范大学，2018.
[16] 王彤．邯郸市峰峰矿区城矿乡居住空间重构探讨 [D]. 西安：西安建筑科技大学，2018.
[17] 仲亚男．“156 项工程”视角下兰州老工业基地的转型发展与规划干预研究 [D]. 兰州：兰州交通大学，2019.
[18] 李盼睿．基于城市文化振兴的兰州七里河旧工业区更新策略研究 [D]. 兰州：兰州交通大学，2016.
[19] 凤凰新闻：中国煤炭资源分布简介 [EB/OL].(2020-03-20).https://ishare.ifeng.com/c/s/7uo KmDUE6Y9.
[20] 国泰君安证券股份有限公司．国泰君安证券研究分析报告 [R].2018.

铁路建筑遗产的相关概念、地理分布及内涵特征

李海霞　北方工业大学建筑与艺术学院

摘　要：本文通过对铁路遗产几个相关概念界定，简要归纳了世界文化遗产视野中铁路建筑遗产的地理分布。中国目前的铁路建筑遗产主要有近代铁路附属地、外资铁路建筑遗产、自主铁路建筑遗产等几种类型，种类丰富，分布广泛。铁路建筑遗产的特性主要有整体廊道式、动态持续性、景观地标性、建造多样化，而其独特性在于与其他建筑遗产相比，铁路建筑遗产具有大空间尺度、序列化线形空间、综合多元化、等级标准化的特征。

关 键 词：铁路遗产；铁路建筑遗产；分布；内涵

1　几个相关概念

1.1　铁路遗产

铁路遗产是一种按领域、行业、学科以及社会分工来分类的文化遗产类型，它既包括了物质文化遗产层面（不可移动和可移动）的内容，又包括了非物质文化遗产层面的内容。

英国约克大学的铁路遗产保护中心负责人彼得·波尔曼在*Conserving the Railway Heritage*的著作中明确了“铁路遗产”（Railway Heritage）所包括的范围和内容①：铁路遗产同教育建筑、宗教建筑一样，是重要的遗产类型，它不仅包括与铁路运输相关联的建筑物，如铁路站房、货运仓库等，还包括为铁路运行所提供服务的设施和设备，如大的高架桥、长的隧道，小型的设施、铁路家具，以及一些可移动的铁路工人服饰、铁路历史文档等，这些都代表了铁路发展的历史脉络，并在每一处历史节点清晰可见。

在日本，针对铁路历史遗迹同样成立了保护协会，将我们定义的铁路遗产称作“铁路文化财”，并发行了相关造册《日本国土保存的铁路》，将“铁路文化财”界定为：“它包括的范围很广，除了包括铁路建设者建设的地面以上的所有建筑物和构筑物以外，铁路建设者遗留下来的所有为铁路服务过的设施物、机器、机车、家具以及服饰等都不能遗漏，甚至在日本有影响的铁路活动者私人的住宅、墓地、信件手稿等名人物件也包括其中。”由上述定义可知，英国对铁路遗产的界定不如日本的范围广，包括的对象相对专业，日本则更重视人文社会学层面，如对非物质文化遗产的挖掘。

国际工业遗产保护协会（TICCIH）②在2003年下发了关于保护工业遗产的《下塔吉尔宪章》，定义了工业遗产是“具有历史价值、科学技术价值和社会意义、建筑或科研价值的工业文化遗存。包括建筑物和机械、车间、磨坊、工厂……交通基础设施等”。上述定义说明，国际上认为铁路交通设施属于工业遗产的一个组成部分。而国内目前对铁路

① BURMAN P, STRATTON M. Conserving the railway heritage[M]. London : E & FN Spon, 1997.

② 国际工业遗产保护委员会（The International Committee for the Conservation of the Industrial Heritage），1978年成立，是工业遗产的世界性组织。

文化遗产是否归入工业遗产领域尚不明确，且存在不同的观点。但铁路遗产符合工业遗产的特性，这一点却是毋庸置疑的。

1.2 铁路建筑遗产

（1）定义及分类

建筑遗产属于文化遗产，是文化遗产中的一种类型，是物质的、不可移动的文化遗产，“是人类文明进程中各种营造活动所创造的一切实物，具体地说包括各种建筑物、构筑物，以及城市、村镇和它们的环境。”[①]建筑遗产保护是文化遗产保护中的一个重要内容（图1）。建筑遗产在具备文化遗产的普遍价值和意义之外，还因为与我们生存的环境有着直接、紧密的关联而更显重要。

① 1975年欧洲建筑遗产大会《阿姆斯特丹宣言》。

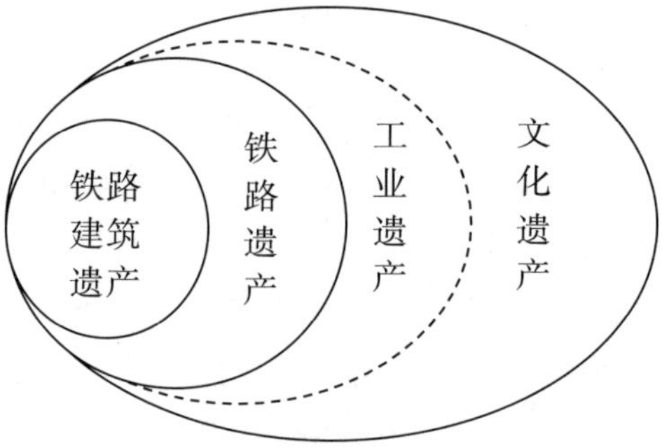

图1　遗产的分属关系
（来源：作者自绘）

铁路建筑遗产，顾名思义就是指历史上遗留下来的一切与铁路建设、建造者（铁路技师、工程师、工匠）密切相关的有价值的建筑物（building）和构筑物（construction）。狭义上讲，铁路建筑就是指为铁路运输（货运、客运）服务的交通建筑。而广义上则指一切与铁路建设相关的建筑，包括铁路建造者为员工及家属建造的住宅、学校、医院等，而且包括铁路建造方建造的铁路工厂，以及沿线开发的矿业建筑等。铁路建筑遗产看似单一，但其构成元素却不单一，主要由五方面建筑类型组成。

①车站建筑：车站建筑包含的元素很多，是最能彰显铁路行业特色的要素之一，也是铁路建筑遗产最重要的类型。车站建筑一般包括站房建筑和铁路社区两部分，具体包括站舍、铁路住宅、铁路医院、铁路饭店、铁路学校、铁路服务和娱乐设施，如浴室、酒吧、邮局、便利店等。这些建筑从办公管理到生活服务构成相对独立的系统。

②车站附属设施：车站站场内保持铁路正常运行、功能需要的服务设施，如设备修理车间、车库、仓库、月台等。

③工业建筑：矿务、煤业、铁路机车制造等厂房、工业设施和工厂办公建筑。

④军事建筑：由于近代中国铁路修建之初外国侵略者掠夺资源等历史原因，德国、日本的侵略者相继在近代铁路沿线建造了一批出于军事目的的建筑，这也是铁路建筑遗产中一种不可或缺的建筑类型。

⑤沿线构筑物：如桥梁、隧道、桥墩等。

（2）研究体系

铁路建筑遗产属于行业性的工业遗产，同工业遗产研究体系类似，主要分为铁路建筑遗产的鉴定（普查、筛选等）、申报、保护、政策和利用等方面（图2）。

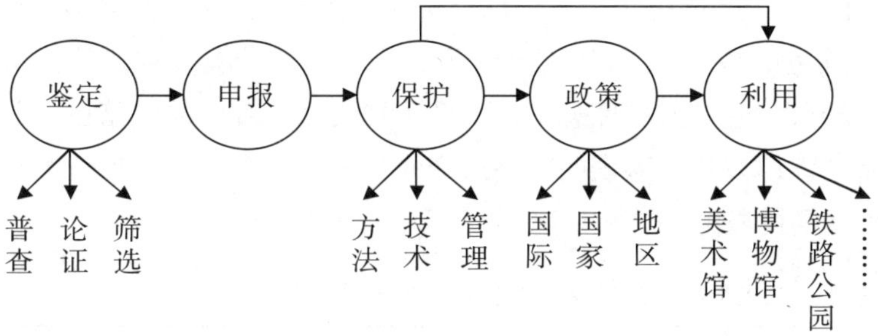

图2　铁路建筑遗产的研究体系
（来源：作者自绘）

2　铁路建筑遗产的地理分布

2.1　世界铁路遗产地图

（1）世界遗产名录中的铁路遗产

到目前为止，全世界已有奥地利的塞默灵铁路，印度的大吉岭喜马拉雅铁路、尼尔吉里山铁路、加尔加—西姆拉铁路，瑞士和意大利的雷蒂亚铁路阿尔布拉—贝尔尼那段等六条铁路被联合国教科文组织列为世界文化遗产。智利至阿根廷的安地斯山铁路，以及我国台湾地区的阿里山森林铁路目前都在积极进行世界文化遗产的申报工作。考察联合国教科文组织世界遗产委员会对上述已列入世界遗产名录的六条铁路文化遗产的入选简评可以看出，联合国教科文组织对于铁路线路所达到的工程技术成就、艺术水平，以及与自然景观的巧妙处理关系更为关注。其中，评价中关注点在铁路建筑成就的主要有塞默灵铁路，“铁路开通后，整个地区得到了开发，修建了许多专门用于休闲活动的精美建筑，今天已经发展成为当地风景名胜区，并形成了一处文化景观”[①]；阿尔布拉—贝尔尼那文化景观中的雷蒂亚铁路遗产，“13条隧道和地道以及52座高架桥和桥梁……这处遗产集精良技术、杰出建筑和优美环境之大成，展现了建筑与公共工程学上的辉煌成就。这条已有百年历史的铁路将工程技术与自然景观完美和谐地融为一体，成为了早期铁路发展史上的世界经典。”[②]由此可知，铁路建筑遗产所具有的重要的文化景观价值、艺术水准以及科学技术含量，是被纳入世界文化遗产的重要考核部分。

① http://whc.unesco.org/zh/list/785

② http://www.guwh.com/x/2008.htlm

1992年世界遗产委员会提出了文化景观的概念，文化景观所代表的是“自然与人类的共同作品”。铁路遗产具备文化景观的属性，体现了人类改造与利用自然的智慧。1998年，以“交流和对话”为特征的跨地区或跨国家的文化线路作为新型遗产理念为国际文化遗产保护界所认同（表1）。十年后，跨越了意大利和瑞士两个国家的雷蒂亚铁路阿尔布拉—贝尔尼那段被纳入世界遗产名录，它之所以被提到世界遗产的高度，不仅在于跨越了两个国度从而拥有两种文化的贯通，更主要是因为铁路交通带给两个国家和地区人们思想的冲击和对人居环境的重塑力，使周边的人们通过铁路进行了文化的交流和碰撞，这样新姿态、新形式的遗产类型也是对2008年国际遗址大会上通过的有关宪章的继承和发扬。在新兴的遗产保护理念下，出现了“文化景观中的铁路遗产”这样一种新型表述方式，这表明铁路遗产作为文化景观的一种独特类别，正越来越受到世界的关注和认可。

表1　列入世界遗产名录的铁路文化遗产

列入时间	名称	国籍	主要特征	简要说明
1998	塞默灵铁路 Semmering Railway	奥地利	第一条穿越高山地区的铁路线，沿途隧道、高架桥以及其他工程体现出了早期铁路建设的高超技术，因此一直沿用至今，被视作征服自然的象征	建于1848—1854年，全长41千米
1999	大吉岭喜马拉雅铁路 Darjeeling Himalayan Railway	印度	第一条，也是最杰出的一条山区旅客运输铁路线	开通于1881年，轨距为610毫米窄轨，全长300千米，英国殖民时代的产物
2005	尼尔吉里山铁路	印度	是一条以齿轮轨道闻名的世界遗产铁路	1908年通车，轨距为1000毫米的窄轨，铁路全长46千米，行经208个弯道、250座桥
2008	加尔加—西姆拉铁路	印度	在复杂多变的地形中伸延，沿途一共转了900个弯。96千米途中有20个车站，其中7处是闻名印度内外的旅游胜地	1898年开通，轨距为762毫米窄轨，全长96千米，共穿越102条隧道、864座桥
2008	雷蒂亚铁路阿尔布拉—贝尔尼那段 Rhaetian Railway in the Albula	瑞士、意大利（由意大利的阿尔布拉段和瑞士的贝尔尼那段组成）	铁路的优美形态和独特的建筑风格，连接了若干个村落	1904年开通，穿越55条隧道、196座高架桥。轨距为1000毫米窄轨，长度为128千米的国际铁路

（来源：作者自绘）

（2）世界铁路建筑遗产分布

纵观世界的铁路建筑遗产，分布格局是西方工业发达国家及地区（西欧、美国、加拿大）居多，东方国家（日本、中国、印度等）次之。这不仅与铁路建设的长短直接相关，还与国家对历史文化建筑保护的态度和行为相关。发达国家因为铁路建设历史较长，铁路建筑遗产存量较多；第三世界国家，因为自身铁路建设晚且规模小，铁路建筑遗产相对存量少。

①欧洲

英国作为铁路的起源地，其铁路建筑遗产丰富，且分布于整个国度中。英国国内铁路网的建设，在1880年代完成。英国还在殖民地建造铁路，在国外的铁路投资方面，英国居于领先的优势地位。英国登录世界遗产名录的铁路遗产总共有1250处（截至1993年1月）。许多登录的建（构）筑物仍在使用中。其中大型的铁路遗产集中在伦敦、利物浦、曼彻斯特、约克、格拉斯哥等城市。

法国第一条铁路于1826年修建，1938年达到高峰，但在二战期间破坏严重。 二战中法国有100座大型车站以及大约1000座小型车站被毁。法国规模较大的铁路建筑遗产主要分布在巴黎、里昂、马赛、波尔多、里尔、图卢兹、南特等。其中，法国巴黎Seine-Syel-est车站地区城市开发项目、里尔市铁路车站地区再开发项目（Euralille Project）是对铁路遗产保护与再利用的著名案例。

意大利铁路建设较早，20世纪初已建成全国铁路网。其中铁路建筑遗产主要集中在罗马、米兰、都灵、波伦亚、威尼斯等。如米兰中央车站、建于1947—1950年的罗马火车总站（建筑师为L·加利尼、V·法迪加蒂、E·蒙托利、A·平托内罗），都是意大利最出名的铁路建筑遗产，但后期都随着铁路发展的需要对历史建筑进行了扩建和再开发。

德国的第一条铁路建成于1837年，1915年达到黄金时期，铁路建筑也随之增加。二战期间破坏严重，1949年才逐渐修复，大型铁路枢纽有80余处，每处内车站约有20～30个。德国铁路遗产范围大，布局较独特。其中历史悠久的法兰克福中央车站地区改造是国际上轰动一时的事件。

欧洲其他国家如奥地利、西班牙、瑞典、比利时、瑞士、荷兰的铁路建设也十分悠久，很多城市都留下了本国具有地域特色和风情的铁路建筑遗产。较为典型的如西班牙塞维利亚圣胡斯塔火车站、西班牙马德里阿托查新火车站、荷兰阿姆斯特丹Zuid车站、荷兰乌德勒支中央车站（Utrecht Centrum）、比利时布鲁塞尔中央站、瑞典斯德哥尔摩中央车站（Stockholm City West）、瑞士巴塞尔车站（Basel EuroVille）、瑞士苏黎世中央车站（Zentrum Zurich）等。而东欧传统铁路不多，最初建造的铁路是林场和矿区铁路。

②北美洲

美国的第一条铁路建于1827年。从1860年代起，美国进入铁路修建高潮期。1916年达到饱和，建设趋于停顿，而且这种状况一直持续到今天。在进入铁路修建高潮的半个多世纪里，美国共修筑了258 784英里（约416 472千米）铁路，超过了西欧各国铁路长度的总和。美国的第一个铁路站房是建于 1830 年巴尔的摩市（Baltimore）的 Mt.Clare。在接下来的 120 年里美国修建了接近 4 万座车站，而现在预计大约 2 万座仍存在。其中一些还继续作为货物交通运输站点使用，但作为客运使用的车站正日益减少。美国的铁路建筑遗产分布是以建于 19 世纪至 20 世纪的大型火车站居多，东南部主要有纽约、费城、华盛顿、匹兹堡、亚特兰大、巴尔的摩、伯明翰等；中北部主要有芝加哥、圣保罗、底特律、辛辛那提、圣路易斯等；西部有洛杉矶、旧金山、西雅图等。

在 1870—1950 年，铁路交通是加拿大首要的交通方式，每个州和地区都建造了大量的火车站。在加拿大的铁路大发展时期，大约建造了 1 万座铁路车站，现存的只有大约 1600 座。1990 年颁布的历史火车站保护法令使保留下来的历史火车站作为遗产受到法律保护。其中，加拿大中央公园火车站、蒙特利尔市温莎火车站（1900—1912）、安大略省的 Goderic 火车站（19 世纪中期）、安大略 BrantFord 老火车站（19 世纪后期）都是加拿大重要的铁路建筑遗产。

③亚洲

1853 年，英国在它的东方殖民地——印度开始修建铁路；到 20 世纪初，印度铁路达 5.5 万多千米。印度的铁路干线，皆以沿海大港口城市为中心向内地幅射。独立前印度的铁路有四大中心，即加尔各答、孟买、马德拉斯和卡拉奇。主要的铁路干线有孟加拉拿普尔铁路、东孟加拉铁路、东印度铁路、大印度半岛铁路、阿萨密孟加拉铁路、孟买巴洛达铁路、马德拉斯与南马拉他铁路、南印度铁路、西北铁路等。铁路建筑遗产也依托上述铁路线分布，具有殖民时期的印度建筑风格。

日本铁路发展较晚，第一条铁路建于 1872 年。日本最初建设的车站是横滨站、新桥站，1872 年建成，是平面简单的木结构建筑。目前在日本保存下来的是建于 20 世纪中期的站房，如带有明治维新时期西式风格的日光站、门港司站、原宿站、奈良站、西洋古典式建筑东京车站、和风建筑镰仓车站。

俄国跨欧、亚大陆，建造铁路的高潮始于 1865 年。车站建筑分布广、数量大。仅莫斯科就有各类车站 60 座以上，其中旅客站有 9 座。早期的铁路线有彼得堡—莫斯科（1852 年建成）等。

④大洋洲、非洲

大洋洲铁路建筑遗产较发达的国家为澳大利亚，澳大利亚存有铁路建筑遗产的核心城市有墨尔本、悉尼、纽卡斯尔、堪培拉等。非洲铁路建筑遗产则集中在埃及。埃及于 1854 年建成开罗至亚历山大港非洲第一条铁路，随之大量铁路站房设施建起，如开罗、亚历山大车站都是埃及重要的铁路建筑遗产。

2.2 中国铁路建筑遗产地图

（1）近代铁路附属地

近代中国的铁路附属地（railway settlements）是外国铁路建造方（侵略者）在其建设、管理的铁路沿线两侧划出包含若干城镇的大面积附属地，自成体系。如沙俄和日本在中东铁路、南满铁路两侧建造的铁路附属地[①]，影响范围遍及整个东北地区。

中东铁路是沙俄在中国东北修筑的一条“丁”字形的宽轨铁路，全长2400多千米。俄国人最初勘测设计的西端起点在内蒙古的满洲里，中间重要的节点为黑龙江的哈尔滨，东端终点是黑龙江的绥芬河；另外，还修造了一条支线，从中部的站点哈尔滨向南，末端到达辽宁大连附近的旅顺。19世纪末、20世纪初，沙俄开始修建西伯利亚大铁路，通向海参崴的港口。为避免绕行以及降低难度和造价，同时向中国的东北扩展势力范围，沙俄开始为西伯利亚大铁路中国区段的修建做准备，并分别在1896年、1898年，强迫清政府签订不平等的《中俄密约》《旅大租地条约》，从而以修造铁路为借口，名正言顺地掠夺中国东北的矿产资源。1897年，酝酿已久的中东铁路由沙俄开始建造，直到六年之后铁路线才全部建成通车。为了管理经营中国东北的铁路线路，沙俄还设置了为铁路服务的管理办公及军事建筑，如中东铁路局就是出于此目的而成立。日俄战争后，俄国战败，遂将长春至旅顺口的铁路让给日本，称“南满铁路”。

铁路附属地是中国领土上依附于中东铁路与南满铁路，被俄、日分别占据的特殊区域。铁路附属地形成的规模，与站点的等级和殖民目的有关。“截止到1898年，中东铁路公司在东北地区大概建造了三十多处附属领地，而且根据不同的职能和管理权大小，附属地的等级和面积不同。其中，规模最高的规划面积能达到五平方千米，例如沈阳、哈尔滨等城市建造的附属地；而像长春的铁路附属地，建筑面积大概为三平方千米，属于二级附属地；三级附属地面积更小，如一面坡站仅为一平方千米左右。”[②]附属地的用地区域一般沿铁路线呈带形分布，宽度从20米到400多米不等。如大连、辽阳、奉天、铁岭、四平、公主岭、宽城子等车站周围形成1～2平方千米的近代化建筑区域；开原、昌图等小站的建筑区域则为0.5～1平方千米。

附属地的规划布局与传统的东北城市迥然不同。清末东北城市的传统布局主要以自然形成为主，布局单一。铁路附属地中，城市市街与矿区是主要组成部分，通常以车站为中心，主要包括路基和车站附近市街用地，市街规模大致与车站等级相符合。完整的附属地分为工业用地、商业用地、公共设施用地、住宅与商业混合用地、军用地等。中东铁路一共有92个车站，其中本线（干线）设置了54个，支线设置了38

① 中东铁路开工之后，利用《中俄密约》得到的圈地特权，沙俄借口维持修路的需要，建造医院、工厂、学校、商店、教堂、住宅区等设施，霸占大量的土地。

② 曲晓范．近代东北城市的历史变迁[M]. 长春：东北师范大学出版社，2001.

个。在众多的车站设置上，根据车站的等级和旅客流量分为一等站、二等站、三等站等几个类型，并在重要站房划分了洋人候车与普通候车的区间。对区域城市化产生直接影响的是前两类车站，这些车站大都修建于1900—1904年，基本设施包括站台、货场、售票厅、行政办公楼、上水塔、站前广场以及为旅客提供食宿服务的饭店、旅馆，几乎涵盖了一个城市的所有建筑类型，是一种变相的租界。另外由于自身的殖民侵略性质，掠夺者增加了军事建筑这一特殊的建筑类型。在沙俄之后，日本对铁路附属地的建设在规划理念、建筑布局方面既受沙俄影响，又有所创新。日本在铁路附属地的建设和管理是通过南满洲铁道株式会社（简称“满铁”）进行的，满铁下设建筑课，其承担的设计不仅是铁路设施，凡与铁路附属地经营的有关设施，如医院、学校、图书馆、住宅等，以及满铁经营的旅馆、矿山、工业建筑等都包括在内（表2）。

铁路附属地的建筑和规划作为铁路建筑遗产重要的组成部分，反映了众多外力（沙俄、日本）影响下的东北城市的形成、发展及演变，是近代列强向中国扩张势力的结果，是具有殖民性质的特殊区域，与租界、租界地性质相同。但在具体管理和市政建设方面有其独特的地方（表3）。铁路附属地的建筑设计十分精心，许多极具特点的建筑十分精美，甚至在俄罗斯和日本境内都难寻其踪。因此铁路附属地是中国特有的、重要的铁路建筑遗产。

表2　近代铁路附属地建设情况表

铁路附属地	建造方	分布区域	总占地面积	建筑情况	规划
中东铁路（时期）附属地	沙俄	哈尔滨、满洲里、海拉尔、富拉尔基、昂昂溪、扎兰屯、绥芬河等	200894垧①	多沿用俄国本土西伯利亚严寒地区的建筑形式，厚重的砖墙和铁皮屋顶等，极富异国特色	西方古典主义的规划模式，圆形广场、中央大道加放射形道路为主要的构图元素，街区采用直角交叉的道路相联系
南满铁路（时期）附属地	日本	大连至长春，奉天至安东、营口、烟台、抚顺、柳树屯等约1129.1千米的铁路沿线区域	37142万平方米（1931）	17921栋，20.59万平方米	掺合中日两国建筑特点，以日式风格为原则，以车站广场为中心呈放射形与矩形交错，干线与支线垂直

（来源：作者自绘）

① 在我国东北，一垧相当于一公顷。

表3　近代中国铁路附属地与租界地比较

	铁路附属地	租界、租界地
时间	中东铁路1898—1920年 满铁1905—1931年	1843—1945年
区域分布	东北地区	上海、天津、汉口、广州、厦门等
列强国	俄、日	英、法、美、德、日、俄、比、意、奥

续上表

	铁路附属地	租界、租界地
管理	中东铁路公司、南满洲铁道株式会社	占领国（者）领事或工部局，从华洋分处到杂处
规模	根据站点的等级规模不等	各地面积不等，上海设立的租界数量最多，其中1915年公共租界约36平方千米
特权	拥有包括司法、警察、课税等各种政治、经济特权；不向中国缴纳任何租金	剥夺了当地的行政管理权及某些国家主权
布局	市街、工矿、农场构成铁路附属地中的主要部分，属于区域规划	以居住、商贸为主体，远离既有市区，自成体系
市政建设	修筑道路，建设公园，安设街灯，建立供水厂及学校，开发公用、民用房地产	工部局负责所有包括道路建设、桥梁架设、通沟渠、建公园、修码头、路灯以及其他各种公共设施的建造和维修

（来源：作者自绘）

（2）近代外资铁路相关遗产

1908 年，一位法国的铁路工程师在写给法国政府的报告上写道，中国有三类铁路，其中第一种是外国资本以征服手段强行建造的铁路，代表实例为中东铁路、胶济铁路、滇越铁路；还有一种则分属两个国家，名义上它属于中国政府，但实际上铁路的经营管理是由外国资本全权控制，通过条约或合同来约束，代表案例为京汉铁路；最后一种则是由中国政府全权负责建设、施工、管理及营运的铁路，外国介入的空间极其狭窄，甚至根本无法参与其中，例如沪杭甬铁路、广九铁路等（表 4）。上述铁路的修建，或多或少都有外国文化的注入，其中第一类，即完全由外资建造的铁路，是帝国主义独立于中国政府之外独立经营的，其建筑多数由外国设计师根据该国样式直接建造。第一类、第二类铁路建筑受外来文化影响巨大，从完全西式特征到中国传统建筑形态上夹杂西方装饰，建筑形态不拘一格，风格变化多样，具有重要的遗产价值。在中国近代铁路史上，由外资参与的铁路有：沙俄修建的中东铁路，德国修建的胶济铁路，英国修建的沪宁、沪杭甬、广九铁路，法国修建的滇越铁路，日本修建的安奉铁路，英德合建的津浦铁路等。其中，完全由外资主持的铁路有：中东铁路、胶济铁路和滇越铁路，三者都是在 19 世纪末到 20 世纪初由外国列强以掠夺铁路沿线矿产资源为目的在中国境内修建的铁路线，修建时间和性质类似，沿线铁路建筑具有重要的遗产价值（表 5）。

中东铁路附属地是铁路建筑遗产的重要部分。除此之外，中东铁路沿线还设有大量的铁路设施和构筑物，也是铁路建筑遗产的重要组成部分。

胶济铁路是德国在山东境内修建的铁路线，沿线及主要站点（青岛、济南、坊子）有大量 1904—1918 年建造的德式建筑，还有日本后期增加建造的建筑。建筑类型多样，规模、等级、形制不等，形成了一个体系完备且具规模的铁路社区形态。胶济铁路建筑对山东地区近代建筑的转型产生了重要的影响，建筑遗产丰富。

1903 年，法国筹资修建滇越铁路，1910 年建成。该铁路全长 800 多千米，在云南境内长约 460 千米。在滇越铁路沿线，至今还保留着具有异域风情的老火车站，沿线站点的历史文化村镇极具地域文化特色。铁路的初始建造者为法国人，所以遗留下来的大量站房设施都是同时代法国建筑的范本，虽然尺度、规模都不及欧洲的大体量建筑，但建筑所携带的艺术信息和技术含量却在同时代的中国处于先进水平，并影响了云南境内其他建筑的发展以及当地人居环境的演变。滇越铁路建筑遗产不同于其他两条外资铁路建筑遗产，除了受西方殖民主义文化影响的铁路建筑物外，沿线的窄轨铁路、字母钟、铁路家具、人字形铁桥、水鹤都是滇越铁路所独有的遗产元素，具有重要的历史文化价值。

表 4　清末建成的主要铁路线一览表

铁路名称	起止地点	开工时间	通车时间	里程数
吴淞铁路	上海—吴淞	1876年	1876年	15千米
京奉铁路	北京—奉天	1881年	1912年	845千米
台湾铁路	基隆—台北—新竹	1887年	1893年	107千米
南满铁路	长春—大连	1893年	1903年	705千米
中东铁路	满洲里—绥芬河	1897年	1903年	1529千米
京汉铁路	北京—汉口	1898年	1906年	1214千米
胶济铁路	青岛—济南	1899年	1904年	394千米
东省铁路长滨线	长春—哈尔滨	1899年	1903年	240千米
安奉铁路	安东—奉天	1904年	1905年	304千米
正太铁路	石家庄—太原	1904年	1907年	243千米
汴洛铁路	开封—洛阳	1904年10月	1909年12月	183千米
滇越铁路	昆明—河口	1904年	1910年	465千米
沪宁铁路	上海—南京	1905年4月	1908年7月	311千米
道清铁路	道口—清华	1902年7月	1907年	150千米
京张铁路	北京—张家口	1905年10月	1909年9月	201千米
沪杭铁路	上海—杭州	1906年	1908年	186千米
广九铁路	广州—深圳—九龙	1907年	1911年	179千米
津浦铁路	天津—浦口（南京）	1908年	1911年	1010千米
粤汉铁路广韶段	广州—韶关	1908年	1911年8月	106千米
吉长铁路	吉林—长春	1910年6月	1912年10月	128千米

（来源：作者自绘）

表 5　1898 年近代外资参与修建中国铁路一览表

	国家	区间	长度
列强在华建铁路	英国	上海—南京	327千米
		上海—宁波	364千米
		广州—九龙	143千米
	俄国	哈尔滨—大连	1007千米

续上表

	国家	区间	长度
列强在华建铁路	俄国	正定—太原	243千米
	法国	河内—昆明	465千米
		凉山—南宁	289千米
	德国	青岛—济南	445千米
	比利时	北京—汉口	1214千米
	美国	汉口—广州	1100千米

（来源：作者自绘）

（3）中国自主铁路相关遗产

中国自办的首条铁路为唐胥铁路，但第一条完全真正本土设计和建造的铁路是京张铁路[①]。京张铁路是一条由著名铁路工程师詹天佑设计建造，从北京到张家口的标准铁路，是真正由中国人自己筹资、勘测、设计、施工建造的铁路，全长 201 千米。1905 年 9 月开工修建，于 1909 年建成。这条铁路工程艰巨，中间高山峻岭，所用石材较多，线路共包括 7000 多尺（2300 多米）的桥梁，技术难度和成就是同时代其他铁路所未达到的，是完全由中国工程师带领中国工人施工建造的第一条自主铁路。修建京张铁路时，詹天佑有多项创举。青龙桥段铁路穿越军都山，南口和八达岭的高度相差 600 米，坡度极大，詹天佑在 22 千米线路区段内用折返方法，设计、修建了著名的青龙桥车站“人”字形铁路轨道。他还引进国外大马力机车，并使用双机牵引，解决了运输动力问题。开凿的 1092 米长的八达岭隧道，为我国铁路第一个超千米长大隧道。京张铁路的胜利开通在当时曾令世人瞩目。怀来大桥，这是京张铁路上最长的一座桥，它由 7 根 100 英尺（30.48 米）长的钢梁架设而成。由于詹天佑指挥正确，桥梁得以及时建成。

① 有学者认为中国第一条自主铁路的先驱为关内外铁路（徐苏斌，2008）。杨勇刚在《中国近代铁路史》书中认为唐胥铁路是中国自主铁路的发端。本论文所指的中国自主铁路为从筹款、前期勘测到设计、施工及铁路营运，铁路建设的全过程完全由中国人自己完成的铁路，是真正意义上的中国自建铁路。

京张铁路由丰台柳村为起点，沿线经过的站房有西直门、清华园、清河、沙河、南口、居庸关、四桥、三堡、青龙桥、八达岭、康庄、怀来、下花园、宣化，最后到达张家口。沿线多数火车站房，如西直门、清华园、青龙桥火车站均为詹天佑亲自设计，建筑带有 19 世纪西洋风格。詹天佑非常重视制定工程标准，京张铁路编制了标准图，成为我国自行制定的第一套标准设计图。京张铁路西直门火车站平面近似矩形，站台为并列式，进站方向与站台垂直，建有跨越铁道的铁架天桥。车站正面入口为三孔外券廊，十分醒目，候车室轮廓变化丰富，朝站台一面也用连廊，比较开阔。青龙桥站其灰色的古朴外墙、候车室装修、百叶窗、窗台的大理石雕筑以及马莱型蒸汽机车的内热管焊接而成的铁栏杆都同始建时期的车站相差无几……另外，沿线还设有窑顶沟 24 号桥、战沟 26 号桥、四桥子 29 号桥等极富中国传统色彩的石拱桥，设有石佛寺、五桂头、居庸关、八达岭等隧道和通风楼，还设有修车厂、机车库；依山修建的“之”字线路、保险岔道等……京张铁路作为我国早期工业文明的代表之一，是近代文明的标志，是工程与艺术的完美结合，在世界铁路建设史上无疑占据一个非常显赫的位置，研究京张铁路建筑遗产具有特殊的历史意义。

3　铁路建筑遗产的内涵

3.1　铁路建筑遗产的特征

铁路建筑遗产具有丰富的内涵与外延，核心部分都是依托铁路修建而形成的沿线建筑群，具有重要的历史文化、艺术科学等多方面的价值。

（1）整体廊道式

不论是铁路站房建筑，还是因铁路修建而兴起的包括公共建筑在内的铁路社区，都依托铁路线区域而集中布置，具有很强的“整体性”特征。各个站点串联成一条或多条铁路“廊道”，廊道内的建筑具有形式、结构上的延续性，具有很高的综合建筑艺术价值。一旦铁路建筑失去了赖以生存的历史环境，其价值会大打折扣。从某种意义上说，保护铁路遗产的整体价值远远大于保护单体建筑。

（2）动态持续性

大部分铁路建筑以及煤矿开采等生产性铁路相关建（构）筑物至今仍在使用，很少处于“静止”“停滞”状态。即使由于铁路线路现代化改造而导致中小型车站停止使用，但仍可以依托铁轨让货运、通勤列车和不经常性运营的列车停靠并提供其他服务。这些铁路建筑功能虽然削弱了，但不至于遗弃、荒废，再利用潜力大。

（3）景观地标性

铁路建筑遗产作为一种个性化的遗产，铁路景观能够形成自身独特的景观艺术形态。自然要素是文化资源的基础，铁路经常处于优越的、得天独厚的地理景观中，如高原铁路、滇越铁路沿线建筑具有极为独特的景观价值。处于城市的站房也不逊色，通常坐落在市区中心繁华地段，是一个地区的重要标记窗口。铁路火车站一直作为铁路经过地的主要大门形象，如青岛火车站的钟楼、原津浦铁路济南站的大拱门，让经过这里的人们对该地区形成第一印象。

（4）建造多样化

铁路建筑的多样化体现在类型和风格两个方面。首先，铁路建筑功能具有多样化特征，从基本的交通服务到民用建筑，再到工业煤矿建筑，因建筑类型不同，建筑尺度、规模、样式、结构体系都不同。其次，铁路建筑因为线路不同，路权国、建设规模、建设地点的不同，建筑风格表现为灵活多样化特征。即使同一条线路，建筑风格也未必统一，如中东铁路沿线的车站就有至少五种建筑风格之变化，哈尔滨车站（1904 年）采用当时流行于西欧和俄国的新艺术运动（Art Nouveau）

样式[①]，旅顺车站（1900 年）则具浓郁的俄罗斯西伯利亚系木构建筑的特色[②]；双城堡站（1899 年）则采用中国传统的大屋顶形式；大连站（1937 年）拥有现代主义的外形和功能（表 6）。

表 6　中东铁路主要站舍建筑风格统计表

建筑风格	俄罗斯风格	新艺术运动	折衷主义	中国传统风格	现代主义
站舍名称	横道河子站 一面坡站 穆棱站 昂昂溪站 铁岭站（原）	哈尔滨站（原） 绥芬河站 满洲里站（原）	香坊站 尚志站 九江泡站 伊林站	双城堡站	四平站 奉天北站 大连站

（来源：《中国近代建筑研究与保护（七）》，2010）

3. 2　铁路建筑遗产的独特性

与其他建筑遗产相比，铁路建筑遗产具有四方面独特的特性。

（1）线形序列化

铁路遗产是一种线性的遗产区域，内部包括各种不同的遗产点，是长达几千米甚至几万米的文化线路。对它的保护应采用区域而非局部点的概念，应综合考察其价值。沿线路分布的各个遗产点，其类型、建筑形式、遗产内容等随站点等级呈现序列变化。同一条线路上同等级的车站建筑尺度、形式有可能类似。如中东铁路上满洲里车站与绥芬河站在建筑形式、尺度上极其相似。分析中东铁路建筑的设计图可知，同等级的车站均采用了同样的设计图纸，车站建筑具有标准化的特性。

（2）空间尺度大

铁路文化遗产的空间尺度很大，多跨越不同的行政或地理边界。交通建筑的独特性在于它要连续不断地运送旅客，因此候车空间的柱距、跨度和面积都采用大尺度，以容纳高峰期的客流和货流。而应对火车这一工业技术的产物，与其相关的建筑类型（如月台、机车库等）必定要求建筑体量巨大。站房多半是城市空间中表现效率与功能的场所，是新结构、新技术十分活跃的物质载体，建造中采用那个时代较为先进的建造施工手段，结构体系完善。

（3）综合多元性

铁路遗产线路动辄就绵延数千千米，跨越河流、山峦、盆地等自然资源，自然景观与铁路建筑相得益彰。同时遗产区域包括大量的遗产点和非物质遗产所蕴涵的价值。如铁道游击队搭乘的铁路因红色文化而具有独特的社会文化价值。该铁路沿线建筑的价值主要依托了它在革命历史上所担负的重要职责，因见证了这段历史而意义重大。

（4）等级标准化

铁路建筑通常采用标准化、等级化、功能效率优先的设计理念，符合交通建筑的特征。铁路车站设置较多较密，而且很多仅为规模不大的

① 侯幼彬，张复合，村松伸，等．中国近代建筑总览·哈尔滨篇 [M]. 北京：中国建筑工业出版社，1992.

② 睦庆熙，张复合，村松伸，等．中国近代建筑总览·大连篇 [M]. 北京：中国建筑工业出版社，1995.

站点，因此一般不必再单独进行设计，根据不同级别的站房，建造方通常分别套用不同级别的设计图纸。如中东铁路在建造初期首先雇用了一批工程设计师，统一设计中东铁路沿线各站的站房、桥梁、给水塔以及其他铁路服务设施。中东铁路早期的铁路站舍建设是严格按照等级来修建的，其中二、三等站舍多是按同一种样式定型设计的，而四、五等站又是另一种定型化设计。相同等级的站房基本沿用了类似的设计图纸建造（图 3）。

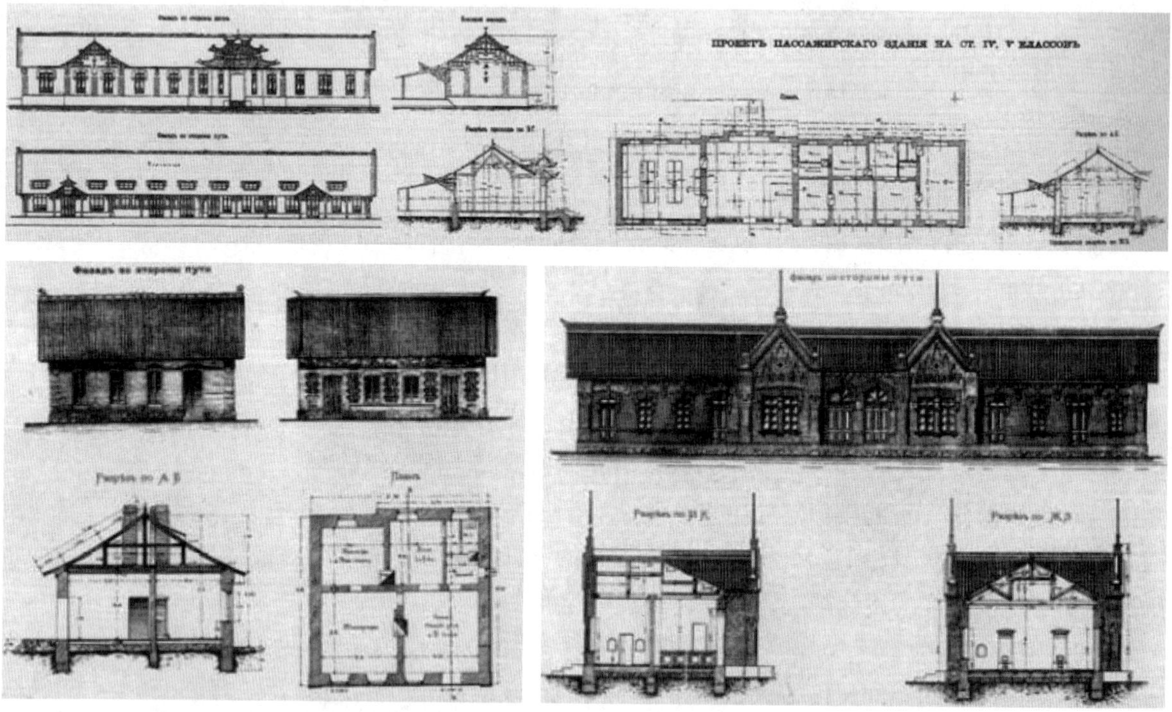

图 3　中东铁路沿线四等、五等站房标准设计图
（来源：《中国近代建筑研究与保护（七）》，2010）

4　结语

在新兴的遗产保护理念下，“铁路遗产”作为一种独特的遗产类型，正越来越受到世界的关注和认可。铁路遗产是 20 世纪最具特征的行业遗产，铁路及其附属建筑记录了铁路技术的发展历程、修筑技术、制造工艺等技术历史信息，也反映了当时的社会历史和政治发展，是衡量国家工业综合实力的重要标志，更是人类工业文明的一个重要标志。我国逐步意识到铁路遗产的价值与铁路建筑遗产保护的重要性，并在保护理论、保护利用实践方面有了很好的积累和尝试。从当今铁路遗产保护的国际背景来看，本文通过对铁路建筑遗产的核心问题——概念界定、地理分布、内涵特征的论述，试图建构世界铁路建筑的遗产地图，希望为国内铁路遗产的保护、申遗、实践，打下理论研究基础，搭建更成体系的保护框架。

参考文献

[1] BURMAN P, STRATTON M. Conserving the railway heritage[M]. London: E & FN Spon, 1997.

[2] 张复合 . 中国近代建筑研究与保护（一～七）[M]. 北京：清华大学出版社，1999 — 2010.

[3] 张复合，村松伸 . 中国近代建筑总览（十六篇）[M]. 北京：中国建筑工业出版社，1992 — 1996.

[4] 刘李 . 中东铁路沿线站舍建筑特色研究 [M]// 张复合 . 中国近代建筑研究与保护（七）. 北京：清华大学出版社，2010:390–396.